Conversion Factors

DIMENSION	METRIC	METRIC/ENGLISH
Acceleration	1 m/s^2 = 100 cm/s^2	1 m/s^2 = 3.2808 ft/s^2 1 ft/s^2 = 0.3048* m/s^2
Area	1 m^2 = 10^4 cm^2 = 10^6 mm^2 = 10^{-6} km^2	1 m^2 = 1550 in^2 = 10.764 ft^2 1 ft^2 = 144 in^2 = 0.09290304* m^2
Density	1 g/cm^3 = 1 kg/L = 1000 kg/m^3	1 g/cm^3 = 62.428 lbm/ft^3 = 0.036127 lbm/in^3 1 lbm/in^3 = 1728 lbm/ft^3 1 kg/m^3 = 0.062428 lbm/ft^3
Energy, heat, work, and specific energy	1 kJ = 1000 J = 1000 N · m = 1 kPa · m^3 1 kJ/kg = 1000 m^2/s^2 1 kWh = 3600 kJ	1 kJ = 0.94782 Btu 1 Btu = 1.055056 kJ = 5.40395 psia · ft^3 = 778.169 lbf · ft 1 Btu/lbm = 25,037 ft^2/s^2 = 2.326* kJ/kg 1 kWh = 3412.14 Btu
Force	1 N = 1 kg · m/s^2 = 10^5 dyne 1 kgf = 9.80665 N	1 N = 0.22481 lbf 1 lbf = 32.174 lbm · ft/s^2 = 4.44822 N 1 lbf = 1 slug · ft/s^2
Length	1 m = 100 cm = 1000 mm = 10^6 μm 1 km = 1000 m	1 m = 39.370 in = 3.2808 ft = 1.0926 yd 1 ft = 12 in = 0.3048* m 1 mile = 5280 ft = 1.6093 km 1 in = 2.54* cm
Mass	1 kg = 1000 g 1 metric ton = 1000 kg	1 kg = 2.2046226 lbm 1 lbm = 0.45359237* kg 1 ounce = 28.3495 g 1 slug = 32.174 lbm = 14.5939 kg 1 short ton = 2000 lbm = 907.1847 kg
Power	1 W = 1 J/s 1 kW = 1000 W = 1 kJ/s 1 hp‡ = 745.7 W	1 kW = 3412.14 Btu/h = 1.341 hp = 737.56 lbf · ft/s 1 hp = 550 lbf · ft/s = 0.7068 Btu/s = 42.41 Btu/min = 2544.5 Btu/h = 0.74570 kW 1 Btu/h = 1.055056 kJ/h
Pressure or stress, and pressure expressed as a head	1 Pa = 1 N/m^2 1 kPa = 10^3 Pa = 10^{-3} MPa 1 atm = 101.325 kPa = 1.01325 bar = 760 mm Hg at 0°C = 1.03323 kgf/cm^2 1 mm Hg = 0.1333 kPa	1 Pa = 1.4504×10^{-4} psi = 0.020886 lbf/ft^2 1 psi = 144 lbf/ft^2 = 6.894757 kPa 1 atm = 14.696 psi = 29.92 inches Hg at 30°F 1 inch Hg = 13.60 inches H_2O = 3.387 kPa
Specific heat	1 kJ/kg · °C = 1 kJ/kg · K = 1 J/g · °C	1 Btu/lbm · °F = 4.1868 kJ/kg · °C 1 Btu/lbmol · R = 4.1868 kJ/kmol · K 1 kJ/kg · °C = 0.23885 Btu/lbm · °F = 0.23885 Btu/lbm · R
Specific volume	1 m^3/kg = 1000 L/kg = 1000 cm^3/g	1 m^3/kg = 16.02 ft^3/lbm 1 ft^3/lbm = 0.062428 m^3/kg
Temperature	T(K) = T(°C) + 273.15 ΔT(K) = ΔT(°C)	T(R) = T(°F) + 459.67 = 1.8T(K) T(°F) = 1.8 T(°C) + 32 ΔT(°F) = ΔT(R) = 1.8* ΔT(K)
Velocity	1 m/s = 3.60 km/h	1 m/s = 3.2808 ft/s = 2.237 mi/h 1 mi/h = 1.46667 ft/s 1 mi/h = 1.6093 km/h
Viscosity, dynamic	1 kg/m · s = 1 N · s/m^2 = 1 Pa · s = 10 poise	1 kg/m · s = 2419.1 lbm/ft · h = 0.020886 lbf · s/ft^2 = 0.67197 lbm/ft · s

*Exact conversion factor between metric and English units.

‡Mechanical horsepower. The electrical horsepower is taken to be exactly 746 W.

McGraw-Hill Education Core 시리즈 07

FUNDAMENTALS OF FLUID MECHANICS **SI Units**

YUNUS A. ÇENGEL

김성초 • 김경엽 • 박성영 • 임경빈 • 장세명 편역

Çengel의 알기 쉬운 유체역학

McGraw Hill Education

Fundamentals of Fluid Mechanics, SI UNITS(Core Version)

1 2 3 4 5 6 7 8 9 10 MHE-KOREA 20 18

Original : Fundamentals of Thermal-Fluid Sciences, 5/e in SI units
By Yunus A. Çengel, John M. Cimbala, Robert H. Turner
ISBN 978-0-078-02768-0

Korean ISBN: 979-11-321-0158-1 93560

Printed in Korea

McGraw-Hill Education
Core 시리즈 07

Çengel의 알기쉬운 유체역학(SI)

발 행 일	2018년 1월 29일 발행
저 자	Yunus A. Çengel
편 역 자	김성초, 김경엽, 박성영, 임경빈, 장세명
발 행 인	신디존스(CINDY JONES)
발 행 처	맥그로힐에듀케이션코리아 유한회사
주 소	서울시 마포구 양화로 45, 8층 801호 (서교동, 메세나폴리스)
전 화	(02)325-2351
편집·교정	오피에스 디자인
인쇄·제본	성신미디어
등록번호	제2013-000122호(2012.12.28.)
I S B N	979-11-321-0158-1
판 매 처	텍스트북스
문 의	031)944-5725
정 가	33,000원

저자들에 대하여

Yunus A. Çengel은 University of Nevada, Reno의 기계공학과 명예교수이다. 그는 Istanbul Technical University에서 기계공학 학사를, North Carolina State University에서 기계공학 석사와 박사 학위를 받았다. 그의 연구 분야는 재생 에너지, 탈염, 에너지 해석, 열전달 향상, 복사 열전달 및 에너지 보존 등이다. 그는 1996년부터 2000년까지 University of Nevada, Reno에 있는 산업평가센터의 소장으로 재직하였다. 그는 공과 대학생들로 구성된 팀들을 이끌고 Nevada 북부와 California에 있는 수많은 제조 시설에 대한 산업 평가를 수행하며, 그 시설들을 위한 에너지 보존, 폐기물 최소화 및 생산성 향상에 관한 보고서를 작성해 오고 있다.

Çengel 박사는 McGraw-Hill에서 간행되어 널리 채택되고 있는 대학 학부 교재인 **Thermodynamics: An Engineering Approach**, 제7판(2011)의 공동저자이다. 그는 또한 McGraw-Hill에서 간행한 교재 **Heat and Mass Transfer: Fundamentals & Applications**, 제4판(2011)과 **Fundamentals of Thermal-Fluid Sciences**, 제4판(2012)의 공동저자이다. 그의 몇몇 교재는 중국어, 일본어, 한국어, 스페인어, 터키어, 이탈리아어, 그리스어로 번역되었다.

Çengel 박사는 우수강의 교수상을 여러 차례 수상하였으며, 최우수 저작자에게 주어지는 미국공학교육학회의 Meriam/Wiley 수훈저자상을 1992년과 2000년에 수상한 바 있다.

Çengel 박사는 Nevada 주 공인기술사이며, 미국기계학회와 미국공학교육학회의 회원이다.

John M. Cimbala는 The Pennsylvania State University, University Park의 기계공학과 교수이다. 그는 Penn State에서 항공공학 학사 학위를 받았고, California Institute of Technology(CalTech)에서 항공공학 석사 학위를 받았다. 그는 1984년에 CalTech에서 그가 항상 감사하게 생각하는 Anatol Roshko 교수의 지도 아래 항공공학 박사 학위를 취득하였다. 그의 연구 분야는 실험 및 전산 유체역학과 열전달, 난류, 난류 모델링, 터보기계, 실내 공기 질, 공기 오염 제어 등이다. Cimbala 교수는 1993~1994년에 NASA Langley 연구소에서 연구 연가를 보내며 전산유체역학(CFD)에 대한 지식을 쌓았고, 2010~2011년에는 Weir American Hydro사에서 연구 연가를 보내면서 CFD 해석을 수행하여 수력터빈의 설계를 도왔다.

Cimbala 박사는 Marcel-Dekker가 발행한 교재 **Indoor Air Quality Engineering: Environmental Health and Control of Indoor Pollutants**(2003)와 McGraw-Hill이 발행한 두 권의 교재 **Essentials of Fluid Mechanics: Fundamentals and Applications**(2008) 및 **Fundamentals of Thermal-Fluid Sciences**, 제4판(2012)의 공동저자이다. 그는 또한 여러 다른 저서들에 부분적으로 참여하였으며, 수십 개의 저널과 학회 논문의 저자 또는 공동저자이다. 보다 자세한 정보는 www.mne.psu.edu/ cimbala에서 찾아 볼 수 있다.

Cimbala 교수는 우수강의 교수상을 여러 차례 수상하였고, 그의 저술 활동을 가르치는 것에 대한 사랑의 연장으로 보고 있다. 그는 미국항공우주학회, 미국기계학회, 미국공학교육학회, 미국물리학회의 회원이다.

저자 머리말

배경

유체역학은 미시적인 생물계로부터 자동차, 항공기, 우주선 추진에 이르기까지 무한한 실용적 응용 범위를 갖는 흥미롭고 매력적인 주제이다. 그러나 여전히 유체역학은 학부생들에게는 전통적으로 가장 도전적인 과목 중의 하나이다. 이는 유체역학 문제의 해석은 개념에 관한 지식뿐만 아니라 물리적 직관과 경험을 필요로 하기 때문이다. 저자들의 바람은, 개념에 대한 세심한 설명과 많은 실용적 예제, 스케치, 그림 및 사진들을 통해서, 이 책이 지식과 그 지식의 적절한 응용 사이의 간격을 이어주었으면 하는 것이다.

유체역학은 완숙한 주제로서 기본 방정식들과 근사식이 잘 정립되어 있고, 이들은 수많은 유체역학 입문서에서 찾아볼 수 있다. 이 교재는 교재 내용을 단순한 것부터 보다 복잡한 것으로, 앞선 장들에서 깔아놓은 기초 위에 각 장을 쌓아올리는 식의 '단계적인 순서' 로 제시함으로써 다른 입문서와는 차별된다. 유체역학은 본질적으로 매우 시각적인 주제이므로, 저자들은 다른 교재보다 더 많은 도표와 사진들을 제공한다. 논의된 개념을 그림으로 보여줌으로써만이, 학생들은 확실하게 내용의 수학적 중요성을 이해할 수 있다.

목표

이 책은 공과대학 학부생을 위한 첫 번째 유체역학 과정의 교재로 쓰이도록 집필되었다. 필요하다면, 두 개의 연속된 교과과정에 충분한 내용이 포함되어 있다. 우리는 학생들이 미적분학, 물리학, 공업역학, 열역학에 대해 적절한 기초를 갖고 있는 것으로 가정하였다. 이 교재의 목표는 다음과 같다.

- 유체역학의 기본 원리와 방정식을 제시한다.
- 공학 업무에서 유체역학 원리의 올바른 적용에 필요한 직관을 학생들에게 주기 위해 많은 다양한 실질적인 공학 예제들을 제시한다.
- 물리학을 강조하고, 삽화와 사진을 통하여 그 이해를 강화함으로써, 유체역학에 대한 직관적 이해를 발전시킨다.

이 교재는 교과목을 강의하는 데 상당한 유연함을 허용하는 충분한 양의 자료를 담고 있다. 예를 들면, 항공우주공학 엔지니어가 항력과 양력, 압축성 유동, 터보기계, CFD를 강조하기 위해 선택하는 반면, 기계공학 또는 토목공학 강사는 각각 파이프 유동과 개수로 유동을 강조하기 위해 선택할 수 있다.

철학과 목표

Fluid Mechanics: Fundamentals and Applications, 제3판은 주저자 Yunus Cengel의 다른 교재들과 동일한 목적과 철학을 가진다.

- 미래의 엔지니어들과 간단명료한 방법으로 직접 의사전달을 한다.
- 유체역학의 기본 원리를 분명히 이해하여 자신의 것이 되도록 학생들을 이끈다.
- 창의적 사고 및 유체역학에 대한 보다 깊은 이해와 직관을 개발하도록 격려한다.
- 단지 숙제 풀이를 위한 도움으로서보다는 학생들로 하여금 흥미와 열정을 가지고 읽히는 교재를 제공한다.

배우기 위한 최상의 길은 연습에 의한 길이다. 그러므로 앞에서 제시되었던 (각장에서뿐만 아니라 앞선 장들에서) 내용을 보강할 수 있도록 교재 전체에 걸쳐 특별한 노력을 경주하였다. 예시된 예제 문제와 각 장 끝에 있는 문제 중 다수는 종합적인 문제이므로 학생들로 하여금 앞선 장들에서 얻은 개념과 직관을 복습하도록 하였다.

교재에 전산유체역학(CFD)으로 만들어진 예제가 제시되어 있으며, 또한 CFD 입문에 관한 장도 제공되어 있다. 저자들의 목표는 CFD에 관련된 수치 알고리즘에 관한 세부 사항을 가르치는 것이 아니다–이와 같은 사항은 별도의 교과목에서 보다 적절히 제시된다. 오히려 공학적 도구로서 CFD의 능력과 제한성을 학부 학생들에게 소개하려는 것이 저자들의 의도이다. 따라서 CFD 해답을 풍동 실험 결과를 이용하는 것과 마찬가지 방법으로 이용한다. 이는 유체 유동에 대한 물리적 이해를 보강하고, 유체의 거동을 설명하기 위하여 도움을 주는 양질의 유동가시화를 제공하기 위한 것이다.

내용과 구성

이 교재는 13개의 장으로 구성되어 있으며, 유체 상태량과 유체 유동의 기본 개념으로 시작하여 전산유체역학의 소개로 끝난다.

- 제1장은 유체에 대한 기초적 소개, 유체 유동의 분류, 검사체적 대 시스템 수식화, 차원, 단위, 유효숫자, 문제-해결 기술을 제공하며 밀도, 증기압, 비열, 음속, 점성, 표면장력과 같은 유체 상태량에 할애된다.
- 제2장은 마노미터와 기압계, 잠겨 있는 표면 위의 정수력, 부력과 안정성, 강체운동 중인 유체를 포함하여 유체 정역학 및 압력을 다룬다.
- 제3장은 유체 유동의 Lagrange와 Euler 기술방법 사이의 차이, 유동 패턴, 유동가시화, 와도와 회전성 및 Reynolds 수송이론과 같은 유체 운동학에 관련된 주제를 다룬다.
- 제4장은 질량, Bernoulli 및 에너지 방정식의 올바른 사용과 이들 방정식의

공학적 응용을 강조하면서 질량, 운동량 및 에너지의 기본적인 보존 법칙을 소개한다.

- 제5장은 Reynolds 수송이론을 선형운동량과 각운동량에 적용하고, 유한 검사체적 운동량해석의 실제적인 공학 응용을 강조한다.
- 제6장은 차원의 동차성 개념을 보강하고 차원해석의 Buckingham Pi 이론, 역학적 상사 및 반복변수 방법을 소개한다. 이들은 과학과 공학의 많은 분야와 이 책의 나머지 부분에 걸쳐 유용한 자료이다.
- 제7장은 파이프와 덕트의 유동에 할애되어 있다. 층류와 난류 사이의 차이, 파이프와 덕트 내의 마찰 손실 및 배관망에서 부차적 손실에 대해 논의한다. 또한 배관망에 적합한 펌프나 팬을 어떻게 선정하는가에 대해 설명한다. 끝으로 유량과 속도를 측정하는 데 이용되는 다양한 실험 장치를 토의하고, 생체유체역학에 대해 간단히 소개한다.
- 제8장은 Navier-Stokes 방정식의 몇 가지 근사식을 논의하고, 이들 각각에 대한 예제 풀이를 제공한다. 이들 근사식은 크리핑 유동, 비점성 유동 및 경계층을 포함한다.
- 제9장은 마찰항력과 압력항력 사이의 차이를 설명하고, 다수의 일반적 형상에 대한 항력계수를 제공함으로써 물체에 작용하는 힘(항력과 양력)을 다룬다. 이 장은 앞의 제6장에서 소개된 역학적 상사와 차원해석 개념과 연계하여 풍동 측정의 실제적인 응용을 강조한다.
- 제10장은 유체 유동 해석을 기체의 거동이 Mach 수에 의해 크게 영향을 받는 압축성 유동으로 확장하고, 팽창파, 수직과 경사 충격파, 초크 유동의 개념을 소개한다.
- 제11장은 개수로 유동 및 표면파와 수력도약과 같은 자유표면을 갖는 액체의 유동에 관련된 몇 가지 독특한 특성을 다룬다.
- 제12장은 펌프, 팬, 터빈을 포함하여 터보기계를 보다 상세히 고찰한다. 여기서는 상세한 설계보다는 펌프와 터빈이 어떻게 작동하는지에 대해 주안점을 둔다. 또한 역학적 상사법칙과 단순화된 속도 벡터 해석에 기초하여 전반적인 펌프와 터빈의 설계에 대하여 논의한다.
- 제13장은 전산유체역학(CFD)의 기본 개념을 기술하고, 학생들에게 어떻게 상용 CFD 코드가 복잡한 유체역학 문제를 푸는 도구로 이용되는지를 보여 준다. CFD 코드에 이용된 알고리즘보다는 CFD의 응용을 강조한다.

학습 도구

물리학에 대한 강조

저자들은 **기본적인 물리적 구조에 대한 이해**를 도모하고, 엔지니어가 실생활에서 만나는 실용적 문제 해결의 숙달에 학부 교육의 주안점을 두어야 한다고 믿고 있다. 또한 직관적 이해의 계발은 학생들에게 이 교과를 더욱 동기유발적이고 보람 있는 경험이 되도록 만들 것이다.

연상의 효과적 이용

공학의 원리는 **일상적 경험과 실험적 관찰**에 기초한다. 그러므로 눈에 보이는 직관적인 접근 방식이 이 교재 전체에 걸쳐 사용된다. 때때로 주제 문제와 학생들의 일상 경험을 **병행시켜 놓음**으로써, 주제 문제를 학생들이 이미 알고 있는 사실과 연관시킬 수 있도록 하였다.

자기 학습

교재 내용은 보통의 학생이 편안하게 따를 수 있는 수준으로 소개된다. 교재 내용은 학생들과 이야기하며, 학생들의 이해 수준을 벗어나서 이야기하지 않는다. 사실상 이 교재 내용은 **자기 학습적**이다. 과학의 원리가 실험적 관찰에 기초하고 있음을 인식하여, 이 교재의 대부분 유도 과정은 대체로 물리적 논증에 기초하고, 따라서 이해하고 따라가기 쉽도록 되어 있다.

삽화 그림의 광범위한 이용

그림은 학생들이 "감을 잡도록" 도와주는 중요한 학습 도구이며, 따라서 이 교재는 그림을 효과적으로 이용하고 있다. 이 교재는 이런 종류의 다른 어떤 교재보다 더 많은 그림, 사진, 삽화를 담고 있다. 그림은 주의를 끌고 호기심과 흥미를 자극한다. 이 교재에 있는 대부분의 그림은 별도의 주의를 기울이지 않을 경우 모르는 채 지나칠 수 있는 몇몇 핵심 개념을 강조하기 위한 방법으로, 어떤 경우에는 그 페이지의 요약으로 사용되도록 의도적으로 삽입되었다.

각 장 끝의 풍부하고 실제적인 문제

각 장의 끝에 있는 문제들은 강사와 학생들 모두가 문제를 쉽게 선정하도록 특정 주제로 묶여 있다. 각 그룹의 문제 속에는 기본 개념에 대한 학생들의 이해 수준을 확인하기 위하여 "C"로 표시된 **개념 질문**들이 있다. **복습 문제**들은 본질상 보다 종합적인 문제이고, 어느 한 장의 특정 부분에 제한되어 있지 않다. 어떤 경우 이들 문제들은 앞 장에서 배운 내용에 대한 복습을 필요로 한다. **설계 및 논술**로 이름 붙은 문제들은 학생들이 공학적인 판단을 내릴 수 있도록 하고, 관심 있는 주제를 독립적으로 개척할 수 있도록 하며, 또한 그들이 찾은 사실을 전문가적 방법으로 전달할 수 있도록 권장하고 있다.

아이콘이 붙은 문제는 본질상 종합적인 문제이며, 컴퓨터를 이용하여 풀도록 의도되었는데, EES 소프트웨어를 사용하는 것이 좋을 것이다.

BERNOULLI 방정식과 에너지 방정식의 통합적 기술

Bernoulli 방정식은 유체역학에서 가장 자주 사용되는 방정식 중의 하나이지만, 또한 가장 남용되고 있는 것 중의 하나이다. 그러므로 이 이상화된 방정식을 사용하는 데에 대한 한계를 강조하고, 불완전성과 비가역 손실을 어떻게 적절히 고려하는지를 보여 주는 것이 중요하다. 이를 위하여 Bernoulli 방정식 바로 다음으로 에너지 방정식을 소개하고, Bernoulli 방정식을 이용하여 얻은 답과 많은 실제 공학 문제의 답이 어떻게 다른지를 보여 준다.

별도의 CFD 장

상용 **전산유체역학**(CFD) 코드는 유동 시스템의 설계와 분석에 있어서 공학적 응용에 넓게 이용된다. 그리고 엔지니어가 CFD의 기초, 능력 및 제약 조건에 대해 확고히 이해하는 것은 매우 중요하다. 대부분의 학부 공학 교과과정에 CFD에 관해 따로 과정을 개설할 만한 여유가 없다는 점을 인지하여, 여기서는 별도의 장을 마련하여 이런 결함을 보충하고, 학생들로 하여금 CFD의 강점과 약점에 관한 배경 지식을 갖추도록 하였다.

유체역학 용어의 용어 해설

교재를 통해서 중요한 핵심 용어 또는 개념이 소개되고 정의될 때, 이는 검은색 볼드체로 나타낸다. 기본적인 유체역학 용어와 개념은 파란색 볼드체로 나타내고, 이들 기본 용어는 Pennsylvania State University의 James Brasseur 교수에 의해 작성된 교재 끝의 종합적 용어집에도 수록되어 있다.

변환계수

자주 사용되는 변환계수, 물리상수 및 자주 사용되는 20°C와 대기압에서 공기와 물의 상태량을 쉽게 참조할 수 있도록, 책의 앞표지 안쪽에 배치하였다.

기호 설명

이 교재에 사용된 주요 기호, 하첨자 및 상첨자에 대한 일람표를 쉽게 참조할 수 있도록 책의 뒤표지 안쪽에 배치하였다.

부침 자료

이 교재를 채택한 이들은 아래의 붙임 자료들을 이용할 수 있다.

교재 웹사이트

이 교재를 위한 웹 지원은 www.mheducation.asia/olc/cengel(반드시 'Chrome' 으로 접속)에 있는 이 교재만을 위한 웹사이트에서 제공된다. 교재와 첨부물 정보, 정오표, 저자 정보 그리고 강사와 학생을 위한 더 많은 자료를 위해 이 사이트를 방문하기 바란다.

공학 방정식 풀이기(EES)

University of Wisconsin-Madison의 Sanford Klein과 William Beckman에 의해 개발된 이 소프트웨어는 방정식 풀이 기능과 공학 상태량 데이터를 통합한다. EES는 최적화, 매개변수 분석 및 선형과 비선형 회귀분석을 수행할 수 있고, 출판물 품질 수준의 도표 작성 기능을 제공한다. 공기, 물과 함께 다른 많은 유체에 대한 열역학 상태량과 수송 상태량이 내장되어 있으며, 또한 EES는 사용자들이 상태량 데이터나 함수 관계식을 입력할 수 있도록 허용한다.

감사의 글

저자들은 제3판에 대해 수많은 값진 조언, 제안, 건설적인 비판 및 칭찬을 해 주신 아래의 평가자들과 검토자들에게 감사함을 표하고 싶다.

Bass Abushakra
Milwaukee School of Engineering

John G. Cherng
University of Michigan-Dearborn

Peter Fox
Arizona State University

Sathya Gangadbaran
Embry Riddle Aeronautical University

Jonathan Istok
Oregon State University

Tim Lee
McGill University

Nagy Nosseir
San Diego State University

Robert Spall
Utah State University

또한, 여기에 다시 언급하기엔 너무 많아 생략되었지만, 이 책의 1판과 2판에서 감사를 드렸던 모든 분들께도 다시 고마움을 표한다. Gary S. Settles 교수와 Penn State의 그의 연구진(Lori Dodson-Dreibelbis, J. D. Miller와 Gabrielle Tremblay)에게 이 책의 웹사이트에 있는 흥미진진하게 해설된 비디오 영상의 창작에 대하여 특별한 고마움을 표한다. 또한 저자들은 Penn State의 James Brasseur 교수에게 유체역학 용어에 대한 정교한 용어집 작성에 대하여, Oklahoma State의 Glenn Brown 교수에게 교재 전체에 걸쳐 많은 역사적 관심 항목의 제공에 대하여, 초청저자들인 David F. Hill(13장의 일부)과 Keefe Manning(생체유체에 관한 절)에게, Gaziantep University의 Mehmet Kanoglu 교수에게 EES 문제 해답의 준비에 대하여, 그리고 Sakarya University의 Tahsin Engin 교수에게 각 장 끝의 여러 문제들을 제공해 준 것에 대하여 역시 감사드린다.

마지막으로 저자들의 가족, 특히 저자들의 아내인 Zehra Cengel과 Suzanne Cimbala에게 이 교재의 준비 과정 전반에 걸쳐 계속된 인내, 이해와 후원에 대하여 감사해마지 않는다. 저자들이 교재를 준비하는 기간에는 남편들의 얼굴이 컴퓨터 화면에 고착되어 있었으므로 그녀들이 가정의 대소사를 혼자서 해결해야 했던 수많은 시간들이 함축되어 있다.

Yunus A. Çengel
John M. Cimbala

역자에 대하여

김성초
순천대학교 기계우주항공공학부 교수

김경엽
한국산업기술대학교 기계공학과 교수

박성영
공주대학교 기계자동차공학부 교수

임경빈
한밭대학교 기계공학과 교수

장세명
군산대학교 기계융합시스템공학부 교수

역자 머리말

유체는 기체와 액체를 넓게 한정하는 용어이며 그 성질은 물체 면에 평행한 방향으로 작용하는 전단력이 존재하기만 하면 변형된다는 것이다. 유체역학은 유체가 정지해 있든 움직이든 간에 유체에 의해 궁극적으로 발생하되 힘을 면밀히 정의하고 계산할 수 있는 방법을 제시한다. 인류는 유체 없이 존재할 수 없기 때문에 언제부터인지 부지불식중에 유체역학의 원리를 갈망해왔다. 동물의 호흡에서부터 원자로 냉각이나 물체의 비행에 이르기까지 유체역학에 의한 해석이 없으면 문화는 물론 기술도 발전하기 곤란하므로 유체역학과 관련되지 않는 분야를 찾는 것은 쉽지 않다. 이런 중요성과 넓은 적용 범위 때문에 유체역학에 대한 책은 셀 수 없이 많고 계속해서 출판되고 있다. 많은 서적이 있다 보니 그 저술 목적 또한 서로 다를 수밖에 없고 내용의 난이도 역시 큰 차이를 보인다. 이 책은 대학 교과 과정에 맞추어져 있다. 기계공학, 조선공학, 토목공학, 항공공학, 화학공학, 의학 등 학부 과정에 포함되는 유체역학의 강의와 학습이 고려되었으며 한 학기 또는 두 학기 강의에 모두 사용할 수 있는 교과서 형태로 편집되었다.

유체역학 교과서를 만드는데 있어서 가장 어려운 점을 크게 나누면 세 가지이다. 하나는 개념에 대한 복잡한 이론 전개 과정과 다양하고 까다로운 수학적 표현을 쉽게 하는 것이고, 두 번째는 범위와 양이며, 세 번째는 까다로운 실험과 더불어 유동 현상을 보여줄 수 없다는 것이다. 기술의 발달로 세 번째 어려움은 강의 목적에 맞는 동영상 자료가 비교적 풍부히 마련되어 있고 가상 실험을 대체할 정도로 정교해지고 있어서 어느 정도 해결되고 있다. 이 책은 유체역학에 대한 입문서로서는 물론이고 고급 유체역학에 관심이 있는 독자를 위해 중간 발판이 되는 기본 서적으로도 사용될 수 있다. 복잡한 이론과 이를 바탕으로 한 수식의 유도 과정이 적절히 생략되었지만 중요한 개념과 그 결과가 빠짐없이 소개되었고 제품 설계에 앞서 개념 설계 단계에서 반영할 수 있는 내용들도 포함되어 있다. 적절한 교과서의 양을 확보하기 위해서 꼭 필요한 예제만 선택하였으며 중복되는 성격의 연습 문제를 대부분 배제하였다. 독자는 모든 연습 문제를 반드시 풀어봐야 하며 특히 MATLAB 등으로 익숙하게 처리할 수 있어야 한다.

유체역학은 고전역학이므로 Newton 운동 방정식의 연장선 위에 있으며, 유동과 관련된 현상을 이해해야 하는 점에서 다른 범주의 역학과 크게 다르고 더 어렵게 느껴진다. 그래서 이 책은 적절한 양으로 어려운 개념에 대한 이해가 쉽도록 하는데 초점이 맞추어져 있다. 독자는 반복 학습을 통해서 그 내용을 자연스럽게 익힐 수 있을 것으로 기대한다. 또한 다양한 전공의 독자를 대상으로 했기 때문에 유체역학의 보편적인 주제를 대부분 포함할 수밖에 없었지만 한 학기 강의를 위해서는 독립적인 주제로도 다뤄지는 몇 개의 장을 적절히 제외해도 큰 무리는 없다고 판단된다.

끝으로 이 책이 완성되기까지 힘써주신 출판사 관계자의 노고에 깊이 감사하며 이 책으로 공부하는 독자들이 유체역학을 이해하는데 큰 도움이 되기를 희망한다.

2018년 1월

역자 일동

간추린 목차

목차

Chapter 01 서론과 유체의 성질

Chapter 02 유체 정역학

Chapter 03 유체 운동학

Chapter 04 BERNOULLI 및 에너지 방정식

Chapter 05 유동 시스템의 운동량해석

Chapter 06 차원해석과 모델링

Chapter 07 내부 유동

Chapter 08 Navier-Stokes 방정식의 근사해

Chapter 09 외부 유동: 항력과 양력

Chapter 10 압축성 유동

Chapter 11 개수로 유동

Chapter 12 터보기계

Chapter 13 전산유체역학의 소개

CHAPTER 01

서론과 유체의 성질

목표 이 장을 공부하면 다음과 관련된 지식을 얻을 수 있다.

- 유체역학의 기본 개념에 대한 이해
- 실제 현장에서 부딪치게 될 다양한 형태의 유체 유동 문제에 대한 인식
- 유체의 기본 상태량에 대한 지식 습득과 연속체 가정의 이해
- 유체 유동에서 점성에 의한 마찰 효과의 결과에 대한 지식 습득

서론을 다루는 이번 장에서는 유체 유동의 해석에 통상적으로 사용되는 기본 개념을 소개한다. 이 장은 **점성 대 비점성 유동 영역**, **내부 대 외부 유동**, **압축성 대 비압축성 유동**, **층류 대 난류 유동**, **자연 대 강제 유동**, **정상 대 비정상 유동**과 같은 유체 유동 분류와 고체-유체 계면에서 **점착 조건**에 대해 논의한다.

시스템과 **검사체적**에 대한 개념을 소개한 후, **단위계**를 복습한다. 다음으로 공학적 문제에 대한 수학적 모델을 설명하고 직관적이고 체계적인 **문제 풀이 기술**이 제시된다. 또한 유체의 상태량에 대해서 논의하고 밀도와 비중을 정의한다. 다른 상태량인 증기압, 에너지, 비열, 압축성계수, 음속에 대해서 논의한다. 끝으로 유체 유동에서 지배적인 역할을 하는 상태량인 점성에 대해서 논의하며 표면장력을 소개한다.

독자들이 환상적인 유체역학의 세계로 들어온 것을 환영하는 Cimbala 교수와 그가 생성한 열 플룸을 보여 주는 schlieren 영상.

Michael J. Hargather and Brent A. Craven, Penn State Gas Dynamics Lab. Used by Premission.

그림 1-1
유체역학은 정지해 있거나 또는 운동 중인 액체와 기체를 다룬다.
ⓒ *D. Falconer/PhotoLink/Getty. RF*

1-1 서론

역학(mechanics)이란 힘의 영향 아래 정지하고 있거나 운동 중인 물체를 다루는 가장 오래된 물리적 과학이다. 정지하고 있는 물체를 다루는 역학의 갈래를 **정역학(statics)**이라고 하는 반면에 운동 중에 있는 물체를 다루는 갈래는 **동역학(dynamics)**이라고 한다. 소분류인 **유체역학(fluid mechanics)**은 정지 상태에 있거나(**유체 정역학**) 또는 운동 중인(**유체 동역학**) 유체의 거동과, 유체가 고체 또는 다른 유체와 만나는 경계에서 상호작용을 다루는 과학으로 정의된다. 유체역학은 또한 정지 상태의 유체를 영의 속도를 갖는 운동의 특수한 경우로 간주함으로써 **유체 동역학(fluid dynamics)**이라고도 한다(그림 1-1).

유체역학 그 자체로도 또한 몇 가지 범주로 나누어지기도 한다. 비압축성으로 근사될 수 있는 유체(특히 물과 같은 액체와 저속의 기체)의 운동에 대한 연구는 통상적으로 **수역학(hydrodynamics)**이라고 한다. 수역학의 소분류로 **수리학(hydraulics)**이 있으며 이는 파이프와 개수로에 흐르는 액체 유동을 다룬다. **기체역학(gas dynamics)**은 노즐을 통해 고속으로 흐르는 기체 유동과 같이 큰 밀도 변화를 거치는 유체 유동을 다룬다. **공기역학(aerodynamics)**의 범주는 고속 또는 저속에서 항공기, 로켓, 자동차와 같은 물체 위의 기체(특히 공기) 유동을 다룬다. **기상학(meteorology)**, **해양학(oceanography)**, **수문학(hydrology)**과 같은 몇몇 다른 특수한 범주는 자연적으로 발생하는 유동을 다룬다.

유체란 무엇인가?

독자들은 물리학으로부터 물질은 고체, 액체, 기체의 세 가지 주된 상(phase)으로 존재한다는 사실을 기억할 것이다[매우 높은 온도에서 물질은 또한 플라스마로도 존재한다]. 액체 또는 기체 상의 물질을 가리켜 **유체(fluid)**라고 한다. 고체와 유체는 물질의 모양을 변형시키려고 가해진 전단(또는 접선방향)응력에 저항하는 물질의 능력을 바탕으로 구분된다. 고체는 변형을 통해 전단응력에 저항할 수 있는 반면에, **유체는** 아무리 작더라도 **전단응력의 영향 아래 연속적으로 변형한다**. 고체에서 응력은 **변형량(strain)**에 비례하지만, 유체에서 응력은 **변형률(strain rate)**에 비례한다. 일정한 전단력이 적용될 때, 고체는 결국 어떤 정해진 변형각에서 변형을 멈추지만, 유체는 변형을 멈추지 않고 어떤 변형률로 접근해 간다.

두 개의 판 사이에 밀착된 직육면체 고무 토막을 고려해 보자. 아래판이 고정되어 있는 동안, 위판이 힘 F로 당겨짐에 따라 고무 토막은 그림 1-2와 같이 변형한다. 변형각(**전단변형량** 또는 **각변위**라 불리는) α는 가해진 힘 F에 비례하여 증가한다. 고무와 판 사이에 미끄러짐이 없다고 가정하면, 아래 표면이 정지해 있는 동안 고무의 윗면은 위판의 변위와 같은 크기만큼 이동한다. 평형 상태에서 수평방향으로 판에 작용하는 순수 힘은 영이어야 하고, 따라서 F와 반대방향이며, 크기가 같은 힘이 판에 작용하여야만 한다. 이 반대방향 힘은 마찰에 의해서 판-고무 계면에 발달하며, $F = \tau A$로 표현된다. 여기서 τ는 전단응력이고, A는 위판과 고무 사이의 접촉 면적이다. 힘이 제거되면 고무는 원래의 위치로 돌아간다. 이 현상은 적용된 힘이 탄성

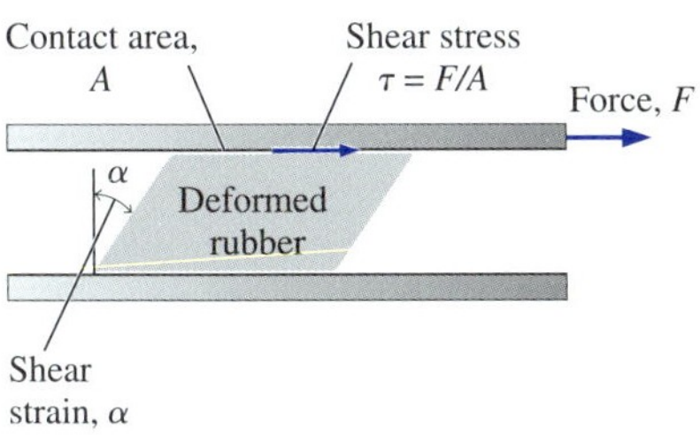

그림 1-2
전단력의 존재하에 두 개의 평행판 사이에 놓인 고무 토막의 변형. 전단응력을 보면 고무 위에 작용하고, 크기는 같지만 반대방향으로 위판에도 작용한다.

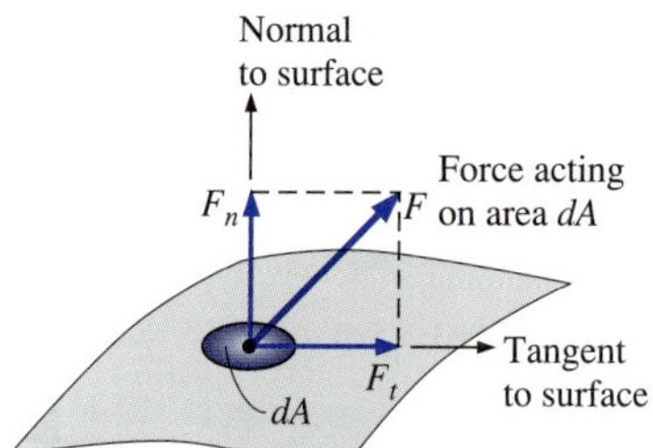

$$\text{Normal stress: } \sigma = \frac{F_n}{dA}$$

$$\text{Shear stress: } \tau = \frac{F_t}{dA}$$

그림 1-3
유체 요소 표면에서 수직응력과 전단응력. 정지 유체에 대하여 전단응력은 영이며, 압력은 유일한 수직응력이다.

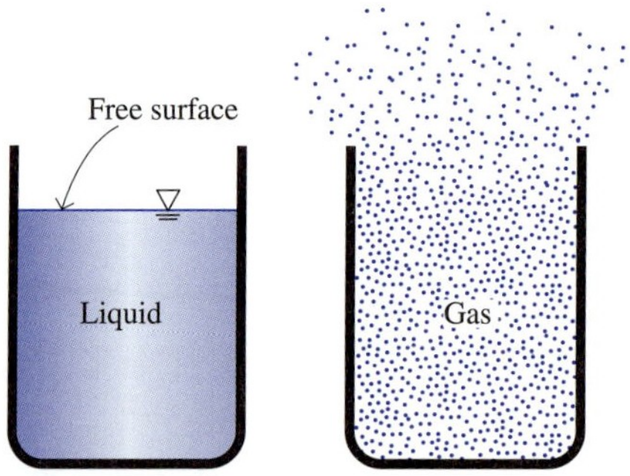

그림 1-4
액체와 달리, 기체는 자유표면을 형성하지 않고, 이용 가능한 공간 전체를 채우도록 팽창한다.

영역을 초과하지 않는 한 강철 토막과 같은 다른 고체에서도 관찰될 수 있다. 이 실험이 유체에 대하여 반복될 경우(예를 들면, 많은 양의 물속에 놓인 두 개의 큰 평행판), 힘 F가 아무리 작더라도 위판과 접촉하는 유체층은 판과 함께 판의 속도로 연속적으로 움직일 것이다. 유체 속도는 유체층 사이의 마찰로 인하여 아래판에서 영이 되기까지 깊이에 따라 감소한다.

독자들은 정역학으로부터 **응력(stress)**은 단위 면적당 힘으로 정의되고, 힘을 그 힘이 작용하는 면적으로 나눔으로써 결정된다는 사실을 기억할 것이다. 표면에 작용하는 단위 면적당 힘의 수직 성분은 **수직응력(normal stress)**이라 하며, 표면에 작용하는 단위 면적당 힘의 접선 성분은 **전단응력(shear stress)**이라고 한다(그림 1-3). 정지 상태의 유체에서 수직응력은 **압력(pressure)**이라고 한다. 정지 상태의 유체는 영의 전단응력 상태에 있다. 벽이 제거되거나 또는 액체 용기가 기울어질 때, 자유표면이 수평이 되기 위해 액체가 운동하게 됨에 따라 전단응력이 발달하게 된다.

액체에 있어서 분자의 집단은 서로 상대적으로 운동할 수 있으나, 분자 간의 강한 응집력 때문에 부피는 거의 일정하게 유지된다. 그 결과로 액체는 그 액체가 담긴 용기의 모양을 취하고, 중력장에 놓여 있는 큰 용기 내에서는 자유표면을 형성한다. 반면에 기체는 용기의 벽면에 마주칠 때까지 팽창하고 가용한 공간 전체를 채운다. 이는 기체 분자들이 넓게 분포하고 분자 간의 응집력이 매우 작기 때문이다. 개방된 용기에 들어 있는 기체는 액체와 달리 자유표면을 형성할 수 없다(그림 1-4).

유체역학의 응용분야

유체역학은 진공청소기로부터 초음속 항공기까지 일상적 활동과 현대식 공학 시스템의 설계 모두에서 광범위하게 사용되므로, 유체역학의 기본 원리에 대하여 충실히 이해하는 것은 중요하다. 예를 들어, 유체역학은 인체에서 매우 중요한 역할을 한다. 심장은 연속적으로 피를 동맥과 정맥을 통해 인체의 모든 부분으로 뿜어내며, 폐

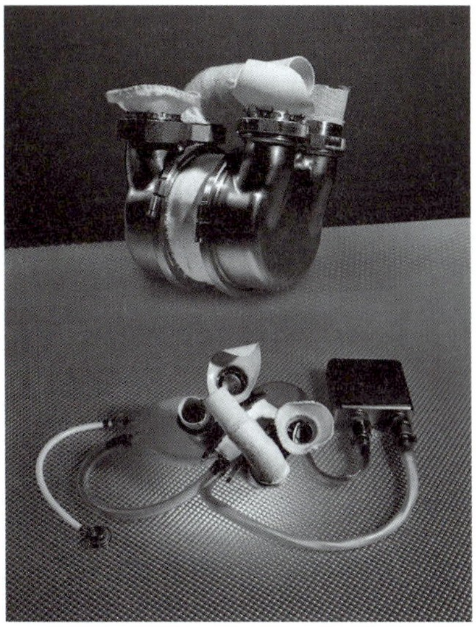

그림 1-5
유체역학은 인공 심장의 설계에 널리 이용된다. 여기에 나타낸 것은 Penn State Electric Total Artificial Heart이다.

Photo courtesy of the Biomedical Photography Lab. Penn state Biomedical Engineering Institute. Used by permission.

는 들고나는 공기 유동의 현장이다. 모든 인공 심장, 호흡 장치와 투석 시스템은 유체역학을 이용하여 설계된다(그림 1-5).

어떤 측면에서 보면, 하나의 평범한 주택은 유체역학의 응용으로 가득 찬 전시장이라고 할 수 있다. 개별 가정과 도시 전체를 위한 물, 천연 가스와 하수의 배관 시스템은 주로 유체역학의 기초 위에 설계된다. 똑같은 사실이 난방과 공기 조화 시스템의 배관과 덕트의 연결망에도 적용된다. 냉장고는 냉매가 흐르는 튜브, 냉매를 가압하는 압축기와 냉매가 열을 흡수하고 방출하는 두 개의 열교환기를 포함한다. 유체역학은 이 모든 부품들의 설계에서 주된 역할을 담당한다. 일반적인 수도꼭지의 조작조차 유체역학에 기초한다.

자동차에도 유체역학의 수많은 응용 사례가 있다. 연료 탱크로부터 실린더에 이르기까지 연료의 수송 — 연료선, 연료 펌프, 연료 분사기 또는 카뷰레터 — 뿐만 아니라 실린더 내에서 연료와 공기의 혼합과 배기 파이프 내에서 연소 가스의 소기에 관련된 모든 부품들은 유체역학을 이용하여 해석된다. 유체역학은 또한 난방과 공기 조화 시스템, 유압 브레이크, 동력 조향 장치, 자동 변속기, 윤활 시스템, 라디에이터, 물 펌프를 포함하는 엔진 블록의 냉각 계통과 타이어까지 설계에 이용된다. 최신 모델 자동차의 매끈한 유선형 모양은 표면 위의 유동에 대한 광범위한 해석을 이용하여 항력을 최소화하기 위한 노력의 결과이다.

보다 폭넓은 규모에서, 유체역학은 항공기, 보트, 잠수함, 로켓, 제트 엔진, 풍력 터빈, 생의학 장치, 전자 부품의 냉각 시스템과 물, 원유, 천연 가스의 수송 시스템에 관한 설계와 해석에서 중요한 역할을 담당한다. 바람에 의한 하중을 구조물이 지탱할 수 있는가를 확인하기 위해 건물, 교량과 심지어 광고 게시판의 설계에도 유체역학이 고려된다. 강수 주기, 날씨 패턴, 나무 꼭대기까지 지하수 상승, 바람, 해양 파도, 해양 조류와 같은 수많은 자연 현상도 역시 유체역학의 원리에 의해 지배된다(그림 1-6).

1-2 유체역학의 역사[1]

도시가 발달됨에 따라 인류가 마주친 최초의 공학적 과제는 가정에 사용할 물과 농작물을 위한 관개용수의 공급이었다. 도시의 생활양식은 풍부한 물이 공급됨으로써 유지될 수 있으며, 고고학으로부터 모든 성공적인 선사 문명은 물 시스템의 건설과 유지에 투자하였다는 사실은 명확하다. 일부분이 아직도 사용되고 있는 로마 수로관은 가장 잘 알려진 예이다. 그러나 기술적 관점에서 볼 때 가장 인상적인 공학 기술은 아마도 지금의 터키에 있는 Pergamon의 그리스계 도시에서 수행된 것일 것이다. 기원전 283년부터 133년까지 그들은 납과 진흙으로 된 일련의 가압 파이프 라인(그림 1-7)을 설치하였다. 이는 45 km의 길이에 달하며 1.7 MPa (180 m의 수두)을 초과하는 압력하에 작동되었다. 불행히도 초기의 설치자들 거의 대부분의 이름은 역사 속에 잊혀졌다.

[1] 이 절은 Oklahoma State 대학의 Glenn Brown 교수가 기고한 것이다.

자연 유동과 날씨
ⓒ *Glen Allison/Betty RF*

보트
ⓒ *Doug Menuez/Getty RF*

비행기와 우주선
ⓒ *Photo Link/Getty RF*

발전소
ⓒ *Mark Evans/Getty RF*

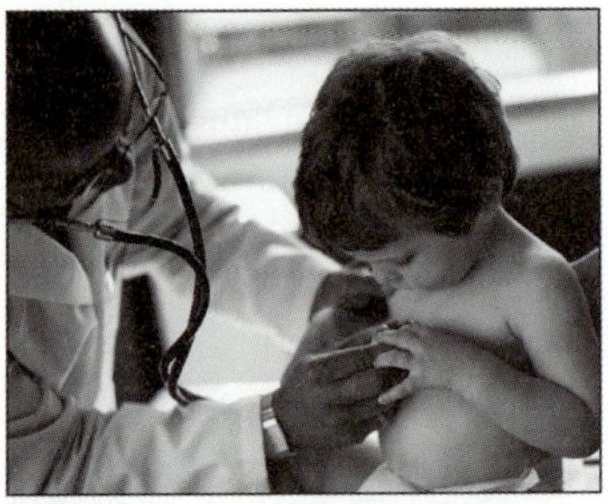

인체
ⓒ *Ryan McVay/Getty RF*

자동차
ⓒ *Malcom Fife/Getty RF*

풍력 터빈
ⓒ *F. Schussler/PhotoLink/Getty RF*

배관 시스템
Photo by John M. Cimbala.

산업 시설
Digital Vision/PhotoStock

그림 1-6
유체역학의 일부 응용분야.

유체역학 이론에 대하여 가장 초기로 인정받는 공헌은 그리스 수학자 Archimedes (285-212 BC)에 의한 것이다. 그는 Hiero 1세 왕의 왕관의 금 함유량을 결정하기 위한 역사상 최초의 비파괴검사에서 부력 원리를 수식화하고 적용하였다. 로마인들은 거대한 수로를 건설하고 깨끗한 물이 주는 이득에 대해 많은 피정복자들을 교육하였으나, 전반적으로 유체 이론에 대해 잘 이해하지는 못하였다(아마도 Syracuse를 약탈했을 때 Archimedes를 죽이지 말아야 했을 것이다).

중세 시대 동안 유체 기계의 응용은 느리지만 꾸준히 확대되어 나갔다. 정교한 피스톤 펌프가 광산의 물을 퍼내기 위해 개발되었고, 곡식을 빻고, 금속을 단조하고, 그리고 다른 일들을 수행하도록 물레방아와 풍차가 완성되었다. 인류 역사상 최초로 사람이나 동물로부터 나오는 근육의 힘이 없이도 중대한 일이 수행되었으며, 일반적으로 이러한 발명들이 후대의 산업혁명을 가능하게 하였다고 믿어진다. 이 대부분의 발명에 대한 창안자들은 알려져 있지 않지만, 그 장치들 자체는 Georgius Agricola와 같은 몇몇 기술 저술가에 의해 문서로 잘 정리되어 있다(그림 1-8).

르네상스는 유체 시스템과 기계들을 지속적으로 발전시켜 왔으나, 보다 중요한

그림 1-7
Pergamon 파이프 라인의 일부. 각 토관 단면은 직경이 13에서 18 cm이었다.
Courtesy Gunther Garbrecht. Used by permission.

그림 1-8
가역 수차 동력 장치에 의한 광산 기중기.
G. Agricola, De Re Metalica, *Basel, 1556.*

점은 과학적 방법이 완성되고 전 유럽에 걸쳐 채택되었다는 점이다. 정수압 분포와 진공을 연구함으로써 유체에 과학적 방법을 최초로 적용시킨 사람들 가운데에는 Simon Stevin(1548-1617), Galileo Galilei(1564-1642), Edme Mariotte(1620-1684), Evangelista Torricelli(1608-1647)가 있다. 이 연구는 탁월한 수학자이자 철학자인 Blaise Pascal(1623-1662)에 의해 통합되고 개선되었다. 이탈리아 수도승 Benedetto Castelli(1577-1644)는 유체에 대한 연속 원리의 서술을 발표한 최초의 사람이었다. 고체에 대한 운동 방정식을 수식화한 것 이외에, Isaac Newton 경(1643-1727)은 그의 법칙을 유체에 적용하였고, 유체 관성과 저항, 자유 제트 및 점성을 탐구하였다. 그런 노력 위에 스위스의 Daniel Bernoulli(1700-1782)와 그의 동료 Leonard Euler(1707-1783)는 새로운 노력을 더하였다. 그들은 공동 연구를 통해 에너지와 운동량 방정식을 정의하였다. Bernoulli의 1738년 고전적 논문 **Hydrodynamica**는 최초의 유체역학 교재로 간주된다. 끝으로, Jean d'Alembert(1717-1789)는 속도와 가속도 성분에 대한 개념, 연속식에 대한 미분 표현과 물체 주위의 정상 균일 운동에 대한 저항이 영이라는 그의 "역설"을 전개하였다.

18세기 말까지 유체역학 이론의 발달은 공학에 별로 영향을 미치지 못하였다. 이는 유체의 상태량과 매개변수들이 제대로 정량화되지 못했고, 대부분의 이론이 설계 목적으로 쓰기에는 정량화되기 힘든 추상적인 것이었기 때문이다. 이는 Riche de Prony(1755-1839)가 이끈 프랑스 공학학교의 발달과 함께 변하게 되었다. Prony(축 동력을 측정하기 위한 브레이크로 알려져 있는)와 파리에 있는 École Polytechnique과 École des Ponts et Chaussées의 그의 동료들이 최초로 공학 교과과정에 미적분학과 과학 이론을 통합시켰으며, 이것이 나머지 세계 전체에 대한 모델이 되었다(이제야 여러 독자들은 고통스런 신입생 시절에 대해 누구를 비난해야 할지 알 것이다). Antonie Chezy(1718-1798), Louis Navier(1785-1836), Gaspard Coriolis (1792-1843), Henry Darcy(1803-1858)를 비롯한 유체 공학과 이론에 공헌한 많은 사람들은 그 학교들의 학생 그리고/또는 교수였다.

19세기 중반에 들어 여러 방면에서 근본적으로 진보하게 되었다. 의사인 Jean Poiseuille(1799-1869)은 다양한 유체들에 대해 모세관 내의 유동을 정밀하게 측정하였고, 반면에 독일인 Gotthilf Hagen(1797-1884)은 파이프 내에서 층류와 난류 사이의 차이를 구별하였다. 영국에서는 Osborne Reynolds 경(1842-1912)이 그 연구를 계속하였고(그림 1-9), 그의 이름을 딴 무차원 수를 개발하였다. 유사하게, Navier의 초

그림 1-9
1975년에 Manchester 대학에서 John Lienhard에 의해 운전 중인, 파이프 내에서 난류의 발현을 보여 주는 Osborne Reynolds의 원래 장치.
Photo courtesy of John Lienhard, University of Houston. Used by permission.

기 연구와 병행하여, George Stokes(1819-1903)는 그들의 이름이 붙은 마찰을 갖는 유체 운동의 일반 방정식을 완성하였다. William Froude(1810-1879)는 거의 혼자서 물리적 모델 실험의 절차를 개발하고 그 가치를 증명하였다. 미국의 전문 기술은 James Francis(1815-1892)와 Lester Pelton(1829-1908)의 터빈에 있어서 선구자적 업적과 Clemens Herschel(1842-1930)의 벤투리 미터 발명에 의해 증명된 것처럼 유럽의 기술과 대등하게 되었다.

19세기 후반에는 Reynolds와 Stokes에 더하여 William Thomson, Lord Kelvin (1824-1907), William Strutt, Lord Rayleigh(1842-1919)와 Horace Lamb 경(1849-1934)을 포함한 아일랜드와 영국의 과학자들에 의해 유체 이론에 많은 괄목할 만한 공헌이 이루어졌다. 이들은 차원해석, 비회전 유동, 와류 운동, 공동현상과 파동을 포함한 많은 문제들을 연구하였다. 넓은 의미에서, 그들의 연구는 유체역학, 열역학과 열전달 사이의 연관성을 탐구하는 것이었다.

20세기의 시작은 두 개의 기념비적 발전을 가져왔다. 첫 번째로, 1903년에 독학의 Wright 형제(Wilbur, 1867-1912, Orville, 1871-1948)는 이론의 응용과 확실한 실험을 통하여 비행기를 발명하였다. 그들의 최초의 발명은 완벽하였으며, 현대식 비행기의 모든 주요 양상들을 포함하였다(그림 1-10). Navier-Stokes 방정식은 풀기가 너무 어려웠기 때문에 이때까지 거의 쓸모가 없었다. 1904년의 선구자적 논문에서, 독일인 Ludwig Prandtl(1875-1953)은 유체 유동을, 벽면 근처의 마찰 효과가 중요한 **경계층**과 이러한 효과를 무시할 수 있으며 단순화된 Euler와 Bernoulli 방정식을 적용할 수 있는 외층으로 구분할 수 있다는 것을 보여 주었다. 그의 제자들인 Theodor von Kármán(1881-1963), Paul Blasius(1883-1970), Johann Nikuradse(1894-1979) 등은 그 이론에 기초하여 수리학과 공기역학적 응용에 대한 연구를 발전시켰다(제2차 세계 대전 중에, Prandtl은 독일에 잔류하였고, 반면에 그의 수제자인 헝가리 태생의 Theodor von Kármán은 미국에서 일함으로써 양쪽 모두가 그 이론으로부터 득을 보았다).

그림 1-10
Wright 형제가 Kitty Hawk에서 비행하고 있다.

Library of Congress Prints & Photographs Division [LC-DIG-ppprs-00626]

20세기 중반은 유체역학의 응용에 있어 황금기로 간주될 수 있다. 기존 이론들이 그 당시 수행 중에 있던 업무에 적합하였고, 유체의 상태량과 매개변수들도 잘 정의되어 있었다. 이들이 항공학, 화학, 산업과 수자원 분야를 대규모로 확장하게 하였으며, 또한 이들 각각은 유체역학을 새로운 방향으로 나아가게 하였다. 20세기 후반의 유체역학 연구와 업무는 미국에서 개발한 디지털 컴퓨터에 의해 주도되었다. 지구 기후 모델링과 같이 대규모의 복잡한 문제를 풀 수 있는 또는 터빈 블레이드 설계를 최적화시키는 능력은 18세기의 유체역학 개발자들이 상상조차 할 수 없었던 이익을 사회에 주고 있다(그림 1-11). 앞으로 제시되는 원리들은 미시적 규모의 한 순간으로부터 하천 유역 전체에 대한 50년 동안의 모사 실험에 이르기까지 광범위한 유동에 적용되어 왔다. 이는 정말로 믿을 수 없도록 놀라운 것이다.

그림 1-11
Oklahoma 주 Woodward 북쪽의 구형과 신형 풍력 터빈 기술. 현대식 터빈은 1.6 MW의 용량을 갖고 있다.

Photo courtesy of the Oklahoma Wind Power Initiative. Used by pemission.

1-3 점착 조건

정지해 있는 파이프 내의 또는 기공이 없는(즉, 유체가 침투할 수 없는) 고체 표면

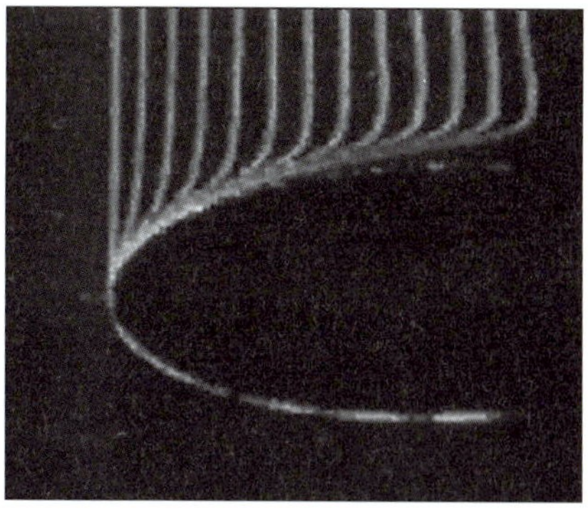

그림 1-12
뭉툭한 앞부분 위로 유체가 흐를 때 점착 조건에 기인한 속도 분포의 발달.
"Hunter Rouse: Laminar and Turbulent Flow Film." Copyright IIHR-Hydroscience & Engineering, The University of Iowa. Used by permission.

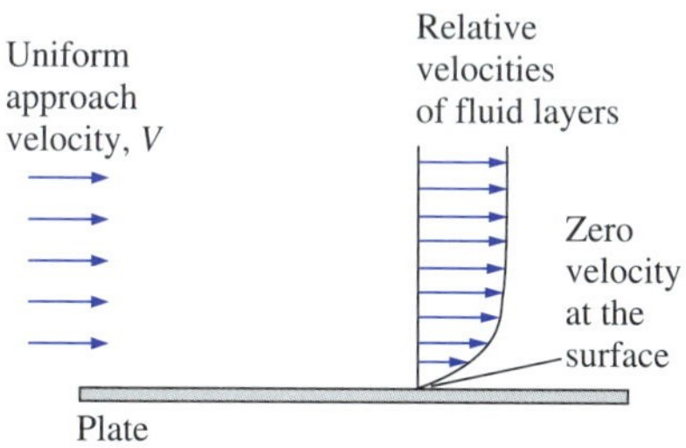

그림 1-13
정지해 있는 표면 위를 흐르는 유체는 점착 조건 때문에 고체 표면에서 완전히 멈춰 서게 된다.

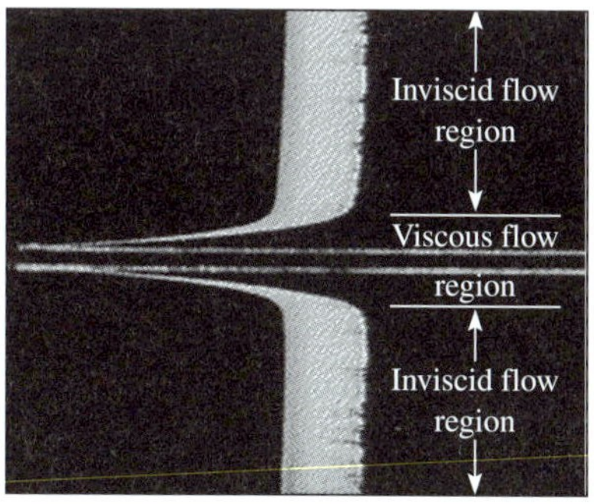

그림 1-14
평판 위로 원래는 균일 유체 흐름이었던 유동. 그리고 점성 유동 영역(판에 아래위쪽으로 인접한)과 비점성 유동 영역(판으로부터 멀리 떨어진).
Fundamentals of Boundary Layers, National Committee from Fluid Mechanics Films, ⓒ Education Development Center.

위의 유체 유동을 고려해 보자. 모든 실험적 관찰은 운동 중인 유체는 표면에서 완전히 멈춰 서게 되고, 그 표면에 대해 상대적으로 영의 속도를 가짐을 보인다. 즉, 고체와 직접 접촉하고 있는 유체는 그 표면에 "달라붙게"되어 미끄러짐이 없게 된다. 이는 **점착 조건(no-slip condition)**으로 알려져 있다. 점착 조건과 경계층의 발달에 관련된 유체 상태량은 **점성(viscosity)**이며, 이는 뒤에서 논의된다.

그림 1-12의 사진은 뭉툭한 앞부분의 표면에 유체가 점착한 결과로 속도구배가 발달하는 과정을 분명하게 보여 준다. 표면에 점착한 층은 유체의 층들 사이의 점성력 때문에 인접한 유체층의 속도를 늦추며, 이는 다시 그 다음 층의 속도를 늦추는 식이다. 점착 조건의 한 가지 결과는 모든 속도 분포들이 유체와 고체면 사이의 접촉점에서 표면에 대해 영의 값을 가져야 한다는 것이다(그림 1-13). 따라서 점착 조건이 속도 분포 발달의 원인이 된다. 점성 효과(그리고 따라서 속도구배)가 중요시되는 벽면에 인접한 유동 지역을 **경계층(boundary layer)**이라고 한다. 점착 조건의 또 다른 결과는 **표면항력(surface drag)** 또는 **표면마찰항력(skin friction drag)**이며, 이는 유체가 유동방향으로 표면에 작용하는 힘이다.

1-4 유체 유동의 분류

앞에서 **유체역학**은 정지 또는 운동 중인 유체의 거동을 다루고, 고체 또는 다른 유체와의 경계에서 유체의 상호작용을 다루는 과학으로 정의하였다. 실제 접하게 되는 유체 유동 문제들은 매우 다양하며, 따라서 이들을 집단으로 묶어 연구할 수 있도록 어떤 공통적인 특성을 바탕으로 분류하는 것이 편리하다. 유체 유동 문제를 분류하는 많은 방법이 있으며, 여기서는 몇몇 일반적인 범주를 제시한다.

점성 대 비점성 유동 영역

두 개의 유체층이 서로 상대 운동할 때, 이들 유체층 사이에 마찰력이 발달되고 속도가 늦은 층이 빠른 층을 늦추려고 한다. 이 유동에 대한 내부 저항은 유체의 상태량인 **점성**에 의해 정량화되며, 이는 유체의 내부 점착도의 척도이다. 점성은 액체의 경우 분자 간의 응집력에 기인하고, 기체의 경우 분자 간의 충돌에 기인한다. 점성이 영(zero)인 유체는 없으며, 따라서 모든 유체 유동은 어느 정도 점성 효과를 가진다. 마찰 효과가 중요한 유동은 **점성 유동(viscous flow)**이라고 한다. 그러나 많은 실제 유동에는 관성력이나 압력에 비교하여 점성력이 무시할 수 있을 정도로 작은 **영역**(대표적으로 고체 면에 근접하지 않은 영역)이 존재한다. 이와 같은 **비점성 유동 영역(inviscid flow region)**에서는 점성 항을 무시하여도 정확도의 큰 손실 없이 해석을 매우 단순화할 수 있다.

그림 1-14은 균일 속도의 유체 흐름 속에 평판을 평행하게 삽입한 결과에 따른 유동의 점성 및 비점성 영역의 발달을 나타낸다. 점착 조건으로 인하여 유체는 판의 양쪽에 달라붙게 되고, 판의 표면 근처에 점성 효과가 중대한 얇은 경계층이 **점성 유동 영역**이다. 판으로부터 양쪽으로 멀리 떨어지고 판의 존재에 의해 영향을 받지 않는 유동 영역은 **비점성 유동 영역**이다.

내부 대 외부 유동

유체가 한정된 통로 안으로 또는 어떤 표면 위로 흐르는가에 따라 유체 유동은 내부 또는 외부 유동으로 분류된다. 판, 와이어, 파이프와 같은 표면 위의 제한되지 않은 유동은 **외부 유동**이다. 만약 유체가 완전히 고체 면으로 둘러싸인 파이프나 덕트 내로 흐른다면 그 유동은 **내부 유동**이다. 예를 들면, 파이프 내 물의 유동은 내부 유동이고, 바람 부는 날에 둥근 공 또는 노출된 파이프 위의 공기 유동은 외부 유동이다(그림 1-15). 덕트의 일부만 액체로 채워져 있고 자유표면이 존재한다면, 이러한 덕트 내의 액체 유동을 **개수로 유동**이라고 한다. 강이나 관개수로 내의 물의 유동은 이러한 유동의 예이다.

내부 유동에서는 점성의 영향이 유동장 전체를 지배한다. 외부 유동에서 점성 효과는 고체 면 근처의 경계층과 물체 하류의 후류 영역에 국한된다.

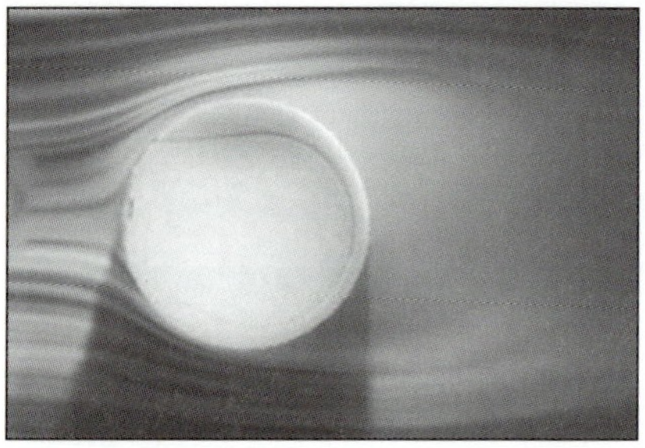

그림 1-15
테니스 공 위의 외부 유동과 그 뒤의 난류 후류 영역.
Courtesy NASA and Cislunar Aerospace, Inc.

압축성 대 비압축성 유동

유동 중에 있는 유체의 밀도 변화 정도에 따라 유동은 **압축성** 또는 **비압축성**으로 분류된다. 비압축성은 하나의 근사이며, 만약 밀도가 전체적으로 거의 일정하게 유지된다면 그 유동은 **비압축성**이라고 한다. 그러므로 유동이 비압축성으로 근사될 때 유체 모든 부분의 부피는 운동하는 과정에 걸쳐 변하지 않는다.

액체의 밀도는 본질적으로 일정하고, 따라서 액체 유동은 전형적으로 비압축성이다. 그러므로 액체는 보통 **비압축성 물질**로 간주된다. 예를 들면, 210기압의 압력은 1기압하의 액체 상태 물의 밀도를 겨우 1퍼센트 변하게 한다. 반면에 기체는 매우 압축성이 높다. 예를 들면, 단지 0.01기압의 압력 변화도 대기의 밀도를 1퍼센트 변하게 한다.

로켓, 우주선과 고속의 기체 유동이 관련되는 다른 시스템을 해석할 때, 유동 속도는 종종 다음과 같은 무차원 수인 **Mach 수**로 표현된다.

$$\text{Ma} = \frac{V}{c} = \frac{\text{유동의 속도}}{\text{소리의 속도}}$$

여기서 c는 **음속**으로, 해수면에서 실온 상태하의 공기에서는 346 m/s의 값을 갖는다.

액체 유동은 높은 수준의 정확도로 비압축성이다. 그러나 기체 유동에서 밀도 변화의 수준과 기체 유동을 비압축성 모델로 다루는 데 따르는 근사의 수준은 Mach 수에 의존한다. 기체 유동은 종종 약 5퍼센트 이하의 밀도 변화라면 비압축성으로 근사계산될 수 있으며, 이는 보통 $\text{Ma} < 0.3$일 경우이다. 그러므로 실온에서 공기의 압축성 효과는 속도가 약 100 m/s 이하에서 무시될 수 있다.

큰 압력 변화에 상응하는 액체의 작은 밀도 변화는 여전히 중요한 결과를 초래할 수 있다. 예를 들면, 물 파이프 내에서 문제되는 "수격 현상(water hammer)"은 밸브를 갑자기 닫을 때 뒤따르는 압력파의 반사에 의해 발생하는 파이프의 진동 때문에 일어난다.

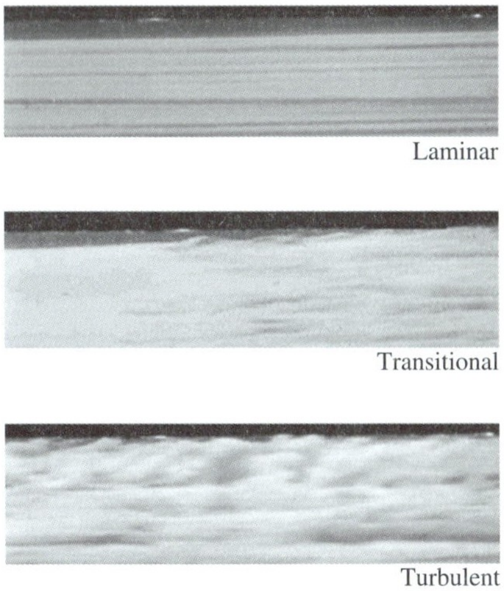

그림 1-16
평판 위에서 층류, 천이와 난류 유동.
Courtesy ONERA, photograph by Werlé.

층류 대 난류 유동

어떤 유동은 부드럽고 질서정연한 반면에, 다른 유동은 상당히 무질서하다. 유체의 매끄러운 층들로 특징지어지는 매우 질서정연한 유체 운동을 **층류**라고 한다. **층류**(laminar)라는 단어는 "얇은 층으로 층층이" 함께 쌓인 인접한 유체 입자들의 운동으로부터 유래되었다. 저속에서 기름과 같은 고점성 유체의 유동은 전형적으로 층류이다. 일반적으로 고속에서 발생하고 속도 변동으로 특징지어지는 매우 불규칙한 유체 운동을 **난류(turbulent)**라고 한다(그림 1-16). 공기와 같은 저점성 유체의 고속에서 유동은 전형적으로 난류이다. 층류와 난류 사이에서 교대로 변하는 유동은 **천이(transitional)** 유동이라고 한다. 1880년대에 Osborne Reynolds에 의해 수행된 실험 결과로 무차원 **Reynolds 수, Re**가 파이프 내의 유동 영역을 결정하기 위한 핵심 매개변수라는 사실이 정립되었다.

자연(또는 비강제) 대 강제 유동

유체 유동은 유체 운동이 어떻게 시작되었는가에 따라 자연 유동 또는 강제 유동으로 불린다. **강제 유동**에서는 유체는 펌프나 팬과 같은 외부 수단에 의해 표면 위로 또는 파이프 내로 강제로 흐르도록 되어 있다. **자연 유동**에서는 모든 유체 운동은 부력 효과와 같은 자연적 수단에 기인한다. 이는 더운(따라서 가벼운) 유체가 상승하며 차가운(따라서 밀도가 높은) 유체가 하강하는 유동으로부터 명백하다(그림 1-17). 예를 들면, 태양 열수 시스템에서 열 사이펀 효과는 통상적으로 물탱크를 태양광 집광기보다 충분히 높게 위치시킴으로써 펌프를 대체하기 위해 이용된다.

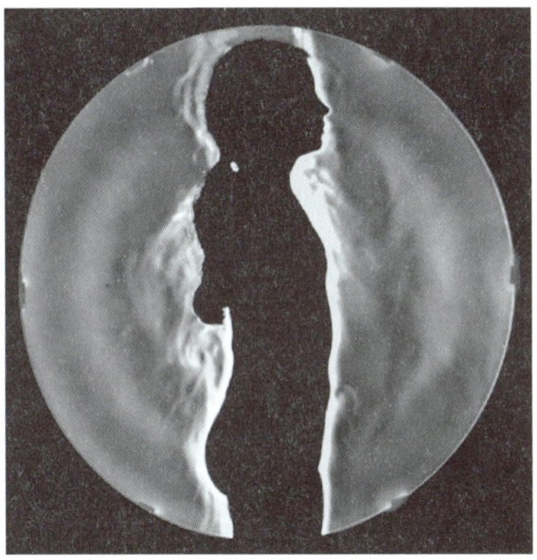

그림 1-17
수영복 차림 소녀의 schlieren 영상에서, 신체에 근접한 가볍고 더운 공기의 상승은 인간과 온혈 동물들이 상승하는 더운 공기의 열 플룸(plume)에 의해 둘러싸여 있음을 보여 준다.
G. S. Settles, Gas Dynamics Lab, Penn State University. Used by permission.

정상 대 비정상 유동

정상과 **균일**이라는 용어들은 공학에서 자주 사용되며, 따라서 이들의 의미를 분명히 이해하는 것은 중요하다. **정상(steady)**이라는 용어는 **한 점에서 시간에 따른 상태량, 속도, 온도 등의 변화가 없음**을 의미한다. 정상의 반대는 **비정상(unsteady)**이다. **균일(uniform)**이라는 용어는 규정된 영역 전체에 대해 **위치에 따른 변화가 없음**을 의미한다. 이러한 의미들은 그 단어들의 일상적인 용례와 일치한다.

비정상과 **과도(transient)**라는 용어들은 종종 서로 바꿔 사용되지만, 이들 용어는 동의어가 아니다. 유체역학에서 **비정상**은 정상이 아닌 모든 유동에 대해서 적용되는 가장 일반적인 용어이지만, **과도**는 발달하는 유동에 전형적으로 쓰인다. 예를 들면, 로켓 엔진이 점화될 때 엔진이 안정화되고 정상으로 운전될 때까지는 과도 효과(로켓 엔진 내부에서 압력이 축적되고, 유동이 가속되는 등)가 나타난다. **주기적(periodic)**이라는 용어는 정상적 평균(steady mean)을 기준으로 유동이 진동하는 일종의 비정상 유동을 가리킨다.

터빈, 압축기, 보일러, 응축기, 열교환기와 같은 많은 장치들이 동일한 조건하에서 장시간 운전될 경우, 이들은 **정상 유동 장치**로 분류된다(터보기계의 회전 블레이드 근처 유동장은 물론 비정상이지만, 장치들을 분류할 때 어떤 국부적인 곳에서 세부 사항보다는 전체적인 유동장을 고려함을 주의하라). 정상 유동 중에 유체의 상태

(a) (b)

그림 1-18
(*a*) 비정상 유동의 순간 정지 사진, (*b*) 동일한 유동에 대한 장시간 노출 사진의 비교.
Photos by Eric A. Paterson. Used by permission.

량들은 장치 내에서 위치에 따라 변할 수 있지만, 이들은 한 고정점에서는 일정하게 유지된다. 그러므로 정상 유동 장치 또는 유동 단면의 부피, 질량, 총 에너지량은 정상 운전에서는 일정하게 유지된다. 간단한 비유를 그림 1-18에 나타내었다.

유체 유동에 대한 멋있는 가시화 사진들이 Milton Van Dyke(1982)의 책 **유체 운동 앨범(Album of Fluid Motion)**에 제공되어 있다. 이 책으로부터 인용한 그림 1-19는 비정상 유동장의 멋진 예를 보여 준다. 그림 1-19*a*는 고속 동영상으로부터의 순간 스냅 사진인데, 여기서 물체의 뭉툭한 기저로부터 크고, 교대로, 소용돌이치는 난류 에디(turbulent eddy)가 주기적으로 진동하는 후류 속으로 흘러 들어가는 것을 보이고 있다. 이 에디가 비정상 상태로 에어포일의 위쪽과 아래쪽 표면 위에서 교대로 상류쪽으로 이동하는 충격파를 만들어낸다. 그림 1-19*b*는 **동일한** 유동장을 보이고 있으나, 필름이 장시간 동안 노출되어 있어서 그 영상이 12주기에 걸쳐 시간평균된 것이다. 그 결과로 시간평균된 유동장은 장시간의 노출 속에서 비정상 진동의 세부 특성이 사라졌기 때문에 "정상"으로 보인다.

만약 엔지니어가 단지 유동장의 전반적인 상태량에만 관심이 있다면(시간평균된 항력계수, 평균 속도와 압력장과 같은), 그림 1-19*b*와 같은 시간평균된 기술이나, 시간평균된 실험 측정 또는 시간평균된 유동장의 해석적 혹은 수치적 계산으로 충분할 것이다.

1차원, 2차원, 3차원 유동

유동장은 속도 분포에 의해 가장 잘 특징지어지며, 따라서 만약 유동 속도가 한 개,

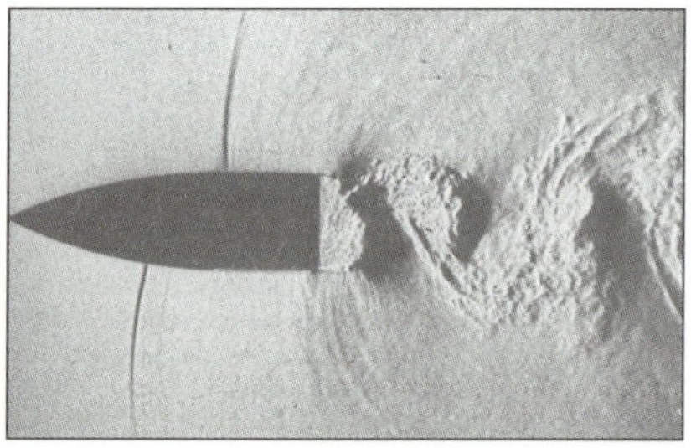

(a)

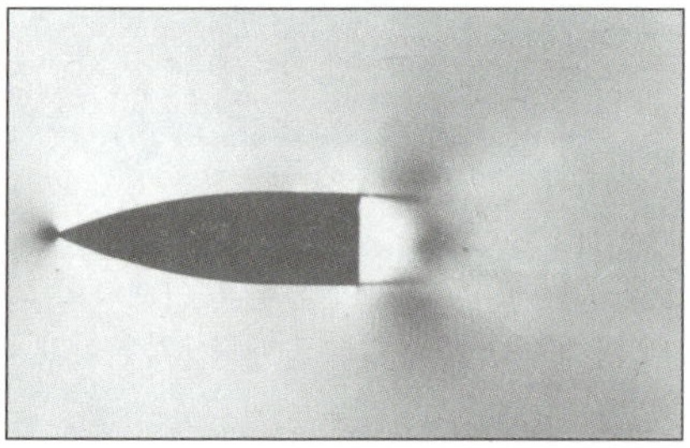

(b)

그림 1-19
Mach 수 0.6에서 뭉툭한 기저를 가진 에어포일의 진동하는 후류. 사진 (*a*)는 순간 영상이고, 반면에 사진 (*b*)는 장시간 노출된 (시간평균된) 영상이다.
(a) Dyment, A., Flodrops, J. P. & Gryson, P. 1982 in Flow Visualization II, *W. Merzkirch, ed., 331-336. Washington:* Hemisphere. *Used by permission of Arthur Dyment.*
(b) Dyment, A. & Gryson, P. 1978 in Inst. Mèc. Fluides Lille, *No. 78-5. Used by permission of Arthur Dyment.*

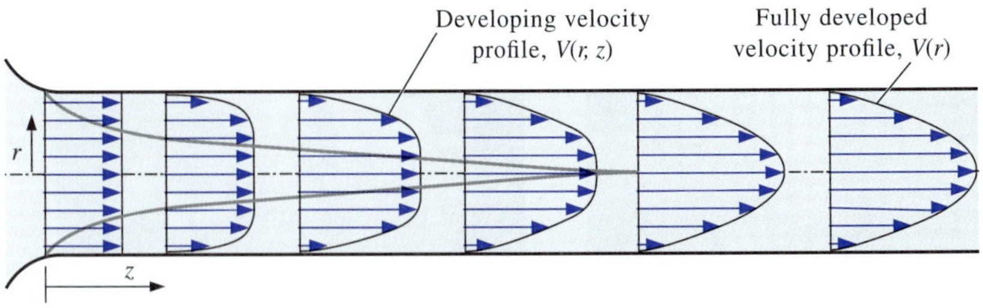

그림 1-20
원형 파이프에서 속도 분포의 발달. $V = V(r, z)$이고, 따라서 유동은 입구 영역에서 2차원이고, 하류에서 속도 분포가 완전히 발달되어 유동방향으로 변하지 않고 유지될 때 유동은 1차원, $V = V(r)$이 된다.

두 개, 세 개의 주요 차원에서 변할 경우 유동은 각각 1차원, 2차원, 3차원이라고 한다. 전형적인 유체 유동은 3차원의 기하학적 형상을 수반하고, 속도는 세 방향 모두에서 변할 수 있어서 유동이 3차원[직각좌표에서 $\vec{V}(x, y, z)$, 원통좌표에서 $\vec{V}(r, \theta, z)$]이 된다. 그러나 어떤 한 방향으로의 속도 변화는 다른 방향으로의 변화에 비해 상대적으로 작을 수 있으며, 사소한 오차로 무시할 수 있다. 이와 같은 경우 유동을 보다 용이하게 해석할 수 있도록 편의상 1차원 또는 2차원으로 모델링할 수 있다.

큰 탱크로부터 원형 파이프 속으로 들어가는 유체의 정상 유동을 고려해 보자. 점착 조건으로 인하여 파이프 표면 모든 곳에서 유체 속도는 영이고, 속도는 r과 z방향으로 변하고 θ 방향으로는 변하지 않으므로 파이프의 입구 영역 내에서 유동은 2차원이다. 입구로부터 일정 거리(그림 1-20에 보인 바와 같이 난류 유동에서 약 10 파이프 직경이고, 층류 파이프 유동에서는 이보다 작다) 이후에는 속도 분포가 완전히 발달되어 변하지 않는다. 이 영역의 유동을 **완전발달(fully developed)** 유동이라고 한다. 원형 파이프 내의 완전발달 유동은 **1차원**이다. 이는 그림 1-20에 보인 바와 같이 속도가 반경방향인 r방향으로는 변하지만, 회전각 방향인 θ 또는 축방향인 z방향으로는 변하지 않기 때문이다. 즉, 속도 분포는 축방향의 어떤 z 위치에서도 동일하며, 또한 파이프의 축에 대해 대칭이다.

그림 1-21
자동차 안테나 주위의 유동은 안테나의 위와 아래 근처를 제외하고 대략 2차원이다.

종횡비가 매우 크고 유동이 긴 쪽 차원을 따라 크게 변하지 않을 때 유동은 **2차원**으로 근사될 수 있다. 예를 들면, 자동차 안테나 주위의 공기 유동은 안테나의 끝부분을 제외하고 2차원으로 간주될 수 있으며, 이는 안테나의 길이가 직경에 비해 매우 크며, 안테나에 부딪치는 공기흐름이 상당히 균일하기 때문이다(그림 1-21).

1-5 시스템과 검사체적

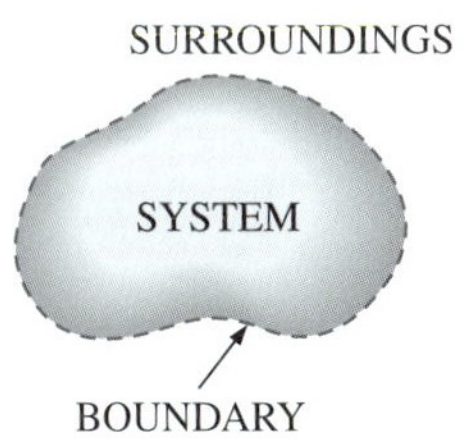

그림 1-22
시스템, 주위와 경계.

시스템(system)은 **연구를 위해 선정된 일정량의 질량 또는 공간 내의 영역**으로 정의된다. 시스템 밖의 질량 또는 영역은 **주위(surroundings)**라고 한다. 시스템을 시스템의 주위로부터 분리하는 실제 또는 가상의 표면을 **경계(boundary)**라고 한다(그림 1-22). 시스템의 경계는 **고정되거나** 또는 **움직일 수** 있다. 경계는 시스템과 주위 모두에 의해 공유되는 접촉 표면임을 주의하라. 수학적으로 말해서 경계는 두께가 영이다.

시스템은 연구를 위해 고정된 질량을 선정하는지 또는 공간 내의 부피를 선정하는지에 따라 **닫힌(closed)** 또는 **열린(open)** 시스템으로 고려할 수 있다. **닫힌 시스템**[또한 **검사질량(control mass)** 또는 문맥이 분명할 때는 간단히 **시스템**으로도 알려진]은 일정량의 질량으로 구성되고, 어떤 질량도 그 경계를 지나갈 수 없다. 그러나 열 또는 일의 형태인 에너지는 경계를 지나갈 수 있으며, 닫힌 시스템의 부피는 일정할 필요가 없다. 특수한 경우로서, 에너지조차도 경계를 지나가는 것이 허용되지 않는다면, 그 시스템은 **고립된 시스템**이라고 한다.

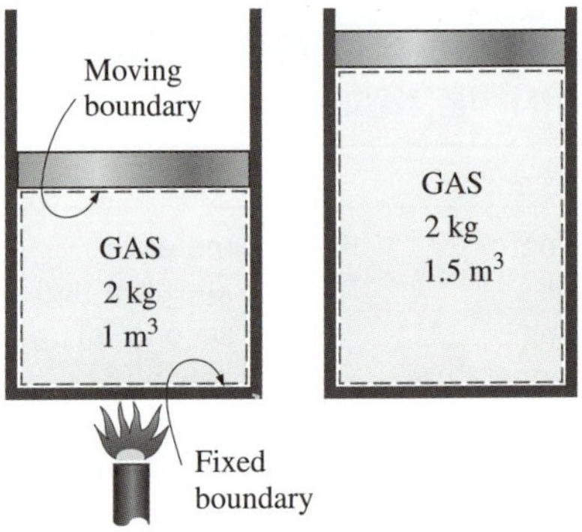

그림 1-23
움직이는 경계를 가진 닫힌 시스템.

그림 1-23에 보인 피스톤-실린더 장치를 고려해 보자. 갇혀 있는 기체가 가열될 때 무슨 일이 일어나는지 알고자 한다고 하자. 현재 관심의 초점이 기체이므로, 기체가 시스템이 된다. 피스톤과 실린더의 내부 표면이 경계가 되며, 이 경계를 어떤 질량도 지나갈 수 없으므로, 이는 닫힌 시스템이다. 에너지는 경계를 지나갈 수 있고, 경계의 일부분(여기서는 피스톤의 내부 표면)이 움직일 수 있음을 주목하라. 피스톤과 실린더를 포함하여 기체 밖의 모든 것은 주위이다.

종종 **검사체적(control volume)**이라고 하는 **열린 시스템**은 **공간 내에** 적절히 **선정된 영역**이다. 이는 압축기, 터빈, 노즐과 같이 질량 유동을 수반하는 장치를 통상적으로 포함한다. 이런 장치를 통하는 유동은 장치 내의 영역을 검사체적으로 선정함으로써 가장 잘 연구될 수 있다. 질량과 에너지는 모두 검사체적의 경계(**검사 표면**)를 지나갈 수 있다.

노즐의 경우와 같이, 검사체적은 그림 1-24에 보인 것처럼 크기나 모양이 고정될 수도 있고, 움직이는 경계를 포함할 수도 있다. 그러나 대부분의 검사체적은 고정된 경계를 가지며, 따라서 어떤 움직이는 경계도 포함하지 않는다. 질량의 상호작용과 더불어, 검사체적은 닫힌 시스템에서와 같이 열과 일의 상호작용을 수반하기도 한다.

1-6 차원과 단위의 중요성

모든 물리적인 양은 **차원**에 의해 특징지어질 수 있다. 차원에 할당된 크기는 **단위**라고 한다. 질량 m, 길이 L, 시간 t, 온도 T와 같은 몇몇 기초 차원은 **1차 차원(primary dimension)** 또는 **기본 차원**으로 선택되고, 반면에 속도 V, 에너지 E, 부피 V와 같은

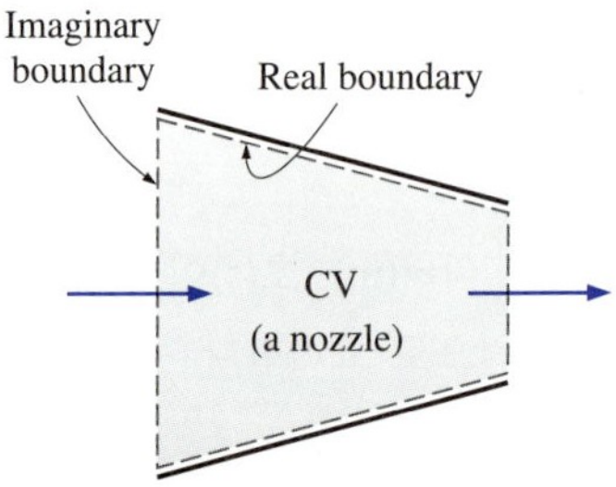

(*a*) 실제와 가상의 경계를 갖는 검사체적(CV)

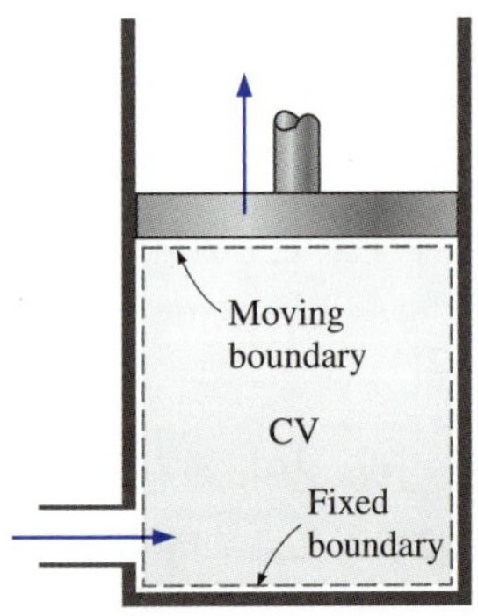

(*b*) 고정된 경계 및 움직이는 경계뿐만 아니라 실제와 가상 경계를 갖는 검사체적(CV)

그림 1-24
검사체적은 고정된, 움직이는, 실제, 가상의 경계들을 포함할 수 있다.

표 1-1

7가지 기본 차원과 SI로 표시된 단위

Dimension	Unit
Length	meter (m)
Mass	kilogram (kg)
Time	second (s)
Temperature	kelvin (K)
Electric current	ampere (A)
Amount of light	candela (cd)
Amount of matter	mole (mol)

표 1-2

SI 단위에서 표준 접두사

Multiple	Prefix
10^{24}	yotta, Y
10^{21}	zetta, Z
10^{18}	exa, E
10^{15}	peta, P
10^{12}	tera, T
10^{9}	giga, G
10^{6}	mega, M
10^{3}	kilo, k
10^{2}	hecto, h
10^{1}	deka, da
10^{-1}	deci, d
10^{-2}	centi, c
10^{-3}	milli, m
10^{-6}	micro, μ
10^{-9}	nano, n
10^{-12}	pico, p
10^{-15}	femto, f
10^{-18}	atto, a
10^{-21}	zepto, z
10^{-24}	yocto, y

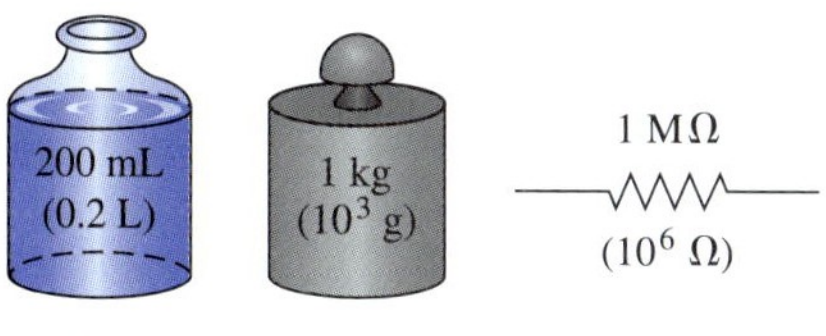

그림 1-25
SI 단위의 접두사는 모든 공학 분야에 사용된다.

다른 차원들은 1차 차원의 항으로 표현되며, 2차 차원(secondary dimension) 또는 유도 차원이라고 한다.

일반적으로 두 가지 단위계가 여전히 사용되고 있다. 이들은 **미국 관습 시스템**(United States Customary System, USCS)으로도 알려져 있는 영미 시스템(English sytem)과 **국제단위계(International System)**로도 알려져 있는 미터법에 의한 SI(**Le Système International d' Unités**) 단위계이다. SI는 다양한 단위들 사이의 십진법 관계에 기초한 단순하고 논리적인 시스템이며, 이는 영국을 포함한 대부분의 산업화된 국가에서 과학과 공학 업무에 이용되고 있다. 그러나 영미 시스템은 명확하고 체계적인 수치적 기초가 없고, 이 시스템 내의 다양한 단위들의 관계는 다소 임의적이다(12 in = 1 ft, 1 mile = 5280 ft, 4 qt = 1 gal 등). 따라서 배우기가 혼란스럽고 어렵다.

미터법의 초기 판이 프랑스에서 곧 개발되었으나, 이것이 보편적으로 인정된 것은 1875년에 **미터 규정 조약**이 입안되고 미국을 포함한 17개국의 서명을 얻은 후부터이다. 이 국제조약에서 미터와 그램이 각각 길이와 질량에 대한 미터법 단위로 확립되었고, **도량형 일반 총회**(CGPM)가 설립되어서 매 6년마다 회의를 갖도록 하였다. 1960년에 CGPM은 6개의 기본 양에 기초한 SI를 만들었고, 이들의 단위는 1954년의 10차 도량형 일반 총회에서 채택되었다. 이들은 길이에 대하여 **미터(m)**, 질량에 대하여 **킬로그램(kg)**, 시간에 대하여 **초(s)**, 전류에 대하여 **암페어(A)**, 온도에 대하여 °**켈빈(°K)**, 조명 강도(빛의 양)에 대하여 **칸델라(cd)**이다. 1971년에 CGPM은 7번째 기본 양과 단위를 추가하였으며, 이는 물질의 양에 대한 **몰(mol)**이다.

1967년에 도입된 표기 계획을 기초로, 절대 온도 단위에서 도(°) 기호를 공식적으로 없애기로 하였고, 단위의 이름이 고유명사로부터 유도되었을지라도 모든 단위명은 대문자를 쓰지 않기로 하였다(표 1-1). 그러나 단위가 고유명사로부터 유래된 경우에는 단위의 약자는 대문자로 써야 한다. 예를 들면, 힘의 SI 단위는 Isaac Newton 경(1647-1723)의 이름을 따서 명명된 것인데, **newton**(Newton이 아님)이고, 이것의 약자는 N이다. 또한 단위의 원래 명칭은 복수형으로 쓸 수 있지만, 약자는 그렇지 않다. 예를 들면, 물체의 길이는 5 m 또는 5 meters로 쓸 수 있지만, 5 ms 또는 5 meter로 **쓸 수 없다**. 끝으로 단위의 약자는 문장의 마지막에 오지 않는 한 마침표와 함께 쓰지 않는다. 예를 들면, meter의 적절한 약자는 m(m.이 아닌)이다.

지적한 바와 같이, SI는 단위들 사이의 십진법 관계에 기초를 두고 있다. 표 1-2는 다양한 단위의 배수를 표현하기 위해 사용되는 접두사를 열거하고 있다. 접두사들은 모든 단위에 대해 표준화되어 있고, 따라서 널리 사용되므로 학생들이 이 중 일부를 암기하기를 권장한다(그림 1-25).

몇몇 SI 단위

SI에 있어서 질량, 길이, 시간의 단위는 각각 킬로그램(kg), 미터(m), 초(s)이다. 힘을 Newton의 제2법칙으로부터 유도되는 단위를 갖는 2차 차원으로 고려한다. 즉,

$$\text{힘} = (\text{질량})\,(\text{가속도})$$

또는

$$F = ma \tag{1-1}$$

SI에서 힘의 단위는 뉴턴(N)이고, 이는 **1 kg의 질량을 1 m/s²의 비율로 가속시키는 데 필요한 힘**으로 정의된다(그림 1-26).
즉,

$$1\ \mathrm{N} = 1\ \mathrm{kg \cdot m/s^2}$$

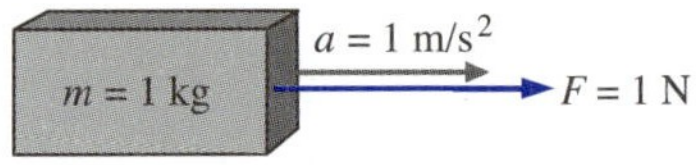

그림 1-26
힘의 단위에 대한 정의.

중량이라는 용어는 종종 질량을 표현할 곳에 오용되는데, 특히 "체중에 신경 쓰는 사람"에 의해 잘못 사용된다. 질량과 달리 중량 W는 **힘**이다. 이는 어떤 물체에 작용하는 중력이고, 그 크기는 다음과 같은 Newton의 제2법칙에 기초한 방정식으로부터 결정된다.

$$W = mg \qquad (\mathrm{N}) \tag{1-2}$$

여기서 m은 물체의 질량이고, g는 국소 중력가속도(g는 위도 45°의 해수면에서 9.807 m/s²)이다. 보통의 목욕탕 저울로 신체에 작용하는 중력을 측정한다. 물체의 단위 부피당 중량은 **비중량(specific weight)** γ라 하고, 이는 $\gamma = \rho g$로부터 결정되는데, 여기서 ρ는 밀도이다.

물체의 질량은 우주의 어느 곳에 있든지 동일하게 유지된다. 그러나 중량은 중력가속도가 바뀌면 따라 변한다. 고도에 따라 g가 (적은 양) 감소하기 때문에 산꼭대기에서 몸무게는 덜 나가게 된다(적은 양만큼). 달 표면에서 우주인의 몸무게는 그녀 또는 그가 보통 지구 상에서 재는 체중의 약 6분의 1이 된다(그림 1-27).

그림 1-27
지구에서 몸무게 72 kgf은 달에서는 단지 12 kgf가 될 것이다.

그림 1-28에 예시한 바와 같이, 해수면에서 질량 1 kg은 9.807 N의 중량을 갖는다.

질량에 작용하는 **중력**은 질량들 사이의 **인력**에 기인하며, 따라서 이는 질량의 크기에 비례하고 질량들 사이 거리의 제곱에 반비례한다는 점을 주목해야 한다. 그러므로 어떤 위치에서 중력가속도 g는 지각의 **국소 밀도**, 지구 중심까지 **거리** 그리고 비교적 작지만 달과 해의 위치에 의존한다. g의 값은 해수면 이하 4500 m에서 9.8295 m/s²부터, 해수면 위로 100,000 m에서 7.3218 m/s²까지 위치에 따라 변한다. 그러나 g의 변화는 고도 30,000 m까지는 해수면 값인 9.807 m/s²으로부터 1% 이내이다. 따라서 대부분의 실용적 목적에서 중력가속도는 9.807 m/s²인 **상수**로 가정할 수 있으며, 이는 종종 반올림하여 9.81 m/s²이다. 흥미로운 것은 해수면 아래의 위치에서, g의 값은 해수면으로부터 거리에 따라 증가하다가 약 4500 m에서 최대값에 도달하고, 그런 다음 감소하기 시작한다는 점이다(지구 중심에서 g의 값은 얼마라고 생각하는가?).

질량과 중량이 혼동되는 주된 원인은 질량이 통상적으로 그 질량에 작용하는 **중력**을 측정함으로써 **간접적**으로 측정되기 때문이다. 또한 이 접근 방법은 공기의 부력과 유체 운동과 같은 다른 효과들에 의해 작용하는 힘들은 무시할 수 있다고 가정한다. 이는 마치 별의 적색편이(red shift)를 측정함으로써 별까지 거리를 측정한다거나 또는 대기압을 측정함으로써 비행기 고도를 측정하는 것과 같다. 이들 모두는 역시 간접적 측정이다. 질량 측정의 올바른 **직접적** 방법은 측정하고자 하는 질량을 기존에 알고 있는 질량과 비교하는 것이다. 이는 성가신 일이지만, 보정(calibration)과 귀금속의 측정을 위해 대부분 이 방법이 사용되고 있다.

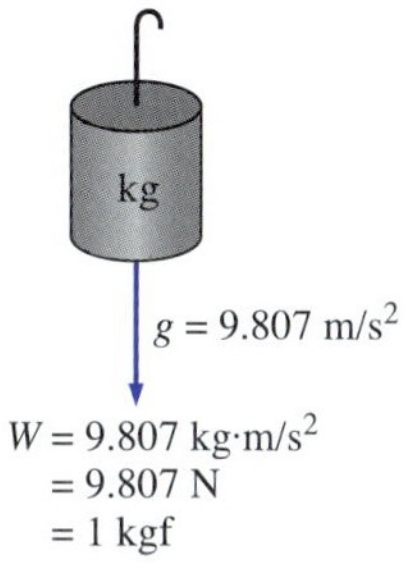

그림 1-28
해수면에서 단위 질량의 중량.

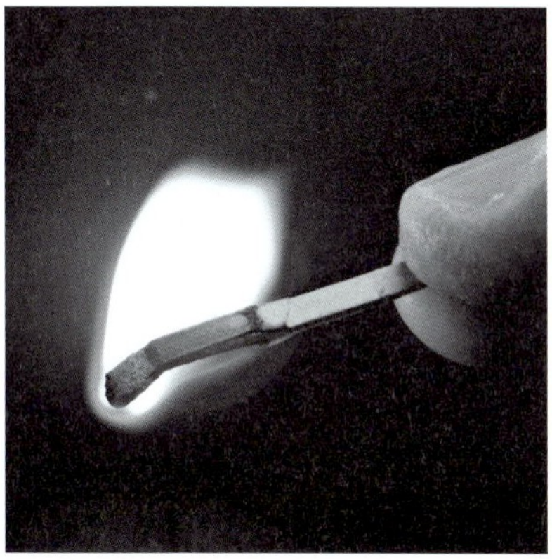

그림 1-29
한 개의 보통 성냥이 완전히 탈 경우 약 1 kJ의 에너지를 만들어낸다.
Photo by John M. Cimbala.

그림 1-30
예제 1-1에서 논의된 풍력 터빈.
Photo by Andy Cimbala.

에너지의 한 형태인 **일(work)**은 힘 곱하기 거리로 간단히 정의될 수 있다. 그러므로 일은 "뉴턴-미터(N · m)"의 단위를 가지며, **줄(J)**이라고 한다. 즉,

$$1\ \text{J} = 1\ \text{N}\cdot\text{m} \tag{1-3}$$

SI에서 에너지에 대한 보다 보편적인 단위는 킬로줄(1 kJ = 10^3 J)이다. 미터법에서는 14.5℃에서 물 1 g을 1℃ 올리는 데 필요한 에너지의 양이 1 **칼로리(cal)**로 정의되고, 1 cal = 4.1868 J이다. 만약 보통 성냥 하나를 켜서 그것이 다 타버리도록 놔둘 때, 이것이 대략 1 kJ의 에너지를 만들어낸다(그림 1-29).

에너지의 시간율에 대한 단위는 초당 줄(J/s)이며, 이를 **와트**(watt, W)라고 한다. 일의 경우에 있어서, 에너지의 시간율은 **동력(power)**이라고 한다. 통상 사용되는 동력의 단위는 영국 마력(horsepower, hp)이며, 이는 745.7 W와 등가이고 미터마력(PS)은 735.5W이다. 전기 에너지는 보통 킬로와트-시(kWh)의 단위로 표현되며, 이는 3600 kJ과 등가이다. 1 kW의 정격 동력을 가진 전기 기구는 한 시간 동안 연속적으로 사용될 때 1 kWh의 전기를 소비한다. 전기 동력 발생을 다룰 때 kW 또는 kWh 단위는 종종 혼동된다. kW 또는 kJ/s는 동력의 단위이고, kWh는 에너지의 단위임을 유의하라. 그러므로 "새 풍력 터빈이 1년에 50 kW의 전기를 발전할 것이다"라는 말은 의미가 없고 부정확한 것이다. 올바른 표현은 "50 kW의 정격 동력을 가진 새 풍력 터빈이 1년에 120,000 kWh의 전기를 발전할 것이다."와 같은 말이 되어야 한다.

차원의 동차성

우리 모두는 사과와 오렌지는 서로 덧셈하지 않는다는 것을 알고 있다. 그러나 어쨌든 그런 일을 하곤 한다(물론 실수로). 공학에서 모든 방정식은 **차원의 동차성(dimensional homogeneity)**을 만족해야만 한다. 즉, 방정식의 모든 항들은 동일한 차원을 가져야만 한다. 해석의 어떤 단계에서 다른 차원이나 단위를 갖는 두 개의 양을 더해야 한다면, 이는 앞선 단계에서 실수를 했다는 분명한 표시이다. 그러므로 차원(또는 단위)을 검산하는 것은 실수를 찾아내는 값진 도구로 이용될 수 있다.

예제 1-1 풍력 터빈에 의한 전기 동력의 발전

한 학교가 전기 동력을 위해 $0.09/kWh를 지불하고 있다. 전기 사용료를 줄이기 위해 학교에서 정격 동력이 30 kW인 풍력 터빈을 설치한다(그림 1-30). 만약 터빈이 1년에 정격 동력으로 2200시간 운전된다면 풍력 터빈에 의하여 발전된 전기 에너지와 1년에 학교가 절약하게 되는 비용을 결정하라.

풀이 풍력 터빈이 전기를 발전하기 위해 설치된다. 발전된 전기 에너지의 양과 1년에 절약되는 비용을 결정하고자 한다.

해석 풍력 터빈이 30 kW 또는 30 kJ/s의 비율로 전기 에너지를 생산한다. 그러면 1년에 발전되는 전기 에너지의 총량은

$$\text{총 에너지} = (\text{단위 시간당 에너지})(\text{시간 간격})$$

$$= (30\text{ kW})(2200\text{ h})$$
$$= \mathbf{66{,}000\ kWh}$$

1년에 절약되는 비용은 다음과 같이 결정되는 이 에너지의 금전적인 값이 된다.

$$\text{절약된 비용} = (\text{총 에너지})(\text{에너지의 단가})$$
$$= (66{,}000\text{ kWh})(\$0.09/\text{kWh})$$
$$= \mathbf{\$5940}$$

토의 연간 전기 에너지 생산도 단위 조작에 의하여 다음과 같이 kJ로 결정될 수 있다.

$$\text{총 에너지} = (30\text{ kW})(2200\text{ h})\left(\frac{3600\text{ s}}{1\text{ h}}\right)\left(\frac{1\text{ kJ/s}}{1\text{ kW}}\right) = 2.38 \times 10^8\text{ kJ}$$

이것은 66,000 kWh(1 kWh = 3600 kJ)와 등가이다.

예제 1-2 단위를 고려함으로써 공식을 구하기

밀도가 $\rho = 850\ \text{kg/m}^3$인 기름이 탱크에 채워져 있다. 탱크의 부피가 $V = 2\ \text{m}^3$라면, 탱크 안의 질량 m을 구하라.

풀이 기름 탱크의 부피가 주어져 있다. 기름의 질량을 결정하고자 한다.

가정 기름은 거의 비압축성 물질이며, 따라서 기름의 밀도는 일정하다.

해석 그림 1-31은 방금 설명한 시스템의 스케치를 보여 준다. 질량이 밀도와 부피에 관계되는 공식을 잊었다고 가정하자. 그러나 질량은 킬로그램의 단위를 갖고 있음을 안다. 즉, 무슨 계산을 하더라도 킬로그램 단위로 끝나야 한다. 주어진 정보를 있는 그대로 표현하면 다음과 같다.

$$\rho = 850\text{ kg/m}^3 \quad \text{및} \quad V = 2\text{ m}^3$$

이들 두 가지 양을 곱함으로써 m^3를 제거해 kg으로 끝낼 수 있음이 분명하다. 그러므로 찾는 공식은 다음과 같아야 한다.

$$m = \rho V$$

따라서

$$m = (850\text{ kg/m}^3)(2\text{ m}^3) = \mathbf{1700\ kg}$$

토의 이와 같은 접근법은 보다 복잡한 공식에는 통하지 않을 수 있음을 주의하라. 또한 무차원 상수가 공식에 나타날 수도 있으며, 이들은 단위 고려만으로는 유도될 수 없다.

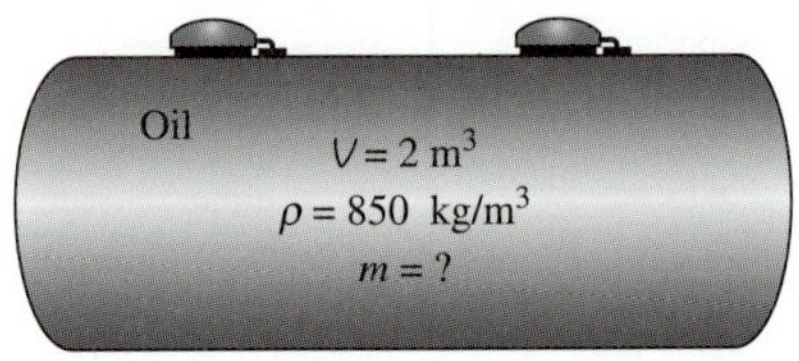

그림 1-31
예제 1-2에 대한 개략도.

단일 변환 비율

모든 1차 차원이 아닌 차원들은 1차 차원들의 적절한 결합으로 형성될 수 있는 것과 마찬가지로, **모든 1차 단위가 아닌 단위(2차 단위)들은 1차 단위들의 결합으로 형성될 수 있다.** 예를 들면, 힘의 단위는 다음과 같이 표현될 수 있다.

$$\text{N} = \text{kg}\,\frac{\text{m}}{\text{s}^2}$$

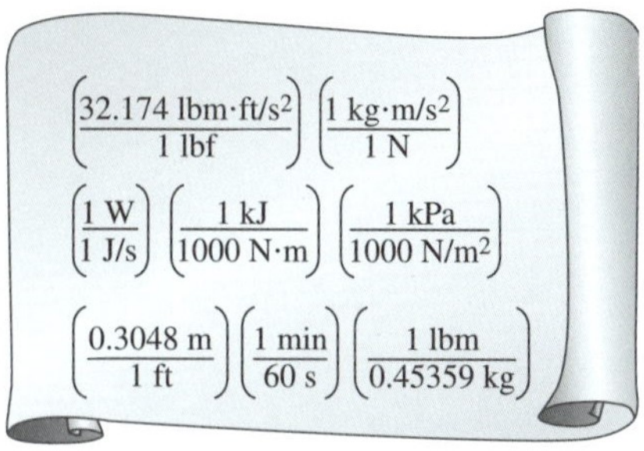

그림 1-32
모든 단일 변환 비율은(그것의 역수도 또한) 정확히 1과 같다. 여기 보인 것은 보통 이용되는 몇몇 단일 변환 비율이다.

이들은 또한 아래와 같이 **단일 변환 비율**(unity conversion ratio)로 보다 편리하게 표현될 수 있다.

$$\frac{\text{N}}{\text{kg}\cdot\text{m/s}^2} = 1$$

단일 변환 비율은 정확히 1이고, 단위가 없으며, 따라서 이러한 비율들(또는 역수들)은 단위를 적절히 변환하기 위한 어떤 계산에도 편리하게 포함될 수 있다(그림 1-32). 단위를 변환할 때 여기에 주어진 바와 같은 단일 변환 비율을 항상 사용할 것을 독자들에게 권장한다.

1-7 공학에서 모델링

공학적 장치 또는 과정은 **실험적으로**(시험과 측정 수행) 또는 **해석적으로**(해석 또는 계산에 의해) 연구될 수 있다. 실험적 접근법은 실제로 물리적 시스템을 다루는 이점을 가지며, 원하는 양은 측정에 의해 실험 오차의 한계 내에서 결정된다. 그러나 이 접근법은 비용이 많이 들고, 시간이 많이 소요되며, 따라서 종종 비실제적이다. 그 외에도, 연구 중인 시스템이 존재조차 하지 않을 수도 있다. 예를 들면, 건물의 전체 난방과 배관 시스템은 통상적으로 그 건물이 주어진 시방서에 따라 실제로 지어지기 **전에** 크기가 결정되어야만 한다. 해석적 접근법(수치적 접근법을 포함하여)은 빠르고 비싸지 않다는 이점을 갖지만, 얻어진 결과는 해석에서 사용한 가정, 근사, 이상화의 정확도에 의존한다. 공학 연구에서는 해석을 통하여 선택의 수를 단지 몇 개로 줄이고, 그 다음으로 찾아낸 사실을 실험적으로 검증함으로써 종종 좋은 타협점에 이르게 된다.

대부분의 과학적 문제에 대한 서술은 몇몇 핵심 변수들의 변화들을 서로 연계시키는 방정식을 수반한다. 보통은 변화하는 변수에서 선정된 증분이 작을수록 보다 일반적이고 정확한 서술이 된다. 변수의 극소(infinitesimal) 또는 미소(differential) 변화와 같은 극한의 경우, 변화율을 **도함수**로 나타냄으로써 물리적 원리와 법칙에 대한 정확한 수학적 공식을 제공하는 **미분 방정식**을 얻는다. 그러므로 과학과 공학에서 다양한 문제를 연구하는 데 미분 방정식이 이용된다(그림 1-33). 그러나 실제 부닥치는 많은 문제들은 미분 방정식과 이에 연관된 복잡함을 고려하지 않고도 해결될 수 있다.

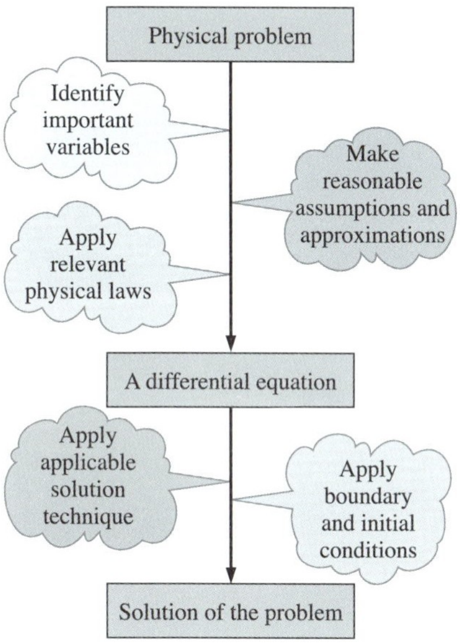

그림 1-33
물리 문제의 수학적 모델링.

공학 과제를 다루는 해석자는 종종 매우 정확하지만 복잡한 모델과 단순하지만 그렇게 정교하지 못한 모델 사이에서 선택을 강요당하는 자신들을 발견하곤 한다. 올바른 선택은 당면한 상황에 달려 있다. 올바른 선택은 보통 만족할 만한 결과를 초래하는 가장 단순한 모델이다(그림 1-34). 또한 장비를 선정할 때 실제 운전 조건을 고려하는 것이 중요하다.

문제의 관찰된 속성과 잘 일치하지 않는 해답은 사용한 수학적 모델이 너무 단순화되었음을 의미한다. 이와 같은 경우, 하나 또는 그 이상의 의문스러운 가정을 제거함으로써 보다 현실적인 모델을 준비해야 한다. 이는 물론 풀기가 훨씬 어려운 더욱 복잡한 문제로 귀결된다. 따라서 문제에 대한 모든 해답은 그 수식의 배경 내에

(a) 실제 공학 문제

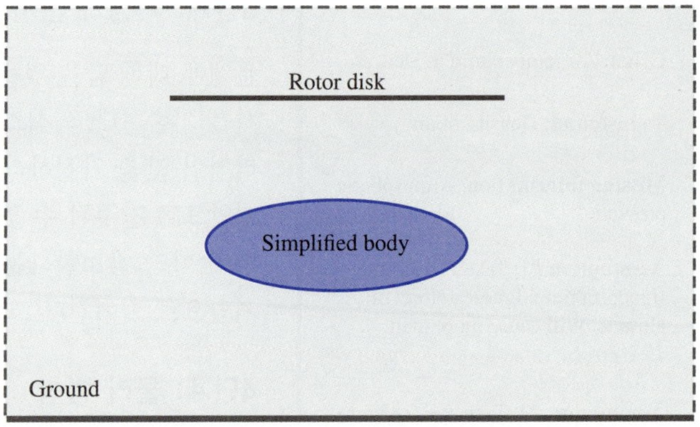

(b) 공학 문제의 최소한의 필수적 모델

그림 1-34
어려운 공학 문제에 대한 근사적인 해를 얻기 위해 유체역학에서는 단순화된 모델이 자주 이용된다. 여기서 헬리콥터의 로터는 하나의 원판으로 모델링되었는데, 그것을 가로질러서 압력의 급작스런 변화가 부과되어 있다. 헬리콥터의 몸체는 단순한 타원으로 모델링되었다. 이 단순화된 모델은 지면 근처의 전체 공기 유동장에 대한 필수적인 특징을 도출한다.
Photo by John M. Cimbala.

서 해석되어야 한다.

1-8 문제 풀이 기술

모든 과학을 배우는 첫 단계는 원리를 파악하고 과학에 대한 올바른 지식을 습득하는 것이다. 다음 단계는 이 지식을 시험해봄으로써 원리를 숙달하는 것이다. 이는 중요한 실제 문제를 풀어봄으로써 달성된다. 이와 같은 문제를 푸는 것, 특히 복잡한 것들은 체계적인 접근법을 요구한다. 엔지니어는 단계별 접근법을 이용하여 복잡한 문제의 풀이를 일련의 단순한 문제들의 풀이로 줄일 수 있다. 문제를 풀 때, 가능한 한 다음 단계에 따를 것을 권장한다.

1단계: 문제 설명

당면한 문제, 주어진 핵심 정보, 찾아내야 하는 양을 자신만의 언어로 간단히 서술한다. 이는 문제를 풀기 전에 문제와 목적을 이해하고 있는지를 확인하는 것이다.

2단계: 개요도

관련된 물리적 시스템의 현실적인 스케치를 그리고, 그림 위에 적합한 정보를 나열하라. 스케치는 매우 정교할 필요는 없지만, 실제 시스템을 닮고 핵심적인 특징을 보여줄 수 있어야만 한다. 주위와 상호작용하는 에너지와 질량을 표시하라. 스케치 위에 주어진 정보를 나열하는 것은 문제 전체를 한 번에 볼 수 있도록 한다. 또한 과정 중에 상수로 유지되는 상태량(등온 과정 중의 온도와 같은)을 검토하고 그들을 스케치 위에 표시한다.

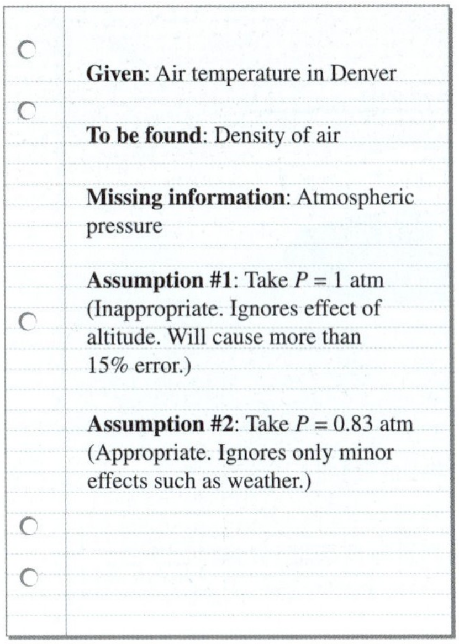

그림 1-35
공학 문제 풀이 중에 설정된 가정은 합리적이고 정당성이 있어야 한다.

3단계: 가정과 근사

문제에 대한 답을 얻을 수 있도록 문제를 단순화시키는 데 사용한 적절한 가정과 근사를 기술한다. 의심스러운 가정의 정당성을 검토하라. 필요한 누락 양에 대하여 합리적인 값을 가정하라. 예를 들면, 대기압에 대한 상세한 자료가 없을 경우, 이는 1기압으로 간주될 수 있다. 그러나 해석에서 주목해야 할 사항은, 대기압은 고도의 증가에 따라 감소한다는 점이다. 예를 들면, 대기압은 Denver(고도 1610 m)에서 0.83기압으로 떨어진다(그림 1-35).

4단계: 물리 법칙

관련된 모든 기본 물리 법칙과 원리(질량 보존과 같은)를 적용하라. 그리고 설정한 가정을 이용하여 이들을 가장 단순한 형태로 줄여라. 그러나 물리 법칙이 적용되는 영역이 우선 분명히 확인되어야 한다. 예를 들면, 노즐을 통해 흐르는 물의 속도 증가는 노즐의 입구와 출구 사이에서 질량 보존을 적용함으로써 해석된다.

5단계: 상태량

주어진 상태에서 문제를 풀기 위해 필수적인 미지의 상태량을 상태량 관계식 또는 표로부터 결정하라. 상태량들을 별도로 나열하고, 밝힐 수 있다면 그들의 출처를 표시하라.

6단계: 계산

단순화된 관계식에 알고 있는 수치를 대입하고, 미지수를 결정하기 위해 계산을 수행하라. 단위들과 단위의 상쇄에 특별한 주의를 기울이고, 단위가 없는 차원 양(dimensional quantity)은 무의미함을 기억하라. 또한 계산기 화면에 보이는 숫자의 모든 자릿수를 옮겨쓰면 높은 정밀도를 얻는다는 잘못된 생각을 갖지 말고, 최종 결과를 유효숫자의 적절한 자릿수로 반올림하라.

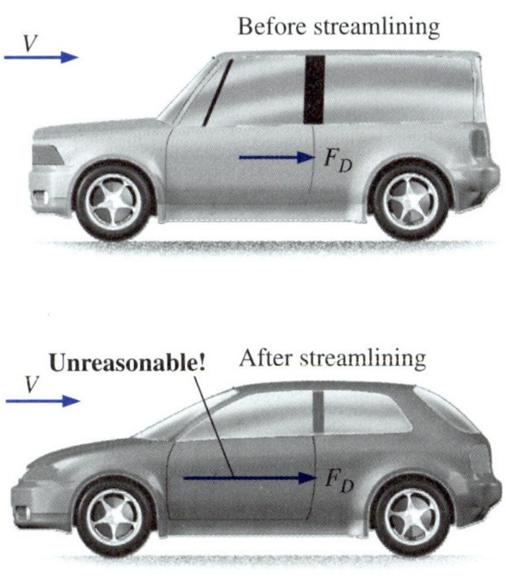

그림 1-36
공학 해석으로부터 얻은 결과는 합리성이 검토되어야만 한다.

7단계: 추론, 검증, 토의

얻어진 결과가 합리적이고 직관적인지를 확인하기 위해 검토하고, 의심스러운 가정의 타당성을 검증하라. 비합리적인 값을 초래한 계산을 반복하라. 예를 들면, 자동차의 형상을 유선형화한 다음, 동일한 시험 조건하에서 자동차의 공기역학적 항력이 증가해서는 **안 된다**(그림 1-36).

또한 결과의 중요성을 지적하고, 결과가 내포하고 있는 의미를 토의하라. 결과로부터 끌어낼 수 있는 결론과 그로부터 얻은 권장 사항들을 기술하라. 결과를 적용할 수 있는 제약 사항들을 강조하고, 결과로부터 어떤 오해가 발생하지 않도록 주의하라.

담당 강사에게 제출할 해답이나 다른 사람에게 제출된 어떤 공학 해석 결과도 의사소통의 형태임을 명심하라. 그러므로 깔끔함, 조직적 구성, 완성도, 시각적 외형은 최대 효과를 얻기 위해 극히 중요하다. 그 밖에도 깔끔함은 또한 훌륭한 검토 도구로서의 역할을 하는데, 이는 깔끔한 작업을 통해 오류와 불일치 사항을 찾기가 매우 쉽기 때문이다. 부주의나 시간을 절약하기 위해 단계를 뛰어넘는 것은 때때로 보다 많은 시간을 소비하고, 불필요한 걱정거리를 초래하게 된다.

1-9 공학 소프트웨어 패키지

무엇 때문에 또다른 공학의 원리를 깊이 있게 연구하려고 하는지 의아해할 수 있다. 결국, 실제로 접하게 될 문제의 거의 대부분은 오늘날 시장에서 즉석으로 구입해 사용할 수 있는 몇 가지 정교한 소프트웨어 패키지를 이용하여 해결할 수 있다. 이들 소프트웨어 패키지는 원하는 수치 결과를 제공할 뿐만 아니라 인상적인 발표를 위한 화려하고 다채로운 출력물을 제공한다. 공학 업무를 수행하는 데 이런 종류의 패키지를 사용하지 않는다는 것은 오늘날 생각하기 어렵다. 이와 같이 단추만 누르면 이용 가능한 엄청난 계산 능력은 축복도 되고 저주도 된다. 이는 엔지니어로 하여금 문제를 쉽고 빠르게 풀 수 있도록 해주지만, 또한 남용과 그릇된 정보의 통로가 되기도 한다. 제대로 교육받지 못한 사람의 수중에 있는 이런 소프트웨어 패키지는 잘 훈련받지 못한 군인들의 수중에 있는 정교하고 강력한 무기처럼 위험한 것이다.

오늘날 이용 가능한 이 모든 경이롭고 강력한 도구들은 오늘의 엔지니어들에게 추가적인 짐이 되고 있다. 그들은 그들 선배들과 마찬가지로 여전히 원리를 완벽히 이해해야 하고, 물리적 현상에 대한 "감(feel)"을 잡아야 하고, 자료를 올바로 볼 수 있어야 하고, 올바른 공학적 판단을 내려야 한다. 그러나 오늘날 이용 가능한 강력한 도구로 인해, 엔지니어들은 좀더 현실적인 모델을 이용하여 더 훌륭하고 더 빠르게 문제를 풀어야 한다. 과거의 엔지니어들은 수계산, 계산자 그리고 그 후엔 휴대 계산기와 컴퓨터에 의지해야 했다. 오늘날 엔지니어들은 소프트웨어 패키지에 의지한다. 이러한 능력에 대한 용이한 접근성과 큰 손해를 초래할 단순한 오류의 가능성으로 인해 오늘날 공학 기초에 관한 확고한 훈련은 전에 없이 더욱 중요하다. 이 교재에서는 풀이 절차의 수학적인 세부 사항 대신에 자연 현상의 물리적 이해와 직관을 계발하는 데 중점을 두도록 더 많은 노력을 기울인다.

공학 방정식 풀이 프로그램(EES)

EES는 선형 또는 비선형의 대수 또는 미분 방정식 시스템을 수치적으로 푸는 프로그램이다. 이는 내장된 열역학 상태량 함수와 수학적 함수의 방대한 라이브러리를 가지고 있으며, 사용자가 추가적인 상태량 자료를 공급할 수 있도록 한다. 일부 소프트웨어 패키지와 달리, EES는 공학 문제를 풀지 않고, 단지 사용자가 공급한 방정식만 푼다. 그러므로 사용자는 문제를 이해해야 하고, 적절한 물리 법칙과 관계식을 적용하여 그 문제를 수식화해야 한다. EES는 결과로 나타난 수학적 방정식을 단순히 풀기만 함으로써 사용자의 시간과 노력을 상당히 덜어준다. 이는 수계산으로 적합하지 않은 중요한 공학 문제를 시도하고, 매개변수 연구를 빠르고 편하게 수행할 수 있게 한다. EES의 사용법과 계산 능력은 웹사이트에 설명되어 있다.

예제 1-3 EES를 이용한 방정식 시스템 풀기

두 수의 차가 4이고, 두 수의 제곱의 합은 그 수들과 20을 모두 더한 합과 같다. 이 두 수를 결정하라.

풀이 두 수의 차와 두 수의 제곱의 합에 대한 관계가 주어져 있다. 두 수를 결정하고자 한다.

해석 EES 아이콘을 두 번 클릭하여 EES 프로그램을 시작하고, 새로운 파일을 열고, 빈 화면에 다음을 입력해 넣으면 아래와 같다.

```
x-y=4
x^2+y^2=x+y+20
```

이는 문제 서술에 대한 엄밀한 수학식이며, x와 y는 미지의 숫자를 뜻한다. 두 개의 미지수를 가지는 두 개의 비선형 방정식 시스템의 해는 작업표시줄(taskbar)상의 "계산기(calculator)" 아이콘을 한 번 클릭함으로써 얻어지며, 이는 다음과 같다(그림 1-37).

$$\mathbf{x = 5} \text{ 및 } \mathbf{y = 1}$$

토의 위에서 한 일은 모두 종이 위에 한 것처럼 문제를 수식화한 것임을 주목하라. EES는 풀이 과정의 모든 수학적 세부 사항을 처리하였다. 또한 방정식은 선형 또는 비선형일 수 있으며, 미지수의 위치에 상관없이 어떤 순서로든지 입력될 수 있음을 주지하라. EES와 같은 친화적인 방정식 풀이기는 사용자들이 방정식 시스템의 해석과 연관된 수학적인 복잡성에 대해 걱정할 필요 없이 문제의 물리적 관점에 집중할 수 있도록 해준다.

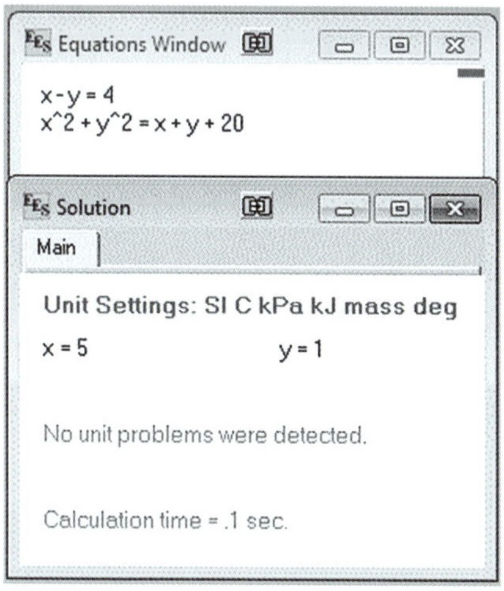

그림 1-37
예제 1-3에 대한 EES 스크린 영상.

CFD 소프트웨어

전산유체역학(CFD)은 공학과 연구에 광범위하게 이용되며, 이는 13장에서 보다 상세하게 논의된다. CFD 그래픽은 실험실에서 유동가시화할 수 있는 범위를 뛰어넘어 유동의 유선들, 속도, 압력 분포 등등을 보여 줄 수 있기 때문에 교재 전반에 걸쳐 CFD로부터 획득된 예제 풀이가 소개되어 있다. 그러나 몇 가지 다른 상용 CFD 패키지들이 사용자들에 의해 이미 이용되고 있을 뿐 아니라, 학생들이 이들 코드에 접근하기 위해서는 각 학과의 사용 계약 조건을 살펴보아야 하기 때문에 여기서는 어느 특정 CFD 패키지와 연계된 문제들은 연습 문제에 포함하지 않았다. 대신에 몇몇 일반적인 CFD 문제를 13장에서 제공하고 있으며, 그리고 여러 가지 다양한 CFD 프로그램을 이용하여 풀 수 있는 CFD 문제들을 포함하는 웹사이트를('Chrome'으로 접속해서 www.mheducation.asia/olc/cengel에 연결 참조) 또한 전과 같이 유지하고 있다.

1-10 정확도, 정밀도, 유효숫자

공학 계산에 있어서, 제공된 정보는 유효숫자의 일정한 자릿수, 보통은 3자리 이상은 알 수 없다. 따라서 얻어진 결과는 유효숫자의 자릿수 이상으로 정밀할 수 없다. 결과를 유효숫자의 자릿수 이상으로 보고하는 것은 실제보다 더 정밀한 것으로 오인할 수 있으므로 피해야 한다.

채택된 단위계와 관계없이, 엔지니어는 숫자의 적합한 사용을 좌우하는 정확도, 정밀도, 유효숫자의 세 가지 원칙을 알아야 한다. 공학 계측을 위하여 이들은 다음과 같이 정의된다.

- **정확도 오차**(**부정확도**)는 한 개의 계측값에서 참값을 뺀 값이다. 일반적으로 계측값 집합의 정확도는 참값에 대한 평균 측정값의 근접도를 말한다. 정확도는 일반적으로 반복 가능한, 고정 오차와 관련된다.
- **정밀도 오차**는 한 개의 계측값에서 계측값들의 평균을 뺀 값이다. 일반적으로 계측값 집합의 정밀도는 해상도의 조밀함과 계측기의 반복성을 말한다. 정밀도는 일반적으로 반복될 수 없는, 무작위한 오차와 관련된다.
- **유효숫자**는 적절하고 의미 있는 자릿수를 말한다.

측정값 또는 계산은 매우 정확하지 않아도 매우 정밀할 수 있고, 그 역도 성립한다. 예를 들면, 풍속의 참값이 25.00 m/s라고 가정하자. 2개의 풍속계 A와 B가 각각 5개의 속도 계측값을 다음과 같이 얻는다.

풍속계 A: 25.50, 25.69, 25.52, 25.58과 25.61 m/s.
모든 계측값의 평균 = 25.58 m/s.
풍속계 B: 26.3, 24.5, 23.9, 26.8과 23.6 m/s.
모든 계측값의 평균 = 25.02 m/s.

분명히 풍속계 A가 더 정밀하다. 이는 어떤 계측값도 평균으로부터 0.11 m/s보다 큰 차이가 나지 않기 때문이다. 그러나 평균은 25.58 m/s로서 참 풍속보다 0.58 m/s가 크며, 이는 **불변 오차**(constant error) 또는 **계통 오차**(systematic error)라고도 하는 심각한 **편향 오차**(bias error)를 보여 준다. 반면에 풍속계 B는 아주 정밀하지는 않다. 이는 계측값이 평균으로부터 심하게 진동하기 때문이다. 그러나 전체적인 평균은 참값에 훨씬 더 근접해 있다. 따라서 적어도 이 계측값 집단에 대해서, 풍속계 B가 풍속계 A보다 덜 정밀하지만 더욱 정확하다. 그림 1-38에 보인 바와 같이 정확도와 정밀도 사이의 차이는 표적 사격에 유추하여 효과적으로 예시될 수 있다. 사수 A는 매우 정밀하지만 아주 정확하지는 않으며, 반면에 사수 B는 보다 나은 전반적인 정확도를 갖지만 덜 정밀하다.

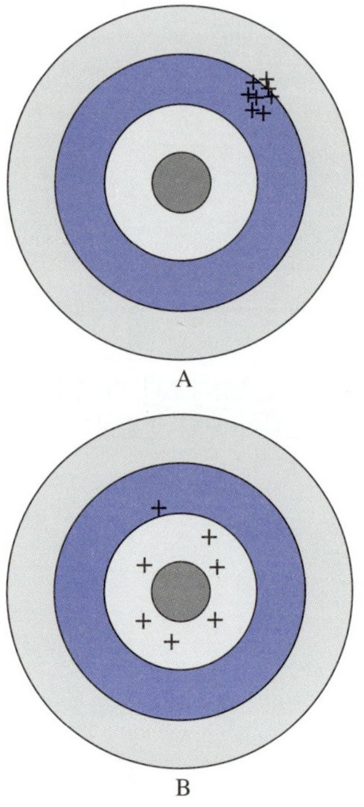

그림 1-38
정확도 대 정밀도의 예시. 사수 A는 더 정밀하지만 덜 정확하고, 반면에 사수 B는 더 정확하지만 덜 정밀하다.

많은 엔지니어들은 계산 시 유효숫자의 자릿수에 적절한 주의를 기울이지 않는다. 한 숫자에서 중요성이 가장 작은 수가 계측 또는 계산의 정밀도를 의미한다. 예를 들면, 어떤 결과를 1.23으로(유효숫자 3자리) 기재할 경우, 그 결과는 소수점 둘째자리에서 한 자리 내에서 정밀함을 **의미한다**. 즉, 그 수는 1.22와 1.24 사이에 있게 될 것이다. 이 수를 더 많은 자릿수로 표현하는 것은 오해를 부를 것이다. 유효숫자의 자릿수는 그 수가 지수 표기법으로 기재될 때 가장 쉽게 구해진다. 즉, 영(zero)들을 포함하여 유효숫자의 자릿수는 간단히 셀 수 있다. 대안으로, 저자의 의도를 표시하기 위해 최소 유효숫자에 밑줄을 그을 수 있다. 몇 가지 예들이 표 1-3에 제시되어 있다.

표 1-3

유효숫자

Number	Exponential Notation	Number of Significant Digits
12.3	1.23×10^1	3
123,000	1.23×10^5	3
0.00123	1.23×10^{-3}	3
40,300	4.03×10^4	3
40,300	4.0300×10^4	5
0.005600	5.600×10^{-3}	4
0.0056	5.6×10^{-3}	2
0.006	$6. \times 10^{-3}$	1

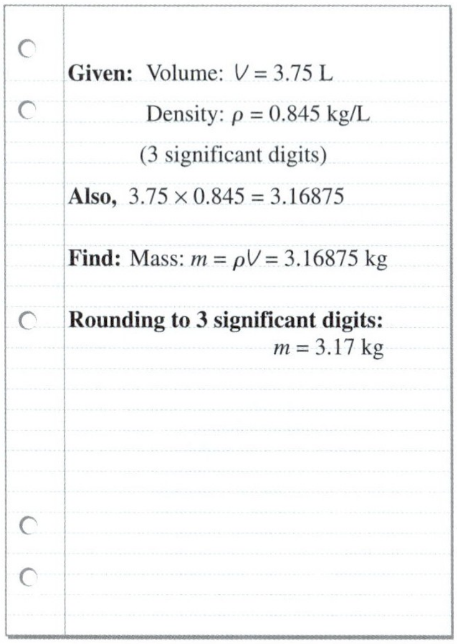

그림 1-39
주어진 데이터의 유효숫자보다 더 많은 유효숫자를 갖는 결과가 보다 정밀하다는 잘못된 암시를 한다.

여러 변수의 계산 또는 조작을 수행할 때, 최종 결과는 일반적으로 문제에서 정밀도가 가장 낮은 변수만큼 정밀할 뿐이다. 예를 들어, A와 B를 곱하여 C를 얻는다고 가정하자. 만약 $A = 2.3601$(유효숫자 5자리)이고 $B = 0.34$(유효숫자 2자리)라면 $C = 0.80$(최종 결과에서 단지 2자리만 유효하다)이 된다. 대부분의 학생들은 이들 두 수를 곱한 뒤에 계산기에 표시된 그대로 유효숫자 6자리인 $C = 0.802434$로 쓰려고 할 것임을 주의하라.

또 다른 예로서, 밀도가 0.845 kg/L인 가솔린으로 채워진 3.75 L짜리 용기를 고려하고, 그 질량을 결정하자. 아마도 처음 떠오르는 생각은 부피와 밀도를 곱해 질량 3.16875 kg을 얻는다는 것일 텐데, 이는 이와 같이 결정되는 질량이 유효숫자 6자리의 정밀도를 가진다고 잘못 의미하는 것이다. 그러나 실제는 부피와 밀도가 단지 3자리 유효숫자의 정밀도만 가지므로 질량은 유효숫자 3자리보다 더 정밀할 수 없다. 그러므로 결과는 유효숫자 3자리로 반올림되어야만 하고, 질량은 계산기가 표시하는 값 대신에 3.17 kg으로 보고되어야 한다(그림 1-39).

끝으로 유효숫자의 자릿수를 모를 때, 인정되는 공학 표준은 3자리 유효숫자이다. 그러므로 만약 파이프의 길이가 40 m로 주어진다면, 최종 결과에서 3자리 유효숫자의 사용을 정당화하기 위해 그것이 40.0 m인 것으로 가정할 것이다.

예제 1-4 유효숫자와 체적유량

Jennifer는 정원 호스로부터 냉각수를 이용하는 실험을 수행하고 있다. 호스를 통한 물의 체적유량을 계산하기 위해, 그녀는 용기를 채우는 데 걸리는 시간을 측정한다(그림 1-40). 스톱워치로 측정하였더니, 수집된 물의 부피가 $\Delta t = 45.62$ s인 시간 동안에 $V = 4.2$ L이다. 호스를 통한 물의 체적유량을 m^3/min의 단위로 계산하라.

풀이 부피와 시간을 측정함으로써 체적유량을 결정하고자 한다.

가정 1 Jennifer는 부피 측정은 2자리 유효숫자로 정밀하고, 반면에 시간 측정은 4자리 유효숫자로 정밀하도록 측정값을 기록하였다. 2 용기 밖으로 물이 튀어나가 생기는 손실량은 없다.

해석 체적유량 $\dot{V}$는 단위 시간당 채워진 부피이고, 다음과 같이 표현된다.

체적유량: $$\dot{V} = \frac{\Delta V}{\Delta t}$$

측정값을 대입하면, 체적유량은 다음과 같이 결정된다.

$$\dot{V} = \frac{4.2\text{ L}}{45.62\text{ s}}\left(\frac{1\text{ m}^3}{1000\text{ L}}\right)\left(\frac{60\text{ s}}{1\text{ min}}\right) = \mathbf{5.5 \times 10^{-3}\ m^3/min}$$

토의 최종 결과는 2자리 유효숫자로 기재되었는데, 이는 더 이상 정밀한 값을 자신할 수 없기 때문이다. 만약 위 계산이 계속되는 계산의 중간 단계였다면 축적되는 반올림 오차를 피하기 위해 몇 개의 여분의 자릿수를 계속 가져갔을 것이다. 이와 같은 경우 체적유량은 $\dot{V} = 5.5239 \times 10^{-3}$ m^3/min으로 기재될 것이다. 주어진 정보를 기초로, 결과의 정확도에 대해 아무것도 말할 수 없다. 이는 부피 측정이나 시간 측정에 있어 계통 오차에 대한 정보를 갖고 있지 않기 때문이다.

또한 좋은 정밀도가 좋은 정확도를 보장하지 않는다는 것을 명심하라. 예를 들면 스톱워치 속의 건전지가 약해졌다면 시계에 표시되는 글자는 여전히 4자리 유효숫자의 정밀도를 나타내겠지만, 그 정확도는 상당히 나쁠 수 있다.

통상적인 경우, 정밀도는 종종 **해상도**와 연관된다. 여기서 해상도는 측정기가 측정 결과를 얼마나 세밀하게 보고할 수 있는가를 나타내는 척도이다. 예를 들면, 5자리의 표시창이 있는 디지털 전압계는 단지 3자리의 디지털 전압계보다 더 정밀하다고 말한다. 그러나 표시되는 자릿수는 측정값의 전체적인 **정확도**와는 상관이 없다. 측정기는 상당히 큰 편향 오차가 있을 때 매우 정확하지는 못하지만 매우 정밀할 수는 있다. 유사하게, 단지 몇 개의 표시 자릿수를 가진 측정기가 많은 자릿수를 가진 것보다 더 정확할 수 있다(그림 1-41).

그림 1-40
체적유량의 측정에 대한 예제 1-4의 사진.
Photo by John M. Cimbala.

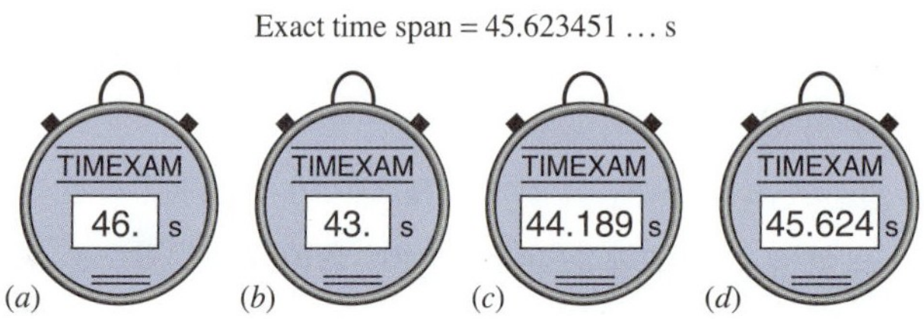

그림 1-41
많은 자릿수의 해상도를 가진 측정기(스톱워치 *c*)가 적은 자릿수의 해상도를 가진 측정기(스톱워치 *a*)보다 덜 정확할 수 있다. 스톱워치 *b*와 *d*에 대해서는 어떻게 말할 수 있는가?

1-11 상태량과 연속체

한 시스템의 어떤 특성을 **상태량(property)**이라고 한다. 몇몇 친숙한 상태량은 압력 P, 온도 T, 부피 V, 질량 m이다. 이 목록은 점성, 열전도도, 탄성계수, 열팽창계수, 전기 저항, 심지어 속도와 고도 같은 덜 친숙한 것들을 포함하여 확장될 수 있다.

상태량은 **강성적** 또는 **종량적** 중의 하나로 간주된다. **강성적 상태량(intensive property)**은 시스템의 질량과 무관한 상태량으로, 온도, 압력, 밀도와 같은 것들이다. **종량적 상태량(extensive property)**은 시스템의 크기(또는 범위)에 따라 결정되는 상태량이다. 총 질량, 총 체적, 총 운동량은 종량적 상태량의 일부 예이다. 그림 1-42에 나타낸 바와 같이, 상태량이 강성적인지 또는 종량적인지를 결정하는 쉬운 방법은 시스템을 가상의 분할판을 이용하여 동일한 두 부분으로 나누어보는 것이다. 각 부분의 강성적 상태량의 값은 원래의 시스템과 동일하겠지만, 종량적 상태량의 값은 절반이 될 것이다.

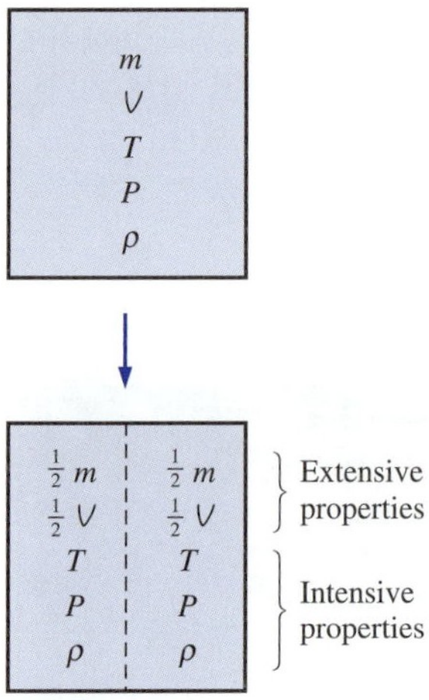

그림 1-42
강성적 상태량과 종량적 상태량을 구분하는 기준.

일반적으로 대문자는 종량적 상태량을 표시하는 데 사용되고(질량 m을 주된 예외로 하며), 소문자는 강성적 상태량에(압력 P와 온도 T는 분명한 예외로 하며) 사용된다.

단위 질량당 종량적 상태량은 **비상태량(specific property)**이라고 한다. 몇 가지 비상태량의 예로서 비체적($v = V/m$)과 비총 에너지($e = E/m$)가 있다.

하나의 상태량이 다른 하나의 상태량을 일정하게 유지한 채 변화할 수 있다면 이 두 개의 상태량은 독립적이다. 모든 상태량이 독립적인 것은 아니며, 일부는 다른 상태량들의 항으로 정의된다.

연속체

유체는 공간상으로 넓게 떨어져 있는 원자들로 구성되어 있으며, 특히 기체 상에서 그렇다. 그러나 물질의 원자적 본질을 무시하고 그것을 구멍이 없는 연속적이고 균질적인 물질로, 즉 **연속체(continuum)**로 보는 것이 편리하다. 연속체로 이상화하는 것은 상태량을 점함수로 다룰 수 있도록 하며, 상태량이 공간에서 급격한 불연속이 없이 연속적으로 변하는 것을 가정할 수 있도록 한다. 이와 같은 이상화는 다루는 시스템의 크기가 분자 사이의 공간에 비해 클 경우에 한하여 성립한다. 이는 몇몇 특수한 경우를 제외하고, 실제적으로 모든 문제에 해당되는 경우이다. 연속체 이상화는 "유리잔 속의 물의 밀도는 어느 점에서나 동일하다."라는 것과 같이 우리가 사용하는 많은 문장 속에 함축되어 있다.

분자 수준에 관련된 거리의 개념을 갖기 위해, 대기압 조건에서 산소로 채워져 있는 용기를 고려해 보자. 산소 분자의 직경은 약 3×10^{-10} m이고 그 질량은 5.3×10^{-26} kg이다. 또한 1기압, 20℃에서 산소의 **평균자유행로**는 6.3×10^{-8} m이다. 즉, 산소 분자는 그것이 다른 분자와 충돌하기 전에 평균적으로 6.3×10^{-8} m의 거리(분자 직경의 약 200배)를 이동한다.

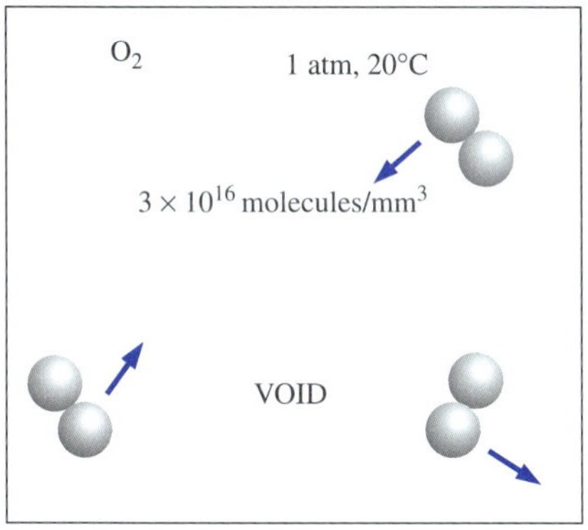

그림 1-43
분자들 사이의 상대적으로 넓은 간격에도 불구하고, 극단적으로 작은 부피 내에서조차 매우 많은 수의 분자들로 인해 기체는 보통 연속체로서 취급될 수 있다.

또한 1기압, 20℃에서 1 mm^{3}의 작은 부피 내에 약 3×10^{16}개의 산소 분자가 있다(그림 1-43). 연속체 모델은 시스템의 특성 길이(시스템의 직경과 같은)가 분자의 평균자유행로보다 매우 클 경우 적용 가능하다. 매우 낮은 압력, 즉 매우 높은 고도에서 평균자유행로는 커질 수 있다(예를 들면, 100 km의 고도에서 대기의 평균자유행로는 약 0.1 m이다). 이와 같은 경우에 대하여 **희박기체 유동 이론**이 사용되어야 하고, 개별 분자의 충돌이 고려되어야 한다. 이 교재에서는 연속체로 모델링될 수 있는 물질에 한정하여 고려한다.

1-12 밀도와 비중

밀도는 단위 부피당 질량으로 정의된다(그림 1-44). 즉,

밀도: $$\rho = \frac{m}{V} \quad (\text{kg/m}^3) \tag{1-4}$$

밀도의 역수는 **비체적** v인데, 이는 **단위 질량당 부피**로 정의된다. 즉, $v = V/m = 1/\rho$이다. 미소 체적 요소의 질량 δm과 부피 δV에 대해 밀도는 $\rho = \delta m/\delta V$로 표현될 수 있다.

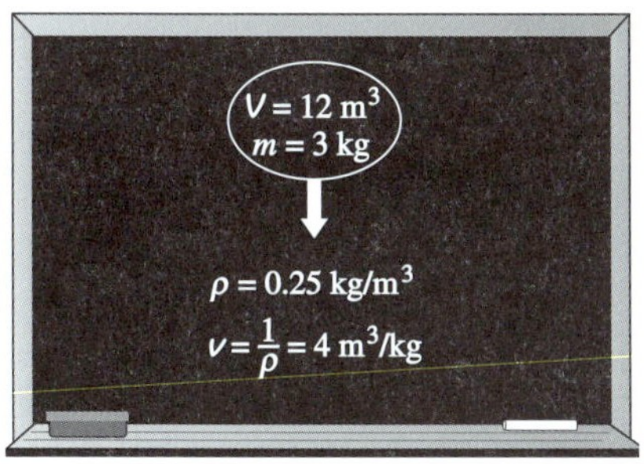

그림 1-44
밀도는 단위 체적당 질량이고, 비체적은 단위 질량당 체적이다.

일반적으로, 물질의 밀도는 온도와 압력에 의존한다. 대부분 기체의 밀도는 압력에 비례하고 온도에 반비례한다. 반면에 액체와 고체는 본질적으로 비압축성 물질이며, 그들의 압력에 따른 밀도 변화는 보통 무시할 만하다. 예를 들면, 20℃에서 물의 밀도는 1기압에서 998 kg/m^{3}로부터 100기압에서 1003 kg/m^{3}까지 고작 0.5퍼센트 변화한다. 액체와 고체의 밀도는 압력보다는 온도에 보다 강하게 의존한다. 예를 들면, 1기압에서 물의 밀도는 20℃에서 998 kg/m^{3}로부터 75℃에서 975 kg/m^{3}까

지 2.3퍼센트 변하며, 이는 많은 공학 해석에서 여전히 무시할 수 있다.

때때로 물질의 밀도는 잘 알려진 물질의 밀도와 상대적인 값으로 주어진다. 그리고 이를 **비중(specific gravity)** 또는 **상대 밀도**라고 하며, **규정된 온도에서 표준물질의 밀도**(보통은 4℃의 물, $\rho_{H_2O} = 1000\ kg/m^3$)**에 대한 고려하는 물질의 밀도의 비**로 정의된다. 즉,

비중:

$$SG = \frac{\rho}{\rho_{H_2O}} \tag{1-5}$$

물질의 비중은 무차원 양인 것에 주목하라. 그러나 물질의 비중의 수치값은 SI 단위로 g/cm^3 또는 kg/L(또는 kg/m^3로 표시된 밀도의 0.001배)로 표시한 그 물질의 밀도와 똑같으며, 이는 4℃에서 물의 밀도는 $1\ g/cm^3 = 1\ kg/L = 1000\ kg/m^3$이기 때문이다. 예를 들면, 20℃에서 수은의 비중은 13.6이다. 그러므로 20℃에서 수은의 밀도는 $13.6\ g/cm^3 = 13.6\ kg/L = 13{,}600\ kg/m^3$이다. 20℃에서 몇몇 물질의 비중이 표 1-4에 주어져 있다. 비중이 1보다 작은 물질은 (만약 섞이지 않는다면) 물보다 가벼워서 물 위로 뜰 것임에 주목하라.

표 1-4

1기압, 20℃(별도로 언급하지 않은 한)에서 몇몇 물질의 비중

Substance	SG
Water	1.0
Blood (at 37°C)	1.06
Seawater	1.025
Gasoline	0.68
Ethyl alcohol	0.790
Mercury	13.6
Balsa wood	0.17
Dense oak wood	0.93
Gold	19.3
Bones	1.7–2.0
Ice (at 0°C)	0.916
Air	0.001204

물질의 단위 체적의 중량은 **비중량(specific weight)** 또는 **중량 밀도(weight density)**라고 하며, 다음과 같이 표현된다.

비중량:

$$\gamma_s = \rho g \qquad (N/m^3) \tag{1-6}$$

여기서 g는 중력가속도이다.

이상기체의 밀도

상태량 표는 상태량에 대하여 매우 정확하고 정밀한 정보를 제공하지만, 종종 충분히 일반적이고 꽤 정확한 상태량 사이의 단순한 관계식을 갖고 있는 것이 편리하다. 물질의 압력, 온도와 밀도(또는 비체적)를 연관시키는 방정식을 **상태 방정식(equation of state)**이라고 한다. 기체 상태의 물질에 대해 가장 잘 알려진 상태 방정식은 **이상기체 상태 방정식**이며, 다음과 같이 표현된다.

$$Pv = RT \quad 또는 \quad P = \rho RT \tag{1-7}$$

여기서 P는 절대 압력, v는 비체적, T는 열역학적(절대) 온도, ρ는 밀도, R은 기체상수이다. 기체상수 R은 각 기체마다 다르며, $R = R_u/M$으로부터 결정된다. 여기서 R_u는 **일반 기체상수**로서 그 값은 $R_u = 8.314\ kJ/kmol \cdot K$이고, M은 기체의 **몰 질량**(또한 **분자량**이라고도 함)이다. 여러 가지 물질에 대한 R과 M의 값이 부록의 표 A-1에 주어져 있다.

열역학적 온도 척도는 SI에서 Kelvin **척도**이고, 이 척도로의 온도 단위는 **켈빈**이며, K로 표시된다.

$$T(K) = T(°C) + 273.15 \tag{1-8}$$

상수 273.15는 273으로 반올림하는 것이 통상 관례이지만, 이를 권장하지는 않는다.

이상기체 상태 방정식인 식 (1-7)은 또한 간단히 **이상기체 관계식**이라 하며, 이 관계식을 따르는 기체를 **이상기체**라고 한다. 부피 V, 질량 m과 몰 수가 $N = m/M$인 이상기체에 대하여, 이상기체 상태 방정식은 $PV = mRT$ 또는 $PV = NR_uT$로 쓸 수 있다. 일정한 질량 m에 대해 이상기체 관계식을 두 번 쓰고 단순화하면, 두 개의 다른 상태에서 이상기체의 상태량은 $P_1V_1/T_1 = P_2V_2/T_2$에 의해 연계된다.

예제 1-5 실내 공기의 밀도, 비중, 질량

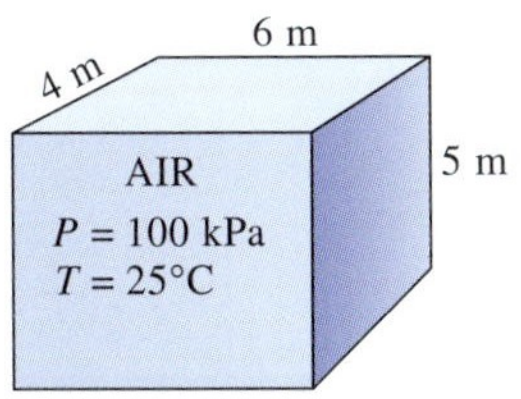

그림 1-45
예제 1-5에 대한 개략도.

크기가 4 m × 5 m × 6 m인 실내에서 100 kPa, 25°C에서 공기의 밀도, 비중, 질량을 결정하라(그림 1-45).

풀이 실내 공기의 밀도, 비중, 질량을 결정하고자 한다.

가정 주어진 조건에서, 공기는 이상기체로 취급할 수 있다.

상태량 공기의 기체상수는 $R = 0.287\ \text{kPa}\cdot\text{m}^3/\text{kg}\cdot\text{K}$이다.

해석 공기의 밀도는 이상기체 관계식 $P = \rho RT$로부터 결정된다.

$$\rho = \frac{P}{RT} = \frac{100\ \text{kPa}}{(0.287\ \text{kPa}\cdot\text{m}^3/\text{kg}\cdot\text{K})(25 + 273.15)\ \text{K}} = \mathbf{1.17\ kg/m^3}$$

따라서 공기의 비중은 다음과 같다.

$$\text{SG} = \frac{\rho}{\rho_{H_2O}} = \frac{1.17\ \text{kg/m}^3}{1000\ \text{kg/m}^3} = \mathbf{0.00117}$$

끝으로 실내 공기의 부피와 질량은

$$V = (4\ \text{m})(5\ \text{m})(6\ \text{m}) = 120\ \text{m}^3$$
$$m = \rho V = (1.17\ \text{kg/m}^3)(120\ \text{m}^3) = \mathbf{140\ kg}$$

토의 온도를 이상기체 관계식에 사용하기 전에 °C 단위로부터 K 단위로 변환시켰음을 주목하라.

1-13 증기압과 공동현상

상변화 과정 중의 순수 물질에 대한 온도와 압력은 종속적인 상태량이라는 사실은 잘 정립된 것이며, 따라서 온도와 압력 사이에 1 대 1의 대응이 존재한다. 주어진 압력에서 순수 물질이 상변화를 하는 온도를 **포화 온도** T_{sat}라고 한다. 이와 마찬가지로, 주어진 온도에서 순수 물질이 상변화를 하는 압력을 **포화 압력** P_{sat}라고 한다. 예를 들면, 절대 압력 1표준대기압(1기압 또는 101.325 kPa)에서 물의 포화 온도는 100°C이다. 반대로 온도 100°C에서 물의 포화 압력은 1기압이다.

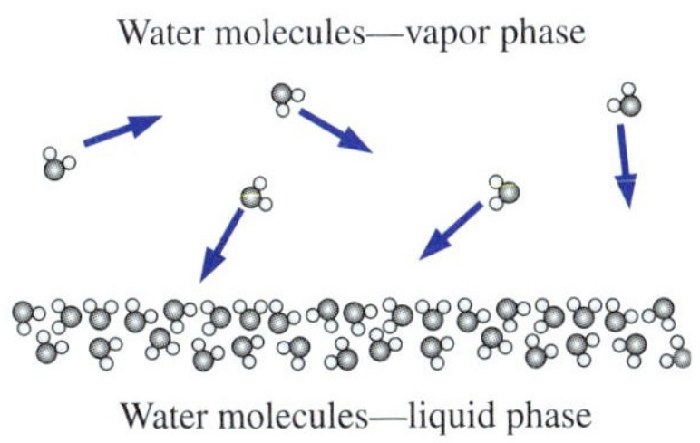

그림 1-46
순수 물질(예로서 물)의 증기압(포화 압력)은 그 시스템이 주어진 온도에서 액체 분자와 상평형에 있을 때 순수 물질의 증기 분자가 가한 압력이다.

순수 물질의 **증기압** P_v는 **주어진 온도에서 액체와 상평형에 있는 증기가 가한 압력**으로 정의된다(그림 1-46). P_v는 순수 물질의 상태량이며, 따라서 결국 액체의 포화 압력 P_{sat}와 같게 된다($P_v = P_{sat}$). 여기서 증기압을 분압과 혼동하지 않도록 조심해야 한다. **분압**은 **다른 기체들과의 혼합물 중에서 한 가지 기체나 증기의 압력으**

로 정의된다. 예를 들면, 대기는 건조 공기와 수증기의 혼합물이고, 대기압은 건조 공기의 분압과 수증기 분압의 합이다.

순수 물질의 액체와 기체 상들 사이의 상변화 과정 중에 포화 압력과 증기압은 서로 동등하게 되며, 이는 증기가 순수하기 때문이다. 압력값은 증기상에서 또는 액체상의 어느 곳에서 측정되었더라도(정수압 효과를 피하기 위해 액체-증기 계면에 근접한 위치에서 측정된다면) 동일할 것이다. 증기압은 온도에 따라 증가한다. 따라서 보다 높은 압력에서 물질은 보다 높은 온도에서 끓는다. 예를 들면, 절대 압력 3기압에서 작동되는 압력 조리기 내에서 물은 134℃에서 끓지만, 대기압이 0.8기압인 2000 m 고도에서 일반 냄비의 물은 93℃에서 끓는다. 표 1-5는 물에 대한 포화 압력 자료를 쉽게 참고할 수 있도록 한다.

증기압에 대해 관심을 가지는 이유는 액체-유동 시스템에서 액체의 압력이 어떤 위치에서 증기압 아래로 떨어져서, 계획되지 않은 증발이 발생할 가능성 때문이다. 예를 들면, 10℃의 물은 압력이 1.23 kPa 아래로 떨어지는 위치(임펠러의 팁 부분 또는 펌프의 흡입부와 같은)에서 증발하고 기포를 형성할 수 있다. 증기 기포는[이들이 액체 속에서 "공동(cavity)"을 형성하므로 **공동 기포**라고 함] 이들이 저압 지역으로부터 휩쓸려 지나감에 따라 매우 파괴적이고, 극도로 높은 압력파를 발생하면서 붕괴한다. 성능의 저감과 임펠러 블레이드의 마모에 대한 통상적인 원인이 되는 이 현상을 **공동현상(cavitation)**이라 하며, 이는 수력 터빈과 펌프의 설계에 있어서 중요한 고려 사항이다.

표 1-5

다양한 온도에서 물의 포화(또는 증기) 압력

Temperature T, °C	Saturation Pressure P_{sat}, kPa
−10	0.260
−5	0.403
0	0.611
5	0.872
10	1.23
15	1.71
20	2.34
25	3.17
30	4.25
40	7.38
50	12.35
100	101.3 (1 atm)
150	475.8
200	1554
250	3973
300	8581

예제 1-6 공동현상을 피하는 최소 압력

급수배관 시스템에서 물의 온도는 30°C 정도로 관찰된다. 이 시스템에서 공동현상을 피하기 위한 최소 압력을 결정하라.

풀이 급수배관 시스템에서 공동현상을 피하기 위한 최소 압력을 결정하고자 한다.

상태량 30°C에서 물의 증기압은 4.25 kPa이다(표 1-5).

해석 공동현상을 피하기 위해, 주어진 온도에서 유동 내 모든 곳의 압력이 증기(또는 포화) 압력 아래로 떨어지지 않도록 해야 한다. 즉,

$$P_{min} = P_{sat@30°C} = \mathbf{4.25\ kPa}$$

그러므로 압력은 유동 내 모든 곳에서 4.25 kPa 이상으로 유지되어야 한다.

토의 온도 증가에 따라 증기압도 증가하며, 따라서 공동현상의 위험은 높은 유체 온도에서 보다 커진다는 사실에 주의하라.

1-14 에너지와 비열

에너지는 열, 기계, 운동, 위치, 전기, 자기, 화학 및 핵 에너지와 같은 수많은 형태로 존재할 수 있으며(그림 1-47), 이들의 합은 시스템의 **총 에너지** E(또는 단위 질량 기준으로 e)를 구성한다. 시스템의 분자 구조와 분자의 활동 정도에 관련된 에너지 형태는 **미시적 에너지**라고 한다. 모든 미시적 형태의 에너지 합은 시스템의 **내부 에너**

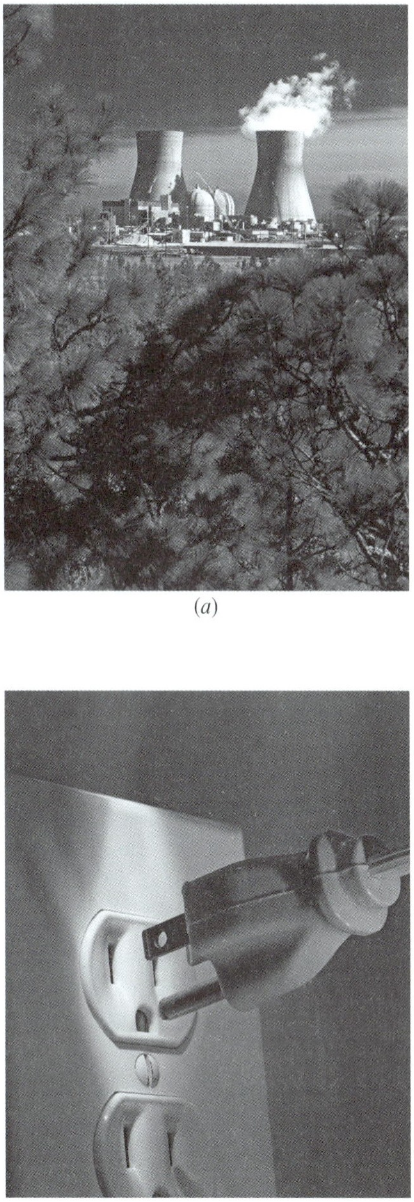

(a)

(b)

그림 1-47
원자력 발전소로부터 한 가정까지 전력을 끌어올 때 관련된 적어도 6가지의 서로 다른 에너지의 형태: 원자력, 열, 기계, 운동, 자기, 전기 형태의 에너지.

(a) © Creatas/PunchStock RF
(b) Comstock Images/Jupiterimages RF

지라 하고, U(또는 단위 질량 기준으로 u)로 표시된다.

시스템의 **거시적 에너지**는 운동에 관련되어 있고 중력, 자력, 전기와 표면장력과 같은 일부 외부 효과의 영향에 관련되어 있다. 시스템의 운동 결과로 시스템이 보유하는 에너지는 **운동 에너지**라고 한다. 시스템의 모든 부분이 같은 속도로 움직일 때, 단위 질량당 운동 에너지는 $\mathrm{ke} = V^2/2$로 표현되며, 여기서 V는 어떤 고정된 좌표계에 상대적인 시스템의 속도를 나타낸다. 중력장 내에서 시스템의 고도에 따른 결과로 시스템이 보유하는 에너지는 **위치 에너지**라 하며, 단위 질량 기준으로 $\mathrm{pe} = gz$으로 표현된다. 여기서 g는 중력가속도이고, z는 임의로 선정된 기준면에 상대적인 시스템의 무게중심의 고도이다.

일상생활에서, 지각할 수 있거나 잠재적인 형태의 내부 에너지를 종종 **열(heat)**이라 하며, 신체의 열함량에 대해 이야기한다. 그러나 공학에서 이러한 형태의 에너지는 일반적으로 **열전달**과 혼동을 피하기 위해 **열 에너지(thermal energy)**로 부른다.

에너지의 국제 단위는 **줄**(J) 또는 **킬로줄**(1 kJ = 1000 J)이다. 1 J은 1 N에 1 m를 곱한 것이다. 에너지의 또 다른 잘 알려진 단위는 **칼로리**(1 cal = 4.1868 J)이며, 이는 14.5℃에서 물 1 g의 온도를 1℃ 올리는 데 필요한 에너지로 정의된다.

유체 유동과 관련된 시스템의 해석에서, 우리는 상태량 u와 Pv의 조합을 자주 접하게 된다. 편의상, 이 조합을 **엔탈피** h라고 한다. 즉,

엔탈피:
$$h = u + Pv = u + \frac{P}{\rho} \tag{1-9}$$

여기서 P/ρ는 **유동 에너지** 또는 **유동 일**이라 하며, 이는 유체를 움직이고 유동을 유지하기 위해 필요한 단위 질량당 에너지이다. 유동하는 유체의 에너지 해석에서 유체의 에너지의 일부분으로 유동 에너지를 취급하고, 유체 흐름의 미시적 에너지를 엔탈피 h로 대표하는 것이 편리하다(그림 1-48). 엔탈피는 단위 질량당의 양이며, 따라서 이는 **비상태량**(specific property)임을 주의하라.

자기, 전기, 표면장력과 같은 영향이 없을 경우에 시스템은 단순 압축성 시스템이라고 한다. 단순 압축성 시스템의 총 에너지는 내부, 운동, 위치 에너지의 세 부분으로 구성되어 있다. 단위 질량 기준으로, 이는 $e = u + \mathrm{ke} + \mathrm{pe}$로 표현된다. 검사체적을 출입하는 유체는 추가적인 형태의 에너지를 가지며, 이는 **유동 에너지** P/ρ이다. **유동하는 유체**의 단위 질량당 총 에너지는 다음과 같이 된다.

$$e_{\text{flowing}} = P/\rho + e = h + \mathrm{ke} + \mathrm{pe} = h + \frac{V^2}{2} + gz \quad \text{(kJ/kg)} \tag{1-10}$$

여기서 $h = P/\rho + u$는 엔탈피, V는 속도의 크기, z는 어떤 기준점에 대하여 상대적인 시스템의 위치이다.

이상기체의 내부 에너지와 엔탈피에서 미소 변화는 비열의 항으로 다음과 같이 표현될 수 있다.

$$du = c_v\, dT \quad \text{그리고} \quad dh = c_p\, dT \tag{1-11}$$

여기서 c_v와 c_p는 이상기체의 정적 비열 및 정압 비열이다. 평균 온도에서 비열 값을 이용하면 내부 에너지와 엔탈피에서 유한 변화는 대략 다음과 같이 표현된다.

$$\Delta u \cong c_{v,\text{avg}}\,\Delta T \quad \text{그리고} \quad \Delta h \cong c_{p,\text{avg}}\,\Delta T \tag{1-12}$$

비압축성 물질에 대하여 정적 비열과 정압 비열은 동일하다. 그러므로 액체에 대해 $c_p \cong c_v \cong c$이고, 액체의 내부 에너지의 변화는 $\Delta u \cong c_{\text{avg}}\Delta T$로 표현할 수 있다.

비압축성 물질에 대해 ρ는 상수임을 주목하면, 엔탈피 $h = u + P/\rho$의 미분은 $dh = du + dP/\rho$가 된다. 적분하면, 엔탈피 변화는 다음과 같다.

$$\Delta h = \Delta u + \Delta P/\rho \cong c_{\text{avg}}\,\Delta T + \Delta P/\rho \tag{1-13}$$

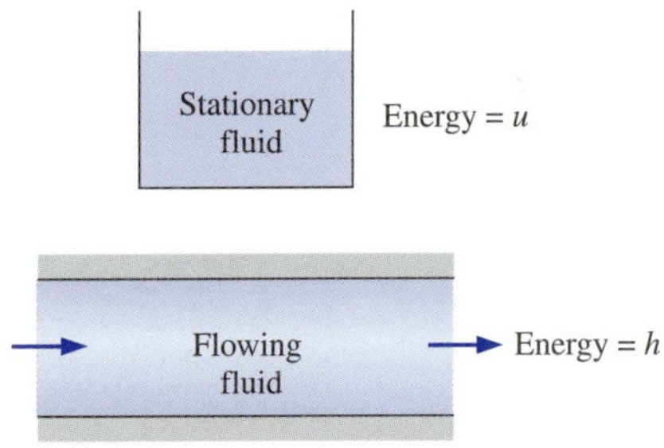

그림 1-48
내부 에너지 u는 단위 질량당 유동하지 않는 유체의 미시적 에너지를 나타내며, 이에 반해 **엔탈피 h**는 단위 질량당 유동하는 유체의 미시적 에너지를 나타낸다.

1-15 압축성 계수와 음속

압축성 계수

유체의 부피(또는 밀도)는 유체의 온도나 압력의 변화에 따라 달라진다는 것을 경험으로부터 알고 있다. 유체는 보통 가열되거나 압력이 떨어지면 팽창하고, 냉각되거나 압력이 높아지면 수축한다. 그러나 체적의 변화량은 유체의 종류에 따라 달라지며, 따라서 압력과 온도의 변화에 따른 체적 변화에 관련된 상태량을 정의할 필요가 있다. 이와 같은 두 가지 상태량이 체적 탄성계수(bulk modulus of elasticity) κ와 체적 팽창률계수(coefficient of volume expansion) β이다.

유체는 보다 큰 압력이 가해지면 수축하고, 작용하는 압력이 감소하면 팽창한다는 것은 일상적으로 관찰되는 현상이다(그림 1-49). 즉, 유체는 압력에 대해 탄성체(elastic solid)처럼 거동한다. 그러므로 고체에 대한 Young의 탄성계수와 유사하게, 유체에 대해 **압축성 계수(coefficient of compressibility)**[또한 **체적 압축률**(bulk modulus of compressibility) 또는 **체적 탄성계수**라고도 함] κ를 다음과 같이 정의한다.

$$\kappa = -v\left(\frac{\partial P}{\partial v}\right)_T = \rho\left(\frac{\partial P}{\partial \rho}\right)_T \quad \text{(Pa)} \tag{1-14}$$

이는 또한 유한차분의 항으로 다음과 같이 개략적으로 표현될 수 있다.

$$\kappa \cong -\frac{\Delta P}{\Delta v/v} \cong \frac{\Delta P}{\Delta \rho/\rho} \quad (T = \text{constant}) \tag{1-15}$$

$\Delta v/v$ 또는 $\Delta\rho/\rho$는 무차원이므로, κ는 압력의 차원(Pa)이 되어야 함에 유의하라. 또한 온도가 일정하게 유지되는 동안에 압축성 계수는 유체의 부피나 밀도의 분수변화(fractional change)에 대한 압력 변화를 나타낸다. 따라서 순수하게 비압축성인 물질의 압축성 계수는 무한대가 된다($v =$ 일정).

큰 κ값은 부피의 작은 분수변화를 만들기 위해 압력이 크게 변화할 필요가 있음을 나타내며, 따라서 큰 κ값을 갖는 유체는 본질적으로 **비압축성**이다. 이는 액체

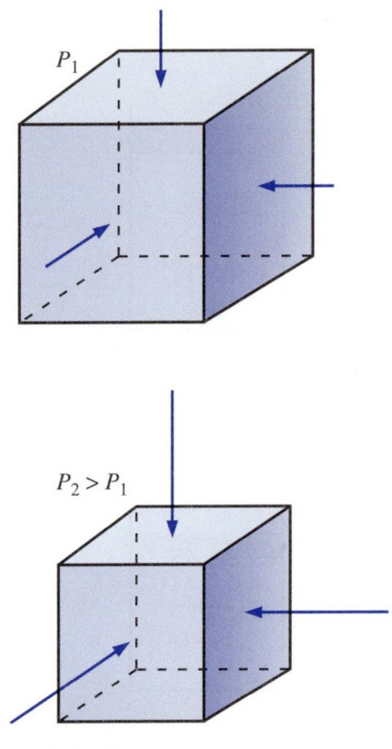

그림 1-49
고체와 같이, 유체는 적용된 압력이 P_1에서 P_2로 증가할 때 압축된다.

가 대표적인 경우이며, 왜 액체가 보통 비압축성으로 간주되는지를 설명한다. 예를 들면, 대기 조건에서 물을 1퍼센트 압축하기 위해 물의 압력은 210기압까지 끌어올려야 하며, 이는 압축성 계수값 $\kappa = 21{,}000$ atm에 해당한다.

압축성 계수의 역수는 **등온 압축률(isothermal compressibility)** α라고 하며, 다음과 같이 표현된다.

$$\alpha = \frac{1}{\kappa} = -\frac{1}{v}\left(\frac{\partial v}{\partial P}\right)_T = \frac{1}{\rho}\left(\frac{\partial \rho}{\partial P}\right)_T \qquad (1/\text{Pa}) \tag{1-16}$$

유체의 등온 압축률은 압력의 단위 변화에 해당하는 부피 또는 밀도의 분수변화를 나타낸다

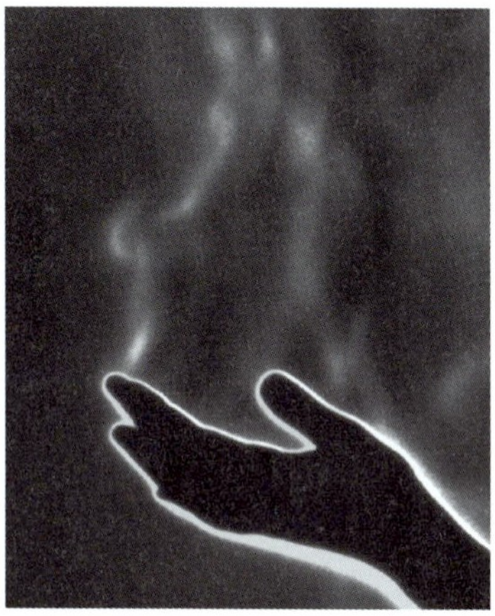

그림 1-50
여성 손 위에서 자연대류.
Photograph by Gary S. Settles, Penn State Gas Dynamics Lab. Used by permission.

체적 팽창계수

일반적으로 유체의 밀도는 압력보다는 온도에 보다 강하게 의존하고, 온도에 따른 밀도의 변화는 바람, 해양의 조류, 굴뚝에서 연기의 상승, 열기구 운전, 자연대류에 의한 열전달 및 더운 공기의 상승과 그에 따른 "열이 올라가네(heat rises)"라는 문구와 같은 수많은 자연 현상의 원인이 된다(그림 1-50). 이들 효과를 정량화하기 위해서 **등압하에서 온도에 따른 유체의 밀도 변화**를 나타내는 상태량을 필요로 한다.

이와 같은 정보를 제공하는 상태량은 **체적 팽창계수**(또는 **체적팽창률**) β이며, 다음과 같이 정의된다(그림 1-51).

$$\beta = \frac{1}{v}\left(\frac{\partial v}{\partial T}\right)_P = -\frac{1}{\rho}\left(\frac{\partial \rho}{\partial T}\right)_P \qquad (1/\text{K}) \tag{1-17}$$

이는 또한 유한 변화의 항으로 다음과 같이 개략적으로 표현될 수 있다.

$$\beta \approx \frac{\Delta v/v}{\Delta T} = -\frac{\Delta \rho/\rho}{\Delta T} \qquad (P\text{가 일정할 때}) \tag{1-18}$$

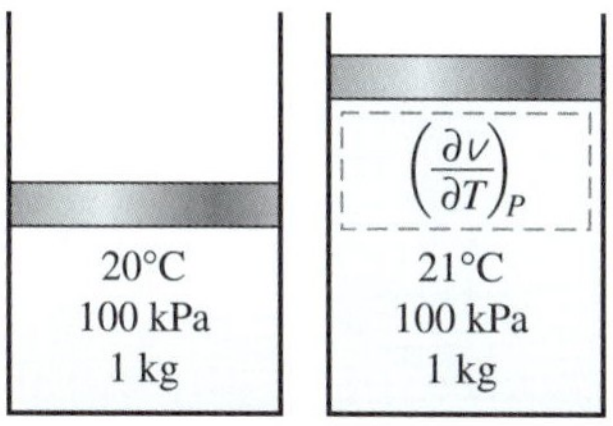

(*a*) β값이 큰 물질

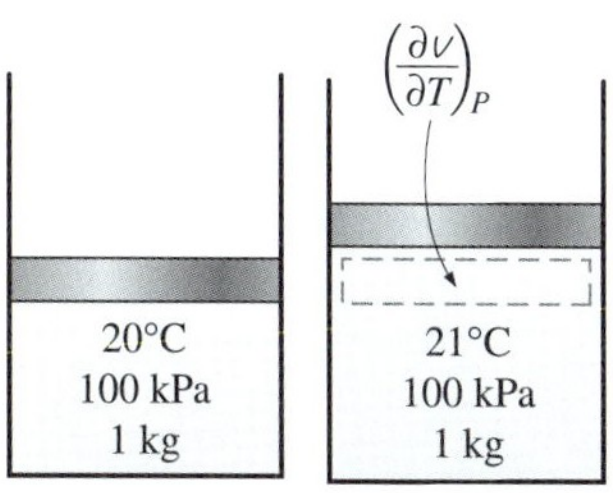

(*b*) β값이 작은 물질

그림 1-51
체적 팽창계수는 일정한 압력에서 온도에 따른 물질의 체적 변화의 척도이다.

유체에 대해 큰 값의 β는 온도에 따른 밀도의 변화가 큼을 의미하고, 따라서 $\beta\Delta T$값은 일정한 압력하에서 ΔT의 온도 변화에 해당하는 유체의 체적 변화의 분수를 나타낸다.

온도 T에서 **이상기체**($P = \rho RT$)의 체적 팽창계수는 온도의 역수와 동등함을 알 수 있다.

$$\beta_{\text{ideal gas}} = \frac{1}{T} \qquad (1/\text{K}) \tag{1-19}$$

여기서 T는 **절대** 온도이다.

유체의 체적 변화에 미치는 압력과 온도 변화의 결합된 영향은 비체적을 T와 P의 함수가 되도록 취함으로써 결정할 수 있다. $v = v(T, P)$를 미분하고, 압축 및 팽창계수 α 및 β의 정의를 이용하면 다음을 얻는다.

$$dv = \left(\frac{\partial v}{\partial T}\right)_P dT + \left(\frac{\partial v}{\partial P}\right)_T dP = (\beta\, dT - \alpha\, dP)v \tag{1-20}$$

다음으로 압력과 온도 변화에 기인하는 체적(또는 밀도)의 분수변화는 근사적으로 다음과 같이 표현될 수 있다.

$$\frac{\Delta v}{v} = -\frac{\Delta\rho}{\rho} \cong \beta\,\Delta T - \alpha\,\Delta P \tag{1-21}$$

예제 1-7 온도와 압력에 따른 밀도의 변화

최초에 20°C, 1 atm에서 물을 고려해 보자. (a) 만약 1 atm 등압하에서 50°C까지 가열될 경우, (b) 만약 20°C 등온하에서 100 atm까지 압축될 경우, 최종 물의 밀도를 결정하라. 물의 등온 압축률은 $\alpha = 4.80 \times 10^{-5}$ atm^{-1}로 취하라.

풀이 주어진 온도와 압력하의 물을 고려한다. 물이 가열된 후 및 압축된 후 물의 밀도를 결정하고자 한다.

가정 1 물의 체적 팽창계수와 등온 압축률은 주어진 온도 범위에서는 일정하다. 2 양(quantities)에 있어서의 미소 변화를 유한 변화로 대체함으로써 근사해석을 수행한다.

상태량 20°C와 1 atm 압력하의 물의 밀도는 $\rho_1 = 998.0$ kg/m^{3}이다. 평균 온도 (20 + 50)/2 = 35°C에서 체적 팽창계수는 $\beta = 0.337 \times 10^{-3}$ K^{-1}이다. 물의 등온 압축률은 $\alpha = 4.80 \times 10^{-5}$ atm^{-1}로 주어진다.

해석 미분량이 차이값으로 대체되고, 상태량 α와 β가 상수로 가정될 때, 압력과 온도 변화의 항으로 밀도의 변화는 식 (1-21)과 같이 근사적으로 표현된다.

$$\Delta\rho = \alpha\rho\,\Delta P - \beta\rho\,\Delta T$$

(a) 등압하에서 20°C로부터 50°C까지 온도의 변화에 기인하는 밀도의 변화는

$$\Delta\rho = -\beta\rho\,\Delta T = -(0.337 \times 10^{-3}\ \text{K}^{-1})(998\ \text{kg/m}^3)(50 - 20)\ \text{K}$$
$$= -10.0\ \text{kg/m}^3$$

$\Delta\rho = \rho_2 - \rho_1$임을 주목하면, 50°C, 1 atm에서 물의 밀도는 다음과 같다.

$$\rho_2 = \rho_1 + \Delta\rho = 998.0 + (-10.0) = \mathbf{988.0\ kg/m^3}$$

이는 부록 표 A-3에서 50°C에서 값인 988.1 kg/m^{3}와 거의 동일하다. 이는 대체로 그림 1-52에 보인 바와 같이, β가 온도에 따라서 거의 선형적으로 변함에 기인한다.

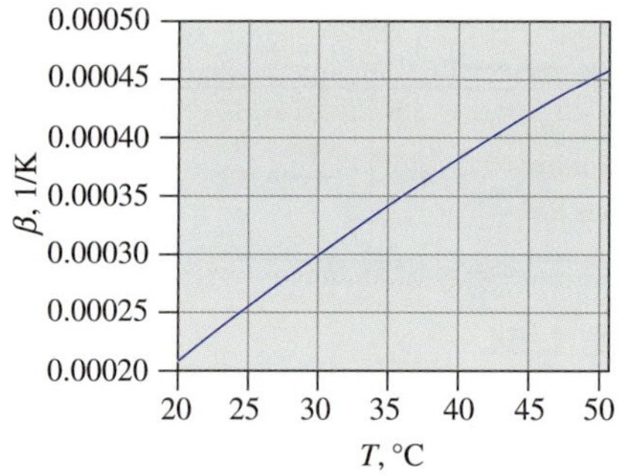

그림 1-52
20°C에서 50°C 범위 내에서 온도에 따른 물의 체적 팽창계수 β의 변화.
Data were generated and plotted using EES.

(b) 등온하에서 1 atm으로부터 100 atm까지 압력의 변화에 기인하는 밀도의 변화는 다음과 같다.

$$\Delta\rho = \alpha\rho\,\Delta P = (4.80 \times 10^{-5}\ \text{atm}^{-1})(998\ \text{kg/m}^3)(100 - 1)\ \text{atm} = 4.7\ \text{kg/m}^3$$

100 atm, 20°C에서 물의 밀도는 다음과 같다.

$$\rho_2 = \rho_1 + \Delta\rho = 998.0 + 4.7 = \mathbf{1002.7\ kg/m^3}$$

토의 예상한 바와 같이, 물의 밀도는 가열 중에 감소하고 압축 중에 증가함을 주목하라. 이 문제는 상태량이 함수 형태로 주어지면 미분해석을 이용하여 보다 정확하게 풀 수 있다.

음속과 Mach 수

압축성 유동을 공부할 때 중요한 매개변수는 **음속**(speed of sound 또는 sonic speed)이며, 이는 매우 작은 압력파가 매질을 통과하는 속도로 정의된다. 이러한 압력파는 국소 압력의 작은 증가를 초래하는 작은 교란에 의하여 나타난다.

어떤 매질에서 음속에 관한 관계식을 유도하기 위하여 그림 1-53에 나타낸 바와 같이 정지해 있는 유체로 채워져 있는 덕트를 고려해 보자. 덕트에 맞는 피스톤이 일정한 증분 속도 dV로 오른쪽으로 움직이면 이에 따라 음파(sonic wave)가 발생한다. 파는 정지해 있는 유체를 통하여 음속 c로 오른쪽으로 움직이고, 이 파를 경계로 피스톤 근처에서 움직이는 유체와 정지하고 있는 유체가 구분된다. 그림 1-53에 나타난 바와 같이, 파의 왼쪽에 있는 유체는 열역학적 상태량이 증분 변화가 나타나는 반면, 파의 오른쪽에 있는 유체는 원래의 열역학적 상태량을 유지하게 된다.

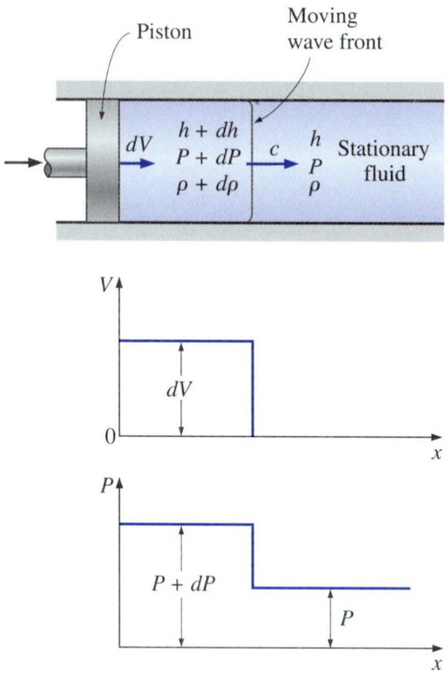

그림 1-53
덕트를 따라 나타나는 작은 압력파의 전파.

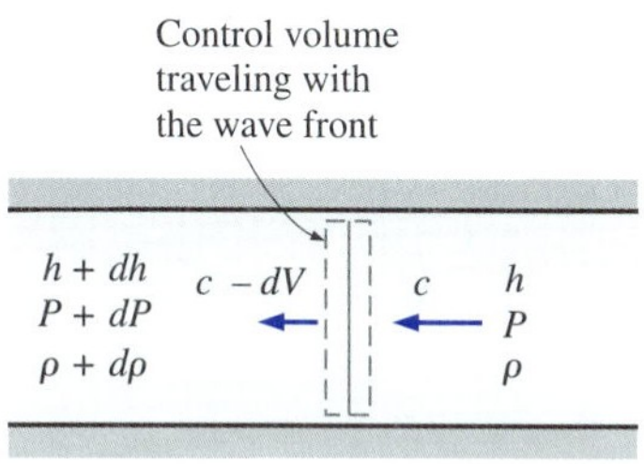

그림 1-54
덕트 내부의 작은 압력파와 같이 움직이는 검사체적.

해석을 쉽게 하기 위하여, 그림 1-54에 나타낸 바와 같이 파를 포함하는 검사체적을 설정하여 파와 같이 움직인다고 하자. 파와 같이 움직이는 관찰자의 입장에서는 오른쪽에 있는 유체는 파를 향하여 c의 속도로 접근하고, 왼쪽에 있는 유체는 파로부터 $c - dV$의 속도로 멀어지게 된다. 물론 이때 관찰자에게 파를 포함한 검사체적은 정지해 있고 유동은 정상 상태로 보일 것이다. 이러한 단일 유로의 정상 유동 과정에서 질량 보존은 다음과 같이 나타낼 수 있다.

$$\dot{m}_{\text{right}} = \dot{m}_{\text{left}}$$

또는

$$\rho A c = (\rho + d\rho)A(c - dV)$$

단면적(또는 유동 면적) A를 소거하고 고차항을 무시하면 이 식은 다음과 같이 전개된다.

$$c\,d\rho - \rho\,dV = 0$$

이러한 정상 유동 과정에서 검사체적 경계를 통과하는 열과 일이 없으며, 위치 에너지의 변화도 무시될 수 있다. 따라서 정상 유동에서 에너지 평형 $e_{\text{in}} = e_{\text{out}}$은 다음과 같이 나타난다.

$$h + \frac{c^2}{2} = h + dh + \frac{(c - dV)^2}{2}$$

이 식은 다음과 같게 된다.

$$dh - c\,dV = 0$$

여기서 2차항 dV^2은 무시되었다. 일반적인 음파의 진폭은 매우 작으며, 따라서 유체의 압력과 온도에 큰 변화를 만들어내지 않는다. 따라서 음파의 전달은 단열일 뿐만 아니라 거의 등엔트로피 과정으로 볼 수 있다. 따라서 열역학 관계식 $T\,ds = dh - dP/\rho$ (Çengel과 Boles, 2011 참조)는 다음과 같이 줄어든다.

$$\cancelto{0}{T\,ds} = dh - \frac{dP}{\rho}$$

또는

$$dh = \frac{dP}{\rho}$$

위의 식들을 조합하면 원하는 음속에 대한 식을 다음과 같이 구할 수 있다.

$$c^2 = \frac{dP}{d\rho} \qquad s = \text{일정할 때}$$

또는

$$c^2 = \left(\frac{\partial P}{\partial \rho}\right)_s \tag{1-22}$$

식 (1-22)는 열역학적 상태량의 관계식을 이용하여 다음과 같이 전개될 수 있으며, 이는 여러분이 직접 유도해 보기 바란다.

$$c^2 = k\left(\frac{\partial P}{\partial \rho}\right)_T \tag{1-23}$$

여기서 $k = c_p/c_v$는 유체의 비열비이다. 여기서 유체에서 음속은 그 유체의 열역학적 상태량의 함수로 나타남에 유의하라(그림 1-55).

그림 1-55
공기 속에서 음속은 온도에 따라 증가한다. 전형적인 외부 온도에서 c는 약 340 m/s이다. 그러므로 번개가 치는 곳으로부터 천둥소리는 반올림하여 대략 3초에 1 km를 이동한다. 만약 번개를 본 뒤에 3초 이내에 천둥소리를 듣는다면, 번개가 가깝다는 것이고, 그리고 실내로 피해야 할 시점이다!
ⓒ Bear Dancer Studois/Mark Dierker

유체가 이상기체($P = \rho RT$)일 때, 식 (1-23)에서 미분은 다음과 같이 쉽게 계산될 수 있다.

$$c^2 = k\left(\frac{\partial P}{\partial \rho}\right)_T = k\left[\frac{\partial(\rho RT)}{\partial \rho}\right]_T = kRT$$

또는

$$c = \sqrt{kRT} \tag{1-24}$$

여기서 기체상수 R은 특정한 이상기체에 대하여 정해져 있으며 비열비 k값은 온도의 함수이기 때문에 이상기체에서 음속은 온도만의 함수임을 알 수 있다(그림 1-56).

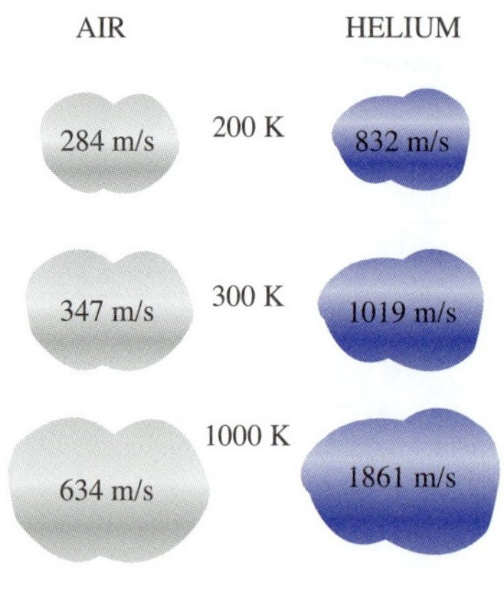

그림 1-56
음속은 온도와 유체가 달라짐에 따라 변화한다.

압축성 유동의 해석에서 두 번째로 중요한 매개변수는 오스트리아 과학자 Ernst Mach(1838-1916)의 이름을 딴 **Mach 수, Ma**이다. Mach 수는 유체(혹은 정지해 있는 유체 내에 있는 물체)의 실제 속도와 동일한 상태에서 동일한 유체 내의 음속의 비이며, 다음과 같이 나타낸다.

$$\text{Ma} = \frac{V}{c} \tag{1-25}$$

유체 유동의 영역은 종종 유동 Mach 수의 관점에서 설명할 수 있다. 유동은 Ma = 1일 때를 **음속(sonic)**, Ma < 1일 때를 **아음속(subsonic)**, Ma > 1일 때를 **초음속**

(supersonic), $\mathrm{Ma} \gg 1$일 때를 **극초음속**(hypersonic), $\mathrm{Ma} \cong 1$일 경우를 **천음속**(transonic)이라고 한다.

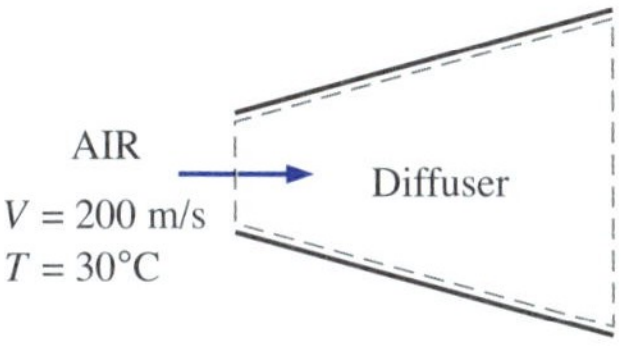

그림 1-57
예제 1-8에 대한 개략도.

예제 1-8 디퓨저로 유입되는 공기의 Mach 수

그림 1-57에 나타낸 바와 같이 공기가 200 m/s 속도로 디퓨저에 유입되고 있다. 공기 온도가 30°C일 때 (a) 음속과 (b) 디퓨저 입구에서 Mach 수를 계산하라.

풀이 공기가 고속으로 디퓨저로 유입될 때, 디퓨저 입구에서 음속과 Mach 수를 결정하고자 한다.

가정 주어진 조건에서 공기는 이상기체로 거동한다.

상태량 공기의 기체상수는 $R = 0.287$ kJ/kg · K이고, 30°C에서 비열비는 1.4이다.

해석 기체 내에서 음속은 온도에 따라 변화하며, 이때 온도는 30°C로 주어져 있다.

(a) 30°C의 공기에서 음속은 식 (1-24)에 의하여 결정된다.

$$c = \sqrt{kRT} = \sqrt{(1.4)(0.287 \text{ kJ/kg} \cdot \text{K})(303 \text{ K})\left(\frac{1000 \text{ m}^2/\text{s}^2}{1 \text{ kJ/kg}}\right)} = \mathbf{349 \text{ m/s}}$$

(b) 따라서 Mach 수는 다음과 같이 얻어진다.

$$\mathrm{Ma} = \frac{V}{c} = \frac{200 \text{ m/s}}{349 \text{ m/s}} = \mathbf{0.573}$$

토의 $\mathrm{Ma} < 1$이므로 디퓨저 입구에서 유동은 아음속이다.

1-16 점성

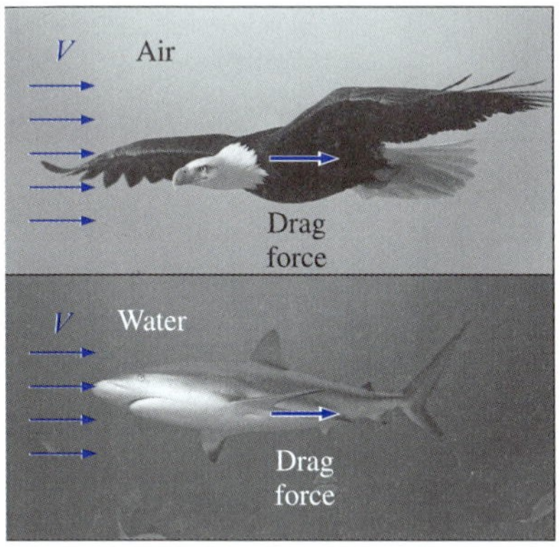

그림 1-58
물체에 대해 상대적 운동을 하는 유체는 물체에 항력을 미치는데, 이는 부분적으로 점성에 기인한 마찰 때문이다.
ⓒ Digital Vision/Getty RF

두 개의 접촉하고 있는 고체가 서로 상대적인 운동을 할 때, 접촉면에서 운동의 반대방향으로 마찰력이 발달한다. 예를 들면, 마루 위의 책상을 옮기기 위해서는 마찰력을 극복하기에 충분히 큰 힘을 수평방향으로 책상에 작용시켜야만 한다. 책상을 움직이기 위해 필요한 힘의 크기는 책상 다리와 마루 사이의 **마찰계수**에 의존한다.

유체가 고체에 대해 상대적인 운동을 하거나 또는 두 가지 유체가 서로 상대적인 운동을 할 때의 상황도 이와 유사하다. 우리는 공기 중에서 비교적 쉽게 움직일 수 있지만, 물속에서는 그렇지 못하다. 기름으로 채워져 있는 통 속에 떨어뜨린 유리공이 매우 느리게 낙하하는 것에서 볼 수 있는 것처럼, 기름 속에서 움직임은 이보다 더 어려울 것이다. 운동에 대항하는 유체의 내부 저항 또는 "유동성"을 나타내는 상태량이 있으며, 이와 같은 상태량이 바로 **점성(viscosity)**이다. 흐르는 유체가 유동방향으로 물체에 작용하는 힘을 **항력(drag force)**이라 하고, 이 힘의 크기는 부분적으로 점성에 의존한다(그림 1-58).

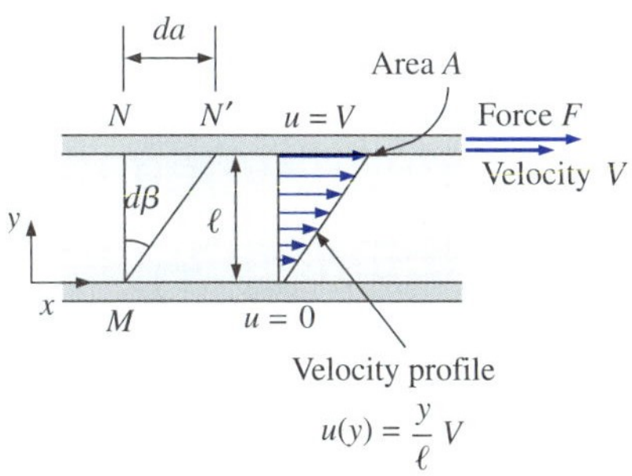

그림 1-59
위판이 일정한 속도로 움직일 때 두 평행평판 사이의 층류 유동에서 유체 거동.

점성에 대한 관계식을 얻기 위해, 거리 ℓ만큼 떨어진 두 개의 매우 큰 평행판(또는 두 개의 평행판이 다량의 유체 속에 잠겨 있는) 사이의 유체층을 고려해 보자(그림 1-59). 지금 아래판이 고정된 채로 유지되는 동안 위판에 일정한 평행력 F가 작용된다. 초기 과도 기간 후, 위판이 이 힘의 영향하에서 연속적으로 일정한 속도 V로 움직이는 것이 관찰된다. 위판에 접촉하고 있는 유체는 판의 표면에 달라붙어서 판과 동일한 속도로 함께 움직이며, 이 유체층에 작용하는 전단응력 τ는 다음과 같다.

$$\tau = \frac{F}{A} \tag{1-26}$$

여기서 A는 판과 유체 사이의 접촉 면적이다. 유체층은 전단응력의 영향하에 연속적으로 변형한다.

아래판과 접촉하고 있는 유체는 그 판의 속도를 갖는데, 그 속도는 영이다(점착 조건으로 인하여). 정상 층류 유동에서 판들 사이의 유체 속도는 0과 V 사이에서 선형적으로 변하며, 따라서 **속도 분포** 및 **속도구배**는 다음과 같다.

$$u(y) = \frac{y}{\ell}V \quad \text{그리고} \quad \frac{du}{dy} = \frac{V}{\ell} \tag{1-27}$$

여기서 y는 아래판으로부터 수직 거리이다.

미소 시간 간격 dt 동안에 수직선 MN을 따르는 유체 입자 측면은 위판이 미소 거리 $da = V\,dt$를 이동하는 동안 미소 각도 $d\beta$만큼 회전한다. 각변위 또는 각변형(또는 전단변형)은 다음과 같이 표현될 수 있다.

$$d\beta \approx \tan d\beta = \frac{da}{\ell} = \frac{V\,dt}{\ell} = \frac{du}{dy}dt \tag{1-28}$$

정리하면, 전단응력 τ의 영향하에 변형의 시간당 변화율(rate of deformation)은 다음과 같이 된다.

$$\frac{d\beta}{dt} = \frac{du}{dy} \tag{1-29}$$

따라서 유체 요소의 변형의 시간당 변화율은 속도구배 du/dy와 같아진다는 결론에 도달한다. 더욱이, 대부분의 유체에 대해 변형의 시간당 변화율(따라서 속도구배)은 다음과 같이 전단응력 τ에 직접 비례한다는 것을 실험적으로 검증할 수 있다.

$$\tau \propto \frac{d\beta}{dt} \quad \text{또는} \quad \tau \propto \frac{du}{dy} \tag{1-30}$$

변형의 시간당 변화율이 전단응력에 선형적으로 비례하는 유체는 Isaac Newton경의 이름을 따서 뉴턴 유체(Newtonian fluid)라고 하는데, 그는 이를 1687년에 처음 표현하였다. 물, 공기, 가솔린, 기름과 같은 대부분의 통상적인 유체는 뉴턴 유체이다. 혈액과 액체 플라스틱은 비뉴턴 유체(non-Newtonian fluid)의 예이다.

뉴턴 유체의 1차원 전단 유동에서, 전단응력은 선형적 관계식으로 표현될 수 있다.

전단응력:

$$\tau = \mu\frac{du}{dy} \quad (\mathrm{N/m^2}) \tag{1-31}$$

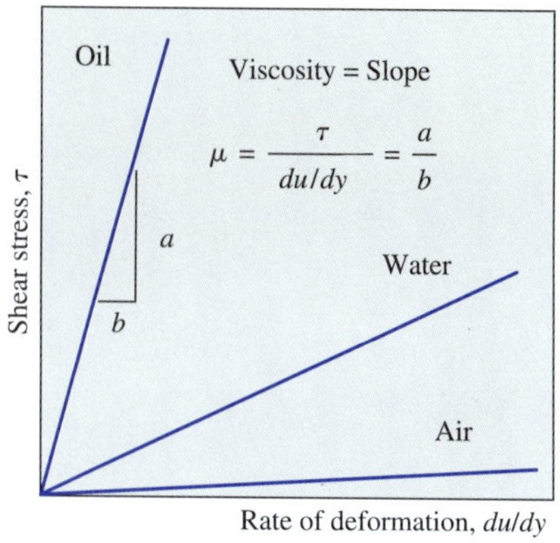

그림 1-60
뉴턴 유체의 변형의 시간당 변화율(속도구배)는 전단응력에 비례하고, 비례 상수는 점성계수이다.

여기서 비례상수 μ는 **점성계수** 또는 유체의 **역학적**(또는 **절대**) **점성계수**라고 하며, 단위는 kg/m · s, 또는 N · s/m^2(또는 Pa · s 여기서 Pa는 압력 단위인 파스칼)이다. 통상적인 점성 단위는 **포아즈(poise)**이고, 이는 0.1 Pa · s와 같다(또는 **센티포아즈**, 즉 포아즈의 1/100). 20℃에서 물의 점성은 1.002 센티포아즈이고, 따라서 센티포아즈 단위는 기준으로서 유용하다. 뉴턴 유체에 대한 전단응력 대 변형의 시간당 변화율(속도구배) 선도는 직선이고, 그 기울기는 그림 1-60에 보인 바와 같이 유체의 점성이다. 뉴턴 유체에 대하여 점성은 변형의 시간당 변화율에 독립적임을 주목하라. 변형의 시간당 변화율은 변형률(strain rate)과 비례하므로 그림 1-60는 점성이 실제적으로 응력-변형량(stress-strain) 관계식의 비례 계수임을 보여 준다.

뉴턴 유체층에 작용하는 **전단력**(또는 Newton의 제3법칙에 의하여 판 위에 작용하는 힘)은 다음과 같다.

전단력:
$$F = \tau A = \mu A \frac{du}{dy} \quad \text{(N)} \tag{1-32}$$

여기서 A는 판과 유체 사이의 접촉 면적이다. 그림 1-59에서와 같이, 아래판을 정지한 상태로 유지하면서 위판을 일정한 속도 V로 움직이기 위해 필요한 힘은 다음과 같다.

$$F = \mu A \frac{V}{\ell} \quad \text{(N)} \tag{1-33}$$

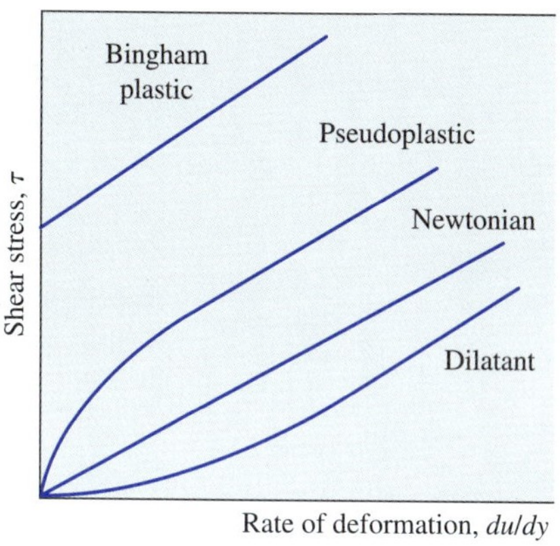

그림 1-61
뉴턴 및 비뉴턴 유체에 대한 변형의 시간당 변화율에 따른 전단응력의 변화(한 점에서 곡선의 기울기는 그 점에서 유체의 겉보기 점성계수이다).

비뉴턴 유체에 있어서, 전단응력과 변형의 시간당 변화율 사이의 관계는 그림 1-61에 보인 바와 같이 선형적이지 않다. τ 대 du/dy 선도 위에서 곡선의 기울기는 유체의 **겉보기 점성(apparent viscosity)**이라고 한다. 변형의 시간당 변화율의 증가에 따라 겉보기 점성이 증가하는 유체(현탁액 상태의 전분 또는 모래와 같은)는 **팽창성 유체(dilatant fluid)** 또는 **전단농후 유체(shear thickening fluid)**라 하고, 반대의 거동을 보이는(유체가 강하게 전단될수록 유체의 점성이 작아지는 경우로, 일부 페인트, 고분자 용액과 부유 입자를 갖는 유체와 같은) 것은 **유사 플라스틱 유체(pseudoplastic fluid)** 또는 **전단희박 유체(shear thinning fluid)**라고 한다. 치약과 같은 몇몇 재료는 유한한 크기의 전단응력에 대하여 저항할 수 있고 따라서 고체처럼 거동하지만, 전단응력이 항복응력을 초과하면 연속적으로 변형하고 따라서 유체처럼 거동한다. 이러한 재료는 20세기 초에 미국국립표준국에서 유체 점성에 관한 선구적 일을 수행한 Eugene C. Bingham(1878-1945)의 이름을 따서 Bingham 플라스틱이라고 한다.

유체역학과 열전달에서, 밀도에 대한 역학적 점성계수의 비율이 자주 나타난다. 편의상, 이 비율을 **동점성계수(kinematic viscosity)** ν라 하며, $\nu = \mu/\rho$로 표현된다. 동점성계수의 두 가지 일반적인 단위는 m^2/s와 **스토크**(1 stoke = 1 cm^2/s = 0.0001 m^2/s)이다.

일반적으로, 유체의 점성계수는 압력에 대한 의존도가 다소 약하지만 온도와 압력 모두에 의존한다. **액체**의 경우, 역학적 점성계수 및 동점성계수 모두 압력에 대해 실질적으로 독립적이고, 압력에 따른 작은 변화는 매우 높은 압력의 경우를 제외하곤 보통 무시된다. **기체**의 경우, 위 설명은 역학적 점성계수의 경우에 해당되지만 (저압에서 중간 압력까지에서), 동점성계수의 경우에 대해서는 해당되지 않는다. 이는 기체 밀도는 압력에 비례하기 때문이다(그림 1-62).

유체의 점성은 파이프 내에서 유체를 수송하거나 또는 (공기 중의 자동차 또는 바다 속의 잠수함과 같은) 물체를 유체 속에서 이동시킬 때 필요한 펌프 동력과 직접적으로 관련된다. 또한 점성은 온도에 따라 크게 변화한다. 액체의 점성은 온도에 따라 감소하고, 반면에 기체의 점성은 온도에 따라 증가한다(그림 1-63). 기체의 점성은 Sutherland 관계식(미국 표준 대기로부터)에 의해 온도의 함수로서 다음과 같이 표현된다.

기체:

$$\mu = \frac{aT^{1/2}}{1 + b/T} \tag{1-34}$$

여기서 T는 절대 온도이고, a와 b는 실험 상수이다. 대기 조건의 공기에 대해, 이들 상수값은 $a = 1.458 \times 10^{-6}\,\text{kg/(m}\cdot\text{s}\cdot\text{K}^{1/2})$이고 $b = 110.4\,\text{K}$이다. 기체의 점성은 저압에서 중간 압력까지(1기압의 수 퍼센트로부터 수 기압까지)에서는 압력에 대해 독립적이다. 그러나 고압에서 점성은 밀도의 증가 때문에 증가한다.

액체의 경우, 점성은 다음과 같이 근사적으로 표현된다.

액체:

$$\mu = a10^{b/(T-c)} \tag{1-35}$$

여기서 T는 절대 온도이고, a, b, c는 실험 상수이다. 물의 경우, $a = 2.414 \times 10^{-5}\,\text{N}\cdot\text{s/m}^2$, $b = 247.8\,\text{K}$, $c = 140\,\text{K}$의 값을 이용할 때, 0℃에서 370℃까지 온도 범위에서 점성은 2.5퍼센트 오차 이내의 결과를 얻는다(Touloukian 등, 1975).

실온에서 일부 유체의 점성이 표 1-6에 열거되어 있다. 그림 1-64는 이들의 온도에 대한 선도를 보여 준다.

저널 베어링 내의 얇은 기름층과 같은, 두 개의 동심 원통 사이의 작은 간극 내에 두께 ℓ인 유체층을 고려해 보자. 원통 사이 간극은 유체에 의해 분리된 두 개의 평행 평판 모델로 다루어질 수 있다. 토크는 $T = FR$(힘 × 모멘트 팔의 길이, 여기서 팔의 길이는 내부 원통의 반경 R이다)이고, 접선 속도는 $V = \omega R$(각속도 × 반경)이며, 내부 원통의 양쪽 끝에 작용하는 전단응력을 무시하고 내부 원통의 접수 표면적(wetted surface area)을 $A = 2\pi RL$로 취하면, 토크는 다음과 같이 표현될 수 있음을 주목하라.

$$\text{T} = FR = \mu\frac{2\pi R^3\omega L}{\ell} = \mu\frac{4\pi^2 R^3\dot{n}L}{\ell} \tag{1-36}$$

여기서 L은 원통의 길이이고 $\dot{n}$은 단위 시간당 회전수인데, 이는 보통 rpm(분당 회전수)으로 표현된다. 한 번 회전 중에 이동하는 각의 거리는 2π rad이고, 따라서 rad/min 단위의 각속도와 rpm 사이의 관계는 $\omega = 2\pi\dot{n}$이다. 식 (1-36)은 정해진 각속도에서 토크를 측정함으로써 유체의 점성을 측정하는 데 사용될 수 있다. 그러므로 두 개의 동심 원통은 점성을 측정하는 장치인 **점도계(viscometer)**로 사용될 수 있다.

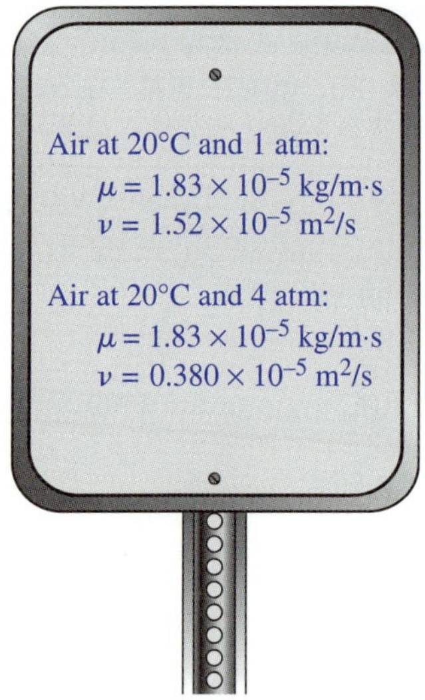

그림 1-62
일반적으로 역학적 점성계수는 압력에 의존하지 않지만, 동점성계수는 의존한다.

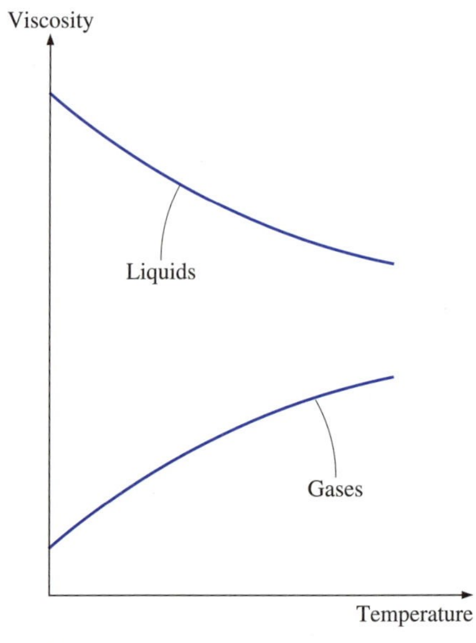

그림 1-63
온도에 따라 액체의 점성은 감소하고 기체의 점성은 증가한다.

표 1-6

1기압, 20°C(별도로 명시하지 않은 한)에서 몇몇 유체의 역학적 점성계수

Fluid	Dynamic Viscosity μ, kg/m · s
Glycerin:	
−20°C	134.0
0°C	10.5
20°C	1.52
40°C	0.31
Engine oil:	
SAE 10W	0.10
SAE 10W30	0.17
SAE 30	0.29
SAE 50	0.86
Mercury	0.0015
Ethyl alcohol	0.0012
Water:	
0°C	0.0018
20°C	0.0010
100°C (liquid)	0.00028
100°C (vapor)	0.000012
Blood, 37°C	0.00040
Gasoline	0.00029
Ammonia	0.00015
Air	0.000018
Hydrogen, 0°C	0.0000088

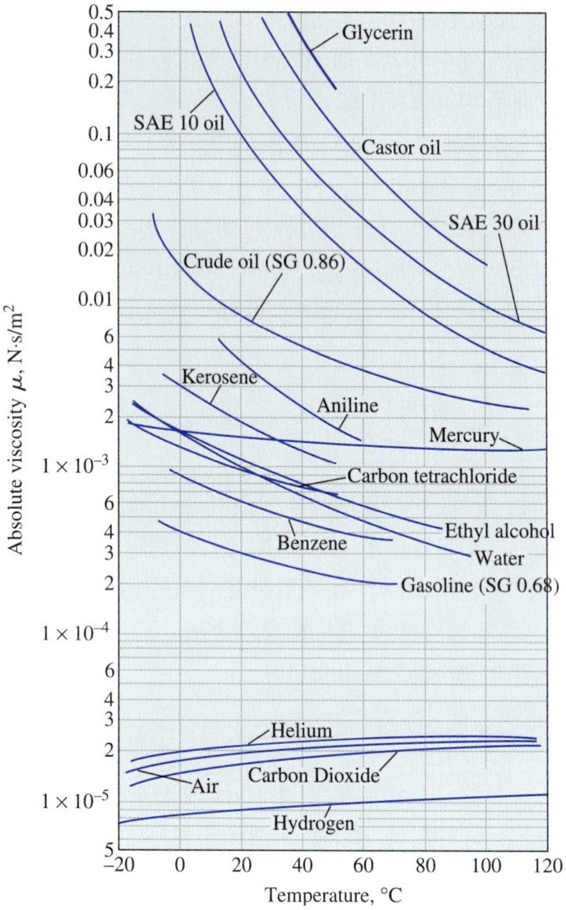

그림 1-64
1기압에서 온도에 따른 일상적인 유체의 역학적(절대) 점성계수의 변화(1 N · s/m² = 1 kg/m · s).

Data from EES and F. M. White, Fluid Mechanics 7e.

예제 1-9 유체 점성의 결정

두 개의 40 cm 길이의 동심 원통으로 구성된 점도계로 유체의 점성을 측정하고자 한다(그림 1-65). 내부 원통의 외경이 12 cm이고, 두 개의 원통 사이의 간극이 0.15 cm이다. 내부 원통이 300 rpm으로 회전할 때, 토크는 1.8 N · m로 측정된다. 유체의 점성을 결정하라.

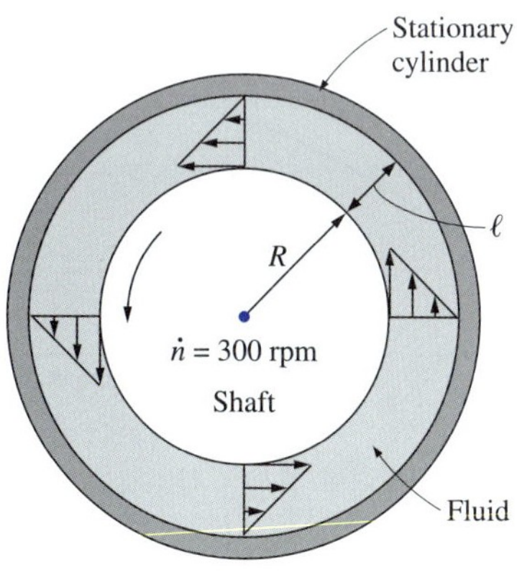

그림 1-65
예제 1-9에 대한 개략도(축척에 맞게 그려진 것은 아님).

풀이 2중 원통 점도계의 토크와 rpm이 주어져 있다. 유체의 점성을 결정하고자 한다.

가정 1 내부 원통은 유체에 완전히 잠겨 있다. 2 내부 원통의 양끝에서 점성 영향은 무시할 수 있다.

해석 곡면 효과를 무시할 수 있을 때만 속도 분포는 선형적이다. 이 문제에 있어서 $\ell/R = 0.025 \ll 1$이므로 속도 분포는 선형적인 것으로 간주할 수 있다. 점성에 대해 식 (1-36)을 풀고 주어진 값을 대입하면, 유체의 점성은 다음과 같이 결정된다.

$$\mu = \frac{\mathrm{T}\ell}{4\pi^2 R^3 \dot{n} L} = \frac{(1.8\ \mathrm{N\cdot m})(0.0015\ \mathrm{m})}{4\pi^2(0.06\ \mathrm{m})^3\left(300\ \dfrac{1}{\mathrm{min}}\right)\left(\dfrac{1\ \mathrm{min}}{60\ \mathrm{s}}\right)(0.4\ \mathrm{m})} = \mathbf{0.158\ N\cdot s/m^2}$$

토의 점성은 강한 온도의 함수이고, 해당 온도가 명시되지 않은 점성 값 자료는 소용이 거의 없다. 그러므로 이 실험 중에 유체의 온도도 측정했어야 하고, 이 계산과 함께 보고했어야 한다.

1-17 표면장력과 모세관 효과

종종 다음과 같은 현상을 볼 수 있다. 한 방울의 피는 수평 유리판 위에서 둥근 방울 모양이 된다. 수은 방울은 거의 완벽한 구를 형성하고, 매끄러운 표면 위를 마치 강철 구처럼 굴러갈 수 있다. 빗방울이나 이슬은 나뭇잎이나 가지 위에 매달린다. 엔진 내부로 분사된 액체 연료는 둥근 액적의 연무를 형성한다. 수도꼭지로부터 물이 똑똑 떨어질 때 거의 둥근 방울로 떨어진다. 공기 중으로 날려 보내는 비누 거품은 거의 공 모양을 만든다. 물은 꽃잎 위에 작은 방울의 구슬들을 만든다(그림 1-66*a*).

이와 같은 관찰에서, 액적은 액체로 채워져 있는 작은 풍선과 같이 거동하고, 액체의 표면은 인장되어 늘어난 탄성막처럼 거동한다. 이와 같은 장력을 초래하는 잡아당기는 힘은 표면에 평행하게 작용하고, 액체의 분자 간 인력에 기인한다. 단위 길이당 이 힘의 크기를 **표면장력(surface tension)** 또는 **표면장력계수** σ_s라 하고, 보통은 N/m 단위로 표현한다. 이 효과는 또한 (단위 면적당) **표면 에너지**라고도 하며, 등가의 단위인 N · m/m^2 또는 J/m^{2}으로 표현된다. 이 경우에 σ_s는 액체의 표면적을 단위량만큼 증가시키기 위해 들어간 인장 일을 나타낸다.

표면장력 효과를 보다 잘 이해하기 위하여, 움직일 수 있는 한쪽 면을 가진 U형 와이어 프레임에 매달려 있는 액막(비눗방울의 막과 같은)을 고려해 보자(그림 1-67). 보통 액막은 그 표면적을 최소화하기 위해 움직일 수 있는 와이어를 안쪽으로 당기는 경향을 가진다. 이런 당기는 효과와 평형을 이루기 위해 움직일 수 있는 와이어에 힘 F가 반대방향으로 적용될 필요가 있다. 얇은 막의 양쪽 면은 공기에 노출된 표면이며, 따라서 이 경우에 인장력이 작용하는 길이는 $2b$가 된다. 다음으로, 움직일 수 있는 와이어에 힘의 평형을 취하면 $F = 2b\sigma_s$가 되고, 따라서 표면장력은 다음과 같이 표현될 수 있다.

$$\sigma_s = \frac{F}{2b} \qquad (1\text{-}37)$$

U형 와이어 프레임 장치에서, 움직일 수 있는 와이어를 잡아당겨 막을 늘리고 그 표면적을 증가시킨다. 움직일 수 있는 와이어가 길이 Δx만큼 당겨졌을 때, 표면

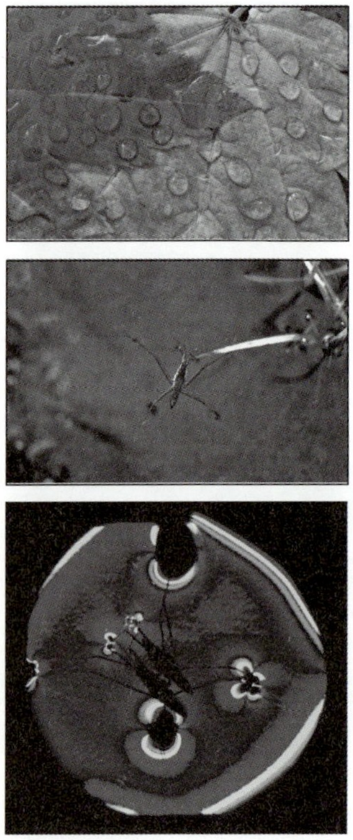

(*a*)

(*b*)

(*c*)

그림 1-66
표면장력의 몇 가지 결과들.
(*a*) 나뭇잎 위에 방울지어 있는 물방울. (*b*) 물 표면에 앉아 있는 소금쟁이. (*c*) 소금쟁이의 다리가 물과 접촉하고 있는 곳의 물 표면이 어떻게 잠겨들고 있는지를 보여 주는 컬러 schlieren 영상(두 마리 곤충처럼 보이지만 두 번째 있는 것은 단지 그림자일 뿐이다).

(a) © Don Pauson Photography/Purestock/SuperStock RF
(b) © NPS photo by Roslie LaRue.
(c) Photo courtesy of G. S. Settles. Gas Dymanics Lab. Penn State University, used by permission

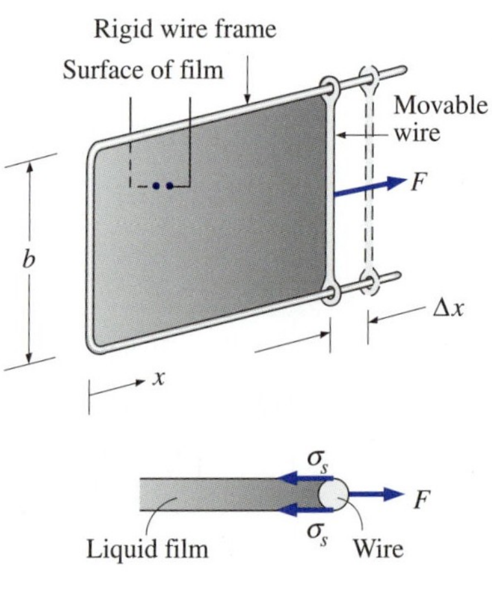

그림 1-67
U형 와이어로 액체 막을 잡아당김, 그리고 길이가 b인 움직일 수 있는 와이어에 작용하는 힘.

표 1-7

1기압, 20°C(별도로 명시하지 않은 한)에서 공기 내 몇몇 유체의 표면장력

Fluid	Surface Tension σ_s, N/m
†Water:	
0°C	0.076
20°C	0.073
100°C	0.059
300°C	0.014
Glycerin	0.063
SAE 30 oil	0.035
Mercury	0.440
Ethyl alcohol	0.023
Blood, 37°C	0.058
Gasoline	0.022
Ammonia	0.021
Soap solution	0.025
Kerosene	0.028

† 물에 대한 보다 정밀한 자료는 부록을 참조하라.

적은 $\Delta A = 2b\,\Delta x$만큼 증가하며, 이 늘리는 과정 중에 수행한 일 W는 다음과 같게 된다.

$$W = \text{Force} \times \text{Distance} = F\,\Delta x = 2b\sigma_s\,\Delta x = \sigma_s\,\Delta A$$

여기서 힘은 짧은 거리에 걸쳐 일정하게 유지된다고 가정하였다. 이 결과는 또한 **늘리는 과정 중에 막의 표면 에너지가 $\sigma_s \Delta A$만큼 증가된다**고 해석될 수 있으며, 이는 단위 면적당 표면 에너지로서의 σ_s에 대한 또 다른 설명과도 일치한다. 이는 고무 밴드는 고무 밴드가 좀 더 잡아당겨진 뒤에 보다 많은 위치(탄성) 에너지를 갖는 것과 유사하다. 액막의 경우, 일은 다른 분자들의 인력에 대항하여 내부로부터 표면으로 액체 분자들을 이동하는 데 사용된다. 그러므로 표면장력은 또한 **액체 표면적의 단위 증가당 수행한 일**로 정의될 수 있다.

표 1-7에 보인 바와 같이, 표면장력은 물질에 따라, 그리고 주어진 물질에 대해서는 온도에 따라 매우 크게 변한다. 예를 들면, 20°C에서 대기 중의 공기로 둘러싸인 물에 대한 표면장력은 0.073 N/m이고, 수은에 대해서는 0.440 N/m이다. 수은의 표면장력은 매우 커서 매끄러운 표면 위를 고체 공처럼 굴러갈 수 있을 만큼 거의 완벽한 공 모양의 수은 방울을 형성하게 한다. 일반적으로 액체의 표면장력은 온도에 따라 감소하고 임계점에서 영이 된다(따라서 임계점 이상의 온도에서 액체-증기의 분명한 계면은 존재하지 않는다). 표면장력에 대한 압력의 효과는 보통 무시된다.

곡면 계면은 계면을 가로질러 압력 차이(또는 "압력 급상승")가 있음을 나타내며, 이때 오목한 면 쪽의 압력이 보다 높은 상태를 유지한다. 예를 들어, 공기 중의 액체 방울(droplet of liquid), 물 속의 공기(또는 다른 기체) 기포, 또는 공기 중의 비누 거품을 고려해 보자. 대기압 이상의 초과 압력 ΔP는 액체 방울 또는 거품의 절반에 대한 자유물체도를 고려함으로써 결정할 수 있다(그림 1-68). 표면장력은 원주를 따라 작용하고, 압력은 면적에 작용함을 주목하면, 액체 방울(또는 공기 기포)과 비누 거품에 대한 수평력 평형은 아래와 같이 주어진다.

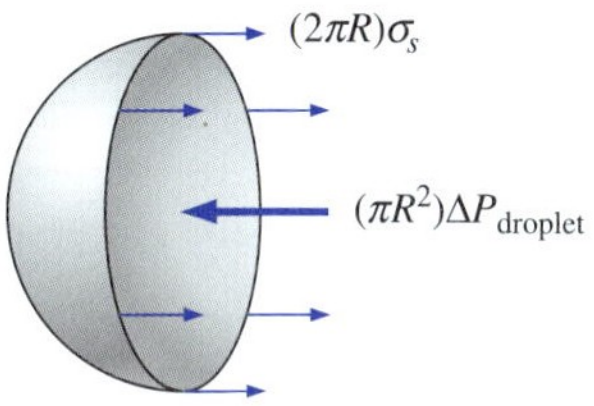

(*a*) 물방울 또는 공기 기포의 반구

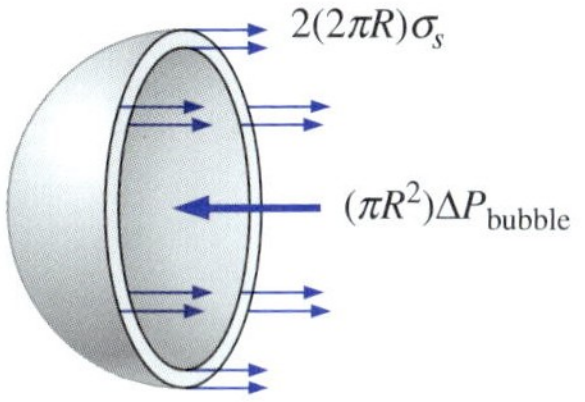

(*b*) 비누 거품의 반구

그림 1-68
물방울 또는 공기 기포의 반구와 비누 거품의 반구에 대한 자유물체도.

액체 방울 또는 공기 기포: $(2\pi R)\sigma_s = (\pi R^2)\Delta P_{\text{droplet}} \rightarrow \Delta P_{\text{droplet}} = P_i - P_o = \dfrac{2\sigma_s}{R}$ (1-38)

비누 거품: $2(2\pi R)\sigma_s = (\pi R^2)\Delta P_{\text{bubble}} \rightarrow \Delta P_{\text{bubble}} = P_i - P_o = \dfrac{4\sigma_s}{R}$ (1-39)

여기서 P_i와 P_o는 각각 액체 방울 또는 비누 거품의 내부 및 외부 압력이다. 액체 방울이나 비누 거품이 대기 중에 있을 때 P_o는 단순히 대기압이다. 비누 거품에 대한 힘의 평형에서 2라는 추가적인 계수는 두 개의 면(내부 및 외부 표면)을 갖는 비누막의 존재에 기인하고, 따라서 절단면에서 두 개의 원둘레를 갖기 때문이다.

기체 속의 액체 방울(또는 액체 속의 기체 기포) 내의 초과 압력은 질량의 미소량의 첨가에 기인한 방울 반경의 미소 증가를 고려함으로써, 그리고 표면장력을 단위 면적당 표면 에너지의 증가로 해석함으로써 결정할 수 있다. 이 미소 팽창 과정 중 액체 방울의 표면 에너지 증가는 다음과 같다.

$$\delta W_{\text{surface}} = \sigma_s\, dA = \sigma_s\, d(4\pi R^2) = 8\pi R\sigma_s\, dR$$

이 과정 중에 행한 팽창 일은 힘에다 거리를 곱함으로써 다음과 같이 결정된다.

$$\delta W_{\text{expansion}} = \text{Force} \times \text{Distance} = F\, dR = (\Delta PA)\, dR = 4\pi R^2\, \Delta P\, dR$$

위의 두 가지 식을 같게 놓으면 $\Delta P_{\text{droplet}} = 2\sigma_s/R$이 되며, 이는 앞에서 구한 식 (1-38)과 동일하게 된다. 액체 방울 또는 비누 거품 내의 초과 압력은 반경에 반비례한다.

모세관 효과

표면장력의 또 다른 흥미로운 결과는 **모세관 효과(capillary effect)**이며, 이는 액체 속에 삽입된 소구경 관 내에서 액체의 상승 또는 하강을 말한다. 이러한 좁은 관 또는 제한된 유동 통로를 **모세관**이라고 한다. 등유 램프의 연료통 내에 삽입된 면 심지를 통한 등유의 상승은 이 효과에 따른 것이다. 모세관 효과는 키가 큰 나무의 꼭대기까지 물이 상승하는 데에도 일부분 기여한다. 모세관 내에서 액체의 곡면 형상의 자유표면은 **요철면(meniscus)**이라고 한다.

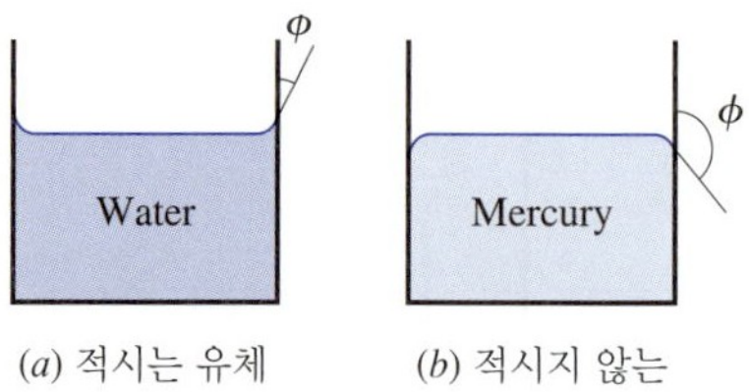

(a) 적시는 유체 (b) 적시지 않는 유체

그림 1-69
적시는 유체와 적시지 않는 유체에 대한 접촉각.

유리 용기 내의 물은 유리 표면을 만나는 가장자리에서 약간 위로 곡선을 그리지만, 수은에 있어서는 반대 경우가 나타난다. 즉, 가장자리에서 아래로 곡선을 그리는 것을 흔히 볼 수 있다(그림 1-69). 이 효과는 보통 물은(유리에 달라붙음으로써) 유리를 **적시며(wet)**, 반면에 수은은 그렇지 않다는 말로써 표현한다. 모세관 효과의 강도는 **접촉각**(또는 **적심각**) ϕ로 정량화되며, 접촉각은 **접촉점에서 액체면에 대한 접선이 고체면과 만드는 각도**로 정의된다. 표면장력의 힘은 고체면을 향해 이 접선을 따라 작용한다. $\phi < 90°$ 일 때 액체는 표면을 적신다고 말하며, $\phi > 90°$ 일 때 표면을 적시지 않는다고 말한다. 대기 중에서 물[그리고 대다수 다른 유기(organic) 액체]과 유리의 접촉각은 거의 영, $\phi \approx 0°$ 이다(그림 1-70). 그러므로 표면장력의 힘은 유리관 내에서 원둘레를 따라 물에 위쪽으로 작용하여 물을 끌어올리려고 한다. 그 결과, 저수조에서 액체 수준 위의 관 내 액체의 중량과 표면장력의 힘이 평형을 이룰 때까지 관 내의 물은 상승한다. 공기 중에서 수은-유리에 대한 접촉각은 130° 이고, 등유-유리에 대해서는 26° 이다. 일반적으로 접촉각은 서로 다른 환경(공기 대신에 다른 기체나 액체와 같이)에서는 서로 다름을 주목하라.

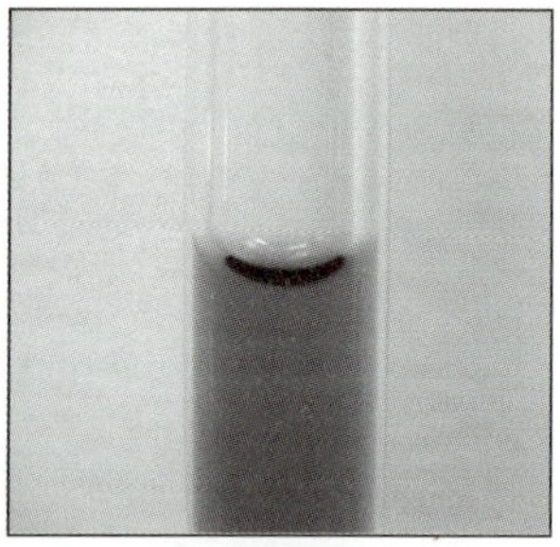

그림 1-70
내경이 4 mm인 유리관 내에 색깔을 입힌 물의 요철면. 액체 요철면의 가장자리는 모세관 벽면과 매우 작은 접촉각을 이룬다.
Photo by Gabrielle Trembley, Used by permission.

모세관 효과의 현상은 **응집력**(물과 물 같은 서로 친화적 분자 사이의 힘)과 **부착력**(물과 유리 같은 비친화적인 분자 사이의 힘)을 고려함으로써 미시적으로 설명될 수 있다. 고체-액체 계면에서 액체 분자는 다른 액체 분자에 의한 응집력과 고체 분자에 의한 부착력 모두에 영향을 받는다. 이들 힘의 상대적 크기가 액체가 고체면을 적시는가 또는 아닌가를 결정한다. 분명히 물 분자는 다른 물 분자보다 강하게 유리 분자에게 끌리며, 따라서 물이 유리 표면을 따라서 올라가게 된다. 수은은 그 반대의 경우가 되며, 이는 유리 벽면 근처의 액체 표면을 억누르게 한다(그림 1-71).

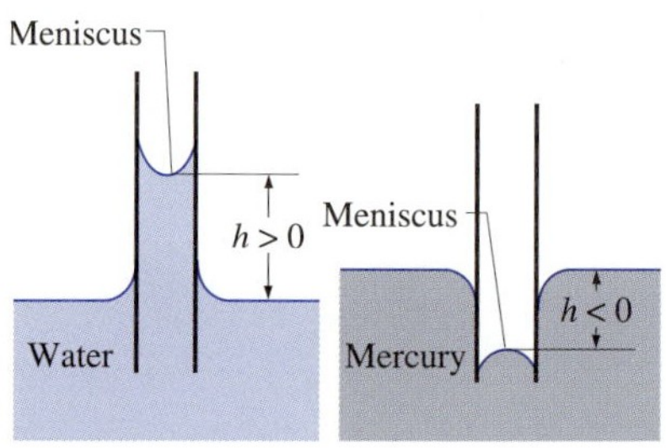

그림 1-71
작은 직경의 유리관 내에서 물의 모세관 상승 및 수은의 모세관 하강.

원형관에서 모세관 상승의 크기는 관 내의 높이 h인 원통형 액주에 대한 힘의 평형으로부터 결정할 수 있다(그림 1-72). 액주의 바닥은 저수조의 자유표면과 같은 위치이고, 따라서 그곳의 압력은 대기압이어야 한다. 이 액주 바닥의 대기압은 액주

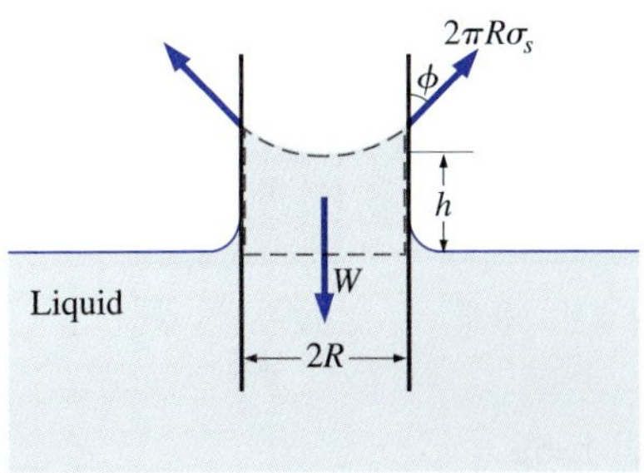

그림 1-72
모세관 효과에 의해 관 내에서 상승한 액체 기둥에 작용하는 힘.

의 윗면에 작용하는 대기압과 평형을 이루며, 따라서 이들 두 가지 효과가 서로 상쇄된다. 액주의 중량은 대략 다음과 같다.

$$W = mg = \rho V g = \rho g(\pi R^2 h)$$

표면장력 힘의 수직 성분을 중량과 같게 놓으면 다음과 같다.

$$W = F_{\text{surface}} \rightarrow \rho g(\pi R^2 h) = 2\pi R\sigma_s \cos\phi$$

h에 대해 풀면, 모세관 상승은 다음과 같다.

모세관 상승: $$h = \frac{2\sigma_s}{\rho g R}\cos\phi \quad (R = \text{constant}) \tag{1-40}$$

이 관계식은 또한 적시지 않는 액체(유리에 수은처럼)에 대해서도 유효하며, 이때는 모세관이 내려가게 된다. $\phi > 90°$ 와 따라서 $\cos\phi < 0$인 경우, h는 음수가 된다. 그러므로 음수의 모세관 상승은 모세관 하강에 해당한다(그림 1-71).

모세관 상승은 관의 반경에 반비례함을 주목하라. 그러므로 관이 가늘수록 관 내의 액체 상승(또는 하강)이 더 커진다. 실제로, 물에 대한 모세관 효과는 직경이 1 cm보다 큰 관에서는 통상적으로 무시할 만하다. 압력 측정이 마노미터나 기압계로 행해질 때, 모세관 효과를 최소화할 수 있도록 충분히 큰 관을 사용하는 것이 중요하다. 예상한 바와 같이, 모세관 상승은 또한 액체의 밀도에 반비례한다. 그러므로 일반적으로 가벼운 액체가 보다 큰 모세관 상승을 나타낸다. 끝으로 식 (1-40)는 직경이 일정한 관에 대해 유도된 것으로서, 단면적이 변하는 관에 대해서는 사용하지 말아야 함을 명심해야 한다.

예제 1-10 관 내에서 물의 모세관 상승

직경 0.6 mm의 유리관이 컵 안의 20°C의 물속에 삽입된다. 관 내에서 물의 모세관 상승을 결정하라(그림 1-73).

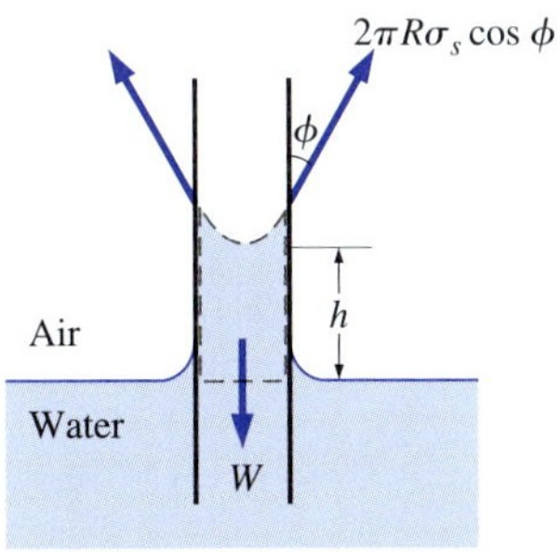

그림 1-73
예제 1-10에 대한 개략도.

풀이 모세관 효과의 결과로서 가는 관 내에서 물의 상승을 결정하고자 한다.

가정 1 물속에 불순물이 없고, 유리관의 표면에 오염이 없다. 2 실험은 대기 중에서 수행된다.

상태량 20°C에서 물의 표면장력은 0.073 N/m이다(표 1-7). 유리와의 물의 접촉각은 약 0°(전술한 본문으로부터)이다. 액체 상태의 물의 밀도를 1000 kg/m³로 잡는다.

해석 모세관 상승은 주어진 값들을 식 (1-40)에 직접 대입함으로써 결정되며, 그 결과는 다음과 같다.

$$h = \frac{2\sigma_s}{\rho g R}\cos\phi = \frac{2(0.073\ \text{N/m})}{(1000\ \text{kg/m}^3)(9.81\ \text{m/s}^2)(0.3\times 10^{-3}\text{m})}(\cos 0°)\left(\frac{1\text{kg}\cdot\text{m/s}^2}{1\ \text{N}}\right)$$

$$= 0.050\ \text{m} = \mathbf{5.0\ cm}$$

그러므로 물은 컵 안 액체 수준 위로 관 내에서 5 cm 상승한다.

토의 만약 관의 직경이 1 cm라면, 모세관 상승은 0.3 mm가 될 것이며, 이는 육안으로는 거의 알아볼 수 없다. 실제로 큰 직경의 관에서 모세관 상승은 가장자리에서만 발생한다. 중앙은 전혀 상승하지 않는다. 그러므로 모세관 효과는 큰 직경의 관에서는 무시될 수 있다.

요약

이 장에서는 몇몇 유체역학의 기본 개념을 소개하고 논의하였다. 액체와 기체 상태의 물질을 **유체**라고 한다. **유체역학**은 정지하고 있거나 또는 운동 중인 유체의 거동과, 경계에서 유체와 고체 또는 다른 유체 사이의 상호작용을 다루는 과학이다.

표면 위를 지나는 구속되지 않는 유체의 유동은 **외부 유동**이고, 유체가 완전히 고체 표면으로 구속되어 있다면 파이프 또는 덕트 내의 유동은 **내부 유동**이다. 유체 유동은 유동 중인 유체의 밀도 변화에 따라서 **압축성** 또는 **비압축성**으로 분류된다. 액체의 밀도는 본질적으로 일정하고, 따라서 액체의 유동은 전형적인 비압축성이다. **정상**이라는 용어는 **시간에 따른 변화가 없음**을 의미한다. 정상의 반대는 **비정상**이다. **균일**이라는 용어는 특정한 영역에 걸쳐서 **위치에 따른 변화가 없음**을 의미한다. 단지 하나의 차원으로만 상태량이나 변수가 변할 때 그 유동을 **1차원**이라 한다. 고체 표면과 직접 접촉하고 있는 유체는 표면에 달라붙어서 미끄러짐이 없다. 이 현상은 **점착 조건**으로 알려져 있으며, 이 때문에 고체 표면을 따라서 **경계층**이 형성된다. 이 교재에서는 내부와 외부 유동 모두에 대해 정상 비압축성 점성 유동을 집중적으로 다루고 있다.

일정한 질량의 시스템은 **닫힌 시스템**이라 하고, 경계를 가로질러 질량 전달을 수반하는 시스템은 **열린 시스템** 또는 **검사체적**이라고 한다. 많은 공학 문제는 시스템을 출입하는 질량 유동을 수반하며, 따라서 검사체적으로 모델링된다.

공학 계산에 있어서, 단위의 불일치 때문에 생기는 실수를 피하기 위해 양들의 단위에 특별히 주의를 기울이는 것과, 체계적인 접근법을 따르는 것이 중요하다. 주어진 정보가 어떤 유효숫자의 자릿수 이상은 알 수 없고, 따라서 얻어진 결과가 아마도 유효숫자보다 더 정확할 수 없다는 것을 인식하는 것도 또한 중요하다. 차원과 단위, 문제-풀이 기술 및 정확도, 정밀도, 유효숫자에 관해 주어진 정보는 이 교재 전체에 걸쳐 이용될 것이다.

시스템의 질량 의존적 상태량을 **종량적 상태량**이라 하며, 그 외의 것을 **강성적 상태량**이라고 한다. **밀도**는 단위 부피당 질량이고, **비체적**은 단위 질량당 체적이다. **비중**은 4℃ 물의 밀도에 대한 어떤 물질의 밀도의 비율로 정의된다.

$$SG = \frac{\rho}{\rho_{H_2O}}$$

이상기체의 상태 방정식은 다음과 같이 표현된다.

$$P = \rho RT$$

여기서 P는 절대 압력, T는 열역학적 온도, ρ는 밀도, R은 기체 상수이다.

주어진 온도에서, 순수 물질이 상변화하는 압력을 **포화 압력**이라고 한다. 순수 물질의 액체와 기체 상태 사이의 상변화 과정에 대하여, 포화 압력은 보통 **증기압** P_v라고 한다. 액체 내의 저압 영역에서 형성되는 증기 기포(**공동현상**이라 불림)는 저압 영역으로부터 휩쓸려 지나감에 따라 매우 파괴적인, 극도로 높은 압력파를 발생시키며 붕괴된다.

에너지는 수많은 형태로 존재할 수 있고, 이들의 합은 시스템의 **총 에너지** E(또는 단위 질량 기준으로 e)를 구성한다. 에너지의 모든 미시적 형태들의 합은 시스템의 **내부 에너지** U라 불린다. 어떤 기준 좌표계에 상대적인 운동의 결과로 시스템이 보유하는 에너지는 **운동 에너지**라 하고, 이를 단위 질량당으로 표현하면 $\text{ke} = V^2/2$이며, 중력장에서 시스템의 고도에 따라 보유하는 에너지는 **위치 에너지**라 하고, 이를 단위 질량당으로 표현하면 $\text{pe} = gz$이다.

유체 내에서 압축성 효과는 **압축성 계수**(또한 **체적 탄성계수**라고도 함) κ로 나타내며, 다음과 같이 정의된다.

$$\kappa = -v\left(\frac{\partial P}{\partial v}\right)_T = \rho\left(\frac{\partial P}{\partial \rho}\right)_T \cong -\frac{\Delta P}{\Delta v/v}$$

등압하의 온도에 따른 유체의 밀도 변화를 나타내는 상태량은 **체적 팽창계수**(또는 체적팽창률) β이고, 다음과 같이 정의된다.

$$\beta = \frac{1}{v}\left(\frac{\partial v}{\partial T}\right)_P = -\frac{1}{\rho}\left(\frac{\partial \rho}{\partial T}\right)_P \cong -\frac{\Delta\rho/\rho}{\Delta T}$$

극소의 압력파가 매질 사이를 이동하는 속도를 **음속**이라고 한다. 이상기체일 경우에 이는 다음과 같이 표시된다.

$$c = \sqrt{\left(\frac{\partial P}{\partial \rho}\right)_s} = \sqrt{kRT}$$

Mach 수는 같은 상태에서 음속에 대한 유체의 실제 속도의 비이다.

$$\text{Ma} = \frac{V}{c}$$

Ma = 1인 유동을 **음속**, Ma < 1일 때를 **아음속**, Ma > 1일 때를 **초음속**, Ma ≫ 1일 때를 **극초음속**, Ma ≅ 1일 때를 **천음속**이라고 한다.

유체의 **점성**은 유체의 변형에 대항하는 저항의 척도이다. 단위 면적당 접선력은 **전단응력**이라 하고, 판들 사이에 단순 전단 유동(1차원 유동)에 대해 다음과 같이 표현된다.

$$\tau = \mu \frac{du}{dy}$$

여기서 μ는 유체의 점성계수 또는 **역학적**(또는 **절대**) **점성계수**이고, u는 유동방향으로의 속도 성분이며, y는 유동방향에 수직인 방향이다. 이와 같은 선형적 관계를 따르는 유체를 **뉴턴 유체**라고 한다. 밀도에 대한 역학적 점성계수의 비율을 **동점성계수** ν라고 한다.

계면의 액체 분자에 작용하는 단위 길이당 분자의 인력에 의한 끌어당김 효과는 **표면장력** σ_s이라고 한다. 구형 액체 방울이나 비누거품 내의 초과 압력 ΔP는 각각 다음과 같이 주어진다.

$$\Delta P_{\text{droplet}} = P_i - P_o = \frac{2\sigma_s}{R} \quad \text{그리고} \quad \Delta P_{\text{soap bubble}} = P_i - P_o = \frac{4\sigma_s}{R}$$

여기서 P_i와 P_o는 액체 방울 또는 비누 거품의 내부와 외부 압력이다. 액체에 삽입된 소구경 관에서 표면장력으로 인한 액체의 상승 또는 하강은 **모세관 효과**라고 한다. 모세관 상승 또는 하강은 다음과 같이 주어진다.

$$h = \frac{2\sigma_s}{\rho g R}\cos\phi$$

여기서 ϕ는 **접촉각**이다. 모세관 상승은 관의 반경에 반비례하고, 직경이 약 1 cm 이상인 관에서는 무시할 수 있다.

연습 문제*

개념

1-1 크기가 6 m × 6 m × 8 m인 방 안에 담겨 있는 공기의 질량과 중량을 결정하라. 공기의 밀도는 1.16 kg/m³으로 가정하라.

답: 334.1 kg, 3277 N

1-2 위도 45°에서 중력가속도는 해수면 위의 고도 z의 함수로서 $g = a - bz$로 주어진다. 여기서 $a = 9.807\ \text{m/s}^2$, $b = 3.32 \times 10^{-6}\ \text{s}^{-2}$이다. 물체의 무게가 1퍼센트 감소하는 해수면 위의 높이를 결정하라.

답: 29,500 m

1-3 비행기가 수평으로 70 m/s로 날고 있다. 비행기의 프로펠러는 공기역학적 항력(후방을 향한 힘)을 극복하기 위해 1500 N의 추력(전방을 향한 힘)을 발생한다. 차원적 추론과 단일 변환 비율을 이용하여 프로펠러에 의해 발생되는 유용한 동력을 kW와 마력 단위로 계산하라.

1-4 액체에 대해, 역학적 점성계수 μ는 유동에 대항하는 저항의 척도로서 $\mu = a10^{b/(t-c)}$로 근사되며, 여기서 T는 절대 온도이고, a, b, c는 실험 상수이다. 20℃, 40℃, 60℃에서 메탄올에 대하여 부록 표 A-5에 기재된 데이터를 이용하여 상수 a, b, c를 결정하라.

*"C"로 표시된 문제는 개념 문제로서, 학생들은 모든 문제에 대하여 답하도록 권장한다. 아이콘으로 표시된 문제는 EES를 이용하여 푸는 문제로서, 매개 변수 연구와 함께 완전한 풀이가 교재의 웹사이트에 수록되어 있다. 아이콘으로 표시된 문제는 본질적으로 종합적인 문제로서, 적정한 방정식 풀이 소프트웨어를 사용하여 풀도록 의도된 것이다.

밀도와 비중

1-5 24L의 부피를 차지하는 유체가 중력가속도가 9.8 m/s²인 지역에서 225N의 무게를 나타낸다. 이 유체의 질량과 밀도를 결정하라.

1-6 100 L 용기가 온도 27℃에서 1 kg의 공기로 채워져 있다. 용기 내의 압력은?

1-7 300 kPa, 27℃에서 산소의 비체적은 얼마인가?

1-8 자동차 타이어 속의 압력은 타이어 속 공기 온도에 의존한다. 공기 온도가 25℃일 때, 압력 게이지 눈금은 210 kPa이다. 만약 타이어의 체적이 0.025 m³라면, 타이어 속의 공기 온도가 50℃까지 오를 때의 압력 상승을 결정하라. 또한 이 온도에서 압력을 원래 값으로 되돌리기 위해 빼내야 하는 공기의 양을 결정하라. 대기압은 100 kPa로 가정하라.

그림 P1-8
Stockbyte/GettyImages

1-9 EES(또는 다른) 소프트웨어를 이용하여 풍선 내에 포함된 20℃ 헬륨의 질량에 대한 풍선 직경의 영향을, 압력이 (*a*) 100 kPa 및 (*b*) 200 kPa일 때에 대해 조사하라. 직경이 5 m부터 15 m까지 변한다고 하자. 두 경우 모두에 대해 직경에 대한 헬륨의 질량을 도시하라.

1-10 원통형 메탄올 탱크가 40 kg의 질량과 51 L의 체적을 갖는다. 메탄올의 중량, 밀도, 비중을 구하라. 중력가속도는 9.81 m/s^{2}이다. 또한 이 탱크를 선형적으로 0.25 m/s^{2}로 가속하기 위해 필요한 힘을 추정하라.

증기압과 공동현상, 비열

1-11 20℃의 물속에서 작동하는 프로펠러의 해석은 프로펠러 팁에서 압력이 고속에서 2 kPa까지 하강함을 보여 준다. 이 프로펠러에 대해 공동현상이 발생할 위험이 있는지의 여부를 결정하라.

1-12 150℃에서 포화 수증기(엔탈피 $h = 2745.9$ kJ/kg)가 높이 $z = 10$ m에서 50 m/s의 속도로 파이프 내를 흐른다. 지표면에 상대적인 증기의 총 에너지를 J/kg 단위로 결정하라.

압축성 계수

1-13 15℃, 1기압하에서 물이 100℃까지 등압 가열된다. 체적팽창계수 자료를 이용하여 물의 밀도 변화를 결정하라.

답: −38.7 kg/m^3

1-14 이상기체의 밀도는 10기압에서 11기압으로 등온 압축 시 10퍼센트 감소됨이 관찰된다. 만약 1000기압에서 1001기압으로 등온 압축된다면, 기체의 밀도의 백분율 감소를 구하라.

1-15 1기압하에서 물이 400기압으로 등온 압축된다. 물의 밀도 증가를 결정하라. 물의 등온 압축률은 4.80×10^{-5} atm^{-1}로 취하라.

1-16 물탱크가 20℃의 액체 상태의 물로 완전히 채워져 있다. 탱크의 재료는 0.8퍼센트의 체적 팽창에 기인하는 인장력을 견뎌 낼 수 있다. 안전상 위험 없이 허용할 수 있는 최대 온도 상승을 결정하라. 단순화를 위해 β = 상수 = 40℃에서 β로 가정한다.

1-17 압력이 98 kPa인 자유표면에서 바닷물의 밀도는 약 1030 kg/m^{3}이다. 바닷물의 체적 탄성계수를 2.34×10^9 N/m^{2}로 취하고, 깊이 z에 따른 압력 변화를 $dP = \rho g\, dz$로 표현할 때, 깊이 2500 m에서 밀도와 압력을 결정하라. 온도의 영향은 무시하라.

1-18 물의 압축성 계수를 5×10^6 kPa로 취하여, 물의 부피를 (*a*) 1퍼센트, (*b*) 2퍼센트 줄이는 데 드는 압력 증가를 결정하라.

1-19 이상기체 상태 방정식은 매우 간단하지만, 그러나 그것의 적용 범위는 제한적이다. 보다 정확하지만 복잡한 방정식이 아래에 주어진 Van der Waals의 상태 방정식이다.

$$P = \frac{RT}{v - b} - \frac{a}{v^2}$$

여기서 a와 b는 기체의 임계 압력과 온도에 의존적인 상수이다. 질소가 Van der Waals의 상태 방정식을 만족한다고 가정하여, $T = 175$ K, $v = 0.00375$ m^3/kg에서 질소 기체의 압축성계수를 예측하라. 계산된 결과를 이상기체값과 비교하라. 주어진 조건하에서 $a = 0.175$ m^6 · kPa/kg^2, $b = 0.00138$ m^3/kg으로 취하라. 실험으로 측정된 질소의 압력은 10,000 kPa이다.

1-20 마찰이 없는 피스톤-실린더 장치가 대기압하의 20℃에서 물 10 kg을 담고 있다. 지금 실린더 내의 압력이 100기압으로 증가할 때까지 외력 F가 피스톤에 작용된다. 물의 압축성 계수가 압축 중에 변하지 않고 일정하다고 가정하여 물을 등온적으로 압축하는 데 필요한 에너지를 추정하라.

답: 29.4 J

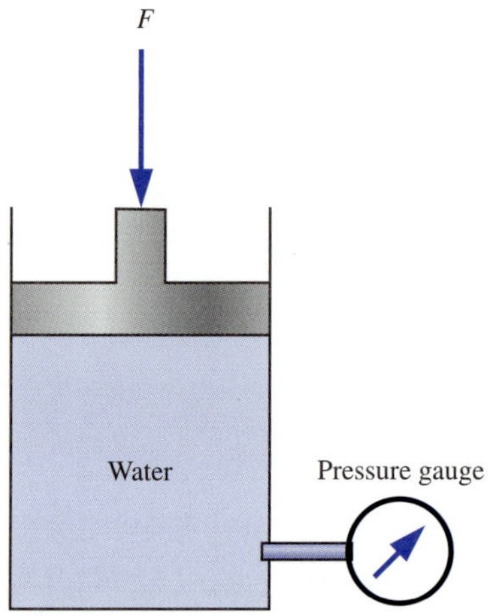

그림 P1-20

음속

1-21 1200 K, 50 m/s의 이산화탄소가 단열 노즐로 유입되어 400 K로 유출된다. 실온에 해당하는 일정한 비열을 가정하여 노즐의 (*a*) 입구와 (*b*) 출구에서 Mach 수를 구하라. 일정한 비열을 가정할 때 정확성을 평가하라.

답: (*a*) 0.0925, (*b*) 3.73

1-22 질소가 150 kPa, 10℃, 100 m/s인 정상 유동 상태로 열교환기에 유입되어 열교환기를 통하면서 120 kJ/kg의 열을 받는다. 열교환기에서 나갈 때 질소는 100 kPa, 200 m/s이다. 열교환기의 입구와 출구에서 질소의 Mach 수를 구하라.

1-23 이상기체 유동을 가정하고, 0.9 MPa, 60℃인 냉매 134a의 음속을 구하라.

1-24 (*a*) 300 K, (*b*) 800 K의 공기 중에서 음속을 구하라. 또한 위의 두 가지 경우에 대하여 330 m/s의 속도로 나는 비행기의 Mach 수를 구하라.

1-25 2.2 MPa, 77℃의 공기가 엔트로피를 일정하게 유지하면서 0.4 MPa로 팽창된다. 최종 음속에 대한 처음 음속의 비를 계산하라.

답: 1.28

점성

1-26 유체의 점성은 길이가 1.5 m인 두 개의 동심 실린더로 구

성된 점도계로 측정된다. 바깥쪽 실린더의 내경은 16 cm이고, 두 실린더 사이의 간극은 0.09 cm이다. 바깥쪽 실린더는 250 rpm으로 회전되고, 토크는 1.4 N · m로 측정된다. 유체의 점성을 결정하라. **답:** 0.00997 N · s/m²

1-27 무게가 150 N인 50 cm × 30 cm × 20 cm 블록이 마찰계수가 0.27인 경사면 위를 0.80 m/s의 등속으로 이동한다. (*a*) 수평방향으로 적용될 필요가 있는 힘 *F*를 결정하라. (*b*) 만약 역학적 점성계수가 0.012 Pa · s인 0.40 mm 두께의 유막이 블록과 경사면 사이에 적용된다면, 요구되는 힘의 백분율 감소를 결정하라.

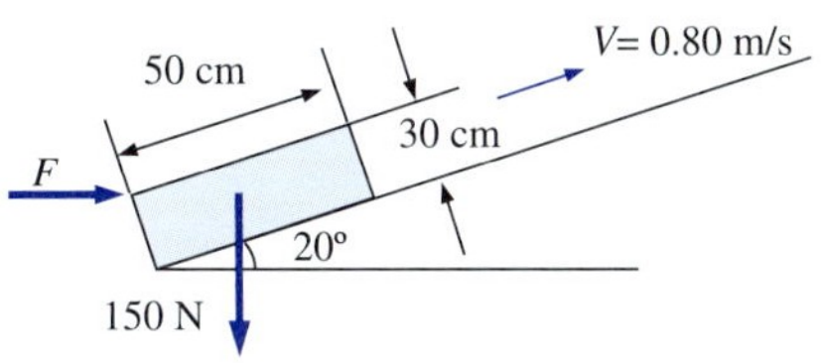

그림 P1-27

1-28 원형 파이프를 지나는 점성 μ인 유체의 유동을 고려해 보자. 파이프 내의 속도 분포는 $u(r) = u_{max}(1 - r^n/R^n)$으로 주어진다. 여기서 u_{max}는 최대 유동 속도로서 중심선에서 발생하고, r은 중심선으로부터의 반경 거리이며, $u(r)$은 임의의 위치 r에서 유속이다. 유동방향으로 유체에 의해 파이프 벽에 미치는 단위 길이당 항력에 대한 관계식을 개발하라.

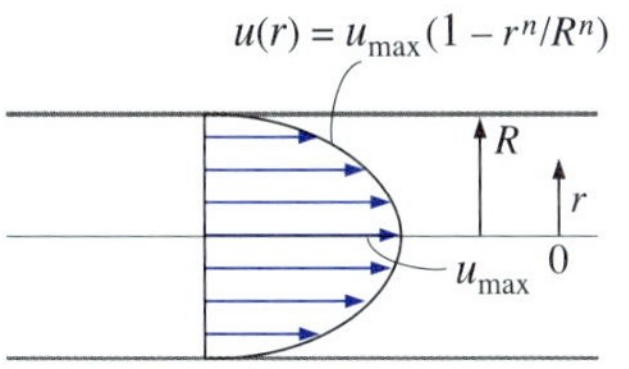

그림 P1-28

1-29 그림 P1-29에서와 같이 하나는 정지해 있고 또 다른 하나는 0.3 m/s의 등속으로 움직이는 두 개의 판 사이에 끼어 있는 두께가 3.6 mm인 기름층을 관통하여 얇은 30 cm × 30 cm 평판이 수평으로 3 m/s로 잡아당겨진다. 기름의 역학적 점성계수는 0.027 Pa · s이다. 각 기름층에서 속도는 선형적으로 변한다고 가정하여 (*a*) 속도 분포를 도시하고 기름의 속도가 영이 되는 위치를 찾아내며, (*b*) 이 운동을 유지하기 위해 판에 적용할 필요가 있는 힘을 결정하라.

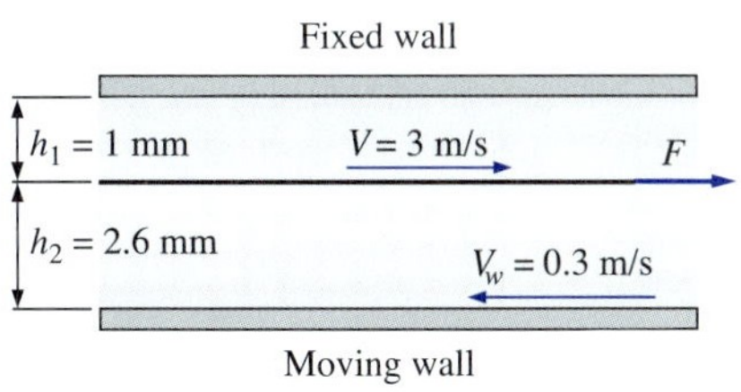

그림 P1-29

1-30 회전 점도계는 두 개의 동심 원통으로 구성되어 있는데, 반경이 R_i인 안쪽 원통은 각속도(회전률) ω_i로 회전하고, 바깥쪽 원통은 반경이 R_o이다. 두 개의 원통 사이의 아주 작은 간극 안에는 점성이 μ인 유체가 있다. 원통의 길이(그림 P1-30에서 지면의 안쪽 방향으로)는 L이다. L은 가장자리 효과가 무시될 만큼 크다(여기서 이 문제를 2차원 문제로 다룰 수 있다). 토크 (T)는 안쪽 원통을 등속으로 회전시키도록 요구된다. (*a*) 모든 풀이와 계산 과정을 보이면서, T에 대한 근사 관계식을 다른 변수들의 함수로 표현하라. (*b*) 얻어진 해가 단지 근사식일 뿐인 이유를 설명하라. 특히, 간극이 점점 더 넓어짐에 따라 간극 내에서 속도 분포가 선형적으로 유지될 것으로 기대하는가(즉, 만약 다른 모든 것은 동일하게 유지되면서 바깥쪽 반경 R_o가 증가된다면)?

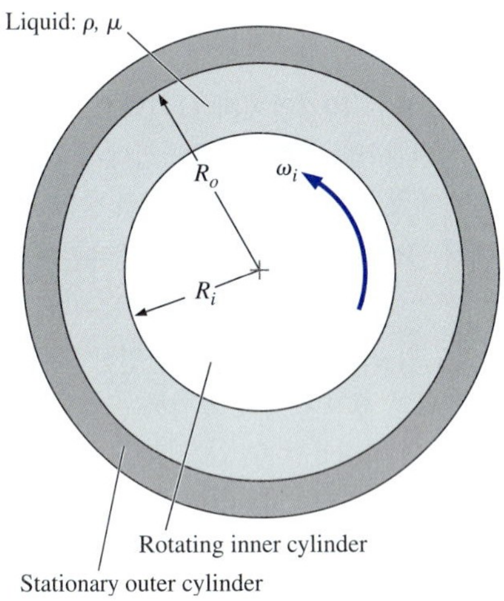

그림 P1-30

1-31 그림 P1-31에 보인 클러치 시스템은 두 개의 같은 직경 30 cm인 디스크 사이에 μ = 0.38 N · s/m²인 2 mm 두께의 유막을 통해 토크를 전달하는 데 이용된다. 구동축이 1450 rpm의 속

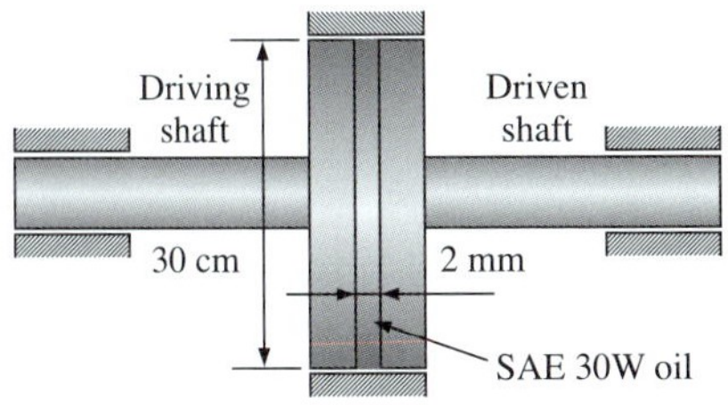

그림 P1-31

도로 회전할 때, 전달축은 1398 rpm으로 회전하는 것으로 관찰된다. 유막에 대한 선형 속도 분포를 가정하여 전달된 토크를 결정하라.

1-32 기체의 점성 변화를 나타내기 위해 널리 이용되는 관계식 중 하나는 $\mu/\mu_o = (T/T_o)^n$으로 주어지는 거듭제곱 법칙의 방정식인데, 여기서 μ_o 및 T_o는 각각 기준 점성과 온도이다. 거듭제곱 법칙과 Sutherland 법칙을 이용하여 온도 범위 100℃ (373 K)에서 1000℃(1273 K)까지에 대해 공기 점성의 변화를 조사하라. 계산 결과를 그리고, 부록 표 A-7에 열거된 값과 비교하라. 대기에 대해 기준 온도를 0℃, $n = 0.666$으로 취하라.

1-33 평판 위의 유동에 대해, 평판으로부터 수직 거리 y에 따른 속도 변화는 $u(y) = ay - by^2$으로 주어지며, 여기서 a와 b는 상수이다. a, b 및 μ의 항으로 벽면 전단응력에 대한 관계를 구하라.

1-34 입구로부터 멀리 떨어진 영역에서 원형 파이프를 통한 유체 유동은 1차원이고, 층류 유동에 대한 속도 분포는 $u(r) = u_{max}(1 - r^2/R^2)$으로 주어지는데, 여기서 R은 파이프의 반경, r은 파이프의 중심으로부터 반경 거리, u_{max}는 중심에서 발생하는 최대 유속이다. (*a*) 길이 L인 파이프의 구간에 유체에 의해 적용되는 항력에 대한 관계식과 (*b*) 20℃에서 $R = 0.08$ m, $L = 30$ m, $u_{max} = 3$ m/s, $\mu = 0.0010$ kg/m · s인 물의 유동에 대해 항력값을 구하라.

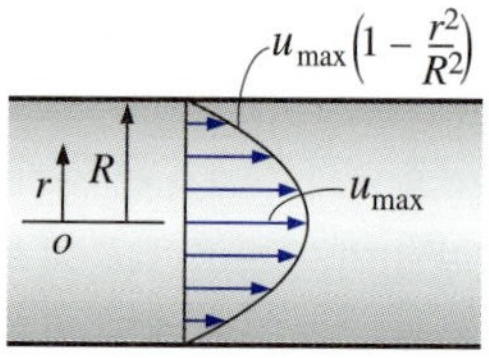

그림 P1-34

1-35 그림 P1-35에서와 같이 원뿔대(frustum) 모양의 물체가 20℃($\mu = 0.100$ Pa · s)에서 SAE 10W 오일로 채워진 용기 내에서 200 rad/s인 등각속도로 회전한다. 만약 모든 측면 위의 유막의 두께가 1.2 mm라면 이 운동을 유지하기 위하여 요구되는 동력을 결정하라. 또한 오일의 온도가 80℃($\mu = 0.0078$ Pa · s)까지 오를 때 요구되는 동력 입력의 감소를 결정하라.

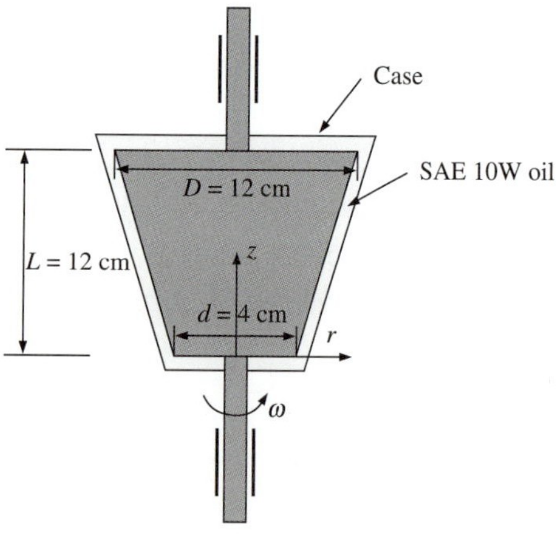

그림 P1-35

1-36 회전 점도계는 두 개의 동심 원통으로 구성되어 있는데, 반경이 R_i인 안쪽 원통은 정지해 있고, 반경이 R_o인 바깥쪽 원통은 각속도(회전률) ω_o로 회전한다. 두 개의 원통 사이의 아주 작은 간극 안에 있는 유체의 점성(μ)이 측정될 것이다. 원통의 길이(그림 P1-36에서 지면의 안쪽 방향으로)는 L이다. L은 가장자리 효과가 무시될 만큼 크다(여기서 이 문제를 2차원 문제로 다룰 수 있다). 토크 (T)는 안쪽 원통을 등속으로 회전시키도록 요구된다. 모든 풀이와 계산 과정을 보이면서, T에 대한 근사 관계식을 다른 변수들의 함수로 표현하라.

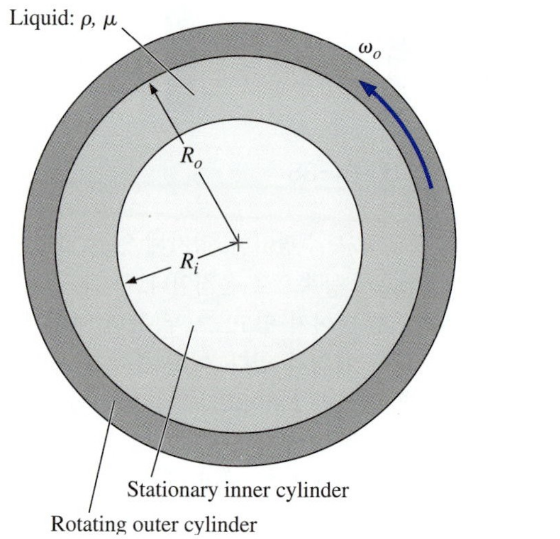

그림 P1-36

1-37 20℃에서 5 mm 두께의 엔진오일 유막 위의 고정판 위로 넓은 판이 U= 4 m/s의 등속으로 끌어당겨진다. 그림과 같이 유막 내에서 포물선의 절반 형태의 속도 단면을 가정하여 위판에 발달되는 전단응력과 그것의 방향을 결정하라. 만약 선형적 속도 단면이 가정된다면 어떻게 될 것인가?

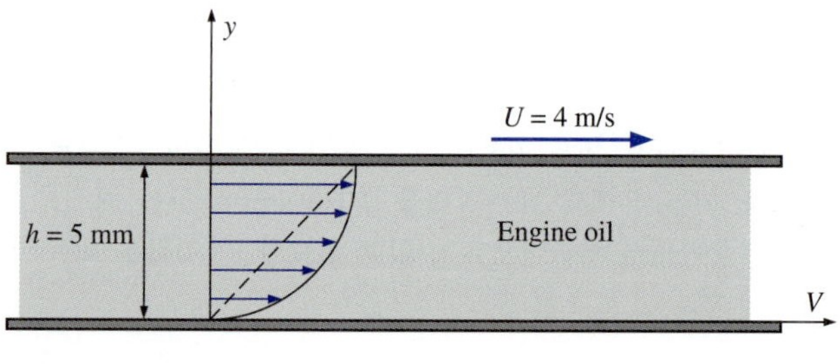

그림 P1-37

1-38 질량 m인 실린더가 유막의 두께가 h인 점성 오일에 의해 덮여 있는 안쪽 표면을 가진 수직관 내에서 정지한 상태로부터 미끄러져 내려온다. 만약 실린더의 직경과 높이가 각각 D와 L이라면 시간 t의 함수로서 실린더의 속도에 대한 관계식을 유도하라. $t \to \infty$에 따라 어떤 일이 벌어지는가? 이 장치를 점도계로 사용할 수 있는가?

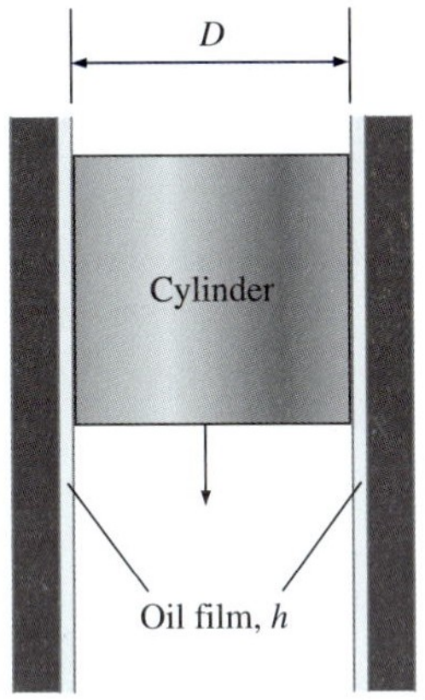

그림 P1-38

1-39 두 개의 평행하고, 수평이며, 정지해 있는 평평한 표면 사이로 얇은 판이 5 m/s의 등속으로 움직인다. 두 개의 정지해 있는 표면은 4 cm 간격으로 떨어져 있고, 그 두 표면 사이에는 점성이 $0.9\ \text{N}\cdot\text{s/m}^2$인 오일이 채워져 있다. 어떤 주어진 시간에 오일에 담겨진 판의 부분은 길이가 2 m이고, 폭이 0.5 m이다. 만약 두 표면 사이의 중앙면을 통해 판이 움직인다면 이 운동을 유지하기 위하여 필요한 힘을 결정하라. 만약 판이 아랫면으로부터 1 cm (h_2), 윗면으로부터 3 cm(h_1) 위치에 있었다면 그 결과는 어떠했을까?

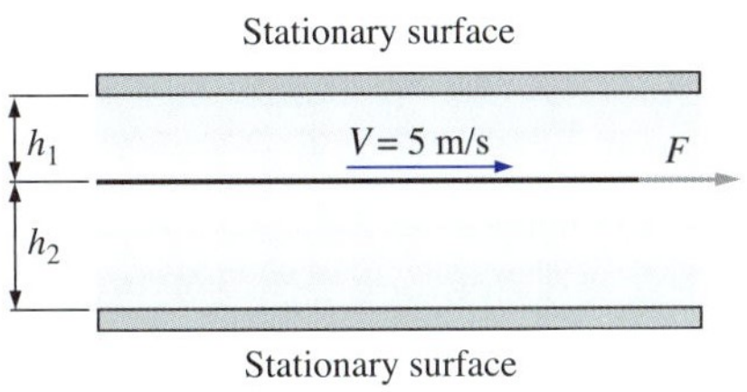

그림 P1-39

표면장력

1-40 직경이 6 cm인 비누 거품이 공기를 그 안에 불어넣음으로 커지게 된다. 비누 용액의 표면장력을 0.039 N/m로 취할 때, 그 거품이 직경 6.9 cm로 부풀어오르기 위해 필요한 일 입력을 계산하라.

1-41 20℃에서 직경이 (*a*) 0.2 cm, (*b*) 5 cm인 비누 거품 내의 계기 압력을 계산하라.

1-42 직경이 0.8 mm인 유리관이 20℃에서 등유(kerosine) 속에 삽입된다. 등유의 유리 표면과의 접촉각은 26°이다. 관 속 등유의 모세관 상승을 계산하라. **답:** 16 mm

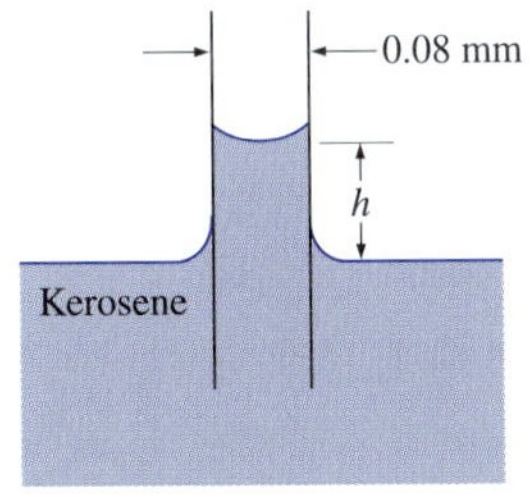

그림 P1-42

1-43 액체의 표면장력은 길이가 8 cm인 이동할 수 있는 면을 가진 U형 와이어 프레임 위에 매달려 있는 액체 막을 이용하여 측정된다. 만약 그 와이어를 움직이는 데 필요한 힘이 0.024 N이라면, 공기 중에서 이 액체의 표면장력을 계산하라.

1-44 직경이 1.2 mm인 모세관이 대기 중에 노출된 물속에 수직으로 잠긴다. 관 내의 물이 얼마나 올라가는지 결정하라. 튜브의 내벽에서 접촉각은 6°이고, 표면장력은 1.00 N/m로 취하라.

답: 0.338 mm

1-45 모세관이 물이 담긴 용기에 수직으로 잠긴다. 압력이 2 kPa 이하로 내려가면 물은 증발하기 시작한다는 지식을 가지고 최대 모세관 상승과, 이 최대 상승의 경우에 대한 관의 직경을 결정하라. 관의 내벽에서 접촉각은 6°이고, 표면장력은 1.00 N/m로 취하라

1-46 사람들이 기대하는 것과는 반대로, 고체 강철 공이 표면장력 효과 때문에 물 위에 뜰 수 있다. 20℃에서 물 위에 뜰 수 있는 강철 공의 최대 직경을 계산하라. 알루미늄 공이라면 답은 무엇일까? 강철과 알루미늄의 밀도는 각각 7800 kg/m³ 및 2700 kg/m³로 취하라.

1-47 물속에 용해된 영양분은 미세한 관들에 의하여 부분적으로 모세관 효과 때문에 나무의 위쪽으로 운송된다. 모세관 효과의 결과로서 나무 안의 직경 0.0026 mm인 관 안에서 수용액은 얼마나 높이 상승할지를 계산하라. 용액은 20℃에서 접촉각 15°인 물로 취급하라. **답:** 11.1 m

CHAPTER 02

유체 정역학

목표 이 장을 공부하면 다음과 관련된 지식을 얻을 수 있다.

- 정지하고 있는 유체 내에서 압력 변화의 결정
- 잠겨 있는 평면 또는 곡면 위에 정지한 유체가 가하는 힘의 계산
- 떠 있거나 잠겨 있는 물체의 안정성 해석
- 선형 가속 또는 회전 중의 용기 내에서 유체의 강체 운동에 대한 해석

이 장은 정지하고 있거나 또는 강체 운동 중인 유체가 가하는 힘을 다룬다. 이들 힘에 관련되는 유체 상태량은 **압력**이며, 이는 유체가 가하는 단위 면적당 수직력이다. 이 장은 압력에 대한 상세한 논의로부터 시작하며, 여기에는 **절대 압력**과 **계기 압력**, 한 **점**에서 압력, 중력장에서 **깊이에 따른 압력 변화**, **기압계**, **마노미터**와 다른 압력 측정 장치가 포함된다. 다음으로 잠겨 있는 물체에 작용하는 **정수력**에 대한 논의가 이어진다. 또한 잠겨 있거나 떠 있는 물체에 유체가 가하는 **부력**을 고려하고, 이와 같은 물체의 **안정성**을 논의한다. 끝으로 강체처럼 거동하는 운동 중인 유체에 Newton의 운동 제2법칙을 적용하고, 선형 가속도를 받거나 회전 용기에 있는 유체 내의 압력 변화를 해석한다. 이 장에서는 정적 평형에 있는 물체에 대한 힘의 평형이 광범위하게 이용되므로, 정역학으로부터 적절한 주제들을 먼저 복습한다면 큰 도움이 될 것이다.

John Ninomiya가 72개의 헬륨이 채워진 풍선 뭉치를 타고 2003년 4월에 California의 Temecula 위를 날고 있다. 헬륨 풍선은 약 230 m^3의 공기를 밀어 내 필요한 부력을 제공하고 있다. 집에서는 이것을 시도하지 마세요!

Photograph by Susan Dawson. Used by permission.

2-1 압력

압력은 **유체가 가하는 단위 면적당 수직력**으로 정의된다. 기체 또는 액체를 다룰 때만 압력을 논한다. 고체에 있어서 압력에 해당하는 것은 **수직응력**이다. 압력은 단위 면적당 힘으로 정의되기 때문에 제곱미터당 뉴턴(N/m^2)의 단위를 가지며, 이를 **파스칼**(Pascal, Pa)이라고 한다. 즉, 다음과 같다.

$$1\text{Pa} = 1\ \text{N/m}^2$$

압력 단위 파스칼은 실제 접하는 대부분의 압력에 비해 그 크기가 너무 작다. 그러므로 그의 배수인 **킬로파스칼**(1 kPa = 10^3 Pa)과 **메가파스칼**(1 MPa = 10^6 Pa)이 통상적으로 사용된다. 특히 유럽에서 통상적으로 실제 사용되는 세 가지 다른 압력 단위는 **바(bar)**, **표준 대기압(atm)**, **제곱센티미터당 킬로그램-힘**(kgf/cm^2)이다.

$$\begin{aligned}
1\ \text{bar} &= 10^5\ \text{Pa} = 0.1\ \text{MPa} = 100\ \text{kPa} \\
1\ \text{atm} &= 101{,}325\ \text{Pa} = 101.325\ \text{kPa} = 1.01325\ \text{bars} \\
1\ \text{kgf/cm}^2 &= 9.807\ \text{N/cm}^2 = 9.807 \times 10^4\ \text{N/m}^2 = 9.807 \times 10^4\ \text{Pa} \\
&= 0.9807\ \text{bar} \\
&= 0.9679\ \text{atm}
\end{aligned}$$

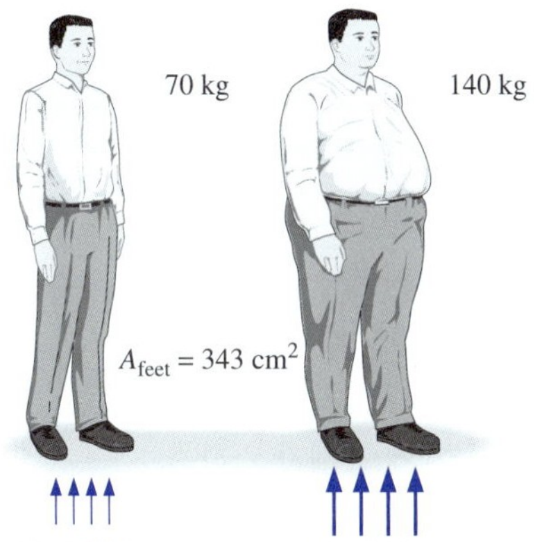

그림 2-1
뚱뚱한 사람의 발에 작용하는 수직응력(또는 "압력")은 마른 사람의 발에 작용하는 것보다 훨씬 크다.

압력은 또한 고체 표면에서도 **수직응력**의 동의어로 사용될 수 있으며, 이는 단위 면적당 표면에 수직으로 작용하는 힘이다. 예를 들면, 총 발자국 면적이 0.0343 m^2이고 70 kg인 사람은 $(70 \times 9.81/1000)$ kN/0.0343 m^2 = 20 kPa의 압력을 마루 위에 가하게 된다(그림 2-1). 만약 그 사람이 한쪽 발로 선다면 압력은 배가 된다. 만약 사람이 과다 체중을 갖는다면 그 사람은 발에 작용하는 압력이 증가하기 때문에 발이 불편해질 것이다(발의 크기는 체중 증가에 따라 변하지 않는다). 이는 또한 사람이 커다란 설화를 신음으로써 새로 내린 눈 위를 어떻게 빠지지 않고 걸을 수 있는가를 설명해 주며, 어떻게 사람이 날카로운 칼을 사용하여 거의 힘들이지 않고 물건을 자를 수 있는가를 설명해 준다.

주어진 점에서 실제 압력은 **절대 압력(absolute pressure)**이라 하고, 이는 절대 진공(즉, 절대적인 영의 압력)에 대해 상대적으로 측정된다. 그러나 대부분의 압력 측정 장치들은 대기 중에서 영으로 읽히도록 보정되어 있으며(그림 2-2), 따라서 이들은 절대 압력과 국소 대기압 사이의 차이를 표시한다. 이 차이를 **계기 압력(gage pressure)**이라고 한다. P_{gage}는 양 또는 음이 될 수 있지만, 대기압보다 낮은 압력을 때때로 **진공 압력**(vacuum pressure)이라 하고, 이는 대기압과 절대 압력 사이의 차이를 표시하는 진공 게이지로 측정된다. 절대 압력, 계기 압력, 진공 압력은 모두 양의 값을 가지며, 다음과 같이 서로 연관되어 있다.

$$P_{gage} = P_{abs} - P_{atm} \tag{2-1}$$

$$P_{vac} = P_{atm} - P_{abs} \tag{2-2}$$

그림 2-2
몇 가지 기본적인 압력 게이지.
Dresser Instruments, Dresser, Inc. Used by permission.

이 식들은 그림 2-3에 도시되어 있다.

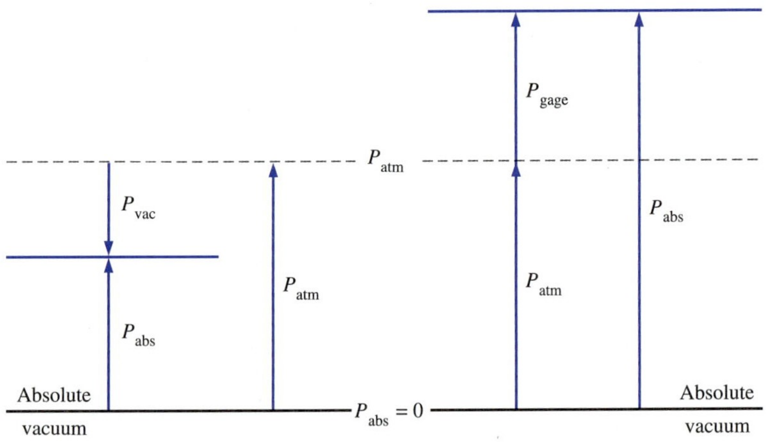

그림 2-3
절대 압력, 계기 압력, 진공 압력.

열역학적 관계식과 표에서는 절대 압력이 거의 항상 사용된다. 이 교재 전체를 통해 압력 P는 별도로 규정되지 않는 한 **절대 압력**을 나타낼 것이다. 종종 글자 "a"(절대 압력) 및 "g"(계기 압력)를 압력 단위에 붙여서 의미하는 바를 분명히 하기도 한다.

예제 2-1 **진공실의 절대 압력**

대기압이 100 kPa인 장소에 있는 진공실에 연결된 진공 게이지는 40 kPa을 가리킨다. 진공실의 절대 압력을 계산하라.

풀이 진공실의 계기 압력이 주어져 있다. 진공실의 절대 압력을 결정하고자 한다.

가정 절대 압력은 식 (2-2)로부터 쉽게 결정되며, 이는

$$P_{abs} = P_{atm} - P_{vac} = 100 - 40 = \mathbf{60\ kPa}$$

토의 절대 압력을 결정할 때 대기압의 국소값에 이용함을 주목하라.

한 점에서 압력

압력은 단위 면적당 **압축력**이며, 따라서 압력은 벡터일 것 같은 생각을 들게 한다. 그러나 유체 내의 어느 한 점에서 압력은 모든 방향으로 동일하다. 즉, 압력은 크기를 갖지만 특정한 방향을 갖지 않으며, 따라서 압력은 스칼라량이다. 이는 그림 2-4에 보인 바와 같이 평형 상태에 있는 단위 길이(지면 안쪽으로 $\Delta y = 1$)의 작은 쐐기 모양의 유체 요소를 고려함으로써 설명될 수 있다. 세 면에서 평균 압력은 P_1, P_2, P_3이고, 표면에 작용하는 힘은 평균 압력과 표면적의 곱이다. Newton의 제2법칙으로부터 x 및 z방향의 힘의 평형은 다음과 같다.

$$\sum F_x = ma_x = 0: \qquad P_1\,\Delta y \Delta z - P_3\,\Delta y l \sin\theta = 0 \tag{2-3a}$$

$$\sum F_z = ma_z = 0: \qquad P_2\,\Delta y \Delta x - P_3\,\Delta y l \cos\theta - \frac{1}{2}\rho g\,\Delta x\,\Delta y\,\Delta z = 0 \tag{2-3b}$$

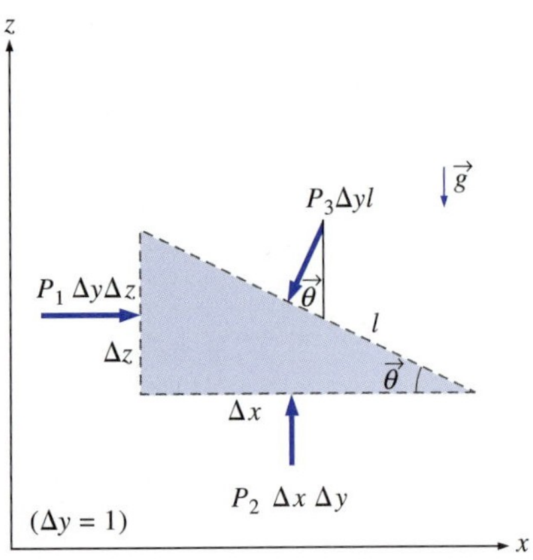

그림 2-4
평형 상태에 있는 쐐기 모양의 유체 요소에 작용하는 힘.

여기서 ρ는 밀도이고, $W = mg = \rho g\ \Delta x\ \Delta y\ \Delta z/2$는 유체 요소의 무게이다. 쐐기는 직각삼각형임을 주목하면 $\Delta x = l \cos\theta$ 및 $\Delta z = l \sin\theta$를 얻는다. 이들 기하학적 관계를 대입하고 식 (2-3a)를 $\Delta y\ \Delta z$로 나누고, 식 (2-3b)를 $\Delta x\ \Delta y$로 나누면 다음을 얻는다.

$$P_1 - P_3 = 0 \tag{2-4a}$$

$$P_2 - P_3 - \frac{1}{2}\rho g\ \Delta z = 0 \tag{2-4b}$$

식 (2-4b)의 마지막 항은 $\Delta z \to 0$에 따라 사라지고, 쐐기는 무한히 작아지게 되며, 따라서 유체 요소는 한 점으로 줄어든다. 다음으로 이 두 관계식의 결과를 묶으면 각도 θ와 관계없이 다음과 같게 된다.

$$P_1 = P_2 = P_3 = P \tag{2-5}$$

이 요소에 대한 해석을 yz평면에서 반복할 수 있으며, 유사한 결과를 얻는다. 따라서 **유체 내의 한 점에서 압력은 모든 방향으로 동일한 크기를 가진다**고 결론지을 수 있다. 이 결과는 정지 유체뿐만 아니라 운동 중인 유체에도 적용될 수 있는데, 이는 압력은 **스칼라**이지 벡터가 아니기 때문이다.

깊이에 따른 압력 변화

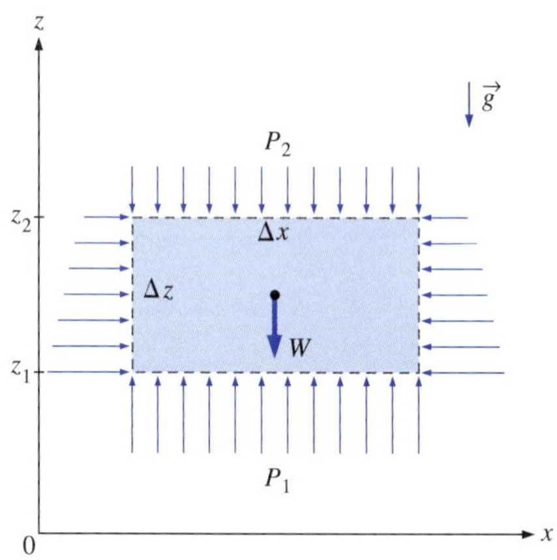

그림 2-5
평형 상태에 있는 직사각형 유체 요소의 자유물체도.

깊이에 따른 압력 변화에 대한 관계를 얻기 위해, 그림 2-5에 보인 바와 같은 평형 상태에 있는 높이 Δz, 길이 Δx 및 단위 깊이(지면 안쪽으로 $\Delta y = 1$)의 직사각형 유체 요소를 고려해 보자. 유체의 밀도 ρ는 일정하다고 가정하면, 수직 z방향에서 힘의 평형은 다음과 같다.

$$\sum F_z = ma_z = 0: \quad P_1\ \Delta x\ \Delta y - P_2\ \Delta x\ \Delta y - \rho g\ \Delta x\ \Delta y\ \Delta z = 0$$

여기서 $W = mg = \rho g\ \Delta x\ \Delta y\ \Delta z$는 유체 요소의 무게이다. $\Delta x\ \Delta y$로 나누고 정리하면 다음과 같다.

$$\Delta P = P_2 - P_1 = -\rho g\ \Delta z = -\gamma_s\ \Delta z \tag{2-6}$$

여기서 $\gamma_s = \rho g$는 유체의 **비중량(specific weight)**이다. 따라서 밀도가 일정한 유체 내에서 두 점 사이에 압력차는 점들 사이의 수직 거리 Δz와 유체의 밀도 ρ에 비례한다고 결론지을 수 있다. 음의 부호에 유의하면 **정지해 있는 유체 내의 압력은 깊이에 따라 선형적으로 증가한다**.

정수압 조건하에서 동일한 유체 내 임의의 두 점 사이에서 기억하고 적용하기 쉬운 방정식은 다음과 같다.

$$P_{\text{below}} = P_{\text{above}} + \rho g|\Delta z| = P_{\text{above}} + \gamma_s|\Delta z| \tag{2-7}$$

여기서 "아래(below)"는 낮은 위치(유체 속에 깊게 있는)에 있는 점을 가리키고, "위(above)"는 높은 위치에 있는 점을 가리킨다.

주어진 유체에 대해, 수직 거리 Δz는 때때로 압력의 척도로 사용되며, 이를 **압력 수두(pressure head)**라고 한다.

또한 짧은 거리부터 중간 정도의 거리까지에 대해, 높이에 따른 기체의 압력 변화는 기체의 밀도가 낮으므로 무시할 수 있음을 식 (2-6)으로부터 결론내릴 수 있다. 예를 들면, 기체를 담고 있는 탱크 내 압력은 기체의 무게가 의미 있는 차이를 만들기에는 너무 작기 때문에 균일한 것으로 간주할 수 있다. 또한 공기가 차있는 방 안의 압력도 일정하다고 가정할 수 있다(그림 2-6).

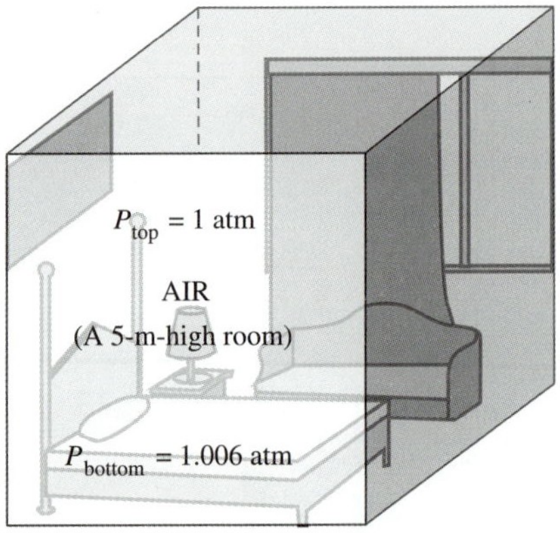

그림 2-6
기체로 채워져 있는 방 안에서 높이에 따른 압력 변화는 무시할 수 있다.

대기에 개방된 액체의 자유표면을 "위" 점으로 잡는다면(그림 2-7), 여기서 압력은 대기압 P_{atm}이다. 식 (2-7)로부터 자유표면 아래로 깊이가 h인 곳의 압력은 다음과 같다.

$$P = P_{atm} + \rho gh \quad \text{또는} \quad P_{gage} = \rho gh \tag{2-8}$$

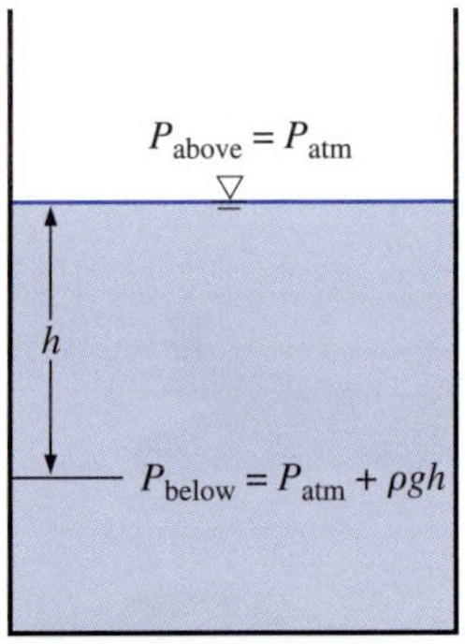

그림 2-7
정지 액체 내의 압력은 자유표면으로부터의 거리에 따라 선형적으로 증가한다.

액체는 본질적으로 비압축성 물질이고, 따라서 깊이에 따른 밀도의 변화는 무시할 수 있다. 이는 또한 고도의 변화가 매우 크지 않을 때, 기체의 경우에도 성립한다. 그러나 온도에 따른 액체나 기체의 밀도 변화는 상당히 클 수 있으며, 높은 정확도가 요구될 때에는 이를 고려할 필요가 있다. 또한 바다와 같이 매우 깊은 곳에서는 액체의 밀도 변화가 클 수 있는데, 이는 막대한 액체 무게에 의한 압축 때문이다.

중력가속도 g는 해수면에서 9.807 m/s^{2}로부터 대형 여객기가 순항하는 14,000 m의 고도에서 9.764 m/s^{2}까지 변한다. 이와 같은 극단적인 경우에도 단지 0.4퍼센트의 변화뿐이다. 그러므로 g는 거의 오차 없이 일정하다고 가정할 수 있다.

고도에 따라 밀도가 크게 변하는 유체에 대해 고도에 따른 압력 변화의 관계는 식 (2-6)을 Δz로 나누고, $\Delta z \to 0$으로 극한을 취함으로써 얻을 수 있다. 이는 다음과 같다.

$$\frac{dP}{dz} = -\rho g \tag{2-9}$$

압력은 위쪽 방향으로 감소하므로, dz가 양일 때 dP는 음이 된다는 것에 유의하라. 고도에 따른 밀도 변화가 알려져 있을 때, 점 1과 2 사이에 압력차는 다음과 같이 적분함으로써 구할 수 있다.

$$\Delta P = P_2 - P_1 = -\int_1^2 \rho g\, dz \tag{2-10}$$

정지 유체 내의 압력은 용기의 모양이나 단면과는 무관하다. 압력은 수직 거리에 따라 변하지만, 다른 방향으로는 일정하게 유지된다. 그러므로 압력은 주어진 유체에서 수평면 상의 모든 점에서 동일하다. 네덜란드 수학자 Simon Stevin(1548-1620)은 1586년에 그림 2-8에 예시된 원리를 발표하였다. 점 A, B, C, D, E, F, G에서의 압력은 같은 깊이에 있으므로 동일하고, 이들은 동일한 정지 유체에 의해 상호연결되어 있다. 그러나 점 H와 I에서 압력은 같지 않다. 이 점들이 같은 깊이에 있을지라도, 두 점이 동일한 유체에 의해 상호연결되어 있지 않기 때문이다. (어느 점의 압

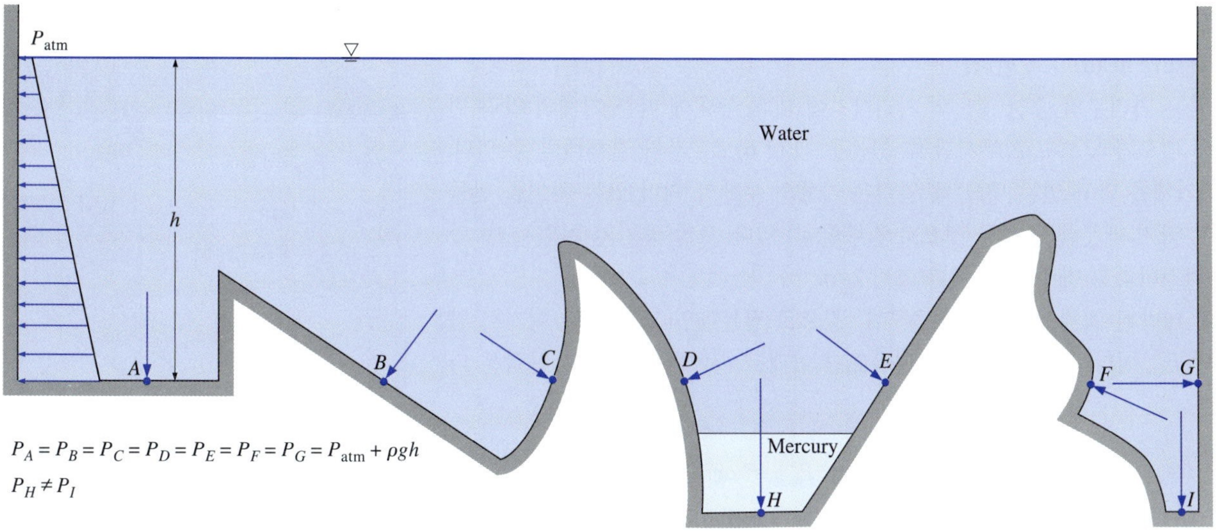

그림 2-8
정수압 조건하에서, 만약 점들이 동일한 유체 내에서 상호연결되어 있다면 주어진 유체 내에서 기하학적 형상에 관계없이 수평면 위의 모든 점에서 압력은 동일하다.

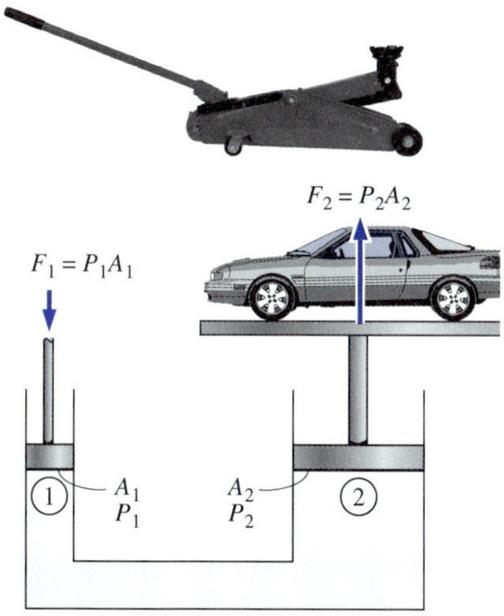

그림 2-9
Pascal의 법칙을 응용하여 작은 힘으로 무거운 중량을 들어올림.
(Top) © Stockbyte/Getty RF

력이 더 높을까?) 또한 유체가 가하는 압력 힘은 지정된 점에서 표면에 항상 수직이라는 점을 주목하라.

한 가지 유체 내에서 압력은 수평방향으로 일정하게 유지된다는 이 결과는 **갇혀 있는 유체에 작용하는 압력은 그 유체 전체에 걸쳐 동일한 양만큼의 압력을 증가시킨다**는 것이다. 이는 Blaise Pascal(1622-1662)의 이름을 따라 **Pascal의 법칙**이라고 한다. 또한 Pascal은 유체가 가한 힘은 표면적에 비례함을 알았다. 그림 2-9에 보인 바와 같이, 이것이 한 팔로 차를 쉽게 들어올릴 수 있도록 하는 이유이다. 양쪽 피스톤이 모두 동일한 높이에 있으므로(특히 고압에서는 작은 높이 차이의 영향은 무시할 수 있다) $P_1 = P_2$임을 주목하면 입력 힘에 대한 출력 힘의 비는 다음과 같이 결정된다.

$$P_1 = P_2 \quad \rightarrow \quad \frac{F_1}{A_1} = \frac{F_2}{A_2} \quad \rightarrow \quad \frac{F_2}{F_1} = \frac{A_2}{A_1} \tag{2-11}$$

면적비 A_2/A_1은 유압식 리프트의 **이상적인 기계적 확대율(ideal mechanical advantage)**이라고 한다. 예를 들면, 피스톤의 면적비가 $A_2/A_1 = 100$인 유압 차량 잭을 이용하면 사람이 단지 10 kgf (= 90.8 N)의 힘을 적용시켜 1000 kg의 차를 들어 올릴 수 있다.

2-2 압력 측정 장치

기압계

대기압은 기압계(barometer)라고 하는 장치로 측정되며, 따라서 대기압은 종종 **기압계 압력**이라고도 한다.

이탈리아인 Evangelista Torricelli(1608-1647)는 그림 2-10에 보인 바와 같이 대

기에 개방된 수은을 담은 용기 속으로 수은이 채워진 관을 거꾸로 세움으로써 대기압이 측정될 수 있음을 증명한 최초의 사람이었다. 점 B에서 압력은 대기압과 같고, 점 C에서 압력을 영으로 잡을 수 있는데, 이는 점 C 위에는 단지 수은 증기만 있고, 그 압력은 P_{atm}에 비해 상대적으로 매우 낮으므로 무시될 수 있기 때문이다. 수직방향으로 힘의 평형을 기술하면 다음과 같다.

$$P_{atm} = \rho g h \tag{2-12}$$

여기서 ρ는 수은의 밀도, g는 국소 중력가속도이고, h는 자유표면 위의 수은 기둥의 높이이다. 관의 길이와 단면적은 기압계의 유체 기둥의 높이에 아무런 영향을 주지 않음을 주목하라(그림 2-11).

자주 사용되는 압력 단위는 **표준 대기압**인데, 이는 표준 중력가속도(g = 9.807 m/s^2)하에 0℃의 수은(ρ_{Hg} = 13,595 kg/m^3) 기둥의 높이 760 mm에 의해 발생되는 압력으로 정의된다. 만약 표준 대기압을 측정하기 위해 수은 대신 물이 사용된다면, 약 10.3 m의 물 기둥이 필요할 것이다. 압력은 종종 수은 기둥의 높이로(특히 일기예보 시에) 표현된다. 예를 들면, 표준 대기압은 0℃에서 760 mmHg이다. 단위 mmHg는 또한 Torricelli를 기리기 위해 **토르(torr)**라고 한다. 그러므로 1 atm = 760 torr이고 1 torr = 133.3 Pa이다.

주어진 온도에 대해 공기의 밀도는 높은 고도에서 낮으며, 따라서 주어진 부피에는 적은 양의 공기와 적은 양의 산소가 포함되어 있다. 따라서 높은 고도에서 쉽게 지치고 호흡 곤란을 경험하는 것은 놀랄 일이 아니다. 이런 효과를 보상하기 위해 높은 고도에서 살고 있는 사람들은 보다 효율적으로 허파가 발달되어 있다. 이와 유사하게, 2.0 L 자동차 엔진은 고도 1500 m에서 1.7 L 자동차 엔진처럼(과급기가 장착되지 않은 한) 작동할 것이다(그림 2-12). 이는 압력이 15퍼센트 감소하고, 그에 따른 공기의 밀도가 15퍼센트 감소하기 때문이다. 팬이나 압축기는 그 고도에서 동일한 체적 배출률에 대해 15퍼센트 적은 공기를 배출할 것이다. 그러므로 높은 고도에서 운전될 냉각 팬은 규정된 질량유량을 확보하기 위해서 보다 큰 것을 선정하여야 한다. 낮은 압력, 따라서 낮은 밀도는 또한 양력이나 항력에도 영향을 미친다. 요구되는 양력을 얻기 위해 비행기는 높은 고도에서 보다 긴 활주로를 필요로 하며, 비행기는 항력을 줄임에 따라서 보다 양호한 연료 효율을 얻도록 순항하기 위하여 매우 높은 고도로 상승한다.

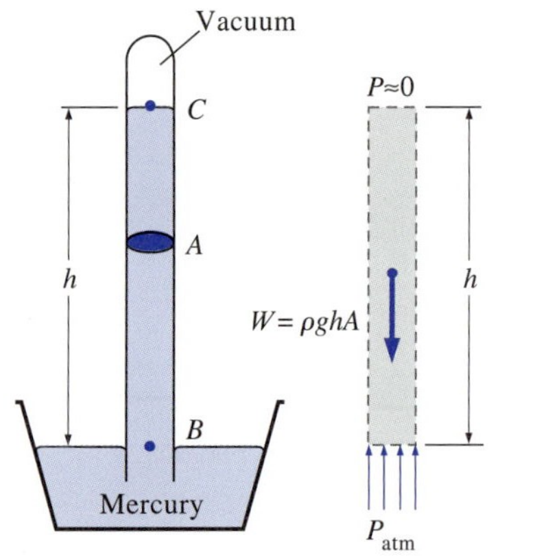

그림 2-10
기본적인 기압계.

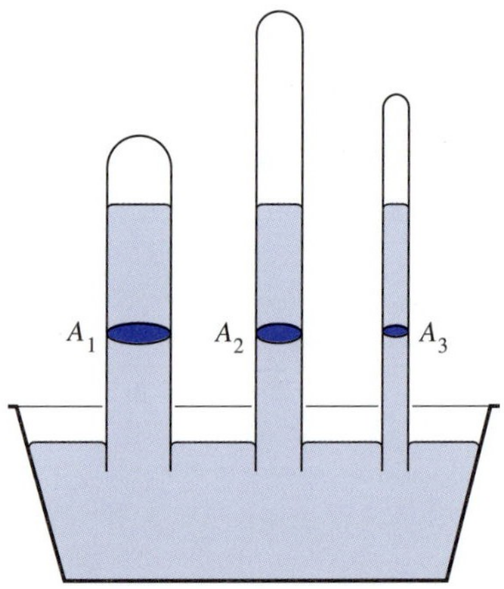

그림 2-11
만약 튜브 직경이 표면장력(모세관) 효과를 피할 만큼 충분히 클 경우에 튜브의 길이 또는 단면적은 기압계의 유체 기둥의 높이에 영향을 미치지 않는다.

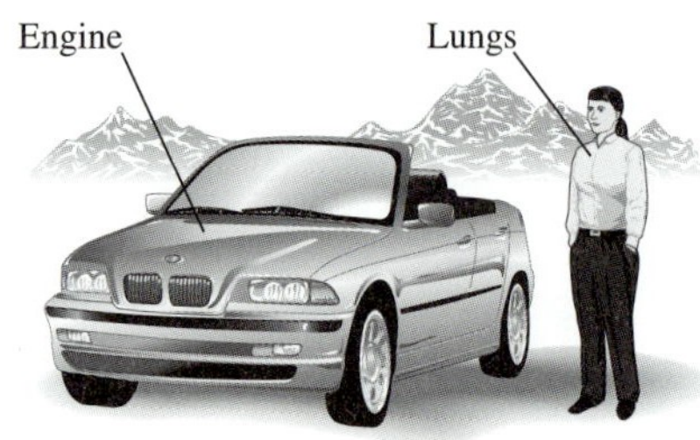

그림 2-12
높은 고도에서는 낮은 공기 밀도 때문에 자동차의 엔진은 작은 동력을 발생시키고, 사람은 적은 산소를 얻게 된다.

예제 2-2 기압계를 이용한 대기압 측정

기압계의 눈금 읽기가 740 mmHg이고, 중력가속도가 g = 9.805 m/s^{2}인 지점에서 대기압을 결정하라. 수은의 온도는 10℃이고, 이때의 밀도가 13,570 kg/m^{3}라고 가정하라.

풀이 장소에서 기압계의 눈금 읽기가 수은 기둥의 높이로 주어져 있다. 대기압을 결정하고자 한다.

가정 수은의 온도는 10℃로 가정된다.

상태량 수은의 밀도는 13,570 kg/m^{3}로 주어져 있다.

해석 식 (2-12)로부터 대기압은 다음과 같이 결정된다.

$$P_{\text{atm}} = \rho g h$$
$$= (13{,}570\ \text{kg/m}^3)(9.805\ \text{m/s}^2)(0.740\ \text{m})\left(\frac{1\ \text{N}}{1\ \text{kg}\cdot\text{m/s}^2}\right)\left(\frac{1\ \text{kPa}}{1000\ \text{N/m}^2}\right)$$
$$= \mathbf{98.5\ kPa}$$

토의 밀도는 온도에 따라 변하며, 따라서 이 효과를 계산에 고려해야 한다는 점을 주의하라.

예제 2-3 IV 병으로부터 중력 구동 유동

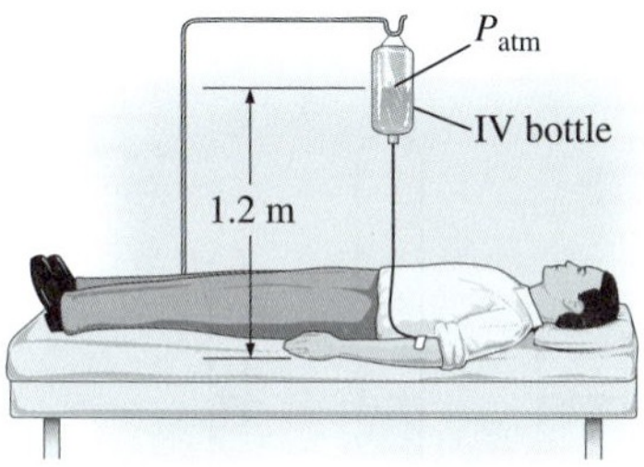

그림 2-13
예제 2-3에 대한 개략도.

정맥주사를 통한 주입은 보통 정맥 안의 혈압에 대항하여, 몸 안으로 유체를 강제로 넣기 위해 유체 병을 충분히 높이 매달아 놓음으로써 중력에 의해 이루어진다(그림 2-13). 병을 높이 올릴수록, 유체의 유량은 증가한다. (a) 만약 병이 팔의 위치보다 1.2 m 위에 놓일 때, 유체 압력과 혈압이 서로 균형을 이룬다면 혈압을 계기 압력으로 계산하라. (b) 만약 충분한 유량을 위해 팔의 위치에서 유체의 계기 압력이 20 kPa이 되어야 한다면 병을 얼마나 높이 매달아야만 하는지를 결정하라. 유체의 밀도는 1020 kg/m^{3}로 취하라.

풀이 IV 유체 압력과 혈압은 병이 어떤 특정한 높이에 놓일 때 서로 균형을 이룬다. 혈압의 계기 압력과 필요한 유량을 유지하기 위해 요구되는 병의 높이를 구하고자 한다.

가정 1 IV 유체는 비압축성이다. 2 IV 병은 대기에 노출되어 있다.

상태량 IV 유체의 밀도는 $\rho = 1020$ kg/m^{3}로 주어져 있다.

해석 (a) 병이 팔의 위치보다 1.2 m 위에 놓일 때 IV 유체 압력과 혈압이 서로 균형을 이루는 것에 유의하면, 팔 혈압의 계기 압력은 간단히 1.2 m 깊이에서 IV 유체의 계기 압력과 같다.

$$P_{\text{gage, arm}} = P_{\text{abs}} - P_{\text{atm}} = \rho g h_{\text{arm}-\text{bottle}}$$
$$= (1020\ \text{kg/m}^3)(9.81\ \text{m/s}^2)(1.20\ \text{m})\left(\frac{1\ \text{kN}}{1000\ \text{kg}\cdot\text{m/s}^2}\right)\left(\frac{1\ \text{kPa}}{1\ \text{kN/m}^2}\right)$$
$$= \mathbf{12.0\ kPa}$$

(b) 팔의 위치에서 20 kPa의 계기 압력을 공급하기 위하여 팔의 위치로부터 병 속의 IV 유체의 표면 높이는 다시 $P_{\text{gage, arm}} = \rho g h_{\text{arm-bottle}}$로부터 결정된다.

$$h_{\text{arm}-\text{botttle}} = \frac{P_{\text{gage, arm}}}{\rho g}$$
$$= \frac{20\ \text{kPa}}{(1020\ \text{kg/m}^3)(9.81\ \text{m/s}^2)}\left(\frac{1000\ \text{kg}\cdot\text{m/s}^2}{1\ \text{kN}}\right)\left(\frac{1\ \text{kN/m}^2}{1\ \text{kPa}}\right)$$
$$= \mathbf{2.00\ m}$$

토의 저수조의 높이는 중력에 의해 구동되는 유동에서 유량을 제어하는 데 이용될 수 있다는 것을 유의하라. 유동이 있을 때, 마찰 효과에 기인한 관 내 압력 강하도 또한 고려되어야만 한다. 규정된 유량에 대해, 이는 압력 강하를 극복하기 위하여 병을 약간 더 높게 들어 올릴 것을 요구한다.

예제 2-4 밀도 변화가 있는 태양 연못 내에서 정수압

태양 연못(solar pond)은 수 미터의 깊이를 갖는 작은 인공 호수로서, 태양 에너지를 저장하기 위하여 이용된다. 가열된(따라서 밀도가 낮아진) 물이 표면까지 상승하는 것은 연못 바닥에 소금을 첨가함으로써 방지한다. 그림 2-14에 보인 바와 같이 소금 농도의 구배가 있는 전형적인 태양 연못에 있어서, 물의 밀도는 소금 농도구배 지역(gradient zone)에서 증가하고, 그 밀도는 다음과 같이 표현할 수 있다.

$$\rho = \rho_0\sqrt{1 + \tan^2\left(\frac{\pi}{4}\frac{s}{H}\right)}$$

여기서 ρ_0는 물 표면에서 밀도이고, s는 구배 지역의 맨 위로부터 아래쪽으로 측정된 수직 거리이며($s = -z$), H는 구배 지역의 두께이다. $H = 4$ m이고, $\rho_0 = 1040$ kg/m^{3}이며, 표면지역(surface zone)의 두께가 0.8 m인 경우에 대하여 구배 지역의 바닥에서 계기 압력을 계산하라.

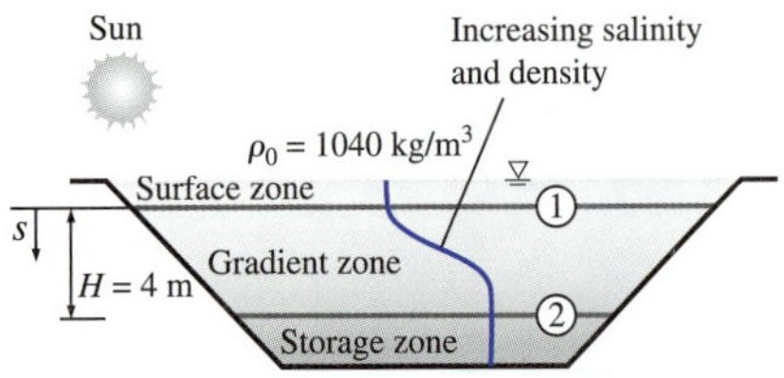

그림 2-14
예제 2-4에 대한 개략도.

풀이 태양 연못의 소금 농도구배 지역에서 소금물의 깊이에 따른 밀도 변화가 주어져 있다. 구배 지역의 바닥에서 계기 압력을 결정하고자 한다.

가정 연못의 표면 지역에서 밀도는 일정하다.

상태량 표면에서 소금물의 밀도는 1040 kg/m^{3}로 주어져 있다.

해석 구배 지역의 위와 아래를 각각 1과 2로 표시한다. 표면 지역의 밀도가 일정함에 주목하면, 표면 지역의 바닥(이는 구배 지역의 맨 위)에서 계기 압력은

$$P_1 = \rho g h_1 = (1040\ \text{kg/m}^3)(9.81\ \text{m/s}^2)(0.8\ \text{m})\left(\frac{1\ \text{kN}}{1000\ \text{kg}\cdot\text{m/s}^2}\right) = 8.16\ \text{kPa}$$

가 되며, 이는 1 kN/m^2 = 1 kPa이기 때문이다. $s = -z$이므로 수직 거리 ds를 가로질러 정수압의 미소 변화는 다음으로 주어진다.

$$dP = \rho g\, ds$$

구배 지역의 위로부터 ($s = 0$인 점 1) 구배 지역의 임의의 위치 s(하첨자 없이)까지 적분하면 다음과 같게 된다.

$$P - P_1 = \int_0^s \rho g\, ds \quad \rightarrow \quad P = P_1 + \int_0^s \rho_0\sqrt{1 + \tan^2\left(\frac{\pi}{4}\frac{s}{H}\right)}g\, ds$$

적분을 수행하면 구배 지역에서 계기 압력의 변화는 다음과 같다.

$$P = P_1 + \rho_0 g\frac{4H}{\pi}\sinh^{-1}\left(\tan\frac{\pi}{4}\frac{s}{H}\right)$$

그러면 구배 지역 바닥($s = H = 4$ m)에서 압력은 다음과 같다.

$$P_2 = 8.16\ \text{kPa} + (1040\ \text{kg/m}^3)(9.81\ \text{m/s}^2)\frac{4(4\ \text{m})}{\pi}\sinh^{-1}\left(\tan\frac{\pi}{4}\frac{4}{4}\right)\left(\frac{1\ \text{kN}}{1000\ \text{kg}\cdot\text{m/s}^2}\right)$$

$$= \mathbf{54.0\ kPa\ (gage)}$$

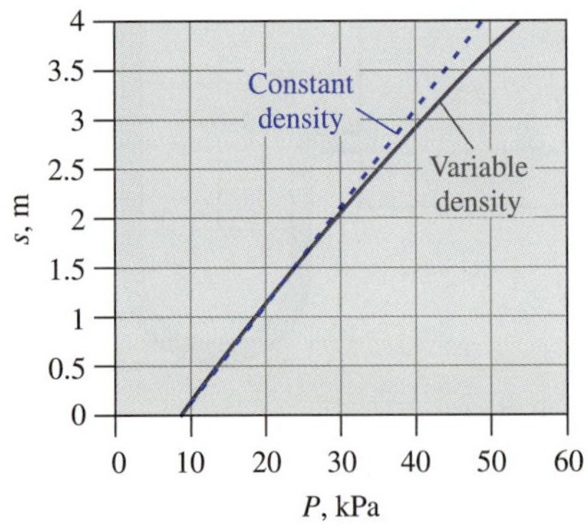

그림 2-15
태양 연못의 구배 지역 내에서 깊이에 따른 계기 압력의 변화.

토의 구배 지역에서 깊이에 따른 계기 압력의 변화를 그림 2-15에 도시하였다. 점선은 밀

도가 1040 kg/m^{3}로 일정할 경우에 대한 정수압을 표시한 것으로, 이는 참고로 주어진 것이다. 깊이에 따른 압력의 변화는 밀도가 깊이에 따라 변할 때 선형적이 아님을 주목하라. 이 점이 바로 적분이 필요한 이유이다.

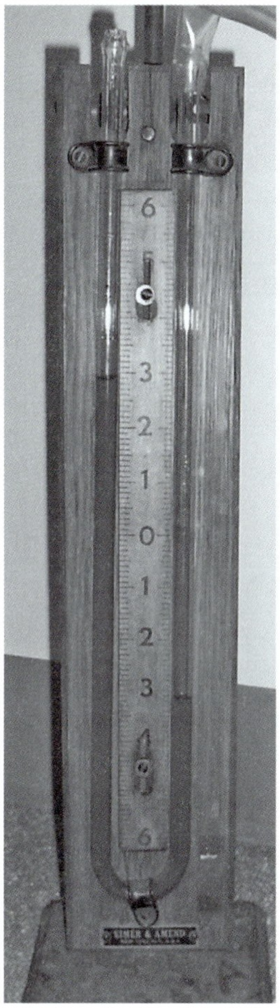

그림 2-16
고압이 오른쪽에 작용된 간단한 U관 마노미터.
Photo by John M. Cimpala.

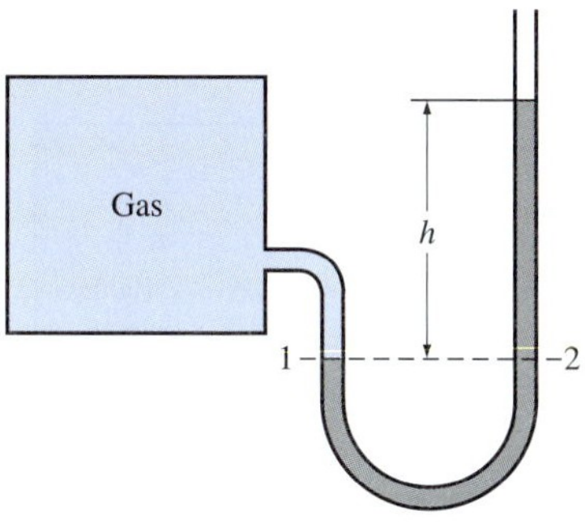

그림 2-17
기본적인 마노미터.

마노미터

정지 유체 내에서 $-\Delta z$의 고도 변화는 $\Delta P/\rho g$에 해당한다는 사실을 식 (2-6)으로부터 알 수 있으며, 이는 유체 기둥이 압력 차이를 측정하는 데 사용될 수 있음을 의미한다. 이 원리에 기초한 장치는 **마노미터(manometer)**라고 하는데, 이는 통상적으로 작거나 중간 정도의 압력차를 측정하기 위해 사용된다. 마노미터는 주로 수은, 물, 알코올, 기름과 같은 하나 또는 그 이상의 유체가 담겨 있는 유리나 플라스틱 U관으로 구성된다(그림 2-16). 마노미터를 관리할 수 있는 크기로 유지하기 위해 큰 압력차가 예상될 때는 수은과 같은 무거운 유체가 이용된다.

그림 2-17와 같은, 탱크의 압력을 측정하기 위해 사용되는 마노미터를 고려해 보자. 기체의 중력 효과는 무시할 수 있으므로, 탱크 내의 어떤 곳에서 압력도 1의 위치에서 압력과 동일하다. 더욱이, 유체 내 압력은 유체 속에서 수평방향으로는 변하지 않으므로 점 2에서 압력은 점 1에서 압력과 동일하고, $P_2 = P_1$이다.

높이 h의 유체 기둥 차이는 정적 평형 상태에 있고, 대기에 노출되어 있다. 점 2에서 압력은 식 (2-7)로부터 직접 결정된다.

$$P_2 = P_{\text{atm}} + \rho g h \tag{2-13}$$

여기서 ρ는 튜브 내 마노미터 유체의 밀도이다. 튜브의 단면적은 높이차 h에 영향을 주지 않으며, 따라서 유체가 가하는 압력에도 영향을 주지 않음을 주목하라. 그러나 튜브의 직경은 표면장력 효과와 그에 따른 모세관 상승을 무시할 수 있도록 충분히 커야만(수 밀리미터 이상)한다.

예제 2-5 마노미터를 이용한 압력 측정

마노미터가 탱크 안의 기체 압력 측정을 위해 사용된다. 이용된 유체는 비중이 0.85이고, 마노미터의 기둥 높이는 그림 2-18에 보인 것과 같이 55 cm이다. 만약 국소 대기압이 96 kPa이라면, 탱크 안의 절대 압력을 구하라.

풀이 탱크에 부착되어 있는 마노미터의 눈금값과 대기압이 주어져 있다. 탱크 안의 절대 압력을 결정하고자 한다.

가정 탱크 안의 기체의 밀도는 마노미터 유체의 밀도보다 훨씬 낮다.

상태량 마노미터 유체의 비중은 0.85로 주어져 있다. 물의 표준 밀도는 1000 kg/m^{3}이다.

해석 유체의 밀도는 유체의 비중에 물의 밀도를 곱함으로써 얻는다.

$$\rho = \text{SG}\,(\rho_{\text{H}_2\text{O}}) = (0.85)(1000\ \text{kg/m}^3) = 850\ \text{kg/m}^3$$

그리고 식 (2-13)으로부터 다음을 구한다.

$$P = P_{atm} + \rho gh$$
$$= 96 \text{ kPa} + (850 \text{ kg/m}^3)(9.81 \text{ m/s}^2)(0.55 \text{ m})\left(\frac{1 \text{ N}}{1 \text{ kg·m/s}^2}\right)\left(\frac{1 \text{ kPa}}{1000 \text{ N/m}^2}\right)$$
$$= \mathbf{100.6 \text{ kPa}}$$

토의 탱크 안의 계기 압력은 4.6 kPa임을 주의하라.

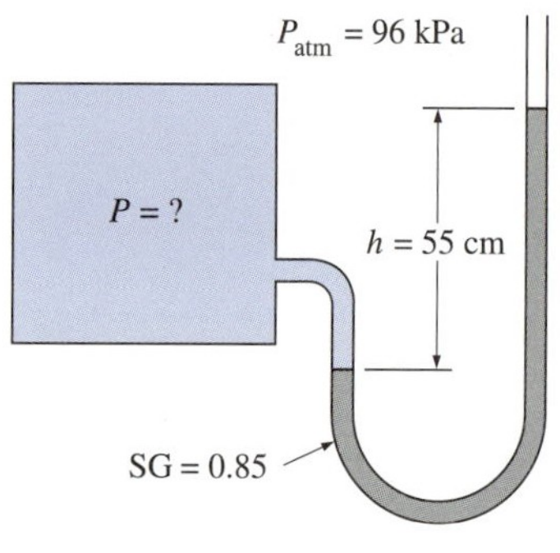

그림 2-18
예제 2-5에 대한 개략도.

어떤 마노미터는 경사진 또는 기울어진 관을 이용하는데, 이는 유체 높이를 읽을 때 해상도(정밀도)를 증가시키기 위한 것이다. 이러한 장치를 **경사 마노미터(inclined manometer)**라고 한다.

많은 공학 문제들과 일부 마노미터들은 밀도가 다른 섞이지 않는 여러 유체들이 서로 적층되어 있는 경우를 포함한다. 이러한 시스템은 (1) 높이 h의 유체 기둥에 대한 압력 변화는 $\Delta P = \rho gh$이고, (2) 주어진 유체에서 압력은 아래쪽으로 증가하고 위쪽으로 감소하며(즉, $P_{bottom} > P_{top}$), (3) 정지하고 있는 연속된 유체 내에서 동일한 높이에서 두 점은 동일한 압력하에 있다는 사실을 기억함으로써 쉽게 해석될 수 있다.

Pascal 법칙의 결과인 마지막 원리는 유체가 정지해 있고, 같은 종류의 연속된 유체에 머물러 있는 한, 한쪽 유체 기둥으로부터 다른 기둥으로 압력 변화 없이 "점프"할 수 있게 한다. 다음으로 임의의 점에서 압력은 알고 있는 압력의 점에서 시작하여 관심 있는 점으로 진행해 감에 따라 ρgh 항을 더하거나 뺌으로써 결정될 수 있다. 예를 들면, 그림 2-19에서 탱크의 바닥 압력은 압력이 P_{atm}인 자유표면으로부터 시작하여 바닥의 점 1에 도달할 때까지 아래로 이동하고, 그 결과를 P_1과 같게 놓음으로써 결정될 수 있다. 이는 다음과 같다.

$$P_{atm} + \rho_1 gh_1 + \rho_2 gh_2 + \rho_3 gh_3 = P_1$$

모든 유체가 동일한 밀도를 갖는 특수한 경우, 이 관계식은 $P_{atm} + \rho g(h_1 + h_2 + h_3) = P_1$으로 간단해진다.

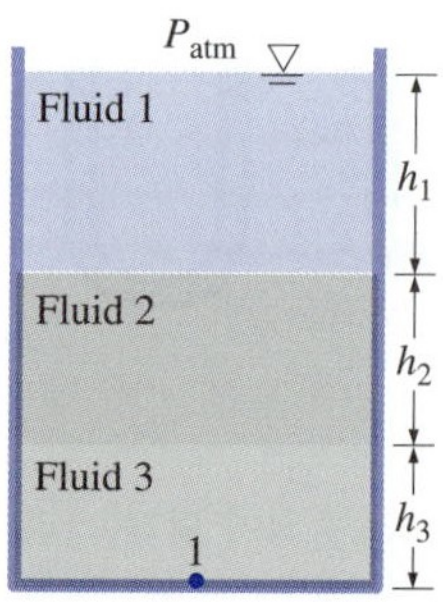

그림 2-19
정지해 있는 적층된 유체층들 내에 밀도 ρ와 높이 h인 각각의 유체층을 가로질러 압력 변화는 ρgh이다.

마노미터는 밸브나 열교환기 또는 유동 저항체와 같은 장치가 존재함으로 인해 설정되는, 특정한 두 점 사이의 수평 유동 구간을 가로질러 발생하는 압력 강하를 측정하기에 특히 적합하다. 이는, 그림 2-20에 보인 바와 같이, 마노미터의 두 끝을 이들 두 점에 연결함으로써 수행된다. 작동 유체는 밀도가 ρ_1인 기체 또는 액체가 될 수 있다. 마노미터 유체의 밀도는 ρ_2이고, 유체 기둥 차이는 h이다. 두 유체는 서로 섞이지 않는 것이어야만 하고, ρ_2는 ρ_1보다 커야만 한다.

압력차 $P_1 - P_2$에 대한 관계식은 P_1인 1점에서 시작하여 2점에 도달할 때까지 ρgh 항을 더하거나 빼 주면서 관을 따라 이동하고, 그 결과를 P_2와 같게 놓음으로써 얻을 수 있다.

$$P_1 + \rho_1 g(a + h) - \rho_2 gh - \rho_1 ga = P_2 \quad (2\text{-}14)$$

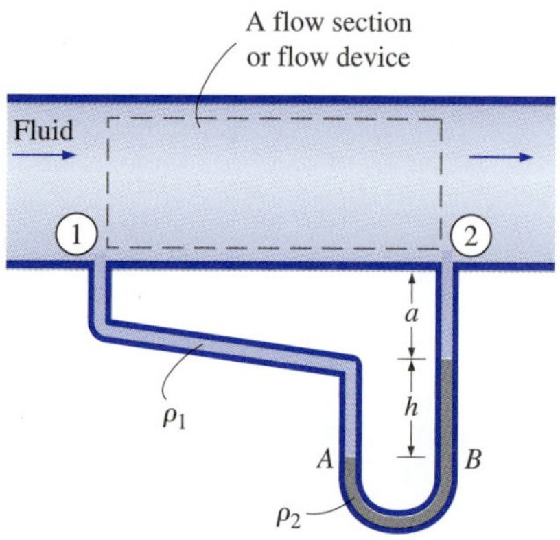

그림 2-20
차압 마노미터로 유동 구간 또는 유동 장치를 가로질러 압력 강하를 측정한다.

A점으로부터 수평으로 B점까지 점프하였고, 이 두 점의 압력이 동일하므로 이 점들

아래 부분을 무시하였음을 주목하라. 간단히 하면 다음과 같다.

$$P_1 - P_2 = (\rho_2 - \rho_1)gh \tag{2-15}$$

거리 a는 결과에 아무런 영향을 주지 않을지라도 해석에 포함시켜야 함을 주의하라. 또한 파이프 내의 유체가 기체라면 $\rho_1 \ll \rho_2$이고, 식 (2-15)에서 관계는 $P_1 - P_2 \cong \rho_2 gh$로 단순화된다.

예제 2-6 다중 유체 마노미터를 이용한 압력 측정

탱크 속에 있는 물은 공기에 의해 가압되고, 압력은 그림 2-21에 보인 다중 유체 마노미터로 측정된다. 탱크는 대기압이 85.6 kPa이고 고도 1400 m인 산 위에 위치해 있다. $h_1 = 0.1$ m, $h_2 = 0.2$ m, $h_3 = 0.35$ m라고 할 때, 탱크 내의 공기 압력을 계산하라. 물, 기름, 수은의 밀도를 각각 1000 kg/m^3, 850 kg/m^3, 13,600 kg/m^{3}로 취하라.

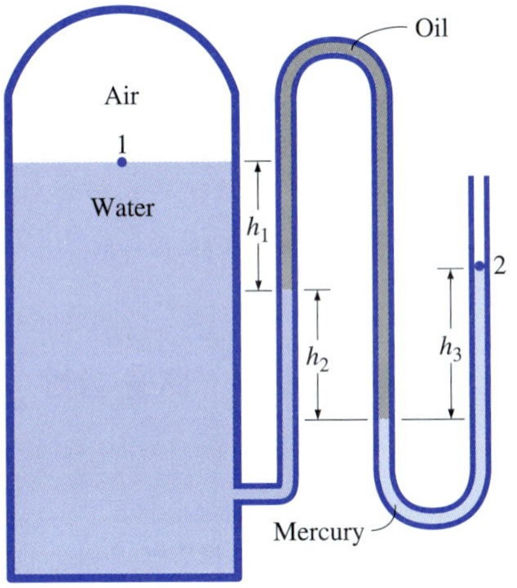

그림 2-21
예제 2-6에 대한 개략도. 축척에 맞게 그려진 것은 아님.

풀이 가압 물탱크 안의 압력은 다중 유체 마노미터로 측정된다. 탱크 내의 공기 압력을 결정하고자 한다.

가정 탱크 내의 공기압은 균일하며(즉, 공기의 밀도가 낮으므로 고도에 따른 밀도 변화는 무시할 수 있다), 따라서 공기-물 계면에서 압력을 결정할 수 있다.

상태량 물, 기름, 수은의 밀도는 각각 1000 kg/m^3, 850 kg/m^3, 13,600 kg/m^{3}로 주어져 있다.

해석 공기-물 계면의 점 1의 압력으로부터 출발하여 관을 따라 ρgh 항을 더하거나 빼면서 점 2에 도달할 때까지 이동하고, 관이 대기에 개방되어 있으므로 그 결과를 P_{atm}과 같게 놓으면 다음과 같다.

$$P_1 + \rho_{water} gh_1 + \rho_{oil} gh_2 - \rho_{mercury} gh_3 = P_2 = P_{atm}$$

P_1에 대해 풀고, 대입하면 다음과 같다.

$$\begin{aligned}
P_1 &= P_{atm} - \rho_{water} gh_1 - \rho_{oil} gh_2 + \rho_{mercury} gh_3 \\
&= P_{atm} + g(\rho_{mercury} h_3 - \rho_{water} h_1 - \rho_{oil} h_2) \\
&= 85.6 \text{ kPa} + (9.81 \text{ m/s}^2)[(13{,}600 \text{ kg/m}^3)(0.35 \text{ m}) - (1000 \text{ kg/m}^3)(0.1 \text{ m}) \\
&\quad - (850 \text{ kg/m}^3)(0.2 \text{ m})]\left(\frac{1 \text{ N}}{1 \text{ kg·m/s}^2}\right)\left(\frac{1 \text{ kPa}}{1000 \text{ N/m}^2}\right) \\
&= \mathbf{130 \text{ kPa}}
\end{aligned}$$

토의 하나의 관으로부터 다음 관까지 수평으로 점프하고, 동일한 유체 속에서 압력은 동일하게 유지됨을 아는 것이 해석을 상당히 단순화시킬 수 있음에 주목하라. 또한 수은은 독성 물질이고, 사고로 수은 증기에 노출되는 위험 때문에 수은 마노미터와 온도계는 보다 안전한 유체로 대체되고 있는 중임에 유의하라.

기타 압력 측정 장치

통상적으로 사용되는 기계식 압력 측정 장치의 또 다른 형태는 **Bourdon 관**이며, 이는 프랑스 엔지니어이자 발명가인 Eugene Bourdon(1808-1884)의 이름을 딴 것이다. 이 관은 굽어지고, 코일 모양 또는 꼬아진 속이 빈 금속관으로 구성되어 있으며, 그

끝은 막혀 있고, 다이얼 지시 바늘에 연결되어 있다(그림 2-22). 관이 대기에 개방되어 있을 때, 관은 편향되지 않고, 이 상태에서 다이얼의 바늘이 영이(계기 압력) 되도록 보정되어 있다. 관 내부의 유체가 압력을 받을 때, 가해진 압력에 비례하여 관은 펴지고, 바늘이 움직이게 된다.

현재 전자제품은 일상생활화되어 있으며, 압력 측정 장치도 그에 포함된다. **압력 변환기(pressure transducer)**라는 현대식 압력 센서는 압력 효과를 전압, 저항 또는 전기용량의 변화와 같은 전기 효과로 변환시키기 위해 다양한 기술을 사용한다. 압력 변환기는 점점 작아지고, 빨라지고 있으며, 기계식에 비해 보다 민감하고, 신뢰도가 높고, 정밀해질 수 있다. 이들은 압력을 1기압의 100만 분의 1보다 작은 경우로부터 수천 기압까지 측정할 수 있다.

매우 다양한 압력 변환기가 광범위한 응용분야에서 계기 압력, 절대 압력, 차압을 측정하는 데 이용되고 있다. **계기 압력 변환기**는 압력 감지 박막(diaphragm)의 뒤쪽에 공기 구멍을 만들어 대기와 통하게 함으로써 대기압을 기준점으로 이용하며, 이들은 고도와는 무관하게 대기압에서 영의 신호 출력을 낸다. **절대 압력 변환기**는 완전 진공에서 영의 신호 출력을 내도록 보정되어 있다. **차압 변환기**는 두 개의 압력 변환기를 사용하여 그들의 차이를 취하는 대신 두 위치 사이의 압력 차이를 직접 측정한다.

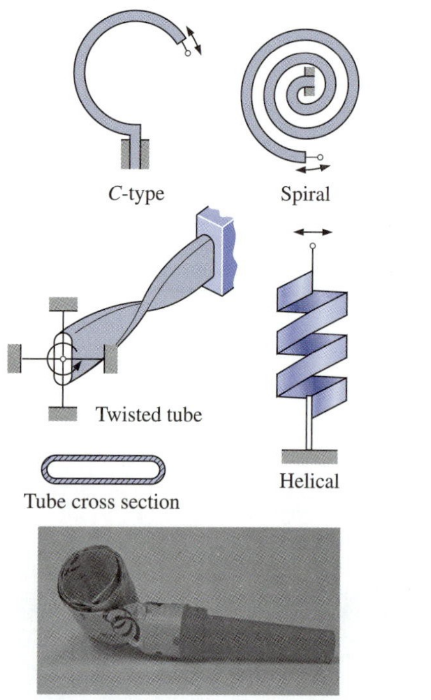

그림 2-22
압력 측정에 이용되는 다양한 형식의 Bourdon 관들. 이들은 평평한 튜브 단면으로 인한 파티의 소음 발생기(아래 사진)와 같은 동일한 원리로 작동한다.
(Bottom) Photo by John M. Cimbala.

스트레인 게이지형 압력 변환기(strain-gage pressure transducer)는 입력된 압력에 개방된 두 개의 방 사이에 위치한 박막을 변형하게 함으로써 작동한다. 박막이 그를 가로지르는 압력 차이의 변화에 반응하여 늘어남에 따라 스트레인 게이지가 늘어나고, Wheatstone 브리지 회로가 출력을 증폭한다. 정전용량 변환기(capacitance transducer)도 유사하게 작동하지만, 박막이 늘어남에 따라 저항 변화 대신에 정전용량 변화가 측정된다.

피에조 전기 변환기(piezoelectric transducer)는 반도체 압력 변환기라고도 하는데, 기계적 압력이 걸려 있을 때 결정성 물질 내에서 전위차가 발생되는 원리로 작동한다. 이 현상은 Pierre와 Jacques Curie 형제에 의해 1880년에 처음 발견되었으며, 피에조 전기[또는 압전(press-electric)] 효과라고 한다. 피에조 전기 압력 변환기는 박막식에 비해 훨씬 빠른 주파수 응답을 가지며, 고압의 응용에 매우 적합하지만, 일반적으로 박막식 변환기만큼(특히 저압에서) 민감하지 않다.

기계식 압력 게이지의 또 다른 형식은 **정하중 시험기(deadweight tester)**라고 하는데, 이는 주로 **보정용**으로 이용되며, 매우 높은 압력을 측정할 수 있다 (그림 2-23). 이름에서 알 수 있듯이, 정하중 시험기는 압력의 근본적인 정의인 단위 면적당 힘을 제공하는 추(weight)를 적용함으로써 **직접적**으로 압력을 측정한다. 그것은 꽉 끼워 맞춘 피스톤, 실린더, 플런저와 함께 유체(보통은 오일)로 채워진 내실(internal chamber)로 구성되어 있다. 추들은 피스톤의 상부에 적용되는데, 이것이 내실에 있는 오일에 힘을 작용시킨다. 피스톤-오일 계면에서 오일에 작용하는 총 힘 F는 피스톤과 적용된 추의 무게를 더한 값이다. 피스톤의 단면적 A_e가 알려져 있으므로, 압력은 $P = F/A_e$로 계산된다. 오류가 발생하는 심각한 원인은 단지 피스톤과 실린더 사이의 계면을 따라 존재하는 정지 마찰에 기인하는 것뿐이지만, 이런 오류조차도 보통은 무시할 만큼 작다. 기

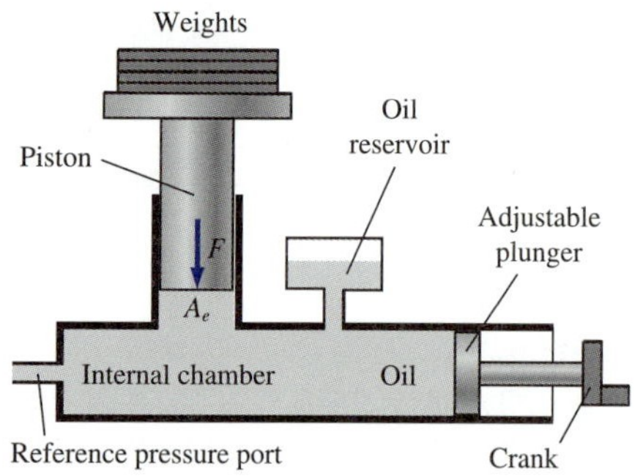

그림 2-23
정하중 시험기는 극단적으로 높은 압력을 측정할 수 있다(일부 응용에서 70 MPa까지).

준 압력 연결부가 측정될 미지의 압력측에 연결되거나 또는 교정될 압력 센서측에 연결된다.

2-3 유체 정역학의 소개

유체 정역학은 정지해 있는 유체와 관련된 문제를 다룬다. 유체는 기체이거나 혹은 액체일 수 있다. 유체 정역학은, 유체가 액체일 때는 **정수역학(hydrostatics)**이라 하고, 유체가 기체일 때는 **기체 정역학(aerostatics)**이라고 한다. 유체 정역학에서는 인접한 유체층들 사이에 상대운동이 없으며, 따라서 유체를 변형시키려는 전단(접선)응력이 없다. 유체 정역학에서 다루는 응력은 **수직응력**뿐이다. 이는 바로 압력이며, 압력의 변화는 단지 유체의 무게에 기인한다. 그러므로 유체 정역학의 주제는 단지 중력장에서만 그 의미를 가지며, 힘의 관계식은 자연적으로 중력가속도 g를 수반한다. 정지 유체가 표면에 미치는 힘은 유체와 고체 표면 사이에 상대 운동이 없기 때문에 접촉점에서 표면에 수직이며, 따라서 표면에 평행하게 작용하는 전단응력은 없다.

그림 2-24
Hoover 댐.
Courtesy United States Department of the Interior, Bureau of Reclamation-Lower Colorado Region.

2-4 잠겨 있는 평면에 작용하는 정수력

판(댐 내의 게이트 밸브, 액체 저장 탱크의 벽 또는 정지해 있는 선박의 선체와 같은)은 액체에 노출되어 있을 때 그 표면 위에 분포되어 있는 유체 압력을 받는다(그림 2-24). **평면** 위에서 정수력은 평행한 힘들의 시스템을 형성하므로, 종종 힘의 **크기**와 압력중심(center of pressure)이라고 하는 **힘의 작용점**을 결정할 필요가 있다. 대부분의 경우, 판의 다른 쪽은 대기에 노출되어 있고(수문의 건조한 측면과 같이), 따라서 대기압이 판의 양쪽에 작용하여 합력은 영이 된다. 이와 같은 경우, 대기압을 배제하고 계기 압력으로만 작업하는 것이 편리하다(그림 2-25). 예를 들어, 호수의 바닥에서 $P_{gage} = \rho gh$이다.

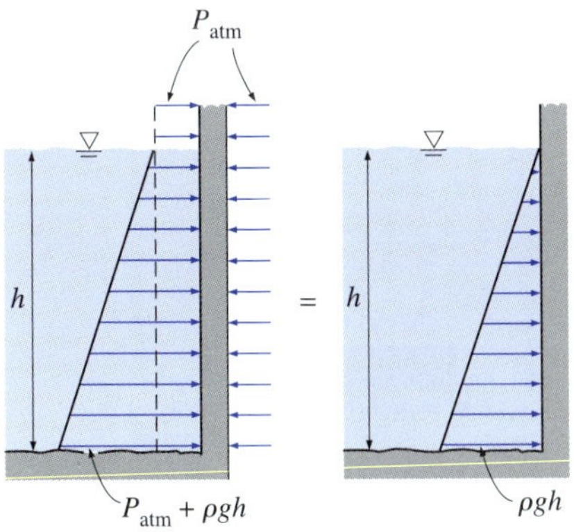

(*a*) P_{atm} 고려됨 (*b*) P_{atm} 제외됨

그림 2-25
잠겨 있는 면에 작용하는 정수력을 해석할 때, 대기압이 구조물의 양쪽 모두에 작용할 경우 대기압은 단순화를 위해 제외될 수 있다.

그림 2-26과 같이, 액체에 완전히 잠겨 있는 임의의 형상을 가진 평판의 위 표면을 수직보기면(normal view)과 함께 고려해 보자. 이 표면은(지면에 수직인) 수평의 자유표면을 각도 θ로 교차하고, 교차선을 x축으로 잡는다(지면의 바깥쪽으로). 액체 위의 절대 압력은 P_0이며, 만약 액체가 대기에 노출되어 있다면 이는 국소 대기압 P_{atm}이 된다(그러나 P_0는 만약 액체 위의 공간이 진공화되거나 또는 가압되어 있을 경우에는 P_{atm}과 다를 수 있다). 판 위의 임의의 점에서 절대 압력은 다음과 같다.

$$P = P_0 + \rho gh = P_0 + \rho gy \sin\theta \tag{2-16}$$

여기서 h는 자유표면으로부터의 수직 거리이고, y는 x축으로부터의 거리이다(그림 2-26의 점 O로부터). 표면에 작용하는 합성 정수력 F_R은 미소 면적 dA에 작용하는 힘 $P\,dA$를 전체 표면에 대해 적분함으로써 결정된다.

$$F_R = \int_A P\,dA = \int_A (P_0 + \rho gy \sin\theta)\,dA = P_0 A + \rho g \sin\theta \int_A y\,dA \tag{2-17}$$

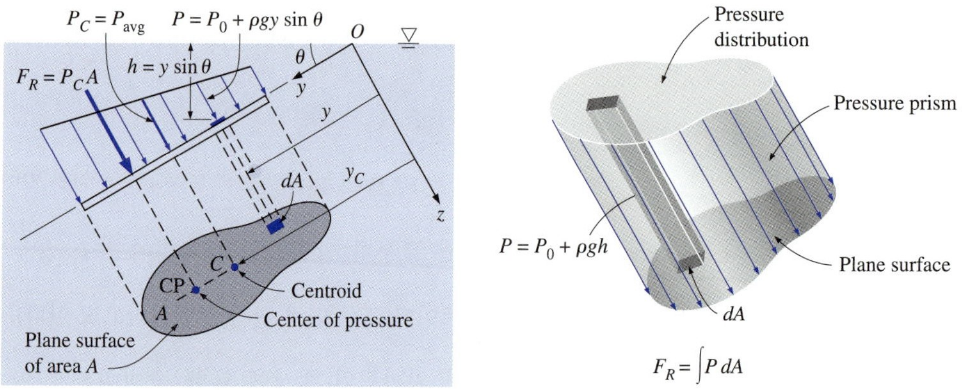

그림 2-26
액체 내에 완전히 잠겨 있는 경사진 평면에 작용하는 정수력.

그러나 **면적의 1차 모멘트** $\int_A y\, dA$는 표면의 도심(또는 중심)의 y좌표에 다음과 같이 관련된다.

$$y_C = \frac{1}{A}\int_A y\, dA \tag{2-18}$$

대입하면 다음과 같이 된다.

$$F_R = (P_0 + \rho g y_C \sin\theta)A = (P_0 + \rho g h_C)A = P_C A = P_{avg} A \tag{2-19}$$

여기서 $P_C = P_0 + \rho g h_C$는 표면의 도심에서 압력이고, 이는 표면의 평균 압력 P_{avg}와 같고, $h_C = y_C \sin\theta$는 액체의 자유표면으로부터 도심까지 수직 거리이다(그림 2-27). 따라서 다음과 같이 결론지을 수 있다.

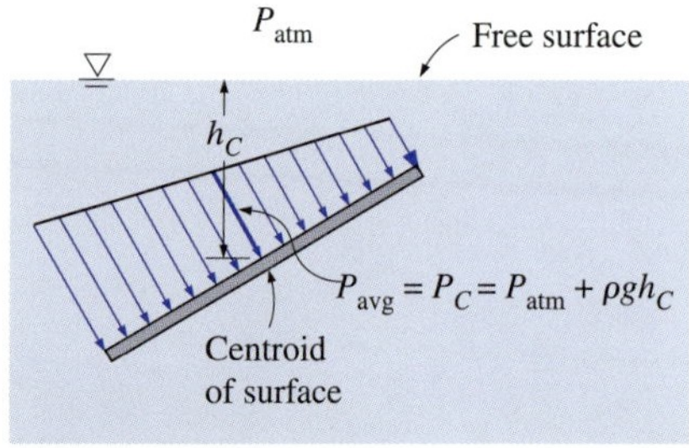

그림 2-27
평면의 도심에서 압력은 평면에 작용하는 **평균** 압력과 같다.

균질의(밀도가 일정한) 유체 속에 완전히 잠겨 있는 판의 표면 위에 작용하는 합력의 크기는 표면의 도심에서 압력 P_C와 표면적 A의 곱과 같다(그림 2-28).

압력 P_0는 보통 대기압이고, 이는 판의 양쪽 면에 모두 작용하므로 대부분의 경우 무시될 수 있다. 이를 적용할 수 없는 경우, P_0가 합력에 기여하는 것을 계산에 고려하는 실제적 방법은 간단히 등가 깊이 $h_{equiv} = P_0/\rho g$를 h_C에 더해 주는 것이다. 즉, 액체의 위가 절대 진공인 상태에서 두께가 h_{equiv}인 액체층을 추가한다고 가정하는 것이다.

다음으로, 합력 F_R의 작용선을 결정하는 것이 필요하다. 두 개의 평행력 시스템은, 만약 그들이 동일한 크기와 임의의 점에 대해 동일한 모멘트를 가질 경우에는 동등하다. 일반적으로, 합성 정수력의 작용선은 표면의 도심을 통과하지 않고 그 아래쪽, 즉 압력이 보다 높은 곳에 놓인다. 합력의 작용선과 표면의 교차점은 **압력중심**이다. 작용선의 수직 위치는 합력의 모멘트를 분포된 압력 힘의 x축에 관한 모멘트와 같게 놓음으로써 결정된다.

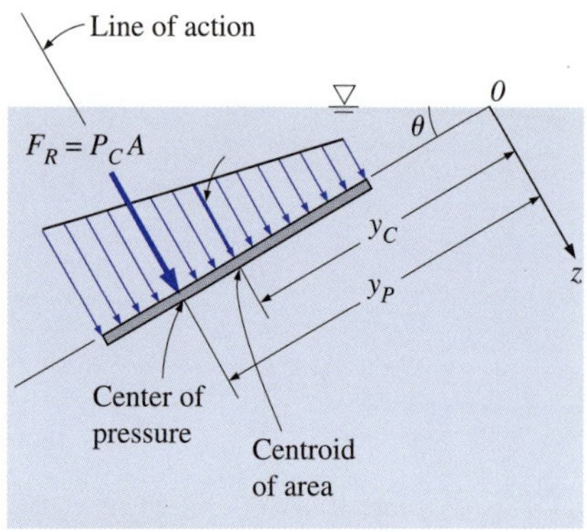

그림 2-28
평면에 작용하는 합력은 표면의 도심에서의 압력과 표면적의 곱과 같고, 그 작용선은 압력중심을 통과한다.

$$y_P F_R = \int_A yP\,dA = \int_A y(P_0 + \rho g y \sin\theta)\,dA = P_0 \int_A y\,dA + \rho g \sin\theta \int_A y^2\,dA$$

또는

$$y_P F_R = P_0 y_C A + \rho g \sin\theta\, I_{xx,\,O} \qquad \text{(2-20)}$$

여기서 y_P는 x축(그림 2-28에서 점 O)으로부터 압력중심의 거리이고, $I_{xx,\,O} = \int_A y^2\,dA$는 x축에 대한 **면적의 2차 모멘트**이다(또한 **면적 관성 모멘트**라고도 한다). 면적의 2차 모멘트는 공학 핸드북에서 일반적인 형상에 대해 광범위하게 이용 가능하지만, 이들은 보통 면적의 도심을 통과하는 축에 대해 주어져 있다. 다행스럽게도, 두 개의 평행축에 대한 면적의 2차 모멘트는 **평행축 정리**에 의해 연관되어 있다. 이 경우 평행축 정리는 다음과 같이 표현된다.

$$I_{xx,\,O} = I_{xx,\,C} + y_C^2 A \qquad \text{(2-21)}$$

여기서 $I_{xx,\,C}$는 면적의 도심을 통과하는 x축에 대한 면적의 2차 모멘트이고, y_C(도심의 y좌표)는 두 개의 평행축 사이의 거리이다. 식 (2-19)로부터 F_R 관계식과 식 (2-21)로부터 $I_{xx,\,O}$ 관계식을 식 (2-20)에 대입하여 y_P에 대해 풀면 그 결과는 다음과 같다.

$$y_P = y_C + \frac{I_{xx,\,C}}{[y_C + P_0/(\rho g \sin\theta)]A} \qquad \text{(2-22a)}$$

보통 대기압이 무시될 때의 경우인 $P_0 = 0$에 대해 이는 다음과 같이 단순화된다.

$$y_P = y_C + \frac{I_{xx,\,C}}{y_C A} \qquad \text{(2-22b)}$$

자유표면으로부터 압력중심의 수직 거리는, y_P를 알 때 $h_P = y_P \sin\theta$로부터 결정된다.

몇몇 흔한 형상에 대한 $I_{xx,\,C}$값이 그림 2-29에 주어져 있다. y축에 대해 대칭성을 갖는 면적들에 대하여 압력중심은 도심 바로 아래 y축 상에 놓인다. 이와 같은 경우의 압력중심의 위치는 간단히 자유표면으로부터 거리 h_P에 있는 대칭 수직면 상의 점이다.

압력은 표면에 수직으로 작용하며, 따라서 임의의 형상을 가지는 평판 위에 작용하는 정수력은 그림 2-30와 같이 밑면이 판의 면적이고 높이가 선형적으로 변하는 압력인 체적을 형성한다. 이런 가상의 **압력 프리즘**은 물리적으로 흥미롭게 해석할 수 있다. 즉, $F_R = \int P\,dA$이므로 그 **체적**은 판 위에 작용하는 합성 정수력의 **크기**와 같고, 이 힘의 작용선은 이 균질의 프리즘의 **도심**을 통과한다. 도심을 판 위에 투영한 점은 **압력중심**이다. 그러므로 압력 프리즘의 개념을 이용하면, 평면 위에 작용하는 합성 정수력에 대한 문제는 압력 프리즘의 도심의 두 좌표와 체적을 찾는 일로 귀결된다.

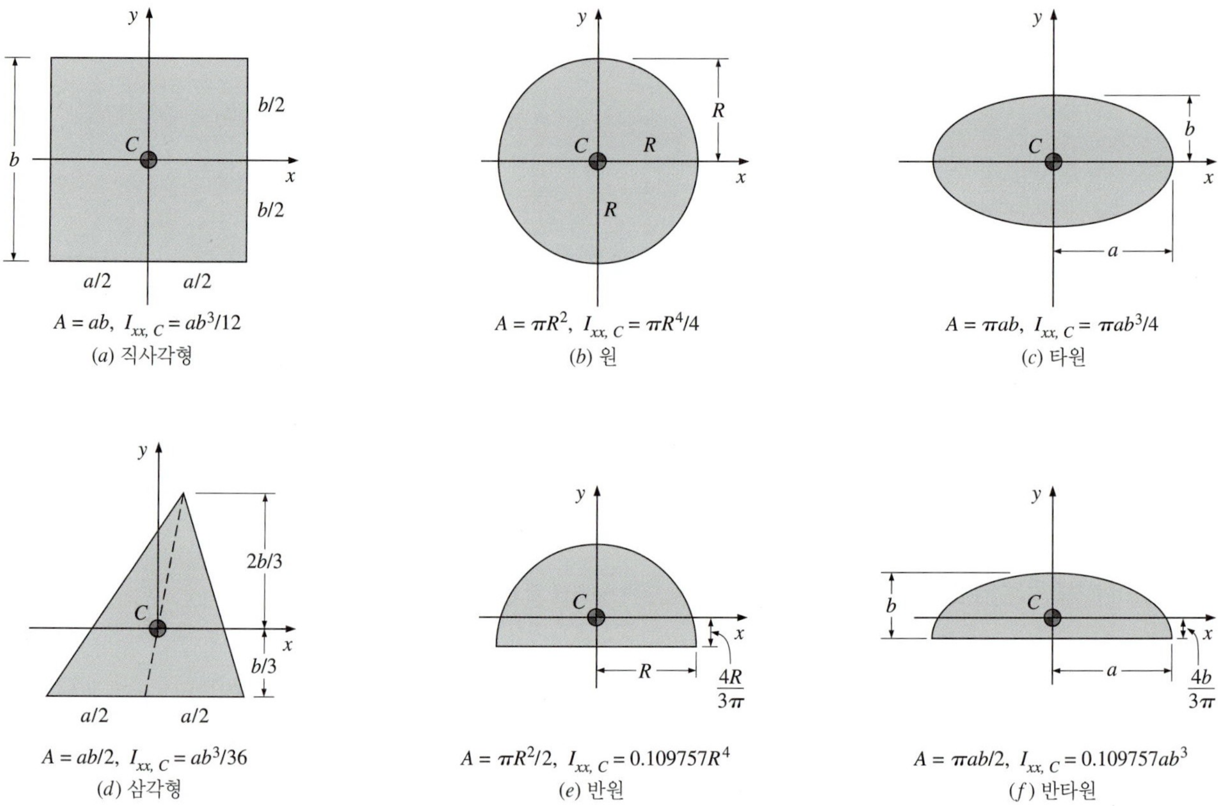

그림 2-29
몇몇 기하학적 형상에 대한 도심과, 도심에 관한 관성 모멘트.

특수한 경우: 잠겨 있는 직사각형 판

그림 2-31a와 같이, 수평으로부터 각도 θ로 기울어진 높이가 b이고 폭이 a인 완전히 잠겨 있는 직사각형 평판을 고려해 보자. 이 평판의 위쪽 모서리는 수평이며, 판의 평면을 따라 자유표면으로부터 거리 s에 있다. 윗면에 작용하는 합성 정수력은 표면의 중앙점(midpoint)에서 압력인 평균 압력에 표면적 A를 곱한 값과 같다. 즉,

경사진 직사각형 판: $$F_R = P_C A = [P_0 + \rho g(s + b/2)\sin\theta]ab \tag{2-23}$$

힘은 판의 도심 바로 아래 자유표면으로부터 수직 거리 $h_P = y_P \sin\theta$에서 작용한다. 여기서 식 (2-22a)로부터 다음을 구한다.

$$y_P = s + \frac{b}{2} + \frac{ab^3/12}{[s + b/2 + P_0/(\rho g \sin\theta)]ab}$$

$$= s + \frac{b}{2} + \frac{b^2}{12[s + b/2 + P_0/(\rho g \sin\theta)]} \tag{2-24}$$

판의 위쪽 모서리가 자유표면에 위치하고, 따라서 $s = 0$일 때 식 (2-23)은 다음과 같게 된다.

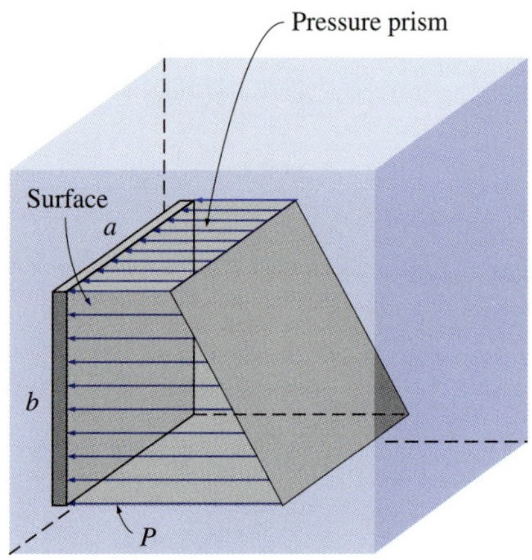

그림 2-30
평면에 작용하는 정수력은 바닥이(왼쪽 면) 벽면이고 길이가 압력인 압력 프리즘을 형성한다.

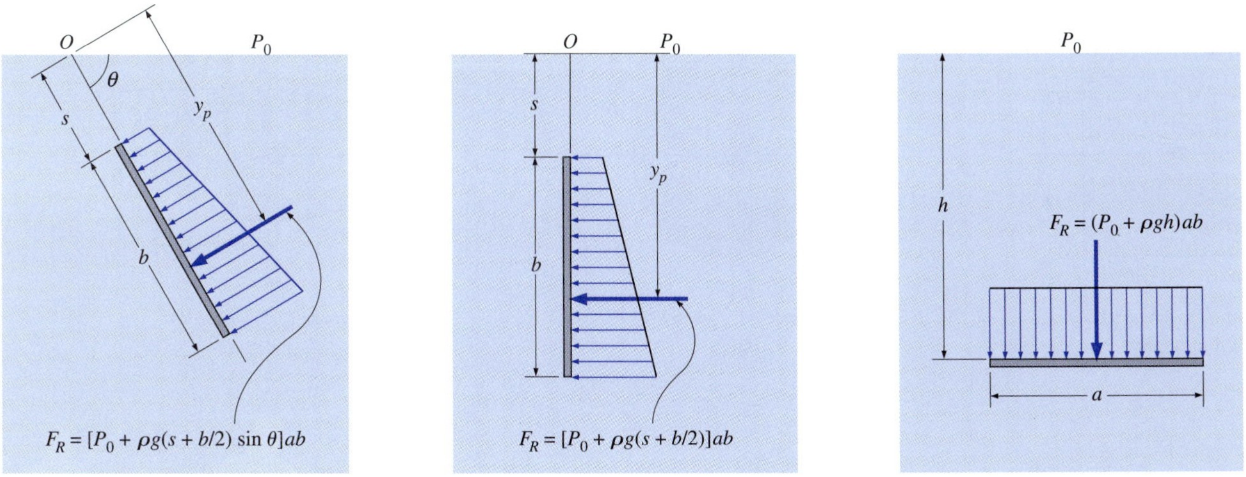

(*a*) 경사진 판 (*b*) 수직판 (*c*) 수평판

그림 2-31
잠겨 있는 직사각형 판이 경사진, 수직인, 수평인 경우에 대해 직사각형 판의 윗면에 작용하는 정수력.

경사진 직사각형 판($s = 0$): $$F_R = [P_0 + \rho g(b \sin\theta)/2]ab \qquad (2\text{-}25)$$

위쪽 모서리가 수평인 완전히 잠겨 있는 수직판($\theta = 90°$)에 대하여, 정수력은 $\sin\theta = 1$로 놓음으로써 구할 수 있다(그림 2-31*b*).

수직 직사각형 판: $$F_R = [P_0 + \rho g(s + b/2)]ab \qquad (2\text{-}26)$$

수직 직사각형 판($s = 0$): $$F_R = (P_0 + \rho gb/2)ab \qquad (2\text{-}27)$$

P_0는 판의 양쪽에 모두 작용하므로 그 효과를 무시할 때, 위쪽 모서리가 수평이고, 자유표면에 있으며, 높이가 b인 수직 직사각형 판에 작용하는 정수력은 $F_R = \rho gab^2/2$이다. 이 힘은 판의 도심 바로 아래 자유표면으로부터 거리 $2b/3$에서 작용한다.

잠겨 있는 **수평**면 위의 압력 분포는 균일하고, 그 크기는 $P = P_0 + \rho gh$이다. 여기서 h는 자유표면으로부터 수평면의 거리이다. 그러므로 수평 직사각형 판에 작용하는 정수력은 다음과 같다.

수평 직사각형 판: $$F_R = (P_0 + \rho gh)ab \qquad (2\text{-}28)$$

이 힘은 판의 중앙점을 통해 작용한다(그림 2-31*c*).

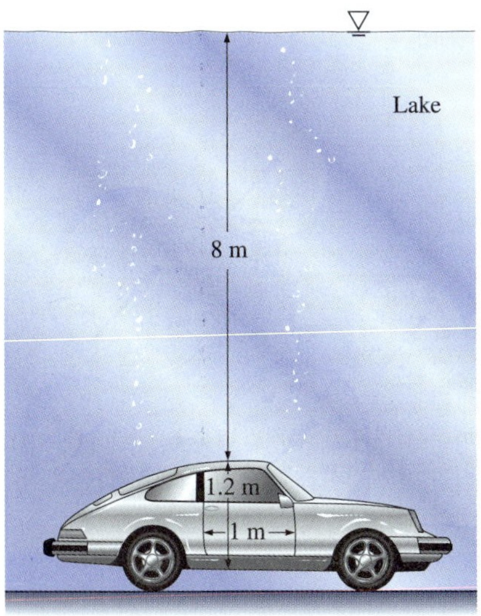

그림 2-32
예제 2-7에 대한 개략도.

예제 2-7 물에 잠긴 자동차의 문에 작용하는 정수력

그림 2-32와 같이 무거운 자동차가 사고로 호수에 빠져서 호수 바닥에 가라앉았다. 문은 높이가 1.2 m이고, 폭이 1 m이며, 문의 위쪽 모서리는 물의 자유표면으로부터 8 m 아래에 위치한다. 문에 작용하는 정수력과 압력중심의 위치를 결정하고, 운전자가 그 문을 열 수 있는지 여부를 논의하라.

풀이 자동차가 물속에 잠겨 있다. 문에 작용하는 정수력을 결정하고자 하며, 운전자가 그 문을 열 수 있는 가능성을 평가하고자 한다.

가정 1 호수의 바닥면은 수평이다. 2 승차 공간이 잘 밀봉되어 있어서 물이 새어 들어오지 못한다. 3 문은 수직의 직사각형 판으로 가정될 수 있다. 4 승차 공간 내의 압력은 물이 새어 들어오지 않으므로 대기압으로 유지되고, 따라서 실내의 공기는 압축되지 않는다. 그러므로 대기압은 문의 안팎 모두에 작용하므로 계산에서 상쇄된다. 5 차의 무게는 차에 작용하는 부력보다 크다.

상태량 전체 호수 물의 밀도를 1000 kg/m^{3}로 잡는다.

해석 문 위의 평균 (계기)압력은 문의 도심(중앙점)에서 압력값이고, 다음과 같이 결정된다.

$$P_{avg} = P_C = \rho g h_C = \rho g(s + b/2)$$

$$= (1000\ \text{kg/m}^3)(9.81\ \text{m/s}^2)(8 + 1.2/2\ \text{m})\left(\frac{1\ \text{kN}}{1000\ \text{kg·m/s}^2}\right)$$

$$= \mathbf{84.4\ kN/m^2}$$

문 위의 합성 정수력은 다음과 같다.

$$F_R = P_{avg}A = (84.4\ \text{kN/m}^2)(1\ \text{m} \times 1.2\ \text{m}) = \mathbf{101.3\ kN}$$

압력중심은 문의 중앙점 바로 밑이고, 호수 표면으로부터의 거리는 $P_0 = 0$으로 놓음으로써 식 (2-24)로부터 다음과 같이 결정된다.

$$y_P = s + \frac{b}{2} + \frac{b^2}{12(s + b/2)} = 8 + \frac{1.2}{2} + \frac{1.2^2}{12(8 + 1.2/2)} = \mathbf{8.61\ m}$$

토의 건장한 사람은 100 kg(무게는 981 N 또는 약 1 kN)을 들어올릴 수 있다. 또한 그는 최대 효과를 얻기 위해 힌지로부터 가장 먼(1 m 떨어진) 점에 이 힘을 작용시킬 수 있으며, 1 kN · m의 모멘트를 발생시킬 수 있다. 합성 정수력은 문의 중앙점 아래에 작용하고, 따라서 힌지로부터 0.5 m의 거리이다. 이는 50.6 kN · m의 모멘트를 발생시키며, 이는 운전자가 발생시킬 수 있는 모멘트의 약 50배이다. 그러므로 운전자가 차문을 여는 것은 불가능하다. 운전자가 할 수 있는 최선의 선택은 물이 다소 들어오도록 놓아두고(예를 들어, 유리창을 조금 내림으로써), 머리를 천장에 가깝게 유지하는 것이다. 운전자는 차가 물로 가득 차기 바로 전에 문을 열 수 있다. 왜냐하면 그 시점에서 문의 양쪽면에 작용하는 압력이 거의 동일하며, 따라서 물속에서 문을 여는 것이 공기 중에서 문을 여는 것과 거의 동일하게 용이하기 때문이다.

2-5 잠겨 있는 곡면에 작용하는 정수력

많은 실제 적용에 있어서, 잠겨 있는 표면은 평평하지 않다(그림 2-33). 잠겨 있는 곡면에 대해 합성 정수력의 결정은 보다 복잡한데, 이는 곡면을 따라 방향이 변하는 압력 힘의 적분이 필요하기 때문이다. 이 경우, 복잡한 형상이 포함되기 때문에 압력 프리즘의 개념도 역시 많은 도움이 되지 못한다.

2차원 곡면에 작용하는 합성 정수력 F_R을 결정하는 가장 쉬운 방법은 수평 성

그림 2-33
여기에 보인 애리조나와 유타에 있는 Glen Ganyon 댐에서와 같이 실제 적용되는 많은 구조물에서 잠겨 있는 표면은 평평하지 않고 곡면이다.

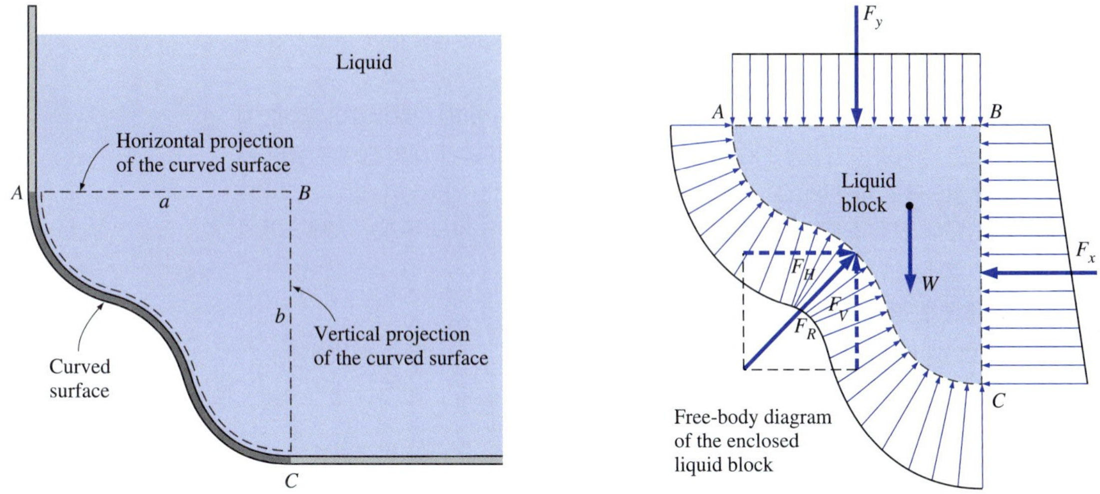

그림 2-34
잠겨 있는 곡면에 작용하는 정수력의 결정.

분 F_H와 수직 성분 F_V를 따로 결정하는 것이다. 그림 2-34에 보인 바와 같이, 이는 곡면과 그 곡면의 두 끝을 통과하는 두 개의 평면(하나는 수평이고 하나는 수직인)으로 둘러싸인 액체 블록의 자유물체도를 고려함으로써 수행된다. 고려한 액체 블록의 수직면은 단순히 곡면을 **수직 평면** 위에 투영한 것이고, 수평면은 곡면을 **수평 평면** 위에 투영한 것이다. 고체 곡면에 작용하는 합력은 액체 곡면에 작용하는 힘과 크기는 같고 방향은 반대가 된다(Newton의 제3법칙).

가상의 수평면 또는 수직면에 작용하는 힘과 작용선은 2-4절에서 논의된 바와 같이 결정될 수 있다. 체적이 V인 액체 블록의 무게는 간단히 $W = \rho g V$이고, 이는 체적의 도심을 통과하여 아래쪽으로 작용한다. 유체 블록은 정적 평형 상태에 있음을 주목하면, 수평 및 수직방향으로의 힘의 평형은 다음과 같다.

곡면 위의 수평력 성분: $$F_H = F_x \tag{2-29}$$

곡면 위의 수직력 성분: $$F_V = F_y \pm W \tag{2-30}$$

여기서 덧셈 $F_y \pm W$는 벡터합이다(즉, 둘 다 동일한 방향으로 작용하면 크기를 더해주고, 반대방향이면 빼 준다). 따라서 다음과 같은 결론을 얻을 수 있다.

1. 곡면에 작용하는 정수력의 수평 성분은 곡면의 수직 투영면에 작용하는 정수력과 같다(크기와 작용선 모두).
2. 곡면에 작용하는 정수력의 수직 성분은 곡면의 수평 투영면에 작용하는 정수력에 유체 블록의 무게를 더한(만약 반대방향으로 작용하면 뺀) 것과 같다.

곡면에 작용하는 합성 정수력의 크기는 $F_R = \sqrt{F_H^2 + F_V^2}$ 이고, 이 힘이 수평면과 만드는 각에 대해 $\tan \alpha = F_V/F_H$이다. 합력의 작용선의 정확한 위치는(예를 들어, 곡면의 끝점들 중 하나로부터 작용선까지 거리) 적당한 점에 관한 모멘트를 취함으로써 결정될 수 있다. 이 논의는 곡면이 액체의 위 또는 아래에 있는 것과는 상

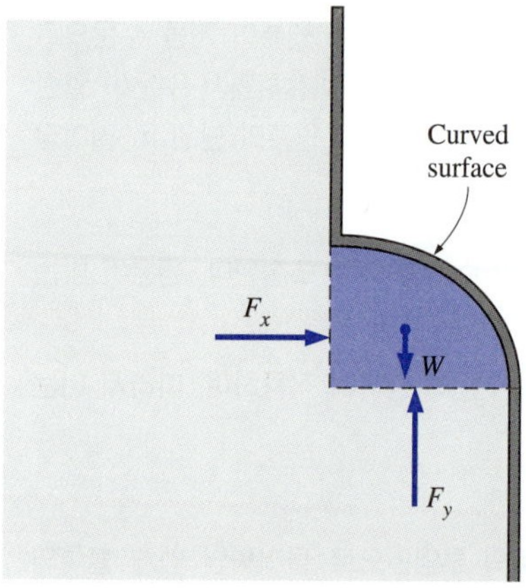

그림 2-35
곡면이 액체 위에 있을 때, 액체의 무게와 정수력의 수직 성분은 반대방향으로 작용한다.

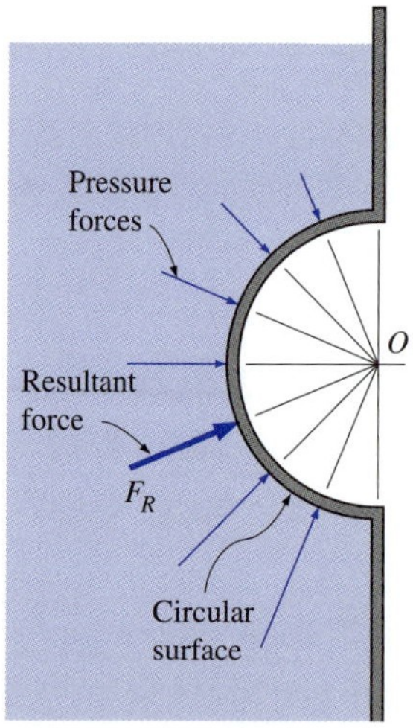

그림 2-36
압력 힘은 표면에 수직이고, 이들은 모두 중심을 통과하므로 원형 표면에 작용하는 정수력은 항상 원의 중심을 통과한다.

관없이 모든 곡면에 대해 유효하다. **액체 위에 곡면**이 있는 경우, 액체의 무게를 정수력의 수직 성분으로부터 **빼야** 하며, 이는 두 힘이 서로 반대방향으로 작용하기 때문임에 유의하라(그림 2-35).

곡면이 **원호**(완전한 원 또는 원의 일부)일 때, 표면에 작용하는 합성 정수력은 항상 원의 중심을 통과한다. 이는 압력 힘은 표면에 수직이며, 원의 표면에 수직인 모든 선은 원의 중심을 지나기 때문이다. 따라서 압력 힘은 그 중심에 공점적인(concurrent) 힘의 시스템을 형성하는데, 이는 그 점에 작용하는 등가의 단일한 힘으로 귀결될 수 있다(그림 2-36).

끝으로, 서로 다른 밀도를 가지는 **다층 유체**(multilayered fluid) 내에 잠겨 있는 평면 또는 곡면에 작용하는 정수력은 서로 다른 유체 내에 있는 표면의 서로 다른 부분들을 다른 표면으로 고려하고, 각 부분에 작용하는 힘을 구하며, 다음으로 벡터 합을 이용하여 그 힘들을 더함으로써 결정될 수 있다. 이는 평면에 대해 다음과 같이 표현할 수 있다(그림 2-37).

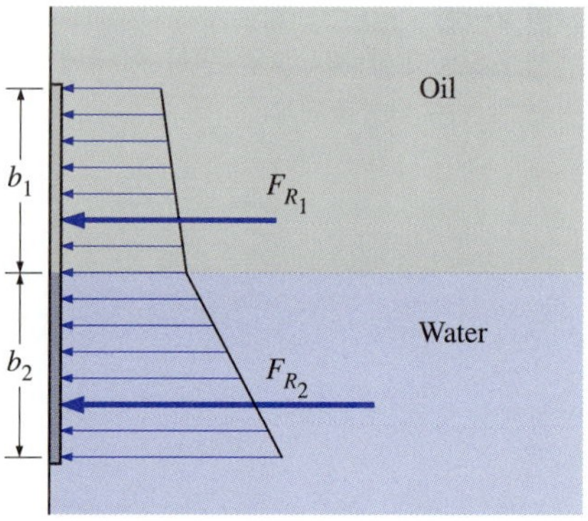

그림 2-37
다층 유체 내에 잠겨 있는 면에 작용하는 정수력은 서로 다른 유체들 내에 있는 면의 부분들을 다른 면들로 간주함으로써 결정할 수 있다.

다층 유체 내의 평면: $$F_R = \sum F_{R,i} = \sum P_{C,i} A_i \qquad (2\text{-}31)$$

여기서 $P_{C,i} = P_0 + \rho_i g h_{C,i}$는 유체 i 내의 표면 일부분의 도심에서 압력이고, A_i는 그 유체 내에 있는 판의 면적이다. 임의의 점에 대한 등가 힘의 모멘트는 같은 점에 대한 개별 힘들의 모멘트의 합과 같다는 조건으로부터 등가 힘의 작용선을 결정할 수 있다.

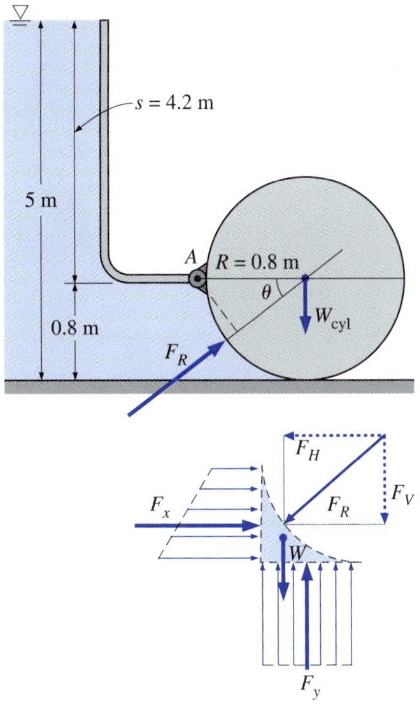

그림 2-38
예제 2-8에 대한 개략도와 원통 아래에 위치한 액체의 자유물체도.

예제 2-8 중력으로 제어하는 원통형 수문

그림 2-38과 같이 점 *A*에 힌지로 연결된 반경이 0.8 m인 긴 고체 원통이 자동 수문으로 이용된다. 물의 수면이 5 m에 이를 때, 점 *A*에서 힌지를 중심으로 회전하면서 수문이 열린다. (a) 수문이 열릴 때, 원통에 작용하는 정수력과 힘의 작용선, (b) 원통의 단위 m 길이당 무게를 계산하라.

풀이 저수조의 높이는 저수조에 힌지로 연결된 원통형 수문에 의해 조절된다. 원통이 받는 정수력과 단위 m 길이당 원통의 무게를 결정하고자 한다.

가정 1 힌지에서 마찰은 무시할 수 있다. 2 대기압은 수문의 양쪽에 작용하며, 따라서 이는 상쇄된다.

상태량 전체 물의 밀도를 1000 kg/m^{3}로 취한다.

해석 (a) 원통의 원형 표면과 수직 및 수평방향으로의 투영면으로 둘러싸인 액체 블록의 자유물체도를 고려한다. 수직면과 수평면에 작용하는 정수력과 액체 블록의 무게는 다음과 같이 결정된다.

수직면에 작용하는 수평력:

$$F_H = F_x = P_{\text{avg}}A = \rho g h_C A = \rho g(s + R/2)A$$
$$= (1000\ \text{kg/m}^3)(9.81\ \text{m/s}^2)(4.2 + 0.8/2\ \text{m})(0.8\ \text{m} \times 1\ \text{m})\left(\frac{1\ \text{kN}}{1000\ \text{kg}\cdot\text{m/s}^2}\right)$$
$$= 36.1\ \text{kN}$$

수평면에 작용하는 수직력(상향):

$$F_y = P_{\text{avg}}A = \rho g h_C A = \rho g h_{\text{bottom}} A$$
$$= (1000\ \text{kg/m}^3)(9.81\ \text{m/s}^2)(5\ \text{m})(0.8\ \text{m} \times 1\ \text{m})\left(\frac{1\ \text{kN}}{1000\ \text{kg}\cdot\text{m/s}^2}\right)$$
$$= 39.2\ \text{kN}$$

지면 안쪽으로 1 m 폭에 대한 유체 블록의 무게(하향):

$$W = mg = \rho g V = \rho g(R^2 - \pi R^2/4)(1\ \text{m})$$
$$= (1000\ \text{kg/m}^3)(9.81\ \text{m/s}^2)(0.8\ \text{m})^2(1 - \pi/4)(1\ \text{m})\left(\frac{1\ \text{kN}}{1000\ \text{kg}\cdot\text{m/s}^2}\right)$$
$$= 1.3\ \text{kN}$$

그러므로 순수 상향 수직력은 다음과 같다.

$$F_V = F_y - W = 39.2 - 1.3 = 37.9\ \text{kN}$$

따라서 원통형 표면에 작용하는 정수력의 크기와 방향은 다음과 같다.

$$F_R = \sqrt{F_H^2 + F_V^2} = \sqrt{36.1^2 + 37.9^2} = \mathbf{52.3\ kN}$$
$$\tan\theta = F_V/F_H = 37.9/36.1 = 1.05 \rightarrow \theta = 46.4°$$

그러므로 원통에 작용하는 정수력의 크기는 원통의 단위 m 길이당 52.3 kN이고, 그 작용선은 원통의 중심을 수평선과 46.4° 의 각을 만들며 통과한다.

(b) 물의 높이가 5 m일 때 수문은 열리기 시작하고, 따라서 원통 바닥에서 반력은 영이다.

힌지에 걸리는 힘 이외의 원통에 작용하는 힘은 원통의 중심을 통과하여 작용하는 무게와 물이 가하는 정수력이다. 힌지의 위치인 점 A에 대한 모멘트를 취하고, 이를 영으로 놓으면 그 결과는 다음과 같다.

$$F_R R\sin\theta - W_{\text{cyl}} R = 0 \rightarrow W_{\text{cyl}} = F_R \sin\theta = (52.3\text{ kN})\sin 46.4° = \mathbf{37.9\ kN}$$

토의 원통의 단위 m 길이당 무게는 37.9 kN으로 결정된다. 이는 단위 m 길이당 3863 kg의 질량에 해당되고, 원통의 재료에 대해 1921 kg/m^{3}의 밀도에 해당된다.

2-6 부력과 안정성

어떤 물체가 공기 중에 있을 때보다 액체 내에 있을 때 더 가볍고 무게가 덜 나가는 느낌이 드는 것은 일상적인 경험이다. 이는 방수가 되는 용수철 저울로 물속에서 무거운 물체의 무게를 달아봄으로써 쉽게 알 수 있다. 또한 나무로 된 물체나 다른 가벼운 재료는 물 위에 뜬다. 이러한 관찰들은 유체가 유체 속에 잠겨 있는 물체에 위쪽 방향의 힘을 가한다는 사실을 암시한다. 물체를 들어올리려고 하는 이 힘을 **부력**(buoyant force)이라 하고, F_B로 표시한다.

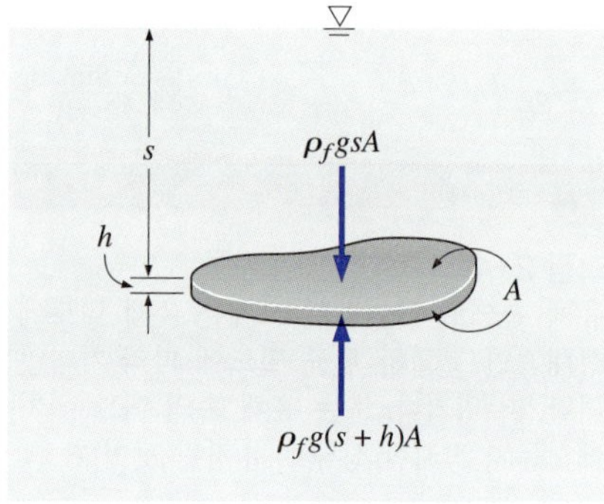

그림 2-39
액체 내에 잠겨 있는 평판. 자유표면에 평행하고, 균일한 두께 h를 가진다.

부력은 유체 내에서 깊이에 따른 압력의 증가에 기인한다. 예를 들어, 그림 2-39과 같이 밀도가 ρ_f인 액체 내에 잠겨 있는 자유표면에 평행한 두께 h인 평판을 고려해 보자. 판의 위(그리고 또한 아래) 표면적은 A이고, 판의 자유표면까지 거리는 s이다. 판의 위와 아래 표면에서 계기 압력은 각각 $\rho_f gs$와 $\rho_f g(s+h)$이다. 정수력 $F_{\text{top}} = \rho_f gsA$는 윗면에 아래쪽으로 작용하고, 보다 큰 힘 $F_{\text{bottom}} = \rho_f g(s+h)A$는 판의 아랫면에 위쪽으로 작용한다. 이들 두 힘 사이의 차이가 순수 상향력이고, 이를 **부력**이라 한다.

$$F_B = F_{\text{bottom}} - F_{\text{top}} = \rho_f g(s+h)A - \rho_f gsA = \rho_f ghA = \rho_f gV \qquad (2\text{-}32)$$

여기서 $V = hA$는 판의 체적이다. 그러나 관계식 $\rho_f gV$는 단순히 판의 체적과 동일한 체적을 갖는 액체의 무게이다. 따라서 **판에 작용하는 부력은 판에 의해 배제되는 액체의 무게와 같다**는 결론을 얻는다. 일정한 밀도를 갖는 유체에 대해, 부력은 자유표면으로부터 물체까지 거리와 무관함을 주목하라. 이는 또한 고체 물체의 밀도와도 무관하다.

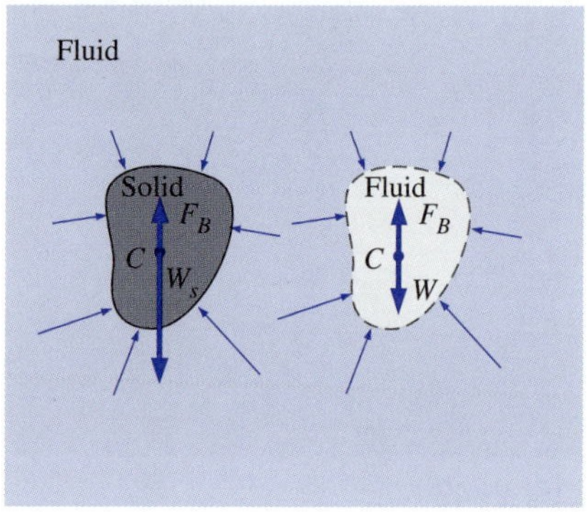

그림 2-40
유체에 잠겨 있는 고체 물체에 작용하는 힘과 동일한 깊이에서 동일한 모양의 유체 물체에 작용하는 힘은 똑같다. 부력 F_B는 배제된 체적의 도심 C를 통해 상향으로 작용하고, 그 크기는 배제된 유체의 무게 W와 같지만, 방향은 반대이다. 균일한 밀도의 고체에 대해, 그 중량 W_s도 또한 도심을 통해 작용하지만, 그 크기는 고체가 배제한 유체의 무게와 같아야 할 필요는 없다(여기서 $W_s > W$이고, 따라서 $W_s > F_B$라면 이 고체는 가라앉을 것이다).

식 (2-32)는 단순한 형상에 대해 유도되었지만, 이 관계식은 물체의 형상에 상관없이 어떤 물체에나 유효하다. 이는 힘의 평형에 의해 수학적으로 보일 수 있으나, 간단히 다음 논의에 의해서도 보일 수 있다. 즉, 정지 유체 내에 잠겨 있는 임의의 형상을 갖는 고체 물체를 고려하고, 이를 같은 수직 위치에 있는 점선으로 표시된 동일 형상의 유체 물체와 비교해 보자(그림 2-40). 두 물체의 경계에서 단지 깊이에 따라 변하는 압력의 분포는 동일하므로, 이들 두 물체에 작용하는 부력은 서로 같다. 가상의 유체 물체는 정적 평형 상태에 있고, 따라서 유체 물체에 작용하는 순수 힘과 순수 모멘트는 영이다. 그러므로 상향의 부력은 고체 물체의 체적과 동일한 체적을 가지는 가상의 유체 물체의 무게와 같아야만 한다. 더욱이, 무게와 부력은 영의 모멘트를 갖기 위해서는 동일한 작용선을 가져야만 한다. 이 결과는 그리스 수학자 Archimedes(287-212 BC)의 이름을 따서 **Archimedes 원리**라고 알려져 있고, 다음과 같이 기술한다.

> 유체 내에 잠겨 있는 균일한 밀도의 물체에 작용하는 부력은 그 물체에 의해 배제된 유체 무게와 같고, 부력은 배제된 체적의 도심을 지나 상향으로 작용한다.

떠 있는 물체에 대해서 물체 전체의 무게는 부력과 동일해야 하며, 여기서 부력은 떠 있는 물체의 **잠겨 있는 부분**의 체적과 같은 체적을 가지는 유체의 무게이다.

$$F_B = W \rightarrow \rho_f g V_{\text{sub}} = \rho_{\text{avg, body}} g V_{\text{total}} \rightarrow \frac{V_{\text{sub}}}{V_{\text{total}}} = \frac{\rho_{\text{avg, body}}}{\rho_f} \tag{2-33}$$

그러므로 떠 있는 물체의 잠겨 있는 부분의 체적비는 유체 밀도에 대한 물체의 평균 밀도의 비와 같다. 밀도비가 1 이상일 경우, 떠 있는 물체는 완전히 잠기게 됨을 주목하라.

이들 논의로부터 유체 내에 잠겨 있는 물체는 (1) 평균 밀도가 유체의 밀도와 같을 때 유체 내의 어느 위치에서나 정지한 상태로 유지되고, (2) 평균 밀도가 유체의 밀도보다 클 경우 바닥에 가라앉으며, (3) 평균 밀도가 유체의 밀도보다 작을 경우 유체의 표면으로 떠올라 떠 있게 된다는 것을 알 수 있다(그림 2-41).

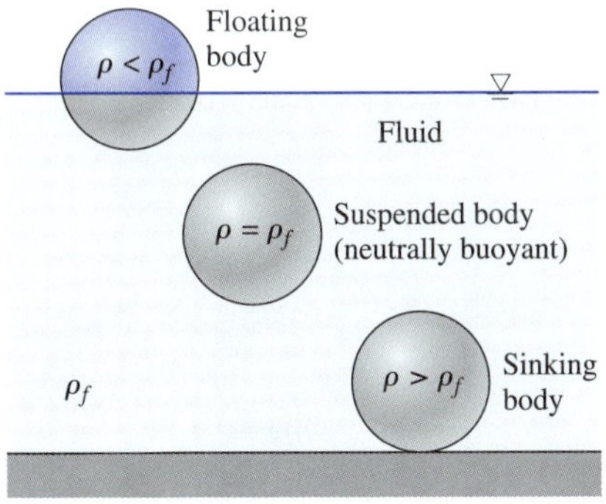

그림 2-41
유체 속으로 떨어뜨린 고체는 유체 밀도에 상대적인 고체의 평균 밀도에 따라 가라앉거나, 떠 있거나, 또는 유체 속의 어느 위치에서든지 정지한 상태로 유지될 것이다.

부력은 유체의 밀도에 비례하고, 따라서 공기와 같은 기체가 가하는 부력은 무시할 만하다고 생각할 수 있다. 이는 일반적으로 해당되는 경우지만, 중대한 예외도 있다. 예를 들어, 어떤 사람의 체적이 약 0.1 m^3이고, 공기의 밀도를 1.2 kg/m^3로 잡으면, 공기가 사람에 가하는 부력은 다음과 같다.

$$F_B = \rho_f g V = (1.2\ \text{kg/m}^3)(9.81\ \text{m/s}^2)(0.1\ \text{m}^3) \cong 1.2\ \text{N}$$

80 kg인 사람의 무게는 $80 \times 9.81 = 788$ N이다. 그러므로 이 경우 부력을 무시하면 무게에 있어 겨우 0.15퍼센트의 오차가 발생하며, 이는 무시할 만하다. 그러나 기체에 있어서 부력 효과는 차가운 환경에서 더운 공기의 상승과 그에 따른 자연대류 흐름의 시작, 뜨거운 공기 풍선 또는 헬륨 풍선의 상승과 대기 중의 공기 유동과 같은 몇몇 중요한 자연 현상을 주도한다. 예를 들어, 헬륨 풍선은 공기 밀도(이는 고도에 따라 감소한다)가 풍선 내의 헬륨 밀도와 같아지는 고도에 이를 때까지 부력의 결과로 상승한다. 여기서 풍선이 그때까지 터지지 않는다고 가정하고, 풍선 외피의 무게는 무시한다. 열기구(그림 2-42)도 유사한 원리로 작동한다.

그림 2-42
열기구의 고도는 풍선의 내부와 외부 공기 사이의 온도 차이에 의해 조절되며 이는 더운 공기가 차가운 공기보다 밀도가 낮기 때문이다. 열기구가 떠오르지도 떨어지지도 않을 때 상향 부력은 하향 무게와 정확히 평형을 이룬다.
ⓒ *PhotoLink/Getty RF*

대륙이 마그마의 바다 위에 떠 있는 것으로 간주함으로써 Archimedes의 원리가 또한 지질학에서도 이용된다.

예제 2-9 비중계에 의한 비중 측정

만약 바닷물 수족관이 있다면, 바닷물의 염도 측정을 위해 약간의 납덩이를 바닥에 넣은 작은 원통형 유리관을 이용하여, 유리관이 얼마나 가라앉는지를 살펴봄으로써 간단히 염도 측정을 할 수 있을 것이다. 이와 같은 장치는 액체 비중계(hydrometer)라고 하며, 수직 자세로 떠 있으며, 액체의 비중을 측정하는 데 이용한다(그림 2-43). 비중계의 윗부분은 액체 수면 위로 나와 있고, 눈금이 새겨 있어 비중을 직접 읽을 수 있다. 순수한 물에 대하여, 비중계는 공기-물 계면에서 정확히 1.0을 읽도록 보정된다. (a) 순수한 물에 해당하는 눈금으로부터 거리 Δz의 함수로서 액체 비중에 대한 관계식을 구하고, (b) 비중계가 순수한 물속에서 절반(10 cm 눈금)이 떠 있게 된다면, 직경이 1 cm, 길이가 20 cm인 비중계에 넣어야 하는 납의 질량을 계산하라.

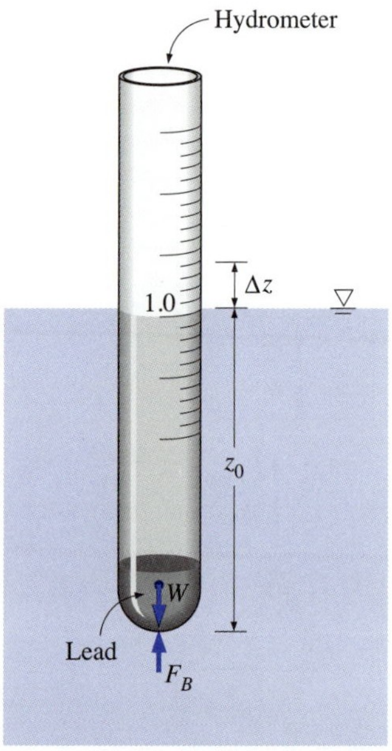

그림 2-43
예제 2-9에 대한 개략도.

풀이 비중계로 액체의 비중을 측정하고자 한다. 비중과 기준 수위로부터 수직 거리 사이의 관계식을 구하고, 비중계 관 속에 넣어야 하는 납의 양을 결정하고자 한다.

가정 **1** 유리관의 무게는 넣은 납의 무게와 비교할 때 무시할 수 있다. **2** 관 바닥의 곡률은 무시한다.

상태량 순수한 물의 밀도를 1000 kg/m^{3}로 잡는다.

해석 (a) 비중계가 정적 평형 상태에 있음을 주목하면, 액체가 가하는 부력 F_B는 항상 비중계의 무게 W와 같아야만 한다. 순수한 물에서(하첨자 w), 비중계의 바닥과 물의 자유표면 사이의 수직 거리를 z_0로 설정한다. 이 경우, $F_{B,\,w} = W$로 놓으면 다음과 같다.

$$W_{\text{hydro}} = F_{B,\,w} = \rho_w g V_{\text{sub}} = \rho_w g A z_0 \qquad (1)$$

여기서 A는 관의 단면적이고, ρ_w는 순수한 물의 밀도이다.

물보다 가벼운 유체에서($\rho_f < \rho_w$) 비중계는 더 깊게 가라앉을 것이고, 액체의 수위는 z_0 위로 거리 Δz가 될 것이다. 다시 $F_B = W$로 놓으면 다음과 같게 된다.

$$W_{\text{hydro}} = F_{B,f} = \rho_f g V_{\text{sub}} = \rho_f g A(z_0 + \Delta z) \qquad (2)$$

이 관계식은 또한 Δz를 음의 값으로 취함으로써 물보다 무거운 유체에 대해서도 유효하다. 여기서 비중계의 무게는 일정하므로 식 (1)과 (2)를 서로 같게 놓고 정리하면 다음과 같다.

$$\rho_w g A z_0 = \rho_f g A(z_0 + \Delta z) \quad \rightarrow \quad \text{SG}_f = \frac{\rho_f}{\rho_w} = \frac{z_0}{z_0 + \Delta z}$$

이는 유체의 비중과 Δz 사이의 관계식이다. z_0는 주어진 비중계에 대해 일정하고, Δz는 순수한 물보다 무거운 유체에 대해서 음의 값이 됨을 주목하라.

(b) 유리관의 무게를 무시하면, 납의 무게가 부력과 같아야 하는 조건으로부터 관에 넣어야 할 납의 양이 결정된다. 비중계가 그 절반이 물속에 잠긴 채 떠 있을 때, 비중계에 작용하는 부력은 다음과 같다.

$$F_B = \rho_w g V_{\text{sub}}$$

F_B를 납의 무게와 같게 놓으면 다음과 같이 된다.

$$W = mg = \rho_w g V_{\text{sub}}$$

m에 대해 풀고 대입하면, 납의 질량은 다음과 같이 계산된다.

$$m = \rho_w V_{\text{sub}} = \rho_w(\pi R^2 h_{\text{sub}}) = (1000 \text{ kg/m}^3)[\pi(0.005 \text{ m})^2(0.1 \text{ m})] = \mathbf{0.00785\ kg}$$

토의 만약 비중계가 5 cm만 물속에 가라앉도록 요구된다면 필요한 납의 질량은 이 양의 절반이 될 것임을 주목하라. 또한 유리관의 무게는 무시할 수 있다는 가정은 납의 질량이 겨우 7.85 g이므로 의심스럽다.

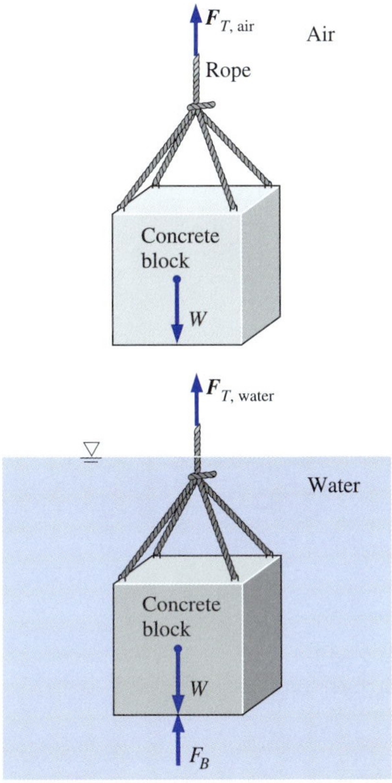

그림 2-44
예제 2-10에 대한 개략도.

예제 2-10 바닷물 속에서 물체의 무게 감소

수중 건설 프로젝트를 위해, 기중기를 이용하여 무거운 물체를 바닷물(밀도 = 1025 kg/m^3) 속으로 가라앉힌다(그림 2-44). (a) 블록이 공기 중에 매달려 있을 경우, (b) 블록이 물속에 완전히 잠겨 있을 경우에 대하여 0.4 m × 0.4 m × 3 m인 직육면체 콘크리트 블록(밀도 = 2300 kg/m^3)으로 인하여 기중기 로프에 걸리는 인장력을 구하라.

풀이 콘크리트 블록이 바다 속으로 내려진다. 블록이 물속에 들어가기 전과 후에 로프에서 인장력을 결정하고자 한다.

가정 1 공기 중의 부력은 무시할 수 있다. 2 로프의 무게는 무시할 수 있다.

상태량 바닷물의 밀도는 1025 kg/m^{3}이며, 콘크리트의 밀도는 2300 kg/m^{3}이다.

해석 (a) 콘크리트 블록의 자유물체도를 고려해 보자. 공기 중에서 콘크리트 블록에 작용하는 힘은 그 무게와 로프에 의하여 위쪽으로 잡아당겨지는 힘(인장)이다. 이들 두 가지 힘은 서로 평형을 이루어야 하고, 따라서 로프에서 인장력은 블록의 무게와 같아야 한다.

$$V = (0.4\text{ m})(0.4\text{ m})(3\text{ m}) = 0.48\text{ m}^3$$

$$F_{T,\,\text{air}} = W = \rho_{\text{concrete}}\, gV$$

$$= (2300\text{ kg/m}^3)(9.81\text{ m/s}^2)(0.48\text{ m}^3)\left(\frac{1\text{ kN}}{1000\text{ kg}\cdot\text{m/s}^2}\right) = \mathbf{10.8\text{ kN}}$$

(b) 블록이 물속에 잠길 때, 위쪽으로 작용하는 부력이 추가된다. 이 경우, 힘의 평형으로부터 다음과 같이 계산한다.

$$F_B = \rho_f\, gV = (1025\text{ kg/m}^3)(9.81\text{ m/s}^2)(0.48\text{ m}^3)\left(\frac{1\text{ kN}}{1000\text{ kg}\cdot\text{m/s}^2}\right) = 4.8\text{ kN}$$

$$F_{T,\,\text{water}} = W - F_B = 10.8 - 4.8 = \mathbf{6.0\text{ kN}}$$

토의 콘크리트 블록의 무게와 그에 따른 로프의 인장력은 물속에서 (10− 6.0)/10.8의 비율만큼 감소하여 공기 중에서 55%가 됨을 주목하라.

그림 2-45
선박과 같은 떠 있는 물체에 대해 안정성은 안전을 위한 중요한 고려 사항이다.

잠겨 있는 물체와 떠 있는 물체의 안정성

부력 개념의 중요한 응용분야는 외부 부착물이 없는 잠겨 있는 물체와 떠 있는 물체의 안정성에 대한 평가이다. 이 주제는 선박과 잠수함의 설계에 있어서 매우 중요하다(그림 2-45). 여기에 몇 가지 수직 및 회전 안정성에 관한 일반적인 정성적 논의를 수행한다.

기본적인 안정성 및 불안정성의 개념을 설명하기 위해 고전적인 "마루 위에 있는 공"과의 상사성을 이용한다. 그림 2-46은 마루 위에 정지해 있는 세 개의 공을 보여 준다. 경우 (*a*)는 어떤 작은 교란(누군가가 공을 오른쪽 혹은 왼쪽으로 움직인다)도 공을 원래의 위치로 되돌리는 복원력(중력에 기인한)을 발생시키므로 **안정(stable)**하다. 경우 (*b*)는 누군가가 공을 오른쪽 혹은 왼쪽으로 움직인다면 공이 새로운 위치에 놓인 대로 정지해 있기 때문에 **중립적으로 안정(neutrally stable)**하다. 공이 원래 위치로 되돌아가거나 계속해서 멀리 움직여 나가려는 경향을 갖지 않는다. 경우 (*c*)는 공이 한 순간에는 정지한 상태로 있는 상황이지만, 아무리 미소한 교란이라 할지라도 그 교란에 공이 언덕 위로부터 굴러 떨어지게 된다. 공은 원래 위치로 되돌아가기보다는 그로부터 오히려 **멀어진다**. 이 상황이 **불안정(unstable)**한 것이다. 공이 **경사진** 마루 위에 있는 경우는 어떠할까? 이 경우에 대해 안정성을 논의하기에는 적절하지 않다. 그 이유는 공이 평형 상태에 있지 않기 때문이다. 다른 말로 하면, 공은 정지한 상태로 있을 수 없고, 아무런 교란이 없더라도 언덕을 굴러 떨어질 것이다.

정적 평형에 있는 잠겨 있는 또는 떠 있는 물체에 대해 물체에 작용하는 중량과 부력은 서로 평형을 이루고, 이러한 물체는 **수직방향**으로는 본질적으로 안정하다. 만약 잠겨 있는 중립적으로 부력을 받는 물체가 비압축성 유체 내에서 다른 깊이로 들어올려지거나 낮추어지면 그 물체는 그 위치에서 평형 상태로 유지될 것이다. 만약 떠 있는 물체가 수직력으로 다소간 들어올려지거나 낮추어지면 그 물체는 외력이 제거되자마자 원래의 위치로 되돌아갈 것이다. 그러므로 떠 있는 물체는 수직 안정성을 가지는 반면에, 잠겨 있는 중립적으로 부력을 받는 물체는 교란 뒤에 원래 위치로 되돌아가지 않기 때문에 중립적으로 안정하다.

잠겨 있는 물체의 **회전 안정성**은 물체의 **무게중심** *G*와 배제 체적의 도심인 부력중심 *B*의 상대적 위치에 의존한다. 잠겨 있는 물체는 만약 물체가 바닥 쪽이 무겁고, 따라서 점 *G*가 점 *B* 바로 아래에 있을 때는 **안정하다**(그림 2-47*a*). 이와 같은 경우에서 물체의 회전 교란은 물체를 원래 안정한 위치로 되돌리기 위한 **복원 모멘트**를 발생시킨다. 따라서 잠수함에 대한 안정적 설계는 가급적이면 무게를 가능한 한 바닥으로 이동시키기 위해 기관실과 승무원실을 아래쪽 하반부에 위치하도록 요구한다. 또한 열기구 또는 헬륨 기구는(공기 중에 잠겨 있는 것으로 볼 수 있는데) 안정한데, 이는 짐을 운반하는 무거운 바구니가 바닥에 위치하기 때문이다. 무게중심 *G*가 점 *B* 바로 위에 놓이는 잠겨 있는 물체는 **불안정**하고, 어떤 교란이라도 이 물체를 뒤집어지도록 할 것이다(그림 2-47*c*). *G*와 *B*가 일치하는 물체는 **중립적으로 안정**하다(그림 2-47*b*). 이는 밀도가 전체적으로 일정한 물체의 경우이다. 이와 같은 물체는 그 자신을 뒤집거나 올바로 세우려는 경향은 없다.

무게중심이 부력중심과 수직으로 일직선상에 있지 않은 경우는 어떠할까(그림 2-48)? 이 경우에 대해서는 안정성을 논의하기에는 적절하지 않은데, 왜냐하면 물체가 평형 상태에 있지 않기 때문이다. 다른 말로 하면, 물체는 정지한 상태로 있을 수 없고, 아무런 교란이 없을지라도 안정한 상태를 향해 회전할 것이다. 그림 2-48의 경우에 있어서, 복원 모멘트는 반시계방향이고 물체가 반시계방향으로 회전하여 점 *G*를 수직적으로 점 *B*에 정렬시키도록 만든다. 다소의 진동이 있을 수 있지만, 결국에는 물체는 안정한 평형 상태에 안착함을 주목하라[그림 2-47의 경우 (*a*)]. 그림 2-

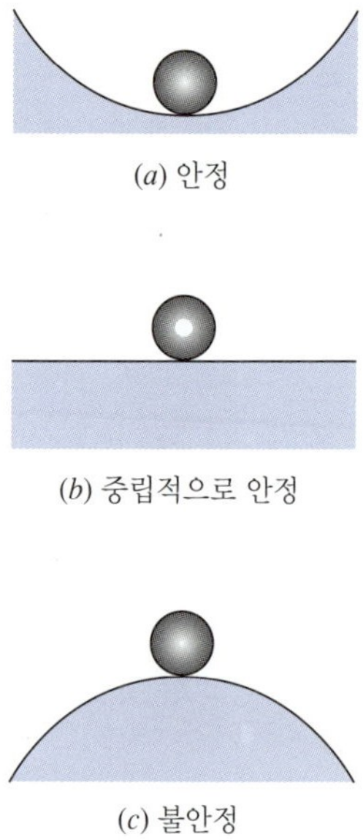

그림 2-46
안정성은 마루 위의 공을 해석함으로써 쉽게 이해된다.

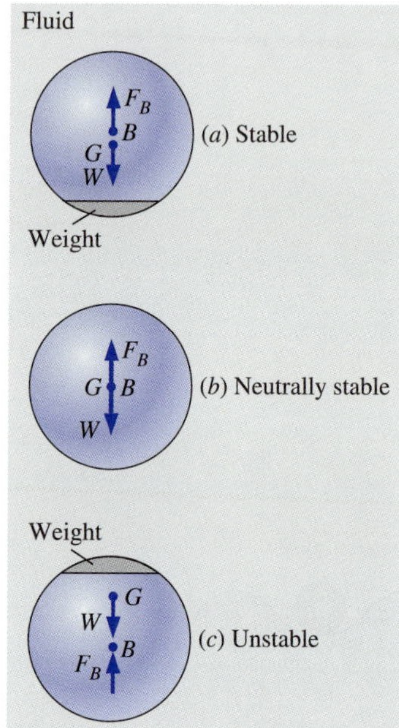

그림 2-47
잠겨 있는 중립적으로 부력을 받는 물체는 (*a*) 만약 물체의 무게중심 *G*가 부력중심 *B*의 바로 아래에 있을 경우 안정하고, (*b*) 만약 *G*와 *B*가 일치하면 중립적으로 안정하며, (*c*) 만약 *G*가 *B*의 바로 위에 있을 경우엔 불안정하다.

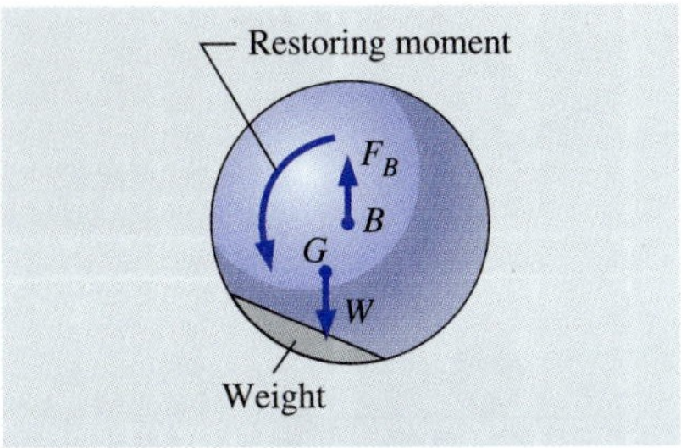

그림 2-48
잠겨 있는 중립적으로 부력을 받는 물체의 무게중심 G가 물체의 부력중심 B와 수직으로 정렬되어 있지 않을 때, 물체는 평형 상태에 있지 않으며, 아무런 교란이 없을지라도 안정한 상태로 회전하려고 할 것이다.

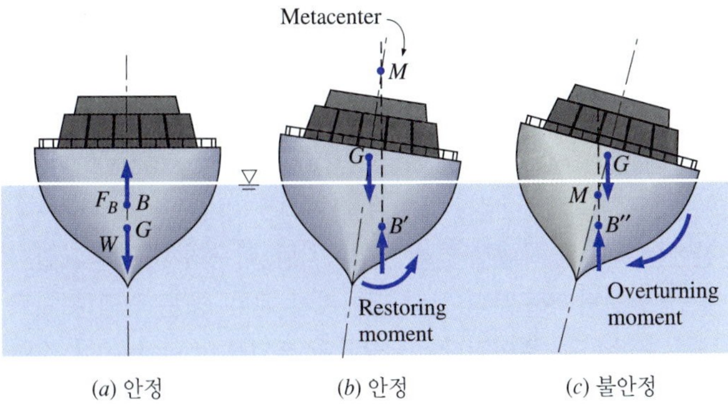

그림 2-49
물체가 (a) 바닥이 무겁고 따라서 무게중심 G가 물체의 부력중심 B의 아래에 있을 경우 또는 (b) 부력경심 M이 점 G 위에 있을 경우에는 떠 있는 물체는 **안정**하다. 그러나 (c) 점 M이 점 G 아래에 있다면 그 물체는 **불안정**하다.

48의 물체의 초기 안정성은 경사진 마루 위의 공의 경우와 닮았다. 만약 그림 2-48의 물체에 있어서 무게추가 물체의 반대쪽에 있다면 어떤 일이 발생할지 예측할 수 있는가?

회전 안정성 기준은 **떠 있는 물체**에 대한 것과 유사하다. 만약 떠 있는 물체가 바닥 쪽이 무거워서 무게중심 G가 부력중심 B 바로 아래에 위치한다면 물체는 항상 안정하다. 그러나 잠겨 있는 물체와는 달리, 떠 있는 물체는 G가 B 바로 위에 있을 때에도 여전히 안정할 수 있다(그림 2-49). 이는 물체의 무게중심 G는 변하지 않지만, 회전 교란 중에 배제된 체적의 도심이 점 B'로 이동되기 때문이다. 만약 점 B'가 충분히 멀리 떨어진 경우, 이들 두 힘은 복원 모멘트를 만들고, 물체를 원래 위치로 되돌린다. 떠 있는 물체에 대한 안정성의 척도는 **부력경심 높이(metacentric height)** GM인데, 이는 무게중심 G와 부력경심(metacenter) M 사이의 거리이다. 여기서 부력경심은 회전 전후에 물체를 관통하는 부력의 작용선들의 교차점이다. 부력경심은 약 20°까지 작은 롤링 각도에 있어서 대부분의 선체 형상에 대해 고정된 점으로 간주될 수 있다. 떠 있는 물체는 점 M이 점 G 위에 있다면 안정하고, 따라서 GM은 양이며, 점 M이 점 G 아래에 있다면 불안정하고, 따라서 GM은 음이다. 후자의 경우, 기울어진 물체에 작용하는 중량과 부력은 복원 모멘트 대신에 전복 모멘트를 발생시켜 물체를 뒤집히게 만든다. G 위의 부력경심 높이 GM의 길이는 안정성의 척도를 나타내며, 이것이 클수록 뜨는 물체는 보다 안정하다.

이미 논의한 바와 같이, 보트는 전복되지 않고 어떤 최대 각도까지 기울어질 수 있지만, 그 각도를 넘어서면 전복된다(그리고 가라앉는다). 떠 있는 물체의 안정성과 마루를 따라 구르는 공의 안정성 사이의 유사성을 최종적으로 확인한다. 즉, 두 개의 언덕 사이의 골에 놓인 공을 상상해 보자(그림 2-50). 공은 교란된 후 어떤 한계까지는 안정된 평형 위치로 되돌아온다. 만약 교란의 진폭이 너무 크다면 공은 언덕의 반대쪽으로 굴러 내려가고, 평형 위치로 되돌아오지 않는다. 이 상황은 교란의 어떤 한계 수준까지는 안정하지만, 그 수준을 넘어서면 불안정한 것으로 묘사된다.

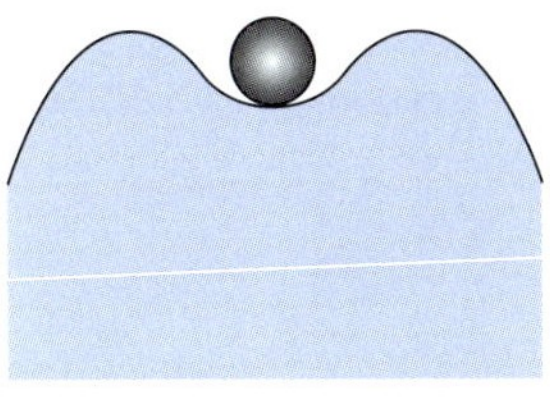

그림 2-50
두 개의 언덕 사이의 골짜기에 놓인 공은 작은 교란에 대해 안정하지만, 큰 교란에 대해 불안정하다.

2-7 강체 운동 중인 유체

2-1절에서 한 점에서 압력은 모든 방향으로 동일한 크기를 가지며, 따라서 압력은 **스칼라** 함수임을 보였다. 이 절에서는 전단응력이 없을 때(즉, 유체층들 사이에 서로 상대적인 운동이 없을 때) 가속도를 갖거나 또는 갖지 않는 고체 물체처럼 움직이는 유체 내의 압력 변화에 대한 관계식을 구한다.

요소의 중심에서 압력을 P로 잡으면, 요소의 윗면과 아랫면에서 압력은 각각 $P+(\partial P/\partial z)\,dz/2$와 $P-(\partial P/\partial z)\,dz/2$로 표현될 수 있다. 표면에 작용하는 압력 힘은 평균 압력에 표면적을 곱한 것과 같음을 주목하면, z방향으로 요소에 작용하는 순수 표면력은 윗면과 아랫면 위에 작용하는 압력 힘 사이의 차이이다.

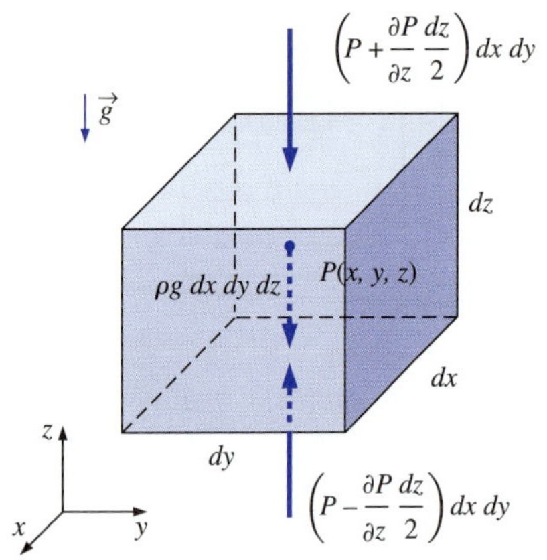

그림 2-51
미소 유체 요소에 수직방향으로 작용하는 표면력 및 체적력.

$$\delta F_{S,z} = \left(P - \frac{\partial P}{\partial z}\frac{dz}{2}\right)dx\,dy - \left(P + \frac{\partial P}{\partial z}\frac{dz}{2}\right)dx\,dy = -\frac{\partial P}{\partial z}\,dx\,dy\,dz \quad (2\text{-}34)$$

유사하게, x와 y방향으로의 순수 힘들은 다음과 같다.

$$\delta F_{S,x} = -\frac{\partial P}{\partial x}\,dx\,dy\,dz \quad \text{그리고} \quad \delta F_{S,y} = -\frac{\partial P}{\partial y}\,dx\,dy\,dz \quad (2\text{-}35)$$

전체 요소에 작용하는 표면력은(이는 단순히 압력 힘이다) 벡터 형태로 다음과 같이 표현될 수 있다.

$$\begin{aligned}\delta \vec{F}_S &= \delta F_{S,x}\vec{i} + \delta F_{S,y}\vec{j} + \delta F_{S,z}\vec{k} \\ &= -\left(\frac{\partial P}{\partial x}\vec{i} + \frac{\partial P}{\partial y}\vec{j} + \frac{\partial P}{\partial z}\vec{k}\right)dx\,dy\,dz = -\vec{\nabla}P\,dx\,dy\,dz \quad (2\text{-}36)\end{aligned}$$

여기서 $\vec{i}$, $\vec{j}$, $\vec{k}$는 각각 x, y, z방향으로 단위 벡터이고,

$$\vec{\nabla}P = \frac{\partial P}{\partial x}\vec{i} + \frac{\partial P}{\partial y}\vec{j} + \frac{\partial P}{\partial z}\vec{k} \quad (2\text{-}37)$$

은 **압력구배**이다. $\vec{\nabla}$ 또는 "델(del)"은 스칼라 함수의 구배를 간결하게 벡터 형태로 표현하기 위해 사용되는 벡터 연산자임을 주목하라. 또한 스칼라 함수의 **구배**는 한 주어진 **방향**으로 나타나고, 따라서 **벡터**량이다.

유체 요소에 작용하는 유일한 체적력은 음의 z방향으로 작용하는 요소의 무게이고, 이는 $\delta F_{B,z} = -g\delta m = -\rho g\,dx\,dy\,dz$로 표현되거나 벡터 형태로 다음과 같이 표현된다.

$$\delta \vec{F}_{B,z} = -g\delta m\vec{k} = -\rho g\,dx\,dy\,dz\vec{k} \quad (2\text{-}38)$$

요소에 작용하는 전체 힘은 다음과 같게 된다.

$$\delta \vec{F} = \delta \vec{F}_S + \delta \vec{F}_B = -(\vec{\nabla}P + \rho g\vec{k})\,dx\,dy\,dz \quad (2\text{-}39)$$

Newton의 제2운동 법칙 $\delta \vec{F} = \delta m \cdot \vec{a} = \rho\,dx\,dy\,dz \cdot \vec{a}$에 대입하고 $dx\,dy\,dz$를

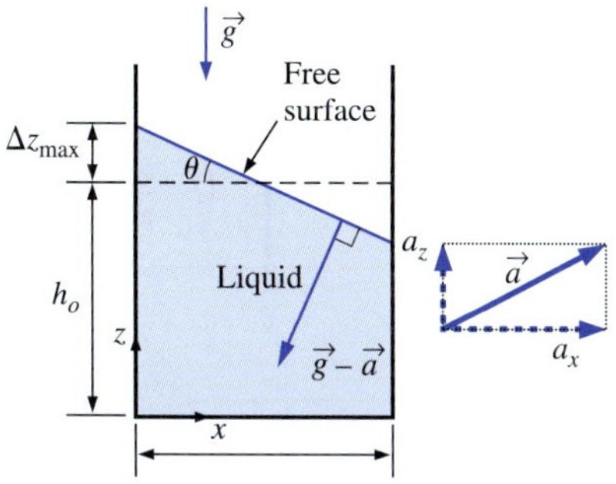

그림 2-52
선형적으로 가속되는 탱크 내에서 액체의 강체 운동. 유체는 정수력 방정식에서 $\vec{g}$가 $\vec{g}-\vec{a}$로 대체된 것을 제외하고 정지해 있는 유체처럼 거동한다.

소거하면 강체(전단응력이 없음)로서 거동하는 유체에 대한 일반 **운동 방정식**은 다음과 같이 결정된다.

유체의 강체 운동: $$\vec{\nabla}P + \rho g\vec{k} = -\rho\vec{a} \qquad (2\text{-}40)$$

직선 경로 위의 가속도

부분적으로 액체로 채워져 있는 용기를 고려해 보자. 용기가 등가속도로 직선 경로 위로 움직이고 있다. 그림 2-52에서 보는 바와 같이 운동 경로를 수평면 위로 투영하여 생긴 선을 x축으로, 수직면 위로 투영하여 생긴 선을 z축으로 잡는다. 가속도의 x와 z성분은 a_x와 a_z이다. y방향으로 운동은 없고, 따라서 y방향으로 가속도는 영이다($a_y = 0$). 가속하는 유체에 대한 운동 방정식은 다음과 같게 된다.

$$\frac{\partial P}{\partial x} = -\rho a_x, \quad \frac{\partial P}{\partial y} = 0, \quad \text{그리고} \quad \frac{\partial P}{\partial z} = -\rho(g + a_z) \qquad (2\text{-}41)$$

그러므로 압력은 y에 독립적이다. $P = P(x, z)$의 전미분은 $(\partial P/\partial x)\, dx + (\partial P/\partial z)\, dz$이며, 다음과 같게 된다.

$$dP = -\rho a_x\, dx - \rho(g + a_z)\, dz \qquad (2\text{-}42)$$

ρ가 상수일 때, 유체 내 두 점 1과 2 사이의 압력차는 적분에 의해 다음과 같이 결정된다.

$$P_2 - P_1 = -\rho a_x(x_2 - x_1) - \rho(g + a_z)(z_2 - z_1) \qquad (2\text{-}43)$$

점 1을 압력이 P_0인 원점($x = 0$, $z = 0$)으로 잡고, 점 2를 유체 속의 임의의 점으로 잡으면(하첨자 없음), 압력 분포는 다음과 같이 표현될 수 있다.

압력 변화: $$P = P_0 - \rho a_x x - \rho(g + a_z)z \qquad (2\text{-}44)$$

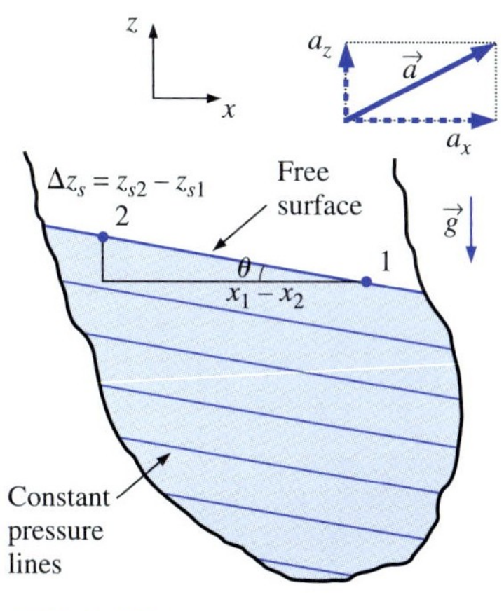

그림 2-53
선형적으로 가속되는 액체 내에서 등압선(이는 등압면의 xz면 위로의 투영). 또한 수직 상승도 보이고 있다.

점 1에 상대적인 점 2에서 자유표면의 수직 상승값(또는 하강값)은 1과 2 모두를 자유표면 위에 선정함으로써($P_1 = P_2$가 되도록) 결정되며, 식 (2-43)을 $z_2 - z_1$에 대해 풀면 다음과 같다(그림 2-53).

표면의 수직 상승값: $$\Delta z_s = z_{s2} - z_{s1} = -\frac{a_x}{g + a_z}(x_2 - x_1) \qquad (2\text{-}45)$$

여기서 z_s는 액체의 자유표면의 z좌표이다. **등압선(isobar)**이라고 하는, 압력이 일정한 선(또는 면)에 대한 방정식은 식 (2-42)에서 $dP = 0$으로 놓고 z를 z_{isobar}로 대체시킴으로써 얻어진다. 여기서 z_{isobar}는 면의 z좌표(수직 거리)인데, x의 함수이다.

등압면: $$\frac{dz_{\text{isobar}}}{dx} = -\frac{a_x}{g + a_z} = \text{상수} \qquad (2\text{-}46)$$

등압선의 기울기: $$\text{기울기} = \frac{dz_{\text{isobar}}}{dx} = -\frac{a_x}{g + a_z} = -\tan\theta \qquad (2\text{-}47)$$

예제 2-11 가속 중에 물탱크로부터의 넘침

바닥면이 2 m × 0.6 m이고, 최초에 물로 가득 채워진 높이가 80 cm인 어항이 트럭에 실려 운송된다(그림 2-54). 트럭은 10초 내에 0에서 90 km/h로 가속된다. 만약 가속 중에 물이 한 방울도 넘치지 않게 하려면, 탱크 내에 허용되는 최초 물 높이를 계산하라. 탱크의 긴 쪽과 짧은 쪽 중 어느 쪽을 운동방향과 평행하게 정렬하도록 추천하겠는가?

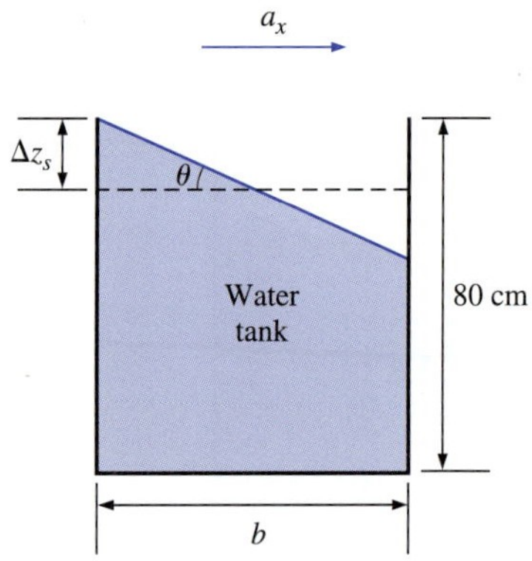

그림 2-54
예제 2-11에 대한 개략도.

풀이 어항이 트럭에 실려 운송된다. 가속 중에 물이 흘러넘치지 않게 하기 위해 허용되는 물 높이와 적합한 방향을 결정하고자 한다.

가정 **1** 가속 중에 도로는 수평이며, 따라서 가속도는 수직 성분을 갖지 않는다($a_z = 0$). **2** 물의 출렁거림, 제동, 기어 변속, 둔덕 위로 운전과 언덕 오르기 등의 효과는 부차적인 것이므로 고려하지 않는다. **3** 일정한 가속을 유지한다.

해석 x축을 운동방향으로, z축을 상향의 수직방향으로, 원점을 탱크의 아래 왼쪽 구석으로 잡는다. 트럭이 10초 내에 0으로부터 90 km/h로 간다는 것에 주목하면, 트럭의 가속도는 다음과 같다.

$$a_x = \frac{\Delta V}{\Delta t} = \frac{(90 - 0)\text{ km/h}}{10\text{ s}}\left(\frac{1\text{ m/s}}{3.6\text{ km/h}}\right) = 2.5\text{ m/s}^2$$

자유표면이 수평선과 만드는 각의 탄젠트는 다음과 같다.

$$\tan\theta = \frac{a_x}{g + a_z} = \frac{2.5}{9.81 + 0} = 0.255 \qquad (\text{따라서 } \theta = 14.3°)$$

자유표면의 최대 수직 상승값은 탱크의 뒤쪽에서 발생하고, 수직 중앙면에서는 가속 중에 아무런 상승이나 하강이 없다. 이는 수직 중앙면이 대칭면이기 때문이다. 탱크의 두 가지 가능한 정렬방향에 대한 탱크 뒤쪽에서 중앙면에 상대적인 수직 상승값은 다음과 같다.

경우 1: 긴 쪽이 운동방향과 평행할 때

$$\Delta z_{s1} = (b_1/2)\tan\theta = [(2\text{ m})/2] \times 0.255 = 0.255\text{ m} = \mathbf{25.5\text{ cm}}$$

경우 2: 짧은 쪽이 운동방향과 평행할 때

$$\Delta z_{s2} = (b_2/2)\tan\theta = [(0.6\text{ m})/2] \times 0.255 = 0.076\text{ m} = \mathbf{7.6\text{ cm}}$$

그러므로 탱크가 뒤집어지는 문제가 없다고 가정하면, **당연히 탱크의 짧은 쪽이 운동방향과 평행하도록 방향을 잡는 것이 좋다**. 이 경우 탱크의 자유표면 수위가 7.6 cm 정도 낮아지도록 탱크를 비워 줌으로써 가속 중에 물이 넘치는 것을 막을 수 있다.

토의 탱크의 방향이 수직 상승값을 조절하는 데 중요하다는 점을 주목하라. 또한 이 해석은 풀이 과정에 물에 관한 어떤 정보도 이용하지 않았으므로, 물뿐만 아니라 밀도가 일정한 모든 유체에 대하여 유효하다.

원통형 용기 내에서 회전

물이 채워져 있는 유리잔이 중심축에 대해 회전할 때, 유체는 원심력이라는(보다 정확하게는 구심가속도의 항으로 설명되는) 힘의 결과로 바깥쪽으로 쏠리고, 액체의 자유표면은 오목해짐을 경험으로부터 알고 있다. 이와 같은 현상은 **강제 와류 운동(forced vortex motion)**으로 알려져 있다.

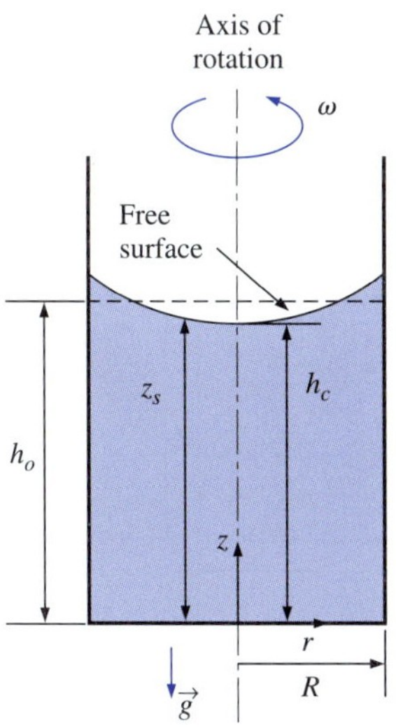

그림 2-55
회전하는 수직 원통형 용기 내의 액체의 강체 운동.

부분적으로 액체가 채워져 있는 수직 원통형 용기를 고려해 보자. 그림 2-55에서 보는 바와 같이, 용기는 지금 중심축에 대해 등각속도 ω로 회전한다.

이 문제는 용기의 모양이 원통이고, 유체 입자가 원형 운동을 하므로, 원통좌표계 (r, θ, z)에서 가장 잘 해석된다. 여기서 z축은 바닥으로부터 자유표면을 향하는 방향으로 용기의 중심선을 따라 잡는다. 회전축으로부터 거리 r에서 등각속도 ω로 회전하는 유체 입자의 구심 가속도는 $r\omega^2$이고, 반경방향으로 회전축 쪽을 향한다(음의 r방향). 즉, $a_r = -r\omega^2$이다. 회전축인 z축에 대해 대칭이고, 따라서 θ에 대한 종속성은 없다. 따라서 $P = P(r, z)$ 및 $a_\theta = 0$이다. 또한 z방향으로 아무 운동도 없으므로 $a_z = 0$이다.

회전 유체에 대한 운동 방정식(식 2-40)은 다음과 같게 된다.

$$\frac{\partial P}{\partial r} = \rho r\omega^2, \quad \frac{\partial P}{\partial \theta} = 0, \quad \text{그리고} \quad \frac{\partial P}{\partial z} = -\rho g \tag{2-48}$$

$P = P(r, z)$의 전미분은 $dP = (\partial P/\partial r)dr + (\partial P/\partial z)dz$인데, 다음과 같게 된다.

$$dP = \rho r\omega^2\, dr - \rho g\, dz \tag{2-49}$$

등압면에 대한 방정식은 $dP = 0$으로 놓고 z를 z_{isobar}로 대체시킴으로써 얻어진다. 여기서 z_{isobar}는 면의 z값(수직 거리)인데, r의 함수이다.

$$\frac{dz_{\text{isobar}}}{dr} = \frac{r\omega^2}{g} \tag{2-50}$$

적분하면, 등압면에 대한 방정식은 다음과 같이 결정된다.

등압면:

$$z_{\text{isobar}} = \frac{\omega^2}{2g}r^2 + C_1 \tag{2-51}$$

이는 **포물선** 방정식이다. 따라서 자유표면을 포함한 등압면은 **회전체 포물면**이라는 결론을 얻는다(그림 2-56).

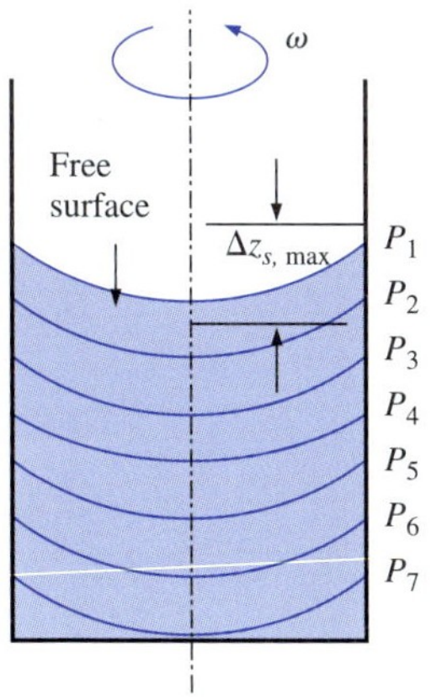

그림 2-56
회전하는 액체 내의 등압면.

적분 상수 C_1의 값은 상이한 등압 포물면에 대해(즉, 다른 등압선에 대해) 다른 값을 갖는다. 자유표면에 대해, 식 (2-51)에서 $r = 0$으로 놓으면 $z_{\text{isobar}}(0) = C_1 = h_c$가 된다. 여기서 h_c는 회전축에 따른 용기의 바닥으로부터 자유표면의 거리이다(그림 2-55). 그러므로 자유표면에 대한 방정식은 다음과 같게 된다.

$$z_s = \frac{\omega^2}{2g}r^2 + h_c \tag{2-52}$$

여기서 z_s는 반경 r에서 용기의 바닥으로부터 자유표면의 거리이다. 이 해석은 용기 내에 충분한 액체가 들어 있어서 전체 바닥면이 액체로 덮여 있다는 가정하에 수행된다.

반경이 r, 높이가 z_s, 두께가 dr인 원통형 셸(shell) 요소의 체적은 $dV = 2\pi r z_s\, dr$이다. 따라서 자유표면에 의해 형성된 포물면의 체적은 다음과 같다.

$$V = \int_{r=0}^{R} 2\pi z_s r\, dr = 2\pi \int_{r=0}^{R} \left(\frac{\omega^2}{2g}r^2 + h_c\right) r\, dr = \pi R^2\left(\frac{\omega^2 R^2}{4g} + h_c\right) \tag{2-53}$$

질량이 보존되고 밀도가 일정하기 때문에, 이 체적은 용기 내 유체의 원래 체적과 같아야만 하는데, 이는 다음과 같다.

$$V = \pi R^2 h_0 \tag{2-54}$$

여기서 h_0는 회전이 없을 때 용기 내 유체의 원래 높이이다. 이들 두 체적을 같게 놓음으로써, 원통형 용기의 중심선을 따라 유체의 높이는 다음과 같게 된다.

$$h_c = h_0 - \frac{\omega^2 R^2}{4g} \tag{2-55}$$

따라서 자유표면의 방정식은 다음과 같다.

자유표면:

$$z_s = h_0 - \frac{\omega^2}{4g}(R^2 - 2r^2) \tag{2-56}$$

ρ가 상수일 때, 유체 내의 두 점 1과 2 사이의 압력차는 $dP = \rho r\omega^2\,dr - \rho g\,dz$를 적분하여 구한다. 이는 다음과 같다.

$$P_2 - P_1 = \frac{\rho\omega^2}{2}(r_2^2 - r_1^2) - \rho g(z_2 - z_1) \tag{2-57}$$

점 1을 압력이 P_0인 원점 $(r = 0, z = 0)$으로, 점 2를 유체 내의 임의의 점(하첨자 없음)으로 잡으면, 압력 분포는 다음과 같이 표현할 수 있다.

압력 변화:

$$P = P_0 + \frac{\rho\omega^2}{2} r^2 - \rho g z \tag{2-58}$$

예제 2-12 회전 중에 있는 액체의 상승

그림 2-57과 같이, 직경이 20 cm, 높이가 60 cm인 수직 원통형 용기에 밀도가 850 kg/m^{3}인 액체가 50 cm 높이만큼 부분적으로 채워져 있다. 지금 원통형 용기를 등속으로 회전시킨다. 용기의 가장자리로부터 액체가 넘치기 시작하는 회전 속도를 계산하라.

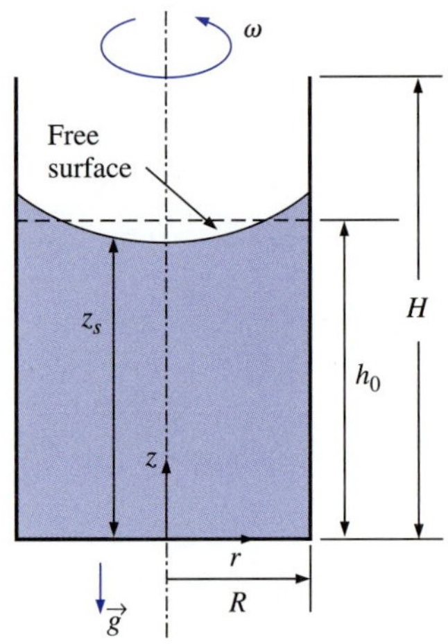

그림 2-57
예제 2-12에 대한 개략도.

풀이 액체가 부분적으로 채워진 수직 원통형 용기가 회전한다. 액체가 넘치기 시작하는 각속도를 결정하고자 한다.

가정 1 회전 속도의 증가는 매우 느리므로 용기 내의 액체는 항상 강체처럼 거동한다. 2 회전 중에 용기의 바닥면은 액체로 덮인 상태를 유지한다(마른 부분이 없음).

해석 회전하는 수직 원통의 바닥면의 중심을 원점으로 잡으면($r = 0$, $z = 0$), 액체의 자유표면에 대한 방정식은 다음과 같다.

$$z_s = h_0 - \frac{\omega^2}{4g}(R^2 - 2r^2)$$

$r = R$인 용기의 가장자리에서 액체의 수직 높이는 다음과 같게 된다.

$$z_s(R) = h_0 + \frac{\omega^2 R^2}{4g}$$

여기서 $h_0 = 0.5$ m는 회전하기 전의 액체의 원래 높이이다. 액체가 넘치기 시작하기 바로 전에, 용기의 가장자리에서 액체의 높이는 용기의 높이와 같고, 따라서 $z_s(R) = H = 0.6$ m이다. 마지막 식을 ω에 대해 풀고 대입하면, 용기의 최대 회전 속도는 다음과 같이 계산된다.

$$\omega = \sqrt{\frac{4g(H - h_0)}{R^2}} = \sqrt{\frac{4(9.81 \text{ m/s}^2)[(0.6 - 0.5) \text{ m}]}{(0.1 \text{ m})^2}} = \mathbf{19.8 \text{ rad/s}}$$

1회전이 2π rad이므로, 용기의 회전 속도는 분당 회전수의 항으로 다음과 같이 쓸 수 있다.

$$\dot{n} = \frac{\omega}{2\pi} = \frac{19.8 \text{ rad/s}}{2\pi \text{ rad/rev}}\left(\frac{60 \text{ s}}{1 \text{ min}}\right) = \mathbf{189 \text{ rpm}}$$

그러므로 이 용기의 회전 속도는 원심 효과의 결과로 액체가 흘러넘치지 않게 하기 위해 189 rpm까지로 제한되어야 한다.

토의 결과가 밀도 또는 다른 유체 상태량에 독립적이므로, 이 해석은 모든 액체에 대하여 유효함을 주목하라. 또한 마른 부분이 없다는 가정이 유효한지를 검증해야 한다. 중심에서 액체의 높이는 다음과 같다.

$$z_s(0) = h_0 - \frac{\omega^2 R^2}{4g} = 0.4 \text{ m}$$

$z_s(0)$이 양이므로, 이 가정의 타당성이 입증된다.

요약

단위 면적당 유체가 가하는 수직력을 **압력**이라 하고, 압력의 SI 단위는 **파스칼**, 1 Pa ≡ N/m²이다. 절대 진공에 상대적인 압력을 **절대 압력**이라 하고, 절대 압력과 국소 대기압 사이의 차이를 **계기 압력**이라고 한다. 대기압보다 낮은 압력을 **진공 압력**이라고 한다. 절대 압력, 계기 압력, 진공 압력들은 다음과 같이 관련되어 있다.

$$P_{gage} = P_{abs} - P_{atm}$$
$$P_{vac} = P_{atm} - P_{abs} = -P_{gage}$$

유체 내의 한 점에서 압력은 모든 방향으로 동일한 크기를 갖는다. 정지 유체 내에서 고도에 따른 압력 변화는 다음과 같이 주어진다.

$$\frac{dP}{dz} = -\rho g$$

여기서 양의 z방향은 관습상 상향으로 취한다. 유체의 밀도가 일정할 때, 두께 Δz의 유체층을 가로질러 압력 차이는 다음과 같다.

$$P_{below} = P_{above} + \rho g|\Delta z| = P_{above} + \gamma_s|\Delta z|$$

대기압에 노출되어 있는 정지 유체 내에서, 자유표면으로부터 깊이 h에서 절대 압력과 계기 압력은 다음과 같다.

$$P = P_{atm} + \rho gh \quad \text{그리고} \quad P_{gage} = \rho gh$$

정지 유체 내의 압력은 수평방향으로는 변하지 않는다. **Pascal의 법칙**은 갇혀 있는 유체에 적용된 압력은 동일한 양만큼 전체에 걸쳐 압력을 증가시킨다는 것을 말한다. 대기압은 **기압계**로 측정되며, 다음과 같이 주어진다.

$$P_{atm} = \rho gh$$

여기서 h는 액체 기둥의 높이이다.

유체 정역학은 정지하고 있는 유체와 연관된 문제를 다루며, 유체가 액체일 때는 **정수역학**이라고 한다. 균일 유체 내에 완전히 잠겨 있는 판의 평면에 작용하는 합력의 크기는 표면의 도심에서 압력 P_C와 표면적 A의 곱과 같으며, 다음과 같이 표현된다.

$$F_R = (P_0 + \rho g h_C)A = P_C A = P_{avg}A$$

여기서 $h_C = y_C \sin\theta$는 액체의 자유표면으로부터 도심의 **수직 거리**이다. 압력 P_0는 보통 대기압인데, 이는 판의 양쪽 모두에 작용하기 때문에 대부분의 경우 상쇄된다. 합력의 작용선과 표면의 교차점은 **압력중심**이다. 합력의 작용선의 수직 위치는 다음과 같이 주어진다.

$$y_P = y_C + \frac{I_{xx,C}}{[y_C + P_0/(\rho g \sin\theta)]A}$$

여기서 $I_{xx,C}$는 면적의 도심을 통과하는 x축에 대한 면적의 2차 모멘트이다.

유체는 그 안에 잠겨 있는 물체에 상향력을 미친다. 이 힘을 **부력**이라 하며, 다음과 같이 표현된다.

$$F_B = \rho_f g V$$

여기서 V는 물체의 체적이다. 이는 **Archimedes 원리**로 알려져 있고, 다음과 같이 기술된다. 즉, 유체 내에 잠겨 있는 물체에 작용하는 부력은 그 물체에 의해 배제된 유체의 무게와 같고, 부력은 배제된 체적의 도심을 통과하여 상향으로 작용한다. 일정한 밀도를 갖는 유체 내에서, 부력은 자유표면으로부터 물체의 거리에 무관하다. **떠 있는** 물체에 대해, 물체의 잠겨 있는 체적 부분의 비는 유체 밀도에 대한 물체의 평균 밀도의 비와 같다.

강체처럼 거동하는 유체에 대한 일반 **운동 방정식**은 다음과 같다.

$$\vec{\nabla}P + \rho g\vec{k} = -\rho\vec{a}$$

중력이 $-z$방향으로 작용할 때, 위 식은 다음의 스칼라 형태로 표현된다.

$$\frac{\partial P}{\partial x} = -\rho a_x, \quad \frac{\partial P}{\partial y} = -\rho a_y, \quad \text{그리고} \quad \frac{\partial P}{\partial z} = -\rho(g + a_z)$$

여기서 a_x, a_y, a_z는 각각 x, y, z방향으로의 가속도이다. xz면에서 **선형적인 가속 운동** 중에 압력 분포는 다음과 같이 표현된다.

$$P = P_0 - \rho a_x x - \rho(g + a_z)z$$

등가속도로 선형 운동 중인 액체 내의 등압면(자유표면을 포함하여)은 xz면에서 기울기가 다음과 같은 평행면들이다.

$$\text{기울기} = \frac{dz_{\text{isobar}}}{dx} = -\frac{a_x}{g + a_z} = -\tan\theta$$

회전 실린더 내에서 강체 운동을 하는 액체의 등압면은 **회전체의 포물면**이다. 이때 자유표면의 방정식은 다음과 같다.

$$z_s = h_0 - \frac{\omega^2}{4g}(R^2 - 2r^2)$$

여기서 z_s는 반경 r에서 용기의 바닥으로부터 자유표면의 거리이고, h_0는 회전하지 않는 용기 내의 유체의 원래 높이이다. 액체 내의 압력 변화는 다음과 같이 표현된다.

$$P = P_0 + \frac{\rho\omega^2}{2}r^2 - \rho g z$$

여기서 P_0는 원점 ($r = 0$, $z = 0$)에서 압력이다.

압력은 기본적인 상태량이고, 압력을 포함하지 않는 중요한 유체 유동 문제를 상상하는 것은 어렵다. 그러므로 이 교재의 나머지 모든 장에서 이 상태량을 계속 보게 될 것이다. 그러나 평면이나 곡면에 작용하는 정수력에 대한 고려는 대부분 이 장에 국한된다.

연습 문제*

압력, 마노미터 및 기압계

2-1 기체를 담고 있는 수직 피스톤-실린더 장치의 피스톤은 40 kg의 질량과 단면적 0.012 m²를 가진다(그림 P2-1). 국소 대기압은 95 kPa이고, 중력가속도는 9.81 m/s²이다. (*a*) 실린더 내의 압력을 계산하라. (*b*) 만약 기체에 열이 가해지고 그 부피가 두 배가 된다면, 실린더 내의 압력이 변할 것으로 기대하는가?

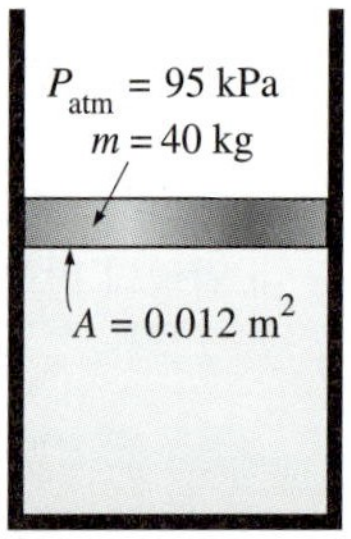

그림 P2-1

2-2 탱크 안의 물이 공기로 가압되고, 압력이 그림 P2-2에 보인 바와 같이 다중 유체 마노미터로 측정된다. 만약 $h_1 = 0.4$ m, $h_2 = 0.6$ m, $h_3 = 0.8$ m라면 탱크 속 공기의 계기 압력을 계산하라. 물, 기름, 수은의 밀도를 각각 1000 kg/m³, 850 kg/m³, 13,600 kg/m³로 취하라.

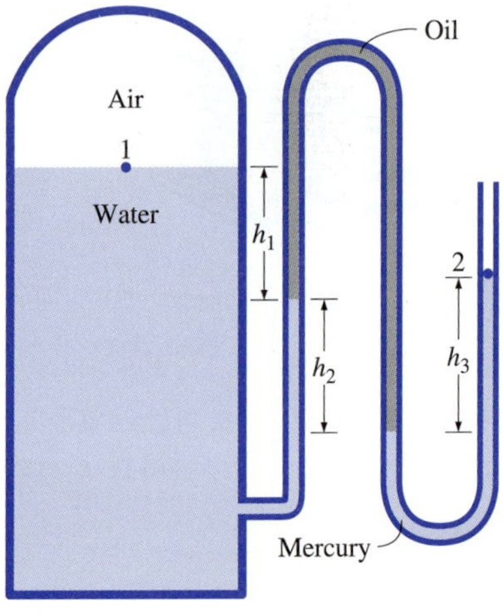

그림 P2-2

2-3 기압계 눈금이 755 mmHg인 장소에서, 탱크에 연결된 진공 압력계가 45 kPa를 나타낸다. 탱크 안의 절대 압력을 구하라. $\rho_{Hg} = 13{,}590\ \text{kg/m}^3$로 취하라. **답:** 55.6 kPa

2-4 저수조로부터 물이 내경이 $D = 30$ cm인 수직 튜브 내에서 피스톤의 끌어당기는 힘 F의 영향으로 들어 올려진다. 자유표면 위로 높이가 $h = 1.5$ m로 물을 끌어올리기 위해 필요한 힘을 계산하라. $h = 3$ m에서 결과는 어떠한가? 또한 대기압을 96 kPa로 취하고 h가 0부터 3 m까지 변함에 따라 피스톤 면에서 절대 수압을 도시하라.

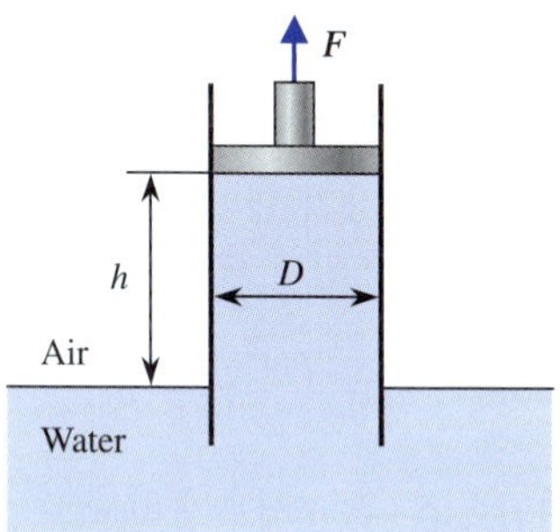

그림 P2-4

2-5 기본적인 기압계는 건물의 높이 측정에도 이용될 수 있다. 만약 건물의 꼭대기와 바닥에서 기압계 눈금이 각각 730 및 755 mmHg라고 할 때, 그 건물의 높이를 구하라. 평균 공기 밀도는 $1.18\ \text{kg/m}^3$로 가정하라.

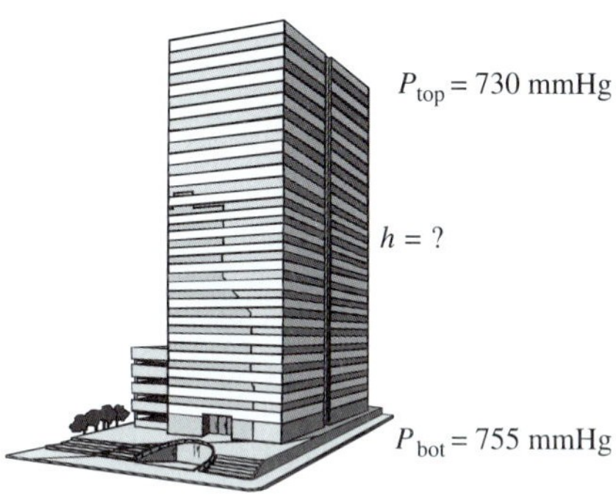

그림 P2-5

2-6 기체가 수직으로 서 있으며, 마찰이 없는 피스톤-실린더 장치에 담겨 있다. 피스톤은 질량이 4 kg이고, 단면적이 $35\ \text{cm}^2$이다. 피스톤 위의 압축 스프링은 피스톤에 60 N의 힘을 미친다. 만약 대기압이 95 kPa일 때, 실린더 내부의 압력을 계산하라. **답:** 123.4 kPa

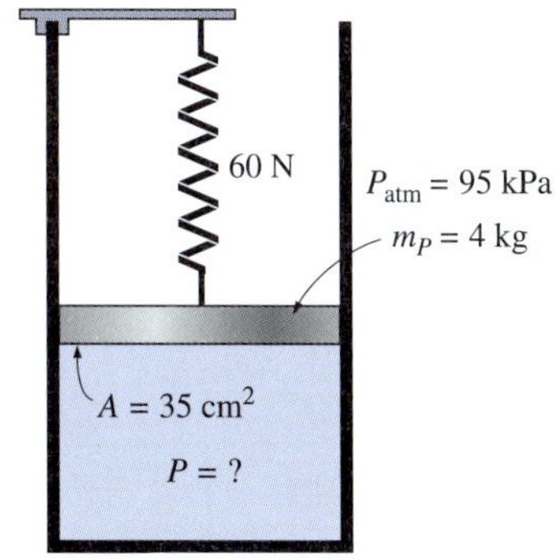

그림 P2-6

2-7 게이지와 마노미터가 기체 탱크에 압력 측정을 위해 부착되어 있다. 만약 압력계의 눈금이 65 kPa이라면, 마노미터의 두 유체 수위 사이의 거리를 구하라. (*a*) 만약 유체가 수은($\rho = 13{,}600\ \text{kg/m}^3$)일 경우 또는 (*b*) 물($\rho = 1000\ \text{kg/m}^3$)일 경우.

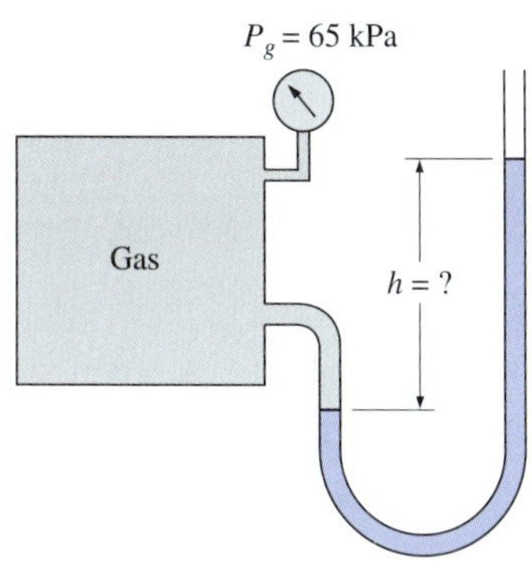

그림 P2-7

2-8 그림에 보인 시스템은 물 파이프 내에서 압력이 ΔP만큼 증가될 때 압력의 변화를 정확히 측정하기 위해 이용된다. $\Delta h = 70$ mm일 때, 파이프 내 압력의 변화는 얼마인가?

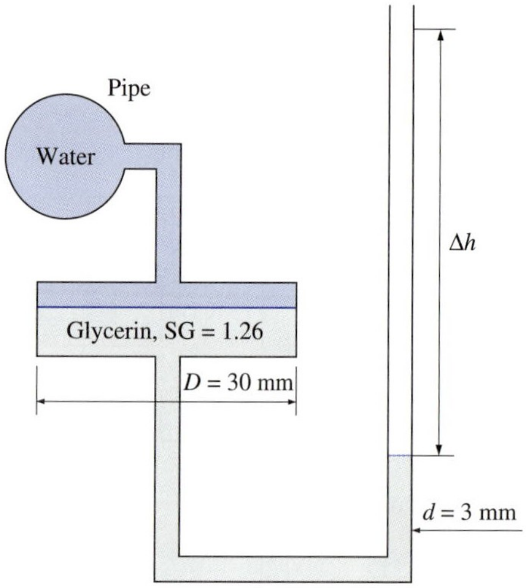

그림 P2-8

2-9 그림에 보인 마노미터는 최대 100 Pa까지 압력을 측정하기 위해 설계된다. 만약 판독 오차가 ±0.5 mm로 예측된다면 압력 측정과 연관된 오차가 전체 눈금의 2.5%를 넘지 않도록 하는 d/D의 비율은 얼마이어야 하는가?

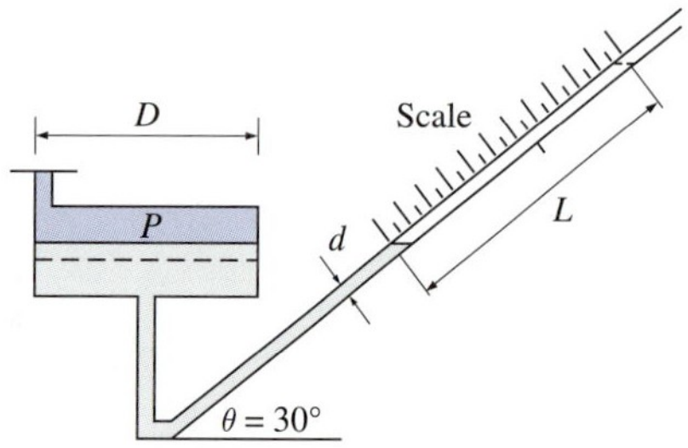

그림 P2-9

2-10 수은 마노미터($\rho = 13{,}600\ \text{kg/m}^3$)가 내부 압력을 측정하기 위해 공기 덕트에 연결되어 있다. 마노미터의 수위 차이는 10 mm이고, 대기압은 100 kPa이다. (*a*) 그림 P2-10로부터 판단할

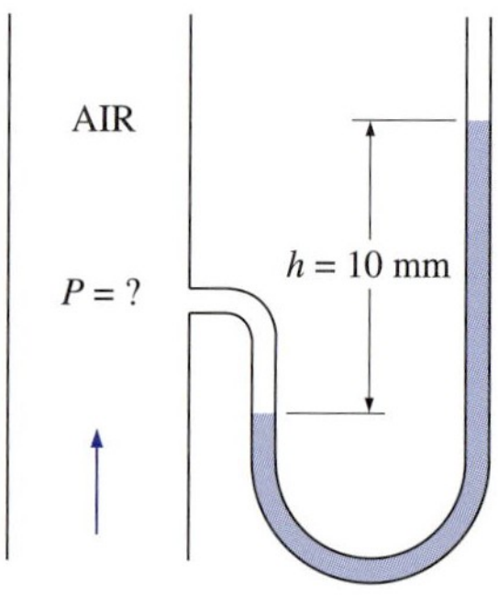

그림 P2-10

때, 덕트 내의 압력이 대기압보다 높은지 혹은 낮은지를 결정하라. (*b*) 덕트 내의 절대 압력을 구하라.

2-11 그림 P2-11에 보인 바와 같이, 담수와 해수가 흐르는 평행 수평 배관이 이중 U관에 의해 서로 연결된다. 두 배관 사이의 압력차를 구하라. 이 위치에서 해수의 밀도는 $\rho = 1035\ \text{kg/m}^3$로 취하라. 이 해석에서 공기 기둥은 무시할 수 있는가?

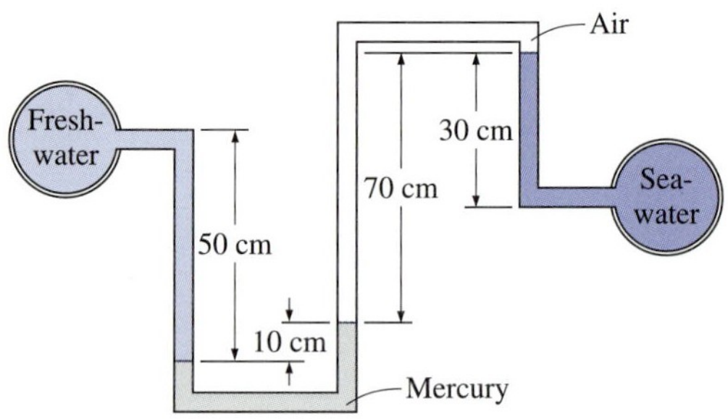

그림 P2-11

2-12 두 개의 오일 탱크가 마노미터를 통해 서로 연결된다. 만약 두 팔의 수은 높이 사이의 차이가 80 cm라면 두 탱크 사이의 압력차를 결정하라. 오일과 수은의 밀도는 각각 $721\ \text{kg/m}^3$ 및 $13{,}600\ \text{kg/m}^3$이다.

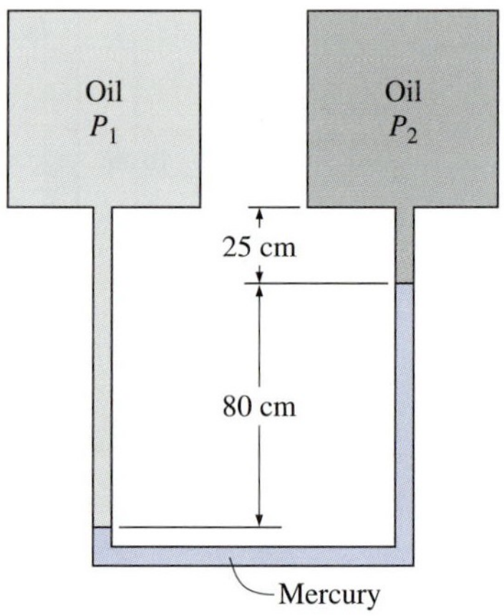

그림 P2-12

2-13 그림 P2-13에 보인 바와 같이, 하부에 동일한 유체를 갖는 두 개의 방이 무게가 25 N인 피스톤에 의해 분리되어 있다. 방 A 및 B의 계기 압력을 계산하라.

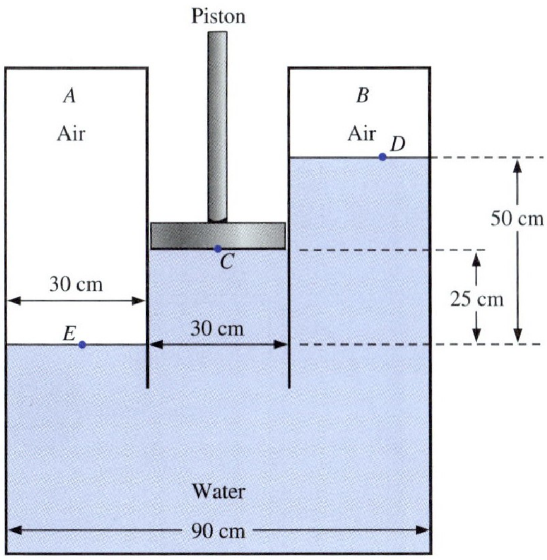

그림 P2-13

2-14 그림 P2-14와 같이 공기 파이프에 부착된 이중-유체 마노미터를 고려해 보자. 만약 한쪽 유체의 비중이 13.55라면, 그림에 표시된 공기의 절대 압력에 대하여 다른 한쪽의 유체 비중을 계산하라. 대기압은 100 kPa로 취하라. **답:** 1.34

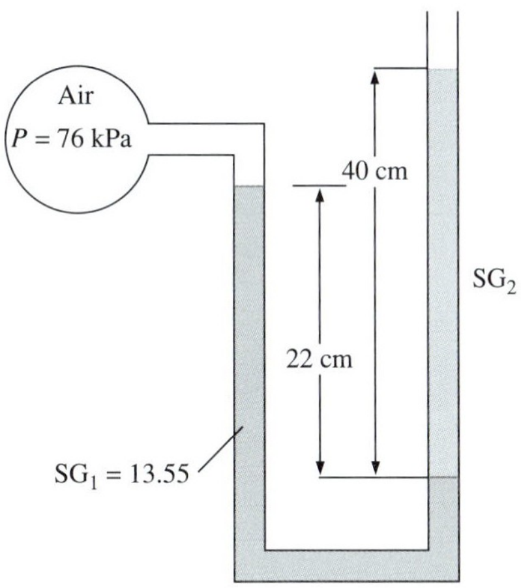

그림 P2-14

2-15 그림 P2-15과 같이 오일 파이프와 물 파이프 사이의 압력 차이가 이중-유체 마노미터로 측정된다. 주어진 유체의 높이와 비중에 대해 압력차 $\Delta P = P_B - P_A$를 계산하라.

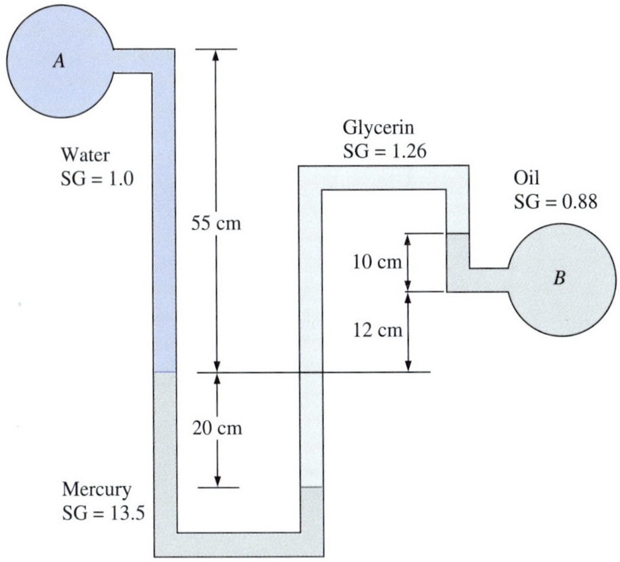

그림 P2-15

2-16 그림 P2-16에 보인 시스템을 고려해 보자. 소금물 파이프의 압력이 일정하게 유지될 동안, 공기 압력이 0.9 kPa 변함에 따라 오른쪽 기둥에서 소금물-수은 계면이 5 mm 하강하게 된다면, A_2/A_1의 비율을 구하라.

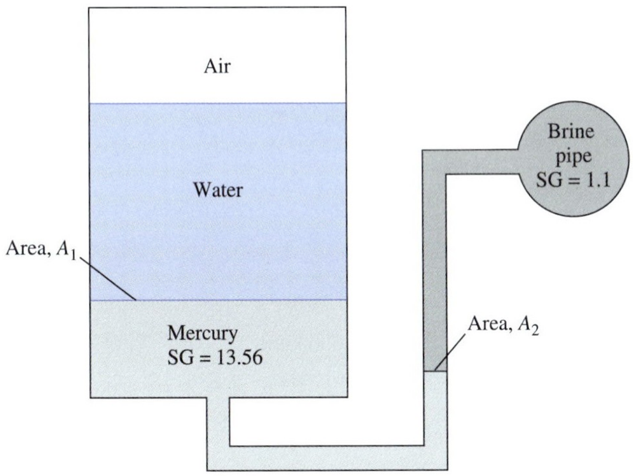

그림 P2-16

2-17 그림 P2-17와 같이 두 개의 물탱크가 경사관을 가진 수은 마노미터를 통해 서로 연결된다. 만약 두 탱크 사이의 압력차가 20 kPa이라면, a와 θ를 계산하라.

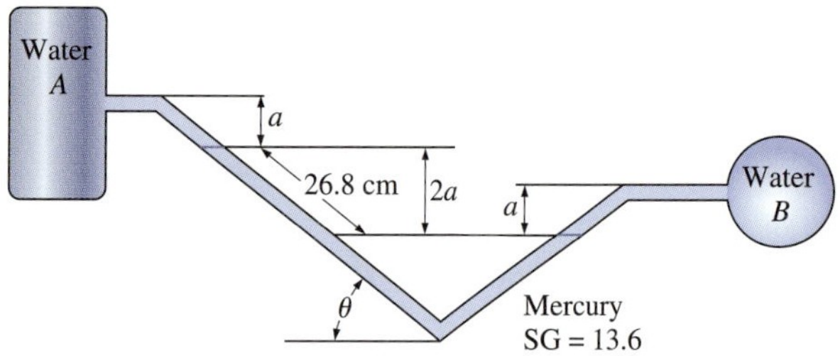

그림 P2-17

2-18 그림 P2-18에서와 같이 자동차 수리점에서 이용되는 유압 잭을 고려해 보자. 피스톤은 $A_1 = 0.8\text{ cm}^2$, $A_2 = 0.04\text{ m}^2$인 면적을 갖는다. 비중이 0.870인 유압 오일이 왼쪽의 작은 피스톤이 위아래로 눌러짐에 따라 오른쪽의 큰 피스톤을 천천히 들어 올리면서 펌핑된다. 13,000 N의 무게가 나가는 차가 잭으로 들어 올려진다. (*a*) 처음에 두 피스톤이 동일한 높이에 놓여 있을 때 ($h = 0$) 차의 무게를 지탱하기 위해 요구되는 힘 F_1을 뉴턴 단위로 계산하라. (*b*) 차가 2 m ($h = 2$ m) 들어 올려진 다음에 계산을 반복하라. 비교하고, 논의하라.

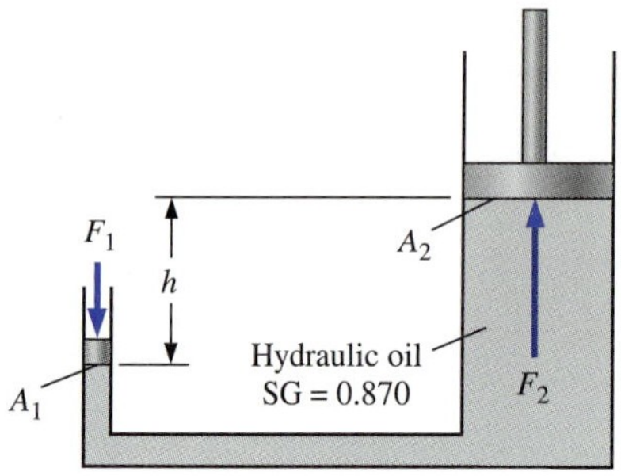

그림 P2-18

유체 정역학: 평면과 곡면 위의 정수력

2-19 길이가 8 m, 폭이 8 m, 높이가 2 m인 물이 가장자리까지 차 있는 지상 수영장을 고려해 보자. (*a*) 각 벽에 작용하는 정수력과 지상으로부터 이 힘의 작용선의 거리를 계산하라. (*b*) 만약 수영장의 벽 높이가 두 배가 되어 물이 가득 찬다면, 각 벽에 작용하는 정수력은 두 배가 될까 혹은 네 배가 될까? 그 이유는?

답: (*a*) 157 kN

2-20 높이가 60 m이고, 폭이 360 m인 댐이 그 용량까지 채워져 있을 경우를 고려해 보자. (*a*) 댐에 작용하는 정수력과 (*b*) 댐의 꼭대기 부근과 바닥 부근의 단위 면적당 힘을 계산하라.

2-21 지면을 향해 2 m의 폭을 가진 문(그림 P2-21)에 대하여, 이 문 *ABC*를 현 위치에 지탱하는 데 필요한 힘을 결정하라.

답: 17.8 kN

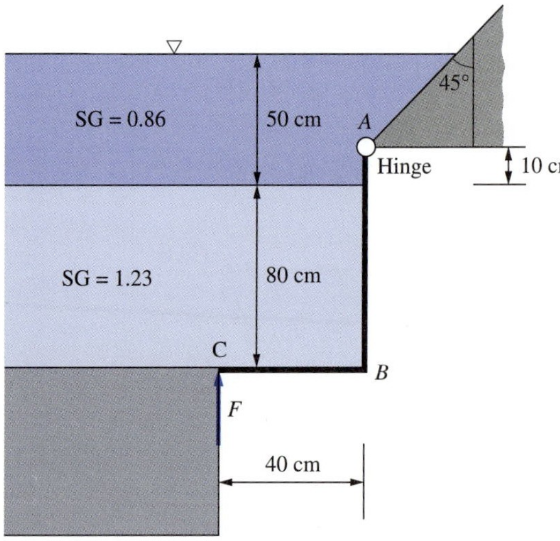

그림 P2-21

2-22 그림 P2-22에 보인 바와 같이, 높이가 0.7 m이고 폭이 0.7 m인 삼각형 문에 작용하는 결과력과 그것의 작용선을 결정하라.

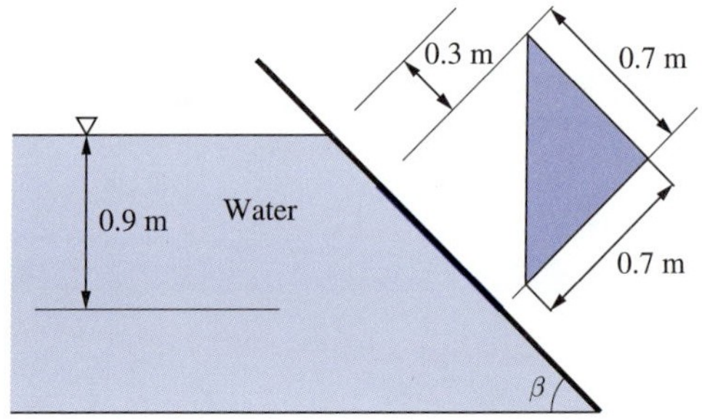

그림 P2-22

2-23 그림 P2-23에 보인 바와 같이, 저수조로부터의 물의 유동은 점 *A*에서 힌지로 지지되는 폭 1.5 m인 L형 수문에 의해 조절된다. 만약 물의 높이가 3.6 m가 될 때 수문이 열리도록 요구된다면, 요구되는 하중 *W*의 질량을 계산하라. **답:** 13,400 kg

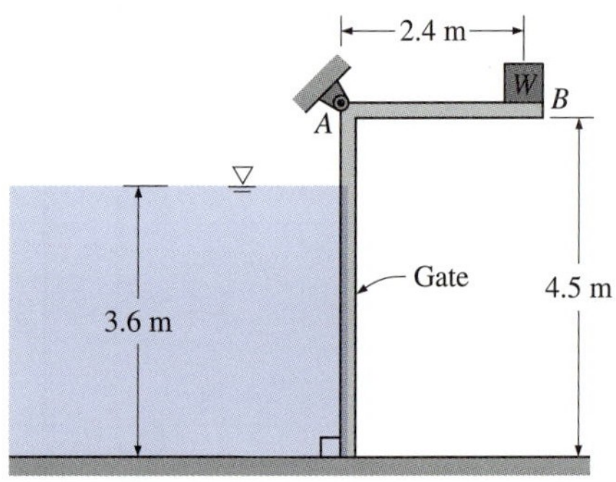

그림 P2-23

2-24 그림 P2-24에 보인 바와 같이, 반경이 0.6 m인 반원형 단면의 물통은 바닥에서 두 개의 대칭인 부분들이 서로 힌지로 연결되어 구성된다. 두 부분은 줄로 당겨져 일체가 되도록 지지되고, 물통의 길이를 따라 매 3 m마다 조임 나사가 설치되어 있다. 그 물통이 가장자리까지 물이 차 있을 때, 각 줄의 인장력을 계산하라.

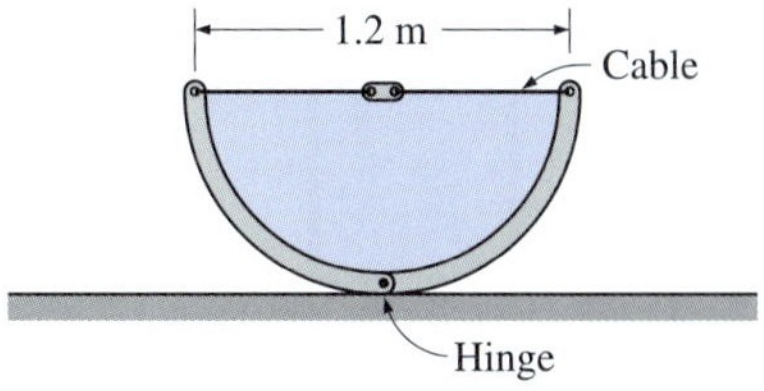

그림 P2-24

2-25 원통형 탱크에 물로 가득 차 있다(그림 P2-25). 탱크로부터 유동을 증가시키기 위해 추가적인 압력이 압축기에 의해 물 표면에 가해진다. $P_0 = 0$, $P_0 = 3$ bar, $P_0 = 10$ bar에 대해 물에 의해 표면 A에 가해진 정수력을 계산하라.

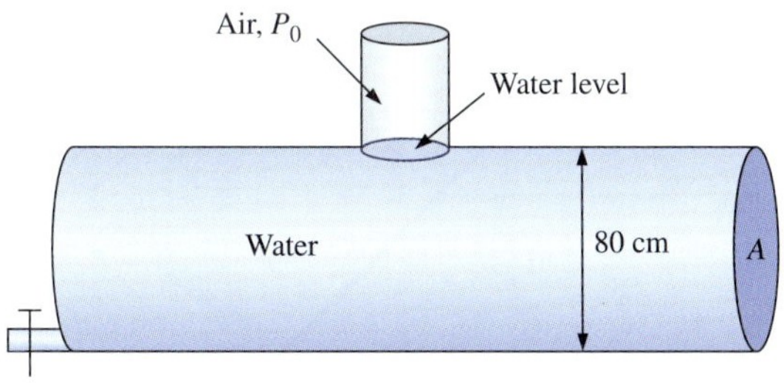

그림 P2-25

2-26 아래에 보인 2.5 m × 8.1 m × 6 m인 탱크에 SG = 0.88인 오일이 차 있다. (*a*) 표면 *AB*에 작용하는 결과력의 크기와 작용선의 위치, (*b*) 표면 *BD*에 작용하는 압력 힘을 결정하라. 표면 *BD*에 작용하는 힘이 탱크 내 오일의 중량과 같을 것인가? 설명하라.

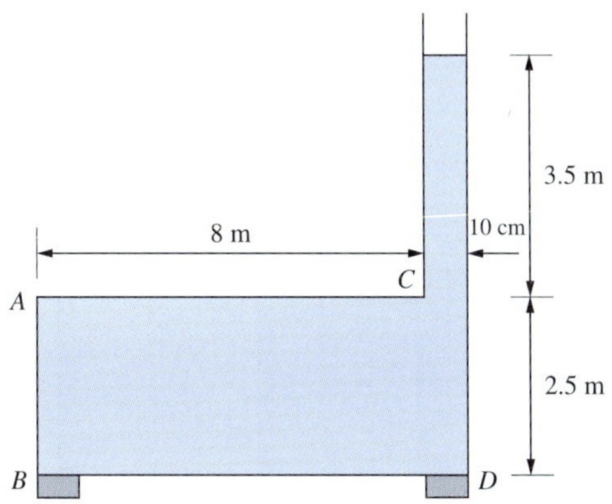

그림 P2-26

2-27 그림 P2-27에 보인 바와 같이, 높이가 1.2 m, 폭이 0.25 m인 사각형 콘크리트 블록($\rho = 2700$ kg/m^3)을 나란히 설치함으로써 진흙탕을 막아주는 지지벽을 건설하고자 한다. 지면과 콘크리트 블록 사이의 마찰계수는 $f = 0.4$이고, 진흙의 밀도는 약 1400 kg/m^{3}이다. 진흙의 높이가 올라감에 따라 콘크리트 블록은 미끄러지거나 또는 아래쪽 좌측 모서리 너머로 뒤집어질 수 있다. (*a*) 블록이 마찰을 이겨내서 미끄러지기 시작할 때, (*b*) 블록이 뒤집어질 때, 진흙의 높이를 계산하라.

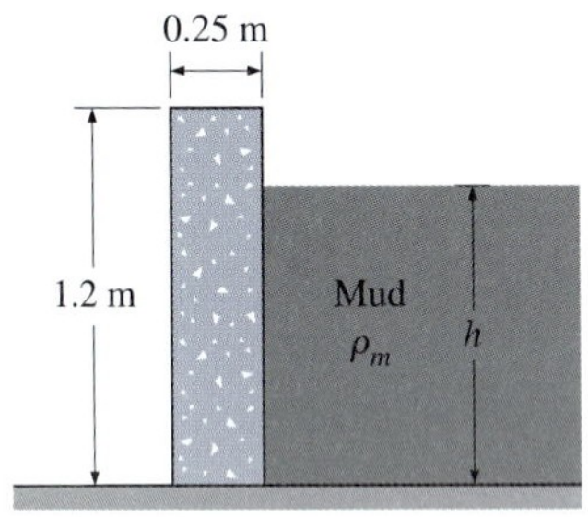

그림 P2-27

2-28 그림 P2-28에 보인 바와 같이, 반경이 3 m이고 무게는 무시할 수 있는 길이 4 m인 사분원 수문이 위쪽 모서리 점 A에 대해 회전할 수 있도록 되어 있다. 수문은 점 B에 있는 선반(ledge)을 넘쳐 흐르는 물의 유동을 조절한다. 또한 점 B에서는 수문이 스프링에 의해 압박된다. 수문의 위쪽 가장자리에서 물의 높이가 점 A까지 상승할 때, 수문을 닫힌 채로 유지하기 위해 필요한 최소 스프링 힘을 계산하라.

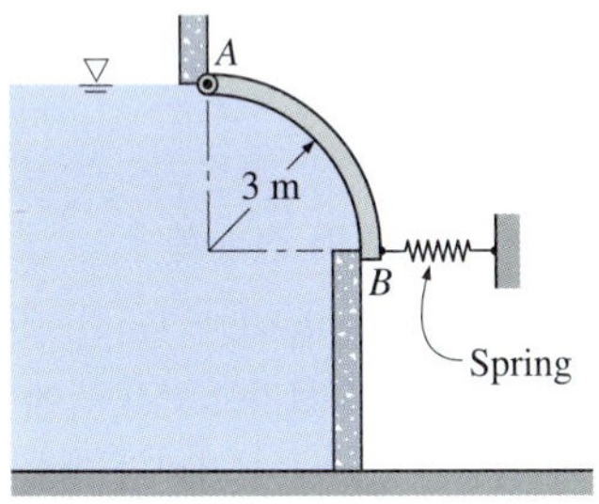

그림 P2-28

2-29 자체의 무게를 무시하고 다른 유체로부터 물을 격리하는 폭이 1 m인 경사진 문을 고려해 보자. 지금 보이는 위치에 문을 지탱하기 위해 물속에 잠긴 콘크리트 블록(SG =2.4)의 부피는 얼마인가? 마찰 효과는 모두 무시하라.

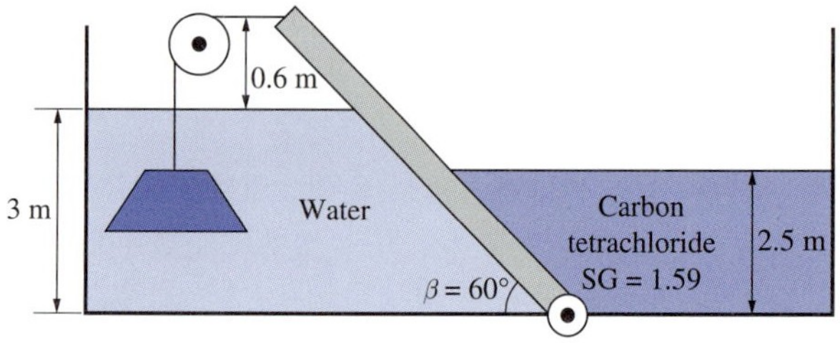

그림 P2-29

부력

2-30 직경이 1 cm인 눈금이 완전히 닳아 없어진 낡은 원통형 비중계로 액체의 밀도를 측정하려고 한다. 그 비중계를 우선 물속에 넣고, 그 때의 물의 수위를 표시한다. 그 다음 비중계를 다른 액체에 담그니, 물에 대한 수위 표시가 액체-공기 계면 위로 0.3 cm 상승한 것으로 관찰된다(그림 P2-30). 물에 대한 수위 표시의 높이가 12.3 cm일 때, 액체의 밀도를 구하라.

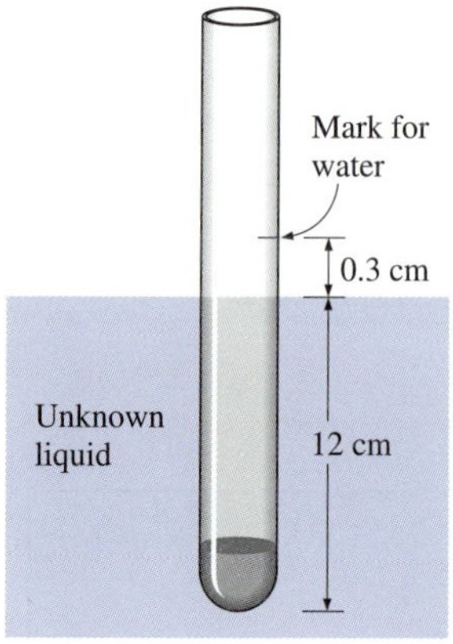

그림 P2-30

2-31 바닷물에 떠 있는 큰 정육면체 얼음덩어리를 고려해 보자. 얼음과 바닷물의 비중은 각각 0.92 및 1.025이다. 만약 얼음덩어리의 높이 25 cm 부분이 물의 표면 위로 나와 있다면, 표면 아래의 얼음덩어리의 높이를 구하라. **답:** 2.19 m

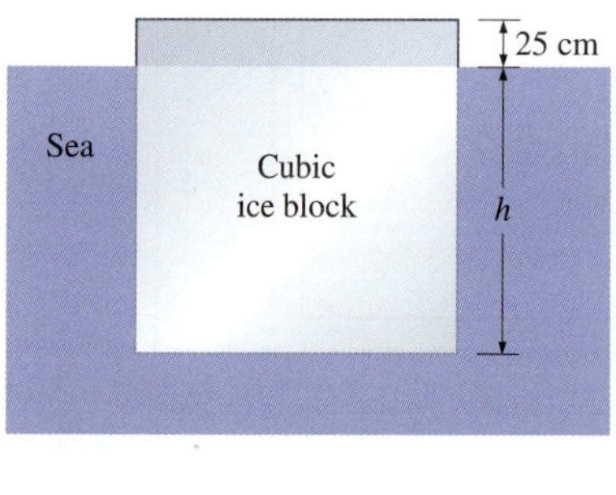

그림 P2-31

2-32 거꾸로 선 원추가 그림처럼 물탱크 내에 놓여 있다. 만약 원추의 중량이 16.5 N이라면 원추를 탱크 바닥에 연결하는 줄의 인장력은 얼마인가?

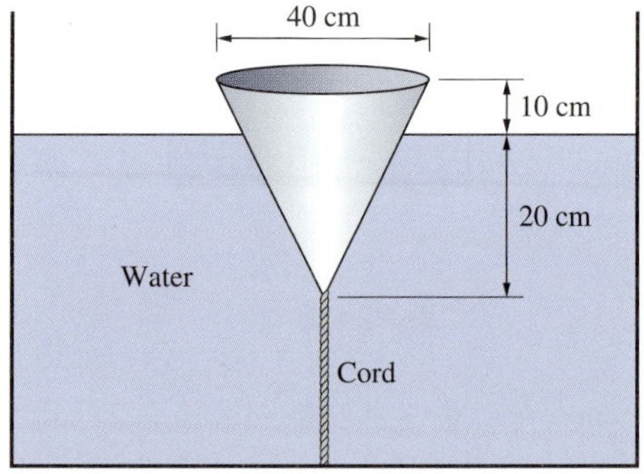

그림 P2-32

2-33 Archimedes는 Hiero 왕의 왕관이 정말로 순금으로 만들어졌는지 여부를 어떻게 알아낼 수 있을까를 생각하면서 목욕하는 중에 그의 원리를 발견했다고 알려져 있다. 욕조에 들어가 있는 동안, 그는 물체의 무게를 공기 중에서와 물속에서 달아봄으로써 불규칙하게 생긴 물체의 평균 밀도를 결정할 수 있다고 생각하였다. 만약 왕관의 무게가 공기 중에서 3.55 kgf(= 34.8 N)이고 물속에서 3.25 kgf(= 31.9 N)이었다면, 그 왕관이 순금이었는지의 여부를 결정하라. 금의 밀도는 19,300 kg/m^{3}이다. 물속에서 왕관의 무게를 달아보지 않고, 그 대신에 체적에 대해 보정이 되어 있지 않은 평범한 물통을 이용하여 이 문제를 풀 수 있는가에 대해 논의하라. 공기 중에서는 모든 것의 무게를 달아볼 수 있다.

2-34 보트의 선체는 180 m^{3}의 체적을 갖고 있으며, 그 보트의 총 질량은 비어 있을 때 8560 kg이다. 이 보트가 가라앉지 않고 (*a*) 호수에서, (*b*) 비중이 1.03인 바닷물에서 얼마의 하중을 운반할 수 있는지를 계산하라.

강체 운동 중인 유체

2-35 물탱크가 수평과 14°를 이루는 오르막 도로 위에서, 운동방향으로 3.5 m/s^{2}의 등가속도로 이동하는 트럭에 의해 견인되고 있다. 물의 자유표면이 수평과 이루는 각도를 계산하라. 만약 동일한 도로에서 동일한 가속도를 가지고 운동방향이 내리막이라면 답은 어떻게 될 것인가?

2-36 대기 중에 노출된 직경이 0.9 m인 수직 원통형 탱크가 높이 0.3 m의 물을 담고 있다. 탱크가 지금 중심선에 대해 회전하고, 물의 수위는 가장자리에서 상승하는 반면에 중심에서는 하강한다. 탱크의 바닥이 최초로 드러날 때의 각속도를 계산하라. 또한 이 순간에 최대 물 높이를 계산하라.

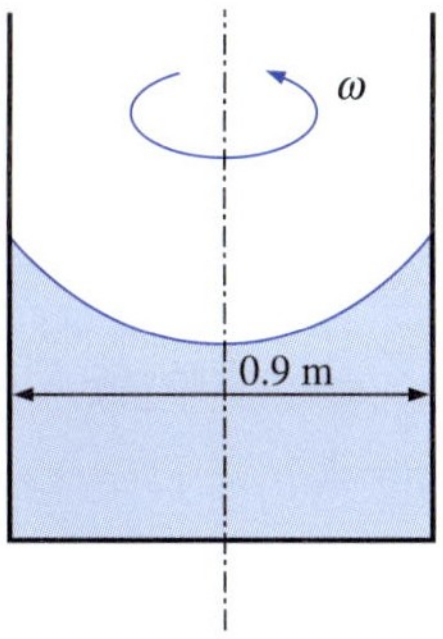

그림 P2-36

2-37 60 cm 높이로 물이 차 있는 어항이 승강기 내에서 움직인다. 승강기가 (*a*) 정지해 있을 때, (*b*) 상향 가속도 3 m/s^{2}로 위로 움직일 때, (*c*) 하향 가속도 3 m/s^{2}로 아래로 움직일 때 어항 바닥에서 압력을 계산하라.

2-38 그림처럼 총 높이가 0.4 m이고, 직경이 0.3 m인 수직 실린더의 바닥 1/4이 액체(글리세린처럼 SG>1)로 채워져 있고, 그 나머지는 물로 채워져 있다. 탱크가 지금 수직축에 대해 등각속도 ω로 회전된다. (*a*) 액체-액체 접합면에서 축 상의 점 *P*가 탱크의 바닥에 닿을 때의 각속도의 값, (*b*) 이 각속도에서 밖으로 쏟아질 물의 양을 결정하라.

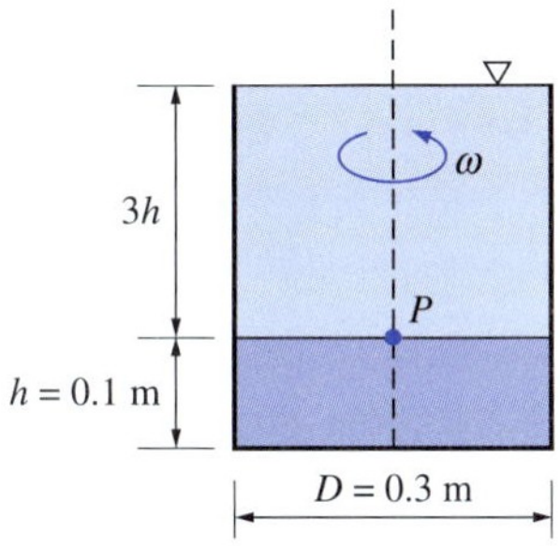

그림 P2-38

2-39 대기 중에 노출된 U관의 두 팔의 중심 간 거리가 30 cm이고, U관이 20 cm 높이의 알코올을 양쪽 팔에 담고 있다. 지금 U관이 왼쪽 팔에 대해 4.2 rad/s로 회전한다. 두 팔에서 유체 표면 사이의 높이차를 계산하라.

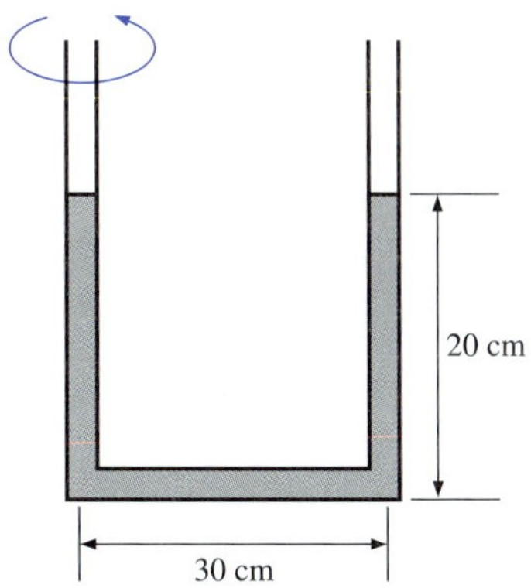

그림 P2-39

2-40 그림과 같이 바닥에 무거운 오일(글리세린과 같은)과 위에는 물로 채워진 사각형 탱크가 있다. 탱크가 수평하게 오른쪽으로 등가속도 운동을 하고, 그 결과로 물의 1/4이 뒤쪽으로 쏟아진다. 기하학적 고려하에, 탱크의 뒤쪽에서 오일과 물의 접합면 위의 점 *A*는 이 가속도에서 얼마나 높아질 것인지 결정하라.

답: 0.25 m

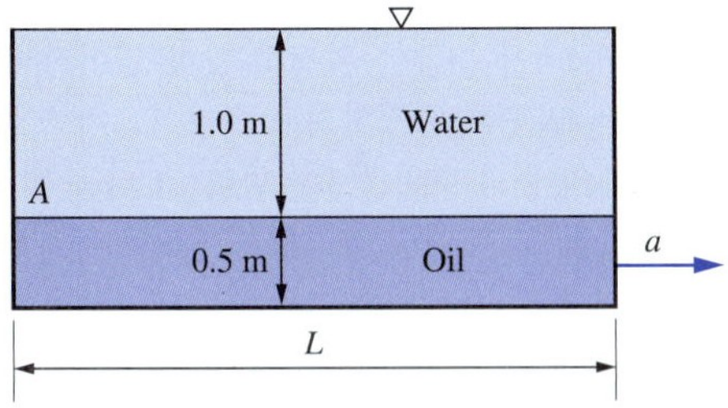

그림 P2-40

2-41 그림에 보인 액체가 채워진 밀폐된 상자가, 점 *B*가 대기압에 유지되는 동안 상자의 뒤쪽의 꼭대기 점 *A*에서 압력을 측정함으로써 차량의 가속도를 측정하는 데 이용될 수 있다. 압력 P_A와 가속도 *a* 사이의 관계를 구하라.

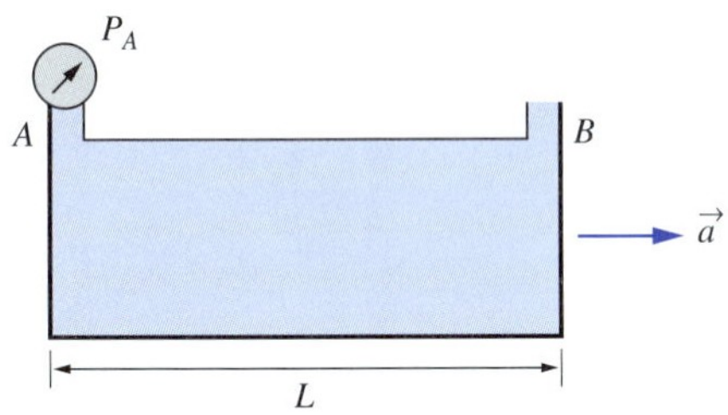

그림 P2-41

복습 문제

2-42 그림 P2-42에 보인 바와 같이 세 개의 관으로 구성된 시

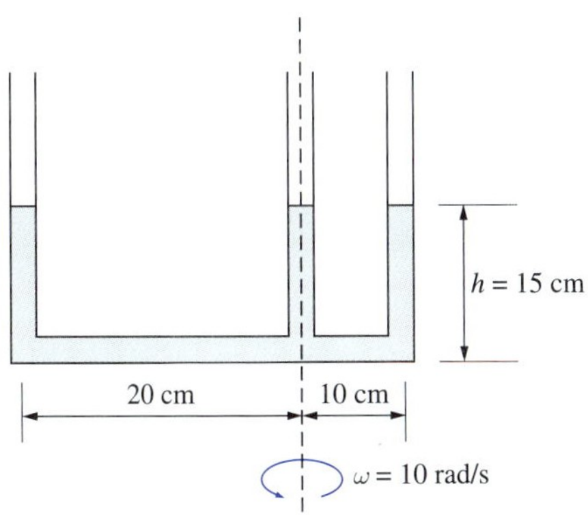

그림 P2-42

스템의 회전 속도율이 ω = 10 rad/s이라면 각각의 튜브 다리에서 물의 높이를 결정하라. 어떤 회전 속도에서 가운데 관이 완전히 비워질까?

2-43 열기구는 종종 헬륨 가스로 채워지는데, 이는 헬륨이 동일한 조건에서 공기 무게의 단지 7분의 1의 무게밖에 나가지 않기 때문이다. $F_b = \rho_{air} g V_{balloon}$으로 표현될 수 있는 부력은 열기구를 위쪽으로 밀어올리게 된다. 만약 열기구가 직경이 12 m이고, 체중이 각각 70 kg인 두 사람을 태운다면, 열기구가 최초로 풀려질 때의 가속도를 계산하라. 공기의 밀도는 $\rho = 1.16\ \text{kg/m}^3$로 가정하고, 로프와 운전실(cage)의 무게는 무시하라. **답:** 25.7 m/s²

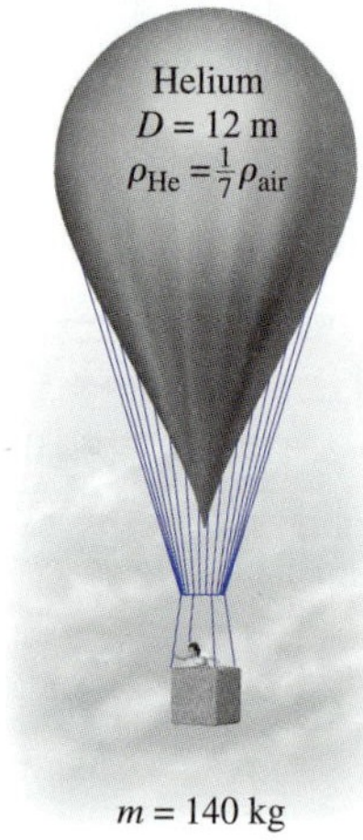

그림 P2-43

2-44 수직으로 서 있고, 마찰이 없는 피스톤-실린더 장치가 500 kPa에서 기체를 담고 있다. 외부의 대기압은 100 kPa이고, 피스톤의 면적은 30 cm²이다. 피스톤의 질량을 계산하라.

2-45 압력 조리기는 내부 압력 및 온도를 보다 높게 유지함으로써 보통 조리기보다 훨씬 빠르게 음식을 조리할 수 있다. 압력 조리기의 뚜껑은 잘 밀폐되어 있고, 수증기는 뚜껑 중앙의 구멍만을 통해 빠져나갈 수 있다. 별도의 금속 조각인 작은 마개(petcock)가 이 구멍 위에 놓여 있어, 압력 힘이 작은 마개의 무게를 극복하기 전까지는 수증기가 빠져나가지 못하도록 억제한다. 이런 방식의 수증기의 주기적 방출은 위험할 수 있는 압력 누적을 방지하고, 내부 압력을 일정하게 유지해 준다. 작동 계기 압력이 120 kPa이고, 구멍의 단면적이 3 mm²인 압력 조리기의 작은 마개의 질량을 계산하라. 대기압은 101 kPa로 가정하고, 작은 마개의 자유물체도를 그려라. **답:** 36.7 g

그림 P2-45

2-46 그림 P2-46에 보인 바와 같이, 직경이 30 cm인 탄성이 있는 공기 풍선이 +4℃의 물로 부분적으로 채워진 용기의 바닥에 부착되어 있다. 만약 물 위의 공기 압력이 100 kPa로부터 1.6 MPa까지 점진적으로 증가한다면, 케이블에 작용하는 힘이 변할까? 만약 그렇다면 힘의 백분율 변화는 얼마인가? 풍선의 직경과 자유표면 위의 압력은 $P = CD^n$의 관계에 따르며, 여기서 C는 상수이고, $n = -2$라고 가정하라. 풍선과 그 안의 공기의 중량은 무시하라. **답:** 98.4 퍼센트

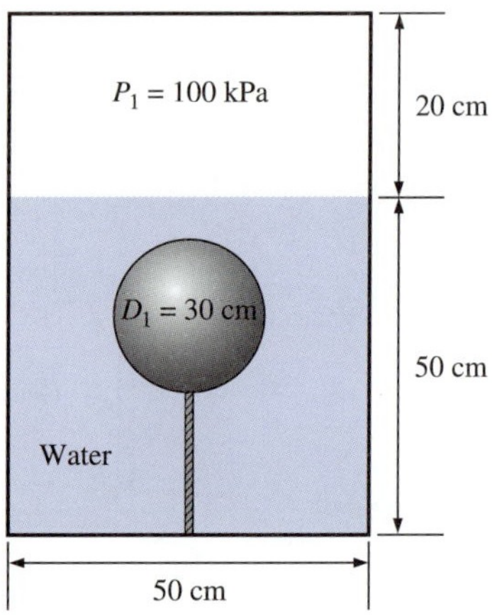

그림 P2-46

2-47 그림 P2-47에 보인 바와 같이, 가솔린 배관이 이중-U 마노미터를 통하여 압력계에 연결되어 있다. 만약 압력계의 눈금이 260 kPa이라면, 가솔린 배관의 계기 압력을 계산하라.

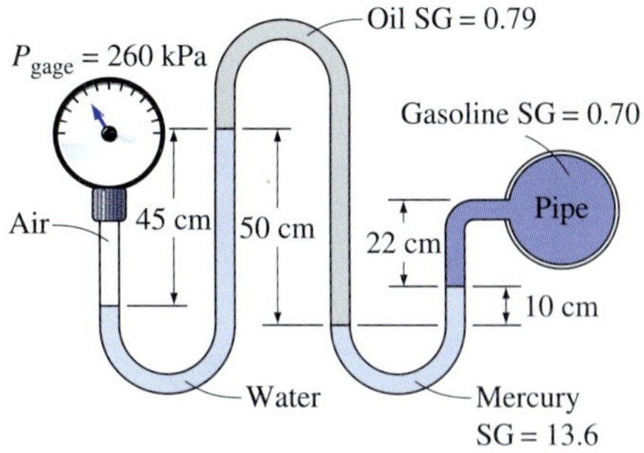

그림 P2-47

2-48 대기의 온도는 고도에 따라 변한다는 사실은 잘 알려져 있다. 예를 들어, 고도 11 km까지에 이르는 대류권에서 온도 변화는 $T = T_0 - \beta z$으로 근사적으로 표현될 수 있다. 여기서 T_0는 해수면에서 온도이고, 이는 288.15 K로 취해질 수 있으며, $\beta =$ 0.0065 K/m이다. 중력가속도 역시 고도에 따라 $g(z) = g_0/(1 + z/6{,}370{,}320)^2$에 의해 변할 수 있다. 여기서 $g_0 = 9.807\ \text{m/s}^2$이고, z는 m 단위의 해수면으로부터 고도이다. 대류권에서 압력 변화에 대한 관계식에 대해 고도에 따른 g의 변화를 (*a*) 무시함으로써, (*b*) 고려함으로써 구하라.

2-49 높이가 3 m, 폭이 6 m인 직사각형 수문이 A에서 위 모서리에 힌지가 달려 있고, B에서 고정된 턱에 의해 구속된다. 5 m 높이의 물에 의해 수문에 작용하는 정수력과 압력중심의 위치를 결정하라.

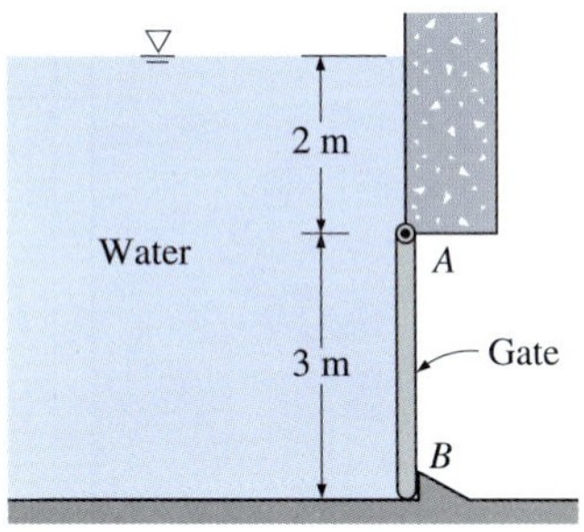

그림 P2-49

2-50 정지해 있는 길이 5 m, 높이 4 m의 탱크는 2.5 m 깊이의 물을 담고 있으며, 중앙에 통기구를 통해 대기 중에 노출되어 있다. 탱크가 지금 2 m/s^{2}로 수평면 위에서 오른쪽으로 가속된다. 대기압에 상대적인 값으로, 탱크 내의 최대 압력을 계산하라.

답: 29.5 kPa

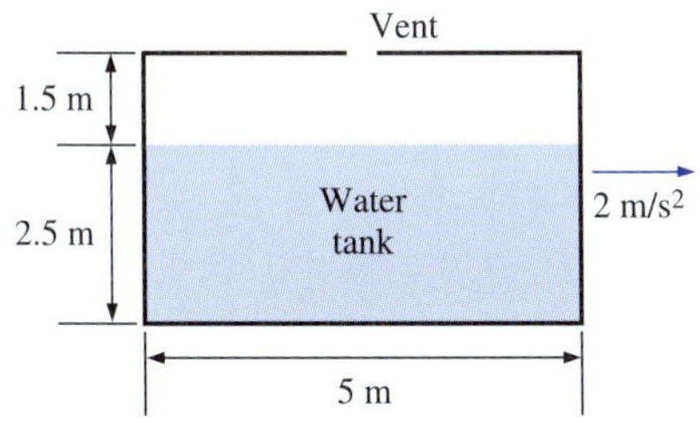

그림 P2-50

2-51 그림 P2-51에 보인 바와 같이, 280 kg의 폭 6 m인 직사각형 수문이 B에서 회전할 수 있도록 되어 있고, A에서 수평과 45° 각을 이루고 있다. 수문은 그 중심에 수직력을 작용함으로써 아래 모서리로부터 열리게 되어 있다. 수문을 열기 위한 최소 힘 F를 계산하라.

답: 626 kN

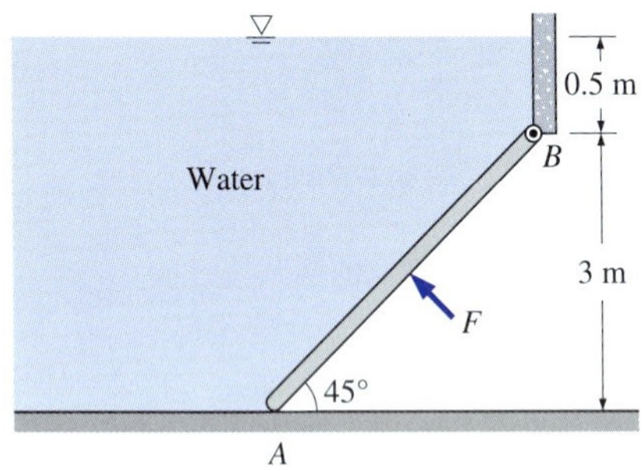

그림 P2-51

CHAPTER 03

유체 운동학

목표 이 장을 공부하면 다음과 관련된 지식을 얻을 수 있다.

- Lagrange 기술방법과 Euler 기술방법 간의 변환에서 물질도함수의 역할
- 여러 종류의 유동가시화 기법 및 유체 유동 특성을 그림으로 나타내는 방법
- 유체의 여러 형태의 운동 및 변형
- 유동 특성인 와도를 통한 회전 유동 및 비회전 유동 영역에 대한 이해
- Reynolds 수송정리의 유용성에 대한 이해

유**체운동학**에서는 유체의 운동을 기술하는 방법을 다루며, 이때 그 운동을 야기하는 힘이나 모멘트를 반드시 고려할 필요는 없다. 이 장에서는 유체의 유동과 관련된 운동학적 개념을 몇 가지 소개한다. 먼저 **물질도함수**에 대해 논의하고, 이것이 유체 유동에 관한 보존 방정식들을 **Lagrange 기술방법**(**유체 입자**를 추적)에서 **Euler 기술방법**(**유동장**과 관련)으로 변환할 때 어떤 역할을 하는지 살펴본다. 또한 유동장을 가시화하는 여러 가지 방법들을 논의한다. 이 유동가시화 기법에는 **유선**, **유맥선**, **유적선**, **시간선** 및 **Schlieren 기법**, **그림자 기법** 등의 광학적 방법 등이 있다. 다음으로 유체의 운동과 변형에 관련된 네 가지 기본적인 운동학적 성질들, 즉 **병진운동률**, **회전율**, **선형변형률**과 **전단변형률**을 설명한다. 유동장의 **와도**, **회전**, **비회전**의 개념도 설명한다. 끝으로, 유체 유동에서 **시스템**에 관한 운동 방정식을 **검사체적**에 관한 운동 방정식으로 변환시키는 데 유용한 **Reynolds 수송정리(RTT)**를 설명한다. 미소 유체 요소에 대한 물질도함수와 유한 검사체적에 대한 RTT와의 유사성도 기술한다.

3-1 Lagrange와 Euler 기술방법

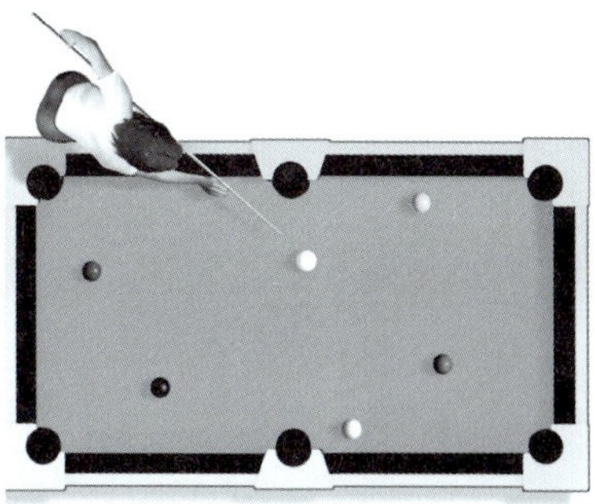

그림 3-1
당구대의 당구공처럼 대상 물체의 수가 적은 경우에는 개별 물체의 추적이 가능하다.

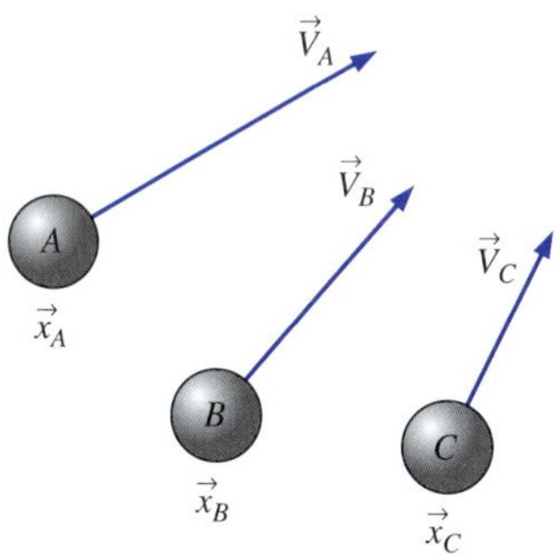

그림 3-2
Lagrange 기술방법에서는 개별 입자의 위치 및 속도를 추적해야만 한다.

운동학이란 **운동**과 관련된 학문이다. 유체동역학에서 **유체 운동학**이란 유체가 어떻게 흐르는가, 유체의 운동을 어떻게 기술할 것인가에 관한 학문이다. 기본적으로 운동을 기술하는 데 있어서 두 가지 방법이 있다. 가장 친숙한 첫 번째 방법은 고등학교 물리시간에 공부한 방법, 즉 각각의 물체의 궤적을 따라가는 방법이다. 예를 들어, 물리실험을 통해 당구대 위의 당구공이나 공기하키대(air hockey table) 위의 퍽(puck)이 공이나 퍽끼리 혹은 쿠션과 서로 충돌하는 것을 본 경험이 있을 것이다(그림 3-1). 이러한 물체의 운동을 기술하는 데 Newton의 법칙이 사용되며, 물체의 궤적과 운동량 및 운동 에너지가 물체 상호 간에 어떻게 교환되는가를 정확히 예측할 수 있다. 이 경우에 운동학은 각 물체의 **위치 벡터** $\vec{x}_A, \vec{x}_B, \ldots$ 와 **속도 벡터** $\vec{V}_A, \vec{V}_B, \ldots$ 를 시간의 함수로 표현하여 추적하는 것이다(그림 3-2). 이 방법을 유체의 유동에 적용한 것을 이탈리아 수학자 Joseph Louis Lagrange(1736-1813)의 이름을 따서 **Lagrange 기술방법**이라고 한다. Lagrange 해석은 열역학에서 공부한 (밀폐) **시스템 해석**, 즉 일정한 질량의 집합체에 관한 해석과 유사하다. Lagrange 기술방법은 질량이 일정한 각각의 **유체 덩어리**, 즉 **유체 입자**의 위치와 속도를 추적하는 것이다.

그러나 이러한 방법으로 유체의 운동을 기술하는 것은 당구공의 경우에 비하여 훨씬 어렵다는 것을 쉽게 상상할 수 있을 것이다. 무엇보다도 유체가 운동할 때 유체 입자를 명확히 정의하고 식별하는 것이 쉽지 않은 일이다. 두 번째로, 유체는 **연속체(continuum**, 거시적 관점에서)이므로, 유체 입자 간의 상호작용은 뚜렷한 대상물인 당구공이나 퍽 간의 상호작용처럼 쉽게 기술할 수 없다. 또한 유체 입자는 운동하면서 끊임없이 **변형**한다.

미시적 관점에서 보았을 때, 유체는 당구공처럼 서로 부딪히는 **수십억** 개의 분자들로 구성되어 있으며, 따라서 이러한 분자들의 운동을 일부분이나마 추적하는 것은 초고성능 컴퓨터를 사용해도 매우 어려울 것이다. 그럼에도 불구하고, 오염물질의 수송을 모델링하기 위한 유동 내의 수동 스칼라(passive scalar)의 추적, 우주왕복선의 지구 대기권 재돌입에 관한 희박기체역학의 계산, 입자 추적에 근거한 유동 가시화와 유체계측 시스템(3-2절 참조) 등에서 Lagrange 기술방법의 예를 찾아볼 수 있다.

유체의 유동을 기술하는 보다 일반적인 방법은 스위스 수학자 Leonhard Euler (1707-1783)의 이름을 따라 명명된 **Euler 기술방법**이다. Euler 기술방법에서는 유체가 출입하는 **유동 영역** 또는 **검사체적(control volume)**이라고 하는 유한체적을 정의한다. 이는 각각의 유체 입자를 추적하는 대신 검사체적 내에서 **유동장 변수**를 위치와 시간의 함수로 정의한다. 어느 특정한 시간과 특정한 위치에서 유동장 변수는 그 시간에 그 위치를 점유하는 유체 입자의 변수값이다. 예를 들면, **압력장**은 **스칼라 유동장 변수**인데, 직각좌표계에서 일반적인 비정상 3차원 유동의 경우 다음과 같이 나타난다.

압력장: $$P = P(x, y, z, t) \tag{3-1}$$

같은 방법으로 **벡터 유동장 변수**인 속도장은 다음과 같이 정의된다.

속도장: $$\vec{V} = \vec{V}(x, y, z, t) \tag{3-2}$$

또한 가속도장 역시 벡터 유동장 변수이며, 다음과 같이 표현할 수 있다.

가속도장: $$\vec{a} = \vec{a}(x, y, z, t) \tag{3-3}$$

결과적으로 이러한 유동장 변수들을 이용하여 유동장을 정의할 수 있다. 식 (3-2)의 속도장은 직각좌표계 (x, y, z), $(\vec{i}, \vec{j}, \vec{k})$를 이용하여 다음과 같이 표현할 수 있다.

$$\vec{V} = (u, v, w) = u(x, y, z, t)\vec{i} + v(x, y, z, t)\vec{j} + w(x, y, z, t)\vec{k} \tag{3-4}$$

식 (3-3)의 가속도장도 같은 방법으로 표현할 수 있다. Euler 기술방법에서는 모든 유동장 변수들을 검사체적 내의 임의의 위치(x, y, z)와 임의의 시간 t의 함수로 표현한다(그림 3-3). Euler 기술방법에서는 개별적인 유체 입자의 거동을 고찰할 필요가 없다. 즉, 개별 유체 입자가 어떻게 되는지를 고려할 필요 없이, 단지 관심 있는 시간에, 관심 있는 위치를 지나는 유체 입자의 압력, 속도, 가속도 등만을 고려하는 것이다.

이러한 두 기술방법의 차이점을 강가에 서서 강물의 유동 특성을 관찰하는 것으로 비교해 보자. Lagrange 기술방법에서는 측정 장치를 강물과 함께 흐르게 하면서 측정하고, Euler 기술방법에서는 측정 장치를 강물 속의 정해진 위치에 고정시켜 측정한다.

Lagrange 기술방법이 유용한 경우도 있지만, 유체역학에서는 일반적으로 Euler 기술방법이 훨씬 편리하다. 특히 유체 실험에서는 Euler 기술방법이 더 적합한 방법이다. 예를 들어, 풍동에서는 속도 혹은 압력 탐사침(probe)을 정해진 위치에 고정하고 $\vec{V}(x, y, z, t)$ 혹은 $P(x, y, z, t)$를 측정한다. 그러나 개별 유체 입자를 추적하는 Lagrange 기술방법의 운동 방정식은 그동안 잘 알려진 반면(예를 들어, Newton의 제2법칙), Euler 기술방법의 유체 유동 운동 방정식은 그렇게 명확하지 않으므로 주의 깊게 유도되어야 한다. 이 장의 끝에 Reynolds 수송정리를 이용한 검사체적(적분법) 해석 방법을 설명하였다.

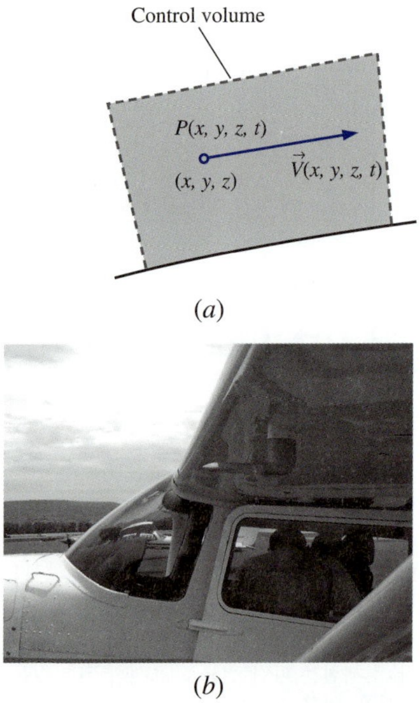

그림 3-3
(*a*) Euler 기술방법에서는 압력장이나 속도장 같은 유동장 변수들을 모든 위치와 시간에 대해 정의한다.
(*b*) 예를 들면, 비행기 날개의 아래쪽에 부착된 공기 속도 측정침은 그 위치에서 공기 속도를 측정한다.
(Bottom) Photo by John M. Cimbala.

예제 3-1 정상 2차원 속도장

정상 2차원 속도장이 다음과 같이 주어져 있다.

$$\vec{V} = (u, v) = (0.5 + 0.8x)\vec{i} + (1.5 - 0.8y)\vec{j} \tag{1}$$

여기서 x와 y축의 단위는 m, 속도 크기의 단위는 m/s이다. **정체점(stagnation point)**이란 유동장에서 속도가 영이 되는 곳이다. (a) 정체점이 존재하는가를 판단하고, 존재한다면 그 위치를 계산하라. (b) $x = -2$ m에서 2 m, $y = 0$ m에서 5 m인 범위의 몇 군데에서 속도 벡터를 그리고, 유동장을 정성적으로 서술하라.

풀이 주어진 속도장에서 정체점(들)의 위치를 구하고자 한다. 몇 개의 속도 벡터를 그리고, 속도장을 서술하고자 한다.

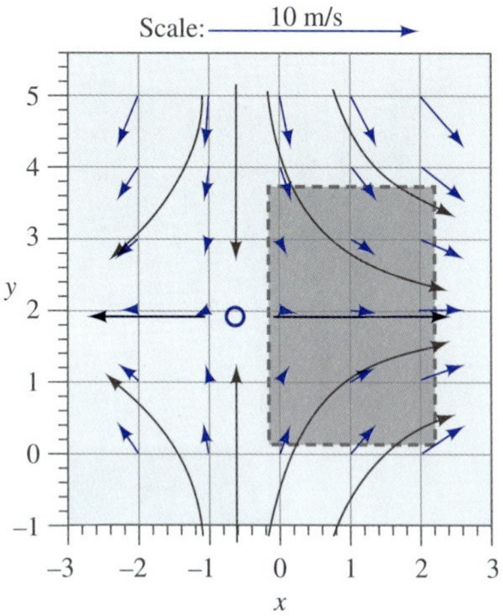

그림 3-4
예제 3-1의 속도장에 대한 속도 벡터(파란 화살표). 축척은 그림 위의 화살표로 나타내었다. 검은 실선으로 표시한 곡선은 계산한 속도 벡터에 의한 대략적인 유선 모양이다. 정체점은 파란 원으로 표시하였다. 짙은 부분은 입구로 유입하는 유동을 근사화한 유동장의 일부분을 나타낸다(그림 3-5).

가정 **1** 유동은 정상이며 비압축성이다. **2** 유동은 2차원이다. 즉, 속도의 z방향 성분은 없으며, u와 v는 z방향으로 변하지 않는다.

해석 (a) $\vec{V}$는 벡터이므로, $\vec{V}$가 영이 되기 위해서는 모든 방향의 속도 성분이 영이어야 한다. 식 (3-4)를 이용하고, 식 (1)을 영으로 놓으면 다음의 결과를 얻는다.

정체점:
$$u = 0.5 + 0.8x = 0 \quad \rightarrow \quad x = -0.625 \text{ m}$$
$$v = 1.5 - 0.8y = 0 \quad \rightarrow \quad y = 1.875 \text{ m}$$

따라서 정체점이 존재한다. **$x = -0.625$ m, $y = 1.875$ m**에 한 개의 정체점이 존재한다.

(b) 주어진 범위의 몇 군데 (x, y)에서 x, y방향 속도 성분은 식 (1)을 이용하여 계산할 수 있다. 예를 들면, ($x = 2$ m, $y = 3$ m)인 곳에서 $u = 2.10$ m/s, $v = -0.900$ m/s이다. 이 곳에서 속도의 크기는 2.28 m/s이다. 이 곳과 다른 몇 군데에서 속도의 두 성분으로부터 속도 벡터를 계산한 결과가 그림 3-4에 나타나 있다. 이 유동은 $y = 1.875$ m인 수평대칭선을 기준으로 상하방향에서 흘러들어와 좌우방향으로 퍼져나가는 정체점 유동이다. 정체점은 그림 3-4에서 파란 원으로 표시되어 있다.

그림 3-4의 짙은 부분만 보면, 이 유동은 왼쪽에서 오른쪽으로 수축되면서 가속되는 유동장 모델이다. 이러한 유동장은 수력 댐의 잠겨 있는 종(bell) 모양의 입구에서 그 예를 찾아볼 수 있다(그림 3-5). 주어진 속도분포의 짙게 표시한 부분은 실제 유동장 그림 3-5의 짙은 부분의 속도분포에 대한 1차 근사로 간주할 수 있다.

가속도장

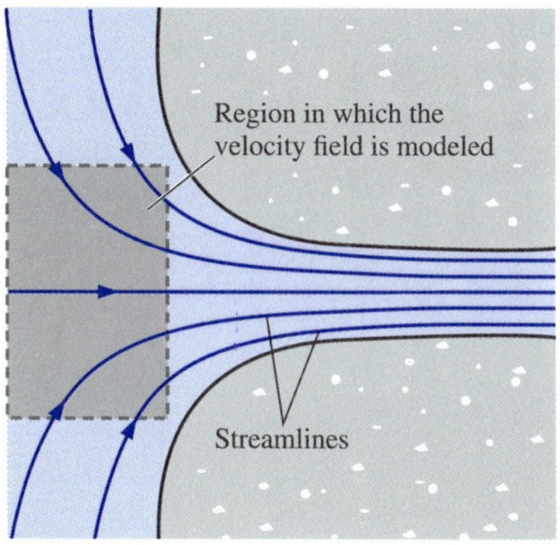

그림 3-5
수력 댐의 종 모양 입구 부근의 유동장. 예제 3-1 속도장의 일부분이 이러한 실제 유동장의 1차 근사로 이용될 수 있다. 이 그림의 짙은 영역과 그림 3-4의 짙은 영역은 서로 일치한다.

열역학에서 공부하였듯이, 기본 보존 법칙들(질량 보존 법칙, 열역학 제1법칙 등)은 일정량의 물질로 구성된 **시스템**(혹은 **폐쇄 시스템**)에 대해 표현된 식들이다. 그러나 시스템 해석보다 **검사체적**(혹은 **개방 시스템**) 해석이 더 편리한 경우에는 시스템에 관한 기본 법칙들을 검사체적에 적합한 형태로 변환시켜야 한다. 같은 원리가 여기에서도 적용된다. 사실상 열역학에서 시스템과 검사체적, 유체역학에서 Lagrange와 Euler 기술방법 사이에는 유사성이 있다. 유체 유동에 관한 운동 방정식(Newton의 제2법칙)은 **물질 입자(material particle)**라고도 하는 유체 입자에 대한 식이다. 만약 유동 내부에서 어떤 특정한 유체 입자를 추적하는 경우에는 Lagrange 기술방법을 적용하고, 운동 방정식을 직접 사용할 수 있다. 예를 들어, 입자의 위치를 **물질 위치 벡터**$(x_{\text{particle}}(t), y_{\text{particle}}(t), z_{\text{particle}}(t))$로 나타낼 수 있다. 그러나 운동 방정식을 Euler 기술방법에 적용할 경우에는 수학적 변환이 필요하다.

예를 들어, 유체 입자에 적용한 Newton의 제2법칙을 생각해 보자.

Newton의 제2법칙:
$$\vec{F}_{\text{particle}} = m_{\text{particle}}\vec{a}_{\text{particle}} \tag{3-5}$$

여기서 $\vec{F}_{\text{particle}}$은 유체 입자에 가해진 순수 힘(net force), m_{particle}은 입자의 질량, $\vec{a}_{\text{particle}}$은 입자의 가속도이다(그림 3-6). 정의에 의하여 유체 입자의 가속도는 입자 속도의 시간도함수이다.

유체 입자의 가속도:
$$\vec{a}_{\text{particle}} = \frac{d\vec{V}_{\text{particle}}}{dt} \tag{3-6}$$

그러나 어떤 주어진 시간 t에서 유체 입자의 속도는 그 유체 입자의 위치($x_{particle}(t)$, $y_{particle}(t)$, $z_{particle}(t)$)에서 속도장과 같다. 왜냐하면 유체 입자는 유동장을 따라서 운동하기 때문이다. 즉, $\vec{V}_{particle}(t) \equiv \vec{V}(x_{particle}(t), y_{particle}(t), z_{particle}(t), t)$이다. 종속변수($\vec{V}$)가 네 개의 독립변수($x_{particle}$, $y_{particle}$, $z_{particle}$, t)의 함수이므로 식 (3-6)의 시간도함수는 **연쇄 법칙(chain rule)**을 사용해야 한다.

$$\begin{aligned}\vec{a}_{particle} &= \frac{d\vec{V}_{particle}}{dt} = \frac{d\vec{V}}{dt} = \frac{d\vec{V}(x_{particle}, y_{particle}, z_{particle}, t)}{dt} \\ &= \frac{\partial \vec{V}}{\partial t}\frac{dt}{dt} + \frac{\partial \vec{V}}{\partial x_{particle}}\frac{dx_{particle}}{dt} + \frac{\partial \vec{V}}{\partial y_{particle}}\frac{dy_{particle}}{dt} + \frac{\partial \vec{V}}{\partial z_{particle}}\frac{dz_{particle}}{dt}\end{aligned} \tag{3-7}$$

식 (3-7)에서 ∂은 **편미분 연산자(partial derivative operator)**이고, d는 **전미분 연산자(total derivative operator)**이다. 식 (3-7)의 우변의 두 번째 항을 살펴보자. 가속도는 **유체 입자를 추적**(Lagrange 기술방법)하며 정의되기 때문에 입자의 x위치의 시간에 대한 변화율은 $dx_{particle}/dt = u$(그림 3-7)이며, u는 식 (3-4)에서 정의한 속도 벡터의 x방향 성분이다. 마찬가지로 $dy_{particle}/dt = v$, $dz_{particle}/dt = w$이다. 또한 어떤 주어진 시간에서 Lagrange 기술방법에 의한 입자의 물질 위치 벡터($x_{particle}$, $y_{particle}$, $z_{particle}$)는 Euler 기술방법의 위치 벡터 (x, y, z)와 일치한다. 따라서 식 (3-7)은 다음과 같게 된다.

$$\vec{a}_{particle}(x, y, z, t) = \frac{d\vec{V}}{dt} = \frac{\partial \vec{V}}{\partial t} + u\frac{\partial \vec{V}}{\partial x} + v\frac{\partial \vec{V}}{\partial y} + w\frac{\partial \vec{V}}{\partial z} \tag{3-8}$$

여기서 $dt/dt = 1$을 사용하였다. 결국 어떤 주어진 시간 t에서 식 (3-3)의 유동장의 가속도는 주어진 시간 t에서 위치 (x, y, z)를 점유하는 유체 입자의 가속도와 같다. 왜냐하면 정의에 의하여 유체 입자는 유동장을 따라서 가속되기 때문이다. 따라서 **Lagrange 좌표를 Euler 좌표로 변환시키기 위하여 식 (3-7)과 (3-8)에서 $\vec{a}_{particle}$을 $\vec{a}(x, y, z, t)$로 대체할 수 있다**. 따라서 식 (3-8)은 벡터 형태로 다음과 같게 된다.

유동장 변수로 표현한 유체 입자의 가속도:

$$\vec{a}(x, y, z, t) = \frac{d\vec{V}}{dt} = \frac{\partial \vec{V}}{\partial t} + (\vec{V}\cdot\vec{\nabla})\vec{V} \tag{3-9}$$

여기서 $\vec{\nabla}$은 **구배 연산자(gradient operator)** 또는 **델 연산자(del operator)**라 하며, 직각좌표계에서는 다음과 같다.

구배 또는 델 연산자:

$$\vec{\nabla} = \left(\frac{\partial}{\partial x}, \frac{\partial}{\partial y}, \frac{\partial}{\partial z}\right) = \vec{i}\frac{\partial}{\partial x} + \vec{j}\frac{\partial}{\partial y} + \vec{k}\frac{\partial}{\partial z} \tag{3-10}$$

이다. 따라서, 직각좌표계에서 가속도 벡터의 성분들은 다음과 같이 나타낼 수 있다.

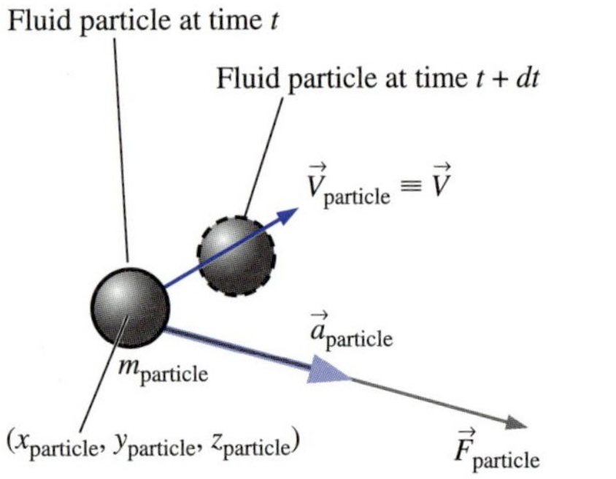

그림 3-6
유체 입자에 적용한 Newton의 제2법칙. 가속도 벡터(하늘색 화살표)는 힘 벡터(회색 화살표)와 같은 방향이지만, 속도 벡터(검은 화살표)는 이들과 다른 방향일 수도 있다.

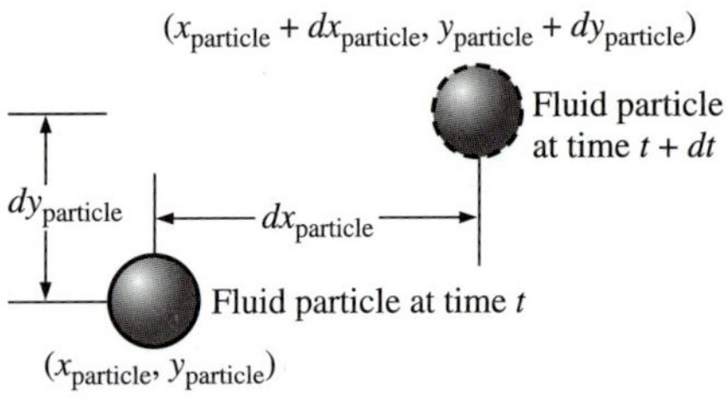

그림 3-7
유체 입자를 추적하는 경우 속도의 x방향 성분, u는 $dx_{particle}/dt$이다. 마찬가지로 $v = dy_{particle}/dt$, $w = dz_{particle}/dt$이다. 그림을 간단하게 하기 위하여 2차원 유동으로 나타내었다.

직각좌표계:

$$a_x = \frac{\partial u}{\partial t} + u\frac{\partial u}{\partial x} + v\frac{\partial u}{\partial y} + w\frac{\partial u}{\partial z}$$
$$a_y = \frac{\partial v}{\partial t} + u\frac{\partial v}{\partial x} + v\frac{\partial v}{\partial y} + w\frac{\partial v}{\partial z} \quad (3\text{-}11)$$
$$a_z = \frac{\partial w}{\partial t} + u\frac{\partial w}{\partial x} + v\frac{\partial w}{\partial y} + w\frac{\partial w}{\partial z}$$

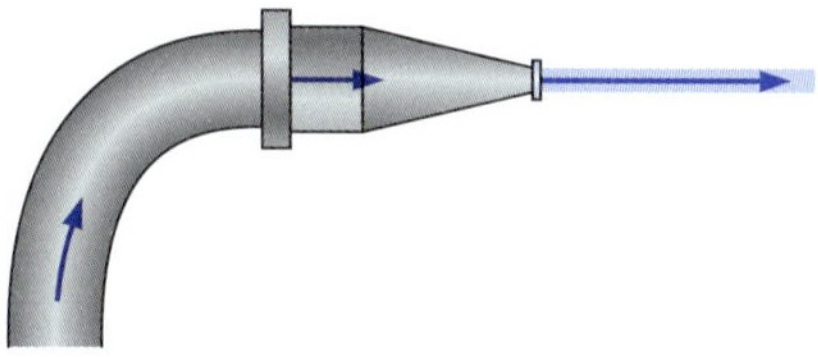

그림 3-8
정원용 호스의 노즐을 통한 물의 유동은 비록 정상 유동이지만 유체 입자는 가속되는 것을 보여 준다. 이 예에서, 물의 출구 속도는 호스 내의 속도보다 훨씬 크다. 이는 비록 정상 유동이지만 유체 입자는 가속되는 것을 보여 준다.

식 (3-9)의 우변의 첫 번째 항 $\partial\vec{V}/\partial t$를 **국소가속도(local acceleration)**라고 하며, **이 항은 비정상 유동에서는 영이 아니다.** 우변의 두 번째 항 $(\vec{V}\cdot\vec{\nabla})\vec{V}$를 **흐름대류가속도(advective acceleration)** 혹은 **대류가속도(convective acceleration)**라고 하며, 정상 유동일지라도 영이 아닐 수 있다. 이는 유체가 유동할 때, 입자가 한 위치에서 속도가 서로 다른 위치로 운동할 때의 가속도이다. 예를 들어, 물이 정상 유동하는 정원용 호스 노즐을 고려해 보자(그림 3-8). Euler 좌표계에서 **정상**이란 유동장의 모든 곳에서 상태량이 시간에 대해 변하지 않는 것으로 정의한다. 노즐 출구에서 속도는 입구에서 속도보다 크므로, 비록 유동은 정상이지만 유체 입자는 분명히 가속된다. 이때 가속도는 식 (3-9)의 대류가속도 때문에 영이 아니다. Euler 좌표계의 고정된 관찰자의 관점에서는 정상이지만, 노즐로 유입하여 노즐을 통과하며 가속되는 유체 입자와 같이 운동하는 Lagrange 좌표계에서는 정상이 아님에 주의해야 한다.

예제 3-2 노즐 내부를 지나는 유체 입자의 가속도

Nadeen이 그림 3-8과 유사한 노즐을 이용하여 세차를 하고 있다. 노즐의 길이는 9.91 cm, 입구 직경은 1.07 cm, 출구 직경은 0.460 cm이다(그림 3-9 참조). 호스와 노즐을 지나는 체적유량 $\dot{V} = 0.0530$ L/S이며, 이때 유동은 정상 유동이다. 노즐의 중심축을 따라 움직이는 유체 입자의 가속도를 구하라.

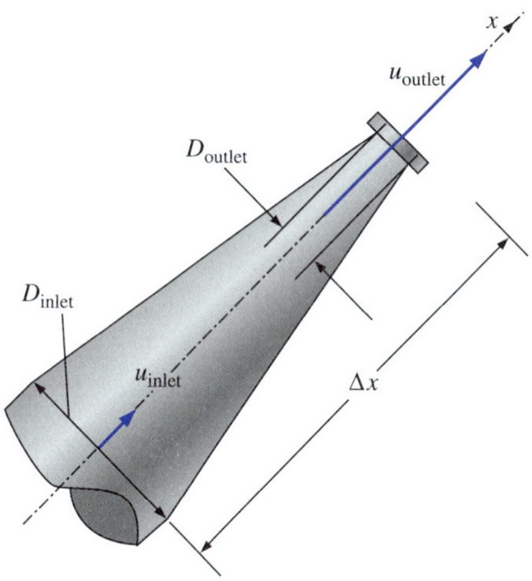

그림 3-9
예제 3-2의 노즐을 통한 물의 유동.

풀이 노즐의 중심축을 따라 움직이는 유체 입자의 가속도를 계산하고자 한다.

가정 **1** 유동은 정상이며, 비압축성이다. **2** 노즐의 중심축을 x방향으로 한다. **3** 대칭이므로 중심축에서 $v = w = 0$이며, u는 증가한다.

해석 정상 유동이므로 가속도가 영이라고 생각할 수 있으나, 이 정상 유동장에서 국소가속도 $\partial\vec{V}/\partial t$는 영이지만, 대류가속도 $(\vec{V}\cdot\nabla)\vec{V}$는 영이 아니다. 먼저 체적유량을 단면적으로 나누어, 노즐의 입출구에서 x방향 평균 속도를 계산한다.

입구 속도:

$$u_{inlet} \cong \frac{\dot{V}}{A_{inlet}} = \frac{4\dot{V}}{\pi D_{inlet}^2} = \frac{4(5.30 \times 10^{-5}\ \text{m}^3/\text{s})}{\pi(0.0107\ \text{m})^2} = 0.589$$

마찬가지로, 평균 출구 속도 $u_{outlet} = 3.19$ m/s이다. 가속도는 두 가지 방법으로 계산할 수 있으며, 그 결과는 동일하다. 첫 번째 방법으로는 입출구에서 속도 차이를 유체 입자의 노즐 내 **체류 시간(residence time)**, 즉 $\Delta t = \Delta x/u_{avg}$으로 나누어 평균 가속도를 계산한다(그림 3-10). 가속도가 속도의 변화율이라는 기본 정의에 의하여 다음 결과가 얻어진다.

방법 A:

$$a_x \cong \frac{\Delta u}{\Delta t} = \frac{u_{outlet} - u_{inlet}}{\Delta x/u_{avg}} = \frac{u_{outlet} - u_{inlet}}{2\,\Delta x/(u_{outlet} + u_{inlet})} = \frac{u_{outlet}^2 - u_{inlet}^2}{2\,\Delta x}$$

두 번째 방법은 식 (3-11)을 이용하여 가속도장 성분을 계산한다.

방법 B: $$a_x = \underbrace{\frac{\partial u}{\partial t}}_{0\ \text{Steady}} + u\frac{\partial u}{\partial x} + \underbrace{v\frac{\partial u}{\partial y}}_{0\ v=0\text{ along centerline}} + \underbrace{w\frac{\partial u}{\partial z}}_{0\ w=0\text{ along centerline}} \cong u_{avg}\frac{\Delta u}{\Delta x}$$

여기서 대류가속도항 중 하나만 영이 아님을 알 수 있다. 노즐 내의 속도는 입출구에서 속도를 평균한 평균 속도로 근사시키고, 또한 노즐 중심축을 따르는 도함수 $\partial u/\partial x$의 평균값은 **1차 유한차분 근사법**(그림 3-11)을 이용하여 구한다.

$$a_x \cong \frac{u_{outlet} + u_{inlet}}{2}\frac{u_{outlet} - u_{inlet}}{\Delta x} = \frac{u_{outlet}^2 - u_{inlet}^2}{2\ \Delta x}$$

방법 B의 결과는 방법 A의 결과와 정확히 일치한다. 문제에서 주어진 값들을 이용하여 가속도를 계산한 결과는 다음과 같다.

축방향 가속도: $$a_x \cong \frac{u_{outlet}^2 - u_{inlet}^2}{2\ \Delta x} = \frac{(3.19\text{ m/s})^2 - (0.589\text{ m/s})^2}{2(0.0991\text{ m})} = \mathbf{49.6\ m/s^2}$$

토의 유체 입자는 노즐 내부를 유동하며 중력가속도의 거의 다섯 배 정도로 가속된다(거의 5 g). 이 간단한 예를 통하여, 비록 정상 유동이라 하더라도 유체 입자의 가속도는 영이 아님을 알 수 있다. 실제 가속도는 **점함수**(point function)이지만, 여기서는 노즐 전체를 통하여 평균가속도를 추정하였음에 주의하라.

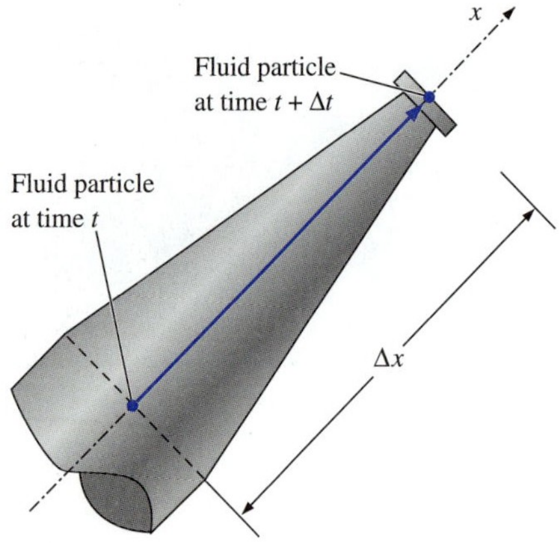

그림 3-10
체류 시간 Δt는 유체 입자가 노즐의 입구에서 출구까지 통과할 때 소요되는 시간으로 정의한다(거리 Δx).

물질도함수

식 (3-9)의 전미분 연산자 d/dt는 **유동장을 따라 운동하는 유체 입자를 추적하는** 것을 강조하기 위하여 **물질도함수(material derivative)**, D/Dt라고 한다(그림 3-12). 이 물질도함수는 **전**, **입자**, **Lagrange**, **Euler**, **실질(substantial) 도함수**라고도 한다.

물질도함수: $$\frac{D}{Dt} = \frac{d}{dt} = \frac{\partial}{\partial t} + (\vec{V}\cdot\vec{\nabla}) \quad (3\text{-}12)$$

식 (3-12)의 물질도함수를 속도장에 적용하면, 그 결과는 **물질가속도**라고도 하는 식 (3-9)의 가속도장이 된다.

물질가속도: $$\vec{a}(x, y, z, t) = \frac{D\vec{V}}{Dt} = \frac{d\vec{V}}{dt} = \frac{\partial \vec{V}}{\partial t} + (\vec{V}\cdot\vec{\nabla})\vec{V} \quad (3\text{-}13)$$

식 (3-12)는 속도뿐만 아니라 스칼라 및 벡터로 표현되는 다른 유체 성질들에도 적용할 수 있다. 예를 들어, 압력의 물질도함수는 다음과 같이 표현된다.

압력의 물질도함수: $$\frac{DP}{Dt} = \frac{dP}{dt} = \frac{\partial P}{\partial t} + (\vec{V}\cdot\vec{\nabla})P \quad (3\text{-}14)$$

식 (3-14)는 유동장 내를 운동하는 유체 입자를 따르는 압력의 시간 변화율을 나타내며, 국소(비정상) 및 대류 성분을 모두 포함한다(그림 3-13).

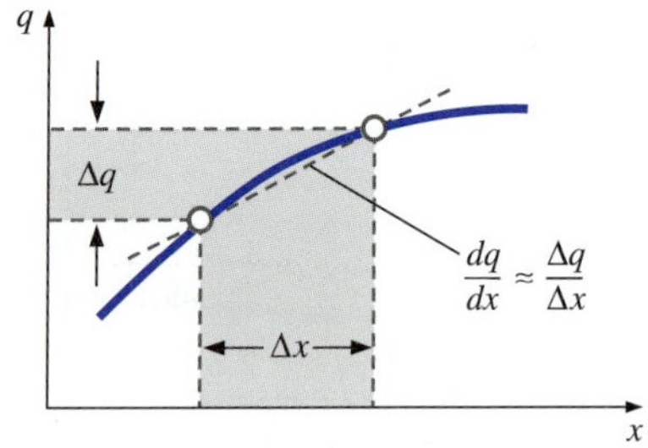

그림 3-11
도함수 dq/dx의 **1차 유한차분 근사법**은 단순히 종속변수(q)의 변화를 독립변수(x)의 변화로 나눈 것이다.

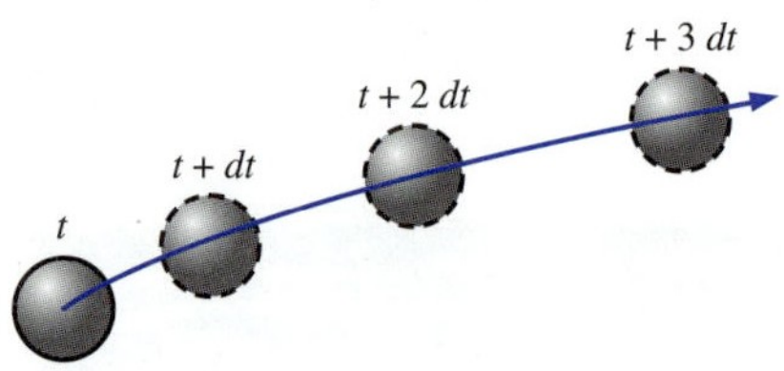

그림 3-12
물질도함수 D/Dt는 유동장을 따라 운동하는 유체 입자를 추적하며 정의한다. 이 그림에서 유체 입자는 오른쪽-위의 방향으로 운동하며 가속된다.

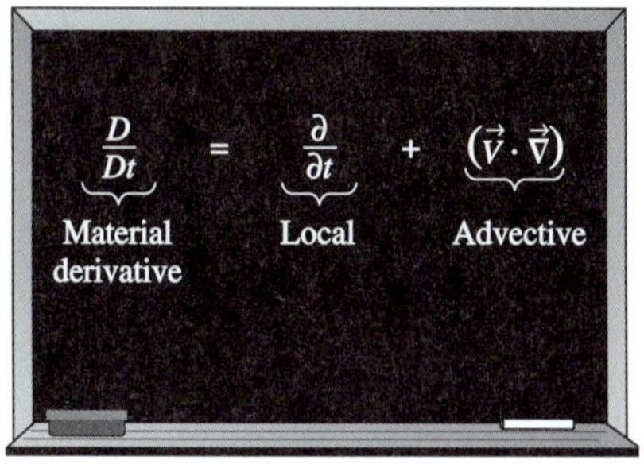

그림 3-13
물질도함수 D/Dt는 **국소** 또는 **비정상** 부분과 **대류(convective)** 또는 **흐름대류(advective)** 부분으로 구성된다.

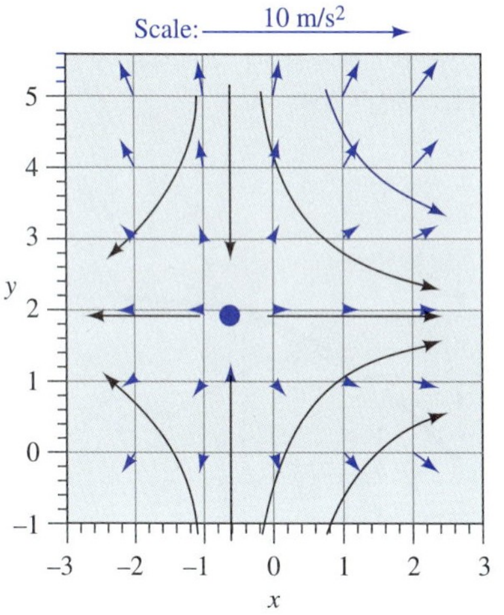

그림 3-14
예제 3-1 및 3-3의 속도장에 대한 가속도 벡터(파란색 화살표). 축척은 그림 위에 화살표로 나타내었다. 검은 실선으로 표시한 곡선은 계산한 속도 벡터에 의한 대략적인 유선의 모양이다(그림 3-4). 정체점은 파란 원으로 표시하였다.

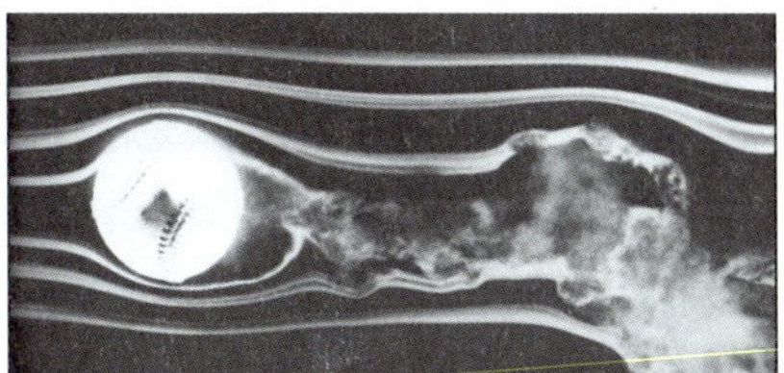

그림 3-15
회전하는 야구공. F. N. M. Brown은 Notre Dame 대학에서 풍동을 사용하여 연기가시화 기법을 발전시키는 데 많은 공헌을 하였다. 이 그림에서 유속은 약 23 m/s이고, 공은 630 rpm으로 회전하고 있다.
Photograph courtesy of T. J. Mueller.

예제 3-3 정상 속도장의 물질가속도

예제 3-1의 정상, 비압축성, 2차원 속도장을 고려해 보자. (a) 한 점 (x = 2 m, y = 3 m)에서의 물질가속도를 계산하라. (b) 예제 3-1과 같은 점에서 물질가속도 벡터를 도시하라.

풀이 주어진 속도장에 대해 특정한 한 점에서 물질가속도를 계산하고, 유동장의 여러 점에서 물질가속도 벡터를 도시하고자 한다.

가정 **1** 유동은 정상이며, 비압축성이다. **2** 유동은 2차원이다. 즉, 속도의 z방향 성분은 없으며, u와 v는 z방향으로 변하지 않는다.

해석 (a) 예제 3-1, 식 (1)의 속도장과 직각좌표계의 물질가속도 성분(식 3-11)을 이용하면, 영이 아닌 두 개의 가속도 성분은 다음과 같다.

$$a_x = \frac{\partial u}{\partial t} + u\frac{\partial u}{\partial x} + v\frac{\partial u}{\partial y} + w\frac{\partial u}{\partial z}$$
$$= 0 + \overbrace{(0.5 + 0.8x)(0.8)} + \overbrace{(1.5 - 0.8y)(0)} + 0 = (0.4 + 0.64x)\ \text{m/s}^2$$

그리고

$$a_y = \frac{\partial v}{\partial t} + u\frac{\partial v}{\partial x} + v\frac{\partial v}{\partial y} + w\frac{\partial v}{\partial z}$$
$$= 0 + \overbrace{(0.5 + 0.8x)(0)} + \overbrace{(1.5 - 0.8y)(-0.8)} + 0 = (-1.2 + 0.64y)\ \text{m/s}^2$$

따라서 점 (x = 2 m, y = 3 m)에서 $a_x = 1.68\ \text{m/s}^2$이고, $a_y = 0.720\ \text{m/s}^2$이다.

(b) (a)의 결과를 이용하여, 예제 3-1에 주어진 영역의 여러 점 (x, y)에서 계산한 가속도 벡터가 그림 3-14에 나타나 있다.

토의 유동이 비록 정상이지만, 가속도장은 영이 아니다. 그림 3-14에서 정체점 윗부분(y = 1.875 m의 윗부분)의 가속도 벡터는 위쪽을 향하고, 그 크기는 정체점에서 멀어지면서 증가됨을 알 수 있다. 정체점 오른쪽 부분(x = −0.625 m의 오른쪽 부분)의 가속도 벡터는 오른쪽을 향하고, 그 크기는 정체점에서 멀어지면서 증가됨을 알 수 있다. 이는 그림 3-4의 속도 벡터와 그림 3-14의 유선과 정성적으로 일치한다. 즉, 유동장의 오른쪽 윗부분에서 유체 입자는 오른쪽 위 방향으로 가속되므로, 오른쪽 위 방향의 **구심 가속도** 때문에 유체 입자는 반시계방향으로 그 방향이 바뀐다. y = 1.875 m 아랫부분은 대칭선 윗부분, x = −0.625 m 왼쪽 부분은 대칭선 오른쪽 부분의 거울상(mirror image)이다.

3-2 유동 패턴과 유동가시화

유체역학을 정량적으로 해석하기 위해서는 고급 수학을 필요로 하지만, **유동가시화**(flow visualization), 즉 유동장의 특성을 가시화함으로써 많은 것을 알 수 있다. 유동가시화는 실험(그림 3-15)뿐만 아니라 **수치해석**에도 유용하게 이용할 수 있다[**전산유체역학**(computational fluid dynamics, CFD)]. CFD를 이용하는 엔지니어가 수치해를 얻은 후 가장 먼저 하는 일은 계산한 수나 데이터를 정량적으로 나열하기보다는 데이터를 유동가시화 형태로 모사하여 '전체적인 유동의 모양'을 보는 것이다. 왜냐하면 인간은 엄청난 양의 영상 정보를 빠르게 인식할 수 있으며, 따라서 하나의 그림은 수천 마디의 단어만큼의 가치가 있기 때문이다. 물리적(실험적)으로 그리고/혹은 계산적으로 가시화할 수 있는 여러 종류의 유동 형태가 있다.

유선과 유관

유선(streamline)이란 주어진 순간 모든 곳에서 속도 벡터에 접하는 선이다.

유선은 유동장 전체에서 운동하는 유체의 순간적인 방향을 나타내는 데 유용하다. 예를 들어, 재순환유동이나 고체 벽면으로부터의 유동 박리 현상 등은 유선의 모양으로 잘 확인할 수 있다. 뒤에서 설명하겠지만, 유선은 유적선 및 유맥선과 일치하는 정상 유동장을 제외하고는 실험적으로는 직접 관찰할 수 없다. 그러나 유선은 정의에 의하여 수학적으로는 간단히 표현할 수 있다.

유선을 따르는 미소 호의 길이 $d\vec{r} = dx\vec{i} + dy\vec{j} + dz\vec{k}$를 고려해 보자. 정의에 의하여 $d\vec{r}$은 그 위치에서 속도 벡터 $\vec{V} = u\vec{i} + v\vec{j} + w\vec{k}$와 평행하다. 기하학적으로 $d\vec{r}$의 성분들은 $\vec{V}$의 성분들과 비례해야 한다(그림 3-16). 따라서 다음 식이 성립한다.

유선의 방정식:
$$\frac{dr}{V} = \frac{dx}{u} = \frac{dy}{v} = \frac{dz}{w} \tag{3-15}$$

여기서 dr은 $d\vec{r}$의 크기를, V는 $\vec{V}$의 크기인 속도를 나타낸다. 식 (3-15)를 그림 3-16에 2차원으로 나타내었다. 속도장을 알고 있을 때에는 식 (3-15)를 적분하여 유선의 방정식을 구할 수 있다. 2차원 유동장, (x, y), (u, v)에서는 다음과 같은 미분 방정식이 얻어진다.

xy평면에서 유선:
$$\left(\frac{dy}{dx}\right)_{\text{along a streamline}} = \frac{v}{u} \tag{3-16}$$

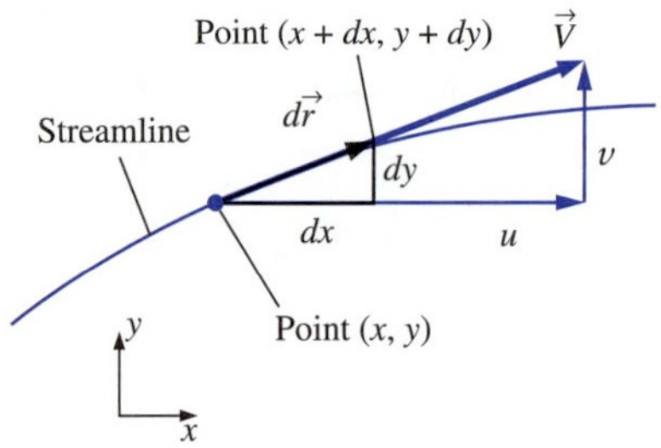

그림 3-16
xy평면상의 2차원 유동에서 **유선**을 따른 호의 길이 $d\vec{r} = (dx, dy)$는 국소의 순간 속도 벡터 $\vec{V} = (u, v)$의 접선이다.

간단한 유동장에서는 식 (3-16)을 해석적으로 계산할 수 있으나, 일반적으로는 수치적으로 계산해야 한다. 어느 경우에나 적분 과정에서 적분상수가 나타나고, 적분상수가 다르면 유선도 다르다. 그러므로 식 (3-16)을 만족하는 **곡선들**은 유동장의 유선을 나타낸다.

예제 3-4 xy평면에서 유선–해석해

예제 3-1의 정상, 비압축성, 2차원 속도장에 대하여 유동의 오른쪽 면($x > 0$)에 대한 몇 개의 유선을 그리고, 그림 3-4에 도시한 속도 벡터와 비교하라.

풀이 유선을 해석적으로 계산하여 그 결과를 1사분면에 도시하고자 한다.

가정 **1** 유동은 정상이며, 비압축성이다. **2** 유동은 2차원이다. 즉, 속도의 z방향 성분은 없으며, u와 v는 z방향으로 변하지 않는다.

해석 식 (3-16)을 여기에 적용할 수 있으므로 유선을 따라 다음 식이 성립한다.

$$\frac{dy}{dx} = \frac{v}{u} = \frac{1.5 - 0.8y}{0.5 + 0.8x}$$

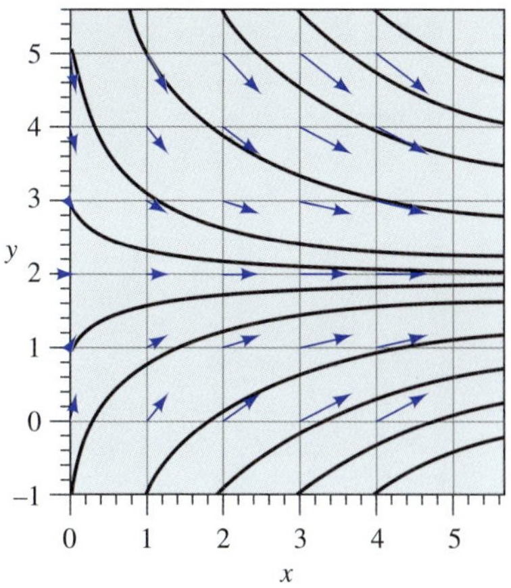

그림 3-17
예제 3-4에 주어진 속도장의 유선(검은 실선으로 표시한 곡선). 비교를 위하여 그림 3-4의 속도 벡터(파란 화살표)를 여기에 겹쳐 그렸다.

변수분리법으로 이 미분 방정식을 풀면 다음 식이 얻어진다.

$$\frac{dy}{1.5 - 0.8y} = \frac{dx}{0.5 + 0.8x} \quad \rightarrow \quad \int \frac{dy}{1.5 - 0.8y} = \int \frac{dx}{0.5 + 0.8x}$$

유선을 따라 y를 x의 함수로 풀면 다음 식이 얻어진다(계산 과정은 독자들에게 맡긴다).

$$y = \frac{C}{0.8(0.5 + 0.8x)} + 1.875$$

여기서 적분상수 C에 여러 값들을 대입하여 유선을 그릴 수 있다. 주어진 유동장의 몇 개의 유선들이 그림 3-17에 도시되어 있다.

토의 그림 3-4의 속도 벡터가 그림 3-17에 유선과 함께 도시되어 있으며, 모든 점에서 속도 벡터가 유선에 접한다는 정의에 잘 부합한다. 유선만으로는 속도의 크기를 직접 계산할 수 없다는 것에 유의하라.

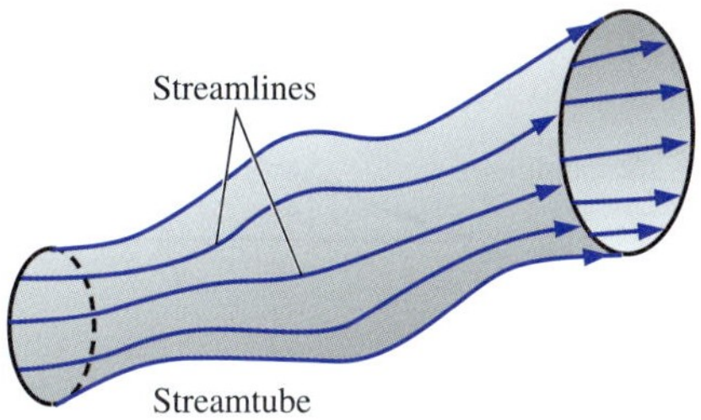

그림 3-18
유관은 개별 유선들의 묶음(bundle)으로 이루어진다.

유관(streamtube)은 유선의 묶음 혹은 다발로 구성되며(그림 3-18), 광섬유 케이블 다발로 구성되는 통신 케이블과 유사하다. 정의에 의하여 유선은 모든 곳에서 속도와 평행하므로 유체는 유선을 가로지를 수 없다. 즉, **유관 내의 유체는 그 내부에 한정되며, 유관의 경계를 통과할 수 없다.** 유선과 유관은 특정 시간에 그 순간의 속도장에 대해서 정의하므로 이들 역시 순간적인 양이다. **비정상** 유동에서는 유선의 모양이 시간에 따라 크게 변화될 수 있다. 그럼에도 불구하고, 어느 순간에 주어진 유관의 임의의 단면을 통과하는 질량유량은 항상 일정하다. 예를 들어, 비압축성 유동장에서 수축되는 부분의 속도는 증가하므로 질량 보존 법칙에 의하여 유관의 직경은 감소해야 한다(그림 3-19*a*). 같은 원리에 의하여 비압축성 유동에서 확대되는 부분의 유관 직경은 증가한다(그림 3-19*b*).

유적선

유적선(pathline)이란 한 유체 입자가 얼마의 시간 동안 운동한 실제 궤적이다.

유적선은 여러 유동 형상 중 가장 이해하기 쉽다. 유적선은 유동장을 따라 운동하는 유체 입자의 궤적을 추적하기 때문에 Lagrange 개념이다(그림 3-20). 그러므로 유적선은 얼마의 시간 동안 추적한 유체 입자의 물질 위치 벡터($x_{\text{particle}}(t)$, $y_{\text{particle}}(t)$, $z_{\text{particle}}(t)$)와 일치한다(3-1절 참조). 실험적으로는 주변의 다른 유체 입자들과 구별하기 위해, 추적하려는 한 개의 유체 입자에 대한 색이나 밝기를 다르게 표시하는 방법

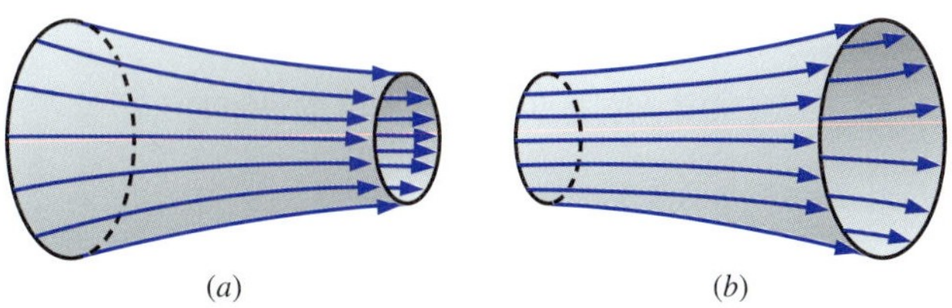

그림 3-19
비압축성 유동장에서 유관의 직경은 (*a*) 유동이 가속되면서(혹은 모아지면서) 감소하고, (*b*) 유동이 감속되면서(벌어지면서) 증가한다.

을 사용한다. 카메라의 셔터를 얼마의 시간 동안($t_{start} < t < t_{end}$) 열어 놓고 입자의 궤적을 녹화할 때 나타나는 곡선이 유적선이다. 그림 3-21은 탱크 내의 수면을 따라 운동하는 물결 모양의 흥미로운 예를 보여 준다. 중립적인 부력을 받는 하얀 **추적 입자**들을 물속에 띄우고, 물결의 한 주기 동안 셔터를 노출시키며 사진을 촬영하였다. 그 결과가 타원형 모양의 유적선이며, 입자가 상하좌우로 움직이며 한 주기 후에 원래의 위치로 돌아오는 것을 보여 준다. 따라서 앞으로 전진하는 순수 운동은 없다. 상하로 움직이는 바다물결의 움직임에서 이와 비슷한 현상을 본 경험이 있을 것이다.

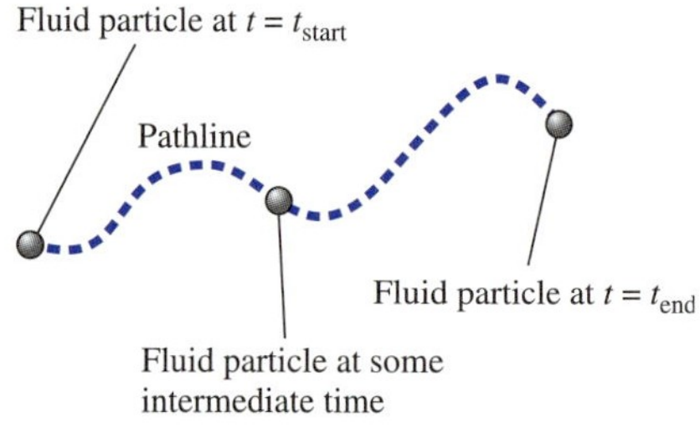

그림 3-20
유적선은 유체 입자의 실제 움직임을 추적하며 그린 궤적이다.

그림 3-21
물속에 떠 있는 하얀 추적 입자를 셔터를 노출시키며 사진 촬영하여 얻은 유적선. 물결은 수평 방향으로 움직이고, 각각의 입자는 한 주기 동안 타원형 궤적을 따라 운동한다.
Wallet, A. & Ruellan, F. 1950, La Houille Blanche 5:483-489. Used by permission.

입자영상 속도계(particle image velocimetry, PIV)는 유동 내의 한쪽 전체 면에서 속도장을 측정하기 위해 입자 유적선의 일부분을 이용하는 최근의 실험기법이다(Adrian, 1991). (최근에는 이 방법을 3차원으로 확장하였다.) PIV에서, 작은 추적 입자들은 그림 3-21과 유사하게 유체 중에 떠 있다. 이때 유동을 어떤 광원[일반적으로 그림 3-22의 레이저로부터의 광선판(sheet)]으로 두 번 밝게 촬영하여, 운동하는 각각의 입자들이 두 개의 밝은 점의 형태로 필름 혹은 광센서(photosensor)에 나타나도록 찍는다. 추적 입자들이 충분히 작아 이들이 유체와 함께 운동한다는 가정 하에서, 각각의 입자 위치에서 속도 벡터의 크기와 방향을 추정할 수 있다. 최신 디지털 사진 기술과 컴퓨터의 고성능화에 따른 PIV의 성능 향상으로 비정상 유동장의 특성도 측정할 수 있다.

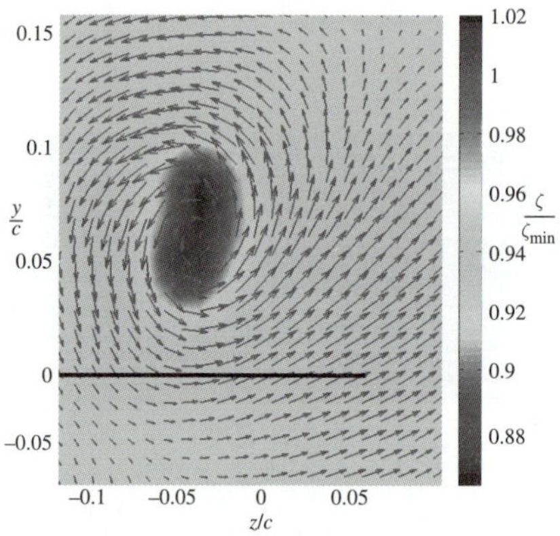

그림 3-22
받음각(영각)이 있는 NACA-66 에어포일(익형) 후류의 날개 끝 와류의 PIV 측정. 회색 음영은 최소 와도로 무차원화한 국소 와도를 나타낸다. 벡터들은 측정 면에서 유체의 움직임을 나타낸다. 검은색 선은 상류 날개의 뒷전(후연)을 나타낸다. 좌표축은 코드길이로 무차원화하였고, 원점은 날개의 뿌리(root)이다.
Photo by Michael H. Crane, ARL-Penn State.

속도장을 알면, 유적선은 수치적으로도 계산할 수 있다. 추적 입자의 위치는 초기 위치 $\vec{x}_{start}$와 초기 시간 t_{start}에서 임의의 시간 t까지 적분하여 구할 수 있다.

시간 t에서 추적 입자 위치:

$$\vec{x} = \vec{x}_{start} + \int_{t_{start}}^{t} \vec{V}\,dt \tag{3-17}$$

식 (3-17)을 t_{start}에서 t_{end}까지 사이의 t에 대하여 적분하면 $\vec{x}(t)$의 궤적은 그림 3-20에서와 같이 그 시간 동안의 유체 입자의 유적선이다. 간단한 유동의 경우에는 식 (3-17)처럼 해석적으로 적분할 수도 있지만, 복잡한 유동에서는 수치적분하여야 한다.

만약 속도장이 정상이라면 각각의 유체 입자들은 유선을 따라 운동한다. 따라서 **정상 유동의 경우 유적선은 유선과 일치한다**.

유맥선

유맥선(streakline)이란 유동장의 어떤 정해진 점을 주어진 순간보다 더 일찍 지나간 유체 입자들의 궤적이다.

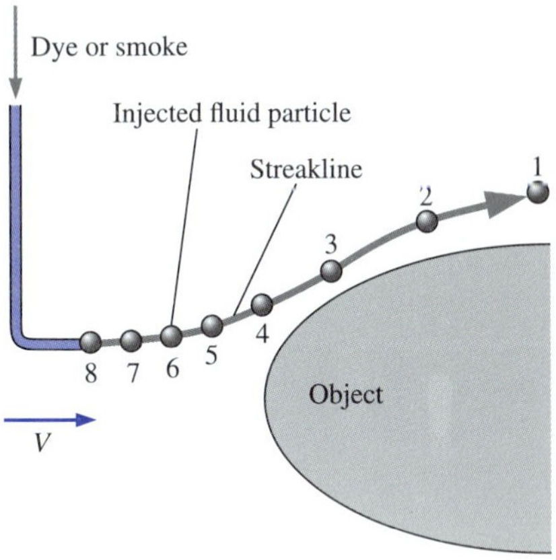

그림 3-23
유맥선은 유동의 한 점에서 물감이나 연기를 연속적으로 분출할 때 형성된다. 번호 붙인 유체 입자들(1-8)은 연속적으로 분출된 것이다.

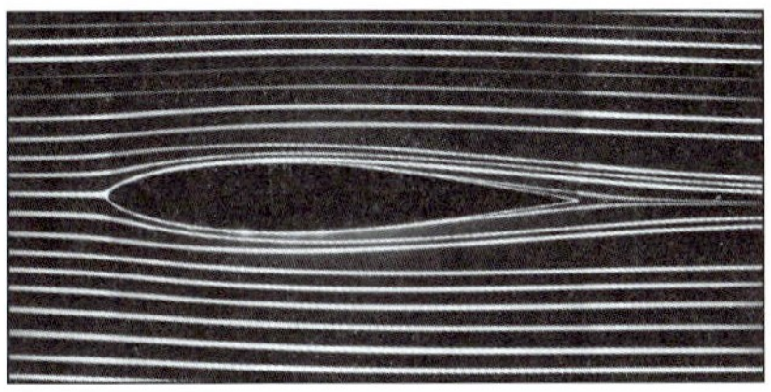

그림 3-24
상류에서 분출된 색깔을 입힌 유체에 의해 생성된 유맥선. 정상 유동이므로 유맥선은 유선 및 유적선과 동일하다.
Courtesy ONERA. Photography by Werlé.

유맥선은 실험을 통하여 얻을 수 있는 가장 일반적인 유동 형태이다. 유동장에 작은 관을 삽입하고 추적 유체(예를 들어, 물의 유동인 경우 염료, 공기의 유동인 경우 연기)를 연속적으로 주입할 때 관찰되는 형태가 유맥선이다. 그림 3-23에서는 날개와 같은 물체의 주위를 흐르는 사유흐름 유동에 주입된 추적 입자의 궤적을 볼 수 있다. 작은 원은 동일한 시간 간격으로 분출된 각각의 추적 유체 입자를 나타낸다. 유체 입자가 물체에 의하여 밀려나면서 물체의 어깨 부분에서 가속되고 있다. 이는 각 유체 입자 간의 간격이 그 영역에서 더 크게 나타나는 것으로 알 수 있다. 모든 원들을 서로 부드럽게 연결한 것이 유맥선이다. 풍동이나 수동(water tunnel) 실험에서는 염료나 연기가 개별 입자로서가 아니라 **연속적으로** 주입되므로, 이때 나타난 염료나 연기의 유동 형태가 바로 유맥선이다. 그림 3-23에서 추적 입자 1은 입자 2보다 더 일찍 분출된 것이다. 각각의 유체 입자의 위치는 입자가 유동장으로 주입된 시간으로부터 현재까지 주위 속도장으로부터 결정할 수 있다. 비정상 유동인 경우에는 속도장이 계속 변하므로 유맥선은 주어진 어떤 순간의 유선이나 유적선과 다를 것이다. 그러나 만약 **유동이 정상이면 유선, 유적선, 유맥선은 모두 일치한다**(그림 3-24).

유맥선은 가끔 유선이나 유적선과 혼동되기 쉽다. 이 세 가지 유동 형태는 정상 유동에서는 일치하지만, 비정상 유동일 경우에는 크게 다를 수 있다. 유선은 어느 주어진 시간에서 순간적인 유동 형태인 반면, 유적선과 유맥선은 **시간 이력(time history)**을 가지는 유동 형태라는 것이 큰 차이점이다. 유맥선은 **시간적분한** 유동의 순간적인 스냅 사진인 반면, 유적선은 **일정 시간 동안 노출**하여 촬영한 한 개 입자의 궤적이다.

속도장을 알면 유맥선을 수치적으로 계산할 수도 있다. 입자가 유동장에 주입된 시간으로부터 현재까지 추적 입자들의 연속적인 궤적을 식 (3-17)을 이용하여 계산하면 된다. 수학적으로, 추적 입자의 위치는 주입된 시간 t_{inject}으로부터 현재까지 시간 t_{present}까지 시간에 대해 적분하여 구할 수 있다. 이때 식 (3-17)은 다음과 같이 된다.

적분한 추적 입자의 위치:

$$\vec{x} = \vec{x}_{\text{injection}} + \int_{t_{\text{inject}}}^{t_{\text{present}}} \vec{V}\,dt \tag{3-18}$$

복잡한 비정상 유동에서는 속도장이 시간에 따라 변하므로 시간적분을 수치적으로 수행해야 한다. $t = t_{\text{present}}$에서 추적 입자 위치들의 궤적을 곡선으로 이으면 원하는 유맥선이 된다.

예제 3-5 비정상 유동인 경우의 유동 형태 비교

비정상, 비압축성, 2차원 속도장이 다음과 같이 주어져 있다.

$$\vec{V} = (u, v) = (0.5 + 0.8x)\vec{i} + (1.5 + 2.5\sin(\omega t) - 0.8y)\vec{j} \tag{1}$$

여기서 각진동수(angular frequency)는 2π rad/s(물리적 진동수 1 Hz)이다. 이 속도장은 속도의 v 성분에 주기항(periodic term)이 추가된 것을 제외하고는 예제 3-1의 식 (1)과 같다. 진동의 주기가 1 s이므로, 시간 t가 $\frac{1}{2}$ s의 배수($t = 0, \frac{1}{2}, 1, \frac{2}{3}, 2, \ldots$ s)일 때 식 (1)의 사인(sine)항은 영이 되고, 이 순간의 속도장은 예제 3-1의 속도장과 동일하게 된다. 물리적으로, 진동수 1 Hz로 상하로 진동하며 종 모양의 입구로 유입되는 유동을 생각할 수 있다. $t = 0$ s에서 $t = 2$ s까지 두 사이클을 고려해 보자. $t = 2$ s인 순간의 유선을 $t = 0$ s에서 $t = 2$ s까지 시간 동안 계산된 유적선 및 유맥선과 비교하라.

풀이 주어진 비정상 속도장에서 유선, 유적선, 유맥선을 계산하여 이들을 서로 비교하고자 한다.

가정 1 유동은 비압축성이다. 2 유동은 2차원이다. 즉, 속도의 z방향 성분은 없으며, u와 v는 z방향으로 변하지 않는다.

해석 $t = 2$ s인 순간의 유선은 그림 3-17과 동일하며, 그림 3-25에 이러한 몇 개의 유선을 다시 그려 놓았다. 유적선은 ($x = 0.5$ m, $y = 0.5$ m), ($x = 0.5$ m, $y = 2.5$ m), ($x = 0.5$ m, $y = 4.5$ m) 등 세 곳에서 방출된 유체 입자의 궤적을 Runge-Kutta 적분기법을 이용하여 $t = 0$ s에서 $t = 2$ s까지 진행하며 구할 수 있다. 유적선들이 유선과 함께 그림 3-25에 도시되어 있다. 끝으로 유맥선은 위의 세 곳에서 $t = 0$ s에서 $t = 2$ s까지 시간 동안 방출된 많은 추적 유체 입자들의 궤적을 계산하고, $t = 2$ s에서 각각의 유체 입자들의 위치를 연결하여 구할 수 있다. 이렇게 계산된 유맥선 또한 그림 3-25에 도시되어 있다.

토의 유동이 비정상이므로 유선, 유적선, 유맥선은 일치하지 않는다. 실제로 이들은 서로 매우 다르다. 유맥선 및 유적선은 상하로 진동하는 속도의 v 성분 때문에 물결 모양으로 나타난다. 유적선과 유맥선을 잘 살펴보면 $t = 0$ s에서 $t = 2$ s 사이에 두 사이클의 진동이 일어났음을 알 수 있다. 유선은 시간 이력을 가지지 않으므로 이러한 물결 모양을 찾아볼 수 없다. 유선은 $t = 2$ s에서 순간적인 스냅 사진을 나타낸다.

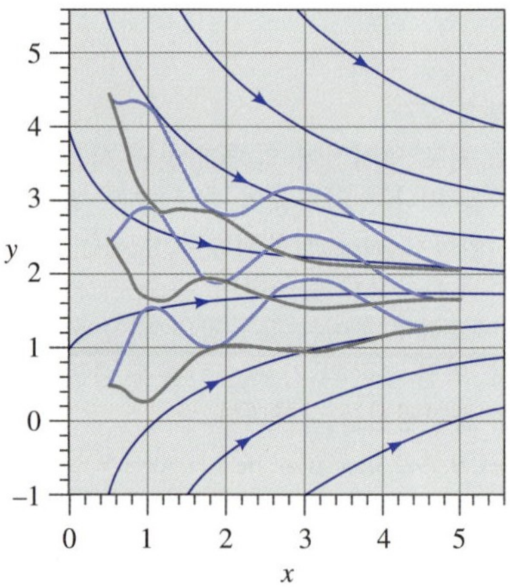

그림 3-25
예제 3-5의 진동하는 속도장의 유선, 유적선, 유맥선. 유맥선 및 유적선은 적분한 시간 이력 때문에 물결 모양이지만, 유선은 속도장의 순간적인 스냅 사진이므로 물결 모양이 아니다.

시간선

시간선(timeline)이란 어느 같은 순간에 표시된 인접한 유체 입자의 집합이다.

시간선은 유동의 균일성을 살펴보는 경우에 특히 유용하다. 그림 3-26은 평행한 평판 사이 유동의 시간선을 보여 준다. 마찰 때문에 벽면에서 유체 속도는 영이고(점착 조건), 시간선의 위와 아래는 처음 시작 위치에 고정된다. 벽면에서 떨어진 영역에서 표시된 유체 입자들은 그 곳의 속도에 따라 운동하며 시간선을 변형시킨다. 그림 3-26의 예에서 볼 수 있듯이, 중간 부분의 속도는 매우 균일하지만, 시간선이 늘어남에 따라, 작은 속도 차이는 시간에 따라 증폭된다. 실험적으로 시간선은 수동에서 **수소 기포 와이어(hydrogen bubble wire)**를 이용하여 얻을 수 있다. 이 와이어에 전류를 순간적으로 통과시키면 물이 전기분해되면서 와이어에 수소 기포가 생성된다. 기포가 매우 작아서 부력은 거의 무시할 수 있으므로, 기포는 물의 유동을 따라 운동한다(그림 3-27).

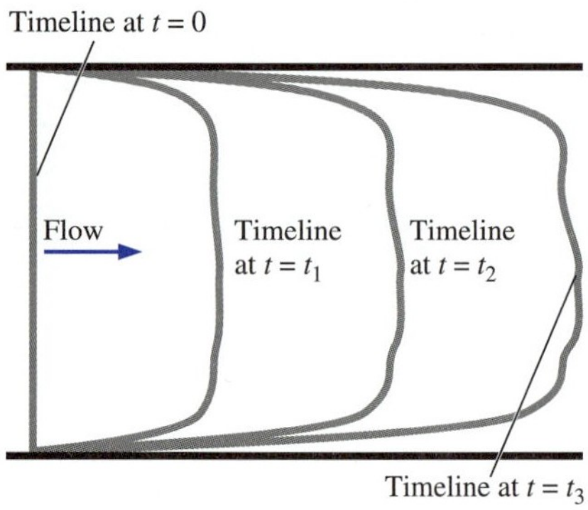

그림 3-26
시간선은 유체 입자들로 구성되는 선을 표시하고, 그 선이 유동장을 따라 운동(그리고 변형)하는 것을 관찰함으로써 형성된다. 그림은 시간 $t = 0, t_1, t_2, t_3$에서 시간선이다.

굴절 유동가시화 기법

유동가시화의 다른 범주로 광파(light wave)의 **굴절 성질(refractive property)**을 이

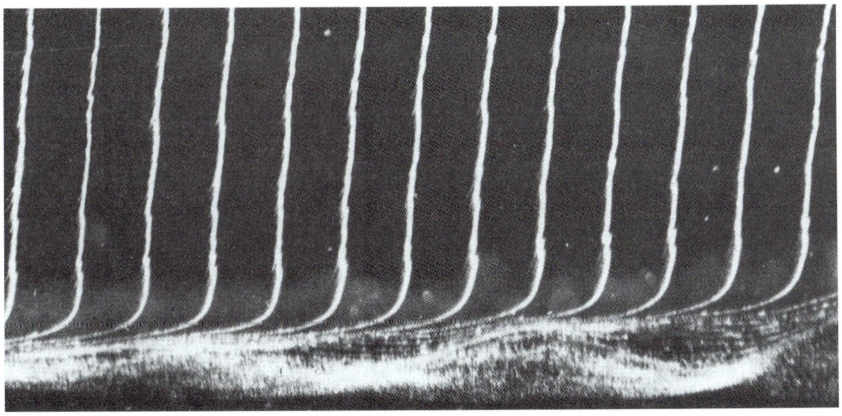

그림 3-27
수소 기포 와이어에 의해 형성된 시간선이 평판을 지나는 경계층의 속도 분포 형상을 가시화하기 위해 사용되었다. 유체는 왼쪽에서 오른쪽으로 유동하며, 수소 기포 와이어는 그림에 보이는 유동장의 왼쪽에 놓여 있다. 벽면 부근의 기포는 난류를 유발하는 유동 불안정성을 나타낸다.

Bippes, H. 1972 Sitzungsber, Heidelb. Akad. Wiss. Math. Naturwiss. *Kl., no. 3, 103-180; NASA TM-75243, 1978.*

용하는 기법이 있다. 물리학 시간에 공부하였듯이, 한 물질을 통과하는 빛의 속도는 다른 물질을 통과할 때와 약간 다르다. 또한 **같은** 물질이라도 밀도가 변하면 빛의 속도는 다르다. 빛이 한 유체를 통과한 후에 굴절률이 다른 유체를 통과할 때 휘게 된다(즉, 빛이 **굴절된다**).

공기(혹은 다른 기체)의 굴절률이 밀도에 따라 달라지는 성질을 이용한 두 가지 대표적인 유동가시화 방법이 **그림자(shadowgraph) 기법**과 **schlieren 기법**이다(Settles, 2001). **간섭계(interferometry)**는 밀도가 변하는 공기 중을 통과할 때 나타나는 빛의 **위상 변화(phase change)** 현상을 이용한 유동가시화 기법인데, 이 교재에서는 다루지 않기로 한다(Merzkirch, 1987 참조). 이러한 기법들은 자연대류 유동(온도 차이로 인한 밀도의 변화), 혼합 유동(유체의 종류에 따른 밀도의 변화), 초음속 유동(충격파와 팽창파로 인한 밀도 변화) 등과 같이 위치에 따라 밀도가 달라지는 유동장을 가시화하는 데 유용하다.

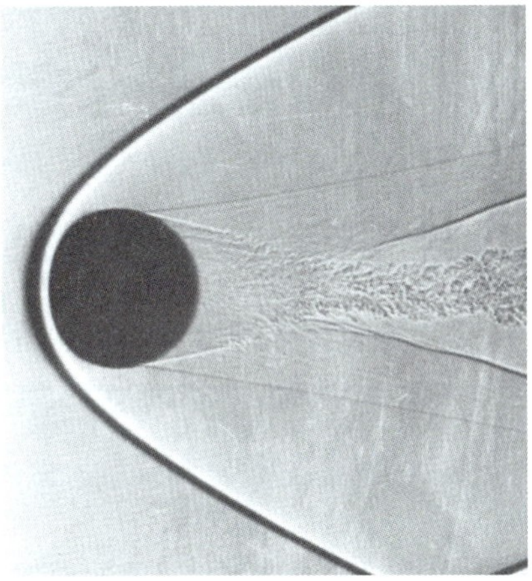

그림 3-28
직경 14.3 mm인 구가 Ma = 3.0의 속도로 공기 중을 비행할 때 그림자 영상(shadowgram). 구 주위의 검은 밴드는 충격파이며, **궁형 충격파**라고 한다(10장 참조).

A. C. Charters, Air Flow Branch, U.S. Army Ballistic Research Laboratory.

유맥선, 유적선, 시간선 등과 같은 유동가시화와는 달리 그림자 기법과 schlieren 기법은 눈에 보이는 염료나 연기를 필요로 하지 않는다. 그 대신 밀도의 차이와 빛의 굴절 성질이 유동장을 가시화함으로써 "안 보이는 것을 보이게" 하는 수단을 제공한다. 굴절된 광선이 스크린이나 카메라에 투영된 그림자를 재배치하여 밝거나 어둡게 보이게 함으로써 **그림자 영상(shadowgram)**을 얻을 수 있다. 어두운 곳은 빛의 굴절이 시작되는 곳을, 밝은 곳은 끝나는 곳을 나타내는데, 이로 인한 혼동이 생길 수 있다. 결과적으로, 검은 곳은 밝은 곳보다 덜 왜곡되므로 그림자 영상을 분석할 때에 더 유용하다. 예를 들어, 그림 3-28의 그림자 영상에서 궁형 충격파(bow shock wave, 검은 밴드)의 모양과 위치는 확실하지만, 굴절된 밝은 빛은 구 앞부분의 그림자를 왜곡하는 것을 볼 수 있다.

그림자 영상은 진정한 광학 이미지가 아니라 단지 그림자일 뿐이다. 그러나 **schlieren 영상**은 렌즈(또는 거울)와 굴절된 빛을 차단할 수 있는 칼날(knife edge) 등으로 이루어지는 진정한 광학 이미지이다. Schlieren 기법은 그림자 기법보다 설치는 복잡하지만, 여러 장점이 있다(Settles, 2001). 예를 들면, schlieren 이미지는 굴절된 빛에 의해 생기는 광학적인 왜곡 현상이 없다. 또한 자연대류(그림 3-29)와 같이 밀도구배가 작거나 또는 초음속 유동의 팽창팬(expansion fan)과 같이 밀도 변화가 급격하지 않는 경우에도 schlieren 영상은 민감하게 반응한다. 채색 schlieren 영상 기법도 개발된 바 있다. 끝으로, schlielen 장치의 위치, 방향, 차단 장치 유형 등을 잘 조절하면 주어진 유동에 가장 적합한 영상을 얻을 수 있다.

그림 3-29
바비큐 그릴의 자연대류를 보여 주는 Schlieren 영상.
G. S. Settles, Gas Dynamics Lab, Penn State University. Used by permission.

3-3 기타 운동학에 대한 서술

유체 요소의 운동 또는 변형의 종류

고체역학에서와 같이 유체역학에서도, 유체 요소는 2차원으로 예시한 그림 3-30에서처럼 네 가지 기본 형태로 운동하거나 변형한다. 즉, (*a*) **병진운동(translation)**, (*b*) **회전(rotation)**, (*c*) **선형변형량[linear strain, 신장변형량(extensional strain)**이라고도 함], (*d*) **전단변형량(shear strain)** 등이다. 유체역학에서는 이러한 네 가지 형태의 운동이나 변형이 동시에 발생하므로 훨씬 복잡하다. 유체 요소는 지속적으로 운동하므로 유체 요소의 운동이나 변형을 **율(rate)**의 형태로 표현하는 것이 좋다. 특히 **속도**[velocity, 병진운동률(rate of translation)], **각속도**[angular velocity, 회전율(rate of rotation)], **선형변형률**(linear strain rate, rate of linear strain), **전단변형률**(shear strain rate, rate of shear strain) 등에 대해 설명하도록 한다. 유동의 계산을 편리하게 하기 위해서, 이러한 **변형의 시간당 변화율(deformation rate)**을 속도와 속도의 도함수로 표시해야 한다.

병진운동이나 회전은 당구공과 같은 고체 입자의 운동에서 볼 수 있듯이 쉽게 이해할 수 있다(그림 3-1). 병진운동률을 3차원으로 완전히 기술하려면 벡터로 표현해야 한다. **병진운동률 벡터**는 수학적으로 **속도 벡터**로 나타낼 수 있다. 직각좌표계에서,

직각좌표계의 병진운동률 벡터: $$\vec{V} = u\vec{i} + v\vec{i} + w\vec{k} \tag{3-19}$$

그림 3-30*a*에서, 유체 요소는 양의 수평(x)방향으로 이동하였다. 따라서 u는 양이고, v(그리고 w)는 영이다.

어느 한 점에서 **회전율(각속도)**은 **처음에 그 점에서 서로 수직으로 교차하는 두 직선들의 평균 회전율**로 정의한다. 예를 들어, 그림 3-30*b*에서 처음에 정사각형인 유체 요소의 왼쪽-아래 모서리 점을 생각해 보자. 유체 요소의 왼쪽 변과 아래쪽 변은 그 모서리 점에서 교차하고, 처음에는 서로 수직이다. 이 두 선들은 수학적으로 양의 방향인 반시계방향으로 회전한다. 이 두 선 사이(또는 이 유체 요소에서 처음에는 서로 수직인 **모든** 두 선 사이)의 각도는 90°를 유지한다. 왜냐하면 이 그림은 강체 회전의 모양이기 때문이다. 그러므로 두 선들은 같은 속도로 회전하고, 그 평면에서 회전율은 단순히 그 평면의 각속도 성분이다.

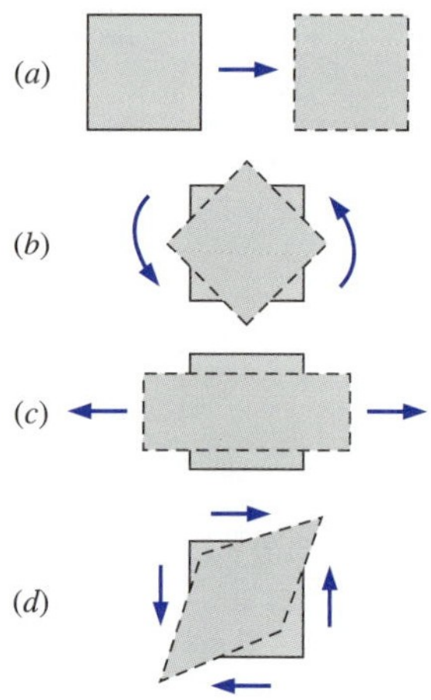

그림 3-30
유체 요소의 운동 또는 변형의 기본 형태. (*a*) 병진운동, (*b*) 회전, (*c*) 선형변형량 및 (*d*) 전단변형량.

더 일반적인 2차원 경우를 고려하면(그림 3-31), 유체 입자는 병진운동을 하고 회전하면서 모양이 변형되는데, 앞 문단에서 제시한 정의에 따라 회전율을 계산해 보자. 즉, 처음의 시간 t_1에서 xy평면의 한 점 P에서 교차하는 서로 수직인 두 직선(그림 3-31의 직선 a와 b)을 고려해 보자. 미소 시간 $dt = t_2 - t_1$ 동안에 이 직선들은 운동을 하고 회전한다. 그림에 나타난 바와 같이 시간 t_2에서 직선 a는 각 α_a만큼, 직

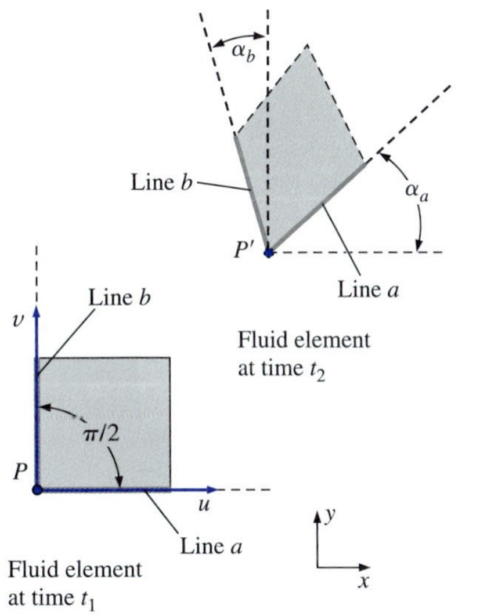

그림 3-31
병진운동을 하고 변형하는 유체 요소에서 한 점 P에서 **회전율**은 처음에 서로 수직인 두 직선(직선 a와 b)들의 평균 회전율로 정의한다.

선 b는 각 α_b만큼 회전하면서 유동과 같이 움직였다(그림에서 각은 radian이고, 수학적으로 모두 양의 방향이다). 그러므로 평균 회전각은 $(\alpha_a+\alpha_b)/2$이고, xy평면에서의 **회전율** 또는 각속도는 평균 회전각의 시간도함수와 같다. 즉,

그림 3-31의 한 점 P에 대한 유체 요소의 회전율:

$$\omega = \frac{d}{dt}\left(\frac{\alpha_a + \alpha_b}{2}\right) = \frac{1}{2}\left(\frac{\partial v}{\partial x} - \frac{\partial u}{\partial y}\right) \tag{3-20}$$

식 (3-20)에서 ω는 각 α_a와 α_b 내신 속도의 성분 u와 v로 표시되었으며, 이 식의 우변은 독자들이 직접 유도해 보기 바란다.

3차원에서는 각 방향에 대한 회전율의 크기가 다를 수 있으므로 유동장의 한 점에서 회전율을 **벡터**로 표시해야 한다. 3차원에서 회전율 벡터의 유도 과정은 Kundu와 Cohen(2011), White(2005) 등의 유체역학 교재에서 찾아볼 수 있다. **회전율 벡터**는 **각속도 벡터**와 동일하며, 직각좌표계에서는 다음 식으로 표현된다.

직각좌표계에서 회전율 벡터:

$$\vec{\omega} = \frac{1}{2}\left(\frac{\partial w}{\partial y} - \frac{\partial v}{\partial z}\right)\vec{i} + \frac{1}{2}\left(\frac{\partial u}{\partial z} - \frac{\partial w}{\partial x}\right)\vec{j} + \frac{1}{2}\left(\frac{\partial v}{\partial x} - \frac{\partial u}{\partial y}\right)\vec{k} \tag{3-21}$$

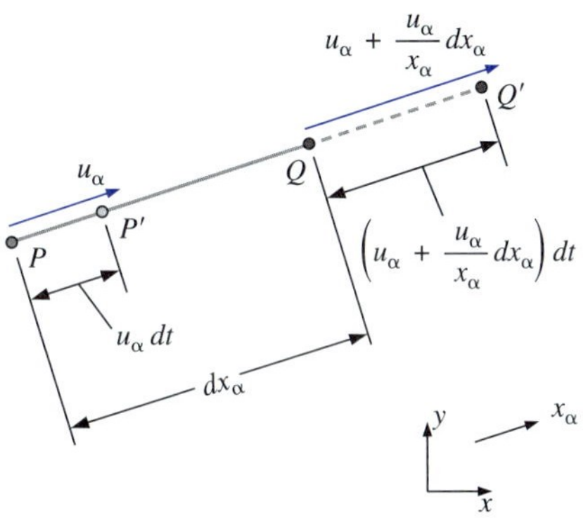

그림 3-32
임의의 x_α방향의 **선형변형률**은 그 방향으로 단위 길이당 나타나는 길이의 증가율로 정의한다. 직선의 길이가 **감소**하면 선형변형률은 **음**이다. 이 그림에서 직선 PQ는 $P'Q'$으로 길이가 증가하였으며, 이는 양의 선형변형률을 뜻한다. dx_α와 dt가 매우 작으므로 속도 성분들과 거리는 1차 근사를 사용하여 계산하였다.

선형변형률은 **단위 길이당 길이의 증가율**로 정의한다. 수학적으로 유체 요소의 선형변형률은 측정 대상인 선의 초기 방향과 관련이 있다. 따라서 이는 스칼라나 벡터로 나타낼 수 없다. 그러므로 선형변형률은 어떤 임의의 방향, 즉 x_α방향에 대하여 정의한다. 예를 들어, 그림 3-32에서 처음에 직선 PQ의 길이는 dx_α이고, $P'Q'$으로 길이가 증가하였다고 하자. 주어진 정의와 그림 3-32에 표시된 길이를 사용하면 x_α 방향의 선형변형률은 다음과 같다.

$$\varepsilon_{\alpha\alpha} = \frac{d}{dt}\left(\frac{P'Q' - PQ}{PQ}\right) \tag{3-22}$$

$$\cong \frac{d}{dt}\left(\frac{\overbrace{\left(u_\alpha + \frac{\partial u_\alpha}{\partial x_\alpha}dx_\alpha\right)dt + dx_\alpha - u_\alpha\, dt}^{\text{Length of } P'Q' \text{ in the } x_\alpha\text{-direction}} - \overbrace{dx_\alpha}^{\text{Length of } PQ \text{ in the } x_\alpha\text{-direction}}}{\underbrace{dx_\alpha}_{\text{Length of } PQ \text{ in the } x_\alpha\text{-direction}}}\right) = \frac{\partial u_\alpha}{\partial x_\alpha}$$

반드시 그렇지는 않지만, 직각좌표계에서 임의의 x_α방향은 일반적으로 세 좌표축 중 하나의 방향으로 잡는다.

직각좌표계에서 선형변형률:

$$\varepsilon_{xx} = \frac{\partial u}{\partial x} \qquad \varepsilon_{yy} = \frac{\partial v}{\partial y} \qquad \varepsilon_{zz} = \frac{\partial w}{\partial z} \tag{3-23}$$

보다 일반적인 경우, 유체 요소는 그림 3-31과 같이 운동하고 변형한다. 식 (3-23)이 일반적인 경우에서도 유효하다는 것은 독자들이 직접 증명해 보기 바란다.

와이어, 봉, 보 등의 고체를 인장하면 늘어난다. 고체역학에서 공부했듯이, 어떤

물체가 한 방향으로 신장되면 그 방향과 직각방향으로는 수축한다. 이 현상은 유체 요소에서도 똑같다. 그림 3-30*c*에서, 처음에 정사각형인 유체 요소는 수평방향으로는 신장하고, 수직방향으로는 수축한다. 따라서 수평방향의 선형변형률은 양이고, 수직방향은 음이다.

만약 유동이 **비압축성**이라면 유체 요소의 체적은 일정해야 한다. 따라서 유체 요소가 한 방향으로 신장하면 다른 방향으로 적당한 양만큼 보상되어 수축한다. 그러나 **압축성** 유체 요소의 체적은 밀도가 감소하거나 증가함에 따라 각각 증가하거나 감소할 수 있다(유체 요소의 질량은 일정하다. 그러나 $\rho = m/V$이므로 질량과 체적은 반비례한다). 예를 들어, 실린더 내의 공기가 피스톤에 의해 압축되는 경우를 생각해 보자(그림 3-33). 유체 요소의 질량이 보존되어야 하므로 유체 요소의 체적은 감소하는 반면, 밀도는 증가한다. 유체 요소의 단위 체적당 체적의 증가율을 **체적변형률**(volumetric strain rate 또는 bulk strain rate)이라 하며, 이 운동학적 상태량은 체적이 증가하면 양으로 정의한다. 체적변형률의 또 다른 유사어는 **체적팽창률**(rate of volumetric dilatation)이다. 이는 눈의 홍채가 약한 빛에 노출될 때 어떻게 팽창하는(dilate)지를 생각하면 쉽게 기억할 수 있을 것이다. 체적변형률은 서로 수직인 세 방향의 선형변형률의 합이다. 그러므로 직각좌표계(식 3-23)에서 체적변형률은 다음과 같다.

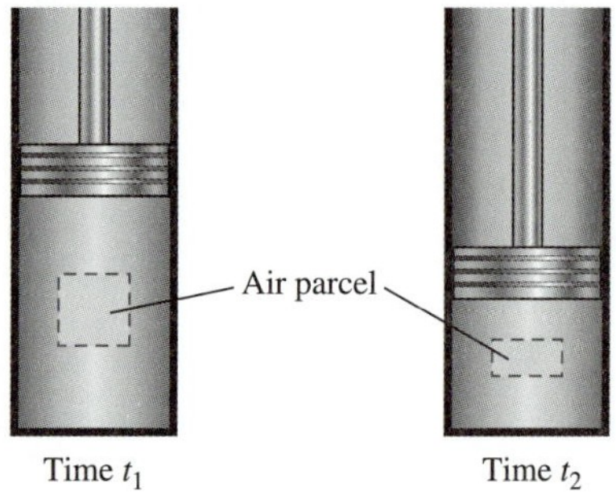

그림 3-33
실린더 안에서 피스톤에 의해 압축되는 공기. 실린더 내 유체 요소의 체적은 감소하며, 이는 음의 체적팽창률을 의미한다.

직각좌표계에서 체적변형률:

$$\frac{1}{V}\frac{DV}{Dt} = \frac{1}{V}\frac{dV}{dt} = \varepsilon_{xx} + \varepsilon_{yy} + \varepsilon_{zz} = \frac{\partial u}{\partial x} + \frac{\partial v}{\partial y} + \frac{\partial w}{\partial z} \tag{3-24}$$

식 (3-24)에서 대문자 *D*는 **유체 요소를 추적하는** 체적, 즉 식 (3-12)에 나타낸 유체 요소의 **물질체적**을 강조하기 위하여 사용되었다.

비압축성 유동에서 체적변형률은 영이다.

전단변형률은 설명하고 이해하기가 어려운 변형률이다. 한 점의 **전단변형률**은 **그 점에서 처음에 수직으로 교차하는 두 직선 사이 각도의 감소율의 반(1/2)**으로 정의한다[뒤에 전단변형률과 선형변형률을 한 개의 텐서로 나타낼 때 반(1/2)에 대해 설명한다]. 예를 들면, 그림 3-30*d*에서 처음에 90°인 정사각형 유체 요소의 왼쪽–아래 모서리와 오른쪽–위 모서리의 각도는 감소한다. 이는 정의에 의하여 양의 전단변형량이다. 그러나 유체 요소의 왼쪽–위 모서리와 오른쪽–아래 모서리의 각도는 증가한다. 이는 정의에 의하여 음의 전단변형량이다. 분명 전단변형률은 한 개의 스칼라량이나 벡터량으로 표현할 수 없고, 수학적으로 **서로 수직인 두 방향**으로 표현해야 한다. 항상 이러한 제한을 둘 필요는 없으나 직각좌표계에서 축 그 자체가 가장 명백한 선택이다. *xy*평면의 2차원 유체 요소를 고려해 보자. 유체 요소는 그림 3-34에서와 같이 시간에 따라 병진운동을 하며 변형한다. 처음에 서로 수직인 두 직선(*x* 및 *y*방향의 직선 *a* 및 *b*)을 살펴보자. 처음에 $\pi/2$ (90°)인 두 직선 사이의 각도는 시간 t_2에서 α_{a-b}로 감소한다. 처음에 *x*방향 및 *y*방향으로 수직인 두 직선에 대해 점 *P*에서

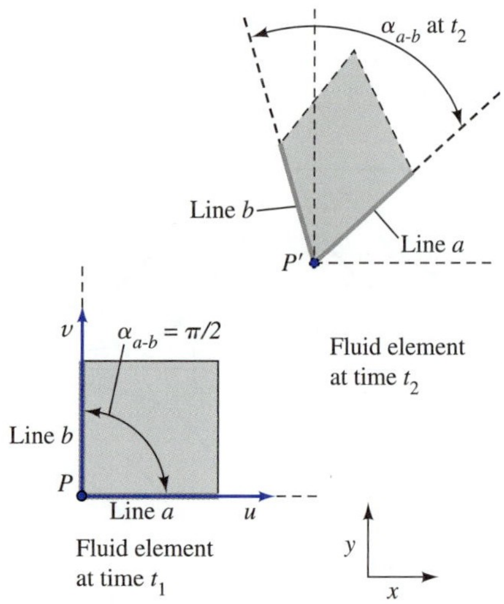

그림 3-34
병진운동을 하고 변형하는 유체 요소에서 한 점 *P*에서 전단변형률은 처음에 서로 수직인 두 직선(직선 *a*와 *b*) 사이 각도의 감소율의 반(1/2)으로 정의한다.

의 전단변형률은 다음과 같이 표현되며, 이는 독자들이 직접 증명해 보기 바란다.

처음에 x 및 y방향으로 수직인 두 직선의 전단변형률:

$$\varepsilon_{xy} = -\frac{1}{2}\frac{d}{dt}\alpha_{a\text{-}b} = \frac{1}{2}\left(\frac{\partial u}{\partial y} + \frac{\partial v}{\partial x}\right) \tag{3-25}$$

식 (3-25)는 쉽게 3차원으로 확장할 수 있으며, 이때 전단변형률은 다음과 같다.

직각좌표계의 전단변형률:

$$\varepsilon_{xy} = \frac{1}{2}\left(\frac{\partial u}{\partial y} + \frac{\partial v}{\partial x}\right) \quad \varepsilon_{zx} = \frac{1}{2}\left(\frac{\partial w}{\partial x} + \frac{\partial u}{\partial z}\right) \quad \varepsilon_{yz} = \frac{1}{2}\left(\frac{\partial v}{\partial z} + \frac{\partial w}{\partial y}\right) \tag{3-26}$$

끝으로, 선형변형률(식 3-23)과 전단변형률(식 3-26)을 수학적으로 결합하여 한 개의 대칭 2차 텐서를 만들 수 있으며, 이를 **변형률 텐서**라고 한다.

직각좌표계의 변형률 텐서:

$$\varepsilon_{ij} = \begin{pmatrix} \varepsilon_{xx} & \varepsilon_{xy} & \varepsilon_{xz} \\ \varepsilon_{yx} & \varepsilon_{yy} & \varepsilon_{yz} \\ \varepsilon_{zx} & \varepsilon_{zy} & \varepsilon_{zz} \end{pmatrix} = \begin{pmatrix} \frac{\partial u}{\partial x} & \frac{1}{2}\left(\frac{\partial u}{\partial y} + \frac{\partial v}{\partial x}\right) & \frac{1}{2}\left(\frac{\partial u}{\partial z} + \frac{\partial w}{\partial x}\right) \\ \frac{1}{2}\left(\frac{\partial v}{\partial x} + \frac{\partial u}{\partial y}\right) & \frac{\partial v}{\partial y} & \frac{1}{2}\left(\frac{\partial v}{\partial z} + \frac{\partial w}{\partial y}\right) \\ \frac{1}{2}\left(\frac{\partial w}{\partial x} + \frac{\partial u}{\partial z}\right) & \frac{1}{2}\left(\frac{\partial w}{\partial y} + \frac{\partial v}{\partial z}\right) & \frac{\partial w}{\partial z} \end{pmatrix} \tag{3-27}$$

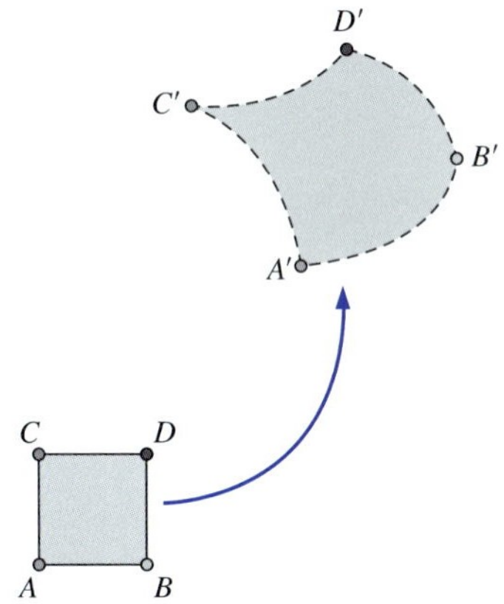

그림 3-35
병진운동, 회전, 선형변형량, 전단변형량, 체적변형량을 보여 주는 유체 요소.

변형률 텐서는 텐서 불변량(tensor invariants), 변환 법칙, 주축(principal axes)과 같은 수학적 텐서의 모든 기본 법칙들을 따른다.

그림 3-35는(비록 2차원이지만) 모든 가능한 운동과 변형이 동시에 존재하는 경우에 압축성 유동장의 일반적인 상태를 보여 준다. 여기에는 병진운동, 회전, 선형변형량, 전단변형량이 모두 포함되어 있다. 압축성 유체 유동의 특성상 체적변형량(팽창)도 존재한다. 이제 독자들은 유체동역학의 복잡성과 유체 운동을 기술하는 데 필요한 수학적인 정교성을 보다 더 잘 알 수 있을 것이다.

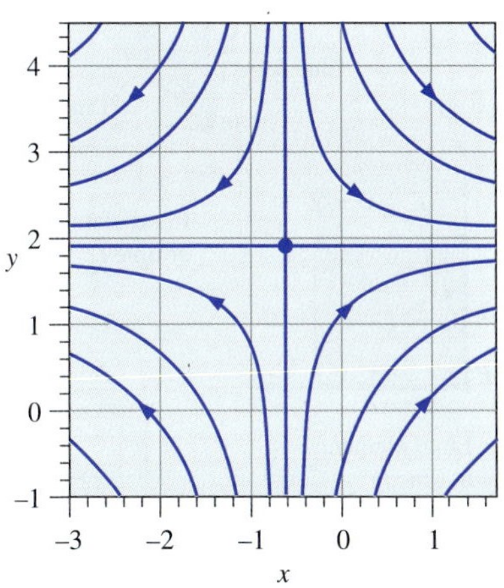

그림 3-36
예제 3-6의 속도장의 유선. $x = -0.625$ m, $y = 1.875$ m의 정체점은 파란 원으로 나타내었다.

예제 3-6 2차원 유동에서 운동학적 상태량 계산

예제 3-1의 정상, 2차원 속도장을 고려해 보자.

$$\vec{V} = (u, v) = (0.5 + 0.8\,x)\vec{i} + (1.5 - 0.8\,y)\vec{j} \tag{1}$$

여기서 길이의 단위는 m, 시간의 단위는 s, 속도의 단위는 m/s이다. 그림 3-36에 보인 바와 같이 (−0.625, 1.875)에 정체점이 존재한다. 이 그림에는 유선도 도시되어 있다. 여러 운동학적 상태량들, 즉 병진운동률, 회전율, 선형변형률, 전단변형률, 체적변형률을 계산하라. 이 유동은 비압축성임을 증명하라.

풀이 주어진 속도장에서 여러 가지 운동학적 상태량들을 계산하고, 유동이 비압축성임을 증명하고자 한다.

가정 **1** 유동은 정상이다. **2** 유동은 2차원이다. 즉, 속도의 z방향 성분은 없으며, u와 v는 z방향으로 변하지 않는다.

해석 식 (3-19)에 의하여, 병진운동률은 식 (1)의 속도 벡터이며, 다음과 같다.

병진운동률: $$u = \mathbf{0.5 + 0.8}x \qquad v = \mathbf{1.5 - 0.8}y \qquad w = \mathbf{0} \tag{2}$$

회전율은 식 (3-21)을 이용하여 계산한다. 이 문제에서 어디에서나 $w = 0$이고, u와 v는 z방향으로 변하지 않으므로, 영이 아닌 회전율 성분은 z방향뿐이다. 그러므로 회전율은 다음과 같다.

회전율: $$\vec{\omega} = \frac{1}{2}\left(\frac{\partial v}{\partial x} - \frac{\partial u}{\partial y}\right)\vec{k} = \frac{1}{2}(0 - 0)\vec{k} = \mathbf{0} \tag{3}$$

이 경우 유체 입자의 순수 회전은 영이다.

임의의 방향으로의 선형변형률은 식 (3-23)을 사용하여 계산할 수 있다. x, y, z방향의 선형변형률은 다음과 같다.

$$\varepsilon_{xx} = \frac{\partial u}{\partial x} = \mathbf{0.8\ s^{-1}} \qquad \varepsilon_{yy} = \frac{\partial v}{\partial y} = \mathbf{-0.8\ s^{-1}} \qquad \varepsilon_{zz} = \mathbf{0} \tag{4}$$

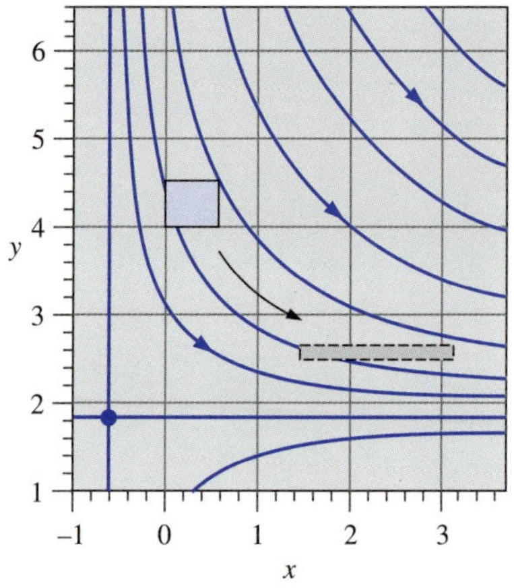

그림 3-37
예제 3-6의 속도장에 놓인 처음에 정사각형인 유체 요소의 1.5초 후의 변형. $x = -0.625$ m, $y = 1.875$ m의 정체점은 파란 원으로 나타내었으며, 유선 몇 개를 도시하였다.

따라서 유체 입자는 x방향으로 신장하고(양의 선형변형률), y방향으로 수축한다(음의 선형변형률). 이 결과가 그림 3-37에 도시되어 있으며, 처음의 유체 요소는 중심이 (0.25, 4.25)인 정사각형으로 나타나 있다. 식 (2)를 시간에 대해 적분하면 1.5초 후의 네 모서리 위치를 계산할 수 있다. 예상한 대로 유체 요소는 x방향으로 신장하고, y방향으로 수축한 것을 알 수 있다.

전단변형률은 식 (3-26)으로부터 구할 수 있다. 2차원 유동이기 때문에 오직 xy평면의 전단변형률만 영이 아니다. x축과 y축에 평행한 직선들을 처음에 서로 수직인 선들로 잡으면 ε_{xy}는 다음과 같다.

$$\varepsilon_{xy} = \frac{1}{2}\left(\frac{\partial u}{\partial y} + \frac{\partial v}{\partial x}\right) = \frac{1}{2}(0 + 0) = \mathbf{0} \tag{5}$$

따라서 그림 3-37에 도시한 바와 같이 이 유동의 전단변형량은 영이다. 비록 유체 요소가 변형하지만 사각형 모양을 유지한다. 즉, 처음의 모서리 각도 90°는 계산 시간 동안 90°를 계속 유지한다.

끝으로, 체적변형률은 식 (3-24)에 따라 계산한다.

$$\frac{1}{V}\frac{DV}{Dt} = \varepsilon_{xx} + \varepsilon_{yy} + \varepsilon_{zz} = (0.8 - 0.8 + 0)\ \mathrm{s}^{-1} = \mathbf{0} \tag{6}$$

체적변형률이 모든 곳에서 영이므로, 유체 요소의 체적은 팽창하지도, 수축(압축)하지도 않는다. 따라서 **이 유동은 비압축성임을 증명할 수 있다.** 그림 3-37에 도시한 바와 같이 비록 짙게 표시한 유체 요소는 유동장 중에서 운동하고 변형하지만, 그 면적(2차원 유동이므로 체적에 해당됨)은 일정하다.

토의 이 예제를 통하여 선형변형률(ε_{xx}와 ε_{yy})은 영이 아닌 반면, 전단변형률(ε_{xy}와 이와 대칭인 ε_{yx})은 영임을 알 수 있다. 이는 이 유동장의 x와 y축이 주축(principal axis)임을 뜻

한다. 따라서 이 방향으로의 (2차원)변형률 텐서는 다음과 같다.

$$\varepsilon_{ij} = \begin{pmatrix} \varepsilon_{xx} & \varepsilon_{xy} \\ \varepsilon_{yx} & \varepsilon_{yy} \end{pmatrix} = \begin{pmatrix} 0.8 & 0 \\ 0 & -0.8 \end{pmatrix} \text{s}^{-1} \tag{7}$$

만약 축을 임의의 각도로 회전시키면 새로운 축은 더 이상 주축이 아니고, 변형률 텐서의 4원소는 모두 영이 아니다. 이는 고체역학에서 Mohr 원을 이용하여 회전축에 대한 주축, 최대 전단변형량 등을 계산하는 것과 비슷하며, 유사한 해석이 유체역학에도 적용될 수 있다.

3-4 와도와 회전성

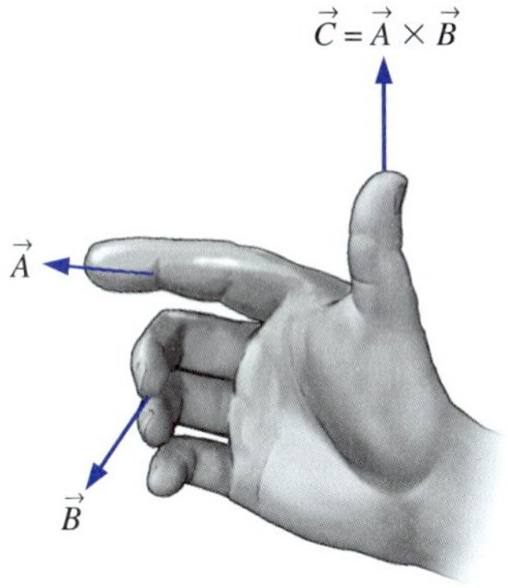

그림 3-38
벡터 외적의 방향은 오른손 법칙을 따른다.

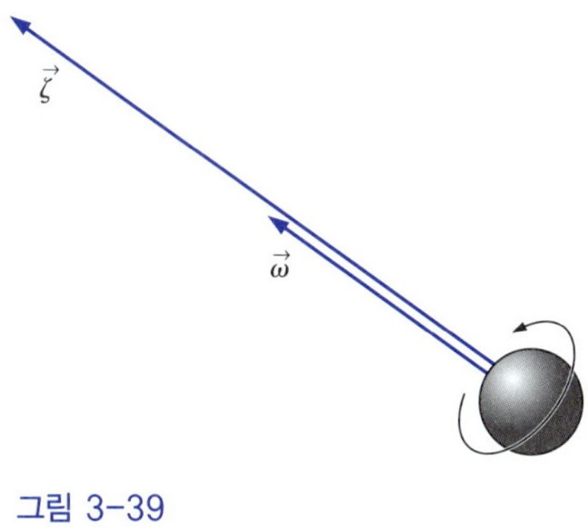

그림 3-39
와도 벡터는 회전하는 유체 입자의 각속도 벡터의 두 배이다.

유체 요소의 회전율 벡터는 이미 정의한 바 있다(식 3-21). 이와 매우 밀접한 또 하나의 운동학적 상태량인 **와도 벡터(vorticity vector)**는 유체 유동을 해석하는 데 매우 중요하다. 와도 벡터는 수학적으로 속도 벡터 $\vec{V}$의 curl로 정의된다.

와도 벡터:
$$\vec{\zeta} = \vec{\nabla} \times \vec{V} = \text{curl}(\vec{V}) \tag{3-28}$$

물리적으로 와도 벡터의 방향은 벡터의 외적(cross product)에서와 같이 오른손 법칙을 따른다(그림 3-38). 일반적으로 와도는 **제타**(zeta)라고 읽는 그리스 문자 ζ로 표시한다. 이 기호는 유체역학 교재마다 다르게 표시될 수 있으며, 경우에 따라 소문자 $\boldsymbol{\omega}$ 또는 대문자 Ω로 나타내기도 한다. 이 교재에서 $\vec{\omega}$는 유체 요소의 회전율 벡터(각속도 벡터)를 뜻한다. 회전율 벡터는 다음과 같이 와도 벡터의 $\frac{1}{2}$이다.

회전율 벡터:
$$\vec{\omega} = \frac{1}{2}\vec{\nabla} \times \vec{V} = \frac{1}{2}\text{curl}(\vec{V}) = \frac{\vec{\zeta}}{2} \tag{3-29}$$

따라서 **와도는 유체 입자의 회전을 나타내는 척도**이다. 즉,

> **와도**는 유체 입자의 각속도의 2배이다(그림 3-39).

만약 유동장의 한 점에서 와도가 영이 아니라면 공간상의 그 점을 점유하게 되는 유체 요소는 회전한다. 그 영역의 유동을 **회전(rotational)**이라고 한다. 마찬가지로, 유동장의 한 점에서 와도가 영이라면(또는 무시할 수 있을 정도로 작다면) 그곳의 유체 입자는 회전하지 않는다. 이러한 영역의 유동을 **비회전(irrotational)**이라고 한다. 물리적으로 유동장의 회전 영역을 지나는 유체 요소는 유동을 따라 운동하면서 빙글빙글 회전한다. 예를 들어, 고체면 근처 점성 경계층 내의 유체 입자는 회전인(따라서 와도가 영이 아니다) 반면, 경계층 외부의 유체 입자는 비회전이다(와도가 영이다). 이러한 형태가 그림 3-40에 나타나 있다.

유체 요소의 회전은 후류, 경계층, 터보기계(팬, 터빈, 압축기 등) 내의 유동 그리고 열전달을 동반한 유동과 관련이 있다. 유체 요소의 와도는 점성, 비균일 가열(온도구배) 또는 다른 비균일 현상의 작용을 통하지 않고서는 변하지 않는다. 따라서 만약 비회전 영역에서 유동이 시작되었다면 어떤 비균일 과정이 그 상태를 변하게 하지 않는 한 유동은 계속 비회전을 유지한다. 예를 들어, 조용한 주위로부터 어

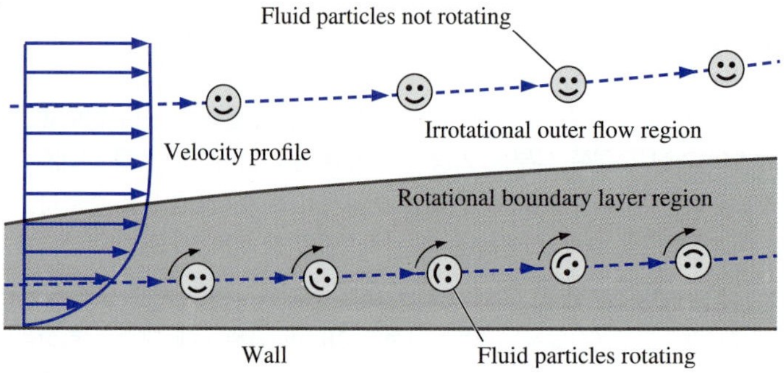

그림 3-40
회전 유동과 비회전 유동의 차이. 회전 유동 영역의 유체 요소는 회전하고, 비회전 유동 영역의 유체 요소는 회전하지 않는다.

떤 입구로 들어오는 공기가 비회전이라면 그 유로에 방해물이나 비균일 가열이 없는 한 비회전을 유지한다. 만약 유동 영역을 비회전으로 근사시킬 수 있다면 운동 방정식은 훨씬 간단해진다.

직각좌표계 $(\vec{i}, \vec{j}, \vec{k})$, (x, y, z), (u, v, w)에서 식 (3-28)은 다음과 같이 표현된다.

직각좌표계의 와도 벡터:

$$\vec{\zeta} = \left(\frac{\partial w}{\partial y} - \frac{\partial v}{\partial z}\right)\vec{i} + \left(\frac{\partial u}{\partial z} - \frac{\partial w}{\partial x}\right)\vec{j} + \left(\frac{\partial v}{\partial x} - \frac{\partial u}{\partial y}\right)\vec{k} \tag{3-30}$$

xy평면상의 2차원 유동의 경우 속도의 z방향 성분(w)은 영이고, u와 v는 z방향으로 변하지 않는다. 그러므로 식 (3-30)의 처음 두 항은 영이고, 와도는 다음과 같이 단순화된다.

직각좌표계에서 2차원 유동:

$$\vec{\zeta} = \left(\frac{\partial v}{\partial x} - \frac{\partial u}{\partial y}\right)\vec{k} \tag{3-31}$$

xy평면 상의 2차원 유동의 경우 와도 벡터는 $+z$ 혹은 $-z$방향임을 유의하라(그림 3-41).

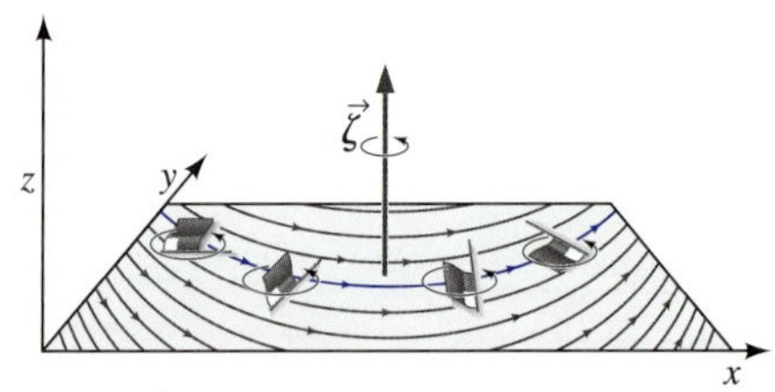

그림 3-41
xy평면상의 2차원 유동의 경우 와도 벡터는 항상 $+z$ 혹은 $-z$방향이다. 이 그림에서 깃발 모양의 유체 요소는 xy평면에서 운동할 때 반시계방향으로 회전한다. 그림에서 보는 바와 같이 와도는 양의 z방향이다.

예제 3-7 2차원 유동에서 회전성의 판단

정상, 비압축성, 2차원 속도장이 다음과 같이 주어져 있다.

$$\vec{V} = (u, v) = x^2\vec{i} + (-2xy - 1)\vec{j} \tag{1}$$

이 유동이 회전 유동인지 또는 비회전 유동인지를 판단하라. 몇 개의 유선을 1사분면에 그리고, 그 결과를 논의하라.

풀이 주어진 속도장을 갖는 유동이 회전인지 또는 비회전인지를 판단하고, 1사분면에 몇 개의 유선을 그리고자 한다.

해석 유동이 2차원이므로 식 (3-31)을 이용하여 와도를 계산한다.

와도:

$$\vec{\zeta} = \left(\frac{\partial v}{\partial x} - \frac{\partial u}{\partial y}\right)\vec{k} = (-2y - 0)\vec{k} = -2y\vec{k} \tag{2}$$

와도가 영이 아니므로 이 유동은 **회전 유동**이다. 그림 3-42의 1사분면에 몇 개의 유선을 도

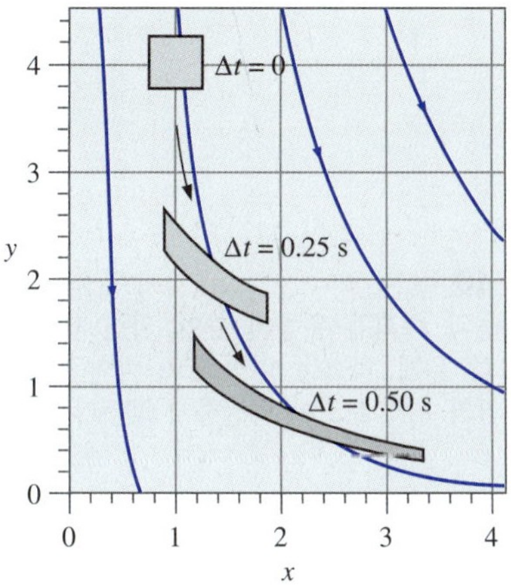

그림 3-42
예제 3-7의 속도장에 따라, 처음에 정사각형인 유체 요소의 0.25 s와 0.50 s 후의 변형. 1사분면에 몇 개의 유선들도 도시하였다. 이 유동은 **회전** 유동임이 명백하다.

시하였다. 유체는 오른쪽 아랫방향으로 운동함을 알 수 있다. 유체 요소의 병진운동과 변형도 나타나 있다. 즉, $\Delta t = 0$에서 유체 요소는 정사각형이고, $\Delta t = 0.25$ s에서 유체 요소는 운동하고 변형하였으며, $\Delta t = 0.50$ s에서는 더 멀리 운동하고 더 많이 변형하였다. 또한 유체 요소의 가장 오른쪽 부분은 가장 왼쪽 부분에 비하여 오른쪽과 아래쪽으로 더 빨리 움직이므로 주어진 유체 요소를 x방향으로 신장시키고, 수직방향으로 수축시킨다. 한편 유체 요소는 시계방향으로 순수 회전하며, 이는 식 (2)의 결과와 일치한다.

토의 식 (3-29)로부터 각 유체 입자는 와도 벡터의 $\frac{1}{2}$인 각속도 $\vec{\omega} = -y\vec{k}$로 회전한다. $\vec{\omega}$가 일정하지 않으므로 이 유동은 강체 회전이 아니며, $\vec{\omega}$는 y에 대한 선형함수이다. 좀 더 해석을 하면 이 유동장이 비압축성임을 알 수 있다. 즉, 그림 3-42에서 서로 다른 세 순간에 짙게 표시한 유체 요소들의 면적(체적)은 동일하다.

원통좌표계 $(\vec{e}_r, \vec{e}_\theta, \vec{e}_z)$, (r, θ, z), (u_r, u_θ, u_z)에서 식 (3-28)은 다음과 같이 표현된다.

원통좌표계의 와도 벡터:

$$\vec{\zeta} = \left(\frac{1}{r}\frac{\partial u_z}{\partial \theta} - \frac{\partial u_\theta}{\partial z}\right)\vec{e}_r + \left(\frac{\partial u_r}{\partial z} - \frac{\partial u_z}{\partial r}\right)\vec{e}_\theta + \frac{1}{r}\left(\frac{\partial (r u_\theta)}{\partial r} - \frac{\partial u_r}{\partial \theta}\right)\vec{e}_z \qquad (3\text{-}32)$$

$r\theta$ 평면의 2차원 유동인 경우에 식 (3-32)는 다음과 같이 된다.

원통좌표계의 2차원 유동:

$$\vec{\zeta} = \frac{1}{r}\left(\frac{\partial (r u_\theta)}{\partial r} - \frac{\partial u_r}{\partial \theta}\right)\vec{k} \qquad (3\text{-}33)$$

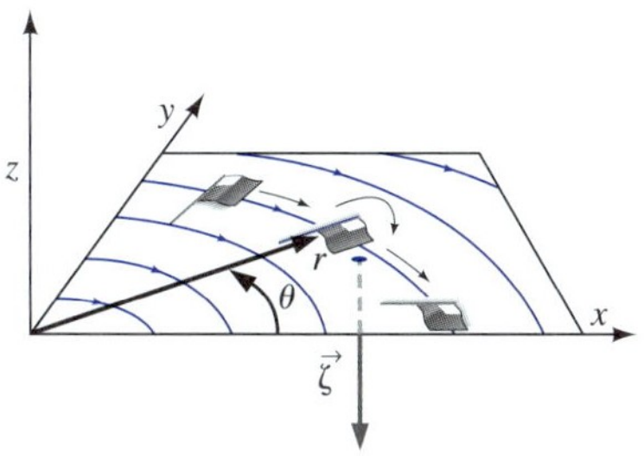

그림 3-43
$r\theta$ 평면의 2차원 유동인 경우의 와도 벡터는 항상 z(또는 $-z$)방향이다. 이 그림에서 깃발 모양의 유체 입자는 $r\theta$ 평면에서 운동할 때 시계방향으로 회전한다. 그림에서 보는 바와 같이 와도는 $-z$방향이다.

여기서 $\vec{k}$는 z방향의 단위 벡터이며, $\vec{e}_z$ 대신 쓰였다. $r\theta$ 평면에서 2차원 유동이므로 와도 벡터는 $+z$ 혹은 $-z$방향임을 유의하라(그림 3-43).

두 가지 원형 유동의 비교

원형의 유선 모양을 갖는 모든 유동이 회전 유동은 아니다. 이를 설명하기 위하여, $r\theta$ 평면에서 유선이 원형인 두 개의 비압축성, 정상, 2차원 유동을 고려해 보자.

유동 A-강체 회전: $\quad u_r = 0 \quad$ 그리고 $\quad u_\theta = \omega r \qquad (3\text{-}34)$

유동 B-선 와류(line vortex): $\quad u_r = 0 \quad$ 그리고 $\quad u_\theta = \dfrac{K}{r} \qquad (3\text{-}35)$

위 식에서 ω와 K는 상수이다[식 (3-35)에서 $r = 0$일 때 u_θ는 무한대이며, 이는 물리적으로 불가능하다. 따라서 원점 부근의 영역은 고려하지 않는다]. 두 경우 모두 반경방향의 속도 성분은 영이므로 유선은 원점을 중심으로 한 원형이다. 이 두 유동의 유선과 속도 분포가 그림 3-44에 도시되어 있다. 식 (3-33)을 이용하여 각각의 유동에 대한 와도장을 계산하여 비교해 보자.

유동 A-강체 회전:

$$\vec{\zeta} = \frac{1}{r}\left(\frac{\partial (\omega r^2)}{\partial r} - 0\right)\vec{k} = 2\omega\vec{k} \qquad (3\text{-}36)$$

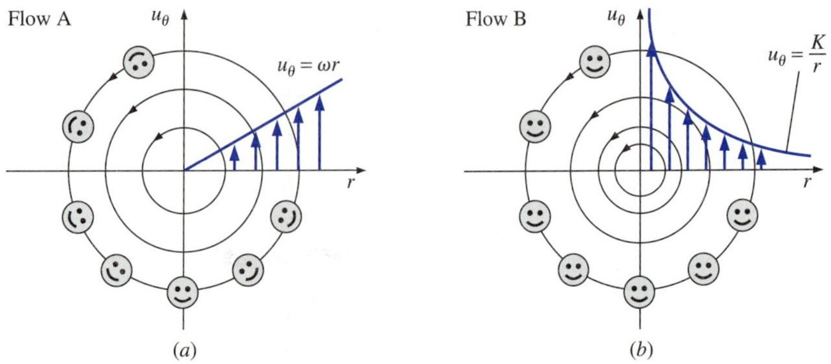

그림 3-44
유선과 속도 분포. (*a*) 유동 A–강체 회전, (*b*) 유동 B–선 와류. 유동 A는 회전 유동이지만, 유동 B는 원점을 제외한 모든 곳에서 비회전 유동이다.

(*a*)

(*b*)

그림 3-45
간단한 유사성의 예. (*a*) 원형(circular) 회전 유동은 회전목마와 유사한 반면, (*b*) 원형 비회전 유동은 회전관람차와 유사하다.
(a) Mc Graw-Hill Companies, Inc. Mark Dierker, photographer (b) © DAJ/Getty RF

유동 *B*–선 와류(line vortex): $$\vec{\zeta} = \frac{1}{r}\left(\frac{\partial(K)}{\partial r} - 0\right)\vec{k} = 0 \tag{3-37}$$

강체 회전의 경우 와도는 영이 아니다. 이때 와도는 각속도의 두 배이며, 같은 방향을 향한다[이는 식 (3-29)와 일치한다]. 따라서 **유동 *A*는 회전 유동이다**. 이는 물리적으로 원점을 기준으로 원형 유동할 때 모든 유체 요소들은 회전함을 의미한다(그림 3-44*a*). 반면, 선 와류의 와도는 모든 곳에서 영이다(수학적으로 특이점인 원점은 제외). 따라서 **유동 *B*는 비회전 유동이다**. 이는 물리적으로 원점을 기준으로 원형 유동할 때 모든 유체 요소들은 **회전하지 않음**을 의미한다(그림 3-44*b*).

유동 A와 회전목마(merry-go-round), 유동 B와 회전관람차(Ferri wheel)의 유사성을 살펴보자(그림 3-45). 어린이들이 회전목마를 타고 돌 때, 어린이들은 회전목마와 동일한 각속도로 회전한다. 이는 회전 유동과 유사하다. 반면, 회전관람차의 어린이는 원형으로 돌면서 항상 위쪽 방향을 향한다. 이는 비회전 유동과 유사하다.

예제 3-8 선 싱크(line sink)의 회전

선 싱크는 z방향의 한 선을 따라 유체가 흡입되는 유동을 나타내는 2차원 속도장이다. z방향으로 단위 길이당 체적유량 $\dot{V}/L$이 주어져 있다고 하자(여기서 $\dot{V}$는 음의 값을 갖는다). $r\theta$ 평면상의 2차원 유동의 경우, 속도 분포는 다음과 같다.

선 싱크: $$u_r = \frac{\dot{V}}{2\pi L}\frac{1}{r} \quad \text{그리고} \quad u_\theta = 0 \tag{1}$$

이 유동의 유선을 몇 개 도시하고, 와도를 계산하라. 이 유동이 회전 유동인지 또는 비회전 유동인지를 판단하라.

풀이 주어진 유동장의 유선을 몇 개 도시하고, 유동장의 회전성 여부를 판단하고자 한다.

해석 반경방향의 유동만 존재하고 접선방향의 유동은 없으므로, 유선은 원점을 향하는 직선임을 판단할 수 있다. 그림 3-46에 몇 개의 유선이 도시되어 있으며, 식 (3-33)을 이용하여 와도를 계산한다.

$$\vec{\zeta} = \frac{1}{r}\left(\frac{\partial(ru_\theta)}{\partial r} - \frac{\partial}{\partial\theta}u_r\right)\vec{k} = \frac{1}{r}\left(0 - \frac{\partial}{\partial\theta}\left(\frac{\dot{V}}{2\pi L}\frac{1}{r}\right)\right)\vec{k} = 0 \tag{2}$$

와도 벡터가 모든 곳에서 영이므로 유동장은 **비회전 유동**이다.

토의 흡입(suction)과 관련된 실제 유동장의 예는 입구와 후드(hood)로 들어가는 유동에서 찾아볼 수 있으며, 이 경우 유동을 비회전으로 가정하여 매우 정확하게 근사화할 수 있다(Heinsohn과 Cimbala, 2003).

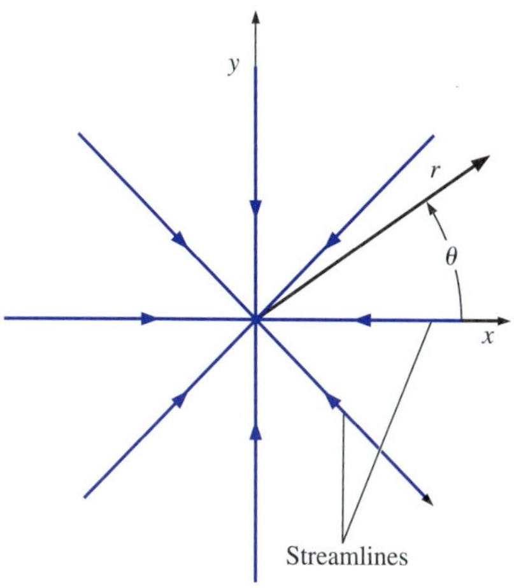

그림 3-46
선 싱크의 $r\theta$ 평면에서 유선.

3-5 Reynolds 수송정리

열역학 및 고체역학에서 많은 경우 **일정한 질량을 가지는 물질의 집합체**로 정의되는 **시스템**(또는 **폐쇄 시스템**)을 이용하여 해석하였다. 유체역학에서는 **해석을 위해 선택한 공간상의 영역**으로 정의되는 **검사체적(control volume)** 또는 **개방 시스템(open system)**으로 해석하는 것이 일반적이다. 시스템의 크기와 모양은 변할 수 있으나, 질량은 시스템의 경계를 통과할 수 없다. 반면, 검사체적에서 질량은 **검사면**(control surface)이라고 하는 검사체적의 경계를 출입할 수 있다. 검사체적은 움직이거나 변형할 수 있으나, 실제 적용에서는 움직이지 않고 변형하지도 않는 경우가 많다.

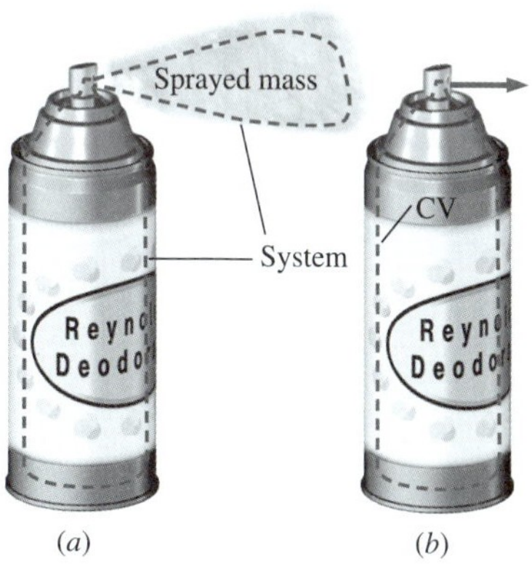

그림 3-47
분무통에서 방취제가 분무되는 과정을 해석하는 두 가지 방법. (*a*) 운동하며 변형하는 유체를 계속 추적한다. 이는 **시스템 접근방법**이며, 시스템의 경계로 질량이 출입할 수 없고, 따라서 시스템의 질량은 일정하다. (*b*) 분무통 내부의 고정된 체적을 고려한다. 이는 **검사체적 접근방법**이며, 검사체적의 경계로 질량이 출입할 수 있다.

그림 3-47에 분무통에서 방취제가 분무되는 경우의 시스템과 검사체적을 나타내었다. 이러한 분무 과정을 해석할 때, 움직이고 변형하는 유체(시스템) 혹은 분무통의 내면을 경계로 하는 체적(검사체적)을 선택할 수 있다. 방취제를 분무하기 전에는 두 선택이 동일하다. 방취제가 분무되면 시스템 해석에서는 분무된 질량도 시스템의 일부로 간주하고 이를 계속 추적한다(실제로 이는 매우 어려운 일이다). 따라서 이때 시스템의 질량은 일정하다. 개념적으로, 분무통의 노즐에 풍선을 달고 분무되는 방취제가 풍선을 팽창시키는 과정을 생각하면 풍선 내면은 시스템 경계의 일부가 된다. 그러나 검사체적 해석에서는 분무통에서 분무된 방취제는 전혀 고려하

지 않으며(출구에서 방취제의 상태량을 제외하고), 따라서 검사체적의 질량은 감소하지만, 체적은 변하지 않는다. 따라서 시스템 해석에서는 분무 과정을 시스템 체적의 팽창으로 취급하지만, 검사체적 해석에서는 분무 과정을 고정된 검사체적의 검사면을 통한 유체의 유출로 간주한다.

유체역학에서 대부분의 법칙들은 고체역학의 이론을 적용한다. 고체역학에서 종량적 상태량(extensive property)의 시간 변화율을 다루는 물리 법칙들은 시스템에 대해 적용한 것들이다. 그러나 일반적으로 유체역학에서는 검사체적 방법이 편리하므로 검사체적의 변화와 시스템의 변화 사이의 관계를 알아야 한다. 시스템과 검사체적에서 종량적 상태량의 시간 변화율들의 관계식을 **Reynolds 수송정리(Reynolds transport theorem, RTT)**라 하며, 이는 시스템과 검사체적 간의 고리 역할을 한다(그림 3-48). RTT는 유체역학의 발전에 많은 공헌을 한 영국 엔지니어 Osborne Reynolds(1842-1912)의 이름을 딴 것이다.

Reynolds 수송정리의 일반적인 형태는 임의의 모양을 가진 시스템으로부터 유도할 수 있지만, 유도 과정이 다소 복잡하다. 따라서 이 정리의 기본 의미를 이해하기 위하여 단순한 기하학적인 형상에서 RTT를 유도하고, 그 결과를 일반화하도록 한다.

그림 3-49에 도시된 바와 같이 유동장의 확대부를 왼쪽에서 오른쪽으로 흐르는 유동을 고려해 보자. 대상 유체의 위아래 경계는 유동의 **유선**이고, 이 유선 사이의 임의의 단면을 통과하는 유동은 균일하다고 가정하자. 유동장의 (1)과 (2) 사이에 고정되어 있는 검사체적을 생각해 보자. 여기서 (1)과 (2)는 유동방향에 수직이다. 어떤 초기 순간 t에서 시스템과 검사체적은 일치하며, 따라서 동일하다(그림 3-49의 파란색 영역). Δt 시간 동안, 시스템은 단면 (1)에서는 균일 속도 V_1으로, 단면 (2)에서는 V_2로 유동방향으로 움직인다. Δt 시간 이후의 시스템은 빗금친 영역이다. 시스템이 빠져나간 부분은 영역 I[검사체적(CV)의 일부분]로, 시스템이 차지한 새 영역은 II(검사체적의 일부가 아님)로 표시한다. 그러므로 시간 $t + \Delta t$에서 시스템은 동일한 유체로 구성되며, 영역 CV − I + II를 점유한다. 검사체적은 공간상에 고정되어 있고, 모든 시간 동안 CV로 표시한 진한 영역이다.

B는 **종량적 상태량**(질량, 운동량, 에너지 등)을 나타내고, $b = B/m$을 이에 대응하는 **강성적 상태량(intensive property)**이라고 하자. 종량적 상태량은 더할 수 있으므로 시간 t와 $t + \Delta t$에서 시스템의 종량적 상태량 B는 다음과 같이 표현할 수 있다.

$$B_{\text{sys},\,t} = B_{\text{CV},\,t} \qquad \text{(시간 } t\text{에서 시스템과 CV는 일치)}$$
$$B_{\text{sys},\,t+\Delta t} = B_{\text{CV},\,t+\Delta t} - B_{\text{I},\,t+\Delta t} + B_{\text{II},\,t+\Delta t}$$

두 번째 식에서 첫 번째 식을 빼고 Δt로 나누면 다음 식이 얻어진다.

$$\frac{B_{\text{sys},\,t+\Delta t} - B_{\text{sys},\,t}}{\Delta t} = \frac{B_{\text{CV},\,t+\Delta t} - B_{\text{CV},\,t}}{\Delta t} - \frac{B_{\text{I},\,t+\Delta t}}{\Delta t} + \frac{B_{\text{II},\,t+\Delta t}}{\Delta t}$$

극한 $\Delta t \to 0$을 취하고 도함수의 정의를 이용하여 다음 식을 얻는다.

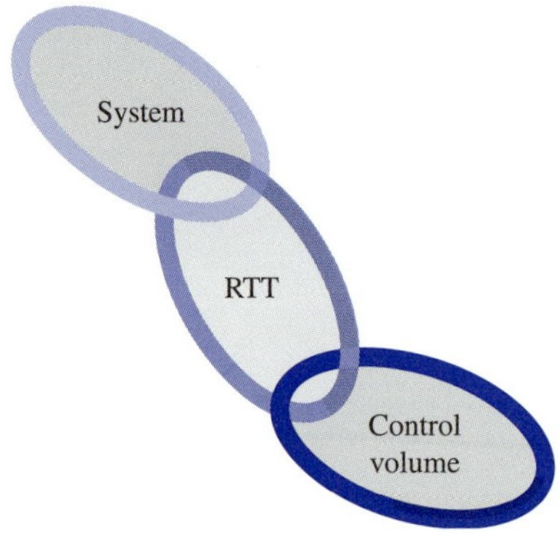

그림 3-48
Reynolds 수송정리(RTT)는 시스템 접근방법과 검사체적 접근방법 간의 고리 역할을 한다.

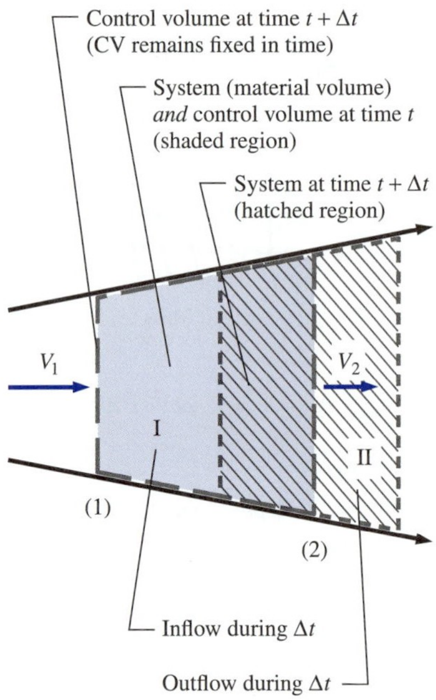

그림 3-49
시간 t와 $t + \Delta t$에서, 유동장의 확대부 내부에서 운동하는 **시스템**(빗금친 영역)과 고정된 **검사체적**(진한 영역). 영역의 위아래 경계는 유동의 유선이다.

$$\frac{dB_{\text{sys}}}{dt} = \frac{dB_{\text{CV}}}{dt} - \dot{B}_{\text{in}} + \dot{B}_{\text{out}} \tag{3-38}$$

또는,

$$\frac{dB_{\text{sys}}}{dt} = \frac{dB_{\text{CV}}}{dt} - b_1\rho_1V_1A_1 + b_2\rho_2V_2A_2$$

왜냐하면

$$B_{\text{I},\,t+\Delta t} = b_1m_{\text{I},\,t+\Delta t} = b_1\rho_1V_{\text{I},\,t+\Delta t} = b_1\rho_1V_1\,\Delta t\,A_1$$
$$B_{\text{II},\,t+\Delta t} = b_2m_{\text{II},\,t+\Delta t} = b_2\rho_2V_{\text{II},\,t+\Delta t} = b_2\rho_2V_2\,\Delta t\,A_2$$

이고, 또한

$$\dot{B}_{\text{in}} = \dot{B}_{\text{I}} = \lim_{\Delta t\to 0}\frac{B_{\text{I},\,t+\Delta t}}{\Delta t} = \lim_{\Delta t\to 0}\frac{b_1\rho_1V_1\,\Delta t\,A_1}{\Delta t} = b_1\rho_1V_1A_1$$
$$\dot{B}_{\text{out}} = \dot{B}_{\text{II}} = \lim_{\Delta t\to 0}\frac{B_{\text{II},\,t+\Delta t}}{\Delta t} = \lim_{\Delta t\to 0}\frac{b_2\rho_2V_2\,\Delta t\,A_2}{\Delta t} = b_2\rho_2V_2A_2$$

이기 때문이다. 이 식에서 A_1과 A_2는 위치 1과 2에서 단면적이다. 식 (3-38)은 **시스템의 상태량 B의 시간 변화율은 검사체적의 상태량 B의 시간 변화율과 검사체적으로부터 B의 순수 유출률(net flux)을 더한 것과 같다**는 것을 의미한다. 즉, 이 식은 시스템 상태량의 시간 변화율과 검사체적 상태량의 시간 변화율 간의 관계식이다. 식 (3-38)은 어느 순간에도 적용할 수 있으며, 그 순간에는 시스템과 검사체적이 동일한 공간을 점유한다고 가정한다.

그림 3-49의 경우, 입출구가 각 한 개씩이고 (1)과 (2)에서 속도는 단면에 수직이므로 상태량 B의 유입률(influx) $\dot{B}_{\text{in}}$과 유출률(outflux) $\dot{B}_{\text{out}}$은 쉽게 계산할 수 있다. 그러나 일반적으로 입출구는 여러 개씩이고, 속도도 단면에 수직이 아닌 경우가 많다. 또한 속도가 균일하지 않은 경우도 있다. 따라서 일반식을 유도하기 위하여 검사면의 미소 면적 dA와 **외향 단위 수직 벡터(unit outer normal)** $\vec{n}$을 고려해 보자. 내적 $\vec{V}\cdot\vec{n}$은 속도의 수직 성분이므로 dA를 통과하는 상태량 b의 유동률은 $\rho b\vec{V}\cdot\vec{n}\,dA$이다. 따라서 전체 검사면의 순수 유출률은 이를 적분하여 다음 식을 얻는다(그림 3-50).

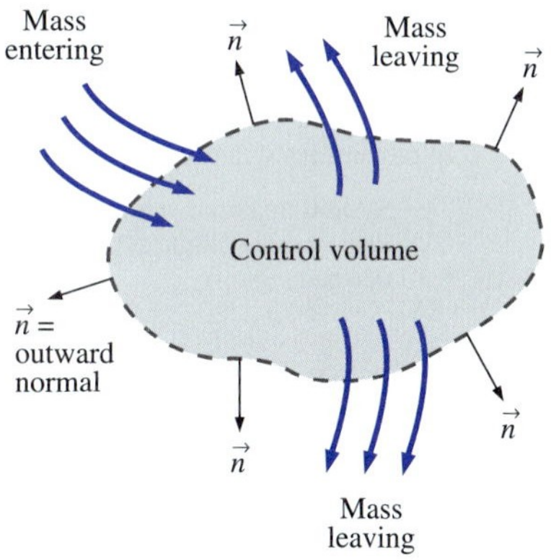

$$\dot{B}_{\text{net}} = \dot{B}_{\text{out}} - \dot{B}_{\text{in}} = \int_{\text{CS}}\rho b\vec{V}\cdot\vec{n}\,dA$$

그림 3-50
검사면에 대하여 $\rho b\vec{V}\cdot\vec{n}dA$를 적분하여 검사체적으로부터 단위 시간당 상태량 B의 순수 유출량을 계산한다(값이 음이면 검사체적으로의 유입을 의미한다).

$$\dot{B}_{\text{net}} = \dot{B}_{\text{out}} - \dot{B}_{\text{in}} = \int_{\text{CS}}\rho b\vec{V}\cdot\vec{n}\,dA \qquad \text{(음이면 유입)} \tag{3-39}$$

바로 다음에 설명하겠지만, 이 관계식에서는 유출량으로부터 유입량이 자동적으로 제거되어 있다. 검사면의 한 점에서 속도 벡터와 외향 단위 수직 벡터와의 내적은 $\vec{V}\cdot\vec{n} = |\vec{V}||\vec{n}|\cos\theta = |\vec{V}|\cos\theta$이다. 그림 3-51에 도시된 바와 같이, θ는 속도 벡터와 외향 단위 수직 벡터가 이루는 각도이다. $\theta<90^\circ$일 때 $\cos\theta>0$이므로 검사체적에서 질량이 유출할 때 $\vec{V}\cdot\vec{n}>0$이다. 반면, $\theta>90^\circ$일 때 $\cos\theta<0$이므로 검사체적으로 질량이 유입할 때 $\vec{V}\cdot\vec{n}<0$이다. 따라서 검사체적에서 질량이 유출할 때 $\rho b\vec{V}\cdot\vec{n}\,dA$는 양이고 검사체적으로 질량이 유입할 때에는 음이므로, 전체 검사면을 따라 적분하면 상태량 B의 순수 유출률을 구할 수 있다.

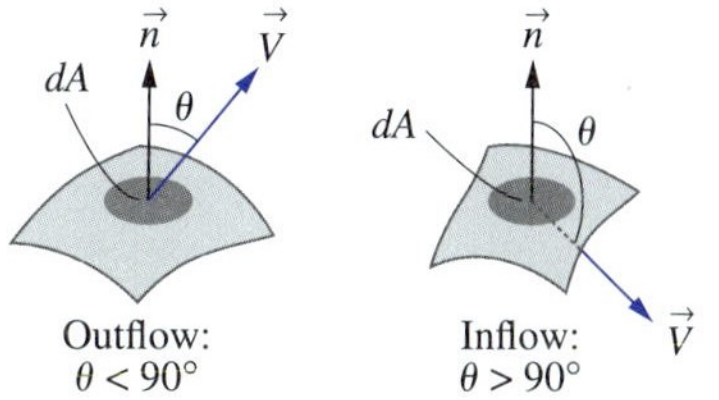

$\vec{V}\cdot\vec{n} = |\vec{V}||\vec{n}|\cos\theta = V\cos\theta$
If $\theta < 90^\circ$, then $\cos\theta > 0$ (outflow).
If $\theta > 90^\circ$, then $\cos\theta < 0$ (inflow).
If $\theta = 90^\circ$, then $\cos\theta = 0$ (no flow).

그림 3-51
검사면의 미소 면적을 통한 질량의 유출 및 유입.

일반적으로 검사체적 안의 상태량은 위치에 따라 다르다. 이러한 경우 검사체적 내부의 상태량 B의 총량은 다음 식과 같이 적분하여 계산해야 한다.

$$B_{\text{CV}} = \int_{\text{CV}} \rho b \, dV \tag{3-40}$$

따라서 식 (3-38)의 dB_{CV}/dt 항은 $\dfrac{d}{dt}\int_{\text{CV}} \rho b \, dV$ 이고, 이는 검사체적 안의 상태량 B의 시간 변화율이다. dB_{CV}/dt의 값이 양이면 B의 양이 증가, 음이면 감소함을 의미한다. 식 (3-39)와 (3-40)을 식 (3-38)에 대입하면 다음과 같은 고정된 검사체적에 대한 Reynolds 수송정리, 즉 **시스템-검사체적 간의 변환식**을 얻는다.

RTT, 고정 검사체적:

$$\frac{dB_{\text{sys}}}{dt} = \frac{d}{dt}\int_{\text{CV}} \rho b \, dV + \int_{\text{CS}} \rho b \vec{V} \cdot \vec{n} \, dA \tag{3-41}$$

검사체적이 움직이거나 시간에 따라 변형하지 않으므로 식 우변의 시간도함수를 적분 기호 안으로 이동시킬 수 있다. 왜냐하면 적분 영역이 시간에 따라 변하지 않기 때문이다(즉, 미분 및 적분의 순서는 무관하다). 그러나 밀도와 b가 시간뿐만 아니라 검사체적 내의 위치에 따라 다를 수 있으므로 시간도함수는 **편미분**($\partial/\partial t$)의 형태로 표시해야 한다. 따라서 고정된 검사체적에 대한 Reynolds 수송정리를 다음과 같이 또 다른 형태로 나타낼 수도 있다.

또 다른 형태의 *RTT*, 고정 검사체적:

$$\frac{dB_{\text{sys}}}{dt} = \int_{\text{CV}} \frac{\partial}{\partial t}(\rho b) \, dV + \int_{\text{CS}} \rho b \vec{V} \cdot \vec{n} \, dA \tag{3-42}$$

속도 벡터 $\vec{V}$가 절대 속도(고정된 좌표축에 대한)라면, 식 (3-42)는 가장 일반적인 경우, 즉 움직이고(혹은 움직이거나) 변형하는 검사체적에도 적용할 수 있다.

다음으로 또 **다른** 형태의 RTT를 고려해 보자. 식 (3-41)은 **고정된** 검사체적에 대해 유도하였다. 그러나 터빈이나 프로펠러의 블레이드와 같이 실제 많은 시스템의 검사체적은 고정되어 있지 않다. 다행히 이러한 경우에는 식 (3-41)의 마지막 항의 유체 절대 속도 $\vec{V}$를 **상대 속도** $\vec{V}_r$로 대체하면, **움직이고(혹은 움직이거나) 변형하는** 검사체적에도 식 (3-41)을 적용할 수 있다.

상대 속도:

$$\vec{V}_r = \vec{V} - \vec{V}_{\text{CS}} \tag{3-43}$$

이 식에서 $\vec{V}_{\text{CS}}$는 검사면의 국소 속도이다(그림 3-52). 따라서 가장 일반적인 형태의 Reynolds 수송정리는 다음과 같다.

RTT, 움직이는 검사체적:

$$\frac{dB_{\text{sys}}}{dt} = \frac{d}{dt}\int_{\text{CV}} \rho b \, dV + \int_{\text{CS}} \rho b \vec{V}_r \cdot \vec{n} \, dA \tag{3-44}$$

움직이고(혹은 움직이거나) 변형하는 검사체적인 경우의 시간도함수는 식 (3-44)

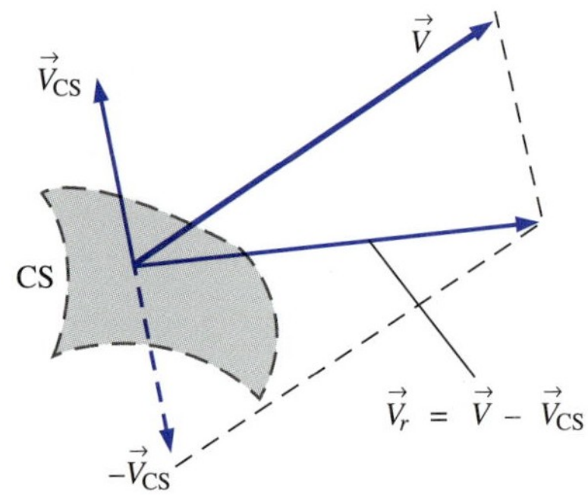

그림 3-52
검사면을 통과하는 유체의 **상대 속도**는 유체의 절대 속도와 검사면 속도의 반대방향 벡터의 합이다.

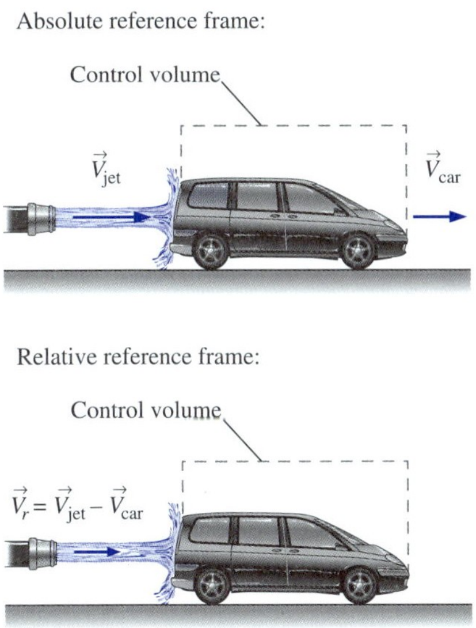

그림 3-53
일정한 속도로 움직이는 검사체적에 적용한 Reynolds 수송정리.

와 같이 **적분 후**에 계산해야 한다. 움직이는 검사체적의 한 예로, $\vec{V}_{car} = 10$ km/h의 절대 속도로 오른쪽으로 움직이는 장난감 자동차를 고려해 보자. 고속의 물 제트(절대 속도$= \vec{V}_{jet} = 25$ km/h, 오른쪽 방향)가 자동차의 후면에 충돌하여 자동차를 추진시킨다고 하자(그림 3-53). 자동차 주변을 검사체적으로 하면 상대 속도는 오른쪽 방향으로 $\vec{V}_r = 25 - 10 = 15$ km/h이다. 이는 관찰자가 검사체적과 함께 움직이며(자동차와 함께 움직이며) 관찰할 때 검사면을 통과하는 유체의 속도이다. 다시 말하면, $\vec{V}_r$은 검사체적과 함께 움직이는 좌표축에 상대적으로 나타낸 유체 속도이다.

끝으로, Leibniz 공식을 적용하면, 움직이고(혹은 움지이거나) 변형하는 검사체적의 Reynolds 수송정리(식 3-44)는 식 (3-42)와 동일한 형태가 됨을 보일 수 있다. 이 식을 반복하여 쓰면 다음과 같다.

다른 형태의 RTT, 움직이는 검사체적:

$$\frac{dB_{sys}}{dt} = \int_{CV} \frac{\partial}{\partial t}(\rho b)\, dV + \int_{CS} \rho b \vec{V} \cdot \vec{n}\, dA \tag{3-45}$$

식 (3-44)와는 달리, 식 (3-45)의 속도 벡터 $\vec{V}$는 움직이는 검사체적에 적용할 수 있도록 **절대** 속도(고정된 좌표계에서 관찰한 속도)를 사용해야 한다.

정상 유동의 경우, 검사체적 안의 상태량 B는 시간에 따라 변하지 않으므로 식 (3-44)의 시간도함수는 영이고, Reynolds 수송정리는 다음과 같이 단순화된다.

RTT, 정상 유동:
$$\frac{dB_{sys}}{dt} = \int_{CS} \rho b \vec{V}_r \cdot \vec{n}\, dA \tag{3-46}$$

시스템의 상태량 B는 검사체적의 경우와는 달리 정상 유동에서도 시간에 따라 변화할 수 있음에 유의하라. 단, 이 경우 그 변화는 검사면을 통과하는 질량에 의하여 전달된 순수 상태량과 같아야 한다(비정상 효과가 아닌 대류 효과).

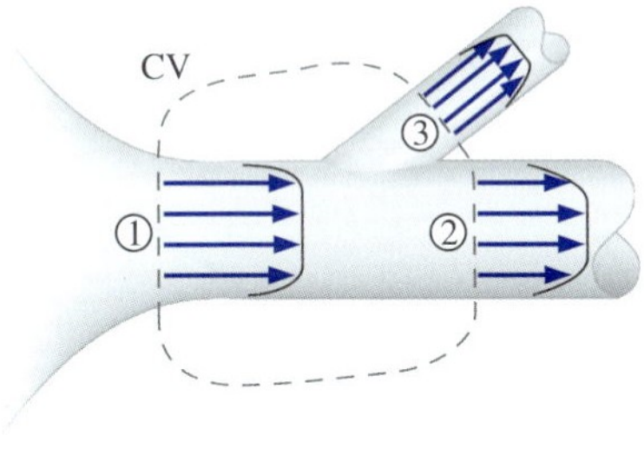

그림 3-54
한 개의 입구(1)와 두 개의 출구(2와 3)를 갖는 검사체적의 예. 이러한 경우에는 각각의 입구 및 출구를 지나는 유체 상태량 평균값을 이용하여 RTT의 면적적분을 계산한다.

많은 실제 공학문제에서, 유체는 여러 개의 입구 및 출구를 갖는 검사체적을 출입한다(그림 3-54). 이러한 경우에는 각각의 입출구를 지나는 검사면을 적용하고, 각각의 입구 및 출구에서 유체 상태량의 **평균**값을 이용하여 식 (3-44)의 면적적분을 대수식으로 근사화한다. ρ_{avg}, b_{avg}, $V_{r,\,avg}$를 각각 단면적이 A인 입구나 출구를 지나는 ρ, b, V_r의 평균값으로 정의한다(예를 들어, $b_{avg} = \frac{1}{A}\int_A b\, dA$). 이때 RTT의 면적적분(식 3-44)의 상태량 b를 적분 밖으로 꺼내어 다음 식과 같이 b의 평균값으로 **근사화**할 수 있다.

$$\int_A \rho b \vec{V}_r \cdot \vec{n}\, dA \cong b_{avg} \int_A \rho \vec{V}_r \cdot \vec{n}\, dA = b_{avg}\dot{m}_r$$

위 식에서 $\dot{m}_r$은 (움직이는) 검사면에 상대적으로 입출구를 통과하는 질량유량이다. 상태량 b가 단면적 A 전체에서 균일하면 위 근사는 엄밀하게(exact) 된다. 따라서 식 (3-44)는 다음과 같이 나타낼 수 있다.

$$\frac{dB_{\text{sys}}}{dt} = \frac{d}{dt}\int_{\text{CV}} \rho b\, dV + \sum_{\text{out}} \underbrace{\dot{m}_r b_{\text{avg}}}_{\text{for each outlet}} - \sum_{\text{in}} \underbrace{\dot{m}_r b_{\text{avg}}}_{\text{for each inlet}} \tag{3-47}$$

어떤 경우에는 식 (3-47)에서 질량유량 대신 체적유량을 사용할 때도 있다. 이때는 $\dot{m}_r \approx \rho_{\text{avg}}\dot{V} = \rho_{\text{avg}}V_{r,\,\text{avg}}A$ 이다. 유체 밀도 ρ가 단면적 A에 대하여 균일하면 이 근사는 엄밀하게 된다. 따라서 식 (3-47)은 다음의 식으로 표현된다.

입출구가 다수일 때 RTT의 근사식:

$$\frac{dB_{\text{sys}}}{dt} = \frac{d}{dt}\int_{\text{CV}} \rho b\, dV + \sum_{\text{out}} \underbrace{\rho_{\text{avg}} b_{\text{avg}} V_{r,\,\text{avg}} A}_{\text{for each outlet}} - \sum_{\text{in}} \underbrace{\rho_{\text{avg}} b_{\text{avg}} V_{r,\text{avg}} A}_{\text{for each inlet}} \tag{3-48}$$

이러한 근사는 해석을 크게 단순화할 수는 있지만, 항상 정확한 것은 아니다. 특히 입출구에서 속도 분포가 아주 균일하지 않을 때(예를 들어, 파이프 유동, 그림 3-54) 더욱 그러하다. 특히 식 (3-45)의 면적적분은 상태량 b가 속도를 포함할 때(일례로, RTT를 선형운동량 방정식에 적용할 때, $b = \vec{V}$) 비선형이 되고, 그때 식 (3-48)의 근사는 오차를 발생하게 한다. 그러나 식 (3-48)에 **보정계수(correction factor)**를 도입하여 이 오차를 제거할 수 있다.

식 (3-47) 및 (3-48)은 고정된 혹은 움직이는 검사체적에 적용할 수 있는데, 앞서 설명하였듯이, 움직이는 검사체적의 경우에는 반드시 **상대 속도**를 사용해야 한다. 예를 들어, 식 (3-47)의 질량유량 $\dot{m}_r$은 (움직이는) 검사면에 상대적이고, 따라서 하첨자 r을 사용하였다.

물질도함수와 RTT 사이의 관계

독자들은 아마도 3-1절에 설명한 물질도함수와 여기서 설명한 Reynolds 수송정리 간의 유사성을 인지하였을 것이다. 실제로 이 해석들은 기본적으로 Lagrange 개념을 Euler 개념으로 변환하는 방법들이다. 비록 Reynolds 수송정리는 유한한 크기의 검사체적을 다루고, 물질도함수는 극소의 유체 입자를 대상으로 하지만, 두 경우에 적용되는 기본적인 물리 법칙은 같다(그림 3-55). 사실상, Reynolds 수송정리는 물질도함수의 적분 파트너로 생각할 수 있다. 두 경우 모두 특정한 유체를 추적하며 해석할 때 상태량의 총변화율은 다음 두 부분으로 구성된다. 첫 번째는 유동장에서 상태량이 시간에 따라 변하는 것을 고려하는 국소 혹은 비정상 부분이다[식 (3-12)와 (3-45)의 우변 첫 항을 비교해 보라]. 두 번째는 한 영역에서 다른 영역으로의 유체 운동을 고려한 대류 부분이다[식 (3-12)와 (3-45)의 우변 두 번째 항을 비교하라].

물질도함수를 스칼라나 벡터와는 무관하게 모든 유체의 상태량에 적용할 수 있듯이, Reynolds 수송정리도 마찬가지이다. 4장과 5장에서는 Reynolds 수송정리의 매개변수 B에 질량, 에너지, 운동량, 각운동량을 대입하여 질량 보존, 에너지 보존, 운동량 보존, 각운동량 보존에 관한 식들을 각각 유도하게 된다. 이렇게 하여 기본적인 시스템 보존 법칙들(Lagrange 관점)을 검사체적 해석에 유용한 보존 법칙들(Euler 관점)로 쉽게 변환할 수 있다.

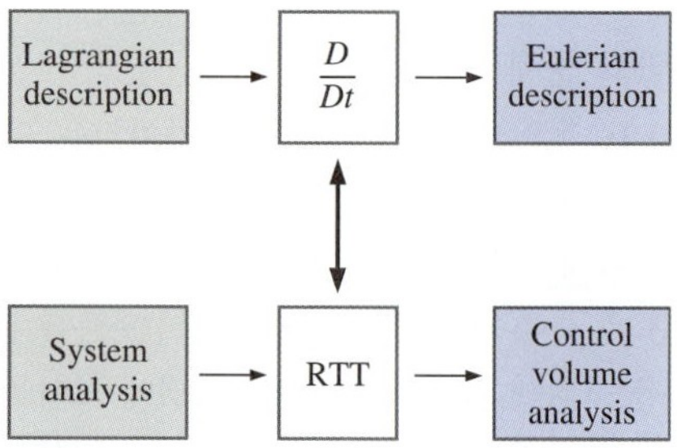

그림 3-55
유한체적에 대한 Reynolds 수송정리(적분 해석)와 극소체적에 관한 물질도함수(미분 해석)는 서로 유사하다. 두 경우에 모두 Lagrange 또는 시스템 접근방법을 Euler 또는 검사체적 접근방법으로 변환할 수 있다.

요약

유체 운동학에서는 유체의 운동을 표현하는 방법을 다루며, 운동과 관련된 힘을 반드시 고려할 필요는 없다. 유체의 운동은 **Lagrange 방법**과 **Euler 방법** 등 기본적으로 두 가지 방법으로 기술한다. Lagrange 기술방법은 개별 유체 입자 또는 유체 덩어리를 추적하는 반면, Euler 기술방법에서는 유체가 출입하는 **검사체적**을 정의한다. 극소의 유체 입자인 경우에는 **물질도함수**를, 유한체직의 시스댐인 경우에는 **Reynolds 수송정리**(RTT)를 이용하여 운동 방정식을 Lagrange 방법에서 Euler 방법으로 변환한다. 유체의 종량적 상태량 B와 이에 대응하는 강성적 상태량 b에 대하여 다음 식이 성립한다.

물질도함수: $$\frac{Db}{Dt} = \frac{\partial b}{\partial t} + (\vec{V}\cdot\vec{\nabla})b$$

일반 형태의 RTT, 움직이는 검사체적:

$$\frac{dB_{\text{sys}}}{dt} = \int_{\text{CV}} \frac{\partial}{\partial t}(\rho b)\, dV + \int_{\text{CS}} \rho b \vec{V}\cdot\vec{n}\, dA$$

두 방정식 모두 특정한 유체 또는 시스템을 추적하며 해석할 때 상태량의 총변화는 **국소**(비정상) 부분 및 **대류**(운동) 부분 등의 두 부분으로 구성된다.

유동장을 가시화하고 해석하는 방법은 **유선**, **유맥선**, **유적선**, **시간선**, **표면 이미징**, **그림자 기법(shadowgraphy)**, **schlieren 영상** 등의 여러 가지가 있다. 이 장에서 이러한 모든 방법을 정의하고, 실례를 보였다. 일반적인 비정상 유동의 경우 유선, 유맥선, 유적선은 서로 다르지만, **정상 유동의 경우에는 유선, 유맥선, 유적선이 서로 일치한다**.

유체 운동학을 완전히 표현하기 위해서는 **속도**(병진운동률), **각속도**(회전율), **선형변형률**, **전단변형률** 등 네 가지 기본적인 운동률(**변형의 시간당 변화율**)이 필요하다. **와도**는 유체 입자의 **회전성**을 나타내는 유체 유동의 상태량이다.

와도 벡터: $$\vec{\zeta} = \vec{\nabla} \times \vec{V} = \text{curl}(\vec{V}) = 2\vec{\omega}$$

어떤 영역에서 와도가 영이면 그 유동 영역은 **비회전**이다.

이 장에서 공부한 개념들은 이 교재의 후반에도 계속 사용된다. 4장과 5장에서 보존 법칙을 폐쇄 시스템으로부터 검사체적으로 변환할 때에 RTT를 사용한다. 와도와 비회전성은 8장에서 보다 자세하게 다루며, 여기서 비회전 근사를 통하여 유체 유동을 훨씬 쉽게 해석할 수 있다는 것을 보여 준다. 끝으로, 이 교재의 거의 모든 장에서 여러 종류의 유동가시화 기법을 이용하거나 데이터를 그림으로 나타냄으로써 유체 운동학을 설명한다.

연습 문제*

개요 문제

3-1C 미분연산자 d와 ∂의 차이점을 약술하라. 만약 방정식에 미분 $\partial u/\partial x$가 나타난다면 이 미분은 변수 u에 대해 무슨 의미를 나타내는가?

3-2 축 대칭인 정원용 호스의 노즐을 통과하는 물의 정상 유동을 고려해 보자(그림 P3-2). 그림에 보이듯이, 노즐의 중심축을 따라 물의 속도는 u_{entrance}에서 u_{exit}로 증가한다. 측정 결과, 노즐 중심축에서 물의 속도는 포물선 모양으로 증가한다. 주어진 변수들을 이용하여 $x = 0$에서 $x = L$까지 중심축의 속도 $u(x)$를 유도하라.

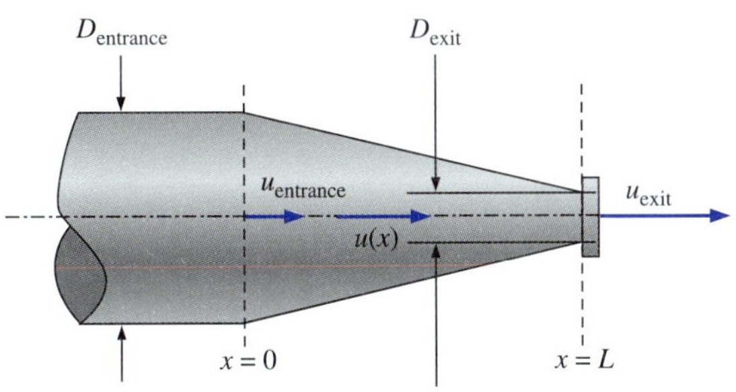

그림 P3-2

3-3 다음의 정상, 2차원 속도장을 고려해 보자.

$$\vec{V} = (u, v) = (0.66 + 2.1x)\vec{i} + (-2.7 - 2.1y)\vec{j}$$

이 유동장에 정체점이 존재하는가? 존재한다면 그 위치는 어디인가?

답: 존재한다, $x = -0.314$, $y = -1.29$

3-4C 유체 유동 중에 놓여 있는 고정 프로브가 유동의 한 위치에서 압력과 온도를 시간의 함수로 측정한다(그림 P3-4C). 이는 Lagrange 측정 방법인가, Euler 측정 방법인가? 그 이유를 설명하라.

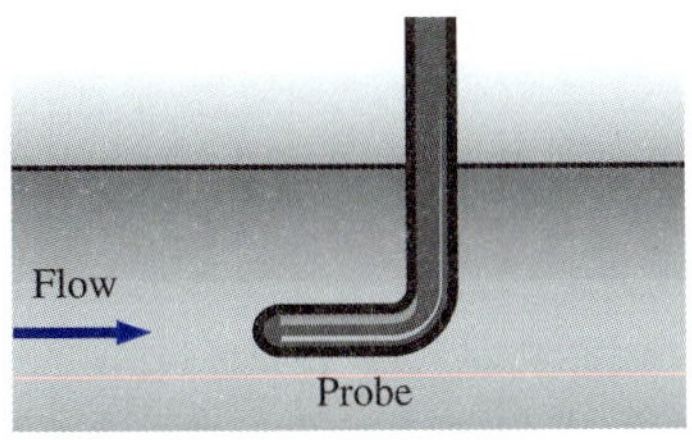

그림 P3-4C

3-5C 작은 부유식 전자 압력 프로브를 물 펌프의 입구 파이프에 놓았다. 이 프로브는 펌프를 통과하며 매초 2000개의 압력 데이터를 전송한다. 이는 Lagrange 측정 방법인가, Euler 측정 방법인가? 그 이유를 설명하라.

3-6C 기상학자가 기상 기구를 대기 중으로 발진시켰다. 이 기구가 부력이 중립적인 고도에 도달하면 기상 정보를 지상의 측정 센터로 송신한다(그림 P3-6C). 이는 Lagrange 측정 방법인가, Euler 측정 방법인가? 그 이유를 설명하라.

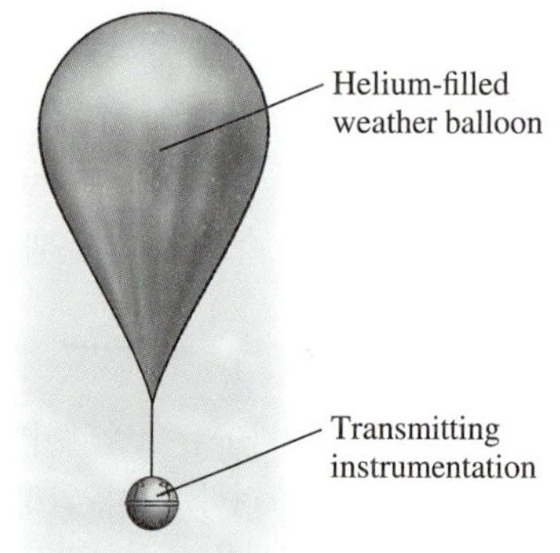

그림 P3-6C

3-7 면적이 좁아지는 덕트를 지나는 정상, 비압축성, 2차원 유동을 고려해 보자(그림 P3-7). 물질도함수의 다른 이름을 적어도 세 가지 나열하고, 각각의 이름을 붙인 이유를 간략히 설명하라. 이 유동의 간단한 근사 속도장은 다음과 같다.

$$\vec{V} = (u, v) = (U_0 + bx)\vec{i} - by\vec{j}$$

여기서 U_0는 $x = 0$에서 수평 속도이다. 이 방정식은 벽에서 마찰 효과를 무시하였으나 유동장의 대부분에서 적절한 근사식이다. 이 덕트를 통과하는 유체 입자의 물질가속도를 계산하라. 다음의 두 가지 방법으로 계산하라. (1) 가속도 성분들 a_x와 a_y로 표시, (2) 가속도 벡터 $\vec{a}$로 표시.

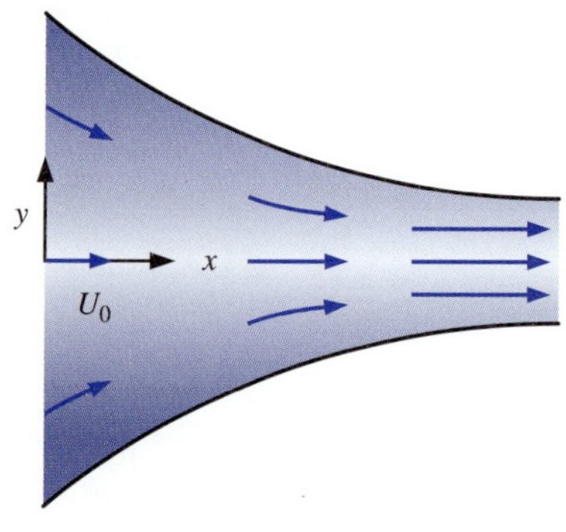

그림 P3-7

3-8 정상, 비압축성, 2차원 속도장이 xy평면에서 다음과 같이 속도의 성분으로 주어져 있다.

$$u = 1.85 + 2.33x + 0.656y$$
$$v = 0.754 - 2.18x - 2.33y$$

가속도장을 계산하고(가속도 성분들 a_x와 a_y로 표시), 한 점 $(x, y) = (-1, 2)$에서 가속도를 계산하라.

답: $a_x = 0.806$, $a_y = 2.21$

3-9 공기가 풍동의 디퓨저 부분을 통과하여 정상 유동한다(그림 P3-9). 그림에 보이듯이, 디퓨저의 중심축을 따라 공기의 속도는 $u_{entrance}$에서 u_{exit}로 감소한다. 측정 결과, 디퓨저 중심축에서 공기의 속도는 포물선 모양으로 감소한다. 주어진 변수들을 이용하여 $x = 0$에서 $x = L$까지 중심축의 속도 $u(x)$를 유도하라.

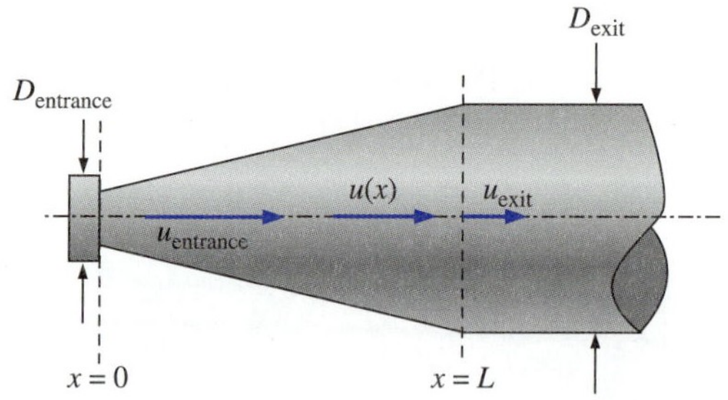

그림 P3-9

유동 패턴과 유동가시화

3-10C 그림 P3-10C에서와 같이, 12° 원뿔 위의 유동의 가시화를 고려해 보자. 이것은 유선, 유맥선, 유적선, 시간선 중 어느 것인가? 그 이유를 설명하라.

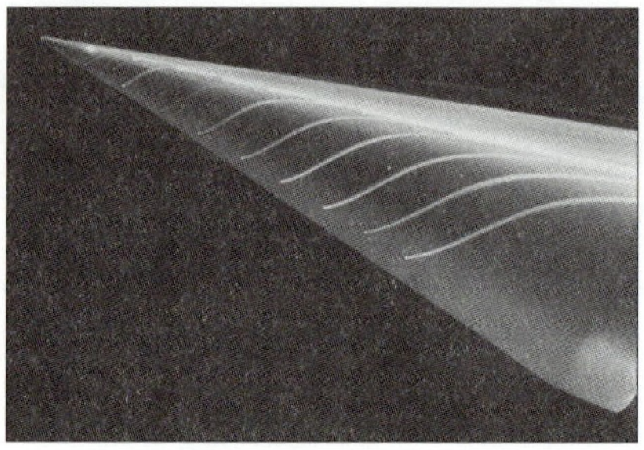

그림 P3-10C

12° 원뿔 위로 받음각 16°, Reynolds 수 15,000의 유동가시화. 원뿔의 구멍에서 물로 분출되는 물감에 의해 가시화하였다.
Courtesy ONERA. Photograph by Werlé.

3-11C 그림 P3-11C에서와 같이, 15° 델타 날개 위의 유동의 가시화를 고려해 보자. 이것은 유선, 유맥선, 유적선, 시간선 중 어느 것인가? 그 이유를 설명하라.

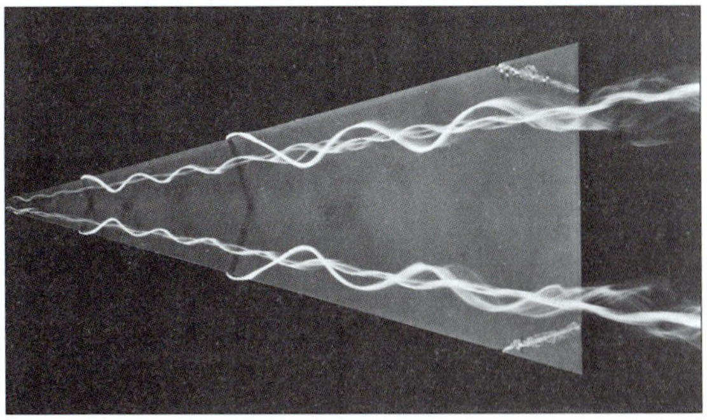

그림 P3-11C

15° 델타 날개 위로 받음각 20°, Reynolds 수 20,000의 유동가시화. 날개 하부의 구멍에서 물로 분출되는 물감에 의해 가시화하였다.

Courtesy ONERA. Photograph by Werlé.

3-12C 그림 P3-12C에서와 같이 구 위의 유동의 가시화를 고려해 보자. 이것은 유선, 유맥선, 유적선, 시간선 중 어느 것인가? 그 이유를 설명하라.

그림 P3-12C

구 위를 지나는 Reynolds 수 15,000의 유동가시화. 물속의 기포를 일정 시간 동안 노출시켜 가시화하였다.

Courtesy ONERA. Photograph by Werlé.

3-13C 열교환기 관군을 통과하는 단면을 고려해 보자(그림 P3-13C). 다음 각각의 필요한 정보를 얻기 위해서 적당한 유동가시화 도시 방법(벡터 도시 혹은 등분포 도시)을 선택하고, 그 이유를 설명하라.

(*a*) 유체의 속도가 최대인 위치를 가시화하려고 할 때.

(*b*) 관 후면부에서 유동 박리를 가시화하려고 할 때.

(*c*) 평면 전체의 온도장을 가시화하려고 할 때.

(*d*) 평면에 수직인 와도 성분의 분포를 가시화하려고 할 때.

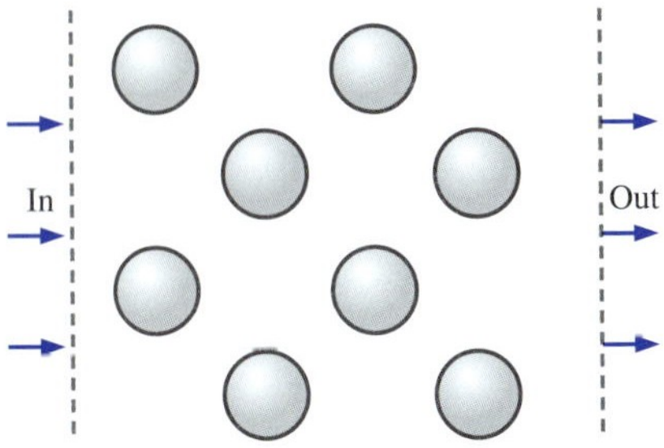

그림 P3-13C

3-14 $r\theta$평면에서 **강체 회전**의 속도장은 다음과 같다(그림 P3-14).

$$u_r = 0 \qquad u_\theta = \omega r$$

여기서 ω는 각속도의 크기이다($\vec{\omega}$는 z방향이다). $\omega = 1.5\ \text{s}^{-1}$일 때, 속도 크기의 등분포도를 그려라. 특히, 일정한 속도 $V = 0.5$, 1.0, 1.5, 2.0, 2.5 m/s일 때의 그림을 도시하라. 그림 위에 이 속도들을 명시하라.

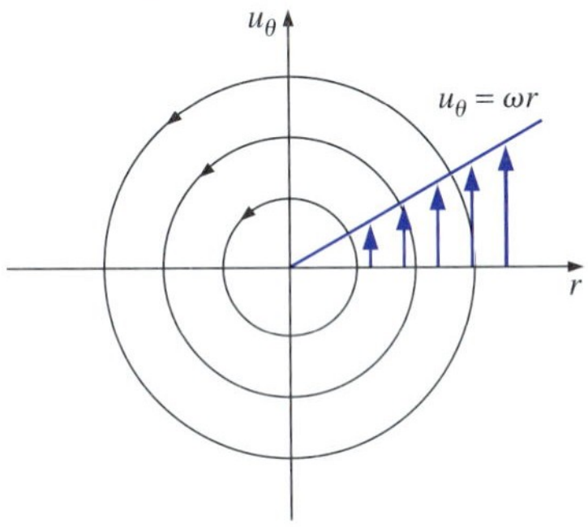

그림 P3-14

3-15 반경이 R_i인 매우 작은 원형 실린더가, 이 실린더와 동심이며 각속도 ω_o로 회전하고 반경이 R_o인 큰 실린더 내에서 ω_i로 회전하고 있다. 그림 P3-15에서 볼 수 있듯이, 밀도가 ρ이고 점성계수가 μ인 유체가 두 실린더 사이를 채우고 있다. 중력과 실린더 끝부분의 효과는 무시할 수 있다(따라서 지면 속으로 2차원 유동). $\omega_i = \omega_o$이고 오랜 시간이 경과하였을 때, 접선방향의 속도

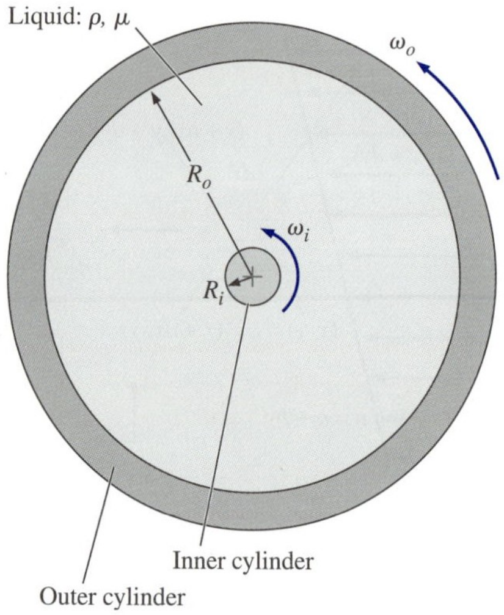

그림 P3-15

분포 u_θ를 r, ω, R_i, R_o, ρ, μ의 함수로 표시하라(이 변수들을 모두 포함할 필요는 없다). $\omega = \omega_i = \omega_o$이다. 또한 안쪽 실린더와 바깥쪽 실린더에 유체가 가한 토크를 계산하라.

유체 요소의 운동과 변형: 와도와 회전성

3-16 면적이 좁아지는 덕트 유동을 문제 3-7의 정상, 2차원 속도장으로 모델링하였다. 유체 입자(A)가 시간 $t = 0$에서 x축의 $x = x_A$에 위치한다(그림 P3-16). 얼마 후의 시간 t에, 유체 입자는 유동을 따라 그림에서와 같이 새로운 위치 $x = x_{A'}$으로 이동하였다. 유동이 x축에 대해 대칭이므로 유체 입자는 항상 x축에서 운동한다. 임의의 시간 t에서 유체 입자 위치 x를, 초기 위치 x_A와 상수 U_0 및 b를 이용하여 유도하라. 즉, $x_{A'}$에 관한 식을 유도하라. (**힌트**: 유체 입자를 추적할 때의 속도 $u = dx_{\text{particle}}/dt$이다. u를 대입하고, 변수분리한 후 적분하라.)

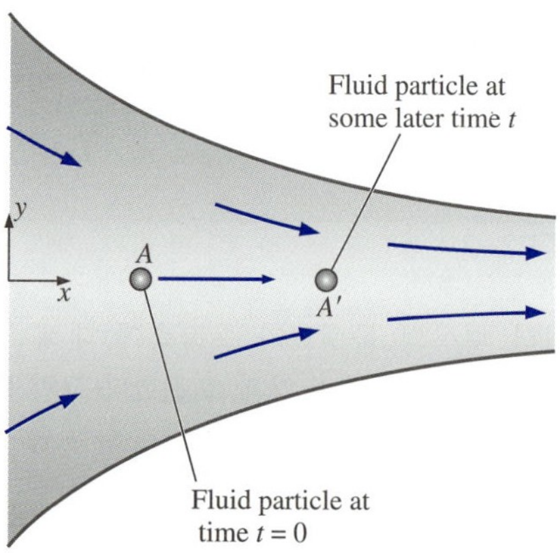

그림 P3-16

3-17 면적이 좁아지는 덕트 유동을 문제 3-7의 정상, 2차원 속도장으로 모델링하였다. 유동이 x축에 대해 대칭이므로 x축 위의 직선 AB는 계속 x축에서 운동하지만, 길이는 ξ에서 $\xi + \Delta\xi$로 신장할 것이다(그림 P3-17). 직선의 길이 변화 $\Delta\xi$에 관한 식을 유도하라. (**힌트**: 문제 3-18의 결과를 이용하라.) **답:** $(x_B - x_A)/(e^{bt} - 1)$

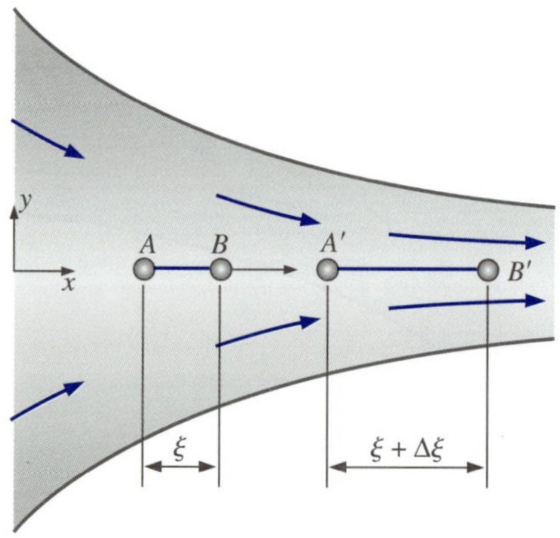

그림 P3-17

3-18 면적이 좁아지는 덕트 유동을 문제 3-7의 정상, 2차원 속도장으로 모델링하였다. 유체 입자(A)가 시간 $t = 0$에서 $x = x_A$ 및 $y = y_A$에 위치한다(그림 P3-18). 얼마 후의 시간 t에, 유체 입자는 유동을 따라 그림에서와 같이 새로운 위치 $x = x_{A'}$, $y = y_{A'}$으로 이동하였다. 유동이 x축에 대해 대칭이므로 유체 입자는 항상 x축에서 운동한다. 임의의 시간 t에서 유체 입자 위치 y를, 초기 위치 y_A와 상수 b를 이용하여 유도하라. 즉, $y_{A'}$에 관한 식을 유도하라. (**힌트**: 유체 입자를 추적할 때의 속도 $v = dy_{\text{particle}}/dt$이다. v를 대입하고, 변수분리한 후 적분하라.) **답:** $y_A e^{-bt}$

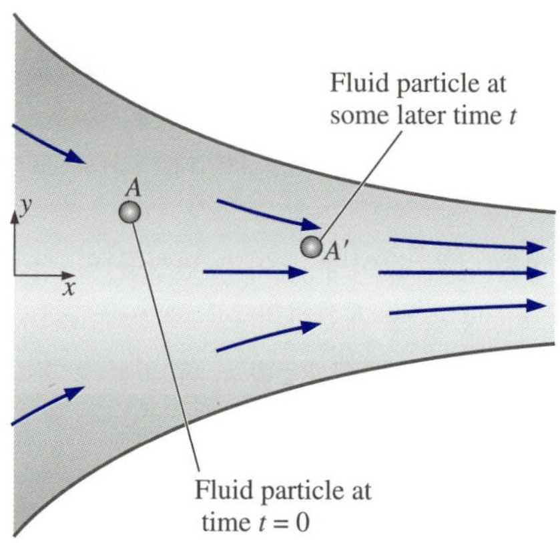

그림 P3-18

3-19 면적이 좁아지는 덕트 유동을 문제 3-7의 정상, 2차원 속도장으로 모델링하였다. 수직 직선 AB는 하류로 운동하면서 길이가 η에서 $\eta + \Delta\eta$로 수축할 것이다(그림 P3-19). 직선의 길이

변화 $\Delta\eta$에 관한 식을 유도하라. 길이의 변화 $\Delta\eta$는 음이다. (**힌트**: 문제 3-18의 결과를 이용하라.)

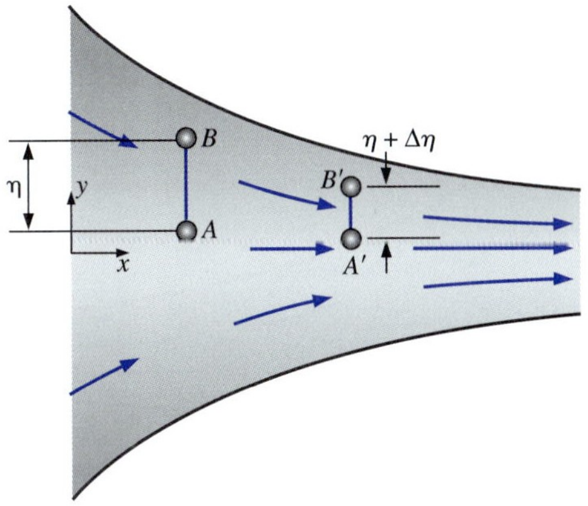

그림 P3-19

3-20 다음 식과 같은 정상, 비압축성, 2차원 전단 유동(shear flow) 속도장을 고려해 보자.

$$\vec{V} = (u, v) = (a + by)\vec{i} + 0\vec{j}$$

여기서 a와 b는 상수이다. 시간 t에서 크기가 dx 및 dy인 미소 사각형 유체 입자가 그림 P3-20에 도시되어 있다. 이 유체 입자는 유동을 따라 운동하며 모양이 변형되어, 얼마 후의 시간$(t+dt)$에서는 그림에서와 같이 더 이상 사각형 모양이 아니다. 유체 입자 각 모서리의 초기 위치는 그림 P3-20에 표시되어 있다. 시간 t에서 점 (x, y)에 위치한 왼쪽-아래 모서리의 x방향 속도 성분은 $u = a + by$이다. 얼마 후에 이 모서리는 $(x + u\,dt, y)$, 즉

$$(x + (a + by)\,dt, y)$$

로 이동한다.

(*a*) 이와 유사한 방법으로, $t+dt$에서 나머지 세 모서리의 위치를 계산하라.

(*b*) **선형변형률**(단위 길이당 길이의 변형률)의 정의를 이용하여 선형변형률 ε_{xx} 및 ε_{yy}를 계산하라. **답**: 0, 0

(*c*) 이 결과를 직각좌표계의 ε_{xx} 및 ε_{yy}에 관한 방정식, 즉

$$\varepsilon_{xx} = \frac{\partial u}{\partial x} \qquad \varepsilon_{yy} = \frac{\partial v}{\partial y}$$

으로 계산한 결과와 비교하라.

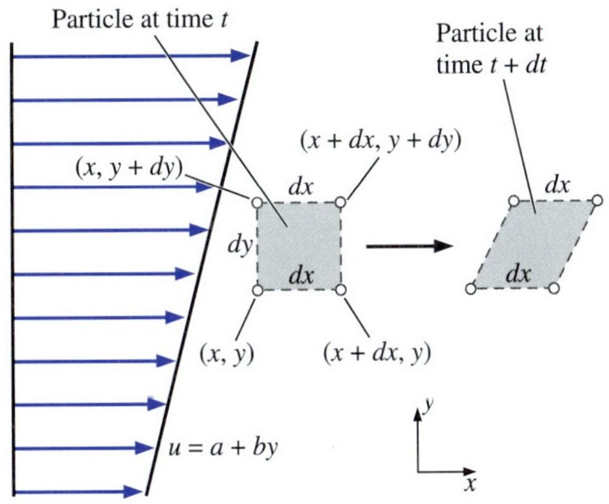

그림 P3-20

3-21 크기가 dx, dy인 2차원 유체 요소가 그림 P3-21과 같이 미소 시간 $dt = t_2 - t_1$ 동안 병진운동하며 변형한다. 처음에 점 P의 x 방향과 y방향의 속도 성분은 각각 u와 v이다. xy평면에서 점 P에 관한 회전율(각속도)의 크기는 다음과 같음을 증명하라.

$$\omega_z = \frac{1}{2}\left(\frac{\partial v}{\partial x} - \frac{\partial u}{\partial y}\right)$$

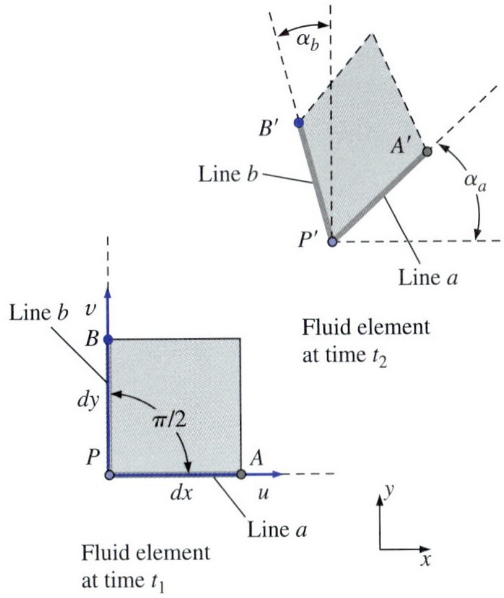

그림 P3-21

3-22 실린더 형상의 물탱크가 수직축에 대해 각속도 $\dot{n}$ = 175 rpm으로 반시계방향으로 강체 회전한다(그림 P3-22). 탱크 내 유체 입자의 와도를 계산하라. **답**: 36.7 $\vec{k}$ rad/s

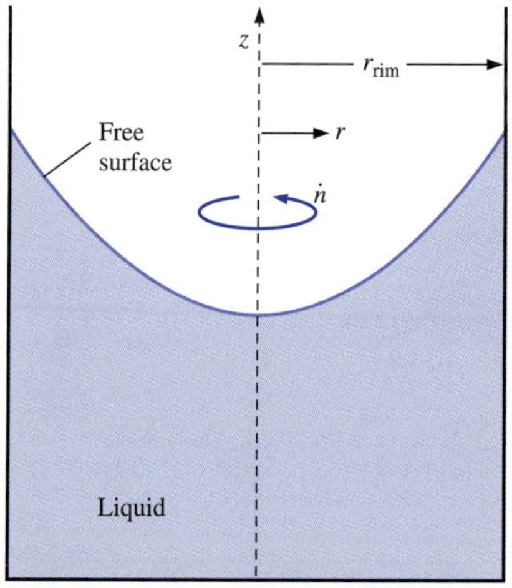

그림 P3-22

3-23 완전히 발달한 **Couette 유동**을 고려해 보자. 이는 간격이 h인 2개의 무한히 큰 평행한 평판 사이의 유동이며, 그림 P3-23에서와 같이 아래 평판은 고정되어 있고, 위 평판은 움직인다. 이 유동은 정상, 비압축성이며, xy평면에서 2차원이다. 속도장이 다음과 같을 때,

$$\vec{V} = (u, v) = V\frac{y}{h}\vec{i} + 0\vec{j}$$

이 유동은 회전인가, 비회전인가? 만약 회전한다면 z방향의 와도 성분을 계산하라. 이 유동에서 유체 입자는 시계방향으로 회전하는가, 반시계방향으로 회전하는가? **답:** 그렇다, $-V/h$, 시계방향

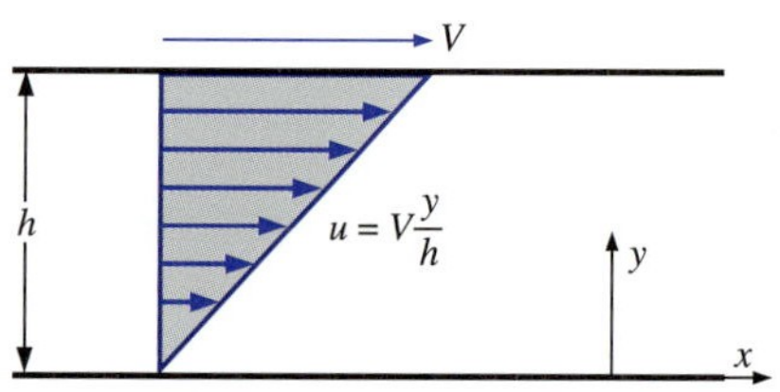

그림 P3-23

Reynolds 수송정리

3-24 Reynolds 수송정리(RTT)의 일반 형태는 다음과 같다.

$$\frac{dB_{sys}}{dt} = \frac{d}{dt}\int_{CV} \rho b \, dV + \int_{CS} \rho b \vec{V}_r \cdot \vec{n} \, dA$$

여기서 $\vec{V}_r$은 검사면에 상대적인 유체의 속도이다. B_{sys}을 유체 입자의 시스템의 질량 m이라 하자. 정의에 의하여, 질량은 시스템으로 유출입할 수 없으므로 $dm/dt = 0$이다. 주어진 방정식을 이용하여 검사체적에 대한 질량 보존 방정식을 유도하라.

3-25 문제 3-24에 주어진 Reynolds 수송정리(RTT)의 일반 형태를 고려해 보자. B_{sys}을 유체 입자의 시스템의 선형운동량 $m\vec{V}$라 하자. 시스템에 대한 Newton의 제2법칙은 다음과 같다.

$$\sum \vec{F} = m\vec{a} = m\frac{d\vec{V}}{dt} = \frac{d}{dt}(m\vec{V})_{sys}$$

RTT와 위의 식을 이용하여 검사체적에 대한 선형운동량 보존 방정식을 유도하라.

3-26 문제 3-24에 주어진 Reynolds 수송정리(RTT)의 일반 형태를 고려해 보자. B_{sys}을 유체 입자의 시스템의 각운동량 $\vec{r} \times m\vec{V}$라 하자. $\vec{r}$은 모멘트 팔이다. 시스템에 대한 각운동량 보존식은 다음과 같다.

$$\sum \vec{M} = \frac{d}{dt}\vec{H}_{sys}$$

여기서 $\sum \vec{M}$은 시스템에 작용한 순수 모멘트이다. RTT와 위의 식을 이용하여 검사체적에 대한 각운동량 보존 방정식을 유도하라.

복습 문제

3-27 완전히 발달한 2차원 **Poiseuille 유동**을 고려해 보자. 이것은 간격이 h인 2개의 무한히 큰 평행한 평판 사이의 유동이며, 두 평판들은 고정되어 있고, 그림 P3-27에서와 같이 강제 압력구배 dP/dx가 유동을 야기한다(dP/dx는 음의 상수이다).

이 유동은 정상, 비압축성이며, xy평면에서 2차원이다. 속도 성분들은 다음과 같다.

$$u = \frac{1}{2\mu}\frac{dP}{dx}(y^2 - hy) \qquad v = 0$$

여기서 μ는 유체의 점성계수이다. 이 유동은 회전인가, 비회전인가? 만약 회전한다면 z방향의 와도 성분을 계산하라. 이 유동에서 유체 입자는 시계방향으로 회전하는가, 반시계방향으로 회전하는가?

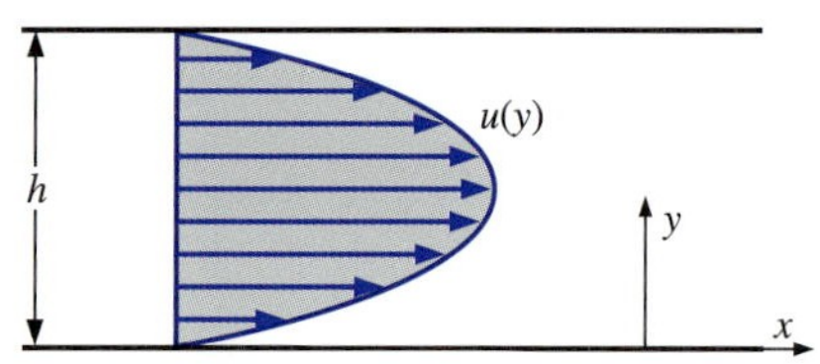

그림 P3-27

3-28 문제 3-27의 2차원 Poiseuille 유동을 고려해 보자. 평판 사이의 유체는 40℃의 물이다. 평판 사이의 간격 $h = 1.6$ mm이고, 압력구배 $dP/dx = -230$ N/m^{3}이다. 염료를 $x = 0$, $y = 0.2$, 0.4, 0.6, 0.8, 1.0, 1.2, 1.4 mm에서 분출시켰을 때

형성되는 7개의 유맥선을 계산하고, 그 결과를 도시하라(그림 P3-28). 염료는 $t = 0$에서 $t = 10$ s까지 분출되었고, 유맥선은 $t = 10$ s에서 도시한다.

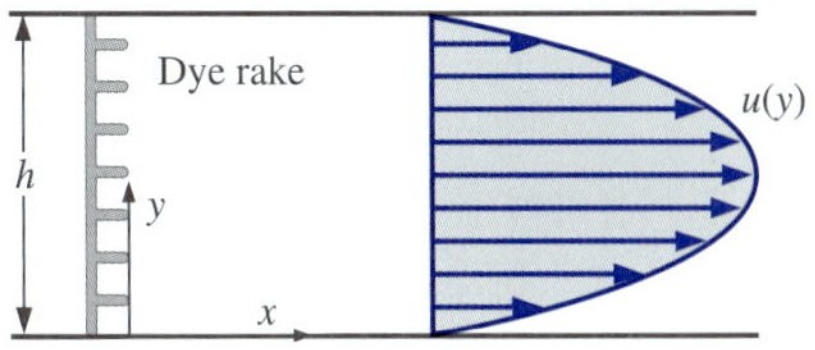

그림 P3-28

3-29 문제 3-27의 2차원 Poiseuille 유동을 고려해 보자. 평판 사이의 유체는 40℃의 물이다. 평판 사이의 간격 $h = 1.6$ mm이고, 압력구배 $dP/dx = -230$ N/m^{3}이다. $x = 0$에 수소 기포 와이어를 수직으로 설치하였다(그림 P3-29). 이 선에는 전류가 간헐적으로 흐르므로 기포는 주기적으로 발생하여 **시간선**을 형성한다. $t = 0, 2.5, 5.0, 7.5, 10.0$ s에서 5개의 시간선이 생성된다. $t = 12.5$ s에서 이 5개의 시간선을 계산하고, 그 결과를 도시하라.

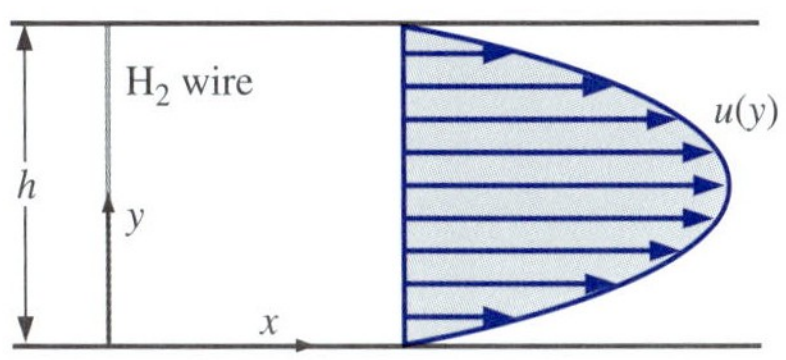

그림 P3-29

3-30 완전히 발달한 축대칭 Poiseuille 유동을 고려해 보자. 이것은 반경이 R(직경 $D = 2R$)인 원형 파이프 내의 유동이며, 그림 P3-30에서와 같이 강제 압력구배 dP/dx가 유동을 야기한다(dP/dx는 음의 상수이다). 이 유동은 정상, 비압축성이며, x축에 대하여 축대칭이다. 속도 성분들은 다음과 같다.

$$u = \frac{1}{4\mu}\frac{dP}{dx}(r^2 - R^2) \qquad u_r = 0 \qquad u_\theta = 0$$

여기서 μ는 유체의 점성계수이다. 이 유동은 회전인가, 비회전인가? 만약 회전한다면 원주(θ)방향의 와도 성분을 계산하고, 그 부호에 대하여 간략히 설명하라.

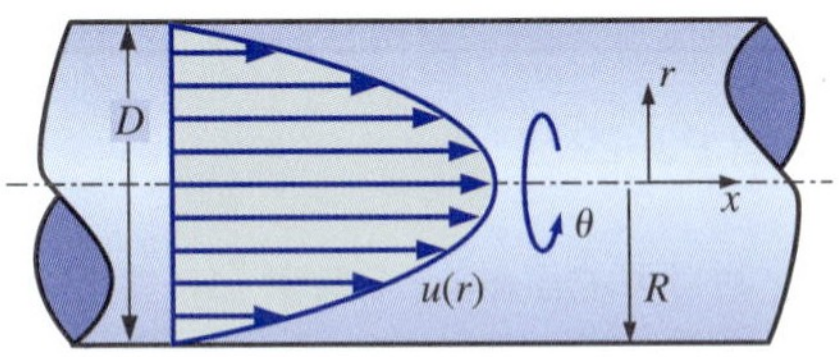

그림 P3-30

CHAPTER 04

BERNOULLI 및 에너지 방정식

목표 이 장을 공부하면 다음과 관련된 지식을 얻을 수 있다.

- Bernoulli 방정식의 이용 방법 및 제한 조건과 이 방정식을 다양한 유체 유동 문제에 적용하는 방법
- 수두로 표현된 에너지 방정식의 이해와 이 방정식을 이용한 터빈 출력 및 펌프 소요 동력을 계산하는 방법

이 장은 유체역학에서 많이 사용되는 세 개의 방정식, 즉 Bernoulli 및 에너지 방정식을 다룬다. **Bernoulli 방정식**은 점성력이 무시되고 다른 제한 조건이 있는 유동 영역에서 유체 유동장의 운동, 위치 및 유동 에너지 보존, 이들 에너지 상호 간의 변환에 관한 방정식이다. **에너지 방정식**은 에너지 보존 법칙이다. 유체역학에서는 **기계적 에너지**를 **열 에너지**로부터 분리하고, 마찰 효과의 결과로 **기계적 에너지 손실**이 나타나 기계적 에너지가 열 에너지로 변환되는 것으로 고려한다. 따라서 에너지 방정식은 **기계적 에너지 평형** 관계식이 된다.

이 장에서는 유선을 따라 유체 요소에 Newton의 제2법칙을 적용하여 Bernoulli 방정식을 유도하고, 이 식의 다양한 응용 예를 소개한다. 또한 에너지 방정식을 유체역학에 적합한 형태로 변환하고, **수두 손실**의 개념을 소개한다. 끝으로, 에너지 방정식을 다양한 공학 문제에 적용한다.

4-1 Bernoulli 방정식

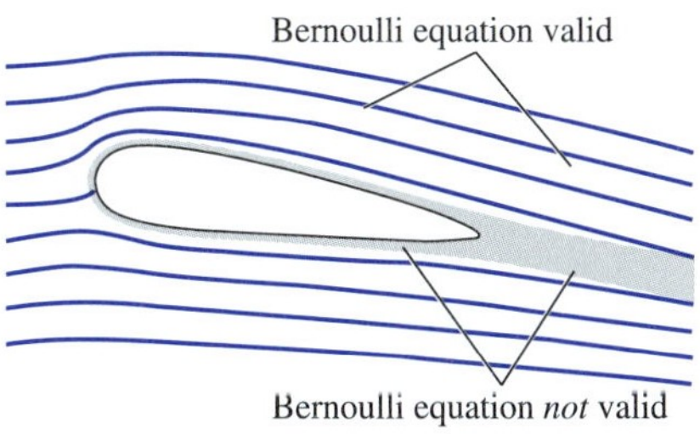

그림 4-1
Bernoulli 방정식은 점성력이 관성력, 중력 또는 압력 힘에 비하여 무시할 수 있을 정도로 작은 **비점성 유동 영역**에만 적용할 수 있는 근사적 방정식이다. 이러한 영역은 **경계층** 및 **후류**의 바깥쪽 영역이다.

Bernoulli 방정식은 **압력, 속도, 위치 사이의 근사적 관계식**이며, **마찰력을 무시할 수 있는 정상, 비압축성 유동 영역**에서 사용될 수 있다(그림 4-1). 이 식은 그 형태가 매우 간단함에도 불구하고 유체역학에서 매우 유용한 공식이다. 이 절에서는 **선형운동량 보존 법칙**을 이용하여 Bernoulli 방정식을 유도하고, 이 식의 유용성과 적용할 때 제한 조건 등을 설명하기로 한다.

Bernoulli 방정식을 유도할 때 가장 중요한 가정은 **점성효과가 관성효과, 중력효과 또는 압력효과에 비하여 무시할 수 있을 정도로 작다**는 것이다. 그러나 실제 모든 유체는 점성을 가지므로("비점성 유체"는 존재하지 않는다) 이 가정은 전체 모든 유동장에 적용되지는 않는다. 다시 말하면, 유체의 점성이 아무리 작더라도 유동의 모든 곳에 Bernoulli 방정식을 적용할 수 없다는 것이다. 그러나 많은 실제 유동에서 어떤 특정한 **영역**에서는 Bernoulli 방정식을 사용할 수 있다. 이러한 영역을 **비점성 유동 영역**이라고 한다. 이러한 영역은 유체가 비점성, 즉 마찰이 없는 영역이라는 의미가 **아니라**, 점성력(마찰력)이 유체 입자에 작용하는 다른 힘들에 비하여 무시할 수 있을 정도로 작은 영역이라는 의미임을 명심하기 바란다.

Bernoulli 방정식은 비점성 유동 영역에만 적용 가능하다는 것을 항상 염두에 두어야 한다. 일반적으로, 마찰 효과는 고체 면에 매우 가까운 곳(**경계층**)과 물체의 바로 하류(**후류**)에서 중요하며, 따라서 Bernoulli 식은 경계층 및 후류의 바깥 영역(압력 및 중력 효과가 유체의 유동을 지배)에서 유용하게 사용될 수 있다.

유체 입자의 가속도

입자의 운동과 그 궤적은 시간, 공간 좌표 및 처음 위치의 함수인 **속도 벡터**로 표현할 수 있다. 유동이 **정상**(특정한 위치에서 시간에 대한 변화가 없음)이라면, 동일한 점을 지나는 입자들의 궤적은 같고(이를 **유선**이라 한다), 모든 위치에서 속도 벡터는 궤적에 접선방향을 유지한다.

입자의 운동을 유선을 따른 거리 s와 그 유선의 곡률 반경으로 표현하는 것이 편리한 경우가 있다. 입자의 속도 $V = ds/dt$는 유선을 따라가면서 달라질 수 있다. 2차원 유동에서 가속도는 두 성분, 즉 유선을 따르는 **유선방향가속도(streamwise acceleration)** a_s와 유선에 수직방향인 **수직가속도(normal acceleration)** $a_n = V^2/R$로 분리할 수 있다. 유선방향가속도는 유선을 따라 나타나는 속도의 변화에 기인하고, 수직가속도는 속도방향의 변화에 의한 것이다. 입자가 직선 운동할 경우, 곡률 반경이 무한대이고 방향의 변화가 없으므로 $a_n = 0$이다. Bernoulli 방정식은 유선을 따라 나타나는 힘의 평형 관계식이다.

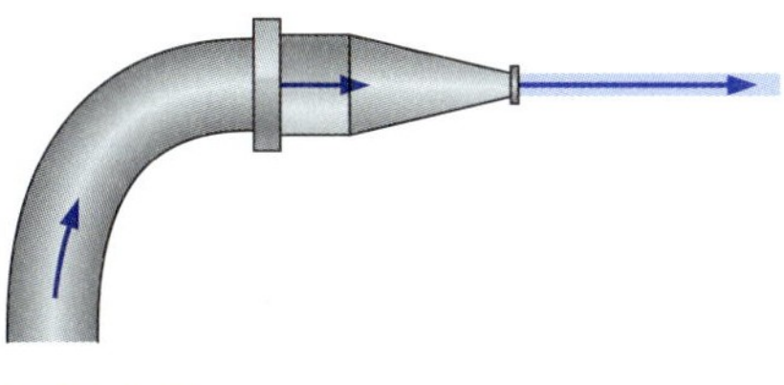

그림 4-2
정상 유동에서 고정된 위치를 통과하는 유체는 시간에 따라 가속되지 않지만, 공간상의 위치의 변화에 의해 가속될 수 있다.

가속도는 속도의 시간 변화율이고 정상 유동에서는 속도의 시간에 대한 변화가 없으므로 정상 유동에서는 가속도가 영이라고 생각하기 쉽다. 그러나 정원용 호스 노즐의 예는 이러한 생각이 맞지 않음을 보여 준다. 질량유량이 일정한 정상 유동의 경우에도 노즐을 통과하는 물은 가속된다(그림 4-2 참조). **정상**이란 **특정한 위치에서 시간에 대한 변화가 없다**는 의미인 반면, 한 위치에서 다른 위치로의 변화는 있을 수 있다. 노즐의 경우, 특정한 점에서 물의 속도는 일정하지만, 노즐 입구에서 출구까지의 속도는 변화한다(즉, 노즐을 통과하며 물은 가속된다).

수학적으로는 다음과 같이 표현할 수 있다. 유체 입자의 속도를 s와 t의 함수라 하고, $V(s, t)$를 전미분한 후 양변을 dt로 나누면 다음 식이 얻어진다.

$$dV = \frac{\partial V}{\partial s} ds + \frac{\partial V}{\partial t} dt \quad \text{그리고} \quad \frac{dV}{dt} = \frac{\partial V}{\partial s}\frac{ds}{dt} + \frac{\partial V}{\partial t} \tag{4-1}$$

정상 유동에서 $\partial V/\partial t = 0$, 즉 $V = V(s)$이므로 s방향의 가속도는 다음과 같다.

$$a_s = \frac{dV}{dt} = \frac{\partial V}{\partial s}\frac{ds}{dt} = \frac{\partial V}{\partial s} V = V\frac{dV}{ds} \tag{4-2}$$

여기서 유선을 따라 운동하는 유체 입자를 추적하는 경우에는 $V = ds/dt$이다. 따라서 정상 유동에서 가속도는 위치에 따른 속도 변화에 의한 것이다.

Bernoulli 방정식의 유도

정상 유동장에서 유체 입자의 운동을 고려해 보자. Newton의 제2법칙(유체역학에서는 **선형운동량 방정식**이라 한다)을 유선을 따라 운동하는 입자에 s방향으로 적용하면 다음과 같다.

$$\sum F_s = ma_s \tag{4-3}$$

마찰력을 무시할 수 있고, 펌프나 터빈이 없으며, 또한 유선을 따라 열전달도 없는 유동 영역에서 s방향의 중요한 힘들은 압력(양쪽면 모두에 작용)과 입자 무게의 s방향 성분이다(그림 4-3). 따라서 식 (4-3)은 다음과 같이 표현할 수 있다.

$$P\,dA - (P + dP)\,dA - W\sin\theta = mV\frac{dV}{ds} \tag{4-4}$$

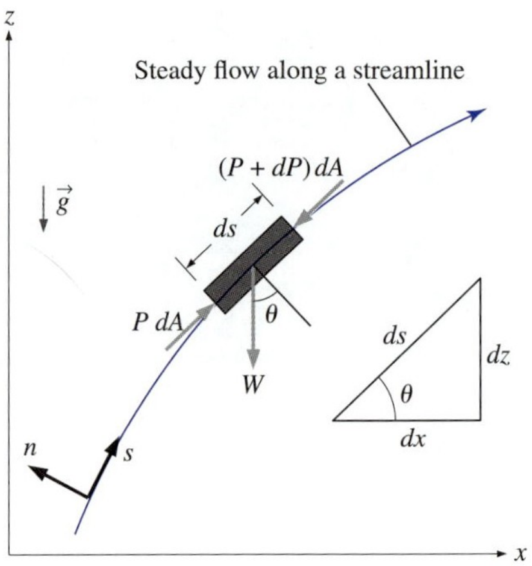

그림 4-3
유선을 따라 유체 입자에 작용하는 힘.

여기서 θ는 유선의 수직방향과 z축 사이의 각도이고, $m = \rho V = \rho\,dA\,ds$는 질량이며, $W = mg = \rho g\,dA\,ds$는 유체 입자의 무게이다. 한편 $\sin\theta = dz/ds$이므로 이들을 식 (4-4)에 대입하면 다음과 같이 된다.

$$-dP\,dA - \rho g\,dA\,ds\frac{dz}{ds} = \rho\,dA\,ds\,V\frac{dV}{ds} \tag{4-5}$$

모든 항에서 dA를 소거한 후 정리하면 다음과 같다.

$$-dP - \rho g\,dz = \rho V\,dV \tag{4-6}$$

여기서 $V\,dV = \frac{1}{2}d(V^2)$이고, 양변을 ρ로 나누면 다음 식이 얻어진다.

$$\frac{dP}{\rho} + \frac{1}{2}d(V^2) + g\,dz = 0 \tag{4-7}$$

마지막 두 개 항은 완전 미분이므로 적분하여 다음 식을 얻는다.

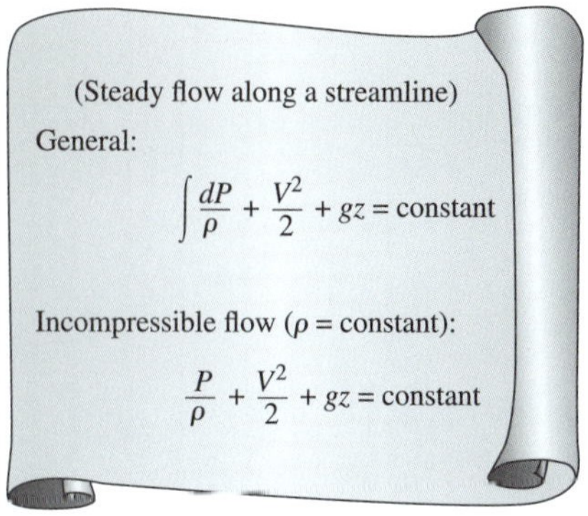

그림 4-4
비압축성 Bernoulli 방정식은 비압축성 유동이라는 가정하에 유도된 것이며, 따라서 압축성 효과가 큰 유동에서 사용하면 안 된다.

정상 유동: $$\int \frac{dP}{\rho} + \frac{V^2}{2} + gz = \text{일정(동일한 유선을 따라)} \qquad (4\text{-}8)$$

비압축성 유동의 경우, 첫 항도 완전 미분이므로 이를 적분하면 다음 식이 얻어진다.

정상, 비압축성 유동: $$\frac{P}{\rho} + \frac{V^2}{2} + gz = \text{일정(동일한 유선을 따라)} \qquad (4\text{-}9)$$

이 식이 비점성, 정상, 비압축성 유동에서 유선을 따라 적용되는 유명한 **Bernoulli 방정식**(그림 4-4)이다. 처음에 Bernoulli 방정식은 스위스 수학자 Daniel Bernoulli (1700-1782)가 러시아 St. Petersburg에서 연구할 때, 1738년에 간행한 교재에 글로 서술한 바 있다. 그 후 1755년에 Bernoulli의 동료 Leonhard Euler(1707-1783)가 방정식 형태로 유도하였다.

유선상의 어느 곳에서든지 그 곳에서 압력, 밀도, 속도, 위치를 알면 식 (4-9)의 상수값을 계산할 수 있다. 동일한 유선의 임의의 두 점 사이의 Bernoulli 방정식은 다음과 같이 표현된다.

정상, 비압축성 유동: $$\frac{P_1}{\rho} + \frac{V_1^2}{2} + gz_1 = \frac{P_2}{\rho} + \frac{V_2^2}{2} + gz_2 \qquad (4\text{-}10)$$

이 식에서 $V^2/2$은 **운동 에너지**, 그리고 gz는 **위치 에너지**, P/ρ는 **유동 에너지**이며, 모두 단위 질량당의 에너지이다. 따라서 Bernoulli 방정식은 **기계적 에너지 평형** 관계식이며, 다음과 같이 서술할 수 있다(그림 4-5).

> 압축성 효과와 마찰 효과를 무시할 수 있는 정상 유동에서 유선을 따라 유체 입자의 운동 에너지, 위치 에너지, 유동 에너지의 합은 일정하다.

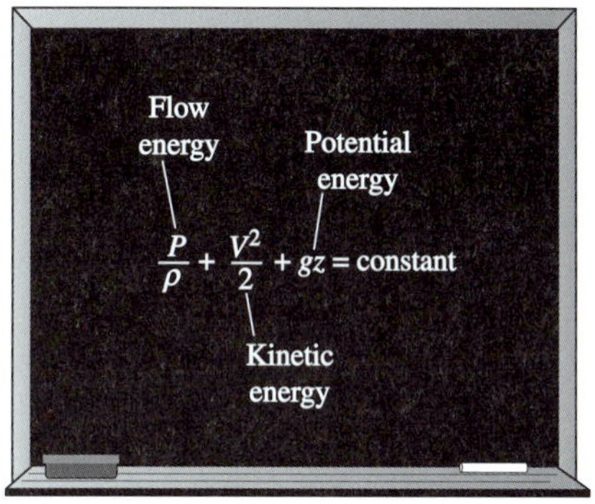

그림 4-5
Bernoulli 방정식은 정상 유동에서 유선을 따라 유체 입자의 운동 에너지, 위치 에너지, 유동 에너지(모든 에너지는 단위 질량당)의 합은 일정하다는 것을 나타내는 식이다.

운동 에너지, 위치 에너지, 유동 에너지는 기계적 에너지 형태이고, Bernoulli 방정식은 '기계적 에너지 보존 법칙'이라고도 할 수 있다. 이 식은 기계적 에너지와 열 에너지 간의 상호 변환이 없고, 따라서 기계적 에너지와 열 에너지가 독립적으로 보존되는 시스템에 대한 에너지 보존 법칙의 일반 형태와 같다. Bernoulli 방정식은 마찰을 무시할 수 있는 정상, 비압축성 유동에서 여러 형태의 기계적 에너지는 상호 변환할 수 있지만 그 합은 일정하다는 것을 말한다. 즉, 이러한 유동에서는 기계적 에너지를 현열(내부) 에너지로 변환시키는 마찰이 없으므로, 기계적 에너지의 소산(흩어짐)이 없다고도 표현할 수 있다.

시스템에 힘을 얼마의 거리 동안 적용시키면 에너지가 일의 형태로 시스템에 전달된다. 이러한 Newton의 제2법칙에 비추어 볼 때 Bernoulli 방정식은 다음과 같이 표현할 수도 있다. **유체 입자에 작용한 압력 힘과 중력에 의한 일은 입자의 운동 에너지 증가량과 같다.**

위에서 Bernoulli 방정식은 유선을 따라 운동하는 유체 입자에 대한 Newton의 제2법칙으로부터 유도되었다. 동일한 형태의 식을 정상 유동 시스템에 적용한 **열역학의 제1법칙**으로부터 유도할 수도 있다(4-2절).

Bernoulli 방정식은 매우 제한적인 가정하에 유도되었지만, 다양한 실제의 유체 유동 문제들에 적용하여 비교적 정확한 결과를 얻을 수 있어 널리 사용된다. 많은 실제적인 공학 문제에서, 유동은 정상[또는 적어도 평균적 정상(steady in the mean)]이고, 압축성 효과는 상대적으로 매우 작으며, 또한 관심 있는 유동 영역의 마찰력은 무시할 수 있기 때문이다.

유선을 가로지르는 힘의 평형

정상, 비압축성 유동의 유선을 **가로지르는**, 즉 유선에 수직인 n방향의 힘의 평형은 다음과 같다. 이 식은 독자들이 직접 유도해 보기 바란다.

$$\frac{P}{\rho} + \int \frac{V^2}{R} dn + gz = \text{일정} \quad \text{(유선을 가로질러서)} \tag{4-11}$$

이 식에서 R은 유선의 곡률 반경이다. 곡선 유선을 따른 유동의 경우(그림 4-6a), 곡률의 중심방향으로 압력이 감소하고, 이 압력구배 때문에 유체 입자는 구심력과 구심가속도를 받는다.

직선 유동의 경우, 즉 $R \to \infty$인 경우와 식 (4-11)은 ($P/\rho + gz =$ 일정) 또는 ($P = -\rho gz +$ 상수)가 된다. 이는 정지 상태 유체의 수직 거리에 따른 정수압의 변화를 나타내는 식이다. 따라서 비점성 유동 영역의 정상, 비압축성, 직선 유동에서 위치에 따른 압력의 변화는 정지 상태 유체의 압력 변화와 같다(그림 4-6b).

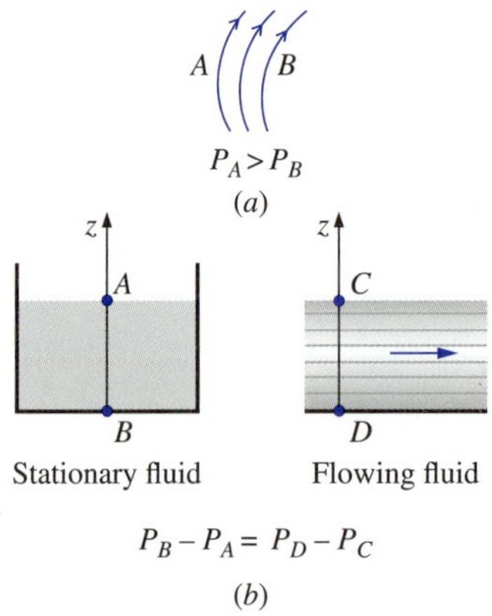

그림 4-6
유선이 곡선인 경우, 곡률의 중심방향으로 압력이 감소한다(a). 그러나 정상, 비압축성, 직선 유동에서 높이에 따른 압력의 변화는 정지 상태 유체의 압력 변화와 같다(b).

비정상, 압축성 유동

비슷한 방법으로, 가속도 식(식 4-1)의 두 항을 모두 고려하면 **비정상, 압축성 유동**에 대한 Bernoulli 방정식은 다음과 같이 유도할 수 있다.

$$\text{비정상, 압축성 유동:} \quad \int \frac{dP}{\rho} + \int \frac{\partial V}{\partial t} ds + \frac{V^2}{2} + gz = \text{일정} \tag{4-12}$$

정압, 동압, 정체압

Bernoulli 방정식은 정상 유동에서 유선을 따르는 유체 입자의 유동 에너지, 운동 에너지, 위치 에너지의 합은 일정하다는 것을 나타내는 식이다. 따라서 유동에서 유체의 운동 에너지와 위치 에너지는 유동 에너지로 변환되어(그 역도 성립한다) 압력이 변할 수 있다. Bernoulli 방정식에 밀도 ρ를 곱하여 이 현상을 더 자세하게 살펴볼 수 있다.

$$P + \rho\frac{V^2}{2} + \rho gz = \text{일정 (동일한 유선을 따라)} \tag{4-13}$$

이 식에서 각각의 항들은 압력 단위이므로 이들은 각각 다음과 같은 종류의 압력을 나타낸다.

- P는 정압(static pressure)이다. 이는 유체의 실체 열역학적 압력을 나타내며(유체의 운동 여부와 무관하다), 열역학과 상태량 표에서 사용하는 압력과

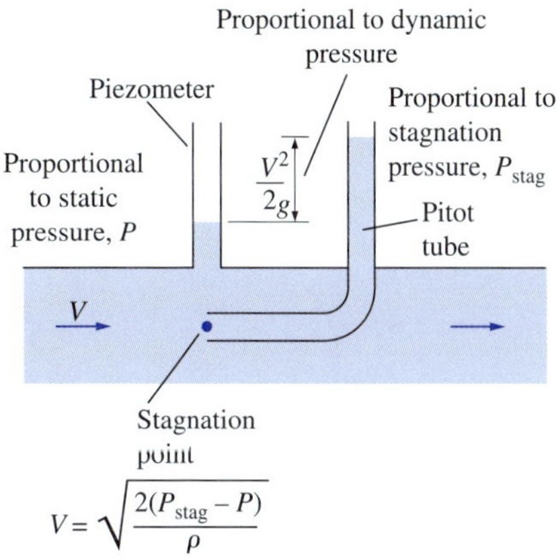

그림 4-7
피에조미터관을 이용하여 측정한 정압, 동압, 정체압.

동일하다.

- $\rho V^2/2$은 **동압(dynamic pressure)**이다. 이는 운동하는 유체가 등엔트로피 과정을 거쳐 정지하였을 때의 압력 상승을 나타낸다.
- ρgz는 **정수압(hydrostatic pressure)** 항이다. 이는 임의로 선택한 기준 위치에 대한 값이므로, 진정한 의미에서 압력이 아니다. 즉, 이는 위치에 의한 유체 무게의 효과가 압력에 미치는 영향을 나타낸 것이다(부호에 주의하라. 유체의 깊이 h에 따라 **증가하는** 정수압 ρgh와는 달리 정수압 항 ρgz는 깊이에 따라 **감소한다**).

정압, 동압, 정수압의 합을 **전압(total pressure)**이라고 한다. 그러므로 Bernoulli 방정식은 **유선을 따른 전압은 일정하다**는 의미로 해석할 수도 있다.

정압과 동압의 합을 **정체압(stagnation pressure)**이라 하며, 다음과 같이 표현한다.

$$P_{stag} = P + \rho \frac{V^2}{2} \quad \text{(kPa)} \tag{4-14}$$

정체압이란 움직이는 유체가 등엔트로피 과정을 거쳐 완전히 정지되는 곳에서 압력이다. 정압, 동압, 정체압이 그림 4-7에 나타나 있다. 어떤 특정한 위치에서 정압 및 정체압을 측정하여 그 위치에서 유체 속도를 다음 식으로 계산한다.

$$V = \sqrt{\frac{2(P_{stag} - P)}{\rho}} \tag{4-15}$$

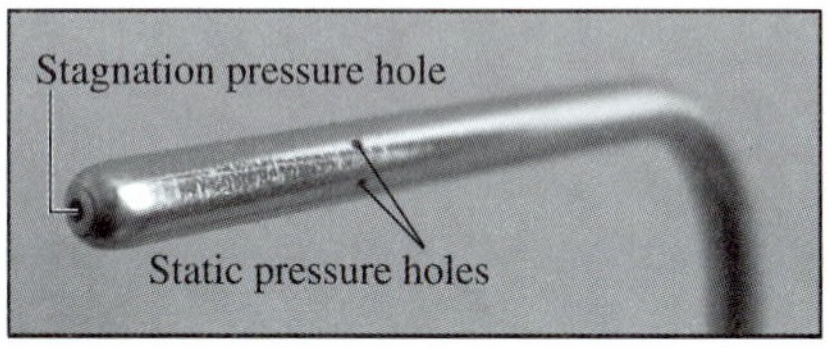

그림 4-8
정체압 구멍과 원주방향으로의 5개 정압 구멍 중 2개를 보여 주는 피토-정압관.
Photo by Po-Ya Abel Chuang. Used by permission.

식 (4-15)는 그림 4-7과 같이 정압 탭과 피토관을 함께 사용함으로써 유체의 속도를 측정하는 데 유용한 식이다. **정압 탭(static pressure tap)**은 단순히 벽에 뚫은 작은 구멍이며, 이 구멍의 면은 유동방향과 평행하고, 정압을 측정한다. **피토관(Pitot tube)**은 유동 유체의 모든 충격 압력을 감지할 수 있도록 그 끝을 개방하여 유동방향으로 설치한 작은 관으로서, 정체압을 측정한다. 유동하는 **액체**의 정압 및 정체압이 대기압보다 큰 경우에는 **피에조미터관(piezometer tube)** 혹은 간단히 **피에조미터**라고 하는 수직의 투명한 관을 압력 탭과 피토관에 부착할 수 있다(그림 4-7). 피에조미터관의 액체는 측정하려는 압력과 비례한 높이(수두, head)까지 상승한다. 만약 측정하려는 압력이 대기압 이하이거나 **기체**의 압력을 측정할 경우에는 피에조미터관을 사용할 수 없다. 그러나 정압 탭과 피토관을 U관 마노미터 혹은 압력 변환기와 같은 다른 종류의 압력 측정 장치와 연결하여 사용할 수 있다. 피토관에 정압 구멍을 뚫은 일체형이 편리할 때도 있다. 이를 **피토-정압관[Pitot-static probe, 피토-다시관(Pitot-Darcy probe)**이라고도 한다]이라 하며(그림 4-8), 압력 변환기나 마노미터와 연결된 피토-정압관을 이용하여 동압(따라서 유체 속도)을 직접 측정할 수 있다.

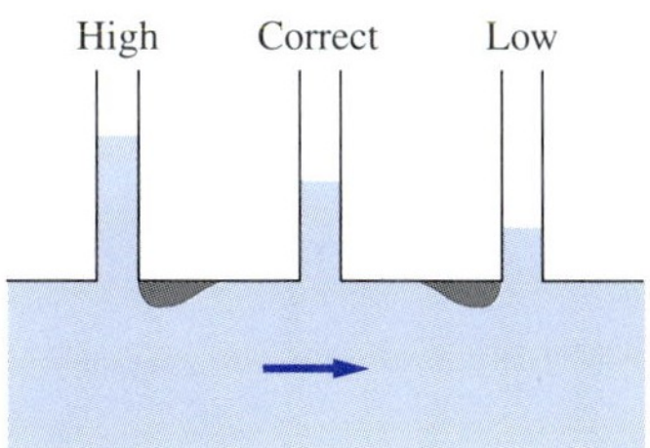

그림 4-9
정압 탭의 구멍을 부주의하게 뚫으면 정압 수두의 오차를 초래할 수 있다.

관에 구멍을 뚫어 정압을 측정할 때는 구멍의 앞이나 뒤가 돌출되지 않고 평평하여야 한다(그림 4-9). 그렇지 않으면 유체의 운동 효과 때문에 정확한 값을 측정할 수 없고, 오차가 발생할 수 있다.

유동하는 유체 중에 물체가 정지되어 잠겨 있을 때, 유체는 물체의 맨 앞부분에서 정지하며, 이곳을 **정체점(stagnation point)**이라 하고, 물체의 상류와 정체점을 잇는 유선을 **정체유선(stagnation streamline)**이라고 한다(그림 4-10). xy평면의 2차원 유동에서 정체점은 실질적으로 z축과 평행인 선이며, 정체유선은 면이 된다. 이 면을 사이로 물체의 위로 유동하는 유체와 아래로 유동하는 유체가 분리된다. 비압축성 유동인 경우에 유체는 자유흐름 속도로부터 거의 등엔트로피적으로 감속하여 정체점에서 영이 되며, 따라서 정체점에서 압력이 정체압이다.

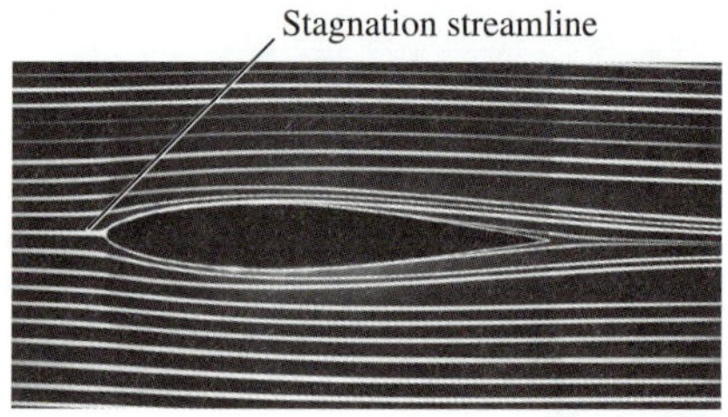

그림 4-10
에어포일의 상류에 색깔이 있는 유체를 분출시켜 얻은 유맥선. 정상 유동이므로 유맥선은 유선 및 유적선과 동일하다. 정체유선이 표시되어 있다.
Courtesy ONERA, Photograph by Werlé.

Bernoulli 방정식의 사용에 대한 제한 조건

Bernoulli 방정식(식 4-9)는 간단하고 사용하기 쉬우므로 유체역학에서 가장 많이 사용하는 식 중의 하나이지만, 또한 자주 **남용되는** 식이기도 하다. 따라서 이 방정식을 적용할 수 있는 제한 조건들을 살펴보자.

1. **정상 유동** Bernoulli 방정식의 첫 번째 제한 조건은 이 식은 **정상 유동**에 적용가능하다는 점이다. 따라서 시동이나 중지(shut-down) 같은 과도 상태나 유동 조건이 변하는 과정에서 사용하면 안 된다. 비정상 유동에 대한 Bernoulli 방정식(식 4-12)도 있으나, 이 교재에서는 다루지 않는다(Panton, 2005 참조).
2. **무시할 수 있는 점성 효과** 모든 유동은 아무리 작더라도 마찰을 포함하므로 **마찰 효과**가 무시될 수도 있고 무시될 수 없는 상황도 있다. 용납되는 오차의 양에 따라서 상황은 좀더 복잡해진다. 일반적으로 단면적이 크고 유체의 속도가 느릴 때는 거리가 짧은 유동 영역에서 마찰 효과는 무시할 수 있다. 마찰 효과는 일반적으로, 유동 통로가 길고 좁을 때, 물체 하류의 후류 영역, 그리고 디퓨저와 같이 유동 박리의 가능성이 높은 **유동 면적이 넓어지는 구간**(diverging flow section)에서는 매우 중요하다. 마찰 효과는 고체 표면과 가까운 곳에서 중요하므로 Bernoulli 방정식은 유동의 중심 영역(core region)의 유선에 적용하고, 고체 표면과 가까운 유선에는 적용하지 않는다(그림 4-11).

   날카로운 관의 입구 혹은 유동 중에 설치된 부분적으로 열린 밸브 등과 같이 유선형 유동장을 교란시키는 부품에서는 혼합과 역류를 발생시키므로 Bernoulli 방정식을 적용할 수 없다.
3. **축일이 없음** Bernoulli 방정식은 유선을 따라 운동하는 유체 입자의 힘의 평형으로부터 유도되었다. 따라서 펌프, 터빈, 팬 혹은 다른 기계나 임펠러 등이 유동 중에 포함되어 있으면 이들이 유선을 교란하고 유체 입자와 에너지 상호작용을 하므로 Bernoulli 방정식을 적용할 수 없다. 유동 영역에 이러한 장치들이 포함되어 있으면 축일의 입출력을 고려할 수 있도록 Bernoulli 방정식 대신 에너지 방정식을 사용하여야 한다. 그러나 이러한 기계 장치 전방 또는 후방 유동 영역에는 Bernoulli 방정식을 적용할 수 있다(물론, 기타 다른 제한 조건들은 모두 만족하는 경우). 이러한 경우에 기계 장치 상류와 하류의 Bernoulli 상수값은 서로 다르다.

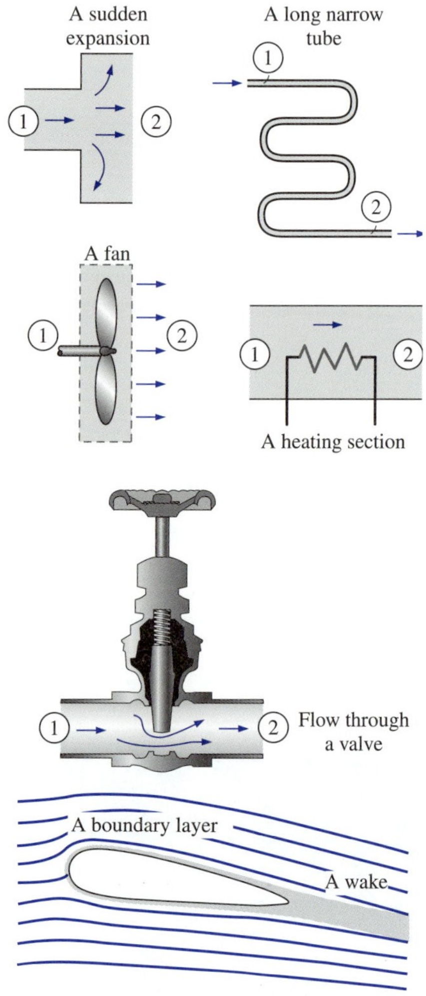

그림 4-11
마찰 효과, 열전달, 유선형 유동장을 교란하는 부품이 있는 경우에 Bernoulli 방정식은 유효하지 않다. Bernoulli 방정식은 이 그림과 같은 유동에서 사용해서는 안 된다.

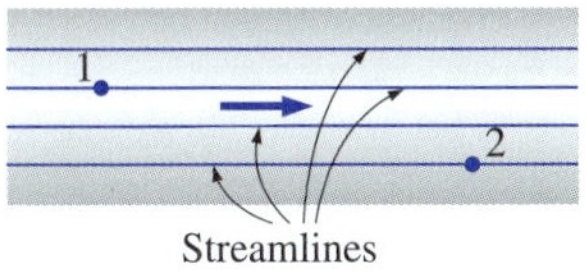

$$\frac{P_1}{\rho} + \frac{V_1^2}{2} + gz_1 = \frac{P_2}{\rho} + \frac{V_2^2}{2} + gz_2$$

그림 4-12
유동이 비회전이면 유동의 어느 두 점 사이에서도 Bernoulli 방정식을 적용할 수 있다(동일한 유선상의 두 점일 필요가 없다).

4. **비압축성 유동** Bernoulli 방정식을 유도할 때, 여러 가정 중의 하나는 $\rho =$ 일정, 즉 유동이 비압축성이라는 것이다. 액체와 Mach 수가 0.3보다 작은 기체는 이 조건을 만족한다. 이처럼 비교적 낮은 속도에서는 기체의 압축성 효과와 밀도의 변화를 무시할 수 있기 때문이다. 압축성을 고려한 Bernoulli 방정식은 식 (4-8)과 (4-12)에 제시되어 있다.
5. **무시할 수 있는 열전달** 기체의 밀도는 온도에 반비례하므로 가열부 혹은 냉각부 등과 같이 온도 변화가 큰 유동 영역에서는 Bernoulli 방정식을 이용할 수 없다.
6. **동일한 유선을 따른 유동** 엄밀히 말하면, Bernoulli 방정식 $P/\rho + V^2/2 + gz = C$는 동일한 유선을 따라 적용하므로, 일반적으로 상수 C의 값은 유선에 따라 다르다. 그러나 유동 영역이 **비회전**이고, 따라서 유동장의 **와도(vorticity)**가 영이면 모든 유선의 상수값 C는 같아서, 이때는 유선을 **가로지르는** 경우에도 Bernoulli 방정식을 적용할 수 있다(그림 4-12). 따라서 유동이 비회전이면 유선을 고려할 필요가 없으며, 비회전 유동 영역의 어느 두 점 사이에서도 Bernoulli 방정식을 적용할 수 있다.

이제까지는 문제를 단순화하기 위하여 xz평면의 2차원 유동에 대하여 Bernoulli 방정식을 유도하였으나, 이 방정식은 일반적인 3차원 유동에서도 동일한 유선을 따라 적용할 수 있다. Bernoulli 방정식을 유도할 때 사용한 가정들을 항상 염두에 두고, 이 방정식을 적용할 때에는 그 가정들을 만족하는지를 반드시 검토하여야 한다.

수력구배선(HGL)과 에너지구배선(EGL)

Bernoulli 방정식의 여러 항들을 가시화할 수 있도록, 기계적 에너지의 크기를 **높이**를 이용하여 그래프로 나타내는 것이 편리한 경우가 많다. 이를 위하여, Bernoulli 방정식에서 각 항을 g로 나눈 다음의 식을 이용한다.

$$\frac{P}{\rho g} + \frac{V^2}{2g} + z = H = \text{일정} \quad \text{(동일한 유선을 따라)} \tag{4-16}$$

이 방정식에서 각 항은 길이의 차원을 갖고, 다음과 같이 유동 유체의 "수두(head)"를 나타낸다.

- $P/\rho g$는 **압력 수두(pressure head)**이다. 이는 정압 P를 발생시키는 유체 기둥의 높이이다.
- $V^2/2g$은 **속도 수두(velocity head)**이다. 이는 마찰 없이 자유 낙하하는 유체가 속도 V에 이를 수 있도록 하는 데 필요한 높이이다.
- z는 **위치 수두(elevation head)**이다. 이는 유체의 위치 에너지를 나타낸다.

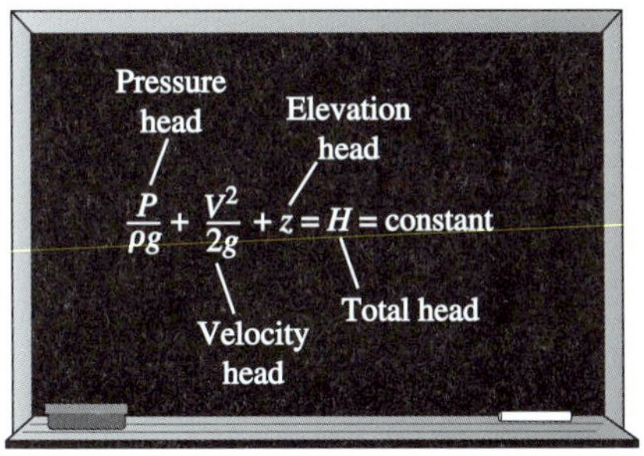

그림 4-13
수두로 표현한 다른 형태의 Bernoulli 방정식은 다음의 의미를 갖는다. **동일한 유선을 따라 압력 수두, 속도 수두, 위치 수두의 합은 일정하다.**

또한 H를 유동의 **전 수두(total head)**라고 한다. 따라서 수두로 표현한 Bernoulli 방정식은 **압축성 효과와 마찰 효과를 무시할 수 있는 정상 유동에서 유선을 따라 나타나는 압력 수두, 속도 수두, 위치 수두의 합은 일정함**을 의미한다(그림 4-13).

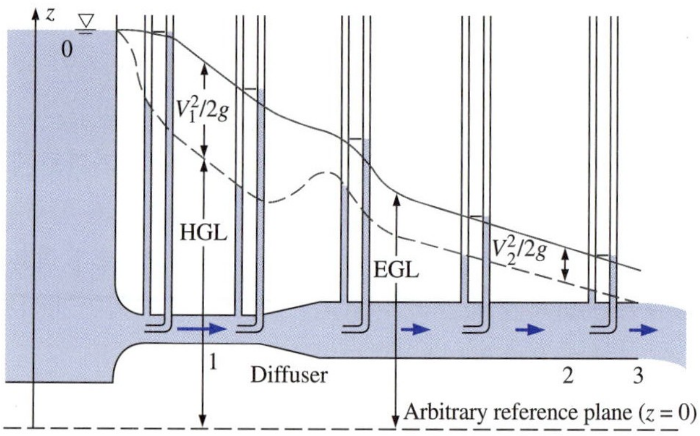

그림 4-14
큰 저수지로부터 디퓨저가 달린 수평관을 통해 대기로 유출하는 경우에 **수력구배선**(HGL) 및 **에너지구배선**(EGL).

만약 그림 4-14와 같이 피에조미터(정압 측정)를 가압된 관에 설치하면 액체는 파이프의 중심에서 $P/\rho g$만큼 상승할 것이다. 관의 여러 곳에 이를 설치하고, 피에조미터 내의 액체 높이를 연결한 곡선을 **수력구배선(hydraulic grade line, HGL)**이라고 한다. 파이프 중심 위의 수직 거리는 파이프 내 압력의 척도이다. 이와 유사하게, 만약 피토관(정압 + 동압 측정)을 설치하면 액체는 파이프의 중심에서 $P/\rho g + V^2/2g$만큼, 즉 HGL 위로 $V^2/2g$만큼 상승할 것이다. 관의 여러 곳에 이를 설치하고, 피토관 내의 액체 높이를 연결한 곡선을 **에너지구배선(energy grade line, EGL)**이라고 한다.

유체는 위치 수두 z도 가지므로(기준 위치가 관의 중심이 아닌 경우) HGL 및 EGL은 다음과 같이 정의된다. 정압 수두와 위치 수두의 합 $P/\rho g + z$를 연결한 선을 **수력구배선**이라 하고, 유체의 전 수두 $P/\rho g + V^2/2g + z$를 연결한 선을 **에너지구배선**이라고 한다. EGL과 HGL의 높이 차이는 속도 수두인 $V^2/2g$이다. 이제 HGL과 EGL에 대하여 자세히 살펴보자.

- 저수지나 호수와 같은 **정지 유체**의 경우 EGL과 HGL은 액체의 자유표면과 일치한다. 속도와 정압(계기 압력)이 모두 영이므로 자유표면의 높이 z가 EGL 및 HGL이다.
- EGL은 HGL보다 항상 $V^2/2g$만큼 위에 있다. 유체의 속도가 작을수록 이 두 선들은 서로 가까워지고, 속도가 클수록 서로 멀어진다. 속도가 클수록 HGL의 높이는 낮아지며, 반대인 경우도 성립한다.
- **이상화된 Bernoulli 형태의 유동**에서 EGL은 수평이고, 그 높이는 일정하다. 속도가 일정하면 HGL도 EGL과 같은 경향을 보인다(그림 4-15).
- **개수로 유동(open-channel flow)**에서 HGL은 액체의 자유표면과 일치하고, EGL은 자유표면보다 $V^2/2g$만큼 높다.
- **관의 출구**에서 압력 수두는 영(대기압)이므로 HGL은 바로 관의 출구와 일치한다(그림 4-14의 위치 3).
- 마찰 효과로 인한 **기계적 에너지의 손실**(열 에너지로의 변환)은 유동방향으로 EGL과 HGL을 감소시킨다. 감소하는 기울기는 관의 수두 손실의 척도이다. 밸브와 같이 마찰 효과가 아주 큰 부품은 바로 그 위치에서 EGL과 HGL

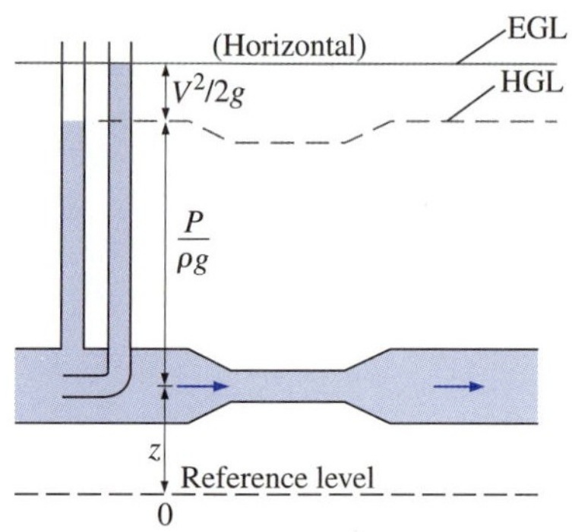

그림 4-15
이상화된 Bernoulli 형태의 유동에서 EGL은 수평이고, 그 높이는 일정하다. 그러나 유동을 따라서 유체 속도가 변하면 HGL은 일정하지 않다.

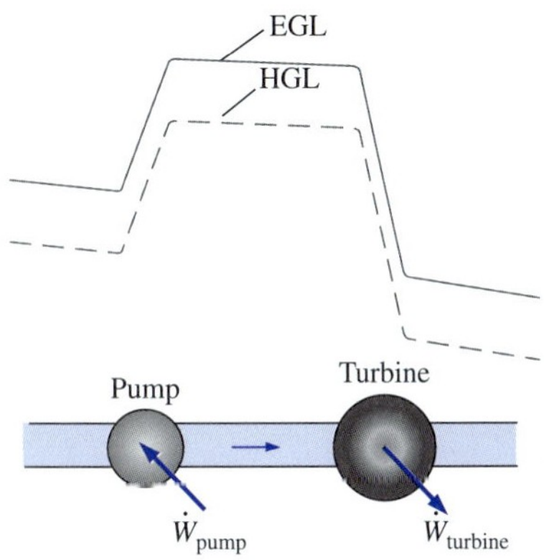

그림 4-16
펌프에 의해 기계적 에너지가 유체에 공급되면 EGL과 HGL은 **가파르게 증가한다**. 반면, 터빈에 의해 유체로부터 기계적 에너지가 추출되면 EGL과 HGL은 **가파르게 감소한다**.

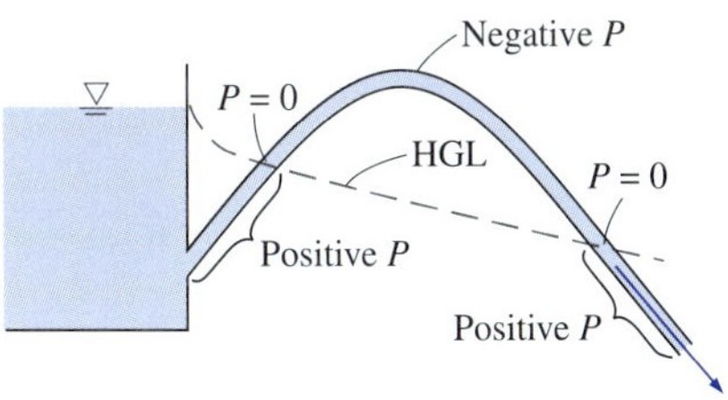

그림 4-17
HGL과 유체가 **교차하는** 곳에서 유체의 계기 압력은 영이고, HGL 위쪽 유동 영역의 계기 압력은 음이다(진공).

을 급격히 감소시킨다.

- 그림 4-16에 나타난 바와 같이, 기계적 에너지가 유체에 공급되면(예를 들면, 펌프) EGL과 HGL은 **가파르게 증가한다**. 반면, 유체로부터 기계적 에너지를 추출하면(예를 들면, 터빈) EGL과 HGL은 **가파르게 감소한다**.
- HGL과 유체가 **교차하는** 곳에서 유체의 계기 압력은 영이다. HGL 위쪽 유동 영역의 압력은 음이고, 아래쪽 유동 영역의 압력은 양이다(그림 4-17). 따라서 파이프 시스템과 HGL을 정확하게 그리면 파이프 내부의 압력이 음(대기압보다 낮은 압력)인 영역을 판단할 수 있다

위에 정리한 내용 중 마지막 항은 압력이 액체의 증기압 이하까지 떨어지는 상황(1장에서 설명한 바와 같이 **공동현상**을 야기한다)을 피하는 데 도움을 준다. 액체 펌프를 설치할 때 흡입부의 압력이 너무 낮아지지 않도록 주의하여야 한다. 특히, 고온 액체의 증기압은 저온일 때 비하여 더 높으므로 더욱 주의하여야 한다.

그림 4-14를 자세히 살펴보자. 위치 0(액체의 표면)에서는 유동이 없으므로 EGL과 HGL은 액체의 표면에 일치한다. 액체가 관으로 유입할 때 가속되므로 HGL은 급격히 감소한다. 반면, 둥근 입구(well-rounded inlet)에서 EGL은 매우 천천히 감소한다. 유동 중에 마찰 및 기타 비가역적인 손실로 인하여 EGL은 유동방향을 따라서 계속 감소한다. 에너지가 유체에 공급되지 않는 한 EGL은 유동방향으로 증가할 수 없다. HGL은 유동방향을 따라서 증가할 수도 있고 감소할 수도 있지만, 결코 EGL을 초과할 수 없다. 디퓨저에서는 속도가 감소하고 정압은 어느 정도 회복되기 때문에 HGL은 증가한다. 반면, 전압은 회복되지 않으므로 디퓨저에서 EGL은 감소한다. EGL과 HGL의 차이는 점 1에서는 $V_1^2/2g$이고, 점 2에서는 $V_2^2/2g$이다. $V_1 > V_2$이므로 두 구배선 간의 차이는 점 1에서 더 크다. 직경이 작으면 마찰로 인한 수두손실이 많으므로 두 구배선의 하향 기울기는 직경이 작은 부분에서 더 크다. 끝으로, 관 출구의 압력은 대기압이므로 HGL은 출구의 액체 표면까지 감소한다. 그러나 출구에서는 $V_3 = V_2$이므로 EGL은 HGL보다 $V_2^2/2g$만큼 높다.

Bernoulli 방정식의 응용

지금까지 Bernoulli 방정식에 대해 토의하였다. 다음으로 예제를 통하여 이 방정식을 사용하는 방법을 살펴본다.

예제 4-1 공기 중 물의 분무

정원의 호스를 통하여 물이 흐른다(그림 4-18). 어린이가 호스 출구를 엄지손가락으로 거의 막아서 고속의 가는 물 제트가 분사된다. 엄지손가락 바로 상류의 압력은 400 kPa이다. 호스가 위쪽을 향한다면 제트가 도달할 수 있는 최대 높이는 얼마인가?

풀이 급수관에 연결된 호스에서 물이 분사될 때, 물 제트가 상승할 수 있는 최대 높이를 계산하고자 한다.

가정 1 공기 중으로 분사되는 유동은 정상, 비압축성, 비회전이다(따라서 Bernoulli 방정식을 적용할 수 있다). 2 표면장력 효과는 무시할 수 있다. 3 물과 공기 간의 마찰은 무시할 수

있다. **4** 호스 출구에서 급격한 축소로 인해 나타날 수 있는 비가역성은 고려하지 않는다.

상태량 물의 밀도는 1000 kg/m³이다.

해석 이 문제는 펌프, 터빈, 마찰 손실이 큰 장치가 없는 경우 유동 에너지, 운동 에너지, 위치 에너지 상호 간의 변환을 고려하여야 하므로 Bernoulli 방정식의 적용이 적합하다. 주어진 가정을 모두 만족할 때 물 제트는 가장 높게 상승할 수 있을 것이다. 호스 내 물의 속도는 상대적으로 작고($V_1^2 \ll V_j^2$, 즉 V_j에 비하여 $V_1 \cong 0$), 호스 출구의 바로 아래를 기준 위치($z_1 = 0$)로 잡는다. 물 제트의 최대 높이에서 속도 $V_2 = 0$이고, 압력은 대기압이다. 따라서 유선의 1에서 2를 따라 Bernoulli 방정식을 이용하면 다음과 같이 된다.

$$\frac{P_1}{\rho g} + \overbrace{\frac{V_1^2}{2g}}^{\approx 0} + \overbrace{z_1}^{0} = \frac{P_2}{\rho g} + \overbrace{\frac{V_2^2}{2g}}^{0} + z_2 \quad \rightarrow \quad \frac{P_1}{\rho g} = \frac{P_{atm}}{\rho g} + z_2$$

이 식을 z_2에 관해 정리하고, 주어진 수치를 대입하면 다음의 결과를 얻는다.

$$z_2 = \frac{P_1 - P_{atm}}{\rho g} = \frac{P_{1,\,gage}}{\rho g} = \frac{400\text{ kPa}}{(1000\text{ kg/m}^3)(9.81\text{ m/s}^2)}\left(\frac{1000\text{ N/m}^2}{1\text{ kPa}}\right)\left(\frac{1\text{ kg·m/s}^2}{1\text{ N}}\right)$$
$$= \mathbf{40.8\ m}$$

따라서 물 제트는 공중으로 40.8 m 높이까지 상승할 수 있다.

토의 Bernoulli 방정식을 이용하여 얻은 결과는 상한값이다. 물은 40.8 m 이상 상승할 수 없고, 실제로는 가정에서 무시한 여러 비가역 손실들 때문에 40.8 m보다 훨씬 낮게 상승할 것이다.

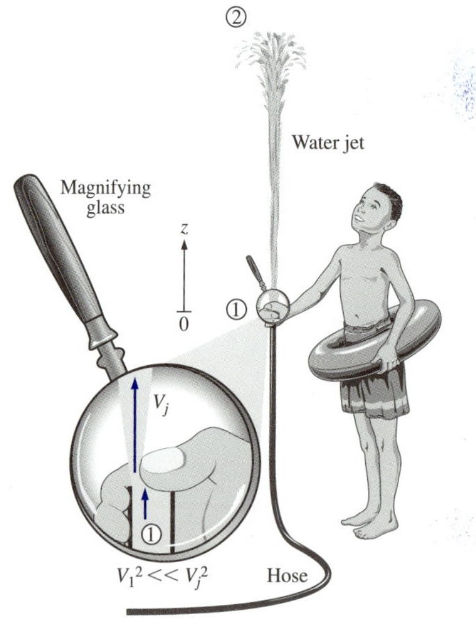

그림 4-18
예제 4-1에 대한 개략도.

예제 4-2 큰 탱크로부터 물의 유출

뚜껑이 없이 상부가 대기 중으로 개방되어 있는 큰 물탱크에 출구의 꼭지로부터 5 m 높이까지 물이 차 있다(그림 4-19). 탱크 아랫부분에 위치한 꼭지를 열어서 매끄럽고 둥근 출구를 통하여 물이 유출된다. 출구에서 물의 최대 속도를 계산하라.

풀이 탱크의 아랫부분에 위치한 꼭지를 열 때 탱크 출구에서 물의 최대 속도를 계산하고자 한다.

가정 **1** 유동은 비압축성이고, 비회전이다(벽면에 아주 가까운 곳을 제외하고). **2** 물은 매우 천천히 유출되므로 정상 유동으로 근사화할 수 있다[물이 유출하기 시작하면 실제로 준정상(quasi-steady) 유동이다]. **3** 꼭지 내의 비가역 손실은 무시할 수 있다.

해석 이 문제는 펌프, 터빈, 마찰 손실이 큰 장치가 없는 경우 유동 에너지, 운동 에너지, 위치 에너지 상호 간의 변환을 고려하여야 하므로 Bernoulli 방정식의 적용이 적합하다. 물의 자유표면을 점 1로 하면 $P_1 = P_{atm}$(대기에 노출)이고, 또한 $V_1^2 \ll V_2^2$이므로 V_2에 비하여 $V_1 \cong 0$(탱크는 출구에 비해 훨씬 크다)이다. 그리고 $z_1 = 5$ m, $z_2 = 0$(출구의 중심을 기준 위치로 한다)이고, $P_2 = P_{atm}$(물은 대기로 유출한다)이다. 따라서 유선의 1에서 2를 따라 Bernoulli 방정식을 이용하면 다음과 같다.

$$\cancel{\frac{P_1}{\rho g}} + \overbrace{\frac{V_1^2}{2g}}^{\approx 0} + z_1 = \cancel{\frac{P_2}{\rho g}} + \frac{V_2^2}{2g} + \overbrace{z_2}^{0} \quad \rightarrow \quad z_1 = \frac{V_2^2}{2g}$$

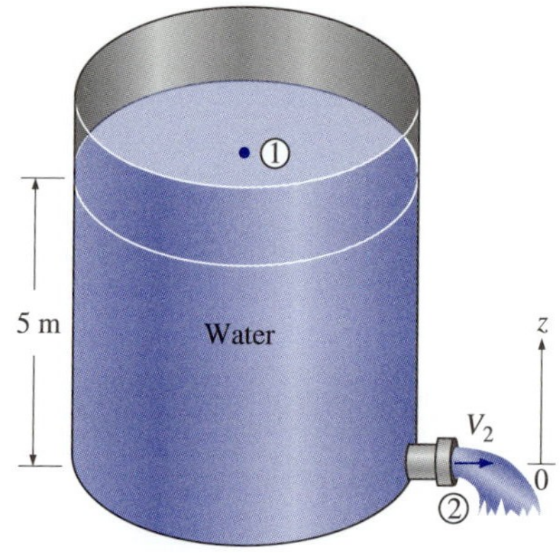

그림 4-19
예제 4-2에 대한 개략도.

이 식을 V_2에 관해 정리하고, 주어진 수치를 대입하여 다음의 결과를 얻는다.

$$V_2 = \sqrt{2gz_1} = \sqrt{2(9.81 \text{ m/s}^2)(5 \text{ m})} = \mathbf{9.9 \text{ m/s}}$$

식 $V = \sqrt{2gh}$를 **Torricelli 방정식**이라고 한다.

따라서 물은 초기 최대 속도 9.9 m/s로 유출한다. 이는 공기의 마찰 저항을 무시했을 때 5 m 높이에서 낙하시킨 고체의 속도와 같다(꼭지가 탱크의 옆이 아니라 바닥에 달려 있다면 물의 속도는 어떻게 될까?).

토의 만약 오리피스가 둥글지 않고 모서리가 날카롭다면 유동은 교란되며, 평균 유출 속도는 9.9 m/s보다 작을 것이다(특히 모서리 부분에서는). 급격한 확대나 축소가 있는 경우에는 마찰이나 유동 교란을 무시할 수 없으므로 Bernoulli 방정식을 적용할 때 주의하여야 한다. 질량 보존으로부터 $(V_1/V_2)^2 = (D_2/D_1)^4$이다. 그러므로 $D_2/D_1 = 0.1$이라면 $(V_1/V_2)^2 = 0.0001$이므로 $V_1^2 \ll V_2^2$의 근사는 정당하다.

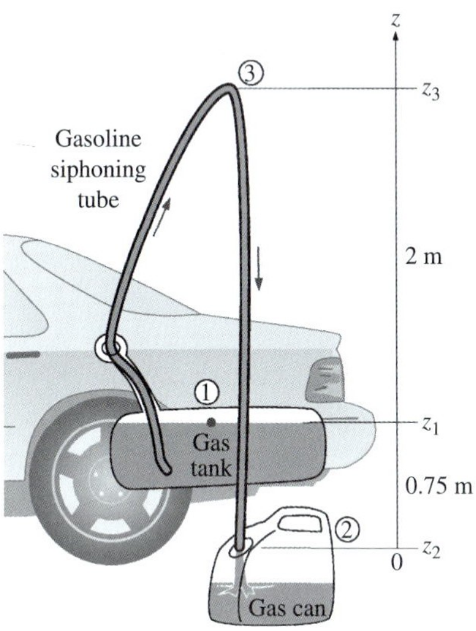

그림 4-20
예제 4-3에 대한 개략도.

예제 4-3 사이펀을 이용한 연료 탱크로부터 가솔린 흡출

해변(P_{atm} = 1 atm = 101.3 kPa)으로 가는 여행 중 자동차의 가솔린이 떨어지는 경우, 도움을 주는 사람의 차에서 사이펀으로 가솔린을 뽑아내야 할 필요성이 생긴다(그림 4-20). 사이펀은 직경이 작은 호스이다. 사이펀을 시작하려면 사이펀의 한 끝을 가솔린이 가득 찬 탱크에 삽입하고, 호스를 흡입하여 가솔린으로 채운 후, 다른 쪽 끝을 탱크보다 낮은 곳에 위치한 가솔린통에 넣는다. 점 1(탱크 내 가솔린의 자유표면)과 점 2(호스의 출구) 사이 압력의 차이로 인해 가솔린은 높은 위치에서 낮은 위치로 유동한다. 이 문제에서 점 2는 점 1보다 0.75 m 낮은 곳에, 점 3은 점 1의 2 m 위에 각각 위치한다. 사이펀의 직경은 5 mm이고, 사이펀 내의 마찰 손실은 무시할 수 있을 때, 다음을 계산하라. (a) 4 L의 가솔린을 탱크에서 통으로 옮기는 데 소요되는 최단 시간, (b) 점 3의 압력. 이때 가솔린의 밀도는 750 kg/m^{3}이다.

풀이 사이펀으로 4 L의 가솔린을 탱크에서 뽑아낼 때 소요되는 최단 시간과 이 시스템의 가장 높은 위치의 압력을 계산하고자 한다.

가정 **1** 유동은 정상, 비압축성이다. **2** 마찰 손실 때문에 호스 내에서 Bernoulli 방정식의 적용이 타당하지는 않지만, 그나마 가장 정확한 근사해를 얻기 위해 Bernoulli 방정식을 이용한다. **3** 사이펀 과정 동안 탱크 내의 가솔린 표면의 높이 변화는 z_1과 z_2에 비해 무시할 수 있다.

상태량 가솔린의 밀도는 750 kg/m^{3}이다.

해석 (a) 탱크 내부 가솔린의 자유표면을 점 1로 하면 $P_1 = P_{atm}$(대기에 노출), $V_1 \cong 0$(탱크는 호스 직경에 비해 훨씬 크다)이다. 또한, $z_2 = 0$(점 2를 기준 위치로 한다)이고, $P_2 = P_{atm}$(가솔린은 대기로 유출한다)이다. 따라서 Bernoulli 방정식을 이용하면 다음과 같다.

$$\frac{P_1}{\rho g} + \frac{V_1^2}{2g} + z_1 = \frac{P_2}{\rho g} + \frac{V_2^2}{2g} + z_2 \quad \rightarrow \quad z_1 = \frac{V_2^2}{2g}$$

(식에서 $P_1/\rho g$와 $P_2/\rho g$는 소거되어 있고, $V_1^2/2g \approx 0$, $z_2 = 0$으로 표시되어 있다.)

이 식을 V_2에 관해 정리하고, 주어진 수치를 대입하여 다음의 결과를 얻는다.

$$V_2 = \sqrt{2gz_1} = \sqrt{2(9.81 \text{ m/s}^2)(0.75 \text{ m})} = 3.84 \text{ m/s}$$

호스의 단면적과 가솔린의 체적유량은 다음과 같다.

$$A = \pi D^2/4 = \pi(5 \times 10^{-3}\ \text{m})^2/4 = 1.96 \times 10^{-5}\ \text{m}^2$$
$$\dot{V} = V_2 A = (3.84\ \text{m/s})(1.96 \times 10^{-5}\ \text{m}^2) = 7.53 \times 10^{-5}\ \text{m}^3/\text{s} = 0.0753\ \text{L/s}$$

따라서 4 L의 가솔린을 뽑아낼 때 소요되는 시간은 다음과 같이 얻어진다.

$$\Delta t = \frac{V}{\dot{V}} = \frac{4\ \text{L}}{0.0753\ \text{L/s}} = \mathbf{53.1\ s}$$

(b) 점 3의 압력은 유선을 따라 점 2와 점 3 사이에 Bernoulli 방정식을 적용하여 구할 수 있다. $V_2 = V_3$(질량 보존), $z_2 = 0$, $P_2 = P_{atm}$이므로 다음이 성립한다.

$$\frac{P_2}{\rho g} + \cancel{\frac{V_2^2}{2g}} + \cancel{z_2}^{\,0} = \frac{P_3}{\rho g} + \cancel{\frac{V_3^2}{2g}} + z_3 \quad \rightarrow \quad \frac{P_{atm}}{\rho g} = \frac{P_3}{\rho g} + z_3$$

이 식을 P_3에 관해 정리하고, 주어진 수치를 대입하여 다음의 결과를 얻는다.

$$\begin{aligned} P_3 &= P_{atm} - \rho g z_3 \\ &= 101.3\ \text{kPa} - (750\ \text{kg/m}^3)(9.81\ \text{m/s}^2)(2.75\ \text{m})\left(\frac{1\ \text{N}}{1\ \text{kg}\cdot\text{m/s}^2}\right)\left(\frac{1\ \text{kPa}}{1000\ \text{N/m}^2}\right) \\ &= \mathbf{81.1\ kPa} \end{aligned}$$

토의 계산 결과의 53.1 s는 마찰 효과를 무시한 것이므로, 이는 **최단 소요 시간**이다. 실제로는 가솔린과 호스 벽의 마찰과 기타 비가역 손실로 인해 53.1 s보다 더 걸릴 것이다. 또한 점 3의 압력은 대기압 이하이다. 만약 점 1과 점 3 사이의 높이 차이가 더 크다면 점 3의 압력이 가솔린 온도에서 가솔린 증기압보다 낮아질 수 있으며, 가솔린의 일부는 증발할 수도 있다(공동현상). 발생한 기포는 호스 윗부분에서 포켓(pocket)을 형성하여 가솔린의 유동을 방해할 수도 있다.

예제 4-4 피토관을 이용한 속도 측정

그림 4-21에 나타난 바와 같이, 정압과 정체압(정압 + 동압)을 측정하기 위하여 수평 수관에 피에조미터와 피토관을 설치하였다. 물기둥의 높이가 그림과 같을 때, 관 중심에서 속도를 계산하라.

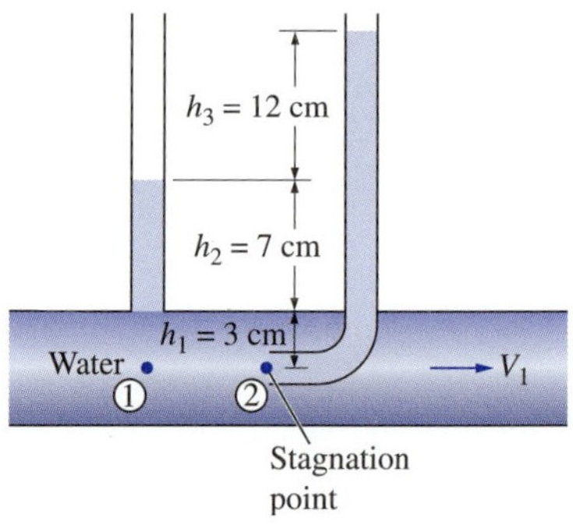

그림 4-21
예제 4-4에 대한 개략도.

풀이 수평 수관을 유동하는 물의 정압과 정체압을 측정한다. 또한 관 중심에서 속도를 계산하고자 한다.

가정 **1** 유동은 정상, 비압축성이다. **2** 점 1과 2는 매우 가까우므로 이 두 점 사이의 비가역적인 에너지의 손실은 무시할 수 있고, 따라서 Bernoulli 방정식을 적용할 수 있다.

해석 점 1과 2는 수관의 중심축을 지나는 유선에 위치한다. 또한 점 1은 피에조미터의 바로 아래쪽이고, 점 2는 피토관의 끝이다. 이 유동은 직선의 평행 유선을 갖는 정상 유동이고, 점 1과 2의 계기 압력은 다음과 같다.

$$P_1 = \rho g(h_1 + h_2)$$

$$P_2 = \rho g(h_1 + h_2 + h_3)$$

$z_1 = z_2$이고, 점 2는 정체점이므로 $V_2 = 0$이다. 점 1과 2 사이에 Bernoulli 방정식을 적용하면 다음과 같다.

$$\frac{P_1}{\rho g} + \frac{V_1^2}{2g} + \cancel{z_1} = \frac{P_2}{\rho g} + \frac{\cancelto{0}{V_2^2}}{2g} + \cancel{z_2} \quad \rightarrow \quad \frac{V_1^2}{2g} = \frac{P_2 - P_1}{\rho g}$$

P_1과 P_2의 식을 대입하면 다음의 결과를 얻는다.

$$\frac{V_1^2}{2g} = \frac{P_2 - P_1}{\rho g} = \frac{\rho g(h_1 + h_2 + h_3) - \rho g(h_1 + h_2)}{\rho g} = h_3$$

이 식을 V_1에 관해 정리하고, 주어진 수치를 대입하면 다음의 결과를 얻는다.

$$V_1 = \sqrt{2gh_3} = \sqrt{2(9.81 \text{ m/s}^2)(0.12 \text{ m})} = \mathbf{1.53 \text{ m/s}}$$

토의 피토관 물기둥의 높이 차이 h_3만 측정하면, 유체의 속도를 계산할 수 있다.

4-2 정상 유동의 에너지 해석

정상 유동에서는 검사체적 내 에너지의 시간 변화율은 영이므로, 에너지 방정식은 다음과 같이 표현된다.

$$\dot{Q}_{\text{net in}} + \dot{W}_{\text{shaft, net in}} = \sum_{\text{out}} \dot{m}\left(h + \frac{V^2}{2} + gz\right) - \sum_{\text{in}} \dot{m}\left(h + \frac{V^2}{2} + gz\right) \quad (4\text{-}17)$$

이 식은 **정상 유동에서 열과 일에 의해 검사체적으로 전달되는 순수 에너지 전달률은 질량 유동에 의해 검사체적에서 유출되고 검사체적으로 유입되는 에너지 유동률의 차이와 같음**을 의미한다.

실제 많은 문제에서 검사체적 입출구는 각각 한 개인 경우가 많다(그림 4-22). 이러한 **단일 유동 장치(single-stream device)**의 질량유량은 입구와 출구에서 동일하며, 따라서 식 (4-17)는 다음과 같이 된다.

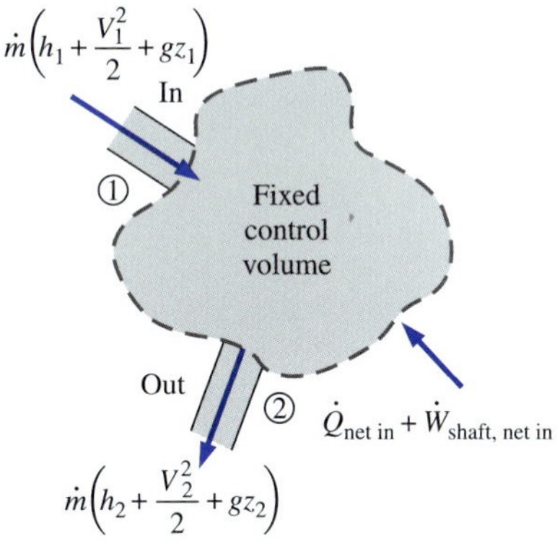

그림 4-22
입출구가 각각 한 개씩인 검사체적과 에너지 상호작용.

$$\dot{Q}_{\text{net in}} + \dot{W}_{\text{shaft, net in}} = \dot{m}\left(h_2 - h_1 + \frac{V_2^2 - V_1^2}{2} + g(z_2 - z_1)\right) \quad (4\text{-}18)$$

이 식에서 하첨자 1과 2는 각각 입구 및 출구를 나타낸다. 단위 질량당의 정상 유동 에너지 방정식은 식 (4-18)를 질량유량 $\dot{m}$으로 나누어 구할 수 있다.

$$q_{\text{net in}} + w_{\text{shaft, net in}} = h_2 - h_1 + \frac{V_2^2 - V_1^2}{2} + g(z_2 - z_1) \quad (4\text{-}19)$$

여기서 $q_{\text{net, in}} = \dot{Q}_{\text{net, in}}/\dot{m}$은 유체로 전달되는 단위 질량당 순수 열전달이고, $w_{\text{shaft, net in}} = \dot{W}_{\text{shaft, net in}}/\dot{m}$은 유체로 전달되는 단위 질량당 순수 축일이다. 엔탈피의 정의 $h = u + P/\rho$를 이용하여 이 식을 재정리하면 단위 질량당의 정상 유동 에너지 방정식은 다음과 같이 표현할 수도 있다.

$$w_{\text{shaft, net in}} + \frac{P_1}{\rho_1} + \frac{V_1^2}{2} + gz_1 = \frac{P_2}{\rho_2} + \frac{V_2^2}{2} + gz_2 + (u_2 - u_1 - q_{\text{net in}}) \quad (4\text{-}20)$$

이 식에서 u는 유체의 **내부 에너지**, P/ρ는 **유동 에너지**, $V^2/2$는 **운동 에너지**, gz는 **위치 에너지**이다. 이들은 모두 단위 질량당 에너지이다. 이 식은 압축성 및 비압축성 유동 모두에 적용할 수 있다.

식 (4-20)의 좌변은 기계적 에너지 입력을, 우변의 처음 세 항들은 기계적 에너지 출력을 의미한다. 마찰 등의 비가역성이 없는 이상 유동의 경우 총 기계적 에너지는 보존되고, 따라서 $(u_2 - u_1 - q_{\text{net in}})$은 영이다.

이상 유동(기계적 에너지 손실이 없는): $$q_{\text{net in}} = u_2 - u_1 \quad (4\text{-}21)$$

$u_2 - u_1$의 증가가 $q_{\text{net in}}$보다 큰 경우는 기계적 에너지의 열 에너지로의 비가역적인 변환에 기인하는 것이며, 따라서 $u_2 - u_1 - q_{\text{net in}}$은 단위 질량당 기계적 에너지의 손실을 나타낸다(그림 4-23). 따라서 다음 관계가 성립한다.

실제 유동(기계적 에너지 손실이 있는): $$e_{\text{mech, loss}} = u_2 - u_1 - q_{\text{net in}} \quad (4\text{-}22)$$

단상 유체(기체 혹은 액체)의 경우 $u_2 - u_1 = c_v(T_2 - T_1)$이고 여기서 c_v는 정적비열이다.

단위 질량당의 정상 유동 에너지 방정식은 다음의 **기계적 에너지** 평형을 이용하여 편리하게 나타낼 수 있다.

$$e_{\text{mech, in}} = e_{\text{mech, out}} + e_{\text{mech, loss}} \quad (4\text{-}23)$$

또는

$$w_{\text{shaft, net in}} + \frac{P_1}{\rho_1} + \frac{V_1^2}{2} + gz_1 = \frac{P_2}{\rho_2} + \frac{V_2^2}{2} + gz_2 + e_{\text{mech, loss}} \quad (4\text{-}24)$$

또한 $w_{\text{shaft, net in}} = w_{\text{pump}} - w_{\text{turbine}}$이므로 기계적 에너지 평형은 보다 분명하게 다음과 같이 표현된다.

$$\frac{P_1}{\rho_1} + \frac{V_1^2}{2} + gz_1 + w_{\text{pump}} = \frac{P_2}{\rho_2} + \frac{V_2^2}{2} + gz_2 + w_{\text{turbine}} + e_{\text{mech, loss}} \quad (4\text{-}25)$$

여기서 w_{pump}는 기계적 일의 입력(펌프, 팬, 압축기 등)이고, w_{turbine}은 기계적 일의 출력이다(터빈). 유동이 비압축성이면 P_{atm}/ρ가 양변에 나타나고 소거할 수 있으므로 P는 절대 압력이나 계기 압력을 모두 사용할 수 있다.

질량유량 $\dot{m}$을 식 (4-25)의 양변에 곱하면 다음과 같다.

$$\dot{m}\left(\frac{P_1}{\rho_1} + \frac{V_1^2}{2} + gz_1\right) + \dot{W}_{\text{pump}} = \dot{m}\left(\frac{P_2}{\rho_2} + \frac{V_2^2}{2} + gz_2\right) + \dot{W}_{\text{turbine}} + \dot{E}_{\text{mech, loss}} \quad (4\text{-}26)$$

이 식에서 $\dot{W}_{\text{pump}}$는 펌프축을 통한 축동력의 입력을, $\dot{W}_{\text{turbine}}$은 터빈축을 통한 축동력의 출력을, $\dot{E}_{\text{mech, loss}}$는 펌프 손실, 터빈 손실, 파이프 시스템의 마찰 손실로 구성되

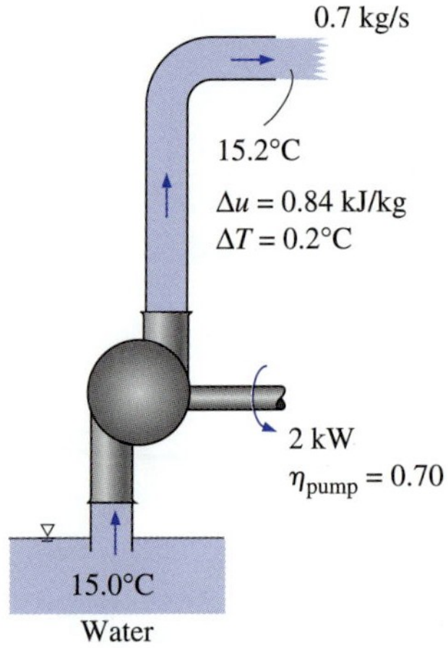

그림 4-23
유체 유동 시스템에서 기계적 에너지의 손실은 유체의 내부 에너지 증가, 즉 유체 온도의 상승을 초래한다.

그림 4-24
발전소에는 비가역적 손실이 있는 파이프, 엘보, 밸브, 펌프, 터빈 등이 많이 있다.

는 총 기계 동력의 손실을 의미한다. 따라서 다음 관계가 성립한다.

$$\dot{E}_{\text{mech, loss}} = \dot{E}_{\text{mech loss, pump}} + \dot{E}_{\text{mech loss, turbine}} + \dot{E}_{\text{mech loss, piping}}$$

여기서 펌프와 터빈의 비가역적 손실은 파이프 시스템의 다른 손실들과 별도로 분리하여 나타내었다(그림 4-24). 따라서 에너지 방정식은 식 (4-26)의 각 항을 $\dot{m}g$로 나누어 수두를 이용한 가장 일반적인 형태로 다음과 같이 표현할 수 있다.

$$\frac{P_1}{\rho_1 g} + \frac{V_1^2}{2g} + z_1 + h_{\text{pump, }u} = \frac{P_2}{\rho_2 g} + \frac{V_2^2}{2g} + z_2 + h_{\text{turbine, }e} + h_L \qquad (4\text{-}27)$$

이 식에서

- $h_{\text{pump, }u} = \dfrac{w_{\text{pump, }u}}{g} = \dfrac{\dot{W}_{\text{pump, }u}}{\dot{m}g} = \dfrac{\eta_{\text{pump}}\dot{W}_{\text{pump}}}{\dot{m}g}$ 는 **펌프에 의하여 유체로 전달된 유용한 수두**이다. 펌프 내의 비가역적 손실 때문에 $h_{\text{pump, }u}$는 $\dot{W}_{\text{pump}}/\dot{m}g$보다 η_{pump}의 비율만큼 **작다**.
- $h_{\text{turbine, }e} = \dfrac{w_{\text{turbine, }e}}{g} = \dfrac{\dot{W}_{\text{turbine, }e}}{\dot{m}g} = \dfrac{\dot{W}_{\text{turbine}}}{\eta_{\text{turbine}}\dot{m}g}$ 는 **터빈에 의하여 유체에서 추출한 수두**이다. 터빈 내의 비가역적 손실 때문에 $h_{\text{turbine, }e}$는 $\dot{W}_{\text{turbine}}/\dot{m}g$보다 η_{turbine}의 비율만큼 **크다**.
- $h_L = \dfrac{e_{\text{mech loss, piping}}}{g} = \dfrac{\dot{E}_{\text{mech loss, piping}}}{\dot{m}g}$ 은 1과 2 사이에서 펌프나 터빈을 제외한 파이프 시스템의 모든 부품에 의한 **비가역적인 수두 손실**이다.

h_L은 파이프 내의 유동과 관련된 마찰 손실을 나타내지만, 펌프나 터빈 내의 손실은 효율, 즉 η_{pump} 및 η_{turbine}으로 고려되었기 때문에 이들의 손실은 포함하지 않는다. 식 (4-27)는 개략적으로 그림 4-25에 나타나 있다.

파이프 시스템이 펌프, 팬, 압축기 등을 포함하지 않으면 **펌프 수두**는 영이고, 시스템이 터빈을 포함하지 않으면 **터빈 수두** 또한 영이다.

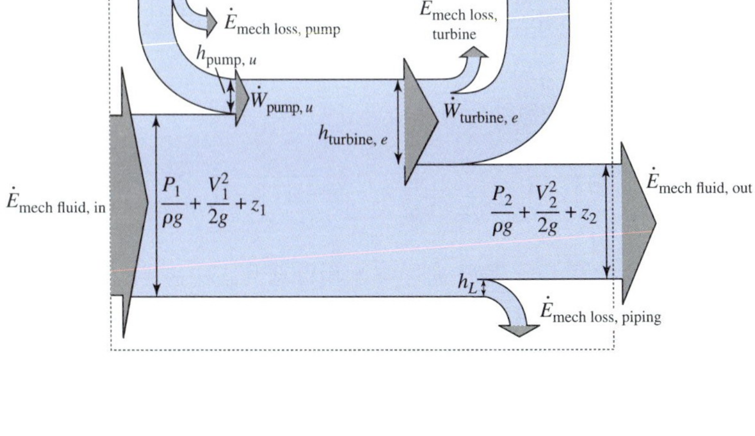

그림 4-25
펌프와 터빈을 포함하는 유체 유동 시스템에 대한 기계적 에너지 흐름도. 수직방향의 크기는 식 (4-27)의 각각의 에너지의 유체 기둥 높이, 즉 **수두**를 나타낸다.

특수한 경우: 기계적 일 장치와 마찰이 없는 비압축성 유동

파이프 손실을 무시할 수 있으면, 기계적 에너지의 열 에너지로의 소산도 무시할 수 있으며, $h_L = e_{\text{mech loss, piping}}/g \cong 0$이다. 또한 팬, 펌프, 터빈 등의 기계적 일을 하는 장치가 없으면 $h_{\text{pump}, u} = h_{\text{turbine}, e} = 0$이다. 이러한 경우 식 (4-27)는 다음 식과 같이 간단해진다.

$$\frac{P_1}{\rho g} + \frac{V_1^2}{2g} + z_1 = \frac{P_2}{\rho g} + \frac{V_2^2}{2g} + z_2 \quad \text{or} \quad \frac{P}{\rho g} + \frac{V^2}{2g} + z = \text{constant} \tag{4-28}$$

이 식은 앞에서 Newton의 제2법칙으로 유도한 **Bernoulli 방정식**과 동일하다. 따라서 Bernoulli 방정식은 에너지 방정식의 변형된 형태로 생각할 수 있다.

운동 에너지 보정계수, α

질량유량을 $\rho V_{\text{avg}}A$로 나타낼 때 사용한 평균 유동 속도 V_{avg}는 이미 정의한 바 있다. 따라서 질량유량에 대해서는 보정계수가 필요하지 않다. 그러나 Gaspard Coriolis (1792-1843)가 지적하였듯이, $V^2/2$로부터 계산한 유체 유동의 운동 에너지는 실제의 운동 에너지와 다르다. 왜냐하면 합의 제곱은 제곱의 합과 다르기 때문이다(그림 4-26). 이 오차는 에너지 방정식의 운동 에너지 항 $V^2/2$을 $\alpha V_{\text{avg}}{}^2/2$로 대체하여 보정할 수 있다. 여기서 α를 **운동 에너지 보정계수(kinetic energy correction factor)**라고 한다. 반경방향으로 속도가 변하는 원형관 내 유동의 경우, 완전발달 층류 파이프 유동의 보정계수는 2.0, 완전발달 난류 유동의 보정계수는 1.04~1.11이다.

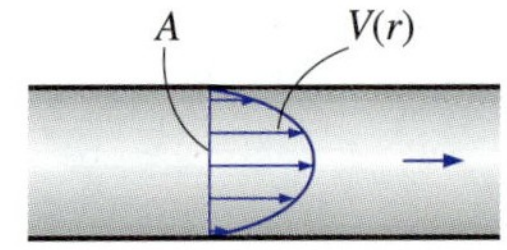

$$\dot{m} = \rho V_{\text{avg}}A, \qquad \rho = \text{constant}$$

$$\dot{\text{KE}}_{\text{act}} = \int \text{ke}\,\delta\dot{m} = \int_A \frac{1}{2}[V(r)]^2[\rho V(r)\,dA] = \frac{1}{2}\rho\int_A [V(r)]^3\,dA$$

$$\dot{\text{KE}}_{\text{avg}} = \frac{1}{2}\dot{m}V_{\text{avg}}^2 = \frac{1}{2}\rho A V_{\text{avg}}^3$$

$$\alpha = \frac{\dot{\text{KE}}_{\text{act}}}{\dot{\text{KE}}_{\text{avg}}} = \frac{1}{A}\int_A \left(\frac{V(r)}{V_{\text{avg}}}\right)^3 dA$$

그림 4-26
한 단면에서 실제 속도 분포 $V(r)$과 평균 속도 V_{avg}를 이용한 **운동 에너지 보정계수**의 결정.

유동의 기본해석에서 운동 에너지 보정계수는 무시하는 경우가 많다(즉, α는 1이다). 왜냐하면 (1) 실제 대부분의 유동은 난류이며, 이 경우 보정계수는 거의 1에 가깝고, (2) 운동 에너지 항은 에너지 방정식의 다른 항들에 비하여 상대적으로 작으므로 2보다 작은 수를 곱해도 큰 영향이 없기 때문이다. 속도, 즉 운동 에너지가 크면 유동은 일반적으로 난류이고, 보정계수 1이 더 알맞다. 그러나 층류 유동과 같은 경우에는 보정계수가 중요하다는 것을 명심하여야 한다. 따라서 유체 유동 문제를 해석할 때 항상 운동 에너지 보정계수를 포함하는 것이 바람직하다. 운동 에너지 보정계수를 포함하면 **정상, 비압축성 유동**의 에너지 방정식[식 (4-26)과 (4-27)]은 다음과 같게 된다.

$$\dot{m}\left(\frac{P_1}{\rho} + \alpha_1\frac{V_1^2}{2} + gz_1\right) + \dot{W}_{\text{pump}} = \dot{m}\left(\frac{P_2}{\rho} + \alpha_2\frac{V_2^2}{2} + gz_2\right) + \dot{W}_{\text{turbine}} + \dot{E}_{\text{mech, loss}} \tag{4-29}$$

$$\frac{P_1}{\rho g} + \alpha_1\frac{V_1^2}{2g} + z_1 + h_{\text{pump}, u} = \frac{P_2}{\rho g} + \alpha_2\frac{V_2^2}{2g} + z_2 + h_{\text{turbine}, e} + h_L \tag{4-30}$$

만약 입출구의 유동이 완전발달 난류 파이프 유동이라면 보정계수 $\alpha = 1.05$를 이용하기를 권장한다. 이는 수두 손실에 대한 보다 보수적인 값을 주며, 또한 식에서 α를 포함한다고 해서 추가적으로 많은 노력이 들지는 않는다.

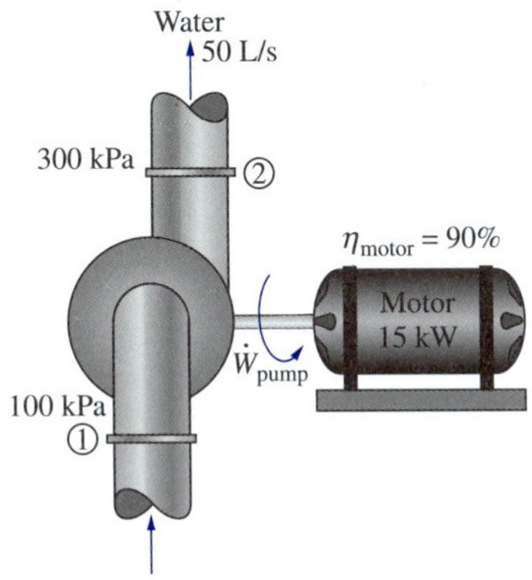

그림 4-27
예제 4-5에 대한 개략도.

예제 4-5 펌프의 동력과 마찰열

물 공급 시스템의 펌프가 효율이 90%인 15 kW의 전기 모터에 의해 구동되고 있다(그림 4-27). 펌프를 통과하는 유량은 50 L/s이다. 펌프 입구와 출구의 파이프 직경은 동일하고, 펌프 전후의 높이 차이는 무시할 수 있다. 펌프 입구와 출구의 절대 압력이 각각 100 kPa과 300 kPa일 때 다음을 계산하라. (a) 펌프의 기계 효율, (b) 기계적 비효율성으로 인한 펌프 내 물의 온도 상승.

풀이 펌프 전후의 압력이 주어질 때, 펌프의 기계 효율과 물의 온도 상승을 계산하고자 한다.

가정 **1** 유동은 정상이며, 비압축성이다. **2** 펌프는 외부 모터에 의해 구동되므로 모터에 의해 발생한 열은 주위 공기로 소산된다. **3** 펌프 전후의 높이 차이는 무시할 수 있으므로 $z_1 \cong z_2$이다. **4** 펌프 입구와 출구의 파이프 직경은 동일하므로 입구와 출구의 평균 속도는 같다. 즉, $V_1 = V_2$이다. **5** 운동 에너지 보정계수도 같다. 즉, $\alpha_1 = \alpha_2$이다.

상태량 물의 밀도는 1 kg/L = 1000 kg/m^3, 비열은 4.18 kJ/kg · °C이다.

해석 (a) 펌프를 통과하는 질량유량은 다음과 같다.

$$\dot{m} = \rho\dot{V} = (1\text{ kg/L})(50\text{ L/s}) = 50\text{ kg/s}$$

모터의 출력은 15 kW, 효율은 90%이다. 따라서 모터가 펌프에 전달하는 기계(축) 동력은 다음과 같다.

$$\dot{W}_{\text{pump, shaft}} = \eta_{\text{motor}}\dot{W}_{\text{electric}} = (0.90)(15\text{ kW}) = 13.5\text{ kW}$$

펌프의 기계 효율을 계산하기 위해서 펌프를 통과할 때 유체의 기계적 에너지 증가를 알아야 한다. 이는 다음 식으로 얻어진다.

$$\Delta\dot{E}_{\text{mech, fluid}} = \dot{E}_{\text{mech, out}} - \dot{E}_{\text{mech, in}} = \dot{m}\left(\frac{P_2}{\rho} + \alpha_2\frac{V_2^2}{2} + gz_2\right) - \dot{m}\left(\frac{P_1}{\rho} + \alpha_1\frac{V_1^2}{2} + gz_1\right)$$

식을 정리하고, 주어진 수치들을 대입하면 다음 식이 얻어진다.

$$\Delta\dot{E}_{\text{mech, fluid}} = \dot{m}\left(\frac{P_2 - P_1}{\rho}\right) = (50\text{ kg/s})\left(\frac{(300 - 100)\text{ kPa}}{1000\text{ kg/m}^3}\right)\left(\frac{1\text{ kJ}}{1\text{ kPa}\cdot\text{m}^3}\right) = 10.0\text{ kW}$$

따라서 펌프의 기계 효율은 다음과 같다.

$$\eta_{\text{pump}} = \frac{\dot{W}_{\text{pump, }u}}{\dot{W}_{\text{pump, shaft}}} = \frac{\Delta\dot{E}_{\text{mech, fluid}}}{\dot{W}_{\text{pump, shaft}}} = \frac{10.0\text{ kW}}{13.5\text{ kW}} = \mathbf{0.741} \quad \text{or} \quad \mathbf{74.1\%}$$

(b) 펌프에 의하여 공급된 13.5 kW 중 10 kW만 물에 기계적 에너지 형태로 전달된다. 나머지 3.5 kW는 마찰 효과로 인해 열 에너지로 변환되고, 이 기계적 에너지의 "손실"은 유체를 가열하는 효과로 나타난다.

$$\dot{E}_{\text{mech, loss}} = \dot{W}_{\text{pump,shaft}} - \Delta\dot{E}_{\text{mech, fluid}} = 13.5 - 10.0 = 3.5\text{ kW}$$

이러한 기계적 비효율성으로 인한 물 온도의 상승은 열 에너지 평형식 $\dot{E}_{\text{mech, loss}} = \dot{m}(u_2$

$- u_1) = \dot{m}c\Delta T$로 계산할 수 있다. ΔT에 대하여 계산하면 다음 결과가 얻어진다.

$$\Delta T = \frac{\dot{E}_{\text{mech, loss}}}{\dot{m}c} = \frac{3.5\ \text{kW}}{(50\ \text{kg/s})(4.18\ \text{kJ/kg}\cdot°\text{C})} = \mathbf{0.017°C}$$

따라서 물이 펌프를 통과할 때 기계적 비효율성으로 인한 물 온도의 상승은 0.017°C이며, 이는 매우 작은 값이다.

토의 발생한 열의 일부는 펌프의 케이싱으로 전달되고, 이 열은 다시 주위 공기로 전달되므로 실제로 물 온도의 상승은 이보다 더 작을 것이다. 만약 펌프와 모터 전체가 물에 잠겨 있다면 모터의 비효율성으로 인한 1.5 kW도 역시 열로 변환되어 주위의 물로 전달될 것이다.

예제 4-6 댐의 수력 발전

그림 4-28에 나타난 바와 같이, 물이 120 m의 높은 위치에서 100 m^3/s로 발전용 터빈을 통과하고 있다. 점 1과 점 2 사이 파이프 시스템의 총 비가역적 수두 손실(터빈 자체의 손실은 제외)은 35 m이다. 터빈-발전기의 전 효율이 80%라면 전기의 출력은 얼마인가?

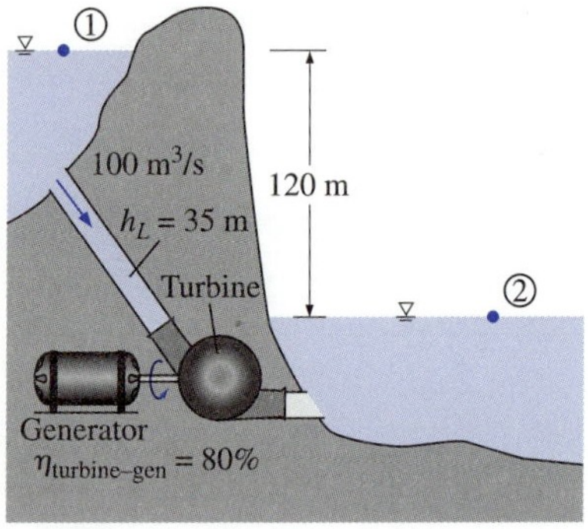

그림 4-28
예제 4-6에 대한 개략도.

풀이 가용 수두, 유량, 수두 손실 및 수력 터빈의 효율이 주어져 있을 때, 전기의 출력을 계산하고자 한다.

가정 1 유동은 정상이며, 비압축성이다. 2 저수지와 방수면에서 수위는 일정하다.

상태량 물의 밀도는 1000 kg/m^3이다.

해석 터빈을 통과하는 물의 질량유량은 다음과 같다.

$$\dot{m} = \rho\dot{V} = (1000\ \text{kg/m}^3)(100\ \text{m}^3/\text{s}) = 10^5\ \text{kg/s}$$

점 2를 기준 위치로 하면 $z_2 = 0$이다. 또한 점 1과 2는 대기와 접하고($P_1 = P_2 = P_{\text{atm}}$), 유동 속도는 무시할 수 있다($V_1 = V_2 = 0$). 따라서 정상, 비압축성 유동의 에너지 방정식은 다음과 같이 나타난다.

$$\frac{P_1}{\rho g} + \alpha_1\frac{V_1^2}{2g} + z_1 + h_{\text{pump, }u}^{\;\to 0} = \frac{P_2}{\rho g} + \alpha_2\frac{V_2^2}{2g} + z_2^{\;\to 0} + h_{\text{turbine, }e} + h_L$$

또는

$$h_{\text{turbine, }e} = z_1 - h_L$$

따라서 터빈에서 추출할 수 있는 수두와 터빈의 출력은 다음과 같다.

$$h_{\text{turbine, }e} = z_1 - h_L = 120 - 35 = 85\ \text{m}$$

$$\dot{W}_{\text{turbine, }e} = \dot{m}gh_{\text{turbine, }e} = (10^5\ \text{kg/s})(9.81\ \text{m/s}^2)(85\ \text{m})\left(\frac{1\ \text{kJ/kg}}{1000\ \text{m}^2/\text{s}^2}\right) = 83{,}400\ \text{kW}$$

그러므로 손실이 없는 완벽한 터빈-발전기는 83,400 kW의 전력을 생산할 수 있다. 그러나 이 터빈-발전기가 실제로 생산한 전력은 다음과 같다.

$$\dot{W}_{\text{electric}} = \eta_{\text{turbine-gen}}\dot{W}_{\text{turbine, }e} = (0.80)(83.4\ \text{MW}) = \mathbf{66.7\ MW}$$

토의 터빈과 발전기의 효율을 1% 포인트씩만 개선시켜도 생산한 전력은 거의 1 MW 정도 증가한다.

예제 4-7 컴퓨터의 공기 냉각을 위한 팬의 선택

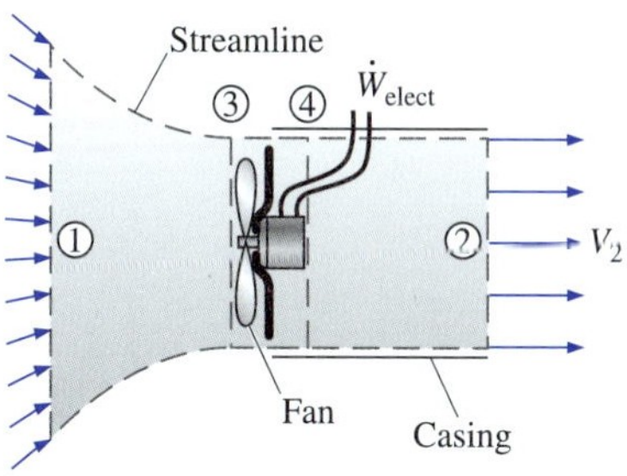

그림 4-29
예제 4-7에 대한 개략도.

크기가 12 cm × 40 cm × 40 cm인 컴퓨터 케이스를 냉각하기 위한 팬을 선정하려고 한다(그림 4-29). 이 체적의 반은 부품으로 채워져 있고, 나머지 반은 빈 공간이다. 케이스의 뒷면에는 케이스 내 공기를 매초 순환시킬 수 있는 팬을 설치하기 위한 5 cm 직경의 구멍이 뚫려 있다. 저동력의 작은 팬-모터를 시장에서 구입할 수 있는데, 이때 이 부품의 효율은 30%이다. (a) 구입해야 할 팬-모터 유닛의 동력(wattage)은 얼마인가? (b) 팬 전후의 압력 차이는 얼마인가? 이때 공기의 밀도는 1.20 kg/m^{3}이다.

풀이 팬은 매초 케이스 내부의 공기를 순환시켜 컴퓨터의 케이스를 냉각시킨다. 팬의 동력과 팬 전후의 압력 차이를 계산하고자 한다.

가정 **1** 유동은 정상이며, 비압축성이다. **2** 팬-모터의 손실을 제외한 다른 손실은 무시할 수 있다. **3** 출구의 유동은 중심 부근(팬-모터의 후류 때문에)을 제외하고 거의 균일하고, 출구의 운동 에너지 보정계수는 1.1이다.

상태량 공기의 밀도는 1.20 kg/m^{3}이다.

해석 (a) 케이스의 반은 부품으로 채워져 있으므로 케이스 내 공기의 체적은 다음과 같다.

$$V = \text{(Void fraction)(Total case volume)}$$
$$= 0.5(12\text{ cm} \times 40\text{ cm} \times 40\text{ cm}) = 9600\text{ cm}^3$$

따라서 케이스를 통과하는 체적유량 및 질량유량은 다음과 같다.

$$\dot{V} = \frac{V}{\Delta t} = \frac{9600\text{ cm}^3}{1\text{s}} = 9600\text{ cm}^3/\text{s} = 9.6 \times 10^{-3}\text{ m}^3/\text{s}$$

$$\dot{m} = \rho\dot{V} = (1.20\text{ kg/m}^3)(9.6 \times 10^{-3}\text{m}^3/\text{s}) = 0.0115\text{ kg/s}$$

케이스 구멍의 단면적과 출구를 통과하는 공기의 평균 속도는 다음과 같다.

$$A = \frac{\pi D^2}{4} = \frac{\pi(0.05\text{ m})^2}{4} = 1.96 \times 10^{-3}\text{m}^2$$

$$V = \frac{\dot{V}}{A} = \frac{9.6 \times 10^{-3}\text{m}^3/\text{s}}{1.96 \times 10^{-3}\text{m}^2} = 4.90\text{ m/s}$$

그림 4-29에서와 같이 입구와 출구 모두 대기압 상태가 되도록 검사체적을 선택한다($P_1 = P_2 = P_{atm}$). 또한 입구 부분 1은 넓게, 그리고 팬에서 멀리 떨어져서 유체 속도를 거의 무시할 수 있도록 선택한다($V_1 \cong 0$). $z_1 = z_2$이고, 유동의 마찰 손실은 무시하므로 기계적 손실은 단지 팬의 손실이다. 따라서 에너지 방정식(식 4-29)은 다음과 같이 나타난다.

$$\dot{m}\left(\frac{P_1}{\rho} + \alpha_1\frac{V_1^2}{2} + gz_1\right) + \dot{W}_{fan} = \dot{m}\left(\frac{P_2}{\rho} + \alpha_2\frac{V_2^2}{2} + gz_2\right) + \dot{W}_{turbine} + \dot{E}_{mech\ loss,\ fan}$$

$\dot{W}_{fan} - \dot{E}_{mech\ loss,\ fan} = \dot{W}_{fan,\ u}$이므로 대입하면 다음 식이 얻어진다.

$$\dot{W}_{\text{fan},u} = \dot{m}\alpha_2 \frac{V_2^2}{2} = (0.0115\ \text{kg/s})(1.10)\frac{(4.90\ \text{m/s})^2}{2}\left(\frac{1\ \text{N}}{1\text{kg·m/s}^2}\right) = 0.152\ \text{W}$$

그러므로 팬에 요구되는 동력은 다음과 같이 계산할 수 있다.

$$\dot{W}_{\text{elect}} = \frac{\dot{W}_{\text{fan},u}}{\eta_{\text{fan-motor}}} = \frac{0.152\ \text{W}}{0.3} = \mathbf{0.506\ W}$$

결과적으로 적합한 팬-모터의 동력은 0.5 watt이다(그림 4-30).

(b) 팬 전후의 압력 차이를 계산하기 위하여, 팬 양쪽의 위치를 점 3과 4로 한다. 따라서 $z_3 = z_4$이고, 팬은 좁으므로 $V_3 = V_4$이다. 그러므로 에너지 방정식은 다음과 같이 나타난다.

$$\dot{m}\frac{P_3}{\rho} + \dot{W}_{\text{fan}} = \dot{m}\frac{P_4}{\rho} + \dot{E}_{\text{mech loss, fan}} \quad \rightarrow \quad \dot{W}_{\text{fan},u} = \dot{m}\frac{P_4 - P_3}{\rho}$$

$P_4 - P_3$에 대하여 재정리하고 수치를 대입하면 다음 결과가 얻어진다.

$$P_4 - P_3 = \frac{\rho \dot{W}_{\text{fan},u}}{\dot{m}} = \frac{(1.2\ \text{kg/m}^3)(0.152\ \text{W})}{0.0115\ \text{kg/s}}\left(\frac{1\text{Pa·m}^3}{1\ \text{Ws}}\right) = \mathbf{15.8\ Pa}$$

따라서 팬 전후의 압력 상승은 15.8 Pa이다.

토의 팬-모터의 효율이 30%이다. 이는 이 장치에 의해 소비되는 전력 $\dot{W}_{\text{electric}}$의 30%는 유용한 기계적 에너지로 변환되고, 나머지 70%는 열 에너지로 변환되는 손실이다. 실제 시스템에서는 케이스 내부의 마찰 손실을 극복하기 위하여 더 강력한 팬이 필요할 것이다. 출구에서 운동 에너지 보정계수를 무시하면 요구 전력 및 압력의 차이는 위의 계산보다 10% 정도 낮게 나타난다(각각 0.460 W와 14.4 Pa).

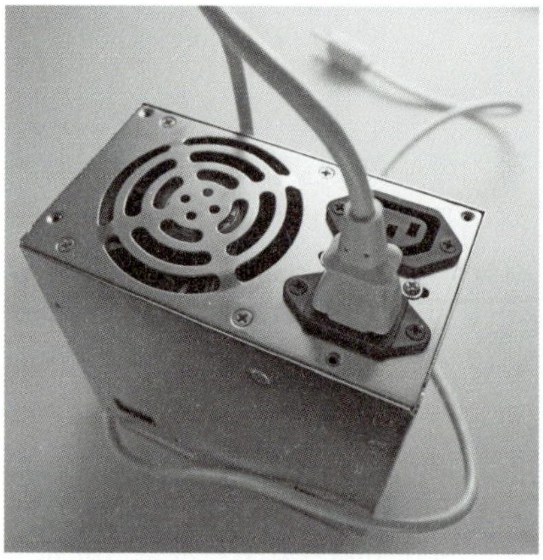

그림 4-30
컴퓨터와 컴퓨터 전원장치에 사용되는 냉각 팬은 일반적으로 작고 단지 수 watt의 전력을 소비한다.
© *PhotoDisc/Getty RF*

요약

이 장에서는 Bernoulli, 에너지 방정식과 이들의 응용 방법을 설명하였다.

Bernoulli 방정식은 정상, 비압축성 유동에서 압력, 속도, 위치 사이의 관계식이며, 점성력을 무시할 수 있는 영역에서 동일한 유선을 따라 다음과 같이 표현된다.

$$\frac{P}{\rho} + \frac{V^2}{2} + gz = \text{일정}$$

이 식을 유선의 임의의 두 점 사이에서 다음 식과 같이 나타낼 수도 있다.

$$\frac{P_1}{\rho} + \frac{V_1^2}{2} + gz_1 = \frac{P_2}{\rho} + \frac{V_2^2}{2} + gz_2$$

Bernoulli 방정식은 기계적 에너지 평형을 의미하며, 다음과 같이 서술할 수 있다. **압축성 효과와 마찰 효과를 무시할 수 있는 정상 유동에서 동일한 유선을 따라 유체 입자의 운동 에너지, 위치 에너지, 유동 에너지의 합은 일정하다.** Bernoulli 방정식에 밀도를 곱하면 다음 식이 얻어진다.

$$P + \rho\frac{V^2}{2} + \rho gz = \text{일정}$$

이 식에서 P는 **정압**이며, 유체의 실제 압력을 나타낸다. $\rho V^2/2$은 **동압**이며, 운동하는 유체가 정지하였을 때의 압력 상승을 나타낸다. ρgz는 **정수압**이며, 유체의 무게가 압력에 미치는 영향을 나타낸 것이다. 정압, 동압, 정수압의 합을 **전압**이라고 한다. 그러므로 Bernoulli 방정식은 **동일한 유선을 따라 전압은 일정하다**는 의미로 해석할 수도 있다. 정압과 동압의 합을 **정체압**이라 하며, 운동하는 유체가 등엔트로피 조건하에서 한 점에 완전히 정지하였을 때의 압력이다. Bernoulli 방정식의 각 항을 g로 나누어 다음과 같이 "수두"로 표현할 수도 있다.

$$\frac{P}{\rho g} + \frac{V^2}{2g} + z = H = \text{일정}$$

이 식에서 $P/\rho g$는 **압력 수두**이며, 이는 정압 P를 발생시키는 유체 기둥의 높이이다. $V^2/2g$은 **속도 수두**이며, 이는 마찰 없이 자유낙하하는 유체가 속도 V에 이를 수 있도록 하는 데 필요한 높이다. 그리고 z는 **위치 수두**이며, 이는 유체의 위치 에너지를 나타낸 것이다. 또한 H를 유동의 **전 수두**라고 한다. 정압수두와 위치 수두의 합 $P/\rho g + z$를 연결한 곡선을 **수력구배선**(HGL)이라 하고, 유체의 전 수두 $P/\rho g + V^2/2g + z$를 연결한 곡선을 **에너지 구배선**(EGL)이라고 한다.

정상, 비압축성 유동의 **에너지 방정식**은 다음과 같다.

$$\frac{P_1}{\rho g} + \alpha_1 \frac{V_1^2}{2g} + z_1 + h_{\text{pump}, u} = \frac{P_2}{\rho g} + \alpha_2 \frac{V_2^2}{2g} + z_2 + h_{\text{turbine}, e} + h_L$$

이 식의 각 항은 다음과 같이 나타난다.

$$h_{\text{pump}, u} = \frac{w_{\text{pump}, u}}{g} = \frac{\dot{W}_{\text{pump}, u}}{\dot{m}g} = \frac{\eta_{\text{pump}} \dot{W}_{\text{pump}}}{\dot{m}g}$$

$$h_{\text{turbine}, e} = \frac{w_{\text{turbine}, e}}{g} = \frac{\dot{W}_{\text{turbine}, e}}{\dot{m}g} = \frac{\dot{W}_{\text{turbine}}}{\eta_{\text{turbine}} \dot{m}g}$$

$$h_L = \frac{e_{\text{mech loss, piping}}}{g} = \frac{\dot{E}_{\text{mech loss, piping}}}{\dot{m}g}$$

$$e_{\text{mech, loss}} = u_2 - u_1 - q_{\text{net in}}$$

Bernoulli, 에너지 방정식은 유체역학에서 가장 기본적인 관계식들 중의 두 개이다.

연습 문제*

Bernoulli 방정식

4-1C Bernoulli 방정식을 다음의 세 가지 방법으로 표현하라. (*a*) 에너지, (*b*) 압력, (c) 수두.

4-2C Bernoulli 방정식을 유도할 때, 가장 중요한 가정 세 가지는 무엇인가?

4-3C 유체 유동에서 압력 수두, 속도 수두, 위치 수두를 정의하라. 또한 압력이 P, 속도가 V, 위치가 z인 유체 유동에 대하여 이 수두들을 표현하라.

4-4C 작동 유체로 오일을 사용하는 유리 마노미터가, 그림 P4-4C에서와 같이 공기 덕트에 연결되어 있다. 마노미터의 오일은 그림 P4-4C*a*와 같이 움직일까 혹은 그림 P4-4C*b*와 같이 움직일까? 그 이유를 설명하라. 유동의 방향이 반대이면 어떠할까?

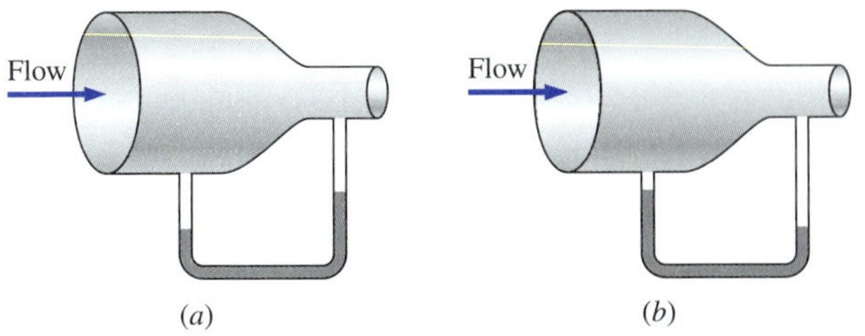

그림 P4-4C

4-5C 파이프를 통과하는 유체의 속도를 그림 P4-5C에서와 같이 두 종류의 서로 다른 피토형 수은 마노미터를 이용하여 측정하려고 한다. 유동하는 물에 대해, 두 마노미터가 동일한 속도를 측정할 수 있을까? 그렇지 않다면 어느 것이 더 정확할까? 그 이유를 설명하라. 물 대신 공기가 유동하면 그 결과는 어떠할까?

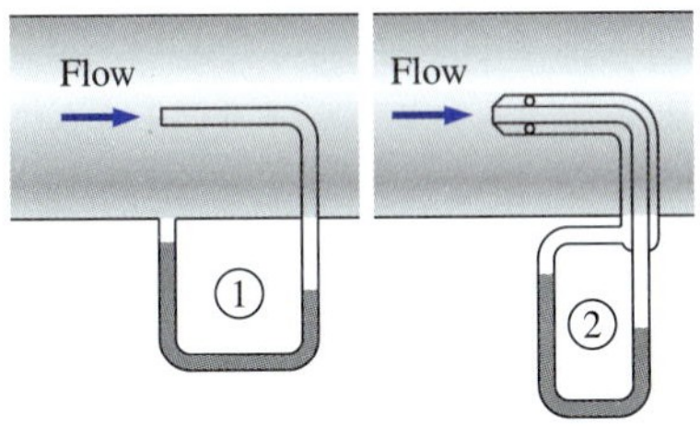

그림 P4-5C

4-6C 건물 옥상에 설치된 물탱크의 수위는 지면보다 20 m 높다. 탱크의 바닥에서부터 지면까지 호스로 연결되어 있다. 호스의 끝에는 노즐이 부착되어 있고, 노즐은 위쪽을 향한다. 물이 올라갈 수 있는 최대 높이는 얼마인가? 이 높이를 감소시키는 요인들은 무엇인가?

4-7C 어떤 학생이 해발 0 m에서 8.5 m 높이의 벽을 넘어 물을 사이펀 작용으로 넘긴다. 이 학생이 Shasta 산의 정상(해발 4390 m, $P_{\text{atm}} = 58.5$ kPa)에서 똑같은 실험을 하려고 한다. 이 학생은 실험에 성공할 수 있을까?

4-8 수력발전소에서 물은 터빈의 노즐에 절대 압력 800 kPa에

서 낮은 속도로 유입된다. 만약 노즐의 출구가 100 kPa의 대기에 노출되어 있다면, 물이 터빈의 블레이드를 때리기 전에 노즐에 의하여 가속될 수 있는 최대 속도는 얼마인가?

4-9 사무실에서 큰 물통의 물을 음료수로 사용한다. 직경이 0.6 cm인 플라스틱 호스의 한쪽 끝은 받침대에 놓인 물통에 잠겨 있고, on/off 밸브가 부착된 다른 끝은 물통의 바닥보다 0.6 m 낮은 위치를 유지한다. 물통에 물이 가득 차 있을 때의 수위는 0.45 m이다. 0.25 L의 유리컵에 물을 가득 채우려면, 다음의 각 경우에 시간이 얼마나 걸릴까? (*a*) 물통에 물이 가득 차 있을 때, (*b*) 물통의 물이 거의 비어 있을 때.

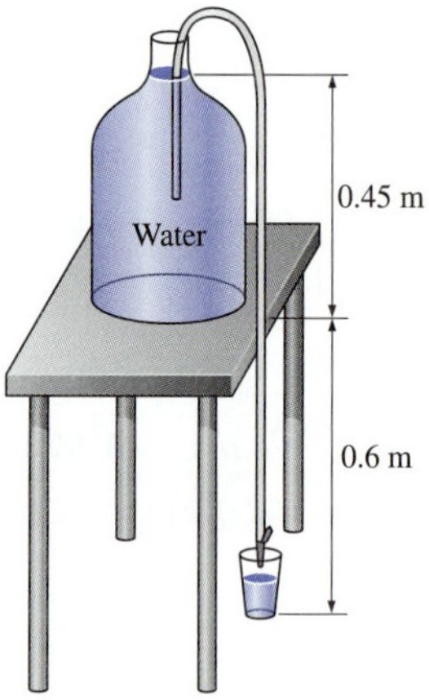

그림 P4-9

4-10 원통형 물탱크의 직경이 D_o, 높이는 H이다. 대기에 노출된 탱크에는 물이 차 있다. 입구가 매끄럽고(즉, 손실이 없는), 직경이 D인 오리피스가 탱크의 아래쪽에 부착되어 있다. 탱크가 (*a*) 반만 빌 때까지, (*b*) 완전히 빌 때까지 걸리는 시간은 각각 얼마인가?

4-11 사이펀을 이용하여 큰 저수지의 물을 아래쪽의 비어 있는 물탱크로 뿜어낸다. 탱크에는 저수지의 수면보다 6 m 낮은 곳에 물이 유출하는 둥근 오리피스가 부착되어 있다. 사이펀과 오리피스의 직경은 모두 5 cm이다. 마찰 효과를 무시하였을 때, 평형 상태에 도달하면 탱크의 수위는 얼마의 높이까지 상승할까?

4-12 직경이 D_T인 탱크에 질량유량 $\dot{m}_{in}$으로 물이 유입한다. 탱크 밑면에 위치한 직경이 D_o인 오리피스를 통하여 물이 유출한다. 오리피스의 입구는 둥글고, 따라서 마찰 손실은 무시할 수 있다. 처음에 탱크가 비어 있다면, (*a*) 탱크에서 물이 상승할 수 있는 최대 수위를 계산하고, (*b*) 수위 z를 시간의 함수로 표현하라.

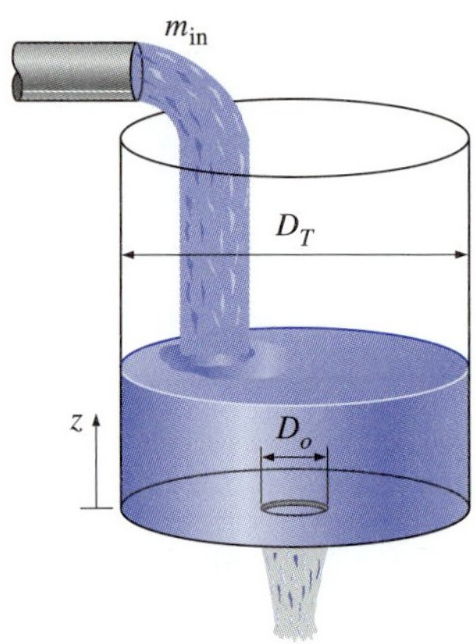

그림 P4-12

4-13 비행기가 고도 12,000 m로 운항하고 있다. 비행기의 속도가 300 km/h라면, 비행기 앞부분(nose) 정체점의 계기 압력은 얼마인가? 비행기의 속도가 1050 km/h라면, 이 문제를 어떻게 계산할 수 있을까? 간단히 설명하라.

4-14 비포장 도로를 자동차로 달릴 때는 날카로운 돌 때문에 연료 탱크의 바닥에 작은 구멍이 생길 수 있다. 탱크에 휘발유가 30 cm 높이까지 차 있을 때, 구멍으로 유출되는 휘발유의 초기 속도를 구하라. 시간이 경과함에 따라 속도는 어떻게 변할까? 탱크의 뚜껑이 단단히 닫혀 있다면, 유동에 어떠한 영향을 미치는가?

답: 2.43 m/s

4-15 지면보다 3 m 위에 설치된 직경이 8 m인 수영장의 물을 수영장의 밑부분에 부착된 직경 3 cm, 길이 25 m의 수평 파이프를 통하여 빼내려고 한다. 파이프를 통하여 유출되는 물의 최대 유량은 얼마인가? 또한 실제 유출량은 이보다 작은 이유를 설명하라.

4-16 105 kPa, 37 ℃의 공기가 65 L/s의 유량으로, 직경이 6 cm인 경사진 덕트를 위 방향으로 유동한다. 덕트의 직경은 축소관을 지나며 4 cm로 감소한다. 축소관 전후의 압력 차이를 물 마노미터로 측정하려고 한다. 마노미터의 두 팔(arm)이 부착된 덕트의 두 곳의 높이 차이는 0.20 m이다. 마노미터 두 팔의 물의 높이 차이는 얼마인가?

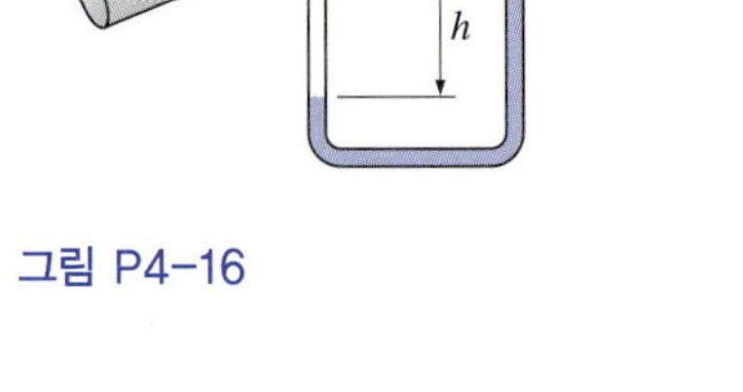

그림 P4-16

4-17 자전거용 공기 펌프의 끝에 작은 구멍을 내어 공기를 고속으로 분사하고, 고속의 공기 제트와 액체 통 사이에 짧은 관을 설치하여 페인트 또는 살충제의 분무기로 사용할 수 있다. 대기에 노출된 아음속 제트의 압력은 거의 대기압이고, 통 속 액체의 액면도 대기에 노출되어 있다. 이러한 경우, 액체가 어떻게 관을 통하여 빨려 올라올 수 있는지 설명하라. **힌트**: 4-1절을 주의 깊게 읽을 것.

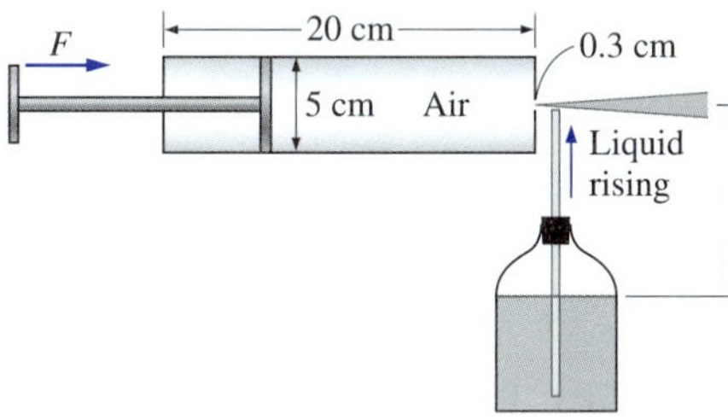

그림 P4-17

4-18 그림 P4-18에 보이는 바와 같이, 사이펀 현상 때문에 저수조로부터 20°C의 물이 유출한다. $d = 10$ cm, $D = 16$ cm인 경우에 다음을 계산하라. (*a*) 파이프 시스템에 공동현상을 일으키지 않을 최소유량, (*b*) 파이프 시스템에서 공동현상을 피하기 위한 가장 높은 위치의 최대 높이.

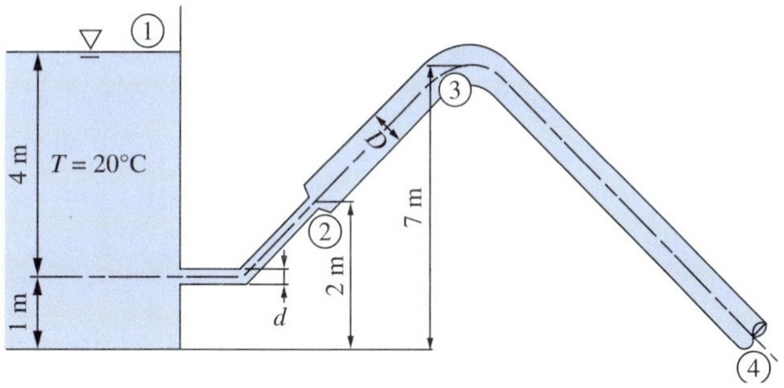

그림 P4-18

4-19 도시의 한 위치에서 급수 주관의 수압이 270 kPa gage이다. 이 급수 주관은 25 m 위에 위치한 가정집에 물을 공급할 수 있을까?

4-20 압력이 차 있는 물탱크의 밑부분에 대기로 물을 유출하기 위한 10 cm 직경의 오리피스가 부착되어 있다. 수위는 출구 위 2.5 m이다. 수면 위 공기의 압력은 250 kPa(절대 압력)이고, 대기압은 100 kPa이다. 마찰 효과를 무시하였을 때, 탱크에서 유출하는 초기유량은 얼마인가? **답**: 0.147 m^3/s

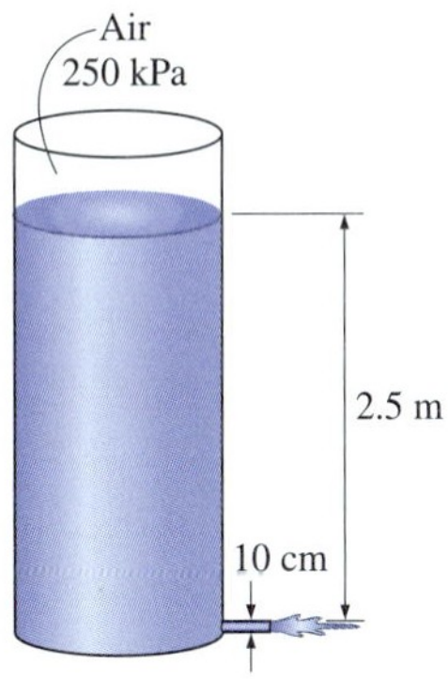

그림 P4-20

4-21 공기가 벤투리 미터를 통과하여 유동한다. 벤투리 입구(위치 1)의 직경은 6.6 cm, 목(throat, 위치 2)의 직경은 4.6 cm이다. 입구와 목에서 측정한 압력은 각각 84 kPa과 81 kPa이다. 마찰 효과를 무시할 때, 체적유량은 다음과 같음을 증명하라.

$$\dot{V} = A_2\sqrt{\frac{2(P_1 - P_2)}{\rho(1 - A_2^2/A_1^2)}}$$

또한 공기의 유량은 얼마인가? 공기의 밀도는 1.2 kg/m^3이다.

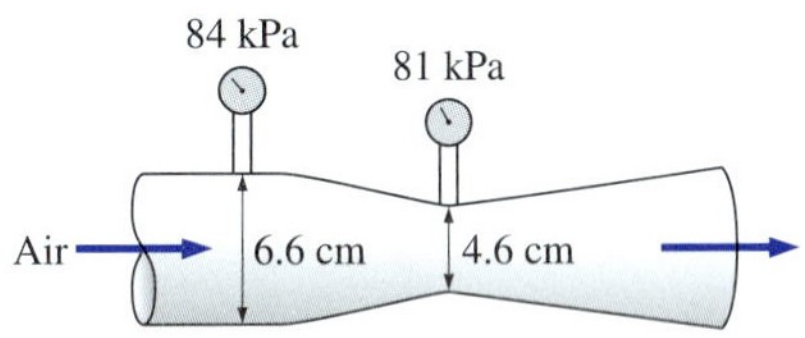

그림 P4-21

4-22 탱크 내의 수위가 지면보다 15 m 높다. 탱크 밑바닥에 호스가 연결되어 있고, 호스에 부착된 노즐은 위 방향을 향한다. 탱크의 뚜껑은 밀봉되어 있고, 수면 위 공기의 계기 압력은 3 atm이다. 이 시스템은 해발 0 m에 위치한다. 노즐에서 분사되는 물의 최대 상승 높이는 얼마인가? **답**: 46.0 m

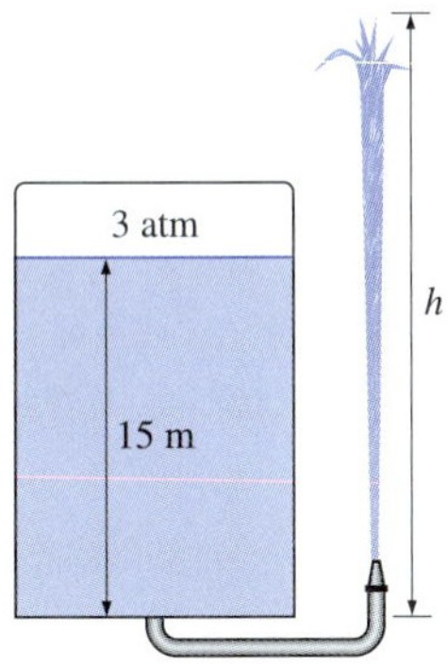

그림 P4-22

에너지 방정식

4-23C 유용한 펌프수두란 무엇인가? 이것은 펌프로 입력된 동력과 어떠한 관련이 있는가?

4-24C 비가역적 수두 손실이란 무엇인가? 이것은 기계적 에너지 손실과 어떠한 관련이 있는가?

4-25C 운동 에너지 보정계수란 무엇인가? 이것은 중요한가?

4-26C 탱크 내의 수위가 지면보다 20 m 높다. 탱크 밑바닥에 호스가 연결되어 있고, 호스에 부착된 노즐은 위 방향을 향한다. 노즐에서 분사된 물은 지면에서 25 m 높이까지 상승한다. 노즐에서 분사된 물이 탱크 내의 수위보다 더 높이 상승하는 이유를 설명하라.

4-27C 어떤 사람이 무릎 높이의 물통에 정원 호스로 물을 채우고 있다. 그는 자기의 허리 부분에서 물이 분출되도록 호스를 잡고 있다. 어떤 사람이 호스를 낮추어 물이 무릎 높이에서 분출되도록 하면 물을 더 빨리 채울 수 있다고 제안한다. 이 제안에 동의하는가? 그 이유를 설명하라. 마찰 효과는 무시하라.

4-28 오일 펌프가 0.1 m^3/s의 유량으로 $\rho = 860\ kg/m^3$인 오일을 수송할 때 25 kW의 전력을 소비한다. 파이프 입구와 출구 직경은 각각 8 cm와 12 cm이다. 펌프에서 압력 상승이 250 kPa이고 모터의 효율이 90%라면, 펌프의 기계 효율은 얼마인가? 운동 에너지 보정계수는 1.05이다.

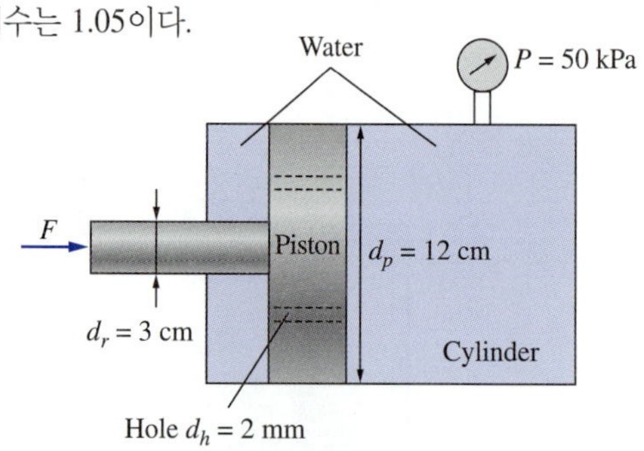

그림 P4-28

4-29 10 kW(축동력) 펌프를 이용하여 큰 호수에서 25 m 위에 위치한 저수지에 25 L/s의 유량으로 물을 양수하려고 한다. 파이프 시스템의 비가역적 수두 손실이 5 m라면, 펌프의 기계 효율은 얼마인가? **답:** 73.6%

4-30 물이 0.035 m^3/s의 유량으로 수평 파이프 내를 유동한다. 파이프의 직경은 축소관을 지나며 15 cm에서 8 cm로 작아진다. 파이프 중심축의 압력이 축소관의 전후에서 각각 480 kPa 및 445 kPa로 측정되었을 때, 축소관 내의 비가역적 수두 손실은 얼마인가? 운동 에너지 보정계수는 1.05이다. **답:** 1.18 m

4-31 탱크 내의 수위가 지면보다 20 m 높다. 탱크 밑바닥에 호스가 연결되어 있고, 호스에 부착된 노즐은 위 방향을 향한다. 탱크는 해발 0 m에 위치하고, 수면은 대기에 노출되어 있다. 탱크와 노즐 사이에는 물의 압력을 증가시키기 위한 펌프가 설치되어 있다. 물 제트가 지면보다 27 m 높은 곳까지 상승한다면, 펌프가 물에 공급한 최소 압력 상승은 얼마인가?

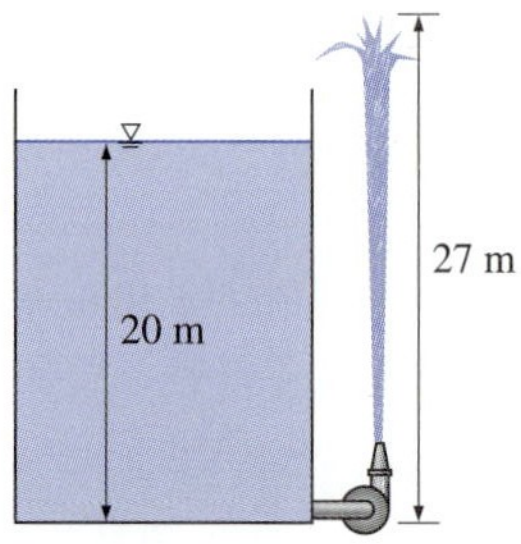

그림 P4-31

4-32 크기가 2 m × 3 m × 3 m인 욕실의 환기를 위한 환풍기를 선택하려고 한다. 진동과 소음을 최소로 하기 위하여, 공기의 속도는 8 m/s를 초과하지 않아야 한다. 환풍기-모터 장치의 연합 효율은 50%이다. 환풍기로 10 min 동안에 욕실 내의 공기를 모두 환기하려고 할 때, 다음을 계산하라. (*a*) 구매하여야 할 환풍기-모터 장치의 동력(wattage), (*b*) 환풍기 케이싱의 직경, (*c*) 환풍기 전후의 압력 차이. 공기의 밀도는 1.25 kg/m^3이고, 운동 에너지 보정계수의 효과는 무시하라.

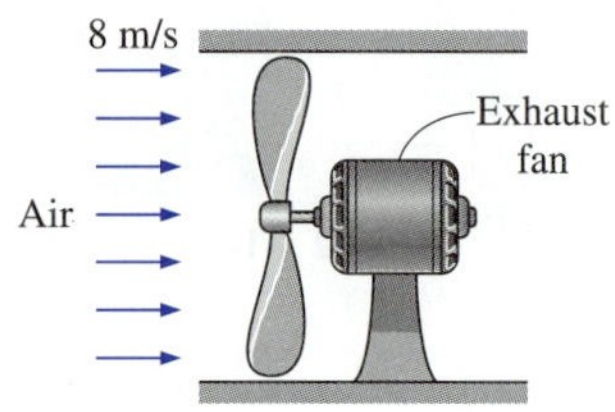

그림 P4-32

4-33 물이 20 L/s의 유량으로 직경이 3 cm인 수평 파이프 내를 유동한다. 그림 P4-33에서 파이프의 밸브를 통과할 때의 압력 강하는 2 kPa로 측정되었다. 밸브의 비가역적 수두 손실과 이 압력 강하를 극복하기 위한 유용 펌프 동력을 계산하라.

답: 0.204 m, 40 W

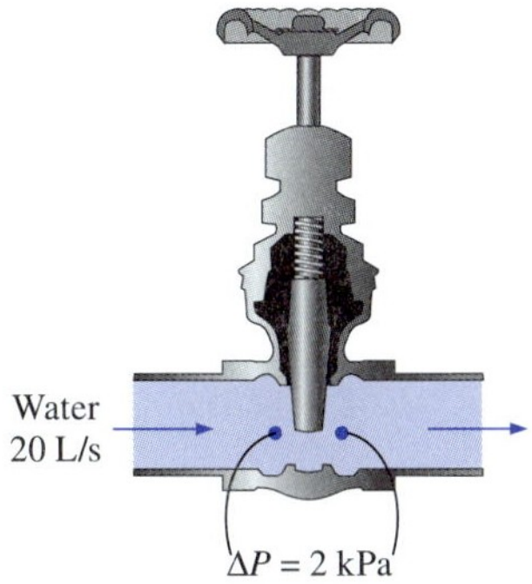

그림 P4-33

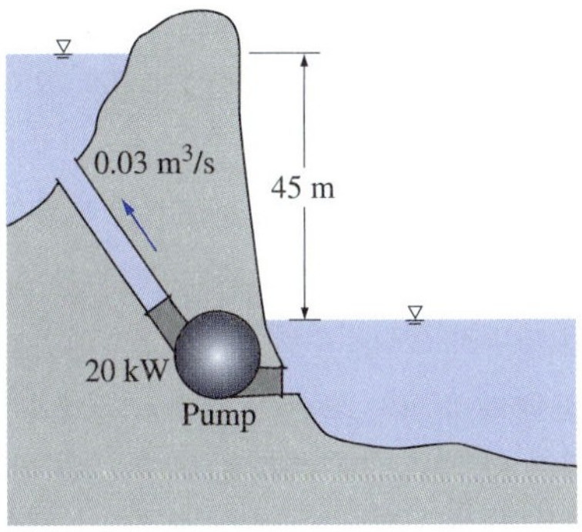

그림 P4-37

4-34 탱크 내의 수위가 지면보다 10 m 높다. 탱크 밑바닥에 호스가 연결되어 있고, 호스에 부착된 노즐은 위 방향을 향한다. 탱크의 뚜껑은 밀봉되어 있으나, 수면 위의 공기 압력은 알려져 있지 않다. 노즐에서 분사되는 물을 지면에서 22 m 높이까지 상승시키기 위한 최소의 탱크 공기 압력(계기 압력)을 계산하라.

4-35 물이 직경 30 cm인 파이프를 통하여 0.6 m^3/s의 유량으로 수차에 유입되고, 직경 25 cm의 파이프를 통해 유출한다. 터빈 내의 압력 강하는 수은 마노미터에서 1.2 m로 측정되었다. 터빈-발전기의 연합 효율이 83%일 때, 순수 전력 출력을 계산하라. 운동 에너지 보정계수의 효과는 무시하라.

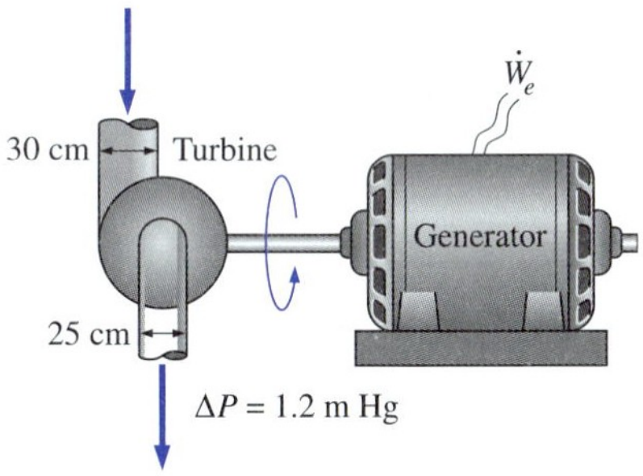

그림 P4-35

4-36 원형 파이프 내의 난류 유동에 대한 속도 분포는 $u(r) = u_{max}(1 - r/R)^{1/n}$, $n = 9$인 근사식으로 나타낸다. 이 유동의 운동 에너지 보정계수를 계산하라. **답:** 1.04

4-37 물에 20 kW의 유용한 기계적 동력을 공급하는 펌프로 하부 저수지의 물을 상부 저수지로 양수하려고 한다. 상부 저수지의 자유표면은 하부 저수지의 수면보다 45 m 더 높다. 수량이 0.03 m^3/s일 때, 이 시스템의 비가역 손실 수두와 이 과정에서 손실된 기계적 동력을 계산하라.

4-38 물탱크에 담긴 물의 수위보다 8 m 높은 지붕으로 2.5 cm 직경의 파이프를 통하여 물을 공급하려고 한다. 물탱크 내의 공기는 300 kPa(계기압력)로 일정하게 유지된다. 만약 파이프 내의 수두 손실이 2 m라면, 지붕으로 공급하는 물의 방출률은 얼마인가?

4-39 효율이 78%이고 물속에 잠겨 있는 5 kW 펌프를 고려해 보자. 이 펌프는 지하수의 수위보다 30 m 높은 곳에 위치한 수영장에 지하수를 양수한다. 흡입관 및 송출관의 직경이 각각 7 cm 및 5 cm일 때, (*a*) 물의 최대유량, (*b*) 펌프 입구와 출구의 압력 차이를 계산하라. 펌프 입구와 출구의 높이 차이 및 운동 에너지 보정계수의 효과는 무시하라.

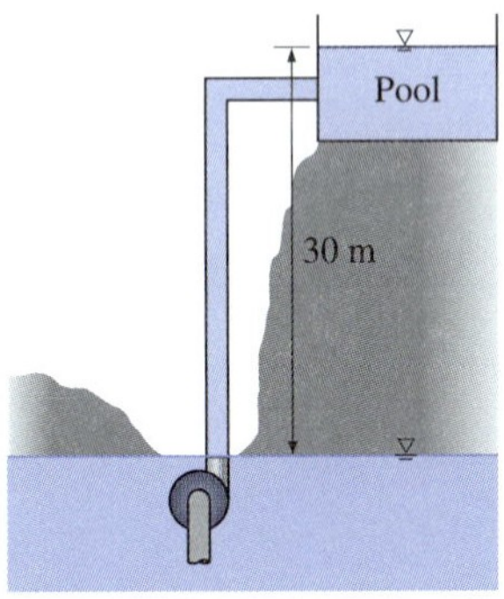

그림 P4-39

4-40 효율이 73%인 8.9 kW 펌프를 이용하여 호수의 물을 0.035 m^3/s의 유량으로 직경이 일정한 파이프를 통하여 수영장에 양수하려고 한다. 수영장의 자유표면은 호수의 자유표면보다 11 m 더 높다. 파이프 시스템의 비가역적 수두 손실과, 이를 극복하기 위하여 사용된 동력을 계산하라.

4-41 소방선이 불을 끄기 위하여, 밀도가 1030 kg/m^3인 바닷물을 10 cm 직경의 파이프를 통하여 0.04 m^3/s의 유량으로 끌어 올려, 출구 직경이 5 cm인 노즐을 통하여 분출한다. 이 시스템의 총

비가역적 수두 손실은 3 m이고, 노즐은 해수면보다 3 m 높은 곳에 위치해 있다. 펌프 효율이 70%일 때, 펌프에 요구되는 축동력의 입력과 바닷물의 분출 속도를 계산하라. **답:** 39.2 kW, 20.4 m/s

그림 P4-41

복습 문제

4-42 공기가 120 L/s의 유량으로 파이프를 유동한다. 파이프는 직경이 각각 22 cm와 10 cm인 두 부분과, 면적이 좁아지는 매끄러운 부분으로 구성되어 있다. 파이프 두 부분의 압력 차이는 물 마노미터로 측정한다. 마찰 효과를 무시하고, 파이프 두 부분 사이의 물의 높이 차이를 계산하라. 공기의 밀도는 1.20 kg/m³이다.

답: 1.37 cm

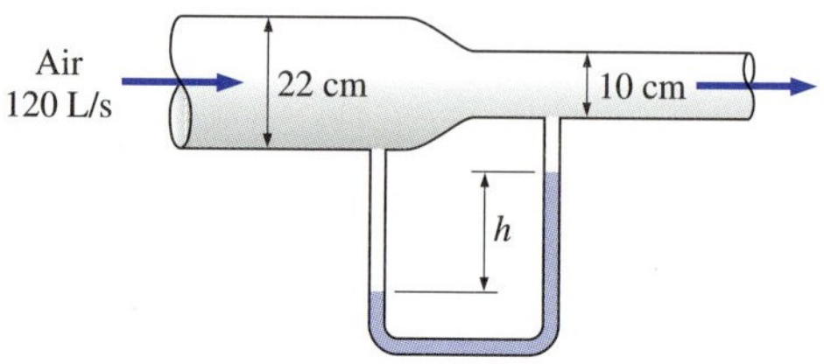

그림 P4-42

4-43 100 kPa, 25℃의 공기가 단면적이 변하는 수평 파이프를 유동한다. 두 단면의 압력 차이를 측정하는 물 마노미터의 높이 차이는 8 cm이다. 만약 첫 번째 단면의 공기 속도가 낮고 마찰을 무시할 수 있다면, 두 번째 단면의 공기 속도는 얼마인가? 또한 마노미터 눈금의 오차가 ±2 mm라면, 오차분석을 수행하여 계산한 속도의 타당성 범위를 추산하라.

4-44 대기가 100 kPa, 20℃인 지역의 매우 큰 탱크에 102 kPa의 공기가 들어 있다. 2 cm 직경의 마개를 열었을 때, 구멍을 통하여 유출할 수 있는 공기의 최대 유량은 얼마인가? 만약 공기가 2 cm 직경의 노즐이 부착된 길이가 2 m이고 직경이 4 cm인 관을 통해 유출된다면, 공기의 유량은 얼마인가? 또한, 저장 탱크 내의 압력이 300 kPa일 경우에도 같은 방법으로 문제를 풀 수 있는가?

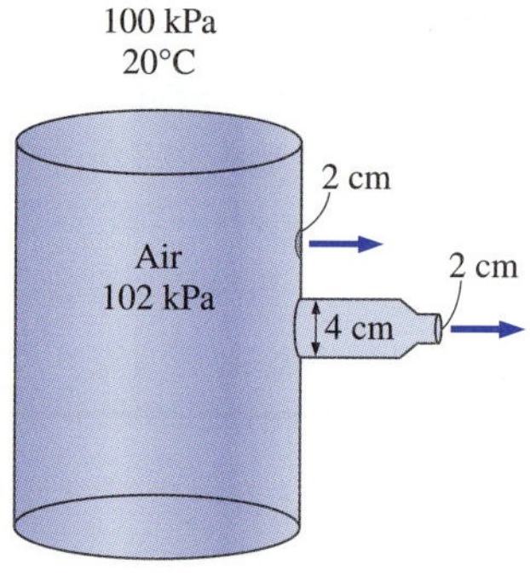

그림 P4-44

4-45 물이 벤투리 미터를 통과하여 유동한다. 벤투리 입구의 직경은 7 cm, 목의 직경은 4 cm이며, 입구와 목에서 측정한 압력은 각각 380 kPa과 150 kPa이다. 마찰 효과를 무시할 때, 물의 유량은 얼마인가?

답: 0.0285 m³/s

4-46 3 m 높이의 큰 탱크에 물이 가득 차 있다. 탱크의 수면은 대기에 노출되어 있고, 탱크 밑에 부착된 직경이 10 cm인 날카로운 오리피스와 80 m 길이의 파이프를 통하여 대기로 물을 배수한다. 이 시스템의 총 비가역적 수두 손실이 1.5 m라면, 탱크로부터 배수되는 물의 초기 속도는 얼마인가? 운동 에너지 보정계수의 효과는 무시하라. **답:** 5.42 m/s

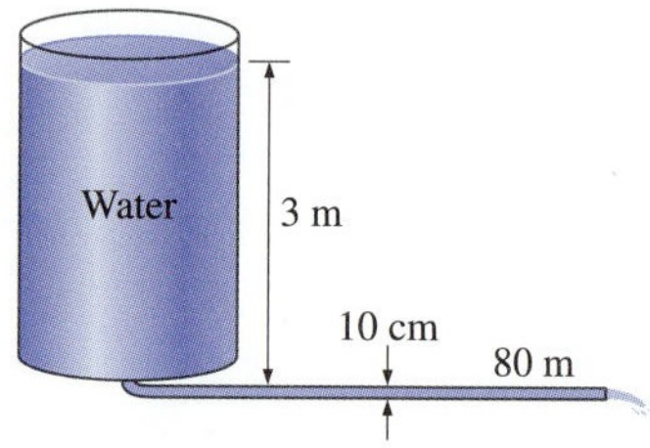

그림 P4-46

4-47 풍동의 출구에 설치된 큰 팬이 20℃, 101.3 kPa의 대기를 흡입한다. 풍동 내의 공기 속도가 80 m/s라면, 압력은 얼마인가?

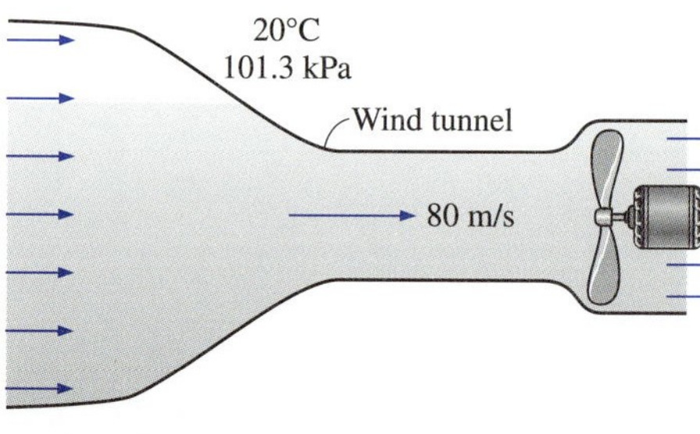

그림 P4-47

설계 및 논술 문제

4-48 자전거용 공기 펌프로 공기 제트를 발생시키고, 음료수 캔을 물통으로, 빨대를 관으로 이용하여 분무기를 설계하고, 제작하라. 관의 길이, 펌프 출구 구멍의 직경, 피스톤의 속도 등의 변수들이 분무기의 성능에 미치는 영향을 조사하라.

4-49 구부릴 수 있는 음료용 빨대와 자를 이용하여 강물의 속도를 측정하는 방법을 설명하라.

4-50 풍차에 의해 발생한 동력은 풍속의 3제곱에 비례하고, 노즐에서는 유체가 가속된다. 따라서 어떤 사람이 그림 P4-50과 같이, 단면적이 감소하는 축소관을 설치함으로써 넓은 면적에서 바람의 에너지를 획득하여 바람이 풍차의 블레이드를 때리기 전에 가속시키는 것을 제안하였다. 이러한 제안이 새로운 풍차를 설계하는 데 고려할 만한 가치가 있는가?

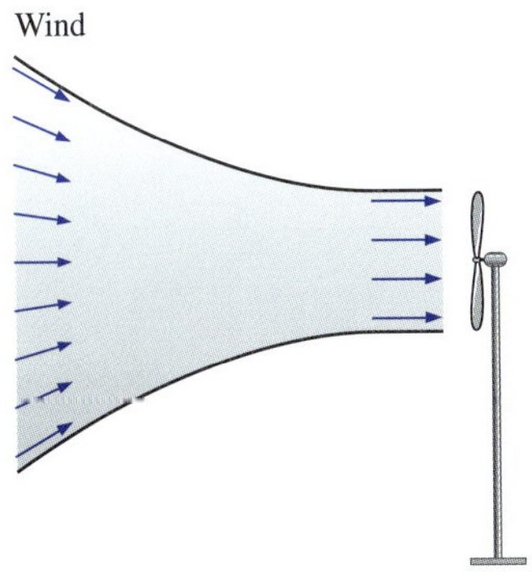

그림 P4-50

CHAPTER 05 유동 시스템의 운동량해석

목표 이 장을 공부하면 다음과 관련된 지식을 얻을 수 있다.

- 검사체적에 작용하는 여러 종류의 힘과 모멘트 이해
- 검사체적 해석을 통하여 유체 유동과 관련된 힘의 계산
- 검사체적 해석을 통하여 유체 유동에 의한 모멘트와 전달된 토크 계산

공학 문제를 계산할 때는 최소의 비용으로 신속하게 정확한 결과를 얻는 것이 바람직하다. 유체 유동을 포함한 거의 모든 공학 문제들은 미분법, 실험법, 검사체적법 등 세 가지 방법 중 한 가지를 이용하여 해석한다. **미분 접근법**에서는 미소량을 이용하여 문제를 정확하게 해석할 수 있지만, 그 결과로 얻어지는 미분 방정식의 해를 구하기가 어려우므로, 컴퓨터를 이용한 수치해석을 이용해야 하는 경우가 많다. 차원해석을 통한 **실험 접근법**은 매우 정확하지만, 시간과 비용이 많이 든다. 이 장에서 기술할 **유한 검사체적 접근법**은 해석이 매우 빠르고 간단하며, 대부분의 공학 문제에서 충분히 정확한 결과를 얻을 수 있다. 따라서 이는 비록 종이와 연필로 수행하는 근사해이지만, 기본 유한 검사체적 해석은 엔지니어들에게 필수적인 도구이다.

4장에서는 유체 유동 시스템의 검사체적에 대한 질량 및 에너지 해석을 설명하였다. 또한 이 장에서는 유체 유동 문제의 유한 검사체적에 대한 운동량해석 방법을 제시한다. 먼저 Newton의 법칙과 선형운동량 및 각운동량의 보존 관계식의 개요를 설명한다. 다음으로 Reynolds 수송정리를 이용하여 검사체적에 대한 선형운동량 및 각운동량 방정식들을 유도하고, 이들을 이용하여 유체 유동에 관련된 힘과 토크를 계산하는 방법을 기술한다.

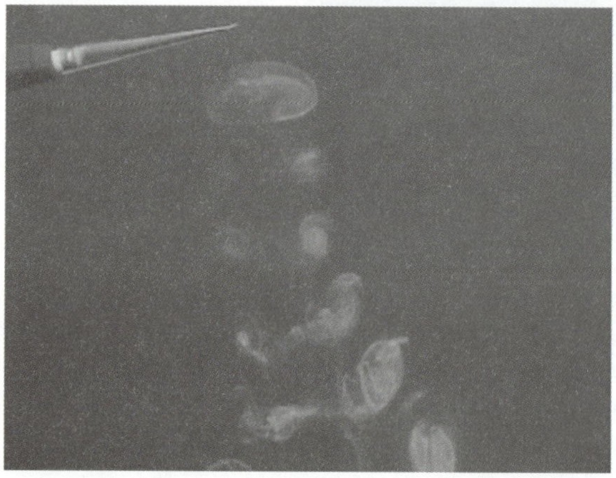

학명이 Aurelia aurita인 해파리의 유영 모습. 해파리의 바로 앞쪽에 놓인 야광 염료가 해파리 몸체가 이완됨에 따라 벌어진 입 부분 아래에서 빨려든 뒤에 다시 해파리 몸체가 수축되어 유체를 배출함에 따라 와환(vortex ring)들을 형성한다. 와환들은 먹이 활동과 추진 활동 모두를 위한 유동을 동시에 유도한다.

Adapted from Dabiri et al., J. Exp. Biol. 208: 1257 - 1265. Photo credit: Sean P. Colin and John H. Costello.

5-1 Newton의 법칙

Newton의 법칙은 물체의 운동과 물체에 작용하는 힘 사이의 관계식이다. Newton의 제1법칙은 다음과 같다. **정지하고 있는 물체는 계속 정지 상태를 유지하고, 운동하는 물체는 이 물체에 작용하는 순수(net) 힘이 영이면 동일한 속도로 직선 경로를 계속 운동한다.** 따라서 물체는 관성을 보존하려는 경향이 있다. Newton의 제2법칙은 다음과 같다. **한 물체의 가속도는 그 물체에 작용한 순수 힘에 비례하고, 질량에 반비례한다.** Newton의 제3법칙은 다음과 같다. **제1의 물체가 제2의 물체에 힘을 가하면, 제2의 물체는 제1의 물체에 크기가 같고 방향이 반대인 힘을 가한다.**

질량이 m인 강체에 대한 Newton의 제2법칙은 다음과 같다.

Newton의 제2법칙:
$$\vec{F} = m\vec{a} = m\frac{d\vec{V}}{dt} = \frac{d(m\vec{V})}{dt} \tag{5-1}$$

여기서 $\vec{F}$는 물체에 작용하는 순수 힘이며, $\vec{a}$는 힘 $\vec{F}$에 의한 물체의 가속도이다.

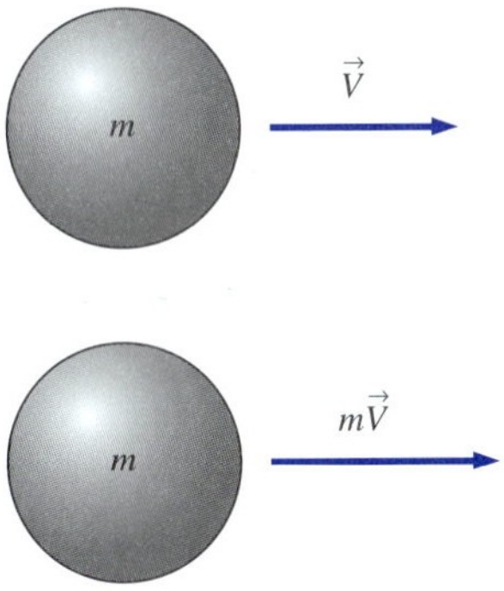

그림 5-1
질량과 속도의 곱을 선형운동량이라 하고, 그 방향은 속도의 방향이다.

물체의 질량과 속도의 곱을 **선형운동량** 또는 단순히 **운동량**이라 한다. 속도 $\vec{V}$로 운동하는 질량이 m인 강체의 운동량은 $m\vec{V}$이다(그림 5-1). 따라서 Newton의 제2법칙은 다음과 같이 설명할 수도 있다. **한 물체의 운동량의 변화율은 그 물체에 작용하는 순수 힘과 같다**(그림 5-2). 이 설명은 유체 유동에서 속도 변화의 결과로 발생하는 힘을 연구하는 데 더 적합하다. 따라서 유체역학에서 Newton의 제2법칙은 **선형운동량 방정식**이라고도 한다.

시스템에 작용하는 순수 힘이 영이면 시스템의 운동량은 일정하게 유지된다. 즉, 이러한 시스템의 운동량은 보존된다. 이를 **운동량 보존 법칙(conservation of momentum principle)**이라고 한다. 이 법칙은 충돌을 해석할 때에 유용한 도구임이 증명된 바 있다. 공과 공 사이, 공과 라켓 및 배트 또는 클럽 사이, 원자 또는 아원자 입자들 사이, 로켓, 미사일 및 총 등의 폭발을 해석할 때에도 유용하다. 그러나 유체역학에서는 시스템에 작용하는 순수 힘이 영이 **아닌** 경우가 많으므로 운동량 보존 법칙보다는 선형운동량 방정식을 많이 이용한다.

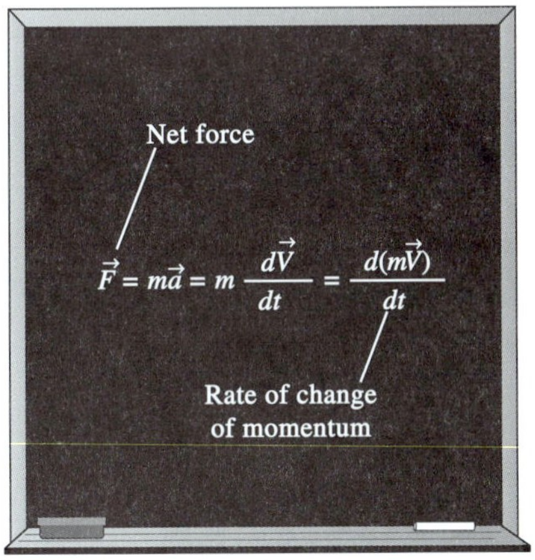

그림 5-2
Newton의 제2법칙은 다음과 같이 설명할 수도 있다. 즉, **한 물체의 운동량의 변화율은 그 물체에 작용하는 순수 힘과 같다.**

힘, 가속도, 속도, 운동량은 벡터량이므로 이들은 크기뿐만 아니라 방향도 갖는다. 한편 운동량은 속도의 상수배이므로 그림 5-1에서 보는 바와 같이 운동량의 방향은 속도의 방향이다. 모든 벡터 방정식은 크기를 이용하여 어느 특정한 방향의 스칼라 형태로 표현할 수 있다. 예를 들면, x방향으로 $F_x = ma_x = d(mV_x)/dt$이다.

회전하는 강체에 대한 Newton의 제2법칙은 $\vec{M} = I\vec{\alpha}$이다. 이 식에서 $\vec{M}$은 물체에 작용하는 순수 모멘트 혹은 토크, I는 회전축에 관한 물체의 관성 모멘트, $\vec{\alpha}$는 각가속도이다. 이 식은 각운동량의 변화율 $d\vec{H}/dt$를 이용하여 다음과 같이 표현할 수도 있다.

각운동량 방정식:
$$\vec{M} = I\vec{\alpha} = I\frac{d\vec{\omega}}{dt} = \frac{d(I\vec{\omega})}{dt} = \frac{d\vec{H}}{dt} \tag{5-2}$$

이 식에서 $\vec{\omega}$는 각속도이다. 고정된 x축에 대해 회전하는 강체의 경우 각운동량 방정식은 다음과 같이 스칼라 형태로 표현할 수 있다.

$$\textbf{x축에 관한 각운동량 방정식:} \quad M_x = I_x \frac{d\omega_x}{dt} = \frac{dH_x}{dt} \tag{5-3}$$

각운동량 방정식은 다음과 같이 기술할 수 있다. **한 물체의 각운동량의 변화율은 그 물체에 작용하는 순수 토크와 같다**(그림 5-3).

회전하는 물체에 작용하는 순수 토크가 영이면 이 물체의 총 각운동량은 일정하게 유지되며, 이러한 시스템의 각운동량은 보존된다. 이를 **각운동량 보존 법칙(conservation of angular momentum principle)**이라 하고, $I\omega =$ (일정)으로 표현한다. 아이스 스케이트 선수가 팔을 몸에 가깝게 하면 더 빨리 회전하고, 다이빙 선수가 도약한 후 몸을 오그리면 더 빨리 회전한다는 사실은 각운동량 보존 법칙으로 설명할 수 있다(두 경우 모두 신체의 외부가 회전축에 가까워질수록 관성 모멘트 I가 감소하고, 따라서 각속도 ω가 증가하기 때문이다).

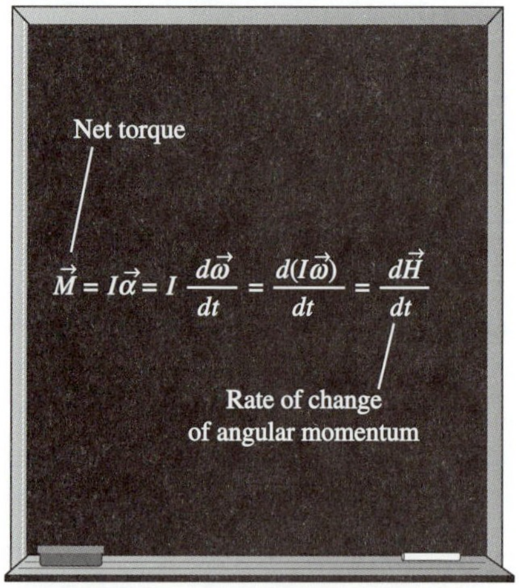

그림 5-3
한 물체의 각운동량의 변화율은 그 물체에 작용하는 순수 토크와 같다.

5-2 검사체적의 선정

검사체적을 현명하게 선택하는 방법을 간단히 기술한다. 검사체적은 이를 통하여 유체가 유동할 수 있는 공간상의 임의의 영역이며, 한편 이의 경계인 검사면은 유동 중에 고정될 수도, 움직일 수도 또한 변형할 수도 있도록 선택한다. 기본 보존 법칙을 적용한다는 것은 고려하는 유체 상태량에 대해 회계적인 절차를 밟는 것과 같으므로, 해석 시 검사체적의 경계를 잘 정의하는 것이 대단히 중요하다. 한편 검사체적을 유출입하는 상태량의 유동률은 **검사면에 상대적인** 유동 속도에 좌우되므로 유동 중에 검사체적이 고정되어 있는가 혹은 움직이는가를 반드시 파악하여야 한다.

많은 유동 시스템은 고정된 표면에 단단히 부착되어 있는 고정된 물체와 연관되고, 이러한 시스템은 **고정된** 검사체적을 이용하여 해석하는 것이 가장 좋다. 예를 들어, 호스의 노즐을 지탱하는 삼각대에 작용하는 반력을 계산하는 경우, 검사체적은 노즐 출구의 유동을 수직으로 횡단하고 삼각대 다리의 밑부분을 지나도록 선택하는 것이 일반적이다(그림 5-4*a*). 이를 고정 검사체적이라 하며, 지면의 한 점에 상대적인 물의 속도는 노즐 출구면에 상대적인 물의 속도와 같다.

움직이거나 변형하는 유동 시스템을 해석할 때는 검사체적이 **움직이거나 변형하도록** 선택하는 것이 편리하다. 예를 들어, 일정한 속도로 순항하는 비행기 제트 엔진의 추력(thrust)을 계산하는 경우의 검사체적은 비행기를 포함하고 노즐 출구면을 횡단하도록 선택하는 것이 현명하다(그림 5-4*b*). 이 경우의 검사체적은 속도 $\vec{V}_{CV}$로 움직이고, 이 속도는 지구의 고정된 점에 상대적인 비행기의 순항 속도와 같다. 노즐에서 분출하는 배기 가스의 유량을 계산할 때의 속도는 노즐 출구면에 상대적인 배기 가스의 속도, 즉 **상대 속도** $\vec{V}_r$을 사용한다. 전체 검사체적이 $\vec{V}_{CV}$로 움직이므로 상대 속도 $\vec{V}_r = \vec{V} - \vec{V}_{CV}$이다. 여기서 $\vec{V}$는 배기 가스의 **절대 속도**, 즉 지구의 고정된 점에 대한 상대적인 속도이다. $\vec{V}_r$은 검사체적과 **함께** 움직이는 좌표계에 상대적으로 표현된 유체의 속도임을 유의하라. 또한 이는 벡터 방정식이므로, 반대방향 속도는 반대의 부호를 갖는다. 예를 들어, 비행기가 500 km/h의 속도로 왼쪽으로 순항하

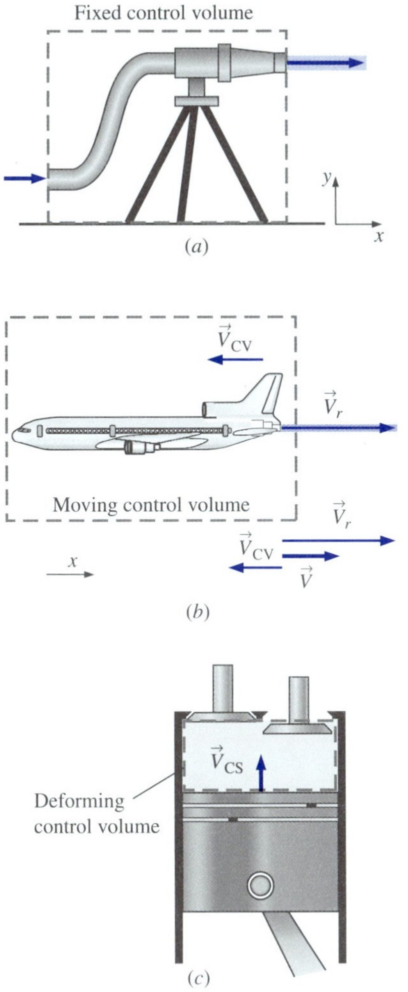

그림 5-4
(*a*) 고정된, (*b*) 움직이는, (*c*) 변형하는 검사체적의 예.

고, 배기 가스는 지면에 상대적인 800 km/h의 속도로 오른쪽으로 분출된다면 노즐 출구에 상대적인 배기 가스의 속도는 다음과 같다.

$$\vec{V}_r = \vec{V} - \vec{V}_{CV} = 800\vec{i} - (-500\vec{i}) = 1300\vec{i} \text{ km/h}$$

따라서 배기 가스는 노즐 출구에 상대적인 1300 km/h의 속도로 오른쪽으로 노즐에서 분출된다(비행기와 반대방향). 검사면을 통과하는 배기 가스의 분출량을 계산할 때 이 속도를 이용한다(그림 5-4*b*).

왕복형 내연 기관의 배기 가스를 해석할 때는 피스턴 상부와 실린더 헤드 사이의 공간을 검사체적으로 선택하는 것이 현명하다(그림 5-4*c*). 이 경우 검사면의 일부분이 다른 부분에 상대적으로 움직이므로 이를 **변형하는** 검사체적이라 한다. 검사면의 변형부에 있는 입출구의 상대 속도(그림 5-4*c*에는 이러한 입출구가 없다) $\vec{V}_r = \vec{V} - \vec{V}_{CS}$이다. 여기서 $\vec{V}$는 유체의 절대 속도, $\vec{V}_{CS}$는 검사면의 속도이며, 이들은 모두 검사체적 외부의 고정된 점에 상대적인 속도들이다. 움직이지만 변형하지 않는 검사체적의 경우 $\vec{V}_{CS} = \vec{V}_{CV}$이고, 고정된 검사체적의 경우에는 $\vec{V}_{CS} = \vec{V}_{CV} = 0$이다.

5-3 검사체적에 작용하는 힘

검사체적에 작용하는 힘에는 중력, 전기력, 자기력 등과 같이 검사체적의 전체 체적에 걸쳐 작용하는 **체적력(body force)**과, 압력, 점성력, 접촉점의 반력 등과 같이 검사면에 작용하는 **표면력(surface force)**이 있다. 해석할 때에는 단지 외력만 고려한다. 내력(internal force; 예를 들면, 유체와 유동 구간의 내부 표면 사이의 압력 힘)은 검사면이 이러한 구간을 횡단하여 힘이 나타나지 않는 한 검사체적 해석에서 고려하지 않는다.

검사체적 해석에서 어느 특정한 시간에 검사체적에 작용하는 모든 힘의 합 $\Sigma\vec{F}$은 다음과 같다.

검사체적에 작용하는 총 힘: $$\sum\vec{F} = \sum\vec{F}_{\text{body}} + \sum\vec{F}_{\text{surface}} \tag{5-4}$$

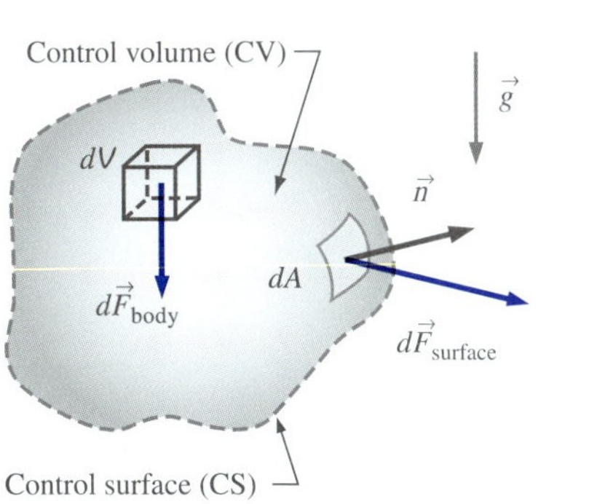

그림 5-5
검사체적에 작용하는 힘은 체적력과 표면력으로 구성된다. 체적력은 미소 체적 요소에, 표면력은 미소 표면 요소에 각각 도시되어 있다.

검사체적 내의 미소 유체요소의 체적 dV에 작용하는 체적력이 그림 5-5에 도시되어 있으며, 전체 검사체적의 순수 체적력을 계산하려면 체적적분을 수행하여야 한다. **표면력**은 검사면의 각각의 부분에 작용한다. 그림 5-5에는 또한 검사면의 미소 표면 면적 dA와 외향 수직 벡터 $\vec{n}$ 및 그 위에 작용하는 표면력이 나타나 있다. 전체 검사면의 순수 표면력을 계산하려면 면적적분을 수행하여야 한다. 그림에서와 같이 표면력은 외향 수직 벡터의 방향과 무관한 방향으로 작용한다.

가장 일반적인 체적력은 **중력**이며, 이것은 검사체적의 모든 미소 체적요소에 아래 방향으로 작용하는 힘이다. 반면에 전기력이나 자기력이 중요한 경우도 있으나, 이 교재에서는 중력만 고려한다.

작은 유체요소에 작용하는 미소 체적력 $d\vec{F}_{\text{body}} = d\vec{F}_{\text{gravity}}$는 단순히 유체요소의 무게이다(그림 5-6).

유체요소에 작용하는 중력: $$d\vec{F}_{\text{gravity}} = \rho\vec{g}\,dV \tag{5-5}$$

여기서 ρ는 체적의 평균 밀도이며, $\vec{g}$는 중력가속도 벡터이다. 그림 5-6의 직각좌표계에서 $\vec{g}$는 음의 z방향을 향하므로

직각좌표계에서 중력가속도 벡터: $$\vec{g} = -g\vec{k} \tag{5-6}$$

이다. 이 그림에서 중력가속도 벡터는 아래 방향으로 작용하므로 이것이 음의 z방향을 향하도록 좌표축을 회전시켰다. 지구의 해수면에서 중력 상수 g의 값은 9.807 m/s^{2}이다. 체적력은 중력만 고려하므로, 식 (5-5)를 적분하면 다음과 같다.

검사체적에 작용하는 총 체적력: $$\sum\vec{F}_{\text{body}} = \int_{\text{CV}} \rho\vec{g}\,dV = m_{\text{CV}}\vec{g} \tag{5-7}$$

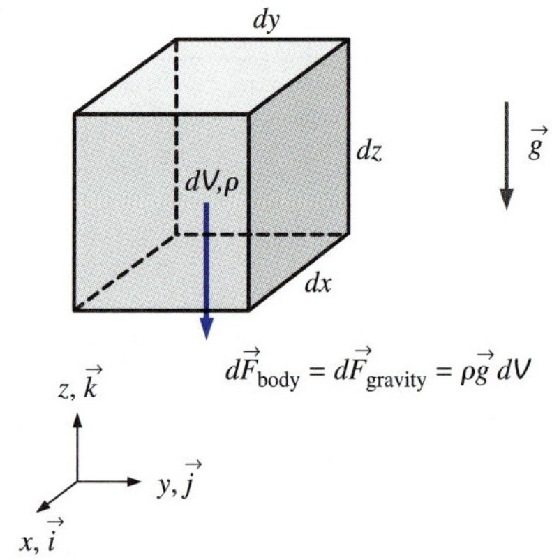

그림 5-6
미소 유체체적에 작용하는 중력은 유체체적의 무게이다. 중력가속도 벡터는 아래쪽, 음의 z방향을 향하도록 좌표축을 회전시켰다.

표면력은 수직 성분과 **접선** 성분으로 구성되므로 해석이 쉽지 않다. 또한 표면에 작용하는 힘은 좌표축의 방향과 무관한 반면, 힘의 성분은 좌표축의 방향에 따라 다르다(그림 5-7). 한편, 검사면이 좌표축과 평행하지 않은 경우도 많다. 유동의 한 점에서 표면력을 잘 표현하기 위하여, 깊이 다루지는 않겠지만, **응력 텐서(stress tensor)** σ_{ij}라고 하는 **2계 텐서(second order tensor)**를 아래와 같이 정의한다.

직각좌표계에서 응력 텐서: $$\sigma_{ij} = \begin{pmatrix} \sigma_{xx} & \sigma_{xy} & \sigma_{xz} \\ \sigma_{yx} & \sigma_{yy} & \sigma_{yz} \\ \sigma_{zx} & \sigma_{zy} & \sigma_{zz} \end{pmatrix} \tag{5-8}$$

응력 텐서의 대각선 성분들 σ_{xx}, σ_{yy}, σ_{zz}는 **수직응력(normal stress)**이라 하고, 압력(내향 수직방향)과 점성응력(viscous stress)으로 구성된다. 비대각선 성분들 σ_{xy}, σ_{zx} 등은 **전단응력(shear stress)**이라고 한다. 압력이 표면에 수직으로만 작용하므로 전단응력은 점성응력으로만 구성된다.

표면이 좌표축과 평행하지 않을 때는 축회전에 관한 수학적 법칙과 텐서를 이용하여 표면에 작용하는 수직 및 접선 성분을 계산할 수 있다. **텐서 표기법(tensor notation)**은 텐서 계산 시에 편리하지만, 대학원 과정에서 공부한다(텐서와 텐서 표기법에 대한 깊이 있는 해석을 위해서는 일례로 Kundu와 Cohen, 2011을 참조하라).

식 (5-8)에서 σ_{ij}는 i방향에 수직인 한 면에 작용하는 j 방향의 응력(단위 면적당의 힘)으로 정의한다. i와 j는 단지 텐서의 **지수(index)**이고, 단위 벡터 $\vec{i}$ 및 $\vec{j}$와는 다르다. 예를 들어, σ_{xy}는 외향 수직방향이 x방향인 면에 작용하는 y방향의 응력을 양으로 정의한다. 미소 유체요소가 직각좌표계의 좌표축과 평행할 때 응력 텐서의 9개 성분이 그림 5-8에 도시되어 있다. 응력 텐서의 모든 성분들을 양의 표면(오른쪽면, 윗면, 앞면)에 나타내었고, 이 성분들은 정의에 의해 양의 방향을 향한다. 유체요소의 **반대**면(그림에 나타나지 않음) 응력의 양의 방향은 반대방향을 향한다.

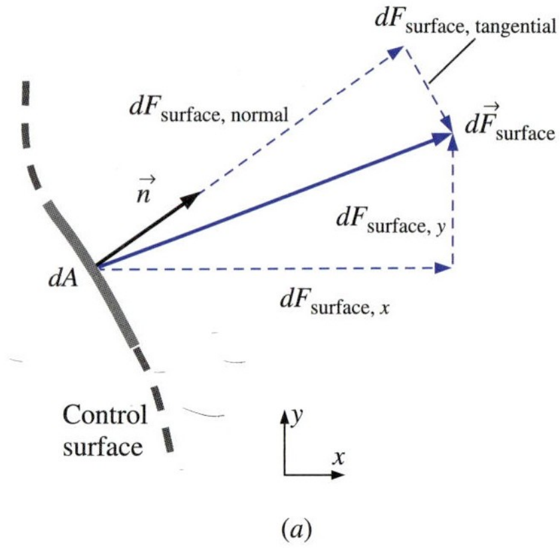

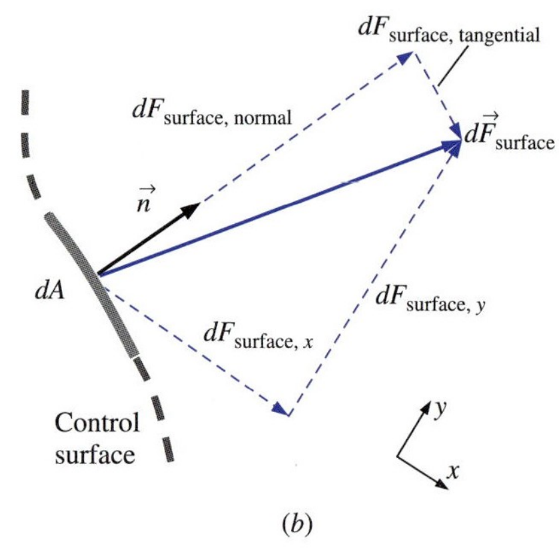

그림 5-7
좌표축이 (a)에서 (b)로 변하면 표면력 그 자체는 동일하더라도 표면력의 성분은 변한다. 2차원만으로 표시하였다.

2계 텐서와 벡터를 내적하면 다시 벡터가 된다. 이를 텐서와 벡터의 **내적(contracted product 또는 inner product)**이라고 한다. 응력 텐서 σ_{ij}와 미소 면적요소의 외향 수직 벡터 $\vec{n}$을 내적하면 크기는 미소 표면에 작용하는 단위 면적당의

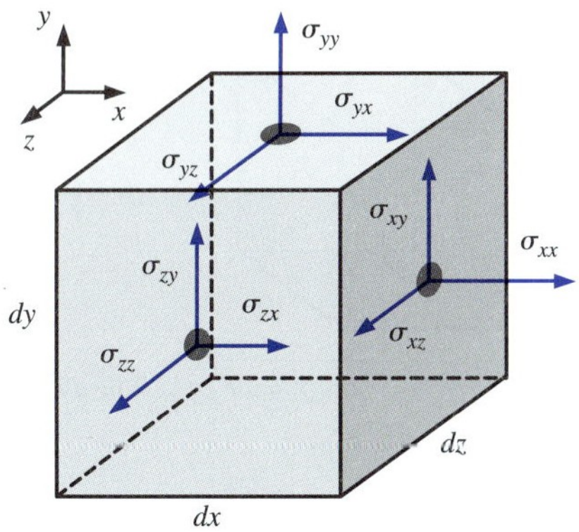

그림 5-8
직각좌표계에서 오른쪽면, 윗면, 앞면의 응력 텐서 성분.

힘이고, 방향은 표면력 자체의 방향인 벡터가 된다. 수학적으로 표현하면 다음과 같다.

미소 표면요소에 작용하는 총 표면력: $d\vec{F}_{\text{surface}} = \sigma_{ij} \cdot \vec{n}\, dA$ (5-9)

끝으로 식 (5-9)를 전체 검사면에 대하여 적분하면 다음과 같다.

검사면에 작용하는 총 표면력: $\sum \vec{F}_{\text{surface}} = \int_{CS} \sigma_{ij} \cdot \vec{n}\, dA$ (5-10)

식 (5-7)과 (5-10)을 식 (5-4)에 대입하면 다음 식으로 표현된다.

$$\sum \vec{F} = \sum \vec{F}_{\text{body}} + \sum \vec{F}_{\text{surface}} = \int_{CV} \rho \vec{g}\, dV + \int_{CS} \sigma_{ij} \cdot \vec{n}\, dA \qquad (5\text{-}11)$$

이 방정식은 미분 형태의 선형운동량 보존 방정식을 유도할 때 매우 유용하게 사용된다. 그러나 실제의 검사체적 해석에서, 식에 포함되어 있는 성가신 표면 적분 등으로 인해 식 (5-11)은 잘 사용하지 않는다.

검사체적을 잘 선택하면 검사체적에 작용하는 모든 힘 $\sum \vec{F}$를 상대적으로 편리한 무게, 압력, 반력 등의 합으로 표현할 수 있다. 검사체적 해석에서는 다음 식을 추천한다.

총 힘:
$$\underbrace{\sum \vec{F}}_{\text{total force}} = \underbrace{\sum \vec{F}_{\text{gravity}}}_{\text{body force}} + \underbrace{\sum \vec{F}_{\text{pressure}} + \sum \vec{F}_{\text{viscous}} + \sum \vec{F}_{\text{other}}}_{\text{surface forces}} \qquad (5\text{-}12)$$

식 (5-12) 우변의 첫항은 체적력인 **무게**인데, 왜냐하면 중력이 우리가 고려하고 있는 단 하나의 체적력이기 때문이다. 나머지 세 항은 순수 표면력이며, 이들은 압력 힘, 점성력, 검사면에 작용하는 "기타" 힘이다. $\sum \vec{F}_{\text{other}}$는 유동방향을 바꾸는 데 필요한 반력이다. 이들은 검사면이 횡단한 볼트, 케이블, 버팀목, 벽 등에 작용하는 힘이다.

이러한 모든 표면력들은 해석을 위하여 검사체적이 주위와 격리되어 있을 때 발생한다. 또한 분리된 물체의 효과는 그 위치에서 힘으로 고려된다. 이는 정역학 및 동역학 수업에서 자유물체도(free body diagram)를 그려 보는 것과 유사하다. 고려할 필요가 없는 힘은 검사체적의 내부로 오도록 함으로써 해석이 복잡하지 않도록 검사체적을 선택한다. 검사체적을 잘 선택하면 계산하려는 힘(반력 등)과 최소의 기타 힘만 나타난다.

Newton의 운동 법칙을 적용할 때, **대기압**을 뺀 계기 압력을 이용하면 문제가 더 간단해진다. 왜냐하면 대기압은 모든 방향으로 작용하고, 그 효과는 모든 방향에서 소거되기 때문이다(그림 5-9). 또한 유체가 아음속으로 대기로 유출되는 출구에서 유출 압력은 거의 대기압이므로 압력 힘을 무시할 수도 있다.

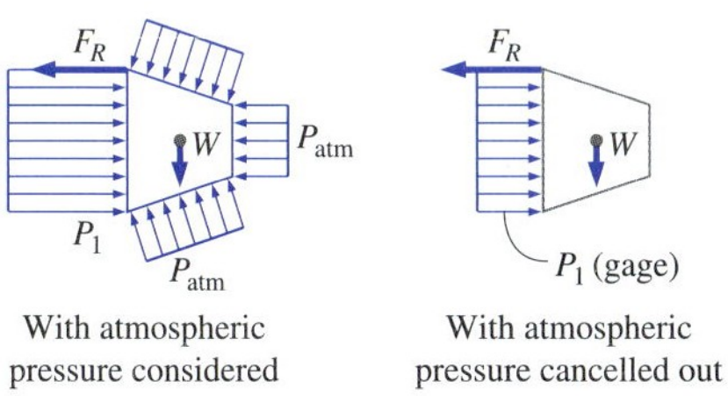

그림 5-9
대기압은 모든 방향으로 작용하고, 그 효과는 모든 방향에서 소거되기 때문에 힘의 평형을 계산할 때 무시할 수도 있다.

검사체적을 현명하게 선택하는 방법의 한 예로, 부분적으로 닫힌 게이트 밸브가 부착된 수도꼭지를 통해 물이 정상 유동하는 경우의 검사체적 해석을 고려한다(그림 5-10). 플랜지의 볼트가 플랜지에 작용하는 순수 힘을 견딜 수 있는지 계산하려고 한다. 검사체적을 선택하는 방법은 여러 가지이다. 어떤 엔지니어는 그림 5-10의 CV A(회색 점선으로 둘러싸인 검사체적)로 표시한 바와 같이 검사체적을 유체 그 자체로 국한한다. 이러한 검사체적에는 검사면을 따라 변하는 압력 힘, 파이프의 벽과 밸브 내의 점성력, 검사체적 내 물의 무게인 체적력 등이 존재한다. 다행히도, 플랜지에 작용하는 순수 힘을 계산할 때 압력과 점성응력을 검사면을 따라 적분할 필요는 **없다**. 그 대신 반력에 미지의 압력 힘과 점성력을 일괄해서 포함시킨다. 이 반력은 물에 작용하는 벽의 순수 힘이다. 이 힘과 수도꼭지 및 물의 무게를 합하면 플랜지에 작용하는 순수 힘이다(물론, 부호에 주의해야 한다).

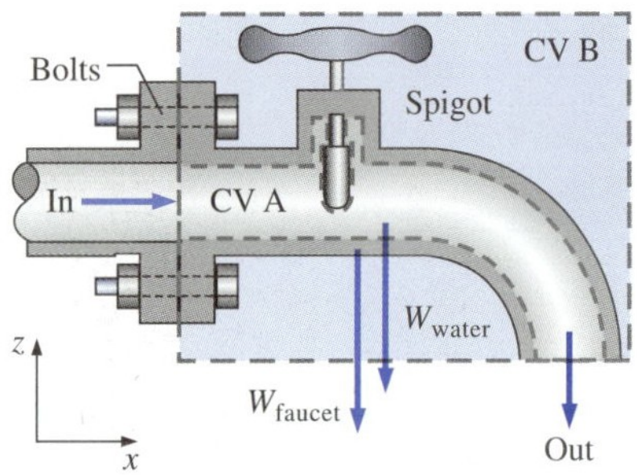

그림 5-10
검사체적의 현명한 선택의 중요성을 보여주는 수도꼭지의 단면. CV B가 CV A보다 해석에 훨씬 편리하다.

검사체적을 선택할 때는 물에만 국한할 필요는 없다. 그림 5-10의 CV B(파란색 점선으로 둘러싸인 검사체적)로 표시한 바와 같이 검사면이 벽, 버팀목, 볼트와 같은 고체 물체를 **횡단하도록** 검사체적을 선택하는 것이 편리한 경우가 많다. 이 그림과 같이 검사체적은 대상물의 전체를 포함하는 경우도 있다. 검사체적 B는 현명한 선택이다. 왜냐하면 검사체적 내 유동의 세부 사항이나 형상조차도 고려할 필요가 없기 때문이다. CV B의 경우 플랜지 볼트를 절단하는 검사면의 일부에 작용하는 순수 반력을 배정할 수 있다. 그 외에 알아야 하는 것들은 단지 플랜지에서 물의 계기 압력(검사체적의 입구)과 물 및 수도꼭지의 무게뿐이다. 검사체적의 입구를 제외한 검사면의 압력은 대기압(계기압력은 영이다)이므로 모두 소거된다. 이 문제는 5-4절의 예제 5-7로 다시 취급한다.

5-4 선형운동량 방정식

질량 m이고, 순수 힘 $\sum\vec{F}$가 작용하는 시스템에 대한 Newton의 제2법칙은 다음과 같다.

$$\sum\vec{F} = m\vec{a} = m\frac{d\vec{V}}{dt} = \frac{d}{dt}(m\vec{V}) \tag{5-13}$$

여기서 $m\vec{V}$는 시스템의 **선형운동량(linear momentum)**이다. 밀도와 속도가 시스템 내의 위치에 따라 다를 수 있으므로 Newton의 제2법칙은 다음과 같이 보다 일반적으로 표현할 수 있다.

$$\sum\vec{F} = \frac{d}{dt}\int_{sys}\rho\vec{V}\,dV \tag{5-14}$$

여기서 $\rho\vec{V}dV$는 질량이 $\delta m = \rho dV$인 미소 체적요소 dV의 운동량이다. Newton의 제2법칙은 다음과 같이 서술할 수 있다. **시스템에 작용하는 모든 외력의 합은 시스템의 선형운동량의 시간 변화율과 같다.** 이 서술은 정지해 있거나 등속 운동하는 **관성좌표계(inertial coordinate system 또는 inertial reference frame)**에 대해 성립한다. 이륙하는 비행기처럼 가속하는 시스템은 비행기에 고정된 비관성(또는 가속)좌표계를 이용하여 가장 잘 해석할 수 있다. 식 (5-14)는 벡터 관계식이므로 $\vec{F}$와 $\vec{V}$는 크기뿐만 아니라 방향도 가진다.

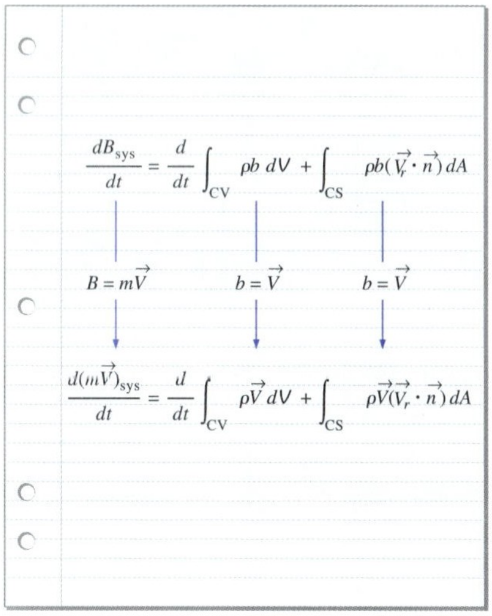

그림 5-11
Reynolds 수송정리의 B에 운동량 $m\vec{V}$를, b에 단위 질량당의 운동량 $\vec{V}$를 대입하여 선형운동량 방정식을 얻는다.

식 (5-14)는 고체나 유체의 주어진 질량에 대한 식이고, 유체역학에서는 대부분의 유동 시스템을 검사체적을 이용하여 해석하므로 이 식은 제한적으로만 사용한다. 3장에서 유도한 **Reynolds 수송정리**를 이용하여 시스템에 관한 공식을 검사체적에 대한 공식으로 변환할 수 있다. $b = \vec{V}$ 및 $B = m\vec{V}$를 대입하면 Reynolds 수송정리를 선형운동량에 대하여 표현할 수 있다(그림 5-11).

$$\frac{d(m\vec{V})_{sys}}{dt} = \frac{d}{dt}\int_{CV} \rho\vec{V}\, dV + \int_{CS} \rho\vec{V}\,(\vec{V}_r \cdot \vec{n})\, dA \tag{5-15}$$

그러나 이 식의 좌변은 식 (5-13)의 $\sum\vec{F}$이다. 대입하면, 고정되어 있거나, 움직이거나 변형하는 검사체적에 대한 선형운동량 방정식의 일반 형태는 다음과 같다.

일반형:
$$\sum\vec{F} = \frac{d}{dt}\int_{CV} \rho\vec{V}\, dV + \int_{CS} \rho\vec{V}(\vec{V}_r \cdot \vec{n})\, dA \tag{5-16}$$

이 식은 다음을 의미한다.

(CV에 작용하는 모든 외력의 합) = (CV 내 선형운동량의 시간 변화율) + (질량 유동에 의해 검사면의 외부로 유출되는 순수 선형운동량 유동률)

여기서 $\vec{V}_r = \vec{V} - \vec{V}_{CS}$는 검사면에 상대적인 유체의 속도이고(유체가 검사면을 통과하는 모든 곳에서 질량유량을 계산하기 위한 속도), $\vec{V}$는 관성좌표계에서 본 유체의 속도이다. $\rho(\vec{V}_r \cdot \vec{n})\, dA$는 면적요소 dA를 통하여 검사체적을 유출입하는 질량유량을 나타낸다.

고정된 검사체적(움직이지도 않고 변형하지도 않는 검사체적)의 경우 $\vec{V}_r = \vec{V}$이고, 따라서 선형운동량 방정식은 다음과 같다.

고정 CV:
$$\sum\vec{F} = \frac{d}{dt}\int_{CV} \rho\vec{V}\, dV + \int_{CS} \rho\vec{V}(\vec{V} \cdot \vec{n})\, dA \tag{5-17}$$

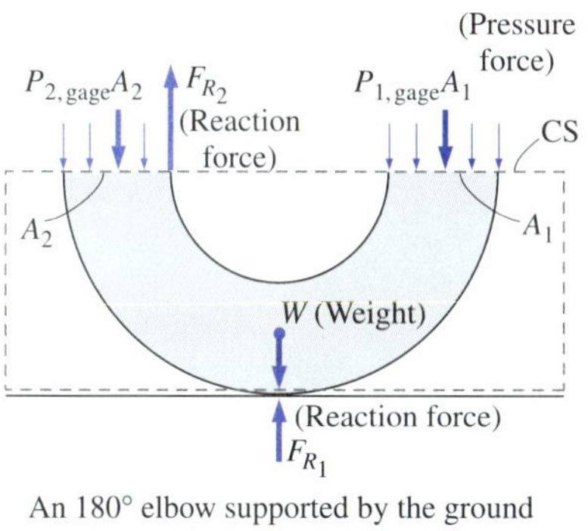

그림 5-12
대부분의 유동 시스템에서 모든 힘의 합 $\sum\vec{F}$는 무게, 압력 힘, 반력으로 구성된다. 대기압이 검사면의 모든 곳에서 소거되므로 계기 압력이 사용되었다.

운동량 방정식은 **벡터 방정식**이고, 따라서 모든 항은 벡터로 취급되어야 한다. 또한 이 방정식은 서로 직교하는 좌표축(예를 들면, 직각좌표계의 x, y, z축)을 따라 분해할 수 있다. 모든 힘의 합 $\sum\vec{F}$는 대부분의 경우 무게, 압력 힘, 반력으로 구성된다(그림 5-12). 일반적으로, 운동량 방정식은 유동에 의하여 야기되는 힘(많은 경우, 지지 시스템 또는 연결 부위에 대한)을 계산하기 위하여 사용된다.

특수한 경우

이 교재의 대부분의 운동량 문제들은 정상 유동에 관한 문제이다. **정상 유동**에서 검사체적 내의 운동량은 일정하므로 검사체적 내 선형운동량의 시간 변화율(식 (5-16)의 두 번째 항)은 영이다. 따라서 선형운동량 방정식은 다음과 같이 된다.

정상 유동:
$$\sum\vec{F} = \int_{CS} \rho\vec{V}\,(\vec{V}_r \cdot \vec{n})\, dA \tag{5-18}$$

변형하지 않는 검사체적이 일정한 속도로 움직이는 경우(관성좌표계) 식 (5-18)의 **첫 번째** $\vec{V}$ 역시 움직이는 검사면에 상대적인 속도로 취해질 수도 있다.

식 (5-17)은 고정된 검사체적에 관한 정확한 식인 반면, 적분 때문에 실제 공학 문제에는 편리하지 않다. 그 대신 질량 보존에서와 같이 식 (5-17)을 입출구를 통과하는 유체의 평균 속도와 질량유량을 이용하여 다시 표현할 수 있다. 다시 말하면 이 방정식을 **적분식**의 형태가 아닌 **대수식**의 형태로 나타내는 것이다. 실제로 많은 문제에서 유체는 한 개 혹은 그 이상의 입구와 한 개 또는 그 이상의 출구에서 검사체적의 경계를 통과하며, 유체는 검사체적으로 또는 검사체적으로부터 운동량을 수송한다. 검사면은 이러한 입출구에서 유체 속도를 수직으로 절단할 수 있도록 선택한다(그림 5-13).

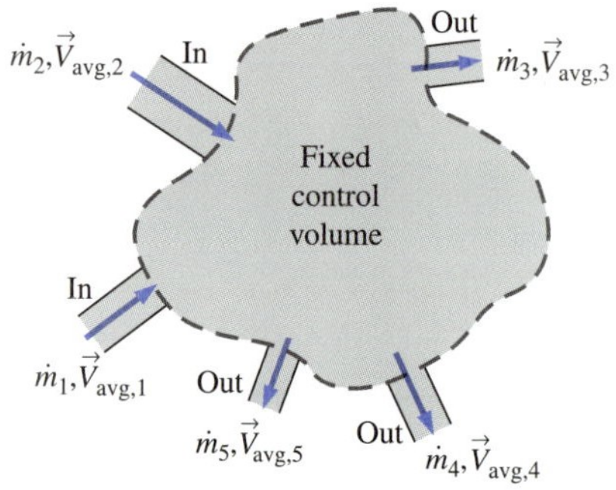

그림 5-13
많은 공학 문제에서 검사체적은 여러 개의 입구와 출구를 갖는다. 각각의 입구와 출구에서 질량유량 $\dot{m}$과 평균 속도 $\vec{V}_{avg}$를 정의한다.

ρ가 거의 일정한 입구 혹은 출구를 통과하여 검사체적으로 유입하거나 유출하는 질량유량 $\dot{m}$은 다음과 같다.

입구 혹은 출구를 통과하는 질량유량:

$$\dot{m} = \int_{A_c} \rho(\vec{V}\cdot\vec{n})\, dA_c = \rho V_{avg} A_c \tag{5-19}$$

식 (5-19)를 (5-17)과 비교하면, 식 (5-17)의 검사면 적분에 속도가 한 개 더 있는 것을 알 수 있다. 만약 $\vec{V}$가 입출구에서 균일하다면($\vec{V} = \vec{V}_{avg}$) 적분 밖으로 꺼낼 수 있다. 따라서 입구나 출구를 통과하는 운동량의 유입률 또는 유출률을 간단히 대수 형태로 표현할 수 있다.

균일한 입구 혹은 출구를 통과하는 운동량 유동률:

$$\int_{A_c} \rho\vec{V}(\vec{V}\cdot\vec{n})\, dA_c = \rho V_{avg} A_c \vec{V}_{avg} = \dot{m}\vec{V}_{avg} \tag{5-20}$$

균일 유동 근사는 어떠한 입구 및 출구에서는 합리적이다. 예를 들면, 파이프의 둥근 입구, 풍동 시험 구간의 입구, 공기로 분출되는 거의 균일한 속도의 물 제트 등이다(그림 5-14). 이러한 입출구에는 식 (5-20)을 바로 적용할 수 있다.

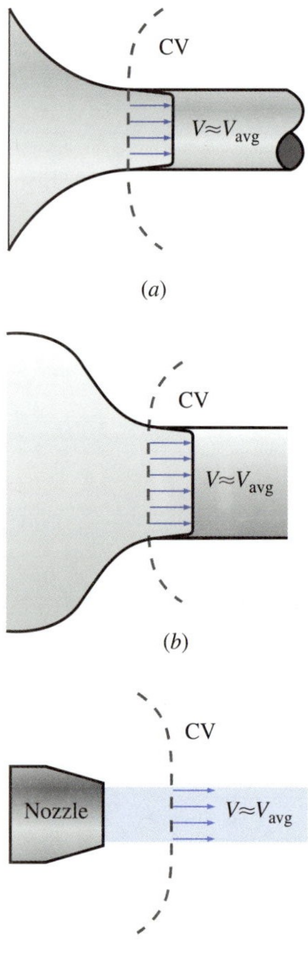

그림 5-14
균일 유동 근사가 합리적인 입구 및 출구의 예. (a) 파이프의 둥근 입구, (b) 풍동 시험 구간의 입구, (c) 공기로 분출되는 자유 물 제트를 가로지르는 단면.

운동량 플럭스 보정계수, β

불행하게도, 대부분의 입구 및 출구를 통과하는 유체의 속도는 균일하지 **않다**. 그럼에도 불구하고 식 (5-17)의 검사면 적분을 대수식 형태로 변환할 수 있으나, 무차원의 운동량 플럭스 보정계수(momentum flux correction factor) β가 필요하다. 이것은 프랑스 과학자 Joseph Boussinesq(1842-1929)가 처음 제안하였다. 고정된 검사체적에 대한 식 (5-17)의 대수식 형태는 다음과 같다.

$$\sum \vec{F} = \frac{d}{dt}\int_{CV} \rho\vec{V}\, dV + \sum_{out} \beta\dot{m}\vec{V}_{avg} - \sum_{in} \beta\dot{m}\vec{V}_{avg} \tag{5-21}$$

각각의 입출구에는 서로 다른 운동량 플럭스 보정계수값을 적용하여야 한다. 그림 5-14와 같은 **균일한 유동의 경우**에 $\beta = 1$이다. 보다 일반적인 경우, β는 단면적이

A_c인 입출구를 유출입하는 적분 형태의 운동량 플럭스를 각각의 입출구에서 질량유량 $\dot{m}$과 평균 속도 $\vec{V}_{avg}$를 이용하여 정의한다.

입구 혹은 출구를 통과하는 운동량 플럭스: $$\int_{A_c} \rho \vec{V}(\vec{V}\cdot\vec{n})\, dA_c = \beta \dot{m} \vec{V}_{avg} \tag{5-22}$$

입출구에서 밀도가 일정하며 $\vec{V}$와 $\vec{V}_{avg}$의 방향이 같은 경우 식 (5-22)로부터 β를 다음과 같이 구할 수 있다.

$$\beta = \frac{\int_{A_c} \rho V(\vec{V}\cdot\vec{n})\, dA_c}{\dot{m} V_{avg}} = \frac{\int_{A_c} \rho V(\vec{V}\cdot\vec{n})\, dA_c}{\rho V_{avg} A_c V_{avg}} \tag{5-23}$$

분모의 $\dot{m}$에 $\rho V_{avg} A_c$를 대입하였다. 밀도는 소거되고, V_{avg}는 일정하므로 이것은 적분 속으로 보낼 수 있다. 또한 검사면이 입구 및 출구와 수직이라면 $(\vec{V}\cdot\vec{n})\,dA_c = V\,dA_c$이다. 따라서 식 (5-23)은 다음 식과 같이 간단해진다.

운동량 플럭스 보정계수: $$\beta = \frac{1}{A_c}\int_{A_c}\left(\frac{V}{V_{avg}}\right)^2 dA_c \tag{5-24}$$

모든 속도 분포에 대하여 β의 값은 항상 1과 같거나 1보다 크다.

예제 5-1 층류 파이프 유동의 운동량 플럭스 보정계수

원형 파이프의 매우 긴 직선 구간을 통과하는 층류 유동을 고려해 보자. 7장에서 설명하겠지만, 이 파이프의 단면을 통과하는 속도 분포는 포물선 형태(그림 5-15)이고, 축방향의 속도 성분은 다음과 같다.

$$V = 2V_{avg}\left(1 - \frac{r^2}{R^2}\right) \tag{1}$$

여기서 R은 파이프 내벽의 반경이고, V_{avg}는 평균 속도이다. 그림 5-15에 보인 바와 같이, 이 파이프 내의 검사체적의 출구를 통과하는 유동의 운동량 플럭스 보정계수를 계산하라.

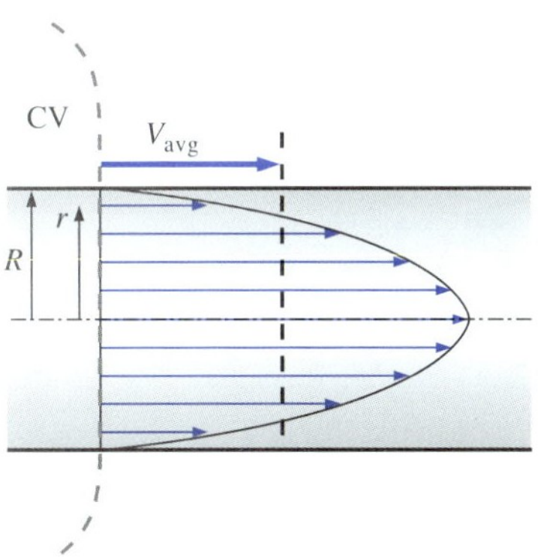

그림 5-15
완전발달된 층류 유동의 파이프 단면에서의 속도 분포.

풀이 주어진 속도 분포에 대해서 운동량 플럭스 보정계수를 계산하고자 한다.

가정 1 유동은 비압축성이며, 정상이다. 2 검사체적은 그림 5-15에 보인 바와 같이 파이프의 축에 수직으로 파이프를 절단한다.

풀이 주어진 속도 분포를 식 (5-24)의 V에 대입하여 적분하면 다음 식을 얻는다. 여기서 $dA_c = 2\pi r\, dr$이다.

$$\beta = \frac{1}{A_c}\int_{A_c}\left(\frac{V}{V_{avg}}\right)^2 dA_c = \frac{4}{\pi R^2}\int_0^R \left(1 - \frac{r^2}{R^2}\right)^2 2\pi r\, dr \tag{2}$$

새로운 적분 변수 $y = 1 - r^2/R^2$을 이용하면 $dy = -2r\, dr/R^2$이므로(또한 $r = 0$에서 $y = 1$, $r = R$에서 $y = 0$) 이 식을 적분하여 완전발달된 층류 유동에 대한 운동량 플럭스 보정계수를 계산할 수 있다.

층류 유동: $$\beta = -4\int_1^0 y^2\,dy = -4\left[\frac{y^3}{3}\right]_1^0 = \frac{4}{3} \quad (3)$$

토의 검사체적의 출구에서 β를 계산하였지만, 검사체적의 입구에서 계산하여도 같은 결과를 얻는다.

예제 5-1에서 볼 수 있듯이, 완전발달된 파이프 층류 유동의 경우 β는 1에 가깝지 않으므로, β를 무시하면 큰 오차가 발생할 수 있다. 만약 예제 5-1의 적분 과정을 층류 유동이 아닌 완전발달된 **난류 유동**에 대해 수행하면 β의 값은 1.01~1.04 사이이다. 이 값은 1에 매우 근접한 값이므로, 많은 엔지니어들은 운동량 플럭스 보정계수를 무시한다. 난류 유동의 경우 β를 무시하여도 최종 결과에 큰 영향을 주지는 않지만, 방정식에는 β를 그대로 두는 것이 현명하다. 이렇게 하면 계산의 정밀도를 개선하고, 또한 층류 검사체적 문제를 계산할 때 운동량 플럭스 보정계수를 누락시키지 않도록 상기시킨다.

난류 유동에서 β는 입구 및 출구에서 큰 영향을 끼치지 않지만, 층류 유동에서 β는 중요할 수 있으므로 무시하면 안 된다. 모든 운동량 검사체적 문제에서 β를 포함시키는 것이 현명하다.

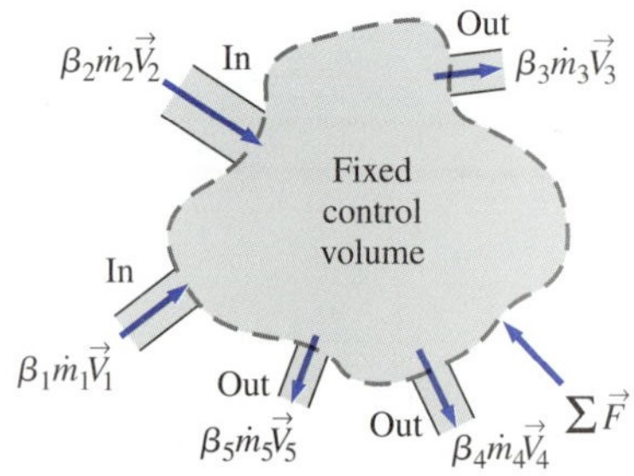

그림 5-16
정상 유동 과정에서 검사체적에 작용하는 순수 힘은 유출하는 운동량 플럭스와 유입하는 운동량 플럭스의 차이와 같다.

정상 유동

정상 유동의 경우, 식 (5-21)의 시간도함수 항은 소거되므로 다음 식과 같이 간단해진다.

정상 선형운동량 방정식: $$\sum\vec{F} = \sum_{out}\beta\dot{m}\vec{V} - \sum_{in}\beta\dot{m}\vec{V} \quad (5\text{-}25)$$

이 식에서 평균 속도의 하첨자 "avg"를 생략하였다. 식 (5-25)는 다음을 의미한다. **정상 유동 과정에서 검사체적에 작용하는 순수 힘은 운동량 유출률과 유입률의 차이와 같다.** 이 설명은 그림 5-16에 도시되어 있다. 또한 식 (5-25)가 벡터 방정식이므로 이 식은 모든 방향에 적용할 수 있다.

하나의 입구와 하나의 출구를 갖는 정상 유동

많은 유동 문제들은 오직 한 개의 입구 및 한 개의 출구를 갖는 경우가 많다(그림 5-17). 이러한 **단일 흐름 시스템(single-stream system)**의 질량유량은 일정하므로 식 (5-25)는 다음과 같이 된다.

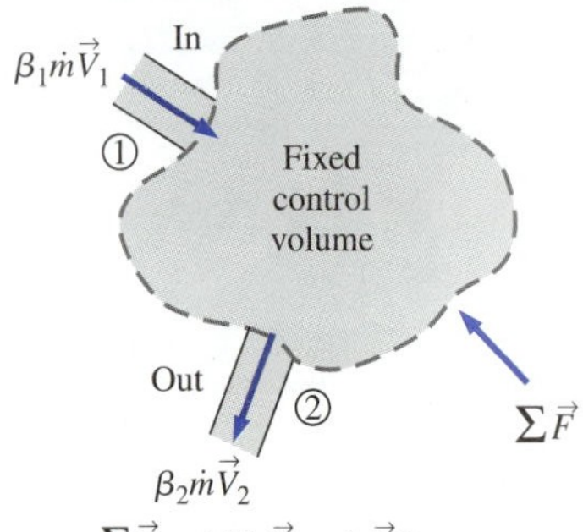

그림 5-17
한 개의 입구와 한 개의 출구를 갖는 검사체적.

한 개의 입구 및 한 개의 출구: $$\sum\vec{F} = \dot{m}(\beta_2\vec{V}_2 - \beta_1\vec{V}_1) \quad (5\text{-}26)$$

이 식에서 하첨자 1은 입구를, 하첨자 2는 출구를 의미하며, $\vec{V}_1$ 및 $\vec{V}_2$는 각각 입출구에서 **평균 속도**이다.

모든 식이 **벡터** 방정식이므로, 모든 가감은 **벡터** 가감임을 다시 한번 명심하기

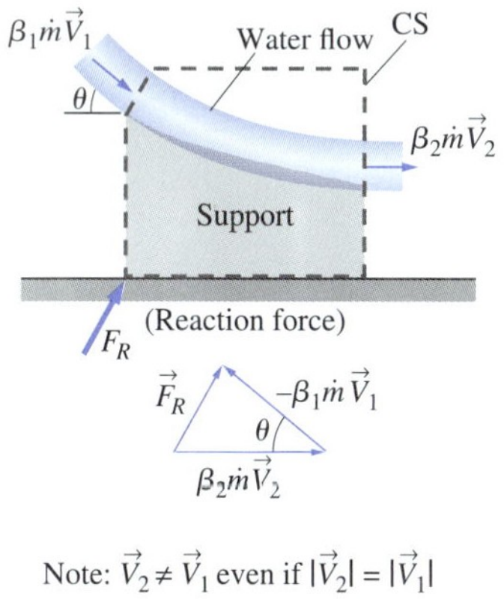

그림 5-18
물의 유동방향이 변화함으로써 발생하는 지지대의 반력을 계산하기 위한 벡터 덧셈.

바란다. 벡터의 뺄셈은 벡터의 방향을 반대로 하여 덧셈하는 것임을 상기하라(그림 5-18). 어떠한 특정한 축(예를 들어, x축)의 방향으로 운동량 방정식을 나타낼 때는 그 축에 벡터를 투영하여 표현한다. 일례로, 식 (5-26)을 x축을 따라 표현하면 다음과 같다.

x좌표를 따라: $$\sum F_x = \dot{m}(\beta_2 V_{2,x} - \beta_1 V_{1,x}) \tag{5-27}$$

이 식에서 $\sum F_x$는 힘의 x방향 성분의 벡터합이고, $V_{2,x}$ 및 $V_{1,x}$는 각각 출구 유체 속도 및 입구 유체 속도의 x방향 성분이다. 힘이나 속도 성분이 양의 x방향이면 양의 값이고, 음의 x방향이면 음의 값이다. 한편 미지의 힘의 방향은 먼저 양의 방향으로 가정한다(문제에서 힘의 방향이 명확하지 않은 경우). 미지의 힘을 계산한 결과 그 값이 음이면 가정한 방향이 틀린 것이므로 그 방향을 반대로 하여야 한다.

외력이 없는 경우의 유동

우주선이나 인공위성과 같이, 운동방향으로 무게, 압력, 반력 등이 물체에 작용하지 않는 경우를 고려해 보자. 여러 개의 입구 및 출구를 갖는 검사체적에 대하여 식 (5-21)은 다음과 같이 된다.

외력이 없는 경우: $$0 = \frac{d(m\vec{V})_{CV}}{dt} + \sum_{out} \beta\dot{m}\vec{V} - \sum_{in} \beta\dot{m}\vec{V} \tag{5-28}$$

이 운동량 보존 법칙은 다음을 의미한다. **외력이 없는 경우, 검사체적의 운동량의 변화율은 운동량 유입률과 유출률의 차이와 같다.**

검사체적의 질량 m이 거의 일정하면, 식 (5-28)의 첫 항은 다음 식에서 알 수 있듯이, 단순히 질량과 가속도의 곱이다.

$$\frac{d(m\vec{V})_{CV}}{dt} = m_{CV}\frac{d\vec{V}_{CV}}{dt} = (m\vec{a})_{CV} = m_{CV}\vec{a}$$

그러므로 이러한 경우의 검사체적은 강체(질량이 일정한 시스템)처럼 취급되며, 물체에 작용하는 순수 추진력(thrusting force)[또는 간단히 **추력(thrust)**]은 다음과 같다.

추진력: $$\vec{F}_{thrust} = m_{body}\vec{a} = \sum_{in} \beta\dot{m}\vec{V} - \sum_{out} \beta\dot{m}\vec{V} \tag{5-29}$$

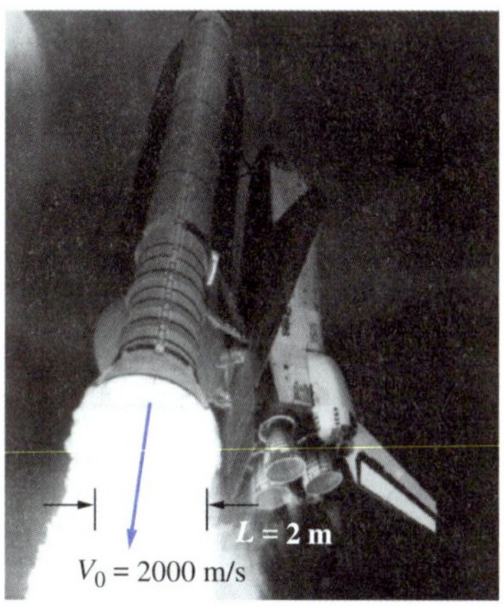

그림 5-19
우주왕복선을 쏘아 올리기 위한 추진력은 로켓 엔진 내부에서 연료의 운동량 변화의 결과로 발생된다. 초기 속도 영으로부터 연소 후 출구 속도 2000 m/s까지 가속된다.
NASA

식 (5-29)에서 유체의 속도는 관성좌표계(우주에 고정되어 있거나 직선을 따라 등속 운동하는 좌표계)에서 본 속도이다. 직선을 따라 등속 운동하는 물체를 해석할 경우에는 동일한 경로를 동일한 속도로 물체와 함께 움직이는 관성좌표계를 선택하는 것이 편리하다. 이러한 경우 관성좌표계에 상대적인 유체의 속도는 움직이는 물체에 상대적인 속도와 같고, 해석이 훨씬 쉽다. 이러한 방법은, 비록 비관성좌표계에서는 완전히 타당하지는 않지만, 로켓이 점화되었을 때 우주선의 초기 가속도를 계산하는 데 사용될 수 있다(그림 5-19).

추진력이란 가속되는 물체의 반작용으로 발생하는 기계적인 힘이라는 것을 상기하자. 예를 들면, 비행기의 제트 엔진에서 뜨거운 배기 가스가 팽창하며 엔진의 뒷부분으로 배출되므로 가속되고, 이의 반작용에 의해 반대방향으로 추진력이 발생하는 것이다. 추진력의 발생은 Newton의 운동 제3법칙에 근거한다. **어떠한 한 점에 작용이 있으면 크기가 같고 방향이 반대인 반작용이 존재한다.** 제트 엔진의 경우, 엔진이 배기 가스에 힘을 가하면, 배기 가스는 반작용에 의해 반대방향으로 같은 크기의 힘을 엔진에 가한다. 다시 말하면, 엔진에 의해 배기 가스에 작용하는 미는 힘은 배기 가스가 비행기에 반대방향으로 가하는 추진력과 크기가 같다($\vec{F}_{\text{thrust}} = -\vec{F}_{\text{push}}$). 비행기의 자유물체도에서 배출되는 배기 가스의 효과는 배기 가스의 운동과 반대방향으로 힘을 삽입함으로써 설명된다.

예제 5-2 유동방향을 바꾸기 위한 엘보를 현 위치에 고정시키기 위해 필요한 힘

관경이 좁아지는 엘보(reducing elbow)가 수평으로 놓인 파이프 속에서 유량 14 kg/s로 흐르는 물을 가속시키면서 30° 상향으로 물의 흐름 방향을 바꾸어 주는 데 이용된다(그림 5-20). 엘보는 대기 중으로 물을 방출한다. 엘보의 단면적은 입구에서 113 cm^2, 출구에서 7 cm^{2}이다. 입출구 중심 간의 높이 차이는 30 cm이다. 엘보와 물의 무게는 무시할 수 있을 때, 다음을 계산하라. (a) 엘보 입구 중심의 계기 압력, (b) 엘보를 현재의 위치에 고정시키기 위해 필요한 힘.

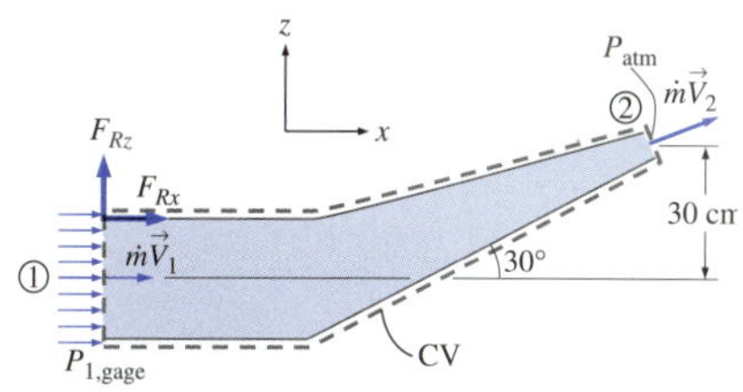

그림 5-20
예제 5-2에 대한 개략도.

풀이 관경이 좁아지는 엘보가 물을 위쪽 방향으로 바꾸고, 대기 중으로 물을 방출한다. 엘보 입구의 압력과, 엘보를 현 위치에 고정시키기 위해 필요한 힘을 계산하고자 한다.

가정 **1** 유동은 정상이며, 마찰 효과를 무시할 수 있다. **2** 엘보와 물의 무게는 무시할 수 있다. **3** 물은 대기 중으로 방출되며, 따라서 출구의 계기 압력은 영이다. **4** 유동은 난류이며, 검사체적의 입출구에서 완전히 발달되었다. 따라서 운동량 플럭스 보정계수 $\beta = 1.03$이다.

상태량 물의 밀도는 1000 kg/m^{3}이다.

해석 (a) 엘보를 검사체적으로 선택하고, 입구를 1, 출구를 2로 한다. x축 및 z축을 그림과 같이 선택한다. 한 개의 입구 및 한 개의 출구를 갖는 정상 유동 시스템의 연속 방정식은 $\dot{m}_1 = \dot{m}_2 = \dot{m} = 14$ kg/s이다. $\dot{m} = \rho AV$이므로 입구 및 출구에서 물의 속도는 다음과 같다.

$$V_1 = \frac{\dot{m}}{\rho A_1} = \frac{14\ \text{kg/s}}{(1000\ \text{kg/m}^3)(0.0113\ \text{m}^2)} = 1.24\ \text{m/s}$$

$$V_2 = \frac{\dot{m}}{\rho A_2} = \frac{14\ \text{kg/s}}{(1000\ \text{kg/m}^3)(7 \times 10^{-4}\ \text{m}^2)} = 20.0\ \text{m/s}$$

압력을 근사적으로 계산하기 위하여 Bernoulli 방정식(4장)을 이용한다. 7장에서는 벽을 따른 마찰 손실을 고려하는 방법을 다룬다. 입구 단면의 중심을 기준 위치로 하고($z_1 = 0$), 또한 $P_2 = P_{\text{atm}}$이므로 엘보의 중심을 통과하는 유선의 Bernoulli 방정식은 다음과 같이 표현할 수 있다.

$$\frac{P_1}{\rho g}+\frac{V_1^2}{2g}+z_1=\frac{P_2}{\rho g}+\frac{V_2^2}{2g}+z_2$$

$$P_1-P_2=\rho g\left(\frac{V_2^2-V_1^2}{2g}+z_2-z_1\right)$$

$$P_1-P_{\text{atm}}=(1000\ \text{kg/m}^3)(9.81\ \text{m/s}^2)$$

$$\times\left(\frac{(20\ \text{m/s})^2-(1.24\ \text{m/s})^2}{2(9.81\ \text{m/s}^2)}+0.3-0\right)\left(\frac{1\ \text{kN}}{1000\ \text{kg}\cdot\text{m/s}^2}\right)$$

$$P_{1,\text{gage}}=202.2\ \text{kN/m}^2=\mathbf{202.2\ kPa}\quad(\text{gage})$$

(b) 정상, 1차원 유동의 운동량 방정식은 다음과 같다.

$$\sum\vec{F}=\sum_{\text{out}}\beta\dot{m}\vec{V}-\sum_{\text{in}}\beta\dot{m}\vec{V}$$

엘보를 고정시키는 힘의 x 및 z방향 성분들을 각각 F_{Rx} 및 F_{Rz}라 하고, 양의 방향으로 가정한다. 또한 검사면 전체에 대기압이 작용하므로 계기 압력을 이용한다. 따라서 x 및 z축 방향의 운동량 방정식은 다음과 같이 된다.

$$F_{Rx}+P_{1,\text{gage}}A_1=\beta\dot{m}V_2\cos\theta-\beta\dot{m}V_1$$

$$F_{Rz}=\beta\dot{m}V_2\sin\theta$$

여기서 $\beta=\beta_1=\beta_2$이다. F_{Rx} 및 F_{Rz}에 대하여 정리하고, 주어진 수치들을 대입하면 다음의 결과를 얻을 수 있다.

$$F_{Rx}=\beta\dot{m}(V_2\cos\theta-V_1)-P_{1,\text{gage}}A_1$$

$$=1.03(14\ \text{kg/s})[(20\cos 30^\circ-1.24)\ \text{m/s}]\left(\frac{1\ \text{N}}{1\ \text{kg}\cdot\text{m/s}^2}\right)$$

$$-(202{,}200\ \text{N/m}^2)(0.0113\ \text{m}^2)$$

$$=232-2285=\mathbf{-2053\ N}$$

$$F_{Rz}=\beta\dot{m}V_2\sin\theta=(1.03)(14\ \text{kg/s})(20\sin 30^\circ\ \text{m/s})\left(\frac{1\ \text{N}}{1\ \text{kg}\cdot\text{m/s}^2}\right)=\mathbf{144\ N}$$

F_{Rx}의 값이 음이므로 가정한 방향이 틀렸다는 것을 알 수 있으며, 따라서 방향을 반대로 하여야 한다. 그러므로 F_{Rx}는 음의 x방향으로 작용한다.

토의 엘보의 내벽을 따라 영이 아닌 압력 분포가 존재하지만, 검사체적이 엘보의 외부이므로 이 압력들은 해석에서 제외되었다. 더 정밀한 계산을 위하여, 엘보의 무게와 엘보 내의 물 무게를 수직방향의 힘에 포함할 수 있다. 실제의 $P_{1,\text{gage}}$는 엘보 내의 마찰과 비가역적 손실들 때문에 이 예제에서 계산한 값보다 더 클 것이다.

예제 5-3 유동방향을 반대로 하기 위한 엘보를 현 위치에 고정시키는데 필요한 힘

예제 5-2의 유동방향을 바꾸기 위한 엘보 대신 그림 5-21과 같이 방출 전에 방향을 180° U턴시켜 유동방향을 반대로 하기 위한 엘보를 부착한 경우를 고려해 보자. 입출구 중심 간의 높이 차이는 0.3 m이다. 엘보를 현재의 위치에 고정시키기 위해 필요한 힘을 계산하라.

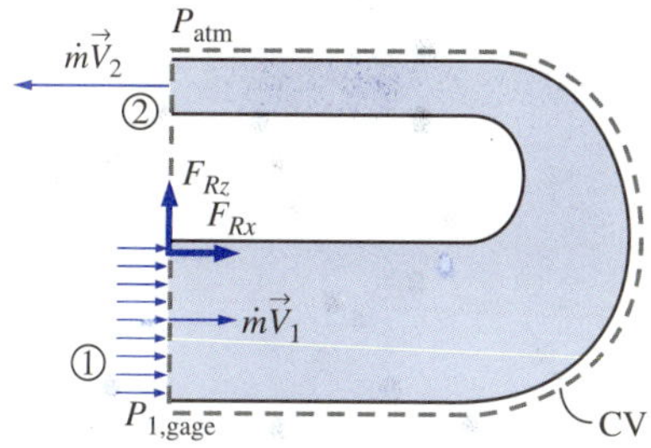

그림 5-21
예제 5-3에 대한 개략도.

풀이 엘보 입출구의 속도 및 압력은 동일하지만, 수직방향으로 다른 힘이나 운동량 플럭스가 없으므로(엘보와 물의 무게는 무시하였다), 엘보와 파이프의 연결부에서 이를 현 위치에 고정하기 위한 힘의 수직 성분은 영이다($F_{Rz} = 0$). 이 힘의 수평 성분은 x방향의 운동량 방정식으로부터 계산할 수 있다. 출구 속도가 음의 x방향이므로 속도는 음이다. 따라서 다음과 같은 식을 구한다.

$$F_{Rx} + P_{1,\,gage}A_1 = \beta_2\dot{m}(-V_2) - \beta_1\dot{m}V_1 = -\beta\dot{m}(V_2 + V_1)$$

F_{Rx}에 대하여 정리하고, 주어진 수치들을 대입하면 다음의 결과를 얻을 수 있다.

$$\begin{aligned} F_{Rx} &= -\beta\dot{m}(V_2 + V_1) - P_{1,\,gage}A_1 \\ &= -(1.03)(14\ \text{kg/s})[(20 + 1.24)\ \text{m/s}]\left(\frac{1\ \text{N}}{1\ \text{kg}\cdot\text{m/s}^2}\right) - (202{,}200\ \text{N/m}^2)(0.0113\ \text{m}^2) \\ &= -306 - 2285 = \mathbf{-2591\ N} \end{aligned}$$

그러므로 플랜지에는 음의 x방향으로 2591 N의 힘이 작용한다(엘보는 파이프에서 분리되려고 한다). 이 힘은 260 kg 질량의 무게이므로, 연결부(예를 들어 볼트)는 이 힘을 견디기 위하여 충분히 강해야 한다.

토의 x방향의 반력은 예제 5-2의 반력보다 더 크다. 왜냐하면 엘보가 물의 방향을 더 큰 각도로 바꾸기 때문이다. 만약 이 엘보 대신 직선 노즐(소방관들이 사용하는 것과 유사한)을 부착하여 물이 양의 x방향으로 분출된다면 V_1과 V_2가 모두 양의 x방향이므로 x방향의 운동량 방정식은 다음과 같다.

$$F_{Rx} + P_{1,\,gage}A_1 = \beta\dot{m}V_2 - \beta\dot{m}V_1 \quad\rightarrow\quad F_{Rx} = \beta\dot{m}(V_2 - V_1) - P_{1,\,gage}A_1$$

따라서 이 결과는 속도와 힘을 계산할 때 정확한 부호(양의 방향이면 양으로, 음의 방향이면 음으로) 사용의 중요성을 보여 준다.

예제 5-4 고정된 판에 충돌하는 물 제트

물이 노즐을 통하여 평균 속도 20 m/s까지 가속되어 수직으로 놓인 판에 유량 10 kg/s, 수직 속도 20 m/s로 충돌한다(그림 5-22). 충돌 후 물의 흐름은 판의 평면에서 모든 방향으로 튀겨나간다. 물 제트로 인하여 판이 수평방향으로 움직이는 것을 방지하기 위한 힘을 계산하라.

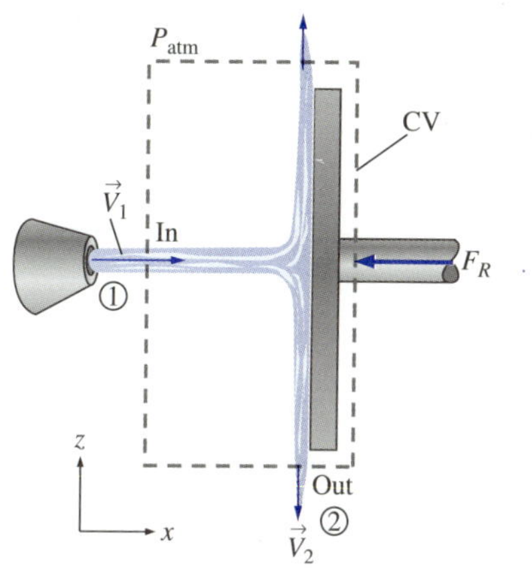

그림 5-22
예제 5-4에 대한 개략도.

풀이 물 제트가 수직으로 놓인 판에 수직으로 충돌한다. 판을 현재의 위치에 고정하기 위하여 필요한 힘을 계산하고자 한다.

가정 **1** 노즐 출구의 물의 유동은 정상이다. **2** 물은 물 제트의 접근 방향에 수직한 방향으로 튀겨나간다. **3** 물 제트는 대기에 노출되므로 물 제트와 검사체적에서 유출하는 물은 대기압이다. 이 대기압이 전체 시스템에 작용하므로 이를 무시할 수 있다. **4** 수직방향의 힘과 운동량 플럭스는 수평방향의 반력에 영향을 주지 않으므로 이들은 고려하지 않는다. **5** 운동량 플럭스 보정계수는 무시한다. 따라서 입구에서 $\beta \cong 1$이다.

해석 판 전체를 포함하고 또한 물 제트와 지지봉을 수직으로 절단하도록 검사체적을 선택한다. 정상, 1차원 유동의 운동량 방정식은 다음 식과 같다.

$$\sum \vec{F} = \sum_{\text{out}} \beta \dot{m} \vec{V} - \sum_{\text{in}} \beta \dot{m} \vec{V} \qquad (1)$$

$V_{1,\,x} = V_1$, $V_{2,\,x} = 0$이므로, 이 방정식을 x방향으로 표현하면(음의 x방향의 힘과 속도의 부호는 음이다) 다음과 같다.

$$-F_R = 0 - \beta \dot{m} V_1$$

주어진 수치들을 대입하여 다음의 결과를 얻는다.

$$F_R = \beta \dot{m} V_1 = (1)(10 \text{ kg/s})(20 \text{ m/s})\left(\frac{1 \text{ N}}{1 \text{ kg}\cdot\text{m/s}^2}\right) = \mathbf{200 \text{ N}}$$

그러므로 판을 현 위치에 고정시키기 위하여 지지봉은 음의 x방향(물 제트의 반대방향)으로 200 N의 힘(약 20 kg 질량의 무게)을 가해야 한다. 유사한 현상이 헬리콥터의 하강기류(downwash)에서 나타난다(그림 5-23).

그림 5-23
헬리콥터의 하강기류(downwash)는 예제 5-4에서 논의한 제트와 유사하다. 이러한 경우에 제트는 그림에서 보는 바와 같이 수면에 충돌한 후 원형의 파도를 야기한다.

토의 검사체적 출구에서 x방향의 운동량은 영이므로 판은 물 제트의 모든 운동량을 다 흡수한다. 만약 물과 판 사이의 경계면(interface)을 따라 검사체적을 선택하면 추가적인(미지의) 압력 힘을 고려하여 해석하여야 한다. 그러나 이 예제와 같이 지지봉을 절단하는 검사체적을 선택함으로써 이러한 문제를 피할 수 있다. 이 예제는 “현명한” 검사체적 선택의 한 예이다.

예제 5-5 풍력 터빈의 동력 생산과 풍력 부하 걸기

9 m 직경의 블레이드 길이를 갖는 풍력 발전기가 11 km/h의 인입 풍속(cut-in wind speed)을 가지며, 이 속도에서 터빈은 0.4 kW의 전기를 생산한다(그림 5-24). (a) 풍력 터빈-발전기의 연합 효율, (b) 바람에 의해 풍력 터빈의 지지대에 작용하는 수평방향의 힘을 결정하라. 효율이 동일하다고 가정할 때, 풍속이 22 km/h로 2배가 되면 발전하는 전력과 힘은 얼마인가? 공기의 밀도는 1.22 kg/m³이다.

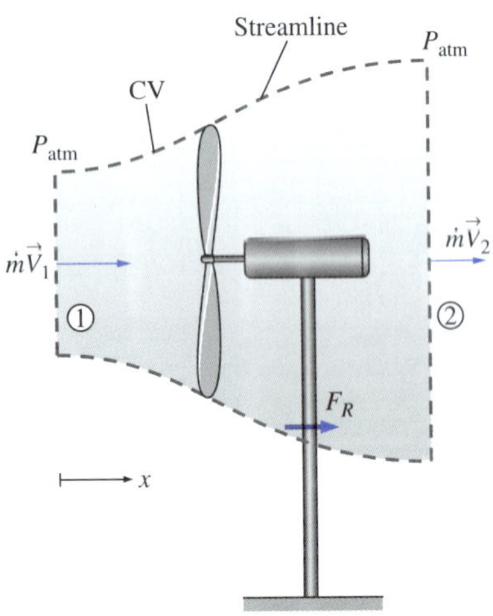

그림 5-24
예제 5-5에 대한 개략도.

풀이 풍력 터빈이 발전하는 전력과 힘을 해석한다. 효율과 지지대에 작용하는 힘을 계산한다. 또한 풍속을 2배로 증가시킬 때의 효과를 계산하고자 한다

가정 **1** 바람의 유동은 정상이며, 비압축성이다. **2** 터빈-발전기의 효율은 풍속과 무관하다. **3** 마찰 효과는 무시할 수 있다. 따라서 유입하는 운동 에너지의 열 에너지로의 변환은 없다. **4** 풍력 터빈을 통과하는 공기의 평균 속도는 풍속과 같다(실제로는 이보다 작다-12장 참조). **5** 풍력 터빈 상류 및 하류의 바람의 유동은 거의 균일하다. 따라서 운동량 플럭스 보정계수 $\beta = \beta_1 = \beta_2 \cong 1$이다.

상태량 공기의 밀도는 1.22 kg/m³이다.

해석 (a) 운동 에너지는 기계적 에너지의 형태이므로 완전히 일로 변환할 수 있다. 바람이 가진 잠재 동력은 단위 질량당 $V^2/2$의 운동 에너지에 비례하므로, 주어진 질량유량에 대해서 최대 $\dot{m}V^2/2$의 동력을 생산할 수 있다.

$$V_1 = (11 \text{ km/h})\left(\frac{1 \text{ m/s}}{3.6 \text{ km/h}}\right) = 3.056 \text{ m/s}$$

$$\dot{m} = \rho_1 V_1 A_1 = \rho_1 V_1 \frac{\pi D^2}{4} = (1.22 \text{ kg/m}^3)(3.056 \text{ m/s}) \frac{\pi(9 \text{ m})^2}{4} = 237.2 \text{ kg/s}$$

$$\dot{W}_{max} = \dot{m}\text{ke}_1 = \dot{m}\frac{V_1^2}{2}$$

$$= (237.2 \text{ kg/s}) \frac{(3.056 \text{ m/s})^2}{2}\left(\frac{1 \text{ kN}}{1000 \text{ kg·m/s}^2}\right)\left(\frac{1 \text{ kW}}{1 \text{ kN·m/s}}\right)$$

$$= 1.108 \text{ kW}$$

11 km/h의 풍속에서 풍력 터빈의 가용 출력은 1.108 kW이므로 풍력 터빈–발전기의 연합 효율은 다음과 같다.

$$\eta_{\text{wind turbine}} = \frac{\dot{W}_{act}}{\dot{W}_{max}} = \frac{0.4 \text{ kW}}{1.108 \text{ kW}} = \mathbf{0.361} \qquad (\text{or } \mathbf{36.1\%})$$

(b) 마찰 효과는 무시할 수 있다고 가정하였으므로 유입된 운동 에너지 중 전력으로 변환되지 않은 운동 에너지는 운동 에너지의 형태로 풍력 터빈에서 유출된다. 질량유량이 일정하므로 출구 속도는 다음과 같이 계산할 수 있다.

$$\dot{m}\text{ke}_2 = \dot{m}\text{ke}_1(1 - \eta_{\text{wind turbine}}) \rightarrow \dot{m}\frac{V_2^2}{2} = \dot{m}\frac{V_1^2}{2}(1 - \eta_{\text{wind turbine}}) \qquad (1)$$

또는

$$V_2 = V_1\sqrt{1 - \eta_{\text{wind turbine}}} = (3.056 \text{ m/s})\sqrt{1 - 0.361} = 2.443 \text{ m/s}$$

돛대에 작용하는 힘을 계산하려면(그림 5-25) 입출구에서 바람이 검사면에 수직이고, 전체 검사면이 대기압이며, 풍력 터빈 전체가 포함되도록 검사체적을 선택한다(그림 5-24). 정상, 1차원 유동의 운동량 방정식은 다음 식과 같다.

$$\sum \vec{F} = \sum_{out} \beta \dot{m}\vec{V} - \sum_{in} \beta \dot{m}\vec{V} \qquad (2)$$

$\beta = 1$, $V_{1,\,x} = V_1$, $V_{2,\,x} = V_2$이므로 이 방정식을 x방향으로 표현하면 다음과 같다.

$$F_R = \dot{m}V_2 - \dot{m}V_1 = \dot{m}(V_2 - V_1) \qquad (3)$$

주어진 수치들을 식 (3)에 대입하여 다음의 결과를 얻는다.

$$F_R = \dot{m}(V_2 - V_1) = (237.2 \text{ kg/s})(2.443 - 3.056 \text{ m/s})\left(\frac{1 \text{ N}}{1 \text{ kg·m/s}^2}\right)$$

$$= -145 \text{ N}$$

음의 부호는 예상한 대로 반력이 음의 x방향으로 작용함을 나타낸다. 그러므로 바람에 의해 풍력 터빈의 지지대에 작용하는 힘은 $F_{mast} = -F_R = 145$ N이다.

발전하는 전력은 V^3에 비례한다. 왜냐하면 질량유량은 V에, 운동 에너지는 V^2에 비례

그림 5-25
최근의 풍력 터빈의 지지대에 작용하는 힘과 모멘트는 매우 중요하며, 그 크기는 V^2에 비례한다. 그러므로 지지대는 매우 크고 튼튼하다.

하기 때문이다. 따라서 풍속이 22 km/h로 2배가 되면 발전하는 전력은 $2^3 = 8$배, 즉 $0.4 \times 8 = 3.2$ kW가 된다. 한편 바람에 의해 풍력 터빈의 지지대에 작용하는 힘은 V^2에 비례한다. 그러므로 풍속이 22 km/h로 2배가 되면 바람의 힘은 $2^2 = 4$배, 즉 $145 \times 4 = 580$ N이 된다.

토의 풍력 터빈은 12장에서 자세히 설명한다.

예제 5-6 우주선의 감속

질량이 12,000 kg인 우주선이 800 m/s의 일정한 속도로 행성을 향해 수직방향으로 하강하고 있다(그림 5-26). 우주선을 감속하기 위하여 우주선 하단의 고체 연료 로켓이 점화되어 연소 가스가 우주선에 상대적으로 3000 m/s의 속도, 80 kg/s의 유량으로 5초 동안 분사된다. 우주선의 작은 질량 변화는 무시하고 (a) 그 시간 동안 우주선의 감속도, (b) 인공위성 속도의 변화, (c) 우주선의 추진력을 결정하라.

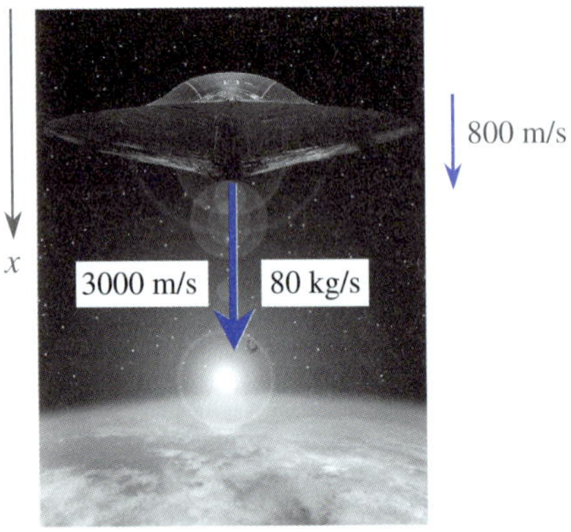

그림 5-26
예제 5-6에 대한 개략도.
ⓒ *Brand X Pictures/PunchStock*

풀이 우주선의 운동방향으로 로켓을 점화하였다. 감속도, 속도의 변화, 추진력을 계산하고자 한다.

가정 **1** 배기 가스의 유동은 분사 시간 동안 정상(steady)이고 1차원이지만, 우주선의 비행은 비정상이다. **2** 우주선에 작용하는 외력은 없고, 노즐 출구에서 압력 힘의 영향은 무시할 수 있다. **3** 분사된 연료의 질량은 우주선의 무게에 비하여 무시할 수 있다. 따라서 인공위성은 질량이 일정한 강체로 취급할 수 있다. **4** 노즐은 운동량 플럭스 보정계수를 무시할 수 있을 정도로 잘 설계되었다. 따라서 $\beta \cong 1$이다.

해석 (a) 편의상 동일한 초기 속도에서 우주선과 함께 움직이는 관성좌표계를 선택한다. 따라서 관성좌표계에 상대적인 유체의 속도는 단순히 우주선에 상대적인 속도이다. 우주선의 운동방향을 양의 x방향으로 한다. 우주선에 작용하는 외력은 없고, 질량은 거의 일정하다. 따라서 우주선은 질량이 일정한 강체로 취급할 수 있으며, 이 경우의 운동량 방정식은 식 (5-29)와 같다.

$$\vec{F}_{\text{thrust}} = m_{\text{spacecraft}}\,\vec{a}_{\text{spacecraft}} = \sum_{\text{in}} \beta \dot{m} \vec{V} - \sum_{\text{out}} \beta \dot{m} \vec{V}$$

이 경우에 관성좌표계에 상대적인 유체의 속도는 우주선에 상대적인 속도와 같다. 운동은 직선상에서 이루어지고, 배기 가스는 양의 x방향이므로 운동량 방정식은 크기를 이용하여 다음과 같이 표현할 수 있다.

$$m_{\text{spacecraft}} a_{\text{spacecraft}} = m_{\text{spacecraft}} \frac{dV_{\text{spacecraft}}}{dt} = -\dot{m}_{\text{gas}} V_{\text{gas}}$$

가스가 양의 x방향으로 분사되고, 주어진 수치를 대입하면 처음 5초 동안 우주선의 가속도를 계산할 수 있다.

$$a_{\text{spacecraft}} = \frac{dV_{\text{spacecraft}}}{dt} = -\frac{\dot{m}_{\text{gas}}}{m_{\text{spacecraft}}} V_{\text{gas}} = -\frac{80 \text{ kg/s}}{12{,}000 \text{ kg}}(+3000 \text{ m/s}) = \mathbf{-20 \text{ m/s}^2}$$

음의 부호는 우주선이 양의 x방향으로 20 m/s^{2}로 감속됨을 확인시킨다.

(b) 크기가 일정한 감속도를 알고 있으므로 처음 5초 동안 우주선의 속도 변화는 가속도의

정의로부터 구할 수 있다.

$$dV_{\text{spacecraft}} = a_{\text{spacecraft}}dt \rightarrow \Delta V_{\text{spacecraft}} = a_{\text{spacecraft}}\Delta t = (-20\ \text{m/s}^2)(5\ \text{s})$$
$$= \mathbf{-100\ m/s}$$

(c) 우주선의 추진력은 식 (5-29)를 이용하여 계산한다.

$$F_{\text{thrust}} = 0 - \dot{m}_{\text{gas}}V_{\text{gas}} = 0 - (80\ \text{kg/s})(+3000\ \text{m/s})\left(\frac{1\ \text{kN}}{1000\ \text{kg}\cdot\text{m/s}^2}\right) = \mathbf{-240\ kN}$$

음의 부호로부터, 로켓의 분사로 인한 추진력은 우주선에 음의 x방향으로 작용함을 알 수 있다.

토의 만약 이 분사 로켓이 실험대에 지지되어 있다면, 로켓은 분사 가스의 반대방향으로 240 kN의 힘(약 24 ton의 무게)을 지지대에 가한다.

예제 5-7 플랜지에 작용하는 순수 힘

부분적으로 닫힌 게이트 밸브가 부착된 수도꼭지를 통해 물이 70 L/min의 유량으로 흐른다(그림 5-27). 플랜지가 부착된 위치에서 파이프의 내경은 2 cm이고, 압력은 90 kPa이다. 수도꼭지와 그 안의 물의 무게는 57 N이다. 플랜지에 작용하는 순수 힘을 계산하라.

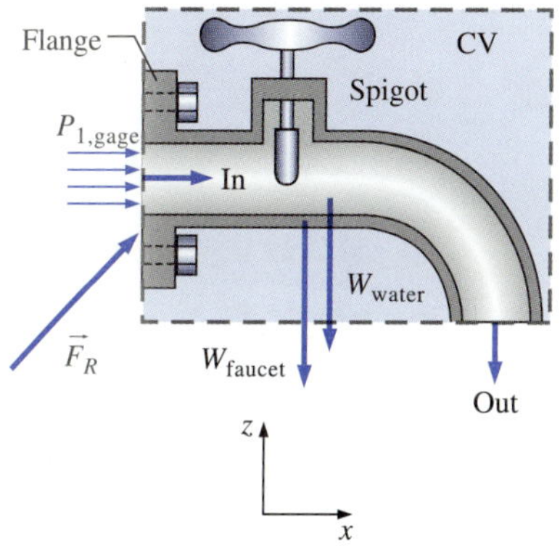

그림 5-27
모든 힘을 표시한 예제 5-7의 검사체적. 편의상 계기 압력을 사용하였다.

풀이 플랜지가 부착된 수도꼭지를 통과하는 물의 유동을 고려해 보자. 플랜지에 작용하는 순수 힘을 계산하고자 한다.

가정 **1** 유동은 정상이며, 비압축성이다. **2** 입구 및 출구의 유동은 난류이며, 완전발달되었다. 따라서 운동량 플럭스 보정계수는 약 1.03이다. **3** 수도꼭지 출구의 파이프 직경은 플랜지에서 직경과 같다.

상태량 상온에서 물의 밀도는 997 kg/m^{3}이다.

해석 수도꼭지 및 이와 바로 인접한 주위를 검사체적으로 선택한다. 이 검사체적과 여기에 작용하는 모든 힘을 그림 5-27에 도시하였다. 이 힘들은 물과 수도꼭지의 무게, 검사체적 입구의 계기 압력 힘, 검사체적에 작용하는 플랜지 힘 $\vec{F}_R$ 등이다. 검사체적의 입구만 제외하고 검사면에 작용하는 계기 압력은 모두 영이므로(대기압), 편의상 계기 압력을 이용한다. 또한 유동을 비압축성으로 가정하였으므로 수도꼭지 출구에서 물의 압력도 대기압이다. 따라서 출구의 계기 압력도 영이다.

이제 검사체적에 보존 법칙들을 적용한다. 먼저 질량 보존 법칙을 고려해 보자. 검사체적이 한 개의 입구와 한 개의 출구로만 구성되므로, 여기로 유입하는 질량유량은 여기에서 유출하는 질량유량과 같다. 또한 파이프의 직경이 일정하고 물은 비압축성이므로, 유출입하는 평균 속도는 동일하다. 따라서 속도는 다음과 같다.

$$V_2 = V_1 = V = \frac{\dot{V}}{A_c} = \frac{\dot{V}}{\pi D^2/4} = \frac{70\ \text{L/min}}{\pi(0.02\ \text{m})^2/4}\left(\frac{1\ \text{m}^3}{1000\ \text{L}}\right)\left(\frac{1\ \text{min}}{60\ \text{s}}\right) = 3.714\ \text{m/s}$$

또한

$$\dot{m} = \rho\dot{V} = (997\ \text{kg/m}^3)(70\ \text{L/min})\left(\frac{1\ \text{m}^3}{1000\ \text{L}}\right)\left(\frac{1\ \text{min}}{60\ \text{s}}\right) = 1.163\ \text{kg/s}$$

다음으로는 정상 유동 운동량 방정식을 적용한다.

$$\sum \vec{F} = \sum_{\text{out}} \beta \dot{m} \vec{V} - \sum_{\text{in}} \beta \dot{m} \vec{V} \tag{1}$$

플랜지에 작용하는 힘의 x 및 z방향 성분들을 각각 F_{Rx} 및 F_{Rz}라 하고, 양의 방향으로 가정한다. x방향 속도의 크기는 입구에서 $+V_1$, 출구에서 영이다. z방향 속도의 크기는 입구에서 영이고, 출구에서 $-V_2$이다. 수도꼭지와 그 안의 물 무게는 체적력으로 $-z$방향으로 작용한다. 압력 힘과 점성력은 z방향으로 작용하지 않는다.

x 및 z축 방향의 운동량 방정식은 다음과 같이 쓸 수 있다.

$$F_{Rx} + P_{1,\text{ gage}} A_1 = 0 - \dot{m}(+V_1)$$
$$F_{Rz} - W_{\text{faucet}} - W_{\text{water}} = \dot{m}(-V_2) - 0$$

F_{Rx} 및 F_{Rz}에 대하여 정리하고, 주어진 수치들을 대입하면 다음의 결과를 얻을 수 있다.

$$\begin{aligned} F_{Rx} &= -\dot{m}V_1 - P_{1,\text{ gage}} A_1 \\ &= -(1.163 \text{ kg/s})(3.714 \text{ m/s})\left(\frac{1 \text{ N}}{1 \text{ kg}\cdot\text{m/s}^2}\right) - (90{,}000 \text{ N/m}^2)\,\frac{\pi(0.02 \text{ m})^2}{4} \\ &= -32.6 \text{ N} \end{aligned}$$

$$\begin{aligned} F_{Rz} &= -\dot{m}V_2 + W_{\text{faucet + water}} \\ &= -(1.163 \text{ kg/s})(3.714 \text{ m/s})\left(\frac{1 \text{ N}}{1 \text{ kg}\cdot\text{m/s}^2}\right) + 57 \text{ N} = 52.7 \text{ N} \end{aligned}$$

따라서 플랜지가 검사체적에 작용하는 순수 힘은 벡터 식으로 다음과 같이 표현할 수 있다.

$$\vec{F}_R = F_{Rx}\vec{i} + F_{Rz}\vec{k} = -32.6\vec{i} + 52.7\vec{k} \quad \text{N}$$

Newton의 제3법칙에 의하여 수도꼭지가 플랜지에 가하는 힘은 $\vec{F}_R$의 음의 값이다.

$$\vec{F}_{\text{faucet on flange}} = -\vec{F}_R = \mathbf{32.6\,\vec{i} - 52.7\,\vec{k}\ N}$$

토의 직관적으로 알 수 있는 바와 같이, 수도꼭지는 오른쪽 아래 방향으로 끌어당기려고 한다. 즉, 물은 입구에서 고압을 가하지만, 출구의 압력은 영이다. 한편 입구에서 물의 x방향 운동량은 방향이 바뀌면서 소실되며, 파이프 벽에 오른쪽으로 힘을 가하게 된다. 수도꼭지의 무게는 물의 운동량 효과보다 훨씬 무거우므로, 힘은 아래 방향이다. 하첨자 "수도꼭지가 플랜지에"는 힘의 방향을 명확히 한다.

요약

이 장에서는 주로 유한 검사체적에 대한 운동량 보존을 다루었다. 검사체적에 작용하는 힘에는 중력, 전기력, 자기력 등과 같이 검사체적의 전체 체적에 걸쳐 작용하는 **체적력(body force)**과 압력 힘 및 접촉점의 반력 등과 같이 검사면에 작용하는 **표면력(surface force)**이 있다. 어느 특정한 순간에 검사체적에 작용하는 모든 힘의 합은 $\sum\vec{F}$로 표시하고, 다음의 의미를 갖는다.

$$\underbrace{\sum\vec{F}}_{\text{total force}} = \underbrace{\sum\vec{F}_{\text{gravity}}}_{\text{body force}} + \underbrace{\sum\vec{F}_{\text{pressure}} + \sum\vec{F}_{\text{viscous}} + \sum\vec{F}_{\text{other}}}_{\text{surface forces}}$$

Newton의 제2법칙은 다음과 같이 서술할 수 있다. **시스템에 작용하는 모든 외력의 합은 시스템의 선형운동량의 시간 변화율과 같다.** Reynolds 수송정리에 $b = \vec{V}$, $B = m\vec{V}$를 대입하고 Newton의 제2법칙을 이용하면, 검사체적에 대한 **선형운동량 방정식**은 다음과 같다.

$$\sum\vec{F} = \frac{d}{dt}\int_{\text{CV}} \rho\vec{V}\,dV + \int_{\text{CS}} \rho\vec{V}(\vec{V}_r\cdot\vec{n})\,dA$$

특수한 경우, 이 식은 간단히 다음과 같이 표현할 수 있다.

정상 유동: $$\sum\vec{F} = \int_{\text{CS}} \rho\vec{V}(\vec{V}_r\cdot\vec{n})\,dA$$

비정상 유동(대수식 형태):

$$\sum\vec{F} = \frac{d}{dt}\int_{\text{CV}} \rho\vec{V}\,dV + \sum_{\text{out}}\beta\dot{m}\vec{V} - \sum_{\text{in}}\beta\dot{m}\vec{V}$$

정상 유동(대수식 형태): $$\sum\vec{F} = \sum_{\text{out}}\beta\dot{m}\vec{V} - \sum_{\text{in}}\beta\dot{m}\vec{V}$$

외력이 없는 경우: $$0 = \frac{d(m\vec{V})_{\text{CV}}}{dt} + \sum_{\text{out}}\beta\dot{m}\vec{V} - \sum_{\text{in}}\beta\dot{m}\vec{V}$$

여기서 β는 운동량 플럭스 보정계수이다. 질량 m이 일정한 검사체적은 강체(질량이 일정한 시스템)처럼 취급되며, 물체에 작용하는 **순수 추진력(net thrusting force)**[또는 간단히 **추력(thrust)**]은 다음과 같다.

$$\vec{F}_{\text{thrust}} = m_{\text{CV}}\vec{a} = \sum_{\text{in}}\beta\dot{m}\vec{V} - \sum_{\text{out}}\beta\dot{m}\vec{V}$$

연습 문제*

Newton의 법칙과 운동량 보존

5-1C 회전하는 물체에 대한 Newton의 제2법칙을 설명하라. 강체가 아닌 물체에 작용하는 순수 토크가 영이면 일정한 질량의 회전하는 물체의 각속도와 각운동량은 어떠한가?

5-2C 운동량은 벡터인가? 그렇다면, 이 벡터는 어느 방향을 가리키는가?

5-3C 운동량 보존 법칙을 설명하라. 한 물체에 작용하는 순수 힘이 영이면 이 물체의 운동량은 어떠한가?

선형운동량 방정식

5-4C 소방관 두 명이 노즐이 부착된 동일한 물 호스로 불을 끄려고 한다. 한 명은 호스를 똑바로 잡고 있으므로 물의 유동방향과 동일한 방향으로 노즐에서 물이 분사된다. 반면 다른 한 명은 노즐의 방향을 반대로 하여 잡고 있으므로 물은 U-형 방향 전환 후 분사된다. 어느 소방관에게 더 큰 반력이 작용할까?

5-5C 검사체적에 대한 운동량해석에서 표면력들은 어떻게 생기는가? 표면력의 개수를 어떻게 최소화할 수 있을까?

5-6C 유체역학에서 Reynolds 수송정리의 중요성을 설명하라. 이를 이용하여 선형운동량 방정식을 유도하는 방법을 설명하라.

5-7C 운동량해석을 할 때, 운동량 플럭스 보정계수의 중요성은 무엇인가? 층류 유동, 난류 유동, 제트 유동 중 보정계수가 가장 중요하고 해석 시 반드시 이를 고려하여야 하는 유동은 무엇인가?

5-8C 외력이 없는 경우의 정상, 1차원 유동의 운동량 방정식을 적고, 각 항들의 물리적 중요성을 설명하라.

5-9C 운동량 방정식을 적용할 때, 일반적으로 대기압을 무시한 계기 압력을 사용하는 이유는 무엇인가?

5-10C 우주 공간의 로켓(마찰, 즉 운동에 대한 저항이 없다)이 그 자체에 상대적인 높은 속도 V로 배기 가스를 분사한다. 이 V가 로켓 최대 속도의 상한인가?

5-11C 운동량과 공기 유동의 관점에서 헬리콥터가 비행할 수 있는 이유를 설명하라.

그림 P5-11C

5-12C 헬리콥터가 높은 산 정상에서 비행할 때와 해수면에서 비행할 때, 어느 경우에 더 큰 동력을 필요로 할까? 그 이유를 설명하라.

5-13C 동일한 위치에서, 똑같은 성능을 발휘하려면, 헬리콥터는 여름과 겨울 중 어느 계절에 더 많은 에너지를 필요로 할까? 그 이유를 설명하라.

5-14C 출구 단면적이 일정한 수평 노즐에서 분사된 물 제트가 고정된 수직 평판에 수직으로 충돌한다. 물 제트의 유동에 대항하여 평판을 현재의 위치에 유지시키려면 어떠한 힘 F가 필요할 것이다. 제트의 속도가 두 배로 증가하면 이 힘도 두 배로 증가하는가? 그 이유를 설명하라.

5-15C 체적력과 표면력을 정의하고, 검사체적에 작용하는 순수 힘을 계산하는 방법을 설명하라. 유체의 무게는 체적력인가 혹은 표면력인가? 압력은 체적력인가 혹은 표면력인가?

5-16C 고정된 노즐에서 분사된 속도가 일정한 수평방향의 물 제트가 거의 마찰이 없는 지면에 놓인 수직 평판에 수직으로 충돌한다. 물 제트가 이 평판에 충돌하면 물의 힘에 의해 이 평판은 움직이기 시작한다. 평판의 가속도는 일정한가 혹은 변화할 것인가? 그 이유를 설명하라.

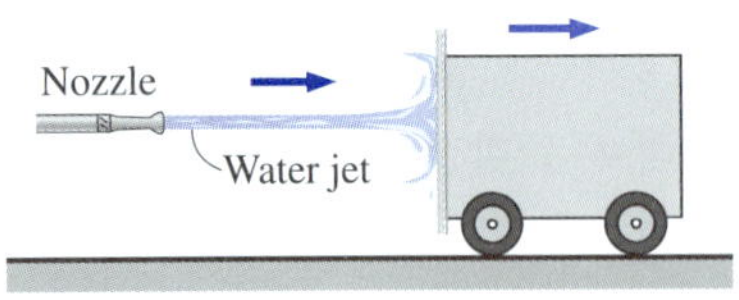

그림 P5-16C

5-17C 고정된 노즐에서 분사된 일정한 속도 V의 수평방향 물 제트가 거의 마찰이 없는 지면에 놓인 수직 평판에 수직으로 충돌한다. 물 제트가 이 평판에 충돌하면 물의 힘에 의해 이 평판은 움직이기 시작한다. 평판이 도달할 수 있는 최대 속도는 얼마인가? 그 이유를 설명하라.

5-18 물이 직경 2.5 cm인 파이프에 3 m/s의 균일한 속도로 정상적으로 유입되고, $u = u_{max}(1 - r/R)^{1/7}$의 속도 분포를 갖는 난류 유동으로 유출한다. 파이프에서 압력 강하가 10 kPa이라면, 파이프에 작용하는 항력은 얼마인가?

5-19 직경이 2.5 cm이고 지면에 상대적인 속도가 $V_j = 40$ m/s인 수평방향의 물 제트가 밑바닥(base) 직경이 25 cm인 고정된 60° 원뿔(cone)에 의해 방향이 바뀐다. 원뿔을 따른 물의 속도는 원뿔 표면에서는 0, 자유표면에서는 들어오는 제트의 속도 40 m/s로 선형적으로 변화한다. 중력과 전단력의 효과를 무시하고, 원뿔을 현재의 위치에 고정시키기 위한 수평방향의 힘 F를 계산하라.

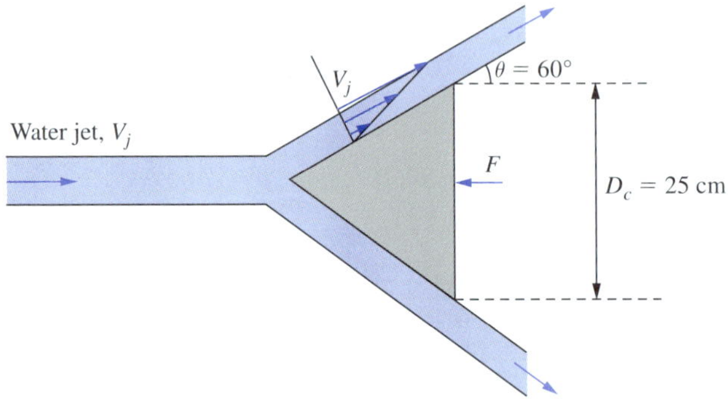

그림 P5-19

5-20 고정된 노즐에서 분사된 일정한 속도 V의 수평방향 물 제트가 수직 평판에 수직으로 충돌한 후 수직면의 주위로 유출한다. 판은 제트와 반대방향으로 $\frac{1}{2}V$의 속도로 운동한다. 평판을 고정시키기 위하여 어떠한 힘 F가 필요하다. 그렇다면 평판을 물 제트의 방향으로 움직이게 하려면 얼마의 힘이 필요할까?

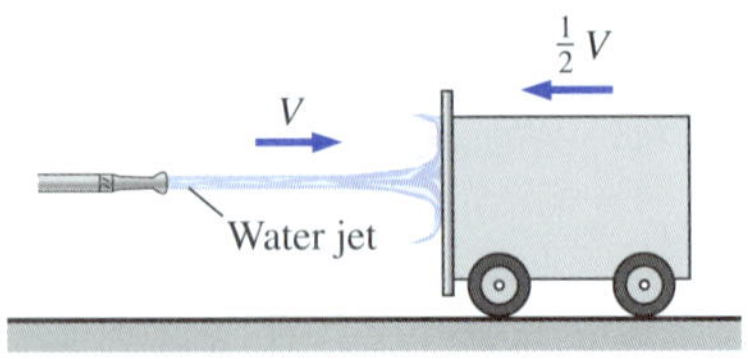

그림 P5-20

5-21 유량 40 kg/s로 수평 파이프를 유동하는 물을, 90° 엘보를 이용하여 위 방향으로 바꾸려고 한다. 엘보의 직경은 10 cm이다. 엘보는 대기 중으로 물을 방출하므로 출구의 압력은 국소 대기압이다. 엘보 입출구 중심 간의 높이 차이는 50 cm이다. 엘보와 그 내부의 물무게는 무시할 수 있을 때, 다음을 계산하라. (*a*) 엘보 입

구 중심의 계기 압력, (*b*) 엘보를 현재의 위치에 고정시키기 위해 필요한 힘. 운동량 플럭스 보정계수는 1.03이다.

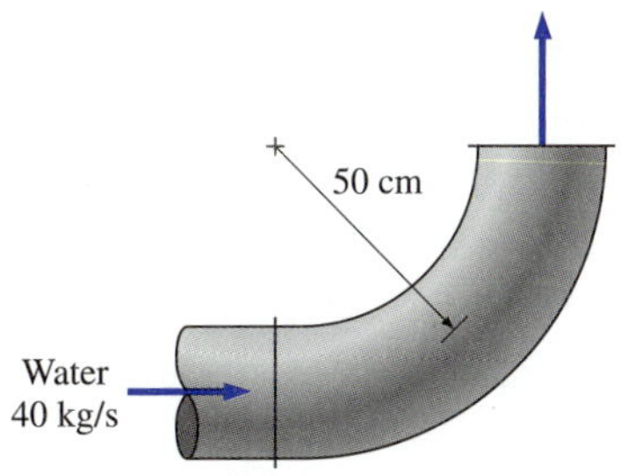

그림 P5-21

5-22 문제 5-21의 엘보에 그것과 동일한 또 하나의 엘보를 부착하여, 물의 유동을 U-형 방향 전환을 할 때, 문제 5-21을 반복하라.

답: (*a*) 9.81 kPa, (*b*) −497 N

5-23 수평 파이프를 통해 흐르는 물을, 면적이 좁아지는 엘보를 이용하여 가속시키며 $\theta = 45°$ 위 방향으로 바꾸려고 한다. 엘보는 대기 중으로 물을 방출한다. 엘보의 단면적은 입구에서 150 cm^2, 출구에서는 25 cm^{2}이다. 입출구 중심 간의 높이 차이는 40 cm이다. 엘보와 엘보 내 물의 질량은 50 kg이다. 엘보를 현재의 위치에 고정시키기 위해 필요한 힘을 계산하라. 운동량 플럭스 보정계수는 입구와 출구 모두에서 1.03이다.

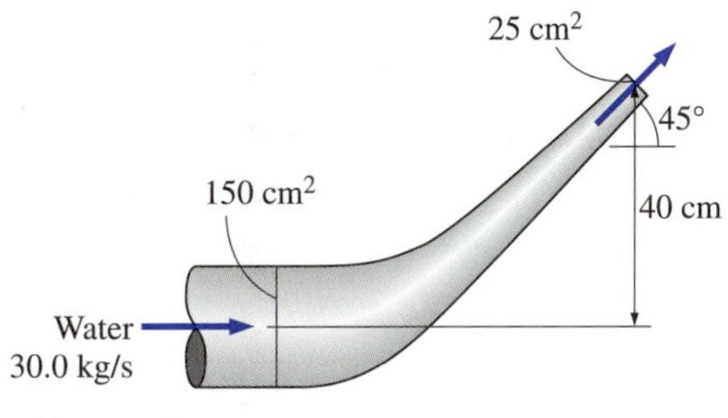

그림 P5-23

5-24 $\theta = 110°$ 일 때, 문제 5-23을 반복하라.

5-25 노즐에서 35 m/s로 가속된 물이 물 제트와 같은 방향으로 10 m/s의 일정한 속도로 움직이는 수레 뒷부분의 수직 평판에 충돌한다. 움직이지 않는 노즐을 통과하는 물의 질량유량은 30 kg/s이다. 충돌 후 제트는 평판면에서 모든 방향으로 유출한다. (*a*) 수레가 가속하지 않도록 브레이크에 작용하여야 할 힘을 계산하라. (*b*) 만약 이 힘을 브레이크에 소비하는 대신 동력을 생산한다면, 생산할 수 있는 최대 동력은 얼마인가?

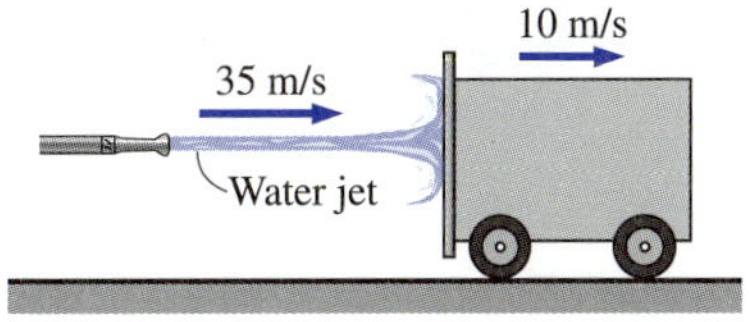

그림 P5-25

답: (*a*) −536 N, (*b*) 5.36 kW

5-26 문제 5-25를 다시 고려해 보자. 만약 수레의 질량이 400 kg이고 브레이크가 고장났다면, 물 제트가 처음에 뒤평판에 충돌하였을 때, 수레의 가속도는 얼마인가? 뒤평판을 적시는 물의 무게는 무시할 수 있다고 가정하라.

5-27 유량 2.8 m^3/s 의 물 제트가 양의 x방향으로 5.5 m/s의 속도로 유동한다. 이 유동은 고정된 분할판(splitter)에 충돌한 후 유동의 반은 45° 위 방향으로 나머지 반은 아래쪽으로 방향이 바뀌며, 두 유동의 최종 속도는 5.5 m/s이다. 중력 효과를 무시하였을 때, 물의 힘에 대항하여 꺾인 판을 현재의 위치에 유지시키기 위하여 필요한 힘의 x방향 성분 및 z방향 성분을 계산하라.

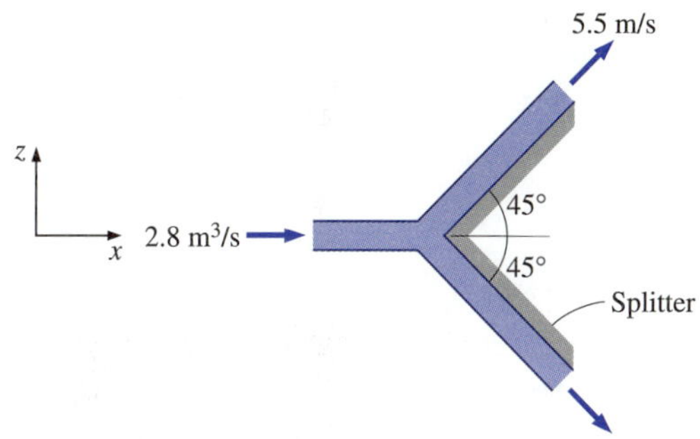

그림 P5-27

5-28 문제 5-27을 다시 고려해 보자. EES(혹은 다른) 소프트웨어를 이용하여 분할판의 각도가 분할판에 작용하는 힘에 미치는 영향을 계산하라. 각도는 0°에서 180°까지 10°씩 증가시킨다. 그 결과를 표로 정리하고, 그림으로 나타낸 후 결론을 도출하라.

5-29 속도가 18 m/s, 직경이 5 cm인 수평방향의 물 제트가 1000 kg 질량의 수직 평판에 수직으로 충돌한다. 평판은 거의 마찰이 없는 지면에 놓여 있고, 처음에는 정지하여 있다. 제트가 평판에 충돌하면 평판은 제트와 같은 방향으로 움직이기 시작한다. 물은 움직이는 평판면에서 유출한다. (*a*) 물 제트가 처음에 평판에 충돌하였을 때($t = 0$), 평판의 가속도는 얼마인가? (*b*) 평판의 속도가 9 m/s에 도달할 때까지 걸리는 시간은 얼마인가? (*c*) 제트가 평판에 처음 충돌한 후 20 s 후에 평판의 속도는 얼마인가? 문제를 간단히 하기 위하여, 평판이 움직이면 제트의 속도도 증가하여 제트가 평판에 가하는 충격 힘은 일정하다고 가정한다.

5-30 블레이드의 직경이 61 cm인 팬이 해발 0 m에서 20℃의 공기 0.95 m^3/s를 방출시킬 때, 다음을 계산하라. (*a*) 팬을 지탱하기 위한 힘, (*b*) 팬이 필요로 하는 최소 동력 입력. 팬을 포함할 수 있도록 검사체적을 충분히 크게 선택하라. 또한 검사체적 입

구의 계기 압력 및 공기의 속도는 영이다. 팬에 접근하는 공기는 매우 큰 면적을 통과하고, 속도는 무시할 수 있을 정도라고 가정하라. 또한 공기는 팬의 블레이드 직경과 동일한 직경의 가상의 원통을 통과하여 대기압 상태의 균일한 속도로 팬에서 유출한다고 가정한다.

답: (*a*) 3.72 N, (*b*) 6.05 W

5-31 소방관들이 불을 끄기 위하여 호스의 끝에 부착된 노즐을 잡고 있다. 노즐의 출구 직경이 8 cm이고, 물의 유량이 12 m^3/min 일 때, 다음을 계산하라. (*a*) 출구에서 물의 평균 속도, (*b*) 노즐을 붙잡기 위해 소방관들에게 필요한 수평방향의 힘.

답: (*a*) 39.8 m/s, (*b*) 7958 N

그림 P5-31

5-32 지면에 상대적인 속도가 40 m/s인 직경 5 cm의 수평방향의 물 제트가 제트와 같은 방향으로 10 m/s의 속도로 움직이는 수직 평판에 충돌한다. 충돌 후 제트는 평판면에서 모든 방향으로 유출한다. 물 제트가 평판에 가한 힘은 얼마인가?

5-33 EES 문제 5-32를 다시 고려해 보자. EES(혹은 다른) 소프트웨어를 이용하여 평판의 속도가 평판에 가하는 힘에 미치는 영향을 계산하라. 평판의 속도는 0에서 30 m/s 까지 3 m/s씩 증가시킨다. 그 결과를 표로 정리하고, 그림으로 나타내라.

5-34 속도가 28 m/s인 직경 7.5 cm의 물 제트가 곡면에 충돌한 후 동일한 속도를 유지하며 방향이 180° 바뀐다. 마찰 효과를 무시하였을 때, 물의 힘에 대항하여 곡면을 현 위치에 고정시키기 위해 필요한 힘을 계산하라.

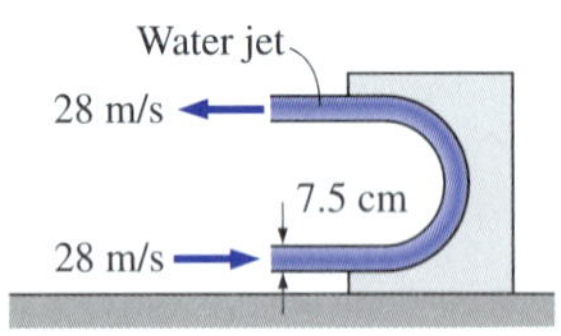

그림 P5-34

5-35 짐이 없을 때, 질량이 12,000 kg인 헬리콥터가 해수면 고도에서 떠 있으면서 짐을 적재한다. 짐을 적재하지 않고 떠 있을 때, 블레이드는 550 rpm으로 회전한다. 헬리콥터 위에 위치한 수평 블레이드는 18 m 직경의 공기질량을 블레이드의 회전 속도 (rpm)에 비례하는 공기 속도로 아래쪽으로 유동시킨다. 14,000 kg 의 짐을 적재한 후 헬리콥터는 천천히 상승한다. (*a*) 짐이 없는 상태일 때, 헬리콥터로 인해 아래쪽으로 유동하는 공기의 체적유량과 필요한 동력의 입력은 얼마인가? (*b*) 14,000 kg의 짐을 적재하였을 때, 헬리콥터 블레이드의 rpm과 필요한 동력의 입력은 얼마인가? 대기의 밀도는 1.18 kg/m^3이다. 위 방향에서 블레이드로 접근하는 공기는 매우 큰 면적을 통과하고, 속도는 무시할 수 있을 정도라고 가정하라. 또한 공기는 블레이드의 직경과 동일한 직경의 가상의 원통을 통과하여 균일한 속도로 아래쪽으로 강제로 유동한다고 가정한다.

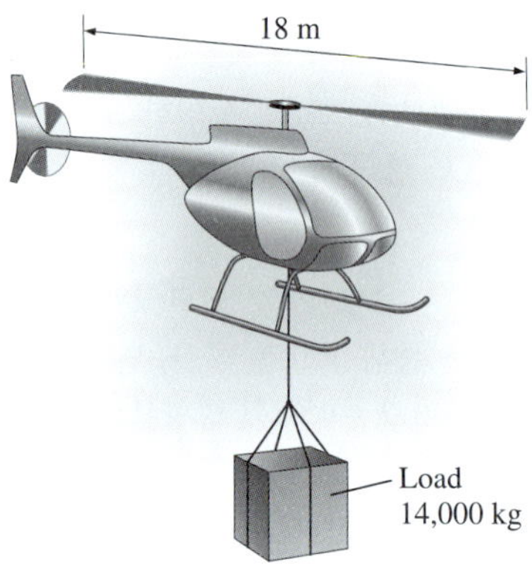

그림 P5-35

5-36 문제 5-35의 헬리콥터가 해수면 대신 공기의 밀도가 0.928 kg/m^3인 2800 m 해발의 높은 산 정상에 떠 있다. 짐을 적재하지 않은 헬리콥터가 해수면 고도에서 떠 있기 위해서 블레이드가 550 rpm으로 회전하여야 한다면, 높은 고도에서는 몇 rpm으로 회전하여야 하는가? 또한 3000 m 고도에서 떠 있을 때 필요한 동력 입력은 해수면 고도에 비해 몇 % 증가하여야 하는가?

답: 620 rpm, 12.8%

5-37 직경이 10 cm인 파이프에 0.1 m^3/s의 유량으로 물이 흐른다. 물의 속도를 낮추기 위하여, 그림 P5-37에 보인 바와 같이 출구 직경이 20 cm인 디퓨저를 파이프에 볼트 체결한다. 마찰 효과를 무시하였을 때, 물의 흐름이 볼트에 가한 힘을 계산하라.

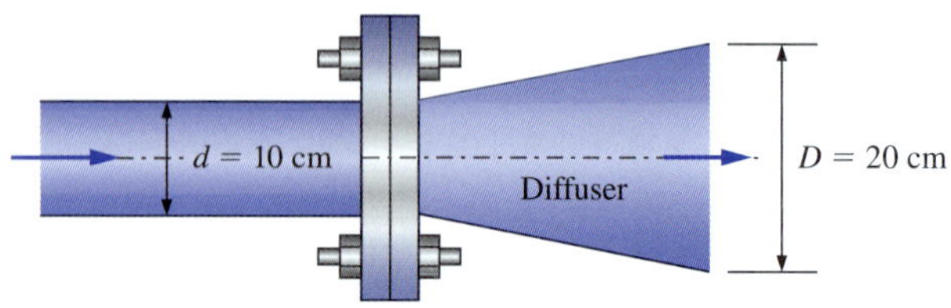

그림 P5-37

5-38 대기에 노출된 물탱크가 그림 P5-38에 보이는 바와 같이 평형추에 의해 균형을 유지하고 있다. 탱크의 밑에는 유량계수가

0.9인 직경 4 cm의 구멍이 있고, 탱크에 수평방향으로 유입되는 물에 의해 탱크 내 수위는 50 cm를 일정하게 유지한다. 탱크 밑의 구멍이 열린다면, 균형을 유지하기 위해 평형추의 질량을 얼마나 더하거나 혹은 빼야 하는가? 계산하라.

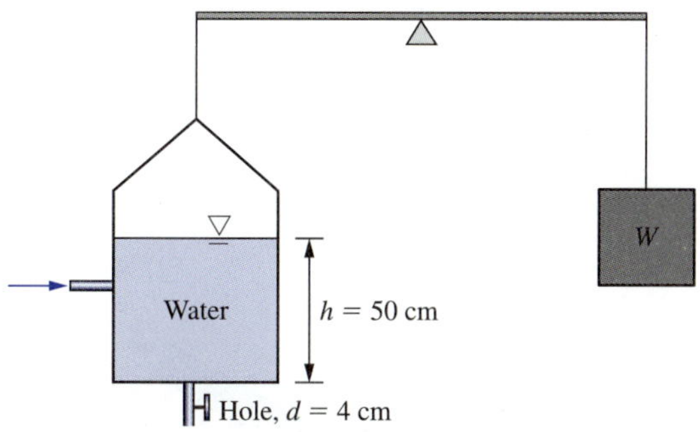

그림 P5-38

5-39 상업용 대형 풍력 터빈에 있어서 블레이드의 직경은 100 m 정도이고, 최대 설계 조건에서 3 MW 이상의 전력을 생산한다. 블레이드의 직경이 60 m인 풍차에 30 km/h의 바람이 지속적으로 분다. 풍력 터빈의 터빈-발전기 연합 효율이 32%일 때, 다음을 계산하라. (*a*) 터빈이 생산한 동력, (*b*) 바람에 의해 터빈의 지지대에 가해진 수평방향의 힘. 공기의 밀도는 1.25 kg/m^{3}이고 마찰 효과는 무시하라.

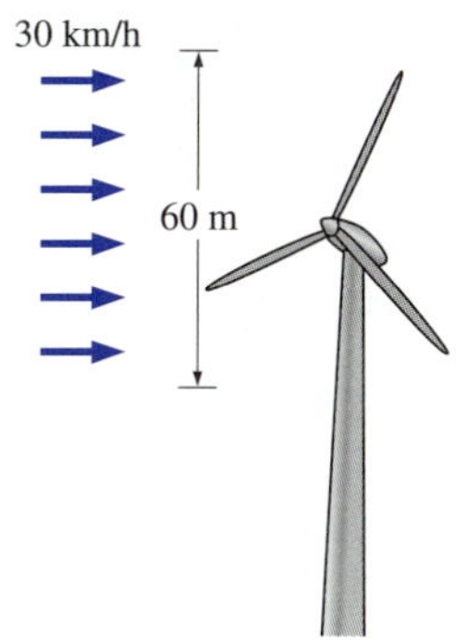

그림 P5-39

5-40 유량이 0.09 m^3/s, 속도가 5 m/s, 압력은 대기압 상태인 물이 원심 펌프에 축방향으로 유입하고, 그림 P5-40에서와 같이 수직방향으로 송출한다. 축에 작용하는(축의 베어링에 작용하는 힘) 축방향의 힘을 계산하라.

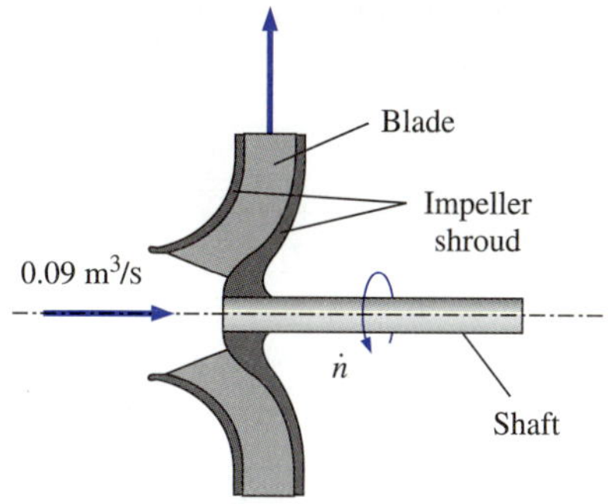

그림 P5-40

5-41 밀도가 ρ, 점성계수가 μ인 비압축성 유체가 180°로 방향이 바뀌는 곡선 덕트 내를 흐른다. 덕트의 단면적은 일정하다. 입구 (1)과 출구 (2)에서 평균 속도, 운동량 보정계수, 계기 압력은 그림 P5-41에 주어져 있다. (*a*) 덕트의 벽에 작용하는 수평방향의 유체 힘 F_x를 주어진 변수로 나타내라. (*b*) 다음의 값들을 (*a*)에 대입하여 계산하라. $\rho = 998.2$ kg/m^3, $\mu = 1.003 \times 10^{-3}$ kg/m · s, $A_1 = A_2 = 0.025$ m^2, $\beta_1 = 1.01$, $\beta_2 = 1.03$, $V_1 = 10$ m/s, $P_{1,\text{ gage}} = 78.47$ kPa, $P_{2,\text{ gage}} = 65.23$ kPa.

답: (*b*) F_x = 오른 쪽 방향으로 8680 N

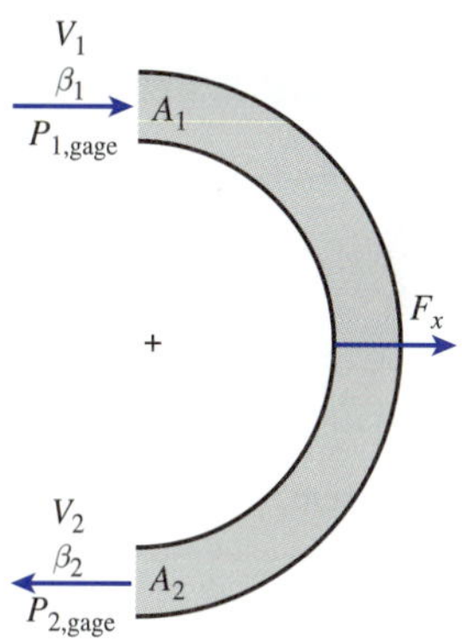

그림 P5-41

5-42 문제 5-41을 다시 고려해 보자. 그러나 덕트의 단면적이 일정하지 않고 변한다($A_1 \neq A_2$). (*a*) 덕트의 벽에 작용하는 수평방향의 유체 힘 F_x를 주어진 변수로 나타내라. (*b*) 다음의 값들을 (*a*)에 대입하여 계산하라. $\rho = 998.2$ kg/m^3, $A_1 = 0.025$ m^2, $A_2 =$

$0.015\ m^2$, $\beta_1 = 1.02$, $\beta_2 = 1.04$, $V_1 = 20\ m/s$, $P_{1,\ gage} = 88.34\ kPa$, $P_{2,\ gage} = 67.48\ kPa$. **답:** (b) F_x = 오른쪽 방향으로 30,700 N

5-43 25 cm 직경의 수평 파이프 내를 속도 8 m/s, 계기 압력 300 kPa로 유동하는 물이 단면이 감소하는 90° 벤드로 유입된 후 15 cm 직경의 수직 파이프에 연결된다. 벤드 입구의 위치는 출구보다 50 cm 높다. 마찰 및 중력 효과를 무시하고, 물에 의해 벤드에 작용하는 순수 힘을 계산하라. 운동량 플럭스 보정계수는 1.04이다.

5-44 단지 수직 평판을 상하로 이동시켜 수로의 유량을 조절하는 수문은 관개 시스템에 널리 사용된다. 수문의 상류와 하류의 물높이 y_1과 y_2의 차이, 속도 V_1과 V_2의 차이로 인하여 수문에 힘이 가해진다. 수문의 폭(지면의 속으로)은 w이다. 수로 표면의 전단응력을 무시하고, 위치 1과 2는 정상 및 균일 유동이라고 가정한다. 수문에 작용하는 힘 F_R을 깊이 y_1과 y_2, 질량유량 $\dot{m}$, 중력가속도 g, 수문의 폭 w, 물의 밀도 ρ의 함수로 나타내라.

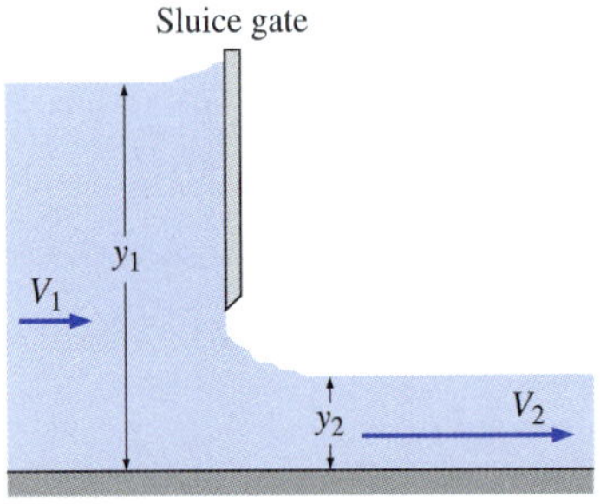

그림 P5-44

복습 문제

5-45 그림 P5-45에 보이는 바와 같이, $0.16\ m^3/s$의 유량으로 정상 유동하는 물이 각이 있는 엘보에 의해 아래쪽으로 방향이 꺾인다. $D = 30\ cm$, $d = 10\ cm$, $h = 50\ cm$인 경우, 엘보의 플랜지에 작용하는 수평방향의 힘을 계산하라. 엘보의 내부 체적은 $0.03\ m^3$이고, 엘보 재질의 무게 및 마찰 효과는 무시하라.

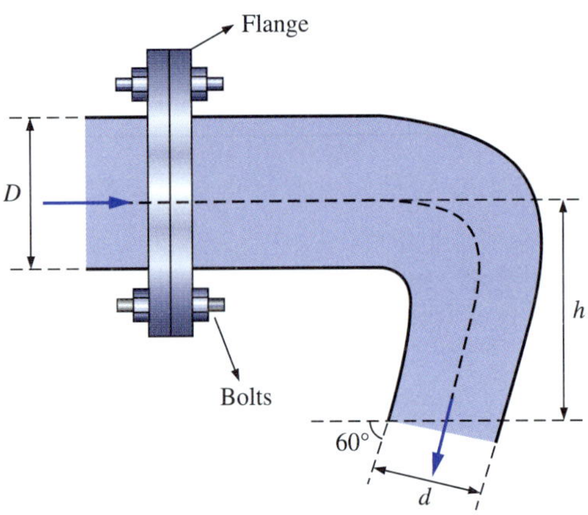

그림 P5-45

5-46 질량이 5 kg인 엘보의 무게를 고려하여 문제 5-45를 반복하라.

5-47 직경이 12 cm이고 지면에 상대적인 속도가 $V_j = 25\ m/s$인 수평방향의 물 제트가 왼쪽으로 $V_c = 10\ m/s$로 움직이는 40° 원뿔(cone)에 의해 방향이 바뀐다. 원뿔의 움직임을 유지하는 데 필요한 힘 F를 계산하라. 중력과 표면 전단력의 효과는 무시하고, 유동방향에 수직인 물 제트의 단면적은 일정하다고 가정하라.

답: 왼쪽으로 3240 N

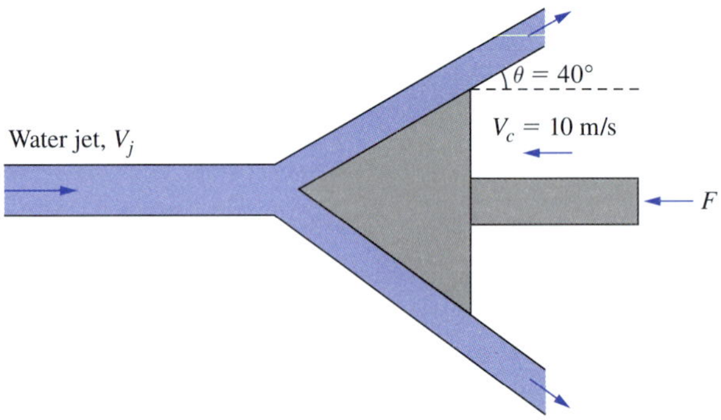

그림 P5-47

5-48 직경이 6 cm, 속도가 25 m/s인 수평방향 물 제트가 고정된 수직 평판에 수직으로 충돌한 후 평판면의 주위로 유출한다. 물 제트의 유동에 대항하여 평판을 현재의 위치에 유지시키기 위하여 얼마의 힘이 필요한가? **답:** 1770 N

5-49 탱크에 부착된 단면이 일정한 수평 파이프 내의 정상, 발달하는 물의 층류 유동을 고려해 보자. 물은 파이프로 거의 균일한 속도 V와 압력 P_1으로 유입된다. 얼마 후에 속도 분포는 운동량 보정계수가 2인 포물선이 되고, 압력은 P_2로 떨어진다. 탱크에 부착된 파이프를 고정시키기 위한 볼트에 작용하는 수평방향의 힘을 구하라.

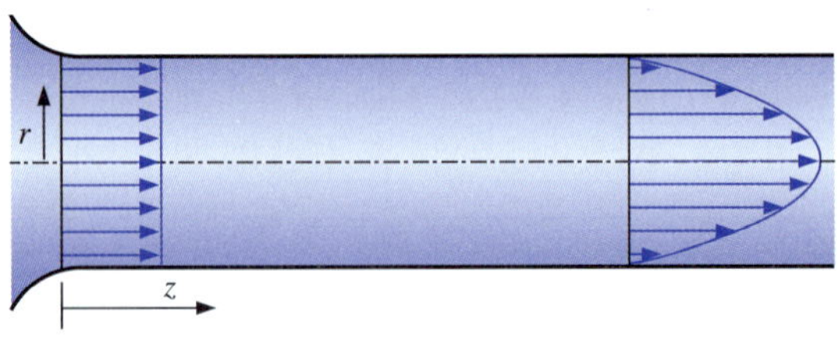

그림 P5-49

5-50 호스와 연결되어 직경 5 cm의 물을 분출시키기 위한 노즐을 지지하는 삼각대가 그림 P5-50에 도시되어 있다. 물이 가득 찬 노즐의 질량은 10 kg이다. 삼각대는 1800 N의 힘을 지지할 수 있

다. 삼각대가 갑자기 넘어져서 노즐의 60 cm 뒤에 서 있는 소방관에게 노즐이 충격을 가한다. 독자가 사고 복구반에 고용되어 삼각대를 시험한 결과, 유량이 증가하면 1800 N에서 삼각대가 넘어진다고 판단하였다. 독자의 최종 보고서에, 삼각대가 넘어져서 노즐이 소방관에게 충격을 가할 때, 물의 속도, 유량, 노즐의 속도에 대해 설명하라. **답:** 30.3 m/s, 0.0595 m^3/s, 14.7 m/s

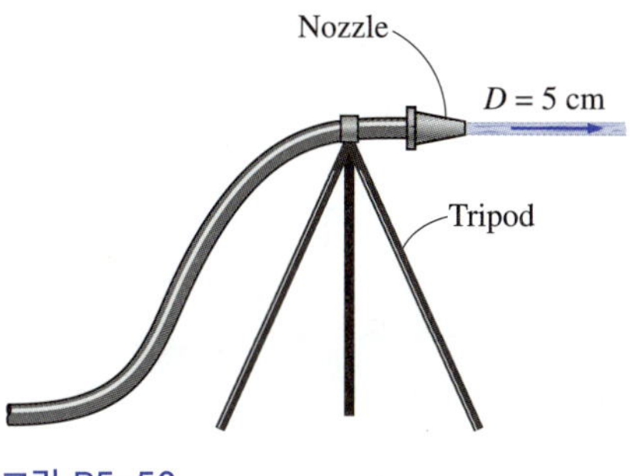

그림 P5-50

5-51 꼬리 부분에, 18 kg/s의 연소 가스를 비행기에 상대적인 속도 $V = 300$ m/s로 분출하는 제트 엔진이 부착된 비행기를 고려해 보자. 착륙 시 추력 역전 장치(thrust reverser: 비행기의 브레이크 역할을 하며, 활주로가 짧을 때 착륙을 용이하게 한다)가 분출 제트의 궤적으로 내려와 배기 가스의 방향을 150° 바꾼다. (*a*) 추력 역전 장치가 내려오기 전 엔진이 생산하는 추력, (*b*) 추력 역전 장치가 내려온 후 발생한 브레이크의 힘을 계산하라.

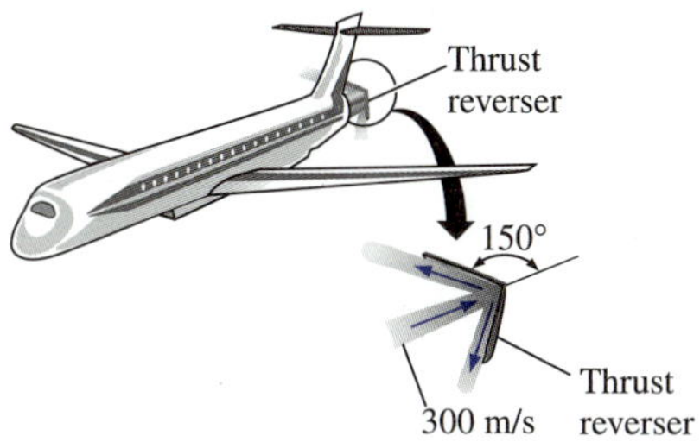

그림 P5-51

5-52  문제 5-51을 다시 고려해 보자. EES (혹은 다른) 소프트웨어를 이용하여 추력 역전 장치의 각도가 비행기에 작용하는 브레이크 힘에 미치는 영향을 계산하라. 각도는 0°(역전이 없음)에서 180° (최대 역전)까지 10° 씩 증가시킨다. 그 결과를 표로 정리하고, 그림으로 나타낸 후 결론을 도출하라.

5-53 질량 11,000 kg의 우주선이 우주공간에서 600 m/s의 일정한 속도로 순항하고 있다. 우주선을 감속시키기 위하여 고체 연료 로켓을 점화하였다. 연소 가스는 유량 70 kg/s로 일정하게, 우주선과 같은 방향으로 1500 m/s의 속도로 5 s 동안 로켓에서 분출된다. 우주선의 질량은 일정하게 유지된다고 가정하였을 때, 다음을 계산하라. (*a*) 이 5 s 동안 비행기의 감속도, (*b*) 이 시간 동안 우주선의 속도 변화, (*c*) 우주선에 가해진 추력.

5-54 60 kg의 스케이트 선수가 스케이트를 신고 얼음 위에 서 있다(마찰을 무시할 수 있다). 이 선수는 잘 휘어지는 호스(무게가 없다)를 잡고 있다. 호스에서는 직경이 2 cm인 물이 수평방향으로 스케이트와 평행하게 10 m/s의 속도로 분출된다. 처음에는 이 선수가 정지하여 있을 때, 다음을 계산하라. (*a*) 선수의 속도와 5 s 동안 움직인 거리, (*b*) 5 m를 움직이는 데 걸리는 시간과 그 때의 속도. **답:** (*a*) 2.62 m/s, 6.54 m, (*b*) 4.4 s, 2.3 m/s

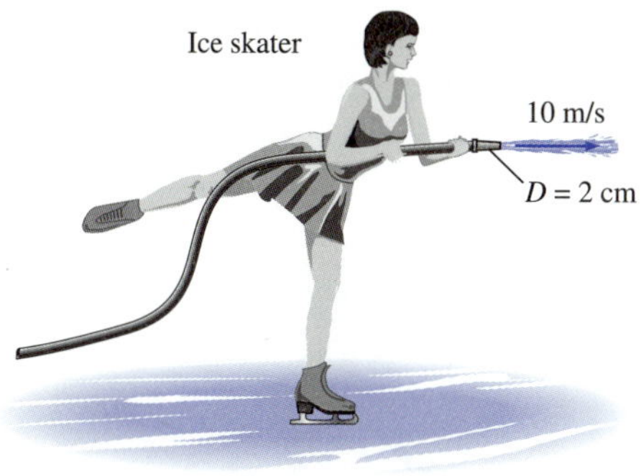

그림 P5-54

5-55 직경이 5 cm, 속도가 30 m/s인 수평방향 물 제트가 수평으로 놓인 원뿔(cone)의 팁에 충돌한다. 충돌 후 제트는 원래의 방향과 45°로 방향이 바뀐다. 물 제트의 유동에 대항하여 원뿔을 현재의 위치에 유지시키기 위하여 얼마의 힘이 필요한가?

5-56 그림 P5-56과 같이, 물이 파이프의 U-부분으로 유입하고 유출한다. 플랜지 (1)에서, 전(total) 절대 압력은 200 kPa이고, 파이프에 55 kg/s로 유입한다. 플랜지 (2)에서 전압은 150 kPa이다. 또한 (3)에서는 유량이 15 kg/s인 물이 압력 100 kPa의 대기 중으로 유출한다. 파이프와 연결되는 두 플랜지에서, x방향 및 z방향

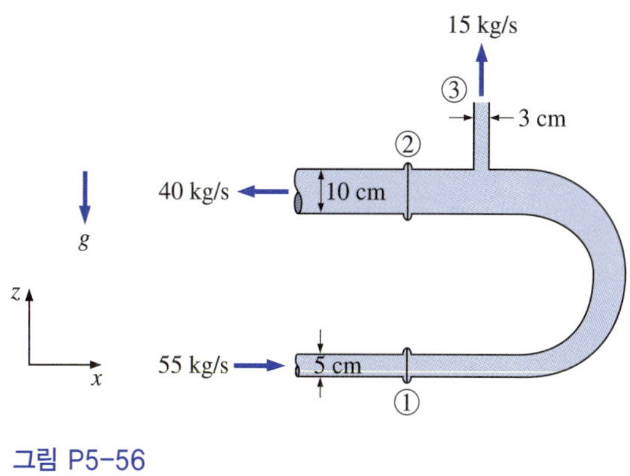

그림 P5-56

의 총 힘들을 계산하라. 이 문제에서 중력의 중요성을 설명하라. 파이프 전체의 운동량 플럭스 보정계수는 1.03이다.

5-57 Indiana Jones가 10 m 높이의 건물로 올라가려고 한다. 건물 꼭대기에 걸려 있는 큰 호스는 가압된 물로 가득 차 있다. 그는 정사각형의 받침대를 제작하였는데, 이 받침대의 네 모서리에는 아래 방향을 향하는 4 cm 직경의 노즐을 각각 설치하였다. 호스와 노즐을 연결함으로써 각각의 노즐에서 15 m/s의 물 제트를 분사할 수 있다. Jones, 받침대, 노즐의 질량이 150 kg일 때, 다음을 계산하라. (*a*) 이 시스템을 상승시키기 위한 물 제트의 최소 속도, (*b*) 물 제트의 속도가 18 m/s일 때, 이 시스템이 10 m 상승할 때까지 걸리는 시간과 그 때의 받침대 속도, (*c*) 받침대가 지면 위로 10 m에 도달하는 순간 Jones가 물을 잠그면, 운동량은 그를 얼마의 높이까지 상승시킬 수 있는가? 그가 받침대에서 옥상으로 점프하는 데 걸리는 시간은 얼마인가?

답: (*a*) 17.1 m/s, (*b*) 4.37 s, 4.57 m/s, (*c*) 1.07 m, 0.933 s

그림 P5-57

5-58 한 공학도가 팬을 이용하여 공중 부양 장치를 설명하려고 한다. 이 학생은 공기가 0.9 m 직경의 팬 블레이드의 바로 아래쪽으로 유동할 수 있도록 팬을 박스로 둘러쌓으려고 한다. 이 시스템의 무게는 22 N이며, 회전을 방지하도록 단단히 제작한다. 이 학생은 팬의 동력을 증가시킴으로써 유출하는 공기가 박스 및 팬을 위로 뜰 수 있을 때까지 블레이드의 회전수와 공기의 유출속도를 증가시키려고 계획하고 있다. (*a*) 22 N의 힘을 발생시키는 공기의 유출 속도, (*b*) 필요한 체적유량, (*c*) 공기에 공급하여야 할 최소의 기계 동력을 계산하라. 공기의 밀도는 1.25 kg/m^{3}이다.

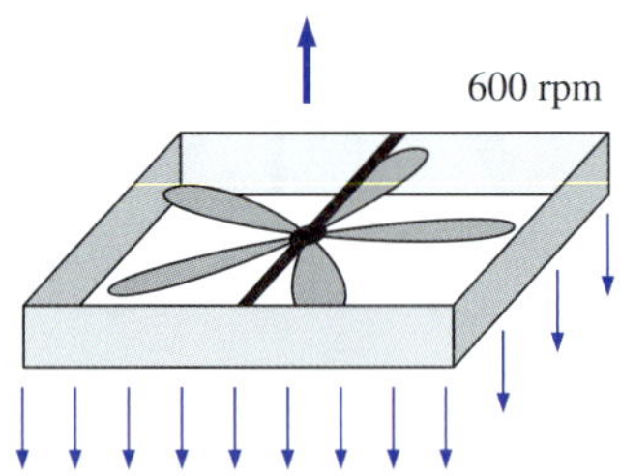

그림 P5-58

CHAPTER 06

차원해석과 모델링

목표 이 장을 공부하면 다음과 관련된 지식을 얻을 수 있다.

- 차원, 단위, 방정식들의 차원 동차성에 대한 이해
- 차원해석의 많은 장점
- 무차원 매개변수를 구하기 위하여 반복변수법을 사용하는 방법
- 역학적 상사의 개념을 이해하고 이를 실험 모델링에 적용하는 법

이 장에서는 우선 **차원**과 **단위**의 개념을 학습한다. 그리고 **차원 동차성**에 대한 기본 원리를 공부하고, 방정식을 **무차원화**하여 **무차원 그룹**을 얻어내고자 할 때 그 원리가 어떻게 적용되는지 설명한다. **모델**과 **원형**의 상사성에 대하여 논의하고, 엔지니어와 과학자들을 위하여 **차원해석**이라는 중요한 도구도 설명한다. 차원해석은 차원을 가진 변수나 상수, 무차원변수들을 **무차원 매개변수**로 조합하여 문제해석에 필요한 독립 매개변수의 수를 줄여나가는 방법이다. 여기서는 변수 또는 상수의 차원에 기초한 **반복변수법**을 이용하여 무차원 매개변수를 구한다. 마지막으로 이 방법을 실제 문제에 적용해 봄으로써 그 방법의 효용성과 한계에 대하여 고찰한다.

Iowa 대학에 있는 길이 100m의 견인 수조에서 시험 중인 Arleigh Burke급 미 해군 구축함의 1 : 46.6 축소 모델로, 길이는 3.048m이다. 이러한 실험에서 가장 중요한 무차원 매개변수는 Froude 수이다.

Photograph courtesy of IIHR-Hydroscience & Engineering, University of Iowa. Used by permission.

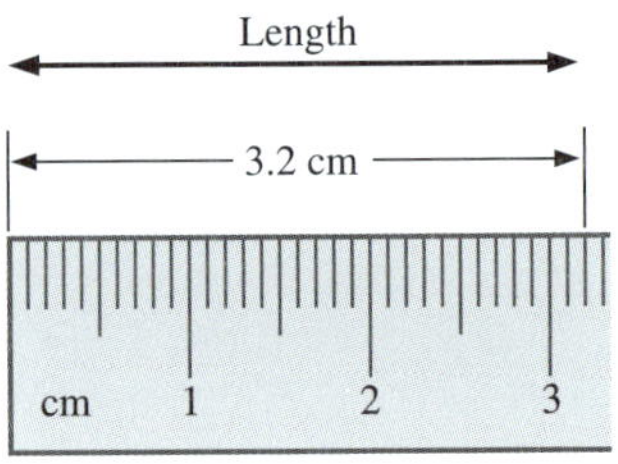

그림 6-1
차원은 치수가 없는 물리량이고, **단위**는 차원에 치수를 부여한 것이다. 예를 들어, 길이는 차원이고, 센티미터는 단위이다.

6-1 차원과 단위

차원(dimension)은 물리량의 척도이고, **단위(unit)**는 차원에 **수(number)**를 지정하는 방법이다. 예를 들면, 길이는 차원이고 μm, cm, m, km 등과 같은 단위로 계량한다(그림 6-1). 차원에는 길이, 질량, 시간, 온도, 전류, 빛의 양, 물질의 양과 같은 일곱 개의 **1차 차원(primary dimension)**[또한 **기본 차원(fundamental dimension)** 또는 **기초 차원(basic dimension)**이라고도 함]이 있다.

1차 차원이 아닌 다른 모든 차원은 7개의 1차 차원의 조합으로 구성된다.

예를 들어, 힘은 질량과 가속도의 곱과 같은 차원을 갖는다(Newton 제2법칙에 의하여). 따라서 1차 차원의 항으로 표현하면 다음과 같이 나타난다.

힘의 차원:
$$\{\text{Force}\} = \left\{\text{Mass}\,\frac{\text{Length}}{\text{Time}^2}\right\} = \{\text{mL/t}^2\} \tag{6-1}$$

여기서 괄호는 차원을 의미하고, 약어는 표 6-1에서 발췌하였다. 사람에 따라 1차 차원으로 질량 대신 힘을 쓰기도 하는데, 여기서는 질량을 1차 차원으로 사용한다.

표 6-1
1차 차원과 SI 단위계

Dimension	Symbol*	SI Unit
Mass	m	kg (kilogram)
Length	L	m (meter)
Time†	t	s (second)
Temperature	T	K (kelvin)
Electric current	I	A (ampere)
Amount of light	C	cd (candela)
Amount of matter	N	mol (mole)

* Symbol이 변수로 쓰일 경우 이탤릭체를 사용한다.
† 때로는 T가 시간, θ가 온도의 단위로 쓰이기도 한다. 하지만 이 교재에서는 시간과 온도를 구별하기 위하여 이를 따르지 않았다.

그림 6-2
소금쟁이는 표면장력에 의해 물 위를 걸을 수 있다.
NPS Photo by Rosalie LaRue.

예제 6-1 표면장력의 1차 차원

어떤 곤충들은 물 위에 떠 있을 수 있다(그림 6-2). 이 문제에서 중요한 유체 상태량은 표면장력(σ_s)으로, 차원은 단위 길이당 힘이다. 표면장력의 차원을 1차 차원으로 나타내라.

풀이 표면장력의 1차 차원을 구하고자 한다.

해석 식 (6-1)로부터 힘은 질량과 가속도의 곱의 차원을 가지며, mL/t²이다. 따라서 다음이 성립한다.

표면장력의 차원:
$$\{\sigma_s\} = \left\{\frac{\text{Force}}{\text{Length}}\right\} = \left\{\frac{\text{m}\cdot\text{L/t}^2}{\text{L}}\right\} = \{\mathbf{m/t^2}\} \tag{1}$$

토의 변수나 상수의 차원을 1차 차원으로 표현하는 데 따르는 장점은 6-4절의 반복변수법에 대한 설명에서 좀 더 명확해진다.

6-2 차원의 동차성

"사과와 오렌지를 더할 수 없다(그림 6-3)"는 오랜 속담은 **차원 동차성 법칙**(law of dimensional homogeneity)이라는 방정식에 대한 광범위하고 기본적인 수학 법칙의 쉬운 표현으로 이해할 수 있는데, 이 법칙은 다음과 같이 서술된다.

방정식의 모든 덧셈 항의 차원은 서로 같아야 한다.

그림 6-3
사과와 오렌지를 더할 수 없다!

예를 들어, 그림 6-4와 같이 단순 압축 닫힌 시스템이 어떤 상태 그리고/또는 시간 (1)에서 또 다른 (2)로 변할 때 총 에너지의 변화(ΔE)는 다음과 같은 식으로 나타난다.

시스템의 총 에너지 변화:

$$\Delta E = \Delta U + \Delta \text{KE} + \Delta \text{PE} \tag{6-2}$$

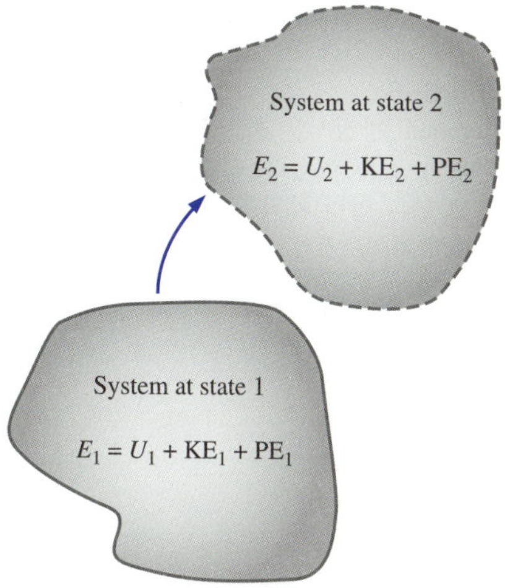

그림 6-4
상태 1과 상태 2에서 시스템의 총 에너지.

여기서 총 에너지(E)는 내부 에너지(U), 운동 에너지(KE), 위치 에너지(PE)의 세 성분을 갖는다. 이들 성분은 다음과 같이 시스템의 질량(m), 속도(V), 높이(z), 내부 에너지(u)와 같은 측정 가능한 열역학 상태량들과 중력가속도(g)로 기술될 수 있다.

$$\Delta U = m(u_2 - u_1) \qquad \Delta \text{KE} = \frac{1}{2}m(V_2^2 - V_1^2) \qquad \Delta \text{PE} = \text{mg}(z_2 - z_1) \tag{6-3}$$

식 (6-2)의 좌변 항과 우변의 세 덧셈 항의 차원이 모두 에너지 차원으로 서로 같음을 쉽게 알 수 있다. 식 (6-3)의 정의에 따라 각 항의 1차 차원을 기술하면 다음과 같다.

$$\{\Delta E\} = \{\text{Energy}\} = \{\text{Force·Length}\} \rightarrow \{\Delta E\} = \{\text{mL}^2/\text{t}^2\}$$

$$\{\Delta U\} = \left\{\text{Mass}\frac{\text{Energy}}{\text{Mass}}\right\} = \{\text{Energy}\} \rightarrow \{\Delta U\} = \{\text{mL}^2/\text{t}^2\}$$

$$\{\Delta \text{KE}\} = \left\{\text{Mass}\frac{\text{Length}^2}{\text{Time}^2}\right\} \rightarrow \{\Delta \text{KE}\} = \{\text{mL}^2/\text{t}^2\}$$

$$\{\Delta \text{PE}\} = \left\{\text{Mass}\frac{\text{Length}}{\text{Time}^2}\text{Length}\right\} \rightarrow \{\Delta \text{PE}\} = \{\text{mL}^2/\text{t}^2\}$$

만일 어떤 해석 단계에서 방정식의 덧셈 항의 차원이 **같지 않다**면 이는 해석의 이전 단계에서 어떤 오류가 있었음을 의미한다(그림 6-5). 이러한 차원의 동차성(homogeneity) 이외에 각 덧셈 항의 **단위**도 동차성이 만족되어야 한다. 예를 들면 에너지의 단위는 J, N · m, kg · m^2/s^2 등이 될 수 있다. 하지만 J 대신에 kJ이 사용되었다면, 이 항은 다른 항과 1000배 차이가 나므로 계산 과정에서 **모든** 단위를 기술하여 이러한 실수를 예방하는 것이 바람직하다.

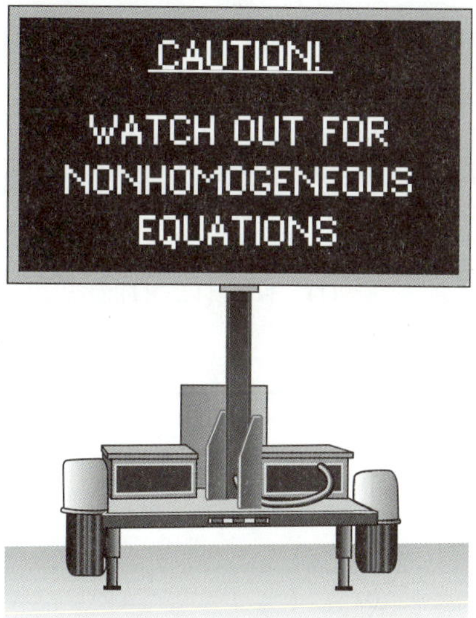

그림 6-5
차원적으로 동차가 아닌 방정식에는 분명히 잘못이 있다.

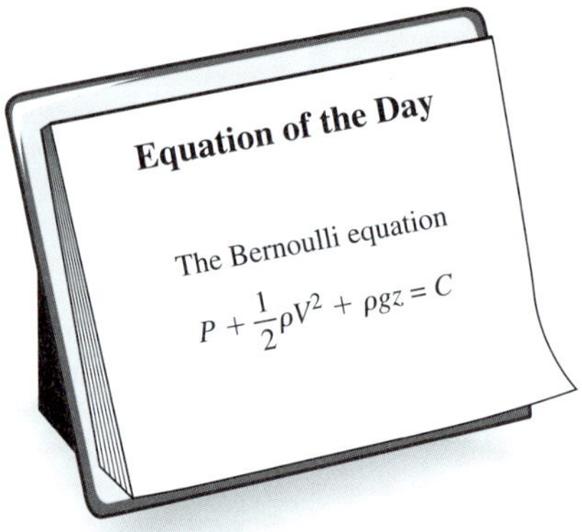

그림 6-6
Bernoulli 방정식은 **차원적으로 동차**인 방정식의 좋은 예이다. 상수를 포함한 모든 덧셈 항은 압력 차원을 가지고 있다. 각 항을 1차 차원으로 표현하면 $\{m/(t^2L)\}$이다.

예제 6-2 Bernoulli 방정식의 차원 동차성

아마도 유체역학에서 가장 잘 알려진(그리고 가장 오용되는) 방정식은 4장에서 논의된 Bernoulli 방정식일 것이다(그림 6-6). 비압축성 비회전 유체 유동의 Bernoulli 방정식의 한 가지 표준 형태가 다음과 같이 주어질 때,

Bernoulli 방정식:
$$P + \frac{1}{2}\rho V^2 + \rho g z = C \tag{1}$$

(a) Bernoulli 방정식의 각 항이 같은 차원임을 증명하고, (b) 상수 C의 차원을 구하라.

풀이 식 (1)의 각 항의 1차 차원이 같음을 증명하고, 상수 C의 차원을 구하고자 한다.

해설 (a) 각 항을 1차 차원으로 기술하면 다음과 같다.

$$\{P\} = \{\text{Pressure}\} = \left\{\frac{\text{Force}}{\text{Area}}\right\} = \left\{\text{Mass}\frac{\text{Length}}{\text{Time}^2}\frac{1}{\text{Length}^2}\right\} = \left\{\frac{\text{m}}{\text{t}^2\text{L}}\right\}$$

$$\left\{\frac{1}{2}\rho V^2\right\} = \left\{\frac{\text{Mass}}{\text{Volume}}\left(\frac{\text{Length}}{\text{Time}}\right)^2\right\} = \left\{\frac{\text{Mass}\times\text{Length}^2}{\text{Length}^3\times\text{Time}^2}\right\} = \left\{\frac{\text{m}}{\text{t}^2\text{L}}\right\}$$

$$\{\rho g z\} = \left\{\frac{\text{Mass}}{\text{Volume}}\frac{\text{Length}}{\text{Time}^2}\text{Length}\right\} = \left\{\frac{\text{Mass}\times\text{Length}^2}{\text{Length}^3\times\text{Time}^2}\right\} = \left\{\frac{\text{m}}{\text{t}^2\text{L}}\right\}$$

따라서 **각 덧셈 항의 차원은 같다.**

(b) 차원 동차성 법칙에 따라 상수의 차원은 방정식의 다른 항과 같아야 한다.

Bernoulli 상수의 1차 차원:
$$\{C\} = \left\{\frac{\text{m}}{\text{t}^2\text{L}}\right\}$$

토의 만일 어떤 항의 차원이 다른 항과 다르다면 해석 과정에 오류가 있었음을 의미한다.

방정식의 무차원화

차원 동차성의 법칙은 식에 나타나는 각 덧셈 항의 차원이 같음을 의미한다. 이제 각 항을 동일한 차원을 가진 변수나 상수로 나누면 방정식은 **무차원화**된다(그림 6-7). 만일, 이에 덧붙여, 무차원화된 항의 값이 1의 차수(order)를 가진다면 그 방정식은 **정규화(normalized)**되었다고 한다. 따라서 정규화는 무차원화보다 더욱 제한적인 의미를 가지는데, 때로는 두 용어가(부정확하게) 혼용되기도 한다.

무차원 방정식의 각 항은 차원이 없다.

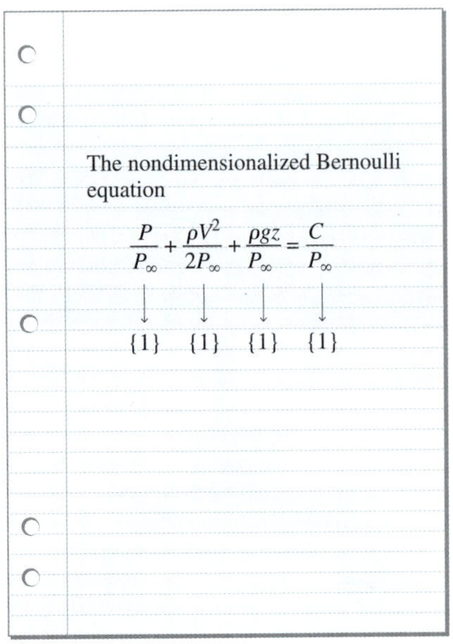

그림 6-7
Bernoulli 방정식은 각 덧셈 항을 압력(P_∞)으로 나누어 **무차원화**한다. **무차원화된** 항은 {1}의 차원을 가진다.

운동 방정식을 무차원화하는 과정 중에 **무차원 매개변수(nondimensional parameters)**가 얻어진다. 이들은 대부분 저명한 과학자 또는 엔지니어의 이름을 따라 명명된다(예를 들어, Reynolds 수와 Froude 수). 이러한 과정은 일부 저자에 의해 **조사적 해석(inspectional analysis)**으로 불리기도 한다.

간단한 예로서, 진공(공기항력이 없음) 중에서 중력에 의해 자유낙하하는 물체

의 운동 방정식을 고려해 보자(그림 6-8). 물체의 초기 높이는 z_0이고, 초기 속도는 w_0이다. 고등학교 물리학으로부터 다음 식이 얻어진다.

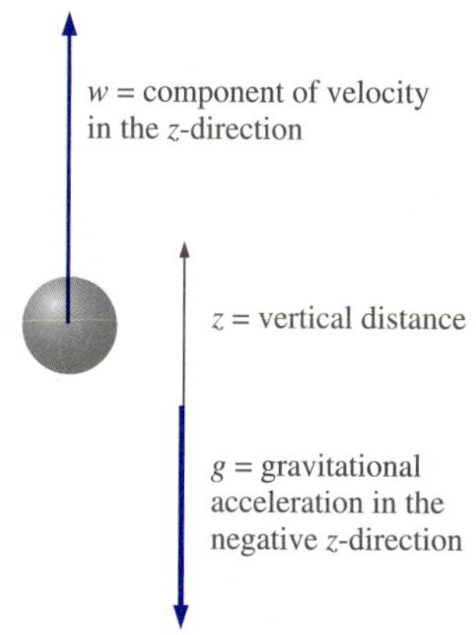

그림 6-8
진공 중에 낙하하는 물체. 수직 속도가 양의 값을 가지도록 그려져 있다. 따라서 낙하하는 물체의 경우 $w<0$이다.

운동 방정식:

$$\frac{d^2z}{dt^2} = -g \tag{6-4}$$

차원변수(dimensional variable)는 주어진 문제 내에서 그 값이 변하는 물리량으로, 식 (6-4)의 경우 두 개의 차원변수인 z(길이 차원)와 t(시간 차원)가 있다. **무차원변수[nondimensional(또는 dimensionless) variable]**는 차원이 없는 경우인데, 무차원 단위인 도(degree)나 라디안 같은 각도 단위로 측정되는 회전각이 이에 속한다. 중력가속도 g는 차원을 가지지만 상수이므로 **차원상수(dimensional constant)**라고 한다. 위 예의 경우 초기 위치 z_0와 초기 속도 w_0도 차원상수이다. 차원상수는 주어진 문제 내에서는 고정된 값으로, 그 값이 변하는 차원변수와는 구분된다. **매개변수(parameter)**는 차원변수, 무차원변수, 차원상수의 조합으로 이루어진다.

식 (6-4)를 두 번 적분하고 초기 조건을 적용하여 얻은 결과를 시간 t에서 위치 z로 나타내면 다음과 같다.

차원 결과:

$$z = z_0 + w_0 t - \frac{1}{2}gt^2 \tag{6-5}$$

식 (6-5)의 상수 $\frac{1}{2}$과 지수 2는 적분 결과 나타난 무차원값으로, **순수상수(pure constant)**라고 한다. 순수상수의 다른 예는 π와 e 등이 있다.

식 (6-4)를 무차원화하기 위해서는 방정식의 1차 차원에 근거한 **척도 매개변수(scaling parameter)**를 구해야 한다. 유체 유동의 경우 일반적으로 적어도 세 가지의 1차 차원(질량, 길이, 시간)이 있기 때문에 적어도 **세 개**의 척도 매개변수, 즉 L, V 및 P_0-P_∞가 존재한다(그림 6-9). 위의 낙하하는 물체의 경우 1차 차원이 길이와 시간 두 개이므로 척도 매개변수도 **두 개**가 된다. 세 개의 차원상수 중에서 어떤 것을 선택하여도 좋은데, g, z_0, w_0 중 z_0와 w_0를 척도 매개변수로 선정하고 차원변수 z와 t를 무차원화한다. 다른 차원상수 g와 z_0 또는 g와 w_0로 이와 동일한 과정을 시도해 보아도 좋다. 첫 번째 단계로, 문제에 나타난 **모든** 차원변수와 차원상수의 1차 차원을 다음과 같이 나열한다.

모든 매개변수의 1차 차원:

$$\{z\} = \{\mathrm{L}\} \quad \{t\} = \{\mathrm{t}\} \quad \{z_0\} = \{\mathrm{L}\} \quad \{w_0\} = \{\mathrm{L/t}\} \quad \{g\} = \{\mathrm{L/t^2}\}$$

두 번째 단계로, 두 개의 척도 매개변수를 사용하여 z와 t를 무차원변수 z^*와 t^*로 무차원화한다.

무차원변수:

$$z^* = \frac{z}{z_0} \qquad t^* = \frac{w_0 t}{z_0} \tag{6-6}$$

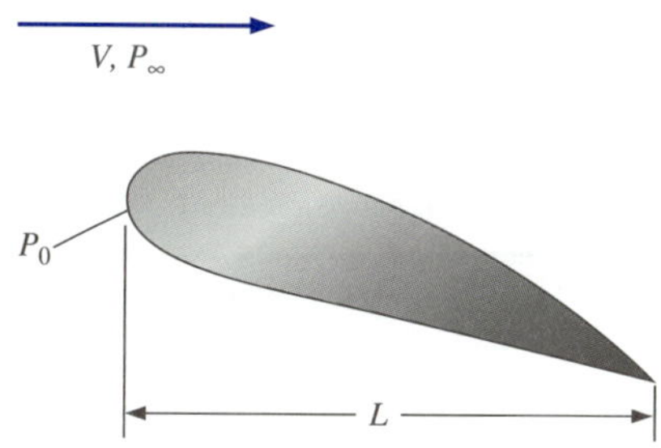

그림 6-9
유체 유동 문제에서 자주 사용되는 척도 매개변수는 특성 길이 L, 특성 속도 V, 기준 압력차 P_0-P_∞이다. 문제에 따라 밀도, 점성계수, 중력가속도와 같은 다른 매개변수들도 사용된다.

식 (6-6)을 식 (6-4)에 대입하면 다음과 같은 무차원 식을 얻는다.

$$\frac{d^2z}{dt^2} = \frac{d^2(z_0 z^*)}{d(z_0 t^*/w_0)^2} = \frac{w_0^2}{z_0}\frac{d^2z^*}{dt^{*2}} = -g \quad \rightarrow \quad \frac{w_0^2}{gz_0}\frac{d^2z^*}{dt^{*2}} = -1 \tag{6-7}$$

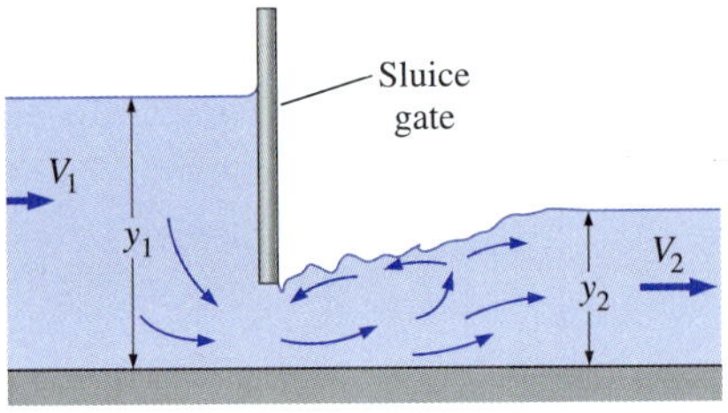

그림 6-10
Froude 수는 개수로 유동과 같은 자유표면 유동에서 중요하다. 여기에는 수문을 통과하는 유동을 나타내었다. 수문 상류의 Froude 수는 $\text{Fr}_1 = V_1/\sqrt{gy_1}$ 이고, 수문 하류에서는 $\text{Fr}_2 = V_2/\sqrt{gy_2}$ 이다.

식 (6-7)에 나타난 차원상수의 조합은 Froude 수라고 하는 **무차원 매개변수** 또는 **무차원 그룹**(dimensionless group)을 제곱한 값이다.

Froude 수:
$$\text{Fr} = \frac{w_0}{\sqrt{gz_0}} \tag{6-8}$$

Froude["프루드"로 발음됨] 수는 관성력과 중력의 비로서, 자유표면 유동(11장)과도 관련된 무차원 매개변수이다(그림 6-10). 때로는 Fr가 식 (6-8)을 **제곱한** 값으로 정의되기도 한다. 식 (6-8)을 식 (6-7)에 대입하면 다음과 같은 식을 얻는다.

무차원 운동 방정식:
$$\frac{d^2z^*}{dt^{*2}} = -\frac{1}{\text{Fr}^2} \tag{6-9}$$

여기서 무차원 형태로는 단지 Froude 수만이 남게 됨을 알 수 있다. 초기 조건을 적용하여 식 (6-9)를 두 번 적분하면 무차원 높이 z^*와 무차원 시간 t^*의 관계식을 다음과 같이 구할 수 있다.

무차원 결과:
$$z^* = 1 + t^* - \frac{1}{2\text{Fr}^2}t^{*2} \tag{6-10}$$

식 (6-5)와 식 (6-10)은 동일한 식으로, 식 (6-6)과 식 (6-8)을 식 (6-5)에 대입하면 식 (6-10)을 얻을 수 있다.

동일한 최종 결과를 얻기 위해 매우 많은 추가 대수 계산을 수행해 온 것으로 보인다. **그렇다면 방정식을 무차원화해서 얻는 이점은 무엇인가?** 위의 예에서는 운동 방정식을 적분하여 해를 구할 수 있었기 때문에 무차원화의 이점이 부각되지 않았다. 하지만 보다 복잡한 문제에서는 미분 방정식(또는 보다 일반적으로는 연립미분 방정식)을 해석적으로는 풀 **수가 없고** 수치적으로나 실험을 통해서 원하는 결과를 얻게 되는데, 이는 많은 비용과 시간을 필요로 한다. 이런 경우에는 방정식을 무차원화하여 얻어지는 무차원 매개변수가 매우 유용하며, 따라서 해석에 드는 비용과 수고를 대폭 줄일 수 있다.

무차원화를 통하여 얻게 되는 이점에는 크게 다음 두 가지가 있다(그림 6-11). 첫째로, **무차원화를 통하여 주요 매개변수 간의 관계에 대한 이해를 높일 수 있다.** 예를 들면, 식 (6-8)에서 w_0를 두 배로 하는 것과 z_0를 1/4로 줄이는 것이 같은 효과가 있음을 알 수 있다. 둘째로, **무차원화를 통하여 문제와 관련된 매개변수의 수를 줄일 수 있다.** 예를 들면 원래 문제는 하나의 종속변수 z, 하나의 독립변수 t, 그리고 **세 개의** 차원상수 g, w_0, z_0로 구성되어 있다. 무차원화를 통하면 문제는 하나의 종속변수 z^*, 하나의 독립변수 t^*, **하나의** 무차원 매개변수 Froude 수로 구성되며, 매개변수는 세 개에서 하나로 줄어들게 된다!

8장에서는 유체 유동에 관한 미분 방정식이 제시되고, 이 미분 방정식에 대해 이 장과 유사한 해석을 수행한다. 이 해석을 통하여 Froude 수뿐만 아니라 다른 세 개의 중요한 무차원 매개변수인 Reynolds 수, Euler 수, Strouhal 수를 구한다(그림 6-12).

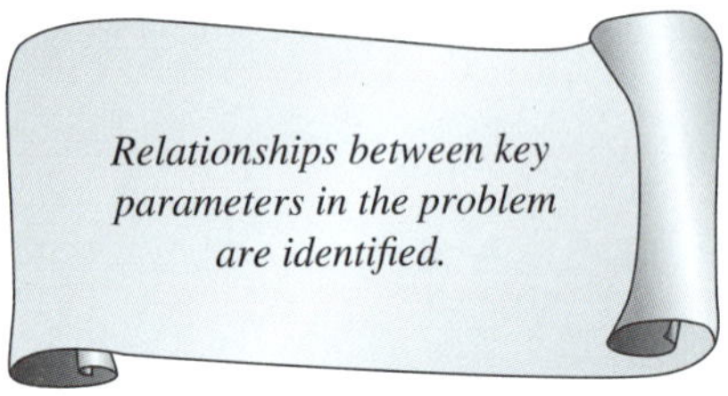

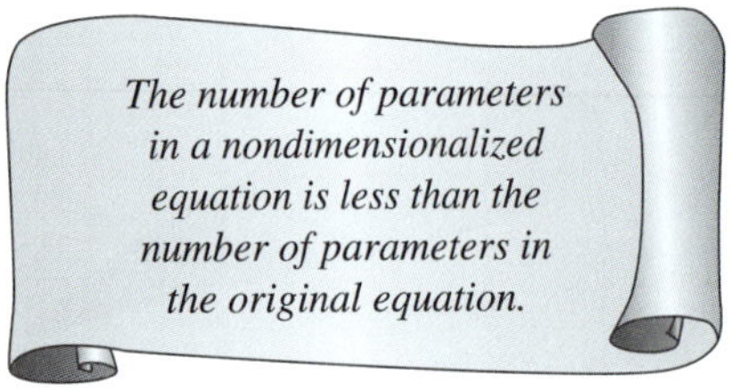

그림 6-11
방정식을 무차원화하는 데 따르는 두 가지 장점.

6-3 차원해석과 상사성

방정식이 미리 주어졌을 경우에는 조사(inspection)에 의한 방정식의 무차원화가 유용하게 사용된다. 하지만 많은 경우에는 방정식을 모르거나 풀기가 매우 어려워 **실험**을 통해서 원하는 정보를 얻을 수밖에 없다. 대부분의 실험에는 비용과 시간을 절약하기 위해 **원형**(prototype)보다는 기하학적으로 축척된 **모형**(model)이 사용된다. 이 경우 실험 결과를 적절하게 축척할 필요가 있는데, 이는 **차원해석**(dimesional analysis)을 통해 가능하다. 차원해석은 주로 유체역학에서 가르치지만, 실험을 계획하고 수행하는 **전** 과목에 유용하게 사용될 수 있다. 차원해석의 세 가지 목표는 다음과 같다.

- 실험(물리적 그리고/또는 수치적)을 계획하고 실험 결과를 정리하는 데 필요한 무차원 매개변수의 도출
- 모형 실험 결과로부터 원형의 성능을 예측하는 축척 법칙(scaling law)을 구함
- 매개변수들 사이의 관계에서 경향을 (때때로) 예측

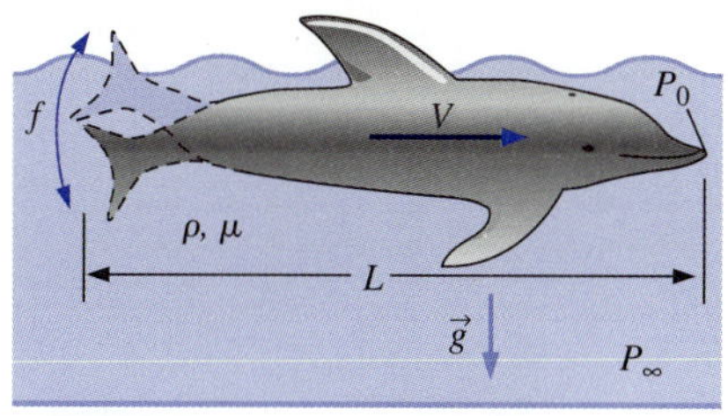

$$\mathrm{Re} = \frac{\rho V L}{\mu} \qquad \mathrm{Fr} = \frac{V}{\sqrt{gL}}$$

$$\mathrm{St} = \frac{fL}{V} \qquad \mathrm{Eu} = \frac{P_0 - P_\infty}{\rho V^2}$$

그림 6-12
자유표면과 관련된 비정상 유동인 경우의 척도 매개변수는 특성 길이 L, 특성 속도 V, 특성 주파수 f, 기준 압력차 $P_0 - P_\infty$를 포함한다. 유체 유동의 미분 방정식을 무차원화하면 네 개의 무차원 매개변수, 즉 Reynolds 수, Froude 수, Strouhal 수, Euler 수가 도출된다(8장 참조).

차원해석 **기술**을 논의하기 전에 차원해석의 기본 **개념**인 **상사** 법칙에 대해 먼저 설명한다. 모형과 원형 사이에 완전한 상사를 이루기 위해서는 세 가지 조건이 필요하다. 첫 번째 조건은 **기하학적 상사**(geometric similarity)로서, 모형은 원형과 같은 형상이어야 하고, 축척비만큼 비례한다. 두 번째 조건은 **운동학적 상사**(kinematic similarity)로서 모형 유동 내의 어떤 한 위치의 속도는 원형 유동 내의 대응점의 속도와 비례하여야(축척비만큼) 한다(그림 6-13). 또한 두 속도의 상대적 방향은 동일하여야 한다. 기하학적 상사는 **길이 척도(length scale)**가 동일하고, 운동학적 상사는 **시간 척도(time scale)**가 동일하다고 생각할 수 있다. **기하학적 상사는 운동학적 상사가 성립하기 위한 필수적인 조건이다.** 기하학적 척도비가 1보다 작거나 클 수 있듯이 속도 척도비도 그러하다. 예를 들면, 그림 6-13의 기하학적 척도비는 1보다 작지만 속도 척도비는 1보다 크다. 3장에서 유선이 운동학적 현상임을 배웠다. 따라서 운동학적 상사가 성립하는 모형 유동에 나타나는 유선은 원형 유동에 나타나는 유선과 기하학적 상사를 이룬다.

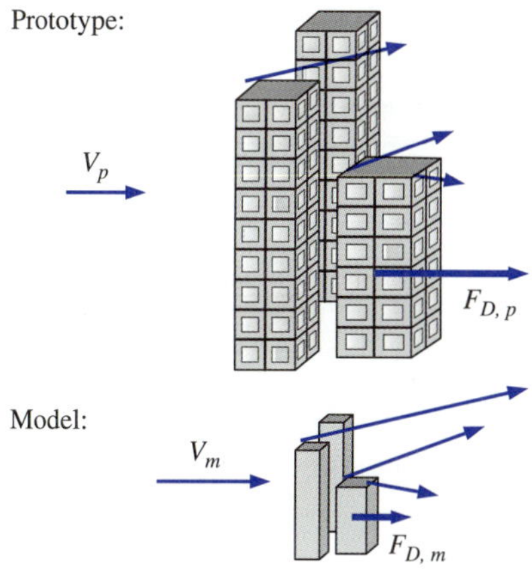

그림 6-13
모든 위치에서 모형 유동의 속도가 원형 유동의 대응점에서 속도와 비례하고, 방향이 같을 때 **운동학적 상사**가 이루어진다.

세 번째는 가장 제한적인 상사 조건인 **역학적 상사**(dynamic similarity)이다. 역학적 상사가 성립하기 위해서는 모형 유동에 나타나는 모든 **힘**이 원형 유동에서 대응하는 힘과 비례하여야 한다[동일한 **힘 척도(force scale)**]. 힘의 척도비도 기하학적 또는 운동학적 상사와 같이 1보다 크거나 작을 수 있다. 예를 들면, 그림 6-13에서 모형 빌딩에 작용하는 힘이 원형에 작용하는 힘보다 작으므로 힘 척도비는 1보다 작다. **운동학적 상사는 역학적 상사가 성립하기 위한 필요 조건이지만 충분 조건은 아니다.** 따라서 모형 유동과 원형 유동에서 기하학적, 운동학적 상사가 성립하더라도 역학적 상사가 성립하지 않을 수 있다. 완전한 상사가 되기 위해서는 세 가지 상사 조건을 모두 만족하여야 한다.

> 일반적인 유동장에서 기하학적, 운동학적, 역학적 상사가 성립할 때만 원형과 모형은 완전한 상사를 이룬다.

지금부터 무차원 매개변수를 그리스 대문자 Pi(Π)로 나타내기로 한다. 우리는 6-2절에서 이미 하나의 Π, 즉 Froude 수를 배웠다. 일반적인 차원해석 문제에서 **종속 Π**라고 하는 한 개의 Π가 있다면 그것을 Π_1으로 표시한다. 매개변수 Π_1은 일반적으로 **독립 Π**라고 하는 몇 개의 다른 Π들의 함수이다.

Π 간의 함수 관계:

$$\Pi_1 = f(\Pi_2, \Pi_3, \ldots, \Pi_k) \tag{6-11}$$

여기서 k는 Π의 총 개수이다.

축척 모형(scale model)을 사용하여 원형 유동을 모사하는 실험에서 모형과 원형이 완전한 상사를 이루기 위해서는 모형의 독립 Π(하첨자 m)가 대응하는 원형의 독립 Π(하첨자 p)와 같아야 한다. 즉, $\Pi_{2,m} = \Pi_{2,p}$, $\Pi_{3,m} = \Pi_{3,p}$, ..., $\Pi_{k,m} = \Pi_{k,p}$이다.

완전한 상사가 되기 위해서는 모형과 원형이 기하학적으로 상사를 이루고 독립 Π들이 서로 같아야 한다.

이런 조건하에서 모형의 **종속** Π($\Pi_{1,m}$)는 원형의 종속 Π($\Pi_{1,p}$)와 같아짐을 또한 보장한다. 수학적으로, 상사성을 얻기 위해 조건 서술문을 적어보면 다음과 같다.

$$\Pi_{2,m} = \Pi_{2,p} \quad \text{그리고} \quad \Pi_{3,m} = \Pi_{3,p} \cdots \quad \text{그리고} \quad \Pi_{k,m} = \Pi_{k,p}\text{이라면}$$
$$\Pi_{1,m} = \Pi_{1,p}\text{이다.} \tag{6-12}$$

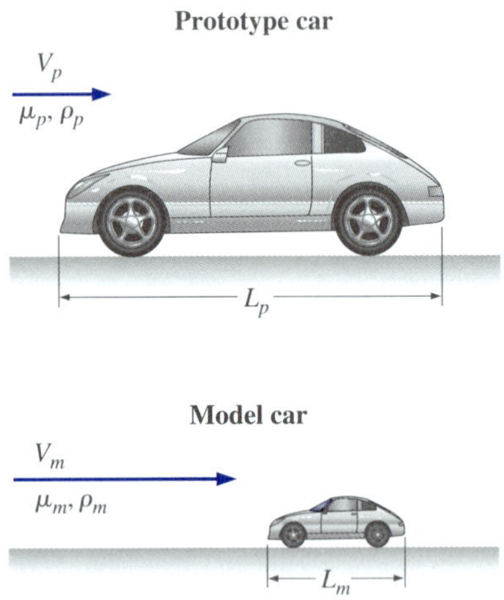

그림 6-14
길이 L_p인 원형 자동차와 길이 L_m인 모형 자동차 간의 **기하학적 상사**.

예를 들어, 비용을 줄이기 위해 기하학적으로 축소된 모형을 사용하여 풍동에서 스포츠카의 공기역학 시험을 하는 경우를 고려한다(그림 6-14). 자동차가 받는 공기역학적 항력의 경우에 유동은 비압축성으로 가정할 수 있고, 그 결과 단지 두 개의 Π가 존재함이 알려져 있다.

$$\Pi_1 = f(\Pi_2) \quad \text{여기서} \quad \Pi_1 = \frac{F_D}{\rho V^2 L^2} \quad \text{그리고} \quad \Pi_2 = \frac{\rho V L}{\mu} \tag{6-13}$$

6-4절에 이들 Π를 구하는 과정이 기술되어 있다. 식 (6-13)에서 F_D는 자동차에 작용하는 공기역학적 항력이고, ρ는 공기 밀도, V는 차의 속도(또는 풍동 내 공기 속도), L은 차의 길이, μ는 공기의 점성계수이다. Π_1은 항력계수의 비정형화된 형태이고, Π_2는 **Reynolds 수** Re이다. 이 Reynolds 수는 많은 유체역학 문제에서 나타난다(그림 6-15).

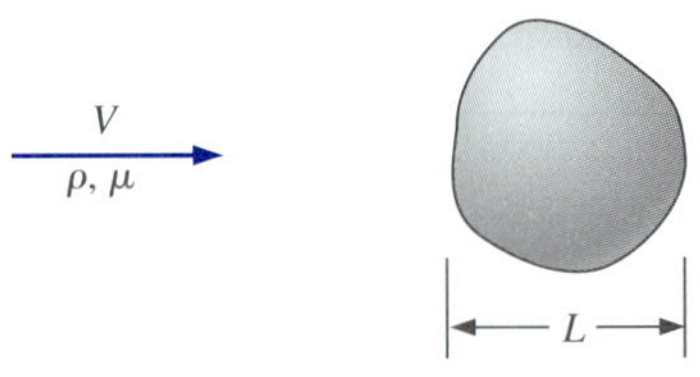

$$\text{Re} = \frac{\rho V L}{\mu} = \frac{V L}{\nu}$$

그림 6-15
Reynolds 수는 밀도, 특성 속도, 특성 길이의 점성계수에 대한 비로 이루어진다. 또는 특성 속도와 길이의 $\nu = \mu/\rho$로 정의되는 **동점성계수**에 대한 비이다.

Reynolds 수는 유체역학에서 가장 잘 알려지고, 유용한 무차원 매개변수이다.

이 문제에는 단지 하나의 독립 Π만이 존재하므로, 식 (6-12)에 의하면, 독립 Π가 일치한다면(Reynolds 수 일치, 즉 $\Pi_{2,m} = \Pi_{2,p}$) 종속 Π도 일치하여야 한다($\Pi_{1,m} = \Pi_{1,p}$). 이와 같이 모형 자동차의 공기역학적 항력을 측정하고, 이 값으로부터 원형 자동차의 항력을 예측하게 된다.

예제 6-3 모형과 원형 자동차의 상사

새로 개발한 스포츠카의 공기역학적 항력을 기온 25°C, 속력 80 km/h에서 예측하고자 한다. 1/5 축척 모형을 사용하여 기온이 5°C인 풍동에서 항력을 측정한다. 모형과 원형 사이의 상사를 유지하기 위해 풍동 내 공기의 유속은 얼마가 되어야 하는가?

풀이 상사의 개념을 활용하여 풍동 내의 유속을 구하고자 한다.

가정 **1** 공기는 비압축성이다(이 가정의 유효성에 대해서는 추후 논의함). **2** 풍동 벽면은 모형의 항력에 간섭을 미치지 않을 만큼 멀리 떨어져 있다. **3** 모형은 원형과 기하학적 상사를 유지한다. **4** 풍동은 자동차 밑의 지면을 모사하기 위하여 그림 6-16처럼 이동 벨트를 갖추고 있다(이동 벨트는 특히 차량 하부를 포함하여 모든 유동장에서 운동학적 상사를 얻기 위해 필요하다).

상태량 25°C에서 대기압하의 공기의 경우 $\rho = 1.184\ \text{kg/m}^3$, $\mu = 1.849 \times 10^{-5}$ kg/m · s. 5°C에서 대기압하의 공기의 경우 $\rho = 1.269$ kg/m^3, $\mu = 1.754 \times 10^{-5}$ kg/m · s.

해석 이 문제에는 단지 하나의 독립 Π가 존재하므로, $\Pi_{2,\,m} = \Pi_{2,\,p}$이면 상사 방정식(식 6-12)이 만족된다. 여기서 Π_2는 식 (6-13)으로 주어지는 Reynolds 수이며, 다음과 같다.

$$\Pi_{2,m} = \text{Re}_m = \frac{\rho_m V_m L_m}{\mu_m} = \Pi_{2,p} = \text{Re}_p = \frac{\rho_p V_p L_p}{\mu_p}$$

풍동 내 유속 V_m은 다음과 같다.

$$V_m = V_p\left(\frac{\mu_m}{\mu_p}\right)\left(\frac{\rho_p}{\rho_m}\right)\left(\frac{L_p}{L_m}\right)$$

$$= (80.0\ \text{km/h})\left(\frac{1.754 \times 10^{-5}\ \text{kg/m·s}}{1.849 \times 10^{-5}\ \text{kg/m·s}}\right)\left(\frac{1.184\ \text{kg/m}^3}{1.269\ \text{kg/m}^3}\right)(5) = \mathbf{354\ km/h}$$

따라서 상사를 만족시키기 위해서는 풍동 내 유속이 354 km/h(유효숫자 3자리까지)가 되어야 한다. 여기서 원형 및 모형 자동차의 실제 크기는 전혀 주어져 있지 않지만, 원형이 축척 모형의 5배만큼 크기 때문에 L_p와 L_m의 비율은 알 수 있음에 주목하라. 무차원 비율로 차원 매개변수들을 재배열하면(여기서 행해진 것처럼) 단위 시스템은 무관하다. 각각의 분모에 있는 단위와 각각의 분자에 있는 단위가 상쇄되므로 아무런 단위 변환도 필요 없다.

토의 이 속력은 너무 높아서(약 100 m/s) 풍동에서 구현하기가 힘들지 모른다. 더구나 속력이 커지면 비압축성 가정에서 벗어날 수도 있다(이 문제는 예제 6-6에서 상세하게 다룬다).

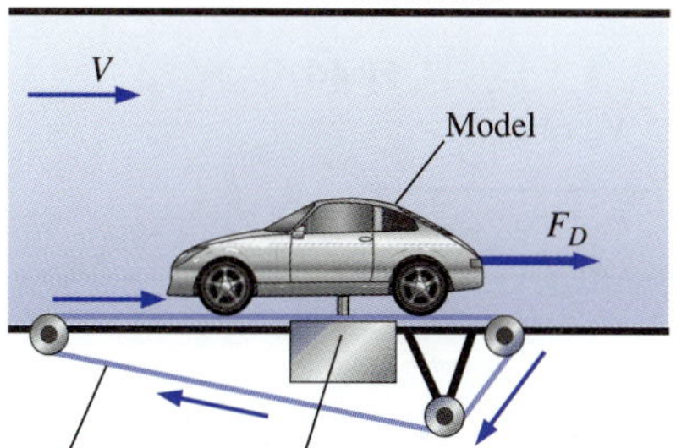

그림 6-16
항력 저울(drag balance)이란 풍동 내에서 물체에 작용하는 공기역학적 항력을 측정하는 장치이다. 자동차 모형 시험 시 때로는(자동차를 기준으로 하는 좌표계로부터) 이동하는 지면을 모사하기 위해 풍동의 바닥에 **이동 벨트**를 설치한다.

모형과 원형 유동 사이에 완전한 상사가 성립한다면 식 (6-12)를 이용하여 모형의 측정결과로부터 원형의 성능을 예측할 수 있다. 이에 대하여는 예제 6-4에서 설명한다.

예제 6-4 원형 자동차의 공기역학적 항력 예측

예제 6-3의 결과에 따라 모형과 원형 사이의 상사를 위해 풍동 내 유속을 354 km/h로 한다. 모형에 작용하는 공기역학적 항력은 **항력 저울**(그림 6-16)로 측정하는데, 몇 번의 측정을 통하여 평균 항력이 94.3 N으로 결정되었다. 원형에 작용하는(25°C, 80 km/h에서) 공기역학적 항력은 얼마인가?

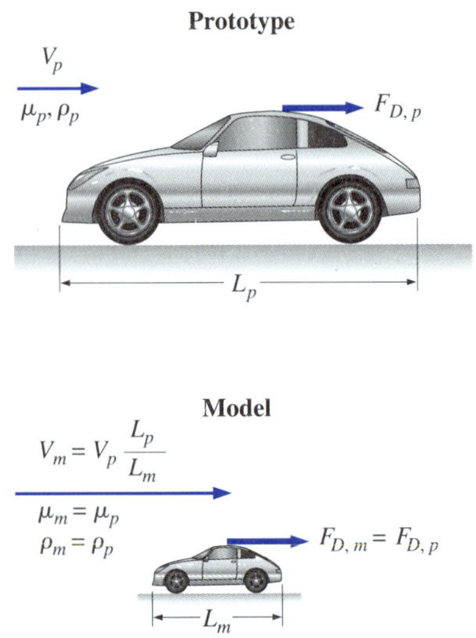

그림 6-17
원형과 모형의 공기 상태량이 같으면($\rho_m = \rho_p$, $\mu_m = \mu_p$), 상사 조건($V_m = V_pL_p/L_m$)에서 원형에 작용하는 공기역학적 항력과 모형에 작용하는 항력은 같다. 만일 두 유체의 상태량이 **다르면** 역학적 상사가 만족되더라도 항력은 같지 **않게** 된다.

풀이 모형 측정 결과에 기초하여 상사를 사용하여 원형에 작용하는 공기역학적 항력을 예측하고자 한다.

해석 상사 방정식(식 6-12)에 따르면 $\Pi_{2,\,m} = \Pi_{2,\,p}$이므로 $\Pi_{1,\,m} = \Pi_{1,\,p}$이며, 여기서 이 문제에 대해 Π_1은 식 (6-13)으로 주어진다. 따라서 다음과 같이 쓸 수 있다.

$$\Pi_{1,\,m} = \frac{F_{D,\,m}}{\rho_m V_m^2 L_m^2} = \Pi_{1,\,p} = \frac{F_{D,\,p}}{\rho_p V_p^2 L_p^2}$$

여기서 원형 자동차에 작용하는 항력 $F_{D,\,p}$는 다음과 같다.

$$F_{D,\,p} = F_{D,\,m}\left(\frac{\rho_p}{\rho_m}\right)\left(\frac{V_p}{V_m}\right)^2\left(\frac{L_p}{L_m}\right)^2$$

$$= (94.3\ \text{N})\left(\frac{1.184\ \text{kg/m}^3}{1.269\ \text{kg/m}^3}\right)\left(\frac{80.0\ \text{km/h}}{354\ \text{km/h}}\right)^2(5)^2 = \mathbf{112\ N}$$

토의 Π_1 방정식에서 속도와 길이가 제곱의 형태이므로 풍동 내의 유속을 높임으로써 모형의 축소된 길이를 보상하여 모형과 원형 간의 항력이 거의 같게 되었다. 사실상, 만일 풍동 내의 온도가 원형 위로 흐르는 공기의 온도와 같아서 공기 밀도와 점성계수가 같다면 두 경우의 항력도 **동일**할 것이다(그림 6-17).

그림 6-18
원형과 모형의 유체가 같지 않더라도 상사가 성립할 수 있다. 이 그림은 풍동 내에서 시험 중인 잠수함 모형을 나타낸 것이다.
Courtesy NASA Langley Research Center.

실험적 해석을 보완하기 위해 차원해석과 상사를 이용하는 것의 강점은 차원 매개변수(밀도, 속도 등)의 실제 값에 무관하다는 사실로 더욱 두드러진다. 독립 Π들이 서로 같으면 **유체의 종류가 다를지라도** 상사는 성립한다. 따라서 자동차나 비행기의 모형 시험은 수조(water tunnel)에서 수행되기도 하고, 잠수함의 모형 시험은 풍동에서 수행되기도 한다(그림 6-18). 예제 6-3과 6-4의 1/5 축척 모형에 풍동 대신 수조가 사용된다고 가정해 보자. 실온(20℃를 가정하여)에서 물의 상태량을 이용하여 상사에 필요한 수조의 속도는 다음과 같이 쉽게 계산된다.

$$V_m = V_p\left(\frac{\mu_m}{\mu_p}\right)\left(\frac{\rho_p}{\rho_m}\right)\left(\frac{L_p}{L_m}\right)$$

$$= (80.0\ \text{km/h})\left(\frac{1.002 \times 10^{-3}\ \text{kg/m·s}}{1.849 \times 10^{-5}\ \text{kg/m·s}}\right)\left(\frac{1.184\ \text{kg/m}^3}{998.0\ \text{kg/m}^3}\right)(5) = 25.7\ \text{km/h}$$

그러므로 수조를 사용하게 되면 동일한 크기의 모형에서 요구되는 유속이 풍동에서 보다 훨씬 작게 된다.

6-4 반복변수법과 Buckingham Pi 정리

지금까지 여러 예제를 통하여 차원해석의 유효성과 역량을 알아보았다. 이제 무차원 매개변수 Π를 **구하는** 방법을 공부한다. 여러 방법이 제안되었지만, 가장 널리 쓰이고 간단한 방법은 Edgar Buckingham(1866-1940)에 의해 대중화된 **반복변수법(method** of repeating variables)이다. 이 방법은 1911년에 러시아 과학자인 Dimitri Riabouchinsky (1882-1962)에 의해 처음 제안되었다. 또한 이 방법은 무차원 매개변수를 구하는 단계적인 절차 또는 "요리법(recipe)"으로 생각할 수 있다. 그림 6-19에 6단계가 간략하게 서술되어 있고, 표 6-2에는 좀 더 상세하게 기술되어 있다. 이 단계들은 앞으로 여러 예제를 통하여 좀 더 상세하게 설명할 것이다.

대부분의 새로운 절차들을 배울 때처럼, 최선의 공부법은 예제와 연습에 의하는 것이다. 첫 번째 간단한 예로, 6-2절에 논의된 진공 중에 낙하하는 구를 고려해 보자. 편의상 낙하하는 물체에 관련된 물리 현상(식 6-4)을 잘 모르고, 단지 구의 순간 높이 z는 시간 t, 초기 수직 속도 w_0, 초기 높이 z_0, 중력가속도 g의 함수라는 것만 알고 있다고 가정한다(그림 6-20). 차원해석의 좋은 점은 우리가 알아야만 하는 것들이 단지 이 값들 각각의 1차 차원뿐이라는 데 있다. 반복변수법의 각 단계를 진행하면서, 예로 든 낙하하는 구를 사용하여 이 방법을 상세하게 설명한다.

The Method of Repeating Variables

Step 1	List the parameters in the problem and count their total number n.
Step 2:	List the primary dimensions of each of the n parameters.
Step 3:	Set the *reduction* j as the number of primary dimensions. Calculate k, the expected number of Π's, $k = n - j$
Step 4:	Choose j *repeating parameters*.
Step 5:	Construct the k Π's, and manipulate as necessary.
Step 6:	Write the final functional relationship and check your algebra.

그림 6-19
반복변수법 6단계에 대한 요약.

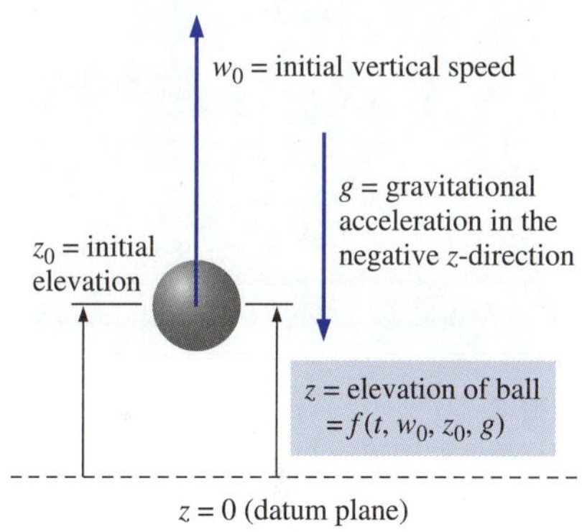

그림 6-20
진공 중에 낙하하는 공에 대한 차원해석. 높이 z는 시간 t, 초기 수직 속도 w_0, 초기 높이 z_0, 중력가속도 g의 함수이다.

1단계

이 문제에는 5개의 매개변수(차원변수, 무차원변수, 차원상수)가 존재한다. 즉, $n = 5$이다. 열거된 종속변수를 독립변수와 상수의 함수로 표현하면 다음과 같다.

관련 매개변수 목록: $z = f(t, w_0, z_0, g) \qquad n = 5$

2단계

각 매개변수의 1차 차원이 여기서 열거된다. 각 차원은 지수 형태로 써보도록 추천하는데, 이는 차후의 대수계산에 도움이 되기 때문이다.

z	t	w_0	z_0	g
$\{L^1\}$	$\{t^1\}$	$\{L^1t^{-1}\}$	$\{L^1\}$	$\{L^1t^{-2}\}$

표 6-2

반복변수법*을 구성하는 6단계에 대한 상세 설명

1단계	매개변수(차원변수, 무차원변수, 차원상수)를 나열하고 그 수를 센다. 종속변수를 포함한 매개변수의 수를 n으로 한다. 독립변수들이 서로 독립 관계인지 확인한다(예를 들면, r과 $A = \pi r^2$은 독립 관계에 있지 않다).
2단계	n개의 매개변수 각각의 1차 차원을 기술한다.
3단계	**축약(reduction)** j를 추정한다. 우선 j를 문제의 1차 차원 수로 한다. 예상되는 Π의 수(k)는 **Buckingham Pi 정리**에 의해 다음과 같다. Buckingham Pi 정리: $k = n - j$ (6-14) 이어지는 단계에서 문제가 풀리지 않으면 단계 1을 재확인한 후 j를 하나 감소시켜 진행한다.
4단계	각각의 Π를 구성할 j개의 **반복 매개변수**를 선정한다. 반복 매개변수는 각각의 Π에 반복적으로 나타날 가능성이 크므로 신중하게 선정한다(표 6-3).
5단계	j개의 반복 매개변수와 나머지 매개변수 중 하나를 묶어서, 한 번에 하나씩 k개의 Π를 구한다. 관례상 처음 도출되는 Π(Π_1으로 명시된)를 종속 Π로 한다. Π들을 조작하여 정립된 무차원 그룹(표 6-5)을 얻도록 한다.
6단계	모든 Π들이 무차원인지 확인한다. 식 (6-11)과 같은 최종 함수 관계식을 기술한다.

* 차원해석을 통하여 무차원 Π 그룹을 구하는 단계적 방법이다.

3단계

첫 번째 추측으로, j를 문제 중의 1차 차원의 개수인 2와 같게 놓는다(L과 t).

축약(reduction): $j = 2$

j의 값이 맞다면, Buckingham Pi 정리에 의해 예측되는 Π의 개수는 다음과 같다.

예측 Π의 수: $k = n - j = 5 - 2 = 3$

4단계

$j = 2$이므로 두 개의 반복 매개변수를 선정한다. 이 단계가 반복변수법의 가장 힘든(또는 적어도 가장 설명하기 곤란한) 단계로, 표 6-3에 반복 매개변수를 선정하는 몇 개의 지침이 나타나 있다.

표 6-3의 지침에 따라 가장 적절한 두 반복 매개변수로 w_0와 z_0를 선정한다.

반복 매개변수: w_0 그리고 z_0

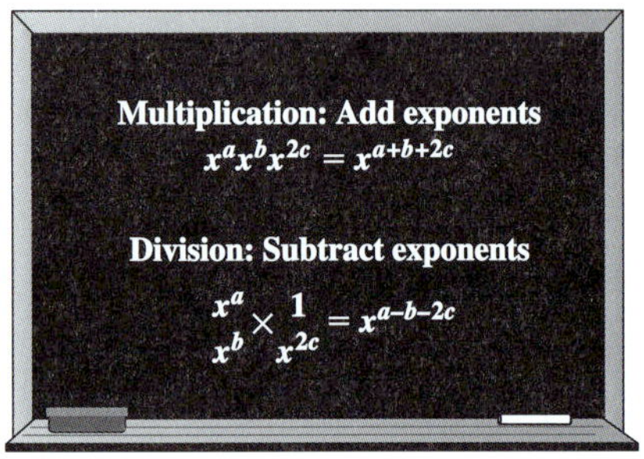

그림 6-21
지수함수의 곱셈과 나눗셈.

5단계

반복 매개변수와 나머지 매개변수 하나씩을 조합하여 Π를 구한다. 첫 번째 Π는 항상 **종속** Π이고 종속변수 z로 구성된다.

종속 Π:
$$\Pi_1 = z w_0^{a_1} z_0^{b_1} \tag{6-15}$$

여기서 a_1과 b_1은 추후 결정될 상수인 지수들이다. 단계 2의 1차 차원을 식 (6-15)에 적용하여 각 1차 차원의 지수가 0이 되도록 함으로써 Π를 **강제**로 무차원화시킨다.

Π_1의 차원: $\{\Pi_1\} = \{L^0 t^0\} = \{z w_0^{a_1} z_0^{b_1}\} = \{L^1 (L^1 t^{-1})^{a_1} L^{b_1}\}$

1차 차원은 서로 독립적이므로, 양변에서 각 1차 차원의 지수를 같도록 하여 a_1과 b_1을 구한다(그림 6-21).

시간: $\{t^0\} = \{t^{-a_1}\}$ $\quad 0 = -a_1 \quad a_1 = 0$

길이: $\{L^0\} = \{L^1 L^{a_1} L^{b_1}\}$ $\quad 0 = 1 + a_1 + b_1 \quad b_1 = -1 - a_1 \quad b_1 = -1$

따라서 식 (6-15)는 다음과 같이 된다.

$$\Pi_1 = \frac{z}{z_0} \tag{6-16}$$

유사한 방법으로 반복 매개변수와 독립변수 t를 조합하여 첫 번째 독립 $\Pi(\Pi_2)$를 구한다.

첫 번째 독립 Π: $\Pi_2 = t w_0^{a_2} z_0^{b_2}$

Π_2의 차원: $\{\Pi_2\} = \{L^0 t^0\} = \{t w_0^{a_2} z_0^{b_2}\} = \{t (L^1 t^{-1})^{a_2} L^{b_2}\}$

지수를 일치시키면 다음과 같다.

시간: $\{t^0\} = \{t^1 t^{-a_2}\}$ $\quad 0 = 1 - a_2 \quad a_2 = 1$

표 6-3

반복변수법 4단계의 반복 매개변수를 선정하는 지침*

지 침	이 문제에 대한 적용 및 간단한 설명
1. **종속**변수를 선정하지 말라. 그렇지 않으면 종속변수가 모든 Π에 나타나고, 바람직하지 않다.	이 문제에서는 z를 선정할 수 없다. 따라서 나머지 네 개의 매개변수 t, w_0, z_0, g 중 두 개를 골라야 한다.
2. 선정된 반복 매개변수들은 **그것들만으로** 무차원 그룹을 형성해서는 안 된다. 그렇지 않으면 나머지 Π를 구할 수 없다	이 문제에서는 어떤 두 개의 독립 매개변수라도 이 지침에 적합하다. 하지만 예를 들어 세 개의 매개변수를 선정하는 경우 t, w_0, z_0를 골라서는 안 된다. 왜냐하면 tw_0/z_0가 무차원 그룹이기 때문이다.
3. 선정된 반복 매개변수는 문제의 1차 차원을 **모두** 포함하여야 한다.	예를 들어, m, L, t 세 개의 1차 차원이 있는 데 두 개의 반복 매개변수를 선정하는 경우, 길이와 시간을 선정하면 질량이 빠지게 된다. 하지만 밀도와 시간을 선정하면 문제의 세 1차 차원이 모두 포함된다.
4. 이미 무차원인 매개변수를 선정해서는 안 된다. 그들은 이미 스스로 Π들이기 때문이다.	각도 θ가 독립변수인 경우 θ를 선정해서는 안 된다. 이 경우 θ는 이미 구해진 Π이다.
5. **같은** 차원이거나 거듭제곱만큼 다른 차원을 가지는 무차원인 매개변수를 선정해서는 안 된다.	이 문제에서는 z와 z_0의 차원(길이)이 같다. 따라서 이들 둘을 동시에 반복매개변수로 선정해서는 안 된다(지침 1에 따라 종속변수 z는 이미 제거되었다). 하나의 매개변수가 길이이고 다른 하나는 체적인 경우에도 체적에는 동일한 1차 차원(길이)만이 사용되므로 둘을 동시에 선정할 수 없다.
6. 가능하면 차원변수보다 차원상수를 선정하여 차원변수가 **하나**의 Π에만 포함되도록 한다.	이 문제에서는 t를 반복 매개변수로 선정한다면 이 값은 세 개의 Π에 모두 포함된다. 이는 틀리다고 할 수는 없지만 바람직하지 못하다. 왜냐하면 무차원 높이를 무차원 시간과 다른 무차원 매개변수로 구할 필요가 있기 때문이다. 따라서 네 개의 독립 매개변수 중 w_0, z_0, g를 사용한다.
7. 각각의 Π에 나타날 수 있으므로 일반적인 매개변수를 선정한다.	유체 유동 문제에서는 길이, 속도, 질량, 밀도(그림 6-22)가 일반적 매개변수이다. 점성계수 μ, 표면장력 σ_s와 같은 일반적이지 않은 매개변수를 선정하면 이들이 각각의 Π에 나타나게 된다. 이 문제에서는 g보다는 w_0와 z_0가 바람직하다.
8. 가능하면 복잡한 매개변수보다 단순한 매개변수를 선정한다.	에너지, 압력과 같이 여러 개의 1차 차원으로 구성되는 매개변수보다 길이, 시간, 질량, 속도와 같이 하나나 두 개의 1차 차원으로 구성되는 매개변수를 선정하는 것이 바람직하다.

* 이 지침을 사용하면 최소한의 노력으로 정립된 무차원 Π 그룹을 구할 수 있을 것이다.

길이: $\{L^0\} = \{L^{a_2}L^{b_2}\} \quad 0 = a_2 + b_2 \quad b_2 = -a_2 \quad b_2 = -1$

따라서 Π_2는 다음과 같이 된다.

$$\Pi_2 = \frac{w_0 t}{z_0} \tag{6-17}$$

마지막으로 반복 매개변수와 g를 조합하고 **강제**로 Π를 무차원화시켜 두 번째 독립 Π(Π_3)를 구한다(그림 6-23).

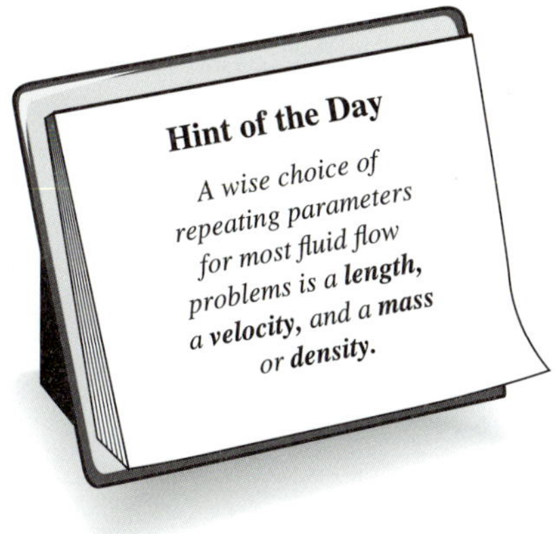

그림 6-22
일반적인 매개변수는 무차원 Π 그룹에 나타날 수 있으므로 그들을 반복 매개변수로 선정하는 것이 바람직하다.

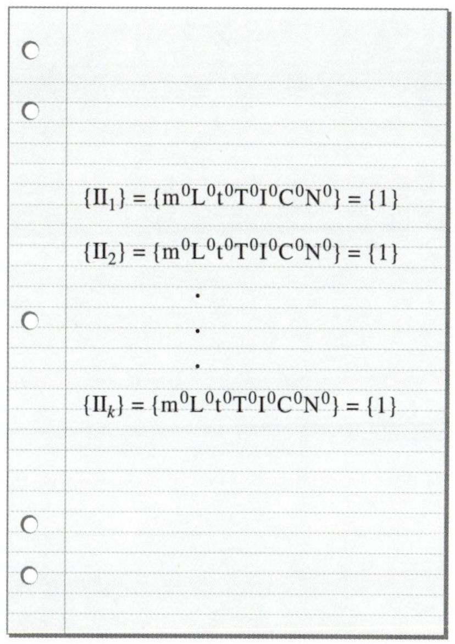

그림 6-23
모든 일곱 개의 1차 차원의 지수를 0이 되도록 **강제**하기 때문에 반복변수법을 통해 도출되는 Π 그룹은 무차원이 된다.

두 번째 독립 Π: $\Pi_3 = g w_0^{a_3} z_0^{b_3}$

Π_3의 차원: $\{\Pi_3\} = \{L^0 t^0\} = \{g w_0^{a_3} z_0^{b_3}\} = \{L^1 t^{-2} (L^1 t^{-1})^{a_3} L^{b_3}\}$

지수를 일치시키면 다음과 같다.

시간: $\{t^0\} = \{t^{-2} t^{-a_3}\} \quad 0 = -2 - a_3 \quad a_3 = -2$

길이: $\{L^0\} = \{L^1 L^{a_3} L^{b_3}\} \quad 0 = 1 + a_3 + b_3 \quad b_3 = -1 - a_3 \quad b_3 = 1$

따라서 Π_3는 다음과 같이 된다.

$$\Pi_3 = \frac{g z_0}{w_0^2} \tag{6-18}$$

세 개의 Π가 모두 구해졌지만, 이 시점에서 Π에 대한 어떤 조작이 필요한지 여부를 신중하게 살펴본다. Π_1과 Π_2는 식 (6-6)의 무차원변수 z^*와 t^*와 동일하므로 조작이 필요하지 않다. 하지만 세 번째 Π는 $-\frac{1}{2}$의 거듭제곱을 취하여 잘 정립된 매개변수, 즉 식 (6-8)의 Froude 수와 같은 형태가 되도록 해야 함을 알고 있다.

수정된 Π_3:
$$\Pi_{3,\ \text{modified}} = \left(\frac{g z_0}{w_0^2}\right)^{-1/2} = \frac{w_0}{\sqrt{g z_0}} = \text{Fr} \tag{6-19}$$

때때로 이러한 조작을 통하여 Π를 잘 알려진 형태로 바꿀 필요가 있다. 그렇다고 식 (6-18)의 Π가 틀렸다거나 식 (6-19)가 식 (6-18)보다 수학적으로 장점이 있는 것은 아니다. 그 대신에 식 (6-19)가 문헌에 통용되는 명명되고 정립된 매개변수이므로 식 (6-18)보다 더 "사회적으로 받아들여"진다고 말할 수 있다. 표 6-4에 무차원 Π 그룹을 정립된 매개변수로 바꾸는 몇 가지 지침을 제시하였다.

표 6-4

반복변수법으로 도출된 Π를 조작하는 지침*

지 침	이 문제에 대한 적용 및 간단한 설명
1. Π에 상수(무차원) 지수를 취하거나 함수 조작을 한다.	Π의 무차원 특성을 유지하며 거듭제곱을 취할(Π^n) 수 있다. 이 문제에서는 Π_3에 $-\frac{1}{2}$의 지수를 취하였다. 마찬가지로 sin(Π), exp(Π) 등과 같이 무차원 특성을 유지하며 함수 조작을 할 수 있다.
2. Π에(무차원) 상수를 곱한다.	때로는 편의상 1/2, 2, 4와 같은 무차원 계수를 곱한다. 이 과정은 Π의 차원에 영향을 미치지 않는다.
3. 도출된 두개의 Π를 곱하거나 나누어 구해진 새로운 Π로 기존의 Π 하나를 대체한다.	Π_3를 $\Pi_3\Pi_1$, Π_3/Π_2 등으로 대체한다. 이는 기존 Π를 정립된 Π로 바꾸는 데 필요하다. 많은 경우 다른 반복 매개변수를 택하여 차원해석을 수행하면 정립된 Π를 구할 수 있다.
4. 위 1에서 3의 지침을 복합적으로 사용한다.	A, B, C가 상수인 경우 임의의 Π_3를 $A\Pi_3^B \sin(\Pi_1^C)$와 같은 새로운 Π로 바꿀 수 있다.
5. Π 내의 차원 매개변수를 동일한 차원을 가진 다른 매개변수로 바꿀 수 있다.	예를 들어, Π 내에 길이의 제곱, 세제곱이 있는 경우 면적이나 체적으로 대체하여 정립된 Π로 만든다.

* 이 지침은 반복변수법의 5단계에서 무차원 Π 그룹을 표 6-5에 제시된 무차원 매개변수로 변환하는 데 유용하게 쓰일 수 있다.

표 6-5에 정립된 무차원변수를 나타내었다. 이들은 대부분 저명한 과학자나 엔지니어(그림 6-24 참조)의 이름을 따라 명명되었다. 이 목록은 결코 총망라된 것은

표 6-5

유체역학 및 열전달에 통용되는 정립된 무차원 매개변수*

Name	Definition	Ratio of Significance
Aspect ratio	$\mathrm{AR} = \dfrac{L}{W}$ or $\dfrac{L}{D}$	$\dfrac{\text{Length}}{\text{Width}}$ or $\dfrac{\text{Length}}{\text{Diameter}}$
Cavitation number	Ca (sometimes σ_c) $= \dfrac{P - P_v}{\rho V^2}$ $\left(\text{sometimes } \dfrac{2(P - P_v)}{\rho V^2}\right)$	$\dfrac{\text{Pressure} - \text{Vapor pressure}}{\text{Inertial pressure}}$
Darcy friction factor	$f = \dfrac{8\tau_w}{\rho V^2}$	$\dfrac{\text{Wall friction force}}{\text{Inertial force}}$
Drag coefficient	$C_D = \dfrac{F_D}{\frac{1}{2}\rho V^2 A}$	$\dfrac{\text{Drag force}}{\text{Dynamic force}}$
Euler number	$\mathrm{Eu} = \dfrac{\Delta P}{\rho V^2} \left(\text{sometimes } \dfrac{\Delta P}{\frac{1}{2}\rho V^2}\right)$	$\dfrac{\text{Pressure difference}}{\text{Dynamic pressure}}$
Fanning friction factor	$C_f = \dfrac{2\tau_w}{\rho V^2}$	$\dfrac{\text{Wall friction force}}{\text{Inertial force}}$
Froude number	$\mathrm{Fr} = \dfrac{V}{\sqrt{gL}} \left(\text{sometimes } \dfrac{V^2}{gL}\right)$	$\dfrac{\text{Inertial force}}{\text{Gravitational force}}$
Lift coefficient	$C_L = \dfrac{F_L}{\frac{1}{2}\rho V^2 A}$	$\dfrac{\text{Lift force}}{\text{Dynamic force}}$
Power number	$N_P = \dfrac{\dot{W}}{\rho D^5 \omega^3}$	$\dfrac{\text{Power}}{\text{Rotational inertia}}$
Prandtl number	$\mathrm{Pr} = \dfrac{\nu}{\alpha} = \dfrac{\mu c_p}{k}$	$\dfrac{\text{Viscous diffusion}}{\text{Thermal diffusion}}$
Pressure coefficient	$C_p = \dfrac{P - P_\infty}{\frac{1}{2}\rho V^2}$	$\dfrac{\text{Static pressure difference}}{\text{Dynamic pressure}}$
Rayleigh number	$\mathrm{Ra} = \dfrac{g\beta \lvert \Delta T \rvert L^3 \rho^2 c_p}{k\mu}$	$\dfrac{\text{Buoyancy force}}{\text{Viscous force}}$
Reynolds number	$\mathrm{Re} = \dfrac{\rho V L}{\mu} = \dfrac{VL}{\nu}$	$\dfrac{\text{Inertial force}}{\text{Viscous force}}$
Specific heat ratio	k (sometimes γ) $= \dfrac{c_p}{c_v}$	$\dfrac{\text{Enthalpy}}{\text{Internal energy}}$
Strouhal number	St (sometimes S or Sr) $= \dfrac{fL}{V}$	$\dfrac{\text{Characteristic flow time}}{\text{Period of oscillation}}$
Weber number	$\mathrm{We} = \dfrac{\rho V^2 L}{\sigma_s}$	$\dfrac{\text{Inertial force}}{\text{Surface tension force}}$

* A는 특성면적, D는 특성직경, f는 특성주파수(Hz), L은 특성길이, t는 특성시간, T는 특성(절대)온도, V는 특성 속도, W는 특성 폭, $\dot{W}$은 특성동력, ω는 특성각속도(rad/s). 그리고 다른 매개변수와 유체 상태량은 다음과 같다: c = 음속, C_p, c_v = 비열, k = 열전도도, P = 압력, α = 열확산계수, β = 열팽창계수, μ = 점성계수, ν = 동점성계수, ρ = 유체밀도, σ_s = 표면장력, τ_w = 벽면 전단응력.

그림 6-24

일반적으로 저명한 과학자나 엔지니어의 이름을 따라 정립된 무차원 매개변수를 명명한다.

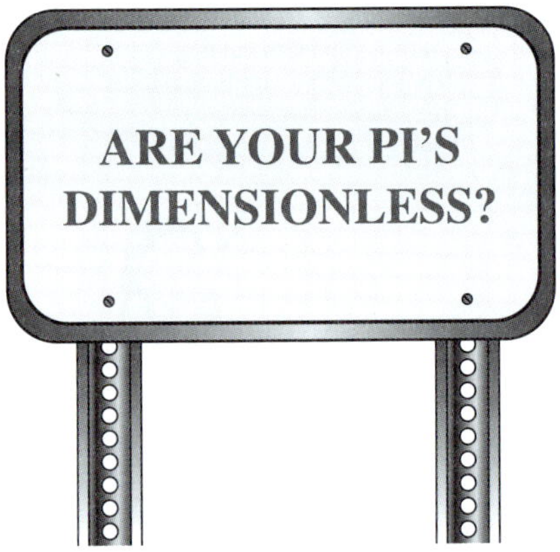

그림 6-25
항상 계산을 확인할 필요가 있다.

아니다. 가능하다면 Π를 필요한 대로 조작하여 정립된 매개변수로 바꾸도록 하여야 한다.

6단계

Π가 정말 무차원인지를 재확인할 필요가 있다(그림 6-25). 재확인되면 이제 무차원 매개변수 사이의 함수 관계식을 기술한다. 식 (6-16), (6-17), (6-19)를 식 (6-11)의 형태로 조합하면 다음과 같이 된다.

$$\textbf{Π들 사이의 관계식:}\ \Pi_1 = f(\Pi_2, \Pi_3) \quad \rightarrow \quad \frac{z}{z_0} = f\left(\frac{w_0 t}{z_0}, \frac{w_0}{\sqrt{g z_0}}\right)$$

또는 앞에서 식 (6-6)에 정의된 무차원변수 z^*, t^*와 Froude 수의 정의에 따라 차원해석의 최종 결과는 다음과 같이 된다.

$$\textbf{차원해석의 최종 결과:} \qquad z^* = f(t^*, \text{Fr}) \tag{6-20}$$

차원해석의 결과인 식 (6-20)과 엄밀해인 식 (6-10)을 비교해 보면, 반복변수법이 무차원 그룹 간의 함수 관계식을 적절히 예측함을 알 수 있다. 그러나

반복변수법으로 정확한 수학적 관계식을 구할 수는 없다.

이것이 차원해석과 반복변수법의 근본적 한계이다. 하지만 예제 6-5에 보였듯이 간단한 문제인 경우에는 미지의 상수 범위 내에서 관계식을 **구할 수** 있다.

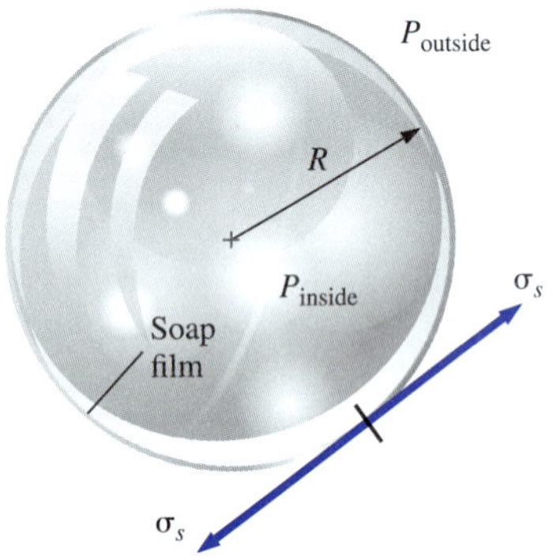

그림 6-26
비눗방울 내부의 압력은 비누막의 표면장력으로 주위 압력보다 높다.

예제 6-5 비눗방울 내의 압력

아이들이 가지고 노는 비눗방울 내의 압력과 반경 사이의 관계를 구해 본다(그림 6-26). 비눗방울 내의 압력은 대기압보다 높고, 따라서 비눗방울 표면은 풍선 표면처럼 인장력을 받으리라 예상할 수 있다. 또한 이 문제에서 표면장력이 중요하리라 생각할 수 있다. 다른 물리적 관계를 모르는 상태에서 차원해석을 통해 문제를 풀고자 한다. 압력차 $\Delta P = P_{inside} - P_{outside}$, 비눗방울 반경 R, 비누막의 표면장력 σ_s 사이의 관계식을 구하라.

풀이 비눗방울 내부와 외부 공기의 압력차를 반복변수법에 의해 구하고자 한다.

가정 1 비눗방울은 공기 중에 중립적으로 떠 있고, 중력은 무시한다. 2 문제에서 주어진 이외의 변수 또는 상수는 중요치 않다.

해석 단계적 반복변수법을 적용한다.

1단계 이 문제에는 세 개의 변수 및 상수가 존재한다. 즉 $n = 3$이다. 종속변수를 독립변수와 상수의 함수로 기술하면

$$\textbf{관련 매개변수 목록:} \qquad \Delta P = f(R, \sigma_s) \qquad n = 3$$

2단계 각 매개변수의 1차 차원을 기술한다. 표면장력의 차원은 예제 6-1로부터, 압력의 차원은 예제 6-2로부터 구한다.

ΔP	R	σ_s
$\{m^1L^{-1}t^{-2}\}$	$\{L^1\}$	$\{m^1t^{-2}\}$

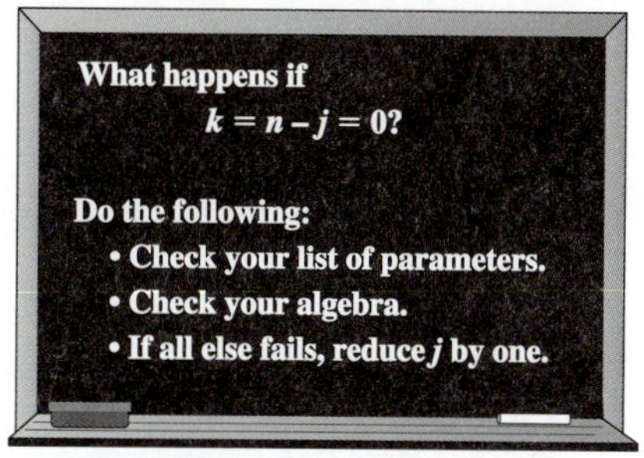

그림 6-27
반복변수법 결과에서 Π가 0이라면 계산 실수를 확인하고, 아니면 j를 하나 축약하여 다시 반복해야 한다.

3단계 우선 j를 1차 차원의 수(m, L, t)와 같도록 3으로 가정한다.

축약(첫 번째 가정): $$j = 3$$

만일 위의 j값이 옳다면 기대되는 Π의 수는 $k = n - j = 3 - 3 = 0$이다. 하지만 $\Pi = 0$이 될 수 없으므로 무엇인가 틀렸다(그림 6-27). 이런 경우 되돌아가서 어떤 변수나 상수가 누락되지 않았는지 확인할 필요가 있다. 그러나 압력차는 비눗방울 반경과 표면장력만의 함수임을 확신하므로 j의 값을 하나 감소시킨다.

축약(두 번째 가정): $$j = 2$$

만일 이 j값이 옳다면 $k = n - j = 3 - 2 = 1$이다. 따라서 Π의 수는 1이 되고, $\Pi = 0$보다 현실적인 값이다.

4단계 $j = 2$이므로 두 개의 반복 매개변수를 선택해야 한다. 표 6-3의 지침에 따라 R과 σ_s를 선택한다(ΔP는 종속변수임).

5단계 반복변수를 종속변수 ΔP와 조합하여 종속 Π를 구한다.

종속 Π:
$$\Pi_1 = \Delta P R^{a_1} \sigma_s^{b_1} \tag{1}$$

단계 2의 1차 차원을 식 (1)에 대입하고 Π를 무차원이 되게 하면 다음과 같이 된다.

Π_1의 차원:
$$\{\Pi_1\} = \{m^0L^0t^0\} = \{\Delta P R^{a_1}\sigma_s^{b_1}\} = \{(m^1L^{-1}t^{-2})L^{a_1}(m^1t^{-2})^{b_1}\}$$

각 1차 차원의 지수를 같게 하여 a_1과 b_1을 구한다.

시간: $\{t^0\} = \{t^{-2}t^{-2b_1}\}$ $\quad 0 = -2 - 2b_1 \quad b_1 = -1$

질량: $\{m^0\} = \{m^1m^{b_1}\}$ $\quad 0 = 1 + b_1 \quad b_1 = -1$

길이: $\{L^0\} = \{L^{-1}L^{a_1}\}$ $\quad 0 = -1 + a_1 \quad a_1 = 1$

다행히도 처음 두 결과는 서로 일치한다. 따라서 식 (1)은 다음과 같이 된다.

$$\Pi_1 = \frac{\Delta P R}{\sigma_s} \tag{2}$$

표 6-5로부터 식 (2)와 가장 유사하게 정립된 무차원 매개변수는 **Weber 수**이고, 이는 압력(ρV^2)과 길이의 곱을 표면장력으로 나눈 값이다. 이 Π를 더 조작할 필요는 없다.

6단계 마지막으로 함수 관계식을 기술한다. 이 문제에서는 단지 하나의 Π만이 있으므로, 즉 아무 것의 함수도 아니므로, Π는 상수가 되어야 한다. 식 (2)를 식 (6-11)의 함수 형태로 놓으면 다음과 같이 된다.

Π 사이의 관계식:

$$\Pi_1 = \frac{\Delta P R}{\sigma_s} = f(\text{nothing}) = \text{constant} \quad \rightarrow \quad \boldsymbol{\Delta P = \text{constant}\,\frac{\sigma_s}{R}} \tag{3}$$

토의 이 예제는 문제에 관련된 물리적 현상을 잘 모를 때에도 차원해석을 통하여 경향을 예측할 수 있음을 보여준다. 예를 들어 식 (3)으로부터 비눗방울의 반경이 두 배가 되면 압력 차는 반으로 줄어든다. 마찬가지로 표면장력이 두 배가 되면 ΔP는 두 배로 증가한다. 차원해석으로 식 (3)의 상수를 구할 수는 없지만, 부가적인 해석이나 실험을 통하여 상수가 4가 된다는 것을 알 수 있다(1장 참조).

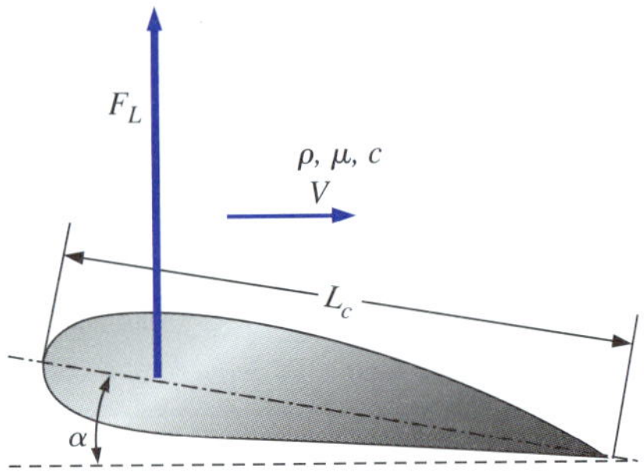

그림 6-28
자유흐름 속도 V, 밀도 ρ, 점성계수 μ, 음속 c인 유동 중에 있는 날개(코드 길이 L_c)에 작용하는 양력 F_L. 받음각 α는 자유흐름 방향에 상대적으로 측정된다.

그림 6-29
반복변수법에서 가장 어려운 부분은 반복 매개변수를 선정하는 일이다. 하지만 연습을 통하여 적절히 선정하는 법을 배울 수 있다.

예제 6-6 날개에 작용하는 양력

어떤 항공 엔지니어가 비행기를 설계하고, 그 비행기의 새로운 날개에 작용하는 양력을 계산하고자 한다(그림 6-28). 날개의 코드 길이 L_c = 1.12 m이고, **평면도면적(planform area)** A는(받음각이 영일 때 위에서 본 면적) 10.7 m^{2}이다. 원형은 온도가 25°C인 지면에 가깝게 V = 52.0 m/s로 비행한다. 날개의 1/10 축척 모형을 사용하여 가압 풍동에서 시험하며, 풍동은 최대 5기압까지 가압된다. 역학적 상사를 얻기 위해서는 풍동 내의 유속 및 압력이 얼마가 되어야 하는가?

풀이 풍동 내에서 역학적 상사를 얻기 위한 유속과 압력을 결정하고자 한다.

가정 **1** 원형 날개는 표준 대기압하의 공기에서 비행한다. **2** 모형은 원형과 기하학적으로 상사하다.

해석 먼저 단계적 반복변수법을 사용하여 무차원 매개변수를 구한다. 그 다음 모형과 원형 사이의 종속 Π를 비교한다.

1단계 이 문제에는 7개의 변수와 상수 매개변수가 있다. 즉, n = 7이다. 종속변수를 독립 매개변수의 함수로 표현하면 다음과 같다.

관련 매개변수 목록: $F_L = f(V, L_c, \rho, \mu, c, \alpha) \quad n = 7$

여기서 F_L은 날개에 작용하는 양력, V는 유체 속도, L_c는 코드 길이. ρ는 유체 밀도, μ는 유체 점성계수, c는 유체 내의 음속, α는 날개의 받음각이다.

2단계 각 매개변수의 1차 차원을 기술한다. 단, 받음각 α는 무차원이다.

F_L	V	L_c	ρ	μ	c	α
$\{m^1L^1t^{-2}\}$	$\{L^1t^{-1}\}$	$\{L^1\}$	$\{m^1L^{-3}\}$	$\{m^1L^{-1}t^{-1}\}$	$\{L^1t^{-1}\}$	$\{1\}$

3단계 우선 j를 1차 차원의 수(m, L, t)인 3으로 가정한다.

축약: $j = 3$

만일 이 j값이 맞다면 Π의 수는 $k = n - j = 7 - 3 = 4$이다.

4단계 j = 3이므로 세 개의 반복 매개변수를 선정해야 한다. 표 6-3의 지침에 따라 종속변수인 F_L과 무차원값인 α는 제외한다. V와 c도 차원이 같으므로 동시에 선정할 수는 없다. 또한 모든 Π에 μ가 들어가는 것도 바람직하지 않다. 따라서 최선의 반복 매개변수는 V, L_c, ρ의 조합이든지 c, L_c, ρ의 조합이 된다. 이 둘 중 전자가 더 바람직한데, 왜냐하면 표 6-5의 정립된 무차원 매개변수 중 음속은 단지 하나에만 사용된 반면, 속도는 보다 "일반적"이어서 여러 무차원 매개변수에 사용되기 때문이다(그림 6-29).

반복 매개변수: V, L_c, ρ

5단계 종속 Π를 다음과 같이 구한다.

$$\Pi_1 = F_L V^{a_1} L_c^{b_1} \rho^{c_1} \quad \rightarrow \quad \{\Pi_1\} = \{(m^1L^1t^{-2})(L^1t^{-1})^{a_1}(L^1)^{b_1}(m^1L^{-3})^{c_1}\}$$

Π가 무차원이 되도록 하여 $a_1 = -2$, $b_1 = -2$, $c_1 = -1$을 얻는다. 따라서 종속 Π는 다음과 같이 된다.

$$\Pi_1 = \frac{F_L}{\rho V^2 L_c^2}$$

표 6-5의 정립된 무차원 매개변수 중 Π_1에 가장 가까운 것은 **양력계수**로, L_c^2 대신에 평면도면적 A가 사용되고, 분모에 1/2이 포함되어 있다. 따라서 표 6-4의 지침에 따라 Π를 조작하면 다음과 같이 된다.

수정된 Π_1:
$$\Pi_{1,\text{ modified}} = \frac{F_L}{\frac{1}{2}\rho V^2 A} = \text{양력계수} = C_L$$

유사하게 첫 번째 독립 Π를 구한다.

$$\Pi_2 = \mu V^{a_2} L_c^{b_2} \rho^{c_2} \quad \rightarrow \quad \{\Pi_2\} = \{(\text{m}^1\text{L}^{-1}\text{t}^{-1})(\text{L}^1\text{t}^{-1})^{a_2}(\text{L}^1)^{b_2}(\text{m}^1\text{L}^{-3})^{c_2}\}$$

여기서 $a_2 = -1$, $b_2 = -1$, $c_2 = -1$을 얻고, 따라서 Π_2는 다음과 같다.

$$\Pi_2 = \frac{\mu}{\rho V L_c}$$

이 Π는 Reynolds 수의 역수로서, 다시 역수를 취하면 다음과 같다.

수정된 Π_2:
$$\Pi_{2,\text{ modified}} = \frac{\rho V L_c}{\mu} = \text{Reynolds 수} = \text{Re}$$

세 번째 Π는 음속을 사용하여 구하는 데, 상세한 과정은 생략한다. 그 결과는 다음과 같다.

$$\Pi_3 = \frac{V}{c} = \text{Mach 수} = \text{Ma}$$

마지막으로 받음각 α는 이미 무차원이므로 그 자체로 무차원 Π가 된다(그림 6-30). 따라서 Π_4는 다음과 같이 된다.

$$\Pi_4 = \alpha = \text{영각(Angle of attack)}$$

6단계 마지막으로 다음과 같이 함수 관계식을 기술한다.

$$\boldsymbol{C_L = \frac{F_L}{\frac{1}{2}\rho V^2 A} = f(\text{Re}, \text{Ma}, \alpha)} \tag{1}$$

역학적 상사가 성립하기 위해서는, 식 (6-12)로부터 식 (1)의 세 개의 독립 무차원 매개변수가 모형과 원형 사이에서 서로 일치해야 한다. 받음각을 일치시키는 것은 쉽지만, Reynolds 수와 Mach 수를 동시에 일치시키는 것은 간단하지 않다. 예를 들어, 풍동 내의 유속과 온도를 원형과 같게 하면, 모형 유동의 ρ, μ, c와 원형 유동의 ρ, μ, c도 같게 되고, 모형 내 유속을 원형 유속의 10배로 함으로써(모형의 축척이 1/10이므로) Reynolds 수 상사를 얻을 수 있다. 그러나 이 경우 Mach 수는 서로 10배의 차이가 나게 된다. 온도 25°C에서 c는 약 346 m/s이고 원형의 Mach 수는 $\text{Ma}_p = 52.0/346 = 0.150$으로 아음속 유동이다. 하지만 모형의 경우 $\text{Ma}_m = 1.50$가 되고, 초음속이 된다! 초음속과 아음속 유동은 물리적으로 완전히 다르기 때문에 이는 허용될 수 없다. 또 다른 극단의 경우, Mach 수를 일치시켰다고 하면, 모형의 Reynolds 수는 10배나 작을 것이다.

그렇다면 우리는 어떻게 해야 할까? Mach 수에 대한 일반적인 경험 법칙은, Mach 수가 여기서의 다행스러운 경우처럼, 0.3보다 작으면 압축성 효과는 무시할 수 있으므로

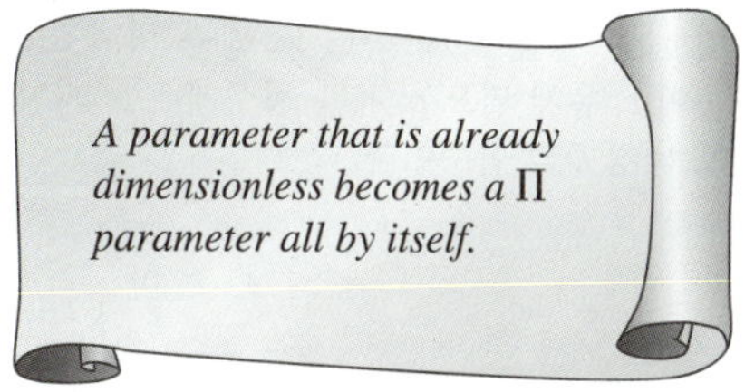

그림 6-30
차원이 없는 매개변수(각도와 같이)는 그 자체로 이미 무차원 Π이다.

Mach 수를 일치시킬 필요는 없다. 따라서 Ma_m를 약 0.3 이하로 하고 Reynolds 수를 일치시키면 근사적인 역학적 상사를 얻을 수 있다. 그러면 어떻게 낮은 Mach 수를 유지하며 Re를 일치시킬 수 있을까? 이는 풍동 내 공기를 가압함으로써 가능하다. 등온 조건에서 밀도는 압력에 비례하는 반면, 점성계수와 음속은 압력에 따라 거의 변하지 않으므로 풍동 내 압력을 10기압으로 올리면 원형과 모형을 같은 유속에서 시험해도 Re와 Ma가 거의 같게 된다. 이 문제의 경우 최대 압력이 5기압이므로 풍동 내 유속을 원형 유속의 두 배, 즉 104 m/s로 한다. 이때 풍동 내 Mach 수는 $Ma_m = 104/346 = 0.301$로, 비압축성 가정이 성립된다. 요약하면 풍동은 **25°C, 5기압**에서 대략 **100 m/s**로 운전되어야 한다.

토의 이 예제는 모형 시험에서 독립 Π들을 항상 동시에 일치시킬 수는 없다는 차원해석의 (실망스러운) 한계를 보여 준다. 즉, **모형 시험에서 모든 독립 Π들을 동시에 일치시키는 것이 항상 가능하지 않을 수 있다.** 이 경우 중요한 Π를 우선 일치시킬 필요가 있다. 유체역학의 많은 경우에 Re가 충분히 크다면 Reynolds 수가 역학적 상사에 결정적이지는 않다. 만일 원형의 Mach 수가 0.3보다 월등히 크다면 Reynolds 수보다는 Mach 수를 일치시키는 것이 바람직하다. 더구나 모형 시험에 다른 종류의 기체가 사용된다면 비열비(k)도 일치시킬 필요가 있다. 이는 압축성 유동의 경우 k의 영향이 크기 때문이다(10장). 이와 같은 모형 시험에 대한 문제는 6-5절에서 좀 더 상세하게 다룬다.

예제 6-3과 6-4에서 원형 자동차의 유속은 80.0 km/h이고, 풍동의 유속은 354 km/h이었다. 온도 25℃에서 이 속도들로부터 계산된 Mach 수는 원형의 경우 $Ma_P = 0.065$이고, 온도 5℃에서 모형의 경우 $Ma_m = 0.29$로, 비압축성 한계의 경계에 있다. 만일 차원해석 시 음속을 포함시켰다면 Mach 수가 부가적인 Π로 도출되었을 것이다. 물과 같은 **액체**를 사용하면 상당히 고속에서도 비압축성이므로 Mach 수를 낮게 유지하면서 Reynolds 수를 일치시킬 수 있다.

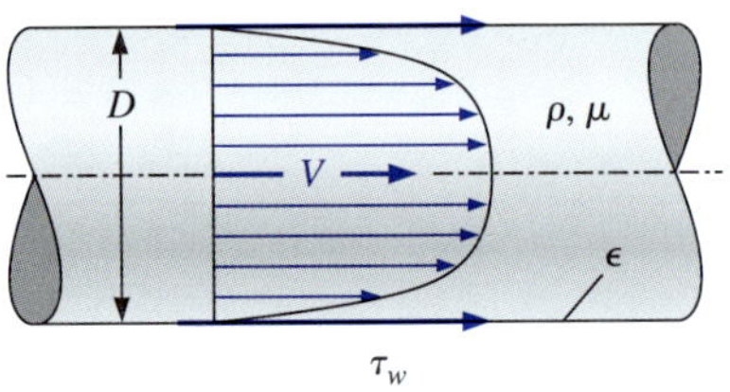

그림 6-31
파이프 내벽의 마찰. 파이프 벽면의 전단응력 τ_w는 평균 유체 속도 V, 평균 벽면조도 높이 ε, 유체 밀도 ρ, 유체 점성계수 μ, 파이프 내경 D의 함수이다.

예제 6-7 파이프 내 마찰

밀도 ρ와 점성계수 μ의 비압축성 유체가 직경 D의 길고 수평인 파이프 내를 흐른다. 그림 6-31에 속도 분포를 스케치하였다. V는 파이프 단면 평균 속도로, 질량 보존에 의해 유동방향으로 일정하다. 파이프의 길이가 아주 길면 유동은 수력학적으로 **완전발달**하고, 속도 분포도 유동방향으로 변하지 않는다. 유체와 벽면 사이의 마찰력에 의해 파이프의 내부 벽면에는 스케치에 보인 바와 같이 전단응력 τ_w가 생긴다. 이 전단응력도 완전발달 영역에서는 유동방향으로 일정하다. 파이프 내벽의 일정한 평균 조도 높이는 ε으로 가정한다. 유동방향으로 일정하지 않은 매개변수는 압력뿐으로, 마찰을 극복하여 유체를 유동시키기 위해서는 유동방향으로 감소(선형적으로)해야 한다. 전단응력 τ_w와 다른 매개변수 사이의 무차원 관계식을 구하라.

풀이 전단응력과 다른 매개변수 사이의 무차원 관계식을 구하고자 한다.

가정 1 유동은 수력학적으로 완전발달되었다. 2 유체는 비압축성이다. 3 주어진 이외의 다른 매개변수는 중요하지 않다.

해석 단계적 반복변수법으로 무차원 매개변수를 구한다.

1단계 이 문제에는 6개의 변수와 상수가 있다. 즉, $n = 6$이다. 종속변수를 독립변수와 상수의 함수로 나타내면 다음과 같다.

관련 매개변수 목록: $\tau_w = f(V, \varepsilon, \rho, \mu, D) \quad n = 6$

2단계 각 매개변수의 1차 차원을 기술한다. 전단응력은 단위 면적당의 힘으로, 압력과 차원이 같다.

τ_w	V	ε	ρ	μ	D
$\{m^1L^{-1}t^{-2}\}$	$\{L^1t^{-1}\}$	$\{L^1\}$	$\{m^1L^{-3}\}$	$\{m^1L^{-1}t^{-1}\}$	$\{L^1\}$

3단계 우선 j를 이 문제의 1차 차원(m, L, t)의 개수인 3으로 가정한다.

축약: $j = 3$

이 j값이 맞다면, 예상되는 Π의 수는 $k = n - j = 6 - 3 = 3$이 된다.

4단계 $j = 3$이므로 3개의 반복 매개변수를 선정한다. 표 6-3의 지침에 따라 종속변수 τ_w를 선정할 수는 없고, ε과 D를 동시에 선정할 수도 없다(차원이 같으므로). 또한 μ나 ε이 모든 Π에 나타나는 것도 바람직하지 않다. 따라서 최선의 선택은 V, D, ρ이다.

반복 매개변수: V, D, ρ

5단계 종속 Π를 구한다.

$$\Pi_1 = \tau_w V^{a_1} D^{b_1} \rho^{c_1} \quad \rightarrow \quad \{\Pi_1\} = \{(m^1L^{-1}t^{-2})(L^1t^{-1})^{a_1}(L^1)^{b_1}(m^1L^{-3})^{c_1}\}$$

위 식에서 $a_1 = -2$, $b_1 = 0$, $c_1 = -1$이 되고, 따라서 종속 Π는 다음과 같다.

$$\Pi_1 = \frac{\tau_w}{\rho V^2}$$

표 6-5에 나타난 정립된 매개변수 중 Π_1과 가장 유사한 것은 **Darcy 마찰계수**로, 분모에 8을 곱하면 얻어진다(그림 6-32). 표 6-4의 지침에 따라 Π를 조작하면 다음과 같다.

수정된 Π_1: $$\Pi_{1,\,\text{modified}} = \frac{8\tau_w}{\rho V^2} = \text{마찰계수} = f$$

마찬가지로 두 개의 독립 Π를 구한다. 상세한 과정은 생략한다.

$$\Pi_2 = \mu V^{a_2} D^{b_2} \rho^{c_2} \quad \rightarrow \quad \Pi_2 = \frac{\rho V D}{\mu} = \text{Reynolds 수} = \text{Re}$$

$$\Pi_3 = \varepsilon V^{a_3} D^{b_3} \rho^{c_3} \quad \rightarrow \quad \Pi_3 = \frac{\varepsilon}{D} = \text{조도비}$$

6단계 마지막으로 최종 함수 관계식을 구한다.

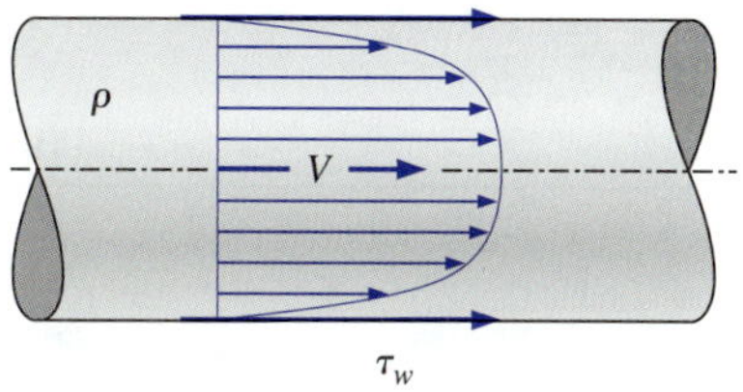

Darcy friction factor: $f = \dfrac{8\tau_w}{\rho V^2}$

Fanning friction factor: $C_f = \dfrac{2\tau_w}{\rho V^2}$

그림 6-32
파이프 유동에 대해서는 **Darcy 마찰계수**가 일반적이지만, 흔하지는 않지만 대안으로 알고 있어야 하는 마찰계수가 **Fanning 마찰계수**이다. 이들 둘 사이의 관계는 $f = 4C_f$이다.

$$f = \frac{8\tau_w}{\rho V^2} = f\left(Re, \frac{\varepsilon}{D}\right) \tag{1}$$

토의 위 결과는 층류와 난류 완전발달 유동에 모두 적용된다. 그러나 두 번째 독립 Π(조도비 ε/D)는 층류보다는 난류 파이프 유동에 훨씬 중요하다. 이 문제로부터 차원해석과 기하학적 상사의 흥미로운 관계를 알 수 있다. 즉, ε/D를 일치시켜야 하는 이유로서, ε/D이 독립 Π이기 때문이라고 생각할 수도 있고, 조도가 기하학적 상태량이기 때문에 **기하학적 상사**를 만들기 위해 필요하다고 생각할 수도 있다.

6-5 실험적 시험, 모델링, 불완전 상사

차원해석은 물리적 그리고/또는 수치적 실험을 계획하고 실험 결과를 기술하는 데 널리 활용된다. 이 절에서는 이 응용분야를 논의하고, 완전한 역학적 상사를 얻지 못하는 경우에 대해 살펴보도록 한다.

실험의 구성과 실험 데이터의 상관관계

한 포괄적인 예로, 다섯 개의 원래 매개변수(그 중 하나는 **종속** 매개변수)로 구성된 문제를 고려해 보자. 완전한 실험 세트[**완전계승** 시험 매트릭스(full factorial test matrix)라고 함]는 네 개의 독립 매개변수 각각에 대해 몇 단계의 모든 가능한 조합을 시험함으로써 수행된다. 네 개의 독립 매개변수 각각에 대해 다섯 단계로 이루어진 하나의 완전계승 시험에는 $5^4 = 625$번의 실험이 요구된다. 실험계획법[**부분계승** 시험 매트릭스(fractional factorial test matrix), Montgomery, 1996 참조]을 사용하면 시험 매트릭스의 크기를 현저히 줄일 수 있지만, 여전히 요구되는 실험의 수는 많다. 하지만 만일 이 문제에 관련된 1차 차원의 수가 3이라면 매개변수의 수를 5에서 2로 축약할 수 있고($k = 5 - 3 = 2$ 무차원 Π 그룹), **독립** 매개변수의 수는 4에서 1로 줄일 수 있다. 따라서 같은 해상도(각 독립 매개변수의 5단계 시험)에 대해 단지 $5^1 = 5$번의 실험만이 필요하게 될 것이다. 따라서 실험을 수행하기 **전에** 차원해석을 먼저 수행하는 것이 바람직함은 두말할 나위가 없다.

이 포괄적인 예제(2-Π 문제)의 논의를 계속하자면, 일단 실험이 끝나면 그림 6-33과 같이 종속 매개변수(Π_1)를 독립 매개변수(Π_2)의 함수로 그린다. 다음에 데이터에 대한 **회귀분석(regression analysis)**을 수행하여 함수 관계식을 구한다. 요행으로 데이터는 선형적인 상관관계를 보일 수도 있다. 그렇지 않다면 로그-선형, 로그-로그, 다항식 곡선맞춤(curve fitting) 등을 수행하여 두 개 Π 사이의 상관식을 구한다. 곡선맞춤 기법의 상세한 내용에 대해서는 Holman(2001)을 참조하기 바란다.

Π가 두 개보다 많으면(즉, 3-Π 문제 또는 4-Π 문제) 종속 Π와 독립 Π 간의 관계식을 구하기 위한 시험 매트릭스를 구성해야 한다. 많은 경우에서 하나 또는 그 이상의 종속 Π의 영향이 무시할 만하고, 따라서 매개변수 목록에서 삭제될 수 있음을 알아냈다.

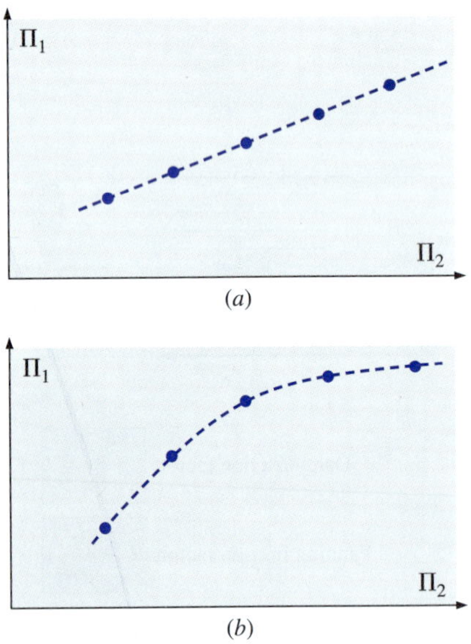

그림 6-33
두 개의 Π로 이루어진 문제에서 종속 무차원 매개변수(Π_1)를 독립 무차원 매개변수(Π_2)로 도시하였다. 결과는 (*a*) 선형일 수도 있고 (*b*) 비선형일 수도 있다. 어떤 경우라도 회귀분석이나 곡선접합을 통하여 Π 간의 관계를 구할 수 있다.

살펴본 바와 같이(예제 6-5), 차원해석 결과 단 **하나**의 Π만이 도출되는 경우가 있다. 1–Π 문제에서 원래 매개변수들 사이의 관계는 어떤 미지수인 상수를 포함하는 형태로 국한됨을 알고 있다. 이러한 경우에, 이 상수를 결정하기 위해 단 **한 번**의 실험만이 필요하다.

불완전 상사

앞의 여러 예제들을 통하여 반복변수법을 일사불란하게 사용하여 무차원 Π 그룹들을 종이와 연필로 손쉽게 구할 수 있음을 살펴보았다. 사실상 충분한 연습 후에는, Π를, 때로는 머릿속으로 또는 대략적인 추산으로 쉽게 구할 수 있게 될 것이다. 불행하게도, 차원해석 결과를 실험 데이터에 적용하려고 할 때 그것은 종종 전혀 다른 이야기가 된다. 문제는 기하학적 상사를 얻기 위해 조심한다 할지라도 모형과 원형의 Π를 모두 일치시키는 것이 항상 가능하지는 않다는 점이다. 이러한 상황을 **불완전 상사(incomplete similarity)**라고 한다. 하지만 다행스럽게도 어떤 경우에는 불완전 상사일지라도 여전히 모형 시험 데이터를 외삽법을 통하여 합리적인 원형 성능 예측을 할 수 있다.

풍동 시험

풍동 내의 트럭 모형에 작용하는 공기역학적 항력을 측정하는 문제를 가지고 불완전 상사를 설명한다(그림 6-34). 트랙터-트레일러 장비(바퀴 18개짜리)의 축척이 1/16인 다이캐스트 모형을 구입했다고 가정하자. 트럭 모형은 측면 거울, 진흙막이(mud flap) 등과 같은 상세 부분조차도 원형과 완벽하게 기하학적 상사를 이루고 있다. 완전한 크기의 원형의 길이 15.9 m에 대응하는 모형 트럭의 길이는 0.991 m이다. 풍동은 최대 유속 70 m/s를 낼 수 있고, 시험부는 폭 1.2 m, 높이 1.0 m로 모형 시험 시 벽면 간섭이나 차단 효과(blockage effect)를 고려할 필요가 없을 정도로 크다. 또한 풍동 내의 온도와 압력은 원형 유동의 온도 및 압력과 같다. 원형 트럭이 $V_P = 96.5$ km/h(26.8 m/s)로 주행 시 유동을 모사하고자 한다.

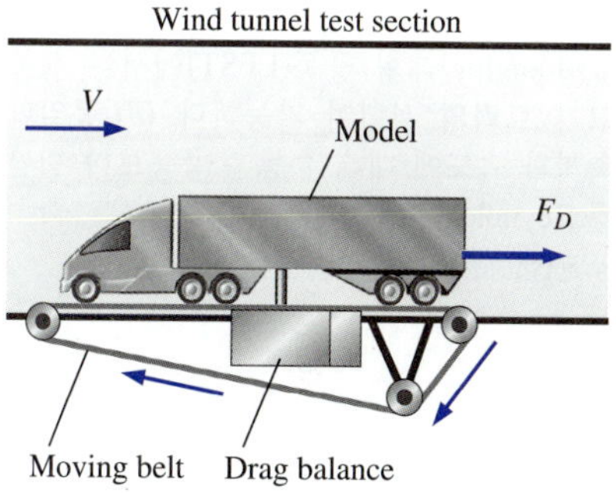

그림 6-34
항력 저울과 **이동 벨트**가 장착된 풍동 내 모형 트럭에 대한 공기역학적 항력 측정.

우선 Reynolds 수를 맞춘다.

$$\mathrm{Re}_m = \frac{\rho_m V_m L_m}{\mu_m} = \mathrm{Re}_p = \frac{\rho_p V_p L_p}{\mu_p}$$

위 식에서 모형 내 유속 V_m을 구하면 다음과 같다.

$$V_m = V_p\left(\frac{\mu_m}{\mu_p}\right)\left(\frac{\rho_p}{\rho_m}\right)\left(\frac{L_p}{L_m}\right) = (26.8\text{ m/s})(1)(1)\left(\frac{16}{1}\right) = 429\text{ m/s}$$

따라서 모형과 원형의 Reynolds 수를 일치시키기 위해서는 풍동 내 유속은 429m/s(유효숫자 3자리까지)가 되어야 한다. 여기서 확연히 문제가 생기는데, 이 속도는 최대 풍동 속도의 6배이고, 설사 이 속도를 낼 수 있다 하여도 실온에서 음속은 346m/s이므로 풍동 내 유동은 **초음속**이 된다. 즉, 원형 자동차의 Mach 수는 26.8/335 = 0.080인 반면, 풍동 내 모형의 Mach 수는 429/335 = 1.28(만약 풍동이

(*a*)

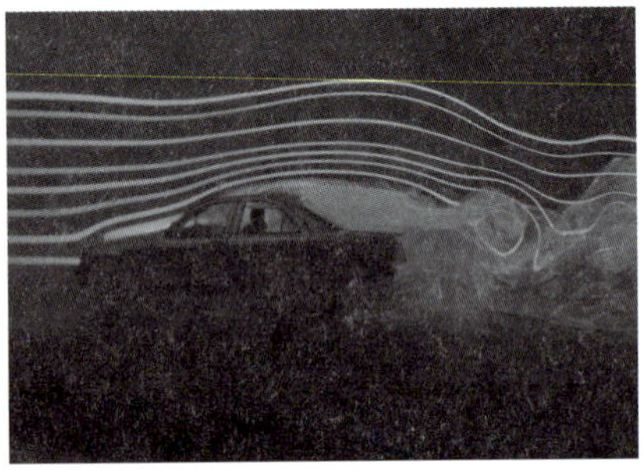

(*b*)

그림 6-35
(*a*) Langley 대형 풍동(LFST)에서는 실물 크기 트럭의 시험이 가능하다. (*b*) 동일한 축척과 속도에 대해 수동은 풍동보다 훨씬 큰 Reynolds 수를 얻는다.

(b) NASA/Eric James

그렇게 빠르게 운전될 수 있다면)이 된다.

이 모형과 풍동 설비로 원형의 Reynolds 수에 모형의 그것을 일치시키는 것은 가능하지 않음이 분명하다. 그러면 어떻게 해야 하나? 몇 가지 선택이 있다.

- 만약 더 큰 풍동이 있다면 더 큰 모형으로 시험할 수 있다. 자동차 회사에서는 일반적으로 자동차의 경우 3/8 축척 모형을, 트럭이나 버스의 경우 1/8 축척 모형을 사용한다. 어떤 풍동의 경우 충분히 커서 원형을 그대로 시험하기도 한다(그림 6-35*a*). 그러나 풍동과 모형이 커질수록 비용이 많이 든다. 또한 풍동에 비해 모형이 너무 크지 않아야 한다. 대체로 **차단율**[풍동 시험부 단면적에 대한 모형 정면도면적(frontal area)의 비]을 7.5% 이내로 하는데, 이를 넘으면 풍동의 벽면이 기하학적 상사와 운동학적 상사 모두에 불리하게 영향을 미치는 것으로 알려져 있다.
- 모형 시험에 다른 유체를 사용한다. 예를 들면, 크기가 동일한 경우 풍동보다 수동에서 높은 Reynolds 수를 얻을 수 있다. 하지만 수동은 제작 및 운전 비용이 훨씬 많이 든다(그림 6-35*b*).
- 풍동을 가압하고 그리고/또는 공기 온도를 높여 최대 Reynolds 수 용량을 높인다. 그러나 이 방법으로 높일 수 있는 Reynolds 수에는 한계가 있다.
- 다른 방법이 없을 경우, 최대 풍동 속도 부근의 몇 가지 속도에서 시험하고, 결과를 원형 Reynolds 수까지 외삽법으로 처리한다.

다행히도 풍동 시험의 경우, 마지막 선택 방법을 적용할 수 있는 경우가 많다. 항력계수 C_D는 낮은 Reynolds 수에서는 Re의 강한 함수인 반면에, 어떤 값 이상의 Re에서는 거의 일정한 값을 가진다. 다시 말해, 많은 물체, 특히 트럭, 빌딩 등과 같이 "뭉툭한" 물체 위로의 유동에 대해, 전형적으로 경계층과 후류가 모두 완전히 난류인 경우, 그 유동은 Re의 어떤 한계값 이상에서는 **Reynolds 수에 독립적**이다(그림 6-36).

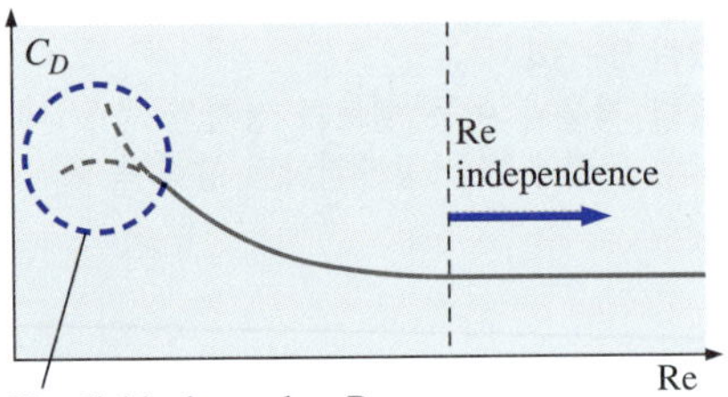

그림 6-36
대부분의 물체에서 어떤 Reynolds 수의 한계값을 넘어가면 항력계수가 일정해진다. 이런 다행스러운 상황을 **Reynolds 수 독립적**이라고 한다. 따라서 원형의 Reynolds 수가 실험 장치의 범위를 벗어나더라도 외삽법을 이용하여 항력을 구할 수 있다.

예제 6-8 트럭 모형의 풍동 측정

1/16 축척의 트랙터-트레일러 트럭(바퀴 18개짜리) 모형을 그림 6-34에 보인 바와 같이 풍동 내에서 시험한다. 모형 트럭은 길이가 0.991m, 높이가 0.257m, 폭이 0.159m이다. 시험 중 이동 지면 벨트의 속도는 풍동 내 유속과 동일하게 유지된다. 공기역학적 항력 F_D를 풍동 속도의 함수로 측정하였고, 그 결과를 표 6-6에 나타내었다. 항력계수 C_D를 Reynolds 수의 함수로 그려라. 여기서 C_D는 트럭의 정면도면적을 기준으로 계산하고, Reynolds 수의 길이 척도로는 트럭 폭 W를 사용한다. 역학적 상사가 얻어졌는가? 시험 범위에 C_D가 Reynolds 수와 관계없이 일정한 영역이 포함되는가? 고속도로에서 원형 트럭이 26.8 m/s로 주행할 때, 항력을 예측하라. 모형과 원형 유동 모두에 대하여, 온도는 25°C이고, 표준 대기압을 가정한다.

풀이 풍동 측정 결과로부터 C_D를 Re의 함수로 계산하고, 역학적 상사를 만족하는지를 보이고자 한다. 또한 C_D가 Reynolds 수와 무관해지는 영역을 포함하는지를 검토한다. 마지막으로 원형 트럭에 작용하는 공기역학적 항력을 예측하고자 한다.

가정 1 모형과 원형은 기하학적 상사를 이룬다. 2 모형 지지대에 작용하는 항력은 무시한다.

상태량 T = 25°C에서 대기압하의 공기의 경우 ρ = 1.184 kg/m³이고, μ = 1.849 × 10^{-5}kg/m · s이다.

해석 표 6-6에 열거된 마지막 데이터 점(가장 빠른 풍동 속도에서)에 대한 C_D와 Re를 계산한다.

$$C_{D,m} = \frac{F_{D,m}}{\frac{1}{2}\rho_m V_m^2 A_m} = \frac{89.9\text{ N}}{\frac{1}{2}(1.184\text{ kg/m}^3)(70\text{ m/s})^2(0.159\text{ m})(0.257\text{ m})}\left(\frac{1\text{ kg·m/s}^2}{1\text{ N}}\right)$$
$$= 0.758$$

그리고

$$\text{Re}_m = \frac{\rho_m V_m W_m}{\mu_m} = \frac{(1.184\text{ kg/m}^3)(70\text{ m/s})(0.159\text{ m})}{1.849 \times 10^{-5}\text{ kg/m·s}} = 7.13 \times 10^5 \quad (1)$$

표 6-6의 모든 데이터 점들에 대해 위 계산을 반복하고, Re 대 C_D의 도표를 그림 6-37에 나타내었다.

역학적 상사가 성립하는가? 모형과 원형은 기하학적으로 상사이다. 그러나 원형 트럭의 Reynolds 수는 다음과 같다.

$$\text{Re}_p = \frac{\rho_p V_p W_p}{\mu_p} = \frac{(1.184\text{ kg/m}^3)(26.8\text{ m/s})[16(0.159\text{ m})]}{1.849 \times 10^{-5}\text{ kg/m·s}} = 4.37 \times 10^6 \quad (2)$$

여기서 원형의 폭은 모형 폭의 16배로 산정되었다. 식 (1)과 (2)를 비교하면 원형의 Reynolds 수가 모형의 값보다 6배 이상임을 알 수 있다. 따라서 독립 Π들이 서로 다르므로 **역학적 상사가 성립되지 않았다.**

C_D가 Reynolds 수와 무관한 영역을 포함하는가? 그림 6-37은 Re가 대략 5 × 10^5보다 크면 C_D가 대략 0.76(두 자리 유효숫자까지)으로 일정하게 되어 **Reynolds 수와 무관해지는 것을 보여 준다.**

Reynolds 수 독립을 얻었으므로, 원형의 Reynolds 수까지 증가하더라고 C_D는 일정하게 된다고 가정하여 완전한 크기의 원형까지 외삽법을 이용할 수 있다.

원형에 작용하는 예상된 공기역학적 항력:

$$F_{D,p} = \tfrac{1}{2}\rho_p V_p^2 A_p C_{D,p}$$
$$= \tfrac{1}{2}(1.184\text{ kg/m}^3)(26.8\text{ m/s})^2[16^2(0.159\text{ m})(0.257\text{ m})](0.76)\left(\frac{1\text{ N}}{1\text{ kg·m/s}^2}\right)$$
$$= \mathbf{3400\text{ N}}$$

토의 최종 결과는 유효숫자 두 자리로 제한되었다. 또한 외삽법의 결과는 보증할 수 없으므로 외삽법 처리 시 주의를 요한다.

표 6-6

풍동 데이터: 풍속에 따른 모형 트럭에 작용하는 공기역학적 항력

V, m/s	F_D, N
20	12.4
25	19.0
30	22.1
35	29.0
40	34.3
45	39.9
50	47.2
55	55.5
60	66.0
65	77.6
70	89.9

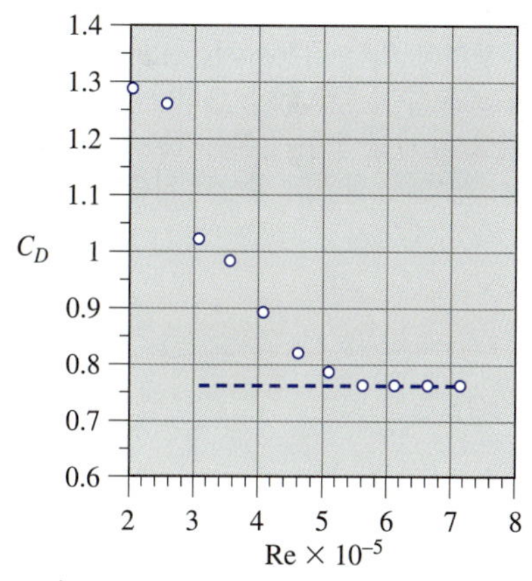

그림 6-37
표 6-6의 모형 트럭에 대한 풍동 시험 결과로부터 도시한 Reynolds 수와 공기역학적 항력계수의 관계.

자유표면이 있는 유동

자유표면이 있는 유동(보트와 배, 홍수, 강물의 유동, 도수관, 수력발전 댐 방수로, 파도와 방파제의 상호작용, 토양 침식 등)에서는 모형과 원형을 완전히 상사시키기가 어려운 경우가 많다. 예를 들어, 홍수를 모사하기 위해 강을 모델링하는 경우, 모형은 원형보다 수백 배 작게 된다. 이때 강 깊이를 비례적으로 모형에 적용하면, 그 크기는 너무 작아 실제 원형에서는 중요하지 않은 표면장력(또는 Weber 수)이 지배적인 영향을 미칠 수 있다. 또한 실제 강물은 난류이지만 모형에서는 층류가 될 수 있는데, 특히 강바닥의 기울기가 실제와 같이 상사된 경우에는 더욱 그렇다. 이러한 문제는 수직 척도(예, 강 깊이)를 수평 척도(예, 강 폭)에 비해 월등히 크게 하는 **왜곡 모형(distorted model)**을 사용하여 해결한다. 또한 모형의 강바닥 기울기도 원형보다 비례적으로 크게 한다. 이러한 경우 기하학적 상사가 성립하지 않으므로 모형과 원형은 불완전 상사가 된다. 이들 상황에서도 모형 시험은 여전히 유용하지만, 모형 데이터를 적합하게 원형에 적용할 수 있도록 다른 기교들(심사숙고하여 모형의 표면을 거칠게 하는 것과 같은)과 경험 보정식 및 상관식 등이 요구된다.

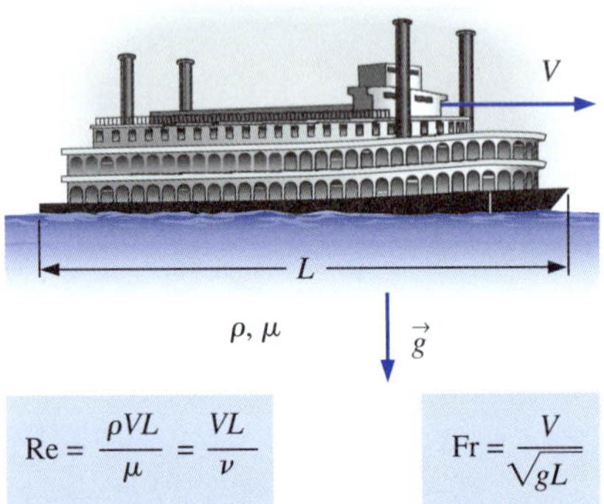

그림 6-38
자유표면이 있는 유동에서는 Reynolds 수와 Froude 수가 중요하다. 그러나 원형과 모형의 Re와 Fr를 모두 일치시키는 것이 불가능한 경우에는 불완전 상사에 의존한다.

자유표면과 관련된 많은 문제에서 Reynolds 수와 Froude 수 모두가 차원해석에서 적절한 독립 Π 그룹으로 도출되는데(그림 6-38), 이들 두 무차원 매개변수를 동시에 맞추는 것은 매우 어렵다(불가능할 수도 있다). 길이 척도 L, 속도 척도 V, 동점성계수 ν를 가지는 자유표면 유동의 경우 모형과 원형 사이의 Reynolds 수는 다음과 같을 때 일치하고,

$$\mathrm{Re}_p = \frac{V_p L_p}{\nu_p} = \mathrm{Re}_m = \frac{V_m L_m}{\nu_m} \tag{6-21}$$

모형과 원형 사이의 Froude 수는 다음과 같을 때 일치한다.

$$\mathrm{Fr}_p = \frac{V_p}{\sqrt{gL_p}} = \mathrm{Fr}_m = \frac{V_m}{\sqrt{gL_m}} \tag{6-22}$$

Re와 Fr를 동시에 맞추기 위해 식 (6-21)과 (6-22)를 풀어 길이 척도비 L_m/L_p를 다음과 같이 구한다.

$$\frac{L_m}{L_p} = \frac{\nu_m}{\nu_p}\frac{V_p}{V_m} = \left(\frac{V_m}{V_p}\right)^2 \tag{6-23}$$

식 (6-23)에서 L_m/L_p를 소거하면 다음과 같다.

Re와 Fr를 동시에 맞추기 위한 동점성계수의 비:

$$\frac{\nu_m}{\nu_p} = \left(\frac{L_m}{L_p}\right)^{3/2} \tag{6-24}$$

따라서 완전 상사를 위해서는(전술한 원치 않는 표면장력 효과 없이 기하학적 상사가 얻어진다면) 식 (6-24)를 만족시키는 동점성계수를 가지는 액체를 사용해야 한다. 적절한 액체를 찾는 것이 가능할 때도 있지만, 예제 6-9에 설명하였듯이 대부분의 경우 비현실적이거나 불가능하다. 이러한 경우 Reynolds 수보다는 Froude 수를 맞추는 것이 중요하다(그림 6-39).

예제 6-9 갑문과 강의 모형

1990년대 후반 미 육군공병단은 Kentucky 갑문과 댐(그림 6-40) 하류의 Tennessee 강 유동을 모사하는 실험을 계획하였다. 실험실 규모가 제한되어 있어 $L_m/L_p = 1/100$의 축척 모형을 제작하였는데, 실험에 적절한 액체는 무엇인가?

풀이 갑문, 댐 및 강의 1/100 축척 모형 실험에 사용될 액체를 선정하고자 한다.

가정 1 모형은 원형과 기하학적 상사를 이루고 있다. 2 강 모형은 표면장력 효과를 무시할 수 있을 정도로 깊다.

상태량 대기압하에서 $T = 20°C$의 물에 대하여 원형 동점성계수는 $\nu_p = 1.002 \times 10^{-6}\ m^2/s$이다.

해석 식 (6-24)로부터 모형 액체의 동점성계수를 구한다.

모형 액체의 요구되는 동점성계수:

$$\nu_m = \nu_p\left(\frac{L_m}{L_p}\right)^{3/2} = (1.002 \times 10^{-6}\ \mathrm{m^2/s})\left(\frac{1}{100}\right)^{3/2} = \mathbf{1.00 \times 10^{-9}\ m^2/s} \quad (1)$$

따라서 $1.00 \times 10^{-9}\ m^2/s$의 점성계수를 가지는 액체를 찾아야 한다. 부록에 기술된 액체를 잠깐 살펴보면 그런 액체는 없다. 뜨거운 물은 차가운 물에 비해 동점성계수가 작으나, 약 3배 정도에 지나지 않는다. 액체 수은은 $10^{-7}\ m^2/s$ 정도로 동점성계수가 매우 작으나 아직도 식 (1)보다는 100배 정도 크다. 또한 액체 수은은 가격도 비싸고 위험하여 실험에 사용하기는 힘들다. 어떤 방법이 있을까? 결론은 **이 모형 시험에서 Froude 수와 Reynolds 수를 모두 맞출 수는 없다**는 것이다. 다시 말하면, 이러한 경우에는 모형과 원형 사이에 완전 상사를 얻을 수는 없고, 불완전 상사하에서 최선을 다하는 수밖에 없다. 이와 같은 시험의 경우 편의상 물이 널리 사용된다.

토의 이러한 종류의 실험에서는 Reynolds 수보다 Froude 수를 일치시키는 것이 중요하다. 이는 앞에서 말한 바와 같이 Reynolds 수가 충분히 큰 영역에서는 종속 Π가 Reynolds 수에 관계없게 일정하게 되기 때문이다. Reynolds 수 독립을 얻을 수 없을 경우조차 낮은 Reynolds 수의 모형 데이터를 때때로 외삽법으로 처리하여 원형 Reynolds 수의 거동을 예측할 수 있다(그림 6-41). 그러나 이러한 외삽법을 이용함에 있어서 고도의 신뢰도는 유사한 문제를 가지고 실험한 많은 경험을 통해서만 얻어진다.

실험과 불완전 상사에 대한 이 절을 마무리하면서 보트, 기차, 비행기, 빌딩, 괴물 등의 모형들이 불타거나 폭발하는 Hollywood 영화 제작 시에 상사의 중요성을 언급하고자 한다. 소규모 화염이나 폭발을 최대한 현실감 있게 나타내기 위해서는 역학적 상사에 유의해야 한다. 아마 특수 효과가 어설프다고 생각되는 저예산 영화를 본 기억이 있을 것이다. 이는 모형과 원형 사이의 역학적 상사가 일치하지 않기 때문이다. 만일 모형의 Froude 수와 Reynolds 수가 원형과 크게 다르다면 특수 효과는 일반인에게조차 어설프게 보일 것이다. 추후 영화를 볼 때 불완전 상사에 유의하며 보기 바란다.

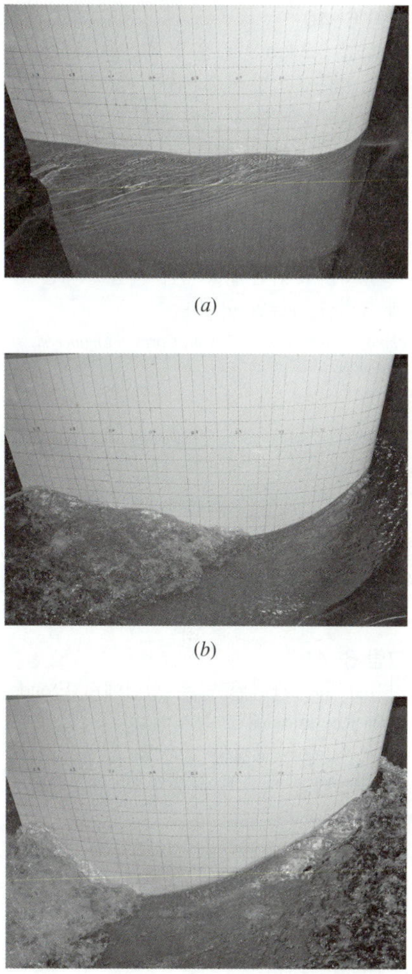

(a) (b) (c)

그림 6-39
NACA 0024 에어포일이 Fr = (a) 0.19, (b) 0.37, (c) 0.55로 견인 수조에서 시험 중이다. 이러한 시험에서 Froude 수는 가장 중요한 매개변수이다.

Photograph courtesy of IIHR-Hydroscience & Engineering, University of Iowa Used by permission.

그림 6-40
댐 하류 3.2 km에서 운항 조건을 조사하기 위해 방수로, 발전소, 갑문 등이 포함된 1/100 축척 모형이 제작되었다. 이 모형은 운항 조건 외에도 갑문, 기차길, 다리 설치에 따른 환경 문제를 평가하는 데도 사용되었다. 이 사진은 갑문과 댐이 보이도록 촬영되었다. 이 모형에서 16 m는 실제에서는 1.6 km이다. 뒤편에 보이는 픽업 트럭을 통해 축척을 가늠할 수 있다.
Photo courtesy of the U.S. Army Corps of Engineers, Nashville.

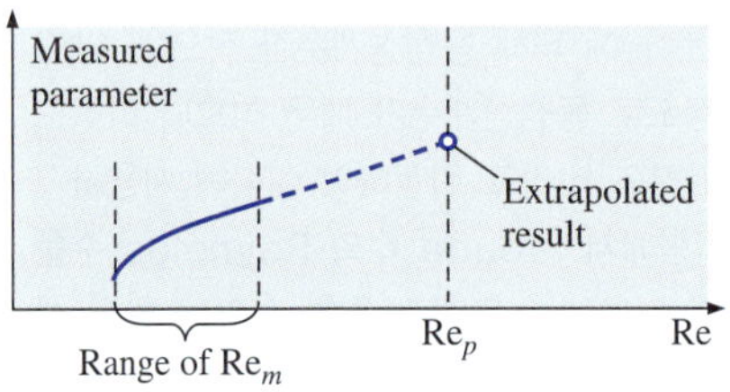

그림 6-41
자유표면과 관련된 많은 실험에서 Froude 수와 Reynolds 수를 동시에 일치시킬 수는 없다. 이 경우 모형의 낮은 Re 실험 데이터를 **외삽법**을 이용하여 원형의 높은 Re 거동을 예측한다.

요약

차원과 **단위**는 다르다. **차원**은 물리량(수치가 없는)을 표현하는 방법이고, **단위**는 차원에 수치를 부여하는 방법이다. 유체역학뿐 아니라 공학 전 분야에 일곱 개의 **1차 차원**이 존재한다. 그것들은 질량, 길이, 시간, 온도, 전류, 빛의 양, 물질의 양이다. **모든 다른 차원은 이들을 조합하여 구할 수 있다.**

모든 수학 방정식은 **차원적으로 같아야** 하며, 이 원리를 이용하여 방정식을 무차원화하고 **무차원 그룹**을 구할 수 있는데, 이는 또한 **무차원 매개변수**라고도 한다. 문제에 있어서 필수적인 독립 매개변수들의 수를 축약하는 강력한 도구를 **차원해석**이라고 한다. **반복변수법**은 무차원 매개변수 또는 Π를 도출해 내는 단계적인 과정이며, 이 방법은 주어진 변수나 상수의 차원만을 단순히 활용한다. 반복변수법의 여섯 단계를 요약하면 다음과 같다.

1단계 주어진 n개의 매개변수(변수와 상수)를 열거한다.
2단계 각 매개변수의 1차 차원을 기술한다.
3단계 축약 j를 주어진 1차 차원 수로 추정한다. 해석이 되지 않으면 j를 하나 줄여서 다시 시도한다. 기대되는 Π의 수(k)는 $k = n - j$와 같다.
4단계 Π를 구성하기 위해 j개의 **반복 매개변수**를 현명하게 선정한다.
5단계 j개의 반복 매개변수와 나머지 변수나 상수를 하나씩 결합하여 그 곱이 차원을 갖지 않도록 강제하고, Π를 정립된 무차원 매개변수를 얻을 수 있도록 필요한 조작을 하여 한 번에 하나씩 k개의 Π를 구한다.
6단계 과정을 확인하고 최종 함수 관계식을 기술한다.

모형과 원형의 모든 무차원 그룹이 일치하면 **역학적 상사**가 이루어지고, 모형 실험 결과를 원형 성능 예측에 직접 활용할 수 있다. 모형과 원형의 **모든** Π를 맞추는 것이 가능하지 않은 **불완전 상사**의 경우는 가장 중요한 Π 그룹들을 할 수 있는 한 일치시키고, 모형 실험 결과를 원형 조건까지 외삽법으로 처리한다.

이 장에서 제시된 개념은 이 교재의 나머지 부분에도 계속 적용된다. 예를 들어, 7장에서는 차원해석을 사용하여 완전발달 파이프 유동의 마찰계수, 손실계수 등을 구한다. 8장에서는 유체 유동 미분 방정식을 정규화하여 여러 무차원 매개변수를 구한다. 9장에서는 항력과 양력계수가 널리 사용되고, 압축성 유동과 개수로 유동(10, 11장)에도 무차원 매개변수가 사용된다. 12장에서는 펌프와 터빈의 설계와 시험에 역학적 상사가 기본이 되며, 13장에서는 유체 유동의 전산해석에도 또한 무차원 매개변수가 사용된다.

연습 문제*

차원과 단위, 1차 차원

6-1 **일반기체상수** R_u의 1차 차원을 기술하라. (**힌트: 이상기체의 법칙** $PV = nR_uT$를 사용하라. 여기서 P는 압력, V는 체적, T는 절대 온도, n은 기체의 mol 수이다.) **답:** $\{m^1L^2t^{-2}T^{-1}N^{-1}\}$

6-2 열역학에 관련된 다음 변수들의 1차 차원을 상세히 기술하라. (*a*) 에너지 E, (*b*) 비에너지 $e = E/m$, (*c*) 동력 $\dot{W}$.

답: (*a*) $\{m^1L^2t^{-2}\}$, (*b*) $\{L^2t^{-2}\}$, (*c*) $\{m^1L^2t^{-3}\}$

6-3 때로는 질량 대신에 **힘**이 1차 차원에 사용된다. 그러면 1차 차원은 m, L, t, T 대신에 F, L, t, T가 된다. 힘의 1차 차원은 {F}이다. 문제 6-2의 일반기체상수의 1차 차원을 F, L, t, T를 사용하여 다시 기술하라.

6-4 **비이상기체상수** R_{gas}는 일반기체상수를 mol 질량(또는 **분자량**, molecular weight)으로 나눈 값 $R_{gas} = R_u/M$으로 정의된다. 따라서 이상기체 식은 다음과 같다.

$$PV = mR_{gas}T \quad \text{또는} \quad P = \rho R_{gas}T$$

여기서 P는 압력, V는 체적, m은 질량, T는 절대 온도, ρ는 기체 밀도이다. R_{gas}의 1차 차원은 무엇인가? 공기의 경우 표준 SI 단위로 $R_{air} = 287.0$ J/kg · K이다. 이 단위가 1차 차원과 일치하는지 확인하라.

6-5 **힘의 모멘트**($\vec{M}$)는 그림 P6-5처럼 힘($\vec{F}$)과 모멘트 팔($\vec{r}$)을 외적하여 구한다. 힘의 모멘트의 1차 차원은 무엇인가? 기본 SI 단위로 기술하라.

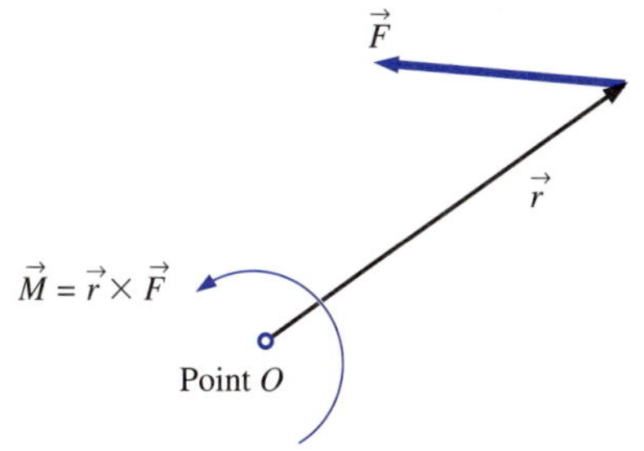

그림 P6-5

6-6 전기회로의 **Ohm의 법칙**(그림 P6-6)에서 전기저항의 1차 차원은 무엇인가? 여기서 ΔE는 저항기를 통해 흐르는 전압차, I는 전류, R은 전기저항이다. **답:** $\{m^1L^2t^{-3}I^{-2}\}$

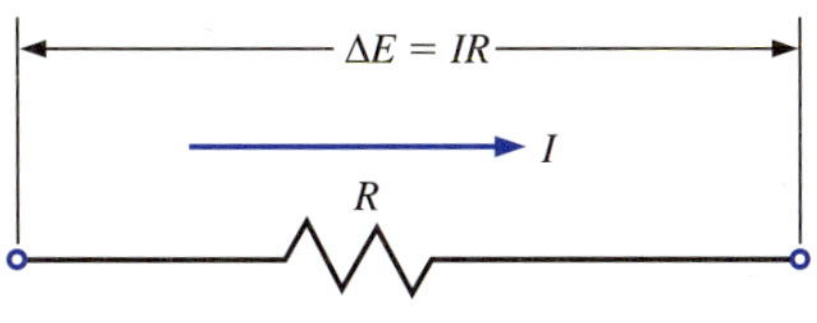

그림 P6-6

6-7 **각운동량** 또는 **운동량 모멘트** ($\vec{H}$)는 그림 P6-7처럼 유체 입자의 선형운동량($m\vec{V}$)에 모멘트 팔($\vec{r}$)의 외적을 취하여 구한다. 각운동량의 1차 차원은 무엇인가? 기본 SI 단위로 기술하라.

답: $\{m^1L^2t^{-1}\}$, kg·m²/s, lbm·ft²/s

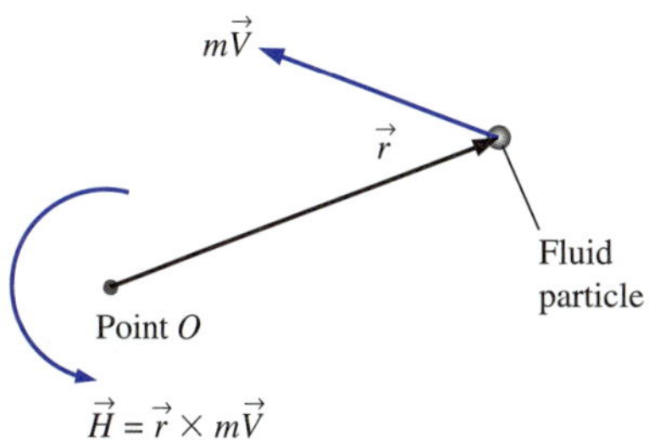

그림 P6-7

6-8 **열전도계수** k는 재질이 열을 전도하는 능력을 평가하는 양이다(그림 P6-8). x방향에 수직한 **Fourier의 열전도 방정식**은 다음과 같다.

$$\dot{Q}_{conduction} = -kA\frac{dT}{dx}$$

여기서 $\dot{Q}_{conduction}$은 열전달량이고, A는 열전달 방향에 수직한 면적이다. 열전도계수(k)의 1차 차원을 기술하라. 기본 SI 단위로 기술하고, 문헌에 나타난 값과 일치하는지 확인하라.

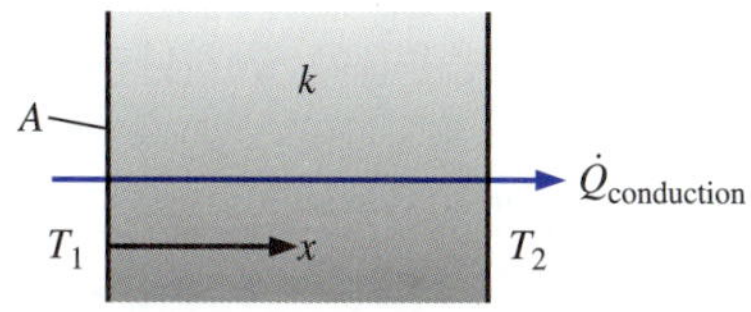

그림 P6-8

6-9 대류 열전달에 관련된 다음 변수들의 1차 차원을 기술하라(그림 P6-9). (*a*) 열생성률 $\dot{g}$(**힌트**: 단위 체적당 열 에너지 변환율), (*b*) 열유속 $\dot{q}$(**힌트**: 단위 면적당 열전달률), (*c*) 열전달계수 h(**힌트**: 단위 온도차당 열유속).

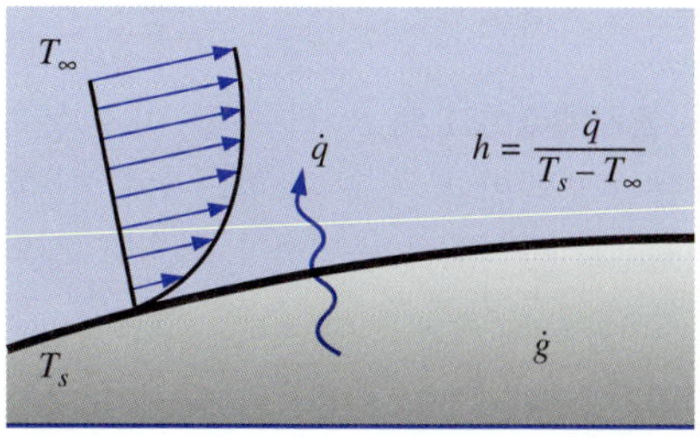

그림 P6-9

차원 동차성

6-10 Newton의 제2법칙은 선형운동량 보존 미분 방정식의 기초이다. 물질가속도(그림 P6-10)를 사용하여 Newton의 제2법칙을 기술하면 다음과 같다.

$$\vec{F} = m\vec{a} = m\left(\frac{\partial \vec{V}}{\partial t} + (\vec{V}\cdot\vec{\nabla})\vec{V}\right)$$

양변을 유체 입자의 질량 m으로 나누면 다음과 같다.

$$\frac{\vec{F}}{m} = \frac{\partial \vec{V}}{\partial t} + (\vec{V}\cdot\vec{\nabla})\vec{V}$$

각 덧셈 항의 1차 차원을 기술하고, 방정식이 차원적으로 동차임을 증명하라.

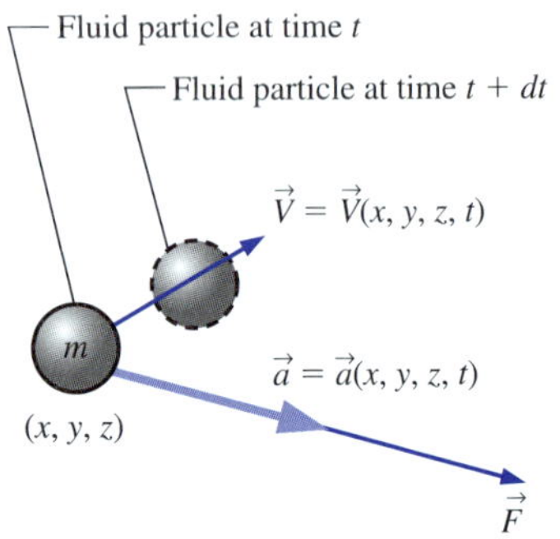

그림 P6-10

6-11 유체역학의 중요한 응용분야 중 하나가 실내 환기이다. 체적 V인 방에 공기 **오염원** S(시간당 질량)가 있다(그림 P6-11). 오염원에는 담배 연기 중의 일산화탄소, 석유 난로, 세척제 중의 암모니아 가스, **휘발성 유기 화합물**(VOCs)의 증발에 의한 증기 등이 있다. 여기서 c는 **질량 농도(mass concentration**, 공기의 단위 체적당 오염물의 질량)라 하자. 방으로는 신선한 공기 $\dot{V}$ (체적 유량)가 유입된다. 실내 공기가 잘 혼합되어 오염물 농도 c가 균일하다면 시간에 따른 실내 오염물 농도 미분 방정식은 다음과 같다.

$$V\frac{dc}{dt} = S - \dot{V}c - cA_s k_w$$

여기서 k_w는 **흡착계수**이고, A_s는 벽, 마루, 가구 등과 같이 오염물을 흡착하는 표면적이다. 처음 세 항의 1차 차원을 기술하고, 그들이 차원적으로 동차임을 증명하라. 그리고 k_w의 차원을 구하라.

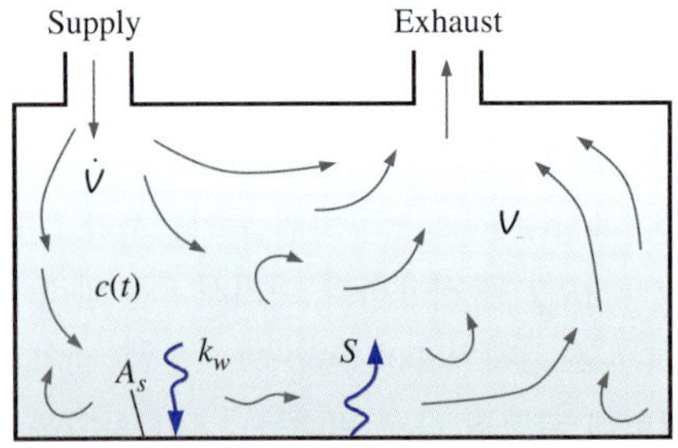

그림 P6-11

6-12 파이프 내로 냉수가 유입되어 외부 열로 가열된다(그림 P6-12). 입구와 출구 수온은 각각 T_{in}, T_{out}이다. 주위로부터의 유입 열량은 다음과 같다.

$$\dot{Q} = \dot{m}c_p(T_{out} - T_{in})$$

여기서 $\dot{m}$은 파이프 내 물의 유량이고, c_p는 물의 비열이다. 각 덧셈항의 1차 차원을 기술하고, 방정식이 차원적으로 동차임을 증명하라.

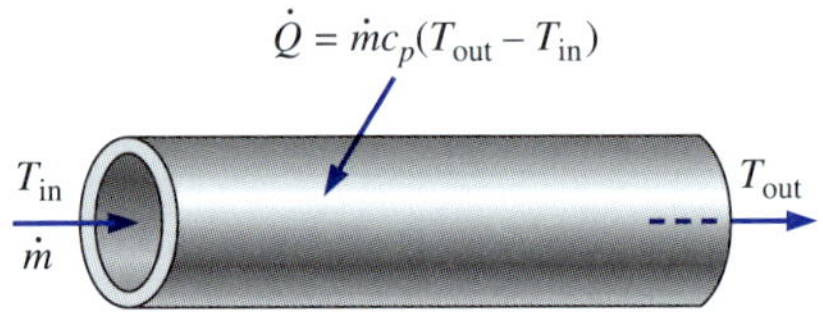

그림 P6-12

방정식의 무차원화

6-13 3장으로부터 정상 비압축성 유동의 경우 체적변형률은 0임을 알았다. 이는 직각좌표계에서 다음 식으로 표현된다.

$$\frac{\partial u}{\partial x} + \frac{\partial v}{\partial y} + \frac{\partial w}{\partial z} = 0$$

주어진 유동장에서 특성 속도와 특성 길이가 각각 V와 L일 때(그림 P6-13), 아래의 무차원 매개변수를 사용하여 방정식을 무차원화하고, 정립된(명명된) 무차원 매개변수를 도출하라.

$$x^* = \frac{x}{L},\quad y^* = \frac{y}{L},\quad z^* = \frac{z}{L},$$

$$u^* = \frac{u}{V},\quad v^* = \frac{v}{V},\quad \text{그리고}\quad w^* = \frac{w}{V}$$

그림 P6-13

6-14 진동하는 유동장에서 체적변형률은 0이 **아니고** 유체 입자를 따라 변하는 시간의 함수이다. 이는 직각좌표계에서 다음 식으로 표현된다.

$$\frac{1}{\mathcal{V}}\frac{D\mathcal{V}}{Dt} = \frac{\partial u}{\partial x} + \frac{\partial v}{\partial y} + \frac{\partial w}{\partial z}$$

주어진 유동장의 특성 속도와 특성 길이가 각각 V와 L이고, f가 특성 주파수일 때(그림 P6-14), 아래의 무차원 매개변수를 사용하여 방정식을 무차원화하고, 정립된(명명된) 무차원 매개변수를 도출하라.

$$t^* = ft,\quad \mathcal{V}^* = \frac{\mathcal{V}}{L^3},\quad x^* = \frac{x}{L},\quad y^* = \frac{y}{L},$$

$$z^* = \frac{z}{L},\quad u^* = \frac{u}{V},\quad v^* = \frac{v}{V},\quad \text{and}\quad w^* = \frac{w}{V}$$

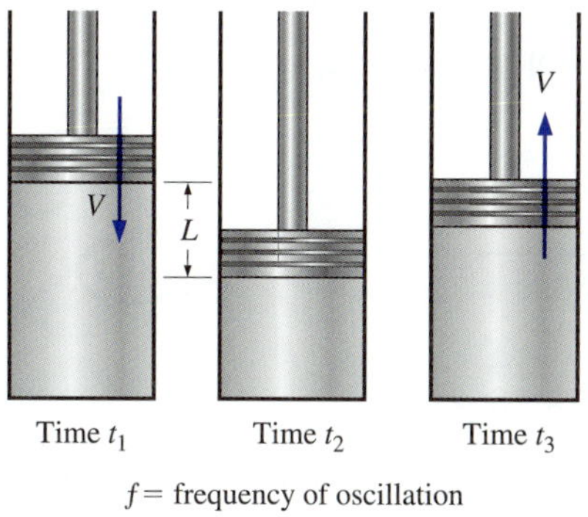

그림 P6-14

6-15 진동하는 비압축성 유동장에서 유체 입자에 작용하는 단위 질량당 힘은 Newton 제2법칙에 의거하여 다음과 같다.

$$\frac{\vec{F}}{m} = \frac{\partial \vec{V}}{\partial t} + (\vec{V}\cdot\vec{\nabla})\vec{V}$$

주어진 유동장의 특성 속도와 특성 길이가 각각 V_∞, L이고, ω가 특성 각주파수(rad/s)일 때(그림 P6-15), 무차원 매개변수를 다음과 같이 정의한다.

$$t^* = \omega t,\quad \vec{x}^* = \frac{\vec{x}}{L},\quad \vec{\nabla}^* = L\vec{\nabla},\quad \text{그리고}\quad \vec{V}^* = \frac{\vec{V}}{V_\infty}$$

유체 입자에 작용하는 단위 질량당 힘에 대한 특성 척도를 $\{\vec{F}/m\} = \{L/t^2\}$을 활용하여 다음과 같이 정의한다.

$$(\vec{F}/m)^* = \frac{1}{\omega^2 L}\vec{F}/m$$

운동 방정식을 무차원화하고, 정립된(명명된) 무차원 매개변수를 도출하라.

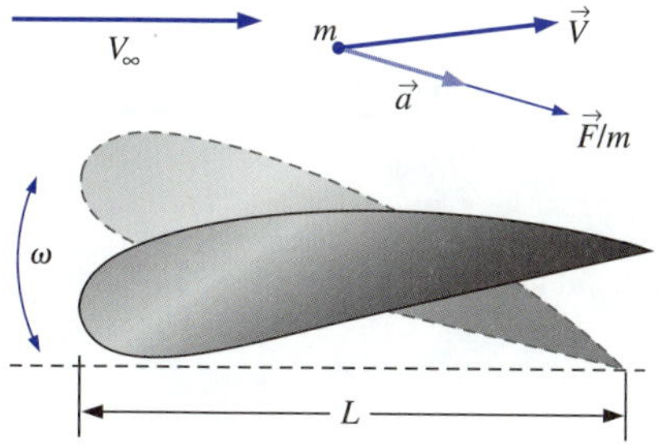

그림 P6-15

6-16 풍동을 사용하여 비행기 모형 주위의 압력 분포를 측정한다(그림 P6-16). 풍동 내 풍속은 압축성 효과를 무시할 만큼 낮다. 4장에서 논의한 바와 같이 이런 유동에서는 비행기 표면이나 풍동 벽면, 모형 후방의 와류 지역을 제외하고는 Bernoulli 방정식이 유효하다. 모형에서 먼 곳의 풍속은 V_∞, 압력은 P_∞이고, 공기 밀도 ρ는 거의 일정하다. 공기 유동에서 중력 효과는 미미하므로 Bernoulli 방정식은 다음과 같다.

$$P + \frac{1}{2}\rho V^2 = P_\infty + \frac{1}{2}\rho V_\infty^2$$

방정식을 무차원화하고 Bernoulli 가정이 유효한 유동 내 임의의 점에서 아래 식으로 정의되는 **압력계수** C_p를 구하라.

$$C_p = \frac{P - P_\infty}{\frac{1}{2}\rho V_\infty^2}$$

답: $C_p = 1 - V^2/V_\infty^2$

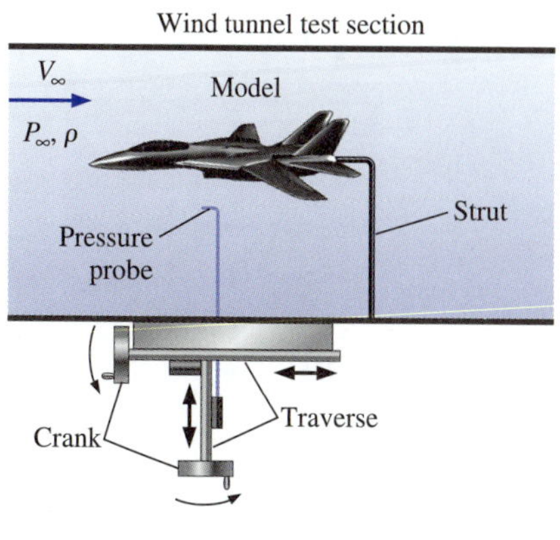

그림 P6-16

차원해석과 상사

6-17 학생들이 인력(human-powered) 잠수함을 설계한다. 원형 잠수함의 길이는 4.85 m이고, 물속에서 0.440 m/s로 운행한다. 물은 민물(호수)로, 온도는 15℃이다. 이를 위하여 1/8 축척 모형을 만들어 풍동에서 실험한다(그림 P6-17). 공기 온도는 25℃이고, 압력은 대기압이다. 항력 저울 지지대 주위에는 바람막이를 설치하여 지지대의 항력이 모형의 항력에 영향을 미치지 않도록 한다. 상사를 이루기 위한 풍동 내 풍속은 얼마인가? **답:** 30.2 m/s

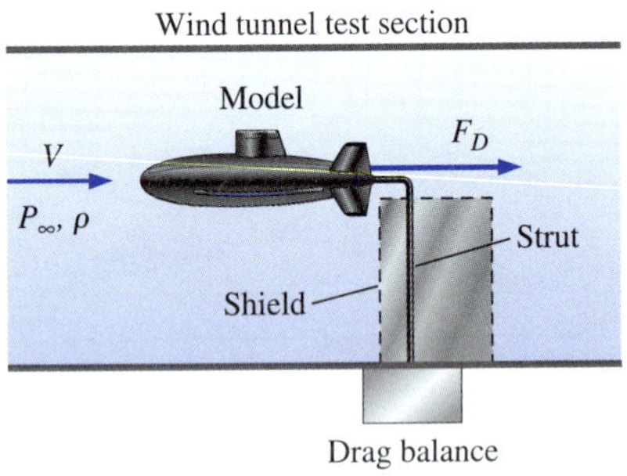

그림 P6-17

6-18 군용 경량 낙하산을 설계한다(그림 P6-18). 직경 D는 7 m이고 부하, 낙하산, 장비를 포함한 총 낙하중량 W는 1020 N이다. 낙하산의 **종단 속도(terminal settling speed)** V_t는 5.5 m/s이고, 1/12 축척 모형을 풍동에서 시험한다. 원형과 모델 시험의 온도와 공기 압력은 15℃, 표준 대기압으로 같다. (*a*) 원형의 항력계수를 계산하라. (**힌트**: 종단 속도에서 무게와 항력이 균형을 이룬다.) (*b*) 역학적 상사를 얻기 위한 풍동 내 풍속은 얼마인가? (*c*) 풍동 내 모형에 작용하는 항력을 구하라(N으로).

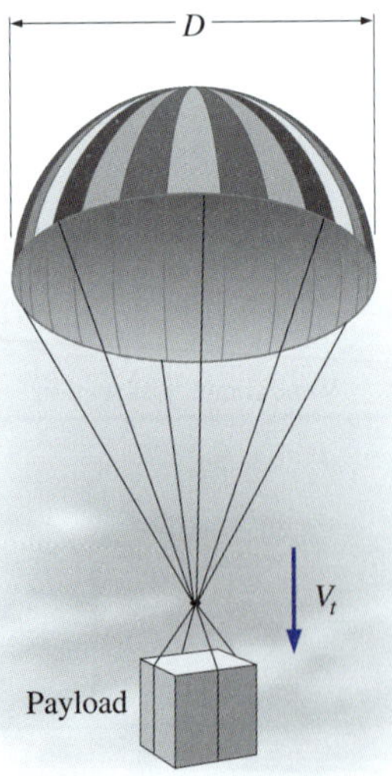

그림 P6-18

6-19 어떤 풍동은 **가압**된다. 왜 여러 부속 장치가 필요함에도 불구하고 풍동을 가압하는지 논의하라. 풍동 내 공기 압력이 1.8배 증가한다면 풍속, 모형 등이 일정할 때 Reynolds 수는 몇 배 증가하는가?

6-20 스포츠카가 25℃에서 95 km/h로 주행할 때 받는 공기역학적 항력을 예측하고자 한다. 이를 위하여 1/3 축척 모형을 풍동에서 시험한다(그림 P6-20). 풍동 내 기온은 25℃이다. 항력은 항력 저울을 사용하여 측정하고, 실제 상황을 모사하기 위하여 이동 벨트가 사용된다. 모형과 원형의 상사를 위한 풍동 내 풍속은 얼마인가?

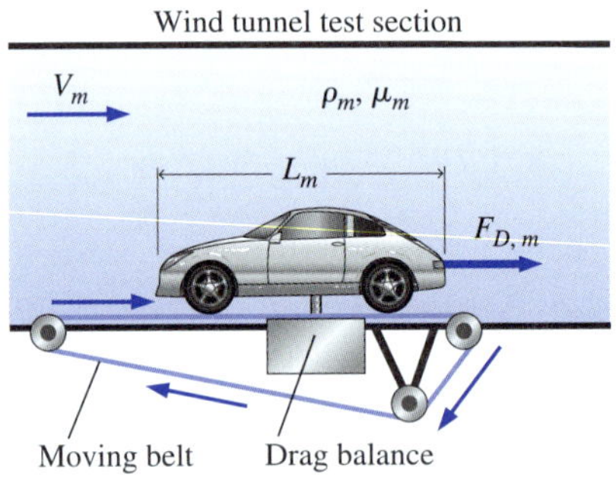

그림 P6-20

무차원 매개변수와 반복변수법

6-21 균일한 유동이 원형 실린더를 만나면 주기적 **Kármán 와열**이 형성된다(그림 P6-21). 반복변수법을 사용하여 Kármán 와흘림 주파수 f_k를 자유흐름 속도 V, 유체 밀도 ρ, 유체 점성계수 μ, 실린더 직경 D의 함수로 나타내라. **답:** St = f(Re)

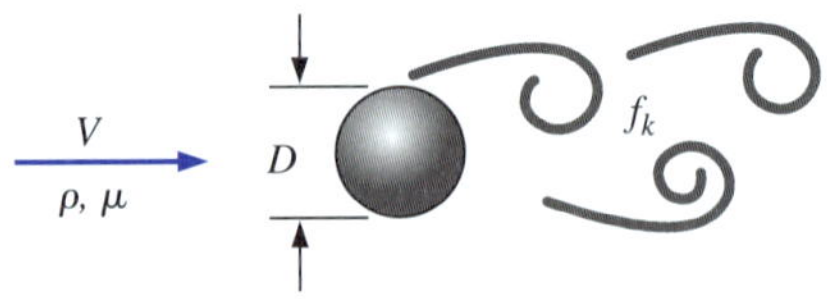

그림 P6-21

6-22 대형 탱크 내 유체를 믹서로 혼합한다(그림 P6-22). 믹서 블레이드에 공급되는 축동력 $\dot{W}$는 믹서 직경 D, 유체 밀도 ρ, 유체 점성계수 μ, 블레이드의 각속도 ω의 함수이다. 반복변수법을 사용하여 이 매개변수 간의 무차원 관계를 도출하라.

답: $N_p = f$(Re)

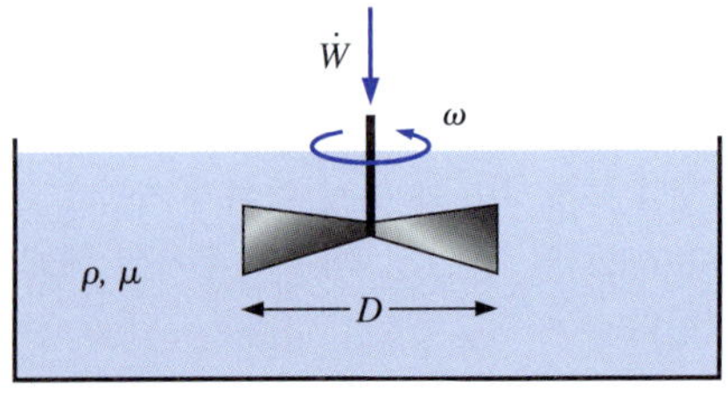

그림 P6-22

6-23 하부 평판은 고정되고 간격 h의 상부 평판은 움직이는 두 평행 평판 사이의 완전발달 **Couette 유동**을 고려해 보자(그림 P6-23). 유동은 xy평면에서 정상 상태, 비압축성, 2차원이다. 반복변수법을 사용하여 x방향 속도 성분 u와 점성계수 μ, 상부 평판 속도 V, 간격 h, 유체 밀도 ρ, 거리 y의 무차원 함수 관계를 도출하라.

답: $u/V = f(\text{Re}, y/h)$

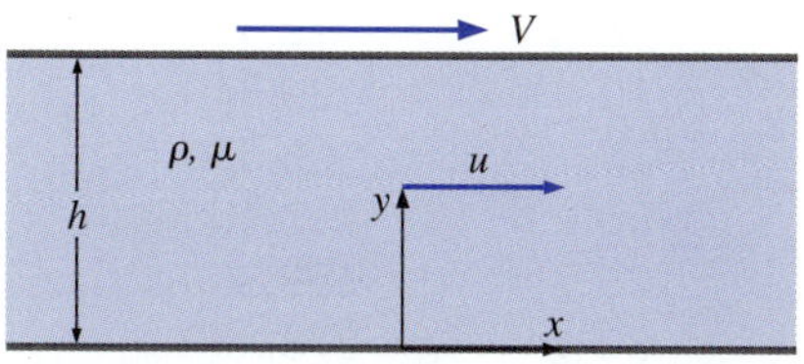

그림 P6-23

6-24 미세한 입자나 미생물이 공기나 물속에서 움직일 때 Reynolds 수는 매우 작다(Re ≪ 1). 이러한 유동을 **크리핑 유동**이라고 한다. 크리핑 유동 시 물체에 작용하는 공기역학적 항력은 물체의 속력 V, 물체의 특성 길이 L, 및 유체의 점성계수 μ의 함수이다(그림 P6-24). 차원해석을 통하여 F_D와 독립변수의 함수 관계를 구하라.

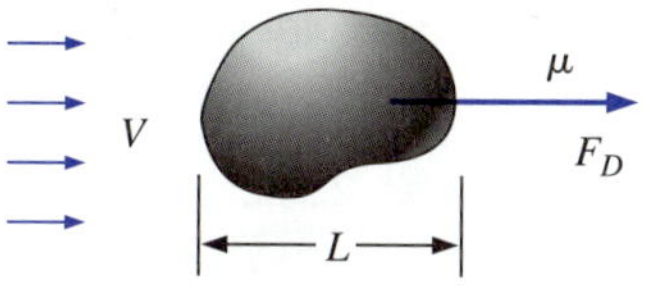

그림 P6-24

6-25 밀도 ρ, 점성계수 μ의 비압축성 유체가 길이 L, 내경 D, 내측 표면조도 ε인 수평 원형 파이프 내를 V의 평균 속력으로 흐른다(그림 P6-25). 파이프 내 유동은 완전발달되어 속도 분포가 유동방향으로 변하지 않는다. 압력은 마찰을 이기기 위하여 유동방향으로 선형적으로 감소한다. 반복변수법을 사용하여 압력 강하 $\Delta P = P_1 - P_2$와 다른 매개변수 간의 무차원 관계를 구하라. 도출된 Π 그룹을 조작하여 정립된 무차원 매개변수로 바꾸고 명명하라. (**힌트**: 일관성 있도록 L이나 ε보다 D를 반복 매개변수로 선정한다.)

답: $\text{Eu} = f(\text{Re}, \varepsilon/D, L/D)$

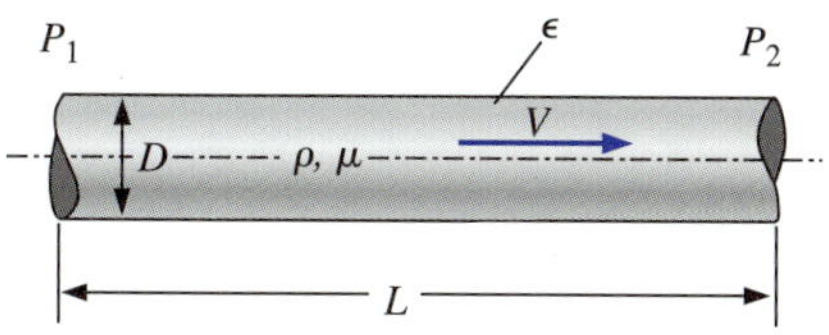

그림 P6-25

6-26 반복변수법을 활용하여 그림 P6-26에 나타난 스프링-질량-댐퍼 시스템에서 댐핑비(damping ratio) ζ를 스프링 상수 k, 질량 m, 댐핑 상수 c로 무차원화하라. (**힌트**: k의 단위는 N/m이고, c의 단위는 N · s/m이다)

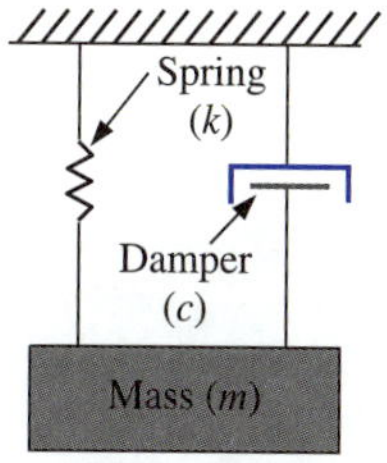

그림 P6-26

6-27 경계층은 벽면 근처의 점성력이 현저하고 유동이 회전 유동인 얇은 영역이다. 얇은 평판을 따라 발달하는 경계층을 고려해 보자(그림 P6-27). 유동은 정상 유동이다. 경계층의 두께 δ는 하류거리 x, 자유흐름 속도 V_∞, 밀도 ρ, 점성계수 μ의 함수이다. 반복변수법을 사용하여 δ와 다른 매개변수의 무차원 관계를 도출하라.

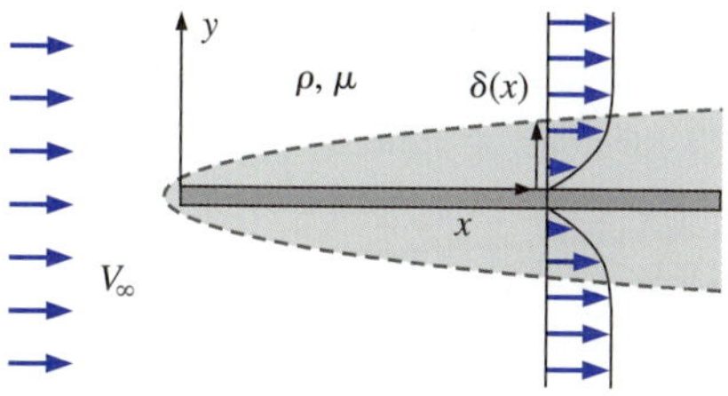

그림 P6-27

6-28 밀도 ρ, 점성계수 μ의 유체가 직경 D의 관 내로 순환한다. 체적유량은 $\dot{V}$이고, 펌프의 회전 각속도는 ω이다. 차원해석을 사용하여 펌프 압력 상승 ΔP와 다른 매개변수 간의 무차원 관계를 구하고, 해석 중 도출되는 정립된 무차원 매개변수를 기술하라. [**힌트**: 길이, 밀도, 속도(각속도)를 반복변수로 활용한다.]

6-29 직경 D의 프로펠러가 밀도 ρ, 점성계수 μ의 액체 내에서 각속도 ω로 회전한다. 요구되는 토크 T는 D, ω, ρ, μ의 함수로 결정된다. 차원해석을 사용하여 토크 T와 다른 매개변수 간의 무차원 관계를 구하고, 해석 중 도출되는 정립된 무차원 매개변수를 기술하라. [**힌트**: 길이, 밀도, 속도(각속도)를 반복변수로 활용한다.]

6-30 원통형 용기 내에 담긴 액체가 용기와 함께 강체 회전을 한다. 중심부 액체와 용기 표면의 액체와의 높이차 h는 각속도 ω, 유체 밀도 ρ, 중력가속도 g, 반경 R의 함수이다(그림 P6-30). 반복변수법을 사용하여 매개변수 간의 무차원 관계를 구하라.

답: $h/R = f(\text{Fr})$

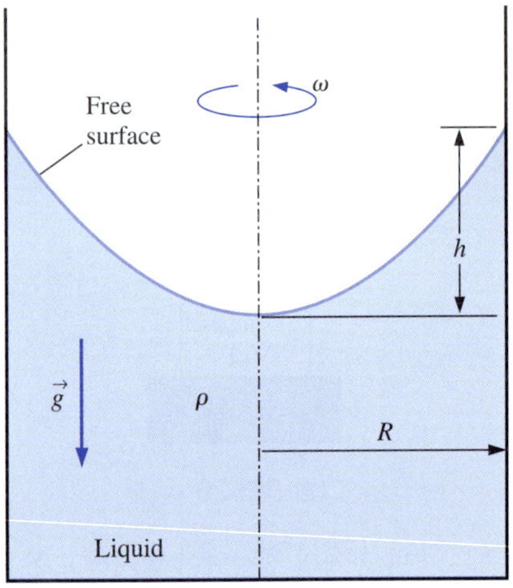

그림 P6-30

실험적 시험과 불완전 상사

6-31 1/16 축척 스포츠카 모형을 풍동에서 시험한다. 원형은 길이 4.37 m, 높이 1.30 m, 폭 1.69 m이다. 시험 중 이동 지면 벨트의 속도는 시험부 내 풍속과 상응하도록 조절된다. 공기역학적 항력 F_D를 풍속의 함수로 측정하고, 결과를 표 P6-31에 나타내었다. 항력계수 C_D를 Reynolds 수 Re의 함수로 도시하라. 단, C_D는 모형 자동차의 정면도면적(A = 높이×폭)에 근거하여 계산하고, Re의 길이 척도로 폭 W를 사용한다. 역학적 상사가 얻어졌는지 확인하라. 또한 Reynolds 수가 풍속에 무관할 만큼 높은 풍속까지 실험이 수행되었는지도 확인하라. 고속도로를 31.3 m/s로 주행하는 원형 자동차에 작용하는 공기역학적 항력을 산정하라. 풍동과 원형의 공기는 25℃, 대기압으로 가정한다.

답: 아니오, 예, 408 N

표 P6-31

V, m/s	F_D, N
10	0.29
15	0.64
20	0.96
25	1.41
30	1.55
35	2.10
40	2.65
45	3.28
50	4.07
55	4.91

6-32 20℃ 물이 긴 직선 파이프 내를 흐르고, L = 1.3 m 구간에서 평균 속도 V의 함수로 압력 강하를 측정한다(표 P6-32). 파이프 내경 D = 10.4 cm이다. (*a*) 데이터를 무차원화하고 Euler 수를 Reynolds 수의 함수로 도시하라. 데이터가 Reynolds 수에 무관할 만큼 높은 속도까지 실험이 수행되었는지 확인하라. (*b*) 실험 데이터를 외삽법을 이용하여 평균 속력 80 m/s에서 압력 강하를 예측하라.

답: 1,940,000 N/m²

표 P6-32

V, m/s	ΔP, N/m²
0.5	77.0
1	306
2	1218
4	4865
6	10,920
8	19,440
10	30,340
15	68,330
20	121,400
25	189,800
30	273,200
35	372,100
40	485,300
45	614,900
50	758,700

6-33 대학 학부 실험실 내 소형 풍동 시험부는 단면이 50×50 cm이고, 길이는 1.2 m이다. 트럭 후방을 둥글게 함으로써 공기역학적 항력이 어떻게 변화하는지를 모형 실험을 통해 확인하고자 한다. 원형 트럭은 길이 16 m, 폭 2.5 m, 높이 3.7 m이고, 최대 풍속은 44 m/s이다. 풍동과 원형 모두 25℃, 대기압의 공기 중에 있다. (*a*) 측정 항력에 영향을 미치지 않을 최대 차단율의 개략값은 얼마이고, 그때 모형 트럭의 치수는 얼마인가? (*b*) 모형 트럭의 최대 Reynolds 수는 얼마인가? (*c*) Reynolds 수가 풍속과 무관할 만큼 높은 풍속에서 실험이 수행되었는지 논의하라.

6-34 차원해석을 통하여 얕은 물의 파동이 관련된 유동에는(그림 P6-34) Froude 수와 Reynolds 수가 적절한 무차원 매개변수임을 보여라. 액체 표면의 파속도 c는 깊이 h, 중력가속도 g, 액체 밀도 ρ, 액체 점성계수 μ의 함수이다. 도출된 Π를 조작하여 다음의 매개변수를 구하라.

$$\mathrm{Fr} = \frac{c}{\sqrt{gh}} = f(\mathrm{Re}) \quad \text{여기서} \quad \mathrm{Re} = \frac{\rho c h}{\mu}$$

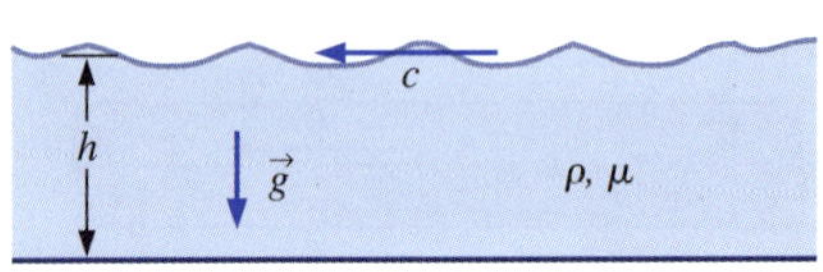

그림 P6-34

CHAPTER 07

내부 유동

목표 이 장을 공부하면 다음과 관련된 지식을 얻을 수 있다.

- 파이프 내부의 층류와 난류 유동에 대한 깊은 이해와 완전발달 유동에 대한 해석
- 배관망에서 파이프 유동과 관련된 주손실과 부차적 손실의 계산 및 필요한 펌프 동력의 결정
- 여러 가지 속도 및 유량 측정 기법의 이해와 이들의 장단점

유체 유동은 표면 위를 흐르는지 또는 관 내를 흐르는지에 따라 **외부 유동** 또는 **내부 유동**으로 구분된다. 내부 유동과 외부 유동은 매우 다른 특성을 보이는데, 이 장에서는 파이프 내부를 완전히 채우면서 압력차에 의하여 흐르는 **내부 유동**을 다룬다. 관개수로와 같은 **개수로 유동**(11장)은 부분적으로만 고체 벽면과 접하고 중력에 의하여 흐른다는 점에서 내부 유동과 구별된다.

이 장에서는 우선 **입구 영역**, **완전발달 영역**과 같은 파이프나 덕트 내 내부 유동의 물리적 특성을 살펴보고, 이후 무차원 **Reynolds 수**의 물리적 중요성에 대하여 논의한다. 그리고 층류와 난류 유동에 대해 파이프 유동과 관련된 **압력 강하** 관계식을 소개한다. 또한 실제 파이프 시스템에 대하여 부차적 손실을 논의하고, 압력 강하와 요구되는 펌프 동력을 결정한다. 마지막으로 유량 측정 장치에 대하여 간략히 소개한다.

그림의 정유 시설에 보이는 파이프, 엘보, 티, 밸브 등을 통과하는 내부 유동은 거의 모든 산업에서 관찰된다.

Royalty Free/CORBIS

7-1 서론

파이프나 **덕트** 내부를 흐르는 액체나 기체의 유동은 냉난방 응용 및 유체 배관망에서 보편적으로 사용된다. 이런 응용에서 유체는 보통 유동 구간을 통해 팬이나 펌프에 의하여 강제적으로 흐르게 된다. 유체가 파이프나 덕트 내부를 흐를 때는 **마찰**에 의해 **압력 강하** 또는 **수두 손실**이 발생하는 사실에 주목하여야 한다. 이때 나타나는 압력 강하로부터 소요 펌프 동력을 계산할 수 있다. 일반적인 파이프 시스템은 여러 구경의 파이프와 접합부, 엘보, 밸브 및 유체의 압력을 높이기 위한 펌프 등으로 구성된다.

파이프, **덕트**, **도관(conduit)**은 혼용되기도 하지만, 단면이 원형일 경우(특히 액체가 흐를 경우)에는 **파이프**라 하고, 단면이 비원형일 경우(특히 기체 유동의 경우)에는 **덕트**라고 한다. 파이프 구경이 작을 때는 **튜브**라고도 한다. 이 장에서는 혼동을 없애기 위해 필요할 때마다 **원형 파이프**, **직사각형 덕트**와 같이 좀 더 구체적으로 기술하기로 한다.

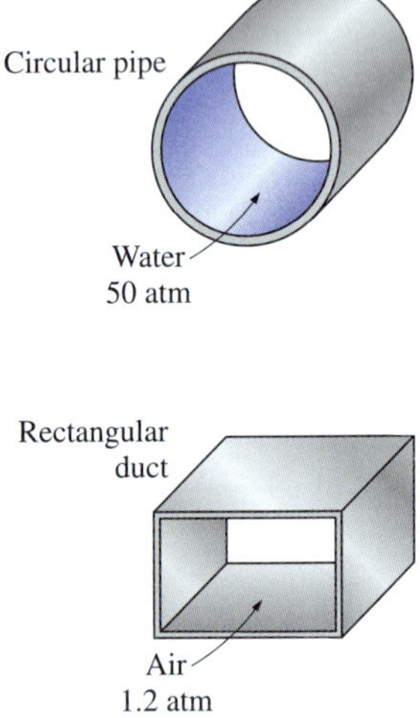

그림 7-1
원형 파이프는 별다른 변형 없이 내부와 외부의 큰 압력차를 견딜 수 있다. 하지만 비원형 파이프는 그렇지 않다.

대부분의 유체(특히 액체) 유동에는 **원형 파이프**가 널리 쓰이는데, 이는 원형 파이프가 파이프의 내부와 외부 사이의 큰 압력차를 심각한 변형 없이 견딜 수 있기 때문이다. **비원형 파이프**는 빌딩 냉난방과 같이 압력차가 비교적 작고, 제조 및 설치비가 적게 요구되고, 설치 공간이 제한된 곳에 일반적으로 사용된다(그림 7-1).

유체 유동에 관한 이론은 비교적 잘 알려져 있지만, 이론적 해는 원형 파이프 내부에서 완전발달된 층류 유동과 같이 몇몇 단순한 경우에만 가능하다. 따라서 대부분의 경우 닫힌 형태의(closed form) 해석해보다는 실험식이나 경험식에 의존하여야 한다. 그러나 실험의 경우 작은 실험 조건의 차이에도 그 결과가 달라질 수 있기 때문에 엄밀한 결과를 기대하기는 힘들다. 예를 들어, 이 장에 제시된 관계식으로 마찰계수를 계산할 때 10%(또는 그 이상) 오차는 일반적이다.

파이프 내의 유속은 점착(no-slip) 조건에 의해 벽면에서 영이고, 중심에서 최대가 된다. 비압축성 유동에서는 파이프 단면이 일정하면 그 값이 일정한 **평균** 속도 V_{avg}를 사용하는 것이 편리하다(그림 7-2). 냉난방의 경우는 온도에 따른 밀도 변화로 인해 평균 속도가 다소 변할 수 있다. 그러나 실제로는 평균 온도에서 유체 상태량을 구하고, 이를 일정하게 취급한다. 일반적으로 일정 상태량을 사용하는 편리함이 정확도에 대한 약간의 손실을 충분히 정당화한다.

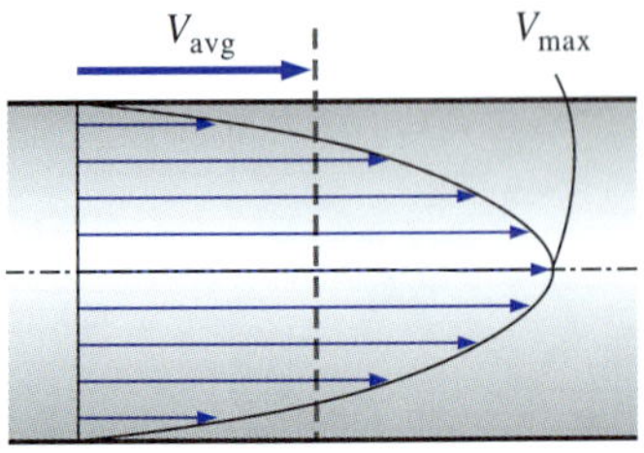

그림 7-2
평균 속도 V_{avg}는 단면을 지나는 평균 속력으로 정의된다. 완전발달 층류 파이프 유동에서 V_{avg}는 최대 속도의 절반이다.

또한 유동 중 파이프 내부 유체 입자들 간의 마찰에 의해 기계적 에너지가 열에너지로 변환됨에 따라 유체 온도가 다소 상승하기도 한다. 그러나 **마찰 가열(frictional heating)**에 의한 온도 상승은 일반적으로 매우 작아 대부분의 계산에서 무시한다. 예를 들어, 파이프 내부를 흐르는 물이 가열이나 냉각되지 않으면 입출구의 온도는 거의 변하지 않는다. 즉, 마찰에 의해서는 압력 강하가 유발되고, 열전달에 의해서만 현저한 온도차가 나타난다.

임의의 유동 단면에서 평균 속도 V_{avg}의 값은 다음 식과 같은 **질량 보존** 법칙으로부터 구한다(그림 7-2).

$$\dot{m} = \rho V_{avg} A_c = \int_{A_c} \rho u(r)\, dA_c \qquad (7\text{-}1)$$

여기서 $\dot{m}$은 질량유량, ρ는 밀도, A_c는 단면적, $u(r)$은 속도 분포이다. 따라서 반경이 R인 비압축성 원형 파이프 유동에서 평균 속도는 다음 식과 같이 얻어진다.

$$V_{avg} = \frac{\int_{A_c} \rho u(r)\, dA_c}{\rho A_c} = \frac{\int_0^R \rho u(r) 2\pi r\, dr}{\rho \pi R^2} = \frac{2}{R^2}\int_0^R u(r) r\, dr \qquad (7\text{-}2)$$

그러므로 유량이나 속도 분포를 알면 평균 속도를 쉽게 계산할 수 있다.

7-2 층류 유동과 난류 유동

담배를 피우는 사람 옆에 있을 때 담배 연기를 살펴보면 처음 몇 센티미터는 매끈하게 올라가다 그 이후는 올라가면서 임의의 방향으로 흔들리는 것을 볼 수 있다. 다른 연기들도 유사하게 거동한다(그림 7-3). 마찬가지로 파이프 내부 유동도 자세히 보면 낮은 속도에서는 매끈하게 흐르지만, 어떤 임계값 이상에서는 그림 7-4에 보인 것처럼 혼돈 양상을 보인다. 전자의 경우를 **층류(laminar)**라 부르는데 **유선이 매끈하고 질서정연한 유동 특성**을 보이고, 후자의 경우는 **난류(turbulent)**라 부르는데 **속도 변동**과 **매우 무질서한 운동**의 유동 특성을 보여 준다. 층류에서 난류로의 **천이(transition)**는 급작스럽게 일어나지는 않고, 완전히 난류가 되기 전 난류와 층류 유동 사이를 반복하는 일정 영역에 걸쳐 발생한다. 실제 마주치는 대부분의 유동은 난류이다. 층류는 작은 직경의 관 또는 좁은 통로 내부의 오일 유동과 같은 높은 점성 유동에서 나타난다.

층류, 천이, 난류 유동 영역들의 존재는 약 100년 전 영국 엔지니어 Osborne Reynolds(1842 -1912)가 시도했듯이, 유리관 내를 흐르는 유동에 염료를 주입함으로써 확인할 수 있다. 염료선은 층류인 낮은 속도에서는 매끄러운 직선을 이루다가(분자 확산에 의해 다소 흐릿해질 수는 있지만), 간헐적 요동이 나타나는 천이 영역을 거쳐 완전 난류가 되면 임의적이고 빠른 지그재그 운동을 하게 된다. 이러한 지그재그 형상과 염료의 확산은 주유동에서 변동과 인접 층들로부터 유체 입자들의 빠른 혼합이 있음을 보여 준다.

빠른 변동으로 인한 난류 유동에서 유체의 **맹렬한 혼합**은 유체 입자들 간의 운동량 전달을 향상시키고, 따라서 파이프 벽면의 마찰력과 소요 펌프 동력을 증가시킨다. 유동이 완전 난류가 될 때 마찰계수는 최대가 된다.

Reynolds 수

층류에서 난류로의 천이에는 여러 변수 중에 특히 **기하학적 형상, 표면조도, 유동 속도, 표면 온도 및 유체의 종류** 등이 큰 영향을 미친다. 1880년대 Osborne Reynolds는 많은 실험을 통해 유체의 **관성력**과 **점성력**의 비가 유동 영역을 결정한다는 것을 발견하였다(그림 7-5). 이 비를 **Reynolds 수**라고 하며, 원형 파이프 내 유동의 경우

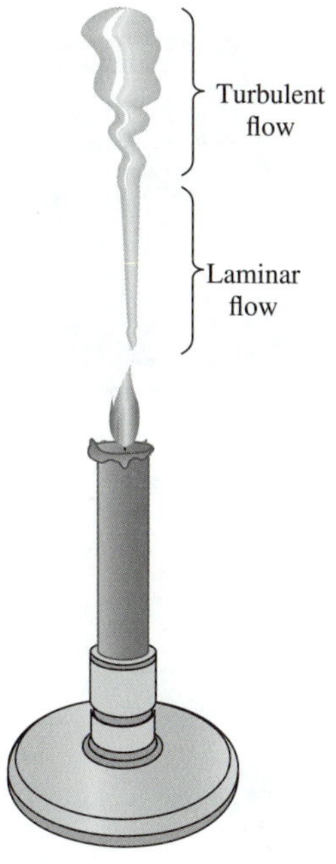

그림 7-3
촛불 연기의 층류 및 난류 영역.

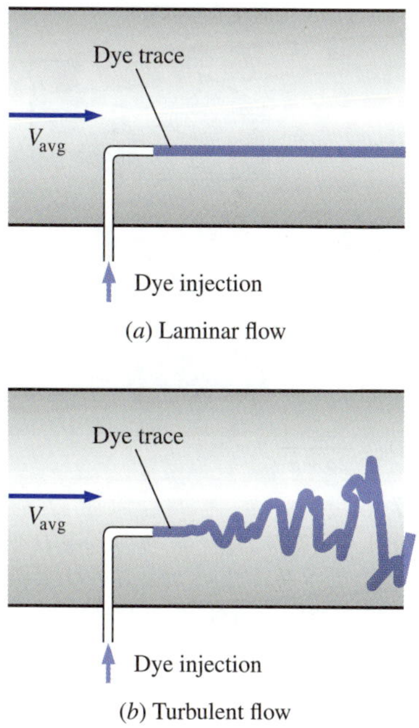

그림 7-4
파이프 내의 (*a*) 층류 유동과 (*b*) 난류 유동에서 유동 중에 주입된 염료의 거동.

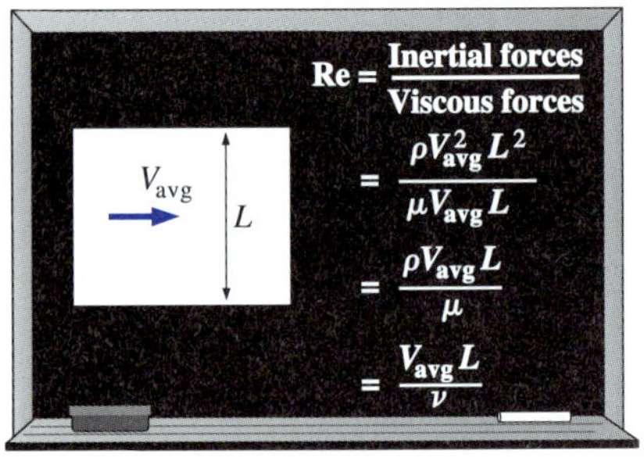

그림 7-5
Reynolds 수는 유체요소에 작용하는 관성력과 점성력의 비로 생각할 수 있다.

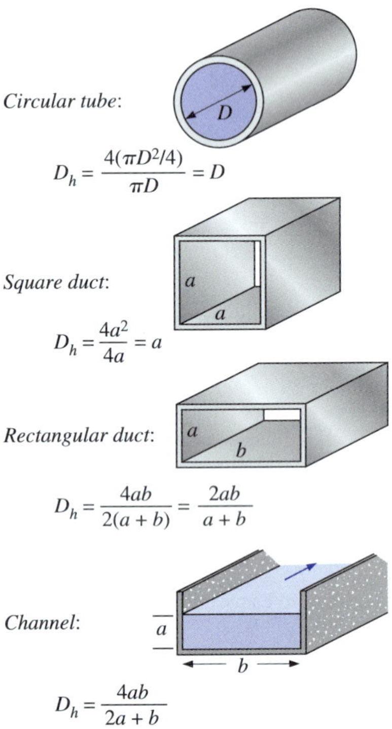

그림 7-6
원형관의 수력직경 $D_h = 4A_c/p$는 직경 D가 된다. 개수로 유동과 같이 자유표면이 있을 경우 접수둘레는 유체에 접한 벽면으로 구성된다.

다음과 같이 표현된다.

$$\text{Re} = \frac{\text{Inertial forces}}{\text{Viscous forces}} = \frac{V_{avg} D}{\nu} = \frac{\rho V_{avg} D}{\mu} \tag{7-3}$$

여기서 V_{avg} = 평균 유동 속도(m/s), D = 기하학적 특성 길이(여기서는 직경, m), $\nu = \mu/\rho$ = 유체의 동점성계수(m^2/s)이다. Reynolds 수는 무차원량(6장 참조)이다. 또한 동점성계수의 단위는 m^2/s로, **점성 확산계수** 또는 **운동량 확산계수**로 이해할 수 있다.

Reynolds 수가 크면 유체의 밀도와 속도의 제곱에 비례하는 관성력이 점성력보다 크고, 따라서 점성력이 더 이상 유체의 임의적이고 빠른 변동을 억제할 수 없게 된다. 하지만 작거나 중간 정도의 Reynolds 수에서는 점성력이 이러한 변동을 억제하여 유체를 "정렬"시킬 수 있을 만큼 충분히 크게 된다. 전자의 경우가 **난류**이고, 후자의 경우가 **층류**에 해당한다.

유동이 난류가 되기 시작하는 Reynolds 수를 **임계 Reynolds 수**(critical Reynolds number, Re_{cr})라고 하는데, 이 값은 기하학적 형상과 유동 조건의 함수이다. 원형 파이프 내부 유동의 경우 임계 Reynolds 수는 일반적으로 $\text{Re}_{cr} = 2300$으로 알려져 있다.

비원형 파이프 내부 유동의 경우 Reynolds 수는 **수력직경**(hydraulic diameter) D_h로 정의된다(그림 7-6).

수력직경:

$$D_h = \frac{4A_c}{p} \tag{7-4}$$

여기서 A_c는 파이프의 단면적이고, p는 접수둘레(wetted perimeter)이다. 원형 파이프의 경우 수력직경은 직경 D와 같은 값이 된다.

원형 파이프:

$$D_h = \frac{4A_c}{p} = \frac{4(\pi D^2/4)}{\pi D} = D$$

층류, 천이, 난류 유동을 구분하는 정확한 Reynolds 수를 알면 좋겠으나, 실제는 그렇지 못하다. 층류에서 난류로의 천이는 **표면조도, 파이프 진동, 상류 유동에서의 변동** 등에 영향을 받기 때문이다. 대체로 원형 파이프 유동의 경우 다음과 같이 $\text{Re} \lesssim 2300$이면 층류, $\text{Re} \gtrsim 4000$이면 난류이고, 그 사이가 천이 영역으로 구분된다.

$$\begin{aligned} \text{Re} &\lesssim 2300 && \text{laminar flow} \\ 2300 \lesssim \text{Re} &\lesssim 4000 && \text{transitional flow} \\ \text{Re} &\gtrsim 4000 && \text{turbulent flow} \end{aligned}$$

천이 유동에서는 층류와 난류가 임의적으로 반복된다(그림 7-7). 파이프 내부 표면이 아주 매끈하고 파이프 진동과 유동의 교란이 없는 경우에는 매우 높은 Reynolds 수에서도 층류가 될 수 있음을 기억하여야 한다. 주의 깊게 실험을 해보면 Reynolds 수 = 100,000까지 층류가 유지될 수 있다.

7-3 입구 영역

균일한 속도로 원형 파이프 내로 유입되는 유동을 고려해 보자. 점착 조건에 의해 파이프 표면과 접촉하는 층에서 유체 입자의 속도는 영이다. 이와 인접한 층은 마찰에 의해 점차 속도가 느려진다. 파이프 중심부에서 유동 속도는 느려진 벽면 부근의 속도를 보상하기 위해 빨리 흐르게 되어, 파이프 내의 질량유량이 일정하게 유지하게 된다. 이에 따라 파이프를 따라 속도구배가 생기게 된다.

유체의 점성에 의한 점성 전단력의 영향을 받는 유동 영역을 **속도 경계층(velocity boundary layer)** 또는 그냥 **경계층(boundary layer)**이라고 한다. 따라서 파이프 내부의 유동은 점성 영향과 속도 변화가 현저한 **경계층 영역**과 마찰 영향이 미미하고, 속도가 반경방향으로 일정한 **비회전(중심부) 유동 영역**의 두 개의 영역으로 구분된다.

이러한 경계층의 두께는 그림 7-8과 같이 유동방향을 따라 증가하여 파이프 중심에 도달하게 되고, 따라서 전체 파이프를 채우게 된다. 그리고 속도는 그 약간 하류에서 완전발달하게 된다. 파이프 입구부터 속도 분포가 완전발달하는 곳까지 영역을 **수역학적 입구 영역(hydrodynamic entrance region)**이라 하고, 이 영역의 길이를 **수역학적 입구 길이(hydrodynamic entrance length)** L_h라고 한다. 입구 영역에서는 속도 분포가 계속 발달하므로 이 영역에서 유동을 **수역학적으로 발달하는 유동(hydrodynamically developing flow)**이라고 한다. 입구 영역 이후 속도 분포가 완전발달하여 변하지 않는 영역을 **수역학적 완전발달 영역(hydrodynamically fully developed region)**이라고 한다. 속도 분포뿐만 아니라 정규화된 온도 분포도 변하지 않을 때, 유동을 **완전발달(fully developed)**했다고 한다. 따라서 유체가 가열되거나 냉각되지 않아 유체 온도가 전체적으로 동일할 때는 수역학적 완전발달 유동과 완전발달 유동은 동일한 의미를 갖는다. 완전발달 유동은 층류인 경우 **포물선 형태의(parabolic)** 속도 분포를 나타내며, 난류의 경우에는 반경방향으로 에디 운동과 격렬한 혼합으로 속도 분포가 훨씬 **평평해진다**. 유동이 완전발달하면 시간평균된 속도 분포는 변하지 않는다. 따라서 다음 식이 성립한다.

수역학적 완전발달: $$\frac{\partial u(r, x)}{\partial x} = 0 \quad \rightarrow \quad u = u(r) \qquad (7\text{-}5)$$

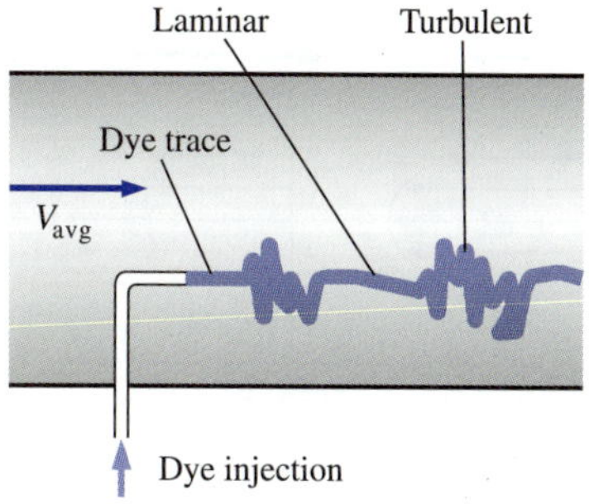

그림 7-7
2300 ≤ Re ≤ 4 000의 천이 유동 영역에서 유동은 임의로 층류와 난류를 반복한다.

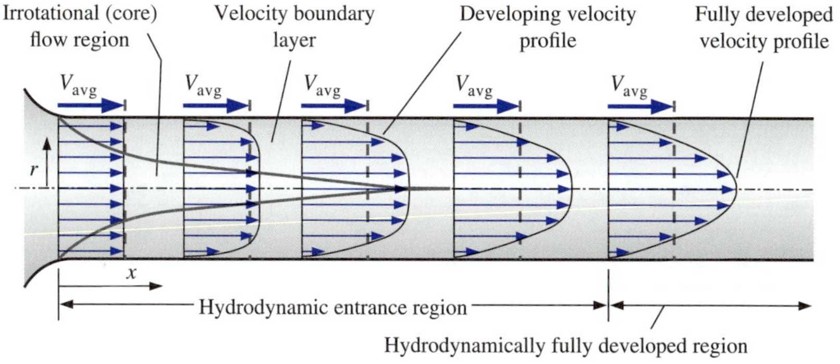

그림 7-8
파이프 내의 속도 경계층 발달(발달된 평균 속도 분포는 층류 유동에서는 포물선이고, 난류 유동에서는 좀 더 평평해진다).

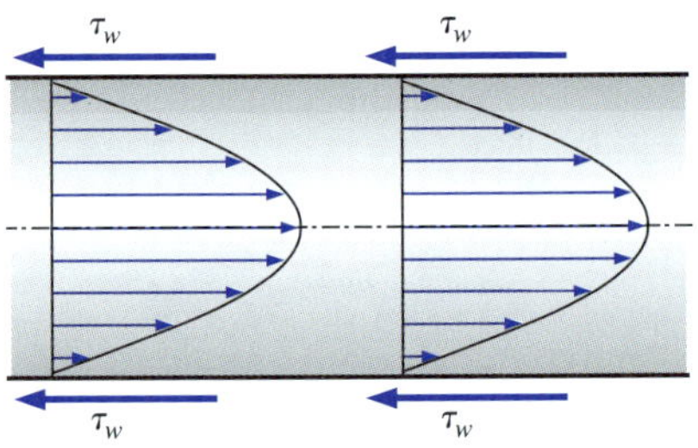

그림 7-9
파이프의 완전발달 유동 영역에서 속도 분포는 더 이상 변화하지 않는다. 따라서 벽면 전단응력도 일정하다.

파이프 벽면의 전단응력 τ_w는 표면에서 속도 분포의 기울기와 관계가 있다. 수역학적 완전발달 영역에서는 속도 분포가 일정하므로 벽면 전단응력도 일정하다(그림 7-9).

수역학적 입구 영역에서는 그림 7-10과 같이 경계층 두께가 가장 작은 파이프 입구에서 벽면 전단응력이 **최대**가 되고, 점차로 완전발달된 값으로 감소한다. 그러므로 입구 영역에서 압력 강하는 **크게** 되고, 결국 입구 영역의 존재는 전체 파이프의 평균 마찰계수를 항상 증가시킨다. 이 증가는 파이프의 길이가 짧은 경우는 현저하지만, 긴 경우는 무시할 수 있다.

입구 길이

수역학적 입구 길이는 파이프 입구로부터 벽면 전단응력(또는 마찰계수)이 완전발달된 값의 2% 이내에 해당하는 곳까지 길이로 정의된다. **층류 유동**의 경우 무차원 수역학적 입구 길이는 대략 다음과 같다[Kay와 Crawford(2004), Shah와 Bhatti(1987) 참조].

$$\frac{L_{h,\ \text{laminar}}}{D} \cong 0.05\text{Re} \tag{7-6}$$

Re = 20인 경우 수역학적 입구 길이는 대략 직경과 같고, 속도에 따라 선형적으로 증가한다. 층류 한계값인 Re = 2300에서 수역학적 입구 길이는 115D이다.

난류 유동에서는 임의적 변동에 의한 맹렬한 혼합이 분자 확산보다 현저히 크게 나타나고, 이 경우 난류 유동에 대한 무차원 수역학적 입구 길이는 대략 다음과 같다[Bhatti와 Shah(1987), Zhi-qing(1982) 참조].

$$\frac{L_{h,\ \text{turbulent}}}{D} = 1.359\text{Re}^{1/4} \tag{7-7}$$

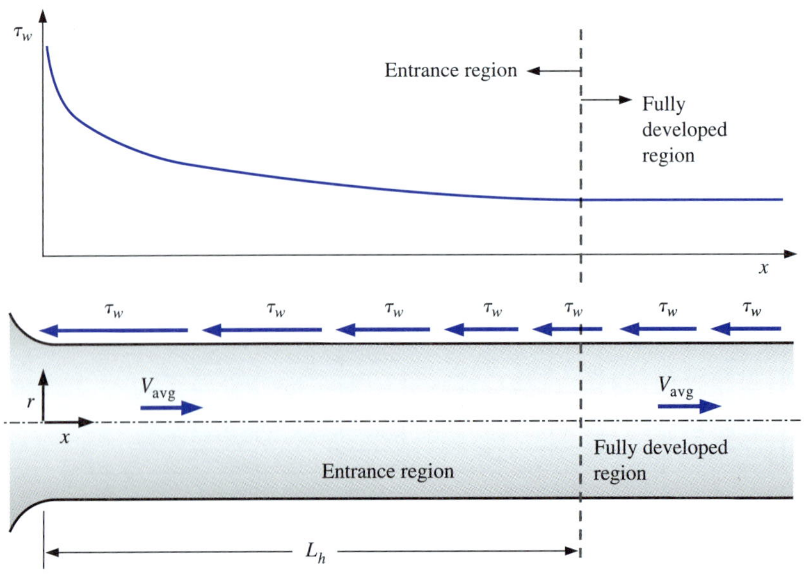

그림 7-10
파이프 내 입구 영역에서 완전발달 영역까지 벽면 전단응력의 변화.

따라서 난류 유동의 입구 길이는 훨씬 짧아지고, Reynolds 수에 대한 의존도도 작아진다. 대부분의 파이프 유동에서 입구의 영향은 파이프의 길이가 직경의 10배 이상이 되면 무시할 만하므로, 난류 유동에 대한 무차원 수역학적 입구 길이는 다음과 같다.

$$\frac{L_{h,\text{ turbulent}}}{D} \approx 10 \tag{7-8}$$

입구 영역에서 마찰 수두 손실 계산에 대한 정확한 상관식은 여러 참고 문헌에서 찾아볼 수 있다. 그러나 대부분의 경우 파이프의 길이가 입구 길이보다 훨씬 길고, 따라서 파이프 전 구간에 완전발달 유동을 가정할 수 있다. 그러나 파이프 길이가 짧은 경우는 벽면 전단응력과 마찰계수가 과소 예측될 수 있으므로 유의할 필요가 있다.

7-4 파이프 내의 층류 유동

7-2절에서는 Re ≤ 2300이면 파이프 유동은 층류이며, 입구 효과를 무시할 수 있을 정도로 파이프의 길이가 입구 길이보다 충분히 길면 유동은 완전발달된다는 것을 배웠다. 이 절에서는 단면이 원형이고 곧은 파이프의 완전발달 영역에서 상태량이 일정한 비압축성 유체의 정상 층류 유동을 고려한다. 미소 체적요소에 운동량 평형을 고려하여 운동량 방정식을 구하고, 그 방정식을 풀어 속도 분포를 구한다. 또한 그 속도 분포로부터 마찰계수를 구한다. 이와 같은 해석이 중요한 것은 점성 유동에서 그 풀이가 가능한 소수의 예 가운데의 하나라는 점이다.

완전발달된 층류 유동에서 각 유체 입자는 유선을 따라 일정한 축방향 속도로 운동하고, 속도 분포 $u(r)$은 유동방향으로 일정하다. 이때 반경방향의 운동은 없으며, 따라서 반경방향의 속도는 모든 곳에서 영이다. 유동은 정상 상태이고 완전발달되어 있으므로, 가속이 없다.

그림 7-11과 같은 반경 r, 두께 dr, 길이 dx의 고리 모양의 미소 체적요소를 고려해 보자. 체적요소에는 압력과 점성 효과만 관련되고, 따라서 압력과 전단력은 평형을 이루어야 한다. 평면에 작용하는 압력 힘은 면의 도심에서 압력과 표면적의 곱이다. 따라서 유동방향으로 힘의 평형은 다음과 같다.

$$(2\pi r\, dr\, P)_x - (2\pi r\, dr\, P)_{x+dx} + (2\pi r\, dx\, \tau)_r - (2\pi r\, dx\, \tau)_{r+dr} = 0 \tag{7-9}$$

이 식은 수평으로 놓여진 파이프의 완전발달 유동에서 점성력과 압력 힘이 서로 평형을 이루는 것을 나타낸다. 양변을 $2\pi dr dx$로 나누고 재정리하면 다음과 같다.

$$r\frac{P_{x+dx} - P_x}{dx} + \frac{(r\tau)_{r+dr} - (r\tau)_r}{dr} = 0 \tag{7-10}$$

$dr, dx \rightarrow 0$으로 극한을 취하면 다음과 같이 된다.

$$r\frac{dP}{dx} + \frac{d(r\tau)}{dr} = 0 \tag{7-11}$$

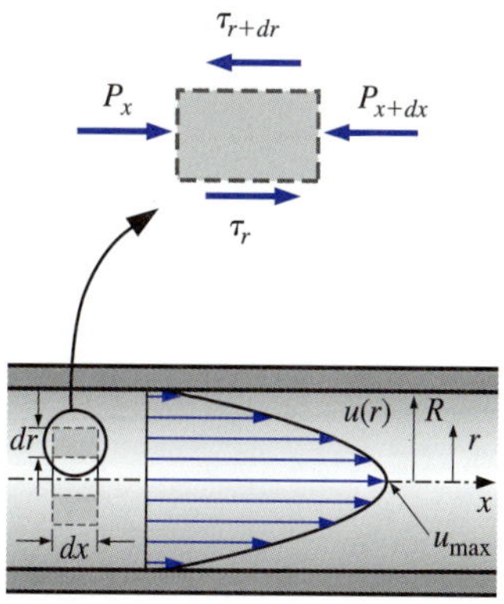

그림 7-11
완전발달 층류 유동에서 반경 r, 두께 dr, 길이 dx의 수평 파이프와 동축인 고리 모양 미소 유체요소에 대한 자유물체도(유체요소의 크기는 분명히 나타내기 위해 크게 과장되어 있다).

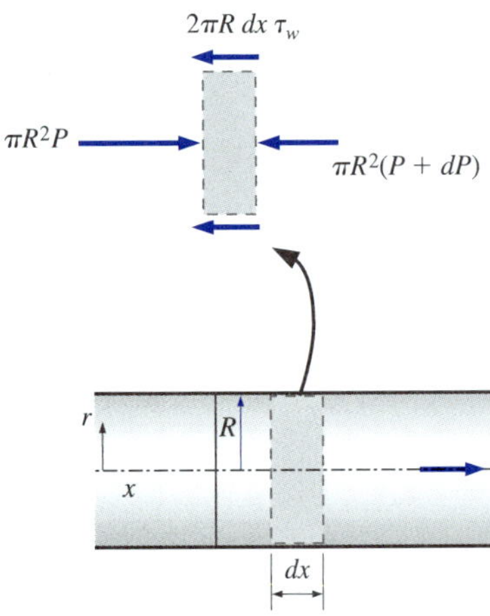

Force balance:

$$\pi R^2P - \pi R^2(P + dP) - 2\pi R\,dx\,\tau_w = 0$$

Simplifying:

$$\frac{dP}{dx} = -\frac{2\tau_w}{R}$$

그림 7-12
수평 파이프 내 완전발달 층류 유동에서 반경 R과 길이 dx의 유체요소에 대한 자유물체도.

$\tau = -\mu(du/dr)$을 대입하고 r로 나눈 후 μ가 일정하다고 가정하면 다음 식이 얻어진다.

$$\frac{\mu}{r}\frac{d}{dr}\left(r\frac{du}{dr}\right) = \frac{dP}{dx} \tag{7-12}$$

파이프 유동에서 du/dr은 음수이고, 양의 τ값을 얻기 위해 음의 부호가 삽입되었다(또는 $y = R - r$이므로 $du/dr = -du/dy$이다). 식 (7-12)의 좌변은 r의 함수이고, 우변은 x의 함수이다. 임의의 r과 x에 대해 좌변과 우변이 같기 위해서는, 즉 $f(r) = g(x)$ 형태의 등식은 $f(r)$과 $g(x)$가 모두 같은 상수값을 가질 경우에만 성립한다. 따라서 dP/dx는 상수가 되어야 한다. 이 식은 반경 R, 두께 dx의 체적요소에 작용하는 힘의 평형으로부터도 구할 수 있다(그림 7-12에서처럼 파이프의 한 조각). 이는 다음 식과 같다.

$$\frac{dP}{dx} = -\frac{2\tau_w}{R} \tag{7-13}$$

여기서 완전발달 영역의 점성계수와 속도 분포가 일정하므로, τ_w는 상수이고, 따라서 dP/dx는 상수이다.

식 (7-12)를 두 번 적분하여 정리하면 다음 식이 얻어진다.

$$u(r) = \frac{r^2}{4\mu}\left(\frac{dP}{dx}\right) + C_1 \ln r + C_2 \tag{7-14}$$

경계 조건 $r = 0$에서 $\partial u/\partial r = 0$(중심선에 대하여 대칭이므로)과 $r = R$에서 $u = 0$(벽면 점착 조건)을 대입하면 다음 식이 얻어진다.

$$u(r) = -\frac{R^2}{4\mu}\left(\frac{dP}{dx}\right)\left(1 - \frac{r^2}{R^2}\right) \tag{7-15}$$

따라서 완전발달된 파이프 내부 층류 유동의 속도 분포는 파이프 중심선에서 최대 속도이고, 벽면에서 최소(영)인 **포물선 형태**이다. 또한 축방향 속도 u가 모든 r에서 양의 값을 가지므로 축방향 압력구배 dP/dx는 음이 되어야 한다(즉, 점성의 영향으로 압력은 유동방향으로 감소한다).

평균 속도는 정의에 의하여 식 (7-15)를 식 (7-2)에 대입하여 구한다. 적분을 수행하면 다음과 같다.

$$V_{avg} = \frac{2}{R^2}\int_0^R u(r)r\,dr = \frac{-2}{R^2}\int_0^R \frac{R^2}{4\mu}\left(\frac{dP}{dx}\right)\left(1 - \frac{r^2}{R^2}\right)r\,dr = -\frac{R^2}{8\mu}\left(\frac{dP}{dx}\right) \tag{7-16}$$

마지막 두 방정식을 조합하면 속도 분포는 다음과 같이 얻어진다.

$$u(r) = 2V_{avg}\left(1 - \frac{r^2}{R^2}\right) \tag{7-17}$$

V_{avg}는 유량에 관한 정보로부터 손쉽게 구해지므로, 위 식은 속도 분포에 대한 유용한 형태의 식이다.

최대 속도는 중심선에서 나타나고, 식 (7-17)에 $r = 0$를 대입하여 구한다.

$$u_{\max} = 2V_{\text{avg}} \tag{7-18}$$

따라서 **완전발달된 층류 파이프 유동의 평균 속도는 최대 속도의 절반이 된다.**

압력 강하와 수두 손실

파이프 유동해석에서 중요한 것은 **압력 강하** ΔP로, 이 값은 팬이나 펌프의 소요 동력과 직접 연관된다. $dP/dx =$ 상수이므로 압력이 P_1인 $x = x_1$부터 압력이 P_2인 $x = x_1 + L$까지 적분하면 다음 식을 얻을 수 있다.

$$\frac{dP}{dx} = \frac{P_2 - P_1}{L} \tag{7-19}$$

식 (7-19)를 식 (7-16)의 V_{avg} 관계식에 대입하면 압력 강하는 다음과 같이 쓸 수 있다.

층류 유동:
$$\Delta P = P_1 - P_2 = \frac{8\mu LV_{\text{avg}}}{R^2} = \frac{32\mu LV_{\text{avg}}}{D^2} \tag{7-20}$$

일반적으로 기호 Δ는 $\Delta y = y_2 - y_1$과 같이 최종값과 초기값의 차이를 나타내는데, 유체 유동에서 ΔP는 축방향의 압력 강하, 즉 $P_1 - P_2$를 의미한다. 점성 영향에 의한 압력 강하는 비가역 압력 손실로 수두 손실 h_L처럼 **손실**임을 강조하기 위해 **압력 손실**(pressure loss) ΔP_L이라고 한다.

식 (7-20)은 압력 강하가 유체의 점성계수 μ에 비례하고, 마찰이 없으면 ΔP는 영이 됨을 나타낸다. 따라서 P_1에서 P_2로의 압력 강하는 전적으로 점성에 의한 것이고, 식 (7-20)은 점성계수가 μ인 유체가 직경 D, 길이 L인 파이프 내를 평균 속도 V_{avg}로 흐를 때의 압력 손실 ΔP_L을 나타내고 있다.

실제로 모든 형태의 완전발달된 내부 유동(층류 또는 난류, 원형 또는 비원형 파이프, 매끈하거나 거친 표면, 수평 또는 기울어진 파이프)에서 압력 손실을 다음 식으로 나타내는 것이 편리하다(그림 7-13).

압력 손실:
$$\Delta P_L = f\frac{L}{D}\frac{\rho V_{\text{avg}}^2}{2} \tag{7-21}$$

여기서 $\rho V_{\text{avg}}^2/2$는 **동압**이고, f는 Darcy **마찰계수**(friction factor)이다.

$$f = \frac{8\tau_w}{\rho V_{\text{avg}}^2} \tag{7-22}$$

이를 Darcy-Weisbach **마찰계수**라고도 하는데, 이 분야에 크게 기여한 프랑스의 Henry Darcy(1803-1858)와 독일의 Julius Weisbach(1806-1871)의 이름을 따라 명명되었다. 이는 **마찰계수** C_f[또는 미국의 엔지니어 John Fanning(1837-1911)의 이름을 따라 명명된 **Fanning 마찰계수**]와 구별되어야 한다. 마찰계수 C_f는 $C_f = 2\tau_w/(\rho V_{\text{avg}}^2) = f/4$로 정의된다.

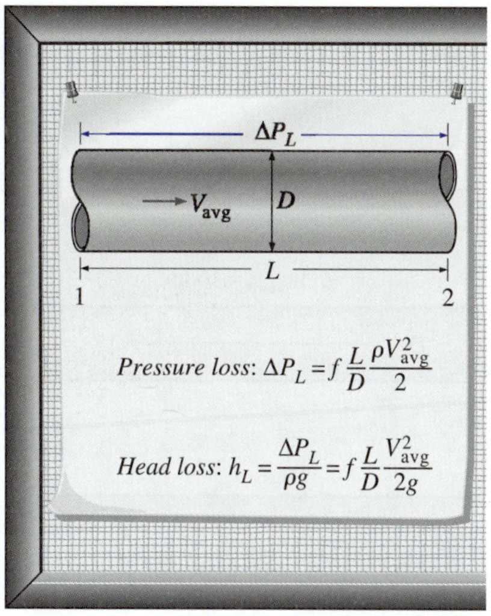

그림 7-13
압력 손실(수두 손실) 관계식은 유체역학에서 가장 일반적인 관계식 중 하나이고, 층류와 난류, 원형과 비원형 파이프, 매끈하거나 거친 표면 모두에 적용 가능하다.

식 (7-20)과 식 (7-21)을 같게 놓고, 원형 파이프 내부 완전발달된 층류 유동의 마찰계수 f를 구하면 다음 식이 성립한다.

원형 파이프, 층류:
$$f = \frac{64\mu}{\rho D V_{avg}} = \frac{64}{Re} \tag{7-23}$$

이 방정식은 **층류 유동에서 마찰계수는 Reynolds 수만의 함수이고, 파이프 표면조도와는 무관하다**는 것을 보여 준다(**물론, 조도가 극단적이 아니라는 가정하에**).

파이프 시스템 해석 시 압력 손실은 일반적으로 **수두 손실(head loss)** h_L로 불리는 **등가 액주 높이(equivalent fluid column height)**로 표현된다. 유체 정역학으로부터 $\Delta P = \rho g h$이므로 **파이프 수두 손실**은 ΔP_L을 ρg로 나누어 얻어진다.

수두 손실:
$$h_L = \frac{\Delta P_L}{\rho g} = f \frac{L}{D} \frac{V_{avg}^2}{2g} \tag{7-24}$$

수두 손실 h_L은 **파이프 내부의 마찰 손실을 극복하기 위하여 펌프가 더 올려야 하는 높이**를 의미한다. 수두 손실은 점성에 기인하므로 벽면 전단응력과 직접 연관된다. 식 (7-21)과 식 (7-24)는 층류와 난류, 원형과 비원형 파이프 모두에 적용할 수 있지만, 식 (7-23)은 원형 파이프 내부 완전발달 층류 유동에만 유효하다.

압력 손실(혹은 수두 손실)을 알면, 이 **압력 손실을 극복하기 위한** 소요 펌프 동력은 다음과 같이 구할 수 있다.

$$\dot{W}_{pump,\,L} = \dot{V}\,\Delta P_L = \dot{V}\rho g h_L = \dot{m} g h_L \tag{7-25}$$

여기서 $\dot{V}$는 체적유량이고, $\dot{m}$은 질량유량이다.

식 (7-20)으로부터 수평 파이프 내부 층류 유동의 평균 속도는 다음과 같다.

수평 파이프:
$$V_{avg} = \frac{(P_1 - P_2)R^2}{8\mu L} = \frac{(P_1 - P_2)D^2}{32\mu L} = \frac{\Delta P\, D^2}{32\mu L} \tag{7-26}$$

따라서 직경 D, 길이 L인 수평 파이프 내부 층류 유동의 체적유량은 다음과 같다.

$$\dot{V} = V_{avg} A_c = \frac{(P_1 - P_2)R^2}{8\mu L}\pi R^2 = \frac{(P_1 - P_2)\pi D^4}{128\mu L} = \frac{\Delta P\, \pi D^4}{128\mu L} \tag{7-27}$$

이 식은 **Poiseuille 법칙**으로 알려져 있고, 이러한 유동을 G. Hagen(1797-1884)과 J. Poiseuille(1799-1869)을 기념하여 **Hagen-Poiseuille 유동**이라 부른다. 식 (7-27)로부터 **주어진 유량에서, 압력 손실 또는 소요 펌프 동력은 파이프의 길이와 유체의 점성계수에 비례하고 파이프 반경(또는 직경)의 4제곱에 반비례함**을 알 수 있다. 따라서 파이프의 직경을 두 배로 하면 층류 유동 파이프 시스템의 펌프 동력을 1/16로 줄일 수 있다(그림 7-14). 물론 파이프 직경을 크게 함으로써 제작비는 증가한다는 것을 감안하여야 한다.

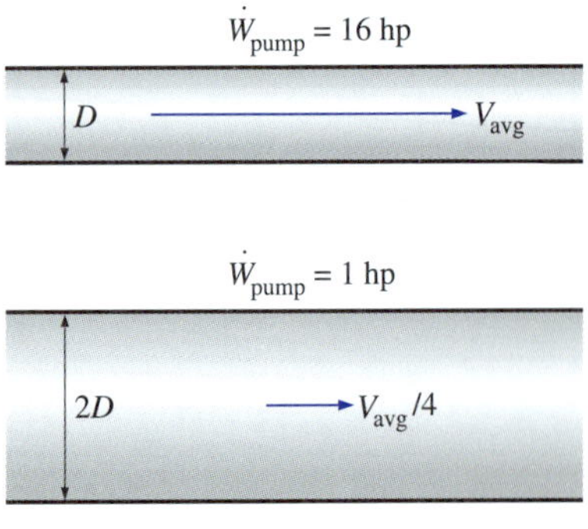

그림 7-14
층류 파이프 시스템에서 파이프 직경을 두 배로 하면 소요 펌프 동력은 1/16로 줄어든다.

수평 파이프에서 압력 강하 ΔP와 압력 손실 ΔP_L은 서로 같다. 그러나 파이프가 경사지거나 단면적이 변하는 경우는 두 값이 서로 같지 않다. 비압축성 1차원 정상 유동에 대해 에너지 방정식을 수두 형태로 기술하면 다음과 같다(4장 참조).

$$\frac{P_1}{\rho g} + \alpha_1 \frac{V_1^2}{2g} + z_1 + h_{\text{pump}, u} = \frac{P_2}{\rho g} + \alpha_2 \frac{V_2^2}{2g} + z_2 + h_{\text{turbine}, e} + h_L \qquad (7\text{-}28)$$

여기서 $h_{\text{pump}, u}$는 유체에 전달되는 유용한 펌프 수두이고, $h_{\text{turbine}, e}$는 유체로부터 추출한 터빈 수두, h_L은 단면 1과 2 사이의 비가역 수두 손실, V_1과 V_2는 단면 1과 2에서의 평균 속도, 그리고 α_1과 α_2는 각각 단면 1과 단면 2에서 **운동 에너지 보정계수**(완전발달된 층류 유동인 경우 $\alpha = 2$이고, 완전발달된 난류 유동에서 $\alpha = 1.05$)이다. 식 (7-28)을 다시 쓰면 다음과 같이 정리된다.

$$P_1 - P_2 = \rho(\alpha_2 V_2^2 - \alpha_1 V_1^2)/2 + \rho g[(z_2 - z_1) + h_{\text{turbine}, e} - h_{\text{pump}, u} + h_L] \quad (7\text{-}29)$$

따라서 압력 강하 $\Delta P = P_1 - P_2$와 압력 손실 $\Delta P_L = \rho g h_L$이 같아지기 위해서는 (1) 파이프가 수평으로 놓여 중력의 영향이 없고($z_1 = z_2$), (2) 펌프나 터빈과 같이 일을 통해 유체 압력을 변화시키는 장치가 없고($h_{\text{pump}, u} = h_{\text{turbine}, e} = 0$), (3) 유동 단면적이 일정하여 평균 유속의 변화가 없고($V_1 = V_2$), (4) 단면 1과 단면 2의 속도 분포가 같은 모양을 가져야 한다($\alpha_1 = \alpha_2$).

층류 유동에서 속도 및 유량에 미치는 중력의 영향

중력은 수평 파이프의 속도와 유량에는 영향이 없으나 상향 또는 하향 파이프인 경우는 큰 영향을 미친다. 경사진 파이프에 대한 관계식도 앞 절과 유사하게 유동방향의 힘의 평형으로부터 구할 수 있다. 그러나 경사진 경우는 다음과 같은 유체 무게의 유동방향 성분을 고려하여야 한다.

$$W_x = W \sin\theta = \rho g V_{\text{element}} \sin\theta = \rho g(2\pi r\, dr\, dx)\sin\theta \qquad (7\text{-}30)$$

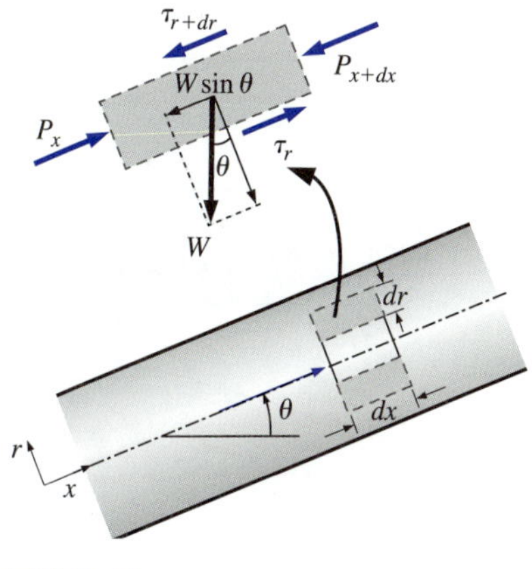

그림 7-15
완전발달 층류 유동에서 경사진 파이프와 동축인 반경 r, 두께 dr, 길이 dx인 고리 모양 유체요소의 자유물체도.

여기서 θ는 유동방향이 수평과 이루는 각도이다(그림 7-15). 따라서 식 (7-9)의 힘의 평형식은 다음과 같게 된다.

$$\begin{aligned}(2\pi r\, dr\, P)_x &- (2\pi r\, dr\, P)_{x+dx} + (2\pi r\, dx\, \tau)_r \\ &- (2\pi r\, dx\, \tau)_{r+dr} - \rho g(2\pi r\, dr\, dx)\sin\theta = 0\end{aligned} \qquad (7\text{-}31)$$

위 식을 정리하면 다음과 같은 미분 방정식이 얻어진다.

$$\frac{\mu}{r}\frac{d}{dr}\left(r\frac{du}{dr}\right) = \frac{dP}{dx} + \rho g \sin\theta \qquad (7\text{-}32)$$

앞에서와 동일한 해석 절차에 따라 속도 분포는 다음과 같이 구해진다.

$$u(r) = -\frac{R^2}{4\mu}\left(\frac{dP}{dx} + \rho g \sin\theta\right)\left(1 - \frac{r^2}{R^2}\right) \qquad (7\text{-}33)$$

식 (7-33)으로부터 경사진 파이프 내의 층류 유동에서 **평균 속도**와 **체적유량**은 각각 다음과 같다.

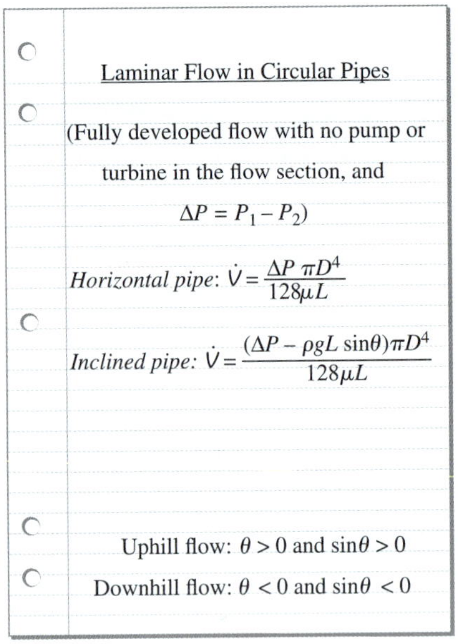

그림 7-16
ΔP를 $\Delta P - \rho gL \sin\theta$로 대체하면 수평관에 사용된 관계식을 경사진 관의 완전발달 층류 유동에서 사용할 수 있다.

$$V_{avg} = \frac{(\Delta P - \rho gL \sin\theta)D^2}{32\mu L} \quad \text{그리고} \quad \dot{V} = \frac{(\Delta P - \rho gL \sin\theta)\pi D^4}{128\mu L} \tag{7-34}$$

위 식의 $\Delta P - \rho gL \sin\theta$를 ΔP로 대체하면 수평관의 관계식과 동일하다. 따라서 ΔP를 $\Delta P - \rho gL \sin\theta$로 대체하면 이미 얻은 수평관의 결과를 경사진 관에 그대로 사용할 수 있다(그림 7-16). 상향류인 경우는 $\theta > 0$이므로 $\sin\theta > 0$이며, 하향류인 경우는 $\theta < 0$이므로 $\sin\theta < 0$이다.

경사진 파이프에서는 압력차와 중력이 복합적으로 유동을 유발한다. 중력은 하향류인 경우 유동에 도움이 되지만 상향류인 경우 방해가 된다. 따라서 상향류인 경우 정해진 유량을 유지하기 위해서는 보다 큰 압력차가 가해져야 한다. 이는 액체인 경우 특히 중요하고, 기체인 경우는 밀도가 작기 때문에 중력의 영향은 그리 크지 않다. 유동이 없는 경우($\dot{V} = 0$)는 $\Delta P = \rho gL \sin\theta$가 되고, 이는 유체 정역학(2장)의 결과와 동일하다.

비원형 파이프 내의 층류 유동

표 7-1에 다양한 단면 형상을 가진 파이프 내부의 **완전발달된 층류 유동**에 대한 마찰계수 f의 관계식이 나타나 있다. 이러한 파이프 내부 유동의 Reynolds 수는 수력직경 $D_h = 4A_c/p$를 사용하여 계산한다. 여기서 A_c는 파이프 단면적이고, p는 접수둘레이다.

예제 7-1 수평 및 경사 파이프 내 층류 유동

길이 70 m, 직경 4 cm의 원형 수평관 내에서 완전발달된 40°C의 글리세린 유동을 고려해 보자(그림 7-17). 중심에서 속도가 6 m/s일 때 속도 분포, 압력 강하, 펌프 동력을 구하라. 동일한 동력의 펌프를 사용할 때 파이프가 15° 하향 기울기를 가지고 있다면 유량은 몇 % 증가할지 계산하라. 또한 15° 상향 기울기를 가지고 있다면 몇 % 감소할지 계산하라. 펌프는 이 파이프 구간의 외부에 설치되어 있다.

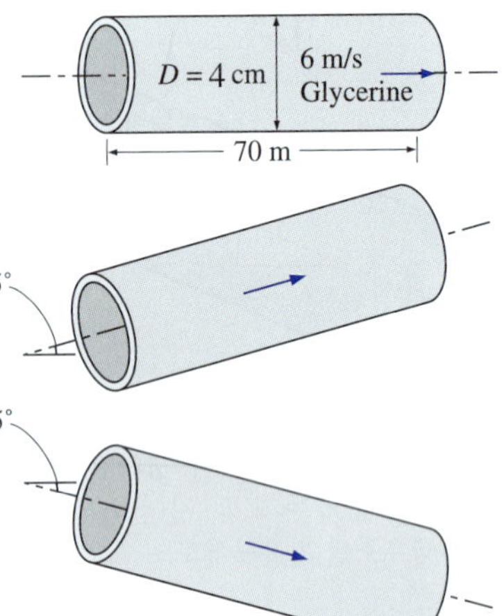

그림 7-17
예제 7-1에 대한 개략도.

풀이 수평관 내 완전발달 유동에서 중심 속도가 주어졌을 때, 속도 분포, 파이프 압력 강하, 펌프 동력을 계산하고, 상향 또는 하향 기울기가 유량에 미치는 영향을 검토하고자 한다.

가정 1 정상 층류 비압축성 유동이고, 완전발달되어 있다. 2 유동 구간에 펌프나 터빈은 없다. 3 국부 손실을 유발하는 밸브, 엘보 등도 없다.

상태량 40°C 글리세린의 밀도와 역학적 점성계수는 $\rho = 1252\ \text{kg/m}^3$, $\mu = 0.3073\ \text{kg/m}\cdot\text{s}$이다.

해석 원형 파이프 내 완전발달 층류 유동의 속도 분포는 다음과 같다.

$$u(r) = u_{max}\left(1 - \frac{r^2}{R^2}\right)$$

대입하면, 속도 분포는 다음과 같다.

$$u(r) = (6\ \text{m/s})\left(1 - \frac{r^2}{(0.02\ \text{m})^2}\right) = \mathbf{6(1 - 2500r^2)}$$

표 7-1

다양한 단면 형상을 가진 파이프 내 완전발달 층류 유동의 마찰계수 ($D_h = 4A_c/p$와 $\mathrm{Re} = V_{avg}\, D_h/\nu$)

Tube Geometry	a/b or $\theta°$	Friction Factor f
Circle 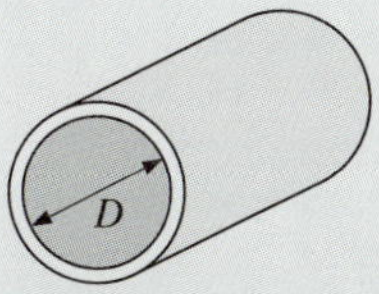	—	64.00/Re
Rectangle 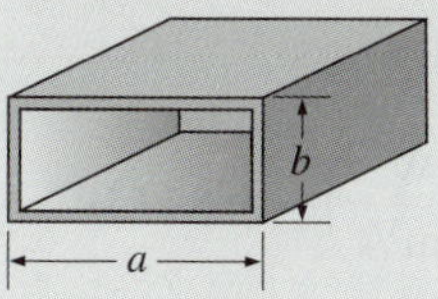	a/b	
	1	56.92/Re
	2	62.20/Re
	3	68.36/Re
	4	72.92/Re
	6	78.80/Re
	8	82.32/Re
	∞	96.00/Re
Ellipse 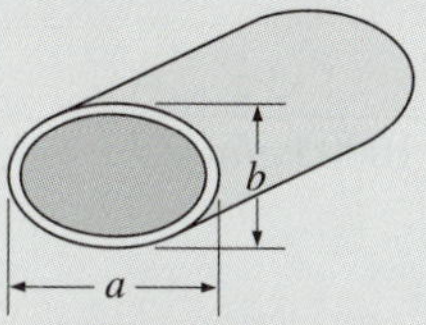	a/b	
	1	64.00/Re
	2	67.28/Re
	4	72.96/Re
	8	76.60/Re
	16	78.16/Re
Isosceles triangle 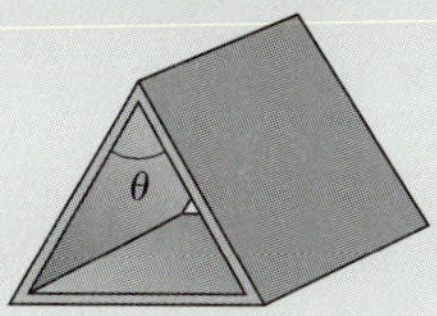	θ	
	10°	50.80/Re
	30°	52.28/Re
	60°	53.32/Re
	90°	52.60/Re
	120°	50.96/Re

여기서 u의 단위는 m/s이고, r의 단위는 m이다. 평균 속도, 유량, Reynolds 수는 다음과 같다.

$$V = V_{avg} = \frac{u_{max}}{2} = \frac{6\ \text{m/s}}{2} = 3\ \text{m/s}$$

$$\dot{V} = V_{avg}A_c = V(\pi D^2/4) = (3\ \text{m/s})[\pi(0.04\ \text{m})^2/4] = 3.77 \times 10^{-3}\ \text{m}^3/\text{s}$$

$$\mathrm{Re} = \frac{\rho V D}{\mu} = \frac{(1252\ \text{kg/m}^3)(3\ \text{m/s})(0.04\ \text{m})}{0.3073\ \text{kg/m·s}} = 488.9$$

Reynolds 수가 2300보다 작으므로 층류이다. 마찰계수와 수두 손실은 다음과 같다.

$$f = \frac{64}{\mathrm{Re}} = \frac{64}{488.9} = 0.1309$$

$$h_L = f\frac{L}{D}\frac{V^2}{2g} = 0.1309\,\frac{(70\ \text{m})}{(0.04\ \text{m})}\,\frac{(3\ \text{m/s})^2}{2(9.81\ \text{m/s}^2)} = 105.1\text{m}$$

식 (7-28)로 주어진 정상 비압축성 1차원 유동의 에너지 방정식은 다음과 같다.

$$\frac{P_1}{\rho g} + \alpha_1 \frac{V_1^{\,2}}{2g} + z_1 + h_{\text{pump, u}} = \frac{P_2}{\rho g} + \alpha_2 \frac{V_2^{\,2}}{2g} + z_2 + h_{\text{turbine, e}} + h_L$$

관로에 펌프나 터빈이 없고, 일정한 직경을 가지는 파이프 내의 완전발달된 유동의 경우

$$\Delta P = P_1 - P_2 = \rho g(z_2 - z_1 + h_L)$$

수평관에서 압력 강하와 요구 펌프 동력은 다음과 같다.

$$\begin{aligned}\Delta P &= \rho g(z_2 - z_1 + h_L)\\ &= (1252\ \text{kg/m}^3)(9.81\ \text{m/s}^2)(0 + 105.1\ \text{m})\left(\frac{1\ \text{kPa}}{1000\ \text{kg/m·s}^2}\right)\\ &= \mathbf{1291\ kPa}\end{aligned}$$

$$\dot{W}_{\text{pump, u}} = \dot{V}\Delta P = (3.77 \times 10^3\ \text{m}^3/\text{s})(1291\ \text{kPa})\left(\frac{1\ \text{kW}}{\text{kPa·m}^3/\text{s}}\right) = \mathbf{4.87\ kW}$$

상향 기울기 15°를 가진 경우 높이차와 압력차는

$$\Delta z = z_2 - z_1 = L\sin 15° = (70\ \text{m})\sin 15° = 18.1\ \text{m}$$

$$\begin{aligned}\Delta P_{\text{upward}} &= (1252\ \text{kg/m}^3)(9.81\ \text{m/s}^2)(18.1\ \text{m} + 105.1\ \text{m})\left(\frac{1\ \text{kPa}}{1000\ \text{kg/m·s}^2}\right)\\ &= 1366\ \text{kPa}\end{aligned}$$

상향 기울기를 가진 파이프 내 유량은 다음과 같다.

$$\dot{V}_{\text{upward}} = \frac{\dot{W}_{\text{pump, }u}}{\Delta P_{\text{upward}}} = \frac{4.87\ \text{kW}}{1366\ \text{kPa}}\left(\frac{1\ \text{kPa·m}^3/\text{s}}{1\ \text{kW}}\right) = 3.57 \times 10^{-3}\ \text{m}^3/\text{s}$$

수평관에 비해 유량이 **5.6%** 감소했음을 알 수 있다. 마찬가지로, 하향 기울기 15°를 가진 경우 유량은 **5.6%** 증가한다.

토의 이 문제에서는 펌프 동력과 중력이 복합적으로 유동을 유발한다. 유량 계산 결과로부터 알 수 있듯이 상향류에는 중력이 방해가 되고, 하향류에는 도움이 된다. 수평인 경우 중력의 영향은 없다. 하향류는 압력차가 없어도 형성될 수 있다. $P_1 = P_2$인 경우에 압력은 전체 파이프에서 일정하게 유지되며, 유량은 기울기가 커질수록 증가하여 수직관에서 최대가 된다. 파이프 내 유동 문제를 풀 경우 Reynolds 수를 계산하여 유동이 층류인지 난류인지를 확인할 필요가 있다.

예제 7-2 파이프 내 압력 강하와 수두 손실

5°C의 물($\rho = 1000\ \text{kg/m}^3$, $\mu = 1.519 \times 10^{-3}\ \text{kg/m·s}$)이 직경 0.3 cm, 길이 9 m인 수평 파이프 내부를 평균 속도 0.9 m/s로 흐른다(그림 7-18). (a) 수두 손실, (b) 압력 강하, (c) 이러한 압력 강하를 극복하기 위한 소요 펌프 동력을 구하라.

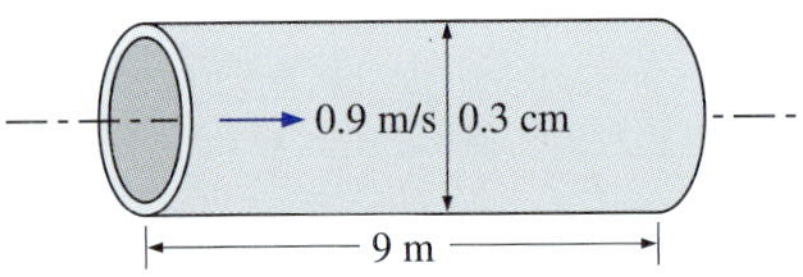

그림 7-18
예제 7-2에 대한 개략도.

풀이 파이프 내부 평균 유동 속도가 주어졌을 때의 수두 손실, 압력 강하, 펌프 동력을 구하고자 한다.

가정 1 정상 유동이고, 비압축성이다. 2 유동은 완전발달되고, 입구 영역의 영향은 무시한다. 3 관로에는 벤드, 밸브, 접합부 등이 없다.

상태량 물의 밀도와 점성계수는 각각 $\rho = 1000\ \text{kg/m}^3$, $\mu = 1.519 \times 10^{-3}\ \text{kg/m}\cdot\text{s}$이다.

해석 (a) 우선 유동 영역을 결정한다. Reynolds 수는 다음과 같다.

$$\text{Re} = \frac{\rho V_{\text{avg}} D}{\mu} = \frac{(1000\ \text{kg/m}^3)(0.9\ \text{m/s})(0.003\ \text{m})}{1.519 \times 10^{-3}\ \text{kg/m}\cdot\text{s}} = 1777$$

이 값은 2300보다 작고, 따라서 유동은 층류이다. 마찰계수와 수두 손실은 다음과 같이 계산된다.

$$f = \frac{64}{\text{Re}} = \frac{64}{1777} = 0.0360$$

$$h_L = f\frac{L}{D}\frac{V_{\text{avg}}^2}{2g} = 0.0360\frac{9\ \text{m}}{0.003\ \text{m}}\frac{(0.9\ \text{m/s})^2}{2(9.81\ \text{m/s}^2)} = \mathbf{4.46\ m}$$

(b) 파이프가 수평이고 직경이 일정하므로, 압력 강하는 단지 마찰 손실에 기인하고, 그 값은 압력 손실과 동일하다.

$$\Delta P = \Delta P_L = f\frac{L}{D}\frac{\rho V_{\text{avg}}^2}{2} = 0.0360\frac{9\ \text{m}}{0.003\ \text{m}}\frac{(1000\ \text{kg/m}^3)(0.9\ \text{m/s})^2}{2}\left(\frac{1\ \text{N}}{1\ \text{kg}\cdot\text{m/s}^2}\right)$$

$$= \mathbf{43{,}740\ N/m^2} = \mathbf{43.7\ kPa}$$

(c) 체적유량과 소요 펌프 동력은 각각 다음과 같다.

$$\dot{V} = V_{\text{avg}} A_c = V_{\text{avg}}(\pi D^2/4) = (0.9\ \text{m/s})[\pi(0.003\ \text{m})^2/4] = 6.36 \times 10^{-6}\ \text{m}^3/\text{s}$$

$$\dot{W}_{\text{pump}} = \dot{V}\,\Delta P = (6.36 \times 10^{-6}\ \text{m}^3/\text{s})(43{,}740\ \text{N/m}^2)\left(\frac{1\ \text{W}}{1\ \text{N}\cdot\text{m/s}}\right) = \mathbf{0.28\ W}$$

따라서 점성에 의한 마찰 손실을 극복하기 위해서는 0.28 W의 동력이 필요하다.

토의 펌프 제작사는 일반적으로 펌프의 압력 상승을 수두의 단위로 표시한다(12장). 이 문제에서는 비가역 수두 손실을 극복하기 위해 수두가 4.46 m인 펌프가 필요하다.

7-5 파이프 내의 난류 유동

실제의 경우 접하는 대부분의 유동은 난류이고, 따라서 난류가 벽면 전단응력에 미치는 영향을 이해하는 것이 중요하다. 하지만 난류는 변동(fluctuation)에 의하여 지배되는 복잡한 현상이므로, 과거 수많은 연구에도 불구하고 난류 유동은 여전히 완전하게 이해되지 못하고 있다. 따라서 다양한 경우에 대하여 개발된 실험식이나 경험식 등에 의존하여야 한다.

난류 유동의 특징은 유동장 전반에 걸친 **에디(eddy)**라고 하는 유체의 선회 영역(swirling region)의 무질서하고 빠른 변동이다(그림 7-19). 이 변동은 운동량과 에너지의 전달에 추가적인 역할을 하게 된다. 층류의 경우 유체 입자는 유적선을 따라 잘 정렬되어 흐르고, 운동량과 에너지는 분자 확산에 의해 전달된다. 난류의 경우는

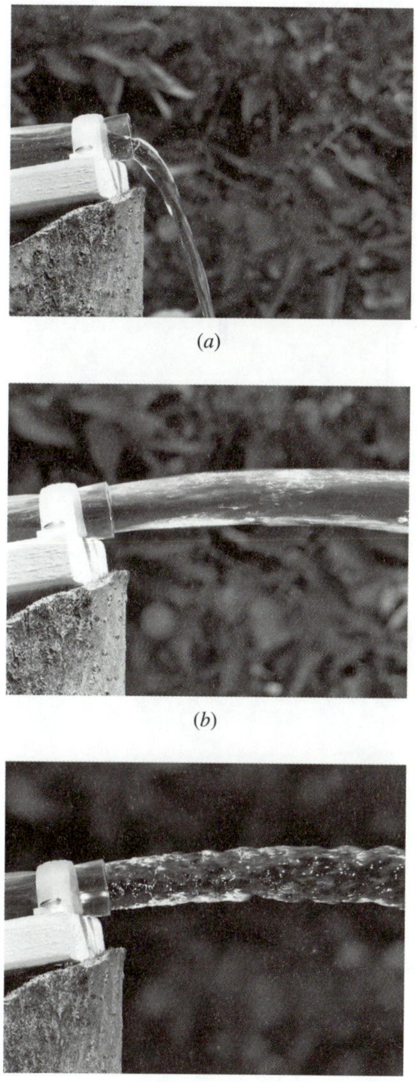

(a) (b) (c)

그림 7-19
튜브에서 나오는 물. (*a*) 낮은 유량에서 층류 유동, (*b*) 높은 유량에서 난류 유동, (*c*) (*b*)와 동일하지만 개별 에디를 포획하기 위한 보다 짧은 셔터 노출의 경우.

Photos by Alex Wouden

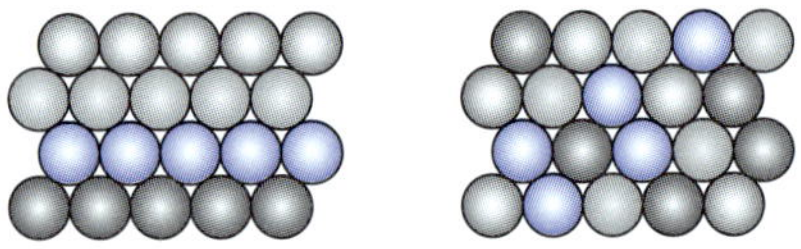

그림 7-20
난류 유동의 격렬한 혼합에 따라 운동량이 다른 유체 입자들이 접촉하여 운동량 전달이 향상된다.

선회하는 에디에 의해 분자 확산보다는 훨씬 빠르게 질량, 운동량, 에너지가 다른 영역으로 전달되고, 따라서 질량, 운동량, 에너지 전달이 현저히 향상된다. 그 결과 난류 유동의 마찰계수, 열전달계수 및 물질전달계수는 층류인 경우보다 훨씬 크게 된다(그림 7-20).

난류 유동은 평균 유동이 정상 상태일지라도 에디 운동에 의해 속도, 온도, 압력, 때로는 밀도(압축성 유동에서)가 크게 변동한다. 그림 7-21은 열선 유속계나 다른 측정기로 계측된 한 위치에서 순간 속도 성분 u의 시간에 따른 변화를 보여 주고 있다. 속도의 순간값은 평균값을 중심으로 변동하며, 따라서 속도를 **평균값** $\bar{u}$와 **변동 성분** u'의 합으로 표현하면 다음과 같다.

$$u = \bar{u} + u' \tag{7-35}$$

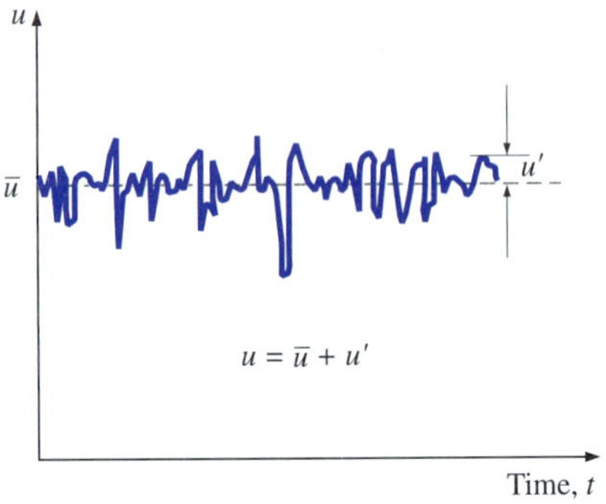

그림 7-21
난류 유동 내 임의의 위치에서 시간에 따른 속도 성분 u의 변동.

이는 y방향의 속도 성분 v와 같은 다른 상태량들에 대해서도 마찬가지이고, 따라서 $v = \bar{v} + v'$, $P = \bar{P} + P'$, $T = \bar{T} + T'$으로 표현된다. 어떤 위치에서 상태량의 평균값은 평균한 값이 시간에 따라 변하지 않을 만큼 충분히 긴 시간 동안 평균하여 구한다. 따라서 변동 성분의 시간평균은 영, 즉 $\overline{u'} = 0$이 된다. 변동 성분 u'의 크기는 $\bar{u}$의 몇 %에 지나지 않지만, 에디의 높은 주파수(수천 Hz 차수로)는 운동량, 열 에너지 및 질량 전달에 매우 효과적이다. 시간평균된 **평균적 정상(stationary)** 난류 유동에서 상태량의 평균값(윗줄로 표시되는)은 시간에 따라 변하지 않는 값이다. 유체 입자들의 혼돈스러운 변동은 압력 강하에 지배적인 역할을 하고, 그리고 이들 무작위적 운동(random motion)은 난류를 해석할 때 평균 속도와 함께 고려되어야만 한다.

아마도 마음속에 떠오르는 첫 번째 생각은 전단응력을 층류의 경우와 유사한 방법인 $\tau = -\mu\, d\bar{u}/dr$로부터 결정하는 것인데, 여기서 $\bar{u}(r)$는 난류 유동에 대한 평균 속도 분포이다. 그러나 실험적 연구 결과는 이것이 여기서는 통용되지 않으며, 전단응력은 난류 변동 때문에 훨씬 크다는 사실을 보여 주고 있다. 따라서 난류 전단응력은 다음 두 부분으로 이루어져 있다고 보는 것이 편리하다. 즉, 유동방향으로 층들 사이의 마찰에 의한 **층류 성분**($\tau_{lam} = -\mu\, d\bar{u}/dr$로 표현되는), 변동하는 유체 입자들과 유체 덩어리 사이의 마찰에 의한 **난류 성분**(τ_{turb}로 표시되고, 속도의 변동 성분과 관련되어 있음)이 그것이다. 따라서 난류 유동에서 나타나는 **총 전단응력**은 다음 식으로 표현될 수 있다.

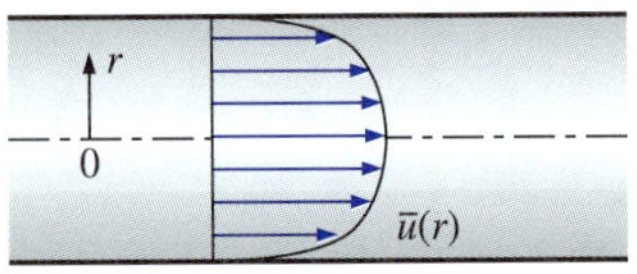

$$\tau_{total} = \tau_{lam} + \tau_{turb} \tag{7-36}$$

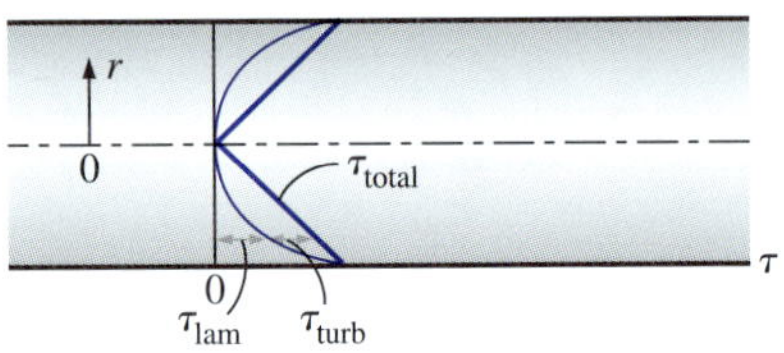

그림 7-22
파이프 내 난류 유동의 속도 분포와 반경방향으로의 전단응력 변화.

그림 7-22에 파이프 내의 난류 유동에 대한 전형적인 평균 속도 분포와 전단응력의 층류와 난류 성분의 상대적 크기가 나타나 있다. 층류 유동의 속도 분포는 대략 포물선인 반면, 난류 유동의 속도 분포는 중심부에서는 점점 평평해지고 또는 "더욱 꽉 차있고(fuller)", 파이프 벽면 부근에서 급격히 떨어지는 형태가 된다. 속도 분포는 Reynolds 수가 증가할수록 더욱 더 꽉 차게 되고, 속도 분포는 거의 균일해지는데, 이를 근거로 완전발달된 난류 파이프 유동에서는 균일한 속도 분포를 가정하기도 한다. 하지만 정지해 있는 파이프의 벽면에서 속도는 항상 영(점착 조건)임을 명심하여야 한다.

난류 전단응력

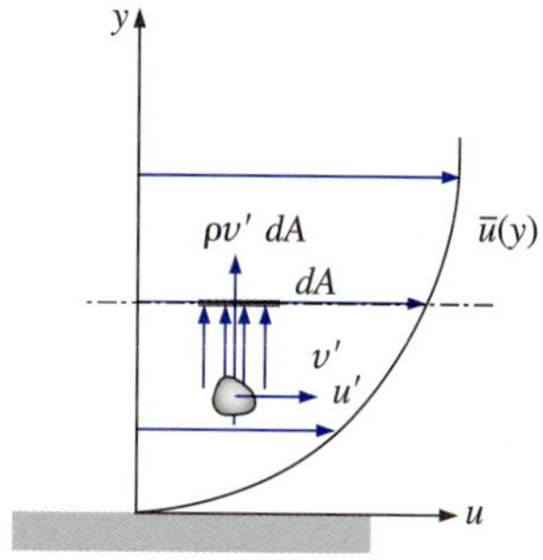

그림 7-23
속도 변동 v'에 의해 미소 면적 dA를 지나 위로 이동하는 유체 입자.

그림 7-23에 나타나 있듯이 수평 파이프 내부 난류 유동에서 속도 변동 v'에 의하여 낮은 속도층의 유체 입자가 인접한 높은 속도층으로 미소 면적 dA를 통하여 위로 이동하는 경우를 고려해 보자. 미소 면적 dA를 통하여 위로 이동하는 질량유량은 $\rho v' dA$이고, 이때 위층의 평균 속도는 느린 입자의 유입에 의한 운동량 전달로 인하여 감소하게 된다. 이 운동량 전달에 의해 유체 입자의 수평 속도는 u'만큼 증가하고, 따라서 수평방향의 운동량은 $(\rho v' dA)u'$만큼 증가한다. 또한 위층의 운동량은 그만큼 감소하게 된다. 힘이 운동량의 변화율임을 고려하면, 미소 면적 dA를 통한 유체 입자 이송에 의해 위층의 유체요소에 작용하는 수평력은 $\delta F = (\rho v' dA)(-u') = -\rho u'v' dA$이다. 따라서 에디 운동에 의해 단위 면적당 작용하는 전단응력은 $\delta F/dA = -\rho u'v'$이 되고, 이를 순간 난류 전단응력으로 볼 수 있다. 따라서 **난류 전단응력(turbulent shear stress)**은 다음과 같이 표시될 수 있다.

$$\tau_{\text{turb}} = -\rho\overline{u'v'} \tag{7-37}$$

여기서 $\overline{u'v'}$은 변동 속도 성분 u'과 v'의 곱의 시간평균값이다. 한 가지 유의할 점은 $\overline{u'} = 0$, $\overline{v'} = 0$ (따라서 $\overline{u'}\,\overline{v'} = 0$)일지라도 $\overline{u'v'} \neq 0$이 된다는 사실이며, 측정된 $\overline{u'v'}$는 보통 음의 값을 보인다. $-\rho\overline{u'v'}$나 $-\rho\overline{u'^2}$과 같은 항을 **Reynolds 응력** 또는 **난류 응력(turbulent stress)**이라고 한다.

난류 운동 방정식을 수학적 **종결형태(closure)**로 만들기 위해 Reynolds 응력을 평균 속도구배로 나타내는 준경험적(semi-empirical) 모델이 다수 개발되었다. 이와 같은 모델들을 **난류 모델(turbulence model)**이라고 하는데, 13장에서 소개하도록 한다.

유체 입자군의 무작위적 에디 운동은 일정 거리를 이동한 후 서로 충돌하고, 그 과정을 통하여 운동량을 교환하는 기체 분자의 무작위적 운동과 유사하다. 따라서 난류 유동에서 에디에 의한 운동량 전달은 분자 운동량 확산과 유사하게 생각할 수 있다. 많은 단순한 형태의 난류 모델에서 난류 전단응력은 1877년에 프랑스 수학자인 Joseph Boussinesq(1842-1929)의 제안에 따라 다음과 같이 표현된다.

$$\tau_{\text{turb}} = -\rho\overline{u'v'} = \mu_t \frac{\partial \bar{u}}{\partial y} \tag{7-38}$$

여기서 μ_t는 **에디 점성계수(eddy viscosity)** 또는 **난류 점성계수(turbulent viscosity)**로, 난류 에디에 의한 운동량 전달을 의미한다. 따라서 총 전단응력은 다음 식으로 편리하게 표현된다.

$$\tau_{\text{total}} = (\mu + \mu_t)\frac{\partial u}{\partial y} = \rho(\nu + \nu_t)\frac{\partial u}{\partial y} \tag{7-39}$$

여기서 $\nu_t = \mu_t/\rho$는 **에디 동점성계수(kinematic eddy viscosity)** 또는 **난류 동점성계수[kinematic turbulent viscosity** 또는 **운동량의 에디 확산계수(eddy diffusivity**

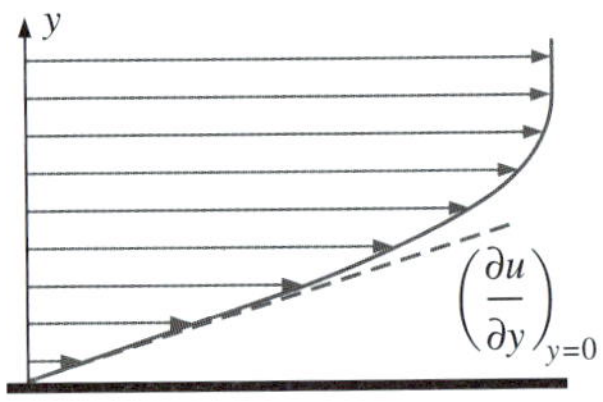

Laminar flow

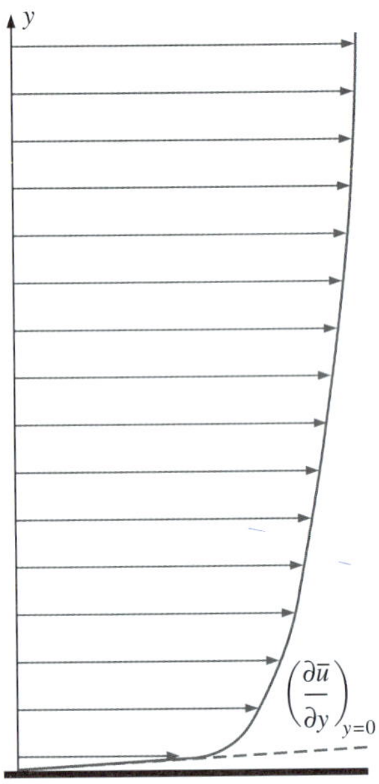

Turbulent flow

그림 7-24
같은 자유흐름 속도에서 난류 경계층의 두께는 층류 경계층의 두께보다 크지만, 벽면에서 속도구배 및 그에 따른 벽면 전단응력은 층류 유동의 경우보다 난류 유동에서 훨씬 크다.

of momentum)]이다. 에디 점성계수 개념은 매우 흥미롭지만, 그 값을 알기 전에는 실제로 효용성이 없다. 즉, 에디 점성계수를 평균 유동 변수의 함수로 모델링해야 하는데, 이를 **에디 점성계수 종결(eddy viscosity closure)**이라고 한다. 예를 들면, 1900년 초 독일 엔지니어 L. Prandtl은 혼합의 주요 요인인 에디의 평균 크기와 관련 있는 **혼합 길이(mixing length, l_m)** 개념을 도입하여 난류 전단응력을 다음 식으로 표현한 바 있다.

$$\tau_{\text{turb}} = \mu_t \frac{\partial \bar{u}}{\partial y} = \rho l_m^2 \left(\frac{\partial \bar{u}}{\partial y}\right)^2 \tag{7-40}$$

이 개념은 l_m이 주어진 유동에서 상수가 아닐 뿐만 아니라(예를 들어, 벽면 부근에서 l_m은 대략 벽면으로부터 거리에 비례함), 그 값을 결정하는 것이 쉽지 않기 때문에 적용에 제한을 받는다. 최종 수학적 종결은 l_m이 평균 유동 변수, 벽면으로부터의 거리 등의 함수로 기술될 때만 가능하다.

난류 경계층의 중심부에서는 에디 운동과 에디 점성계수가 분자 운동이나 분자점성계수보다 훨씬 크다. 벽면에 근접할수록 에디 운동은 약해지고, 벽면에서는 점착 조건에 의해 에디 운동이 사라진다(u'과 v'도 정지한 벽에서 영이 된다). 따라서 속도 분포는 난류 경계층의 중심부에서는 매우 천천히 변하다가 벽 근처의 얇은 층에서는 매우 급하게 변하여 벽면에서 큰 속도구배가 나타난다. 따라서 난류 유동의 벽면 전단응력은 층류 유동의 경우보다 훨씬 크다(그림 7-24).

운동량의 분자 확산계수 ν (또는 μ)는 유체의 상태량이고, 그 값은 유체 핸드북에서 손쉽게 구할 수 있다. 그러나 에디 확산계수 ν_t (또는 μ_t)는 유체 상태량이 아니고 유동 조건에 따라 변하는 값이다. 에디 확산계수 ν_t는 벽면에 근접할수록 감소해서 벽면에서는 영이 된다. 하지만 중심부에서는 분자 확산계수의 수천 배에 이른다.

난류 속도 분포

층류 유동과 달리 난류 유동의 속도 분포를 구하기 위해서는 해석과 실험이 동시에 필요하고, 따라서 실험 데이터로부터 상수값이 결정되는 준경험식 형태를 취하게 된다. 파이프 내부 완전발달된 난류 유동에서 편의상 $\bar{u}$ 대신 u를 축방향 시간평균된 속도라 하자.

그림 7-25에 완전발달된 층류와 난류 속도 분포가 나타나 있다. 층류의 경우는 포물선인 반면, 난류에서는 중심부가 평평하고 벽면 부근에서 급격히 떨어지는 형태를 보인다. 난류 유동은 벽면으로부터 거리에 따라 네 영역으로 구분된다. 벽면 부근 점성의 영향이 지배적인 얇은 층은 **점성**[viscous, 또는 **층류**(laminar) 또는 **선형**(linear) 또는 **벽면**(wall)] 저층(sublayer)이다. 이 층의 속도 분포는 거의 선형이고, 유동은 매끄럽다. 점성저층 위에는 난류의 영향이 점점 커지나 아직 점성의 영향이 지배적인 **완충층(buffer layer)**이 있다. 완충층 위는 **중복**[overlap, 또는 **천이**(transition)]**층**으로, **관성저층**(inertial sublayer)이라고도 하는데, 난류의 영향이 현저하지만, 아직 지배적이지는 못하다. 그 위는 **외**[outer, 또는 **난류**(turbulent)]**층**으로

분자 확산(점성)의 영향보다 난류의 영향이 지배적인 영역이다.

각 영역의 유동 특성은 매우 다르고, 따라서 층류 유동에서처럼 전체 유동에 대하여 속도 분포의 해석해를 구하는 것은 어렵다. 따라서 주요 변수에 대한 차원해석을 통하여 함수 관계를 도출하고, 실험 데이터를 활용하여 상수값을 결정하는 방법이 사용된다.

점성저층은 두께는 매우 작지만(대체로 파이프 직경의 1%보다 훨씬 더 작음) 속도구배가 매우 크므로 유동 특성에 지배적인 영향을 미친다. 벽면에서 에디 운동은 억제되므로 이 층은 층류 특성을 지니고, 따라서 유체의 점성계수에 비례하는 층류 전단응력만 가진다. 종종 머리카락보다 얇은 층 내에서 속도가 영에서 거의 중심부 속도까지 변하므로(거의 계단함수처럼) 점성저층 내의 속도 분포는 선형에 매우 가깝게 되는데, 이는 실험을 통하여 검증된 사실이다. 따라서 속도구배는 $du/dy = u/y$로 상수가 되고, 벽면 전단응력은 다음과 같다.

$$\tau_w = \mu\frac{u}{y} = \rho\nu\frac{u}{y} \quad \text{또는} \quad \frac{\tau_w}{\rho} = \frac{\nu u}{y} \tag{7-41}$$

여기서 y는 벽면으로부터의 거리(원형 파이프에서는 $y = R - r$임)이다. 위 식의 τ_w/ρ는 난류 속도 분포 해석에서 자주 사용되는 항으로, 속도제곱의 차원을 가지고 있다. 따라서 $u_* = \sqrt{\tau_w/\rho}$를 가상의 속도로 생각하여 **마찰 속도(friction velocity)**라고 한다. 이 식을 식 (7-41)에 대입하면 점성저층의 속도 분포는 다음과 같은 무차원 형태로 표현된다.

점성저층:

$$\frac{u}{u_*} = \frac{yu_*}{\nu} \tag{7-42}$$

이 식은 **벽법칙**(law of the wall)이라 하고, $0 \le yu_*/\nu \le 5$ 사이에 대해 매끈한 표면에서의 실험 결과와 잘 일치한다. 따라서 점성저층의 두께는 대략 다음과 같다.

점성저층의 두께:

$$y = \delta_{\text{sublayer}} = \frac{5\nu}{u_*} = \frac{25\nu}{u_\delta} \tag{7-43}$$

여기서 u_δ는 점성저층의 가장자리에서 속도로 파이프 내부 평균 속도와 밀접한 관련이 있다. 따라서 위 식으로부터 **점성저층의 두께는 동점성계수에 비례하고 평균 유동 속도에 반비례한다**는 것을 알 수 있다. 다시 말하면, 점성저층은 속도(따라서 Reynolds 수)가 증가할수록 억제되고 얇아진다. 그러므로 높은 Reynolds 수에서 속도 분포는 점점 평평해지고 더욱 균일해진다.

위 식에서 ν/u_*는 길이의 차원을 가지며, 따라서 **점성 길이(viscous length)**라고 하는데, 벽면으로부터의 거리 y를 무차원화하는 데 사용된다. 경계층 해석에서는 무차원 길이와 무차원 속도를 다음과 같이 정의하는 것이 편리하다.

무차원변수:

$$y^+ = \frac{yu_*}{\nu} \quad \text{그리고} \quad u^+ = \frac{u}{u_*} \tag{7-44}$$

벽법칙(식 7-42)은 다음과 같이 나타난다.

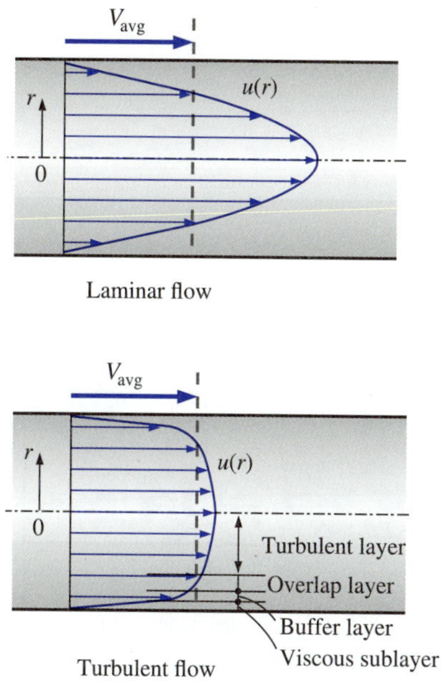

그림 7-25
파이프 내 완전발달 층류 유동의 속도 분포는 포물선이지만 난류 유동의 경우 훨씬 평평해진다.

정규화된 벽법칙: $$u^+ = y^+ \tag{7-45}$$

위 식에서 y와 u를 무차원화하는 데 마찰속도 u_*가 사용되고, y^+는 Reynolds 수와 유사한 형태를 가지고 있음을 알 수 있다.

차원해석 결과 중복층(overlap layer)에서 속도는 벽면으로부터 거리의 로그값과 선형적으로 비례함을 보여 주며, 이는 실험을 통해서도 확인되었다. 그 결과는 다음과 같다.

로그 법칙: $$\frac{u}{u_*} = \frac{1}{\kappa}\ln\frac{yu_*}{\nu} + B \tag{7-46}$$

여기서 상수 κ와 B는 실험을 통하여 각각 0.40과 5.0으로 결정된다. 식 (7-46)은 **로그 법칙(logarithmic law)**으로 알려져 있고, 상수값을 대입하면 다음과 같다.

중복층: $$\frac{u}{u_*} = 2.5\ln\frac{yu_*}{\nu} + 5.0 \quad \text{또는} \quad u^+ = 2.5\ln y^+ + 5.0 \tag{7-47}$$

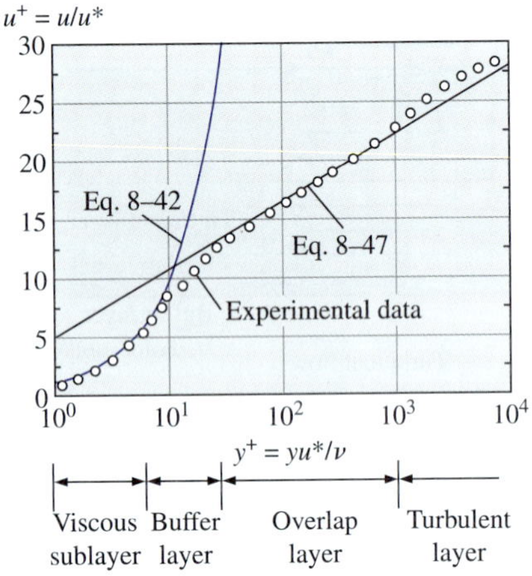

그림 7-26
파이프 내 완전발달 난류 유동에서 실험 데이터와 벽면 법칙과 로그 법칙 속도 분포의 비교.

식 (7-47)의 로그 법칙은 그림 7-26에 나타난 바와 같이 벽면 근처와 파이프 중심부를 제외하고는 전체 유동 영역의 실험 결과와 일치하므로, 파이프나 다른 표면에서 나타나는 난류 유동의 **일반적인 속도 분포**로 여겨진다. 이 그림에서 로그 법칙의 속도 분포가 $y^+ > 30$인 영역에서는 정확하지만, $5 < y^+ < 30$의 완충층에서는 어떤 속도 분포도 잘 맞지 않는 것을 보여 준다. 여기서 벽면으로부터의 거리에 로그 축척을 사용하였으므로 점성저층의 크기가 실제보다 크게 보이는 점에 유의할 필요가 있다.

파이프 유동의 외부 난류층(outer turbulent layer)의 속도 분포는 파이프 중심($r = 0$)에서 최대 속도가 되는 경계 조건을 사용하여 식 (7-46)의 상수 B를 구하여 얻을 수 있다. 파이프 중심에서, 즉 $y = R - r = R$에서 $u = u_{max}$를 식 (7-46)에 대입하여 상수 B를 구하고, $\kappa = 0.4$를 대입하면 다음 식이 얻어진다.

외부 난류층: $$\frac{u_{max} - u}{u_*} = 2.5\ln\frac{R}{R - r} \tag{7-48}$$

여기서 파이프 중심 속도와 차이인 $u_{max} - u$를 **속도결핍(velocity defect)**이라 하고, 식 (7-48)을 **속도결핍 법칙(velocity defect law)**이라고 한다. 위 식은 파이프 내부 난류 유동 중심부의 정규화된 속도 분포가 중심부로부터 거리에 관련이 있는 반면 유체의 점성계수와는 무관함을 보여 준다. 이는 중심부에서는 에디 유동이 지배적이고 유체 점성의 영향은 미미하기 때문으로 이해할 수 있다.

이 외에도 파이프 난류 유동에 관한 많은 경험적 속도 분포가 존재하는데, 가장 간단하고 널리 알려진 것이 다음과 같이 표현되는 **거듭제곱 법칙 속도 분포(power-law velocity profile)**이다.

거듭제곱 법칙 속도 분포: $$\frac{u}{u_{max}} = \left(\frac{y}{R}\right)^{1/n} \quad \text{또는} \quad \frac{u}{u_{max}} = \left(1 - \frac{r}{R}\right)^{1/n} \tag{7-49}$$

여기서 지수 n은 상수로, 그 값은 Reynolds 수에 따라 달라진다. 일반적으로

Reynolds 수가 증가하면 n도 증가하는데, $n = 7$이 실제 많은 유동에 적합하므로 이를 **1/7 거듭제곱 법칙(one-seventh power-law) 속도 분포**라고 한다.

그림 7-27에 $n = 6, 8, 10$인 거듭제곱 법칙 속도 분포가 완전발달 층류 유동의 속도 분포와 함께 나타나 있다. 난류 속도 분포는 층류보다 평평하고, n이 증가할수록(즉, Reynolds 수가 증가할수록) 더욱 평평해짐을 보이고 있다. 거듭제곱 법칙 분포는 벽면에서 속도구배가 무한대가 되고, 또한 중심선에서 영의 구배를 예측하지 못하므로 벽면 전단응력을 계산하는 데 사용할 수 없다는 점에 유의하라. 그러나 이러한 불일치 영역은 매우 작으며, 따라서 거듭제곱 법칙 분포는 파이프 내 난류 유동에 대해 매우 정확한 결과를 보여 준다.

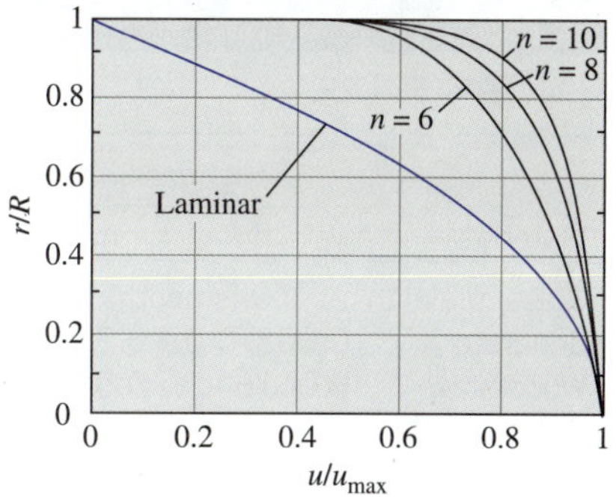

그림 7-27
파이프 내 완전발달 난류 유동에서 지수값에 따른 거듭제곱 법칙 속도 분포의 변화와 층류 속도 분포와의 비교.

점성저층은 매우 얇은 두께(대략 파이프 직경의 1%보다 훨씬 더 작음)임에도 불구하고 나머지 층에 영향을 미치므로 이 층의 유동 특성은 매우 중요하다. 만일 파이프 표면에 불규칙성이나 조도가 있다면 이 층의 유동을 교란하고 나머지 유동에 영향을 미치게 된다. 따라서 층류 유동과는 달리 난류 유동의 마찰계수는 표면조도에 매우 민감하다.

표면조도는 상대적 개념으로 그 높이 ε이 점성저층의 두께(Reynolds 수의 함수임)와 비슷할 때 중요하게 된다. 실제로 모든 표면은 현미경을 통해 보면 거칠게 보인다. 유체역학에서는 표면조도가 점성저층 외부로 튀어나오면 거친 표면으로, 점성저층 내에 있으면 **수역학적으로 매끈한(hydrodynamically smooth)** 표면으로 평가된다. 일반적으로 유리나 플라스틱은 수역학적으로 매끄러운 표면에 속한다.

Moody 선도와 Colebrook 공식

파이프 내 완전발달된 난류 유동의 마찰계수는 Reynolds 수와 파이프 직경에 대한 조도의 평균높이의 비인 **상대조도(relative roughness)** ε/D에 따라 변화한다. 이론적으로 이들의 함수관계를 구할 수는 없으며, 인공적으로 거칠게 만든 표면(보통은 알려진 크기의 모래알을 관 내벽에 접착함으로써)에 대하여 어렵게 수행된 실험 결과로부터 얻을 수 있다. 이와 같은 실험의 대부분은 Prandtl의 제자인 J. Nikuradse에 의해 1933년에 처음 수행되었다. 마찰계수는 측정된 유량과 압력 강하로부터 계산되었다.

실험 결과는 표, 그래프, 실험 데이터를 곡선접합하여 함수식으로 나타내었다. 특히 1939년에 Cyril F. Colebrook(1910-1997)은 매끄러운 관과 거친 관에 대한 천이 유동과 난류 유동의 실험 데이터를 조합하여 **Colebrook 공식**으로 알려져 있는 다음과 같은 내재적 관계식(implicit relation)을 제안하였다(그림 7-28).

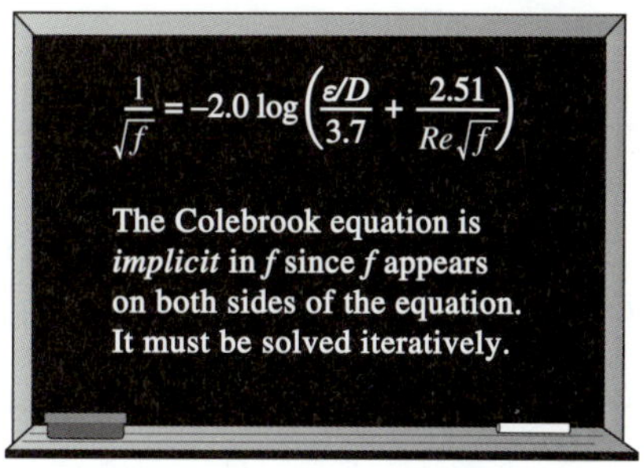

그림 7-28
Colebrook 방정식.

$$\frac{1}{\sqrt{f}} = -2.0\log\left(\frac{\varepsilon/D}{3.7} + \frac{2.51}{\mathrm{Re}\sqrt{f}}\right) \quad \text{(난류 유동)} \tag{7-50}$$

여기서 로그함수는 자연로그가 아니고 10을 기저로 갖는 상용로그임에 유의하자. 1942년 미국 엔지니어 Hunter Rouse(1906-1996)는 Colebrook 공식을 입증하고, f를 Re와 $\mathrm{Re}\sqrt{f}$의 함수로 도시하였다. 또한 그는 층류 유동에 대한 관계식과 상용 파이프의 조도에 대한 표도 제안하였다. 2년 후 Lewis F. Moody(1880-1953)는 Rouse의

표 7-2

새 상용관의 등가조도*

Material	Roughness, ε ft	Roughness, ε mm
Glass, plastic	0 (smooth)	
Concrete	0.003–0.03	0.9–9
Wood stave	0.0016	0.5
Rubber, smoothed	0.000033	0.01
Copper or brass tubing	0.000005	0.0015
Cast iron	0.00085	0.26
Galvanized iron	0.0005	0.15
Wrought iron	0.00015	0.046
Stainless steel	0.000007	0.002
Commercial steel	0.00015	0.045

* 이 값의 불확실도는 60%까지 될 수 있다.

선도를 요즘 널리 사용되는 형태로 재구성하였다. 이 선도가 그 유명한 **Moody 선도(chart)**로서, 그림 A-10으로 부록에 첨부되어 있다. Moody 선도에는 파이프 유동의 Darcy 마찰계수가 Reynolds 수와 ε/D의 함수로 표현되어 있다. Moody 선도는 아마 공학에서 사용하는 도표 중에서 가장 널리 쓰는 것 중의 하나일 것이다. Moody 선도는 원형 파이프에 대하여 개발되었으나, 직경을 수력직경으로 대체하면 비원형 파이프에도 적용이 가능하다.

상용 파이프의 경우는 실험에 사용된 파이프와는 달리 조도가 균일하지 않으므로 조도에 대해 정확하게 기술하기 어렵다. 표 7-2와 Moody 선도에는 상용 파이프의 등가조도값들이 나타나 있다. 그러나 이 값들은 새 파이프에 대한 값들로, 오래 사용하게 되면 부식, 스케일의 축적 및 침전물 등으로 인하여 조도값이 증가하여 마찰계수가 5~10배까지 커질 수 있음에 유의해야 한다. 파이프 시스템의 설계 시는 이와 같은 실제 상황을 고려하여야 한다. 또한 Moody 선도와 Colebrook 공식은 조도 크기, 실험 오차 및 데이터 곡선접합 등에 의한 불확실성을 내포하므로, 이들을 이용하여 얻은 결과를 "엄밀한" 결과로 취급해서는 안 된다. 일반적으로 그림에 나타난 전체 영역에 대하여 ±15% 정도의 정확도를 가지는 것으로 알려져 있다.

Colebrook 공식은 f에 대하여 내재적 형태이므로 반복 계산을 수행하여 마찰계수를 구하여야 한다. 1983년에 S. E. Haaland는 f에 대한 **외재적**(explicit) 형태의 관계식을 제안하였다.

$$\frac{1}{\sqrt{f}} \cong -1.8 \log\left[\frac{6.9}{\mathrm{Re}} + \left(\frac{\varepsilon/D}{3.7}\right)^{1.11}\right] \qquad (7\text{-}51)$$

이 식으로 구한 마찰계수는 Colebrook 공식의 결과와 2% 이내에서 일치한다. 좀 더 정확한 결과는 식 (7-51)을 사용하여 구한 f를 식 (7-50)의 초기값으로 설정한 후 프로그램이 가능한 계산기 또는 스프레드 시트를 이용하여 Newton의 반복 계산법으로 구할 수 있다.

Moody 선도로부터 다음과 같은 사항을 알 수 있다.

Relative Roughness, ε/D	Friction Factor, f
0.0*	0.0119
0.00001	0.0119
0.0001	0.0134
0.0005	0.0172
0.001	0.0199
0.005	0.0305
0.01	0.0380
0.05	0.0716

* 매끄러운 표면. 모든 값들은 Re=10^6에 대한 것이며 Colebrook 방정식으로부터 계산된 것이다.

그림 7-29
마찰계수는 매끄러운 파이프에서 최소이고, 조도에 따라 증가한다.

- 층류 유동에서 마찰계수는 Reynolds 수가 증가할수록 감소하고, 표면조도와는 무관하다.
- 마찰계수는 매끈한 관에서 최소이고(그러나 점착 조건 때문에 여전히 영은 아님), 조도에 따라 증가한다(그림 7-29). Colebrook 공식은 $\varepsilon = 0$인 경우 $1/\sqrt{f} = 2.0\log(\mathrm{Re}\sqrt{f}) - 0.8$로 표현되는 **Prandtl 방정식**으로 축약된다.
- 층류에서 난류로 천이 영역($2300 < \mathrm{Re} < 4000$)은 Moody 선도(그림 7-30과 A-10)에서 음영으로 처리되었다. 이 영역에서 유동은 교란에 의해 층류와 난류를 반복하고, 따라서 마찰계수도 층류와 난류값들 사이를 반복하는데, 이 영역에서 데이터는 신뢰도가 가장 낮다. 천이 영역에서 작은 상대조도가 존재하면 마찰계수가 증가하여 매끈한 파이프의 난류 마찰계수에 접근하게 된다.
- Reynolds 수가 매우 크면(Moody 선도에서 점선 오른쪽 부분) 특정한 상대조

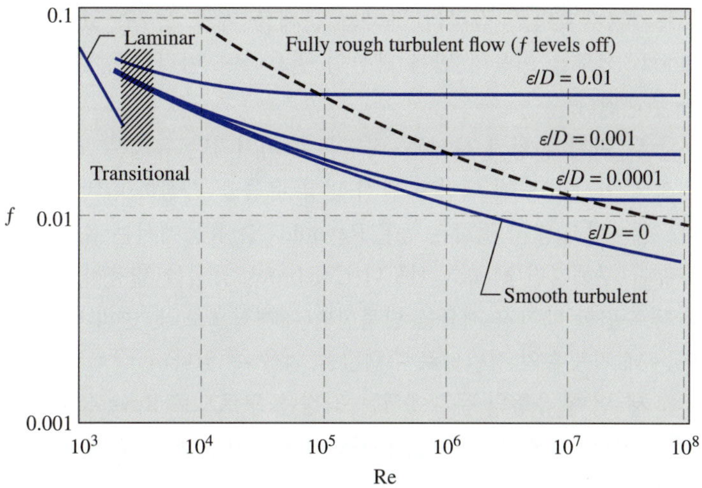

그림 7-30
Reynolds 수가 매우 큰 경우 Moody 선도의 마찰계수 곡선은 거의 수평이고, 따라서 마찰계수는 Reynolds 수와 무관해진다. Moody 선도의 큰 그림은 그림 A-10을 참조하라.

도에 대하여 마찰계수선이 거의 수평이 되고, 마찰계수는 Reynolds 수에 무관하게 된다(그림 7-30). 점성저층의 두께는 Reynolds 수가 증가하면 감소하는데, 조도 높이보다 현저히 작아지게 되면 점성 효과는 주로 주유동에서 돌출한 조도요소에 의해 나타나고 점성저층의 역할은 미미하게 되기 때문에, 이 영역에서 유동을 **완전 거친 난류 유동(fully rough turbulent flow)** 또는 **완전 거친 유동(fully rough flow)**이라고 한다. 이 영역(Re→∞)에서 Colebrook 공식은 $1/\sqrt{f} = -2.0 \log[(\varepsilon/D)/3.7]$로 표현되는 **von Kármán 방정식**으로 축약되며, 이 식은 f에 대하여 외재적 형태로 되어 있다. 저자에 따라 이 영역을 **완전 난류 영역**이라 부르기도 하는데, 그림 7-30의 파란색 점선 왼쪽도 완전 난류이므로 이는 잘못된 표현이다.

표 7-3
스케줄 40 강관의 표준치수

Nominal Size, in	Actual Inside Diameter, in
$\frac{1}{8}$	0.269
$\frac{1}{4}$	0.364
$\frac{3}{8}$	0.493
$\frac{1}{2}$	0.622
$\frac{3}{4}$	0.824
1	1.049
$1\frac{1}{2}$	1.610
2	2.067
$2\frac{1}{2}$	2.469
3	3.068
5	5.047
10	10.02

마찰계수를 계산할 때는 파이프의 공칭 직경이 아닌 실제 내경을 사용하여야 한다. 예를 들면, 표 7-3에서 공칭 직경이 1인치인 강 파이프의 내경은 1.049인치이다.

유체 유동 문제의 유형

Moody선도(또는 Colebrook 공식)를 사용하여 배관 시스템을 설계하거나 해석하는 문제는 다음 세 가지로 크게 구별된다(모든 경우 유체나 파이프 조도는 주어졌다고 가정한다) (그림 7-31).

1. 지정된 유량(또는 속도)에서 파이프 길이와 직경이 주어진 경우 **압력 강하**(또는 수두 손실)를 결정하는 문제
2. 지정된 압력 강하(또는 수두 손실)에서 파이프 길이와 직경이 주어진 경우 **유량**을 결정하는 문제
3. 지정된 압력 강하(또는 수두 손실)에서 파이프 길이와 유량이 주어진 경우 **파이프 직경**을 결정하는 문제

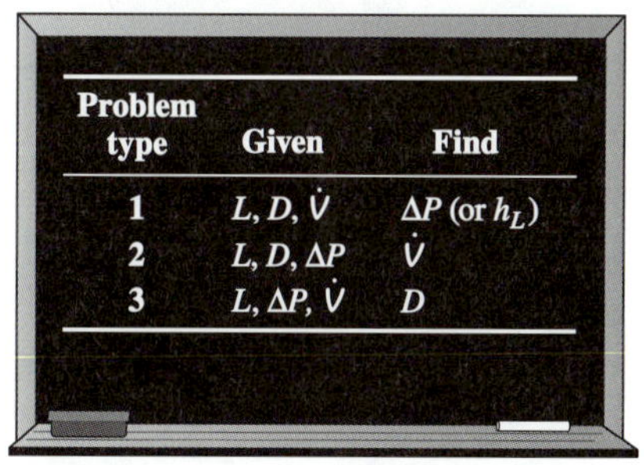

그림 7-31
파이프 유동과 관련된 세 가지 유형의 문제.

첫 번째 유형의 문제는 Moody 선도를 활용하여 쉽게 풀 수 있다. **두 번째**와 **세 번째 유형**의 문제는 공학 설계 시 자주 부딪히는 문제들로, 설치비와 운영비를 최

소로 하는 파이프 직경을 구하는 문제를 예로 들 수 있다. 그러나 이 경우에는 Moody 선도를 이용한 반복 계산이 필요하며, 따라서 방정식 풀이기(EES와 같은)가 추천된다.

두 번째 유형의 문제는, 직경은 주어지지만 유량은 모르는 경우이다. 이 경우 우선 주어진 조도에 대하여 완전 난류 유동을 가정하여 마찰계수의 초기값을 구한다. 이는 실제 많이 접하는 높은 Reynolds 수 유동에서는 유동이 난류이기 때문이다. 유량이 구해지면 Moody 선도나 Colebrook 공식을 활용하여 마찰계수를 수정하고 해가 수렴할 때까지 계산을 반복한다(대체적으로 몇 번의 반복 계산으로 세 자릿수 또는 네 자릿수의 정밀도로 수렴값을 얻을 수 있다).

세 번째 유형의 문제에서는 직경을 모르므로 Reynolds 수와 상대조도를 계산할 수 없다. 이 경우는 우선 파이프 직경을 가정하고, 그 직경을 사용하여 압력 강하를 계산한 후, 주어진 압력 강하와 일치하도록 직경을 바꾸어가며 수렴할 때까지 계산을 반복한다.

Swamee와 Jain(1976)은 수두 손실, 유량, 직경을 계산할 때, 지루한 반복 계산을 피하기 위하여 다음과 같은 외재적 식을 제안한 바 있다. 이 식들의 결과는 Moody 선도와 2% 이내에서 잘 일치한다.

$$h_L = 1.07\frac{\dot{V}^2L}{gD^5}\left\{\ln\left[\frac{\varepsilon}{3.7D}+4.62\left(\frac{\nu D}{\dot{V}}\right)^{0.9}\right]\right\}^{-2} \qquad \begin{matrix}10^{-6}<\varepsilon/D<10^{-2}\\ 3000<\text{Re}<3\times10^{8}\end{matrix} \tag{7-52}$$

$$\dot{V} = -0.965\left(\frac{gD^5h_L}{L}\right)^{0.5}\ln\left[\frac{\varepsilon}{3.7D}+\left(\frac{3.17\nu^2L}{gD^3h_L}\right)^{0.5}\right] \qquad \text{Re} > 2000 \tag{7-53}$$

$$D = 0.66\left[\varepsilon^{1.25}\left(\frac{L\dot{V}^2}{gh_L}\right)^{4.75}+\nu\dot{V}^{9.4}\left(\frac{L}{gh_L}\right)^{5.2}\right]^{0.04} \qquad \begin{matrix}10^{-6}<\varepsilon/D<10^{-2}\\ 5000<\text{Re}<3\times10^{8}\end{matrix} \tag{7-54}$$

위 식들에서 일관성만 유지된다면 SI와 영미식 단위 모두 사용할 수 있다. Moody 선도의 결과가 실험 데이터와 15% 이내의 오차를 보이므로 큰 문제 없이 위의 근사식들을 배관 설계에 활용할 수 있을 것이다.

예제 7-3 물 파이프 내 수두 손실 계산

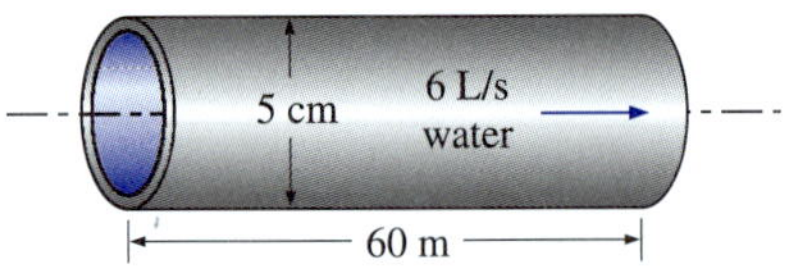

그림 7-32
예제 7-3에 대한 개략도.

15°C(ρ = 999 kg/m^3, μ = 1.138 × 10^{-3} kg/m · s)의 물이 5 cm 직경의 수평 스테인리스강 파이프 내를 6 L/s로 정상 유동하고 있다(그림 7-32). 파이프 길이가 60 m일 때의 압력 강하, 수두 손실, 요구 펌프 동력을 구하라.

풀이 물 파이프 내 유량이 주어졌을 때의 압력 강하, 수두 손실, 펌프 동력을 구하고자 한다.

가정 1 유동은 정상 상태이고, 비압축성이다. 2 입구 영역의 영향을 무시하고, 유동은 완전 발달되었다. 3 관로에는 벤드, 밸브, 및 접합부 등이 없다. 4 관로에는 펌프와 터빈과 같은 동력 장치가 없다.

상태량 물의 밀도와 점성계수는 각각 ρ = 999 kg/m^3, μ = 1.138 × 10^{-3} kg/m · s이다.

해석 문제에서 유량, 파이프 길이, 파이프 직경이 주어졌으므로 첫 번째 유형의 문제이다.

우선 평균 속도와 Reynolds 수로부터 유동 영역을 결정한다.

$$V = \frac{\dot{V}}{A_c} = \frac{\dot{V}}{\pi D^2/4} = \frac{0.006 \text{ m}^3}{\pi(0.05 \text{ m})^2/4} = 3.06 \text{ m/s}$$

$$\text{Re} = \frac{\rho V D}{\mu} = \frac{(999 \text{ kg/m}^3)(3.06 \text{ m/s})(0.05 \text{ m})}{1.138 \times 10^{-3} \text{ kg/m·s}} = 134{,}300$$

여기서 Reynolds 수는 4000보다 크고, 따라서 난류 영역이다. 표 7-2로부터 파이프의 상대조도는 다음과 같이 계산한다.

$$\varepsilon/D = \frac{0.002 \text{ mm}}{50 \text{ mm}} = 0.000040$$

이 상대조도와 Reynolds 수를 이용하여 Moody 선도로부터 마찰계수를 구할 수 있다. 그래프를 읽는 데 발생할 수 있는 오차를 줄이기 위하여 Moody 선도가 기본이 되는 Colebrook 공식을 사용하여 f를 구한다.

$$\frac{1}{\sqrt{f}} = -2.0 \log\left(\frac{\varepsilon/D}{3.7} + \frac{2.51}{\text{Re}\sqrt{f}}\right) \rightarrow \frac{1}{\sqrt{f}} = -2.0 \log\left(\frac{0.000040}{3.7} + \frac{2.51}{134{,}300\sqrt{f}}\right)$$

방정식 풀이기 또는 반복 기법을 사용하여 마찰계수는 $f = 0.0172$로 결정된다. 이로부터 압력 강하(이 문제에서는 압력 손실과 일치함), 수두 손실과 요구 동력을 구하면 다음과 같다.

$$\Delta P = \Delta P_L = f\frac{L}{D}\frac{\rho V^2}{2} = 0.0172\frac{60 \text{ m}}{0.05 \text{ m}}\frac{(999 \text{ kg/m}^3)(3.06 \text{ m/s})^2}{2}\left(\frac{1 \text{ N}}{1 \text{ kg·m/s}^2}\right)$$
$$= \mathbf{96{,}540 \text{ N/m}^2 = 96.5 \text{ kPa}}$$

$$h_L = \frac{\Delta P_L}{\rho g} = f\frac{L}{D}\frac{V^2}{2g} = 0.0172\frac{60 \text{ m}}{0.05 \text{ m}}\frac{(3.06 \text{ m/s})^2}{2(9.81 \text{ m/s}^2)} = \mathbf{9.85 \text{ m}}$$

$$\dot{W}_{\text{pump}} = \dot{V}\,\Delta P = (0.006 \text{ m}^3/\text{s})(96{,}540 \text{ N/m}^2)\left(\frac{1 \text{ W}}{1 \text{ N·m/s}}\right) = \mathbf{579 \text{ W}}$$

따라서 파이프 내 마찰 손실을 극복하기 위해서는 579 W의 동력이 필요하다.

토의 Colebrook 공식의 정확도가 유효숫자 두 자리이므로 계산 결과는 유효숫자 두 자리까지 정확하지만, 관례상 결과를 세 자리로 표현한다. 외재적 함수인 Haaland 관계식(식 7-51)을 사용하여 마찰계수를 구하면 $f = 0.0170$을 얻는데, 이는 0.0172와 거의 일치한다. 또한 $\varepsilon = 0$인 경우 마찰계수는 0.0169이므로 스테인리스강 파이프를 매끈한 파이프로 생각할 수 있다.

예제 7-4 공기 덕트의 직경 계산

1기압 35°C의 더운 공기가 0.35 m^3/s의 속도로 150 m 길이의 원형 플라스틱 덕트 내부를 흐른다(그림 7-33). 파이프의 수두 손실이 20 m 이내가 되는 덕트의 최소 직경을 구하라.

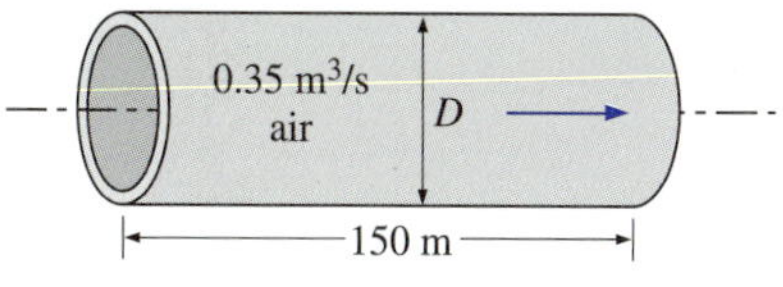

그림 7-33
예제 7-4에 대한 개략도.

풀이 공기 덕트의 유량과 수두 손실이 주어질 때 덕트의 직경을 구하고자 한다.

가정 1 유동은 정상 상태이고, 비압축성이다. 2 입구 영역 영향을 무시하고, 따라서 유동은 완전발달되었다. 3 관로에는 벤드, 밸브, 및 접합부 등이 없다. 4 공기는 이상기체이다. 5 덕트는 플라스틱이므로 매끈하다. 6 유동은 난류이다(나중에 증명함).

상태량 35°C의 공기에 대하여 밀도, 점성계수, 동점성계수는 각각 $\rho = 1.145\ \text{kg/m}^3$, $\mu = 1.895 \times 10^{-5}\ \text{kg/m}\cdot\text{s}$, $\nu = 1.655 \times 10^{-5}\ \text{m}^2/\text{s}$이다.

해석 이 문제는 유량과 수두 손실이 주어졌을 때 직경을 구하는 세 번째 유형의 문제이다. 이 문제를 푸는 데는 세 가지 방법이 있다. (1) 파이프 직경을 가정하고 수두 손실을 구한 다음, 주어진 수두 손실과 비교하여 수렴할 때까지 반복하는 반복법, (2) 관련 방정식을 모두 기술한 후(직경을 미지수로 놓고) 방정식 풀이기를 사용하여 동시에 해를 구하는 방법, (3) 세 번째 Swamee-Jain 공식을 이용하는 방법. 여기서는 마지막 두 가지 방법으로 해를 구해 본다.

평균 속도, Reynolds 수, 마찰계수, 수두 손실의 관계식은 다음과 같다. 여기서 D의 단위는 m, V의 단위는 m/s, Re와 f는 무차원 수이다.

$$V = \frac{\dot{V}}{A_c} = \frac{\dot{V}}{\pi D^2/4} = \frac{0.35\ \text{m}^3/\text{s}}{\pi D^2/4}$$

$$\text{Re} = \frac{VD}{\nu} = \frac{VD}{1.655 \times 10^{-5}\ \text{m}^2/\text{s}}$$

$$\frac{1}{\sqrt{f}} = -2.0\log\left(\frac{\varepsilon/D}{3.7} + \frac{2.51}{\text{Re}\sqrt{f}}\right) = -2.0\log\left(\frac{2.51}{\text{Re}\sqrt{f}}\right)$$

$$h_L = f\frac{L}{D}\frac{V^2}{2g} \quad \rightarrow \quad 20\ \text{m} = f\frac{150\ \text{m}}{D}\frac{V^2}{2(9.81\ \text{m/s}^2)}$$

플라스틱 파이프의 조도는 대략 영이다(표 7-2). 따라서 위의 네 개의 미지수와 네 개의 방정식을 EES와 같은 방정식 풀이기로 풀면 그 해는 다음과 같다.

$$D = \mathbf{0.267\ m}, \quad f = 0.0180, \quad V = 6.24\ \text{m/s} \text{ 과 } \quad \text{Re} = 100{,}800$$

따라서 덕트 직경이 26.7 cm 이상이 되어야 수두 손실이 20 m 이내가 된다. Reynolds 수는 4000보다 크고, 따라서 난류 유동으로 가정한 것이 맞음이 입증되었다.

세 번째 Swamee-Jain 공식을 이용하여 직접적으로 직경을 구하면 다음과 같다.

$$D = 0.66\left[\varepsilon^{1.25}\left(\frac{L\dot{V}^2}{gh_L}\right)^{4.75} + \nu\dot{V}^{9.4}\left(\frac{L}{gh_L}\right)^{5.2}\right]^{0.04}$$

$$= 0.66\left[0 + (1.655 \times 10^{-5}\ \text{m}^2/\text{s})(0.35\ \text{m}^3/\text{s})^{9.4}\left(\frac{150\ \text{m}}{(9.81\ \text{m/s}^2)(20\ \text{m})}\right)^{5.2}\right]^{0.04}$$

$$= \mathbf{0.271\ m}$$

토의 위의 두 결과의 차이는 2% 이내이므로, 간단한 Swamee-Jain 관계식을 별 문제없이 사용할 수 있다. 또한 첫 번째 (반복 계산) 방법은 D에 대한 초기값이 필요하다. 만약 Swamee-Jain의 결과를 초기값으로 놓으면, 금방 직경은 $D = 0.267$ m에 수렴한다.

예제 7-5 덕트 내 공기 유량 계산

예제 7-4 문제를 덕트 길이가 두 배이고 직경은 동일한 경우에 적용해 보자. 총 손실수두가 같을 때, 덕트 내부 유량의 감소량을 구하라.

풀이 공기 덕트의 직경과 수두 손실이 주어질 때 유량의 감소량을 구하고자 한다.

해석 이 문제는 파이프 직경과 수두 손실이 주어졌을 때 유량을 구하는 두 번째 유형의 문제로, 유량(그리고 따라서 유동 속도)을 모르므로 반복 계산이 필요하다.

평균 속도, Reynolds 수, 마찰계수, 수두 손실은 다음과 같다(D의 단위는 m, V의 단위는 m/s, Re와 f는 무차원이다).

$$V = \frac{\dot{V}}{A_c} = \frac{\dot{V}}{\pi D^2/4} \quad \rightarrow \quad V = \frac{\dot{V}}{\pi(0.267\ \text{m})^2/4}$$

$$\text{Re} = \frac{VD}{\nu} \quad \rightarrow \quad \text{Re} = \frac{V(0.267\ \text{m})}{1.655 \times 10^{-5}\ \text{m}^2/\text{s}}$$

$$\frac{1}{\sqrt{f}} = -2.0\log\left(\frac{\varepsilon/D}{3.7} + \frac{2.51}{\text{Re}\sqrt{f}}\right) \quad \rightarrow \quad \frac{1}{\sqrt{f}} = -2.0\log\left(\frac{2.51}{\text{Re}\sqrt{f}}\right)$$

$$h_L = f\frac{L}{D}\frac{V^2}{2g} \quad \rightarrow \quad 20\ \text{m} = f\frac{300\ \text{m}}{0.267\ \text{m}}\frac{V^2}{2(9.81\ \text{m/s}^2)}$$

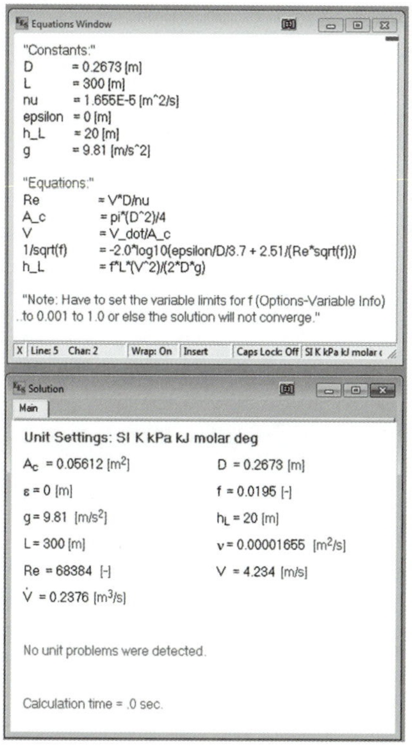

그림 7-34
예제 7-5에 대한 EES 풀이.

네 개의 미지수와 네 개의 방정식을 EES와 같은 방정식 풀이기를 사용하여 풀면 그 해는 다음과 같다(그림 7-34).

$$\dot{V} = 0.24\ \text{m}^3/\text{s}, \quad f = 0.0195, \quad V = 4.23\ \text{m/s} \quad \text{과} \quad \text{Re} = 68{,}300$$

따라서 유량 감소량은 다음과 같이 얻어진다.

$$\dot{V}_{\text{drop}} = \dot{V}_{\text{old}} - \dot{V}_{\text{new}} = 0.35 - 0.24 = \mathbf{0.11\ m^3/s} \quad (31\%\ \text{감소})$$

따라서 수두 손실(또는 가용 수두 또는 팬 펌프 동력)이 정해졌을 때, 덕트의 길이를 두 배로 하면 유량이 0.35 m^3/s에서 0.24 m^3/s로 약 31% 줄어든다.

또 다른 풀이 시험을 볼 때처럼 컴퓨터가 없을 때는 손으로 반복 계산해야 한다. 일반적으로 마찰계수 f를 우선 추정하고, 이로부터 속도 V를 풀면 수렴이 빠르다. 속도 V를 마찰계수 f의 함수로 나타내면 다음과 같다.

파이프 내 평균 속도: $$V = \sqrt{\frac{2gh_L}{fL/D}}$$

일단 V가 계산되면 Reynolds 수가 계산될 수 있고, 그로부터 Moody 선도나 Colebrook 공식에서 새로운 마찰계수가 구해진다. 새로운 마찰계수 f를 이용하여 수렴할 때까지 반복 계산한다. 예를 들어, f = 0.04를 초기값으로 하여 반복 계산을 수행하면 다음과 같다.

Iteration	f (guess)	V, m/s	Re	Corrected f
1	0.04	2.955	4.724×10^4	0.0212
2	0.0212	4.059	6.489×10^4	0.01973
3	0.01973	4.207	6.727×10^4	0.01957
4	0.01957	4.224	6.754×10^4	0.01956
5	0.01956	4.225	6.756×10^4	0.01956

위의 계산에서 단지 세 번의 반복 계산으로 유효숫자 세 자리까지 수렴하고, 단지 네 번의 반복 계산으로 네 자리까지 수렴함을 알 수 있다. 최종 수렴값은 EES로부터 얻어진 값과 동일하다.

토의 두 번째 Swamee-Jain 공식을 사용하여 새로운 유량을 직접 계산할 수도 있다.

$$\dot{V} = -0.965\left(\frac{gD^5h_L}{L}\right)^{0.5}\ln\left[\frac{\varepsilon}{3.7D} + \left(\frac{3.17\nu^2L}{gD^3h_L}\right)^{0.5}\right]$$

$$= -0.965\left(\frac{(9.81\text{ m/s}^2)(0.267\text{ m})^5(20\text{ m})}{300\text{ m}}\right)^{0.5}$$

$$\times\ln\left[0 + \left(\frac{3.17(1.655\times10^{-5}\text{ m}^2\text{/s})^2(300\text{ m})}{(9.81\text{ m/s}^2)(0.267\text{ m})^3(20\text{ m})}\right)^{0.5}\right]$$

Swamee-Jain 공식을 사용한 결과는 Colebrook 공식을 EES나 반복 계산으로 구한 결과와 (유효숫자 두 자리까지) 동일하다. 따라서 간단한 Swamee-Jain 공식을 확신을 가지고 사용할 수 있다.

7-6 부차적 손실

일반적인 배관 시스템 내의 유체는 파이프의 직관 부분뿐만 아니라 여러 종류의 접합부(fitting), 밸브, 벤드, 엘보, 티, 입구부, 출구부, 확대부, 축소부 등을 통해 흐른다. 이 부품들은 유동을 교란하고, 유동 박리와 혼합 등으로 인한 부가적인 손실을 유발한다. 일반적인 긴 파이프 시스템에서는 이러한 손실들은 직관 부분들의 수두 손실 [**주손실(major loss)**]에 비해 작고, 따라서 **부차적 손실(minor loss)**이라고 한다. 그러나 경우에 따라 부차적 손실이 주손실보다 큰 경우도 있다. 예를 들어, 짧은 거리 안에 벤드와 밸브가 많은 파이프 시스템이 여기에 속한다. 예를 들어, 밸브가 완전히 열린 경우는 수두 손실은 무시할 만하지만, 부분적으로 닫힌 경우는 현저한 압력 강하를 유발하고, 이로 인해 유량 감소가 나타난다. 밸브나 접합부 내의 유동은 매우 복잡하고, 따라서 일반적으로 이론적 해석은 가능하지 않고 주로 제작사에서 실험적으로 부차적 손실을 구한다.

부차적 손실은 일반적으로 다음 식으로 정의되는 **손실계수(loss coefficient)** K_L[또한 **저항계수(resistance coefficient)**라고도 하는]로 표현된다(그림 7-35).

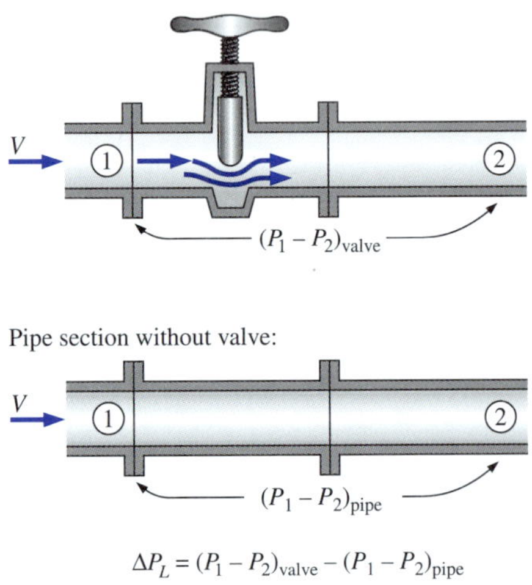

그림 7-35
부차적 손실이 있는 부품이 장착된, 직경이 일정한 파이프에서 부품의 손실계수(예를 들면, 그림의 게이트 밸브)는 부품에 의해 부가되는 압력 손실을 파이프 동압으로 나누어 구한다.

손실계수:

$$K_L = \frac{h_L}{V^2/(2g)} \tag{7-55}$$

여기서 h_L은 부품을 끼워 넣음으로 인해 배관 시스템에 부가적으로 발생하는 비가역 수두 손실 $h_L = \Delta P_L/\rho g$로 정의된다. 예를 들어, 그림 7-35의 밸브를 1점과 2점 사이에 직경이 일정한 파이프로 대체한다고 하자. ΔP_L은 1점과 2점 사이에 밸브가 설치되었을 때의 압력 강하 $(P_1 - P_2)_{valve}$로부터 밸브가 없는 가상 직관 조건에서 동일한 유량일 때의 압력 강하 $(P_1 - P_2)_{pipe}$를 뺀 값이다. 비가역 압력 손실은 대부분 밸브 주변에서 발생하지만, 일부는 밸브에서 유발되어 하류로 흐르는 난류 에디에 기인한다. 이들 에디는 하류 유동이 완전발달되면 결국은 열로 소산되는 기계적 에너지 손실이다. 따라서 엘보와 같은 부품의 부차적 손실을 측정할 때는 소산되는 에디에 의한 부가적인 비가역 손실이 포함되도록 2점을 충분히 하류(파이프 직경의 수십배)에 위치하도록 하여야 한다.

부품 하류의 파이프 직경이 **달라지면** 부차적 손실을 결정하기가 더욱 복잡해진다. 그러나 모든 경우 이러한 손실은 만약 부차적 손실을 유발하는 부품이 거기에 없었다면 존재하지 않았을 기계적 에너지의 **추가적인** 비가역 손실 위에 바탕을 두고 있다. 단순하게도, 그런 부차적 손실을 부차적 손실 부품을 가로질러 **국부적으로 (locally)** 발생하는 것으로만 생각하기 쉬운데, 그러나 명심할 점은 그 부품이 몇몇 파이프 직경 하류의 유동에 영향을 미친다는 것이다. 이는 유량계 제작회사에서 유량계를 적어도 엘보나 밸브의 위치에서 직경의 10배에서 20배 사이 정도 되는 하류 위치에 설치하는 이유이기도 하다. 이렇게 하면 유량계 바로 직전에서 엘보나 밸브에 의하여 발생된 난류 에디가 대부분 사라지고 유동의 속도 분포가 완전발달하게 된다(대부분의 유량계는 그 입구에서 완전발달된 속도 분포에 대하여 보정되어 있고, 실제 응용에서 이러한 조건이 맞을 때 정확도도 가장 높다).

입구와 출구 직경이 같은 경우 부품의 손실계수는 부품 전후의 압력 손실을 측정하여 이를 동압으로 나눗셈하여 결정될 수 있는데, 즉 $K_L = \Delta P_L/(\frac{1}{2}\rho V^2)$이다. 부품의 손실계수로부터 부품의 손실수두는 아래 식으로 구한다.

부차적 손실:
$$h_L = K_L \frac{V^2}{2g} \tag{7-56}$$

일반적으로 손실계수는 마찰계수처럼 부품의 형상과 Reynolds 수의 함수이다. 그러나 Reynolds 수의 영향은 대부분 무시되는데, 이는 실제 Reynolds 수가 충분히 크면 손실계수(마찰계수도 포함하여)는 Reynolds 수에 무관해지는 경향이 있기 때문이다.

부차적 손실은 다음 식으로 정의되는 **등가 길이(equivalent length)** L_{equiv}로 표현되기도 한다(그림 7-36).

등가 길이:
$$h_L = K_L \frac{V^2}{2g} = f\frac{L_{equiv}}{D}\frac{V^2}{2g} \quad \rightarrow \quad L_{equiv} = \frac{D}{f}K_L \tag{7-57}$$

여기서 f는 마찰계수이고 D는 파이프의 직경이다. 부품의 수두 손실은 길이가 L_{equiv}인 파이프에 의해 유발되는 수두 손실과 동일하다. 그러므로 총 수두 손실은 간단하게 전체 파이프 길이에 L_{equiv}를 더하면 된다.

위의 두 가지 방법이 실제 모두 사용되지만, 손실계수가 좀 더 일반적이므로 이 교재에서는 손실계수를 사용하기로 한다. 모든 손실계수가 구해지면 배관 시스템의 총 수두 손실은 다음과 같다.

총 수두 손실(일반):
$$h_{L,\,total} = h_{L,\,major} + h_{L,\,minor} = \sum_i f_i \frac{L_i}{D_i}\frac{V_i^2}{2g} + \sum_j K_{L,j}\frac{V_j^2}{2g} \tag{7-58}$$

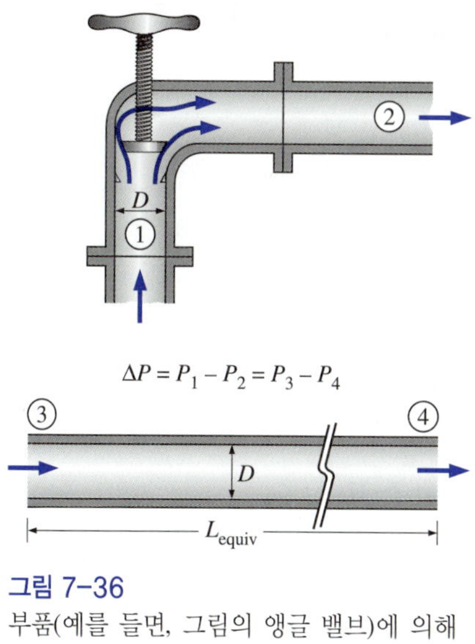

그림 7-36
부품(예를 들면, 그림의 앵글 밸브)에 의해 유발되는 수두 손실은 길이가 등가 길이인 파이프 구간에 의해 유발되는 수두 손실과 같다.

여기서 i는 직경이 동일한 파이프 구간을 의미하고, j는 부차적 손실을 유발하는 부품을 의미한다. 만일 모든 구간의 파이프 직경이 동일하다면 식 (7-58)은 다음과 같이 줄어든다.

$$\text{총 수두 손실}(D = \text{일정}): \quad h_{L,\,\text{total}} = \left(f\frac{L}{D} + \sum K_L\right)\frac{V^2}{2g} \tag{7-59}$$

여기서 V는 전체 시스템의 평균 유동 속도이다[D = (일정)이므로 V = (일정)임을 유의할 것].

표 7-4에 입구, 출구, 벤드, 급격한 또는 점진적 면적 변화, 밸브에 대한 대표적인 손실계수 K_L의 값이 나타나 있다. 이들은 대략적인 값으로, 일반적으로 손실계수는 파이프 직경, 표면조도, Reynolds 수, 세부 설계에 따라 달라진다. 예를 들면, 동일해 보이는 두 밸브의 손실계수가 제작사에 따라 두 배 이상 다르게 제시되는 경우도 있다. 따라서 최종 설계 시에는 참고 서적에 제시된 대표적인 값보다는 제작사의 데이터를 사용하는 것이 현명하다.

파이프 입구의 수두 손실은 형상에 따라 크게 달라진다. 둥글게 잘 만든(well-rounded) 입구의 경우는 거의 무시할 수 있는 반면($r/D > 0.2$인 경우 $K_L = 0.03$), 각진(sharp-edged) 입구의 경우는 0.50까지 증가한다(그림 7-37). 즉, 각진 입구에서는 유체가 가지고 있는 속도 수두의 절반 정도를 잃게 된다는 것을 의미한다. 이는 특히 속도가 큰 유동이 입구에 진입할 때 각진 형상을 따라 흐르지 못하고 박리되어 하류에 좁은 유로의 **베나 콘트랙타(vena contracta)**를 형성하기 때문이다(그림 7-38). 따라서 각진 입구는 교축 장치(유동 단면적을 급격히 줄여 주는 장치)와 같은 역할을 한다. 베나 콘트랙타 영역 전반부에서는 유동 면적의 감소로 속도가 증가하다가(그리고 압력은 감소하다가) 후반부에서는 유동이 전체 단면을 채우면서 속도가 감소한다. Bernoulli의 방정식(속도 수두가 단순히 압력 수두로 변환된다는)에 따르면 압력이 증가하는 곳에서 손실은 거의 없다. 하지만 실제 감속의 과정은 이상적인 이론과는 거리가 멀며, 격렬한 혼합과 난류 에디에 기인한 점성소산에 의해 운동 에너지가 마찰열로 변하는데, 이는 약간의 유체 온도 상승으로 입증된다. 그 결과 압력 회복은 별로 없이 속도가 감소하게 되며, 입구 손실은 이러한 비가역적 압력 손실의 척도이다.

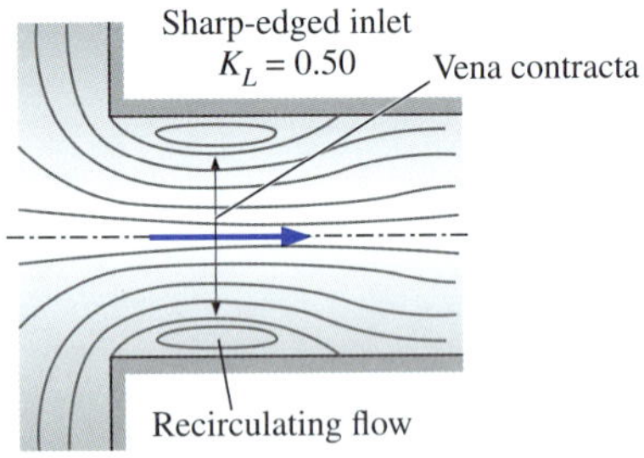

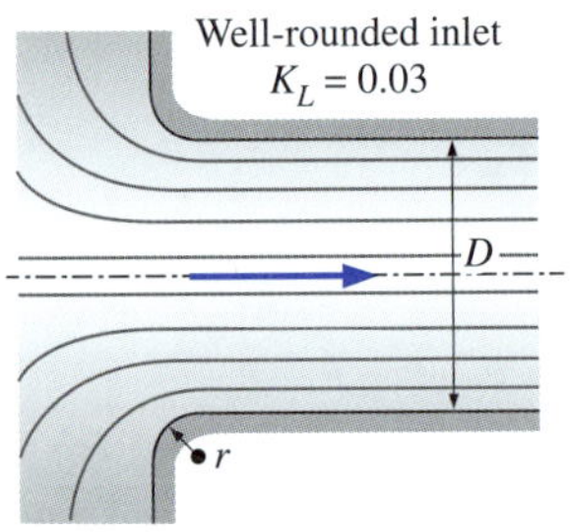

그림 7-37
파이프 입구부의 수두 손실은 둥근 입구부의 경우 무시할만 하지만($r/D > 0.2$에서 $K_L = 0.03$), 각진 입구부의 경우 0.50까지 증가한다.

그림 7-39에는 둥근 입구에 대한 손실계수가 나타나 있는데, 조금만 둥글게 하여도 K_L이 현저하게 감소됨을 볼 수 있다. 파이프가 수조 내로 돌출된 경우는 돌출부 부근에서 유체가 180° 선회해야 하므로 손실계수가 급격히($K_L = 0.8$ 정도로) 증가한다.

파이프 출구의 손실계수는 일반 참고 서적에 대체적으로 $K_L = 1$로 나타나 있다. 그러나 좀 더 정확하게 말하면 K_L은 파이프 출구에서 운동 에너지 보정계수 α와 같다. 완전발달 **난류** 파이프 유동의 경우 K_L은 1에 가깝지만, 완전발달 **층류** 파이프유동의 경우는 2가 된다. 따라서 층류 파이프 유동을 해석할 때의 오차를 피하기 위해 파이프 출구의 손실계수는 $K_L = \alpha$로 하는 것이 바람직하다. 층류이건 난류이건 파이프 출구를 나온 유체는 수조 내에서 혼합되고 점성의 비가역 작용을 통하여 운동 에너지를 모두 잃게 되므로(표 7-4와 그림 7-40) 파이프 출구를 둥글게 할 필요는 없다.

표 7-4

난류 유동 시 다양한 파이프 부품의 손실계수 K_L(손실수두 $h_L = K_L V^2/(2g)$임. 여기서 V는 부품을 포함하는 파이프 내의 평균 속도임)*

Pipe Inlet

Reentrant: $K_L = 0.80$
($t \ll D$ and $l \approx 0.1D$)

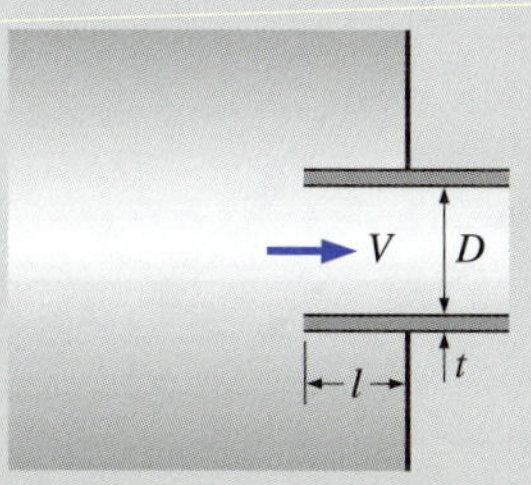

Sharp-edged: $K_L = 0.50$

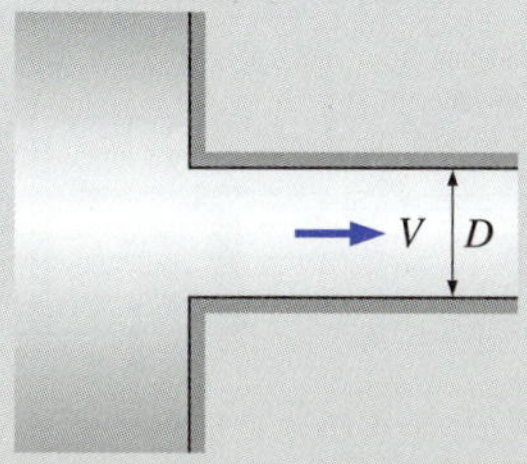

Well-rounded ($r/D > 0.2$): $K_L = 0.03$
Slightly rounded ($r/D = 0.1$): $K_L = 0.12$
(see Fig. 8–39)

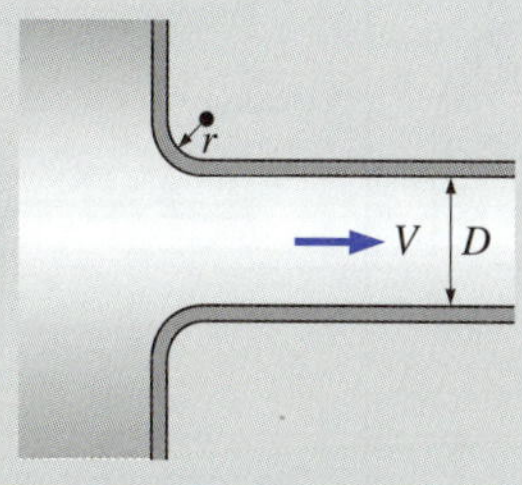

Pipe Exit

Reentrant: $K_L = \alpha$

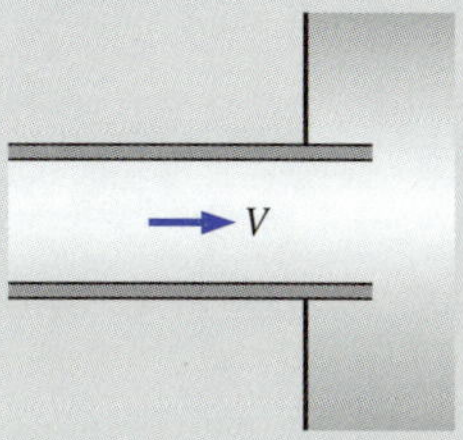

Sharp-edged: $K_L = \alpha$

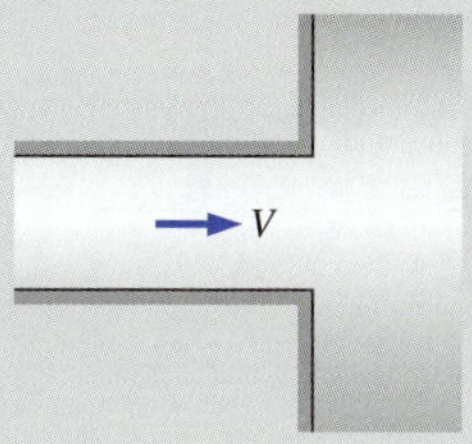

Rounded: $K_L = \alpha$

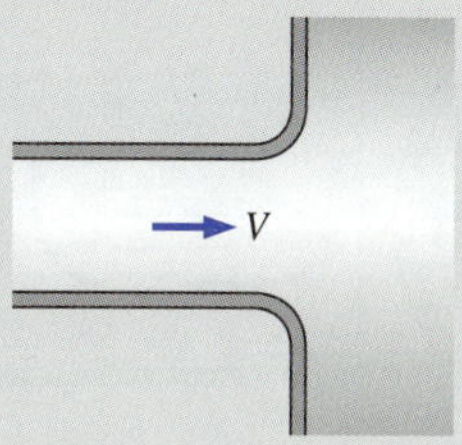

Note: The kinetic energy correction factor is $\alpha = 2$ for fully developed laminar flow, and $\alpha \approx 1.05$ for fully developed turbulent flow.

Sudden Expansion and Contraction (based on the velocity in the smaller-diameter pipe)

Sudden expansion: $K_L = \alpha\left(1 - \frac{d^2}{D^2}\right)^2$

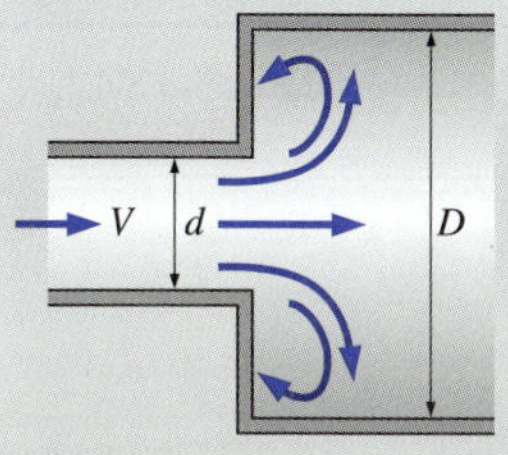

Sudden contraction: See chart.

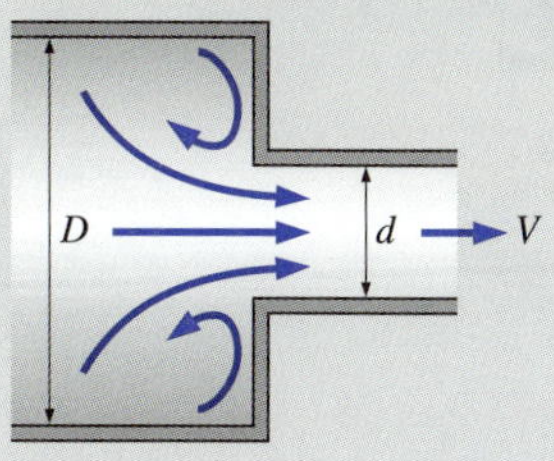

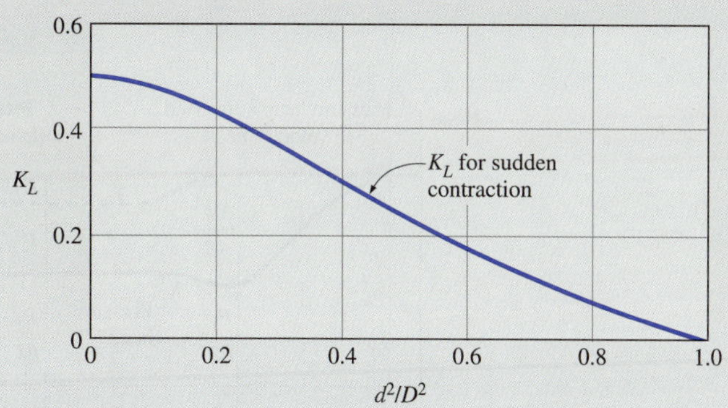

Gradual Expansion and Contraction (based on the velocity in the smaller-diameter pipe)

Expansion (for $\theta = 20°$):
$K_L = 0.30$ for $d/D = 0.2$
$K_L = 0.25$ for $d/D = 0.4$
$K_L = 0.15$ for $d/D = 0.6$
$K_L = 0.10$ for $d/D = 0.8$

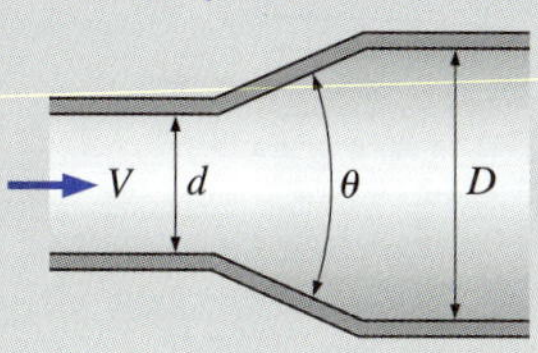

Contraction:
$K_L = 0.02$ for $\theta = 30°$
$K_L = 0.04$ for $\theta = 45°$
$K_L = 0.07$ for $\theta = 60°$

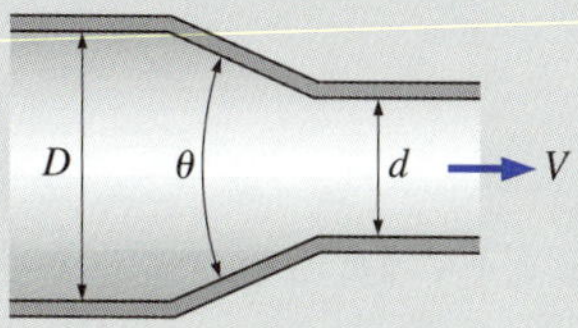

표 7-4(계속)

난류 유동 시 다양한 파이프 부품의 손실계수 K_L(손실수두 $h_L = K_L V^2/(2g)$임. 여기서 V는 부품을 포함하는 파이프 내의 평균 속도임)*

Bends and Branches

90° *smooth bend:* Flanged: $K_L = 0.3$ Threaded: $K_L = 0.9$	90° *miter bend* (without vanes): $K_L = 1.1$	90° *miter bend* (with vanes): $K_L = 0.2$	45° *threaded elbow:* $K_L = 0.4$
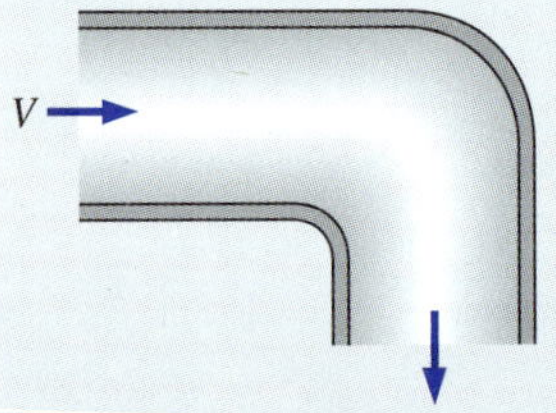	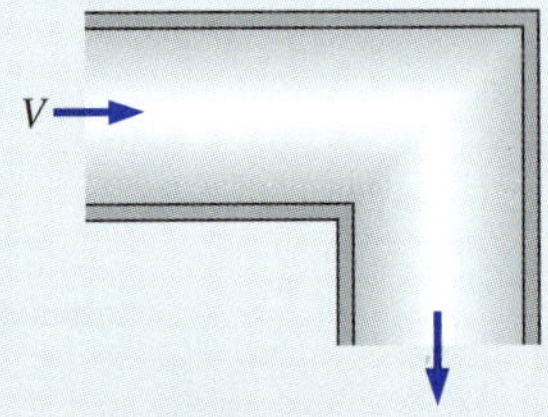	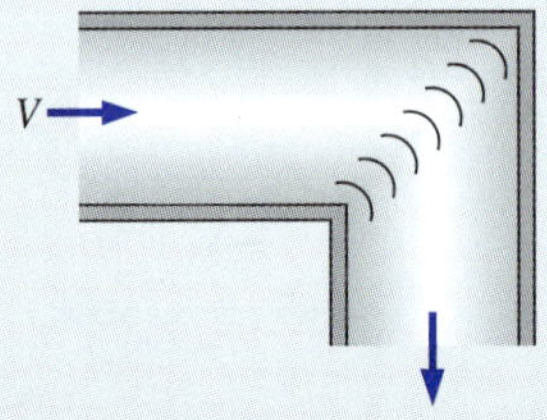	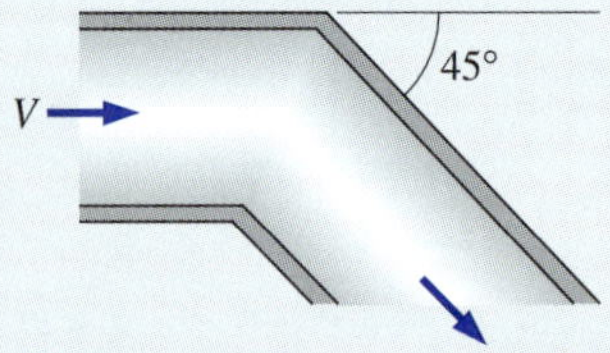
180° *return bend:* Flanged: $K_L = 0.2$ Threaded: $K_L = 1.5$	*Tee* (branch flow): Flanged: $K_L = 1.0$ Threaded: $K_L = 2.0$	*Tee* (line flow): Flanged: $K_L = 0.2$ Threaded: $K_L = 0.9$	*Threaded union:* $K_L = 0.08$
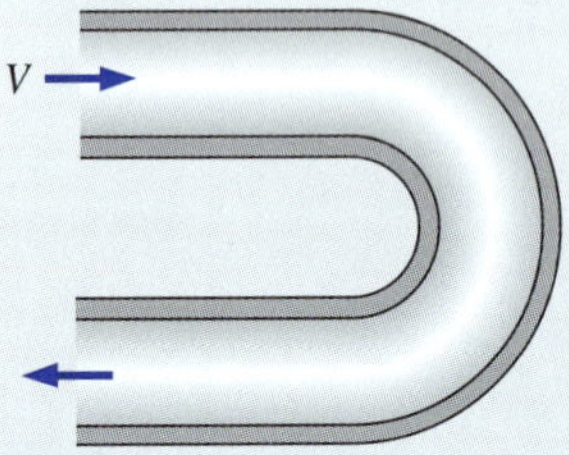	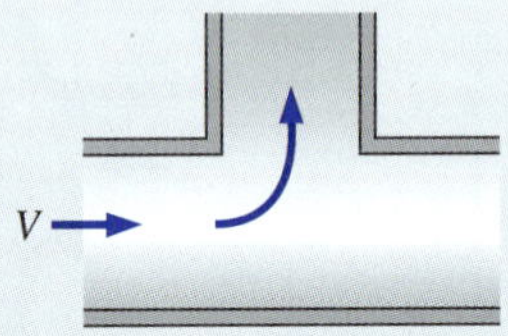	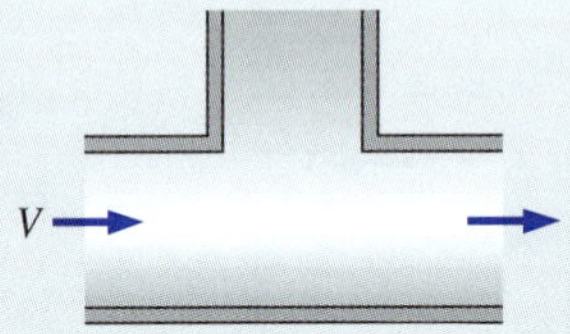	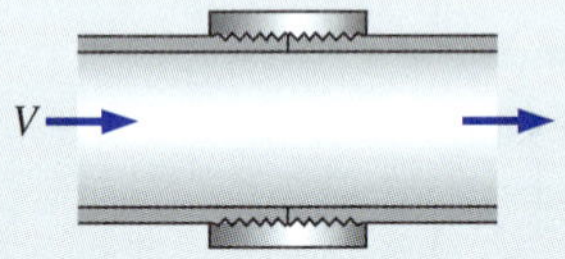

Valves

Globe valve, fully open: $K_L = 10$	*Gate valve*, fully open: $K_L = 0.2$
Angle valve, fully open: $K_L = 5$	$\frac{1}{4}$ closed: $K_L = 0.3$
Ball valve, fully open: $K_L = 0.05$	$\frac{1}{2}$ closed: $K_L = 2.1$
Swing check valve: $K_L = 2$	$\frac{3}{4}$ closed: $K_L = 17$

* 이 값들은 손실계수의 대표적인 값들임. 실제 값은 설계와 제작사에 따라 크게 달라질 수 있으므로(특히 밸브에 대하여는) 최종 설계 시는 제작자의 데이터를 사용하여야 한다.

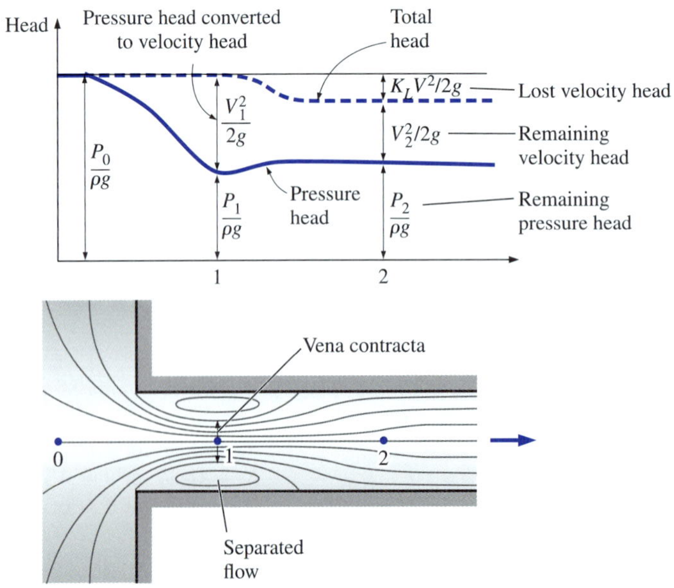

그림 7-38
각진 파이프 입구부에서 유동 교축과 수두 손실의 그래프.

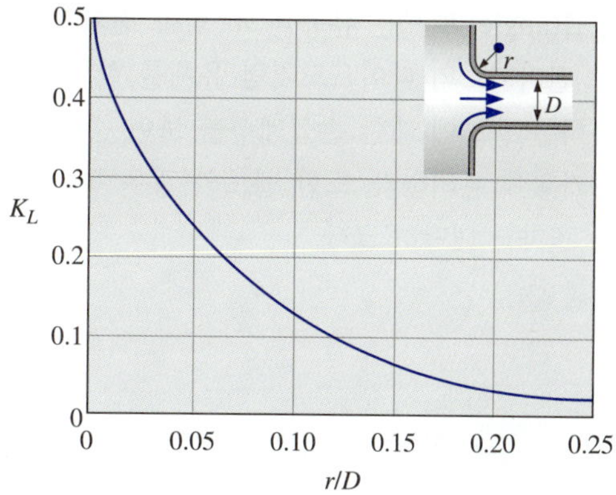

그림 7-39
파이프 입구부를 둥글게 하는 것이 손실계수에 미치는 영향.
Data From ASHRAE Handbook of Fundamentals.

배관 시스템에서 유량이나 밀도와 속도 등의 상태량 변화를 조절하기 위하여 **급격한** 또는 **점진적인** 확대부와 축소부를 설치하기도 한다. **급격한** 확대부와 축소부의 경우 유동 박리로 인하여 커다란 손실이 발생한다. **급격한 확대부**의 경우 질량, 운동량, 에너지 보존 방정식을 조합하여 다음의 손실계수를 얻을 수 있다.

$$K_L = \alpha\left(1 - \frac{A_{\text{small}}}{A_{\text{large}}}\right)^2 \quad \text{(급격한 확대부)} \tag{7-60}$$

여기서 A_{small}과 A_{large}는 각각 소구경과 대구경 파이프의 단면적이다. 단면적의 변화가 없으면($A_{\text{small}} = A_{\text{large}}$) $K_L = 0$이 되고, 파이프 출구가 수조로 연결된 경우 ($A_{\text{large}} \gg A_{\text{small}}$) $K_L = \alpha$이 된다. 급격한 수축부의 경우에는 위와 비슷한 식이 없으며, 이 경우 K_L값은 표 7-4로부터 구할 수 있다. 노즐이나 디퓨저와 같은 원추형 관을 사용하여 파이프 단면적을 점진적으로 변화시키면 손실을 현저하게 줄일 수 있다. 점진적 축소부나 확대부의 K_L값은 표 7-4에 나타나 있다. 식 (7-56)을 사용하여 수두 손실을 계산할 때 직경이 작은 파이프의 속도를 기준 속도로 사용하여야 함에 유의하라. 유동 박리 때문에 확대 시의 손실은 축소 시의 손실보다 훨씬 크다.

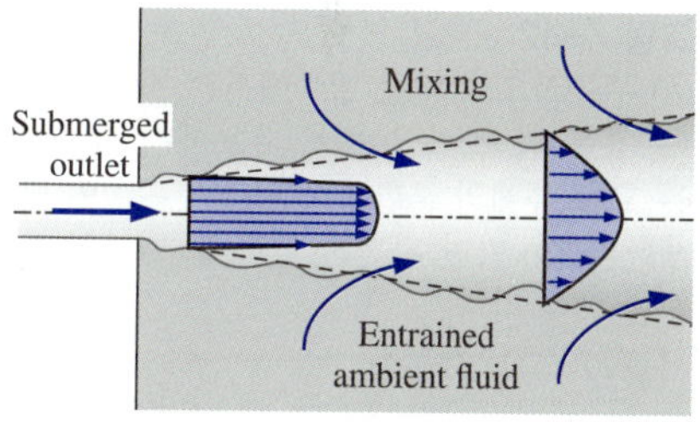

그림 7-40
출구 하류에서 제트가 감속되고 주위 유체와 혼합되면서 유동은 마찰에 의해 운동 에너지를 모두 잃는다(열 에너지로 변환).

배관 시스템에서는 직경의 변화 없이 유동방향을 변화시키기 위해 **벤드**나 **엘보**를 사용한다. 이러한 부품에서 손실은 내측면에서 유동 박리(급격한 방향 전환에 의해)와 그로 인한 선회하는 2차 유동(secondary flow)에 기인한다. 방향 전환에 따른 손실을 최소화하기 위해서는 급격한 전환(마이터 벤드처럼) 대신에 원호(90° 엘보처럼)를 이용하여 유체의 방향 전환을 "쉽게" 만들어주는 것이 필요하다(그림 7-41). 하지만 회전 공간의 제약 때문에 급격한 전환을 할 수밖에 없는 경우에는 안내깃(guide vane)을 사용하여 유동이 정렬된 상태로 회전되도록 하면 손실을 줄일 수 있다. 표 7-4에 엘보, 마이터 벤드, 티 등의 손실계수가 나타나 있다. 이 손실계수에는 파이프 벤드 길이에 따른 마찰 손실은 포함되어 있지 않다. 따라서 벤드 중심선 길이를 파이프 길이로 산정하여 계산된 마찰 손실을 다른 손실에 더해 주어야 한다.

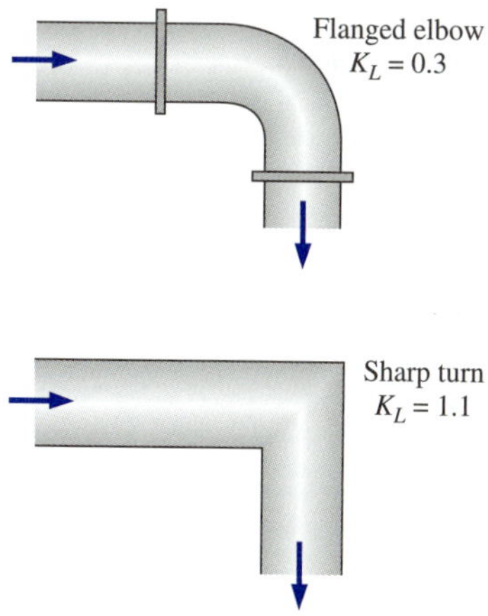

그림 7-41
각진 방향 전환보다는 원형의 완만한 방향 전환을 통하여 방향 전환 시의 손실을 최소화할 수 있다.

밸브는 수두 손실을 변화시켜 유량을 조절하는 부품으로, **볼 밸브**와 같이 완전 개방 시 수두 손실이 최소화되는 것이 바람직하다(그림 7-42*b*). 각각의 장단점을 가진 여러 종류의 밸브가 존재한다. **게이트(gate) 밸브**는 문을 여닫듯이 작동하고, **글로브(globe) 밸브**(그림 7-42*a*)는 밸브 내에 가공된 구멍을 여닫아 유량을 조절한다.

(a)

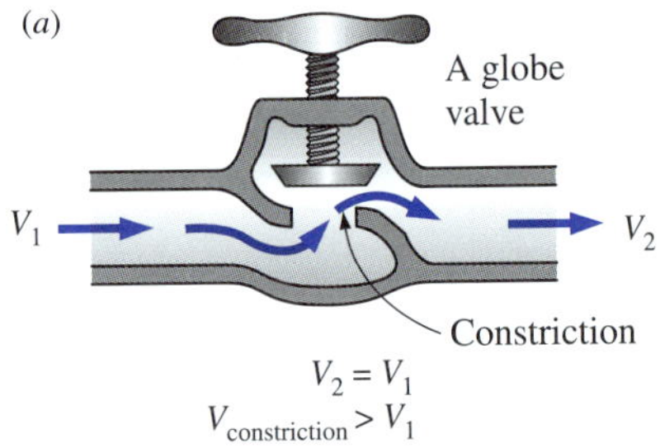

(b)

그림 7-42
(a) 부분적으로 닫힌 밸브에서는 비가역 감속, 유동 박리, 좁은 밸브 유로에서 방출되는 고속 유체의 혼합으로 커다란 손실이 발생한다. (b) 반면 완전히 열린 볼 밸브의 손실은 매우 작다.

Photo by John M. Cimbala.

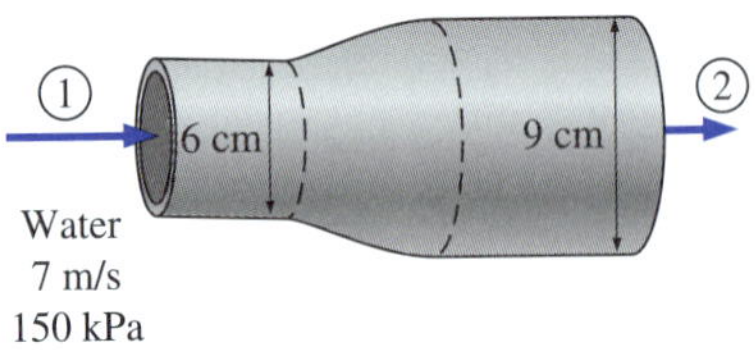

그림 7-43
예제 7-6에 대한 개략도.

앵글(angle) 밸브는 유동을 90° 방향 전환시키는 글로브 밸브이고, **체크(check) 밸브**는 전기회로의 다이오드처럼 유체를 한 방향으로만 흐르게 한다. 표 7-4는 흔히 사용하는 밸브에 대한 손실계수를 보여 준다. 밸브가 닫힘에 따라 손실계수는 급격히 증가함에 유의하라. 또한 밸브의 경우 복잡한 형상으로 인하여 제작사 간의 손실계수 편차도 대단히 크다.

예제 7-6 점진적 확대부의 손실계수와 압력 상승

수평 물 파이프의 직경이 6 cm에서 9 cm로 점진적으로 확대된다(그림 7-43). 확대부의 벽은 축으로부터 10° 각을 이루고 있다. 확대 전 물의 유속과 압력은 각각 7 m/s와 150 kPa이다. 확대부의 수두 손실과 직경이 큰 파이프에서 압력을 구하라.

풀이 수평 물 파이프가 점진적 확대부를 통하여 큰 직경의 파이프로 연결될 때, 수두 손실과 확대부 후의 압력을 구하고자 한다.

가정 1 유동은 정상 상태이고, 비압축성이다. 2 단면 1과 단면 2에서 유동은 완전발달된 난류 유동으로, $\alpha_1 = \alpha_2 \cong 1.06$이다.

상태량 물의 밀도는 $\rho = 1000\ \text{kg/m}^3$이다. $\theta = 20°$, $d/D = 6/9$의 점진적 확대부에 대한 손실계수는 $K_L = 0.133$이다(표 7-4를 보간법을 이용하여 구함).

해석 물의 밀도가 일정하므로 하류에서 물의 속도는 질량 보존에 의해 얻어진다.

$$\dot{m}_1 = \dot{m}_2 \quad \rightarrow \quad \rho V_1 A_1 = \rho V_2 A_2 \quad \rightarrow \quad V_2 = \frac{A_1}{A_2} V_1 = \frac{D_1^2}{D_2^2} V_1$$

$$V_2 = \frac{(0.06\ \text{m})^2}{(0.09\ \text{m})^2}(7\ \text{m/s}) = 3.11\ \text{m/s}$$

확대부에서 비가역 수두 손실은 다음과 같다.

$$h_L = K_L \frac{V_1^2}{2g} = (0.133)\frac{(7\ \text{m/s})^2}{2(9.81\ \text{m/s}^2)} = \mathbf{0.333\ m}$$

$z_1 = z_2$이고, 펌프나 터빈이 없으므로 확대부의 에너지 방정식은 다음 형태로 나타난다.

$$\frac{P_1}{\rho g} + \alpha_1 \frac{V_1^2}{2g} + \cancel{z_1} + \cancelto{0}{h_{\text{pump}, u}} = \frac{P_2}{\rho g} + \alpha_2 \frac{V_2^2}{2g} + \cancel{z_2} + \cancelto{0}{h_{\text{turbine}, e}} + h_L$$

또는

$$\frac{P_1}{\rho g} + \alpha_1 \frac{V_1^2}{2g} = \frac{P_2}{\rho g} + \alpha_2 \frac{V_2^2}{2g} + h_L$$

P_2를 구하여 대입하면 다음 식이 얻어진다.

$$P_2 = P_1 + \rho\left\{\frac{\alpha_1 V_1^2 - \alpha_2 V_2^2}{2} - gh_L\right\} = (150\ \text{kPa}) + (1000\ \text{kg/m}^3)$$

$$\times \left\{\frac{1.06(7\ \text{m/s})^2 - 1.06(3.11\ \text{m/s})^2}{2} - (9.81\ \text{m/s}^2)(0.333\ \text{m})\right\}$$

$$\times \left(\frac{1\ \text{kN}}{1000\ \text{kg}\cdot\text{m/s}^2}\right)\left(\frac{1\ \text{kPa}}{1\ \text{kN/m}^2}\right)$$

$$= \mathbf{168\ kPa}$$

따라서 수두(그리고 압력) 손실에도 불구하고 압력은 확대부 이후 150에서 168 kPa로 증가한다. 이는 큰 파이프에서 나타나는 평균 속도 감소에 따라 동압이 정압으로 변환되었기 때문이다.

토의 일반적으로 유동이 있기 위해서는 상류의 압력이 큰 것이 보통인데, 이 예제에서는 확대부 손실에도 불구하고 압력이 증가함을 보이고 있다. 이는 압력 수두, 속도 수두, 위치 수두를 합한 총 수두에 의하여 유동이 구동되기 때문이다. 유동이 확대될 때 상류의 높은 속도 수두는 하류에서 압력 수두로 변화하고, 이 수두 증가량이 비가역 수두 손실보다 크다. 만일 이 문제를 Bernoulli 방정식을 사용하여 푼다면 수두(그리고 관련된 압력) 손실이 무시되고, 하류의 압력은 실제 값보다 크게 예측될 것이다.

7-7 배관망과 펌프 선정

직렬과 병렬 파이프

도시의 물 분배 시스템이나 상업용 또는 주거용 건물에는 여러 개의 공급원(시스템 내로 유체의 공급)과 부하 장소(시스템으로부터 유체의 배출)를 비롯한 무수한 병렬과 직렬 배관 시스템이 사용된다(그림 7-44). 배관 프로젝트는 새로운 시스템을 제작하거나 기존의 시스템을 확장하는 작업이 포함된다. 이러한 프로젝트에 있어서 설계 목적은 최소한의 총 비용(초기 및 운전과 보수)으로 원하는 압력에 원하는 유량을 신뢰성 있게 공급하도록 배관 시스템을 설계하는 것이다. 시스템의 레이아웃이 준비되고 나면, 시스템 전체에 걸쳐 파이프의 직경과 압력의 결정은, 예산의 제한 내에서, 통상적으로 최적해가 얻어질 때까지 시스템을 풀어줌으로써 이루어진다. 이러한 시스템의 컴퓨터 모델링과 해석은 이런 지루한 과업을 간단한 작업으로 만들어준다.

그림 7-44
산업현장의 배관망.
Courtesy UMDE Engineering, Contracting, and Trading. Used by permission.

그림 7-45와 7-46에 나타난 바와 같이 배관 시스템은 직렬 또는 병렬로 연결된 다수의 파이프로 구성된다. 파이프가 **직렬로 연결된 경우**는 시스템을 구성하는 각각의 파이프 직경에 관계없이 각 파이프의 유량은 일정한데, 이는 정상 비압축성 유동에 대한 질량 보존 법칙의 결과이다. 이 경우 총 수두 손실은 부차적 손실을 포함한 각 파이프 손실의 합과 같다. 파이프 연결부에 나타나는 확대부와 축소부에 따른 손실은 직경이 작은 파이프의 평균 속도를 기준으로 계산함을 유의하여야 한다.

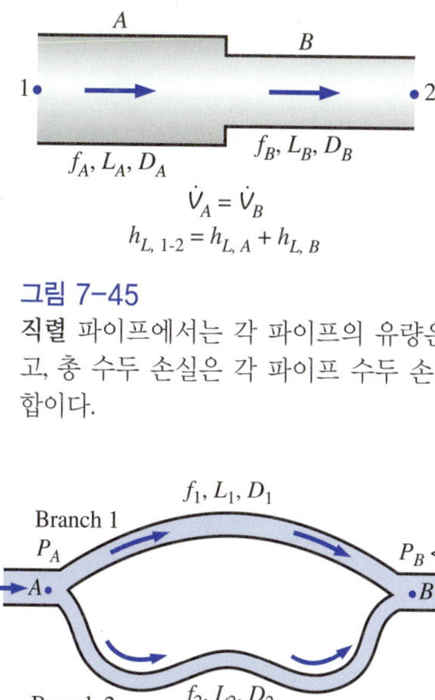

그림 7-45
직렬 파이프에서는 각 파이프의 유량은 같고, 총 수두 손실은 각 파이프 수두 손실의 합이다.

두 개 이상의 파이프가 **병렬로 연결된 경우**의 총 유량은 각 파이프 유량의 합과 같다. 또한 $\Delta P = P_A - P_B$이고, 각 파이프에서 P_A와 P_B는 같으므로 병렬로 연결된 각 파이프에서 압력 손실(수두 손실)은 서로 같아야 한다. 즉, A점과 B점 사이를 연결하는 1과 2, 두 개의 병렬 파이프에서 부차적 손실을 무시하면 다음과 같은 식이 성립한다.

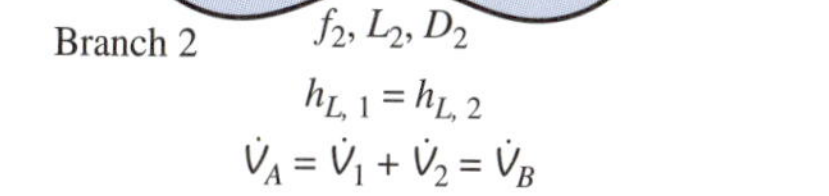

그림 7-46
병렬 파이프에서는 각 파이프의 수두 손실은 같고, 총 유량은 각 파이프 유량의 합이다.

$$h_{L,\,1} = h_{L,\,2} \quad \rightarrow \quad f_1 \frac{L_1}{D_1}\frac{V_1^2}{2g} = f_2 \frac{L_2}{D_2}\frac{V_2^2}{2g}$$

이때 두 병렬 파이프 내의 평균 유량과 평균 유속은 다음과 같다.

$$\frac{V_1}{V_2} = \left(\frac{f_2}{f_1}\frac{L_2}{L_1}\frac{D_1}{D_2}\right)^{1/2} \quad 그리고 \quad \frac{\dot{V}_1}{\dot{V}_2} = \frac{A_{c,1}V_1}{A_{c,2}V_2} = \frac{D_1^2}{D_2^2}\left(\frac{f_2}{f_1}\frac{L_2}{L_1}\frac{D_1}{D_2}\right)^{1/2}$$

따라서 병렬 파이프의 상대적인 유량은 각 파이프의 수두 손실이 같도록 하는 요구 조건으로부터 정립된다. 이 결과는 다수의 병렬 파이프에도 적용할 수 있고, 부차적 손실에 의한 부품의 등가 길이를 파이프 길이에 더하면 부차적 손실이 현저히 큰 파이프에도 적용할 수 있다. 병렬 가지관(branch) 하나에서 유량은 파이프 직경의 5/2 거듭제곱에 비례하고, 길이와 마찰계수의 제곱근에 반비례함에 유의하라.

배관망의 해석에는 아무리 시스템이 복잡하다 하더라도 다음 두 가지 간단한 원리가 적용된다.

1. **시스템 전반에 걸쳐 질량 보존이 만족되어야 한다.** 즉, 접합부로 유입되는 유량과 접합부로부터 유출하는 유량은 같아야 하고, 직렬 연결의 경우 파이프 직경의 변화와 관계없이 파이프 내 유량은 일정하여야 한다.
2. **두 접합부 사이의 모든 유로에 대하여 두 접합부 사이의 압력 강하(그리고 따라서 수두 손실)는 서로 같아야 한다.** 이는 압력이 점함수이고, 한 점에서의 압력이 두 값을 가질 수 없기 때문이다. 실제에서 이 법칙은 하나의 루프(loop)에서(모든 루프에 대하여) 수두 손실의 대수적 합은 영과 같다는 것을 요구함으로서 이용된다(관례적으로 수두 손실을 유동이 시계방향일 경우 양으로 하고, 반시계방향일 경우 음으로 한다).

따라서 배관망 해석은 유량을 전류로 압력을 전압으로 바꾸면 전기회로해석(Kirchhoff의 법칙)과 유사하다. 그러나 여기에서 상황은 훨씬 더 복잡한데, 왜냐하면 전기 저항과는 달리 "유동 저항"은 매우 비선형인 함수이기 때문이다. 그러므로 배관망의 해석은 비선형 방정식 시스템의 동시적 풀이를 요구하며, 이를 위해 EES, Mathcad, Matlab 등의 상용 프로그램을 활용하면 이들의 해를 구할 수 있다.

펌프와 터빈을 갖는 배관 시스템

펌프 또는 터빈이 배관 시스템에 있을 경우 단위 질량당 정상 유동 에너지 방정식은 다음과 같다.

$$\frac{P_1}{\rho} + \alpha_1\frac{V_1^2}{2} + gz_1 + w_{\text{pump},\,u} = \frac{P_2}{\rho} + \alpha_2\frac{V_2^2}{2} + gz_2 + w_{\text{turbine},\,e} + gh_L \qquad (7\text{-}61)$$

이를 수두로 나타내면 다음과 같다.

$$\frac{P_1}{\rho g} + \alpha_1\frac{V_1^2}{2g} + z_1 + h_{\text{pump},\,u} = \frac{P_2}{\rho g} + \alpha_2\frac{V_2^2}{2g} + z_2 + h_{\text{turbine},\,e} + h_L \qquad (7\text{-}62)$$

여기서 $h_{\text{pump},\,u} = w_{\text{pump},\,u}/g$는 유체에 공급하는 유용한 펌프 수두이고, $h_{\text{turbine},\,e} = w_{\text{turbine},\,e}/g$는 유체로부터 얻은 터빈 수두, α는 운동 에너지 보정계수로 대부분의 (난류)유동에서 그 값은 대략 1.05이다. 또한 h_L은 1점과 2점 사이의(부차적 손실이 상당할 경우 이를 포함하여) 총 손실수두이다. 배관 시스템에 펌프나 팬이 없다면 펌프 수두는 영이 되고, 터빈이 없다면 터빈 수두가 영이 되며, 시스템에 동력과 관련된 장치가 없으면 둘 다 영이 된다.

한 수조에서 다른 수조로 유체를 이송시키는 데 펌프를 사용한다. 1점과 2점을 각 수조의 **자유표면**으로 하면(그림 7-47), 큰 수조의 경우 자유표면에서 속도는 무시할 만하고 압력은 대기압이므로 유용한 펌프 수두는 에너지 방정식으로부터 다음과 같이 얻어진다.

$$h_{\text{pump},\,u} = (z_2 - z_1) + h_L \tag{7-63}$$

따라서 유용한 펌프 수두는 두 수조의 높이 차에 수두 손실을 더한 값이 된다. 수두 높이차 $z_2 - z_1$에 비하여 수두 손실이 무시할 만하다면 유용한 펌프 수두는 두 수조의 높이차와 같게 된다. 펌프가 없이 $z_1 > z_2$인 경우(즉, 첫 번째 수조가 두 번째 수조보다 높은 경우) 파이프 내에는 중력에 의해 높이차와 동일한 수두 손실을 유발하는 유량이 형성된다. 식 (7-63)의 $h_{\text{pump},\,u}$를 $-h_{\text{turbine},\,e}$로 바꾸면 터빈 수두에 대하여도 비슷하게 적용할 수 있다.

유용한 펌프 수두가 결정되면 **펌프에 의해 유체로 전달되어야 하는 기계적 동력과 펌프 모터에 의해 소비되는 전력**은 다음 식으로 구할 수 있다.

$$\dot{W}_{\text{pump, shaft}} = \frac{\rho \dot{V} g h_{\text{pump},\,u}}{\eta_{\text{pump}}} \quad \text{그리고} \quad \dot{W}_{\text{elect}} = \frac{\rho \dot{V} g h_{\text{pump},\,u}}{\eta_{\text{pump–motor}}} \tag{7-64}$$

여기서 $\eta_{\text{pump-motor}}$는 **펌프-모터 연합 효율**로, 펌프 효율과 모터 효율을 곱하여 구한다(그림 7-48). 펌프-모터 효율은 펌프가 유체에 공급하는 기계적 에너지를 모터가 소비한 전력으로 나눈 값으로, 일반적으로 대략 50% ~ 85%이다.

배관 시스템의 수두 손실은 유량에 따라 (보통은 제곱에 비례하여) 증가한다. 요구 유용 펌프 수두 $h_{\text{pump},\,u}$를 유량의 함수로 나타낸 곡선을 **시스템[또는 수요(demand)] 곡선**이라고 한다. 펌프 수두와 펌프 효율은 둘 다 상수가 아니며, 유량에 따라 변하고, 따라서 펌프 제작사가 그림 7-49와 같은 $h_{\text{pump},\,u}$, $\eta_{\text{pump},\,u}$와 $\dot{V}$ 사이의 관계를 나타내는 **특성[characteristic 또는 공급(supply) 또는 성능(performance)] 곡선**을 제공한다. 요구 수두가 감소할수록 펌프의 유량은 증가한다. 펌프 수두 곡선이 y축과 만나는 점이 펌프가 공급할 수 있는 **최대 수두**[차단(shutoff) 수두라 함]가 되고, x축과 만나는 점은 펌프가 공급할 수 있는 **최대 유량[무부하 공급(free delivery)**이라 함]이 된다.

펌프의 **효율**은 어떤 특정한 수두와 유량의 조합에서 높게 나타난다. 따라서 어떤 펌프가 그 조건에서 효율이 충분히 높지 않으면 단지 요구 수두와 요구 유량을 제공한다고 해서 항상 그 시스템에 적합하다고 볼 수는 없다. 배관 시스템 중에 설치된 펌프는 **시스템 곡선**과 **특성 곡선**이 교차하는 점에서 운전되는데, 이 점을 그림 7-49에 보인 바와 같이 **운전점(operating point)**이라 하고, 펌프에 의한 유용 수두와 그 유량에서 시스템의 요구 수두가 일치하는 점이다. 또한 그러한 운전 조건에서 펌프 효율은 그때 유량에 해당하는 값을 갖는다.

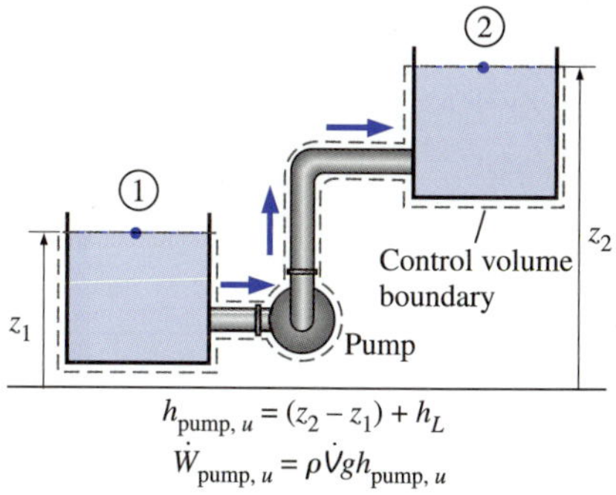

그림 7-47
펌프를 사용하여 물을 한 수조에서 다른 수조로 이송할 때, 요구 유용 펌프 수두는 두 수조의 높이차에 수두 손실을 더한 값과 같다.

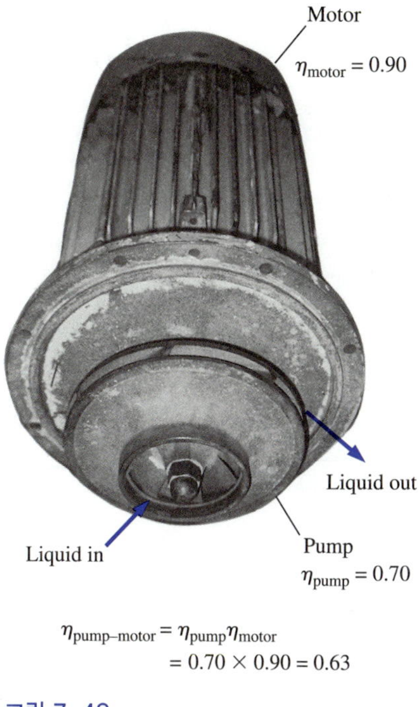

그림 7-48
펌프-모터 연합의 효율은 펌프 효율과 모터 효율의 곱이다.
Photo by Yunus Çengel.

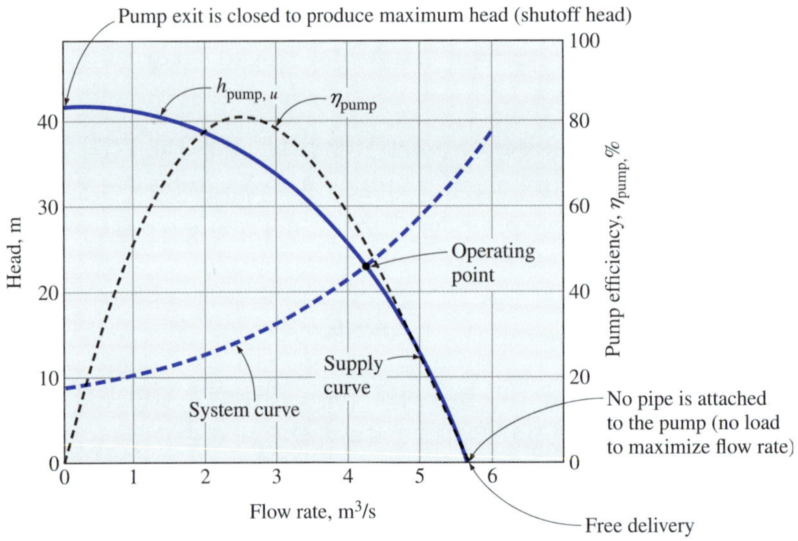

그림 7-49
원심 펌프의 특성 곡선, 배관 시스템의 시스템 곡선 및 운전점.

예제 7-7 두 병렬 파이프 내 물의 수송

20°C 물을 36 m 길이의 병렬로 연결된 두 파이프를 통해 $z_A = 5$ m인 수조에서 $z_B = 13$ m인 수조로 펌프를 사용하여 이송한다(그림 7-50). 파이프는 상용 강관으로, 직경이 각각 4 cm와 8 cm이다. 모터-펌프 효율은 70%이고, 8 kW의 전력을 소비한다. 부차적 손실과 병렬 관로를 수조와 연결하는 파이프에서 수두 손실을 무시할 때, 수조 사이의 총 유량과 각 파이프의 유량을 구하라.

풀이 두 병렬 파이프로 이루어진 시스템에서 펌프 동력이 주어졌을 때의 유량을 구하고자 한다.

가정 1 (수조가 크므로) 유동은 정상 상태이고, 비압축성이다. 2 입구 영역을 무시하고, 유동은 완전발달되었다. 3 수조의 높이는 일정하다. 4 부차적 손실과 병렬 파이프를 제외한 파이프에서 수두 손실은 무시한다. 5 파이프 내부 유동은 난류이다(나중에 증명됨).

상태량 20°C 물의 밀도와 점성계수는 각각 $\rho = 998$ kg/m³, $\mu = 1.002 \times 10^{-3}$ kg/m · s이다. 상용 강관의 조도는 $\varepsilon = 0.000045$ m이다(표 7-2).

해석 파이프 내의 속도(또는 유량)를 모르므로 직접 풀 수는 없고, 반복 계산이 필요하다. 최근 EES와 같은 방정식 풀이기가 널리 사용되기 때문에 여기서는 단지 방정식만을 구성한다. 펌프에 의해 공급되는 유용 수두는 다음과 같이 계산된다.

$$\dot{W}_{elect} = \frac{\rho \dot{V} g h_{pump,\,u}}{\eta_{pump-motor}} \rightarrow 8000\text{ W} = \frac{(998\text{ kg/m}^3)\dot{V}(9.81\text{ m/s}^2)h_{pump,\,u}}{0.70} \quad (1)$$

A점과 B점을 두 수조의 자유표면으로 하면 그 곳에서 압력은 대기압이고($P_A = P_B = P_{atm}$), 속도는 영($V_A \approx V_B \approx 0$)이다. 따라서 두 점 사이의 검사체적에 대한 에너지 방정식은 다음과 같이 나타난다.

$$\cancel{\frac{P_A}{\rho g}} + \alpha_A \frac{V_A^2}{2g}\overset{\nearrow 0}{} + z_A + h_{pump,\,u} = \cancel{\frac{P_B}{\rho g}} + \alpha_B \frac{V_B^2}{2g}\overset{\nearrow 0}{} + z_B + h_L$$

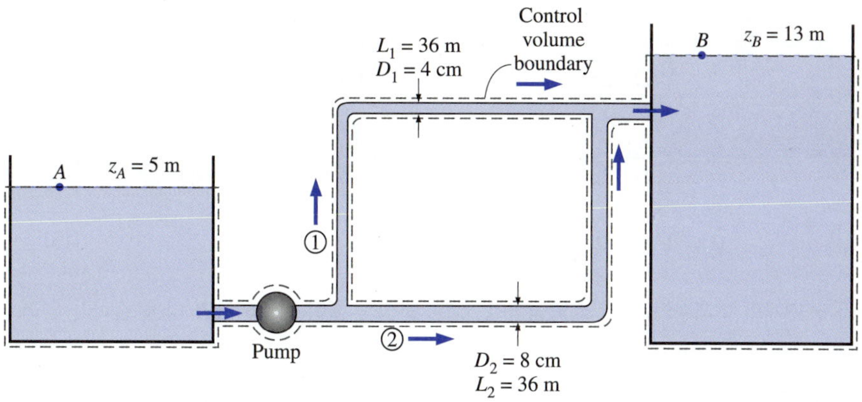

그림 7-50
예제 7-7에서 논의된 배관 시스템.

또는,

$$h_{\text{pump, u}} = (z_B - z_A) + h_L$$

또는,

$$h_{\text{pump}, u} = (13\text{ m} - 5\text{ m}) + h_L \tag{2}$$

여기서

$$h_L = h_{L,1} = h_{L,2} \tag{3)(4}$$

4 cm 직경 파이프를 1로 하고 8 cm 직경 파이프를 2로 하면 각 파이프에서 평균 속도, Reynolds 수, 마찰계수, 수두 손실은 다음과 같다.

$$V_1 = \frac{\dot{V}_1}{A_{c,1}} = \frac{\dot{V}_1}{\pi D_1^2/4} \quad \rightarrow \quad V_1 = \frac{\dot{V}_1}{\pi(0.04\text{ m})^2/4} \tag{5}$$

$$V_2 = \frac{\dot{V}_2}{A_{c,2}} = \frac{\dot{V}_2}{\pi D_2^2/4} \quad \rightarrow \quad V_2 = \frac{\dot{V}_2}{\pi(0.08\text{ m})^2/4} \tag{6}$$

$$\text{Re}_1 = \frac{\rho V_1 D_1}{\mu} \quad \rightarrow \quad \text{Re}_1 = \frac{(998\text{ kg/m}^3)V_1(0.04\text{ m})}{1.002 \times 10^{-3}\text{ kg/m·s}} \tag{7}$$

$$\text{Re}_2 = \frac{\rho V_2 D_2}{\mu} \quad \rightarrow \quad \text{Re}_2 = \frac{(998\text{ kg/m}^3)V_2(0.08\text{ m})}{1.002 \times 10^{-3}\text{ kg/m·s}} \tag{8}$$

$$\frac{1}{\sqrt{f_1}} = -2.0\log\left(\frac{\varepsilon/D_1}{3.7} + \frac{2.51}{\text{Re}_1\sqrt{f_1}}\right)$$
$$\rightarrow \quad \frac{1}{\sqrt{f_1}} = -2.0\log\left(\frac{0.000045}{3.7 \times 0.04} + \frac{2.51}{\text{Re}_1\sqrt{f_1}}\right) \tag{9}$$

$$\frac{1}{\sqrt{f_2}} = -2.0\log\left(\frac{\varepsilon/D_2}{3.7} + \frac{2.51}{\text{Re}_2\sqrt{f_2}}\right)$$
$$\rightarrow \quad \frac{1}{\sqrt{f_2}} = -2.0\log\left(\frac{0.000045}{3.7 \times 0.08} + \frac{2.51}{\text{Re}_2\sqrt{f_2}}\right) \tag{10}$$

$$h_{L,1} = f_1 \frac{L_1}{D_1}\frac{V_1^2}{2g} \quad \rightarrow \quad h_{L,1} = f_1 \frac{36 \text{ m}}{0.04 \text{ m}} \frac{V_1^2}{2(9.81 \text{ m/s}^2)} \tag{11}$$

$$h_{L,2} = f_2 \frac{L_2}{D_2}\frac{V_2^2}{2g} \quad \rightarrow \quad h_{L,2} = f_2 \frac{36 \text{ m}}{0.08 \text{ m}} \frac{V_2^2}{2(9.81 \text{ m/s}^2)} \tag{12}$$

$$\dot{V} = \dot{V}_1 + \dot{V}_2 \tag{13}$$

따라서 13개의 미지수와 13개의 방정식이 되고, 방정식 풀이기에 의하면 다음 결과가 얻어진다.

$$\dot{V} = \mathbf{0.0300\ m^3/s}, \quad \dot{V}_1 = \mathbf{0.00415\ m^3/s}, \quad \dot{V}_2 = \mathbf{0.0259\ m^3/s}$$

$$V_1 = 3.30 \text{ m/s}, \ V_2 = 5.15 \text{ m/s}, \ h_L = h_{L,1} = h_{L,2} = 11.1 \text{ m}, \ h_{\text{pump}} = 19.1 \text{ m}$$

$$\text{Re}_1 = 131{,}600, \quad \text{Re}_2 = 410{,}000, \quad f_1 = 0.0221, \quad f_2 = 0.0182$$

여기서 두 파이프 모두 Re > 4000이고, 따라서 난류 가정이 맞는다는 것이 입증된다.

토의 두 파이프는 직경만 두 배로 다를 뿐 길이가 같고 동일한 조도를 가지고 있다. 그러나 첫 번째 파이프로는 전체 유량의 14%만 흐른다. 따라서 유량은 직경에 따라 크게 달라짐을 알 수 있다. 만일 두 수조의 높이가 같다면($z_A = z_B$), 유량은 0.0300 m³/s에서 0.0361 m³/s로 20% 증가한다. 또한 비가역 수두 손실을 무시하면 유량은 0.0715 m³/s가 될 것이다(138% 증가).

예제 7-8 중력에 의한 파이프 내 물의 유동

그림 7-51에 나타나 있듯이, 10°C 물이 5 cm 직경의 주철 배관 시스템을 통하여 큰 수조에서 작은 수조로 흐른다. 유량이 6 L/s일 때, 높이 z_1을 구하라.

풀이 두 수조를 연결하는 배관 시스템 내 유량이 주어졌을 때 공급 수조의 높이를 구하고자 한다.

가정 **1** 유동은 정상 상태이고, 비압축성이다. **2** 수조의 높이는 일정하다. **3** 관로 중에 펌프나 터빈은 없다.

상태량 10°C 물의 밀도와 점성계수는 각각 $\rho = 999.7$ kg/m³, $\mu = 1.307 \times 10^{-3}$ kg/m · s이고, 주철관의 조도는 $\varepsilon = 0.00026$ m이다(표 7-2).

해석 배관 시스템은 89 m 길이의 파이프, 각진 입구부($K_L = 0.5$), 두 개의 표준형 플랜지 엘보(각각 $K_L = 0.3$), 완전히 열린 게이트 밸브($K_L = 0.2$), 돌출된 출구부($K_L = 1.06$)로 구성된다. 1점과 2점을 두 수조의 자유표면으로 하면 각 점의 압력은 대기압이고($P_1 = P_2 = P_{\text{atm}}$), 속도는 $0(V_1 \cong V_2 \cong 0)$이다. 따라서 두 점 사이의 검사체적에 대한 에너지 방정식은 다음과 같이 나타난다.

$$\frac{\cancel{P_1}}{\rho g} + \alpha_1 \frac{\cancelto{0}{V_1^2}}{2g} + z_1 = \frac{\cancel{P_2}}{\rho g} + \alpha_2 \frac{\cancelto{0}{V_2^2}}{2g} + z_2 + h_L \quad \rightarrow \quad z_1 = z_2 + h_L$$

여기서 배관 시스템의 직경이 일정하므로 다음 식이 성립한다.

$$h_L = h_{L,\text{ total}} = h_{L,\text{ major}} + h_{L,\text{ minor}} = \left(f\frac{L}{D} + \sum K_L\right)\frac{V^2}{2g}$$

파이프 내 평균유속과 Reynolds 수는 다음과 같이 얻어진다.

$$V = \frac{\dot{V}}{A_c} = \frac{\dot{V}}{\pi D^2/4} = \frac{0.006\text{ m}^3/\text{s}}{\pi(0.05\text{ m})^2/4} = 3.06\text{ m/s}$$

$$\text{Re} = \frac{\rho VD}{\mu} = \frac{(999.7\text{ kg/m}^3)(3.06\text{ m/s})(0.05\text{ m})}{1.307\times10^{-3}\text{ kg/m·s}} = 117{,}000$$

Re > 4000이므로 유동은 난류이다. 상대조도는 $\varepsilon/D = 0.00026/0.05 = 0.0052$이므로, Colebrook 공식(또는 Moody 선도)으로부터 마찰계수를 구하면 다음과 같다.

$$\frac{1}{\sqrt{f}} = -2.0\log\left(\frac{\varepsilon/D}{3.7} + \frac{2.51}{\text{Re}\sqrt{f}}\right) \rightarrow \frac{1}{\sqrt{f}} = -2.0\log\left(\frac{0.0052}{3.7} + \frac{2.51}{117{,}000\sqrt{f}}\right)$$

반복 계산으로 $f = 0.0315$를 얻는다. 따라서 손실계수의 총합은 다음과 같다.

$$\sum K_L = K_{L,\text{ entrance}} + 2K_{L,\text{ elbow}} + K_{L,\text{ valve}} + K_{L,\text{ exit}}$$
$$= 0.5 + 2\times0.3 + 0.2 + 1.06 = 2.36$$

따라서 총 수두 손실과 공급 수조의 높이는 다음과 같이 얻어진다.

$$h_L = \left(f\frac{L}{D} + \sum K_L\right)\frac{V^2}{2g} = \left(0.0315\frac{89\text{ m}}{0.05\text{ m}} + 2.36\right)\frac{(3.06\text{ m/s})^2}{2(9.81\text{ m/s}^2)} = 27.9\text{ m}$$

$$z_1 = z_2 + h_L = 4 + 27.9 = \mathbf{31.9\text{ m}}$$

그러므로 공급 수조의 자유표면이 지면에서 31.9 m의 높이에 있을 때 두 수조 사이에 주어진 유량이 흐를 수 있다..

토의 이 문제의 경우 fL/D=56.1로, 부차적 손실계수 총합의 약 24배이다. 따라서 부차적 손실을 무시하면 약 4%의 오차가 생긴다. 밸브를 3/4만큼 닫으면 총 수두 손실은 35.9 m가 되고(27.9 m 대신에), 엘보와 수직 파이프를 제거하여 관로를 지면 높이의 직선으로 배치하면 총 수두 손실은 24.8 m로 떨어지게 된다. 입구부를 둥글게 하면 수두 손실을 24.8 m에서 24.6 m로 더 줄일 수 있다. 파이프 재질을 주철에서 플라스틱과 같은 매끈한 표면으로 하면 수두 손실을 현저히 (27.9에서 16.0 m로) 감소시킬 수 있다.

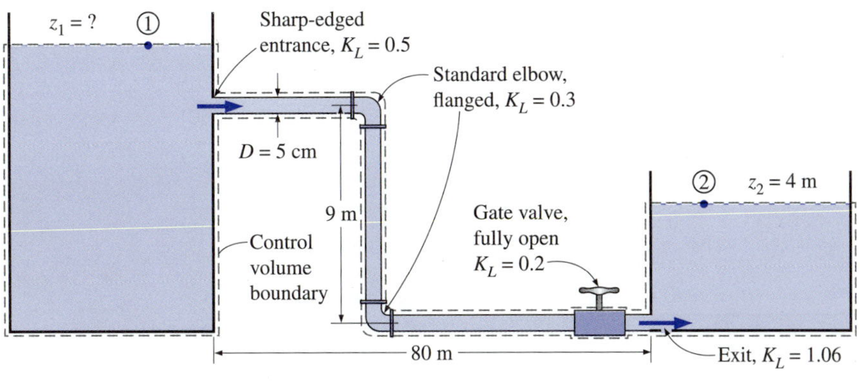

그림 7-51
예제 7-8에서 논의된 배관 시스템.

예제 7-9 물내림이 샤워 유량에 미치는 영향

그림 7-52에 보인 바와 같이 건물 내 화장실 배관은 1.5 cm 직경의 동 파이프와 나사 연결부로 구성되어 있다. (a) 샤워기가 작동하고 변기에 물이 가득 차 있을 때(변기로 연결된 가지관으로의 유동은 없음), 시스템 입구부의 계기 압력이 200 kPa이다. 이때 샤워기에서 배출되는 유량을 구하라. (b) 변기의 물내림(flushing)이 샤워기를 통해 흐르는 유량에 미치는 영향을 결정하라. 샤워기와 변기의 손실계수는 각각 12와 14로 취하라.

풀이 화장실의 냉수 관로가 주어졌을 때 샤워 유량과 변기 물내림에 의한 샤워 유량 변화를 구하고자 한다.

가정 **1** 유동은 정상 상태이고, 비압축성이다. **2** 유동은 난류이고, 완전발달되어 있다. **3** 변기는 대기 중에 노출되어 있다. **4** 속도 수두는 미미하다.

상태량 20℃ 물의 상태량은 $\rho = 998\ \text{kg/m}^3$, $\mu = 1.002 \times 10^{-3}\ \text{kg/m}\cdot\text{s}$, $\nu = \mu/\rho = 1.004 \times 10^{-6}\ \text{m}^2/\text{s}$이고, 동 파이프의 조도는 $\varepsilon = 1.5 \times 10^{-6}$ m이다.

해석 파이프 직경과 압력 강하가 주어졌을 때 유량을 구하는 문제이므로 두 번째 유형의 문제이다. 이 경우 유량(또는 유속)을 모르기 때문에 반복 계산을 해야 한다.

(a) 샤워기가 연결된 배관 시스템은 11 m 길이의 파이프, 티($K_L = 0.9$), 두 개의 표준형 엘보(각각 $K_L = 0.9$), 완전히 열린 글로브 밸브($K_L = 10$), 샤워기($K_L = 12$)로 구성된다. 따라서 $\sum K_L = 0.9 + 2 \times 0.9 + 10 + 12 = 24.7$이 된다. 샤워기가 대기 중에 노출되어 있고 속도 수두가 미미하므로, 1점과 2점 사이의 검사체적에 대한 에너지 방정식은 다음과 같이 나타난다.

$$\frac{P_1}{\rho g} + \alpha_1 \frac{V_1^2}{2g} + z_1 + h_{\text{pump},\,u} = \frac{P_2}{\rho g} + \alpha_2 \frac{V_2^2}{2g} + z_2 + h_{\text{turbine},\,e} + h_L$$

$$\rightarrow \quad \frac{P_{1,\,\text{gage}}}{\rho g} = (z_2 - z_1) + h_L$$

따라서 수두 손실은 다음과 같다.

$$h_L = \frac{200{,}000\ \text{N/m}^2}{(998\ \text{kg/m}^3)(9.81\ \text{m/s}^2)} - 2\ \text{m} = 18.4\ \text{m}$$

또한 관로의 직경이 일정하므로 다음이 성립한다.

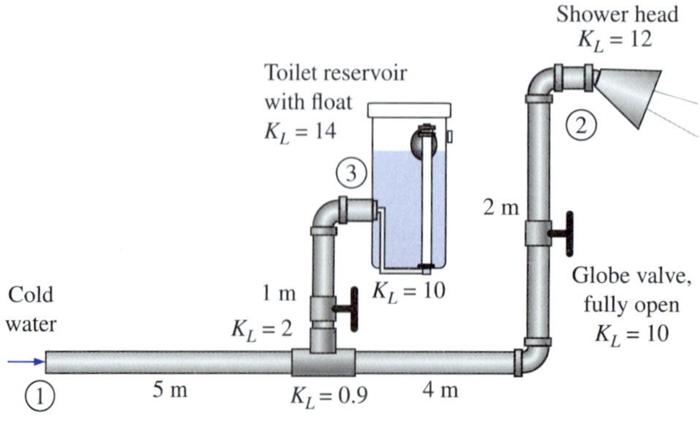

그림 7-52
예제 7-9에 대한 개략도.

$$h_L = \left(f\frac{L}{D} + \sum K_L\right)\frac{V^2}{2g} \quad \rightarrow \quad 18.4 = \left(f\frac{11\text{ m}}{0.015\text{ m}} + 24.7\right)\frac{V^2}{2(9.81\text{ m/s}^2)}$$

파이프 내 평균 속도, Reynolds 수, 마찰계수는 다음과 같이 얻어진다.

$$V = \frac{\dot{V}}{A_c} = \frac{\dot{V}}{\pi D^2/4} \quad \rightarrow \quad V = \frac{\dot{V}}{\pi(0.015\text{ m})^2/4}$$

$$\text{Re} = \frac{VD}{\nu} \quad \rightarrow \quad \text{Re} = \frac{V(0.015\text{ m})}{1.004\times10^{-6}\text{ m}^2/\text{s}}$$

$$\frac{1}{\sqrt{f}} = -2.0\log\left(\frac{\varepsilon/D}{3.7} + \frac{2.51}{\text{Re}\sqrt{f}}\right)$$

$$\rightarrow \quad \frac{1}{\sqrt{f}} = -2.0\log\left(\frac{1.5\times10^{-6}\text{ m}}{3.7(0.015\text{ m})} + \frac{2.51}{\text{Re}\sqrt{f}}\right)$$

EES와 같은 방정식 풀이기를 사용하여 네 개의 미지수와 네 개의 방정식을 풀면 다음의 결과가 얻어진다.

$$\dot{V} = 0.00053\text{ m}^3/\text{s},\quad f = 0.0218,\quad V = 2.98\text{ m/s 과} \qquad \text{Re} = 44{,}550$$

즉, 샤워기 송출 유량은 **0.53 L/s**이다.

(b) 변기의 물을 내리면 부구(float)가 움직여서 밸브를 연다. 변기 내로 물이 다시 채워지기 시작하면 티 이후로 병렬 유동이 형성된다. 샤워기 가지관의 수두 손실과 부차적 손실계수는 (a)로부터 각각 $h_{L,2} = 18.4$ m, $\sum K_{L,2} = 24.7$이다. 마찬가지로 변기 가지관에서 값들은 다음과 같이 얻어진다.

$$h_{L,3} = \frac{200{,}000\text{ N/m}^2}{(998\text{ kg/m}^3)(9.81\text{ m/s}^2)} - 1\text{ m} = 19.4\text{ m}$$

$$\sum K_{L,3} = 2 + 10 + 0.9 + 14 = 26.9$$

이 경우에 관련되는 방정식들은 다음과 같다.

$$\dot{V}_1 = \dot{V}_2 + \dot{V}_3$$

$$h_{L,2} = f_1\frac{5\text{ m}}{0.015\text{ m}}\frac{V_1^2}{2(9.81\text{ m/s}^2)} + \left(f_2\frac{6\text{ m}}{0.015\text{ m}} + 24.7\right)\frac{V_2^2}{2(9.81\text{ m/s}^2)} = 18.4$$

$$h_{L,3} = f_1\frac{5\text{ m}}{0.015\text{ m}}\frac{V_1^2}{2(9.81\text{ m/s}^2)} + \left(f_3\frac{1\text{ m}}{0.015\text{ m}} + 26.9\right)\frac{V_3^2}{2(9.81\text{ m/s}^2)} = 19.4$$

$$V_1 = \frac{\dot{V}_1}{\pi(0.015\text{ m})^2/4},\quad V_2 = \frac{\dot{V}_2}{\pi(0.015\text{ m})^2/4},\quad V_3 = \frac{\dot{V}_3}{\pi(0.015\text{ m})^2/4}$$

$$\text{Re}_1 = \frac{V_1(0.015\text{ m})}{1.004\times10^{-6}\text{m}^2/\text{s}},\ \text{Re}_2 = \frac{V_2(0.015\text{ m})}{1.004\times10^{-6}\text{m}^2/\text{s}},\ \text{Re}_3 = \frac{V_3(0.015\text{ m})}{1.004\times10^{-6}\text{m}^2/\text{s}}$$

그림 7-53
샤워기의 냉수 유량은 근처 변기의 물내림에 의해 크게 영향을 받을 수 있다.

$$\frac{1}{\sqrt{f_1}} = -2.0\log\left(\frac{1.5\times 10^{-6}\text{ m}}{3.7(0.015\text{ m})} + \frac{2.51}{\text{Re}_1\sqrt{f_1}}\right)$$

$$\frac{1}{\sqrt{f_2}} = -2.0\log\left(\frac{1.5\times 10^{-6}\text{ m}}{3.7(0.015\text{ m})} + \frac{2.51}{\text{Re}_2\sqrt{f_2}}\right)$$

$$\frac{1}{\sqrt{f_3}} = -2.0\log\left(\frac{1.5\times 10^{-6}\text{ m}}{3.7(0.015\text{ m})} + \frac{2.51}{\text{Re}_3\sqrt{f_3}}\right)$$

방정식 풀이기를 사용하여 12개의 미지수와 12개의 방정식을 풀어 유량을 구하면 다음이 얻어진다.

$$\dot{V}_1 = 0.00090\text{ m}^3/\text{s},\quad \dot{V}_2 = 0.00042\text{ m}^3/\text{s}\text{ 과 }\quad \dot{V}_3 = 0.00048\text{ m}^3/\text{s}$$

그러므로 변기의 물을 내림으로써 **샤워기에 공급되는 찬물의 유량이** 0.53 L/s에서 0.42 L/s로 **21% 감소하며**, 따라서 샤워기 물이 갑자기 매우 뜨겁게 된다(그림 7-53).

토의 만일 속도 수두를 고려하면 샤워기 유량은 0.42 L/s가 아니고 0.43 L/s가 된다. 따라서 이 문제에서 속도 수두를 무시한 가정은 타당하다. 배관 시스템의 누수도 동일한 효과를 유발하므로 송출부의 유량이 갑자기 줄어들면 배관의 누수를 의심할 필요가 있다.

7-8 유량과 속도 측정

유체역학의 주된 응용분야는 유체의 유량을 결정하는 것이고, 그리고 유동 계량(flow metering)의 목적으로 다년간에 걸쳐 수많은 장치가 개발되어 왔다. 유량계(flowmeter)는 복잡성, 크기, 비용, 정확도, 다용도성, 용량, 압력 강하, 작동 원리에 따라 다양한 종류가 있다. 이 절에서는 파이프나 덕트를 흐르는 기체나 액체의 유량을 측정할 때 일반적으로 널리 사용되는 계측기에 대해 살펴본다. 여기에서 논의는 비압축성 유동에 국한한다.

일부 유량계는 체적을 알고 있는 용기 내로 유체를 연속적으로 충전 또는 방출하고, 단위 시간당 방출 횟수를 추적함으로써 유량을 직접 측정한다. 그러나 대부분의 유량계는 유량을 간접 방식으로 측정하는데, 평균 속도 V를 측정하거나 평균 속도와 관련되는 압력이나 항력을 측정하고, 다음 식으로부터 체적유량 $\dot{V}$를 구한다.

$$\dot{V} = VA_c \tag{7-65}$$

여기서 A_c는 유동 단면적이다. 즉, 대부분의 유량계는 유속을 측정하여 유량을 결정하므로 사실은 단순히 유속계로 볼 수 있다.

유속 측정 시에는 파이프 내 속도가 벽면에서 영으로부터 중심에서 최대까지 변한다는 사실을 유념하여야 한다. 층류 유동의 경우 평균 속도는 중심 속도의 절반이다. 하지만 난류 유동의 경우는 속도 분포가 평평하므로 몇 군데에서 측정하여 가중평균 또는 적분값을 구한다.

유량 측정에는 단순한 방법부터 복잡한 방법까지 여러 종류가 있다. 단순한 방법의 예를 들면, 호스를 통해 흐르는 유량은 체적을 알고 있는 통에 물을 받고 그 받은 양을 받은 시간으로 나누면 알 수 있다(그림 7-54). 강물의 유속을 알 수 있는 간단한 방법은 강물 위에 부표를 띄우고 정해진 거리까지 흘러가는 데 걸리는 시간을 측정하면 된다. 복잡한 방법의 예로, 어떤 유량계는 흐르는 유체 내에서 소리의 전파를 이용하기도 하고, 유체가 자기장을 통과할 때 발생하는 기전력을 이용하기도 한다. 이 절에서는 4장에서 소개된 피토 정압관을 비롯하여 유량 및 속도 측정에 널리 사용되는 계측 장치를 살펴보기로 한다.

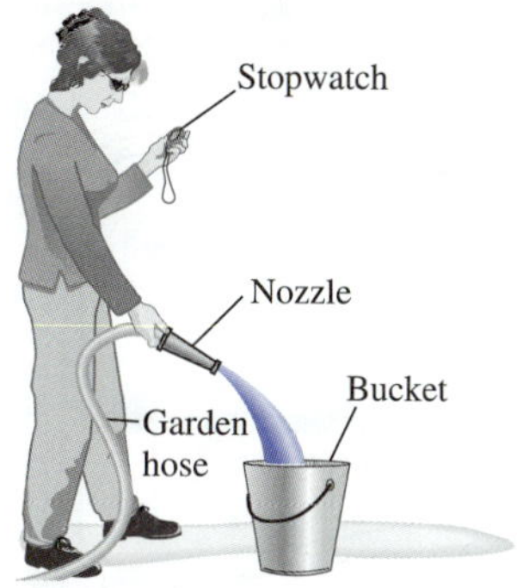

그림 7-54
정원호스의 유량을 측정하는 단순하지만 정확한 방법은 통에 물을 받고 그 시간을 측정하는 것이다.

피토관과 피토 정압관

프랑스 엔지니어 Henri de Pitot(1695-1771)의 이름을 딴 **피토관(Pitot probe 혹은 Pitot tube)**과 **피토 정압관(Pitot-static probe)**은 유속 측정에 널리 사용된다. 피토관은 정체점(stagnation point)에 압력공이 위치하는 튜브로 정체압(stagnation pressure)을 측정하는 반면, 피토 정압관에는 정체 압력공과 원주방향으로 몇 개의 정압공이 있어서 정체압과 정압을 동시에 측정한다(그림 7-55와 그림 7-56). Pitot는 최초로 상류점관(upstream point tube)을 사용하여 유속을 측정하였고, 프랑스 엔지니어 Henry Darcy(1803-1858)는 동일한 관 조립품에 정압관을 배치하고 작은 구멍을 뚫는 등 오늘날 사용되는 계측기의 특징을 거의 갖춘 피토 정압관을 개발하였다. 따라서 피토 정압관을 **Pitot-Darcy 관**으로 부르는 것이 좀 더 합당하다.

피토 정압관은 압력차를 측정하고, 이를 Bernoulli 식과 연관하여 국소 속도를 결정한다. 피토 정압관은 유동과 정렬된 이중관으로, 내측관은 선단부(1점)에서 정체압을 측정하고, 외측관은 외측(2점)에 가공된 구멍으로 정압을 측정한다. 충분히 높은 속도를 가진(1점과 2점 사이의 마찰 효과를 무시할 수 있을 만큼) 비압축성 유동에서 Bernoulli 방정식은 다음과 같다.

$$\frac{P_1}{\rho g} + \frac{V_1^2}{2g} + z_1 = \frac{P_2}{\rho g} + \frac{V_2^2}{2g} + z_2 \qquad (7\text{-}66)$$

정압공은 피토 정압관의 바깥쪽에 위치하므로 $z_1 \cong z_2$이고, 1점은 정체점이므로 $V_1 = 0$이며, 유동 속도 $V = V_2$는 다음과 같이 얻어진다.

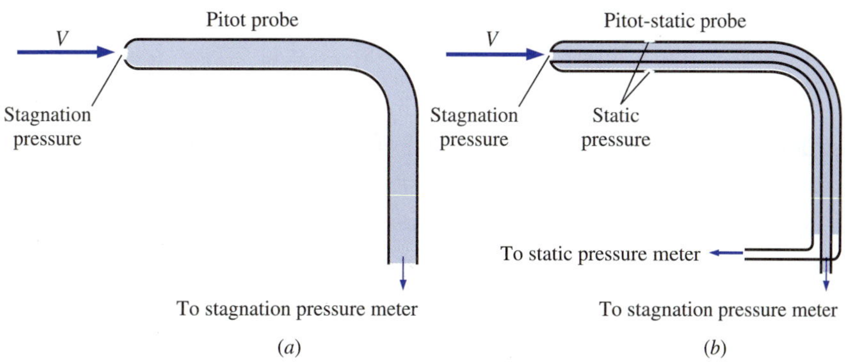

그림 7-55
(a) 피토관은 프로브 선단의 정체압을 측정한다. 반면 (b) 피토 정압관은 정체압과 정압을 측정하며, 이로부터 유속이 계산된다.

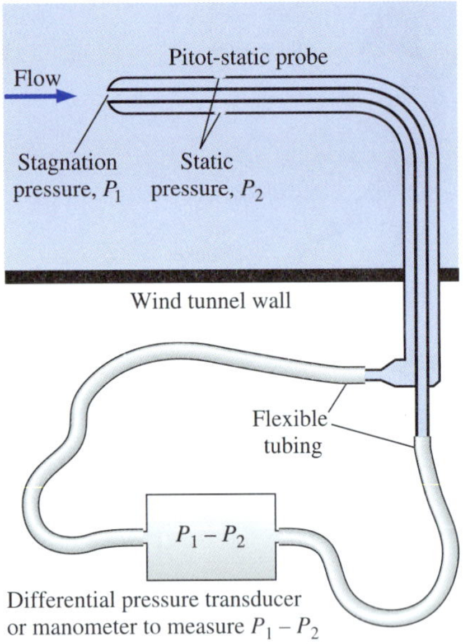

그림 7-56
피토 정압관을 사용한 유속 측정(차압 변환기 대신 마노미터를 사용할 수 있다).

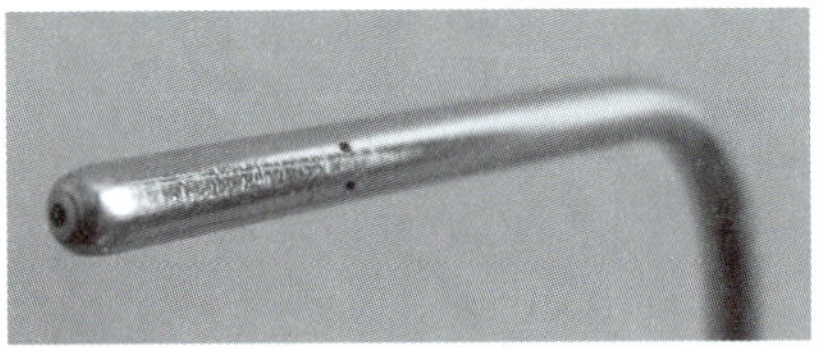

그림 7-57
피토 정압관의 확대 사진으로, 정체압 구멍과 다섯 개의 원주방향 정압 구멍 중 두 개가 보인다.
Photo by Po-Ya Abel Chuang.

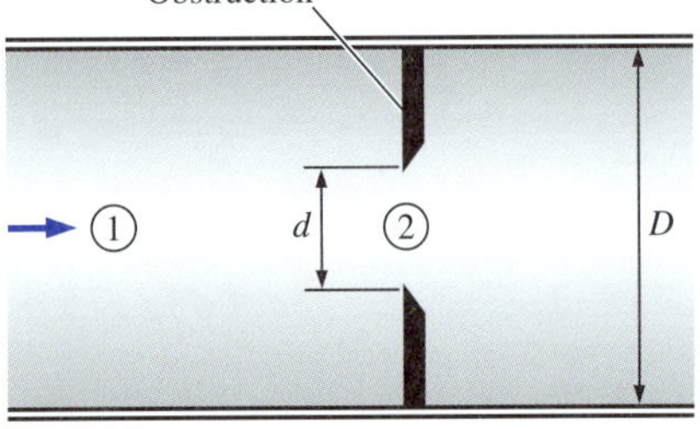

그림 7-58
파이프 내 교축부를 지나는 유동.

피토 공식: $$V = \sqrt{\frac{2(P_1 - P_2)}{\rho}} \tag{7-67}$$

위 식은 **피토 공식(Pitot formula)**으로 알려져 있다. 만일 측정점에서 속도가 평균 속도와 같다면 체적유량은 $\dot{V} = VA_c$가 된다.

피토 정압관은 간단하고 저렴하며, 구동부가 없는 신뢰도가 높은 장치이다(그림 7-57). 또한 장치로 인해 유발되는 압력차는 매우 작고, 유동을 크게 교란시키지도 않는다. 그러나 피토 정압관이 유동과 정렬되지 않으면 오차가 매우 커지므로 유의하여야 한다. 또한 정압과 정체압 간의 차이(즉, 동압)는 유체의 밀도와 유속의 제곱에 비례한다. 피토 정압관은 액체와 기체 모두의 유속 측정에 사용 가능하다. 피토 정압관이 기체 유동에 사용될 때 밀도가 작은 기체의 경우는 유속이 충분히 빨라야 측정 가능한 동압이 형성됨에 유의하여야 한다.

장애물식 유량계: 오리피스, 벤투리, 노즐 유량계

그림 7-58에 보인 바와 같이, 직경이 d인 유동 면적으로 축소하는 직경 D인 수평 파이프 내의 비압축성 정상 상태의 유체 유동을 고려해 보자. 교축(constriction) 전의 위치(1점)와 교축이 발생하는 위치(2점) 사이에 질량 평형식과 Bernoulli 방정식은 다음과 같다.

질량 평형식: $$\dot{V} = A_1V_1 = A_2V_2 \quad \rightarrow \quad V_1 = (A_2/A_1)V_2 = (d/D)^2V_2 \tag{7-68}$$

Bernoulli 방정식($z_1 = z_2$): $$\frac{P_1}{\rho g} + \frac{V_1^2}{2g} = \frac{P_2}{\rho g} + \frac{V_2^2}{2g} \tag{7-69}$$

식 (7-68)과 식 (7-69)로부터 속도 V_2를 구하면 다음의 결과가 얻어진다.

장애물(손실이 없을 때): $$V_2 = \sqrt{\frac{2(P_1 - P_2)}{\rho(1 - \beta^4)}} \tag{7-70}$$

여기서 $\beta = d/D$는 직경비이다. V_2가 구해지면 유량은 $\dot{V} = A_2V_2 = (\pi d^2/4)V_2$가 된다.

위의 간단한 해석은 유동을 교축하고 그리고 교축부(constriction site)에서 속도의 증가에 기인한 압력 감소를 측정하면 파이프를 통해 흐르는 유량을 결정할 수 있음을 보여 준다. 두 점에서 압력차는 차압계 또는 마노미터를 이용하여 쉽게 측정이 가능하므로 유동을 방해(obstruct, 또는 폐색)함으로써 간단한 유량 측정이 가능한 것으로 보인다. 이러한 원리에 의한 유량계를 **장애물(또는 폐색)식 유량계(obstruction flowmeter)**라고 하는데, 기체나 액체의 유량 측정에 널리 사용된다.

식 (7-70)에서 얻은 속도는 손실이 없다고 가정해서 얻은 값으로 교축부에서 얻을 수 있는 최대 속도이다. 그러나 실제로는 마찰에 의한 압력 손실이 존재하고, 따라서 속도는 감소한다. 또한 유선은 교축부를 지나서도 계속 축소되고, 베나 콘트랙타(통로가 좁아져 생긴 흐름)의 면적은 교축부의 면적보다 작게 된다. 이러한 손실들은 실험적으로 얻는 보정계수인 **유량계수(discharge coefficient)** C_d에 고려되는데, 이를 포함한 장애물식 유량계의 유량은 다음과 같이 표시된다.

장애물식 유량계:
$$\dot{V} = A_0 C_d \sqrt{\frac{2(P_1 - P_2)}{\rho(1 - \beta^4)}} \tag{7-71}$$

여기서 $A_0 = A_2 = \pi d^2/4$는 교축부의 단면적이고, $\beta = d/D$는 교축부와 파이프의 직경비이다. 유량계수 C_d는 β와 Reynolds 수 $\text{Re} = V_1 D/\nu$의 함수로, 여러 형태의 장애물식 유량계에 대해 선도와 상관식이 존재한다.

장애물식 유량계 중 가장 널리 사용되는 것이 오리피스 유량계, 노즐 유량계, 벤투리 유량계이다(그림 7-59). 표준 형상에 대하여 실험적으로 결정된 유량계수는 다음과 같다(Miller, 1997).

오리피스 유량계:
$$C_d = 0.5959 + 0.0312\beta^{2.1} - 0.184\beta^8 + \frac{91.71\beta^{2.5}}{\text{Re}^{0.75}} \tag{7-72}$$

노즐 유량계:
$$C_d = 0.9975 - \frac{6.53\beta^{0.5}}{\text{Re}^{0.5}} \tag{7-73}$$

위의 두 관계식은 $0.25 < \beta < 0.75$, $10^4 < \text{Re} < 10^7$인 범위에서 유효하다. 그러나 C_d 값은 장애물의 설계에 따라 다소 달라지기 때문에 가능하면 제작사의 데이터를 참조해야 한다. 그런데 Reynolds 수는 유동 속도와 관련이 있고, 이 속도는 미리 알지 못하므로, C_d에 대한 상관식을 이용하여 계산할 때는 반복 계산이 필요하다. Reynolds 수가 큰($\text{Re} > 30{,}000$) 유동에 대해 C_d값은 노즐 유량계의 경우는 0.96으로, 오리피스 유량계의 경우는 0.61로 일정한 값이 된다.

벤투리 유량계의 경우는 유선형 유로 설계로 인하여 유량계수가 0.95에서 0.99(Reynolds 수가 클수록 C_d도 커짐)로 매우 크다. 제작사의 데이터가 없다면 $C_d = 0.98$을 사용한다.

오리피스 유량계는 모양이 단순하며, 중간에 구멍이 뚫린 판 하나만 필요하므로 설치에 필요한 공간이 적고, 따라서 여러 형태가 존재한다(그림 7-60). 어떤 것은 모서리가 날카롭고 어떤 것은 둥글게 처리되어 있기도 하다. 오리피스 유량계에서

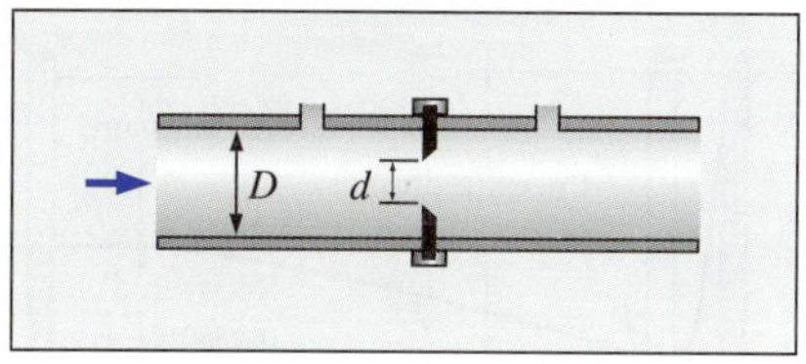

(a) Orifice meter

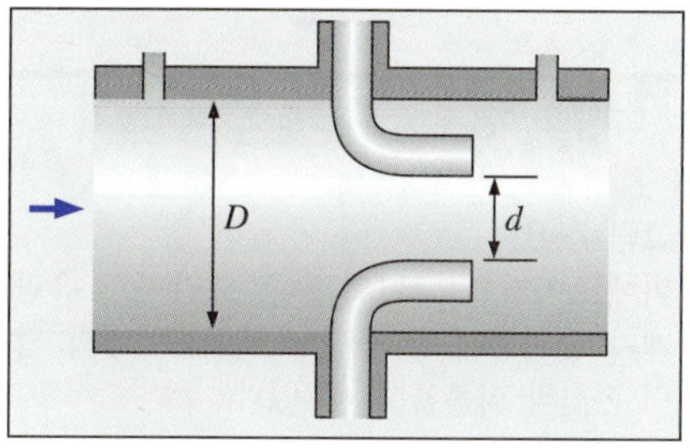

(b) Flow nozzle

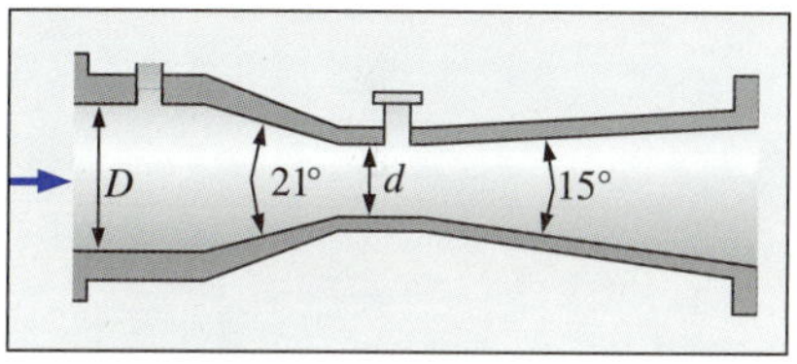

(c) Venturi meter

그림 7-59
대표적인 장애물식 유량계.

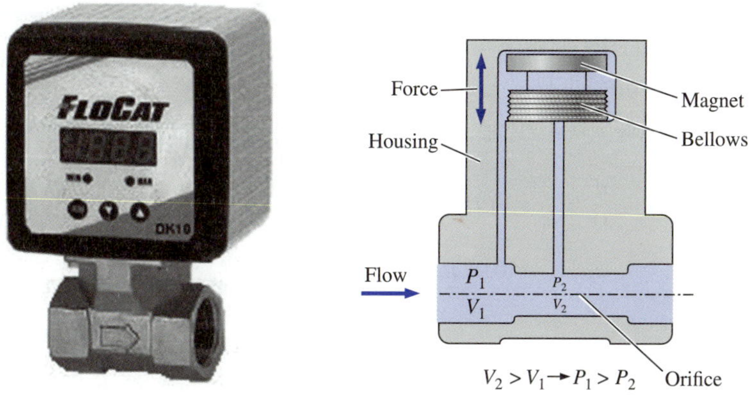

그림 7-60
오리피스 유량계와 그 개략도. 내장된 압력 변환기와 디지털 지시계가 보인다.
Courtesy KOBOLD Instruments, Pittsburgh, PA. www.koboldusa.com. Used by permission.

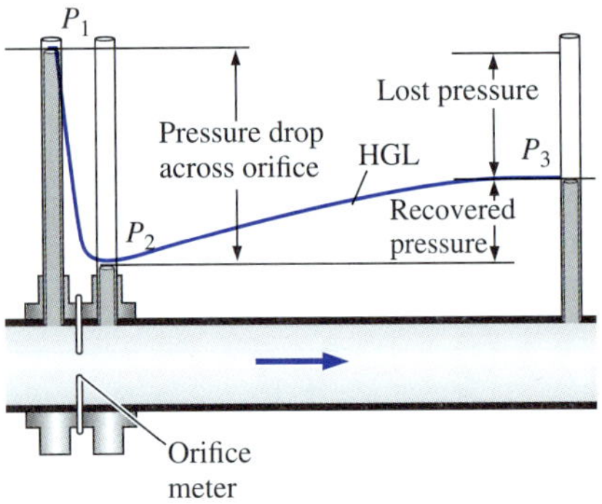

그림 7-61
피에조미터관으로 측정한, 오리피스 유량계가 장착된 유동 구간 내의 압력 변화. 압력 손실과 회복을 볼 수 있다.

는 급격한 유동 면적 변화에 의해 선회 유동이 발생하며, 따라서 그림 7-61과 같이 수두 손실 또는 압력 손실이 크게 나타난다. 노즐 유량계는 오리피스가 노즐로 대체되는데, 노즐 내 유동은 매끄럽기 때문에 베나 콘트랙타는 사라지고 수두 손실은 작다. 하지만 노즐 유량계는 오리피스 유량계보다 더 비싸다.

벤투리 유량계는 미국 엔지니어 Clemans Herschel(1842-1930)에 의해 발명되고 이탈리아인 Giovanni Venturi(1746-1822)의 원추형 유동 구간에 대한 공로를 기리고자 그의 이름을 따라 명명되었는데, 현재 논의하는 유량계 중 가장 정확하지만, 가장 비싸다. 유로가 점진적으로 축소와 확대가 되므로 유동 박리와 선회류가 생기지 않고, 내측 벽면에서 마찰 손실만이 존재한다. 벤투리 유량계의 수두 손실은 매우 작고, 따라서 관로 내 압력 강하를 최소화해야 하는 곳에서 선호된다.

장애물식 유량계가 배관 시스템에 설치될 때 유동 시스템에 미치는 순수 효과는 부차적 손실의 효과와 유사하다. 유량계의 손실계수는 보통 제작사에서 제공되는데, 시스템에서 부차적 손실의 합산 시 필히 포함되어야 한다. 일반적으로 오리피스 유량계의 손실이 가장 크고, 벤투리 유량계의 손실이 가장 작다. 또한 측정된 압력차 $P_1 - P_2$가 압력 측정 위치의 영향으로 장애물식 유량계에 의해 유발되는 전체 압력 강하와 같지는 않다는 것을 유의해야 한다.

장애물식 유량계는 압축성 기체의 유량 측정에도 사용되지만, 압축성 효과를 나타내는 부가적인 보정계수가 식 (7-71)에 포함된다. 이 경우 방정식은 체적유량보다는 **질량유량**으로 표현된다. 압축성 보정계수는 C_d의 경우와 같이 제작사에서 곡선접합 방정식의 형태로 제공된다.

예제 7-10 오리피스 유량계에 의한 유량 측정

직경이 4 cm인 파이프를 통해 흐르는 20°C 메탄올($\rho = 788.4$ kg/m^3, $\mu = 5.857 \times 10^{-4}$ kg/m · s)의 유량을 그림 7-62와 같이 수은 마노미터가 장착된 3 cm 직경의 오리피스 유량계로 측정하고자 한다. 마노미터의 높이차가 11 cm일 때, 메탄올의 유량과 평균 유속을 구하라.

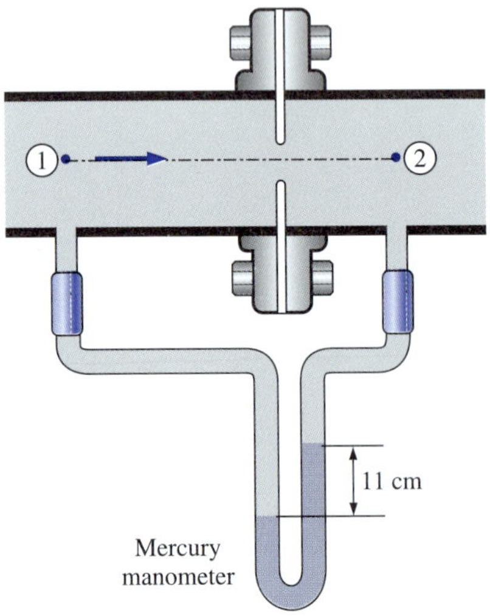

그림 7-62
예제 7-10에서 고려한 오리피스 유량계에 대한 개략도.

풀이 메탄올의 유량을 오리피스 유량계로 측정한다. 오리피스 전후의 압력 강하가 주어질 때, 유량과 평균 유속을 구하고자 한다.

가정 1 유량은 정상 상태이고, 비압축성이다. 2 오리피스 유량계의 유량계수 $C_d = 0.61$이다.

상태량 메탄올의 밀도와 점성계수는 $\rho = 788.4$ kg/m^3, $\mu = 5.857 \times 10^{-4}$ kg/m · s이고, 수은의 밀도는 13,600 kg/m^{3}이다.

해석 오리피스의 직경비와 교축부 면적은 다음과 같다.

$$\beta = \frac{d}{D} = \frac{3}{4} = 0.75$$

$$A_0 = \frac{\pi d^2}{4} = \frac{\pi(0.03\text{ m})^2}{4} = 7.069 \times 10^{-4}\text{ m}^2$$

오리피스 전후의 압력 강하는 다음과 같이 표시된다.

$$\Delta P = P_1 - P_2 = (\rho_{Hg} - \rho_{met})gh$$

따라서 장애물식 유량계의 유량 관계식은 다음과 같다.

$$\dot{V} = A_0 C_d \sqrt{\frac{2(P_1 - P_2)}{\rho(1 - \beta^4)}} = A_0 C_d \sqrt{\frac{2(\rho_{Hg} - \rho_{met})gh}{\rho_{met}(1 - \beta^4)}} = A_0 C_d \sqrt{\frac{2(\rho_{Hg}/\rho_{met} - 1)gh}{1 - \beta^4}}$$

대입하면, 유량은 다음과 같이 결정된다.

$$\dot{V} = (7.069 \times 10^{-4} \text{ m}^2)(0.61)\sqrt{\frac{2(13{,}600/788.4 - 1)(9.81 \text{ m/s}^2)(0.11 \text{ m})}{1 - 0.75^4}}$$
$$= 3.09 \times 10^{-3} \text{ m}^3\text{/s}$$

이 값은 3.09 L/s이다. 파이프 내 평균 유속은 유량을 파이프 단면적으로 나누어 구한다.

$$V = \frac{\dot{V}}{A_c} = \frac{\dot{V}}{\pi D^2/4} = \frac{3.09 \times 10^{-3} \text{ m}^3\text{/s}}{\pi(0.04 \text{ m})^2/4} = 2.46 \text{ m/s}$$

파이프 내 유동의 Reynolds 수는 다음과 같다.

$$\text{Re} = \frac{\rho VD}{\mu} = \frac{(788.4 \text{ kg/m}^3)(2.46 \text{ m/s})(0.04 \text{ m})}{5.857 \times 10^{-4} \text{ kg/m·s}} = 1.32 \times 10^5$$

오리피스 유량계수 관계식에 $\beta = 0.75$와 $\text{Re} = 1.32 \times 10^5$을 대입하면 다음과 같다.

$$C_d = 0.5959 + 0.0312\beta^{2.1} - 0.184\beta^8 + \frac{91.71\beta^{2.5}}{\text{Re}^{0.75}}$$

위 식에서 $C_d = 0.601$을 얻는데, 이는 처음에 가정한 값 0.61과 다르다. $C_d = 0.601$을 사용하면 유량은 3.04 L/s로, 원래 결과와 1.6% 차이가 난다. 수 회 반복 계산을 수행하면 유량은 **3.04 L/s**, 평균 유속은 **2.42 m/s**에 수렴한다(유효숫자 세 자리까지).

토의 EES와 같은 방정식 풀이기를 사용하면 C_d의 상관식(Reynolds 수의 함수임)을 그대로 사용하여 모든 방정식을 동시에 풀 수 있다. 방정식 풀이기는 필요한 반복 계산을 수행한다.

용적식 유량계

자동차에 휘발유를 주유할 때, 휘발유의 유량보다는 탱크를 채우는 동안 노즐을 통해 흘러들어가는 휘발유의 총량이 중요하다. 마찬가지로 집에서 사용하는 물이나 천연 가스도 총량에 관심이 높다. 이처럼 파이프를 흐르는 순간 유량보다 일정 기간 동안 흐른 유체의 체적이나 질량의 총량을 계측하려고 할 때 사용되는 유량계가 **용적식 유량계(positive displacement flowmeter)**이다. 용적식 유량계는 여러 종류가 있는데, 측정 용기 내로 유체를 연속적으로 주입하고 방출함으로써 총량을 측정하는 것을 기본으로 하고 있다. 즉, 유입 유체의 일부분을 가두고, 이를 유량계의 방출 측으로 보내게 되며, 이러한 충전-방출 사이클 횟수를 계산하여 유체의 총량을 결정한다.

그림 7-63
두 개의 나선형 3-로브(lobe) 임펠러를 가진 용적식 유량계.
Courtesy Flow Technology, Inc. Source: www.ftimeters.com.

그림 7-63은 흐르는 액체에 의해 구동되는 두 개의 회전 임펠러(impeller)를 가

진 용적식 유량계이다. 각 임펠러에는 세 개의 기어 로브(lobe)가 있고, 로브가 비접촉식 센서를 지날 때마다 펄스(pulse) 신호가 생성된다. 각 펄스는 로브 사이의 액체 체적을 나타내고, 전자식 변환기는 펄스 신호를 체적 단위로 바꾼다. 이때 임펠러와 케이싱 사이의 간격을 조절하여 누설률을 최소화하고, 따라서 오차를 줄이도록 하여야 한다. 이 유량계는 0.1%의 정밀도와 낮은 압력 강하 특성을 보이고, 230℃ 까지의 고점도 또는 저점도 유체에, 유량은 50 L/s, 압력은 7 MPa까지 사용된다.

액체의 체적 측정에 가장 널리 사용되는 유량계는 **요동원판(nutating disk) 유량계**로, 그림 7-64에 나타나 있다. 이 유량계는 물이나 휘발유의 유량 측정에 널리 사용된다. 용기(A) 내로 유입된 액체는 원판(B)을 요동시키고, 그 결과 스핀들(C)이 회전하고, 자석(D)이 자화된다. 이 신호는 유량계 케이싱을 통과하여 두 번째 자석(E)에 전달되고, 이 신호를 계산하여 총 체적을 얻는다. 빌딩에 사용되는 천연 가스와 같은 기체의 유량 측정에는 회전에 따라 특정량의 기체 체적(또는 질량)을 이동시키는 **벨로우즈(bellows) 유량계**가 주로 사용된다.

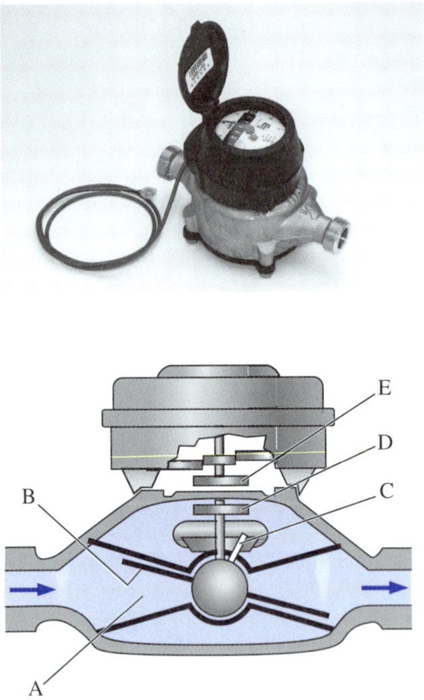

그림 7-64
요동원판 유량계.
(Top) Courtsy Badger Meter, Inc. Used by Permission.

터빈 유량계

바람을 마주보게 놓아 둔 프로펠러는 회전하게 되고, 그 회전율은 풍속이 증가함에 따라 증가한다. 또한 풍력 터빈의 터빈 블레이드도 저속의 바람에는 느리게 돌고, 고속의 바람에는 빨리 돈다. 마찬가지로 프로펠러를 파이프 내부에 장착하고 적절하게 보정하면 파이프 내 유속을 잴 수 있다. 이러한 원리를 이용한 유량 측정 장치를 **터빈 유량계(turbine flowmeter)**라고 하는데, 또는 종종 **프로펠러 유량계(propeller flowmeter)**라고도 하지만, 프로펠러는 유체에 에너지를 더해 주는 반면에 터빈은 유체로부터 에너지를 추출해내므로 이는 잘못된 이름이다.

터빈 유량계는 자유롭게 회전하는 터빈(베인이 달린 로터)을 담는 원통형 유동 구간, 유동을 곧바르게 해 주기 위해 입구에 추가적으로 설치된 고정형 베인, 터빈 위에 표시된 한 점이 통과할 때마다 신호를 발생하여 회전율을 알 수 있도록 하는 센서로 구성된다. 터빈의 회전 속도는 유체의 유량과 거의 비례한다. 터빈 유량계는

그림 7-65
(*a*) 액체 유동 측정용 인라인 터빈 유량계, 유동은 왼쪽에서 오른쪽으로, (*b*) 유량계 내 터빈 블레이드의 단면 사진, (*c*) 풍속 측정용 휴대용 터빈 유량계, 터빈 블레이드를 볼 수 있도록 유량을 측정하지 않는 상태임. 유량계(*c*)는 온도 측정도 가능함.
Photos (a) and (c) by John M. Cimbala. Photo (b) Courtesy Hoffer Flow Controls.

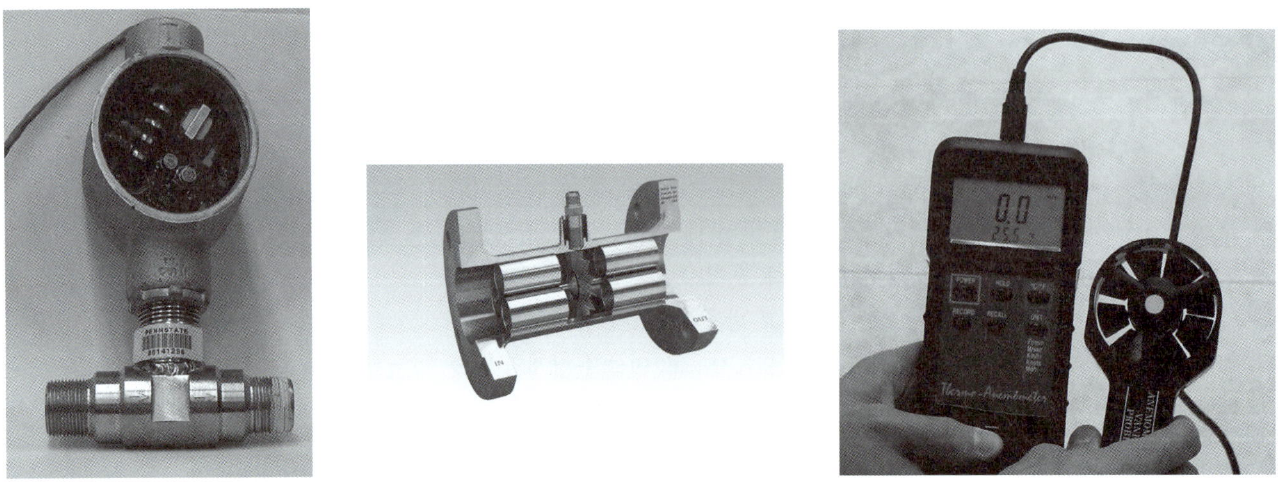

(*a*) (*b*) (*c*)

적절한 보정 과정을 거치면 매우 정확한 결과를 제공한다(0.25% 정도로 정확한). 액체 유동을 측정할 때 사용되는 터빈 유량계는 블레이드 수가 매우 적지만(때로는 단 두 개의 블레이드), 기체 유동을 측정할 때에는 적절한 토크 발생을 보장하기 위해 여러 개의 블레이드를 갖춘 터빈을 사용한다. 터빈에 의한 수두 손실은 매우 작다.

터빈 유량계는 구조가 간단하고 저렴하며 넓은 범위의 유동 조건에서 정확하므로 1940년대 이후 유량 측정에 널리 사용되어 왔다. 터빈 유량계는 액체와 기체 그리고 어떤 파이프 직경에도 사용이 가능하도록 제작되고 있다. 터빈 유량계는 바람, 강물, 조류 등과 같은 개방된 유동의 유속을 재는 데도 활용된다. 그림 7-65*c*에는 풍속을 재기 위한 휴대용 풍속계가 나타나 있다.

수차 유량계

높은 정밀도가 요구되지 않는 곳에는 터빈 유량계 대신에 저렴한 **수차 유량계(paddlewheel flowmeter)**를 사용한다. 터빈 유량계의 경우 유동과 평행하게 설치하는 것과는 달리 수차유량계의 수차(로터와 블레이드)는 그림 7-66에 나타난 바와 같이 유동과 직각으로 설치된다. 수차의 일부분(일반적으로 절반 이하)만이 유동 내부로 삽입되므로 터빈 유량계에 비해 수두 손실이 작지만, 수차의 삽입 깊이는 정확도에 커다란 영향을 미친다. 또한 수차유량계는 오염의 가능성이 적으므로 여과기가 필요하지 않다. 센서가 수차의 회전을 감지하여 신호를 전송한다. 마이크로프로세서가 이 회전 속도 정보를 유량 또는 적분된 유동량으로 변환한다.

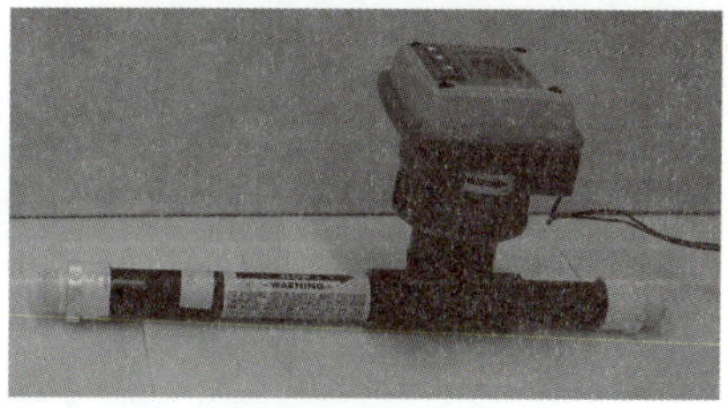

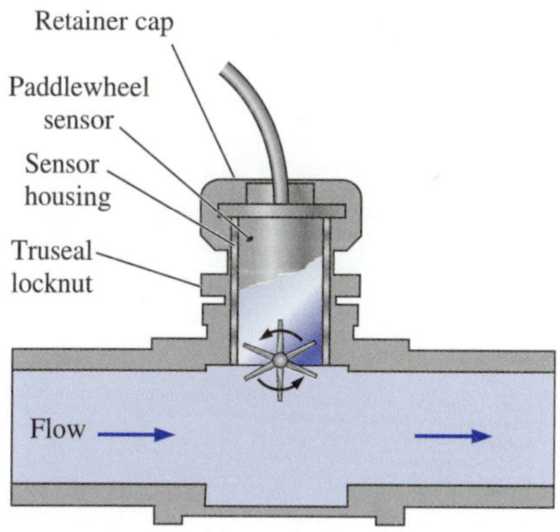

그림 7-66
액체 유동 측정용 수차 유량계와 작동 개략도(유동방향은 왼쪽에서 오른쪽임).
Photo by John M. Cimbala.

열(열선 및 열필름) 유속계

열 유속계(thermal anemometer)는 1950년대 말에 소개되어 유체 관련 연구 시설에서 널리 사용되고 있다. 열 유속계는 그 이름이 의미하듯이, 그림 7-67처럼 전기 가열 센서로 구성되고, 열적 효과를 이용하여 유속을 측정한다. 열 유속계는 아주 작은 센서로 구성되어 유동의 교란 없이 유동 내부에 있는 임의 점에서 순간 속도를 측정할 수 있다. 탁월한 공간 및 시간 해상도를 가지고 있어 초당 수천 회의 속도 측정이 가능하고, 따라서 난류 유동에서 변동의 상세사항을 연구하는 데 활용된다. 또한 광범위한 범위의 액체나 기체에 대하여 초당 수 센티미터에서 백여 미터에 이르는 속도를 정확히 측정할 수 있다.

열 유속계에서 센서가 금속선이면 **열선 유속계(hot-wire anemometer)**라 하고, 센서가 얇은 금속 필름(두께 0.1 μm 이하)이면 **열필름 유속계(hot-film anemometer)**라고 하는데, 금속 필름은 보통 상대적으로 두꺼운 직경 50 μm 정도의 세라믹 지지대 위에 부착된다. 열선 유속계의 특징은 직경이 수 미크론, 길이가 2 mm 정도인 아주 작은 센서선에 있다. 그 센서는 백금, 텅스텐 또는 백금-이리듐 합금으로 만들어지고, 바늘처럼 가늘게 생긴 홀더들을 통해 프로브에 부착된다. 열선 유속계의 섬세한 센서선은 그 굵기가 무척 가늘어서 매우 취약하며, 액체나 기체에 분진 물질이나 오염원이 과도하게 포함되어 있을 경우에는 쉽게 끊어질 수 있다. 이 점은 특히 빠른 유속에서 중요하다. 이런 경우 좀 더 견고한 열필름 프로브를 사용해야 한다. 하지만 열필름 프로브의 센서는 상대적으로 크기가 크고, 주파수 응답이

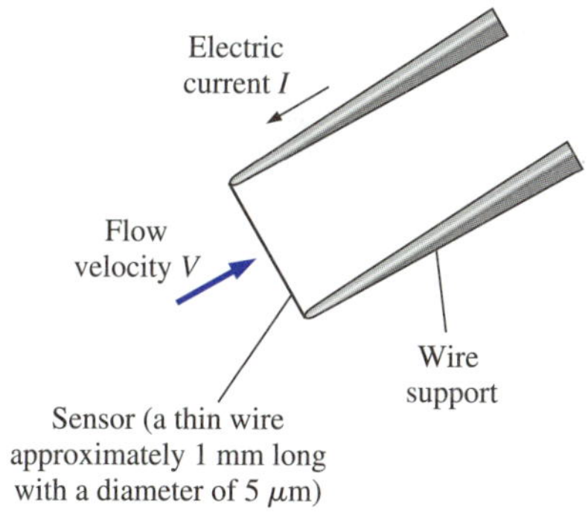

그림 7-67
열선 유속계의 전기 가열 센서 및 지지대.

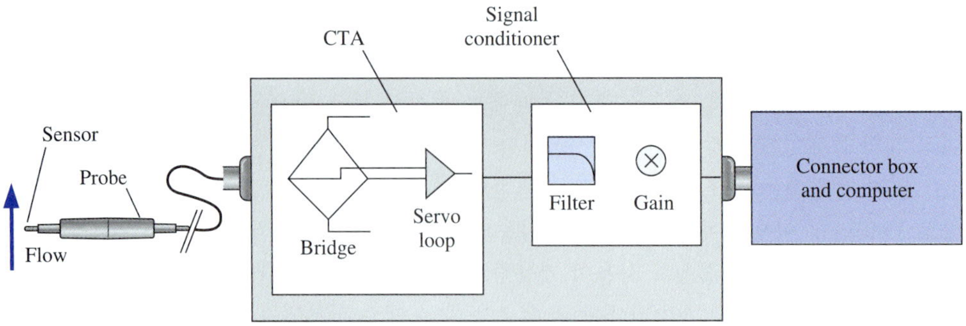

그림 7-68
열 유속계 시스템에 대한 개략도.

현저히 낮으며, 유동과 간섭이 크다. 따라서 난류 유동의 상세 구조를 연구하는 데에는 부적합한 면이 있다.

가장 널리 사용되는 등온 유속계(constant-temperature anemometer, CTA)의 개략도가 그림 7-68에 나타나 있고, 그 작동 원리는 다음과 같다. 우선 센서를 정해진 온도(대략 200℃)까지 전기로 가열한다. 센서가 주위 유동에 의하여 열을 잃고 차가워질 때 전기회로를 사용하여 센서에 공급되는 전류(또는 전압)를 조절하여 센서의 온도를 일정하게 한다. 유속이 커질수록 센서는 많은 열을 잃고, 따라서 일정한 온도를 유지하기 위해서 센서에 가로질러 걸리는 전압은 커진다. 유속과 전압과의 관계식을 알면 전기회로의 공급 전압이나 센서를 통과하는 전류로부터 유속을 구할 수 있다.

이때 센서는 작동 중 일정한 온도로 유지되고, 따라서 열 에너지 총량도 일정하다. 에너지 보존 법칙에 의해 센서의 전기 Joule 가열 $\dot{W}_{\text{elect}} = I^2R_w = E^2/R_w$은 센서로부터의 총 열손실률 $\dot{Q}_{\text{total}}$과 같아야 한다. 열선 지지부로의 전도 열전달과 주위 표면으로의 복사 열전달을 무시할 수 있으므로 열손실에는 대류 열전달이 지배적이다. 이러한 강제 대류 열전달 관계식을 사용하면 에너지 평형으로부터 다음의 **King의 법칙**을 얻는다.

$$E^2 = a + bV^n \tag{7-74}$$

여기서 E는 전압이고, 상수 a, b, n은 주어진 프로브에 대해 얻어지는 보정값이다. 일단 전압이 측정되면, 이 관계식으로부터 유속 V를 직접 구할 수 있다.

대부분의 열선 유속계 센서는 직경이 5 μm이고 길이는 대략 1 mm로, 텅스텐 재질이다. 열선은 프로브 몸체에 박혀 있는 바늘 모양의 가지(prong)에 점용접되어 있고, 이것이 유속계의 전자회로에 연결된다. 두 개 또는 세 개의 센서가 달린 프로브를 사용하면(그림 7-69) 2차원 또는 3차원 속도 성분을 동시에 측정할 수 있다. 프

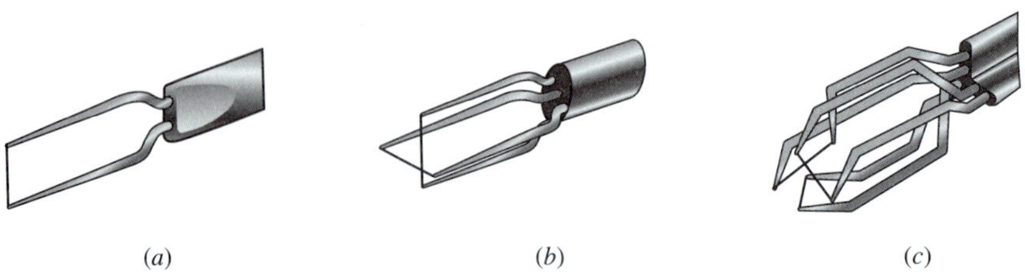

그림 7-69
(*a*) 1차원, (*b*) 2차원, (*c*) 3차원 속도 성분을 동시에 측정할 수 있는 단일, 이중, 삼중 센서가 부착된 열 유속계 프로브.

로브는 유체 종류와 오염도, 측정될 속도 성분의 수, 요구되는 공간 및 시간 해상도, 그리고 측정 위치 등을 고려하여 선정한다.

레이저 도플러 속도 측정법

레이저 도플러 속도 측정법(laser Doppler velocimetry, LDV)은 **레이저 속도 측정법(laser velocimetry, LV)** 또는 **레이저 도플러 유속 측정법(laser Doppler anemometry, LDA)**이라고도 하는데, 유동을 교란시키지 않고 원하는 점에서 유속을 광학적으로 측정하는 방법이다. 열 유속 측정법과는 달리 LDV는 유동 내부로 삽입되는 프로브나 철선이 없는 비삽입식 방법이다. 한편 열 유속 측정법처럼 아주 작은 체적에서 속도를 정확히 측정할 수 있어 난류 변동을 포함하여 현장에서 유동의 상세사항 연구에 활용될 수 있고, 유동 간섭 없이 유동장 전체를 가로질러 조사할 수 있다.

LDV 기술은 1960년대 중반 개발되었는데, 액체와 기체에 모두 사용 가능하고, 높은 정확도와 높은 공간 해상도를 보여 널리 사용되며, 최근 들어 3차원 속도 성분의 측정까지도 가능하다. LDV의 단점은 가격이 비싸며, 레이저 광원과 시험부, 광검출기(photodetector) 사이가 투명해야 하고, 방출 광선과 반사 광선의 정렬이 조심스럽게 이루어져야 한다는 점이다. 광섬유 LDV 시스템의 경우는 공장에서 광선이 잘 정렬되어 출고되므로 앞에서 설명한 마지막 단점은 제외된다.

LDV의 작동 원리는 다음과 같다. 높은 응집성의 단일 파장(coherent monochro-matic)의 빛(모든 파동의 위상이 일치하고, 동일한 파장에서)을 측정 대상을 향해 보내고, 대상 영역 내의 작은 입자로부터 반사된 빛을 모은다. 반사된 빛은 도플러 효과에 의해 주파수가 변하는데, 이 주파수 편이로부터 대상 영역에서 유속을 구한다.

지금까지 여러 형태의 LDV 시스템이 개발되었다. 그림 7-70에는 단일 속도 성분 측정을 위한 기본적인 이중 광선 LDV 시스템이 나타나 있다. LDV 시스템의 핵심은 레이저 광원인데, 출력 10 mW에서 20 W 범위의 헬륨-네온이나 아르곤-이온 레이저가 주로 사용된다. 이 레이저 광원은 다른 광원에 비해 응집성이 강하고 단일 파장이기 때문에 선호된다. 예를 들면, 헬륨-네온 레이저는 붉은 오렌지색의 0.6328 μm 파장의 빛을 방출한다. 레이저 광선은 먼저 **광분리기(beam splitter)**에서 동일한 강도의 두 평행 광선으로 나누어진다. 두 광선은 볼록 렌즈를 통하여 유동 중의 한 점[**과녁(target)**]으로 모아진다. 두 광선이 교차하며 만드는 미소 체적은 속

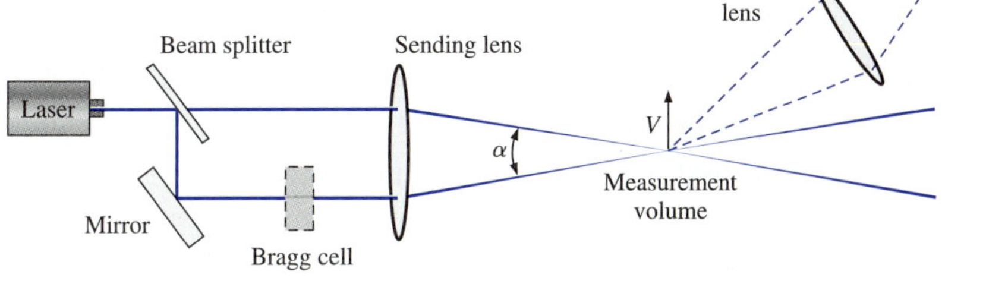

그림 7-70
전방 산란 모드의 이중 광선 LDV 시스템.

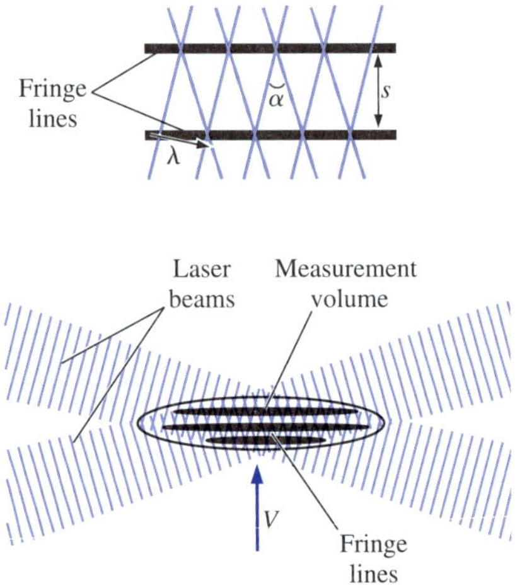

그림 7-71
LDV 시스템의 두 레이저 광선의 간섭에 의한 줄무늬(줄은 파동의 최고점을 나타낸다). 위 그림은 줄무늬를 확대한 그림이다.

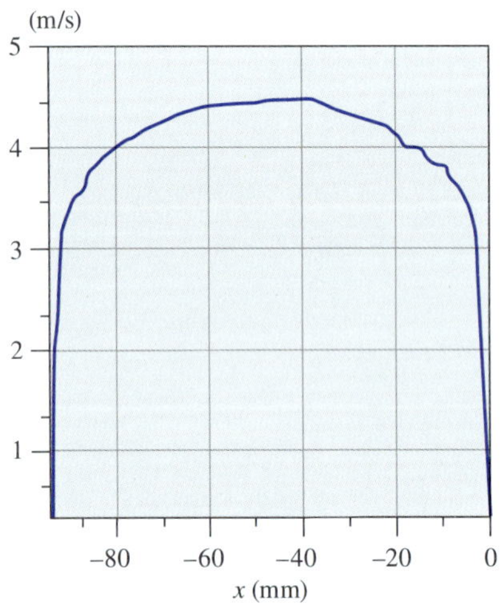

그림 7-72
LDV 시스템으로 구한 난류 파이프 유동의 시간평균된 속도 분포.

Courtesy Dantec Dynamics, www.dantecdynamics.com. Used by permission.

도가 측정되는 곳으로 **측정 체적(measurement volume)** 또는 **초점 체적(focal volume)**이라고 한다. 측정 체적은 일반적으로 직경이 0.1 mm, 길이가 0.5 mm인 타원체 형상이다. 측정 체적을 지나는 입자에 의해 광선이 산란되고, 산란된 광선 중 일부는 접수 렌즈(receiving lens)에서 모아져 광검출기로 보내진다. 광검출기에서 빛 강도의 변동이 전압 신호 변동으로 바뀌고, 마지막으로 신호 처리 장치에서 전압 신호의 주파수와 유속을 결정한다.

그림 7-71에 측정 체적에서 교차하는 두 레이저 광선의 파동이 나타나 있다. 두 광선의 파동은 간섭을 일으키는데, 위상이 일치하는 곳에서는 밝은 줄무늬가 나타나고, 위상이 어긋난 곳에서는 서로 상쇄되어 어두운 줄무늬가 나타난다. 이런 밝고 어두운 줄무늬는 두 입사 레이저 광선 사이의 중간면에 평행한 선들을 형성한다. 삼각함수를 이용하면 줄무늬선들 사이의 거리 s, 즉 줄무늬 파장은 $s = \lambda/[2\sin(\alpha/2)]$가 되는데, 여기서 λ는 레이저 광선의 파장이고, α는 두 레이저 광선이 이루는 각도이다. 입자가 줄무늬선을 속도 V로 지나가면서 나타나는 산란된 줄무늬선의 주파수는 다음과 같다.

$$f = \frac{V}{s} = \frac{2V\sin(\alpha/2)}{\lambda} \tag{7-75}$$

이 기본 관계식은 유속이 주파수에 비례함을 보여 주는데, **LDV 방정식**이라고 한다. 한 입자가 측정 체적을 지날 때 반사된 빛은 줄무늬 형태에 따라 밝고 어두움을 반복하는데, 이러한 반사된 빛의 주파수를 측정하여 유속을 결정한다. 파이프 단면에서의 속도 분포는 파이프를 가로지르는 유동을 사상(mapping)함으로써 얻을 수 있다(그림 7-72).

LDV 방법에는 산란된 줄무늬선의 존재가 필수적이고, 따라서 유동 중에는 **씨앗(seed)** 또는 **씨앗 입자(seeding particles)**라고 하는 작은 입자가 충분히 있어야 한다. 이 입자들은 유동과 같이 움직일 수 있을 정도로 충분히 작아야 하지만, 또 한편으로는 적당한 빛을 산란시킬 수 있을 만큼 커야(레이저 광선의 파장에 비해) 한다. 이 두 요건을 만족시키기 위하여 직경 1 μm 정도의 입자가 적당한 것으로 알려져 있다. 수돗물의 경우는 자연적으로 적당한 양의 이러한 입자를 포함하고 있어 씨앗이 필요하지 않다. 공기와 같은 기체의 경우는 연기 또는 유액(latex)이나 오일 등으로 만들어진 입자를 사용한다. 파장이 다른 세 개의 레이저 광선을 이용하면 LDV 시스템을 이용하여 3차원 속도 성분을 측정할 수도 있다.

입자 영상 속도 측정법

입자 영상 속도 측정법(particle image velocimetry, PIV)은 이중 펄스 레이저 기법으로, 아주 짧은 시간 동안 평면상의 입자의 이동을 광학적으로 추적하여 유동 평면의 순간 속도 분포를 측정하는 데 사용된다. 한 점에서 속도를 측정하는 열선 유속 측정법이나 LDV와는 달리 PIV는 유동 단면 전체의 속도를 동시에 측정하고, 따라서 전 유동장 기법(whole-field technique)에 속한다. PIV는 LDV의 정확도에 유동가시화 기능을 부가하여 순간 유동장의 전체적인 형태를 제공한다. 예를 들면, 단 한

번의 PIV 측정으로 파이프 단면의 순간 속도 분포를 얻을 수 있다. PIV 시스템은 원하는 유동 평면의 속도 분포를 찍을 수 있는 사진기와 같다. 일반적인 유동가시화 기법은 유동의 정성적인 모양만을 제공하는 데 반하여, PIV는 속도장과 같은 **정량적인** 데이터를 제공하고, 따라서 수치적으로 유동을 해석할 수 있도록 한다. PIV에서는 전 유동장 처리 능력이 있으므로 전산유체역학(CFD) 코드를 검증하는 데 사용되기도 한다.

PIV 기법은 1980년대 중반부터 사용되기 시작되었고, 최근 들어 프레임 그래버(frame grabber)와 CCD 카메라 기술의 발달과 더불어 사용이 더욱 확대되고 있다. PIV 시스템은 10^{-6}초 이하의 노출 시간으로 전 유동장 영상을 획득할 수 있을 뿐만 아니라 정확성, 유연성, 융통성을 가지고 있으므로 초음속 유동, 폭발, 화염 전파, 기포의 성장 및 붕괴, 난류 및 비정상 유동 등의 연구에 널리 활용된다.

PIV 기법을 이용한 속도 측정은 가시화와 영상 처리의 두 단계로 이루어진다. 첫 번째 단계로, 우선 유동을 추적할 수 있는 씨앗 입자를 유동 중에 뿌린다. 다음, 펄스 레이저 시트(sheet)가 원하는 단면에서 유동장을 비추고, 단면상의 입자의 위치는 입자에 의해 산란된 빛을 레이저 시트에 직각으로 설치된 디지털 비디오나 사진기에 기록하여 측정된다(그림 7-73). 아주 짧은 시간 Δt(대략 μs 크기) 후에 두 번째 레이저 시트 펄스를 보내 입자들의 새로운 위치를 기록한다. 이 두 카메라 영상을 겹쳐 놓으면 모든 입자들의 이송 거리 Δs가 결정되고, 이때 입자들의 속도의 크기가 $\Delta s/\Delta t$로부터 결정된다. 입자들의 방향도 두 영상으로부터 알 수 있기 때문에 단면상의 두 속도 성분이 계산된다. PIV 시스템에 내장된 알고리즘은 **심문 영역(interrogation region)**이라고 하는 수백 또는 수천 개의 미소 영역의 속도를 전체 영역에 대하여 결정해서 컴퓨터 모니터에 원하는 형태로 유동장을 도시한다(그림 7-74).

PIV 시스템에서는 입자에 의해 레이저 광선이 산란되어야 하므로 유동장에 **마커(marker)**라고 하는 씨앗 입자가 존재하여야 한다. 씨앗 입자는 유동과 같이 움직일 수 있도록 밀도가 유체 밀도와 같든지 아니면 크기가 아주 작아(대략 μm 크기)

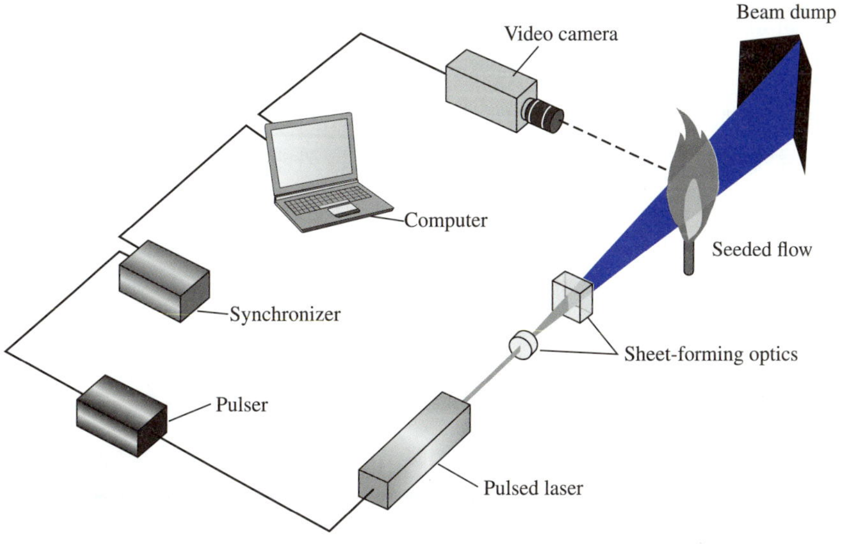

그림 7-73
화염 안정성을 연구하기 위한 PIV 시스템.

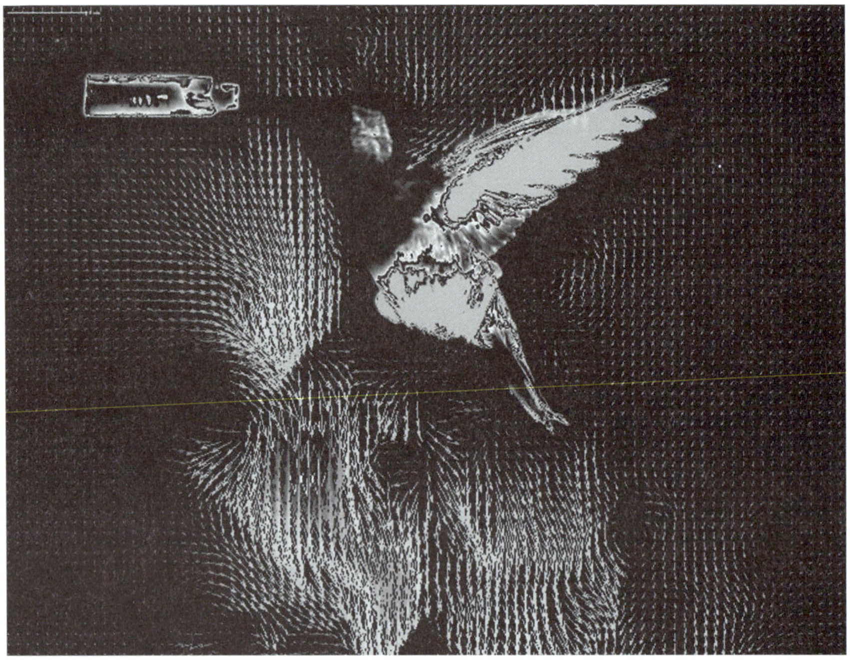

그림 7-74
정지 비행 중인 벌새 위에 중첩된 PIV 순간 속도 벡터.
Photo by Douglas Warrick. Used by permission.

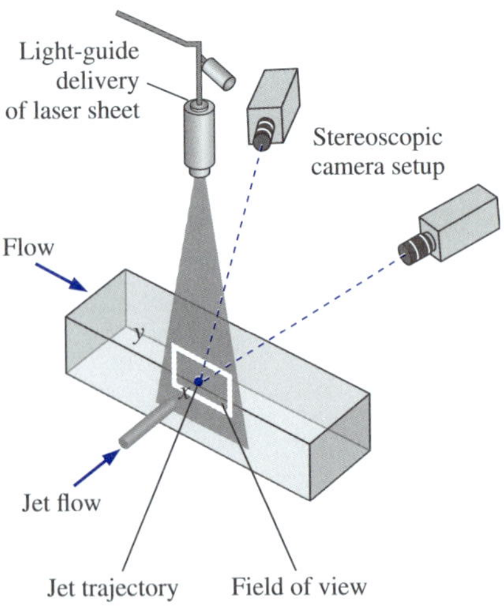

그림 7-75
직교류 덕트 유동과 공기제트의 혼합을 연구하기 위한 3차원 PIV 시스템 장치.

유체와의 상대 운동이 무시할 정도가 되어야 한다. 여러 종류의 씨앗 입자가 액체 또는 기체용으로 존재하는데, 고속 유동의 경우는 매우 작은 입자가 사용되어야 한다. 탄화규소 입자(평균 직경 1.5 μm)는 액체와 기체유동 모두에 적합하고, 산화 티타늄 입자(평균 직경 0.2 μm)는 기체 유동에 주로 사용되는데, 고온 유동에 적합하다. 또한 폴리스티렌 유액 입자(평균 직경 1.0 μm)는 저온 유동에 적합하다. 금속 코팅 입자(평균 직경 9.0 μm)도 높은 반사도로 인하여 LDV 측정 시 물 유동의 씨앗 입자로 사용된다. 올리브 오일이나 실리콘 오일의 기포나 액적도 μm 크기로 분무되면 씨앗 입자로 사용될 수 있다.

PIV 시스템에는 펄스 지속 시간, 파워, 펄스들 사이의 시간에 따라 아르곤, 구리 증기, Nd:YAG 등 여러 종류의 레이저 광원이 사용된다. 이 중 Nd:YAG 레이저는 넓은 범위의 응용에 사용된다. 광선팔(light-arm)이나 광섬유 시스템과 같은 광선 전달 시스템은 고에너지 펄스 레이저 시트를 정해진 두께로 생성하고 전달한다.

PIV 시스템을 사용하면 와도와 변형률과 같은 유동 상태량도 얻을 수 있고, 따라서 난류에 대한 상세한 연구가 가능하다. 최근에는 카메라 두 대를 이용하여 단면의 3차원 속도 분포를 얻는 방법도 개발되었다(그림 7-75). 이 방법은 다른 각도로 설치된 두 대의 카메라로 목표면의 영상을 동시에 기록하고, 두 개의 별도의 2차원 속도 지도를 생성하기 위한 정보를 처리하고, 순간 3차원 속도장을 생성하기 위해 이들 두 개의 지도를 결합함으로써 수행된다.

생체유체역학의 소개[1]

생체유체역학(biofluid mechanics)은 인체의 여러 생리학적 시스템들을 다룰 수 있

[1] 부분은 Penn State University의 Keefe Manning 교수에 의해 기고되었다.

으며, 또한 이 용어는 인체뿐만 아니라 모든 동물 조직에 대해서도 동일하게 적용할 수 있다. 여기에는 근본적으로(액체 또는 기체이거나, 아마도 이 두 가지 모두일 수 있는) 유체를 수송하기 위한 일련의 배관망을 이루는 다수의 기본적인 유체 시스템이 존재하기 때문이다. 만약 인체에 초점을 맞춘다면, 이들 유체 시스템으로 몇 가지를 열거하자면 심혈관, 호흡기, 림프계, 시각계, 소화기관들을 꼽을 수 있다. 이 모든 생체 시스템들은 네트워크를 이루는 기본 부품으로서 펌프, 파이프, 밸브, 유체를 포함한다는 점에서 다른 기계적 배관망과 유사함을 유념해야 한다. 여기서는 인체 내에서 배관망의 기본 개념을 보여 주기 위해 심혈관 시스템에 보다 초점을 맞출 것이다.

그림 7-76는 심혈관 시스템, 보다 구체적으로 말해서 심장, 즉 좌심실(펌프)로부터 몸의 나머지 부분으로 피(유체)를 운반하는 체계적인 순환(systemic circulation) 또는 핏줄(파이프)을 도시하고 있다. 혈액을 다시 산소화하기 위해 우심실로부터 허파로 별도의 혈관망이 있다는 점을 유념하라. 조직의 순환에 있어서 일련의 파이프들에 관하여 독특한 점은 기하학적 형상이나 단면이 원형이 아니고 오히려 타원형이라는 것이며, 그리고 실제로는 한 크기에서 다른 크기의 파이프로의 변이에 피팅(fittings)을 갖는 전형적인 기계적 시스템과 달리, 대동맥(좌심실로부터의 첫 번째 혈관)에서 시작한 심혈관 시스템은 직경이 약 25 mm로부터 모세관 수준에서는 직경이 5 마이크론까지 연속적으로 줄어들고, 우심실에 연결된 혈관인 대정맥에서 직경이 약 25 mm까지 다시 점차적으로 증가한다. 순환의 그리고 특히 혈관들의 또 다른 중요한 요소는 항상성(homeostasis)을 유지하기 위해 그것들이 유연성이 있고 압력 변화를 조절하는 데 필요한 만큼의 혈액 체적을 수용하기 위해 팽창할 수 있다는 점이다.

심혈관 시스템은 파이프들로 이루어져 있는데, 이들 파이프는 어떤 기준(norm)이 변할 때 반응하는 혈액 요소들의 거동처럼 그것들 자체가 살아 있으며, 스트레스에 반응하는 복잡한 네트워크를 형성한다. 더군다나 이런 복잡한 네트워크를 가지고, 심혈관 시스템은 이 네트워크를 통해 피를 돌려주기 위해 심장으로부터 개시된 박동에 기초하여 유동이 연속적으로 움직이므로 더욱 이해하기 어렵게 된다. 이 맥동이 시스템 내에서 파동의 상호작용과 반향을 일으키며 혈액과 혈관벽을 통해 전파된다. 그림 7-76에 보인 바와 같이 갈라짐, 분기, 곡률과 연계된 불연속성 때문에 초기 및 경계 조건은 단순하지 않다. 혈액 유동을 이해하는 것은 혈관망의 복잡성과 그 구성 요소들 자체에 의해 부여된 도전적인 시도가 되고 있다.

PIV 및 LDV와 같은 유동 측정 기술은 의료 장치에 관한 유동을 특성지우는 데 매우 유용하며, 특히 심혈관 시스템에 적용할 때 그러하다. 혈액이 심혈관을 통해 어떻게 흐르는지를 파악하거나 이들 심혈관 장치에 관하여 이 기술들을 이용함으로써 많은 것들이 확실히 이해될 수 있고 그에 따른 설계 변화를 이룰 수 있다. 더욱이 이들 측정을 차후에 혈액 피해의 수준과 응혈이 발생할 가능성을 추정하는 데 까지도 이용할 수 있다. 실험실에서 심혈관 시스템을 정확하게 표현하고 있는지를 보증하기 위하여 엔지니어들은 실험대 위의 연구에 대해 실험자들이 심장 유동과 압력 파형을 모사할 수 있도록 허용하는 가상의 순환 루프나 유동 루프를 설계해오고 있다.

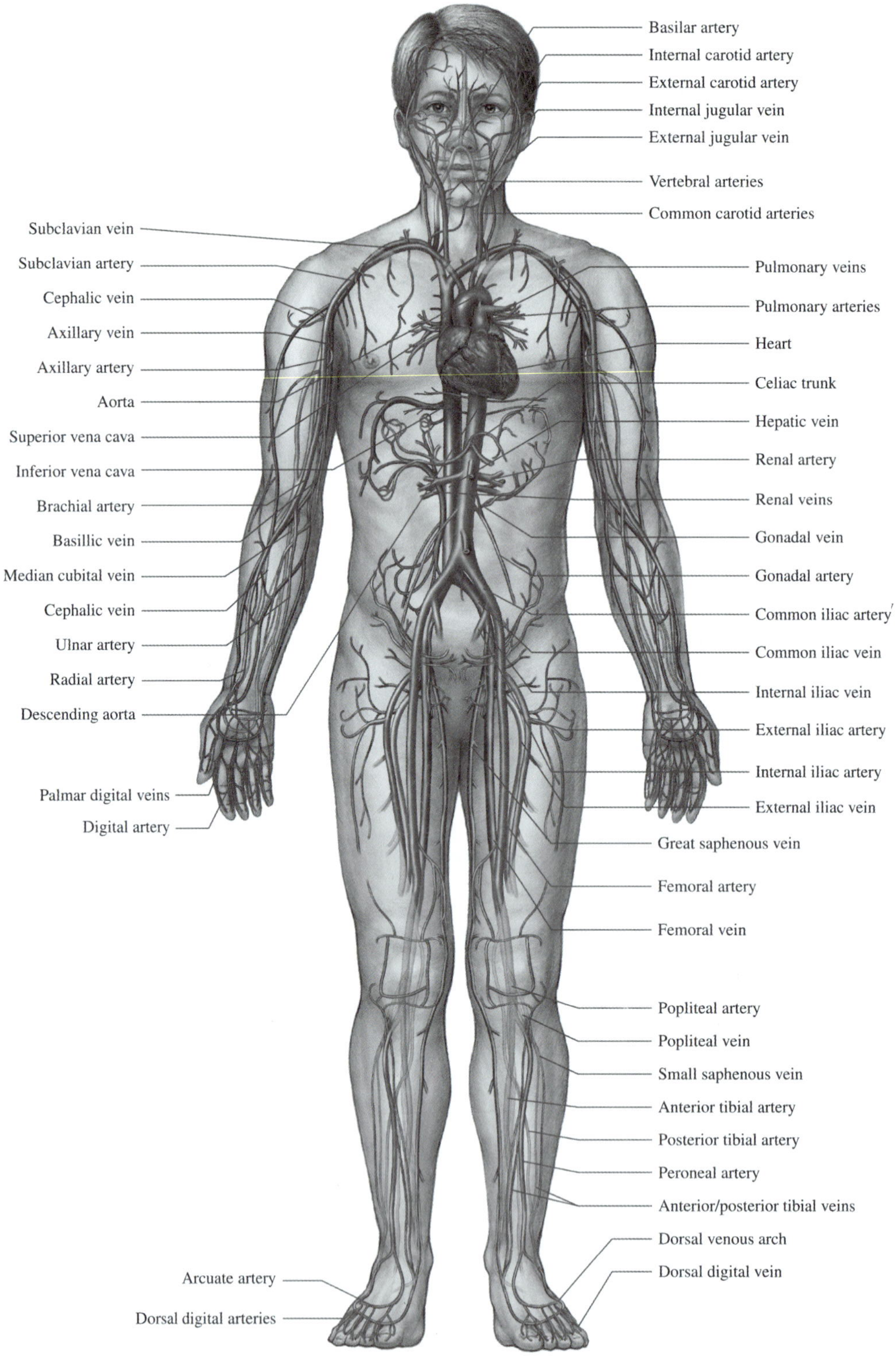

그림 7-76
심혈관 시스템.
McGraw-Hill Companies, Inc.

예를 들어, 1970년대 초에 Gus Rosenberg 박사는 Penn State의 가상 순환 루프를 개발하였다(Rosenberg 등, 1981). 투명한 유체를 사용하지만, 그러나 그것으로 비뉴턴 유체인 혈액의 거동을 모방함을 보증할 수 있도록 이들 특정한 유동 측정 기술에 대하여 혈액을 모사할 필요가 있다. 이런 목적을 이루기 위해 혈액 유사물(blood analog)을 개발하여 모사 실험을 수행하고, 또한 이로써 아크릴의 굴절 지수에 일치시켜 심혈관 장치를 대표하는 아크릴 모델에서 아크릴을 통해 아무 굴절 없이 레이저 광이 유동장 안으로 통과하도록 허용하고 있다. 측정된 결과가 제어 가능한 생리학적 조건하에서 그리고 충분한 정확도를 가지고 획득됨을 보증하기 위해서는 위와 같이 모사된 루프(simulated loop)와 유체는 매우 중요하다.

펜실베이니아 주립대학교는 1970년대 이래로 기계적 순환 지지 장치(혈액 펌프)를 개발해 오고 있는데, 이는 심장이식을 기다리고 있는 중에 환자가 살아 있도록 도와주는 장치이다(전 부통령 Dick Cheney가 심장이식을 기다리는 동안에 이러한 기술을 이용하였다). 수년에 걸쳐, PIV와 LDV는 유동을 측정하고 응혈을 줄여주는 설계 변경을 시행하기 위하여 상당히 성공적으로 이용되고 있다. 최근의 초점은 기증 심장을 받을 수 있을 때까지 어린이들이 살아 있도록 도와주는 맥동 소아심실 보조 장치(PVAD)의 개발에 맞춰져 오고 있다. 이 장치는 폴리우레탄으로 만들어진 요소 주머니(PVDA 내의 혈액 접촉 면적)에 대항하여 다이어프램이 팽창하도록 만들어진 체임버 내로 공기가 주기적으로 유입됨으로써 공압으로 작동된다. 그림 7-77*a*에 보인 것처럼 유동은 좌심실에 부착된 튜브로부터 보조 장치 속으로 안내되고, 기계적 심장 밸브를 통해 PVAD 내로 통과하고, 그런 다음 또 다른 기계적 심장 밸브를 통하여 오름대동맥에 부착된 튜브 속으로 보조 장치의 출구를 통해 흐른다. 그림 7-77*b*는 PVAD를 통하는 유동 통로를 보여 주고 있는데, 이 장치는 어른의 손바닥 위에 놓일 수 있는 크기임에 주목해야 한다. 최초의 PIV PVAD 연구 중 하나는 이 장치에 어떤 형식의 기계적 심장 밸브(tilting disc 또는 bileaflet)를 이용할 것인가를 결정하는 것이었다. 그림 7-78은 PIV 연구 결과의 일부분을 예시한다(Cooper 등, 2008). 여기서 장치 내에서 와류 구조가 어떻게 발달되는가를 조사하는 방법으로 입자 추적을 이용하였으며, 이는 이 기술을 위해 그 장치 내에서 혈액 접촉 표면 위에 응혈을 방지하기 위한 적절한 벽 세척(충분한 벽 전단)을 보증할 수 있는 방법이다. 더 팽팽한 회전은 전체 심장 주기에 걸쳐 더 큰 운동량을 초래하고, 더 큰 와류 구조를 생성하게 될 것이다.

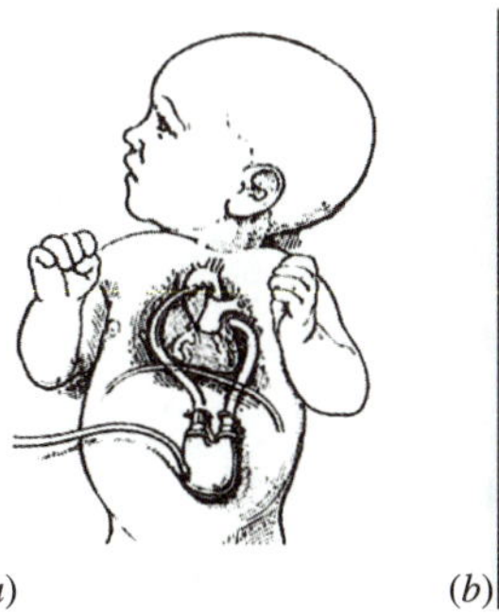

(*a*)

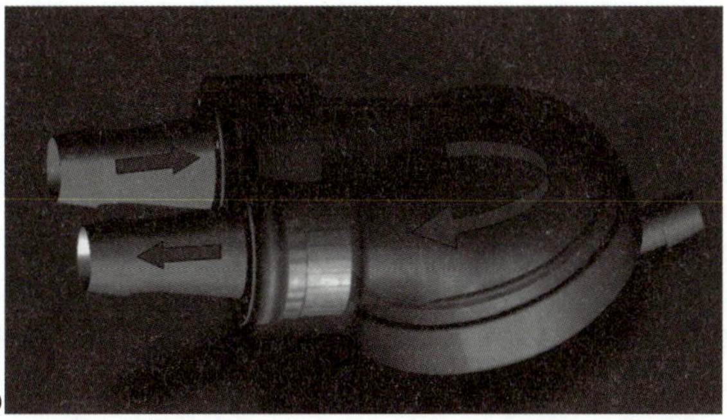

(*b*)

그림 7-77
(*a*) 입구가 좌심방에 부착되고 출구가 오름대동맥에 부착된, 12 cc짜리 맥박을 뛰게 하는 Penn State의 소아심실 보조 장치에 대한 아티스트의 묘사, (*b*) PVAD를 통해 흐르는 혈액의 방향.

Photo (b) Permission granted from ASME. Cooper et al. JBME, 2008.

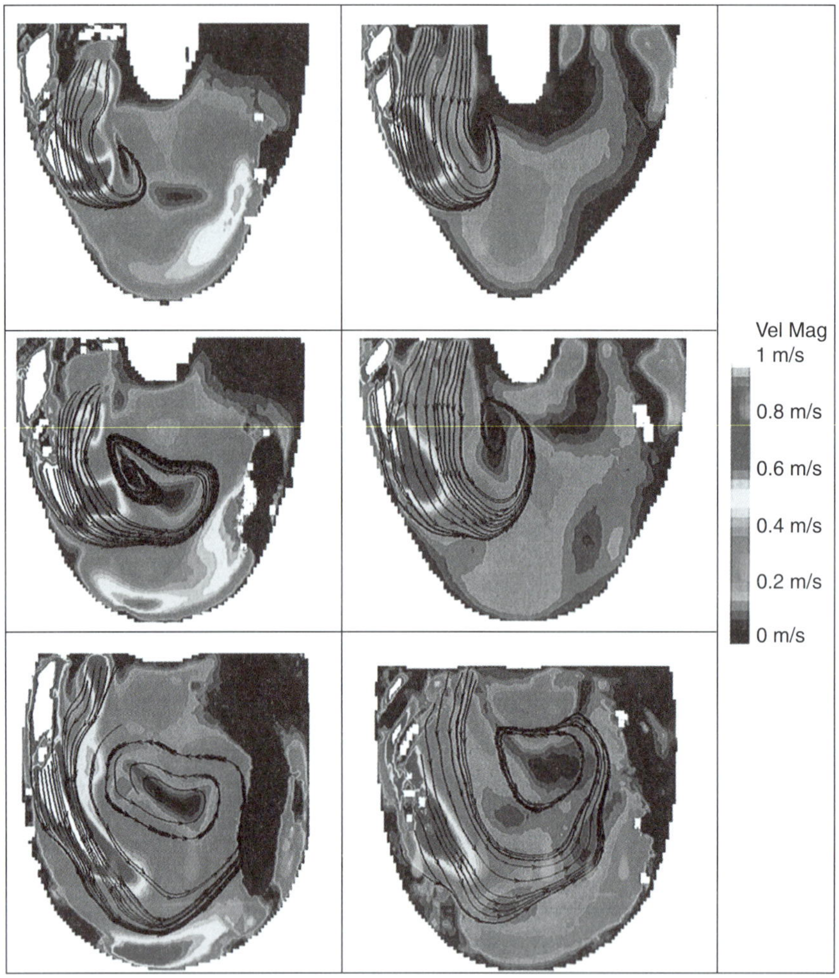

그림 7-78
7 mm(위행), 8.2 mm(중앙행), 11 mm(아래행) 평면들에 대하여 250 ms에서(좌측열) BSM 밸브 형상에 대한, 그리고 350 ms에서(우측열) CM 밸브 형상에 대한 입자 추적. 이들 영상은 회전 유동 패턴이 완전발달된 최초의 시점을 두드러지게 보여 준다.

Permission granted from ASME, Cooper et al. JSME, 2008

이 연구팀은 기계적 심장 밸브를 통해 유동을 특성화하는 것을 조사해 오고 있다. 한 연구에서(Manning 등, 2008), 그림 7-79*b*에 보인 바와 같이 Bjork-Shiley Monostrut의 기계적 심장 밸브(틸팅 디스크 밸브)의 하우징 내에서 유동에 초점을 맞추었다. 하우징의 일부분을 제거하고 LDV 시스템의 접근을 허용하도록 광학 창(optical window)을 삽입하였다. 이 연구를 위하여 일관 유동 루프(flow-through loop)의 이용 대신에 폐쇄 유체역학(closure fluid dynamics)에 보다 관심이 있기 때문에 승모판(mitral valve) 위치를 모사한 싱글-샷 체임버(그림 7-79a)를 이용하였다. 승모판은 좌심방과 좌심실 사이에 놓여 있다. 원래의 심장 밸브는, 승모판처럼, 체크 밸브와 유사하게 수동적이며, 심장의 서로 다른 구조물들 내에서 압력 변화에 반응한다. 이 연구에서 틸팅 디스크와 밸브 하우징 사이의 작은 간극을 통한 유체의 유동 속도와 틸팅 디스크가 닫힘에 따라 생성되는 와류의 크기가 측정되었다. 그림 7-80은 유동을 개략적으로 보여 주는 예시이고, 그림 7-81은 닫혀 있는 동안 밸브 하우징의 충격 전후의 0.002초 내에 LDV를 이용하여 측정된 유동의 시간 순서이다. 격렬한 와류는 충격 시 바로 측정될 수 있다. 이들 데이터는 모사된 수백 번의 심장

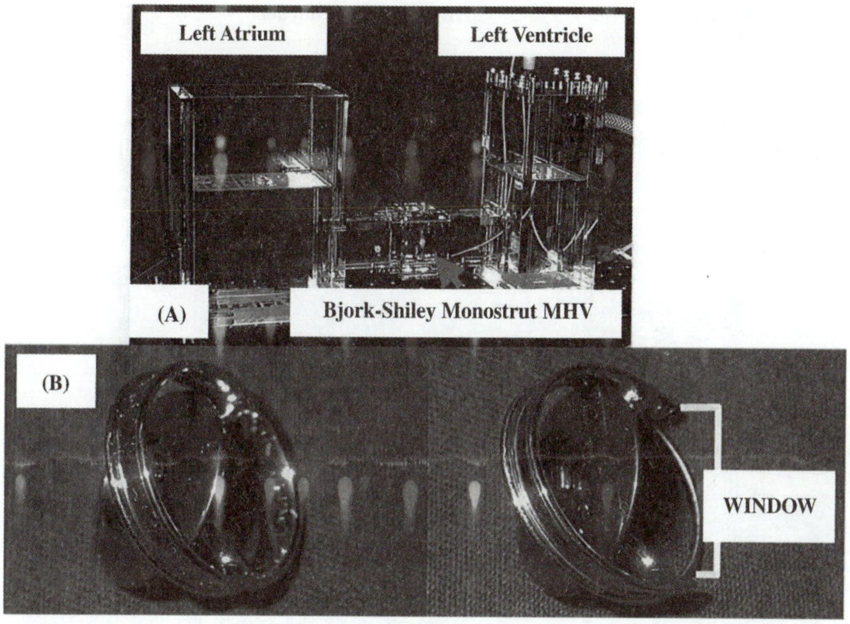

그림 7-79
(*a*) 싱글 샷 체임버는 Bjork-Shiley Monostrut 밸브의 폐쇄 동작을 모방한다.
(b) 좌측 편은 손상되지 않은 Bjork-Shiley Monostrut의 기계적 심장 밸브의 모양이다. 우측으로는 밸브 하우징의 변형이 전시되어 있다. 이 윈도우는 나중에 유사한 유체역학적 패턴과 강성도를 유지하기 위해 아크릴로 채워졌다.

Permission granted from ASME, Manning et al. JBME, 2008.

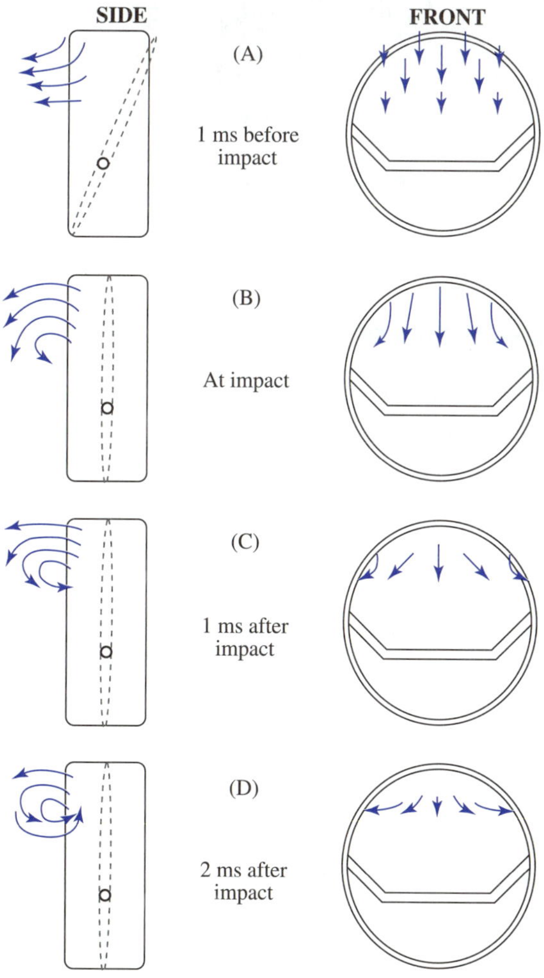

그림 7-80
이들 개요도는 순차적인 네 번의 시점에 대한 닫힘 폐쇄기에 의해 발생되는 전반적인 유동 구조의 측면 및 전면 광경을 묘사한다.

Permission granted from ASME, Manning et al. JBME, 2008.

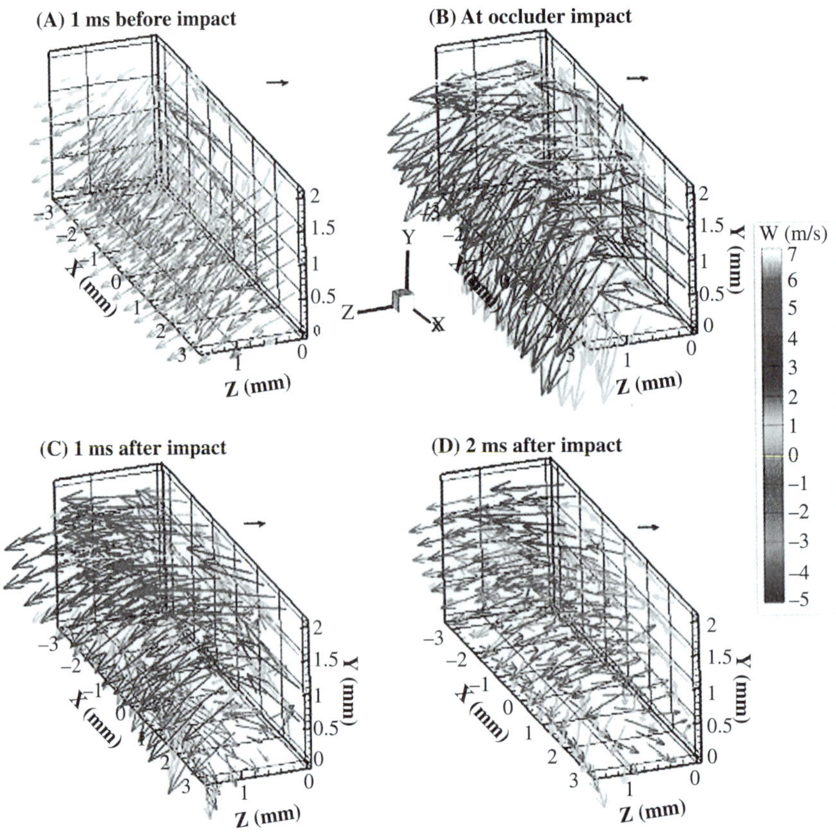

그림 7-81
3차원 유동 구조는 방향을 표시하는 벡터들과 축방향 속도 강도를 알 수 있다. 밸브는 우측에서 좌측으로 닫히는데, 여기서 $x=0$은 리플렛의 중심선을 나타낸다. 네 개의 플롯은 (*a*) 충돌 전 1 ms, (*b*) 충돌 시, (*c*) 폐쇄에 뒤따라 1 ms, (*d*) 폐쇄 후 2 ms의 유동을 보여 준다.

Permission granted from ASME, Manning et al. JBME, 2008.

박동에 걸쳐 수집된다. 그런 다음 이들 속도 측정은 지속 시간과 전단의 크기를 관련시켜 가능한 혈액 손상의 양을 추정하기 위하여 이용된다.

예제 7-11 대동맥 분기(bifurcation)를 통한 혈액의 유동

혈액은 온몸에 산소를 공급하기 위해 심장(특히 좌심실)으로부터 대동맥으로 흐른다. 혈액 유동이 오름대동맥(ascending aorta)으로부터 배대동맥(abdominal aorta)으로 하향으로 움직임에 따라 체적의 일부는 분기망(branching network)을 통과하게 된다. 혈액이 골반(pelvic) 지역에 도달함에 따라 좌측 및 우측 총장골동맥(common iliac arteries)으로 분기한다(그림 7-82 참조). 이 분기(bifurcation)는 대칭이지만, 그러나 총장골 혈관이 동일한 직경은 아니다. 혈액의 동점성계수가 4 cSt(센티스토크스)이고, 배대동맥의 직경이 15 mm, 우측 총장골동맥의 직경이 10 mm, 좌측 총장골동맥의 직경이 8 mm로 주어지고, 만약 배대동맥의 평균 속도가 30 cm/s, 좌측 총장골동맥의 평균 속도가 40 cm/s라 할 때, 우측 총장골동맥을 통과하는 평균 유량을 결정하라.

풀이 세 개의 혈관 모두의 직경과 더불어, 세 개의 혈관 중 두 개에 대한 평균 속도가 제공된다. 혈관을 강체 파이프에 가깝다고 하자.

가정 1 심장이 분당 대략 75 박동으로 수축하고 이완하여 맥동 유동을 만들어내지만, 유동은 정상 유동이다. 2 입구 효과는 무시할 수 있고, 유동은 완전발달되었다고 간주된다. 3 혈액은 뉴턴 유체처럼 거동한다.

상태량 37°C에서 동점성은 4 cSt이다.

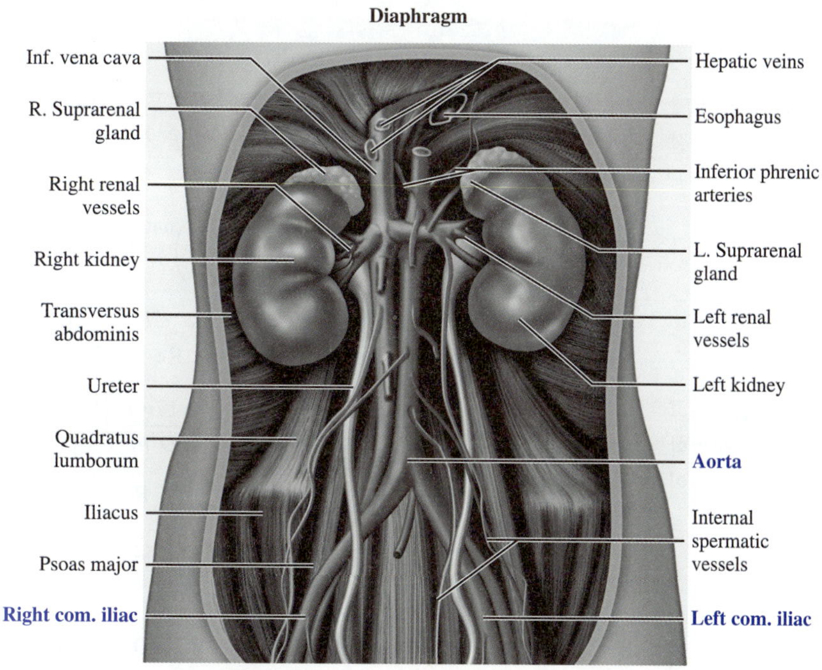

그림 7-82
인체의 해부도. 대동맥과 좌측 및 우측 총장골동맥(common iliac artery)에 주목하라.

해석 질량 보존을 이용하여, 배대동맥의 유량($\dot{V}_1$)은 두 총장골대동맥 모두의 합(좌측에 대해 $\dot{V}_2$ 그리고 우측에 대해 $\dot{V}_3$)과 같다. 따라서,

$$\dot{V}_1 = \dot{V}_2 + \dot{V}_3$$

평균 속도를 이용하고 있으므로 직경, 혈액의 밀도는 순환 시스템의 이 구간 전체에 걸쳐서 동일한 것을 알고 있고, 방정식을 다음과 같이 다시 쓸 수 있다.

$$V_1A_1 = V_2A_2 + V_3A_3$$ 여기서 V는 평균 속도이고 A는 면적이다.

다시 정리하여 $\dot{V}_3$에 대해 풀면, 방정식은 아래와 같다.

$$V_3 = (V_1A_1 - V_2A_2)/A_3$$

알고 있는 값들을 삽입하면,

$$V_3 = (30 \text{ cm/s} \times (1.5 \text{ cm})^2 - 40 \text{ cm/s} \times (0.8 \text{ cm})^2)/(1.0 \text{ cm})^2$$
$$V_3 = 41.9 \text{ cm/s}$$

토의 정상 유동을 가정하였으므로 평균 속도는 근사값이며, 그러나 실제로는 최대의 양(positive)의 속도가 존재할 것이고, 또한 심장이완기 동안에 좌심실이 채워짐에 따라 일부 심장을 향하여 역행(또는 역류) 유동이 존재할 것이다. 이들 혈관과 많은 큰 동맥들을 통과하는 속도 단면들은 심장 주기에 걸쳐 변할 것이다. 또한 혈액은 점탄성(viscoelastic)일지라도 여기서의 혈액은 뉴턴 유체처럼 거동할 것으로 가정되었다. 이 특정한 위치에서 전단률(shear rate)이 혈액 점성에 대하여 점근값에 도달하기에 충분하기 때문에, 많은 연구자들은 이와 같은 가정을 이용한다.

요약

내부 유동에서 파이프는 유체로 가득 차 있다. **층류**는 유선이 매끈하고 잘 정렬된 유동 특성을 보이고, **난류**는 속도 변동과 무질서한 유동 특성을 보인다. **Reynolds 수**는 다음 식으로 정의된다.

$$\text{Re} = \frac{\text{Inertial forces}}{\text{Viscous forces}} = \frac{V_{\text{avg}}D}{\nu} = \frac{\rho V_{\text{avg}}D}{\mu}$$

대부분의 경우 파이프 내부 유동은 Re < 2300이면 층류, Re > 4000이면 난류이고, 그 사이는 천이 유동이다.

점성 전단력의 영향이 미치는 영역을 **속도 경계층**이라고 한다. 파이프 입구로부터 유동이 완전발달하는 곳까지를 **수역학적 입구 영역**이라 하고, 이 영역의 길이를 **수역학적 입구 길이** L_h라고 한다. 그 길이는 다음과 같다.

$$\frac{L_{h,\text{ laminar}}}{D} \cong 0.05\,\text{Re} \quad \text{그리고} \quad \frac{L_{h,\text{ turbulent}}}{D} \cong 10$$

완전발달된 영역에서 마찰계수는 일정하다. 원형 파이프 내 완전발달된 층류 유동의 **최대 속도** 및 **평균 속도**는 다음과 같다.

$$u_{\max} = 2V_{\text{avg}} \quad \text{그리고} \quad V_{\text{avg}} = \frac{\Delta P D^2}{32\mu L}$$

수평 파이프 내 층류 유동의 **체적유량**과 **압력 강하**는 다음과 같다.

$$\dot{V} = V_{\text{avg}}A_c = \frac{\Delta P \pi D^4}{128\mu L} \quad \text{그리고} \quad \Delta P = \frac{32\mu L V_{\text{avg}}}{D^2}$$

모든 형태의 내부 유동(층류 또는 난류, 원형 또는 비원형 파이프, 매끈한 또는 거친 표면)에 대하여 **압력 손실**과 **수두 손실**은 다음 식으로 표현된다.

$$\Delta P_L = f\frac{L}{D}\frac{\rho V^2}{2} \quad \text{그리고} \quad h_L = \frac{\Delta P_L}{\rho g} = f\frac{L}{D}\frac{V^2}{2g}$$

여기서 $\rho V^2/2$은 **동압**이고, 무차원량 f는 **마찰계수**이다. 원형 파이프 내 완전발달된 층류 유동의 경우 $f = 64/\text{Re}$이다.

비원형 파이프의 경우는 **수력직경** $D_h = 4A_c/p$(A_c는 파이프 단면적, p는 접수둘레)을 사용한다.

완전발달된 난류 유동에서 마찰계수는 Reynolds 수와 **상대조도** ε/D의 함수이다. 난류 유동의 마찰계수는 다음의 **Colebrook 공식**으로 표현된다.

$$\frac{1}{\sqrt{f}} = -2.0\log\left(\frac{\varepsilon/D}{3.7} + \frac{2.51}{\text{Re}\sqrt{f}}\right)$$

이 방정식을 그림으로 나타낸 것이 **Moody 선도**이다. 파이프 시스템의 설계나 해석은 수두 손실, 유량, 파이프 직경을 구하는 문제와 관련된다. 다음의 Swamee-Jain 공식을 사용하면 지루한 반복 계산을 피할 수 있다.

$$h_L = 1.07\frac{\dot{V}^2L}{gD^5}\left\{\ln\left[\frac{\varepsilon}{3.7D} + 4.62\left(\frac{\nu D}{\dot{V}}\right)^{0.9}\right]\right\}^{-2}$$

$$10^{-6} < \varepsilon/D < 10^{-2}$$
$$3000 < \text{Re} < 3\times10^8$$

$$\dot{V} = -0.965\left(\frac{gD^5h_L}{L}\right)^{0.5}\ln\left[\frac{\varepsilon}{3.7D} + \left(\frac{3.17\nu^2L}{gD^3h_L}\right)^{0.5}\right]$$

$$\text{Re} > 2000$$

$$D = 0.66\left[\varepsilon^{1.25}\left(\frac{L\dot{V}^2}{gh_L}\right)^{4.75} + \nu\dot{V}^{9.4}\left(\frac{L}{gh_L}\right)^{5.2}\right]^{0.04}$$

$$10^{-6} < \varepsilon/D < 10^{-2}$$
$$5000 < \text{Re} < 3\times10^8$$

접합부, 밸브, 벤드, 엘보, 티, 입구부, 출구부, 확대부, 축소부 등의 배관 부품에서 발생하는 손실을 **부차적 손실**이라고 한다. 부차적 손실은 **손실계수** K_L로 표현되는데, 수두 손실은 손실계수와 다음과 같은 관계가 있다.

$$h_L = K_L\frac{V^2}{2g}$$

배관 시스템에서 모든 손실계수가 주어질 때 총 수두 손실은 다음과 같다.

$$h_{L,\text{ total}} = h_{L,\text{ major}} + h_{L,\text{ minor}} = \sum_i f_i\frac{L_i}{D_i}\frac{V_i^2}{2g} + \sum_j K_{L,j}\frac{V_j^2}{2g}$$

전체 파이프의 직경이 일정할 경우 총 수두 손실은 다음과 같다.

$$h_{L,\text{ total}} = \left(f\frac{L}{D} + \sum K_L\right)\frac{V^2}{2g}$$

배관 시스템의 해석은 두 가지 원리에 의하는데, (1) 시스템 전체에 질량 보존이 만족되어야 하고, (2) 두 점 사이의 압력 강하는 경로에 관계없이 같아야 한다. 파이프가 **직렬로** 연결되었을 때 전체 시스템의 유량은 각각의 파이프 직경에 관계없이 일정하여야 한다. 파이프가 둘 이상의 **병렬 파이프**로 나누어지고 하류에서 다시 합쳐졌을 때 총 유량은 각 파이프 유량의 합과 같고, 각 파이프에서 수두 손실은 서로 같다. 파이프 시스템에 펌프나 터빈이 설치되면 정상 유동인 경우의 에너지 방정식은 다음과 같다.

$$\frac{P_1}{\rho g} + \alpha_1 \frac{V_1^2}{2g} + z_1 + h_{\text{pump}, u} = \frac{P_2}{\rho g} + \alpha_2 \frac{V_2^2}{2g} + z_2 + h_{\text{turbine}, e} + h_L$$

유용한 펌프 수두 $h_{\text{pump}, u}$를 알 때, 주어진 유량에서 펌프가 유체로 공급하는 기계 동력과 펌프 모터가 소비하는 전기 동력은 다음과 같다.

$$\dot{W}_{\text{pump, shaft}} = \frac{\rho \dot{V} g h_{\text{pump}, u}}{\eta_{\text{pump}}} \quad \text{그리고} \quad \dot{W}_{\text{elect}} = \frac{\rho \dot{V} g h_{\text{pump}, u}}{\eta_{\text{pump-motor}}}$$

여기서 $\eta_{\text{pump-motor}}$는 **펌프-모터 연합 효율**로, 펌프 효율과 모터 효율을 곱하여 구한다.

수두 손실 대 유량과의 관계를 나타낸 선도를 **시스템 곡선**이라고 한다. 펌프에 의해 생성되는 수두는 일정하지 않으며, 이러한 펌프 수두 $h_{\text{pump}, u}$와 η_{pump} 대 유량과의 관계를 나타낸 선도를 **특성 곡선**이라고 한다. 배관 시스템에 설치된 펌프는 시스템 곡선과 특성 곡선의 교차점인 **운전점**에서 운전된다.

유량 측정 기법과 장치를 크게 세 가지로 나눌 수 있다. (1) 장애물식 유량계, 터빈 유량계, 용적식 유량계, 로터미터, 초음파 유량계와 같은 체적(또는 질량)유량 측정 기법 및 장치, (2) 피토 정압관, 열선 유속계, LDV와 같은 한 점에서 속도 측정 기법, (3) PIV와 같은 전 유동장 속도 측정 기법.

이 장에서는 혈관을 포함하여 파이프 내 유동을 다루었다. 여러 가지 종류의 펌프와 터빈, 작동 원리 및 성능 매개변수들에 대해서는 12장에서 상세히 설명한다.

연습 문제*

층류 및 난류 유동

7-1C 수력직경이란 무엇이고, 어떻게 정의되는가? 직경이 D인 원형 파이프의 수력직경은 얼마인가?

7-2C Reynolds 수의 물리적 의미는 무엇인가? (*a*) 내경 D의 원형 파이프와 (*b*) 단면적 $a \times b$의 직사각형 덕트에서 Reynolds 수를 정의하라.

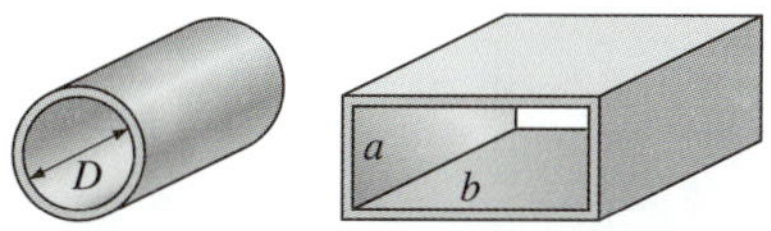

그림 P7-2C

7-3C 직경 D인 원형 파이프 유동의 Reynolds 수가 $\text{Re} = 4\dot{m}/(\pi D \mu)$로 표현될 수 있음을 보여라.

7-4C 유동이 난류일 때 표면조도가 파이프 내 압력 강하에 미치는 영향은 어떠한가? 유동이 층류라면 어떻게 되겠는가?

파이프 내 완전발달 유동

7-5C 원형 파이프 내 완전발달 층류 유동의 평균 속도를 $R/2$ 지점(중심선과 벽면의 중간 지점)의 속도를 측정하여 구할 수 있다는 주장에 동의하는가? 그 이유를 설명하라.

7-6C 완전발달 난류 유동에서 파이프 벽면에서 전단응력이 최대라는 주장에 동의하는가? 그 이유를 설명하라.

7-7C 완전발달된 파이프 유동이 1차원인지, 2차원인지, 3차원인지 논의하라.

7-8C 원형 파이프 내 완전발달 유동에서 입구의 영향을 무시할 때 파이프의 길이가 두 배가 된다면 수두 손실은 (*a*) 두 배가 된다, (*b*) 두 배 이상이다, (*c*) 두 배 이하이다, (*d*) 반으로 줄어든다, (*e*) 동일하다.

7-9C 원형 파이프 내 완전발달 층류 유동에서 유량을 고정하고 유체를 가열하여 점성계수를 반으로 줄이면 수두 손실은 어떻게 변하겠는가?

7-10 두 개의 넓은 평행판 사이에 뉴턴 유체의 완전발달 층류 유동에 대한 속도 단면은 아래와 같이 주어진다.

$$u(y) = \frac{3u_0}{2}\left[1 - \left(\frac{y}{h}\right)^2\right]$$

여기서 $2h$는 두 판 사이의 거리, u_0는 중심면에서 속도, y는 중심면으로부터 수직좌표이다. 폭이 b인 판에 대하여, 판 사이로 통하는 유량에 대한 관계식을 구하라.

7-11 10℃($\rho = 999.7\ \text{kg/m}^3$, $\mu = 1.307 \times 10^{-3}\ \text{kg/m}\cdot\text{s}$)의 물이 직경 0.12 cm, 길이 15 m인 파이프 내를 0.9 m/s의 평균 속도로 흐른다. (*a*) 압력 강하, (*b*) 수두 손실, (*c*) 압력 강하를 이기기 위한 소요 펌프 동력을 구하라. **답:** (*a*) 392 kPa, (*b*) 40.0 m, (*c*) 0.399 W

7-12 폭 1 m, 길이 5 m이고 유리 커버와 집열판 사이 간격이 3 cm인 태양열 집열판 내를 평균 온도 45℃인 공기가 폭 1 m, 길이 5 m인 통로를 따라 0.15 m³/s로 흐른다. 입구와 조도의 영향, 90° 벤드를 무시하고 집열판 내의 압력 강하를 구하라.

답: 32.3 Pa

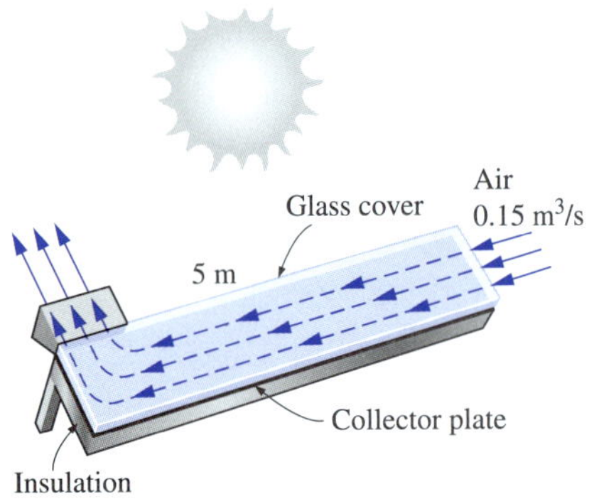

그림 P7-12

7-13 반경 $R = 2\,\text{cm}$인 원형 파이프 내 완전발달 층류 유동의 속도 분포가 $u(r) = 4(1 - r^2/R^2)$이다(단위 m/s). 파이프 내 평균 속도와 최대 속도, 체적유량을 구하라.

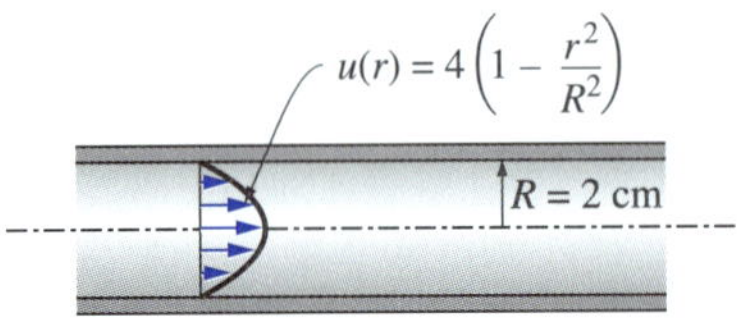

그림 P7-13

7-14 15℃ 물($\rho = 999.1\,\text{kg/m}^3$, $\mu = 1.138 \times 10^{-3}\,\text{kg/m}\cdot\text{s}$)이 길이 30 m, 직경 5 cm의 수평 스테인리스강 파이프 내를 9 L/s의 유량으로 흐른다. (*a*) 압력 강하, (*b*) 수두 손실, (*c*) 압력 강하를 이기기 위한 소요 펌프 동력을 구하라.

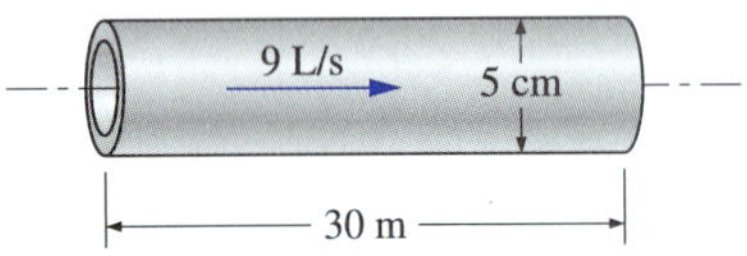

그림 P7-14

7-15 단면이 15 cm × 20 cm, 길이가 10 m이고 상용강판으로 만들어진 직사각형 덕트 내로 1기압, 35℃ 공기가 평균 속도 7 m/s로 흐른다. 입구 영향을 무시하고 압력 강하를 이기기 위한 송풍기 동력을 구하라. **답:** 7.00 W

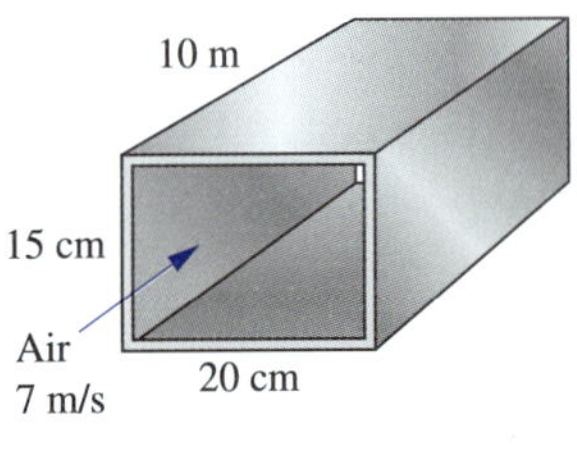

그림 P7-15

7-16 20℃ 물이 내경 2.0 cm인 동관 내를 0.23 kg/s의 유량으로 흐른다. 주어진 유량을 유지하기 위해 필요한 파이프의 단위 m당 펌프 동력을 구하라.

7-17 $\rho = 876\,\text{kg/m}^3$, $\mu = 0.24\,\text{kg/m}\cdot\text{s}$인 오일이 직경 1.5 cm인 파이프를 통하여 압력 88 kPa인 대기 중에 방출된다. 출구 15 m 전의 절대 압력은 135 kPa이다. 파이프가 (*a*) 수평, (*b*) 수평에서 8° 위로 기울어지거나, (*c*) 수평에서 8° 아래로 기울어질 때의 오일 유량을 구하라.

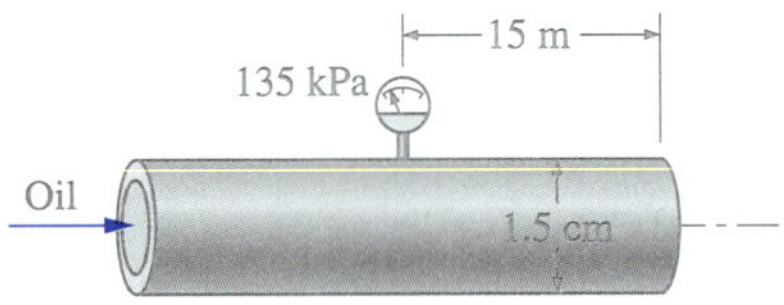

그림 P7-17

7-18 밀도 850 kg/m³, 동점성계수 0.00062 m²/s인 오일이 대기 중에 노출된 저장 탱크로부터 직경 8 mm, 길이 40 m의 수평 파이프를 통하여 배출된다. 수조의 높이는 파이프 중심으로부터 4 m이다. 부차적 손실을 무시할 때, 파이프를 통한 오일의 유량을 구하라.

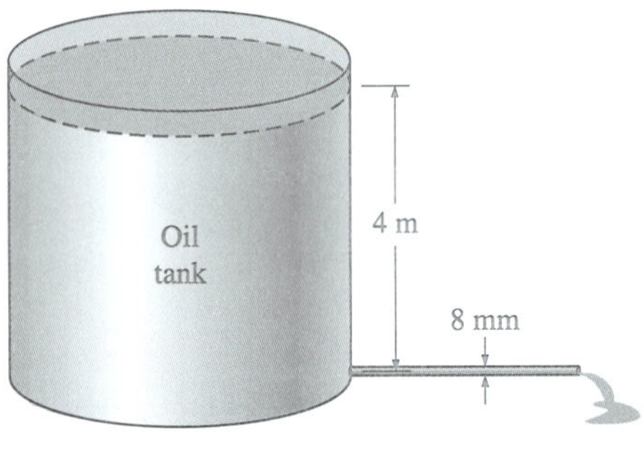

그림 P7-18

7-19 $\rho = 1252\,\text{kg/m}^3$, $\mu = 0.27\,\text{kg/m}\cdot\text{s}$, 40℃의 글리세린이 직경 4 cm인 매끈한 수평 파이프 내를 평균 속도 3.5 m/s로 흐른다. 길이 10 m당 압력 손실을 구하라.

부차적 손실

7-20C 관로 보수 작업시 90° 마이터(miter) 엘보의 급격한 방향 전환에 의한 수두 손실을 줄이기 위하여 마이터 엘보 내에 베인을 설치하는 방안과 완만한 벤드로 교체하는 방안이 제안되었다. 어떤 방법이 펌프 동력 감소에 더 큰 도움이 되겠는가?

7-21C 파이프 입구부를 둥글게 하는 것이 손실계수에 미치는 영향은 (*a*) 무시할 만하다, (*b*) 다소 크다, (*c*) 매우 크다.

7-22C 파이프 출구부를 둥글게 하는 것이 손실계수에 미치는 영향은 (*a*) 무시할 만하다, (*b*) 다소 크다, (*c*) 매우 크다.

7-23C 파이프 유동에서 점진적 확대(gradual expansion)와 점진적 축소(gradual contraction) 중 부차적 손실계수가 큰 것은 무엇인가? 그 이유를 설명하라.

7-24 수조 자유표면에서 수직 거리가 H인 수조 측면에 가공된 직경 D의 구멍에서 물이 방출된다. 실제 각진 입구부($K_L = 0.5$)에서 방출되는 유량은 마찰이 없는 경우를 가정하여 계산된 유량보다 훨씬 적다. 운동 에너지 보정계수의 영향을 무시하고 마찰이 없는 유동 관계식에 사용할 각진 구멍의 "등가 직경"의 관계식을 구하라.

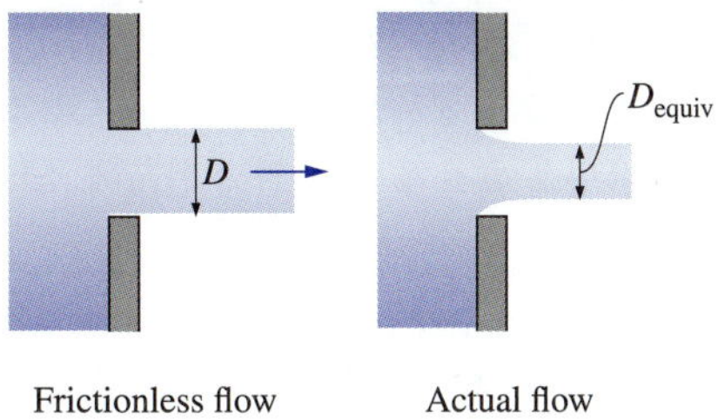

그림 P7-24

7-25 수평 파이프가 $D_1 = 8$ cm에서 $D_2 = 16$ cm로 급격히 확대된다. 소구경부의 물 유속은 10 m/s로 난류이고, 압력은 $P_1 = 410$ kPa이다. 입구와 출구의 운동 에너지 보정계수가 1.06일 때 하류 압력 P_2를 구하고, Bernoulli 방정식 적용 시 유발되는 오차를 산정하라. **답:** 432 kPa, 25.4 kPa

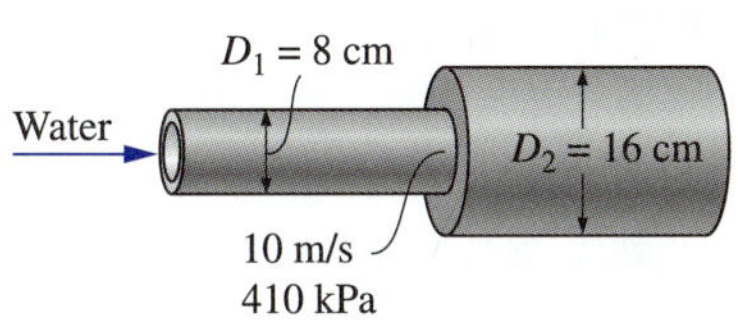

그림 P7-25

배관 시스템 및 펌프 선정

7-26C 낮은 위치의 수조에서 높은 위치의 수조로 펌프를 사용하여 물을 공급한다. 수두 손실을 무시하면 소요 펌프 수두는 두 수조 자유표면 간의 높이차와 같다는 주장에 동의하는가?

7-27C 어떤 사람이 정원 호스를 이용하여 양동이에 물을 채우던 중에 갑자기 호스에 노즐을 부착하면 물의 방출 속도를 증가시키게 됨을 기억하고, 이 증가된 속도가 양동이를 채우는 시간을 줄여 줄 것인가 궁금해한다. 만약 호스에 노즐을 부착하면 물을 채우는 시간이 과연 증가할까, 감소할까 또는 아무런 영향이 없을까? 그 이유는 무엇인가?

7-28C 물이 가득 찬 높이 2 m의 수조가 높이 1 m의 테이블 위에 놓여 있다. 수조 하부에는 방출 밸브가 부착되어 있다. 한 수조의 방출 밸브에는 다른 끝단이 바닥에 놓인 호스를 연결하고, 다른 한 수조의 방출 밸브에는 호스를 연결하지 않았다. 호스의 마찰 손실을 무시한다면 두 수조 중 어느 수조가 먼저 비워지겠는가? 그 이유는 무엇인가?

7-29C 직경이 다른(그러나 길이, 재질, 조도는 같은) 두 파이프가 직렬로 연결되어 있다. 두 파이프 내 (a) 유량, (*b*) 압력 손실을 비교하라.

7-30C 직경이 다른(그러나 길이, 재질, 조도는 같은) 두 파이프가 병렬로 연결되어 있다. 두 파이프 내 (*a*) 유량, (*b*) 압력 손실을 비교하라.

7-31 높이가 4 m, 단면적이 $A_T = 1.5\ m^2$인 원통형 탱크에 물과 비중이 SG = 0.75인 오일이 같은 부피로 채워져 있다. 지금 탱크의 바닥에 직경 1 cm인 구멍이 열리고 물이 유출되기 시작한다. 만약 구멍의 방출계수가 $C_d = 0.85$라면 대기에 개방된 탱크 내의 물이 완전히 비워지는 데 걸리는 시간을 결정하라.

7-32 20℃의 물이 중력에 의하여 높은 위치의 대형 수조에서 작은 수조로 길이 18 m, 직경 5 cm인 주철 배관 시스템을 통하여 흐른다. 배관 시스템에는 4개의 표준 플랜지 엘보와 둥근 입구부, 각진 출구부, 완전 개방 게이트 밸브가 포함된다. 낮은 위치 수조의 자유표면을 기준으로 할 때, 0.3 m^3/min의 유량이 형성되기 위한 높은 위치의 수조 높이 z_1을 구하라. **답:** 4.55 m

7-33 15℃의 물이 대형 수조에서 직렬 연결된 두 개의 수평 플라스틱 파이프를 통하여 방출된다. 첫 번째 파이프의 길이는 20 m, 직경은 10 cm이고, 두 번째 파이프의 길이는 35 m, 직경은 4 cm이다. 수조 내 수위는 파이프 중심부에서 18 m이다. 파이프 입구부는 각진 형상을 하고 있고, 두 파이프는 급격한 축소부(sudden contraction)로 연결된다. 운동 에너지 보정계수를 무시하고 수조로부터의 물 방출량을 구하라.

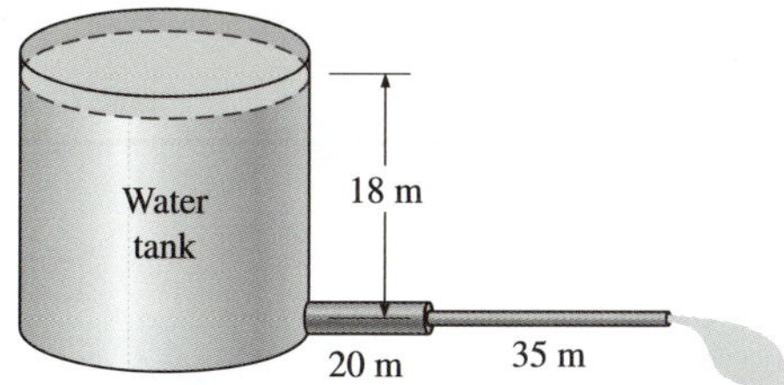

그림 P7-33

7-34 농부가 20℃의 물을 강으로부터 길이 40 m, 직경 12 cm인 플라스틱 파이프를 통하여 수조로 이송한다. 관로에는 플랜지형 90° 매끈한 벤드가 세 개 포함된다. 강물의 유속은 1.8 m/s이고,

파이프 입구는 동압 취득을 위하여 강물과 마주보게 설치되어 있다. 강과 수조 자유표면의 높이차는 3.5 m이다. 유량이 0.042 m^3/s이고 펌프 효율이 70%일 때, 펌프에 소요되는 전기 동력을 구하라.

7-35 $\rho = 920\ kg/m^3$, $\mu = 0.045\ kg/m \cdot s$의 휘발유를 직경 4 cm, 길이 25 m의 다소 둥근 입구부와 두 곳의 90° 완만한 벤드로 구성된 플라스틱 호스를 사용하여 지하 저장고로부터 주유차에 주유하고자 한다. 저장고와 호스가 장착된 주유차 상부와의 높이차는 5 m이다. 또한 주유차의 용량은 18 m^3이고, 채우는 데 걸리는 시간은 30분이다. 호스 방출부의 운동 에너지 보정계수가 1.05이고, 펌프 효율이 82%일 때, 펌프에 공급되는 소요 동력을 구하라.

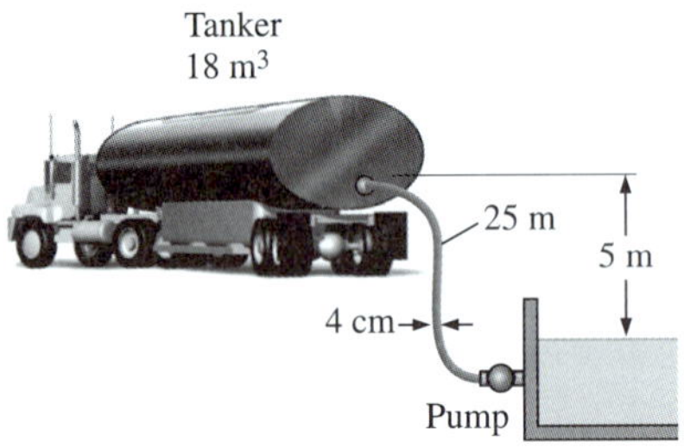

그림 P7-35

7-36 길이와 재질이 동일한 두 파이프가 병렬로 연결되어 있다. 파이프 *A*의 직경은 파이프 *B*의 두 배이다. 각 파이프의 마찰계수가 같다고 가정하고, 부차적 손실을 무시하여 각 파이프에 흐르는 유량비를 구하라.

7-37 주철 파이프 재질의 물 분배 관로의 일부분은 병렬 배관으로 구성된다. 양 파이프의 직경은 30 cm이고, 유동은 완전 난류이다. 또한 파이프 *A*의 길이는 1500 m이고, 파이프 *B*의 길이는 2500 m이다. 파이프 *A*를 흐르는 유량이 0.4 m^3/s일 때, 파이프 *B*를 흐르는 유량을 구하라. 부차적 손실을 무시하고, 물의 온도는 15℃로 한다. 유동이 완전 난류이고, 따라서 마찰계수가 Reynolds 수와 무관함을 보여라. **답:** 0.310 m^3/s

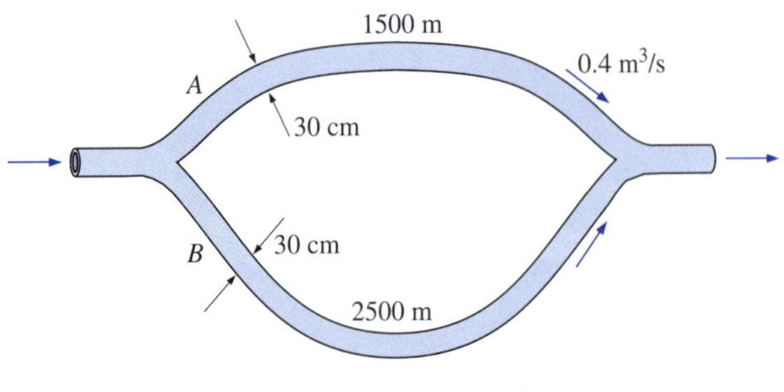

그림 P7-37

7-38 지열 지역 난방 시스템에서 110℃의 물이 지열 우물에서 12 km 떨어진 거의 같은 높이의 시내로 직경 60 cm인 스테인리스강 파이프를 통하여 1.5 m^3/s의 유량으로 이송된다. 우물과 시내 도착점의 유체 압력은 같다. 또한 길이 대 직경의 비가 크고 부차적 손실과 관련된 부품의 수가 적어 부차적 손실은 무시한다. (*a*) 펌프 효율을 80%로 할 때 펌프의 전기 소비 동력을 구하라. 하나의 큰 펌프를 사용하겠는가 아니면 다수의 소용량 펌프를 사용하겠는가? 그 이유를 설명하라. (*b*) 단위 전기료가 \$0.06/kWh일 때 일일전기료를 구하라. (*c*) 긴 파이프를 지나는 동안 물의 온도는 0.5℃ 감소할 것으로 예측된다. 유동의 마찰열에 의한 온도 상승이 이 감소 온도를 보상하겠는가?

7-39 물이 중력에 의해 내경 12 cm, 길이 800 m, 기울기 0.01 (관의 길이가 100 m일 때 높이 차 1 m임)인 플라스틱 파이프 내를 흐른다. 물의 밀도와 동점성계수를 $\rho = 1000\ kg/m^3$, $\nu = 1 \times 10^{-6}\ m^2/s$로 하고 유량을 계산하라. 만일 파이프가 수평으로 놓여 있다면 동일한 유량을 흐르게 하기 위해 펌프에 소비되는 동력은 얼마인가?

7-40 밀도와 동점성계수가 $\rho = 680\ kg/m^3$, $\nu = 4.29 \times 10^{-7}\ m^2/s$인 가솔린이 240 L/s 유량으로 2 km의 거리에 수송된다. 파이프의 표면조도는 0.03 mm이다. 마찰에 의한 수두 손실이 10 m 이내가 되는 파이프의 최소 직경을 구하라.

7-41 대형 빌딩에서 수조 내 고온수가 관로를 순환한다. 어떤 순환 루프는 길이 40 m, 직경 1.2 cm의 주철 파이프와 6개의 90° 나사진 완만한 벤드, 2개의 완전개방 게이트 밸브로 구성된다. 루프 내 평균 유속이 2 m/s일 때, 순환 펌프의 소요 동력을 구하라. 물의 평균 온도는 60℃, 펌프의 효율은 70%로 한다.

답: 0.111 kw

7-42 20℃의 물이 낮은 위치의 수조($z_A = 2$ m)에서 높은 위치의 수조($z_B = 9$ m)로 길이 25 m의 플라스틱 파이프를 통하여 병렬로 흐른다. 두 파이프의 직경은 각각 3 cm, 5 cm이다. 펌프의 효율은 68%이고, 7 kW의 전력을 소비한다. 부차적 손실과 병렬 파이프와 수조 간의 연결부의 수두 손실을 무시하고 수조 간의 총 유량과 각 병렬 파이프 내를 흐르는 유량을 구하라.

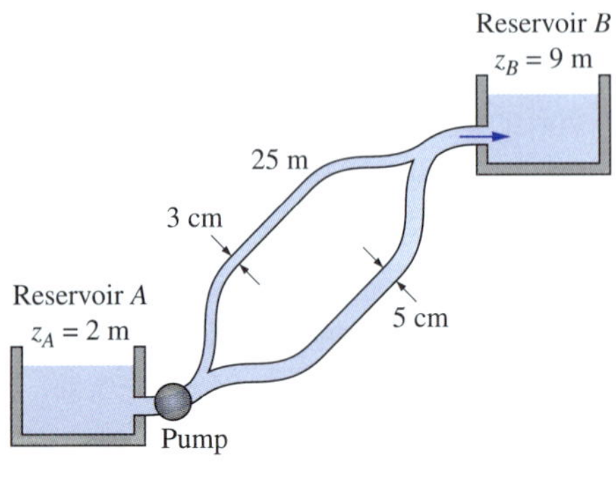

그림 P7-42

7-43 그림 P7-43에 보인 바와 같은 6 m 높이의 굴뚝이 대기 온도가 20°C일 때 0.15 m^3/s의 일정한 유량으로 벽난로로부터 180°C의 뜨거운 가스를 방출하기 위해 설계된다. 굴뚝으로부터 열전달이 없다고 가정하고, 굴뚝 입구의 손실계수를 1.5로 취하고, 굴뚝의 마찰계수가 0.020으로 취할 때, 요구되는 유량으로 뜨거운 가스가 방출될 수 있는 굴뚝의 직경을 결정하라. 여기서 $P_3 = P_4 = P_{atm}$, $P_2 = P_1 = P_{atm} + \rho_{atm\ air}gh$이고, 굴뚝 전체의 뜨거운 가스 온도는 180°C이다.

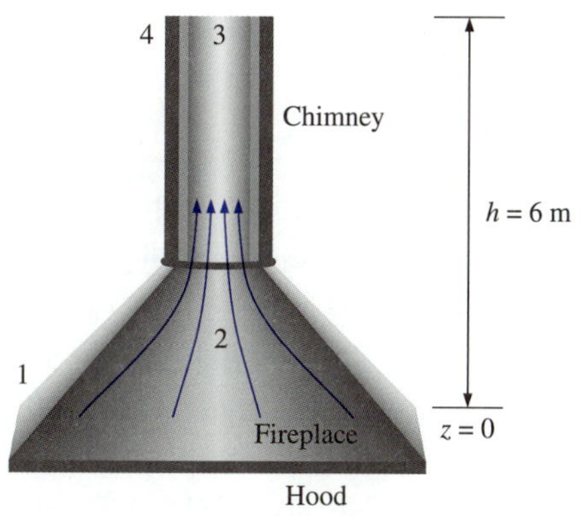

그림 P7-43

7-44 그림 P7-44에 보인 바와 같은 3 m 높이의 거꾸로 선 원추형 용기에 최초에 2 m 높이의 물이 채워져 있다. 시간이 $t = 0$에서, 수도꼭지가 용기에 3 L/s의 유량으로 물을 공급하기 위하여 개방된다. 동시에, 용기의 바닥에 방출계수가 0.90인 직경 4 cm의 구멍이 개방된다. 탱크의 수위가 1 m 떨어지는 데 걸리는 시간을 결정하라.

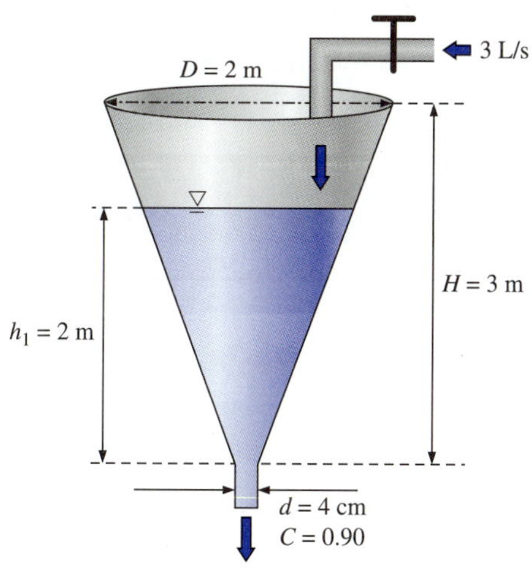

그림 P7-44

유량과 속도 측정

7-45 직경 60 cm 파이프 내를 흐르는 20℃ 물($\rho = 998\ kg/m^3$, $\mu = 1.002 \times 10^{-3}\ kg/m \cdot s$)의 유량을 직경 30 cm 오리피스 유량계로 측정한 결과 400 L/s이었다. 오리피스 유량계에 지시된 차압과 수두 손실을 구하라.

7-46 내경 2.5 cm의 관 내를 흐르는 오일($\rho = 860\ kg/m^3$, $\mu = 0.0103\ kg/m \cdot s$)의 유속을 피토 정압관으로 측정한다. 측정된 차압이 95.8 Pa이고, 이로부터 계산된 유속을 평균 유속으로 가정할 때, 오일의 체적유량은 몇 m^3/s인가?

7-47 직경 4.6 cm 오리피스를 사용하여 직경 10 cm 수평관을 흐르는 15℃의 물($\rho = 999.1\ kg/m^3$, $\mu = 1.138 \times 10^{-3}\ kg/m \cdot s$)의 유량을 측정한다. 오리피스 차압은 수은 마노미터로 측정한다. 마노미터의 높이차가 18 cm일 때 물의 체적유량, 평균 속도, 오리피스 유량계에 의한 수두 손실을 구하라.

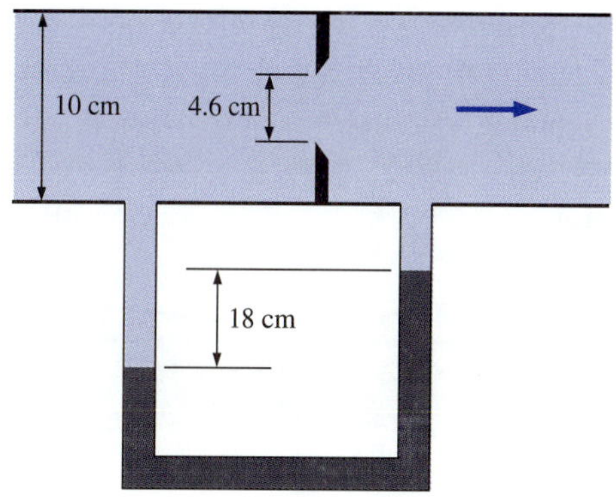

그림 P7-47

7-48 풍동 내의 공기($\rho = 1.225\ kg/m^3$, $\mu = 1.789 \times 10^{-5}\ kg/m \cdot s$) 유속을 피토 정압관으로 측정한다. 측정된 정체압이 472.6 Pa gage이고 정압이 15.43 Pa gage일 때, 풍속을 구하라.

7-49 직경이 5 cm인 수평 파이프 내를 흐르는 15℃ 물($\rho = 999.1\ kg/m^3$)의 유량을 차압계가 장착된 벤투리 유량계로 측정한다. 벤투리 목 직경은 3 cm이고, 측정된 압력 강하는 5 kPa이다. 방출계수가 0.98일 때, 물의 체적유량과 평균 유속을 구하라.

답: 2.35 L/s, 1.20 m/s

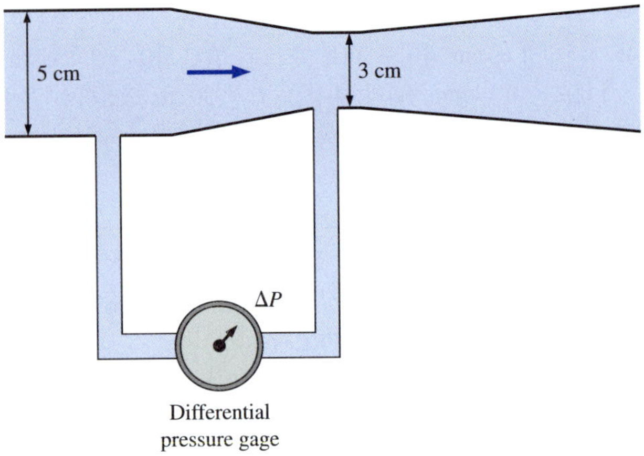

그림 P7-49

7-50 직경 18 cm인 덕트를 흐르는 20℃ 공기($\rho = 1.204$ kg/m^3)의 유량을 마노미터가 장착된 벤투리 유량계로 측정한다. 벤투리 목 직경은 5 cm이고, 마노미터의 최대 높이차는 40 cm이다. 방출계수가 0.98일 때, 이 벤투리 유량계로 측정할 수 있는 최대 공기 유량을 구하라. **답:** 0.188 kg/s

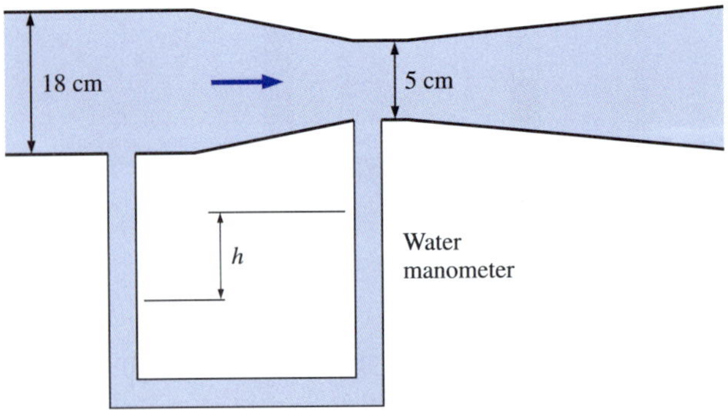

그림 P7-50

복습 문제

7-51 그림 P7-51에 보인 바와 같이, 바닥에 얇은 수평 튜브를 가진 원추형 용기가 오일의 점성을 측정하기 위해 이용된다. 튜브 내를 흐르는 유동은 층류이다. 오일 수위를 h_1에서 h_2로 낮추기 위해 필요한 방출 시간은 스톱워치로 측정된다. 방출 시간 t의 함수로서 용기 내의 오일의 점성에 대한 관계식을 개발하라.

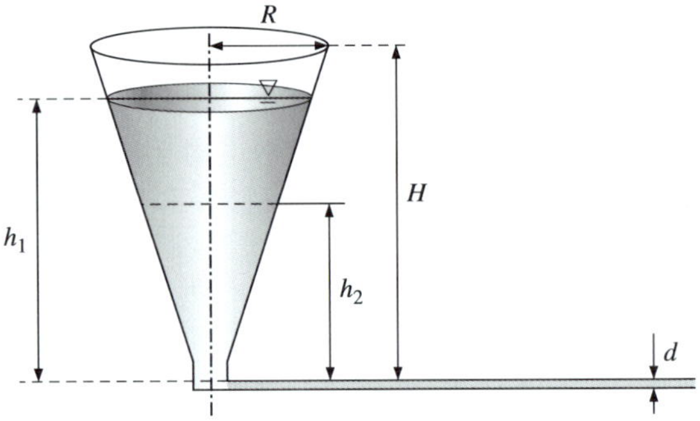

그림 P7-51

7-52 어떤 할머니가 심장마비 때문에 병원으로 달려간다. 응급실 의사가 그녀에게 한 관상동맥(심장 주변을 싸고 있는 핏줄)이 75% 막혔기(죽상경화에 따른 피떡으로) 때문에 즉각적인 관상동맥 바이패스 수술이 필요하다고 알렸다. 그림 P7-52에 도시한 바와 같이, 이 수술은 인공 그래프트(graft : 조직이식, 통상적으로 Dacron 재질임)를 이용하여 관상동맥으로부터 피를 막힌 곳 주변으로 분기시키고, 막힌 곳을 지나 관상동맥에 다시 부착시키는 것으로 이루어진다. 관상동맥의 직경은 5.0 mm이고, 길이는 15.0 mm이다. 바이패스 그래프트의 직경은 4.0 mm이고, 길이는 20.0 mm이다. 바이패스 그래프트 내의 유량은 0.45 L/min(1 ml는 1 cm^{3}과 같음을 상기할 것)이다. 혈액은 밀도가 1060 kg/m^{3}이고, 역학적 점성계수는 3.5 센티포아즈이다. 인공 핏줄(Dacron)과 관상동맥은 동일한 재료 성질을 가지고 있다고 가정하고 모든 부차적 손실은 무시하라. 마찰계수는 두 튜브 모두 동일하다고 가정하라. 관상동맥에 대한 수두 손실을 결정하는 데 있어서 혈소판(plaque)이 뭉쳐 있는 피떡의 효과는 무시하고, 혈소판과 관상동맥 사이의 작은 간격을 통하는 속도를 계산하라.

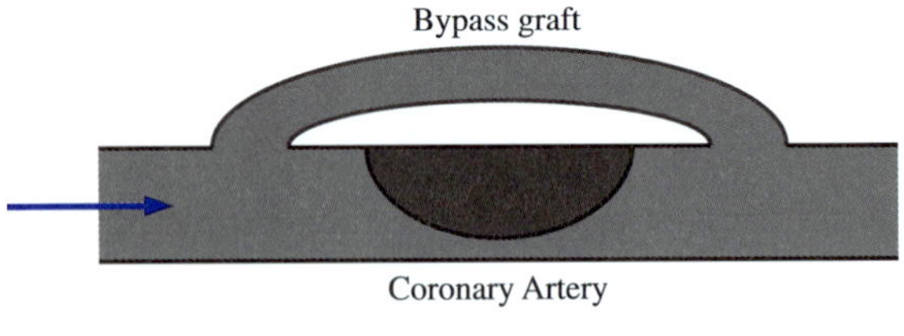

그림 P7-52

CHAPTER 08

Navier-Stokes 방정식의 근사해

목표 이 장을 공부하면 다음과 관련된 지식을 얻을 수 있다.

- 많은 유체 유동 문제를 풀기 위해 근사법이 필요한 이유에 대한 인식과 이러한 근사법이 적절한 때와 장소의 이해
- 크리핑 유동 근사법에서 식으로부터 밀도의 소실을 포함하여 관성항의 결여 효과에 대한 이해
- 경계층의 두께와 기타 경계층 상태량의 예측

이 장에서는 항(들)을 소거시키는 몇 가지 근사적 방법을 이용하여 Navier-Stokes 방정식을 보다 풀기 쉬운 형태로 바꾸는 방법에 대하여 살펴본다. 이러한 근사법은 종종 전체 유동장에서도 적합하지만, 대부분의 경우에 있어서 유동장의 어느 특정한 영역에서만 적합하다. 먼저 Reynolds 수가 매우 낮아 점성항이 관성항을 지배하는(그리고 소거하는) 크리핑 유동을 고려한다. 다음으로 벽면과 후류로부터 멀리 떨어진 유동 영역, 즉 비점성 유동과 비회전 유동(또한 포텐셜 유동이라고도 하는)에서 적합한 두 가지 근사법을 살펴본다. 이들 영역에서는 정반대가 되는데, 즉 관성항이 점성항을 지배한다. 마지막으로 관성항과 점성항이 모두 유지되지만 점성항의 일부는 무시될 수 있는 경계층 근사를 논의한다. 이 마지막 근사법은 매우 높은 Reynolds 수(크리핑 유동의 반대)와 벽면 근처에서 적합하며, 이는 포텐셜 유동의 반대이다.

이 장에서, 점성항이 관성항을 지배하는 크리핑 유동을 포함하여, Navier-Stokes 방정식을 단순화시키는 몇 가지 근사법에 대해서 논의한다. 화산에서 분출된 용암의 유동은 크리핑 유동의 한 예이다. 녹은 바위의 점성은 매우 커서 그 길이 척도가 매우 큼에도 불구하고 Reynolds 수가 작게 된다.

StockTrek/Getty Images

8-1 서론

간단한(보통은 무한한) 형상에 대해서 연속 방정식과 Navier-Stokes 방정식에 대한 해석적인 해에 관한 몇몇 예제들을 살펴보면 성분 방정식의 대부분 항들이 소거되고, 그 결과의 미분 방정식은 해석적으로 풀 수 있게 된다. 불행하게도, 문헌상에서 이용 가능한 해석해는 그렇게 많지 않으며, 실제로 이러한 해는 손으로 꼽아볼 수 있을 정도이다. 방대한 다수의 실용적인 유체역학 문제는 해석적으로 풀 수 **없으며**, 따라서 (1) 보다 진전된 근사법, (2) 컴퓨터의 도움 중의 하나가 요구된다. 이 장에서는 전자의 경우를 고려하며, 후자는 13장에서 다루게 된다. 단순화를 위하여, 이 장에서는 뉴턴 유체의 비압축성 유동만 다루기로 한다.

먼저 Navier-Stokes 방정식 자체가 **엄밀(exact)**하지는 않으며, 오히려 몇 가지 내재되어 있는 근사화(뉴턴 유체, 일정한 열역학적, 수송 상태량 등)를 포함한 유체 유동 **모델**이라는 점을 강조한다. 그럼에도 불구하고 이 방정식은 매우 **훌륭한** 모델이며, 현대 유체역학의 기초를 이루고 있다. 이 장에서는 엄밀해(exact solution)와 **근사해(approximate solution)**를 구분한다(그림 8-1). **엄밀**하다는 말은 **완전한** Navier-Stokes 방정식으로부터 해를 유도할 때 사용된다. 특정한 문제 중에서 일부 항은 소거되는데, 이는 문제에서 주어진 특정 기하학적 형상이나 단순화를 위한 가정으로 인한 것이다. 특정한 문제의 기하학적 형상과 가정에 따라 이렇게 소거되는 항은 달라질 수 있다. 한편 근사해는 **문제를 풀기 전에** 유동의 일부 영역에 대하여 Navier-Stokes 방정식을 **단순화시켜** 얻어지는 해를 의미한다. 다시 말해서, 유동 영역에 따라 달라지는 문제의 종류에 따른 전제 조건으로 방정식의 항(들)이 소거된다.

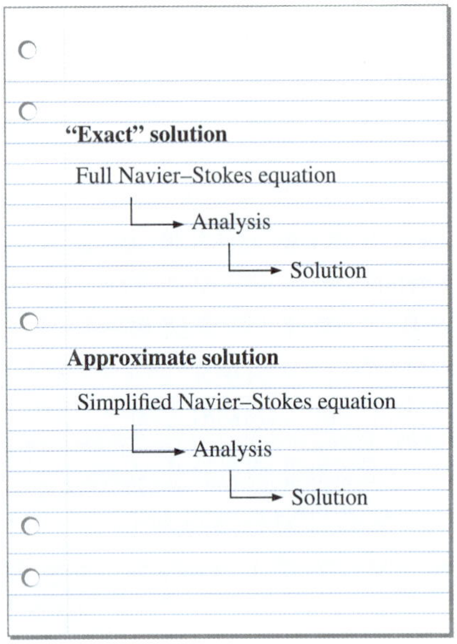

그림 8-1
"엄밀한" 해는 완전한 Navier-Stokes 방정식으로부터 시작하는 반면, 근사해는 처음부터 단순화된 Navier-Stokes 방정식으로부터 해가 유도된다.

예를 들어, 이미 한 가지 근사법에 대하여 논의한 바 있는데, 즉 **유체 정역학**이다(2장 참조). 이는 유속이 반드시 영일 필요는 없지만, 유체가 거의 흐르지는 않는 유동장의 영역에 대한 Navier-Stokes 방정식의 근사화로 생각될 수 있으며, 따라서 속도에 관계된 모든 항은 무시한다. 이러한 근사화로 Navier-Stokes 방정식은 단지 압력과 중력의 두 개 항만 갖는 $\vec{\nabla}P = \rho\vec{g}$로 표현된다. 여기서 사용된 근사화는 Navier-Stokes 방정식에서 관성항과 점성항은 압력항이나 중력항에 비해 무시할 수 있을 정도로 매우 작다는 것이다.

근사화를 하면 문제를 풀기 쉽게 만들 수는 있지만, 모든 근사화는 위험 요소를 내포하고 있다. 즉, 처음 시작부터 근사화가 적절하지 않으면 이후 모든 수학적인 과정이 올바르다고 할지라도 그 해는 틀린 것이 된다. 왜냐하면 문제에 맞지 않는 방정식으로부터 해가 유도되었기 때문이다. 예를 들면, 크리핑 유동 근사를 어떤 문제에 적용하여 모든 가정과 경계 조건을 만족시키는 해를 얻었다고 하자. 하지만 Reynolds 수가 매우 높으면 시작부터 크리핑 유동 근사는 부적절한 것이 되고, 위에서 얻어진 해는 물리적으로 틀린 해가 되는 것이다. 또 흔히 발생하는 실수는 비회전이라는 가정이 적절하지 않은 유동 영역에서 비회전 유동을 가정하는 것이다. **적어도 근사화는 매우 주의 깊게 적용해야 하고, 가능한 한 항상 적용된 근사법을 검증하고 정당성을 입증해야 한다.**

마지막으로 대부분의 실제 유체역학 문제에 있어서 유동장의 어떤 **영역**에서는

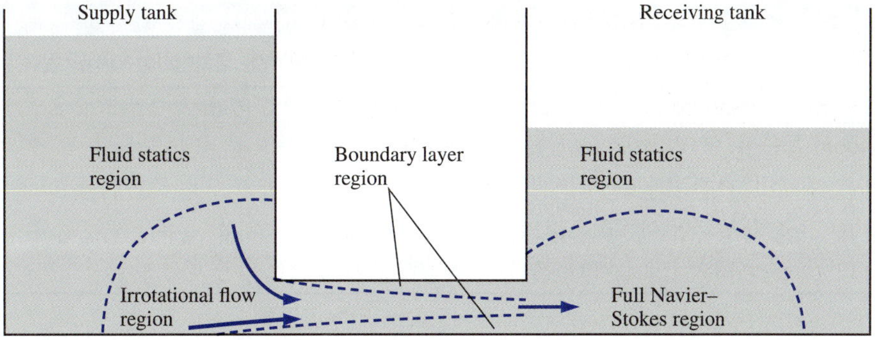

그림 8-2
Navier-Stokes 방정식에 대한 어떤 특정한 근사화는 유동장의 어떤 **영역**에서만 유효하다. 다른 유동 영역에서는 또 다른 근사화가 적용되어야 한다.

그것에 적절한 근사화를 적용할 수 있지만, 그 외의 다른 영역에서는 동일한 근사화를 적용할 수 없음을 강조하고자 한다. 그림 8-2에 나타낸 두 개의 탱크 사이 유동을 이용하여 이러한 점을 정성적으로 설명해 보자. 연결 파이프에서 멀리 떨어진 공급 탱크 영역과 그보다 조금 작은 범주의 수용 탱크 영역에서는 유체 정역학 근사화가 적절하다. 연결 파이프의 입구 부근과 강력한 점성 효과가 없는 파이프의 중간 부분은 비회전 유동 근사화가 적절하다. 그러나 벽 근처에서는 경계층 근사화가 적절하며, 일부 영역에서 유동은 **어떠한** 근사화를 위한 범주에도 들지 못하기 때문에 여기서는 완전한 Navier-Stokes 방정식을 풀어야만 한다(예를 들면, 수용 탱크 내의 파이프 출구의 하류 부분). 그렇다면 어떻게 특정 근사화가 적절한지 또는 아닌지를 결정할 수 있는가? 이는 운동 방정식 내의 각 항의 크기 차수가 다른 항에 비해서 무시할 수 있을 정도로 작은지의 여부를 비교해 보는 것으로 결정할 수 있다.

8-2 무차원화된 운동 방정식

이 절의 목표는 운동 방정식을 무차원화함으로써 방정식의 여러 가지 항의 크기에 대한 차수를 올바르게 비교해 보는 것이다. 먼저 다음과 같이 나타나는 비압축성 연속 방정식과

$$\vec{\nabla}\cdot\vec{V}=0 \tag{8-1}$$

다음과 같이 나타나는 일정 상태량을 가지는 비압축성 뉴턴 유체에 대한 벡터 형태의 Navier-Stokes 방정식으로부터 시작해 보자.

$$\rho\frac{D\vec{V}}{Dt}=\rho\left[\frac{\partial\vec{V}}{\partial t}+(\vec{V}\cdot\vec{\nabla})\vec{V}\right]=-\vec{\nabla}P+\rho\vec{g}+\mu\nabla^2\vec{V} \tag{8-2}$$

표 8-1에 운동 방정식을 무차원화하는 데 사용하는 몇 가지 특성 **척도 매개변수(scaling parameter)**가 소개되어 있다.

표 8-1의 척도 매개변수에 근거하여 몇 가지 **무차원변수(nondimensional variables)**와 한 개의 **무차원 연산자(nondimensional operator)**를 다음과 같이 정의할 수 있다.

표 8-1

척도 매개변수는 1차 차원에 대해서 연속 방정식 및 운동량 방정식을 무차원화할 때 사용된다.

Scaling Parameter	Description	Primary Dimensions
L	Characteristic length	{L}
V	Characteristic speed	$\{Lt^{-1}\}$
f	Characteristic frequency	$\{t^{-1}\}$
$P_0 - P_\infty$	Reference pressure difference	$\{mL^{-1}t^{-2}\}$
g	Gravitational acceleration	$\{Lt^{-2}\}$

$$t^* = ft \qquad \vec{x}^* = \frac{\vec{x}}{L} \qquad \vec{V}^* = \frac{\vec{V}}{V}$$
$$P^* = \frac{P - P_\infty}{P_0 - P_\infty} \qquad \vec{g}^* = \frac{\vec{g}}{g} \qquad \vec{\nabla}^* = L\vec{\nabla} \tag{8-3}$$

위에서 무차원 압력변수는 **압력차**로 정의하였다. 식 (8-3)에서 별표가 붙은 것은 모두 무차원변수이다. 예를 들어, 구배 연산자(gradient operator) $\vec{\nabla}$의 각각의 성분은 $\{L^{-1}\}$의 차원이지만, $\vec{\nabla}^*$의 각각의 성분은 {1}의 차원을 갖는다(그림 8-3). 식 (8-3)을 각각 (8-1)과 (8-2)에 대입한다. 예를 들어, $\vec{\nabla} = \vec{\nabla}^*/L$, $\vec{V} = V\vec{V}^*$와 같이 대입할 수 있으며, 이때 식 (8-2)의 대류가속도항은 아래와 같다.

$$\rho(\vec{V}\cdot\vec{\nabla})\vec{V} = \rho\left(V\vec{V}^*\cdot\frac{\vec{\nabla}^*}{L}\right)V\vec{V}^* = \frac{\rho V^2}{L}\left(\vec{V}^*\cdot\vec{\nabla}^*\right)\vec{V}^*$$

식 (8-1)과 (8-2)의 각 항에 대해서도 무차원변수를 대입하여 적절히 정리할 수 있다. 식 (8-1)을 무차원변수의 항으로 다시 쓰면 다음과 같다.

$$\frac{V}{L}\vec{\nabla}^*\cdot\vec{V}^* = 0$$

여기서 양변을 V/L로 나누어서 방정식을 무차원화시키면 다음과 같이 무차원화된 연속 방정식을 얻을 수 있다.

무차원화된 연속 방정식: $$\vec{\nabla}^*\cdot\vec{V}^* = 0 \tag{8-4}$$

마찬가지로 식 (8-2)를 다시 쓰면 다음과 같다.

$$\rho Vf\frac{\partial\vec{V}^*}{\partial t^*} + \frac{\rho V^2}{L}\left(\vec{V}^*\cdot\vec{\nabla}^*\right)\vec{V}^* = -\frac{P_0 - P_\infty}{L}\vec{\nabla}^*P^* + \rho g\vec{g}^* + \frac{\mu V}{L^2}\nabla^{*2}\vec{V}^*$$

이후 모든 항을 무차원화하기 위해 양변을 상수인 $L/(\rho V^2)$을 곱하면 다음 식이 얻어진다.

$$\left[\frac{fL}{V}\right]\frac{\partial\vec{V}^*}{\partial t^*} + \left(\vec{V}^*\cdot\vec{\nabla}^*\right)\vec{V}^* = -\left[\frac{P_0 - P_\infty}{\rho V^2}\right]\vec{\nabla}^*P^* + \left[\frac{gL}{V^2}\right]\vec{g}^* + \left[\frac{\mu}{\rho VL}\right]\nabla^{*2}\vec{V}^* \tag{8-5}$$

Cartesian coordinates

$$\vec{\nabla} = \left(\frac{\partial}{\partial x}, \frac{\partial}{\partial y}, \frac{\partial}{\partial z}\right) = \left(\frac{\partial}{L\partial\left(\frac{x}{L}\right)}, \frac{\partial}{L\partial\left(\frac{y}{L}\right)}, \frac{\partial}{L\partial\left(\frac{z}{L}\right)}\right) = \frac{1}{L}\left(\frac{\partial}{\partial x^*}, \frac{\partial}{\partial y^*}, \frac{\partial}{\partial z^*}\right) = \frac{1}{L}\vec{\nabla}^*$$

Cylindrical coordinates

$$\vec{\nabla} = \left(\frac{\partial}{\partial r}, \frac{1}{r}\frac{\partial}{\partial\theta}, \frac{\partial}{\partial z}\right) = \left(\frac{\partial}{L\partial\left(\frac{r}{L}\right)}, \frac{1}{L\left(\frac{r}{L}\right)}\frac{\partial}{\partial\theta}, \frac{\partial}{L\partial\left(\frac{z}{L}\right)}\right) = \frac{1}{L}\left(\frac{\partial}{\partial r^*}, \frac{1}{r^*}\frac{\partial}{\partial\theta}, \frac{\partial}{\partial z^*}\right) = \frac{1}{L}\vec{\nabla}^*$$

그림 8-3
어떤 좌표계를 쓰든지 관계없이 식 (8-3)에 의하여 구배 연산자는 무차원화된다.

식 (8-5)의 대괄호 속에 있는 각각의 항은 무차원 매개변수, 즉 **Pi 그룹**이다(6장 참조). 표 6-5를 이용하여 각각의 무차원 매개변수에 이름을 붙이면 좌변의 무차원 매개변수는 **Strouhal 수** $St = fL/V$, 우변의 첫 번째 항은 **Euler 수** $Eu = (P_0 - P_\infty)/\rho V^2$, 우변의 두 번째 항은 **Froude 수**의 제곱의 역수 $Fr^2 = V^2/gL$이고, 마지막 항은 **Reynolds 수**의 역수 $Re = \rho VL/\mu$이다. 따라서 식 (8-5)는 다음과 같이 쓸 수 있다.

무차원화된 Navier-Stokes 방정식:

$$[St]\frac{\partial \vec{V}^*}{\partial t^*} + (\vec{V}^* \cdot \vec{\nabla}^*)\vec{V}^* = -[Eu]\vec{\nabla}^* P^* + \left[\frac{1}{Fr^2}\right]\vec{g}^* + \left[\frac{1}{Re}\right]\nabla^{*2}\vec{V}^* \qquad (8\text{-}6)$$

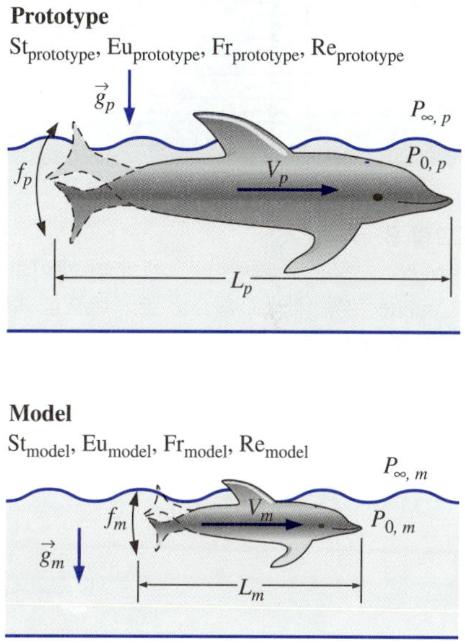

그림 8-4
원형(하첨자 p)과 모형(하첨자 m) 사이의 완전한 역학적 상사(dynamic similarity)를 위하여 모형은 반드시 기하학적으로 원형과 상사해야 하며, (일반적으로) 네 가지의 모든 무차원 매개변수인 St, Eu, Fr, Re도 반드시 일치해야 한다.

구체적인 근사화를 적용시키기 전에 식 (8-4)와 식 (8-6)에 나타난 무차원화된 식에 관하여 다음 사항이 언급될 수 있다.

- 무차원화된 연속 방정식은 어떠한 추가적인 무차원 매개변수도 포함하지 않는다. 따라서 식 (8-4)는 있는 그대로 반드시 만족되어야 하며, 모든 항은 그 크기 차수(order of magnitude)가 같으므로 더 이상 간단하게 단순화시킬 수 없다.
- 만약 유동장의 특성이 되는 길이나 속도, 주파수 등을 이용하여 무차원화한다면 무차원변수의 크기 차수는 1이다. 따라서 $t^* \sim 1$, $\vec{x}^* \sim 1$, $\vec{V}^* \sim 1$ 등으로 표현할 수 있고, 여기서 사용한 기호 ~는 크기의 차수를 나타낸다. 또한 식 (8-6)에 나타낸 $(\vec{V}^* \cdot \vec{\nabla}^*)\vec{V}^*$, $\vec{\nabla}^* P^*$와 같은 항들도 서로 같은 크기의 차수 1을 가지며, 따라서 **식 (8-6)의 항에 대한 상대적 중요성은 오직 St, Eu, Fr, Re와 같은 무차원 매개변수의 상대적인 크기에 의존한다.** 예를 들어, 만약 St와 Eu가 각각 1의 크기 차수를 가지면서 Fr와 Re가 매우 크다면 Navier-Stokes 방정식에서 점성항과 중력항은 무시될 수 있다.
- 식 (8-6)에는 네 개의 무차원 매개변수가 나타나며, 따라서 그림 8-4와 같이 모형과 원형 사이의 **역학적 상사**를 위하여 이들 무차원 매개변수 또한 반드시 같아야 한다($St_{model} = St_{prototype}$, $Eu_{model} = Eu_{prototype}$, $Fr_{model} = Fr_{prototype}$, $Re_{model} = Re_{prototype}$).
- 만약 유동이 **정상 상태**라면 $f = 0$이 되고, Strouhal 수는 주요 무차원 매개변수에서 제외된다($St = 0$). 그렇게 되면 식 (8-6)의 좌변 첫 번째 항은 사라지게 되고, 이는 식 (8-2)에서 비정상항인 $\partial \vec{V}/\partial t$가 없어지는 것과 같다. 따라서 특성 주파수 f가 매우 작다면, 즉 $St \ll 1$이라면 그 유동을 **준정상(quasi-steady)**이라고 한다. 이것은 어떠한 순간에서도(또는 느린 주기적인 사이클의 어느 위상에서도) 유동이 정상이고, 식 (8-6)에서 비정상항을 제거한 채로 문제를 풀 수 있다는 것을 의미한다.
- 중력의 효과는 **자유표면 효과**가 존재하는 유동의 경우에 한하여 중요하다(예를 들어, 파도, 선박의 운동, 수력 발전 댐의 배수구, 강의 유동). 많은 공학적인 문제에서는 자유표면이 존재하지 않는다(파이프 유동, 잠수함이나 어뢰

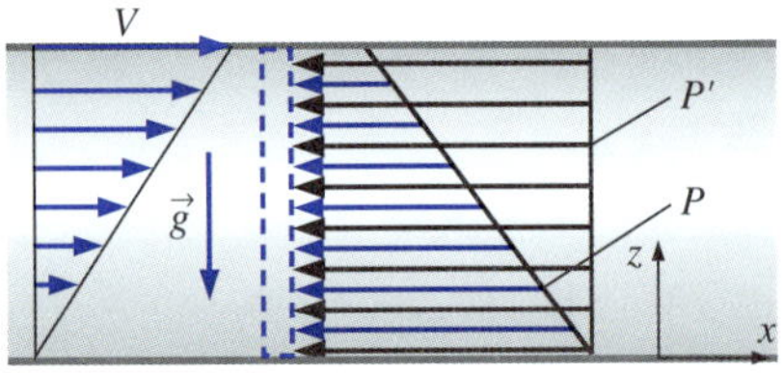

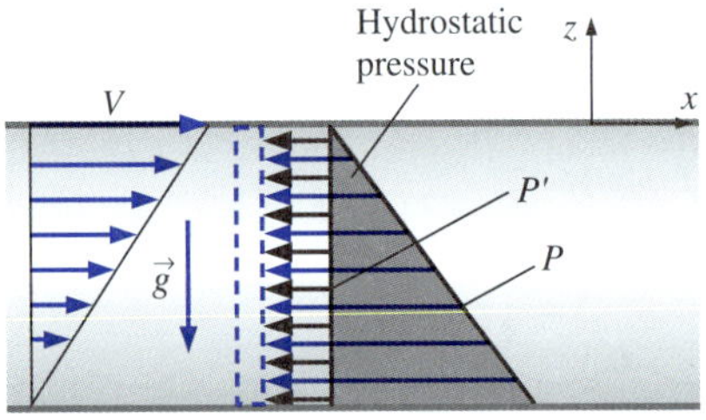

그림 8-5
무한히 수평으로 평행한 두 개의 판 사이의 Couette 유동 내의 유체요소 오른쪽으로 작용하는 압력 및 수정 압력 분포. (*a*) 바닥판에서 $z = 0$, (*b*) 상부판에서 $z = 0$. 수정 압력 P'은 일정하지만, 실제 압력 P는 일정하지 않다. (*b*) 에서 어둡게 된 부분은 정수압을 나타낸다.

주위의 완전히 잠겨 있는 유동이나 자동차의 움직임, 비행기나 새 또는 벌레의 비행 등). 이런 경우에 중력의 유일한 효과는 유체 유동에 기인한 압력장에 수직방향으로 중첩된 **정수압 분포**이다. 다시 말해서,

자유표면 효과가 없는 유동의 경우, 중력은 유동의 동역학에 대해 영향을 주지 못한다. 중력의 효과는 오직 동압력장에 정수압이 중첩되는 것이다.

- 정수압의 효과를 포함한 **수정 압력**(modified pressure) P'을 정의한다. z가 수직 상향(중력 벡터와 반대방향)으로 정의되고, 임의의 기준면을 $z = 0$이라고 정의할 경우에 대하여,

수정 압력: $$P' = P + \rho g z \qquad (8\text{-}7)$$

식 (8-2)의 두 항인 $-\vec{\nabla}P + \rho\vec{g}$를 식 (8-7)의 수정 압력을 이용하여 한 개의 항인 $-\vec{\nabla}P'$으로 바꿀 수 있다. Navier-Stokes 방정식(식 8-2)을 수정한 형태로 쓰면 다음과 같다.

$$\rho\frac{D\vec{V}}{Dt} = \rho\left[\frac{\partial\vec{V}}{\partial t} + (\vec{V}\cdot\vec{\nabla})\vec{V}\right] = -\vec{\nabla}P' + \mu\nabla^2\vec{V} \qquad (8\text{-}8)$$

P를 P'으로 교체함으로써 식 (8-2)에서 중력항은 제거되고, Froude 수는 무차원 매개변수에서 사라지게 된다. 이 식의 장점은 **중력항이 없는** Navier-Stokes 방정식을 풀 수 있다는 점이다. 수정 압력을 이용하여 방정식을 풀이한 후에 식 (8-7)을 이용하여 정수압 분포를 빼는 것은 쉬운 일이다. 2차원 Couette 유동에 대한 예가 그림 8-5에 나타나 있다. 또한 수정 압력은 전산유체역학(CFD)에서 유동장으로부터 중력의 영향(수직방향으로의 정수압)을 분리하기 위해서 종종 사용하기도 한다. 그러나 자유표면 효과가 있는 유동장에서는 수정 압력을 사용하지 않아야 함에 유의하라.

이제 식 (8-6)에 나타난 무차원 매개변수의 상대적인 크기를 비교하여 식 (8-2)에 나타난 하나 또는 그 이상의 항들을 제거하는 방정식 근사화를 실행해 보자.

8-3 크리핑 유동 근사

그림 8-6
꿀과 같이 매우 고점성인 액체의 유동은 크리핑 유동으로 볼 수 있다.

첫 번째 근사화는 **크리핑 유동(creeping flow)**이라고 하는 유체 유동의 종류이다. 이러한 유동을 **Stokes 유동** 또는 **저 Reynolds 수 유동**이라고도 한다. 후자의 이름에서 알 수 있듯이, 이러한 유동은 Reynolds 수가 매우 작다($\mathrm{Re} \ll 1$). Reynolds 수의 정의 $\mathrm{Re} = \rho VL/\mu$로부터 크리핑 유동은 ρ, V, L이 작거나 점성이 매우 큰 경우(또는 이러한 조건의 조합)에 나타난다. 이러한 유동은 팬케이크 위에 시럽(매우 점성이 큰 유체)을 흘릴 경우나 꿀(역시 매우 점성이 큰)이 담긴 항아리에 숟가락을 넣는 경우에 나타난다(그림 8-6).

또 다른 크리핑 유동의 예는, 비록 우리가 볼 수 없지만, 우리 주위 또는 우리 몸속에 있는 미생물의 주위 유동에서 나타나고 있다. 미생물은 일생을 크리핑 유동

영역에서만 살게 되는데, 이는 이들의 크기가 수 미크론($1\,\mu\text{m} = 10^{-6}\,\text{m}$)으로 매우 작으며, 결코 점성이 크다고 볼 수 없는 공기나 물에서(상온에서 $\mu_{\text{air}} \cong 1.8 \times 10^{-5}\,\text{N} \cdot \text{s/m}^2$와 $\mu_{\text{water}} \cong 1.0 \times 10^{-3}\,\text{N} \cdot \text{s/m}^2$) 느리게 움직이기 때문이다. 그림 8-7은 물에 사는 **살모넬라** 박테리아를 보여 주고 있다. 이 박테리아의 몸길이는 고작 $1\,\mu\text{m}$이며, 몸 뒤에 있는 길이가 수 미크론인 편모(털 같은 꼬리)를 이용하여 몸을 움직인다. 이러한 운동에 대한 Reynolds 수는 1보다 훨씬 작다.

또한 크리핑 유동은 윤활 베어링의 아주 작은 틈 사이의 윤활유 유동에서도 나타난다. 이 경우 속도는 그렇게 작지는 않지만 그 틈이 매우 작고(수십 미크론의 차수로), 점도도 비교적 크기 때문이다(상온에서 $\mu_{\text{oil}} \sim 1\,\text{N} \cdot \text{s/m}^2$).

단순화를 위하여 앞에서 논의한 바와 같이, 중력 효과는 무시하거나 오직 정수압 요소로 작용하는 경우를 가정한다. 또한 Strouhal 수의 크기가 1(St~1) 또는 그 이하인 정상 유동 또는 진동하는 유동 중의 하나로 가정한다. 따라서 비정상 가속도 항인 $[\text{St}]\,\partial\vec{V}^*/\partial t^*$가 점성항인 $[1/\text{Re}]\,\vec{\nabla}^{*2}\vec{V}^*$보다 수 차수의 크기가 작게 된다(Reynolds 수는 매우 작다). 식 (8-6)에서 대류항의 크기 차수는 1이기 때문에 $(\vec{V}^* \cdot \vec{\nabla}^*)\vec{V}^* \sim 1$ 또한 사라지게 된다. 그 결과 식 (8-6)에서 좌변의 모든 항을 무시할 수 있으므로 다음과 같이 나타낼 수 있다.

크리핑 유동 근사화:

$$[\text{Eu}]\vec{\nabla}^*P^* \cong \left[\frac{1}{\text{Re}}\right]\nabla^{*2}\vec{V}^* \tag{8-9}$$

다시 말하면, 유동에서 압력 힘(좌변)은 우변의 (상대적으로) 큰 점성력과 균형을 이룰 정도로 커야 한다. 그러나 식 (8-9)의 무차원변수의 차수가 1이기 때문에 두 항이 균형을 이룰 수 있는 유일한 방법은 Eu가 1/Re과 같은 차수를 가질 때이다. 이를 식으로 나타내면 다음과 같다.

$$[\text{Eu}] = \frac{P_0 - P_\infty}{\rho V^2} \sim \left[\frac{1}{\text{Re}}\right] = \frac{\mu}{\rho VL}$$

위 식을 정리하면 다음 식이 얻어진다.

크리핑 유동에서 압력의 크기:

$$P_0 - P_\infty \sim \frac{\mu V}{L} \tag{8-10}$$

식 (8-10)에서 크리핑 유동에 대한 두 가지 흥미로운 사실을 알 수 있다. 첫 번째로, 우리는 일반적으로 압력차의 척도가 ρV^2과 같은(즉, Bernoulli 방정식) **관성**이 지배적인 유동에 익숙해져 있다. 그러나 크리핑 유동은 **점성**이 지배적인 유동이기 때문에 압력차의 척도는 $\mu V/L$과 같다. 사실 **Navier-Stokes 방정식의 모든 관성항은 크리핑 유동에서 사라진다.** 두 번째로, **밀도는 Navier-Stokes 방정식에서 매개변수로서는 완전히 빠져버리게 된다**(그림 8-8). 이는 식 (8-9)를 차원이 있는 형태로 나타내면 더욱 정확히 알 수 있다.

크리핑 유동에 대한 Navier-Stokes 방정식의 근사화:

$$\vec{\nabla}P \cong \mu\nabla^2\vec{V} \tag{8-11}$$

그러나 크리핑 유동에서 밀도가 어느 정도 **작은** 역할은 하고 있다는 것에 주목할 필

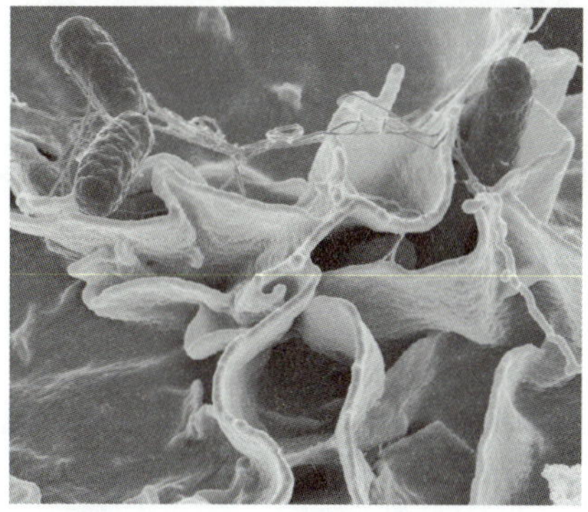

(a)

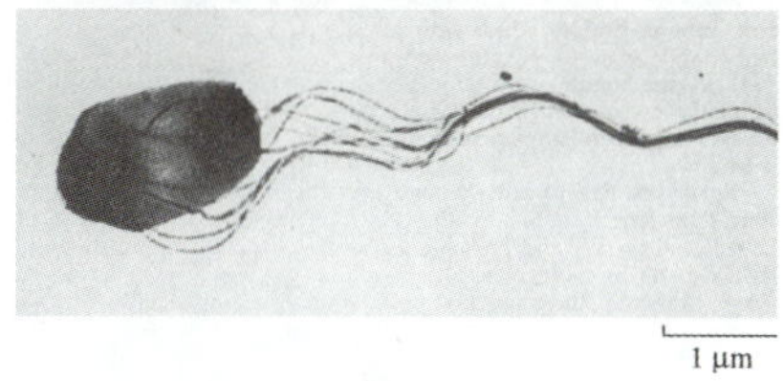

(b)

그림 8-7
(a) 배양된 인간 세포에 침입하는 *Salmonella typhimurium*, (b) 물속을 헤엄치는 박테리아, *Salmonella abortusequi*.

(a) *NIAID, NIH, Rocky Mantain Laboratories*
(b) *From* Comparative Physiology Functional Aspects of Structural Materials: Proceedings of the International Conference on Comparative Physiology, *Ascona, 1974, published by North-Holland Pub. Co., 1975.*

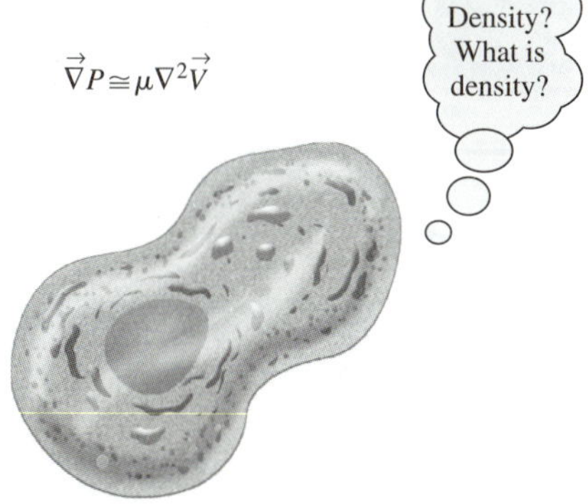

그림 8-8
크리핑 유동 근사화에서 밀도는 운동량 방정식에서 나타나지 않는다.

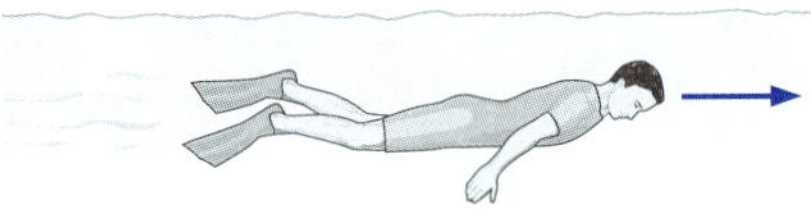

그림 8-9
수영은 Reynolds 수가 매우 높으며, 관성력 또한 크다. 그래서 사람은 움직이지 않고도 물속을 미끄러져 나아갈 수 있다.

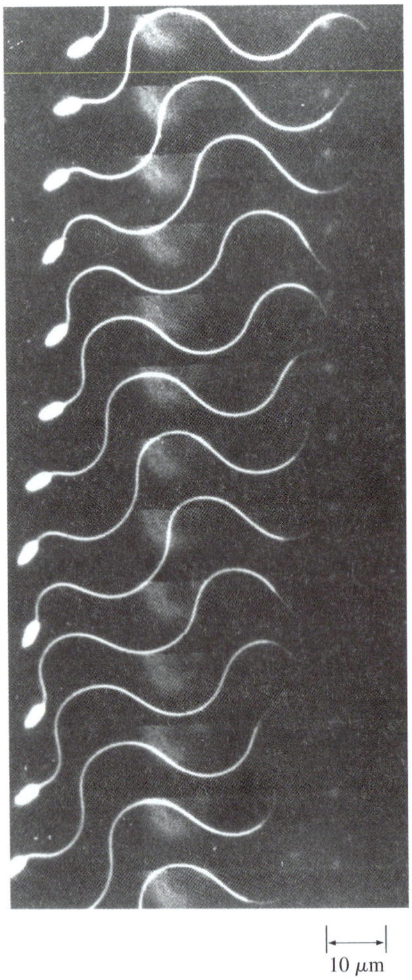

그림 8-10
바다에서 헤엄치는 멍게 Ciona의 정자. 초당 200 프레임으로 촬영. 각 정자의 이미지는 그 전 프레임의 정자 이미지 바로 밑에 위치시킴.

Courtesy of Professor Charlotte Omoto, Washington State University, School of Biological Sciences.

요가 있다. 즉, Reynolds 수를 계산하기 위해서 반드시 필요하기 때문이다. 하지만 Re가 매우 작다고 가정하면, 식 (8-11)에 나타난 바와 같이 밀도는 더 이상 필요하지 않다. 또 밀도는 정수압 계산에서는 필요하지만, 수직 거리가 보통 수 밀리미터 혹은 수 마이크로미터이기 때문에 크리핑 유동에서 그 영향은 무시할 수 있다. 그 외에도 자유표면 효과가 없다면 식 (8-11)의 물리적인 압력 대신에 수정 압력도 사용할 수 있다.

여기서 식 (8-11)에서 사라진 관성항에 대해 좀 더 자세히 알아보자. 그림 8-9와 같이 수영을 할 때는 관성에 의존하게 된다. 예를 들어, 한 번 손으로 물을 치면 다음 손으로 치기 전까지 어느 정도의 거리를 미끄러져 갈 수 있다. 이때 Navier-Stokes 방정식의 관성항은 점성항보다 훨씬 크게 나타나며, 그 이유는 Reynolds 수가 매우 크기 때문이다(믿지 않겠지만, 극단적으로 **느린** 수영 선수조차도 매우 **큰** Reynolds 수를 갖는다!)

그러나 크리핑 유동 영역에서 유영하는 미생물은 관성이 매우 작기 때문에 미끄러져 가는 것은 불가능하다. 사실상, 식 (8-11)의 관성항의 결여는 미생물이 유영하기 위해서 어떠한 형태를 가지는가에 상당히 밀접하게 관련되어 있다. 미생물이 돌고래와 같이 퍼덕이는 꼬리로 움직일 수는 없을 것이다. 대신에 편모라고 하는 가늘고 긴 꼬리를 사인파처럼 움직여서 몸을 앞으로 이동시키는데, 정자의 경우가 그림 8-10에 나타나 있다. 관성을 가지지 못하는 정자는 꼬리를 움직이지 않고서는 움직이지 못한다. 한 순간이라도 꼬리를 움직이지 않으면 정자도 움직임을 멈추게 된다. 한 번이라도 정자나 미생물이 움직이는 영상을 본 적이 있다면, 짧은 거리를 이동하기 위하여 그들이 얼마나 열심히 움직이는지 알 수 있을 것이다. 이것이 바로 관성의 결여로 인한 크리핑 유동의 특징이다. 그림 8-10을 자세히 살펴보면 정자의 꼬리가 대략 두 번의 완전한 물결형 사이클을 이루고 있지만, 정자의 머리는 겨우 머리 두 개 정도 길이만큼 왼쪽으로 전진했을 뿐이다.

사람이 크리핑 유동 조건에서 움직이는 것을 상상하기란 매우 어려운데, 그 이유는 우리는 관성에 이미 익숙하기 때문이다. 일부 저자들은 꿀로 가득 찬 커다란 통 속에서 수영하는 것을 생각해 보라고 말한다. 패스트푸드 음식점에서 아이들이 플라스틱 공들로 가득 찬 통 속에서 놀고 있는 것을 생각해 보아도 좋다(그림 8-11). 공으로 가득 찬 통 속에서 아이들이(벽이나 바닥을 만지지 않고) "수영"하려고 할 때, 아이들은 뱀과 같이 몸을 꿈틀거리면서 앞으로 나아가게 된다. 만약 한순간이라도 몸을 움직이지 않는다면 관성이 거의 없기 때문에 운동은 정지하게 된다. 그래서 비록 짧은 거리라도 앞으로 나아가기 위해서는 열심히 움직여야 한다. 크리핑 유동에서의 미생물의 움직임과 이와 같은 아이들의 "수영" 사이에는 약간의 유사성이 있다.

이제 식 (8-11)에서 밀도의 결여에 대해서 생각해 보자. 큰 Reynolds 수에서 물체에 대한 공기역학적 항력은 ρ에 비례하여 증가한다(유체가 물체에 부딪힐 때 밀도가 높을수록 물체에 작용하는 압력 힘도 증가한다). 그러나 이것은 사실상 관성의 효과이며, 크리핑 유동에서는 관성이 무시된다. 사실상, 공기역학적 항력은 크리핑 유동에서 절대로 밀도의 **함수**가 될 수 없으며, 이는 Navier-Stokes 방정식에서 밀도가 사라져 버렸기 때문이다. 예제 8-1에 이러한 상황이 차원해석을 통하여 제시되어 있다.

예제 8-1 크리핑 유동에서 물체에 작용하는 항력

Navier-Stokes 방정식에서 밀도는 사라지기 때문에 크리핑 유동에서 물체에 작용하는 공기역학적 항력은 오직 속도 V, 물체의 어떤 특성 길이 L, 유체의 점성계수 μ에 대한 함수로 나타난다(그림 8-12). 차원해석을 통해서 F_D에 대한 관계식을 이러한 독립변수들의 함수로 표현하라.

풀이 차원해석을 이용하여 F_D와 변수 V, L, μ와의 함수 관계를 유도하고자 한다.

가정 1 크리핑 유동 근사화를 위하여 Re $\ll$1로 가정한다. 2 중력 효과는 무시한다. 3 문제에서 제시된 변수 이외의 다른 변수는 이 문제와 관계가 없다.

해석 6장에서 논의된 단계별 반복변수법을 따라서 자세한 해석은 직접 해보기 바란다. 이 문제에서는 네 개의 매개변수($n = 4$)와 세 개의 1차 차원인 질량, 길이, 시간이 관련되어 있다. $j = 3$으로 놓고 독립변수 V, L, μ를 반복변수로 하면 $k = n - j = 4 - 3 = 1$이기 때문에 Pi는 상수가 된다. 그 결과는 다음과 같다.

$$F_D = \text{constant} \cdot \mu VL$$

따라서 3차원 물체 주위의 크리핑 유동에서 공기역학적 항력은 단순히 μVL에 상수를 곱한 값임을 알 수 있다.

토의 위 결과는 중요한데, 왜냐하면 위 식에서 남은 일은 물체 형상만의 함수인 상수를 찾는 것이기 때문이다.

그림 8-11
플라스틱 공으로 가득 찬 풀에서 어린이의 움직임은 미생물이 관성의 도움 없이 움직이는 것과 유사하다.
Photo by Laura L. Pauley.

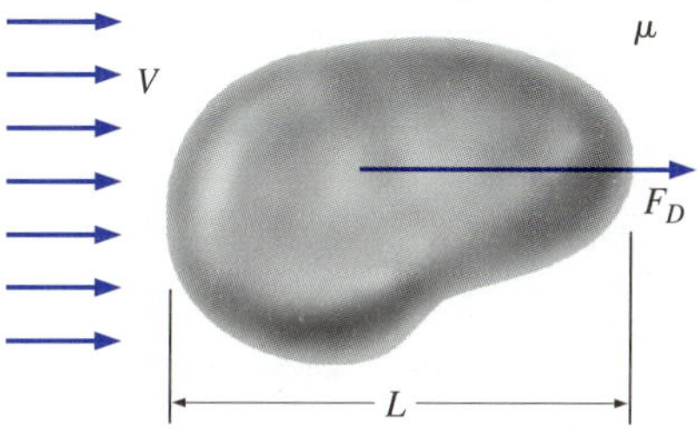

그림 8-12
3차원 물체 주위의 크리핑 유동에서 물체에 대한 공기역학적 항력은 밀도와 무관하고, 속도 V, 물체의 특성 길이 L, 유체 점성 μ와 관계있다.

크리핑 유동에서 구의 항력

예제 8-1에서 보듯이 점성 μ를 가지는 유체의 속도 V의 크리핑 유동에서 특성 길이 L을 가지는 물체의 항력은 F_D = 상수 · μVL이다. 여기서 상수의 값은 유동 내부 물체 형상과 방향에 의존하기 때문에 차원해석을 통하여 예측할 수 없다.

특별히 **구**의 경우에 대해 식 (8-11)을 해석적으로 풀 수 있다. 자세한 사항들은 이 책의 범위를 넘어서는 것이지만, 대학원 수준의 유체역학 교재(White, 2005, Panton, 2005)에 언급되어 있다. 만약 구의 직경 D를 L로 생각하면 항력 식에서 상수는 3π로 알려져 있다(그림 8-13).

크리핑 유동에서 구의 항력: $$F_D = 3\pi\mu VD \qquad (8\text{-}12)$$

여기서 잠깐 주목해 보면, 항력의 2/3는 점성력 때문에, 나머지 1/3은 압력 때문에 발생한다. 이는 앞에서 언급한 식 (8-11)에서 점성항과 압력항의 크기 차수가 같다는 내용을 확인해 준다.

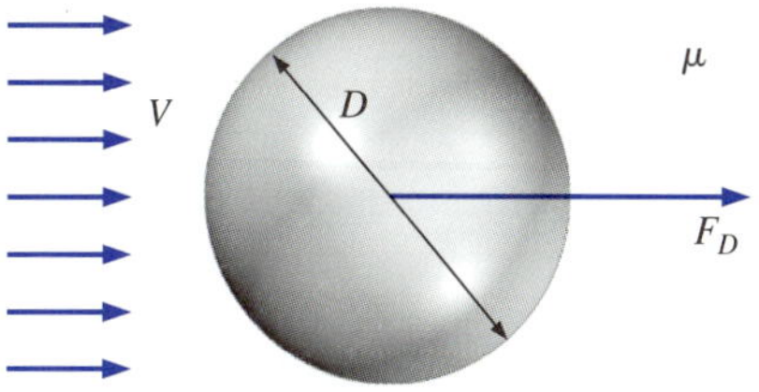

그림 8-13
크리핑 유동에서 반경 D인 구의 공기역학적 항력은 $3\pi\mu VD$이다. .

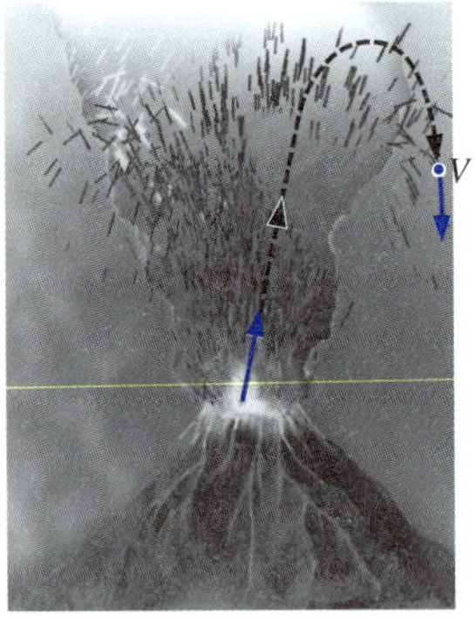

그림 8–14
화산 폭발 시 튀어나온 재 입자는 지상으로 천천히 떨어진다. 크리핑 유동 근사화는 이런 형태의 유동장에 적합하다.

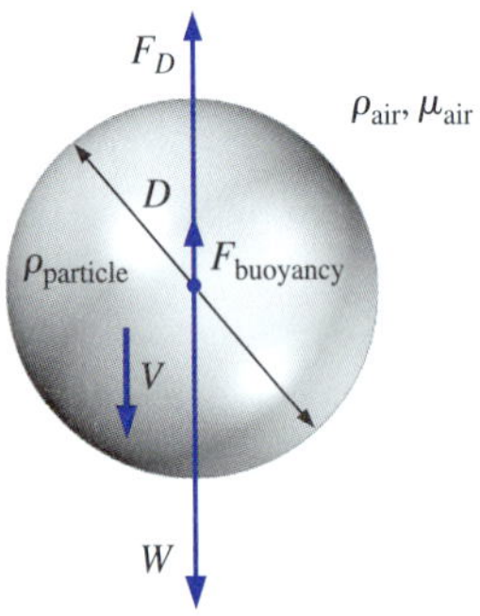

그림 8–15
정상(steady) 종단 속도로 낙하하는 입자는 가속도가 없다. 따라서 입자의 무게는 입자에 작용하는 공기역학적 항력과 부력에 의하여 균형을 이루게 된다.

예제 8–2 화산에서 나온 입자의 종단 속도

화산이 폭발하여 암석, 증기, 화산재가 수천 미터 상공으로 뿜어진다고 가정해 보자(그림 8–14). 얼마쯤 시간이 흐른 후, 이러한 입자는 지상으로 떨어지기 시작한다. 거의 구형인 재 입자의 반경은 50 μm이고, 공기의 온도는 −50°C, 압력은 55 kPa이라고 생각하자. 입자의 밀도는 1240 kg/m^{3}이다. 이 고도에서 입자의 종단 속도를 예측하라.

풀이 떨어지는 재 입자의 종단 속도를 예측하고자 한다.

가정 1 Reynolds 수는 매우 작다(해를 구하고 나서 이 가정을 확인한다). 2 재 입자는 구형이다.

상태량 주어진 온도와 압력에서, 이상기체 법칙으로부터 $\rho = 0.8588$ kg/m^{3}이다. 점성은 압력과 거의 무관하기 때문에 온도가 −50°C인 대기압에서 점성은 $\mu = 1.474 \times 10^{-5}$ kg/m · s이다.

해석 문제를 준정상 상태로 간주한다. 그림 8–15에 나타난 바와 같이, 떨어지는 입자가 종단 속도에 도달하면 하향 힘(무게)은 상향 힘(공기역학적 항력 + 부력)과 균형을 이룬다.

하향 힘: $$F_{down} = W = \pi\frac{D^3}{6}\rho_{particle}g \tag{1}$$

입자에 작용하는 공기역학적 항력은 식 (8–12)에서 얻어지고, 부력은 배제된 공기의 무게이다. 따라서 다음이 성립한다.

상향 힘: $$F_{up} = F_D + F_{buoyancy} = 3\pi\mu VD + \pi\frac{D^3}{6}\rho_{air}g \tag{2}$$

식 (1)과 (2)를 같게 놓고 종단 속도 V를 풀면 다음의 결과가 얻어진다.

$$V = \frac{D^2}{18\mu}(\rho_{particle} - \rho_{air})g$$

$$= \frac{(50 \times 10^{-6}\text{ m})^2}{18(1.474 \times 10^{-5}\text{ kg/m}\cdot\text{s})}[(1240 - 0.8588)\text{ kg/m}^3](9.81\text{ m/s}^2)$$

$$= \mathbf{0.115\ m/s}$$

마지막으로 크리핑 유동에서 Reynolds 수가 충분히 작다는 현재의 근사화가 적절한지 증명해 보자.

$$\text{Re} = \frac{\rho_{air}VD}{\mu} = \frac{(0.8588\text{ kg/m}^3)(0.115\text{ m/s})(50 \times 10^{-6}\text{ m})}{1.474 \times 10^{-5}\text{ kg/m}\cdot\text{s}} = 0.335$$

따라서 Reynolds 수가 1보다 작지만, 1보다 크게 작지는 않다.

토의 크리핑 유동 내 구의 항력에 대한 식은 Re ≪ 1인 경우에 유도했지만(식 8–12), 근사화는 Re ≅ 1이 될 때까지는 타당한 것으로 나타났다. Reynolds 수 보정과 공기 분자 간의 평균 자유행로에 기반을 둔 보정을 포함한 좀 더 구체적인 계산을 하면 종단 속도는 0.110 m/s로 나타나며(Heinsohn과 Cimbala, 2003), 따라서 크리핑 유동 근사화에 따른 오차는 5% 미만이다.

크리핑 유동의 운동 방정식에서 밀도항 결여의 결과는 예제 8-2에서 명확해진다. 바꾸어 말하면, 공기 밀도는 Reynolds 수가 낮다는 것을 입증할 때를 제외하고는 계산에서 중요하지 않다(ρ_{air}가 $\rho_{particle}$에 비해 매우 적기 때문에 부력은 큰 오차 없이 무시될 수 있었다). 공기의 밀도가 예제 8-2에서 실제 공기 밀도의 절반이고, 나머지 모든 상태량은 같다고 가정하자. Reynolds 수가 두 배로 작아지는 것을 제외하고는 종단 속도는 동일하게 될 것이다(유효숫자 3자리까지). 따라서

> 크리핑 유동에서 밀도가 큰 작은 입자의 종단 속도는 유체 밀도와는 무관하고, 유체 점성과는 밀접한 관계를 가진다.

공기의 점성이 고도에 따라 약 25% 정도까지만 변하기 때문에 해발 약 15,000 m에서 입자가 떨어질 때, 비록 10배 이상 공기의 밀도가 증가하더라도 입자는 고도와 상관없이 거의 일정한 종단 속도를 가지게 된다.

구형이 아닌 3차원 물체의 경우에도 크리핑 유동의 공기역학적 항력은 $F_D =$ 상수 $\cdot\ \mu VL$로 나타난다. 그러나 이때 상수는 3π가 아니고, 물체의 방향과 형상에 따라 결정된다. 이때의 상수는 크리핑 유동에 대한 일종의 **항력계수**로 생각될 수 있다.

8-4 경계층 근사

Navier-Stokes 방정식에서 점성이 무시되는 적어도 두 가지 유동이 있다. 첫 번째는, 순 점성력이 관성력과 압력 힘 또는 관성력이나 압력 힘과 비교하여 무시될 만한 높은 Reynolds 수의 유동에서 일어난다. 이를 **유동의 비점성 영역**이라고 한다. 두 번째는, 와도가 무시할 수 있을 만큼 작을 때 일어난다. 이를 **유동의 비회전** 혹은 **포텐셜 영역**이라고 한다. 두 경우에서, Navier-Stokes 방정식의 점성항을 제거하면 Euler 방정식과 같다. 점성항을 제거하면 수식은 매우 단순해지는 반면에, 실제적인 공학 문제에 적용하는 데 많은 문제점이 있다. 그중 대표적인 것이 고체 벽면에서 점착 조건(no-slip)이 성립하지 않는 것이다. 이렇게 되면 자유흐름 내에서 고체 벽면의 점성 전단력이 0이 되거나 물체의 공기역학적 항력이 0이 되어 물리적으로 맞지 않는 결과를 초래하게 된다. Euler 방정식과 Navier-Stokes 방정식을 거대한 빈틈으로 갈라진 두 개의 산으로 생각할 때(그림 8-16*a*), 경계층 근사법에 대하여 다음과 같이 언급할 수 있다.

> 경계층 근사법은 Euler 방정식과 Navier-Stokes 방정식, 고체 벽면에서 미끄러짐 조건과 점착 조건 사이의 공백에 다리를 놓는 것이다(그림 8-16*b*).

역사적인 시각에서 보면, 1800년대 중반까지는 매우 간단한 경우를 제외하고는 Navier-Stokes 방정식을 풀 수가 없었다. 포텐셜 유동함수와 Euler 방정식에 대해서는 수학자들은 복잡한 유동에 대해서도 해를 얻을 수 있었지만, 그 결과들은 종종 물리적으로 의미가 없는 경우가 많았다. 그러므로 유체 유동을 연구할 수 있는 믿을 만한 방법은 실험뿐이었다. 유체역학의 이런 정설을 깬 것은 1904년에 Ludwig Prandtl(1875-1953)이 **경계층 근사(boundary layer approximation)**를 소개하면서

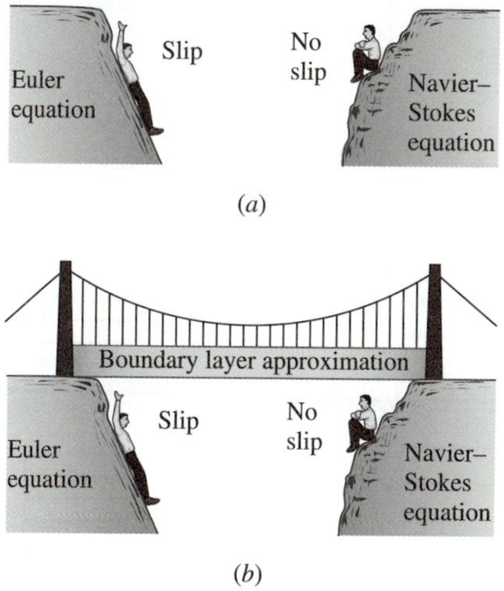

그림 8-16
(*a*) Euler 방정식(벽에서 미끄러짐 허용)과 Navier-Stokes 방정식(점착 조건 성립)의 사이에는 큰 차이가 있다. (*b*) 경계층 근사가 이 차이를 연결해 줄 수 있다.

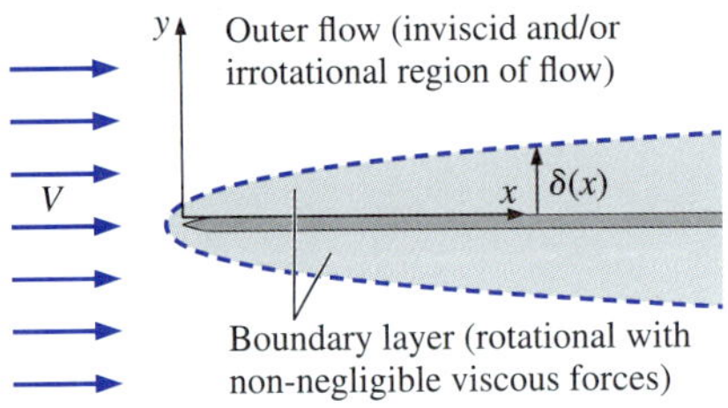

그림 8-17
Prandtl의 경계층 근사 개념은 유동을 얇은 경계층 영역과 그 외부 영역으로 나눈다(축척에 맞게 그려져 있지 않음).

부터이다. Prandtl은 유동을 두 영역으로 구분하였다. 즉, 점성과 회전이 무시될 수 있는 **외부 유동 영역**과 점성과 회전이 무시될 수 없는 고체 벽면 근처의 얇은 영역(그림 8-17), 즉 **경계층**이다. 외부 유동 영역에서는 유동장을 얻기 위해 연속 방정식과 Euler 방정식을 사용하고, 압력장을 얻기 위해 Bernoulli 방정식을 사용한다. 외부 유동 영역이 비회전 영역이면 속도장을 얻기 위해 포텐셜 유동 방법을 사용할 수도 있다. 두 경우 모두 외부 유동 영역을 우선 풀고, 다음에 회전성과 점성력을 무시할 수 없는 얇은 경계층 영역을 고려한다. 경계층 영역에서는 이후 논의될 **경계층 방정식**의 해를 구한다(경계층 방정식은 그 자체가 완전한 Navier-Stokes 방정식을 근사한 것이다).

경계층 근사에서는 고체 벽면에 점착 조건을 적용함으로써 Euler 방정식의 주요한 단점을 보완한다. 그러므로 벽면을 따른 점성 전단력, 자유흐름에 있는 물체에 작용하는 항력, 역압력구배에 따른 유동 박리 등을 더욱 정확하게 예측할 수 있어서 경계층 근사는 1900년대에 유체공학의 주요한 도구가 되었다. 하지만 20세기 후반에 들어서는 빠르고 저렴한 컴퓨터와 전산유체역학 프로그램(CFD)의 출현으로 복잡한 형상에 대해 Navier-Stokes 방정식의 수치해석이 가능하게 되었다. 따라서 최근에는 더 이상 유동을 외부 영역과 경계층 영역으로 나누지 않고 전체 유동장의 운동 방정식(연속 방정식 및 Navier-Stokes 방정식)을 CFD를 활용하여 함께 풀기도 한다. 그럼에도 불구하고, 경계층 근사는 해를 손쉽게 구할 수 있으므로 여러 공학적 응용에 널리 사용된다. 하지만 경계층 방정식의 해는 Navier-Stokes 방정식의 **근사해**임을 잊지 말아야 한다.

경계층 근사의 적용에 있어서 중요한 것은 경계층의 두께가 매우 **얇다**는 가정이다. 전형적인 예로서, x축을 따라 놓여 있는 무한히 긴 평판을 따라 흐르는 균일흐름을 들 수 있다. 평판 위 x방향의 임의의 지점에서 **경계층 두께** δ가 그림 8-18에 도시되어 있다. 관례상 δ는 평판의 벽면으로부터 수평 속도가 경계층 외부 속도의 99%가 되는 위치까지 거리로 정의된다. 주어진 유체와 평판에 대해 자유흐름 속도 V가 높을수록 경계층 두께는 얇아진다(그림 8-18). 벽면을 따르는 거리 x에 기준한 무차원수인 Reynolds 수는 다음과 같다.

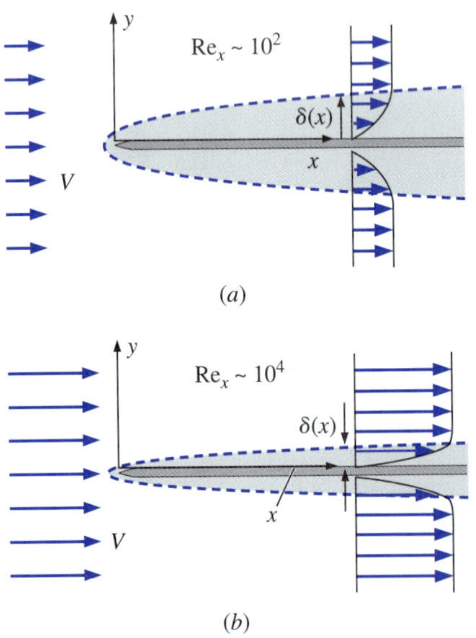

그림 8-18
평판에 평행하게 흐르는 균일흐름(축척에 맞게 그려져 있지 않음). (*a*) $Re_x \sim 10^2$, (*b*) $Re_x \sim 10^4$. Reynolds 수가 커질수록 주어진 x 위치에서 경계층 두께는 얇아진다.

수평 평판에서 Reynolds 수: $$Re_x = \frac{\rho V x}{\mu} = \frac{Vx}{\nu} \tag{8-13}$$

그러므로

주어진 x방향에서, Reynolds 수가 높을수록 경계층 두께는 얇아진다.

다시 말해, 같은 조건하에서 Reynolds 수가 높을수록 경계층 두께가 얇아진다. $\delta \ll x$(또는 무차원으로 표현하여 $\delta/x \ll 1$)일 때 경계층이 얇다고 할 수 있다.

경계층의 형상은 유동가시화를 통해 얻을 수 있다. 한 예가 평판 위의 층류 경계층으로, 그림 8-19에 나타나 있다. 이 그림은 F. X. Wortmann이 60년 전에 찍은 사진으로, 평판 위의 층류 경계층의 분포를 관찰할 수 있다. 점착 조건은 벽면에서 명확히 확인되며, 벽면으로부터 유동 속도가 서서히 증가하는 것으로부터 이 유동이

그림 8-19
평판 위 층류 경계층 분포의 유동가시화. 사진은 F.X. Wortmann이 1953년에 tellurium 기법을 이용하여 촬영함. 유동은 왼쪽에서 오른쪽으로 진행하며, 평판의 선단은 시야의 왼쪽에서 먼 곳에 있음.
Wortmann, F. X. 1977 AGARD Conf. Proc. no. 224, paper 12.

층류라는 것을 알 수 있다.

경계층 근사는 벽면에 인접한 유동 영역에 국한된 것이 아니라 제트, 후류, 혼합층과 같은 **자유전단층**에도 Reynolds 수가 충분히 높아서 두께가 **얇다**면 같은 식이 적용될 수 있다(그림 8-20). 고체 벽면이 없더라도 전단력을 무시할 수 없고, 유한한 와도를 가지는 유동의 경우 경계층을 고려할 수 있다. 경계층 두께 $\delta(x)$를 그림 8-20에 도시하였다. 관례상 δ는 자유전단층의 총 두께의 **절반**으로 표현되고, 유동의 중심선으로부터 최대 속도 변화의 99%인 경계층 외곽에 이르는 거리로 정의된다. 따라서 경계층 두께는 상수가 아니라 하류방향의 거리 x에 따라 변한다. 평판, 제트, 후류, 혼합층 등과 같이 여기에 언급된 예들의 $\delta(x)$는 x방향을 따라 **증가**한다. 그러나 벽면을 따라 빠르게 가속되는 유동과 같은 경우의 $\delta(x)$는 x방향을 따라 **감소**하기도 한다.

유체역학을 처음 접하는 학생들은 x의 함수로서 표현되는 δ가 유동의 유선이라고 오해하기도 한다. 그러나 **그렇지 않다**! 그림 8-21에 평판을 따른 $\delta(x)$와 유선이 나타나 있다. 경계층 두께가 하류를 따라 발달할 때 경계층을 지나는 유선은 질량 보존을 만족하기 위하여 조금씩 위로 상승해야 한다. 이때 유선의 상승 변위는 $\delta(x)$의 발달보다 작고, 유선이 곡선 $\delta(x)$를 가로지르기 때문에 $\delta(x)$는 유선이 아니다(유선은 서로 교차할 수 없다. 그렇지 않으면 질량 보존에 위배된다).

그림 8-21처럼 평판 위의 층류 경계층에서 경계층 두께 δ는 V, x, 유체 고유의 상태량인 ρ와 μ의 함수이다. 무차원해석을 통해 δ/x가 Re_x의 함수라는 것을 밝힐 수 있다. 실제로 δ는 Re_x의 **제곱근**에 비례한다. 그러나 이 결과는 단지 평판 위의 **층류** 경계층에만 해당한다는 것을 명심해야 한다. Re_x는 x에 대해 선형적으로 증가한다. 유동의 어느 한 점에서 교란이 발달하기 시작하면 경계층은 더 이상 층류가 아니고 난류에 이르는 **천이** 과정의 시작이다. 매끄러운 평판 위를 지나는 균일흐름에서 천이 과정은 **임계 Reynolds 수** $\mathrm{Re}_{x,\ \mathrm{critical}} \cong 1 \times 10^5$에서 시작되어 $\mathrm{Re}_{x,\ \mathrm{transition}}$

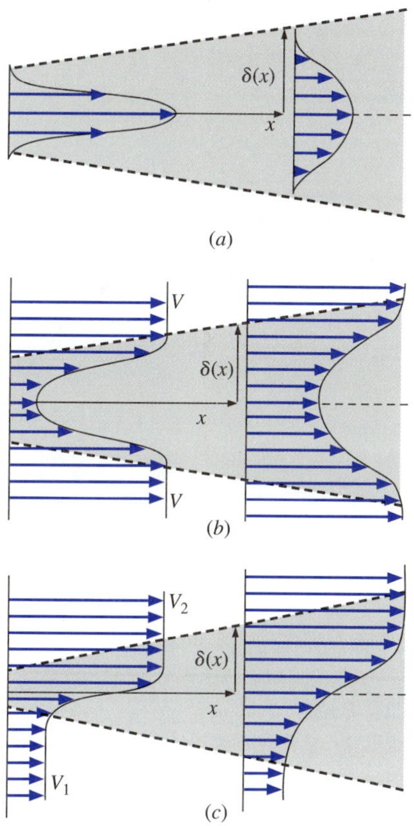

그림 8-20
경계층 근사화가 적절히 도입될 수 있는 세 가지 추가 유동 영역. (*a*) 제트, (*b*) 후류, (*c*) 혼합층.

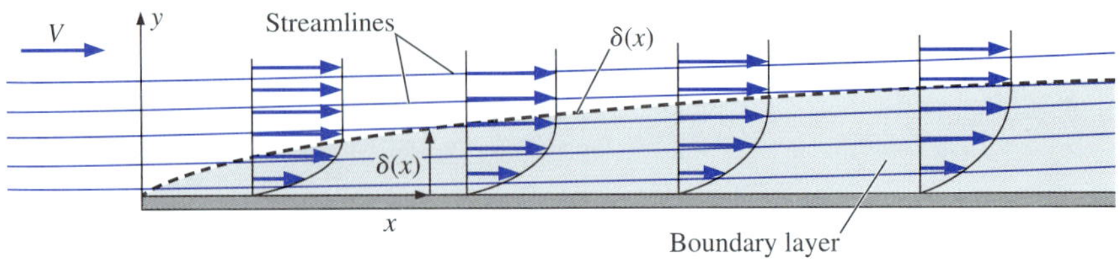

그림 8-21
평판 위 경계층에서 x의 함수로서 표현된 δ의 변화와 유선의 비교. 유선이 $\delta(x)$를 가로지르기 때문에 $\delta(x)$는 유동의 유선 그 자체가 될 수 없음.

$\cong 3\times10^6$(그림 8-22), 즉 경계층이 완전난류가 될 때까지 지속된다. 천이 과정은 상당히 복잡하며, 자세한 내용은 여기서 언급하지 않는다.

그림 8-22는 수직방향 경계층 두께는 확대하고 수평방향 크기는 축소하여 그린 것이다(실제로 $Re_{x,\ transition}$은 $Re_{x,\ critical}$의 30배에 이르므로 천이 영역은 그림에 도시된 것보다 훨씬 길다). 경계층이 **실제로** 얼마나 얇은지에 대한 이해를 돕기 위해 그림 8-23에 경계층의 두께 δ를 x의 함수로 도시해 놓았다. 이 그림은 x의 단위에 무관하게 $Re_x = 100{,}000x$가 되도록 매개변수를 신중히 선택하였다. 따라서 $Re_{x,\ transition}$은 $x\cong1$에서, $Re_{x,\ critical}$은 $x\cong30$에서 발생한다. 실측으로 나타내면 경계층 두께가 얼마나 얇고, 천이 영역은 얼마나 긴지를 알 수 있다.

실제 유동에서 난류로의 천이는 조용한 자유흐름에 놓인 매끄러운 평판의 경우에 비해 갑자기 그리고 훨씬 일찍(더 낮은 Re_x에서) 발생한다. 표면조도, 자유흐름 교란, 음향 소음, 비정상 상태의 유동, 진동, 벽면의 곡률과 같은 요소들은 천이 영역이 보다 빨리 발생하도록 한다. 이러한 이유로 종종 **임계 Reynolds 수** $Re_{x,\ cr} = 5\times10^5$을 기준으로 경계층이 층류($Re_x < Re_{x,\ cr}$)인지 난류($Re_x > Re_{x,\ cr}$)인지를 판단한다. 임계 Re 수는 열전달에서도 적용된다. 많은 경우 평균 마찰과 열전달계수의 관계식은 $Re_{x,\ cr}$보다 낮은 Re_x에서는 층류, 그 외의 경우에는 난류 유동이라는 가정하에서 유도된다.

천이 과정은 종종 **비정상 상태**를 보이며, 최신 CFD 코드로도 예측하기 어렵다.

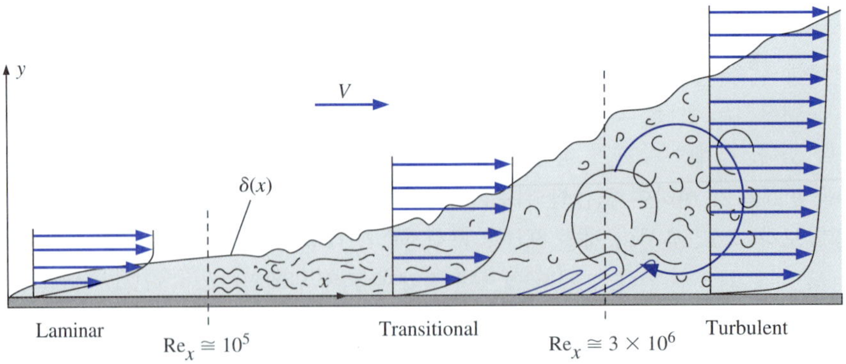

그림 8-22
평판 위 층류 경계층에서 완전난류 경계층으로 천이(축척에 맞게 그려져 있지 않음).

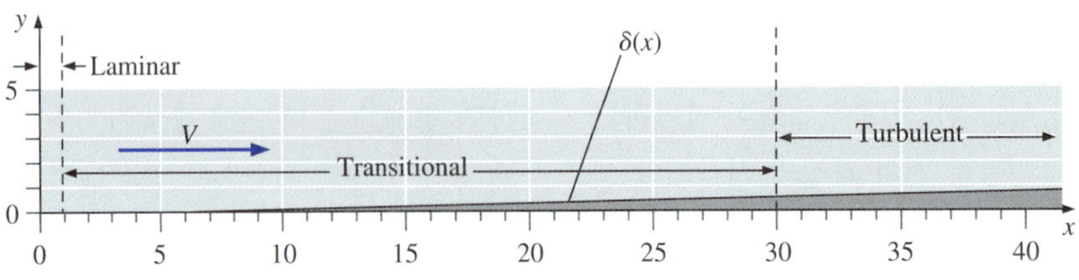

그림 8-23
축척에 맞게 그려진 평판 위 경계층 두께. 층류, 천이, 난류 지역은 매끄러운 벽면 위 잔잔한 자유흐름 조건에 대해 도시됨.

때로는 공학자들은 원하는 위치에 천이를 발생시키기 위하여 표면을 따라 거친 사포 또는 **트립 와이어**라고 하는 철사를 사용한다(그림 8-24). 트립 와이어에 의해 발생된 에디는 국소적인 혼합을 증가시키고, 교란을 발생시켜 난류 경계층을 매우 빠르게 유도한다. 그림 8-24에서 보이는 수직방향 축척은 편의상 과장된 것이다.

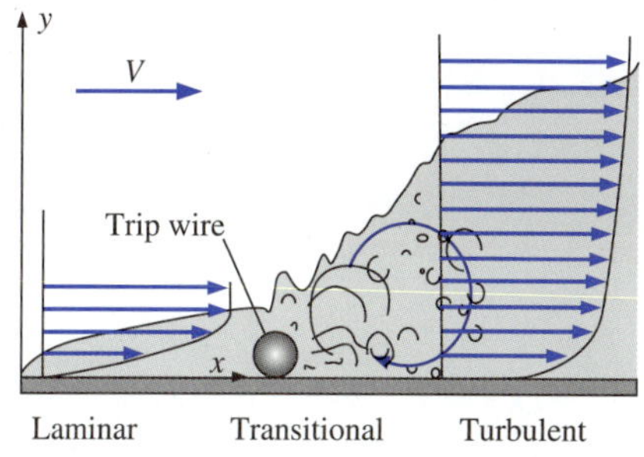

그림 8-24
경계층에서 난류로의 천이를 일찍 일으키기 위하여 트립 와이어가 사용된다(축척에 맞게 그려져 있지 않음).

예제 8-3 층류 또는 난류 경계층?

작은 잠수정의 핀(fin) 위로 물이 $V = 10$ km/h 속도로 흐르고 있다(그림 8-25). 물의 온도는 5°C이고, 핀의 코드 길이(chord length) c는 0.5 m이다. 핀 표면의 경계층은 층류, 난류, 천이 중 어느 것인가?

풀이 핀 표면의 경계층이 층류인지 난류인지 판정하고자 한다.

가정 1 유동은 정상 상태이고, 비압축성이다. 2 핀 표면은 매끈하다.

상태량 $T = 5°\text{C}$에서 물의 밀도와 점성계수는 각각 999.9 kg/m^3, 1.519×10^{-3} kg/m · s이다. 따라서 동점성계수 $\nu = 1.519 \times 10^{-6}$ m^2/s이다.

해석 핀은 평평하지 않지만, 경계층이 층류인지 난류인지를 결정하기 위해 합리적인 첫 번째 근사법으로서 평판 경계층값을 고려한다. 핀 후단에서 Reynolds 수를 평판을 따라 유동방향 거리의 근사값으로 c를 이용하여 계산하면 다음과 같다.

$$\text{Re}_x = \frac{Vx}{\nu} = \frac{(10 \text{ km/h})(0.5 \text{ m})}{1.519 \times 10^{-6} \text{ m}^2/\text{s}}\left(\frac{1000 \text{ m}}{\text{km}}\right)\left(\frac{\text{h}}{3600 \text{ s}}\right) = 9.14 \times 10^5 \quad (1)$$

매우 깨끗하고 저소음인 자유흐름 조건일 때 매끈한 평판의 경우에 대해 난류로 천이하는 임계 Reynolds 수는 1×10^5이다. 여기서의 Reynolds 수는 이 값보다 크다. 실제 공학적인 유동에 대한 임계 Reynolds 수는 $\text{Re}_x = 5 \times 10^5$이다. 여기서 구한 Re_x값이 $\text{Re}_{x,\text{ cr}}$보다 크지만 $\text{Re}_{x,\text{ transition}}(30 \times 10^5)$보다는 작기 때문에 **경계층은 천이 중에 있을 가능성이 크다. 그러나 핀의 후단에서는 완전히 난류가 될 것이다.**

토의 실생활에서 자유흐름은 완전히 깨끗하지 않다. 에디와 교란이 있고, 핀 표면도 완전히 매끈하지 않으며, 잠수정은 진동을 한다. 따라서 천이와 난류는 매끈한 평판에 대해서 예측한 것보다 상당히 이르게 발생할 것이다.

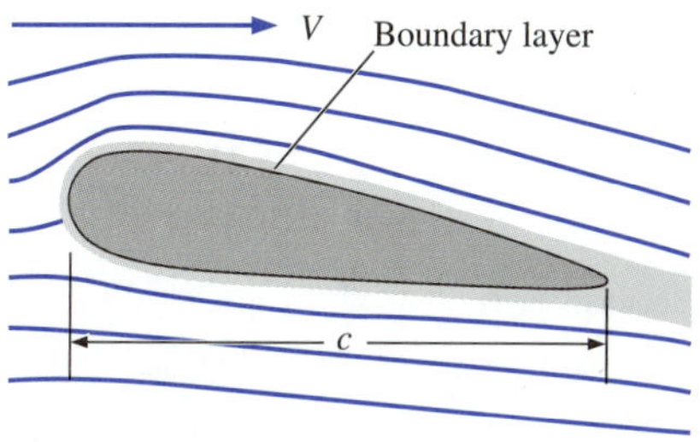

그림 8-25
잠수정의 핀(fin)을 따라 발달하는 경계층. 경계층 두께는 명확성을 위해 과장되어 있음.

경계층 방정식

경계층에 대한 물리적 의미를 알아보았기 때문에 경계층 계산에 이용되는 운동 방정식(**경계층 방정식**)을 유도할 필요가 있다. 편의상 정상 상태, 직각좌표계에서 2차원, xy평면의 유동을 고려한다. 그러나 여기에 사용된 방법은 축대칭 경계층이지만, 어느 다른 좌표계에서 3차원 경계층으로 확장이 가능하다. 여기서는 중력 효과가 중요한 자유표면 유동이지만, 부력에 의한 유동(자연대류)은 다루지 않는다. 또한 난류 경계층은 이 교재의 수준을 벗어난 것이므로 오직 **층류** 경계층에 대해서만 언급한다. 고체 벽면을 따른 경계층에 대해서 벽면에 평행하게 x좌표를, 벽면에 수직방향으로 y좌표를 설정한다(그림 8-26). 이러한 좌표계를 **경계층 좌표계**라고 한다. 경계층 방정식을 풀 때는 어느 한 시점에서 x방향의 한 위치에 대한 **국소좌표계**를 이용하여 방정식을 해결하며, 이 좌표계는 **국소적으로 직교성**을 가진다. 어느 점을 $x =$

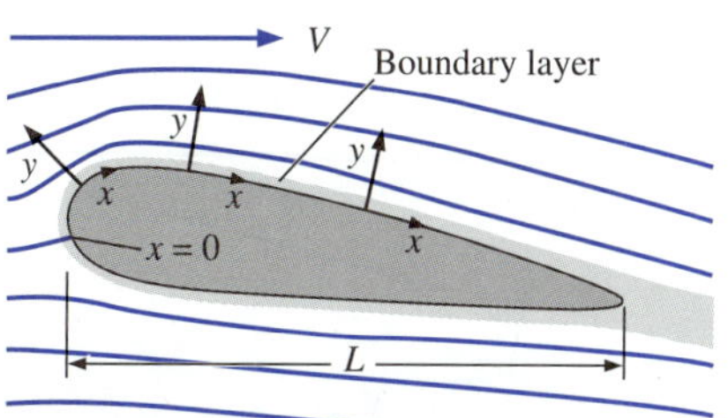

그림 8-26
물체 주위의 유동에 대한 경계층 좌표계. x는 표면을 따르며, 보통 물체의 정체점을 영으로 설정하고, y는 어디에서나 표면에 수직인 방향이다.

0으로 하는가는 중요하지 않지만, 그림 8-26과 같이 일반적으로 전면부 정체점을 $x = 0$으로 설정한다.

이 장의 앞에서 유도한 무차원 Navier-Stokes 방정식의 비정상항과 중력항을 무시하면, 식 (8-6)은 다음과 같다.

$$(\vec{V}^*\cdot\vec{\nabla}^*)\vec{V}^* = -[\text{Eu}]\vec{\nabla}^*P^* + \left[\frac{1}{\text{Re}}\right]\nabla^{*2}\vec{V}^* \tag{8-14}$$

경계층 외부의 압력차는 Bernoulli 방정식과 $\Delta P = P - P_\infty \sim \rho V^2$에 의해 결정되므로 Euler 수는 차수가 1이다. 여기서 V는 외부 유동의 특성 속도로, 균일한 유동 내에 잠겨 있는 물체의 경우 자유흐름 속도와 같다. 무차원화에 사용된 특성 길이는 L이며, 물체의 특성 크기를 나타낸다. 경계층에 대해 x는 L의 차수를 가지며, 식 (8-14)의 Reynolds 수는 Re_x(식 8-13)이다. 일반적으로 Re_x는 경계층 근사에 있어서 매우 큰 값을 가진다. 이는 식 (8-14)의 마지막 항이 무시될 수 있음을 의미한다. 그러나 이렇게 하면 Euler 방정식이 된다. 이를 막기 위해서는 최소한의 점성항이라도 유지해야 한다.

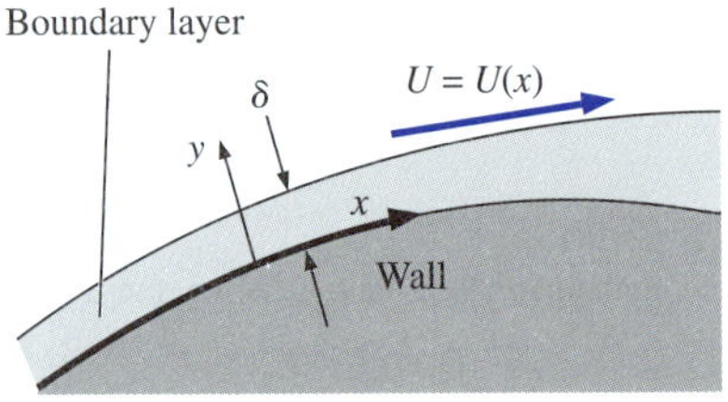

그림 8-27
길이 척도 x, δ와 속도 척도 U를 나타내는 물체 표면 경계층의 확대 그림.

그렇다면 무시해도 되는 항과 고려해야만 하는 항은 어떻게 결정하는 것인가? 이 물음에 답하기 위해 경계층 내부의 적절한 길이와 속도 척도를 바탕으로 운동 방정식의 무차원화를 다시 수행한다. 그림 8-26의 경계층의 어느 한 부분을 확대한 것이 그림 8-27이다. x의 크기 차수는 L이므로 L을 유선방향에 대한 거리, 속도, 압력 구배에 대한 길이 척도로 사용한다. 그러나 이 길이 척도는 y에 대한 구배의 척도로는 너무 크다. 따라서 y에 대한 구배와 유선의 수직방향 거리에 대한 길이 척도로는 δ를 사용한다. 유사하게 전체 유동장에 대한 특성 속도 척도는 V인 반면, 경계층에 대한 특성 속도의 척도로는 **경계층의 바로 위 어느 한 위치에서 벽면과 평행한 속도 성분의 크기를 나타내는 U**가 더 적당하다(그림 8-27). U는 일반적으로 x의 함수이다. 그러므로 경계층 내부의 x의 위치에서 크기 차수는 다음과 같다.

$$u \sim U \qquad P - P_\infty \sim \rho U^2 \qquad \frac{\partial}{\partial x} \sim \frac{1}{L} \qquad \frac{\partial}{\partial y} \sim \frac{1}{\delta} \tag{8-15}$$

속도 성분 v에 대한 크기 차수는 식 (8-15)에 나타나 있지 않다. 대신 연속 방정식을 통해 얻을 수 있다. 2차원 비압축성 연속 방정식에 식 (8-15)의 크기 차수를 도입하면 다음과 같다.

$$\underbrace{\frac{\partial u}{\partial x}}_{\sim U/L} + \underbrace{\frac{\partial v}{\partial y}}_{\sim v/\delta} = 0 \qquad \rightarrow \qquad \frac{U}{L} \sim \frac{v}{\delta}$$

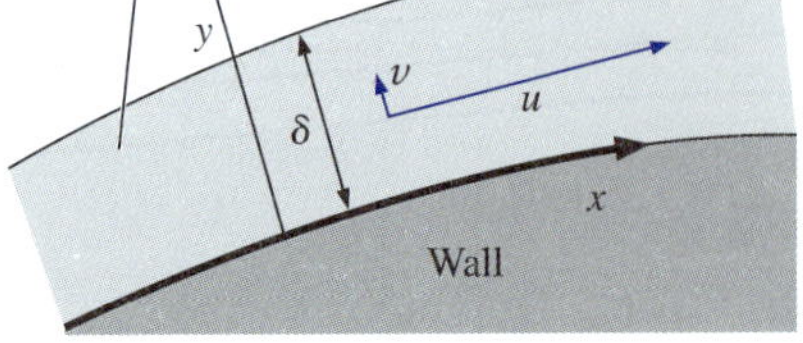

그림 8-28
속도 성분 v는 u에 비해 매우 작음을 나타내는 물체 표면 경계층의 더욱 확대된 그림.

두 항은 서로 균형을 이루어야 하기 때문에 같은 크기 차수라야 한다. 그러므로 속도 성분 v의 크기 차수는 다음과 같다.

$$v \sim \frac{U\delta}{L} \tag{8-16}$$

경계층 내부(경계층은 매우 얇다)에서 $\delta/L \ll 1$이므로 $v \ll u$라야 한다(그림 8-28). 식

(8-15)와 식 (8-16)으로부터 경계층 내부의 무차원변수를 다음과 같이 정의한다.

$$x^* = \frac{x}{L} \qquad y^* = \frac{y}{\delta} \qquad u^* = \frac{u}{U} \qquad v^* = \frac{vL}{U\delta} \qquad P^* = \frac{P - P_\infty}{\rho U^2}$$

이 모든 무차원변수들의 크기 차수는 1이고, 따라서 이들은 **정규화된** 변수들이다 (6장 참조).

Navier-Stokes 방정식의 x, y 성분에 대해 위에서 무차원화된 값을 y방향 운동량 방정식에 대입하면 다음과 같다.

$$\underbrace{u}_{u^*U}\underbrace{\frac{\partial v}{\partial x}}_{\frac{\partial}{\partial x^*}\frac{v^*U}{L^2}} + \underbrace{v}_{v^*\frac{U}{L}}\underbrace{\frac{\partial v}{\partial y}}_{\frac{\partial}{\partial y^*}\frac{v^*U}{L\delta}} = \underbrace{-\frac{1}{\rho}\frac{\partial P}{\partial y}}_{\frac{1}{\rho}\frac{\partial}{\partial y^*}\frac{P^*\rho U^2}{\delta}} + \underbrace{\nu\frac{\partial^2 v}{\partial x^2}}_{\nu\frac{\partial^2}{\partial x^{*2}}\frac{v^*U\delta}{L^3}} + \underbrace{\nu\frac{\partial^2 v}{\partial y^2}}_{\nu\frac{\partial^2}{\partial y^{*2}}\frac{v^*U\delta}{L\delta^2}}$$

약간의 대수 계산 후 각 항에 $L^2/(U^2\delta)$을 곱하면 다음 식을 얻는다.

$$u^*\frac{\partial v^*}{\partial x^*} + v^*\frac{\partial v^*}{\partial y^*} = -\left(\frac{L}{\delta}\right)^2\frac{\partial P^*}{\partial y^*} + \left(\frac{\nu}{UL}\right)\frac{\partial^2 v^*}{\partial x^{*2}} + \left(\frac{\nu}{UL}\right)\left(\frac{L}{\delta}\right)^2\frac{\partial^2 v^*}{\partial y^{*2}} \tag{8-17}$$

식 (8-17)의 각 항을 비교하면, $\mathrm{Re}_L = UL/\nu \gg 1$이므로 우변의 가운데 항은 다른 항에 비해 확실히 작은 차수의 값을 가진다. 같은 이유로 우변의 마지막 항은 첫 번째보다 훨씬 작다. 이 두 항을 무시하면 좌변의 두 항과 우변의 첫 번째 항만이 남게 된다. 그러나 $L \gg \delta$이기 때문에 압력구배항은 방정식의 좌변의 대류항에 비해 큰 차수를 지니게 된다. 그러므로 식 (8-17)에는 압력항만이 남게 되고, 방정식 내에 압력항과 균형을 이루는 항이 없기 때문에 0으로 둘 수밖에 없다. 그러므로 무차원화된 y방향 운동량 방정식은 다음과 같다.

$$\frac{\partial P^*}{\partial y^*} \cong 0$$

또는 물리적 변수들로 나타내면 다음과 같다.

경계층을 지나는 수직 압력구배: $$\frac{\partial P}{\partial y} \cong 0 \tag{8-18}$$

즉, 압력이 벽면(x방향)을 따라 **변하더라도** 벽면에 **수직방향**의 압력 변화는 무시할 수 있을 정도로 작다. 이 개념을 그림 8-29에 도시하였다. $x = x_1$에서 모든 y값에 대해 $P = P_1$이다. $x = x_2$에서는 압력은 변하지만, 모든 y에 대해 $P = P_2$이다.

경계층을 가로질러(y방향으로) 압력은 거의 균일하다.

물리적으로, 경계층은 매우 얇기 때문에 경계층 내부의 유선은 경계층 두께 척도에서 보면 무시할 만한 **곡률**을 가진다. 유선이 곡률을 가지려면 압력구배에 의한 **구심가속도**를 필요로 한다. 얇은 경계층 내에서 유선은 거의 곡선을 형성하지 않기 때문에 경계층을 가로지르는 압력구배는 무시할 만하다.

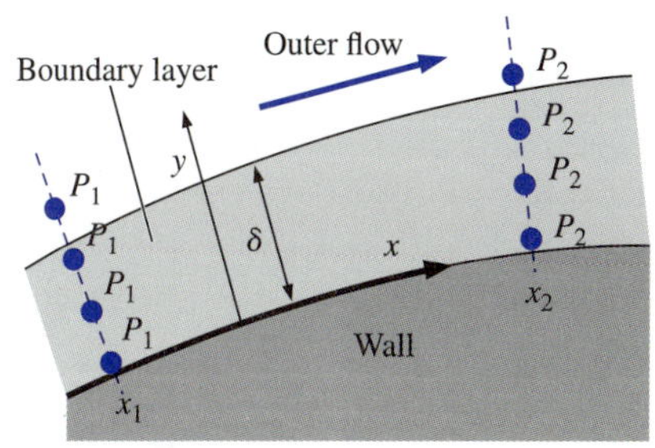

그림 8-29
압력은 경계층을 따라(x방향) 변할 수 있지만, 경계층을 가로지르는 방향(y방향)으로의 압력 변화는 무시할 수 있다.

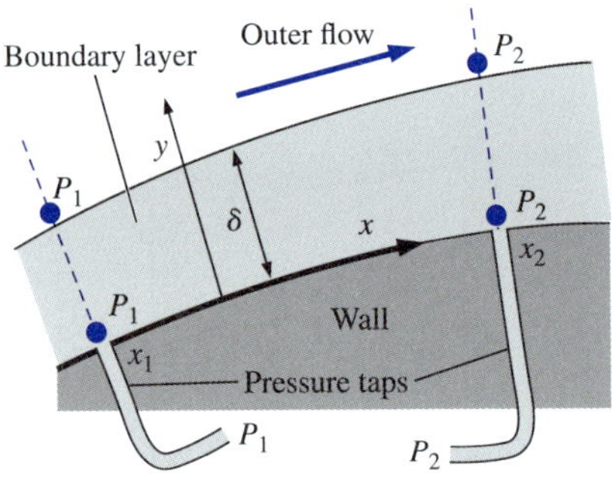

그림 8-30
경계층 밖 유동의 비회전 영역에서 압력은 벽면 표면에서 정압 탭으로 측정할 수 있다. 두 개의 정압 탭이 나타나 있다.

식 (8-18)로부터 바로 알 수 있듯이, 벽면을 따르는 임의의 x 위치에서 경계층 가장자리($y \cong \delta$)의 압력과 벽면($y = 0$)의 압력은 **같다**. 따라서 경계층 벽면의 정압공을 이용하여 경계층 가장자리의 압력을 실험적으로 구할 수 있다(그림 8-30). 실험자들은 이를 이용하여 항공기 날개와 터보기계의 블레이드에 대한 수많은 에어포일 형상을 시험하였다.

원형 실린더 유동에 대한 압력 측정 결과는 실린더 표면의 압력공을 이용한 것이다. 이들 데이터는 종종 비회전 외부 유동 근사에 의거하여 계산된 압력과 비교되는데, 계산된 경계층 **외부** 압력(Euler 방정식이나 Bernoulli 방정식과 연계된 포텐셜 유동으로부터)은 경계층에서 벽면에 이르는 모든 y에 적용되기 때문에 이러한 비교는 유효하다.

경계층 방정식의 유도로 되돌아가서, x방향 운동량 방정식을 간략하게 하기 위해 식 (8-18)을 사용한다. 특히, P가 y의 함수가 아니기 때문에 외부 유동 근사로부터(연속 방정식과 Euler 방정식 또는 포텐셜 유동과 Bernoulli 방정식을 사용하여) 계산된 P에 대해 $\partial P/\partial x$를 dP/dx로 대체한다. x성분의 Navier-Stokes 방정식은 다음과 같다.

$$\underbrace{u}_{u^*U}\underbrace{\frac{\partial u}{\partial x}}_{\frac{\partial}{\partial x^*}\frac{u^*U}{L}} + \underbrace{v}_{v^*\frac{U}{L}}\underbrace{\frac{\partial u}{\partial y}}_{\frac{\partial}{\partial y^*}\frac{u^*U}{\delta}} = \underbrace{-\frac{1}{\rho}\frac{dP}{dx}}_{\frac{1}{\rho}\frac{\partial}{\partial x^*}\frac{P^*\rho U^2}{L}} + \underbrace{\nu\frac{\partial^2 u}{\partial x^2}}_{\nu\frac{\partial^2}{\partial x^{*2}}\frac{u^*U}{L^2}} + \underbrace{\nu\frac{\partial^2 u}{\partial y^2}}_{\nu\frac{\partial^2}{\partial y^{*2}}\frac{u^*U}{\delta^2}}$$

약간의 대수 계산 후 각 항에 L/U^2을 곱하면 다음 식을 얻는다.

$$u^*\frac{\partial u^*}{\partial x^*} + v^*\frac{\partial u^*}{\partial y^*} = -\frac{dP^*}{dx^*} + \left(\frac{\nu}{UL}\right)\frac{\partial^2 u^*}{\partial x^{*2}} + \left(\frac{\nu}{UL}\right)\left(\frac{L}{\delta}\right)^2\frac{\partial^2 u^*}{\partial y^{*2}} \tag{8-19}$$

식 (8-19)의 항들을 비교해 보면, $\mathrm{Re}_L = UL/\nu \gg 1$이기 때문에 우변의 중간 항은 좌변의 항들보다 확실히 작은 값이 된다. 우변의 마지막 항은 어떻게 되는가? 만약 이 항을 무시하면 점성이 무시되고 Euler 방정식으로 복귀하게 된다. 따라서 이 항은 분명히 유지되어야 한다. 분명하게, 식 (8-19)의 나머지 항들은 크기 차수가 1이므로 식 (8-19)의 우변의 마지막 항인 괄호 안에 결합되어 있는 매개변수들도 크기 차수가 1이어야 한다.

$$\left(\frac{\nu}{UL}\right)\left(\frac{L}{\delta}\right)^2 \sim 1$$

$\mathrm{Re}_L = UL/\nu$임을 감안하면 다음과 같다.

$$\frac{\delta}{L} \sim \frac{1}{\sqrt{\mathrm{Re}_L}} \tag{8-20}$$

이 결과로부터 주어진 유선 위치에서 Reynolds 수가 클수록 경계층 두께가 얇아짐을 확인할 수 있다. 식 (8-20)에서 L 대신 x를 대입하면 평판 위 층류 경계층에서 $U(x) = V =$ (일정)하고, δ는 x의 제곱근에 따라 발달한다는 결론을 내릴 수 있다(그림 8-31).

본래의(물리적인) 변수들을 사용하면 식 (8-19)는 다음과 같다.

$$x\text{방향 운동량 방정식:} \quad u\frac{\partial u}{\partial x} + v\frac{\partial u}{\partial y} = -\frac{1}{\rho}\frac{dP}{dx} + \nu\frac{\partial^2 u}{\partial y^2} \tag{8-21}$$

일반적으로 경계층 내에서 속도구배 $\partial u/\partial y$의 y 도함수가 동점성계수 ν(일반적으로 작음)를 상쇄시키기에 충분하기 때문에 식 (8-21)의 마지막 항을 무시할 수는 없다. 마지막으로 y방향 운동량 방정식 해석으로부터 알 수 있듯이, 경계층을 가로지르는 압력은 경계층 외곽의 값과 같기 때문에(식 8-18) 외부 유동에 Bernoulli 방정식을 적용할 수 있다. x에 대한 미분을 수행하면 다음 식을 얻는다.

$$\frac{P}{\rho} + \frac{1}{2}U^2 = \text{일정} \quad \rightarrow \quad \frac{1}{\rho}\frac{dP}{dx} = -U\frac{dU}{dx} \tag{8-22}$$

여기서 P와 U는 그림 8-32에서 묘사된 것처럼 오직 x만의 함수이다. 식 (8-22)를 식 (8-21)에 대입하고 압력을 경계층 방정식에서 제거하면 다음 식을 얻는다.

$$u\frac{\partial u}{\partial x} + v\frac{\partial u}{\partial y} = U\frac{dU}{dx} + \nu\frac{\partial^2 u}{\partial y^2} \tag{8-23}$$

따라서 중력을 무시한 xy평면의 층류 경계층에 대한 정상 상태, 비압축성 운동 방정식을 요약하면 다음과 같다.

$$\text{경계층 방정식:} \quad \begin{aligned} &\frac{\partial u}{\partial x} + \frac{\partial v}{\partial y} = 0 \\ &u\frac{\partial u}{\partial x} + v\frac{\partial u}{\partial y} = U\frac{dU}{dx} + \nu\frac{\partial^2 u}{\partial y^2} \end{aligned} \tag{8-24}$$

수학적으로 Navier-Stokes 방정식은 공간에 대해 **타원형(elliptic)**이며, 이는 유동장의 전체 경계에 대해 경계 조건이 필요하다는 것을 의미한다. 즉, 유동 정보는 상류와 하류를 포함하는 모든 방향으로 전파된다. 한편, x방향 운동량 경계층 방정식[식 (8-24)의 두 번째 방정식]은 **포물선형(parabolic)**이다. 이것은 (2차원) 유동장에서 단지 세 면의 경계 조건만 정해 줄 필요가 있다는 것을 의미한다. 즉, 유동 정보는 (하류로부터) 유동의 반대방향으로 전파되지 않는다. 이것은 경계층 문제를 푸는 것이 한결 쉬워졌다는 것을 의미한다. 특히 **하류**에서 경계 조건을 정해 줄 필요가 없고, 단지 상류와 유동장의 아래와 위 경계 조건만 필요하다(그림 8-33). 즉, 벽면에서 점착 조건($y=0$에서 $u=v=0$), 경계층 외곽의 외부 유동 조건[$y\to\infty$에서 $u=U(x)$], 상류의 속도 분포[$x=x_{\text{starting}}$에서 $u=u_{\text{starting}}(y)$, 여기서 x_{starting}은 0일수도 있고 아닐 수도 있다]만 정해 주면 된다. 이러한 경계 조건을 가지고 x방향 하류로 계산을 진행하며, 경계층 방정식의 해를 구한다. 이 특징은 특별히 수치 해석으로 경계층을 계산할 때 매력적이다. 왜냐하면 x방향의 어느 한 위치(x_i)에서 분포를 알고 있을 때 다음 위치(x_{i+1})의 계산을 수행하고, 이 점을 그 다음 위치(x_{i+2}) 등으로 계산을 진행하기 위한 시작점으로 사용할 수 있기 때문이다.

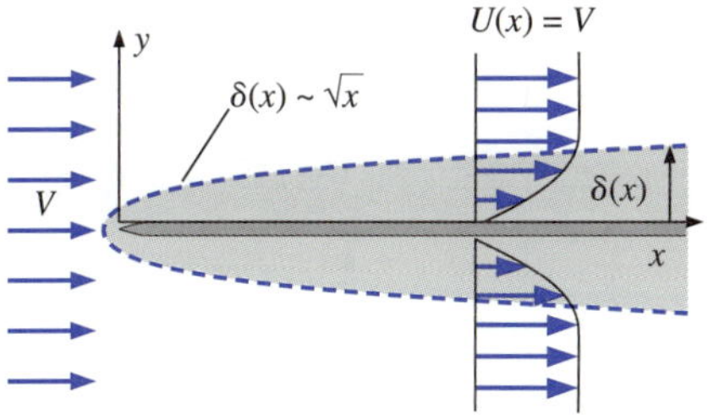

그림 8-31
평판 층류 경계층 방정식의 크기 차수해석을 해 보면 δ가 $\sqrt{x}$에 비례하여 발달함을 알 수 있다(축척에 맞게 그려져 있지 않음).

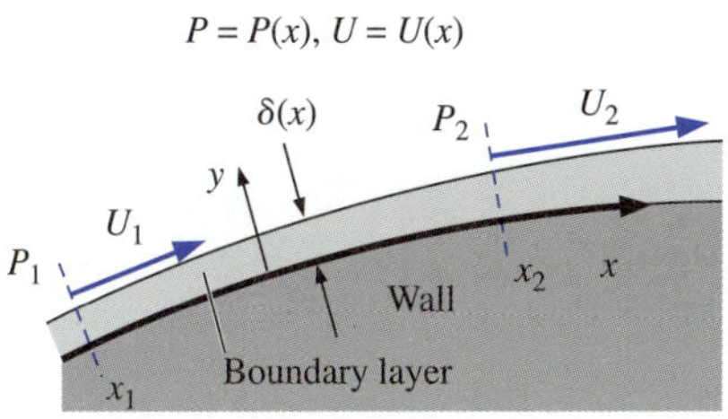

그림 8-32
벽면에 평행한 외부 유동 속도는 $U(x)$이며, 외부 유동 압력 $P(x)$로부터 구해진다. 이 속도는 식 (8-23)의 경계층 운동량 방정식의 x 성분에서 나타난다.

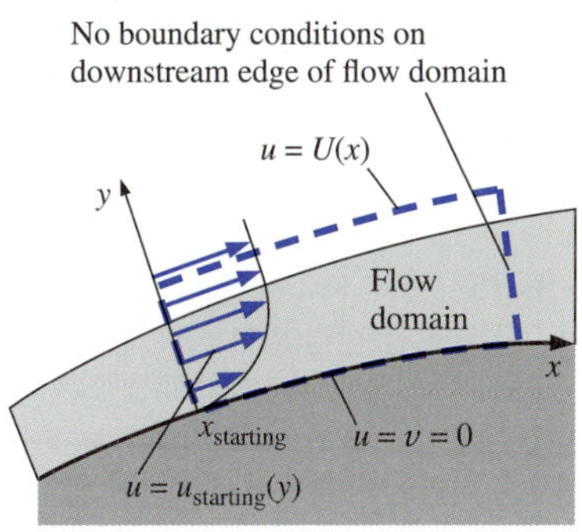

그림 8-33
경계층 방정식의 형태는 포물선형(parabolic)이다. 따라서 경계 조건은 유동 영역의 3개의 면에서 정해질 필요가 있다.

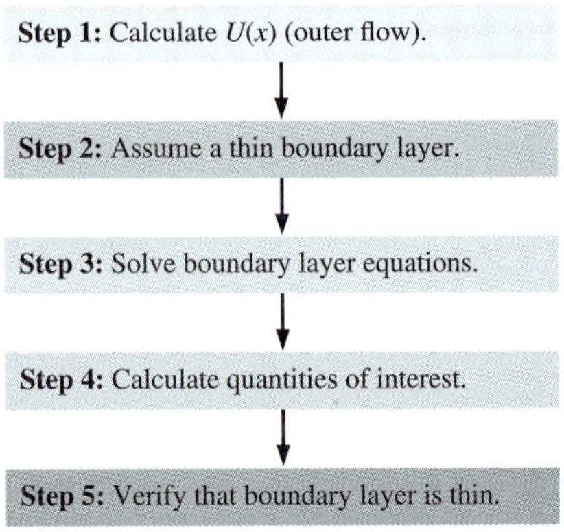

그림 8-34
정상, 비압축성, xy평면의 2차원 경계층 계산 과정 요약.

경계층 계산 절차

단계별 절차를 통하여 경계층 근사를 적용한다. 그 계산 절차는 아래에 나와 있으며, 그림 8-34에 요약되어 있다.

단계 1 경계층을 무시한 채로 외부 유동을 계산한다(경계층 외곽 지역의 유동을 비점성 그리고/또는 비회전으로 가정하고).

단계 2 경계층을 매우 얇다고 가정한다. 사실 굉장히 얇아 단계 1의 외부 유동 계산에 영향을 주지 않는다.

단계 3 적당한 경계 조건을 사용하여 경계층 방정식(식 8-24)의 해를 구한다. 벽면에서 점착 조건, $y = 0$에서 $u = v = 0$; 경계층 외곽의 외부 유동, $y \rightarrow \infty$에서 $u \rightarrow U(x)$; 시작 지점의 분포, $x = x_{\text{starting}}$에서 $u = u_{\text{starting}}(y)$.

단계 4 유동장 내 주요 특성값을 계산한다. 예를 들어, 경계층 방정식의 해를 통하여(단계 3) $\delta(x)$, 벽면을 따른 전단응력, 전체 마찰 저항 등을 계산한다.

단계 5 경계층 근사가 적당한지를 검증한다. 다시 말해, 경계층이 얇다는 것을 입증한다. 그렇지 않다면 근사화는 정당화되지 못한다.

예제 문제를 접하기 전에 경계층 근사의 한계를 이해할 필요가 있다. 이는 경계층 계산을 하기 전에 **확인해야 할 사항**이다.

- Reynolds 수가 충분히 크지 않으면 경계층 근사는 맞지 않는다. 얼마나 커야 하는가? 그것은 근사의 정확도에 의존한다. 이것을 알아보기 위해 식 (8-20)을 사용한다. $\text{Re}_L = 1000$일 때 $\delta/L \sim 0.03(3\%)$, $\text{Re}_L = 10{,}000$일 때 $\delta/L \sim 0.01(1\%)$이다.
- 벽면의 곡률이 δ(그림 8-35)와 같은 크기이면 y방향으로 압력구배가 0이라는 가정(식 8-18)은 맞지 않는다. 그러한 경우 유선의 곡률에 의한 구심가속도의 영향을 무시할 수 없다. 물리적으로 δ가 R보다 아주 작지 않을 때는 경계층 근사를 적용할 수 없다.
- Reynolds 수가 너무 **높게** 되면 이전에 논한 바와 같이 경계층은 더 이상 층류로 존재하지 않는다. 만약 유동이 천이 또는 난류의 형태를 가진다면 식 (8-24)는 더 이상 유효하지 **않다**. 앞에서 언급했듯이, 깨끗한 유동 조건하에서 매끈한 평판 위의 층류 경계층은 $\text{Re}_x \cong 1 \times 10^5$일 때 난류로 천이하게 된다. 실제로 벽면은 매끄럽지 않으며, 벽면을 지나는 자유흐름 유동 속에 천이를 유발하는 진동, 소음, 변동 등이 존재한다.
- 만약 유동 박리가 발생하게 되면 경계층 근사는 적절하지 않다. **역류**가 존재하는 박리된 유동 영역에서는 경계층 방정식이 포물선형의 특성을 잃어버리게 된다.

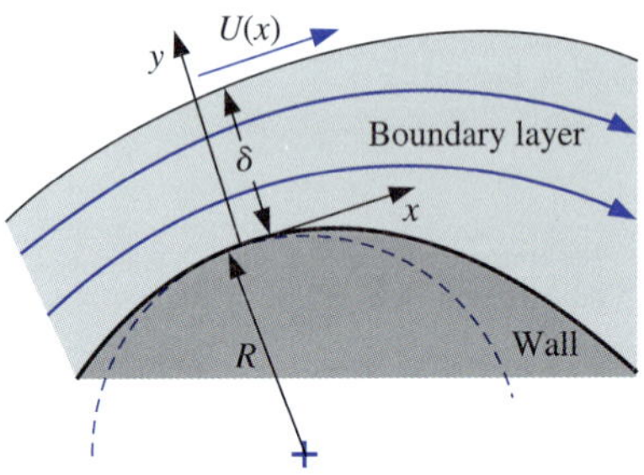

그림 8-35
벽면의 국소 곡률 반경(R)이 δ의 크기와 같을 정도로 작을 때, 구심가속도의 영향은 무시할 수 없으며, $\partial P/\partial y \neq 0$이다. 얇은 경계층 근사는 이러한 영역에서 적절하지 않다.

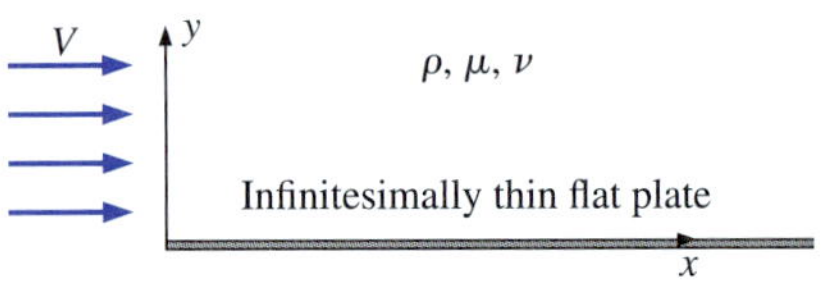

그림 8-36
예제 8-4에 대한 개략도. x축을 따르는 긴 평판에 평행한 균일흐름.

예제 8-4 평판 위에서 층류 경계층

속도 V를 가지는 균일한 자유흐름이 그림 8-36에 도시된 것처럼 매우 얇고 긴 평판과 평행하게 흐르고 있다. 좌표계는 평판의 선단을 시점으로 정의된다. 유동이 x축에 대해 대칭이기 때문에 평판 위쪽의 유동만 고려하기로 한다. 평판을 따르는 경계층 속도 분포를 계산하고, 토론하라.

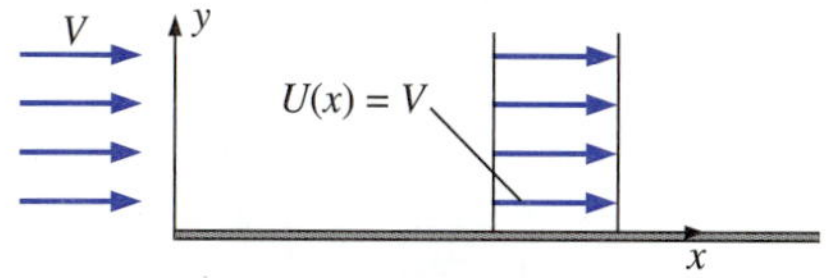

그림 8-37
예제 8-4의 외부 유동은 x축이 유선이며, $U(x) = V =$ (일정)으로 간단히 얻어진다.

풀이 평판 위 층류 경계층이 발달함에 따라 경계층 속도 분포(u는 x와 y의 함수)를 계산하고자 한다.

가정 **1** 유동은 정상 상태, 비압축성이고, xy평면으로 구성된 2차원이다. **2** Reynolds 수는 경계층 근사가 적용될 수 있을 정도로 크다. **3** 계산하고자 하는 영역에서 경계층은 층류이다.

해석 그림 8-34의 단계별 절차를 따라 계산한다.

단계 1 경계층이 매우 얇기 때문에 경계층을 무시한 상태로 외부 유동을 계산한다. 어떠한 유동도 유선을 가로지를 수 없으므로 비회전 유동에서 유선을 벽면으로 생각할 수 있다. 이 경우에 x축은 균일한 자유흐름 유동의 유선으로 생각할 수 있다. 따라서 x축의 유선을 극도로 얇은 평판으로 생각할 수 있다(그림 8-37). 따라서

외부 유동: $$U(x) = V = \text{일정} \tag{1}$$

편의상, $U(x)$는 일정하기 때문에 $U(x)$ 대신에 U를 사용하기로 한다.

단계 2 벽면을 따르는 경계층은 매우 얇다고 가정한다(그림 8-38). 경계층이 매우 얇기 때문에 단계 1에서 계산된 외부 유동의 영향은 무시할 만하다.

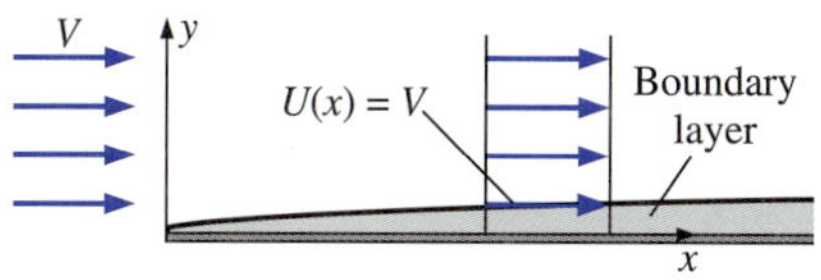

그림 8-38
경계층은 매우 얇기 때문에 외부 유동에 영향을 주지 못한다. 여기서 경계층 두께는 명확한 설명을 위해 과장되어 나타나 있다.

단계 3 경계층 방정식을 푼다. 식 (1)로부터 $dU/dx = 0$이다. 다시 말해서 x방향 운동량 방정식에서 압력구배항은 남아 있지 않다. 이것이 평판 위의 경계층이 **영 압력구배 경계층**이라고 하는 이유이다. 경계층에서 연속 방정식과 x방향 운동량 방정식(식 8-24)은 다음과 같다.

$$\frac{\partial u}{\partial x} + \frac{\partial v}{\partial y} = 0 \qquad u\frac{\partial u}{\partial x} + v\frac{\partial u}{\partial y} = \nu\frac{\partial^2 u}{\partial y^2} \tag{2}$$

여기에 4개의 경계 조건이 있다.

$$y = 0\text{에서 } u = 0 \qquad y \to \infty\text{에서 } u = U$$
$$y = 0\text{에서 } v = 0 \qquad x = 0\text{에서 모든 } y\text{에 대해 } u = U \tag{3}$$

식 (3)에서 마지막 경계 조건은 시작 위치에서 유동의 분포이다. 평판의 선단($x = 0$)에서 평판이 유동에 미치는 영향은 없다고 가정한다.

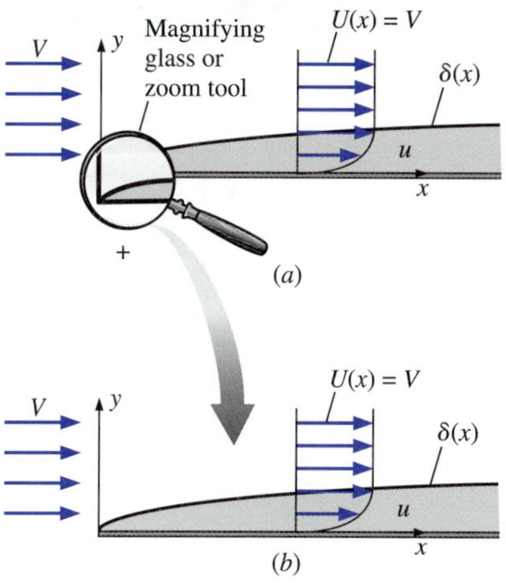

그림 8-39
상사성 가정으로 유동은 확대·축소에 관계없이 일정하다는 결론을 얻을 수 있다. (a) 사람이 볼 수 있을 정도의 거리로부터 본 시점, (b) 개미의 시점에서 볼 수 있을 정도로 확대한 시점.

이러한 방정식과 경계 조건들이 문제를 풀기에 충분하게 보일지라도 안타깝게도 **해석해는 없다**. 그러나 1908년에 P. R. Heinrich Blasius(1883–1970)가 수치적으로 식 (2)의 해를 구하였다. 여담으로, 그 시대에 Blasius는 Prandtl의 박사 과정 학생이었으며, 컴퓨터가 없던 시절이었기 때문에 **손으로** 모든 계산을 하였다. 오늘날 이 방정식들은 컴퓨터로 단 몇 초 만에 계산할 수 있다. 해를 구하는 데 중요한 것은 **상사성(Similarity)**이라는 가정이다. 다시 말하면, 문제의 형상에 **특성 길이 척도가 없기** 때문에 상사성을 가정할 수 있다. 물리적으로는 평판이 x방향으로 무한대만큼 길기 때문에 유동을 확대하거나 축소하더라도 유동의 형상은 **동일**하다(그림 8-39).

Blasius는 무차원 독립변수로, 독립변수 x, y를 결합한 **상사변수(similarity**

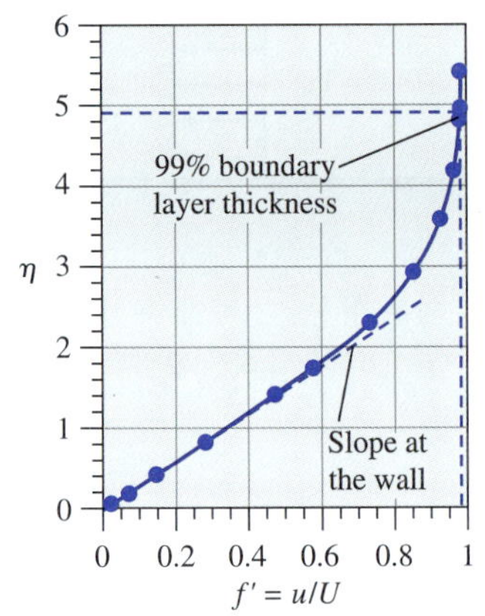

그림 8-40
무한 평판 위에서 발달하는 경계층에 대하여 상사변수로 표현된 Blasius 분포. 원으로 나타난 실험 결과는 $Re_x = 3.64 \times 10^5$에서 얻어졌다.

variable) η를 제안하였다.

$$\eta = y\sqrt{\frac{U}{\nu x}} \tag{4}$$

그리고 그는 무차원 x성분 속도의 해를 구하였다.

$$f' = \frac{u}{U} = \eta \text{의 함수} \tag{5}$$

식 (4)와 식 (5)를 식 (2)에 대입하고 식 (3)의 경계 조건을 적용하면, 무차원 속도 $f'(\eta) = u/U$에 대한 상미분 방정식을 상사변수 η의 함수로서 얻을 수 있다. Runge-Kutta 수치 기법을 사용하여 상미분 방정식을 풀면 표 8-2와 그림 8-40의 결과를 얻는다. 수치 기법에 대한 자세한 설명은 이 교재의 범위를 넘어선다(Heinsohn과 Cimbala, 2003 참조). 속도의 y성분인 v도 비록 작지만($v \ll u$) 존재한다. 하지만 여기서는 v에 대해 다루지 않는다. 상사해의 이점은 그림 8-40처럼 상사변수로 도시하였을 때 **어떤** x위치에도 동일한 속도 분포를 적용할 수 있다는 점이다. 그림 8-40에 도시된 계산 결과, 실험적으로 얻은 분포(그림 8-40에서 원으로 나타내었음), 그림 8-19의 가시화 결과를 비교해 보았을 때 서로 잘 일치하는 것을 알 수 있다.

단계 4 경계층 내부의 관심 있는 몇 가지 특성들을 계산한다. 첫째, 표 8-2에서 제시된 것보다 정밀한 수치해로부터 $\eta \cong 4.91$에서 $u/U = 0.990$을 얻는다. 이 경계층 두께의 99% 위치를 그림 8-40에 도시하였다. 식 (4)와 δ의 정의를 사용하여 $y = \delta$에서 결과를 얻는다.

$$\eta = 4.91 = \sqrt{\frac{U}{\nu x}}\delta \quad \rightarrow \quad \boldsymbol{\frac{\delta}{x} = \frac{4.91}{\sqrt{Re_x}}} \tag{6}$$

표 8-2

상사변수에 의한 평판 위 층류 경계층의 Blasius 해

η	f''	f'	f	η	f''	f'	f
0.0	0.33206	0.00000	0.00000	2.4	0.22809	0.72898	0.92229
0.1	0.33205	0.03321	0.00166	2.6	0.20645	0.77245	1.07250
0.2	0.33198	0.06641	0.00664	2.8	0.18401	0.81151	1.23098
0.3	0.33181	0.09960	0.01494	3.0	0.16136	0.84604	1.39681
0.4	0.33147	0.13276	0.02656	3.5	0.10777	0.91304	1.83770
0.5	0.33091	0.16589	0.04149	4.0	0.06423	0.95552	2.30574
0.6	0.33008	0.19894	0.05973	4.5	0.03398	0.97951	2.79013
0.8	0.32739	0.26471	0.10611	5.0	0.01591	0.99154	3.28327
1.0	0.32301	0.32978	0.16557	5.5	0.00658	0.99688	3.78057
1.2	0.31659	0.39378	0.23795	6.0	0.00240	0.99897	4.27962
1.4	0.30787	0.45626	0.32298	6.5	0.00077	0.99970	4.77932
1.6	0.29666	0.51676	0.42032	7.0	0.00022	0.99992	5.27923
1.8	0.28293	0.57476	0.52952	8.0	0.00001	1.00000	6.27921
2.0	0.26675	0.62977	0.65002	9.0	0.00000	1.00000	7.27921
2.2	0.24835	0.68131	0.78119	10.0	0.00000	1.00000	8.27921

* η는 위의 식 (4)에서 정의한 상사변수이고, 함수 $f(\eta)$는 Runge-Kutta 수치 기법을 사용하여 푼다. f''은 전단응력 τ, f'은 경계층에서 x 방향 속도 성분($f' = u/U$), f 그 자체는 유동함수에 비례하는 것에 주목해라. f'은 그림 8-40에 η의 함수로 도시되어 있다.

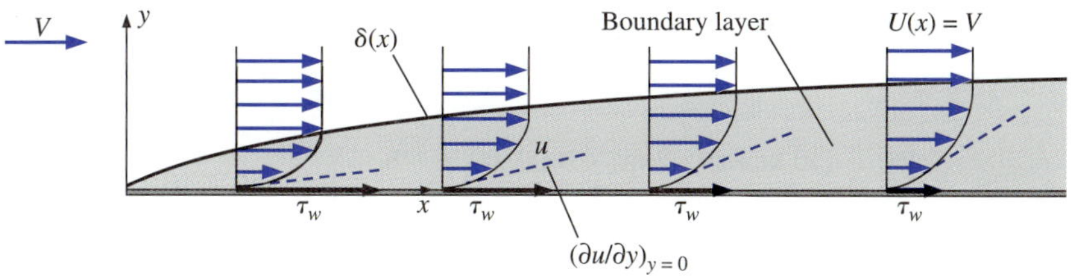

그림 8-41
평판 위 층류 경계층에서 벽면 전단응력은 벽면에서 기울기 $\partial u/\partial y$가 하류방향으로 갈수록 감소하기 때문에 $x^{-1/2}$에 비례하여 줄어든다. 따라서 평판의 앞부분은 뒷부분보다 표면마찰항력의 형성에 더 기여하게 된다.

이 결과는 간단한 크기 차수해석으로부터 얻은 식 (8-20)과 정성적으로 동일하다. 많은 저자들은 식 (6)의 상수 4.91을 5.0으로 대체한다. 그러나 여기서는 다른 값들과 연속성을 위해 소수점 포함 세 자리를 표기하기로 한다.

다른 관심 있는 특성은 벽면에서 전단응력 τ_w이다.

$$\tau_w = \mu \left.\frac{\partial u}{\partial y}\right)_{y=0} \tag{7}$$

그림 8-40에 도시된 벽면 전단응력은 벽면($y = 0$, $\eta = 0$)에서 무차원 속도 분포의 기울기이다. 상사 결과(표 8-2)로부터 벽면에서 무차원 기울기는 다음과 같다.

$$\left.\frac{d(u/U)}{d\eta}\right)_{\eta=0} = f''(0) = 0.332 \tag{8}$$

식 (8)을 식 (7)에 대입한 후 대수 계산(상사변수를 물리적 변수로 전환)을 수행하면 다음 식을 얻는다.

물리적 변수로 나타낸 전단응력:

$$\tau_w = 0.332\frac{\rho U^2}{\sqrt{\text{Re}_x}} \tag{9}$$

그러므로 그림 8-41에 도시한 것처럼 벽면 전단응력은 $x^{-1/2}$에 비례하여 감소한다. 식 (9)는 $x = 0$에서 τ_w가 무한대가 되는 물리적으로 타당하지 않은 결과를 제공한다. 선단($x = 0$)의 경계층 두께는 x에 비해 작지 않기 때문에 이곳에서 경계층 근사는 적절하지 못하다. 또한 실제 평판의 두께는 유한하고, 평판 선단에는 정체점이 있어서 외부유동은 $U(x) = V$로 빠르게 가속된다. 하지만 선단을 제외한 나머지 유동 영역에서는 정확도가 유지된다.

식 (9)는 **표면마찰계수**로 정의되는 무차원 수이다(또는 **국소마찰계수**라고 한다).

층류 평판에서 국소마찰계수:

$$C_{f,x} = \frac{\tau_w}{\frac{1}{2}\rho U^2} = \frac{0.664}{\sqrt{\text{Re}_x}} \tag{10}$$

$C_{f,x}$에 대한 식 (10)은 δ/x에 대한 식 (6)과 상수만 다를 뿐 같은 형태를 가지고, 둘 다 Reynolds 수의 제곱근에 반비례하여 감소한다. 9장에서는 식 (10)을 적분하여 길이 L인 평판의 전체 마찰항력을 구한다.

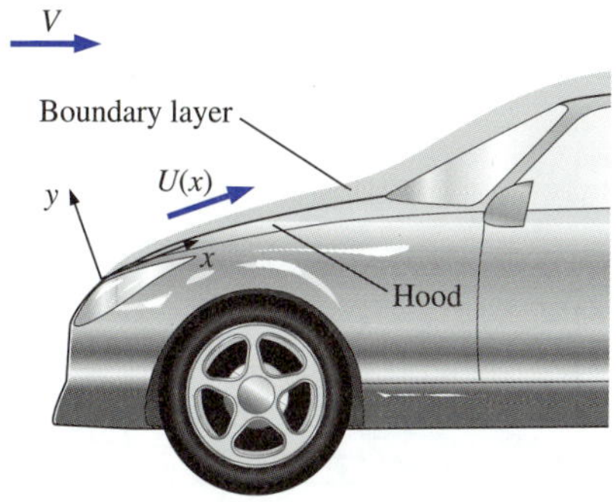

그림 8-42
자동차 후드 위에서 경계층 발달. 경계층 두께는 명확한 설명을 위해 과장되어 나타나 있다.

단계 5 경계층이 얇다는 것을 증명할 필요가 있다. 실제적인 예로, 더운 날 30 km/h로 시내를 달리는 자동차 후드 위로 지나는 유동을 생각해 보자(그림 8-42). 공기의 동점성계수는 $\nu = 1.7 \times 10^{-5}$ m²/s이다. 자동차 후드를 속도 $V = 30$ km/h로 수평으로 움직이는 길이 1.2 m의 평판으로 가정해 보자. 첫째, 식 (8-13)을 사용하여 후드의 끝단에서 Reynolds 수를 계산하면 다음과 같다.

$$\mathrm{Re}_x = \frac{Vx}{\nu} = \frac{(30\ \mathrm{km/h})(1.2\ \mathrm{m})}{1.7 \times 10^{-5}\ \mathrm{m^2/s}}\left(\frac{1000\ \mathrm{m}}{\mathrm{km}}\right)\left(\frac{\mathrm{h}}{3600\ \mathrm{s}}\right) = 5.9 \times 10^5$$

Re_x가 근사 임계 Reynolds 수 $\mathrm{Re}_{x,\,cr} = 5 \times 10^5$에 매우 가깝기 때문에 층류 유동이라는 가정은 적절하지 않을 수도 있다. 여기서는 층류 유동이라 가정하고, 식 (6)을 사용하여 경계층의 두께를 구한다.

$$\delta = \frac{4.91x}{\sqrt{\mathrm{Re}_x}} = \frac{4.91(1.2\ \mathrm{m})}{\sqrt{5.9 \times 10^5}}\left(\frac{100\ \mathrm{cm}}{\mathrm{m}}\right) = 0.77\ \mathrm{cm} \tag{11}$$

후드의 끝에서 경계층은 단지 약 0.77cm의 두께이므로 경계층이 얇다는 가정은 유효하다.

토의 Blasius 경계층 해는 오직 유동과 완벽하게 평행한 평판 위에서만 유효하다. 그러나 그것은 종종 자동차 후드와 같이 평평하지도 않고 유동과 정확히 평행이 되지 않는 벽면을 따라 발달하는 경계층을 근사해석하는 데도 사용된다. 단계 5에서 묘사된 것처럼, 실제적인 문제에서는 난류로 천이되는 임계값보다 큰 Reynolds 수를 다루어야 하는 경우가 많다. 경계층이 난류일 때, 여기에서 제시한 층류 경계층에 대한 해를 적용하지 않도록 주의해야 한다.

배제두께

그림 8-21에서 보이는 것처럼, 경계층 내·외부의 유선은 경계층이 발달할 때 질량 보존 법칙을 만족시키기 위해 벽면으로부터 약간 외부로 기울어진다. 이는 속도의 y 방향 성분 v가 작지만 유한하고, 양의 값을 가지기 때문이다. 경계층 외곽의 외부 유동은 유선의 이러한 굴절에 의해 영향을 받는다. 그림 8-43에 도시한 것처럼 **배제두께(displacement thickness)** δ^*는 경계층 외곽의 유선이 굴절된 거리로 정의된다.

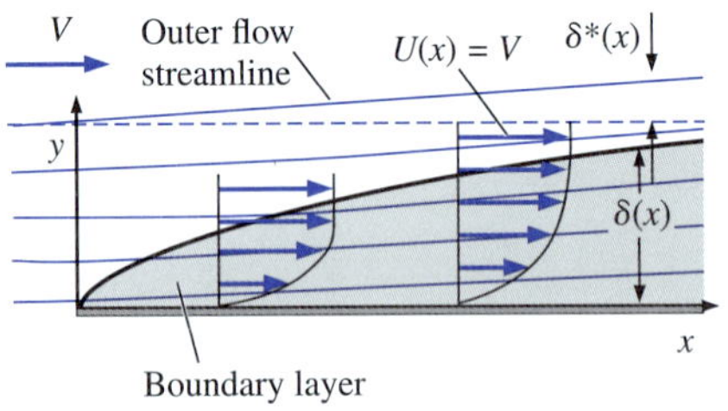

그림 8-43
배제두께는 경계층 외부의 유선에 의하여 정의된다. 여기서 경계층 두께는 다소 과장되었다.

> 배제두께는 경계층의 영향에 의해 경계층의 바로 외곽의 유선이 벽면으로부터 굴절되는 거리이다.

질량 보존 법칙을 검사체적에 적용하여 평판 위 경계층의 δ^*를 구할 수 있다. 하지만 자세한 내용은 독자들에게 연습 문제로 남겨 둔다. 벽면을 따르는 임의의 x 위치에서 결과는 다음과 같다.

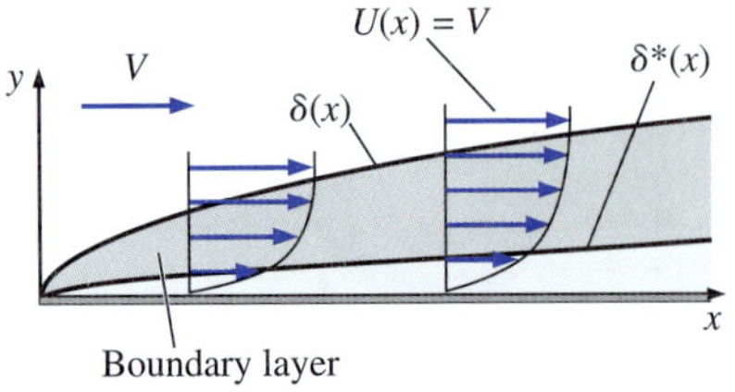

그림 8-44
평판 위의 층류 경계층에서 배제두께는 99%-경계층 두께의 약 1/3이다.

배제두께:
$$\delta^* = \int_0^{\infty}\left(1 - \frac{u}{U}\right)dy \tag{8-25}$$

식 (8-25)에서 적분 상위 한계를 ∞로 표현하였다. 그러나 경계층 위 모든 지역에서 $u = U$이기 때문에 δ 위의 어느 유한한 거리까지 적분을 수행할 필요가 있다. δ^*는 경계층이 발달함에 따라 x와 함께 발달한다(그림 8-44). 층류 평판 유동에 대해 예제 8-4의 Blasius 해를 수치 적분하여 다음 식을 얻는다.

층류 평판 유동의 배제두께: $$\frac{\delta^*}{x} = \frac{1.72}{\sqrt{\mathrm{Re}_x}} \tag{8-26}$$

δ^*에 대한 방정식은 상수만 다를 뿐 δ에 대한 것과 같다. 평판 위 층류 유동에서 어떤 x위치의 δ^*는 동일한 x위치의 δ보다 3배 정도 작은 값을 가진다는 것이 밝혀졌다(그림 8-44).

실제 문제에 있어서 δ^*의 물리적인 의미를 더 유용하게 설명하기 위한 또 다른 방법이 있다. 외부 유동이 비점성 혹은 비회전이므로 배제두께는 가상적으로 벽의 두께를 증가시킨다고 생각할 수 있다. 즉, 외부 유동을 무한히 얇은 평판 위의 유동이 아니라 그림 8-45에서 도시된 것처럼 식 (8-26)의 배제두께와 같은 유한한 두께를 가지는 평판 위의 유동으로 생각한다.

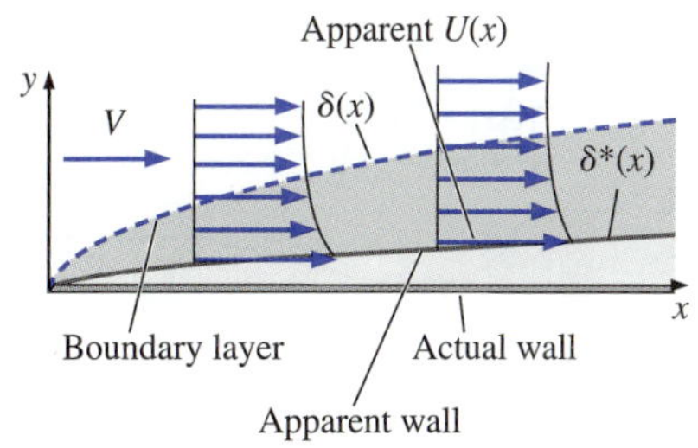

그림 8-45
경계층은 벽면이 배제두께의 형상처럼 된 것과 같이 외부 유동에 영향을 준다. 겉보기(apparent) 속도 $U(x)$는 "두꺼운" 벽으로 인해 본래와는 다르다.

> 배제두께는 외부 유동 측면에서 보면 발달하는 경계층에 의해 가상으로 증가한 벽두께와 같다.

만약 이러한 가상적인 평판에 대한 Euler 방정식을 푼다면, 외부 유동 속도 성분 $U(x)$는 원래의 계산과 다를 것이다. 이 겉보기(apparent) $U(x)$를 사용하여 경계층 해석을 수행할 수도 있다. 그림 8-34의 처음 네 개의 단계를 진행하여 $\delta^*(x)$를 계산하고, 단계 1로 돌아가 가상적인 물체 형상에 대하여 겉보기 $U(x)$를 계산한다. 다음으로 경계층 방정식의 해를 다시 구한 후 수렴할 때까지 반복 계산을 수행한다.

이러한 배제두께의 해석의 필요성은 두 평행한 벽면에 의해 둘러싸인 채널로 유입되는 유동을 고려할 때 더욱 분명해진다(그림 8-46). 상부와 하부 벽면을 따라 경계층이 발달할 때, 중심부 비회전 유동은 질량 보존 법칙을 만족시키기 위해 가속되어야 한다(그림 8-46*a*). 중심 유동의 관점에서 볼 때, 경계층은 채널의 벽을 좁히는 원인이 된다. 즉, 벽면 사이의 겉보기 거리는 x가 증가함에 따라 감소하고, 벽면 두께는 가상적으로 $\delta^*(x)$ 만큼 증가한다. 그리고 중심부 유동의 **겉보기** $U(x)$는 도시된 것처럼 질량 보존 법칙을 만족하기 위해 증가한다.

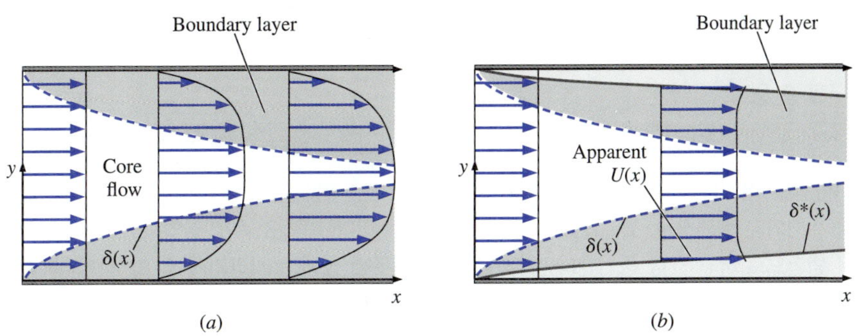

그림 8-46
2차원 채널에 유입되는 유동에서 경계층의 발달 효과. 위와 아래 경계층 사이의 비회전 유동은 다음에 의해 도시된 것처럼 가속된다. (*a*) 실제 속도 분포, (*b*) 경계층의 배제두께에 의한 가상 중심부 유동의 변화(여기서 경계층은 명확한 설명을 위해 과장되어 나타났다).

예제 8-5 풍동 설계에 있어서 배제두께

작은 크기의 저속 풍동(그림 8-47)이 열선 유속계의 보정을 위해 설계 중에 있다. 공기의 온도는 19°C이다. 풍동의 시험부는 직경과 길이가 각각 30 cm이고, 시험부를 통과하는 유

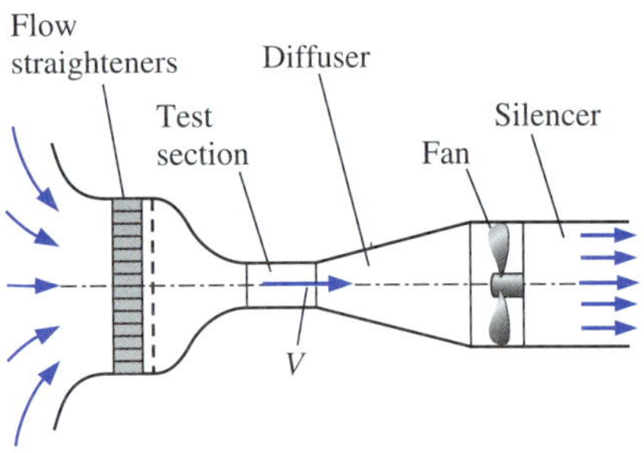

그림 8-47
예제 8-5에 대한 풍동 개념도.

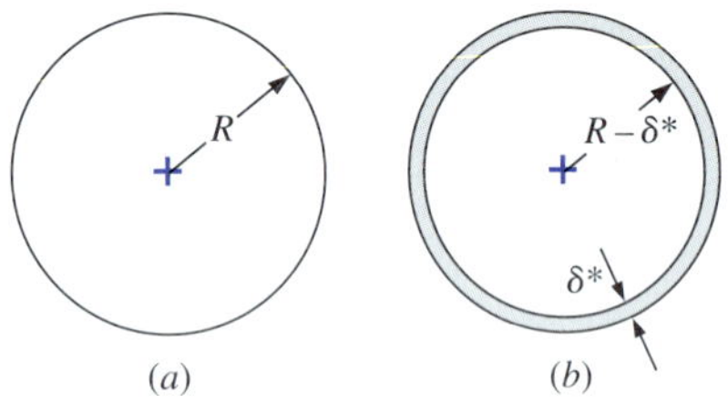

그림 8-48
예제 8-5의 풍동에서 시험부의 단면도. (a) 시험부 입구, (b) 시험부 출구.

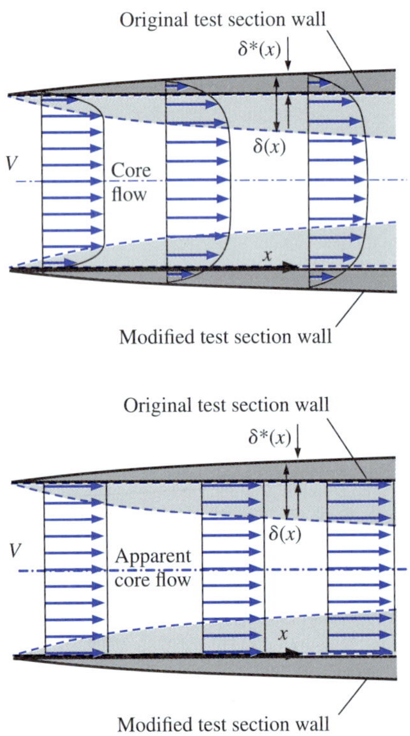

그림 8-49
확장 시험부는 경계층의 배제두께 효과에 의한 유동 가속 현상을 없애준다. (a) 실제 유동, (b) 겉보기 중앙 비회전 유동.

동은 가능한 한 균일해야 한다. 풍동 속도는 1 ~ 8 m/s의 범위를 가지며, 시험부 형상은 공기 속도 $V = 4.0$ m/s에서 최적화될 예정이다. (a) 시험부 입구에서 유속이 4.0 m/s인 균일 유동의 경우 시험부 출구의 중심선에서 속도는 얼마가 되는가? (b) 실험 영역에서 더 균일한 유동을 형성할 수 있는 방법을 추천하라.

풀이 풍동의 시험부를 통과하는 공기의 가속을 계산하여 시험부를 다시 설계하고자 한다.

가정 1 유동은 정상 상태이며, 비압축성이다. 2 벽면은 매끄러우며, 교란 및 진동은 최소로 유지된다. 3 경계층은 층류이다.

상태량 19℃ 공기의 동점성계수는 $\nu = 1.507 \times 10^{-5}$ m²/s이다.

해석 (a) 시험부 출구의 Reynolds 수는 대략 다음과 같다.

$$\mathrm{Re}_x = \frac{Vx}{\nu} = \frac{(4.0\ \mathrm{m/s})(0.30\ \mathrm{m})}{1.507 \times 10^{-5}\ \mathrm{m^2/s}} = 7.96 \times 10^4$$

Re_x가 임계 Reynolds 수 $\mathrm{Re}_{x,\ cr} = 5 \times 10^5$보다 낮고, $\mathrm{Re}_{x,\ critical} = 1 \times 10^5$보다도 낮으며, 벽면은 매끄럽기 때문에 실험부 전체에 걸쳐 층류 경계층을 가정할 수 있다. 경계층이 시험부를 따라 발달하기 때문에 질량 보존 법칙을 만족시키기 위해 시험부의 중앙에서 공기는 가속된다(그림 8-46). 식 (8-26)을 사용하여 시험부 출구의 배제두께를 계산한다.

$$\delta^* \cong \frac{1.72x}{\sqrt{\mathrm{Re}_x}} = \frac{1.72(0.30\ \mathrm{m})}{\sqrt{7.96 \times 10^4}} = 1.83 \times 10^{-3}\ \mathrm{m} = 1.83\ \mathrm{mm} \tag{1}$$

시험부 두 위치의 단면이 그림 8-48에 도시되어 있다. 하나는 시험부의 입구 부분이며, 또 다른 하나는 출구 부분이다. 시험부 출구의 유효 반경은 식 (1)에 의해 계산된 것처럼 δ^*에 의해 축소된다. 시험부 출구에서 공기의 평균 속도를 계산하기 위해 질량 보존 법칙을 도입하면

$$V_{\mathrm{end}} A_{\mathrm{end}} = V_{\mathrm{beginning}} A_{\mathrm{beginning}} \quad \rightarrow \quad V_{\mathrm{end}} = V_{\mathrm{beginning}} \frac{\pi R^2}{\pi (R - \delta^*)^2} \tag{2}$$

와 같고, 이는

$$V_{\mathrm{end}} = (4.0\ \mathrm{m/s}) \frac{(0.15\ \mathrm{m})^2}{(0.15\ \mathrm{m} - 1.83 \times 10^{-3}\ \mathrm{m})^2} = \mathbf{4.10\ m/s} \tag{3}$$

을 구할 수 있다.

그러므로 공기의 속도는 배제두께의 영향 때문에 시험부에 걸쳐 약 2.5% 증가한다.

(b) 더 좋은 설계를 위해 무엇을 제안할 수 있는가? 시험부를 직선으로 뻗은 벽면보다는 조금씩 확장되게 설계하는 것이 한 가지 방법이 될 수 있다(그림 8-49). 만약 시험부 반경이 길이 방향으로 $\delta^*(x)$만큼 증가한다면 경계층의 배제두께 효과는 사라지게 되고, 시험부에서 공기의 속도는 일정하게 유지될 것이다. 그림 8-49에서 묘사된 것처럼 경계층은 벽면을 따라 계속 발달하지만, 그림 8-46과는 달리 중심부에서 유동 속도는 일정하게 유지된다. 확장되는 벽을 사용하는 것은 풍속 4.0 m/s뿐만 아니라 다른 속도에서도 도움이 될 것이다. 시험부를 따라 흡입구를 설치하여 벽면을 따라 일부 공기를 제거해 주는 방법도 있다. 이렇게 하면 어떠한 작동 조건하에서도 실험부를 통과하는 공기 속도가 일정하게 유지되도록 할 수 있다. 하지만, 이 방법은 전자에 비해 복잡하며, 많은 설치 비용이 든다.

토의 시험부를 통과하는 공기 속도를 일정하게 하기 위해서는 벽을 확장시키는 방법 또는

벽면에서 공기를 흡입하는 방법이 있다. 난류 경계층이 형성되는 보다 긴 풍동에도 $\delta^*(x)$에 대한 다른 식을 사용하면 이 방법들은 적용이 가능하다.

운동량 두께

경계층 두께의 또 다른 표현으로, θ로 기술되는 **운동량 두께(momentum thickness)**가 있다. 그림 8-50의 평판 경계층의 검사체적 해석을 통하여 운동량 두께를 설명한다. 검사체적의 아래 평면은 벽면이므로 질량이나 운동량이 아랫면을 지나지 못한다. 검사체적의 윗면은 외부 유동의 유선이다. 유동이 유선을 가로지를 수 없기 때문에 윗면으로도 질량이나 운동량이 통과하지 못한다. 검사체적에 질량 보존을 적용하면 왼쪽 면($x = 0$)으로 유입되는 질량유량과 오른쪽 면(평판에서 임의의 지점 x)으로 빠져나가는 질량유량은 같아야 한다.

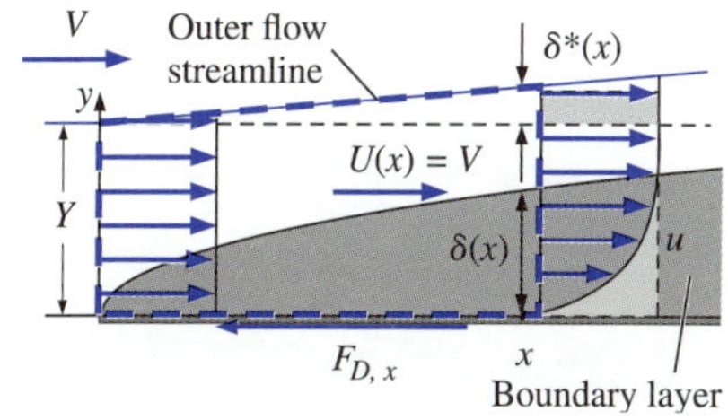

그림 8-50
두꺼운 점선에 의해 정의된 검사체적은 위쪽으로는 경계층 바깥쪽 유선에 의해, 아래쪽으로는 평판에 의해 둘러싸여 있다. $F_{D,x}$는 검사체적에 작용하는 점성력이다.

$$0 = \int_{CS} \rho \vec{V}\cdot\vec{n}\, dA = \underbrace{w\rho \int_0^{Y+\delta^*} u\, dy}_{\text{at location } x} - \underbrace{w\rho \int_0^{Y} U\, dy}_{\text{at } x=0} \tag{8-27}$$

여기서 w는 그림 8-50의 페이지 안쪽으로의 폭이며, 단위 길이로 정한다. Y는 그림 8-50에 나타난 것처럼 $x = 0$에서 평판으로부터 유선까지 거리이다. 검사체적 왼쪽 면의 모든 지점에서 $u = U =$ 일정, 검사체적 오른쪽 면 $y = Y$에서 $y = Y + \delta^*$까지 $u = U$이므로 식 (8-27)은 다음과 같이 된다.

$$\int_0^Y (U - u)\, dy = U\delta^* \tag{8-28}$$

물리적으로는 경계층 질량유량의 **결손**(그림 8-50에서 아랫부분의 푸른색으로 색칠된 부분)이 두께 δ^*(그림 8-50에서 윗부분의 푸른색으로 색칠된 부분)의 자유흐름 유동으로 대체된다. 식 (8-28)은 두 색칠된 부분은 **넓이가 같다**는 것을 보여 준다. 그림 8-51에 이 영역들이 확대되어 있다.

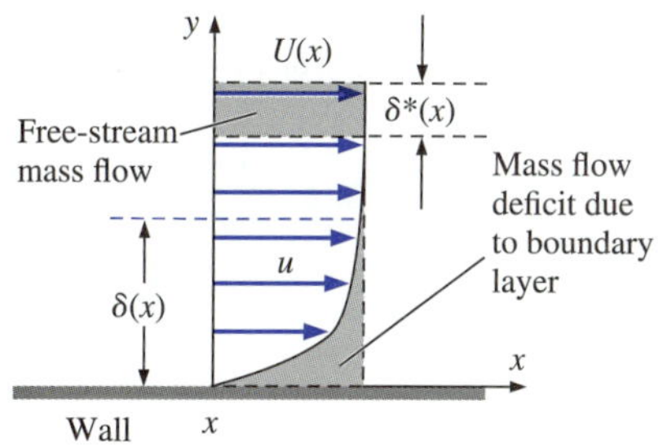

그림 8-51
질량유량 결핍을 나타내는 면적과 두께 δ^*의 자유흐름으로 나타내는 면적과의 비교. 질량 보존을 만족하기 위하여 이 두 면적은 서로 같아야 한다.

검사체적에서 운동량 방정식의 x방향 성분을 고려해 보자. 위나 아래 표면을 가로지르는 운동량이 없으므로 검사체적에 작용하는 총 힘은 들어오는 운동량에서 나가는 운동량을 뺀 값과 같아야 한다.

검사체적의 x 운동량 보존:

$$\sum F_x = -F_{D,x} = \int_{CS} \rho u \vec{V}\cdot\vec{n}\, dA = \underbrace{\rho w \int_0^{Y+\delta^*} u^2\, dy}_{\text{at location } x} - \underbrace{\rho w \int_0^{Y} U^2\, dy}_{\text{at } x=0} \tag{8-29}$$

여기서 $F_{D,x}$는 $x = 0$에서 x까지 평판의 마찰에 의해 생기는 항력이다. 식 (8-28)과 식 (8-29)를 정리하면 다음과 같다.

$$F_{D,x} = \rho w \int_0^Y u(U - u)\, dy \tag{8-30}$$

최종적으로, 운동량 두께를 θ로 놓으면 지면 안쪽으로 단위 폭당 평판의 마찰력은 ρU^2과 θ의 곱이 된다.

$$\frac{F_{D,x}}{w} = \rho \int_0^Y u(U - u)dy \equiv \rho U^2 \theta \tag{8-31}$$

요약하면,

운동량 두께는 경계층이 발달하면서 생기는 단위 폭당 운동량 플럭스의 손실을 ρU^2으로 나눈 것으로 정의된다.

식 (8-31)을 정리하면 다음과 같다.

$$\theta = \int_0^Y \frac{u}{U}\left(1 - \frac{u}{U}\right)dy \tag{8-32}$$

유선의 높이 Y는 검사체적의 윗면이 경계층 외부에만 있다면 어떠한 값도 가능하다. y가 Y보다 클 때 $u = U$이므로 식 (8-32)에서 Y를 무한대로 바꿀 수 있다.

운동량 두께:

$$\theta = \int_0^\infty \frac{u}{U}\left(1 - \frac{u}{U}\right)dy \tag{8-33}$$

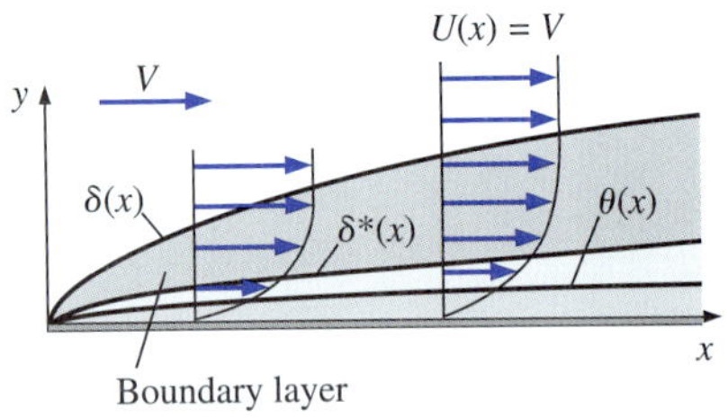

그림 8-52
층류 평판 경계층에서 배제두께는 δ의 35.0%, 운동량 두께는 δ의 13.5%이다.

층류 평판 경계층의 Blasius 해(예제 8-4)와 같이 특수한 경우, 식 (8-33)을 수치적으로 적분하여 다음 식을 얻을 수 있다.

층류 평판 운동량 두께:

$$\frac{\theta}{x} = \frac{0.664}{\sqrt{\mathrm{Re}_x}} \tag{8-34}$$

θ에 관한 식은 δ에 대한 것이나 또는 δ^*에 대한 것이나 상수를 제외하고는 같다. 실제로 그림 8-52와 같이 층류 평판 유동에서 θ는 모든 x방향에서 대략 δ의 13.5% 정도의 값이 된다. θ/x(식 8-34)가 $C_{f,x}$(예제 8-4의 식 10)와 같은 이유는 둘 다 표면 마찰에 의한 항력으로부터 유도되었기 때문이다.

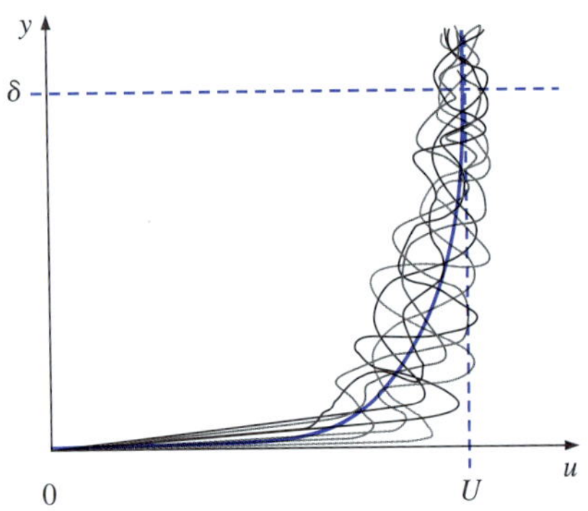

그림 8-53
난류 경계층의 비정상을 나타내는 그림. 얇고 검은 실선은 순간적인 속도 분포이며, 두껍고 파란 실선은 오랜 시간 동안 평균된 속도 분포이다.

난류 평판 경계층

이 장에서 난류 경계층 방정식을 유도하거나 계산하는 것은 다루지 않는다. 난류 영역에서는 경계층 방정식을 풀 수 없기 때문에 경계층의 분포와 난류 경계층의 상태량들은 **실험**(또는 기껏해야 **준실험**)에 의해 얻는다. 또한 난류 유동은 본질적으로 **비정상(unsteady)**이고, 순간 속도는 그림 8-53과 같이 시간에 따라 변한다. 그래서 모든 난류 상태량은 **시간평균한 값**으로 나타낸다. 난류 평판 경계층의 시간평균 경험식 중 하나는 **1/7 거듭제곱 법칙**이다.

$$\frac{u}{U} \cong \left(\frac{y}{\delta}\right)^{1/7} \quad \text{for } y \le \delta, \quad \rightarrow \quad \frac{u}{U} \cong 1 \quad \text{for } y > \delta \tag{8-35}$$

식 (8-35)에서 δ는 층류에서처럼 경계층 두께의 99%가 아니라 경계층의 실제

표 8-3

균일흐름에 평행한 매끄러운 평판 위의 층류와 난류의 특성들에 대한 요약

Property	Laminar	(a) Turbulent(†)	(b) Turbulent(‡)
Boundary layer thickness	$\frac{\delta}{x} = \frac{4.91}{\sqrt{Re_x}}$	$\frac{\delta}{x} \cong \frac{0.16}{(Re_x)^{1/7}}$	$\frac{\delta}{x} \cong \frac{0.38}{(Re_x)^{1/5}}$
Displacement thickness	$\frac{\delta^*}{x} = \frac{1.72}{\sqrt{Re_x}}$	$\frac{\delta^*}{x} \cong \frac{0.020}{(Re_x)^{1/7}}$	$\frac{\delta^*}{x} \cong \frac{0.048}{(Re_x)^{1/5}}$
Momentum thickness	$\frac{\theta}{x} = \frac{0.664}{\sqrt{Re_x}}$	$\frac{\theta}{x} \cong \frac{0.016}{(Re_x)^{1/7}}$	$\frac{\theta}{x} \cong \frac{0.037}{(Re_x)^{1/5}}$
Local skin friction coefficient	$C_{f,x} = \frac{0.664}{\sqrt{Re_x}}$	$C_{f,x} \cong \frac{0.027}{(Re_x)^{1/7}}$	$C_{f,x} \cong \frac{0.059}{(Re_x)^{1/5}}$

* 층류 값들은 엄밀한 값이며 3자리 유효 숫자로 나열되어 있지만, 난류 값들은 모든 난류 유동장에서 수반되는 큰 불확실성 때문에 2자리 유효 숫자로만 나열되어 있다.

† 1/7 거듭제곱 법칙을 이용하여 얻음

‡ 매끈한 관에서 난류 유동장에서 얻은 실험 데이터와 연계된 1/7 거듭제곱 법칙을 이용하여 얻음

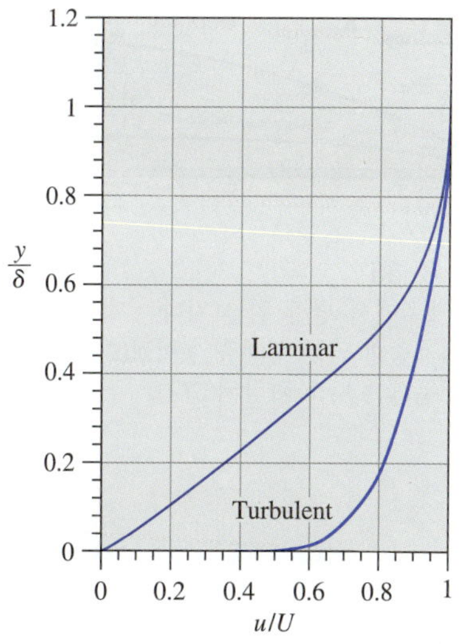

그림 8-54
평판 위 층류 경계층과 난류 경계층의 비교. 경계층 두께로 무차원화되어 있다.

외곽의 값임을 주목해라. 그림 8-54는 식 (8-35)를 그래프로 나타낸 그림이다. 비교를 위해 층류 경계층 분포(그림 8-40의 Blasius 방정식의 수치해)도 η 대신에 y/δ를 사용하여 함께 그림 8-54에 나타내었다. 그림을 보면, 같은 경계층 두께에서 난류 분포가 층류에 비해 평평하다는 것을 알 수 있다. 즉, 난류 경계층은 벽면 근처까지 높은 속도로 채우면서 벽에 더 가까이 붙어 있다. 이는 큰 난류 에디가 경계층 외곽의 속도가 큰 유체를 아래쪽으로 유입시키기 때문이다(역의 경우도 마찬가지이다). 다시 말하면 난류는 층류에 비해 훨씬 더 큰 혼합 강도를 가지고 있다. 층류의 경우, 점성 확산에 의해 천천히 혼합되지만 난류 유동의 큰 에디는 혼합에 의해 훨씬 더 빠르게 성장한다.

식 (8-35)는 근사적인 난류 경계층 속도 분포로, $y = 0$일 때 속도구배$(\partial u/\partial y)$가 무한대가 되어 물리적으로 맞지 않는다. 난류에서 벽면의 속도구배는 매우 크지만 유한하다. 같은 두께의 층류 경계층과 비교했을 때, 큰 속도구배는 높은 벽면 전단응력$[\tau_w = \mu(\partial u/\partial y)_{y=0}]$을 초래하므로 난류의 표면마찰은 증가한다. 층류와 난류 경계층에 의하여 생성되는 표면마찰항력은 9장에서 상세하게 다루기로 한다.

그림 8-54와 같이 무차원화된 그림은 같은 Reynolds 수에서 층류에 비해 난류 경계층의 두께가 작다는 오해를 일으킬 수 있다. 하지만 실제로는 그렇지 않다. 이 사실은 예제 8-6의 물리적 변수로 나타낸 그림을 보면 알 수 있다.

표 8-3에 매끄러운 평판의 층류와 난류에서 각 변수들$(\delta, \delta^*, \theta, C_{f,x})$을 비교하였다. 여기서 난류 경계층의 변수들은 식 (8-35)의 1/7 거듭제곱 법칙에 기초하여 유도된 것이다. 표 8-3은 **매끄러운** 평판에만 적용된다는 것을 주의해야 한다. 약간의 표면조도만 있어도 난류 경계층의 운동량 두께, 국소 마찰계수와 같은 상태량은 큰 영향을 받는다. 난류 영역에서 표면조도의 영향은 9장에서 상세하게 다루기로 한다.

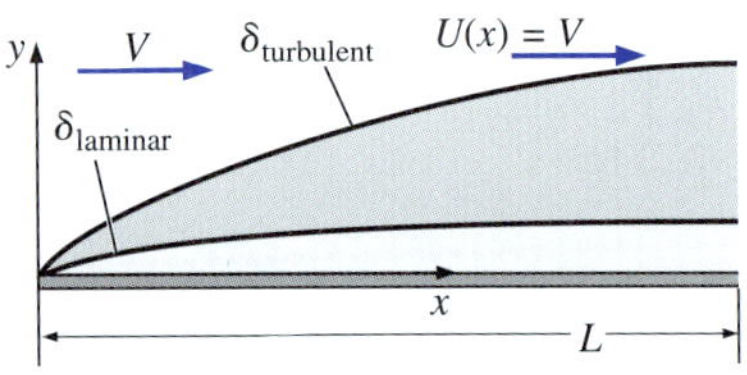

그림 8-55
예제 8-6에서 평판 위를 지나는 공기의 층류 경계층과 난류 경계층의 비교(여기서 경계층 두께는 다소 과장되었다).

예제 8-6 층류 경계층과 난류 경계층의 비교

20°C의 공기가 $V = 10.0$ m/s의 속도로 $L = 1.52$ m인 매끄러운 평판 위를 흐른다(그림 8-55). (a) $x = L$에서 층류와 난류 경계층을 비교하고, y에 대한 u의 분포를 그려라. (b) $x = L$에서 두 가지 경우에 대한 국소 표면마찰계수를 비교하라. (c) 층류와 난류 경계층의 발달을 그리고, 비교하라.

풀이 평판의 끝부분에서 층류와 난류 경계층의 분포, 국소 표면마찰계수와 경계층 두께를 비교하고자 한다.

가정 1 평판은 매끄럽고, 유동은 균일하다. 2 유동은 정상 상태이다. 3 평판은 무한히 얇고, 자유흐름에 평행하다.

상태량 20°C 공기의 동점성계수는 $\nu = 1.516 \times 10^{-5}$ m²/s이다.

해석 (a) 먼저 $x = L$에서 Reynolds 수를 계산한다.

$$\text{Re}_x = \frac{Vx}{\nu} = \frac{(10.0 \text{ m/s})(1.52 \text{ m})}{1.516 \times 10^{-5} \text{ m}^2/\text{s}} = 1.00 \times 10^6$$

이 Re_x의 값은 그림 8-22에 따르면 층류와 난류가 변하는 구간이다. 따라서 이 구간에서 층류와 난류의 속도 분포의 비교는 타당하다. 층류의 경우, 그림 8-54의 y/δ에 아래의 $\delta_{laminar}$를 곱한다.

$$\delta_{laminar} = \frac{4.91x}{\sqrt{\text{Re}_x}} = \frac{4.91(1520 \text{ mm})}{\sqrt{1.00 \times 10^6}} = \mathbf{7.46 \text{ mm}} \qquad (1)$$

유사한 방법으로 $U(U = V = 10.0$ m/s)를 그림 8-54의 u/U에 곱하여 u(m/s)를 구할 수 있다. 이 값들을 그림으로 나타내면 그림 8-56과 같이 된다.

표 8-3의 (a) 식을 이용하여 같은 위치에서 난류 경계층의 두께를 계산한다.

$$\delta_{turbulent} \cong \frac{0.16x}{(\text{Re}_x)^{1/7}} = \frac{0.16(1520 \text{ mm})}{(1.00 \times 10^6)^{1/7}} = \mathbf{34 \text{ mm}} \qquad (2)$$

[표 8-3의 (b)를 기초로 하여 $\delta_{turbulent}$의 값을 계산하면 다소 크게(36 mm) 계산된다.] 식 (1)과 (2)를 비교하면 Reynolds 수가 1.0×10^6일 때 난류 경계층의 높이가 층류 경계층의 높이보다 약 4.5배 크다는 것을 알 수 있다. 식 (8-35)를 실제 물리량으로 나타내어 층류 속도 분포와 비교하면 그림 8-56과 같다. 그림 8-56은 (1) 난류 경계층이 층류 경계층보다 두껍고, (2) 난류는 벽 근처에서 y에 대한 u의 구배가 크다는 것을 보여 준다(매우 가까운 벽 근처에서는 1/7 거듭제곱 법칙으로 실제 난류 경계층을 표현하는 것은 충분하지 않다는 것을 유념하라).

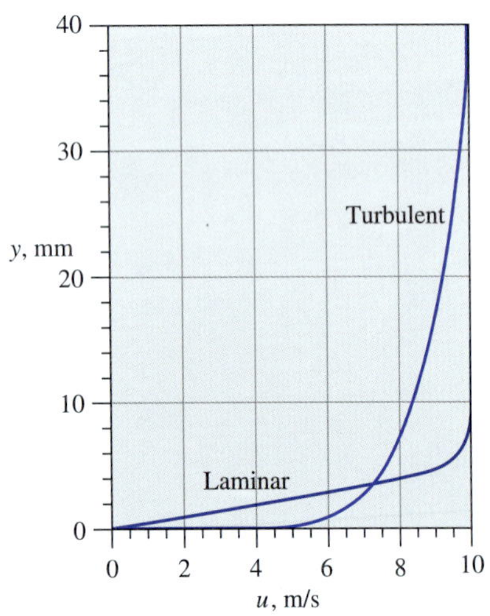

그림 8-56
물리적 변수를 이용한 동일한 x 위치에서 평판 위 층류 경계층과 난류 경계층의 비교. Reynolds 수는 $\text{Re}_x = 1.0 \times 10^6$이다.

(b) 두 가지 경우에 대해서 표 8-3을 이용하여 국소 표면마찰계수를 비교해 보자. 층류에서,

$$C_{f,x,\,laminar} = \frac{0.664}{\sqrt{\text{Re}_x}} = \frac{0.664}{\sqrt{1.00 \times 10^6}} = \mathbf{6.64 \times 10^{-4}} \qquad (3)$$

난류에서, 표 8-3의 (a)를 이용하면

$$C_{f,x,\,turbulent} \cong \frac{0.027}{(\text{Re}_x)^{1/7}} = \frac{0.027}{(1.00 \times 10^6)^{1/7}} = \mathbf{3.8 \times 10^{-3}} \qquad (4)$$

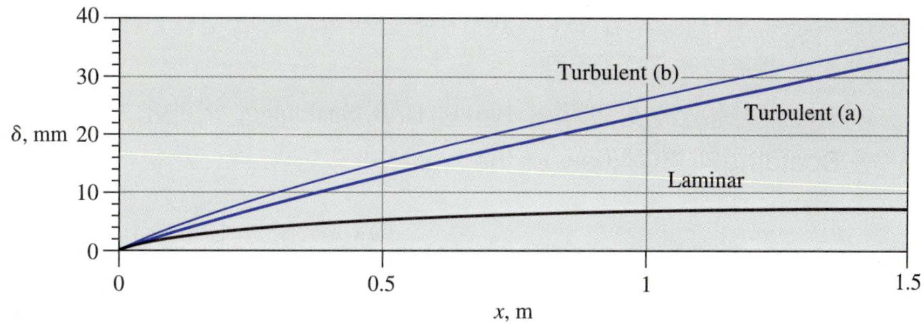

그림 8-57
예제 8-6에서 층류 경계층과 난류 경계층의 발달 비교.

식 (3)과 (4)를 비교하면 난류 표면마찰값이 층류에 비해 약 5배 큼을 알 수 있다. 만약 표 8-3 (b)를 사용하여 난류 표면마찰계수를 구하면 $C_{f,\ x,\ \text{turbulent}} = 3.7 \times 10^{-3}$을 얻는데, 이 값은 식 (4)와 매우 비슷하다.

(c) 난류 계산에서 평판의 초기부터 난류 영역이라고 가정하였다. 실제로는 그림 8-22와 같이 층류 영역 다음에 천이 영역이 나타나며, 마지막으로 난류 영역이 나타난다. 이 문제에서는 전체 평판을 완전층류나 완전난류로 가정하고 계산하였다. 표 8-3을 이용하여 계산한 결과를 그림 8-57에 나타내었다.

토의 그림 8-57의 가로좌표가 m 단위인 반면, 세로좌표의 단위는 mm이다. 경계층은 난류인 경우에도 매우 얇다. 표 8-3의 (a)와 (b)의 차이는 실험적인 방법과 표 8-3의 식들을 얻기 위해 사용한 준실험적인 근사 방법의 차이로 설명할 수 있다. 이와 같은 사실이 난류 경계층의 값들을 소수점 2자리까지밖에 계산하지 않은 이유이다. 평판 끝에서 Reynolds 수가 천이 영역에 있기 때문에, 실제 δ값은 그림 8-57의 층류와 난류 사이에 있게 될 것이다.

1/7 거듭제곱 법칙만이 유체역학에서 난류 경계층 해석의 유일한 방법은 아니다. 다른 일반적인 방법은 **로그 법칙(log law)**이며, 이 방법은 평판뿐만 아니라 완전 발달된 파이프 유동에서도 사용 가능하다(7장 참조). 실제로 로그 법칙은 평행 평판에 흐르는 유동(외부 유동)에는 물론, 거의 모든 내부 유동에서 난류 경계층에 적용이 가능하다(이와 같은 사실이, 다행스럽게 13장에 언급되듯이, 전산유체역학 코드에도 벽면 근처 속도 분포로 로그 법칙을 적용할 수 있게 한다). 로그 법칙은 **마찰 속도** u_*라고 하는 특성 속도로 무차원화되어 표현된다(대부분의 저자들은 u_* 대신 u^*를 사용한다는 점에 유의하라. 여기서 우리는 차원이 있는 양인 u_*를 무차원 속도를 나타내는 데 사용하는 u^*와 구별하기 위해 하첨자를 사용한다).

로그 법칙:
$$\frac{u}{u_*} = \frac{1}{\kappa} \ln \frac{yu_*}{\nu} + B \tag{8-36}$$

마찰 속도:
$$u_* = \sqrt{\frac{\tau_w}{\rho}} \tag{8-37}$$

여기서 κ와 B는 상수로, $\kappa = 0.4 \sim 0.41$, $B = 5.0 \sim 5.5$이다. 로그 법칙은 ln 0이 정의되지 않으므로 벽 근처에서는 맞지 않는다. 또한 경계층 외곽 부분에서도 실험적인 값과 일치하지 않는다. 그럼에도 불구하고 식 (8-36)은 전체 난류 경계층에 유용하게 적용되는데, 이는 로그 법칙이 식 (8-37)과 같이 국소 벽면 전단응력과 속도 분포를 연관시켜 유도되었기 때문이다.

벽면까지 사용 가능한 방법이 1961년 D. B. Spalding에 의하여 제시되었으며, 이것은 **Spalding의 벽법칙(law of the wall)**이라고 한다.

$$\frac{yu_*}{\nu} = \frac{u}{u_*} + e^{-\kappa B}\left[e^{\kappa(u/u_*)} - 1 - \kappa(u/u_*) - \frac{[\kappa(u/u_*)]^2}{2} - \frac{[\kappa\,(u/u_*)]^3}{6}\right] \qquad (8\text{-}38)$$

식 (8-38)은 벽에서 매운 가까운 곳에서는 식 (8-36)보다 더 잘 맞지만, **외부 경계층(outer layer)** 또는 **난류 경계층(turbulent layer)**이라고 명칭되기도 하는 경계층 바깥쪽 부분에서는 두 공식 모두 유효하지 않다. Cole(1956)은 이 영역에서 적절한 데이터 곡선 맞춤을 통해 **후류함수(wake function)** 또는 **후류 법칙(law of the wake)**이라고 하는 실험식을 소개하였다. Cole의 식은 로그 법칙에 더해져서 **벽-후류 법칙(wall-wake law)**이라고 하는 식이 된다.

$$\frac{u}{u^*} = \frac{1}{\kappa}\ln\frac{yu^*}{\nu} + B + \frac{2\Pi}{\kappa}W\left(\frac{y}{\delta}\right) \qquad (8\text{-}39)$$

여기서 평판 경계층인 경우 $\Pi = 0.44$이며, W에 대한 여러 가지 식이 제시되었다. W는 벽($y/\delta = 0$)에서 0을 값을 가지며, 경계층의 바깥 경계선($y/\delta = 1$)까지 부드럽게 변하며, 1의 값을 갖는다.

W에 대해 잘 알려진 식을 소개하면 다음과 같다.

$$W\left(\frac{y}{\delta}\right) = \sin^2\left(\frac{\pi}{2}\left(\frac{y}{\delta}\right)\right) \qquad \text{for} \qquad \frac{y}{\delta} < 1 \qquad (8\text{-}40)$$

예제 8-7 난류 경계층 식들의 비교

20°C의 공기가 길이 $L = 15.2$ m(그림 8-58)인 매끄러운 평판 위를 $V = 10.0$ m/s 속도로 지나고 있다. $x = L$에서 물리적인 변수(y와 u의 함수)를 이용하여 난류 경계층을 그려라. 경계층이 평판의 시작부터 완전난류라고 가정하고, 1/7 거듭제곱 법칙, 로그 법칙, Spalding의 벽법칙에 의해 그려지는 분포들을 비교하라.

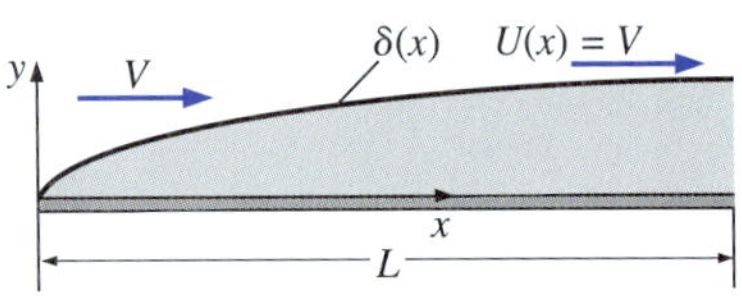

그림 8-58
예제 8-7에서 평판 위를 지나는 공기의 난류 경계층(여기서 경계층 두께는 다소 과장되었다).

풀이 평판 끝부분에서 평균 속도 분포 $u(y)$를 세 가지 방법으로 구하여 도시하고자 한다.

가정 **1** 평판은 매끄러우며, 자유흐름의 교란이 일반적인 경우보다 경계층을 천이에서 난류로 더 빨리 유발시킨다. 따라서 평판의 시작부터 난류이다. **2** 유동은 정상 상태이다. **3** 평판은 무한히 얇으며, 자유흐름에 평행하다.

상태량 20°C 공기의 동점성계수는 $\nu = 1.516 \times 10^{-5}$ m²/s이다.

해석 먼저 $x = L$에서 Reynolds 수를 구한다.

$$\text{Re}_x = \frac{Vx}{\nu} = \frac{(10.0\text{ m/s})(15.2\text{ m})}{1.516 \times 10^{-5}\text{ m}^2/\text{s}} = 1.00 \times 10^7$$

위의 Reynolds 수는 평판 경계층에서 천이 영역을 훨씬 벗어난다(그림 8-22). 따라서 평판의 시작부터 난류라는 가정은 타당하다.

표 8-3의 (a)를 이용하여 평판 끝의 경계층 두께와 국소 표면마찰계수를 구하면,

$$\delta \cong \frac{0.16x}{(\text{Re}\ )^{1/7}} = 0.240\text{ m} \qquad C_{f,x} \cong \frac{0.027}{(\text{Re}\ )^{1/7}} = 2.70 \times 10^{-3} \tag{1}$$

식 (8-37)과 $C_{f,\ x}$의 정의[예제 8-4의 식 (10)의 좌변]를 이용하여 마찰 속도를 구한다.

$$u_* = \sqrt{\frac{\tau_w}{\rho}} = U\sqrt{\frac{C_{f,x}}{2}} = (10.0\text{ m/s})\sqrt{\frac{2.70 \times 10^{-3}}{2}} = 0.367\text{ m/s} \tag{2}$$

여기서 평판의 모든 곳에서 U = 상수 = V이다. 1/7 거듭제곱 법칙에서는 식 (8-35)로부터 u를 쉽게 구하지만, 로그 법칙에서는 y의 함수로서 u에 대해 내재적(implicit)이다. 대신 u의 함수로서 y에 대해 식 (8-36)을 풀면 다음과 같다.

$$y = \frac{\nu}{u_*} e^{\kappa(u/u_* - B)} \tag{3}$$

우리는 속도 u가 벽에서 0으로부터 경계층의 경계에서 U까지 변한다는 것을 알기 때문에, 식 (3)을 이용하여 로그 법칙 속도 형상을 그릴 수 있다.

최종적으로 Spalding의 벽법칙(식 8-38) 또한 u의 함수로서 y를 표현할 수 있다. 세 가지 경우에 대해서 결과를 그림 8-59에 도시하여 비교하였다. 세 경우가 거의 같으며, 로그 법칙과 Spalding의 벽법칙은 거의 구별을 하지 못할 정도이다.

때로는 그림 8-59의 선형 축과 물리변수들을 이용한 그림 대신 로그축과 무차원변수들을 이용하여 벽 근처를 과장하여 그리기도 한다. 경계층 문헌들에서 가장 많이 사용되는 무차원변수는 y^+과 u^+이다(**내부변수** 또는 **벽법칙변수**).

벽법칙변수들: $$y^+ = \frac{yu_*}{\nu} \qquad u^+ = \frac{u}{u_*} \tag{4}$$

위에서 y^+는 Reynolds 수와 비슷한 형태이며, 마찰 속도인 u_*는 y와 u를 무차원화하는 데 사용된다. 그림 8-60은 그림 8-59를 벽법칙변수들을 이용하여 다시 그린 그림이다. 벽 근처에서 세 방법의 차이가 앞의 그림에 비해 뚜렷이 나타난다. 그림 8-60에는 비교를 위하여 실험 데이터를 같이 그렸다. 전체적으로는 Spalding의 방정식이 실험 결과를 가장 잘 예측하고, 벽면에서는 유일하게 실험값과 비슷한 결과를 보인다. 경계층 바깥 영역에서 u^+

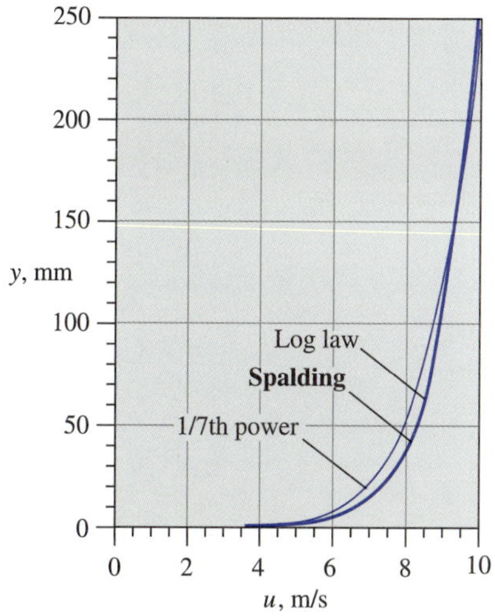

그림 8-59

$\text{Re}_x = 1.0 \times 10^7$에서 물리적 변수를 이용한 평판 난류 경계층 분포의 비교. 1/7 거듭제곱 법칙, 로그 법칙, Spalding의 벽법칙.

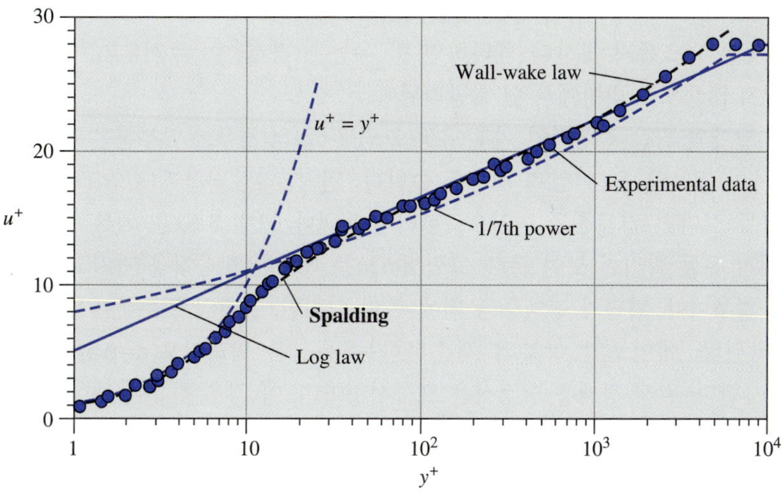

그림 8-60

$\text{Re}_x = 1.0 \times 10^7$에서 벽법칙변수들을 이용한 평판 난류 경계층 분포의 비교. 1/7 거듭제곱 법칙, 로그 법칙, Spalding의 벽법칙. 일반적인 실험적 데이터와 점성저층 방정식($u^+ = y^+$)도 비교를 위하여 같이 나타내었다.

의 실험값이 1/7 거듭제곱 법칙의 결과와 같이 평평하게 되는 것을 알 수 있다. 하지만 로그 법칙과 Spalding의 방정식은 이와 같은 세미-로그 스케일 그림에서 끝까지 직선으로 나타난다.

토의 그림 8-60에 직선의 방정식인 $u^+ = y^+$를 도시하였다. 벽과 매우 가까운 부분($0 < y^+ < 5$ 또는 6)은 **점성저층(viscous sublayer)**이라고 한다. 이 영역은 벽과 매우 밀접해 있기 때문에 난류 변동이 억제되고, 속도가 거의 선형에 가깝다. 이 영역은 **선형저층(linear sublayer)**과 **층류저층(laminar sublayer)**이라고 한다. 위의 그림에서 보듯이 Spalding의 방정식은 점성저층을 잘 포착하고, 로그 법칙과 매끄럽게 합쳐지지만, 1/7 거듭제곱 법칙과 로그 법칙은 벽면 가까이에서 유효하지 않다.

압력구배가 있는 경계층

앞에서 우리는 평판 경계층 유동에 대하여 논의하였다. 하지만 엔지니어의 주된 관심사는 임의의 형상에서 경계층이다. 이것에는 자유흐름 중에 있는 물체를 지나는 외부 유동도 포함하며(그림 8-61*a*), 벽을 따라서 경계층이 발달하는 풍동이나 덕트 같은 내부 유동도 포함한다(그림 8-61*b*). 먼저 논의하였던 압력구배가 없는 평판과 같이, 압력구배가 있는 경우도 경계층은 층류 또는 난류가 될 수 있다. 난류로 천이되는 영역의 경계층 두께와 표면마찰 등을 대략적으로 구할 때는 평판 경계층 결과들을 사용할 수 있다. 그러나 보다 높은 정확성이 요구된다면 경계층 방정식을 그림 8-34의 절차에 따라 풀어야 한다[정상 상태, 층류, 2차원 유동인 경우 식 (8-24)]. 이 경우 x-운동량 식의 압력구배항($U\,dU/dx$)이 0이 아니므로 해석은 어려워진다. 여기서는 압력구배가 있는 경계층의 일부 정성적인 특징만을 논의한다. 이 부분의 상세한 설명은 높은 수준의 유체역학 교재를 참고하라(예를 들면, Panton, 2005와 White, 2005).

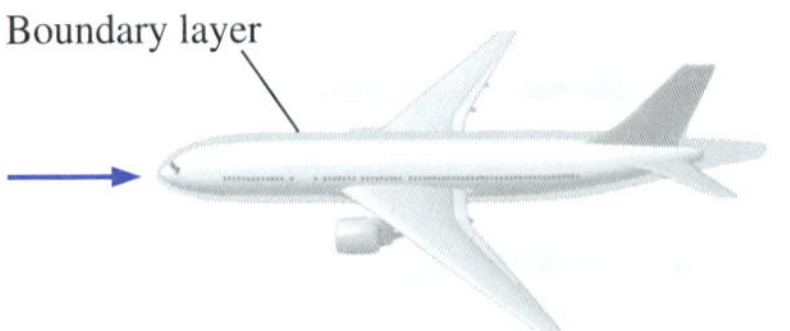

(*a*)

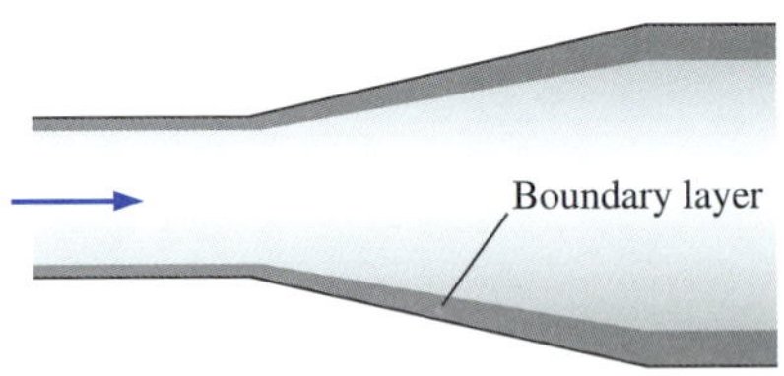

(*b*)

그림 8-61
외부 유동과 내부 유동에서 압력구배를 가지는 경계층. (*a*) 비행기의 동체를 따라 발달하여 후류를 이루는 경계층, (*b*) 디퓨저의 벽면을 따라 발달하는 경계층(두 경우에 경계층 두께는 다소 과장되었다).

먼저 용어부터 알아보자. 비점성, 비회전인 외부 영역(경계층의 외부)의 유동이 **가속**되면 $U(x)$는 증가하고, $P(x)$는 감소한다. 이를 **순압력구배**라고 한다. 이 경우 유동은 순조롭고, 매끄럽다. 왜냐하면 가속 유동인 경우 경계층의 두께가 항상 얇으며, 벽면 쪽에 매우 근접하여 있기 때문에 박리가 일어나지 않는다. 외부 유동이 **감속**하는 경우 $U(x)$는 감소하고, $P(x)$는 증가하며, **역압력구배**를 갖게 된다. 이름이 암시하듯이, 이 유동은 순조롭지 못하다. 왜냐하면 이 유동은 경계층이 두꺼우며, 벽면에 근접하여 있지 않으므로 벽면에서 쉽게 박리된다.

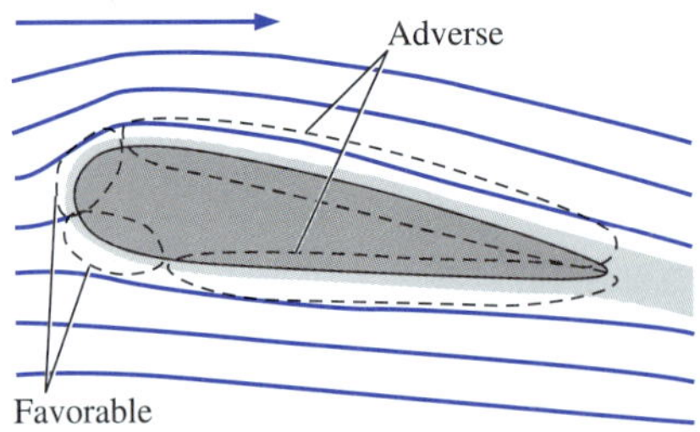

그림 8-62
자유흐름에 잠겨 있는 물체 표면을 따라 생기는 경계층에서, 앞에서는 순압력구배, 뒤에서는 역압력구배가 나타난다.

비행기 날개와 같은 전형적인 외부 유동(그림 8-62)의 경우에 앞부분은 순압력구배에 속하며, 뒷부분은 역압력구배에 속한다. 만약 역압력구배($dP/dx = -U\,dU/dx$)가 너무 크다면 경계층은 벽면으로부터 **박리**된다. 그림 8-63은 외부 유동과 내부 유동에서 유동 박리를 보여 준다. 그림 8-63*a*는 적당한 받음각을 가지고 있는 에어포일인 경우이다. 밑면의 경계층은 벽에 붙어 있지만, 윗면의 뒷부분에서는 경계층이 박리된다. 에어포일 상부의 재순환하는 유선은 **박리기포(separation bubble)**라고 한다. 원래 경계층 방정식은 포물선형이며, 이 경우 하류에 대한 정보가 상류에 영향을 미치지 않는다. 하지만 벽 근처에서 박리되어 **역류**를 일으키면 경계층 방정식의 적용이 불가능하다.

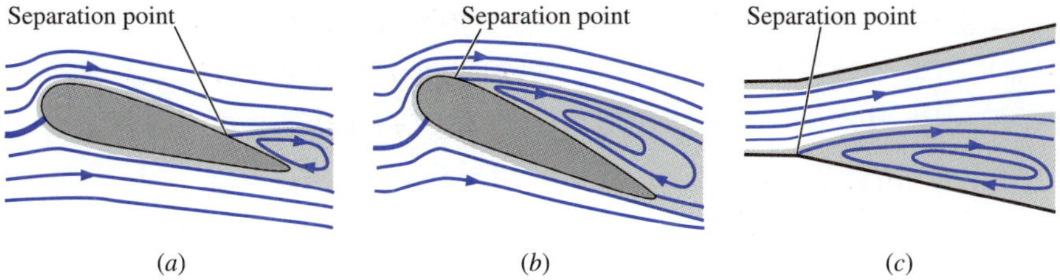

그림 8-63
역압력구배 구간에서 박리되는 경계층의 예. (*a*) 일반적인 받음각의 비행기 날개, (*b*) 높은 받음각을 갖는 동일한 비행기 날개(실속한 날개), (*c*) 넓은 각을 가진 디퓨저에서는 경계층이 부착되지 못하고 박리된다.

경계층 방정식들은 박리기포 내의 역류 현상 때문에 박리점의 하류에서는 유효하지 않다.

이러한 경우는 경계층 방정식 대신 완전한 Navier-Stokes 방정식을 사용해야 한다. 왜냐하면 박리가 일어나면 그림 8-34의 경계층 계산 절차 중 1단계에서 계산되는 외부 유동의 값이 특히 박리점 뒤(그림 8-62와 8-63*a* 비교)에서 유효하지 않기 때문이다.

그림 8-63*b*는 매우 큰 받음각(angle of attack)을 가진 에어포일의 전형적인 경우를 보여 주며, 이 경우 박리점이 에어포일 앞으로 많이 이동하고, 박리기포가 에어포일 윗부분을 대부분 덮고 있다. 이 경우를 **실속(stall)**이라고 한다. 실속은 양력의 감소를 동반하고, 항력의 증가를 가져온다. 자세한 내용은 9장에서 논의하기로 한다. 유동 박리는 디퓨저의 역압력구배 영역과 같은 내부 유동에서도 발생한다(그림 8-63*c*). 또한 유동 박리는 그림과 같이 디퓨저의 한쪽 벽에 비대칭으로 생성되기도 한다. 유동 박리가 형성된 에어포일과 같이 디퓨저에서도 외부 유동해석은 의미가 없으며, 경계층 방정식은 유효하지 않다. 디퓨저에서 유동 박리는 압력 회복의 감소를 가져오고, 이러한 경우 역시 실속 조건이라고 한다.

벽면에서 경계층 운동량 방정식을 조사하면 다양한 압력구배하의 속도 분포에 대해 많은 것을 알 수 있다. 벽면에서 점착 조건을 이용하면 식 (8-24)의 좌변 전부가 사라지며, 단순히 압력구배항과 점성항만 남는다.

벽면:
$$\nu\left(\frac{\partial^2 u}{\partial y^2}\right)_{y=0} = -U\frac{dU}{dx} = \frac{1}{\rho}\frac{dP}{dx} \tag{8-41}$$

순압력구배 조건에서(가속되는 외부 유동) dU/dx는 양이 되고, 식 (8-41)에 의해 u의 2차도함수는 음이 되는데, 즉 $(\partial^2 u/\partial y^2)_{y=0} < 0$이 된다. 경계층의 가장자리에서 u가 $U(x)$에 가까워질 때 $\partial^2 u/\partial y^2$은 음으로 유지되어야만 한다. 그래서 경계층의 속도 분포는 어떠한 변곡점도 없이 그림 8-64*a*와 같이 둥글게 된다. 압력구배가 0이 되는 경우, 즉 $(\partial^2 u/\partial y^2)_{y=0} = 0$인 경우에는 그림 8-64*b*와 같이 벽 근처에서 u가 y에 대해 선형적으로 증가한다(이는 그림 8-40에 나타낸 바와 같이, 평판에서 영 압력구배인 Blasius 경계층 속도 분포로 검증할 수 있다). 역압력구배인 경우에 dU/dx는 음이 되고, 식 (8-41)에 의해 $(\partial^2 u/\partial y^2)_{y=0}$은 양이 된다. 그러나 경계층의 가장자리에서 u가 $U(x)$에 가까워지면 $\partial^2 u/\partial y^2$이 음이 되어야 하기 때문에 그림 8-64*c*와 같이 **변곡점** $(\partial^2 u/\partial y^2 = 0)$이 필요하다.

벽면에서 y에 대한 u의 1차도함수는 벽 전단응력 $\tau_w[\tau_w = \mu(\partial u/\partial y)_{y=0}]$에 비례

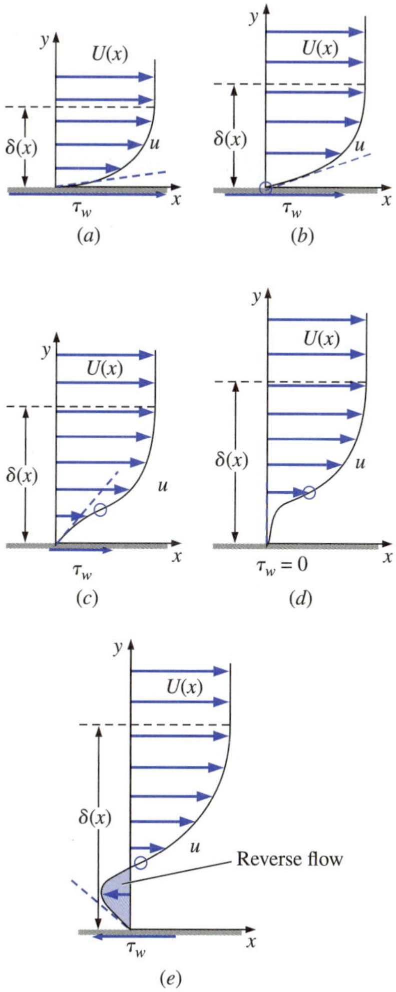

그림 8-64
압력구배($dP/dx = -U\,dU/dx$)에 따른 경계층 분포의 비교. (*a*) 순압력구배, (*b*) 영의 압력구배, (*c*) 약한 역압력구배, (*d*) 임계 역압력구배(박리점), (*e*) 강한 역압력구배. 변곡점은 원으로 나타내었고, 각각의 경우에 벽면 전단응력[$\tau_w = \mu(\partial u/\partial y)_{y=0}$]이 그려져 있다.

한다. 그림 8-64*a*에서 *c*를 비교하면 순압력구배에서 벽 전단응력이 가장 크고, 역압력구배에서 벽 전단응력이 가장 작음을 알 수 있다. 경계층 두께는 그림 8-64와 같이 압력구배의 부호가 바뀌면 증가한다. 만약 역압력구배가 충분히 크다면 $(\partial u/\partial y)_{y=0}$은 0이 될 수 있다(그림 8-64*d*). 이 점이 **박리점**이고, 이후로는 역류가 형성된다(그림 8-64*e*). 박리 후의 $(\partial u/\partial y)_{y=0}$은 음이기 때문에 τ_w도 음이 된다. 언급했지만, 역류 구간에서는 경계층이 형성되지 않는다. 그래서 경계층 근사는 박리 앞부분에서만 사용되고, 뒷부분에서 사용되어서는 안 된다.

그림 8-65는 전산유체역학(CFD)을 이용하여 범프가 있는 벽면 위를 지나는 유동을 나타낸 그림이다. 유동은 정상 상태, 2차원이다. 그림 8-65*a*의 외부 유동 유선은 Euler 방정식으로부터 생성되었다. 점성항이 없는 경우 박리는 생기지 않았고, 앞뒤 대칭형으로 유선이 생성되었다. 또한 앞부분은 순압력구배가 형성되었고, 뒷부분은 역압력구배가 형성되었다. 완전한(층류) Navier-Stokes 방정식을 풀었을 때 점성항이 그림 8-65*b*와 같이 범프 뒷부분에서 박리를 유발한다. 여기서는 경계층 방정식을 푼 것이 아니라 완전한 Navier-Stokes 방정식을 풀었다는 것에 유의하라. 그림 8-65*b*에 박리점의 대략적인 위치가 나타나며, 점선은 두 부분을 나누는 **분할 유선**이다. 이 유선의 위는 연속적으로 순조로운 유선인 반면, 아래쪽의 유선은 박리기포를 형성한다. 그림 8-65*c*는 유선을 확대한 그림이며, 그림 8-65*d*는 속도 벡터를 확대한 그림이다. 박리기포의 아랫부분에서 역류가 선명하게 관찰된다. 박리점 뒤에서 큰 *y*방향의 속도가 생기며, 외부 유동이 더 이상 벽을 따라서 흐르지 않는다. 실제로 외부 유동은 더 이상 그림 8-65*a*의 외부 유동과 같지 않다. 이것으로부터 경계층 접근 방법의 한계를 알 수 있다. 경계층 방정식은 박리점의 위치를 예측할 수는 있지만, 박리점 뒷부분의 유동은 전혀 예측하지 못한다. 어떤 경우에는 박리점 **상류**에서도 외부 유동이 크게 변하여 경계층 근사가 잘못된 결과를 가져오기도 한다.

경계층 근사는 외부 유동의 해에 따라 달라진다. 만약 유동 박리에 의하여 외부 유동이 크게 변한다면 경계층 근사는 틀리게 된다.

그림 8-64에 그려진 경계층과 그림 8-65에 도시된 유동 박리의 속도 벡터는 층류 경계층에 대한 것이다. 난류 경계층의 경우 층류 경계층과 정성적으로는 유사한 거동을 보이지만, 난류 경계층의 평균 속도 분포는 같은 조건에서 층류 경계층에 비하여 훨씬 넓다. 따라서 난류 경계층에서 박리가 일어나기 위해서는 보다 강한 역압력구배가 필요하다.

난류 경계층은 같은 역압력구배에 노출되었을 때 층류 경계층보다 유동 박리에 대한 저항이 강하다.

이 서술에 대한 실험적인 증거가 그림 8-66에 나타나 있으며, 여기서 외부 유동은 20° 각도의 날카로운 방향 전환을 시도하고 있다. 층류 경계층(그림 8-66*a*)은 날카로운 부분을 부드럽게 지나지 못하고 모서리에서 박리가 생긴다. 반면 난류 경계층(그림 8-66*b*)은 날카로운 모서리에 붙어 있음을 보여 준다.

다른 예로, 그림 8-65와 같은 범프 위를 지나는 유동을 난류 모델을 사용하여

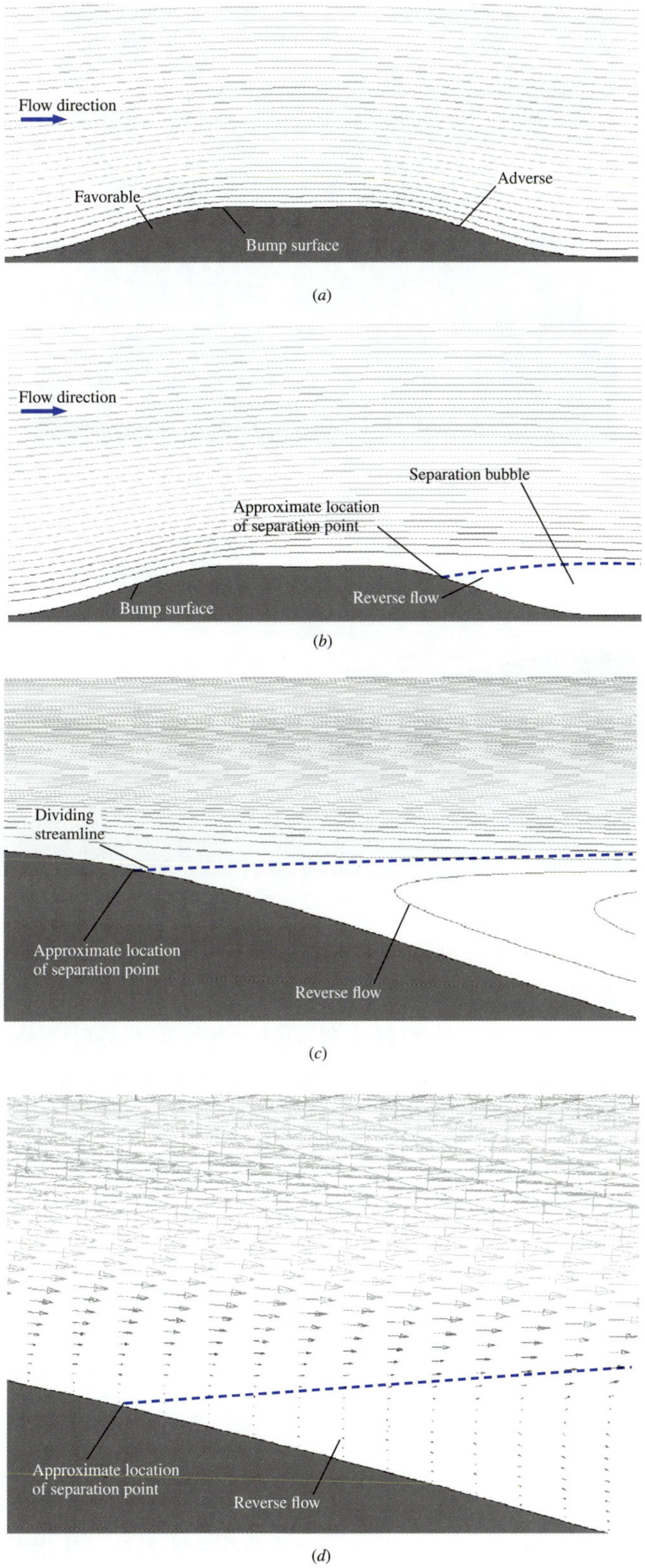

그림 8-65
범프 위를 지나는 유동에 대한 CFD 계산 결과. (*a*) 외부 유동의 Euler 방정식의 결과 (박리 없음), (*b*) 범프의 후방에서 박리가 생기는 층류 유동의 결과, (c) 박리점 근처의 확대 그림, (*d*) 박리점 근처의 속도 벡터 확대 그림[(*c*) 와 같은 시야]. 점선은 분할 유선이다. 이 유선 아래의 유체는 재순환 박리기포 내에 갇혀 있다.

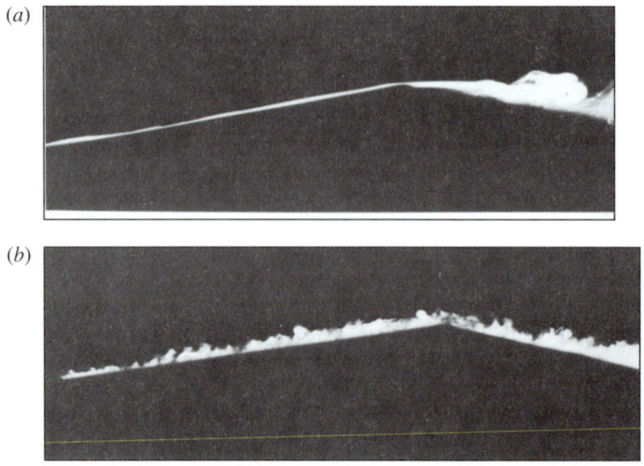

그림 8-66
역압력구배에서 층류 경계층과 난류 경계층의 유동가시화 비교. 유동방향은 오른쪽이다. (*a*) 모서리에서 층류 경계층이 박리되고 있지만, (*b*) 모서리에서 난류 경계층은 박리되지 않는다. Head가 1982년 titanium tetrachloride를 이용하여 찍은 사진임.

Head, M. R. 1982 in Flow Visualization II, *W. Merzkirch, ed., pp. 399-403. Washington:* Hemisphere.

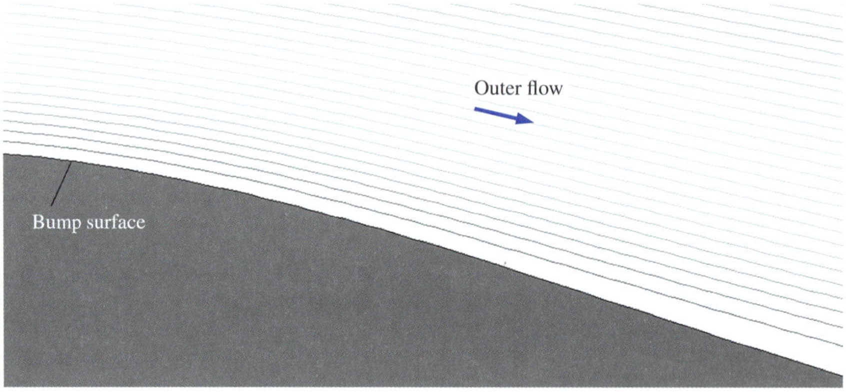

그림 8-67
그림 8-65와 같은 범프 위를 지나는 난류 유동의 CFD 계산 결과. 그림 8-65*b*의 층류 경우와 비교하면 난류 경계층이 유동 박리에 더 큰 저항력을 가지며, 따라서 범프 후방의 역압력구배 구간에서 박리되지 않는다.

다시 계산하였다. 난류 CFD 계산에 의해 나온 유선은 그림 8-67과 같다. 그림 8-67을 보면 범프의 뒷부분에서 박리가 생겼던 층류와는 달리, 난류 경계층은 표면에 붙은 채로 유지됨(유동 박리가 없음)에 주목하라. 난류의 경우는 경계층의 두께가 매우 얇게 유지되고, 유동 박리가 없으므로 범프 전체에 걸쳐 외부 유동 Euler 해(그림 8-65*a*)는 적절한 근사이다.

구와 같은 뭉툭한 물체 위로 지나가는 유동에서도 비슷한 경우가 발생한다. 예를 들면, 매끈한 골프공의 경우는 그 표면에 층류 경계층을 유지할 것이고, 매우 쉽게 박리가 되어 큰 공기역학적 항력이 생긴다. 난류 경계층으로 일찍 천이가 발생되도록 하기 위하여 골프공은 딤플(표면조도의 한 형태)을 갖는다. 유동은 여전히 골프공 표면에서 박리가 일어나기는 하지만, 경계층 내에서 훨씬 먼 후방에서 일어나기 때문에 공기역학적 항력을 상당히 줄여 준다. 이는 9장에서 상세하게 다루기로 한다.

요약

Navier-Stokes 방정식은 풀기가 어렵기 때문에 실제의 공학적 해석에는 **근사적 방법**이 많이 쓰인다. 근사적 방법을 사용할 때는 먼저 해석 대상 유동 영역에서 그 근사가 적절한지 확신해야 한다. 이 장에서 우리는 몇 가지 근사 방법들에 대해 고찰하고, 그것들이 유용하게 쓰이는 유동에 대한 예를 보인다. 먼저 Navier-Stokes 방정식을 무차원화하여 무차원변수들을 도출하며, 여기에는 **Strouhal 수**(St), **Froude 수**(Fr), **Euler 수**(Eu), **Reynolds 수**(Re)가 있다. 자유표면 효과(free surface effect)가 없는 유동에 대해서는 중력에 의한 정수압 성분을 **수정 압력(modified pressure)** P'에 포함시켜 Navier-Stokes 방정식의 중력항(그리고 Froude 수)을 효과적으로 제거할 수 있다. 수정 압력항을 포함하는 무차원화된 Navier-Stokes 방정식은 다음과 같다.

$$[\mathrm{St}]\frac{\partial \vec{V}^*}{\partial t^*} + (\vec{V}^* \cdot \vec{\nabla}^*)\vec{V}^* = -[\mathrm{Eu}]\vec{\nabla}^* P'^* + \left[\frac{1}{\mathrm{Re}}\right]\nabla^{*2}\vec{V}^*$$

여기서 (*로 표시된) 무차원변수들의 차수는 1(unity)이고, 방정식에서 각 항들의 중요성은 무차원변수들의 **상대적인 크기**에 달려 있다. Reynolds 수가 매우 작은 영역의 유동에서는 방정식의 마지막 항이 좌변의 항들을 지배하게 되고, 따라서 압력 힘은 점성력과 균형을 이룬다. 만약 관성의 영향을 완전히 무시한다면 **크리핑 유동**으로 근사할 수 있고, Navier-Stokes 방정식은 다음과 같이 간단하게 표현된다.

$$\vec{\nabla}P' \cong \mu\nabla^2\vec{V}$$

크리핑 유동은 우리의 몸이나 자동차 등과 같이 상대적으로 높은 Reynolds 수로 움직이는 곳에서는 찾아보기 어렵다. 크리핑 유동에서 관성의 영향이 작다는 사실은 이 장에서 논의되었던 것과 같이 상당히 흥미로운 특성을 만들어 낸다.

Euler 방정식이 고체 벽의 점착 조건을 만족시키지 않기 때문에 **경계층 근사(boundary layer approximation)**는 Euler 방정식과 전체 Navier-Stokes 방정식 사이에서 다리와 같은 역할을 한다. 고체 벽 근처의 매우 얇은 영역이나 후류, 제트, 혼합층 내부 영역을 제외하고는 모든 곳에 비점성 그리고/또는 비회전 **외부 유동**을 가정한다. 경계층 근사는 높은 Reynolds 수의 유동에 적합하다. 그러나 Reynolds 수가 클지라도 회전 점성 유동인 얇은 경계층 내부에서는 Navier-Stokes 방정식의 점성항은 여전히 중요하다는 사실을 인식해야 한다. 정상 상태, 비압축성, 2차원 층류 유동에 대한 **경계층 방정식**은 다음과 같다.

$$\frac{\partial u}{\partial x} + \frac{\partial v}{\partial y} = 0, \; u\frac{\partial u}{\partial x} + v\frac{\partial u}{\partial y} = U\frac{dU}{dx} + \nu\frac{\partial^2 u}{\partial y^2}$$

경계층 두께를 나타내는 방법으로 u가 U의 **99%가 되는 경계층 두께 δ, 배제두께(displacement thickness) δ^***와 **운동량 두께(momentum thickness) θ** 등이 있다. **압력구배가 없는** 평판을 따라 발달하는 층류 경계층에 대해서는 이러한 값들을 정확히 계산할 수 있다. Reynolds 수가 증가하면 경계층은 난류 경계층이 된다(평판의 난류 경계층에 대한 준실험식이 이 장에 주어져 있다).

이 장에 나온 근사 방법은 많은 실제적인 문제에 적용된다. 이러한 근사가 적합하지 않거나 보다 정확한 계산이 요구되는 경우에는 CFD를 사용하여 연속 방정식과 Navier-Stokes 방정식의 수치적 해를 구한다(13장).

연습 문제*

개요 문제, 수정된 압력

8-1C 상자형 팬이 매우 큰 방의 마루 위에 놓여 있다(그림 P8-1C). 정적(static)으로 근사해석될 수 있는 유동장의 영역들을 표시하라. 비회전 근사해석이 적절할 것 같은 영역들을 표시하라. 경계층 근사해석이 적절할 것 같은 영역들을 표시하라. 끝으로, 완전한 Navier-Stokes 방정식이 가장 적합할 것으로 생각되는 영역을 표시하라(즉, 근사해석이 적합하지 않은 영역).

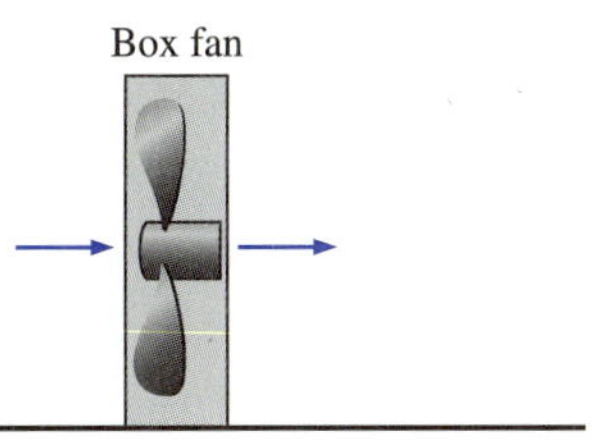

그림 P8-1C

8-2C Navier-Stokes 방정식의 **무차원화**가 근사해를 얻는 데 어떻게 도움이 되는가를 논의하라. 그 예를 제시하라.

8-3C 어떤 무차원 매개변수가 무차원화한 Navier-Stokes 방정식에서 실제 압력 대신 수정된 압력을 사용함으로써 제거되는가? 설명하라.

8-4C Navier-Stokes 방정식의 근사가 적절한지 아닌지를 판단할 때 사용할 수 있는 기준은 무엇인지 설명하라.

8-5C 무차원화한 비압축성 Navier-Stokes 방정식(식 8-5)에는 네 개의 무차원 매개변수가 있다. 각각의 명칭, 물리적인 의미(예로서, 압력 힘과 점성력의 비)를 쓰고, 그 매개변수값들이 매우 작거나 클 때 그러한 사실들이 물리적으로 어떠한 의미를 가지는지 논의하라.

8-6C Navier-Stokes 방정식의 해에서 열역학적 압력 P 대신 **수정된 압력(modified pressure)** P'을 사용할 수 있는 가장 중요한 기준은 무엇인가?

8-7C Navier-Stokes 방정식의 근사해와 관련된 가장 심각한 위험 요소는 무엇인가? 이 장에서 제시된 것과 다른 예를 하나 제시하라.

8-8 직각좌표에서 Navier-Stokes 방정식의 세 성분을 수정된 압력항을 사용하여 적어라. 수정된 압력항의 정의를 집어 넣고 x, y, z성분이 정규 압력항을 사용했을 때와 동일하다는 것을 보여라. 수정된 압력을 사용했을 때의 이점은 무엇인가?

8-9 두 개의 평행한 수평 평판 사이에서 정상, 비압축성, 층류, 완전발달된 평면 Poiseuille 유동을 고려해 보자(속도와 압력의 분포도가 그림 P8-9에 도시되어 있다). 어떤 수평 위치인 $x = x_1$에서 그림에 그려진 것과 같이 압력은 수직 거리 z에 따라서 선형적으로 변한다. 적절한 기준면($z = 0$)을 선택하여 수직 단면을 따라 수정된 압력의 분포를 도시하고, 정수압 성분을 나타내는 영역을 음영 처리하고, 논의하라.

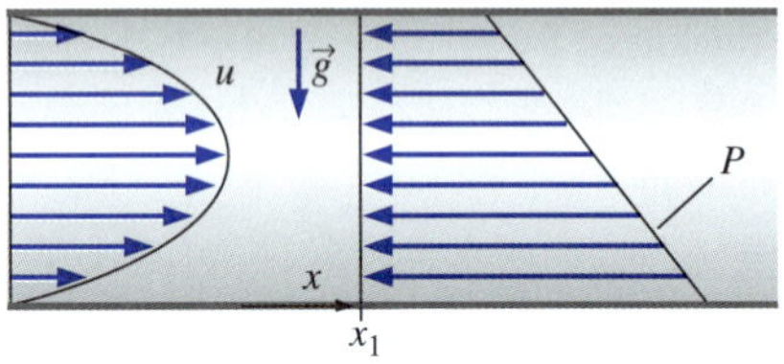

그림 P8-9

8-10 문제 8-9의 평면 Poiseuille 유동을 고려해 보자. 수정된 압력이 하류방향으로의 거리 x에 따라 어떻게 변하는지 논의하라. 즉, 수정된 압력이 x에 따라 증가하는가 일정하게 유지되는가 또는 감소하는가? 만약 P'이 x에 따라 증가하거나 감소한다면, 어떤 식으로 그렇게 되는가? (예로서, 선형적으로, 2차 함수적으로, 또는 지수함수적으로). 답을 설명하기 위해 스케치를 이용하라.

8-11 큰 원통형 탱크의 바닥에 뚫린 작은 구멍을 통해 흐르는 물의 유동을 고려해 보자(그림 P8-11). 유동은 어느 곳에서나 층류이다. 제트 직경 d는 탱크 직경인 D보다 매우 작지만, D는 탱크 높이 H와 같은 차수의 크기를 가진다. Carrie는 구멍 근처를 제외한 탱크 내의 모든 부분에서 유체 정역학 근사를 이용할 수 있으리라 생각하지만, 이 근사를 수학적으로 입증하기를 원한다. Carrie는 탱크 내의 특성 속도 척도를 $V = V_{tank}$로 놓았다. 특성 길이 척도는 탱크 높이 H로, 특성 시간은 탱크의 물을 배수하는 데 걸리는 시간 t_{drain}으로, 기준 압력차는 ρgH(유체 정역학으로 가정하여 물의 표면으로부터 탱크 바닥까지 압력차)로 놓았다. 이러한 모든 척도를 무차원화한 비압축성 Navier-Stokes 방정식(식 8-6)에 대입하고, 크기의 차수해석을 통해 $d \ll D$인 경우에 대해 압력과 중력 항들만 남는다는 것을 증명하라. 특히, 각 항과 네 가지 무차원 매개변수들인 St, Eu, Fr, Re에 대한 크기의 차수를 비교하라. (**힌트**: $V_{jet} \sim \sqrt{gH}$.) Carrie의 근사해석이 적절하기 위한 기준은 무엇인가?

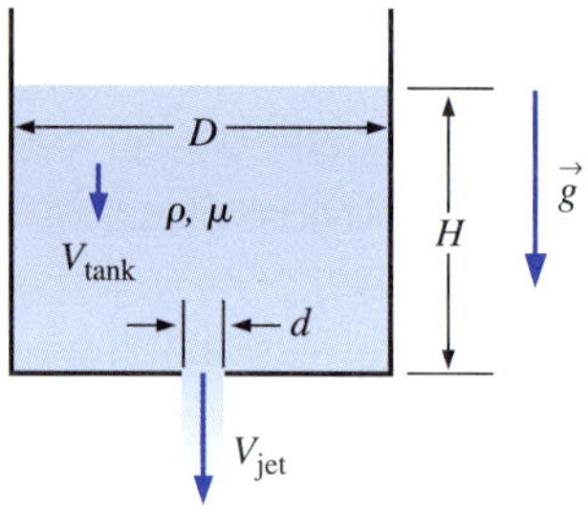

그림 P8-11

8-12 계산에 있어서 수정된 압력을 사용하는 전산유체역학 코드를 이용하여 어떤 유동장이 모사된다. 유동을 통과하는 수직단면을 따라서 수정된 압력의 분포도가 그림 P8-12에 도시되어 있다. 그림 P8-12에 표시된 것과 같이 단면의 중앙을 통하는 한 점에서 실제 압력은 알려져 있다. 수직 단면을 따라서 실제 압력의 분포도를 도시하고, 논의하라.

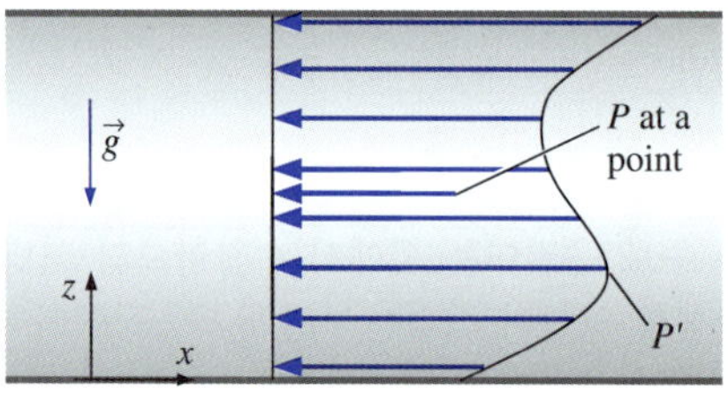

그림 P8-12

크리핑 유동

8-13C 크리핑 유동 영역에서 유체의 밀도가 움직이는 입자의 공기역학적인 항력에 미치는 영향이 무시할 만큼 작은 이유를 설명하라.

8-14C 비압축성 Navier-Stokes 방정식의 다섯 항 각각을 한 단어로 표현하라.

$$\underset{\text{I}}{\rho\frac{\partial \vec{V}}{\partial t}} + \underset{\text{II}}{\rho(\vec{V}\cdot\vec{\nabla})\vec{V}} = \underset{\text{III}}{-\vec{\nabla}P} + \underset{\text{IV}}{\rho\vec{g}} + \underset{\text{V}}{\mu\nabla^2\vec{V}}$$

크리핑 유동 근사가 적용될 때 다섯 항 중에서 단지 두 항만 남는다. 어느 두 항이 남으며, 이것이 왜 중요한지를 설명하라.

8-15 어떤 사람이 직경이 2 mm, 4 mm, 10 mm인 알루미늄 공을 22°C 글리세린으로($\mu = 1$ kg · m/s) 채워져 있는 탱크에 떨어뜨린다. 공의 종속 속도는 각각 3.2 mm/s, 12.8 mm/s, 60.4 mm/s로 측정되었다. 측정 결과를 Re≪1일 때 항력이 $F_D = 3\pi\mu\ DV$로 표현되는 Stokes 법칙의 이론과 비교하고자 한다. 이론적으로 예측된 값과 실험에서 측정된 값을 비교하여라.

8-16 문제 8-15를 Stokes 법칙의 일반적인 형태의 식 $F_D = 3\pi\mu DV + (9\pi/16)\rho V^2 D^2$을 이용하여 반복하라.

8-17 클로버 꿀의 점성이 표 P8-17에 온도의 함수로 열거되어 있다. 꿀의 비중은 대략 1.42이고, 온도에 크게 영향을 받지 않는다. 뒤집어 놓은 꿀단지의 뚜껑에 있는 직경 $D = 6.0$ mm인 작은 구멍을 통해 꿀을 짜낸다. 방과 꿀의 온도는 $T = 20$℃이다. 이 유동에 대해서 크리핑 유동 근사해석이 가능하도록 하는 꿀의 구멍 통과 최고 속도를 추정하라(크리핑 유동 근사가 적합하도록 하기 위한 조건으로 Re가 0.1보다 작아야만 한다고 가정하라). 온도가 50℃인 경우에 대해서 계산을 반복하고, 논의하라.

답: 0.22 m/s, 0.012 m/s

표 P8-17

16% 수분 함량에서 클로버 꿀의 점성

T, ℃	μ, poise*
14	600
20	190
30	65
40	20
50	10
70	3

* Poise = g/cm · s
Data from Airborne Honey, Ltd., *www.airborne.co.nz*

8-18 우수한 수영 선수는 약 1분에 100 m를 헤엄칠 수 있다고 한다. 만약 수영 선수의 키가 1.85 m라고 한다면 그의 초당 수영 거리는 키의 몇 배가 될까? 그림 8-10의 정자에 대해서 이 계산을 반복하라. 이때 정자의 머리 부분만이 아닌 정자 전체의 길이를 계산에 이용하라. 두 결과를 비교하고 논의하라.

8-19 비구름 속에 직경 $D = 42.5\ \mu$m인 물방울이 있다(그림 P8-19). 공기의 온도는 25℃이고, 압력은 표준 대기압이다. 공기가 얼마나 빠른 속도로 수직 상향으로 움직여야 물방울이 공기 속에 부유 상태(suspend)로 유지되겠는가? **답:** 0.0531 m/s

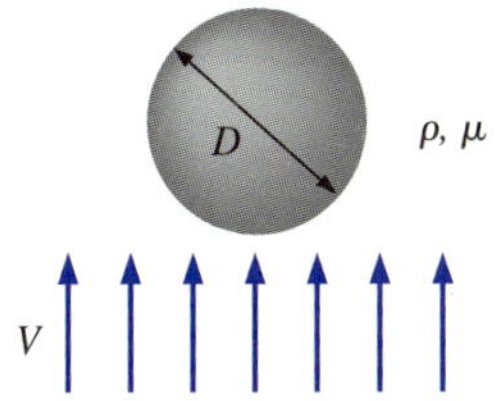

그림 P8-19

8-20 **미끄럼판(slipper-pad) 베어링**(그림 P8-20)은 윤활 문제에서 종종 마주치게 된다. 기름이 두 블록 사이를 흐르는데, 지금의 경우에는 위 블록은 정지해 있고, 아래 블록은 움직인다. 그림은 축척에 의하지 않은 것으로, 실제로는 $h \ll L$이다. 블록 사이의 얇은 틈새는 x가 증가함에 따라 점차 좁아진다. 구체적으로 말하면 틈새의 높이 h는 $x = 0$일 때 h_0이고, $x = L$일 때 h_L까지 선형적으로 감소한다. 전형적으로 틈새 높이 h_0의 길이 척도는 축방향 길이 척도인 L에 비해 매우 작다. 이 문제는 틈새의 높이가 변하기 때문에 평판 사이에서 단순 Couette 유동보다 더 복잡하다. 특히 축방향 속도 u는 x와 y 모두에 대한 함수이고, 압력 P는 $x = 0$일 때 $P = P_0$에서부터 $x = L$일 때 $P = P_L$까지 비선형적으로 변화한다($\partial P/\partial x$는 상수가 아니다). 이 유동장에 있어서 중력의 효과는 무시할 수 있으므로 2차원 층류 정상 유동으로 근사해석한다. 실제로 h는 매우 작고 기름은 점성이 매우 크기 때문에 크리핑 유동 근사는 이러한 윤활 문제에 이용된다. x에 관련된 특성 길이 척도를 L로 하고, y에 관한 척도를 h_0로 하자($x \sim L$, $y \sim h_0$). 또한 $u \sim V$로 하자. 크리핑 유동이라 가정하고, 압력차 $\Delta P = P - P_0$에 대한 특성 척도를 L, h_0, μ, V의 항으로 나타내라.

답: $\mu VL/h_0^2$

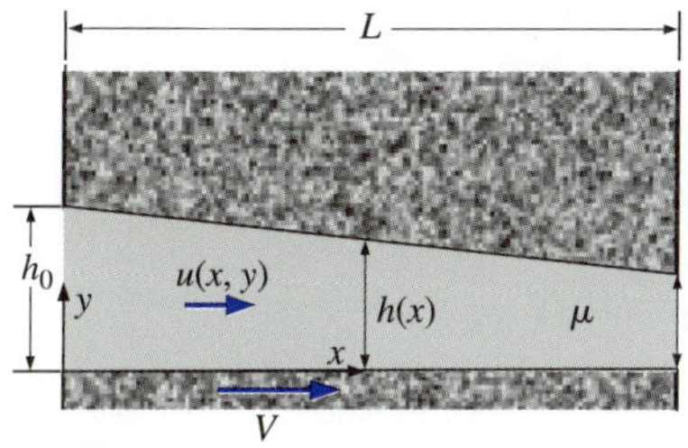

그림 P8-20

8-21 문제 8-20에 나온 미끄럼판 베어링을 고려해 보자. (*a*) y 방향 속도 성분인 v에 대한 특성 척도를 구하라. (*b*) x방향 운동량 방정식의 관성항을 압력항 및 점성항들과 비교하기 위해 크기의 차수해석(order of magnitude analysis)을 수행하라. 틈새가 작고($h_0 \ll L$) Reynolds 수가 작을 때($\mathrm{Re} = \rho V h_0/\mu \ll 1$), 크리핑 유동 근사가 적절한지 보여라. (*c*) $h_0 \ll L$일 때 크리핑 유동 방정식이 Reynolds 수($\mathrm{Re} = \rho V h_0/\mu$)가 1보다 작지 않은 경우일지라도 여전히 적절하다는 것을 보여라. 설명하라. **답:** (*a*) Vh_0/L

8-22 문제 8-20의 미끄럼판 베어링을 다시 고려해 보자. (*a*) u에 대한 적절한 경계 조건을 열거하라. (*b*) y의 함수로서(그리고 x의 함수인 h와 dP/dx를 통한 간접적으로 x의 함수로서) u에 대한 표현을 얻기 위해 x방향 운동량 방정식의 크리핑 유동 근사를 풀어라. P는 y의 함수가 아니라고 가정할 수 있다. 최종 결과는 $u(x, y) = f(y, h, dP/dx, V, \mu)$로 표현되어야 한다. 결과에서 속도 분포의 두 개의 뚜렷한 성분의 명칭을 부여하라. (*c*) 다음과 같은 적절한 척도를 사용하여 u에 대한 표현을 무차원화하라.

$$x^* = x/L,\ y^* = y/h_0,\ h^* = h/h_0,\ u^* = u/V,\ P^* = (P - P_0)h_0^2/\mu VL$$

8-23 다음 각각의 경우에 대해서 적절한 Reynolds 수를 계산하고, 크리핑 유동 방정식에 의한 유동 근사의 가능 여부를 표시하라. (*a*) 실온의 물속에서 직경 5.0 μm 크기의 미생물이 0.25 mm/s의 속도로 헤엄친다. (*b*) 140℃의 엔진오일이 자동차 윤활 베어링

의 작은 틈새로 흐른다. 틈새 간격은 0.0012 mm이고, 특성 속도는 15 m/s이다. (*c*) 직경 10 μm 크기의 안개 입자가 30℃의 공기를 통과하여 2.5 mm/s의 속도로 떨어진다.

경계층

8-24C 일상적으로 경계층은 고체 벽을 따라서 발생한다고 생각한다. 하지만 경계층 근사가 적절한 또 다른 유동 상황들이 있다. 이러한 유동의 세 가지 이름을 열거하고, 경계층 근사가 적절한 이유를 설명하라.

8-25C 각각의 설명에 대해 그 설명의 진위를 선택하고, 간단히 답을 논의하라. 각 설명은 평판 위의 층류 경계층에 대한 것이다(그림 P8-25C).

(*a*) 주어진 위치 x에서 Reynolds 수가 증가하면 경계층 두께 역시 증가할 것이다.
(*b*) 경계층 외부에서 속도가 증가하면 경계층 두께 역시 증가할 것이다.
(*c*) 유체의 점성이 증가하면 경계층 두께 역시 증가할 것이다.
(*d*) 유체의 밀도가 증가하면 경계층 두께 역시 증가할 것이다.

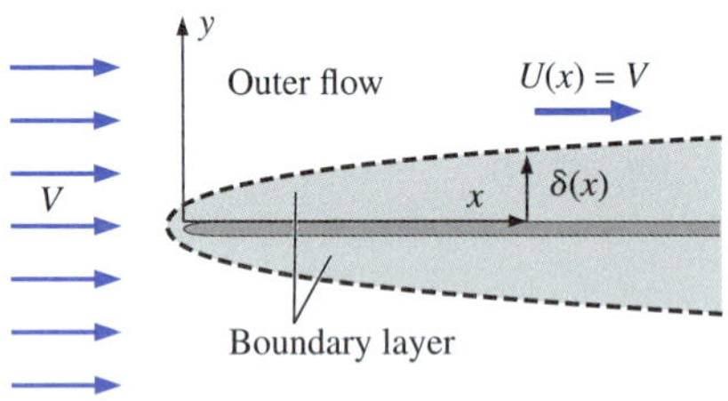

그림 P8-25C

8-26C 층류와 난류 경계층에 대해 유동 박리를 비교하라. 구체적으로, 어떠한 경우가 유동 박리에 대해 보다 더 저항하는가? 그 이유는 무엇인가? 자신의 답에 기초하여 골프공에 딤플(dimple)이 있는 이유를 설명하라.

8-27 더운 날에(T = 30℃) 트럭이 고속도로를 따라 29.1 m/s로 달리고 있다. 트럭의 평평한 옆면은 간단하고 매끄러운 평판의 경계층이라고 가정한다. 경계층이 천이에서 난류로 시작하는 곳의 x-위치를 구하라. 경계층이 평판의 시작점에서 얼마나 하류에서 완전난류가 될 것이라고 예측되는가? 두 가지 경우에 대해서 소수점 첫 번째 자리로 답하라.

8-28 배가 42.0 km/h의 속도로 물(T = 5℃) 위에서 달리고 있다. 배의 평평한 부분은 0.73 m의 길이이고, 따라서 간단한 형상의 매끈한 평판 위의 경계층으로 생각할 수 있다. 이 경계층은 층류인가, 천이인가, 난류인가? 논의하라.

8-29 공기가 V = 8.5 m/s의 속력으로 고속도로를 따라서 속도 제한 표지판에 평행하게 흐르고 있다. 공기의 온도는 25℃이고, 유동에 평행한 표지판의 폭 W는 0.45 m이다. 표지판 위의 경계층은 층류인가, 난류인가, 천이 영역인가? 논의하라.

8-30 정압 P가 층류 경계층의 벽면을 따라 두 위치에서 측정된다(그림 P8-30). 측정된 압력은 P_1과 P_2이며, 두 탭(tap) 사이의 거리는 특성 물체 치수(characteristic body dimension)에 비교하면 작다($\Delta x = x_2 - x_1 \ll L$). 점 1에서 경계층 위의 외부 유동 속도는 U_1이다. 유체의 밀도와 점성은 각각 ρ와 μ이다. 점 2에서 경계층 위의 외부 유동의 속도 U_2에 대한 대략적인 표현을 P_1, P_2, Δx, U_1, ρ, μ의 항으로 나타내라.

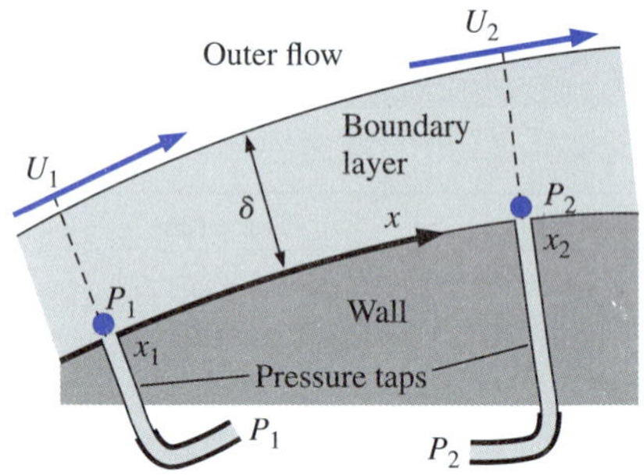

그림 P8-30

8-31 그림 P8-30과 같은 층류 경계층의 벽을 따라서 두 개의 압력 측정 탭을 고려해 보자. 유체는 25℃, U_1 = 10.3 m/s인 공기이고, 매우 민감한 차압 압력 변환기로 측정된 바로는 정압 P_1이 정압 P_2보다 2.44 Pa만큼 크다. 외부 유동 속도 U_2는 U_1보다 클까, 같을까, 작을까? 설명하라. U_2를 추정하라.

답: 작다, 10.1 m/s

8-32 경계층이 극소의 두께를 가지고 있는 극한의 경우에 대해 형상계수 H의 값을 계산하라(그림 P8-32). 이때의 H값은 가능한 가장 작은 값이다.

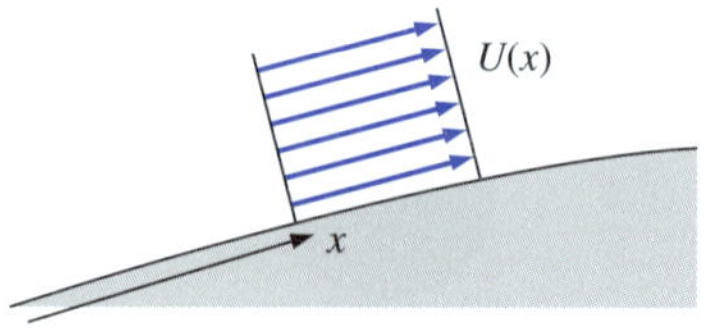

그림 P8-32

833 직경이 30 cm, 길이가 80 cm인 시험부를 가진 층류 유동 풍동이 있다. 공기의 온도는 20° C이다. 시험부 입구에서 공기 속력은 2.0 m/s로 균일할 때, 시험부 끝에서 중심선의 공기 속력은 얼마나 가속되겠는가?

답: 대략 6%

8-34 풍동의 시험부가 원형이 아닌 정사각형으로 단면이 30 cm × 30 cm이고, 길이가 80 cm인 경우에 대해 문제 8-46을 반복하라. 그 결과를 문제 8-46의 결과와 비교하고, 논의하라.

8-35 20℃의 공기가 $V = 8.5$ m/s의 속도로 평판에 평행하게 흐른다(그림 P8-35). 평판의 앞부분은 둥글게 잘 다듬어져 있고, 평판의 길이는 40 cm이다. 평판 두께는 $h = 0.75$ cm이지만 경계층 배제 효과 때문에 경계층 밖에서 유동은 보다 큰 겉보기 두께(apparent thickness)를 가진 평판을 "경험하게(see)" 된다. 하류 거리 $x = 10$ cm에서 평판의 겉보기 두께(양쪽 면을 포함한다)를 계산하라.

답: 0.895 cm

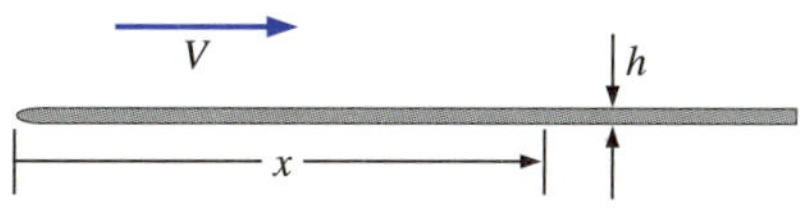

그림 P8-35

8-36 크기가 작은 축대칭의 저속 풍동이 열선 보정용으로 만들어진다. 시험부의 직경은 17.0 cm이고, 길이는 25.4 cm이다. 공기의 온도는 20℃이다. 시험부 입구에서 공기가 1.5 m/s의 균일한 속력으로 들어갈 때 시험부 끝에서 중심선의 공기 속력은 얼마나 가속되겠는가? 이러한 가속을 제거하기 위해 엔지니어는 어떻게 해야 하는가?

8-37 20℃의 공기가 매끄럽고 얇은 평판에 평행하게 4.75 m/s의 속도로 흐른다. 평판의 길이는 3.23 m이다. 평판 위의 경계층이 층류, 난류 또는 그 중간 어디(천이 영역)가 될까를 결정하라. 다음의 두 경우에 대해 평판 끝에서 경계층 두께를 비교하라. (*a*) 경계층이 어디에서나 층류인 경우, (*b*) 경계층이 어디에서나 난류인 경우. 논의하라.

8-38 경계층의 간섭을 피하기 위해, 엔지니어는 큰 풍동 내부에 경계층을 걷어낼 수 있는 "경계층 제거 장치(boundary layer scoop)"를 설계한다(그림 P8-38). 제거 장치는 얇은 철판으로 설치된다. 공기는 20℃이고, $V = 45.0$ m/s로 흐른다. 하류 부분의 거리 $x = 1.45$ m에서 제거 장치의 높이(치수 h)는 얼마가 되어야 할까?

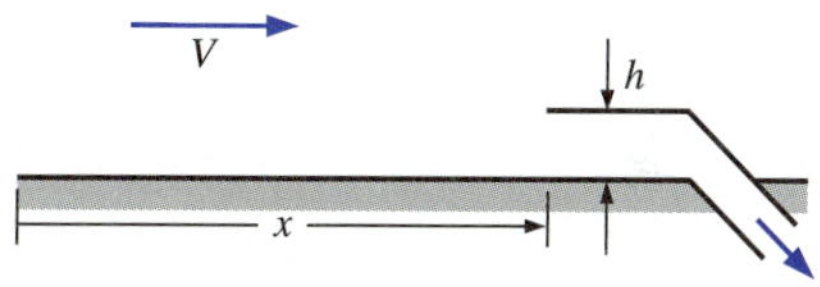

그림 P8-38

CHAPTER 09

외부 유동: 항력과 양력

목표 이 장을 공부하면 다음과 관련된 지식을 얻을 수 있다.

- 항력, 마찰항력, 압력항력, 항력저감, 양력과 같은 외부 유동과 관련된 다양한 물리적 현상에 대한 이해
- 일반적인 형상에 작용하는 항력 계산
- 유동 조건이 원통과 구의 항력계수에 미치는 영향에 대한 이해
- 에어포일 주위 유동에 대한 이해와 에어포일에 작용하는 항력과 양력 계산

이 장에서 우리는 유체에 둘러싸인 물체 주변의 **외부 유동**, 특히 양력 및 항력과 같은 힘을 강조하여 다루기로 한다. 외부 유동에서 점성 효과는 경계층과 후류와 같이 제한된 부분의 유동에 한정되며, 작은 속도 및 온도 기울기(구배)의 외부 유동 영역에 둘러싸여 있다.

유체가 고체인 물체 주변을 움직일 때, 표면에 수직한 방향으로는 압력에 의한 힘을, 그리고 평행한 방향으로는 전단력이 작용한다. 우리는 일반적으로 물체 전체 표면에 작용하는 힘들의 분포보다는 최종적인 압력과 전단력에 관심이 있다. 유동 방향으로 작용하는 **최종적인** 압력과 전단력의 성분을 **항력**, 유동 방향에 대해 수직한 성분을 **양력**이라 부른다.

우리는 이 장을 항력과 양력에 대한 토의로 시작하여 압력 항력, 마찰 항력과 유동 박리의 개념을 다룬다. 계속하여 실용적으로 사용되는 2차원 혹은 3차원 기하학적 형상의 항력 계수와 실험적으로 정해지는 항력 계수를 이용하여 항력을 결정한다. 그 다음 평판에 평행한 유동에서 속도 경계층의 발달을 살펴보고, 평판, 원기둥, 그리고 구 주위의 표면 마찰과 항력 계수에 대한 관계식들을 살펴본다. 끝으로 에어포일(익형)에 의한 양력 발생과 물체들의 양력 특성에 영향을 주는 요인들에 대하여 토의한다.

보잉 767 비행기에서 발생하는 후류가 구름의 상층부를 교란시켜 발생되는 후와류 현상이 선명히 보이고 있다.

Photo by Steve Morris, used by permission.

9-1 서론

고체인 물체 주변의 유체 유동은 실용적으로 빈번하게 나타나며, 자동차, 전력선, 나무, 그리고 수중 관로에 작용하는 **항력**이나, 새나 비행기에서 발생하는 **양력**, 비, 눈, 우박, 강풍에 노출된 먼지 입자의 **상승력**, 혈류 유동에 의한 적혈구의 이송, 스프레이에 의한 액적의 운동, 유체 내에서 움직이는 물체에 의해 발생하는 진동과 소음, 그리고 풍력 터빈에 의해 발생하는 동력 등과 많은 물리 현상과 관계되어 있다(그림 9-1). 따라서 외부 유동에 대해 잘 이해하는 것은 항공기, 자동차, 건물, 선박, 잠수함, 그리고 모든 종류의 터빈들과 같은 많은 공학 시스템의 설계에 있어 중요하다. 예를 들면, 최근 자동차 모델은 공기역학(aerodynamics)을 강조한다. 이는 연료 소모와 소음의 현저한 감소와 운전성의 상당한 개선으로 귀착되어 왔다.

때때로 멈추어 있는 물체 주위의 유동(건물 주변에 바람이 부는 경우와 같은)과 한편 정지한 유체를 지나는 물체(공기 중을 움직이는 차와 같은)의 경우가 있다. 이렇게 달라 보이는 두 과정들이 실은 서로 동일하며, 유체와 물체 사이의 상대 운동과 관련 있다. 이러한 운동들은 일반적으로 물체에 고정된 좌표 위에서 해석되고 **물체 주변의 유동** 또는 **외부 유동**이라고 한다. 다른 비행기 날개 설계의 공기역학적 측면을 예로 들면, 실험실에서는 일반적으로 풍동 안에 날개를 고정시키고 커다란 팬으로 바람을 불게 하여 연구를 한다. 또한 유동은 정상(steady) 혹은 비정상(unsteady)으로 분류되는데, 기준 좌표계의 선택에 관계된다. 예를 들면, 비행기 주위의 유동은 지면에 대해서는 항상 비정상이지만, 순항 조건에서 비행기와 같이 움직이는 좌표계에 대하여 정상이다.

대부분 외부 유동 문제의 유동장과 기하학적 형상들은 너무 복잡해서 해석적으로 풀기 어렵기 때문에, 실험 데이터에 기초한 수정에 의존한다. 고속 컴퓨터의 이용으로 일련의 "수치 실험(numerical experiment)"을 빠르게 지배 방정식들을 풀어서 수행할 수 있게 되었고, 여분의 시간을 소모하는 시험을 재배열하여 설계의 최종 단계에서만 실험하도록 바꾸었다. 이러한 시험은 풍동(wind tunnel)에서 수행된다. H. F. Philips(1845-1912)는 1894년 최초로 풍동을 지어서 양력과 항력을 측정했다. 이 장에서 우리는 실험적으로 개발된 관계식을 가장 많이 신뢰한다.

물체에 접근하는 유체의 속도는 **자유류 속도(free stream velocity)**라고 부르고, V라고 표시한다. 또한 유동이 x 축과 정렬되었을 경우, 속도의 x 성분으로 u를 사용하기 때문에, 이를 u_∞ 또는 U_∞라고 쓰기도 한다. 유동 속도는 물체 표면에서 0(점착 조건, no-slip condition)부터 물체에서 멀리 떨어진 곳의 자유류 속도 값 사이에 있으며, 아래첨자 "무한대(∞)"는 물체의 존재가 느껴지지 않을 정도의 거리에 있음을 나타낸다. 자유류 속도는 위치와 시간에 따라 변한다(예: 불어오는 바람이 건물을 지나면서). 그러나 설계와 해석에서 보통 자유류 속도는 편의상 **균일(uniform)**하고 **정상(steady)**인 것으로 가정되며, 이 장에도 적용한다.

물체의 형상은 물체 주위 유동과 속도장에 깊은 영향을 미친다. 물체 주위 유동은 물체가 매우 길고 일정한 단면을 가지며 유동이 물체에 수직 방향이면 **2차원(two-dimension)**이라고 한다. 긴 파이프의 축에 수직으로 부는 바람은 2차원(2-D) 유동의 예이다. 이 경우 축 방향의 속도 성분은 0이고, 따라서 속도는 2차원이다.

그림 9-1
흔히 주위에서 볼 수 있는 물체 주위 유동.
(a) Royalty-Free/CORBIS; (b) Imagestate Media/John Foxx RF; (c) © IT Stock/age fotostock RF; (d) Royalty-Free/CORBIS; (e) © StockTrek/Superstock RF; (f) Royalty-free/CORBIS; (g) © Roy H. Photography/Getty RF

Long cylinder (2-D)

(*a*)

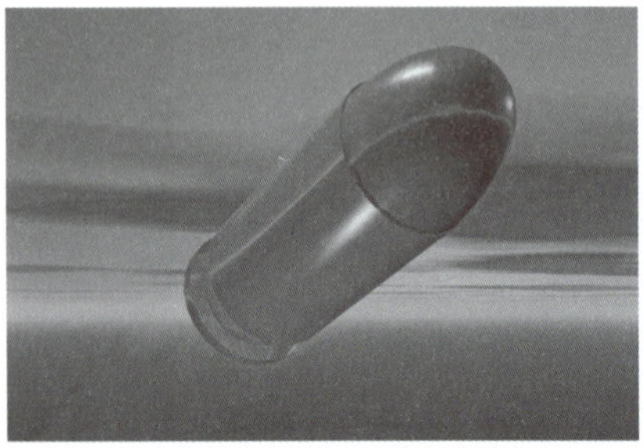

Bullet (axisymmetric)

(*b*)

Car (3-D)

(*c*)

그림 9-2
2차원, 축대칭, 그리고 3차원 유동들.
(a) Photo by John M. Cimbala; (b) © Corbis RF (c) Hannu Liivaar/Alamy.

2차원 이상화는 물체가 충분히 길어서 끝단 효과를 무시할 수 있고 접근하는 유동이 일정하다면 적합한 가정이다. 물체가 회전 대칭성을 가질 때 또 다른 단순화를 할 수 있다. 이 경우 유동도 2차원이고 **축대칭(axisymmetric)**이라고 한다. 공기 중을 꿰뚫는 총알은 축대칭 유동의 한 예다. 이 경우, 속도는 축 거리 x와 반경 거리 r에 따라 변한다. 차 주위의 유동과 같이 물체 주위 유동을 2차원이나 축대칭으로 모델화할 수 없다면 **3차원(three-dimension)**이다(그림 9-2).

물체 주위의 유동은 또한 **비압축성 유동(incompressible flow)**(예: 자동차, 잠수함, 건물 주위 유동)과 **압축성 유동(compressible flow)**(예: 고속의 항공기, 로켓, 미사일 주위 유동)으로도 분류할 수 있다. 압축성 효과는 저속(마하수 Ma ≤ 0.3인 유동)에서는 무시할 수 있으며, 이러한 유동은 거의 정확하게 비압축성 유동으로 취급할 수 있다. 압축성 유동과 자유 표면과 함께 부분적으로 잠겨있는 물체 주위 유동들(예: 물 위에서 순항하는 배)는 이 책과 같은 입문서의 범위를 벗어난다.

유체 유동 주변의 물체는 전반적인 모양에 따라 유선형(streamlined) 또는 꺾은형(bluff)으로 분류한다. 모양이 유동에서 예상되는 유선과 정렬되어 있다면 물체는 **유선형**이라고 한다. 경주용 차나 비행기와 같은 유선형 물체는 곡선의 매끄러운 형태이다. 반면, 어떤 물체(건물과 같은)는 유동을 막는 경향이 있어 뒤가 꺾은형 혹은 무딘형(blunt)이라고 한다. 보통 유선형 물체를 지나는 유동에서 힘을 받는 것이 더 쉽기 때문에 탈것과 비행기의 설계에서 유선형은 매우 중요하다(그림 9-3).

9-2 항력과 양력

물체가 유체, 특히 액체 속을 움직이면서 힘을 받을 때 저항을 받는다는 것은 상식이다. 여러분도 알다시피 운동에 가해지는 저항이 더 크기 때문에 공기에 비하여 물속을 걸을 때가 더 어렵다. 또한 강풍이 나무, 전력선, 심지어 트레일러에 부딪치면, 바람이 물체에 가하는 강한 "미는 힘"을 느낀다(그림 9-4). 움직이는 차의 창밖으로 손을 뻗었을 때도 같은 느낌을 경험한다. 유체는 여러 방향으로 물체에 힘과 모멘트를 가할 수 있다. 흐르는 유체가 유동 방향으로 가하는 힘을 **항력**이라고 한다. 그 항력은 단지 유체 내의 물체에 보정된 스프링을 붙인다면 직접 유동 방향으로의 변위를 측정할 수 있다(스프링 저울로 무게를 측정하는 것과 똑같이). 항력을 전자적으로 측정하기 위하여 보다 정밀한 항력 측정 장치는 항력 저울(drag balance)라고 부르며, 스트레인 게이지가 붙은 유연한 보를 사용한다.

항력은 마찰처럼 보통 바람직하지 않은 효과이어서, 우리는 그것을 최소화하려한다. 항력의 저감은 자동차, 잠수함, 그리고 비행기에서 연료 소모를 줄이는 것과 밀접한 관련이 있으며, 강풍 속 구조의 안전과 내구성을 향상시키고, 소음과 진동의 감소와도 관계된다. 그러나 몇몇 경우 항력이 유용한 효과를 만들면 우리는 그것을 최대화하기 위해 노력한다. 예를 들어 마찰은 자동차의 브레이크에서 "안전장치" 역할을 한다. 이와 비슷하게, 사람들이 낙하산을 사용할 수 있는 것, 꽃가루가 먼 거리를 날아갈 수 있는 것, 바다의 파도와 나뭇잎의 편안한 움직임을 즐길 수 있는 것도 항력 덕분이다.

멈춰 있는 유체는 오직 잠겨있는 물체 표면에 수직한 압력에 의한 힘을 가한다. 그러나 움직이는 유체는 점성 효과에 의한 점착 조건 때문에 접선 방향으로 전단력을 표면에 가한다. 일반적으로 이 두 가지 힘들 모두 유동 방향 성분들을 가진다. 압력과 전단력의 유동 방향에 **수직한** 성분은 물체를 그 방향으로 움직이게 하며, 그들의 총 합은 양력이라고 한다.

2차원 유동에서 압력과 전단력은 두 성분들로 분리된다. 그림 9-5에서처럼 하나는 유동 방향의 항력, 다른 하나는 유동 방향에 수직한 양력이다. 3차원 유동에 대해서는, 이 책의 페이지에 수직하여 그 방향으로 움직이게 하는 성분인 측력(side force)이 있다.

유동력은 모멘트를 발생시켜 물체를 회전시킬 수도 있다. 유동 방향을 중심축으로 회전시키는 모멘트를 **롤(rolling moment)**, 양력 방향을 축으로 회전시키는 모멘트를 **요(yaw moment)**, 그리고 측력 방향을 축으로 회전시키는 모멘트를 **피치(pitching moment)**라고 한다. 차, 비행기, 그리고 배와 같이 양력-항력 평면에 대하여 대칭성을 갖는 물체들에 대하여 시간 평균된 측력, 요와 롤 모멘트는 바람과 파동에 의한 힘이 물체와 같은 방향이 될 때 0이 된다. 이런 물체들에서 남는 것은 항력, 양력, 피치 모멘트이다. 총알과 같이 흐름과 정렬된 축대칭 물체에 대해서, 유체에 의해 물체에 가해지는 유일한 힘은 항력뿐이다.

그림 9-3
유동을 지나서 꺾은형 물체보다 유선형 물체를 움직이는 것이 훨씬 더 쉽다.

미소 넓이 dA에 작용하는 표면 힘들은 각각 $P\,dA$와 $\tau_w\,dA$이다. 2차원 유동에서 dA에 작용하는 미분된 항력과 양력은 다음과 같다(참고: 그림 9-5).

$$dF_D = -P\,dA\cos\theta + \tau_w\,dA\sin\theta \tag{9-1}$$

그리고

$$dF_L = -P\,dA\sin\theta - \tau_w\,dA\cos\theta \tag{9-2}$$

여기에서 θ는 dA에 대하여 바깥쪽으로 수직한 직선과 양(+)의 유동 방향 사이의 각도이다. 물체에 작용하는 총 항력과 양력은 식 9-1과 식 9-2를 물체의 전체 표면에 대해서 적분하여 구한다.

그림 9-4
강풍이 항력의 결과로 나무, 전력선, 심지어 사람까지 쓰러지게 한다.

양력: $$F_D = \int_A dF_D = \int_A (-P\cos\theta + \tau_w\sin\theta)\,dA \tag{9-3}$$

항력: $$F_L = \int_A dF_L = -\int_A (P\sin\theta + \tau_w\cos\theta)\,dA \tag{9-4}$$

이것들은 유동을 컴퓨터로 시뮬레이션했을 때 순 항력과 양력을 구하는 방정식들이다. 그러나 실험적인 해석을 할 때, 자세한 압력 및 전단력 분포를 측정으로 얻기 힘들기 때문에 식 9-3와 9-4는 실용적이지 않다. 다행히도 이 정보는 가끔 필요치 않다. 보통 우리가 알아야 할 필요가 있는 것은 전체 물체에 작용하는 최종적인 항력과 양력이며, 이는 풍동에서 직접적으로 쉽게 측정될 수 있다.

식 9-1과 9-2는 일반적으로 표면 마찰(벽면 전단)과 압력이 양력과 항력에 영향을 주는 것을 보여준다. 유동 방향에 평행하게 정렬된 얇은 **평판**에서, $\theta = 90°$이기 때문에

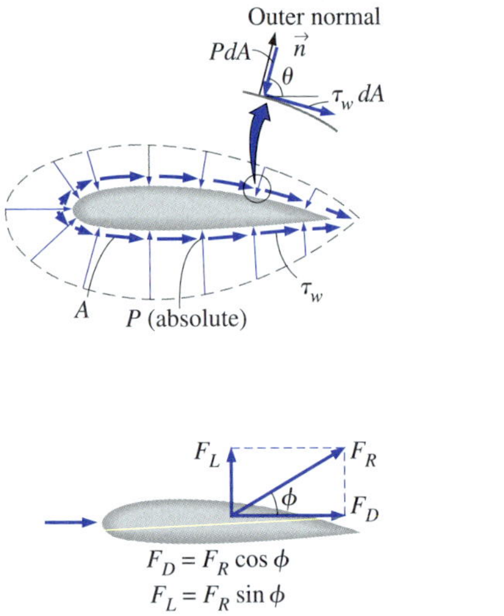

그림 9-5
2차원 물체에 작용하는 압력 및 점성력과 최종적인 양력과 항력.

항력은 벽면 마찰에만 관계되고 압력과는 관계가 없다. 그러나 평판이 흐름 방향에 수직으로 놓였을 때, $\theta = 0°$이기 때문에 항력은 압력에만 관계하고 벽면 전단력과는 관계가 없다(그림 9-6). 만일 평판이 유동 방향에 상대적으로 기울어져 있으면, 항력은 압력과 전단력 모두에 관계된다.

비행기의 날개는 최소의 항력과 함께 양력을 발생시키도록 특별하게 모양과 위치가 결정되었다. 그림 9-7에서 보이는 바와 같이, 이는 순항할 때 받음각(angle of attack)을 유지한다. 양력과 항력 모두 받음각에 강하게 종속되는 함수이고, 이 장에서 나중에 논의한다. 날개 위아래 면 사이의 압력 차는 날개를 끌어 올리려는 수직 방향 힘을 만들고, 이런 식으로 비행기도 그와 연결된다. 날개와 같은 날씬한 물체(slender body)들에 대하여, 전단력은 거의 유동 방향에 평행하게 작용하며, 따라서 양력에 대한 공헌은 작다. 이러한 날씬한 물체의 항력은 거의 전단력(표면 마찰) 때문이다.

항력과 양력은 유체의 밀도 ρ, 상류 속도 V, 물체의 크기, 모양, 회전 등에 관계되는데, 다양한 상황에 대해서 이러한 힘들을 일일이 구하는 것은 실용적이지 않다. 대신 물체의 양력과 항력 특성을 나타내는 적절한 무차원수들을 사용하는 것이 더 편리하다. 이러한 숫자들은 **항력계수(drag coefficient)**와 **양력계수(lift coefficient)**가 있으며, 다음과 같이 정의된다.

항력계수:

$$C_D = \frac{F_D}{\frac{1}{2}\rho V^2 A} \tag{9-5}$$

양력계수:

$$C_L = \frac{F_L}{\frac{1}{2}\rho V^2 A} \tag{9-6}$$

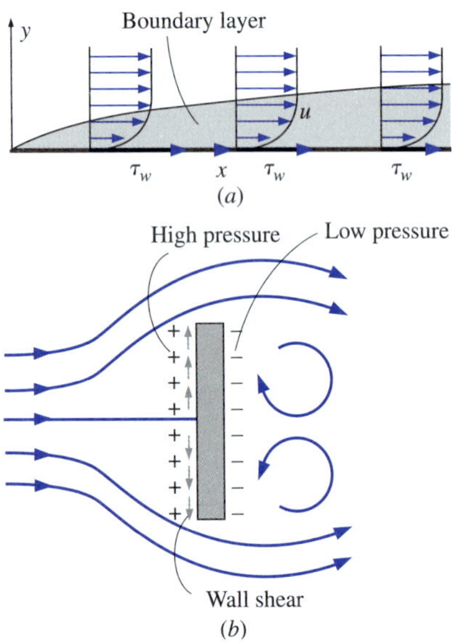

그림 9-6
(a) 유동에 평행한 평판에 작용하는 항력은 벽면 전단력에만 관계된다. (b) 유동에 수직한 평판에 작용하는 항력은 벽면 압력에만 관계되며, 벽면 전단력과는 관계없는데, 이는 자유류 흐름과 수직하여 작용한다.

여기에서 A는 보통 물체의 **전면적(또는 정면도 면적, frontal area)**으로서 유동 방향과 수직인 평면에 정사영되는 면적이다. 다시 말해서, A는 접근하는 유동 유체 방향으로부터 물체가 보이는 넓이를 의미한다. 지름 D, 길이 L인 원기둥의 대표면적을 예로 들어보면, $A = LD$이다.

에어포일과 같이 몇몇 얇은 물체들의 항력과 양력 계산에서는 평면적(또는 평면도 면적, planform area)을 취하며, 물체와 수직인 위 방향에서 물체를 보았을 때의 넓이다. 항력과 양력계수들이 주로 물체 형상의 함수이지만, 어떤 경우 그들은 Reynolds 수와 표면 거칠기에도 관계된다. 식 9-5와 9-6에서 $\frac{1}{2}\rho V^2$ 항은 **동압(dynamic pressure)**이다.

국지(국소)적인 항력과 양력 계수들은 유동 방향 속도 경계층 내부 변화의 결과로서 표면을 따라 달라진다. 우리는 보통 **전체** 표면에 대한 항력과 양력에 관심이 있으며, 이는 **평균** 항력과 양력 계수를 사용하여 결정된다. 따라서 국지(하첨자 x로 구분) 및 평균 항력과 양력 계수들 모두 상관관계식들을 보여준다. 길이 L인 원호의 표면에 대한 국지 항력과 양력 계수들을 사용할 수 있을 때, 전체 표면에 대한 평균 항력과 양력 계수들은 적분형으로 표현된다.

$$C_D = \frac{1}{L}\int_0^L C_{D,x}\,dx \tag{9-7}$$

$$C_L = \frac{1}{L}\int_0^L C_{L,x}\,dx \tag{9-8}$$

낙하하는 물체에 작용하는 힘에는 보통 항력, 부력, 그리고 물체의 무게가 있다. 물체가 대기 또는 호수에 떨어질 때, 처음에는 그 무게의 영향으로 가속된다. 물체의 운동은 항력에 의해 저항을 받으며, 이는 운동의 반대 방향으로 작용한다. 물체의 속도가 증가함에 따라 항력 역시 증가한다. 이것은 모든 힘들이 서로 균형을 이룰 때까지 즉 물체에 작용하는 순 힘(net force) 및 가속도가 0이 될 때까지 계속된다. 그 때, 만일 유체의 물성이 물체의 경로에서 본질적으로 일정하게 유지된다면 물체의 속도는 낙하의 나머지 시간 동안 일정하게 유지된다. 이것은 낙하하는 물체가 도달할 수 있는 최대 속도로서 **종단 속도(terminal velocity)**라고 부른다(그림 9-8).

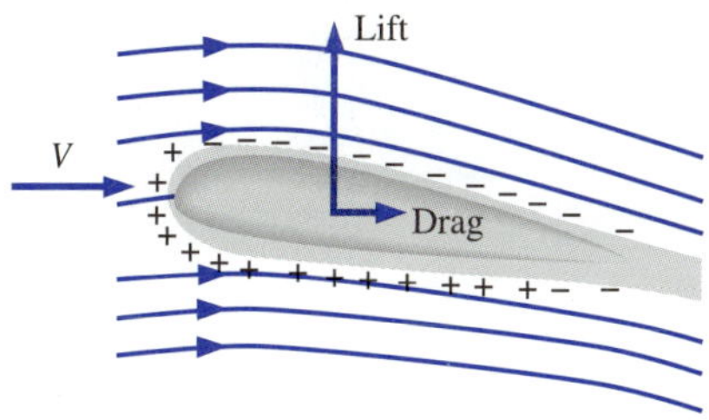

그림 9–7
비행기의 날개들은 비행 도중 항력을 최소한으로 유지하면서 충분한 양력을 발생시키도록 형태와 위치를 결정한다. 대기 압력보다 높고 낮은 압력은 + 및 – 부호로 각각 나타내었다.

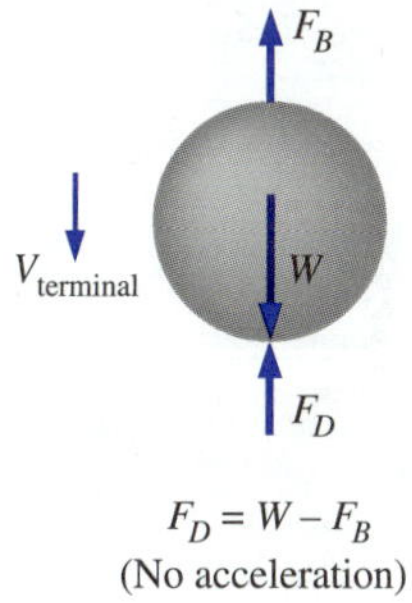

그림 9–8
자유 낙하하는 동안, 물체는 종단 속도에 도달하는데, 이 때 항력은 물체의 무게에서 부력을 뺀 값과 같다.

예제 9–1 자동차의 항력 계수를 측정하는 방법

자동차의 항력 계수는 1 기압, 20℃, 그리고 95 km/h에서 실험적으로 큰 풍동에서 전체 규모 시험(그림 9–9)으로 결정된다. 차의 전면적은 2.07 m^2이다. 유동 방향에서 차에 작용하는 힘이 300 N으로 측정된다면, 이 차의 항력 계수를 결정하라.

풀이 차에 작용하는 항력 계수는 풍동에서 측정된다. 시험 조건에서 차의 항력 계수는 측정된다.

가정 1 유동은 정상 상태이고 비압축성이다. 2 풍동의 단면은 차 주변 자유류를 모사하기에 충분할 정도로 크다. 3 풍동의 바닥도 실제 주행 조건에 근사한 공기 속도로 움직이거나 이 효과는 무시될 수 있다.

상태량 1 기압, 20℃에서 밀도는 $\rho = 1.204\ \text{kg/m}^3$.

해석 물체에 작용하는 항력과 항력 계수는 다음과 같이 주어진다.

$$F_D = C_D A \frac{\rho V^2}{2} \quad \text{그리고} \quad C_D = \frac{2F_D}{\rho A V^2}$$

여기에서 A는 전면적이다. 대입하고 1 m/s = 3.6 km/h인 점을 고려하면, 차의 항력 계수는 다음과 같이 결정된다.

$$C_D = \frac{2 \times (300\ \text{N})}{(1.204\ \text{kg/m}^3)(2.07\ \text{m}^2)(95/3.6\ \text{m/s})^2}\left(\frac{1\ \text{kg}\cdot\text{m/s}^2}{1\ \text{N}}\right) = \mathbf{0.35}$$

토의 항력 계수는 설계 조건에 종속되고 그 값은 Reynolds 수와 같은 다른 조건에서 달라진다는 점에 주의하자. 따라서 다른 차체들의 출판된 항력 계수들은 오직 동력학적 상사 조건 하에서 또는 Reynolds 수 독립성이 명시된 경우에만 의미 있게 비교될 수 있다. 이는 표준적인 시험 절차 개발의 중요성을 보여준다.

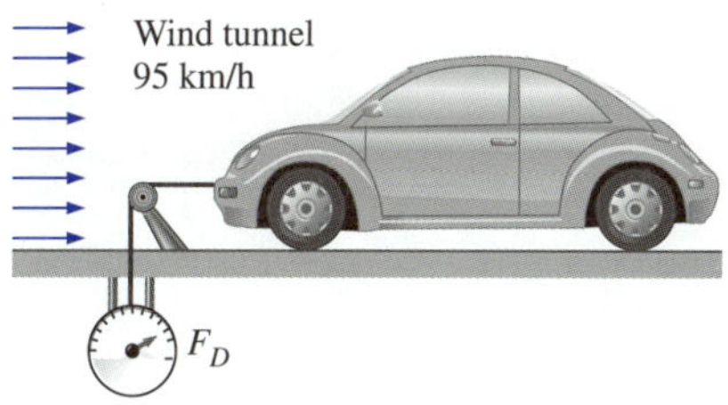

그림 9–9
예제 9-1의 개념도.

9-3 마찰과 압력 항력

9-2절에서 언급한 바와 같이, 항력이란 벽면 전단과 압력 힘들의 혼합된 효과 때문에 유동 방향으로 물체 위의 유체에 의하여 작용하는 순 힘이다. 두 효과를 분리하는 것이 가끔 교육적이므로, 둘을 따로 공부한다.

벽면 전단 응력 τ_w에 직접적으로 관련되는 응력 부분은 **표면 마찰 응력(skin friction drag)**, 또는 마찰 효과에 의해 발생하기 때문에 간단히 **마찰 항력(friction drag)** $F_{D,\text{ friction}}$이라고 부르며, 압력 P에 직접적으로 관련되는 응력 부분은 **압력 항력(pressure drag)**, 역시 물체의 형상 또는 모양에 대한 강한 종속성 때문에 **형상 항력(form drag)**이라고 부른다. 마찰과 압력 항력 계수들은 다음과 같이 정의된다.

$$C_{D,\text{ friction}} = \frac{F_{D,\text{ friction}}}{\frac{1}{2}\rho V^2 A} \quad \text{그리고} \quad C_{D,\text{ pressure}} = \frac{F_{D,\text{ pressure}}}{\frac{1}{2}\rho V^2 A} \tag{9-9}$$

같은 면적 A에 기초한 마찰과 압력 항력 계수들 또는 힘들이 사용 가능할 때, 총 항력 계수 또는 항력은 단순히 그들의 합으로 결정된다.

$$C_D = C_{D,\text{ friction}} + C_{D,\text{ pressure}} \quad \text{그리고} \quad F_D = F_{D,\text{ friction}} + F_{D,\text{ pressure}} \tag{9-10}$$

마찰 항력은 유동 방향으로의 벽면 전단력 성분이므로 벽면 전단 응력 τ_w의 크기뿐만 아니라 물체의 회전에도 종속된다. 마찰 항력은 유동에 수직한 평판 표면에서는 0이 되고, 유동에 평행한 평판 표면에 대해서는 **최대**가 되는데, 이 경우 마찰 항력이 표면 위 전체 전단력과 같기 때문이다. 그러므로 평면 위 평행류에 대하여 항력 계수는 **마찰 항력 계수**, 또는 간단히 **마찰 계수**와 같다. 마찰 항력은 점성의 강한 함수이고, 점성의 증가에 따라 증가한다.

Reynolds 수는 유체 점성에 반비례한다. 따라서 마찰 항력의 앞이 무딘 물체들에 대한 전체 항력에의 공헌도는 높은 Reynolds 수에서 더 낮아지고, 매우 높은 Reynolds 수에서는 무시할 수 있다. 이러한 경우들에서 항력은 주로 압력 항력에 의해 발생한다. 낮은 Reynolds 수에서 대부분 항력은 마찰 항력 때문이다. 이는 에어포일과 같은 아주 유선형인 물체에서 특히 그러하다. 마찰 항력은 표면적에도 비례한다. 따라서 표면적이 큰 물체들은 더 큰 마찰 항력을 갖는다. 예를 들면, 대형 상용 비행기들은 전체 표면적을 줄이고, 그리하여 순항 고도에 이르렀을 때 연료를 아끼기 위해 날개의 연장부를 접는다. 마찰 항력 계수는 층류에서 **표면 거칠기(조도)**와는 무관하지만, 난류에서는 표면 거칠기에 밀접하게 관계되기 되는데 경계층으로 훨씬 더 거칠기 요소들이 파묻히기 때문이다. **마찰 항력 계수**는 이전 장에서 토의한 파이프 유동에서 **마찰 인자(friction factor)**와 유사하고 그 값은 유동 영역에 종속된다.

압력 항력은 전면적과 잠겨있는 물체 전후면에 작용하는 압력 **차이**에 비례한다. 따라서 압력 항력은 일반적으로 무딘 물체에 대해서 두드러지며, 에어포일과 같은 유선형 물체에 대해서는 작고, 흐름에 평행한 얇은 평판에 대해서는 0이다(그림 9-10). 압력 항력은 유체의 속도가 너무 커서 유체가 물체의 곡선을 따라가지 못할 때 가장 현저하고, 이 때 유체는 어떤 점에서 물체로부터 **박리**하여 뒤에 매우 낮은 압력 영역을 생성

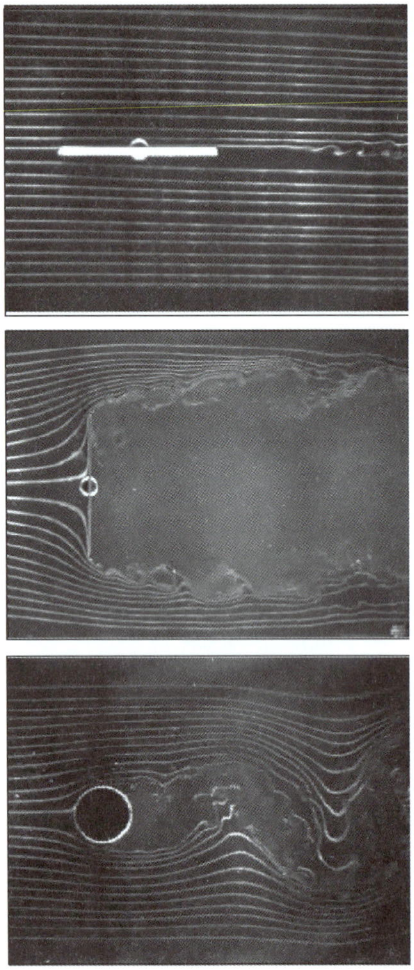

그림 9-10
항력은 유동에 평행한 평판에 대하여 전적으로 마찰 항력에 의한 것이고, 유동에 수직한 평판에 대하여 전적으로 압력 항력 때문이며, 유동에 수직한 원기둥에 대해서는 둘 모두(주로 압력 항력이지만) 때문이다. 전체 항력 계수 C_D는 평행한 평판에 대하여 가장 낮고, 수직인 평판에 대해서 가장 높으며, 원기둥에 대해서는 중간(그러나 수직 평판과 가까움)이다.

From G. M. Homsy, et al. (2000).

한다. 이 경우 압력 항력은 물체의 전후 면 사이 큰 압력 차 때문이다.

유선형을 따라 항력 줄이기

항력을 줄이기 위한 첫 번째 방법은 유동 박리를 줄여서 압력 항력을 줄이기 위하여 유선형의 물체를 만드는 것이다. 자동차 영업 사원조차도 그들 차의 유선형과 낮은 항력 계수의 관련성을 쉽게 이해한다. 그러나 유선형화는 압력과 마찰 항력에 반대 효과가 있다. 그것은 경계층 박리를 지연하여 물체 전후 사이의 압력차를 줄여서 압력 항력을 줄일 수 있지만, 표면적이 증가하여 마찰항력을 증가시킨다. 최종 결과는 어떤 효과가 지배적인지에 따라 좌우된다. 그러므로 물체의 항력을 줄이려는 모든 최적화 연구는 둘 모두의 효과를 고려해야 하고, 그림 9-11에서 보여주는 바와 같이 그 둘의 **합**을 최소화하도록 노력해야 한다. 그림 9-11에서 보여주는 바와 같은 경우 최소 총 항력은 $D/L = 0.25$에서 일어난다. 그림 9-11의 유선형과 같은 두께의 원기둥의 경우 항력 계수는 약 5배 정도 크다. 따라서 적절한 유선형을 사용함으로써 유선형 요소의 항력을 거의 1/5로 줄일 수 있다.

그림 9-12에서 보여주는 바와 같이, L이 유동 방향 길이, D가 두께일 때 종횡비(가로세로비, aspect ratio), 즉 길이-두께 비 L/D의 장타원기둥을 고려함으로써 항력 계수에 미치는 유선화의 영향이 잘 묘사되어 있다. 타원이 갸름해지면서 항력 계수가 급격하게 감소하는 점에 주목하라. $L/D = 1$(원기둥)인 특별한 경우, 이 Reynolds 수에서 항력 계수는 $C_D \cong 1$이다. 가로세로비가 감소하여 원기둥이 점점 평편하게 됨에 따라, 항력 계수는 1.9까지 증가하는데, 이는 유동에 수직한 평판에 대한 값이다. 가로세로비가 대략 4보다 크면 곡선이 거의 평평하게 됨에 주의하라. 그러므로 주어진 직경 D에 대하여 대략 $L/D \cong 4$인 타원 형상은 보통 총 항력 계수와 길이 L 사이의 좋은 타협점이 된다. 높은 가로세로비에서 항력 계수의 감소는 주로 경계층이 표면에 더 길게 부착되어 압력 회복이 일어나기 때문이다. 가로세로비 4 또는 그 이상의 타원기둥에서 압력 항력은 무시할 수 있다(이 Reynolds 수에서 전체 항력 계수의 2%보다 작음).

타원 기둥을 납작하게(즉, L을 일정하게 유지한 채로 D를 감소시킴) 하면 항력 계수는 증가하기 시작하고 $L/D \to \infty$(즉, 타원이 유동에 평행인 평판을 닮아감)에 따라 무한이 되는 경향이 있다. 이것은 C_D 정의 식에서 분모에 나타나는 전면적이 0으로 접근하기 때문이다. 그것은 물체가 평평해짐에 따라 항력이 급격하게 증가한다는 사실을 의미하지는 않는다(실은 항력이 줄어든다). 이 사실은 얇은 에어포일과 평판과 같은 날씬한 물체들에 대한 항력 관계식에서 전면적을 사용하는 것이 부적절하다는 것을 보여준다. 이러한 경우, 항력 계수는 **평면적**을 기반으로 정의해야 하는데, 이는 단순히 유동에 평행한 평판 한쪽 면(위쪽 또는 아래쪽)의 표면적이다. 이는 매우 적절한데 왜냐하면 날씬한 물체들에 대하여 항력은 거의 전적으로 마찰 항력 때문이며, 이는 표면적에 비례하기 때문이다.

유선형화는 **진동과 소음을 줄이는** 장점이 추가된다. 이는 고속(고 Reynolds 수) 유동에 종속되어 유동 박리가 현실적 가능성을 갖는 뒤가 깎인 물체들(bluff bodies)에 대하여만 고려되어야 한다. 전형적으로 낮은 Reynolds 수 유동(예를 들면 $Re < 1$인 크리핑 유동)과 관련된 물체에 대해서는 항력이 거의 대부분 마찰 항력 때문이고 표면적

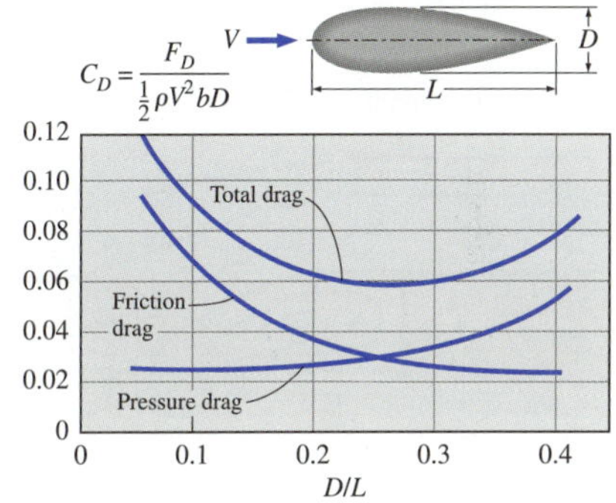

그림 9-11
$Re = 4 \times 10^4$일 때 2차원 유선형 기둥의 시위 길이 대비 두께 비에 대한 마찰, 압력, 그리고 전체 항력 계수. 에어포일과 다른 얇은 물체의 C_D는 전면적보다 평면적에 기초하는 점에 주목하라.

Data From Abbott and von Doenhoff (1959).

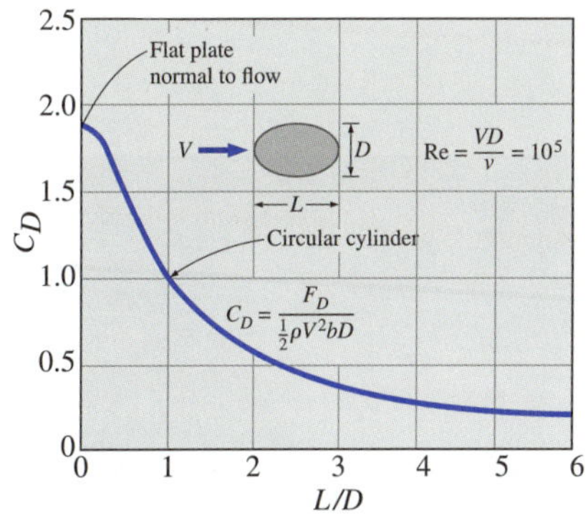

그림 9-12
가로세로비에 따른 장타원기둥의 항력 계수 변화. 여기에서 C_D는 전면적 bD에 기초하는데 여기에서 b는 물체의 폭이다.

Data From Blevins (1984).

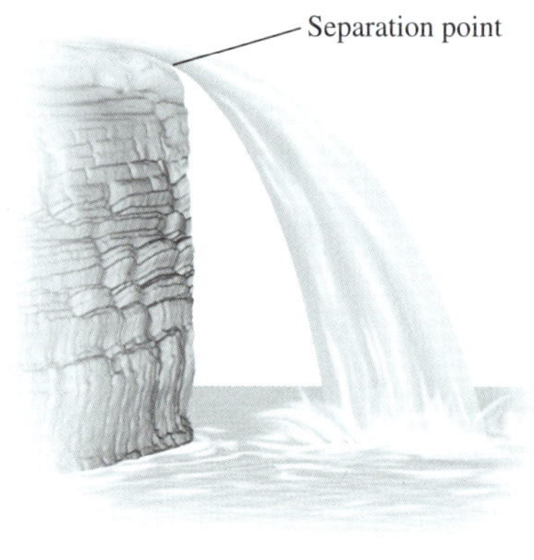

그림 9-13
폭포에서의 유동 박리.

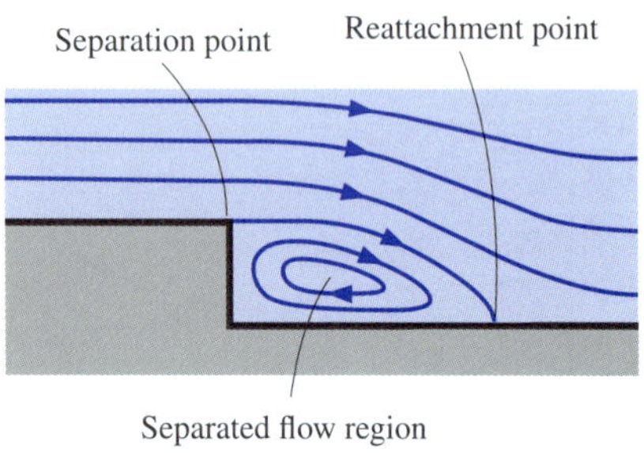

그림 9-14
벽면을 따라 후방 계단에서의 유동 박리.

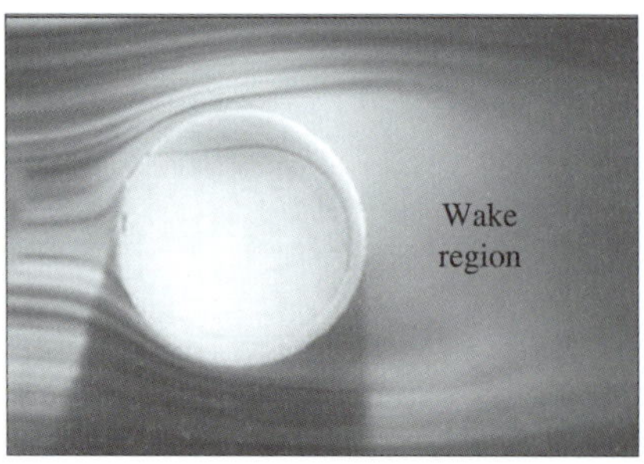

그림 9-15
유동 박리 및 테니스 공 주변 유동에 대한 후류 영역
Courtesy NASA and Cislunar Aerospace, Inc.

을 증가시켜서 전체 항력을 증가시킬 뿐이라서 유선형화가 필요하지 않다. 그러므로 부주의한 유선형화는 항력을 감소시키는 대신 실제로 증가시킬 수 있다.

유동 박리

시골길을 운전할 때, 급격한 회전으로 인해 길에서 벗어나지 않기 위해서 감속해야 안전하다. 많은 운전자들이 경험으로 이러한 사실을 알고 있다. 우리는 이러한 현상을 길로부터 "차의 분리"로 볼 수 있다. 이러한 현상은 빠른 차량으로 언덕에서 뛰어 내리는 때에도 관찰된다. 낮은 속도에서는 차량의 바퀴들이 길 표면에 항상 접촉된 채로 남아 있다. 그러나 높은 속도에서 차량은 도로의 곡선을 따라가기에 너무 빨라서 언덕을 벗어나 길과의 접촉이 떨어지게 되는 것이다.

유체는 고속에서 굽은 표면 위 유동에 힘이 가해졌을 때와 매우 같은 방식으로 행동한다. 유체는 굽은 표면의 전반부에서는 아무 문제없이 따라가지만, 후반부에서는 표면에 부착된 상태를 유지하는 것이 힘들어진다. 충분히 빠른 속도에서, 유체 흐름은 물체의 표면으로부터 떨어져 나간다. 이것을 유동 박리(flow separation, 그림 9-13)라고 한다. 유체는 물체가 완전히 액체에 잠기거나 기체에 담겨 있을 때에도 불구하고 표면으로부터 박리될 수 있다(그림 9-14). 박리점의 위치는 Reynolds 수, 표면 조도, 그리고 자유류의 요동 수준과 같은 몇 가지 인자들에 종속되고, 날카로운 모서리나 고체 표면 형상의 갑작스러운 변화가 없는 한 어디에서 박리가 일어날지 보통 정확히 예측하기 어렵다.

물체로부터 유동이 박리될 때, 물체와 유체 흐름 사이에 박리 영역(separated region)을 형성한다. 재순환(recirculation)과 역류(backflow)가 일어나는 이 물체 뒤 저압 영역을 **박리 영역**이라고 부른다. 박리 영역이 클수록, 압력 항력이 더 커진다. 유동 박리 효과는 먼 하류에서 속도의 감소(상류 속도에 상대적으로) 형태로 나타난다. 물체의 속도에 대한 효과가 인지되는 물체 뒷전의 유동 영역은 **후류(wake)**라고 부른다(그림 9-15). 두 유동 흐름이 다시 부착되었을 때, 박리된 영역은 끝나게 된다. 그러므로 박리 영역은 폐쇄된 부피이고, 반면 후류는 내부의 유동이 그 속도를 회복할 때까지 물체 뒤에서 자라난다. 점성 및 회전 효과는 경계층, 박리 영역, 그리고 후류에서 가장 두드러진다.

박리의 발생이 깎인 물체들에 국한되는 것만은 아니다. 충분히 큰 **받음각(angle of attack)**에서(대부분 에어포일에 대하여 15° 이상) 비행기 날개와 같은 유선형 물체에 관하여 전체 후면 주위에서 완전한 박리가 일어날 수 있다. 받음각이란 입사하는 유동 흐름이 **시위(chord**, 앞전과 뒷전을 잇는 선분)에 대하여 만드는 각도다. 날개 윗면에서 유동 박리는 양력을 급격하게 줄이고 비행기를 **실속(stall)**에 이르게 할 수 있다. 실속은 많은 비행기 사고와 유체 기계에서는 효율 감소의 원인으로 지목되고 있다(그림 9-16). 항력과 양력이 물체의 형상에 강하게 좌우되고, 형상을 바꾸는 모든 효과가 항력과 양력에 깊은 영향을 미친다는 점에 주의하라. 예를 들면, 비행기 날개에 눈이 쌓이고 얼음이 형성되는 것은 날개의 형상을 바꾸어 심각한 양력 상실을 일으키기에 충분하다. 이 현상은 많은 비행기들이 고도를 잃고 추락하는 원인이 되어왔으며, 많은 경우 이륙이 취소되기도 한다. 따라서 나쁜 날씨에서 이륙하기 전, 비행기의 주요 부품에 얼음 또는 눈이 쌓이는 여부를 체크하는 것은 일상적인 안전 점검이다. 이것은 이륙이 적체되어 활주로에서 긴 시간을 대기하는 비행기들에 대하여 특히 중요하다.

유동 박리의 한 가지 중요한 결과물은 후류 안에서 **와동(vortex)**이라고 불리는 회전하는 유체 구조들의 형성과 흘림이다. 하류에서 이러한 와들의 주기적인 생성을 **와흘림(vortex shedding)**이라고 한다. 이 현상은 보통 Re $\gtrsim$ 90에서 긴 원기둥 또는 구 주변에서 일어난다. 물체 주변에 와류에 의해 생성되는 진동은, 와류의 진동수가 물체의 자연 진동수에 가까워지면 물체를 위험한 정도로 공진시키는 원인을 만들 수 있다. 비행기나 정상 상태의 강풍에 노출된 현수교 등과 같은 고속 유체 유동에서 작동하는 장비의 설계에서 반드시 피해야 할 상황이다.

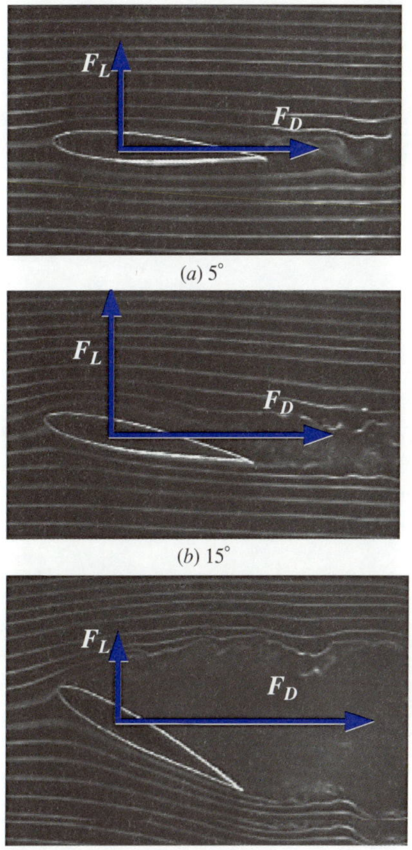

(a) 5°
(b) 15°
(c) 30°

그림 9-16
큰 받음각(보통 15° 이상)에서 유동은 에어포일 윗면에서 완전 박리될 수 있으며, 양력이 급격하게 감소되고 에어포일이 실속되는 원인이 된다.

From G. M. Homsy, et al. (2004).

9-4 일반적인 기하 형상의 항력 계수

항력의 개념은 일상생활에서 중요한 의미를 가지며, 다양한 천연 그리고 인공 물체들의 항력 거동은 전형적인 작동 조건들에서 측정된 항력 계수에 의해 특정된다. 비록 항력이 두 다른 효과들(마찰과 압력)에 의해 발생한다 할지라도, 그들을 각각 분리하여 결정하는 것은 **보통** 어렵다. 게다가 대부분의 경우, 우리는 개별적인 항력 요소보다는 **총** 항력에 관심이 있으므로, 보통 전체 항력 계수가 보고된다. 항력 계수의 결정은 많은 연구(주로 실험적인) 주제가 되어 왔고, 실용적 관심사로서 주어진 기하학적 형상에 대해서 문헌들에서 방대한 양의 항력 계수 데이터가 있다.

보통 항력 계수는 **Reynolds 수**에 종속되고, 특히 Reynolds 수가 10^4 이하일 때 그러하다. 더 높은 Reynolds 수에서 대부분 기하 형상에 대한 항력 계수들은 본질적으로 일정하다(그림 9-17). 이것은 높은 Reynolds 수 유동은 완전 난류가 되기 때문이다. 그러나 원기둥이나 구처럼 둥근 물체의 경우에는 그렇지 않은데, 이 절의 후반부에서 논의한다. 보고된 항력 계수들은 보통 높은 Reynolds 수 유동에만 적용 가능하다.

항력 계수는 낮은(크리핑), 중간(층류), 그리고 높은(난류) Reynolds 수 영역에서 다른 거동들을 보인다. 저 Reynolds 수(Re $\lesssim$ 1)에서 관성 효과는 무시할 수 있기 때문에 **크리핑 유동**이라고 부르고, 유동은 물체를 부드럽게 감싼다. 이 경우 항력 계수는 Reynolds 수에 반비례하고, 구의 경우 다음과 같다.

구: $$C_D = \frac{24}{\text{Re}} \qquad (\text{Re} \lesssim 1) \tag{9-11}$$

다음 저 Reynolds 수에서 구형 물체에 작용하는 항력은

$$F_D = C_D A \frac{\rho V^2}{2} = \frac{24}{\text{Re}} A \frac{\rho V^2}{2} = \frac{24}{\rho VD/\mu} \frac{\pi D^2}{4} \frac{\rho V^2}{2} = 3\pi\mu VD \tag{9-12}$$

이며, 영국 수학자이자 물리학자인 G. G. Stokes (1819-1903)의 이름을 따서 **Stokes 유동**으로 알려져 있다. 이 관계식은 매우 낮은 Reynolds 수에서 구형 물체에 작용하는 항력이 직경, 속도, 그리고 유체의 점성에 비례함을 보여준다. 이 관계식은 공기 중의 먼지 입자나 물속을 떠돌아다니는 고체 입자들에 종종 적용될 수 있다.

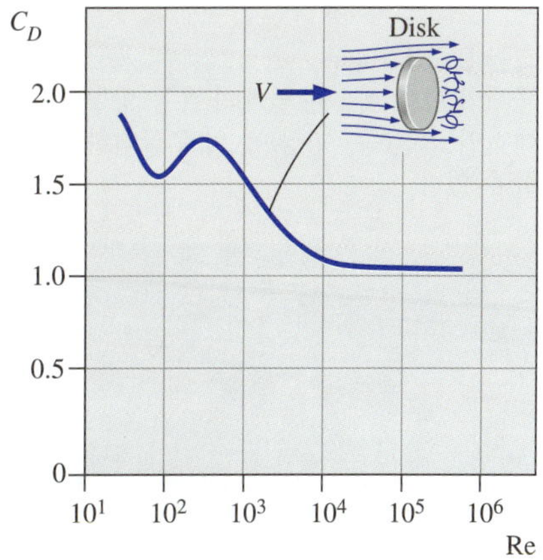

그림 9-17
대부분 기하 형상에 대한 항력 계수(모든 경우는 아님)는 본질적으로 Reynolds 수 10^4 이상에서 일정 값을 유지한다.

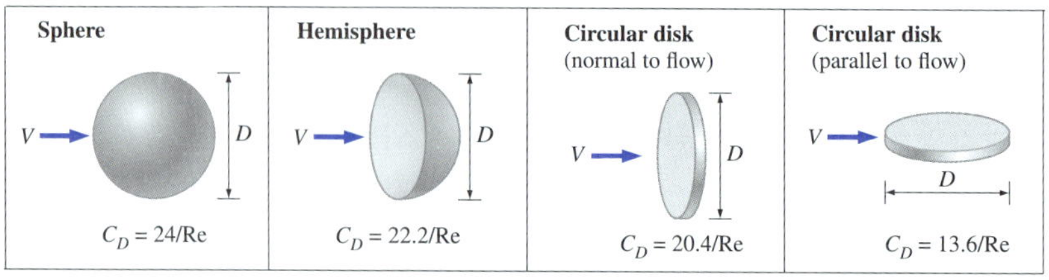

그림 9-18
낮은 레이놀즈수에서 항력 계수 C_D (Re $\lesssim$ 1, 여기에서 Re $= VD/\nu$이고 $A = \pi D^2/4$).

낮은 Reynolds 수에서 다른 기하학적 형상에 대한 항력 계수는 그림 9-18에 주어져 있다. 낮은 Reynolds 수에서 물체의 형상은 항력 계수에 주된 영향을 끼치지 않는다는 점에 주의하라.

높은 Reynolds 수에 대하여 다양한 2차원 그리고 3차원 물체들의 항력 계수들은 표 9-1과 표 9-2에 주어져 있다. 이러한 표들에서 우리는 높은 Reynolds 수에서 항력 계수에 대하여 몇 가지 관찰을 한다. 무엇보다도 유동 방향에 대해 상대적인 물체의 **회전(orientation)**이 항력 계수에 주된 영향을 끼친다. 예를 들면, 구면이 유동 쪽일 때 반구 주변 유동의 항력 계수는 0.4이지만, 그것은 평면이 유동 쪽일 때는 세 배인 1.2까지 증가한다(그림 9-19).

사각형 블록이나 유동에 수직인 평판 주위 유동과 같이 날카로운 모서리가 있는 뭉툭한 물체에 대하여, 박리는 앞뒷면 가장자리에서 일어나며, 유동의 특성은 크게 바뀌지 않는다. 따라서 이런 물체들의 항력 계수는 거의 Reynolds 수에 독립이다. 긴 사각형 막대의 항력 계수는 가장자리를 둥글게 할 경우 2.2에서 1.2로 거의 반으로 줄어든다는 점에 주목하라.

Re>10^4에서 반구의 서로 다른 방향

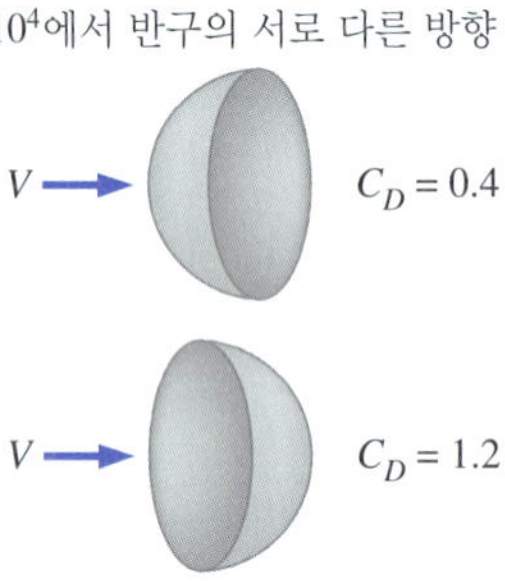

그림 9-19
물체의 항력 계수는 물체의 유동 방향에 상대적인 회전(즉, 형상)에 의해 급격하게 변할 수 있다.

생물학적 계와 항력

항력의 개념은 생물학적 시스템에 대해서도 중요한 결과를 갖는다. 예를 들면, 특히 장거리를 고속으로 헤엄칠 수 있는 돌고래와 같은 **물고기**의 몸체(역주: 돌고래는 어류가 아니고 포유류임)는 아주 유선형화되어 항력을 최소로 하고 있다(물과 접하는 피부 면적을 기준으로 한 항력 계수는 약 0.0035로서, 난류에서 평판의 값과 비교할 수 있음). 그래서 큰 물고기를 모방하여 잠수함을 건조하더라도 놀라운 일이 아니다. 한편 눈에 띄는 아름다움과 우아함을 갖춘 열대 물고기들은 짧은 거리만을 헤엄친다. 분명히 빠른 속도와 항력이 아닌 미적인 면이 그들의 설계에서 주된 고려 사항이다. 새들은 비행 중 부리를 앞으로 뻗고 다리를 접어 뒤로 함으로써 우리에게 항력 저감에 대한 교훈을 가르친다(그림 9-20). 새들과 어느 정도 비슷해 보이는 비행기들은 항력과 연료 소모를 줄이기 위하여 이륙 후 바퀴를 접는다.

그림 9-20
새들은 비행 중 부리를 앞으로 뻗고 다리를 접어 항력을 저감하려 한다.
Photodisc/Getty Images

식물의 유연한 구조는 강풍에서 항력을 줄일 수 있도록 모양을 바꾼다. 예를 들면, 크고 평평한 잎은 빠른 풍속에서 원추형으로 말리는데, 반면 나무 가지들은 항력을 분산하여 줄인다. 유연한 줄기들은 바람의 영향 아래서 항력을 줄이기 위해 굽고, 굽힘 모멘트는 전면적을 줄임으로써 낮아진다.

올림픽 경기를 보면, 선수들이 항력을 줄이기 위해서 의식적인 행동을 많이 하는 것을 관찰할 수 있다. 몇몇 예를 들어 보면, 100 m 경주에서 주자들은 손가락을 모아 반듯하게 하고 달리는 방향으로 팔을 평행이 되도록 흔드는데 팔에 가해지는 항력을 줄이기 위함이다. 머리카락이 긴 수영 선수는 머리에 달라붙고 부드러운 수영모를 착용하여 머리에 작용하는 항력을 줄인다. 승마와 사이클 선수들은 항력을 줄일 수 있을 만큼 최대로 자세를 낮춘다(항력 계수와 전면적 둘 다 줄일 수 있음). 알파인 스키 선수들도 같은 식으로 한다.

표 9-1

전면적 $A = bD$(여기에서 b는 페이지면에 수직한 방향으로의 길이)에 기초한 Re >10^4에 대하여 다양한 2차원 물체들의 항력 계수(항력 관계식 $F_D = C_D A \rho V^2/2$ 사용, 여기에서 V는 상류 속도).

Square rod

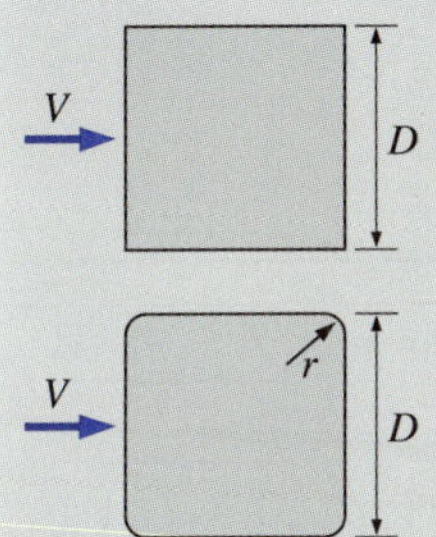

Sharp corners: $C_D = 2.2$

Round corners ($r/D = 0.2$): $C_D = 1.2$

Rectangular rod

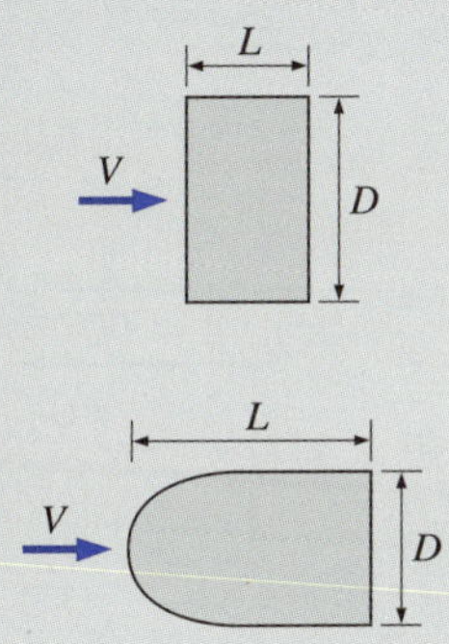

Sharp corners:

L/D	C_D
0.0*	1.9
0.1	1.9
0.5	2.5
1.0	2.2
2.0	1.7
3.0	1.3

* Corresponds to thin plate

Round front edge:

L/D	C_D
0.5	1.2
1.0	0.9
2.0	0.7
4.0	0.7

Circular rod (cylinder)

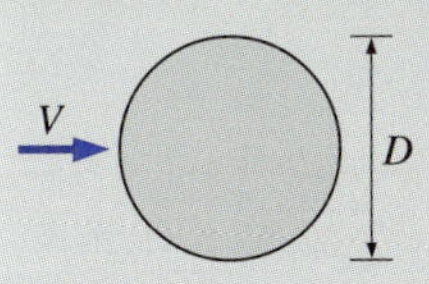

Laminar: $C_D = 1.2$

Turbulent: $C_D = 0.3$

Elliptical rod

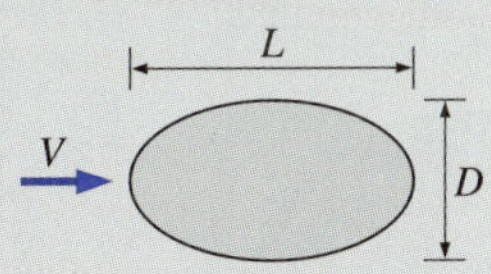

	C_D	
L/D	Laminar	Turbulent
2	0.60	0.20
4	0.35	0.15
8	0.25	0.10

Equilateral triangular rod

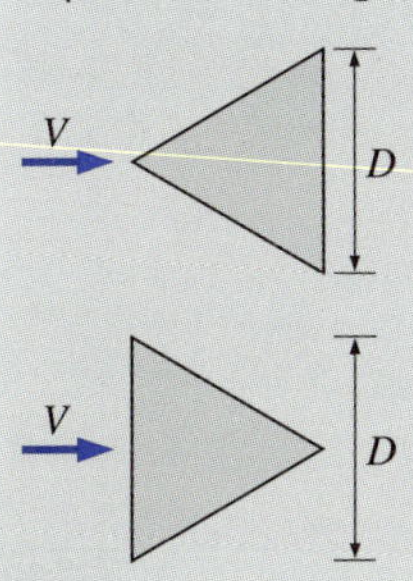

$C_D = 1.5$

$C_D = 2.0$

Semicircular shell

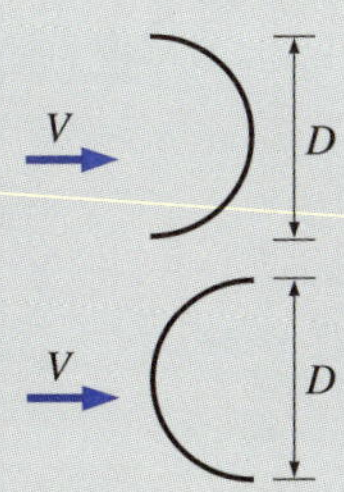

$C_D = 2.3$

$C_D = 1.2$

Semicircular rod

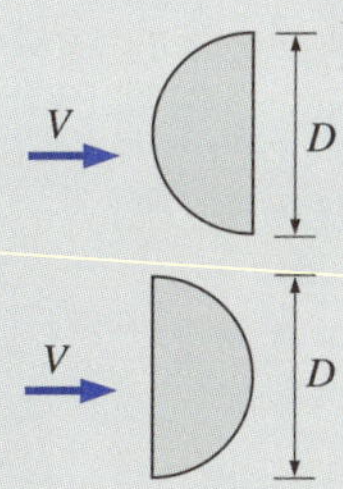

$C_D = 1.2$

$C_D = 1.7$

표 9-2

전면적(그렇지 않을 경우 따로 서술함)에 기초한 Re $>10^4$에 대하여 다양한 3차원 물체들의 대표 항력 계수 (항력 관계식 $C_D A \rho V^2/2$, 사용, 여기에서 V는 상류 속도).

Cube, $A = D^2$

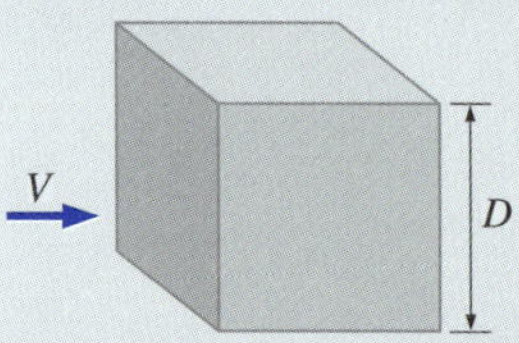

$C_D = 1.05$

Thin circular disk, $A = \pi D^2/4$

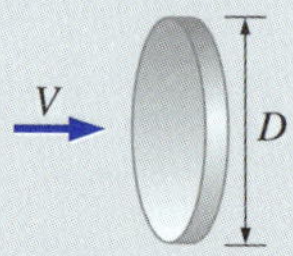

$C_D = 1.1$

Cone (for $\theta = 30°$), $A = \pi D^2/4$

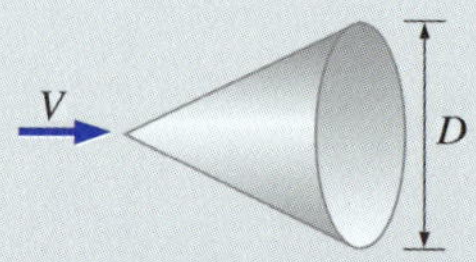

$C_D = 0.5$

Sphere, $A = \pi D^2/4$

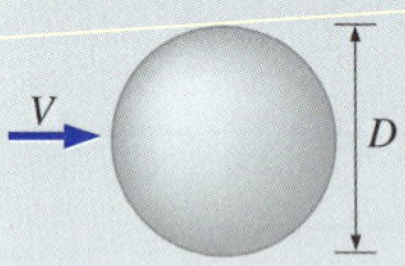

Laminar: Re $\lesssim 2 \times 10^5$, $C_D = 0.5$
Turbulent: Re $\gtrsim 2 \times 10^6$, $C_D = 0.2$

See Fig. 11–36 for C_D vs. Re for smooth and rough spheres.

Ellipsoid, $A = \pi D^2/4$

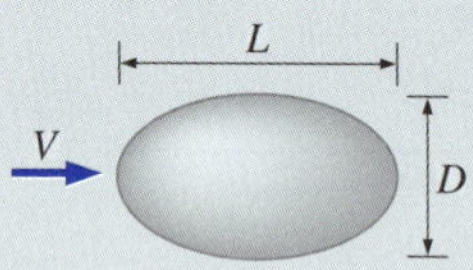

L/D	C_D Laminar Re $\lesssim 2 \times 10^5$	C_D Turbulent Re $\gtrsim 2 \times 10^6$
0.75	0.5	0.2
1	0.5	0.2
2	0.3	0.1
4	0.3	0.1
8	0.2	0.1

Hemisphere, $A = \pi D^2/4$

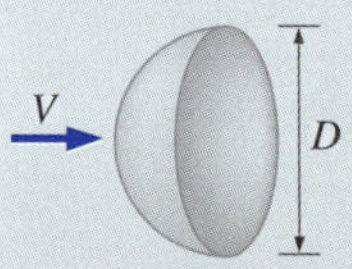

$C_D = 0.4$

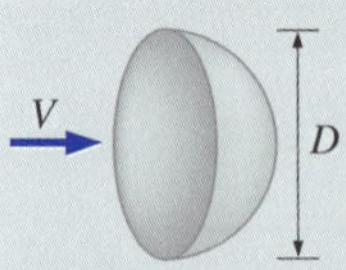

$C_D = 1.2$

Finite cylinder, vertical, $A = LD$

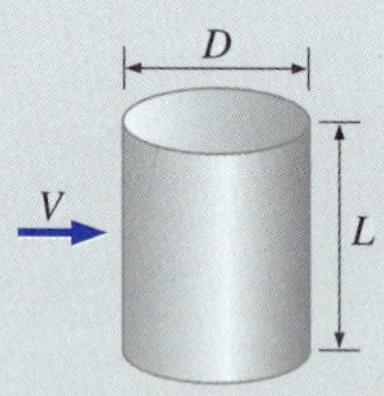

L/D	C_D
1	0.6
2	0.7
5	0.8
10	0.9
40	1.0
∞	1.2

Values are for laminar flow (Re $\lesssim 2 \times 10^5$)

Finite cylinder, horizontal, $A = \pi D^2/4$

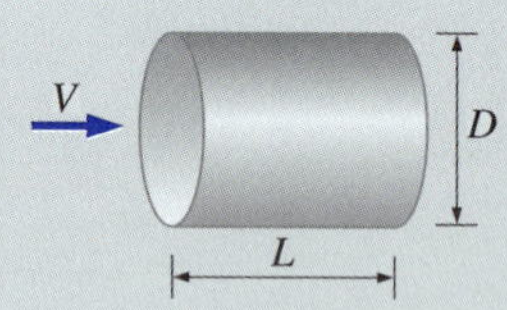

L/D	C_D
0.5	1.1
1	0.9
2	0.9
4	0.9
8	1.0

Streamlined body, $A = \pi D^2/4$

$C_D = 0.04$

Rectangular plate, $A = LD$

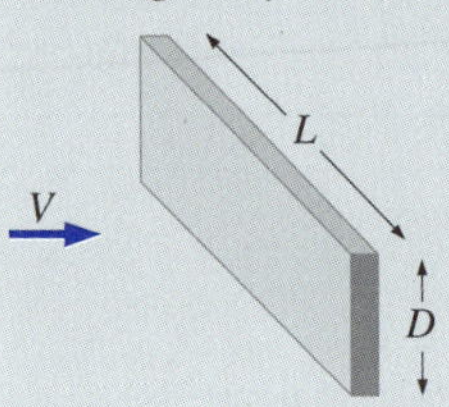

$C_D = 1.10 + 0.02\ (L/D + D/L)$ for $1/30 < (L/D) < 30$

Parachute, $A = \pi D^2/4$

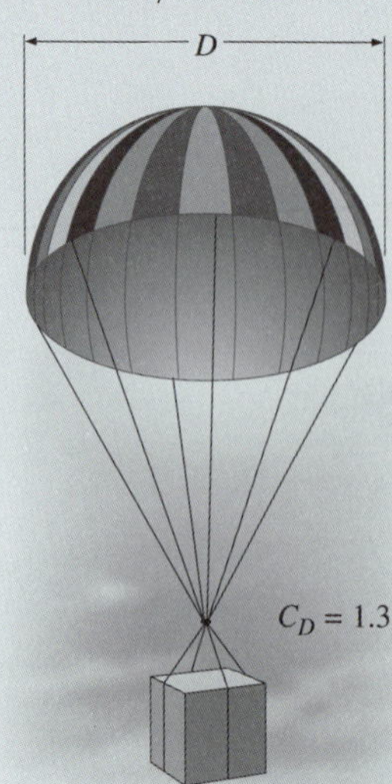

$C_D = 1.3$

Tree, A = frontal area

A = frontal area

V, m/s	C_D
10	0.4–1.2
20	0.3–1.0
30	0.2–0.7

(계속)

표 9-2 (계속)

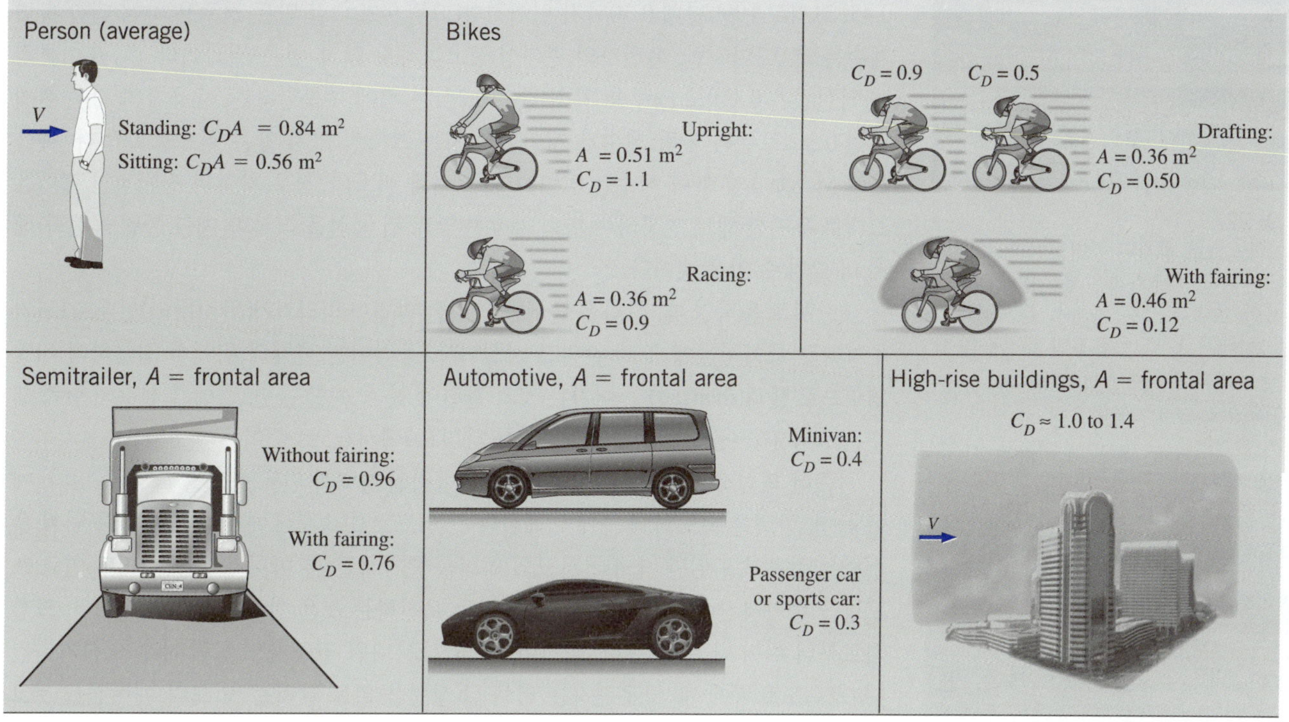

차량의 항력 계수

항력 계수라는 용어는 일상생활의 다양한 영역에서 많이 사용된다. 자동차 제조업자들은 소비자들에게 어필하기 위하여 그들 차의 **항력 계수**가 낮다고 광고한다(그림 9-21). 차량의 항력 계수는 대형 트럭의 경우 대략 1.0에서 소형 밴 0.4, 그리고 승용차는 0.3 정도이다. 일반적으로 차량이 더 뭉툭할수록 항력 계수가 커진다. 컨테이너 트럭 장치의 항력 계수를 줄이는 경우 편향판(fairing)의 앞부분을 좀더 유선형으로 만들어 20% 정도 항력 계수를 줄일 수 있다. 대략 항력이 줄어들기 때문에 얻을 수 있는 연료 절감 비율은 고속도로 속력에서 항력 저감 비율의 절반 정도이다.

그림 9-21
매끄럽게 보이는 도요타 프리우스는 항력 계수가 0.26 이다. 승용차 중에서는 가장 낮은 것들 중 하나임.
Courtesy Toyota.

공기 운동에 도로가 미치는 영향을 고려하지 않았을 때, 차량의 이상적인 외형은 난류의 경우 항력 계수가 0.1 정도 되는 **떨어지는 물방울 형상(teardrop)**이다. 그러나 이 형상은 바퀴, 거울, 축, 그리고 문손잡이 등 필수적인 외부 부품들을 장착해야 하기 때문에 바꿔야 할 필요가 있다. 또한 편의성을 위하여 차량고는 충분히 높아야 하며 지면으로부터 최소한의 간극이 있어야 한다. 더구나 차고나 주차장에 맞추기 위하여 차량이 너무 길어서도 안 된다. 재료와 제조 단가를 맞추기 위하여 사용할 수 없는 "사장된(dead)" 체적을 최소화하거나 줄여야 한다. 그 결과는 물방울보다 상자를 닮았고, 1920년대 항력 계수가 0.8 정도인 자동차가 초창기 형상이었다. 그 시절에는 속도가 낮고, 연료가 쌌으며, 항력이 주요 설계 고려 사항이 아니었기 때문에 항력은 문제되지 않았다.

차의 평균 항력 계수는 금속 성형을 위한 제조 기술의 개선과 차 형상 및 유선형화

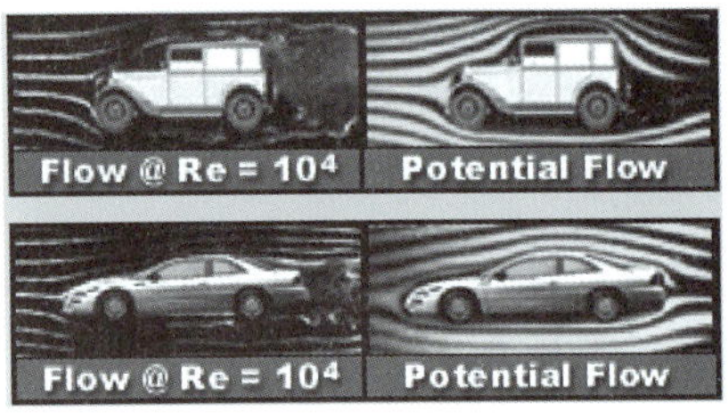

그림 9-22
공기역학적으로 설계된 현대적인 차 주변의 유선들은 뒤 끝단에 가까운 부분을 제외하면 이상적인 포텐셜 유동(마찰을 무시한다고 가정하면)에서 차 주변 유동의 유선들을 닮아서 낮은 항력 계수로 귀착된다.
From G. M. Homsy, et al. (2004).

그림 9-23
움직이는 물체 뒤를 가까이 따르는 물체의 항력 계수는 따라가기를 통하여 상당히 줄어든다(즉, 앞서가는 물체에 의해 저압 영역이 생성됨).
Getty Images

에 대해서 더 주의를 기울인 결과로 1940년대 약 0.70에서 1970년대 0.55, 1980년대 0.45, 그리고 1990년대 0.30까지 떨어졌다(그림 9-22). 잘 만든 경주용 차에 대한 항력 계수는 약 0.2이지만, 운전자의 편의성은 고려하지 않고 얻은 결과이다. C_D의 이론적인 하한값은 0.1이고 경주용 차의 값은 0.2라는 점에 주목한다면, 승용차의 경우 현재 값인 0.3으로부터 항력 계수가 개선될 여지는 그다지 크지 않은 것으로 보인다. 예를 들어 Mazda 3의 항력 계수는 0.29이다. 트럭과 버스의 경우 차량의 전반적인 길이는 그대로 유지한 채로 연장하여 항력 계수는 앞과 뒤 곡선을 최적화(예를 들면 곡선화)해서 더 줄일 수 있을 것이다.

단체로 움직일 때, 항력을 줄이는 영리한 방법이 따라가기(drafting)인데, 자전거 주자나 카레이서들에게 잘 알려진 사실이다. 움직이는 물체의 뒤에서 접근하여 저압 영역으로 **빨려(drafted)** 들어가는 것과 관련이 있다. 예를 들면, 사이클 선수의 항력 계수는 그림 9-23에서와 같이 따라가기를 하면 0.9에서 0.5로 줄어든다(표 9-2).

좀더 의식적으로 운전하면 차량의 전반적인 항력과 연료 소모를 줄일 수 있다. 예를 들면, 항력은 속도의 제곱에 비례한다. 그러므로 고속도로에서 속도 제한을 넘겨 운전하는 것은 속도위반 딱지나 사고의 기회를 증가시킬 뿐 아니라 운행 거리당 연료 소모량을 증가시킨다. 따라서 적당한 속도로 운전하는 것은 안전하고 경제적이다. 또한 차로부터 튀어 나온 모든 것, 심지어 창 밖으로 내민 팔조차도 항력 계수를 증가시킨다. 고속도로 주행에서, 운전자는 더운 날 창문을 열고 달리는 것 보다 에어컨을 켜고 달리는 것이 연료를 절약할 수 있다. 많은 저항력 자동차들에 대하여 창문을 열었을 경우 난류와 부가되는 항력때문에 에어컨보다 더 많은 연료를 소모한다. 그러나 고항력 차량에서는 이 경우가 맞지 않다.

중첩

실질적으로 주변에서 많이 보는 물체들의 형상은 단순하지 않다. 그러나 그런 물체들은 둘 혹은 더 많은 단순한 물체로 구성된 형상으로 생각하여 항력 계산을 편리하게 할 수 있다. 예들 들면, 원기둥형 막대로 지붕에 고정된 접시형 위성 안테나는 반구형 물체와 원기둥의 조합으로 생각할 수 있다. 다음 물체의 항력 계수는 중첩(superposition)을 사용하여 근사적으로 결정할 수 있다. 이러한 단순한 접근은 한 요소가 다른 요소에 미치는 영향을 설명하지 못하며, 취득된 결과도 이에 따라 해석되어야 한다.

예제 9-2 전면적이 차 연료 효율에 미치는 영향

차량의 연료 효율을 향상시키는 두 가지 일반적인 방법은 항력 계수와 차량의 전면적을 줄이는 것이다. 그림 9-24와 같은 폭(W)과 높이(H)가 각각 1.8 m와 1.70 m이고 항력 계수가 0.30인 차가 있다. 폭은 유지한 채 차 높이를 1.55 m로 줄였을 때 연간 절약되는 연료와 비용을 결정하라. 그 차는 연간 18,000 km를 평균 속도 95 km/h로 운행한다고 가정하라. 가솔린의 밀도와 가격은 각각 0.74 kg/L와 $0.95/L으로 한다. 또한 공기의 밀도는 1.20 kg/m^{3}이고, 가솔린의 열량은 44,000 kJ/kg, 그리고 차 운전부의 전반적 효율은 30%이다.

그림 9-24
예제 9-2에 대한 개념도

풀이 재설계에 의해 차의 전면적이 줄어들면 결과적으로 연간 연료 및 경비 절감이 결정된다.

가정 1 그 차는 평균 속력 95 km/h에서 연간 18,000 km 운행된다. 2 전면적이 줄어들어 항력 계수가 변하는 효과는 무시한다.

상태량 공기와 가솔린의 밀도는 각각 1.20 kg/m^{3}과 0.74 kg/L이다. 가솔린의 열량은 44,000 kJ/kg으로 주어진다.

해석 물체에 작용하는 항력은 다음과 같다.

$$F_D = C_D A \frac{\rho V^2}{2}$$

여기에서 A는 물체의 전면적이다. 재설계 이전 차에 작용하는 항력은 다음과 같다.

$$\begin{aligned} F_D &= 0.3(1.85 \times 1.70 \text{ m}^2) \frac{(1.20 \text{ kg/m}^3)(95 \text{ km/h})^2}{2} \left(\frac{1 \text{ m/s}}{3.6 \text{ km/h}}\right)^2 \left(\frac{1 \text{ N}}{1 \text{ kg·m/s}^2}\right) \\ &= 394 \text{ N} \end{aligned}$$

일이란 힘 곱하기 거리인 점을 주목하면, 항력을 극복하기 위해 한 일의 양과 18,000 km 거리에 대한 요구되는 에너지 입력은 다음과 같다.

$$\begin{aligned} W_{\text{drag}} &= F_D L = (394 \text{ N})(18{,}000 \text{ km/year}) \left(\frac{1000 \text{ m}}{1 \text{ km}}\right) \left(\frac{1 \text{ kJ}}{1000 \text{ N·m}}\right) \\ &= 7.092 \times 10^6 \text{ kJ/year} \end{aligned}$$

$$E_{\text{in}} = \frac{W_{\text{drag}}}{\eta_{\text{car}}} = \frac{7.092 \times 10^6 \text{ kJ/year}}{0.30} = 2.364 \times 10^7 \text{ kJ/year}$$

이 에너지를 공급하는 연료의 양과 비용은 다음과 같다.

$$\begin{aligned} \text{Amount of fuel} &= \frac{m_{\text{fuel}}}{\rho_{\text{fuel}}} = \frac{E_{\text{in}}/\text{HV}}{\rho_{\text{fuel}}} = \frac{(2.364 \times 10^7 \text{ kJ/year})/(44{,}000 \text{ kJ/kg})}{0.74 \text{ kg/L}} \\ &= 726 \text{ L/year} \end{aligned}$$

$$\text{Cost} = (\text{Amount of fuel})(\text{Unit cost}) = (726 \text{ L/year})(\$0.95/\text{L}) = \$690/\text{year}$$

따라서 차는 연간 항력을 극복하기 위해 약 730 리터의 가솔린, 약 \$690을 사용한다.

항력과 그것을 극복하기 위해 한 일은 전면적에 정비례한다. 다음 전면적의 감소 때문에 연료 소비의 감소율은 다음과 같다.

$$\text{감소율} = \frac{A - A_{\text{new}}}{A} = \frac{H - H_{\text{new}}}{H} = \frac{1.70 - 1.55}{1.70} = 0.0882$$

$$\text{감소량} = (\text{감소율})(\text{전체 양})$$

$$\text{연료 감소} = 0.0882(726 \text{ L/year}) = \mathbf{64 \text{ L/year}}$$

$$\text{비용 감소} = (\text{감소율})(\text{비용}) = 0.0882(\$690/\text{year}) = \mathbf{\$61/year}$$

그러므로 차의 높이를 줄여 항력 때문에 연료 소비는 거의 9% 줄어든다.

토의 답은 유효 숫자가 두 자리이다. 이 예제는 항력과 연료 소모의 현저한 절감은 차량의 항력계수뿐만 아니라 차량 전면적을 줄임으로써 달성될 수 있다.

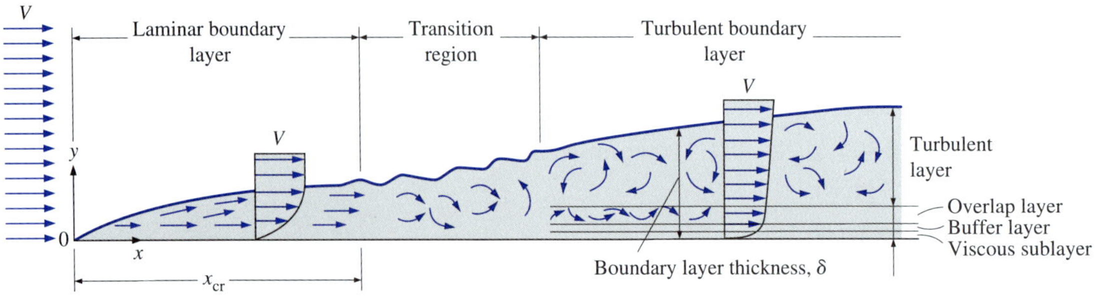

그림 9-25
평판 주변 유동에 대한 경계층의 발달 및 다른 유동 영역. (축척은 맞지 않음)

예제 9-2는 공기역학적 항력을 줄이기 위해서는 창문 몰딩, 문손잡이, 앞 유리창, 그리고 앞뒤 끝단과 같은 차 부품들을 재설계하는데 엄청난 양의 노력이 투입되어야 함을 나타낸다. 일정 속력으로 평평한 길을 움직이는 차의 경우, 엔진에 의해 발생하는 동력은 바퀴 구름 저항, 움직이는 요소들 사이의 마찰, 공기역학적 항력, 그리고 보조적인 장비의 작동들을 극복하는데 사용된다. 공기역학적 항력은 저속에서는 무시되지만, 50 km/h 이상의 속력에서는 중요해진다. 차의 전면적을 줄이는 일(키가 큰 운전자는 싫어하겠지만) 또한 항력과 연료 소비를 줄이는데 많은 공헌을 한다.

9-5 평판 주위의 평행 유동

그림 9-25에서와 같이 **평판** 주위의 유동을 생각해 보라. 살짝 굽어있는 표면도 (터빈 블레이드처럼) 타당한 오차 이내에서 평판으로 근사할 수 있다. 유동 방향으로 판의 **앞전(leading edge)**으로부터 판 표면을 따라 x 좌표가 측정되고, y는 표면에서 수직 방향으로 측정된다. 유체는 x 방향으로 일정 속도 V로 접근하는데, 이는 표면으로부터 떨어진 평판 주위 속도와 같다.

유체가 층층이 쌓여 있는 경우를 생각해보자. 판에 이웃한 첫 번째 유체층 내부 입자들의 속도는 점착 조건에 의하여 0이다. 이 층은 움직이지 않으므로 다른 두 이웃한 유체층 입자들 사이에서 주변 유체의 입자들을 느리게 한다. 이 유체층이 다시 다음 층의 분자들을 감속시키는 식으로 계속된다. 그리하여 판의 존재가 자유류 속도가 거의 변하지 않는 판에서 수직 거리 δ 근방까지 느껴지도록 전달된다. 결과적으로, 유체의 x 방향 속도 u는 $y = 0$에서 0으로부터 $y = \delta$에서 거의 V(보통 $0.99V$)까지 변한다(그림 9-26).

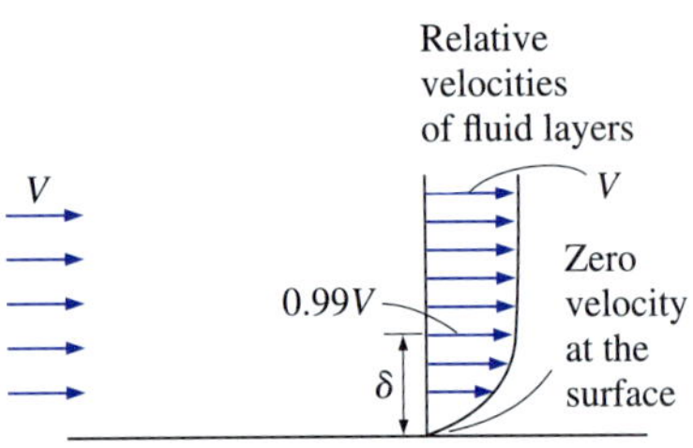

그림 9-26
표면에서 경계층의 발달은 점착 조건과 마찰 때문이다.

유체 점성의 원인으로 전단력의 효과가 있는 δ로 경계진 판 위의 유동 영역은 **속도 경계층(velocity boundary layer)**이라고 부른다. 일반적으로 **경계층 두께** δ는 $u = 0.99\,V$가 되는 표면으로부터의 거리 y로 정의된다.

$u = 0.99\,V$가 되는 가상의 선은 평판 주위 유동을 두 영역으로 나눈다. 즉 점성 효과와 속도 변화가 두드러지는 **경계층 영역(boundary layer region)**과 마찰 효과를 무시할 수 있고, 속도가 본질적으로 일정한 **비회전 유동 영역(irrotational flow** region)으로 나뉜다.

평판 위 평행류에 대해서 압력 항력은 0이고, 항력 계수는 **마찰 항력 계수**, 또는 간단히 **마찰 계수**(그림 9-27)이다. 즉,

평판: $$C_D = C_{D,\,\text{friction}} = C_f \tag{9-13}$$

일단 평균 마찰 계수 C_f가 활용 가능하면 표면 주위 항력(또는 마찰력)은 다음과 같이 결정된다.

평판 위의 마찰력: $$F_D = F_f = \tfrac{1}{2}C_f A\rho V^2 \tag{9-14}$$

여기에서 A는 유동에 노출되는 평판의 표면적이다. 얇은 판의 양쪽 면 모두 유동 내부에 있을 때, A는 위아래 표면의 총 면적이 된다. 평균 마찰 계수 C_f와 국지 마찰 계수 $C_{f,x}$ 모두 보통 표면에 따라 위치에 대해 변한다는 점에 유의하라.

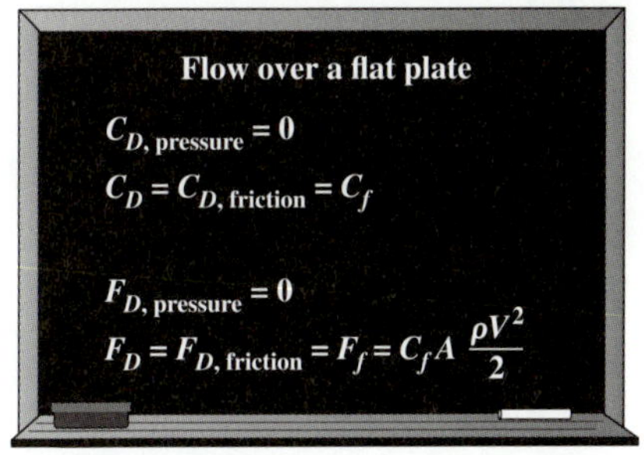

그림 9-27
평판 주위 평행류에 대하여 압력 항력은 0이고, 따라서 항력 계수는 마찰 항력 계수와 같고 항력은 마찰력과 같다.

층류와 난류에서 전형적인 평균 속도 분포는 그림 9-25에 보인 바 있다. 난류에서의 속도 분포는 표면 근방에서 날카롭게 줄어들어 층류에서보다 더 발달된다는 점에 주목하라. 난류 경계층은 벽면으로부터 거리에 의해 네 영역으로 구성된다고 생각할 수 있다. 벽면 다음 점성의 영향이 지배적인 매우 얇은 층은 **점성부층(또는 점성저층, viscous sublayer)**이다. 이 층에서 속도 분포는 거의 **선형**이고, 유동은 거의 평행이다. 점성부층 다음은 난류 효과가 커지지만 아직 점성 효과가 지배적인 **완충층(buffer layer)**이다. 완충층 위에 **중첩층(overlap layer)**이 있는데, 여기서 난류 효과가 더욱 커지지만, 아직 지배적이지는 않다. 그 위에 내부에서 난류 효과가 점성 효과보다 지배적인 **난류층(turbulent layer** 혹은 **외층, outer layer)**이 있다. 평판 위 난류 경계층 분포는 완전 발달한 난류 파이프 유동(7장)과 닮았다는 점에 주목하라.

층류에서 난류로의 천이는 다른 무엇보다 **표면 형상**, **표면 조도**, **상류 속도**, **표면 온도**, 그리고 **유체의 종류**에 관계되고, Reynolds 수에 의해 가장 두드러진다. 평판의 앞전에서부터의 거리 x에서 Reynolds 수는 다음과 같이 표현된다.

$$\text{Re}_x = \frac{\rho V x}{\mu} = \frac{Vx}{\nu} \tag{9-15}$$

여기에서 V는 상류속도, x는 기하 형상의 특성 길이로서 평판에 대해서는 유동 방향으로의 판 길이이다. 파이프 유동과는 달리, 평판에 대한 Reynolds 수가 유동 진행에 따라 바뀌고, 판의 끝단에서 $\text{Re}_L = VL/\nu$에 도달한다. 평판 위 모든 점에 대하여, 특성 길이는 유동 방향으로 앞전으로부터 거리 x가 특성거리이다.

매끄러운 평판 위 유동의 경우, 층류에서 난류로의 천이는 약 $\text{Re} \cong 1 \times 10^5$이지만, Reynolds 수가 더 높은 값, 일반적으로 3×10^6에 이르기 전에는 완전 난류가 되지 않는다. 공학 해석에서, 임계 Reynolds 수로 일반적으로 받아들여지는 값은

$$\text{Re}_{x,\,\text{cr}} = \frac{\rho V x_{\text{cr}}}{\mu} = 5 \times 10^5$$

평판에 대하여 공학적인 임계 Reynolds 수의 실제 값은 표면 조도, 난류 수준, 그리고 표면을 따른 압력 변화에 관계되어 약 10^5부터 3×10^6까지 변할 수 있다.

마찰 계수

평판 주변에 대한 마찰 계수는 이론적으로 질량과 선형 운동량 보존 법칙을 수치적으로 풀어서 결정할 수 있다. 그러나 난류의 경우는 실험으로 결정되고 실험 관계식으로 표현된다.

국지적 마찰 계수는 유동 방향으로 속도 경계층 내부 변화의 결과로 평판의 표면을 따라 **변한다**. 우리는 보통 전체 표면 위의 항력에 관심이 있으므로, **평균** 마찰 계수를 사용하여 결정한다. 그러나 가끔 어떤 위치에서 항력에도 관심이 있고, 이런 경우 마찰 계수의 **국지적** 값을 알 필요가 있다. 이러한 아이디어로, **층류**, **난류**, 그리고 **층류**와 **난류**가 **섞여있는** 경우 평판 주위 국지(하첨자 x로 표시) 및 평균 마찰 계수 모두에 대하여 관계식을 제시한다. 일단 국지 값들을 이용 가능하면, 전체 판의 평균 마찰계수는 적분에 의하여 다음과 같이 표시된다.

$$C_f = \frac{1}{L}\int_0^L C_{f,x}\, dx \qquad (9\text{-}16)$$

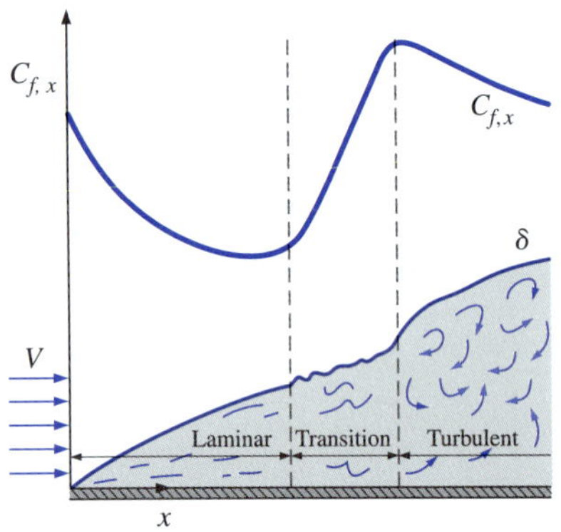

그림 9-28
평판 주위 유동에 대한 국지 마찰 계수의 변화. 이 그림에서 경계층의 수직 축척이 매우 과장되었다는 점에 주의하라.

해석에 근거하여, 평판 주위 층류 유동의 경계층 두께와 위치 x에서 국지 마찰 계수는 다음과 같다.

층류: $$\delta = \frac{4.91x}{\mathrm{Re}_x^{1/2}} \quad \text{그리고} \quad C_{f,x} = \frac{0.664}{\mathrm{Re}_x^{1/2}}, \qquad \mathrm{Re}_x \lesssim 5\times 10^5 \qquad (9\text{-}17)$$

이에 대응하는 난류 관계식들은 다음과 같다.

난류: $$\delta = \frac{0.38x}{\mathrm{Re}_x^{1/5}} \quad \text{그리고} \quad C_{f,x} = \frac{0.059}{\mathrm{Re}_x^{1/5}}, \qquad 5\times 10^5 \lesssim \mathrm{Re}_x \lesssim 10^7 \qquad (9\text{-}18)$$

여기에서 x는 판의 앞전에서부터 거리이고 $\mathrm{Re}_x = Vx/\nu$는 x 위치에서 Reynolds 수이다. $C_{f,x}$는 층류에 대해 $1/\mathrm{Re}_x^{1/2}$ 즉 $x^{-1/2}$에 비례하고, 난류에 대해 $x^{-1/5}$에 비례함에 주의하라. 두 경우 모두 $C_{f,x}$는 앞전($x=0$)에서 무한대이고, 따라서 식 9-17과 9-18은 앞전 근방에서 맞지 않는다. 평판을 따른 경계층 두께 δ와 마찰 계수 $C_{f,x}$의 변화는 그림 9-28에 있다. 국지 마찰 계수는 난류 경계층 내부에서 심한 혼합이 일어나기 때문에 층류일 때보다 난류에서 더 높다. $C_{f,x}$는 그림에서 보이는 것과 같이 완전히 난류가 되면 최대에 이르렀다가 유동 방향으로 $x^{-1/5}$인자로 감소한다.

전체 판 주위의 평균 마찰 계수는 식 9-17과 9-18을 9-16에 대입한 다음, 적분(그림 9-29)하여 결정된다.

$$C_f = \frac{1}{L}\int_0^L C_{f,x}\,dx = \frac{1}{L}\int_0^L \frac{0.664}{\mathrm{Re}_x^{1/2}}\,dx = \frac{0.664}{L}\int_0^L \left(\frac{Vx}{\nu}\right)^{-1/2} dx = \frac{0.664}{L}\left(\frac{V}{\nu}\right)^{-1/2} \left.\frac{x^{1/2}}{\frac{1}{2}}\right|_0^L = \frac{2\times 0.664}{L}\left(\frac{V}{\nu L}\right)^{-1/2} = \frac{1.328}{\mathrm{Re}_L^{1/2}}$$

그림 9-29
표면에 대한 평균 마찰 계수는 전체 표면에 대해 국지 마찰 계수를 적분하여 결정된다. 여기에 보이는 값들은 층류 평판 경계층에 대한 것이다.

층류: $$C_f = \frac{1.33}{\mathrm{Re}_L^{1/2}} \qquad \mathrm{Re}_L \lesssim 5\times 10^5 \qquad (9\text{-}19)$$

난류: $$C_f = \frac{0.074}{\mathrm{Re}_L^{1/5}} \qquad 5\times 10^5 \lesssim \mathrm{Re}_L \lesssim 10^7 \qquad (9\text{-}20)$$

첫 번째 관계식은 **전체** 판에 대해 유동이 **층류**일 때 전체 판에 대한 평균 마찰 계수이다. 두 번째 관계식은 **전체** 판에 대해 유동이 **난류**이거나 층류 영역이 난류에 비하여 무시할 정도로 작을 때(즉, $x_{cr} \ll L$ 여기에서 $Re_{cr} = 5 \times 10^5 = Vx_{cr}/\nu$로 결정되는 유동이 층류인 판의 길이 x_{cr}임) 전체 판에 대한 평균 마찰 계수이다.

몇몇 경우 평판이 난류가 되기에 충분히 길지만 층류 유동 영역을 고려하지 않을 정도로 충분하지는 않다. 이러한 경우에 전체 판 주위의 **평균** 마찰 계수는 식 9-16에서 적분을 두 부분, 즉 층류 부분($0 \le x \le x_{cr}$)과 난류 부분($x_{cr} < x \le L$)으로 나누어 수행한다.

$$C_f = \frac{1}{L}\left(\int_0^{x_{cr}} C_{f,x,\text{ laminar}}\, dx + \int_{x_{cr}}^{L} C_{f,x,\text{ turbulent}}\, dx\right) \quad (9\text{-}21)$$

천이 영역은 난류 영역에 포함시켰음에 주의하라. 다시 임계 Reynolds 수를 $Re_{cr} = 5 \times 10^5$로 하고, 각 표현들을 대입하여 이러한 적분들을 수행한 후, **전체** 판 주위의 평균 마찰 계수는 다음과 같이 결정한다.

$$C_f = \frac{0.074}{Re_L^{1/5}} - \frac{1742}{Re_L} \qquad 5 \times 10^5 \lesssim Re_L \lesssim 10^7 \quad (9\text{-}22)$$

이 관계식에서 제약 조건들은 다른 임계 Reynolds 수에 대하여 다르게 나온다. 또한 표면은 **매끄럽고**, 자유류는 난류 강도가 매우 낮다고 가정한다. 층류에 대하여 마찰 계수는 오직 Reynolds 수에만 비례하고, 표면 조도는 영향이 없다. 그러나 난류에 대하여, 표면 조도 때문에 마찰 계수는 완전히 거친 난류 영역 마찰 계수가 오직 표면 조도만의 함수가 되고 Reynolds 수와는 독립이 될 때까지 5~6배 증가한다(그림 9-30).

이 영역에서 평균 마찰 계수에 대하여 실험 데이터의 곡선 맞춤 관계식은 H. Schlichting (1979)에 의해 주어진다.

완전히 거친 난류 영역:

$$C_f = \left(1.89 - 1.62 \log \frac{\varepsilon}{L}\right)^{-2.5} \quad (9\text{-}23)$$

여기에서 ε은 표면 조도(거칠기)이고 L은 유동 방향으로 판의 길이다. 더 좋은 것이 없다면, 이 관계식은 $Re > 10^6$인 거친 표면 위 난류 유동, 특히 $\varepsilon/L > 10^{-4}$인 유동 영역에 대하여 사용될 수 있다.

그림 9-31에서 매끄럽고 거친 평판 주위 평행류에 대하여 마찰 계수 C_f는 그래프로 나타낼 수 있다. C_f가 난류 유동에서 거칠기에 따라 5~6배 증가하는 것에 주의하라. 또한 C_f는 완전히 거친 영역에서 Reynolds 수에 독립임에 주목하라. 이 차트는 파이프 유동을 위한 Moody 차트와 유사한 평판 버전이다.

Relative Roughness, ϵ/L	Friction Coefficient, C_f
0.0*	0.0029
1×10^{-5}	0.0032
1×10^{-4}	0.0049
1×10^{-3}	0.0084

*$Re=10^7$인 매끄러운 표면의 경우이다. 다른 값들은 완전히 거친 난류 영역에서 식 9-23을 이용하여 계산되었다.

그림 9-30
난류 유동에 대하여 표면 조도는 마찰 계수가 5~6배 증가한다.

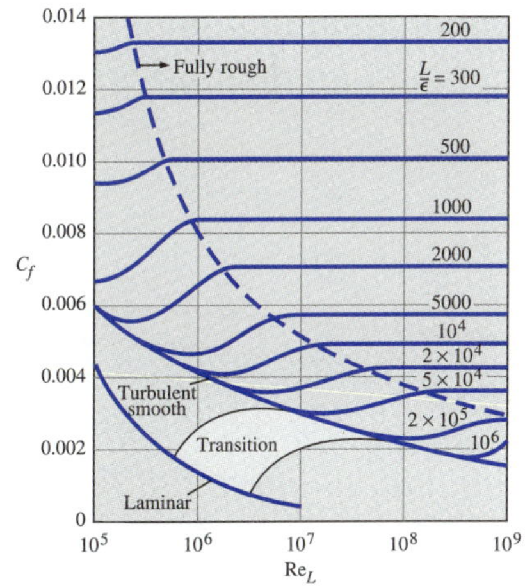

그림 9-31
매끄럽고 거친 평판 위 평행류에 대한 마찰 계수

Data from White (2010).

예제 9-3 평판 위 뜨거운 기름 유동

40℃ 엔진 오일이 5 m 길이의 평판을 자유류 속도 2 m/s로 흐른다(그림 9-32). 단위 폭당 윗면에 작용하는 항력을 결정하라.

풀이 엔진 오일은 평판 위를 흐른다. 단위 판 폭당 항력이 결정된다.

가정 **1** 유동은 정상이고 비압축성이다. **2** 임계 Reynolds 수는 $Re_{cr} = 5 \times 10^5$이다.

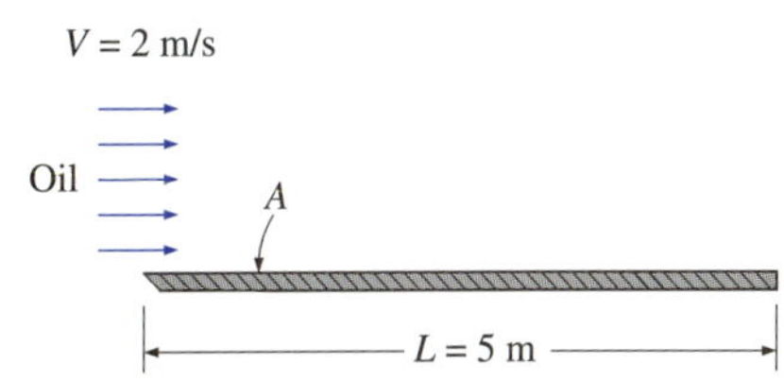

그림 9-32
예제 9-3의 개념도.

상태량 엔진 오일의 밀도와 동점성(kinematic viscosity)은 40°C에서 $\rho = 876\ \text{kg/m}^3$과 $\nu = 2.485 \times 10^{-4}\ \text{m}^2/\text{s}$이다.

해석 $L = 5$ m인 점에 주의하고, 판 끝단에서 (최대) Reynolds 수는 다음과 같다.

$$\text{Re}_L = \frac{VL}{\nu} = \frac{(2\ \text{m/s})(5\ \text{m})}{2.485 \times 10^{-4}\ \text{m}^2/\text{s}} = 4.024 \times 10^4$$

이는 임계 Reynolds 수보다 작다. 따라서 전체 평판에 대하여 층류이고, 평균 마찰 계수는 그림 9-29로부터 다음과 같게 된다.

$$C_f = 1.328\text{Re}_L^{-0.5} = 1.328 \times (4.024 \times 10^4)^{-0.5} = 0.00662$$

압력 항력이 0이라는 점에 주의하면, 평판 위 평행류에 대해서 $C_D = C_f$이고, 단위 폭당 판에 작용하는 항력은 다음과 같다.

$$F_D = C_f A \frac{\rho V^2}{2} = 0.00662(5 \times 1\ \text{m}^2)\frac{(876\ \text{kg/m}^3)(2\ \text{m/s})^2}{2}\left(\frac{1\ \text{N}}{1\ \text{kg}\cdot\text{m/s}^2}\right) = \mathbf{58.0\ N}$$

전체 판에 작용하는 총 항력은 그 값에 판의 폭을 곱한 결과로 결정할 수 있다.

토의 단위 폭당 힘은 6 kg 질량의 무게에 대응한다. 그러므로 이 평판이 움직이지 않도록 반대쪽으로 같은 힘을 가하고 있는 사람은 마치 6 kg 질량이 떨어지지 않도록 붙잡을 만큼 힘을 사용하고 있는 것처럼 느낀다.

9-6 원기둥과 구 주위의 유동

원기둥과 구 주위 유동은 자주 나타난다. 예를 들면, 셸-튜브 열교환기는 튜브를 지나는 **내부 유동** 및 튜브 주변의 **외부 유동**과 관련되는데, 열교환기의 해석에 둘 모두 고려되어야 한다. 또한 축구, 테니스, 그리고 골프와 같은 많은 스포츠들은 구형 공 주변의 유동과 관련되어 있다.

원기둥이나 구에 대한 특성 길이로 **바깥지름(외경)** D를 취한다. 그리하여 Reynolds 수는 $\text{Re} = VD/\nu$로 정의되는데 여기에서 V는 원기둥 또는 구에 접근하는 일정 속도이다. 원기둥 또는 구를 가로지르는 유동에 대한 임계 Reynolds 수는 약 $\text{Re}_{cr} \cong 2 \times 10^5$이다. 즉, $\text{Re} \lesssim 2 \times 10^5$일 때 경계층은 층류로 남고, $2 \times 10^5 \lesssim \text{Re} \lesssim 2 \times 10^6$일 때 천이하며, $\text{Re} \gtrsim 2 \times 10^6$에 대해서 완전 난류가 된다.

그림 9-33에서와 같이 원기둥의 횡류(cross-flow)는 복잡한 유동 패턴을 보여준

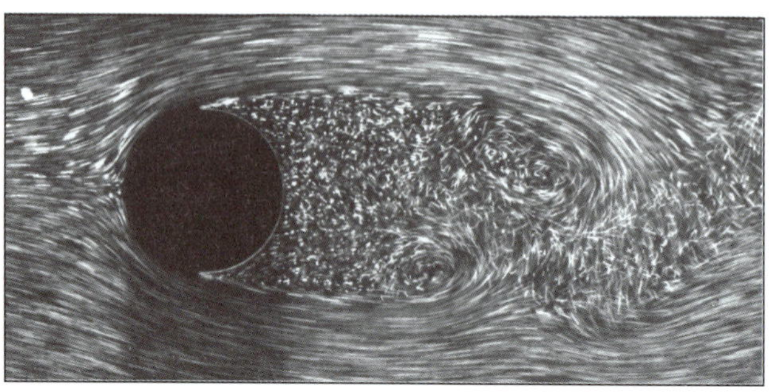

그림 9-33
층류 경계층 박리와 난류 후류의 생성: Re = 2000일 때 원기둥 주위 유동.
Courtesy ONERA, photograph by Werlé.

다. 원기둥에 접근하는 유체는 갈라져 돌아나가고, 경계층을 형성하면서 원기둥을 감싸 안는다. 중간면의 유체 입자들은 정체점에서 원기둥에 부딪치는데, 이 점에서 유체는 완전히 멈추고 압력이 올라간다. 유동 방향으로 유동 속도가 증가하는 반면 압력은 감소한다.

매우 낮은 상류 속도($Re \lesssim 1$)에서 유동은 원기둥을 완전히 둘러싸고 유동의 양팔은 뒷부분에서 질서 있는 방식으로 만난다. 그리하여 유동은 원기둥의 곡선을 따라 흐른다. 고속에서는 유동이 여전히 원기둥 앞부분을 감싸지만, 원기둥 꼭대기(또는 바닥)로 접근하면서 표면에 접촉된 상태를 유지하기에는 너무 빠르게 된다. 결과적으로 경계층은 표면에서 떨어져 나오면서 원기둥 뒤에 박리 영역을 형성한다. 후류 내 유동은 주기적인 와동 형성과 정체점 압력보다 매우 낮은 압력으로 특정된다.

원기둥 또는 구를 가로지르는 유동의 모습은 총 항력 계수 C_D에 강한 영향을 미친다. **마찰 항력**과 **압력 항력** 모두 상당할 수 있다. 정체점 주변의 고압과 반대편 후류의 저압 사이에서 유동 방향으로 물체에 순 힘이 형성된다. 항력은 낮은 Reynolds 수($Re \lesssim 10$)에서 마찰 항력 때문이고, 높은 Reynolds 수($Re \lesssim 5000$)에서는 압력 항력 때문이다. 중간 Reynolds 수에서는 두 가지 효과가 모두 중요하다.

매끄러운 단일 원기둥과 구 주변 횡류에 대한 평균 항력 계수 C_D는 그림 9-34에 주어져 있다. 이 곡선은 Reynolds 수가 다른 영역들에 따라 다른 거동들을 보여준다.

- $Re \lesssim 1$인 경우, 크리핑 유동이 형성되어 Reynolds 수가 증가함에 따라 항력 계수가 감소한다. 구의 경우 $C_D = 24/Re$이다. 이 영역에서 유동 박리는 없다.
- $Re \cong 10$ 정도에서 물체 뒤에서 박리가 시작되며, 약 $Re \cong 90$에서 와류가 떨어져 나가기 시작한다. Reynolds 수가 $Re \cong 10^3$까지 증가하면 박리 영역은 커진다. 이 점에서 항력은 주로 (약 95%) 압력 항력 때문이다. Reynolds 수가 $10 \lesssim Re \lesssim 10^3$ 영역에서 증가하면 항력 계수는 계속 감소한다. (항력 계수가 감소한다고 해서 반드시 항력이 감소하는 것은 아니다. 항력은 속도의 제곱에 비례하고, 보통 항력 계수의 감소량보다 높은 Reynolds 수에서 속도가 증가한다.)

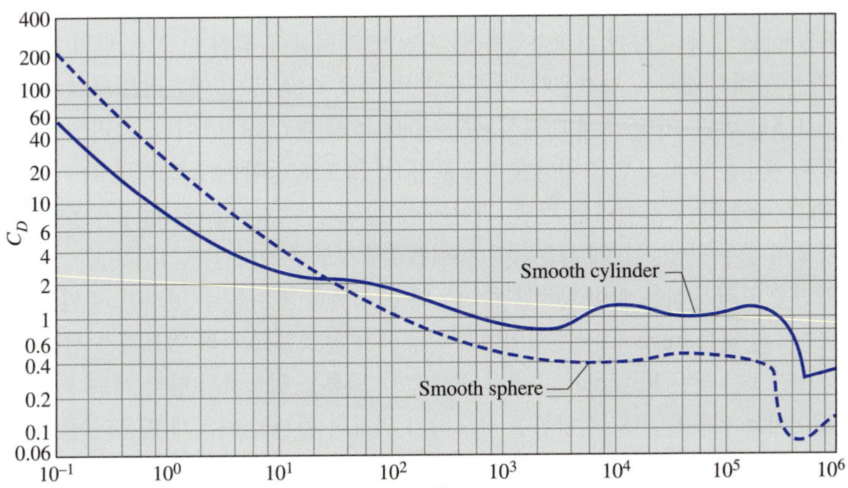

그림 9-34
매끄러운 원기둥과 구에 대한 평균 항력 계수.
Data from H. Schlichting.

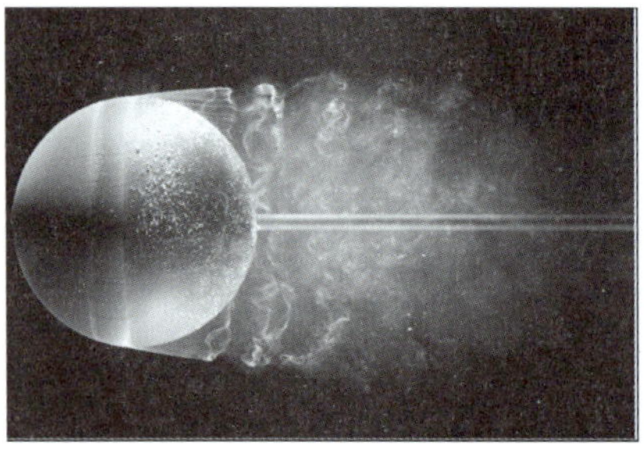

(*a*)

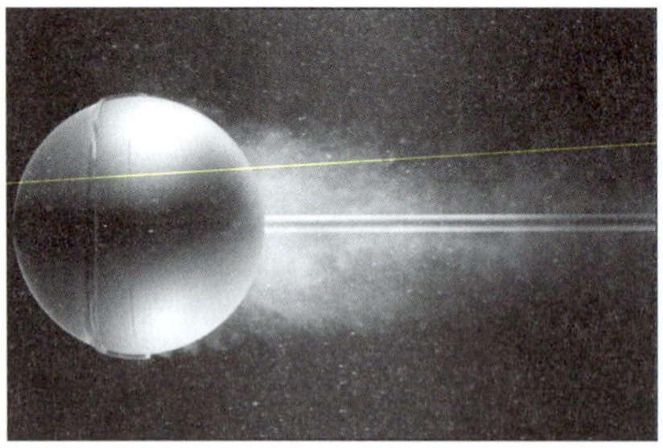

(*b*)

그림 9-35
유동 가시화 결과: (*a*) Re = 15,000에서 매끄러운 구, (*b*) Re = 30,000에서 시동 철사(trip wire)를 사용한 구. 사진을 비교해보면 경계층의 박리 지연이 선명하게 보인다.
Courtesy ONERA, photograph by Werlé.

- 중간 정도 영역인 $10^3 \lesssim \text{Re} \lesssim 10^5$에서 항력 계수는 상대적으로 일정하게 유지된다. 이러한 거동은 뒤가 깍인 물체의 특성이다. 경계층 내의 유동은 이 영역에서 층류지만 원기둥 또는 구를 지나는 박리 영역은 넓은 난류 후류를 동반한다.
- $10^5 \lesssim \text{Re} \lesssim 10^6$인 영역(보통 약 2×10^5) 어딘가에서 항력 계수가 갑자기 떨어진다. 이러한 C_D의 큰 감소는 경계층이 난류가 되기 때문이고, 이는 박리점이 물체 뒤로 이동하여 후류의 크기와 압력 항력의 크기를 줄이기 때문이다. 이는 유선형 물체들과 대조적인데, 이들은 경계층이 난류가 될 때 항력 계수의 증가(주로 마찰 항력 때문에)를 경험한다.
- $2 \times 10^5 \lesssim \text{Re} \lesssim 2 \times 10^6$에 대하여 C_D가 최소가 되는 "천이" 영역이 있고, 그 다음에는 난류 값으로 약간 상승한다.

경계층이 **층류**일 때 유동 박리는 약 $\theta \cong 80°$(정체점으로부터 측정)에서, **난류**일 때는 $\theta \cong 140°$에서 일어난다(그림 9-35). 난류에서 박리의 지연은 횡방향(transverse direction)으로 빠른 진동이 원인이며, 난류 경계층이 박리가 일어나기 전 표면을 따라 좀 더 멀리 움직일 수 있도록 한다. 난류 유동이 층류의 경우보다 더 발달된 속도 분포를 가지고 있으며, 벽면 가까이의 추가적인 운동량을 극복할 수 있도록 강한 역압력 구배를 요구한다는 사실을 명심하라. 유동이 층류에서 난류로 천이하는 Reynolds 수 영역에서 속도(즉 Reynolds 수)가 증가함에 따라 항력 F_D는 감소한다. 이것은 날아가는 물체에서 항력의 감소를 가져와서[가끔 **항력 위기(drag crisis)**라고 불림] 비행 불안정성의 결과로 나타난다.

표면 조도의 영향

앞에서 우리는 표면 조도가 일반적으로 난류에서 항력을 증가시킨다는 사실을 언급하였다. 특히 유선형 물체의 경우 그러하다. 그러나 원기둥이나 구처럼 앞이 무딘 물체들은, 표면 조도의 증가가 구에 대한 그림 9-36에서 보이는 바와 같이 실제로는 항력 계수를 감소시킨다. 이것은 낮은 Reynolds 수에서 경계층을 난류로 시동시키고, 유동 박리를 지연시켜서, 물체 뒤편에서 유동을 가깝게 붙여 후류를 좁게 하고, 압력 항력을 상당히 줄인다. 이것은 같은 속도에서 동일한 크기의 매끄러운 원기둥 또는 구와 어떤 영역의 Reynolds 수에 대하여 비교하였을 때 거친 면의 물체에 훨씬 더 작은 항력 계수, 즉 더 작은 항력의 결과를 가져온다. 예를 들면 $\text{Re} = 2 \times 10^5$에서, 매끄러운 구에 대하여 $C_D \cong 0.5$인 반면, 거친 구에 대해서 $\varepsilon/D = 0.0015$일 때 $C_D \cong 0.1$이다. 그러므로 이 경우 항력 계수는 단지 표면을 거칠게 함으로써 1/5 정도로 줄어든다. 그러나 $\text{Re} = 10^6$에서 매끄러운 구는 $C_D \cong 0.1$인 반면, 거친 구에 대해서는 $C_D \cong 0.4$인 점에 주목하라. 분명하게 이 경우 구를 거칠게 하는 것은 항력을 4배 정도 증가시킨다(그림 9-37).

표면을 거칠게 하는 일이 항력을 줄이는데 큰 이득을 가져올 수 있지만, 주의하지 않으면 – 특히 맞는 Reynolds 수 영역에서 구동하지 않으면 오히려 역효과가 생긴다. 따라서 골프공은 낮은 Reynolds 수에서 경계층 내 난류를 일으켜서 항력 계수가 날카롭게 **떨어지는** 이득을 얻도록 **난류**를 유도하기 위하여 일부러 거칠게 만든다(골프공의 전형적인 속도 영역은 15에서 150 m/s이고, Reynolds 수는 4×10^5보다 작다). 딤플

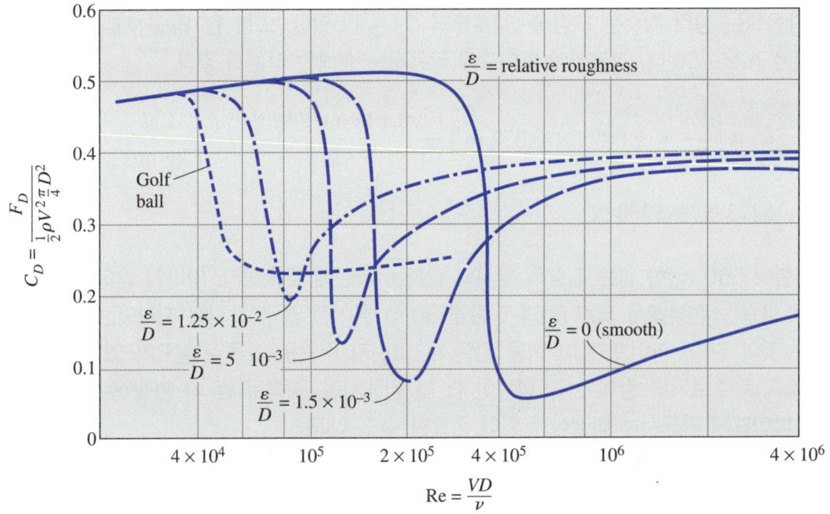

그림 9-36
구의 항력 계수에 대한 표면 조도의 영향.
Data From Blevins (1984).

(보조개)이 있는 골프공의 임계 Reynolds 수는 약 4×10^4이다. 이 Reynolds 수에서 난류의 발생은 그림 9-36에서 보이는 바와 같이 골프공의 항력 계수를 거의 반으로 줄인다. 골프공을 일정하게 때렸을 때, 이것은 공의 비거리가 좀더 긴 것을 의미한다. 경험 있는 골퍼들은 치는 동안 공에 회전을 주는데, 거친 공이 양력을 발달시켜 높고 멀리 갈 수 있도록 한다. 비슷한 논의를 탁구공에 대해 할 수 있다. 그러나 탁구공의 경우 속도가 더 느리고 공이 더 작기 때문에 난류 영역에 도달하지 못한다. 따라서 탁구공의 표면은 매끄럽다.

일단 항력 계수가 이용 가능하면, 횡류 물체에 작용하는 항력은 방정식 9-5로부터 결정되는데, 여기에서 A는 전면적(원기둥 길이 L에 대하여 $A = LD$이고, 구에 대하여 $A = \pi D^2/4$임)이다. 다른 물체들에 의한 자유 흐름의 난류와 교란(관다발 주위 유동과 같은)은 항력 계수에 큰 영향을 미친다는 사실을 명심해야 할 것이다.

	C_D	
Re	Smooth Surface	Rough Surface, $\varepsilon/D = 0.0015$
2×10^5	0.5	0.1
10^6	0.1	0.4

그림 9-37
표면 조도는 구형 물체의 항력 계수를 증가시키거나 감소시킬 수 있는데, 이는 Reynolds 수의 값에 좌우된다.

예제 9-4 강 속에 있는 파이프에 작용하는 항력

외경 2.2 cm인 파이프가 물에 완전히 잠겨서 30 m 단면의 강에 가로질러 있다(그림 9-38). 물의 평균 유동 속도는 4 m/s이고 수온은 15°C이다. 강에 의해 파이프에 가해지는 항력을 결정하라.

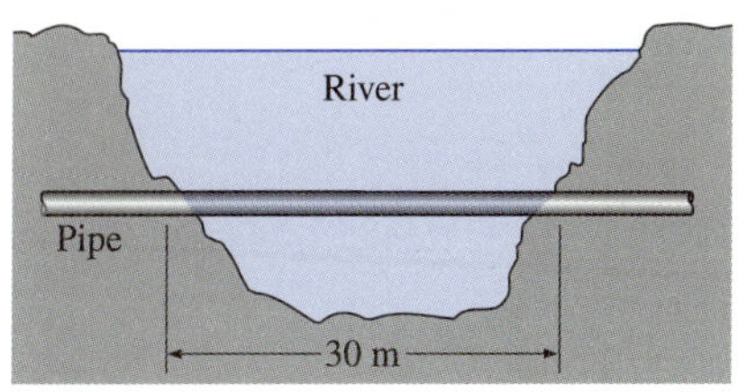

그림 9-38
예제 9-4의 개념도.

풀이 강에 파이프가 잠겨 있다. 파이프에 작용하는 항력을 구한다.

가정 **1** 그림 9-34로 항력 계수를 결정할 수 있도록 파이프의 바깥 면은 매끄럽다. **2** 강 내부 물의 흐름은 정상이다. **3** 물 흐름의 방향은 파이프에 수직이다. **4** 강 흐름의 난류는 고려되지 않았다.

상태량 물의 밀도와 점성은 15°C에서 $\rho = 999.1\ \mathrm{kg/m^3}$과 $\mu = 1.138 \times 10^{-3}\ \mathrm{kg/m \cdot s}$이다.

해석 $D = 0.022$ m인 점에 주의하고, Reynolds 수는 다음과 같다.

$$\mathrm{Re} = \frac{VD}{\nu} = \frac{\rho VD}{\mu} = \frac{(999.1\ \mathrm{kg/m^3})(4\ \mathrm{m/s})(0.022\ \mathrm{m})}{1.138 \times 10^{-3}\ \mathrm{kg/m \cdot s}} = 7.73 \times 10^4$$

이 값에 대응하는 항력 계수는 그림 9-34로부터 $C_D = 1.0$이다. 또한 원기둥을 지나는 유동의 전면적은 $A = LD$이다. 그리하여 파이프에 작용하는 항력은 다음과 같다.

$$F_D = C_D A \frac{\rho V^2}{2} = 1.0(30 \times 0.022 \text{ m}^2)\frac{(999.1 \text{ kg/m}^3)(4 \text{ m/s})^2}{2}\left(\frac{1 \text{ N}}{1 \text{ kg·m/s}^2}\right)$$

$$= 5275 \text{ N} \cong \mathbf{5300 \text{ N}}$$

토의 이 힘이 500 kg이 넘는 질량의 무게와 같다는 사실에 주목하라. 따라서 강이 파이프에 가하는 항력은 전부해서 500 kg의 질량을 30 m 떨어진 끝단에 의해 지지되는 파이프에 가하는 것과 같다. 파이프가 이 힘을 견딜 수 없는지 주의를 기울일 필요가 있다. 강이 더 빠른 속도로 흐르거나 강의 난류 섭동이 좀 더 강해지면, 항력은 좀 더 커질 수도 있다. 다음으로 파이프에 가해지는 비정상적 힘이 중요할 수도 있다.

9-7 양력

이 장의 전반부에서 양력은 순 힘(마찰과 압력 힘으로 발생)의 유동 방향에 수직인 요소이고, 식 9-6으로 표현되는 양력 계수는 다음과 같이 정의하였다.

$$C_L = \frac{F_L}{\frac{1}{2}\rho V^2 A}$$

여기에서 A는 보통 **평면적**으로 정의되는데, 물체의 수직 위쪽에서 봤을 때의 넓이고, V는 유체의 상류 속도(또는 멈춰있는 유체에서 날아가는 물체 속도와 동일함)이다. 폭(또는 스팬 길이) b이고 시위선(코드) 길이 c인 에어포일에 대하여 평면적은 $A = bc$이다. 날개 또는 에어포일의 두 끝 사이의 거리를 **깃폭(wingspan)** 혹은 **스팬**이라고 부른다. 비행체에서, 깃폭은 두 날개 끝 사이의 총 길이고, 날개 사이 동체 폭을 포함한다(그림 9-39). 단위 평면적당 평균 양력 F_L/A는 **날개하중(wing loading)**이라고 불리는데, 이는 단순히 비행체의 무게와 날개 전면적의 비율(일정 고도에서 비행할 때 양력은 무게와 같은)이다.

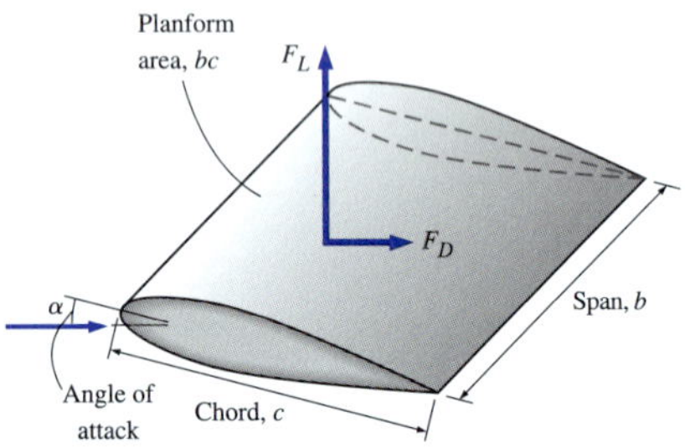

그림 9-39
에어포일과 관련된 다양한 용어들의 정의.

비행기의 비행이 양력에 기초하여 물체의 양력 특성을 개선하는 것뿐만 아니라 양력에 대해 많은 연구가 있어 왔다. 이 절에서 강조하는 바는 **에어포일**들과 같이 항력은 최소화하면서 양력을 발생시키려고 특별하게 고안된 장치이다. 경주용 차에 사용되는 **스포일러**와 **뒤집어진 에어포일**과 같은 몇몇 장치들은 접지와 제어(몇몇 초기 경주용 차들은 양력의 발생으로 실제로 고속에서 "이륙"하기도 하는데, 엔지니어들이 설계에서 양력을 줄여서 이 문제에 대처하기 위해 노력한다)를 개선하기 위하여 양력을 피하거나 음의 양력을 발생시키기 위한 반대 목적을 위해 고안되었다는 점을 명심하라.

에어포일과 같이 양력을 발생시키기 위해 설계된 장치들에 대하여 양력에 공헌하는 **점성 효과**는 물체가 유선형이고, 벽면 전단은 표면에 수직이며, 따라서 양력 방향에 거의 수직이기 때문에 보통 무시할 수 있다(그림 9-40). 그러므로 실제로 양력은 전체적으로 물체의 표면 압력 분포 때문이고, 따라서 물체의 형상이 양력에 주로 영향을 미친다. 다음 에어포일 설계에서 주된 고려 사항은 아랫면의 평균 압력을 최대로 하면서 동시에 윗면의 압력을 최소로 하는 것이다. Bernoulli 방정식은 고압과 저압 영역을 구분하는 지표로 사용된다. **압력은 속도가 빠른 곳에서는 낮고, 속도가 느린 곳에서는 높다.** 또한 적당한 받음각에서 양력은 실용적으로 표면 조도에 독립적인데, 왜냐하면 조도는 압력이 아니라 벽면 전단에 영향을 미치기 때문이다. 전단의 양력에 대한 공헌은 낮은 속도(낮은 Reynolds 수)에서 나는 매우 작은(가벼운) 물체들에 대하여만 두드러진다.

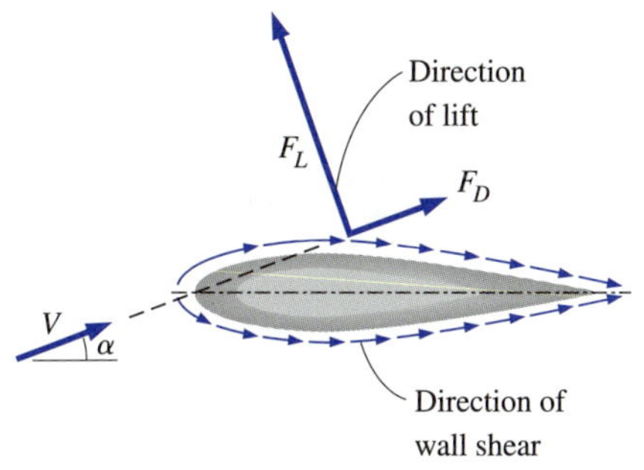

그림 9-40
에어포일에 대하여, 점성 효과가 양력에 공헌하는 것은 보통 무시할 만한데, 벽면 전단이 표면에 평행이고 양력 방향에 거의 수직이기 때문이다.

점성 효과가 양력에 미치는 영향이 무시할 정도로 작다는 점에 주목하면, 에어포일 주위에서 압력 분포를 단순히 적분하여 에어포일에 작용하는 압력을 결정할 수 있다. 표면을 따라 유동 방향으로 압력은 변하지만, 표면에 수직한 방향으로는 경계층을 통하여 압력이 본질적으로 일정하게 유지된다. 그러므로 에어포일 위의 얇은 경계층을 무시하고 에어포일을 지나는 유동에 대하여 순 점성력이 0인 상대적으로 단순한 포텐셜 이론(와도가 0, 비회전 유동)으로부터 에어포일 주위 압력 분포를 계산하는 것이 합리적으로 보인다.

이러한 계산으로부터 유동장은 얇은 경계층을 무시하고 대칭인 경우와 비대칭인 에어포일 모두에 대하여 그림 9-41에 나타나 있다. 받음각 0에서 대칭이기 때문에 기대되는 바와 같이 대칭 에어포일에서 양력은 0이 되고, 정체점들은 앞전과 뒷전에 위치한다. 비대칭 에어포일에 대해서 받음각이 작을 때, 앞 정체점은 앞전 아래로 이동하고, 뒤 정체점은 뒷전과 가까운 윗면으로 올라가게 된다. 놀랍게도 생성되는 양력은 다시 0으로 계산된다. 이는 실험적인 관찰 및 측정과 분명히 위배된다. 명확히 이론은 관찰 현상과 맞도록 수정되어야 할 필요가 있다.

불일치의 원인은 뒤 정체점이 뒷전 대신 윗면에 있다는 사실이다. 이것은 아랫면 유체가 표면에 달라붙은 채로 거의 U-턴을 하도록 만들어 날카로운 뒷전 주위로 정체점을 향하여 흐르도록 요구하는데, 날카로운 회전에서 유동 박리(고속에서 차가 이런 회전을 시도한다고 상상해 보라)이기 때문에 실제로는 물리적으로 불가능하다. 그러므로 아랫면 유체는 뒷전을 매끄럽게 벗어나고, 윗면의 유체는 뒤쪽 정체점을 하류 방향으로 밀어내는 응답을 한다. 사실은 윗면의 정체점이 항상 뒷전 쪽으로 움직인다. 이런 식으로 위쪽과 아래쪽의 두 유동 흐름은 뒷전에서 만나면서, 날카로운 뒷전과 평행한 하류 방향으로 매끄러운 흐름이 된다. 윗면 속도가 커지고 그 면에서 압력은 Bernoulli 효과 때문에 낮아지기 때문에 양력이 발생한다.

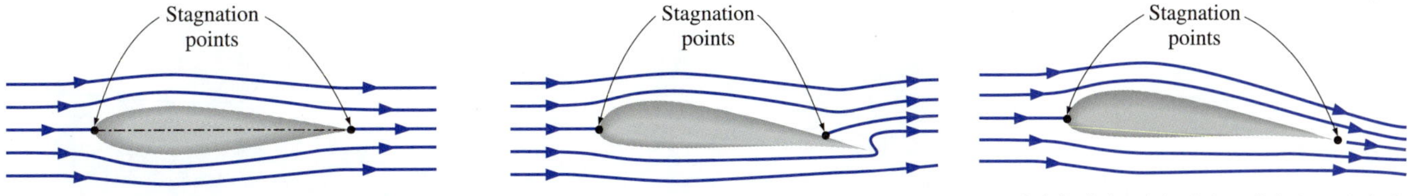

(*a*) 대칭 에어포일을 지나는 비회전 유동(양력은 0) (*b*) 비대칭 에어포일을 지나는 비회전 유동(양력은 0) (*c*) 비대칭 에어포일을 지나는 실제 유동(양의 양력)

그림 9-41
대칭과 비대칭 2차원 에어포일을 지나는 비회전 그리고 실제 유동.

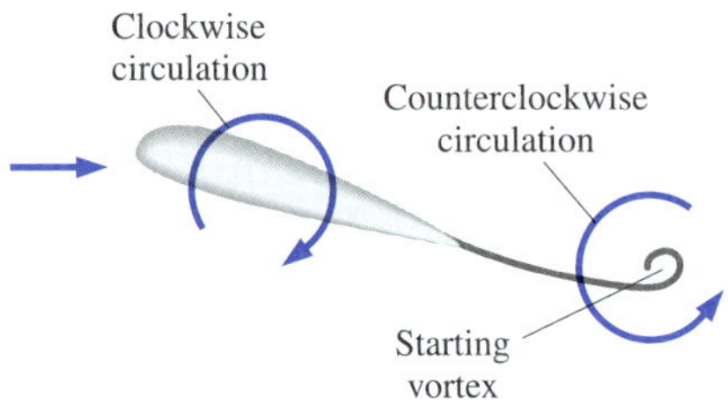

그림 9-42
갑자기 받음각이 증가한 직후, 반시계 방향의 출발 와동이 에어포일로부터 떨어져 나가는 반면, 에어포일 주위에 시계 방향 회전이 나타나면서 양력이 발생한다.

포텐셜 유동 이론과 관찰되는 현상은 다음과 같이 타협한다. 유동은 이론이 예측한 것처럼 양력 없이 시작하지만, 속도가 어떤 값에 도달하면 아래쪽 유체 흐름이 뒷전에서 박리한다. 이것은 위쪽 유체 흐름을 뒷전에 가까워지도록 힘을 가하는데, 에어포일 주변에 시계 방향의 회전(circulation)을 시작한다. 이 시계 방향 회전은 윗면 흐름의 속도를 증가시키는 한편 아랫면 흐름의 속도는 감소시켜 양력을 발생시킨다. 다음 반대 부호(반시계 방향)의 출발 와동(starting vortex)은 하류 방향으로 떨어져 나가고(그림 9-42), 매끄러운 유선의 유동이 에어포일 주변에 성립된다. 포텐셜 유동 이론에 정체점을 뒷전으로 움직이게 하는 적절한 양의 회전을 더하여 수정되었을 때, 이론과 실험에서 탁월한 일치를 달성할 수 있다.

에어포일은 최소의 항력으로 최대의 양력을 발생시키는 것이 바람직하다. 그러므로 에어포일에 대한 성능의 척도는 양항비(lift-to-drag ratio)인데, 이는 양력과 항력 계수의 비 C_L/C_D와 같다. 이는 다른 받음각의 값에 대한 C_L 대 C_D (양항 극선, lift-drag polar) 또는 C_L/C_D를 그래프로 그려보면 알 수 있다. 후자는 특별한 에어포일 설계에 대하여 그림 9-43에 나와 있다. C_L/C_D 비율은 에어포일이 실속될 때까지 받음각에 따라 증가하고, 양항비의 값은 2차원 에어포일에 대하여 100 정도까지 올라가는 점에 주목하라.

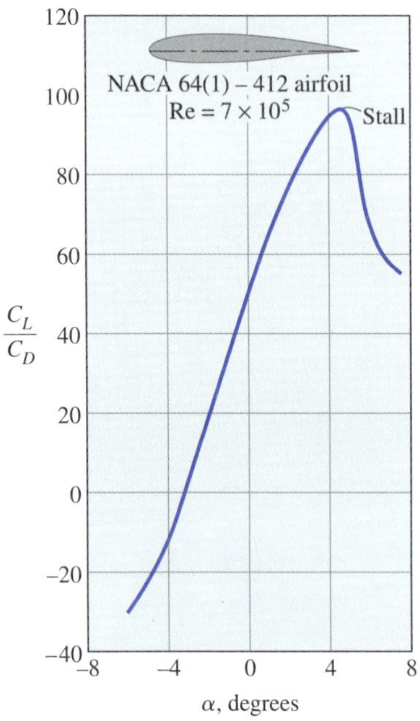

그림 9-43
2차원 에어포일에 대하여 받음각에 따른 양항비 변화.
Data from Abbott, von Doenhoff, and Stivers (1945).

에어포일의 양력과 항력 특성을 변화시키는 분명한 방법은 받음각을 변화시키는 것이다. 예를 들면 비행기의 경우 날개는 동체에 고정되어 있으므로 양력을 증가시키기 위해 전체 비행기 피치를 들어 올려야 한다. 다른 접근법은 날개의 형상을 움직일 수 있는 앞전과 뒷전 플랩들을 이용하여 바꾸는 것인데, 현대의 대형 항공기에서 일반적으로 사용하는 방법이다(그림 9-44). 플랩은 양력을 최대로 해서 낮은 속도에서도 이착륙이 가능하도록 하기 위해 이착륙 동안 날개의 형상을 바꿀 수 있도록 사용된다. 이착륙하는 동안 항력은 상대적으로 매우 짧은 시간이므로 그다지 신경 쓰지 않아도 된다. 일단 순항 고도에 오르면, 플랩은 접히고 날개는 일정 고도에서 순항하는 동안 최소 항력 계수와 적합한 양력 계수의 "정상(normal)" 형상으로 되돌아온다. 항공기의 빠른 순항 속도와 양력은 속도의 제곱에 비례하기 때문에 운항 도중 양력 계수가 작더라도 큰 항력을 낼 수 있다는 점에 주목하라.

플랩이 양력과 항력 계수에 미치는 영향은 그림 9-45에 보여져있다. 최대 양력 계수는 플랩이 없는 경우 1.5부터 2중 슬롯 플랩의 경우에 대한 3.5까지 증가하는 점에 주목하라. 그러나 최대 항력 계수는 플랩이 없는 경우 약 0.06부터 2중 슬롯 플랩에 대한

(*a*) Flaps extended (landing)

(*b*) Flaps retracted (cruising)

그림 9-44
움직일 수 있는 플랩을 사용하여 에어포일의 모양을 바꿈으로써 날개의 이착륙 동안 에어포일의 양력과 항력 특성이 바뀐다.
Photos by Yunus Çengel.

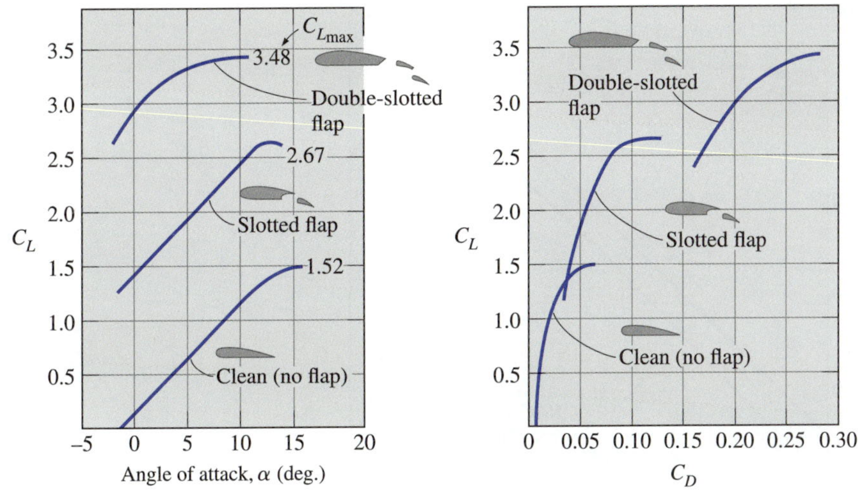

그림 9-45
에어포일의 양력 및 항력에 대한 플랩의 효과.
Data From Abbott and von Doenhoff, for NACA 23012(1959).

0.3까지 증가한다. 이것은 약 5배 정도 항력이 증가하는 것이고, 이 항력을 극복하기 위해 엔진은 훨씬 더 열심히 일해야 한다. 플랩의 받음각은 양력 계수를 최대화할 수 있도록 증가될 수 있다. 또한 플랩은 시위선 길이를 증가시키고, 이에 따라 날개 면적 A를 크게 만든다. Boeing 727 항공기는 3중 슬롯 플랩을 뒷전에, 앞전에는 단일 슬롯을 사용한다.

최소 비행 속도는 항공기의 총 무게 W가 양력과 같고 $C_L = C_{L,\max}$로부터 결정한다. 즉,

$$W = F_L = \tfrac{1}{2}C_{L,\max}\rho V_{\min}^2 A \quad \rightarrow \quad V_{\min} = \sqrt{\frac{2W}{\rho C_{L,\max} A}} \tag{9-24}$$

주어진 무게에 대하여 양력 계수와 날개 면적의 곱, $C_{L,\max}A$를 최대화함으로써 이착륙 속도를 최소화할 수 있다. 이것을 실행하는 한 가지 방법은 이미 논의한 바와 같이 플랩을 사용하는 것이다. 다른 방법은 경계층을 제어하는 것인데, 그림 9-46에서 보이는 바와 같이 플랩들 사이에 유동 단면(슬롯, slots)을 두는 것이다. 슬롯은 날개 윗면과 플랩에서 경계층의 박리를 방지하기 위해 사용한다. 이것은 공기를 날개 아래 고압 영역에서 위 표면에 있는 저압 영역으로 이동시킨다. 양력 계수가 최대값인 $C_L = C_{L,\max}$에 이르고, 비행 속도는 실속 조건에서 최소값에 이르는데, 이는 불안정한 운항 영역이며 반드시 피해야 한다. 연방항공국(FAA, Federal Aviation Administration)에서는 안전을 이유로 실속 속도의 1.2배 아래로 운항하는 것을 금지하고 있다.

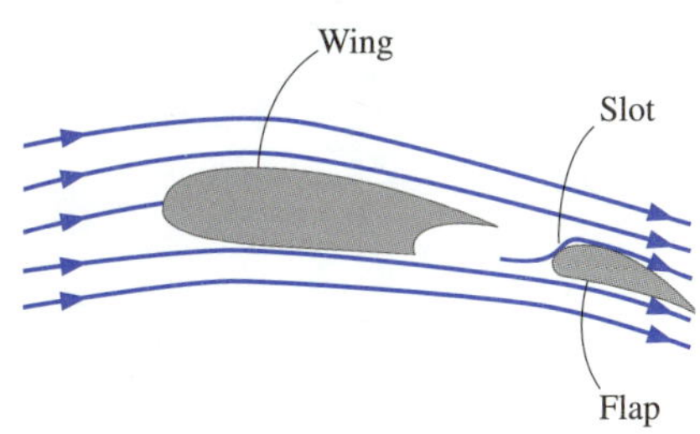

그림 9-46
윗면에서 경계층의 박리를 방지하고 양력을 증가시키기 위한 슬롯이 있는 플랩 에어포일.

이 방정식으로부터 알 수 있는 또 다른 점은 이착륙을 위한 최소 속도는 밀도의 제곱근에 반비례한다는 것이다. 공기 밀도는 고도에 따라 감소(1500 m에서 약 15%)하고, 높은 고도에서는 좀 더 높은 이착륙 속도를 발생시키기 위해 더 긴 활주로를 요구한다. 공기의 밀도는 온도에 반비례하기 때문에 이런 상황은 더운 여름날에 더욱 결정적이다.

1930년대 효율적인(저항력) 에어포일의 개발이 집중적으로 이루어졌다. 이러한 에어포일들은 국가항공자문위원회(NACA, National Advisory Committee for

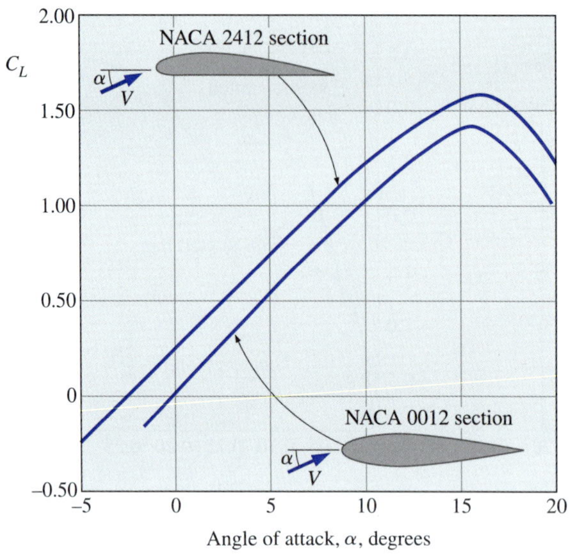

그림 9-47
대칭 및 비대칭 에어포일에 대한 받음각 대비 양력 계수의 변화.
Data from Abbott (1945, 1959).

Aeronautics: 현재의 NASA)에 의해 표준화되었고, 양력 계수에 대한 방대한 자료가 보고되어 있다. 두 가지 2차원(무한 스팬) 에어포일들(NACA 0012 및 NACA 2412)에 대한 양력 계수 C_L의 받음각에 대한 변화가 그림 9-47에 제시되어 있다. 그림으로부터 다음과 같은 관찰을 할 수 있다:

- 양력 계수는 받음각 α에 따라 거의 선형적으로 증가하며, $\alpha = 16°$에서 최대가 되고, 급격하게 감소하기 시작한다. 받음각이 더 증가함에 따라 이런 양력의 감소는 **실속**이라고 불리는데, 에어포일 윗면에서 유동 박리와 넓은 후류 영역 형성의 원인으로 발생한다. 실속은 항력도 증가시키기 때문에 매우 바람직하지 않다.
- 받음각이 0인 경우($\alpha = 0°$), 대칭 에어포일에 대하여 양력 계수는 0이지만, 비대칭 에어포일에서는 윗면의 곡률이 커지면서 0이 아닌 값을 갖는다. 그러므로 대칭 날개 단면의 비행기는 같은 양력을 발생시키기 위하여 좀 더 큰 받음각으로 비행해야 한다.
- 양력 계수는 받음각을 조절하면 5~6배 정도 증가한다(비대칭 날개에 대하여, $\alpha = 0°$ 일 때 0.25부터, $\alpha = 10°$ 일 때 1.25까지).
- 항력 계수도 받음각에 따라 증가하는데, 종종 지수적으로 커진다(그림 9-48). 그러므로 큰 받음각은 연료 효율을 위해 짧은 기간 동안 아껴서 사용해야 한다.

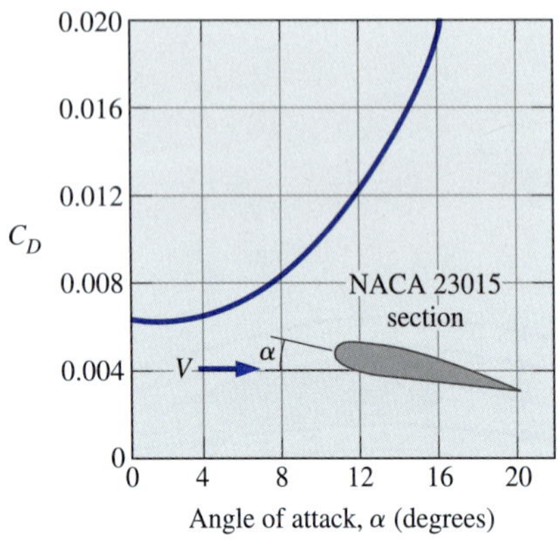

그림 9-48
받음각에 대비 에어포일의 항력 계수의 변화.
Data from Abbott and von Doenhoff (1959).

유한 스팬 날개와 유도 항력

비행기 날개와 유한 깃 폭의 다른 에어포일들에 대하여 깃 끝에서 끝단 효과는 아랫면과 윗면 사이 유체의 누설 때문에 중요해진다. 유체와 물체 사이의 상대적 운동 때문에 유체는 뒤로 휩쓸고 지나가지만, 아랫면(고압 영역)과 윗면(저압 영역) 사이의 압력 차는 깃 끝에서 위 방향으로 유체를 움직인다. 이것은 회전 운동을 유발하는데, 양 날개의 깃 끝에서 나선형으로 말리는 유동을 **끝단 와동(tip vortex)**이라고 부른다. 와동들은 끝단 사이 에어포일을 따라서도 형성된다. 이러한 분포된 와동들은 뒷전에서 떨어

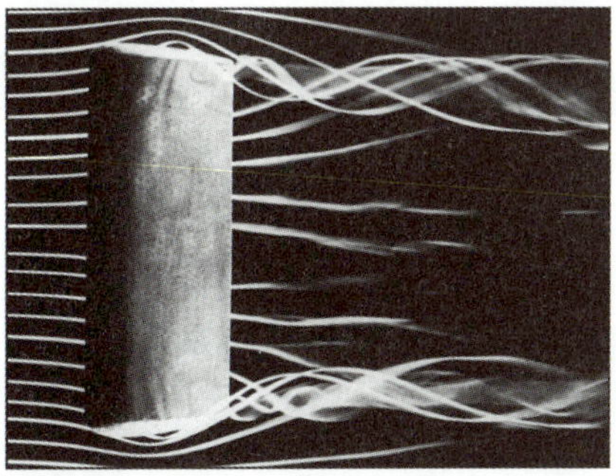

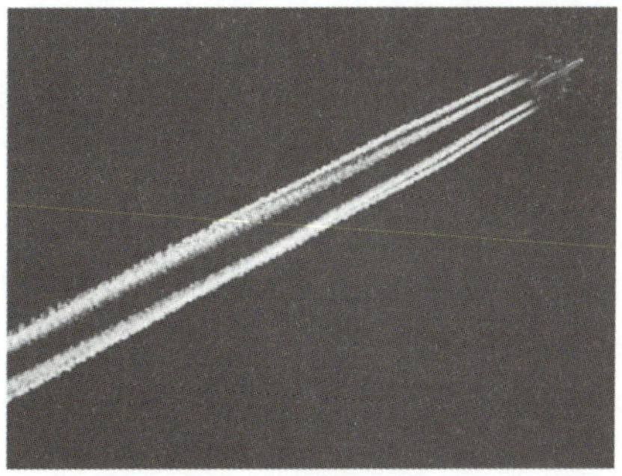

(*a*) (*b*) (*c*)

그림 9-49

다양하게 보이는 후방 와동들: (*a*) 풍동 안에서 연기 유맥선(streaklines)은 직사각형 날개 끝단을 떠나는 와동 핵들을 보여줌, (*b*) 제트 엔진 뒤 저압 영역에서 네 개의 난기류(contrails)가 처음에 형성되어 마침내 서로 반대 방향으로 회전하는 두 후방 와동들이 하류쪽으로 멀리 유지됨, (*c*) 항공기 날개로부터 발생하는 끝단 와동 중 하나의 주변에서 말리는 연기 섞인 공기를 통하여 먼지가 날아감.

(a) Courtesy of the Parabolic Press, Stanford, California; (b) © Geostock/Getty Images; (c) NASA Langley Research Center

져 나온 후 모서리를 향하여 모이고 끝단 와동과 섞여서 강한 두 갈래의 **뒷전와류(trailing vortices)**를 만든다(그림 9-49). 큰 항공기에 의해 발생하는 뒷전와류들은 점성 소산 때문에 점차 사라질 때까지 오랜 시간 먼 거리(10 km 이상)를 뻗는다. 이러한 와동들과 동반하는 하강기류(downdraft) 때문에, 작은 항공기가 더 큰 항공기의 후류를 통하여 날아간다면 제어를 잃고 뒤집어지기까지 한다. 그러므로 큰 항공기의 뒤를 가까이(10 km 이내로) 따르는 것은 작은 항공기에게 매우 위험하다. 따라서 이륙 시 항공기의 간격을 조정하는 제어 인자이며, 이로 인하여 공항에서 비행 용량을 제한한다. 자연에서 이 효과는 새들이 앞에 나는 새들이 발생시키는 상승 기류를 이용하여 V-자 대형으로 이동하는 데 활용된다. 1/3 더 적은 에너지로 새들은 보통 무리 지어 V-대형을 유지하면서 목적지까지 날아갈 수 있다. 군사용 제트 비행기도 같은 이유로 자주 V-대형으로 난다(그림 9-50).

자유류와 간섭하는 날개 끝 와류들은 날개 끝에 유동 방향을 포함한 모든 방향으로 힘을 가한다. 유동 방향에서 힘의 요소는 항력에 더하여져 **유도 항력(induced drag)**이라고 불린다. 그리하여 날개의 총 항력은 유도 항력(3차원 효과)과 에어포일 단면의 항력(2차원 효과)의 합이다.

평균 깃 폭 길이(스팬)의 제곱과 평면적의 비를 **가로세로비(aspect ratio)**라고 한다. 시위 길이 c와 스팬 b의 직사각형 판형의 에어포일을 다음과 같이 표현한다.

$$\text{AR} = \frac{b^2}{A} = \frac{b^2}{bc} = \frac{b}{c} \qquad (9\text{-}25)$$

그러므로 가로세로비는 유동 방향에 대하여 에어포일이 얼마나 (상대적으로) 좁은지를 측정하는 척도다. 가로세로비가 커지면, 일반적으로 날개의 양력 계수는 증가하고 항력 계수는 감소한다. 이것은 평면적이 같을 때 길고 좁은 날개(큰 가로세로비)가 짧고 넓은 날개에 비하여 끝단 길이가 더 짧고, 따라서 더 작은 끝단 손실과 더 작은 유도 항력을 갖기 때문이다. 그러므로 큰 가로세로비의 물체가 더 효율적으로 날지만, 관성 모멘트가 크기 때문에(중심으로부터 거리가 크기 때문에) 조종성은 떨어진다. 가로세

그림 9-50

(*a*) 거위들이 에너지를 절약하기 위하여 특징적인 V-대형으로 날아간다. (*b*) 자연을 모방하는 군사용 제트기들.

(a) © Royalty-Free/CORBIS

(b) © Charles Smith/Corbis RF

(*a*) 깃털을 부챗살 모양으로 펼쳐 비행하는 수염 독수리.

(b) 유도항력을 줄이기 위하여 항공기에 윙릿이 사용된다.

그림 9-51
유도 항력은 다음과 같이 저감된다.
(*a*) 새의 날개 끝 깃털, (*b*)비행기 날개 위에서 끝판 또는 다른 분리 장치.

(a) ⓒ Jeremy Woodhouse/Getty RF; (b) Courtesy of Jacques Noel, Schempp-Hirth. Used by permission.

로비가 작으면 날개가 중심에 가깝기 때문에 더 잘 조종이 된다. 그래서 **전투기들**(그리고 매와 같은 맹금류들)은 짧고 넓은 날개를 가진 반면, **대형 상용 비행기들**(그리고 알바트로스와 같은 활공하는 새들)은 길고 좁은 날개들을 지녔다.

끝단 효과는 날개 끝에서 윗면에 수직인 끝판(endplate)이나 윙릿(winglet)을 사용함으로써 최소화된다. 끝판은 날개 주위의 누설을 막음으로 기능하고, 날개 끝 와류의 세기와 유도 항력을 상당히 감소시키는 결과를 가져온다. 새들도 날개 끝 깃털을 같은 목적으로 펼진다(그림 9-51).

예제 9-5 상용 비행기의 양력과 항력

상용 비행기가 총 질량 70,000 kg과 날개 평면적 150 m^2이다(그림 9-52). 비행기의 순항 속도가 558 km/h이고 순항 고도가 12,000 m인데, 이 때 공기 밀도는 0.312 kg/m^3이다. 이 비행기는 2중 슬롯 플랩을 이착륙에 사용하지만, 순항 시에는 플랩을 모두 접는다. 양력 및 항력 특성이 NACA 23012(그림 9-45)에 의하여 근사된다고 가정하면, 다음을 결정하라. (a) 플랩을 폈을 때와 펴지 않았을 때 이착륙 시 최소 안전속도, (b) 주어진 고도에서 정상적으로 순항하기 위한 받음각, (c) 날개 항력을 극복하기 위해 충분한 추력을 공급하기 위한 공급해야 할 동력.

풀이 여객기의 순항 조건과 날개 특성이 주어졌다. 이착륙을 위한 최소 안전속도, 순항하는 동안 받음각, 그리고 요구 동력을 구한다.

가정 **1** 동체와 같이 날개 이외 비행기 부품에서 발생하는 양력과 항력은 고려하지 않는다. **2** 날개는 2차원 에어포일 단면을 가정하고 끝단 효과는 고려하지 않는다. **3** 날개의 양력과 항력 특성은 그림 9-45를 사용할 수 있도록 NACA 23012로 근사된다. **4** 지상에서 공기의 평균 밀도는 1.20 kg/m^3이다.

상태량 공기의 밀도는 지상에서 1.20 kg/m^3이고 순항 고도에서 0.312 kg/m^3이다. 날개의 최대 양력 계수 $C_{L,\ max}$는 플랩을 사용했을 때와 사용하지 않았을 때 각각 3.48과 1.52이다(그림 9-45).

해석 (a) 비행기의 무게와 순항 속도는

$$W = mg = (70{,}000\text{ kg})(9.81\text{ m/s}^2)\left(\frac{1\text{ N}}{1\text{ kg}\cdot\text{m/s}^2}\right) = 686{,}700\text{ N}$$

$$V = (558\text{ km/h})\left(\frac{1\text{ m/s}}{3.6\text{ km/h}}\right) = 155\text{ m/s}$$

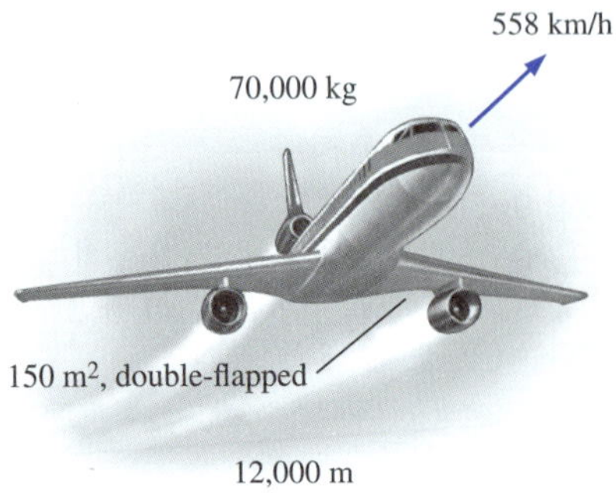

그림 9-52
예제 9-5의 개념도.

실속 조건에 대응하는 최소 속도는 플랩을 사용하지 않을 때와 사용할 때 각각 식 9-24로부터 얻어진다.

$$V_{\text{min 1}} = \sqrt{\frac{2W}{\rho C_{L,\ \text{max 1}}A}} = \sqrt{\frac{2(686{,}700\text{ N})}{(1.2\text{ kg/m}^3)(1.52)(150\text{ m}^2)}\left(\frac{1\text{ kg}\cdot\text{m/s}^2}{1\text{ N}}\right)} = 70.9\text{ m/s}$$

$$V_{\text{min 2}} = \sqrt{\frac{2W}{\rho C_{L,\ \text{max 2}}A}} = \sqrt{\frac{2(686{,}700\text{ N})}{(1.2\text{ kg/m}^3)(3.48)(150\text{ m}^2)}\left(\frac{1\text{ kg}\cdot\text{m/s}^2}{1\text{ N}}\right)} = 46.8\text{ m/s}$$

다음 실속 영역을 피하기 위한 "안전" 최소 속도는 이 값들에 1.2를 곱한 값이다.

플랩을 펴지 않을 때: $V_{\text{min 1, safe}} = 1.2V_{\text{min 1}} = 1.2(70.9\text{ m/s}) = 85.1\text{ m/s} = \mathbf{306\text{ km/h}}$

플랩을 펼 때: $V_{\text{min 2, safe}} = 1.2V_{\text{min 2}} = 1.2(46.8\text{ m/s}) = 56.2\text{ m/s} = \mathbf{202\text{ km/h}}$

1 m/s = 3.6 km/h이다. 플랩의 사용은 비행기가 더 낮은 속도에서 이착륙할 수 있도록 하고, 따라서 활주로도 짧아진다.

(b) 항공기가 일정 고도에서 정상적으로 순항할 때, 양력은 항공기의 무게와 같다, $F_L = W$. 다음 양력 계수는 다음과 같다.

$$C_L = \frac{F_L}{\frac{1}{2}\rho V^2 A} = \frac{686{,}700\text{ N}}{\frac{1}{2}(0.312\text{ kg/m}^3)(155\text{ m/s})^2(150\text{ m}^2)}\left(\frac{1\text{ kg·m/s}^2}{1\text{ N}}\right) = 1.22$$

플랩이 없을 경우, 이 C_L 값에 대응하는 받음각은 그림 9-45에서 $\alpha \cong 10°$이다.

(c) 항공기가 일정고도에서 정상적으로 순항할 때, 항공기에 가해지는 순 힘은 0이고, 따라서 엔진에 의해 공급되는 추력은 항력과 같아야 한다. 순항 양력 계수인 1.22에 대응하는 항력 계수는 그림 9-45에서 플랩이 없을 경우 $C_D \cong 0.03$이다. 따라서 날개에 작용하는 항력은 다음과 같다.

$$F_D = C_D A\frac{\rho V^2}{2} = (0.03)(150\text{ m}^2)\frac{(0.312\text{ kg/m}^3)(155\text{ m/s})^2}{2}\left(\frac{1\text{ kN}}{1000\text{ kg·m/s}^2}\right)$$

$$= 16.9\text{ kN}$$

동력이 힘 곱하기 속도(단위 시간당 거리)라는 점에 주목하면, 항력을 극복하기 위해 요구되는 동력은 추력 곱하기 순항 속도이다.

$$\text{Power} = \text{Thrust} \times \text{Velocity} = F_D V = (16.9\text{ kN})(155\text{ m/s})\left(\frac{1\text{ kW}}{1\text{ kN·m/s}}\right)$$

$$= \mathbf{2620\text{ kW}}$$

그러므로 엔진은 순항시 날개의 항력을 극복하기 위해 2620 kW를 공급해야 한다. 추진 효율이 30%(즉, 30%의 에너지가 항공기를 추진시키는데 사용됨)라면 비행기는 8730 kJ/s의 비율로 에너지 공급이 필요하다.

토의 결정된 동력은 날개의 항력만을 극복하기 위해 공급되는 동력이고, 항공기의 다른 부품(동체, 꼬리 등)에 작용하는 항력은 포함되지 않았다. 그러므로 순항시 요구되는 총 동력은 훨씬 더 클 것이다. 또한 여기에 유도 항력이 고려되지 않았는데, 이륙하는 동안 받음각이 클 때 매우 클 수 있다(그림 9-45는 3차원 효과가 표함되지 않은 2차원 에어포일에 대한 것임).

Wilbur(1867-1912)와 Orville(1871-1948) Wright 형제의 공헌에 대하여 이야기하지 않고서 양력과 항력에 대해 다 논의한 것이 아니다. Wright 형제는 모든 시대에서 정말로 가장 인상적인 공학 팀이다. 그들은 독학으로 동시대의 이론과 항공학의 실제에 대한 정보를 얻었다. 그들은 그 분야의 다른 지도자들과 교류하였고, 그 결과를 과학 저널에 출판하였다. 그들이 양력과 항력의 개념을 개발했다고 인정받지는 못하지만 그들이 사람이 조종하는 최초의 동력비행을 성공했음은 인정받아야 한다(그림 9-53). 그들 전에 많은 사람들이 실패했지만, 그들은 부품들을 분리하여 연구하고 설계했

그림 9-53
Wright 형제가 Kitty Hawk에서 'Flyer 1' 을 조종하고 있다.
Library of Congress Prints & Photographs Division [LC-DIG-ppprs-00626].

기 때문에 성공했다. Wright 형제 이전의 실험가들은 비행기 전체를 만들어 시도했다. 직관적으로는 가능할 듯하지만 그 접근법은 비행체를 개량하는데 결정적이지 못했다. 비행이 아주 잠깐 지속되어 설계의 약점을 제대로 파악할 수 없었다. 그리하여 새로운 비행체가 반드시 이전보다 나아지지 않았다. 단지 시험만 계속될 뿐이었다. Wright 형제는 그 모든 것을 바꾸었다. 그들은 각 부품의 축소 및 실물 크기 모형들을 풍동과 현장에서 연구하였다. 첫 번째 동력 비행기가 조립되기 이전에, 그들은 인간을 태운 비행기를 지지하기 위한 날개 형상에 필요한 면적과 프로펠러를 개량하여 적합한 추력을 공급할 수 있는 엔진 마력을 알았다. Wright 형제는 세상에 어떻게 나는지를 보여준 것 뿐 아니라 더 좋은 비행체를 설계하기 위하여 이 책에 제시된 방정식들을 어떻게 사용하는지를 공학자들에게 보여주었다.

요약

이 장에서 양력과 항력을 발생시키는 것을 강조하여 유체에 잠겨 있는 물체 주위 유동에 대하여 공부하였다. 유체는 다양한 방향에 대하여 물체에 힘과 모멘트를 가할 수 있다. 유동 방향으로 흐르는 유체가 가하는 힘은 **항력(drag)**이라 하며, 유동에 수직한 방향으로 작용하는 힘은 **양력(lift)**이라 한다. 벽면 전단 응력 τ_w에 직접 작용하는 항력의 일부는 마찰 효과의 원인이 되기 때문에 **표면 마찰 항력(skin friction drag)**이라 하고, 압력 P에 직접 관련된 부분을 **압력 항력(pressure drag)** 또는 물체의 형태나 모양에 강하게 종속되기 때문**에 형상 항력(form drag)**이라 한다.

항력 계수 C_D와 **양력 계수** C_L은 물체의 항력과 양력 특성을 나타내는 무차원수로서 다음과 같이 정의된다.

$$C_D = \frac{F_D}{\frac{1}{2}\rho V^2 A} \quad \text{그리고} \quad C_L = \frac{F_L}{\frac{1}{2}\rho V^2 A}$$

여기에서 A는 보통 물체의 **전면적(frontal area**, 유동 방향에 수직인 면에 정사영된 면적)이다. 평판과 에어포일들에 대해서 A는 **평면적(planform area)**으로 취하는데, 이는 직접 위에서 물체를 보았을 때의 면적이다. 특히 Reynolds 수가 10^4 이내일 때 일반적으로 항력 계수는 **Reynolds 수**에 종속된다. 높은 레이놀즈수에서 많은 기하 형상의 항력 계수는 본질적으로 일정하게 유지된다.

항력을 줄이기 위한 의식적인 노력이 그 형상을 유동이 예상되는 유선들에 정렬시키기 위해 사용되었다면 이러한 물체를 **유선형(streamlined)**이라고 한다. 그렇지 않으면, 어떤 물체는(빌딩과 같이) 유동을 막는 경향이 있으므로 **깍인형(bluff)**이라고 한다. 충분히 큰 속도에서 유체 흐름은 물체 표면에서 떨어진다. 이것을 **유동 박리(flow separation)**라고 한다. 유체 흐름이 물체로부터 박리되면, 그것은 물체와 유동 사이에 **박리 영역(separated region)**을 형성한다. 박리는 충분히 큰 **받음각(angle of attack)**에서 비행기 날개와 같은 유선형 물체에서도 발생할 수 있는데, 입사하는 유동과 물체의 **시위선(chord**, 앞전과 뒷전을 연결한 선분)이 이루는 각도다. 날개의 윗면에서 유동 박리는 급격하게 양력을 감소시키고 **비행기를** 실속(stall)하게 하는 원인이 된다.

유체 점성에 의하여 점성 전단력의 영향이 미치는 표면 위 유동 영역을 **속도 경계층(velocity boundary layer)**, 혹은 **경계층(boundary layer)**이라고 한다. 경계층 두께(thickness) δ는 속도가 $0.99V$가 되는 곳의 표면으로부터 거리로 정의된다. 속도 $0.99V$의 가상 선은 판 위 유동을 두 영역으로 나눈다. 점성 효과와 속도 변화가 현저한 **경계층 영역(boundary layer region)**과 마찰 효과를 무시할 수 있고 속도가 본질적으로 일정한 **비회전 외부 유동 영역(irrotational outer flow region)**이다.

외부 유동의 경우, Reynolds 수는 다음과 같이 표현된다.

$$\text{Re}_L = \frac{\rho V L}{\mu} = \frac{VL}{\nu}$$

여기에서 V는 상류 속도이고 L은 기하 형상의 특성 길이이고, 이는 평판에 대해 유동 방향으로 평판의 길이이며 원기둥이나 구에서는 직경 D이다. 전체 평판 위 평균 마찰 계수들은 다음과 같다.

층류(laminar flow): $C_f = \dfrac{1.33}{\text{Re}_L^{1/2}} \qquad \text{Re}_L \lesssim 5 \times 10^5$

난류(turbulent flow): $C_f = \dfrac{0.074}{\text{Re}_L^{1/5}} \qquad 5 \times 10^5 \lesssim \text{Re}_L \lesssim 10^7$

만일 유동이 층류로 근사된다면, 공학적인 임계수는 $\text{Re}_{cr} = 5 \times 10^5$이고, 그 이상에서는 난류이며, 전체 평판에 대한 평균 마찰 계수는 다음과 같다.

$$C_f = \frac{0.074}{\text{Re}_L^{1/5}} - \frac{1742}{\text{Re}_L} \qquad 5 \times 10^5 \lesssim \text{Re}_L \lesssim 10^7$$

완전히 거친 난류 영역에서 평균 마찰 계수는 실험값의 곡선 맞춤을 통하여 다음과 같다.

거친 표면(rough surface): $C_f = \left(1.89 - 1.62 \log \dfrac{\varepsilon}{L}\right)^{-2.5}$

여기에서 ε은 표면 조도이고, L은 유동 방향으로의 판 길이다. 더 좋은 관계식이 없다면, 이것은 거친 표면에 $Re > 10^6$인 난류 유동에 대하여, 특히 $\varepsilon/L > 10^{-4}$일 때 사용될 수 있다.

일반적으로 표면 조도는 난류 유동에서 항력 계수를 증가시킨다. 그러나 원기둥이나 구처럼 깎인 물체들은 표면 조도가 커지면 항력 계수를 **줄일(decrease)** 수 있다. 이것은 유동을 낮은 레이놀즈수에서 난류에 놓으면 되며, 물체 뒤에 유동을 좀더 가까이 붙여서 후류를 좁게하고, 압력 항력을 상당히 줄인다.

에어포일이 최소의 항력을 내면서 최대의 양력을 발생시키는 것이 바람직하다. 그러므로 에어포일에 대한 성능 척도는 **양항비(lift-to-drag ratio)**, C_L/C_D이다.

항공기의 최소 안전 비행 속도는 다음과 같이 결정된다.

$$V_{\min} = \sqrt{\frac{2W}{\rho C_{L,\,\max} A}}$$

주어진 무게에 대하여 이착륙 속도는 양력 계수와 날개 면적을 곱한 값, $C_{L,\max}A$를 최대화함으로써 최소화할 수 있다.

비행기 날개와 유한 스팬의 다른 에어포일들에 대하여 아래위 표면 사이의 압력이 끝단의 유체를 위 방향으로 움직인다. 이 결과는 말리는 소용돌이로 귀착되며, **끝단 와동들(tip vortices)**이라고 불린다. 자유류와 간섭하는 와동들은 모든 방향으로 힘을 발생시킨다. 항력에 합해진 유동 방향 힘의 요소는 **유도 항력(induced drag)**이다. 날개의 총 항력은 유도 항력(3-D 효과)과 에어포일 단면의 항력(2-D 효과)의 합이다.

연습 문제*

항력, 양력, 항력계수

9-1 설계 조건이 1 기압 25℃일 때, 차의 항력 계수는 큰 풍동에서 실물 크기 시험을 통하여 결정된다. 차의 높이와 폭은 각각 1.25 m와 1.65 m이다. 차에 작용하는 수평 방향 힘은 220 N으로 측정되었다면, 차의 총 항력 계수를 구하라. **답:** 0.29

9-2 어느 물체에 작용하는 모든 힘은 580 N으로 측정되었고, 유동 방향에 대해 35°의 각도를 이룬다. 물체에 작용하는 항력과 양력을 구하라. 어느 물체에 작용하는 모든 힘은 580 N으로 측정되었고, 유동 방향에 대해 35°의 각도를 이룬다. 물체에 작용하는 항력과 양력을 구하라.

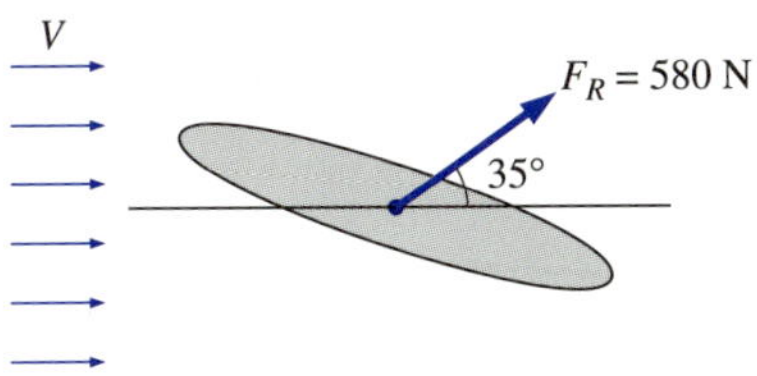

그림 P9-2

9-3 높은 Reynolds 수 실험에서 지름이 D = 12 cm인 구형 물체에 작용하는 항력은 1 기압, 5℃ 공기 흐름에 대해서 5.2 N으로 측정된다. 물체에 작용하는 압력 항력은 표면에 작용하는 압력을 적분하여 계산하였고, 그 값은 4.9 N이었다. 구의 마찰 항력 계수를 구하라. **답:** 0.0115

9-4 차가 일정 속도 110 km/h로 움직인다. 다음 주어진 조건에서 유동 해석에 사용되는 상류 속도를 구하라. (*a*) 정지한 공기, (*b*) 차가 움직이는 바람에 역풍이 30 km/h으로 불고 있을 때, (*c*) 차가 움직이는 방향과 같은 쪽으로 바람이 30 km/h로 불고 있을 때.

9-5 지름 50 cm 원형 표지판이 10°C, 100 kPa에서 수직 방향으로 150 km/h의 바람을 받고 있다. 표지판에 작용하는 항력을 구하라. 또한 지면으로부터 높이 1.5 m인 막대 아래에서 굽힘 모멘트를 구하라. 막대에 걸리는 항력은 무시하라.

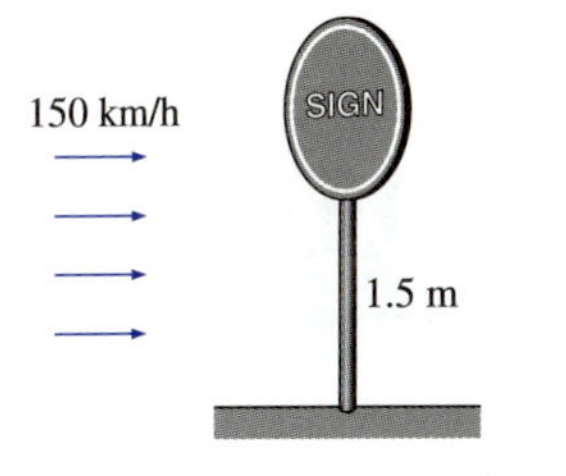

그림 P9-5

9-6 철수는 피자 배달하는 일자리를 얻었다. 피자 회사는 그에게 차 지붕 위에 표지판을 달도록 했다. 표지판의 전면적은 $A = 0.0569\ m^2$이고, 거의 모든 풍속에 대해서 항력 계수 $C_D = 0.94$로 계산되었다. 철수가 간판을 달기 전에 비하여 연간 얼마나 많은 연료비를 추가로 들여야 할지 계산하라. 다음 추가적인 정보를 사용하라. 평균 속력 72 km/h로 연간 16,000 km를 운행한다. 차의 전반적인 효율은 0.332, $\rho_{fuel} = 804\ kg/m^3$, 그리고 연료의 열량은 45,700 kJ/kg이다. 연료 가격은 리터당 1,850원이다. 표준 공기의 물성치를 사용하라. 단위의 변환에 주의하라.

9-7 택시 지붕에 광고 간판을 달면 추가적인 소득을 얻을 수 있지만, 연료비가 많이 나간다. 간판이 0.30 m 높이, 0.9 m 폭, 그리고 0.9 m 길이의 직사각형 블록이므로 전면적이 네 면에서 모두 0.3 m × 0.9 m이다. 이 택시에 간판 때문에 추가되는 연간 연료 소모량을 구하라. 연간 60,000 km를 평균 속도 50 km/h로 운행하고 엔진의 전반적 효율은 28%이다. LPG의 밀도, 단가, 그리고 열량은 각각 0.72 kg/L, 1,100원/L, 그리고 42,000 kJ/kg이고, 공기 밀도는 1.25 kg/m^{3}이다.

그림 P9-7

9-8 고속도로에서 차의 엔진에 발생하는 약 절반의 동력이 공기역학적 항력을 극복하는데 사용된다. 따라서 평평한 길에서 연료 소모량은 항력에 비례한다. 보통 90 km/h로 운전하는 사람이 지금 120 km/h로 운전하기 시작했을 때 단위 시간당 차의 연료 소모량은 몇 % 증가하는가?

9-9 잠수함은 지름 5 m와 길이 25 m의 타원체로 다룰 수 있다. 이 잠수함이 밀도 1025 kg/m^{3}인 해수에서 수평으로 40 km/h 순항할 때 요구되는 동력을 결정하라. 또한 이 잠수함을 밀도 1.30 kg/m^{3}인 공기 중에서 견인할 때 요구되는 동력을 구하라. 유동은 두 경우 모두 난류라고 가정한다.

그림 P9-9

9-10 광고 게시판의 지지대를 설계하는데 있어 풍하중은 주된 고려 요소이다. 3.7 m 높이, 6 m 폭의 광고판에 90 km/h 수직 방향으로 바람이 불 때 풍력을 구하라. 대기 조건은 98 kPa, 5°C이다. **답:** 17,000 N

9-11 큰 폭풍이 불면, 특히 차가 비어 있고 개방된 공간에서 RV나 세미(트레일러)처럼 차량고가 높은 차량은 날아갈 수 있고, 박스카들은 트랙을 벗어날 수 있다. 길이 9 m, 높이 2.5 m, 그리고 폭 2 m인 5000 kg 세미를 생각해 보라. 트럭 밑바닥과 길 사이의 거리는 0.75 m이다. 지금 트럭이 측풍에 노출되어 있을 때, 옆으로 밀려나는 속도를 결정하라. 공기 밀도를 1.1 kg/m^3 그리고 무게가 일정하게 분포되어 있다고 가정하라.

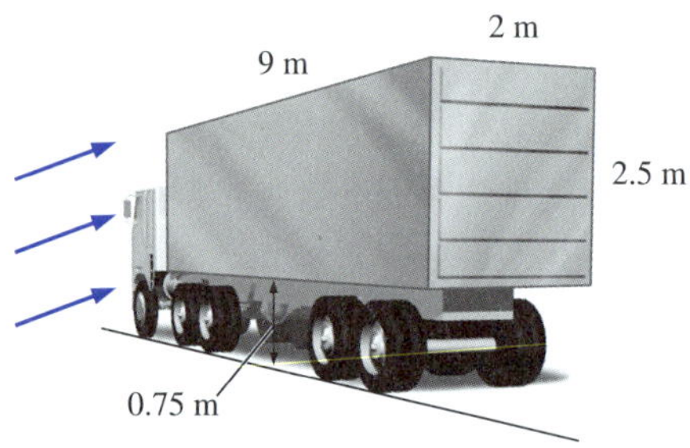

그림 P9-11

9-12 70 kg의 사이클 선수가 그의 15 kg 자전거를 타고 8° 경사 내리막길을 페달이나 브레이크를 사용하지 않은 채 내려간다. 그 사이클 선수는 똑바로 선 자세에서 전면적 0.45 m^2, 항력 계수 1.1이고, 레이싱 자세에서 전면적 0.4 m^2, 항력 계수 0.9이다. 두 자세 모두 그 사이클 선수의 종단 속도를 결정하라. 공기 밀도는 1.25 kg/m^{3}이다. **답:** 70 km/h, 82 km/h

9-13 둘 또는 네 개의 빈 반구 컵들이 한 피봇 점으로 연결된 풍차가 보통 풍속을 측정하기 위해 사용된다. 그림 P9-13에서와 같이 네 개의 직경 8 cm 컵의 중심간 거리가 40 cm이다. 피봇이 고장나서 붙어버렸고 컵은 회전을 멈추었다. 풍속 15 m/s에서 공기 밀도 1.25 kg/m^{3}에 대하여 피봇이 받는 최대 토크를 구하라.

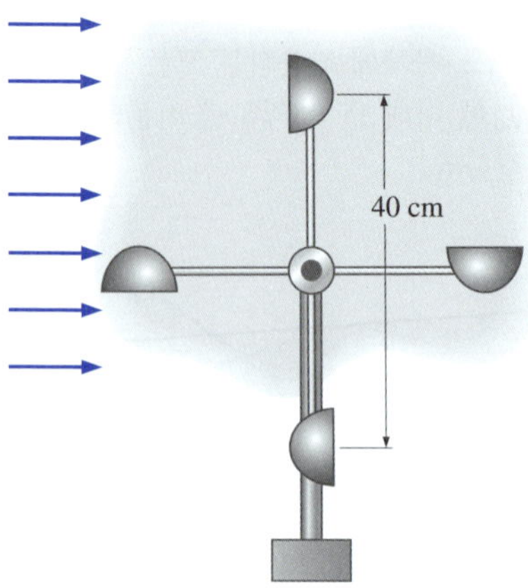

그림 P9-13

9-14 평평한 길에서 차량이 정상 운동을 하는 동안, 바퀴에 전달된 동력은 바퀴 베어링에서 마찰은 무시할 수 있다는 가정하에 공기역학적 항력과 롤 저항(롤 저항 계수와 차량 무게의 곱)을 극복하는데 사용된다. 총 질량 950 kg, 항력 계수 0.32, 전면적 1.8 m^2, 그리고 롤 저항 계수 0.04인 차를 생각하라. 엔진이 바퀴에 전달할 수 있는 최대 동력은 80 kW이다. 다음을 구하라: (a) 롤

저항이 공기역학적 항력과 같아지는 속도, (b) 차의 최대 속도. 공기 밀도는 1.20 kg/m^{3}를 사용하라.

9-15 직경 0.90 m, 높이 1.1 m의 쓰레기통이 밤 동안 바람이 불어 뒤집어진 것을 아침에 발견하였다. 쓰레기통 내부의 평균 밀도는 150 kg/m^{3}이고 공기 밀도는 1.25 kg/m^{3}라고 가정할 때, 뒤집어질 수 있는 바람 속도를 추정하라. 깡통 모양의 항력 계수는 0.7이다. **답:** 159 km/h

9-16 밀도 1150 kg/m^{3}인 지름 6 mm의 플라스틱 구를 20°C 물속으로 떨어뜨렸다. 구의 물속에서 종단 속도를 구하라.

9-17 총 질량 350 kg인 지름 7 m인 열기구가 바람 없는 날 공중에 멈춰 떠 있다. 기구에 갑자기 40 km/h의 바람이 분다. 수평 방향으로 기구의 초기 가속도를 구하라.

9-18 항력을 줄이기 위해, 그리고 차의 연료 효율을 개선하기 위해 사이드 미러 모양이 최근 몇십 년 동안 단순한 원형 판에서 유선형 모양으로 급격하게 바뀌어 왔다. 그림 P9-18에서처럼 직경 13 cm의 평평한 거울 하나를 반구형 뒷면으로 바꾸었을 때 연간 연료와 비용 절약을 결정하라. 차는 연간 24,000 km를 평균 속도 95 km/h로 운전한다고 가정하라. 가솔린의 밀도와 단가는 각각 0.75 kg/m^{3}과 \$0.90/L이다. 가솔린의 열량은 44,000 kJ/kg이고, 엔진의 전반적인 효율은 30%이다.

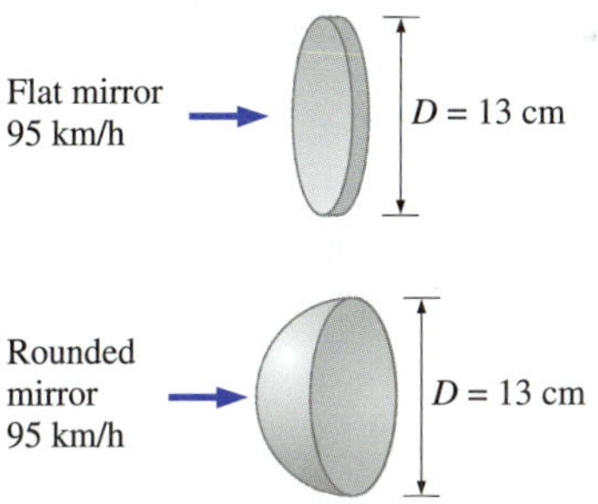

그림 P9-18

평판 위의 유동

9-19C 평판 주변 유체의 층류를 생각하라. 유체의 자유류 속도가 3배가 된다. 판에 가해지는 항력의 변화를 구하라. 유동은 층류를 유지한다고 가정한다. **답:** 5.2배 증가한다.

9-20 설악산의 한 봉우리(해발 고도 1,610 m)에서 국지적 대기압이 83.4 kPa이다. 이 압력과 25°C 공기가 속도 9 m/s로 2.5 m×5 m 평판 위에 분다. 다음과 같은 경우 판의 윗면에 작용하는 항력을 구하라. 공기가 다음 방향과 평행하게 흐를 때: (a) 길이 5 m 방향, (b) 길이 2.5 m 방향.

9-21 기차의 객실 지붕은 폭 2.1 m에 길이 8 m이고, 95 km/h의 속도로 움직인다. 바깥 공기가 1 기압과 25°C라고 하면, 차의 꼭대기 면에 작용하는 항력을 구하라.

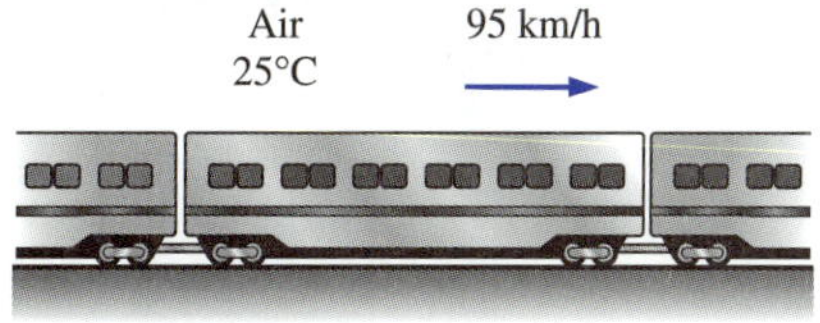

그림 P9-21

9-22 20°C에서 가벼운 기름이 4.5 m 길이 평판을 자유류 속도 2 m/s로 흐른다. 판의 단위 폭당 총 항력을 구하라.

9-23 냉동 트럭이 1 기압, 25°C인 공기 중을 105 km/h로 여행한다. 냉동 컨테이너는 폭 2.7 m, 높이 2.4 m, 그리고 길이 6 m의 직육면체 상자로 생각할 수 있다. 바깥쪽 면이 모두 난류이고 유동이 부착(유동 박리가 없음)되어 있다고 하면, 꼭대기 면과 두 옆면들에 작용하는 항력과 그 항력을 극복하기 위해 요구되는 동력을 구하라.

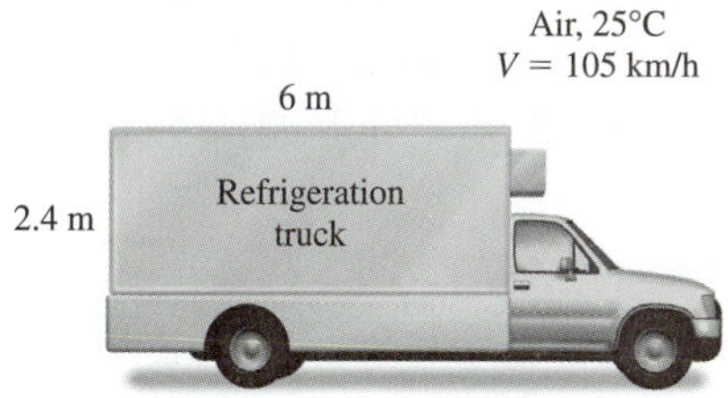

그림 P9-23

9-24 25°C, 1 기압의 공기가 속도 8 m/s로 긴 평판 위를 흐른다. 판의 앞전으로부터 유동이 난류가 되는 거리와 그 위치에서 경계층의 두께를 구하라.

9-25 위 24번 문제를 물에 대하여 반복하라.

9-26 어느 겨울날, 55 km/h, 5°C, 그리고 1 기압의 바람이 집의 높이 4 m, 길이 10 m 벽에 평행하게 분다. 벽 표면이 매끄럽다고 하면, 벽면에 작용하는 마찰 항력을 구하라. 바람 속도가 두 배가 되면 답은 어떻게 변할까? 벽 표면 위 유동을 평판 위의 유동으로 다루는 것이 얼마나 현실성이 있을까?

답: 16 N, 58 N

9-27 그림 P9-27에서 보이는 바와 같이 50 cm × 50 cm 크기 얇은 평판의 무게가 질량 2 kg 추로 균형 맞추어져 있다. 지금 송풍기가 켜지고, 1 기압, 25°C 공기가 평판의 두면(스케치에서 앞뒤면 모두) 아래 방향으로 자유류 속도 10 m/s로 분다. 이 경우 균형을 맞추기 위해 추가해야할 추의 질량은 얼마인가?

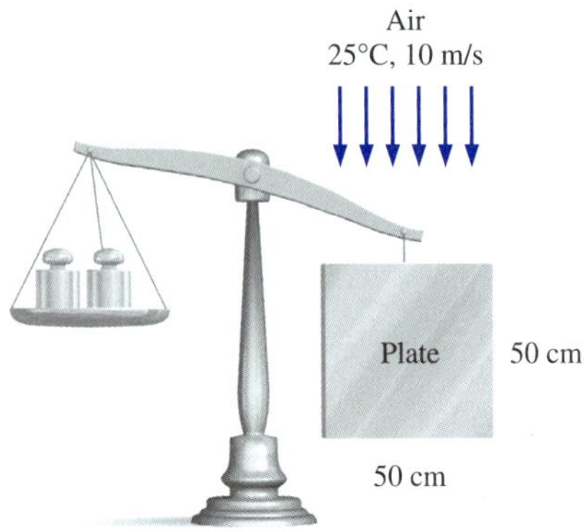

그림 P9-27

원기둥과 구를 지나는 유동

9-28 밀도 2.1 g/cm^{3}인 지름 0.1 mm 먼지 입자가 1 기압, 25℃인 공기 중에 떠 있다. 그 장소에서 위 방향으로의 공기 속도를 계산하라. Stokes의 법칙이 사용 가능하다고 가정하라. 이것은 유효한 가정인가? **답:** 0.62 m/s

9-29 직경 5 cm의 긴 수증기 파이프가 바람에 개방된 몇몇 지역을 지나간다. 공기가 1 기압 10℃이고 파이프를 가로질러 부는 바람의 속도는 50 km/h일 때, 단위길이당 파이프에 작용하는 항력을 구하라.

9-30 직경 0.8cm 우박이 1 기압 5℃ 공기 중을 자유 낙하한다. 우박의 종단 속도를 구하라. 우박의 밀도는 910 kg/m^{3}이라고 한다.

9-31 외경 3 cm 파이프가 단면 30 m 폭의 강을 가로질러 물 속에 완전히 잠겨 설치되어 있다. 물의 평균 유동 속도는 3 m/s이고, 온도는 20℃이다. 강에 의해 파이프에 가해지는 항력을 구하라.. **답:** 4450N

9-32 지름 0.06 mm이고 밀도가 1.6 g/cm^{3}인 먼지 입자가 강풍에 날려 200 m 높이까지 상승했다가 멈추었다. 먼지 입자가 다시 지면까지 떨어지는데 멈춰 있는 1 기압 30℃ 공기 중에서 얼마나 걸릴 것인지 계산하라. 먼지가 종단 속도까지 가속되는데 걸리는 초기 일시적인 기간은 무시하고, 적용 가능하다면 Stokes 법칙을 가정하라.

9-33 길이 2 m, 직경 0.2 m의 원기둥형 소나무 원목(밀도 = 513 kg/m^3)이 크레인에 매달려 수평 위치에 있다. 통나무는 5℃, 88 kPa에서 40 km/h의 수직 바람을 맞는다. 케이블의 무게와 항력을 무시하고 수평면과 케이블이 이루는 각도 θ와 케이블의 장력을 구하라.

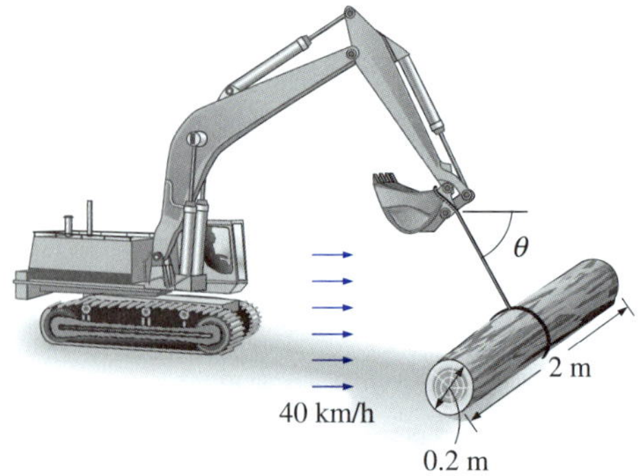

그림 P9-33

9-34 지름 6 mm 전깃줄이 바람 부는 공기에 노출되어 있다. 바람 부는 날 공기는 1 기압, 15℃이고 전깃줄을 가로질러 바람은 65 km/h로 불고 있을 때, 160 m 길이의 줄에 가해지는 항력을 구하라.

양력

9-35 작은 항공기의 날개 면적이 35 m^{2}이고, 양력 계수는 이륙시 0.45로 맞추어져 있으며, 총 질량은 4000 kg이다. 다음을 구하라. (a) 표준 대기 조건, 해수면 높이에서 이 항공기의 이륙 속도, (b) 날개 하중(wing loading), (c) 300 km/h로 항력 계수 0.035에 대하여 일정 순항 속력을 유지하기 위한 요구 동력.

9-36 완전히 짐을 적재하고 260 km/h로 이륙하는 항공기를 생각하라. 항공기의 무게가 과적으로 인하여 10% 증가했다면, 과적된 항공기가 이륙하는 속도를 구하라 . **답:** 273 km/h

9-37 해수면 높이에서 이륙 속도가 220 km/h이고, 이륙에 15초가 걸리는 비행기를 생각하라. 고도 1600 m에 있는 공항에 대하여 다음을 구하라. (a) 이륙 속도, (b) 이륙 시간, 그리고 (c) 이 비행기에게 필요한 여분의 활주로 길이. 두 경우 모두 일정 가속도를 가정하라.

그림 P9-37

9-38 20 L/min의 비율로 연료를 소모하는 비행기가 3000 m 일정 고도에서 일정 속도로 순항하고 있다. 항력 계수와 엔진 효율이 같도록 유지된다고 가정했을 때, 같은 속도이고 9000 m 고도에서 연료 소모율을 구하라.

9-39 점보제트 여객기가 400명 이상의 승객을 태우고 완전 적재되었을 때 약 400,000 kg의 질량을 가지고 있다고 하고, 250 km/h의 속력으로 이륙한다. 100 개의 좌석이 비었을 때 이륙 속도를 구하라. 각 승객과 수하물의 무게를 합하여 140 kg씩이고 날개와 플랩의 세팅은 같다고 가정한다. **답:** 246 km/h

9-40 총 무게가 11,000 N이고 날개 면적이 39 m^{2}이며 날개가 NACA 23012 에어포일을 닮고 플랩이 없는 경비행기를 생각하라. 그림 9-45의 데이터를 사용하여, 해수면 높이에서 받음각 5° 로 이륙 속도를 구하라. 또한 실속 속도를 구하라.

답: 99.7 km/h, 62.7 km/h

9-41 총 질량이 1800 kg이고 날개 면적이 42 m^{2}인 소형 비행기가 있다. 4000 m 고도에서 280 km/h의 일정한 속력으로 190 kW의 동력을 발생시킬 때 이 비행기의 양력과 항력 계수를 구하라.

9-42 비행기가 질량 50,000 kg이고, 날개 면적이 300 m^3, 최대 양력 계수가 3.2, 그리고 고도 12,000 m에서 순항 항력 계수가 0.03이다. 다음을 구하라. (a) 실속 속도보다 20% 위인 표준 해수면 높이에서 이륙 속도, (b) 순항 속도 700 km/h를 내기 위한 엔진의 추력.

복습 문제

9-43 직경 3 m, 길이 8 m인 타원체로 근사할 수 있는 비행선이 지상과 연결되어 있다. 바람이 없는 날, 순 부력 효과 때문에 로프 장력은 120 N으로 측정된다. 만일 50 km/h의 바람이 중심축에 평행하게 분다면, 로프 장력을 구하라.

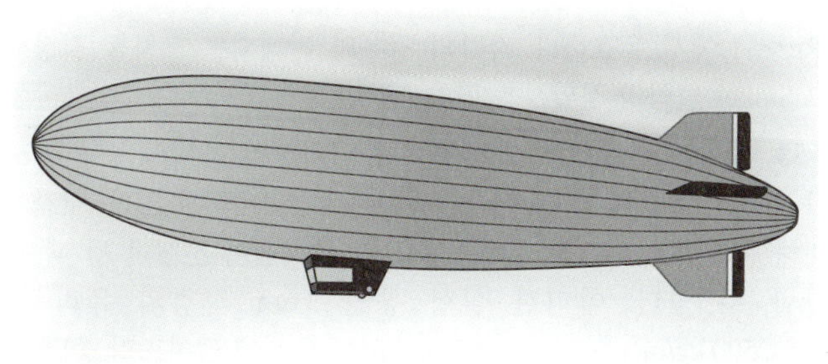

그림 P9-43

9-44 그림 P9-44와 같이 높이 2 m, 폭 4 m의 직사각형 광고판이 폭 4 m, 높이 0.5 m의 직사각형 콘크리트 블록(밀도 = 2300 kg/m^3)에 두 개의 직경 5 cm, 높이 4 m(노출된 부분만)인 막대로 붙어 있다. 만일 어느 방향에서 150 km/h의 바람이 불더라도 표지판이 서 있다면, 다음을 구하라. (a) 판에 작용하는 최대 항력, (b) 막대에 작용하는 항력, 그리고 (c) 바람에 저항하기 위한 콘크리트 블록의 최소 길이 L. 공기의 밀도는 1.30 kg/m^{3}이다.

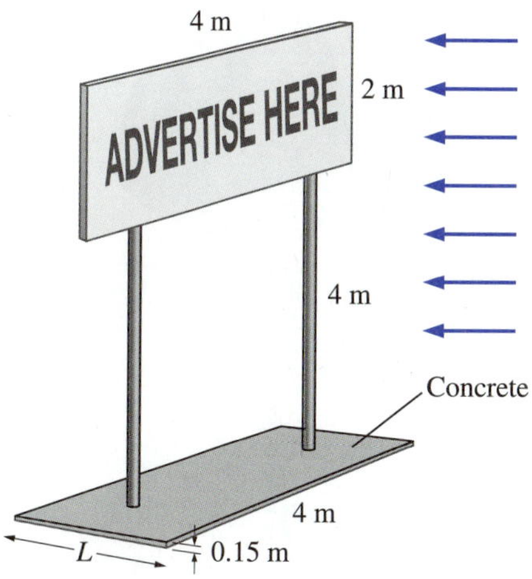

그림 P9-44

9-45 아래쪽 면을 폭 1.5 m, 길이 2 m의 평판으로 근사시킬 수 있는 플라스틱 보트가 15°C 물에서 45 km/h의 속도로 움직인다. 물에 의해 보트에 가해지는 마찰 항력과 그것을 극복하기 위해 필요한 동력을 구하라.

그림 P9-45

9-46 어떤 상용 비행기가 총 질량은 70,000 kg이고, 날개 평면적은 170 m^{3}이다. 그 비행기는 900 km/h의 순항 속력으로 공기 밀도가 0.333 kg/m^{3}인 순항 고도 11,500m를 운항한다. 그 비행기는 이착륙 동안 사용하기 위해서 2중 슬롯 플랩이 있지만, 모든 플랩을 접은 채로 순항한다. 날개의 양력 및 항력 특성이 NACA 23012로 근사될 수 있다고 가정하고, 다음을 구하라. (a) 플랩을 펼 때와 펴지 않을 때 이착륙을 위한 최소 안전속도, (b) 순항 고도에서 정상적으로 순항할 수 있는 받음각, 그리고 (c) 항력을 극복하기 위해 충분한 항력을 공급할 필요가 있는 동력. 지면에서의 공기 밀도는 1.2 kg/m^{3}이다.

9-47 어떤 낙하산병과 그의 직경 8 m 낙하산의 무게는 950 N이다. 평균 공기 밀도가 1.2 kg/m^{3}일 때, 낙하산병의 종단 속도를 구하라. **답:** 4.9 m/s

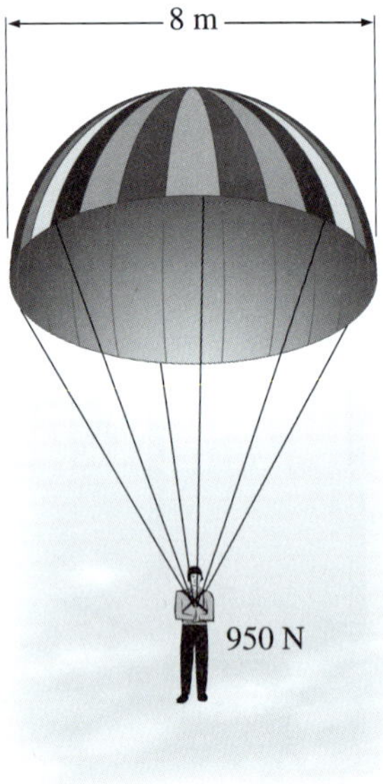

그림 P9-47

9-48 RV 자동차 위에 길이 3 m, 직경 0.5 m의 물탱크를 설치하려고 한다. 80km/h 속력에서 (a) 그림에서처럼 앞뒤로 물탱크가 설치되었을 때, 그리고 (b) 돌려서 원형 표면이 RV의 옆면을 바라보게 설치되었을 때 추가적인 요구 동력을 구하라. 대기 조건은 87 kPa, 20°C이다.

답: (*a*) 1.05 kW, (*b*) 6.77 kW

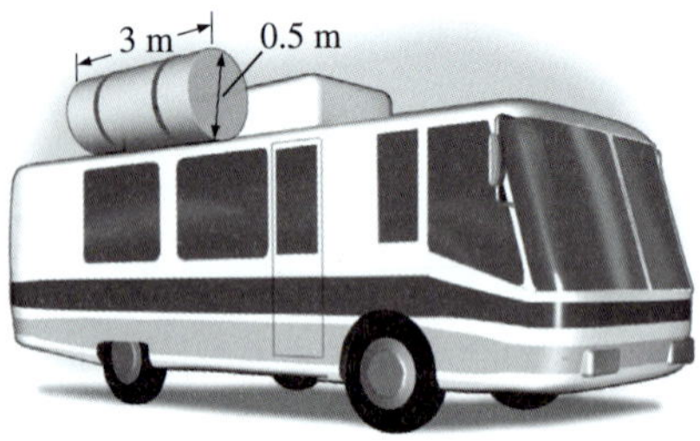

그림 P9-48

9-49 직경 9 cm의 매끄러운 스포츠 볼의 속도가 36 km/h이다. 만일 1 기압, 25°C에서 볼의 스핀이 3500 rpm이라 하면, 항력 계수가 몇 % 증가하는지 구하라.

9-50 17,000 kg 트랙터-트레일러 장치는 전면적 9.2 m^2, 항력 계수 0.96, 롤 저항 계수 0.05(차량의 무게를 롤 저항 계수에 곱하면 롤 저항력이 나옴), 베어링 마찰 저항 350N, 그리고 1.25 kg/m^3 공기 밀도의 조용한 날씨에서 정상 순항하는 동안 평평한 길 위에서 최대 110 km/h 속력으로 운행한다. 지금 장치 앞에 박리를 억제하고 유동을 유선형화하는 페어링(덮개)를 설치하여 항력 계수가 0.76으로 감소하였다. 페어링이 있을 때 장치의 최대 속도를 구하라. **답:** 133 km/h

9-51 영희는 차 안테나에 테니스공을 끼우고 달리기 좋아한다. 공의 직경은 $D = 6.65$ cm이고 표면 조도는 $\varepsilon/D = 1.5 \times 10^{-3}$이다. 그녀의 친구는 공에 부가된 항력이 걸리기 때문에 그녀가 가솔린을 낭비하고 있다고 말했다. 연간 얼마만큼의 돈이 낭비되고 있는지 계산하라. 다음과 같은 추가적인 정보들을 사용하라: 그녀는 주로 고속도로에서 운전하는데, 연간 약 25,000 km를 평균 속력 90 km/h로 주행한다. 전반적인 차 효율은 0.308, $\rho_{fuel} = 804$ kg/m^3, 그리고 연료의 열량 43,900 kJ/kg, 연료 가격은 1,800원/L이다. 표준 대기 물성치를 사용하라. 영희는 테니스공을 제거해야 하는가?

그림 P9-51

9-52 각각 지름 2, 4, 10 mm인 알루미늄 공($\rho_s = 2600$ kg/m^3)을 22℃ 글리세린($\rho_f = 1274$ kg/m^3, $\mu = 1$ kg/m · s)으로 채운 탱크에 떨어뜨리는 실험이 있다. 세 공의 종단 속도는 각각 3.2, 12.8, 그리고 60.4 mm/s로 측정된다. 이 값들을 항력에 관한 Stokes 법칙과 비교하라. FD = $3\pi\mu$DV 이고 이 식은 매우 낮은 Reynolds 수 (Re≪1)에서 유효하다. 각각의 경우와 관계되는 오차를 결정하고 Stokes 법칙의 정확성을 평가하라.

9-53 Stokes 법칙은 구형 물체를 낙하시켜 물체의 종단 속도를 측정하여 유체의 점성을 결정하는데 사용될 수 있다. 시간에 대해 움직이는 거리를 그래프로 그리고 곡선이 선형이 될 때 관찰할 수 있다. 이러한 실험 동안 3 mm 직경의 유리 공($\rho = 2500$ kg/m^3)을 밀도가 875 kg/m^{3}인 유체에 떨어뜨려 종단 속도가 0.12 m/s가 되었다. 벽면 효과를 무시하고, 유체의 점성을 구하라.

CHAPTER 10

압축성 유동

목표 이 장을 공부하면 다음과 관련된 지식을 얻을 수 있다.

- 기체 유동에서 압축성의 중요성 이해
- 초음속 가속을 위한 확대노즐의 필요성
- 충격파의 발생 예측 및 충격파를 지나면서 나타나는 상태량 변화 계산

지금까지는 대부분 밀도 변화와 압축성 효과를 무시하는 유동만을 다루어왔다. 이 장에서는 이러한 제한 없이 큰 밀도 변화를 가지는 유동을 고려하기로 한다. 이러한 유동을 **압축성 유동**이라고 하는데, 매우 빠른 속도의 기체 유동이 나타나는 장치에서 자주 마주치게 된다. 압축성 유동을 논의하기 위해서는 유체역학 및 열역학과 관련된 지식이 요구된다. 이 장에서는 비열이 일정한 이상기체에 대하여 압축성 유동과 관련된 일반 관계식을 공부한다.

이 장에서는 압축성 유동의 **정체 상태**, **음속**, **Mach 수**의 개념에 대한 복습으로부터 시작한다. 이상기체의 등엔트로피 유동인 경우에 대하여 유체의 정(적)(static) 상태량과 정체(stagnation) 상태량의 관계를 유도하고, 이를 비열비와 Mach 수의 함수로 나타낸다. **수축노즐**과, **수축-확대노즐**에서 등엔트로피 유동을 예로 들어, 1차원 등엔트로피 아음속과 초음속 유동에서 면적 변화 효과에 대하여 설명한다. **충격파**의 개념, 수직충격파와 경사충격파를 지나면서 나타나는 유동 상태량의 변화에 대하여 논의한다.

10-1 정체 상태량

검사체적을 해석할 때, 유체의 **내부 에너지**와 **유동 에너지**를 더하여 $h = u + P/\rho$로 정의된 단위 질량당 **엔탈피**의 개념을 사용하는 것이 편리하다. 유체의 운동 에너지와 위치 에너지가 무시되는 경우(이런 경우는 자주 나타남), 엔탈피는 유체의 **총 에너지**를 나타낸다. 그러나 제트엔진의 고속 유동과 같은 경우(그림 10-1 참조), 유체의 위치 에너지는 무시할 수 있으나 운동 에너지는 그렇지 않다. 이때는 유체의 엔탈피와 운동 에너지를 합하여 **정체**[stagnation, 혹은 **전**(total)] **엔탈피** h_0를 사용하는 것이 편리하며, 단위 질량당 다음과 같이 정의된다.

(a)

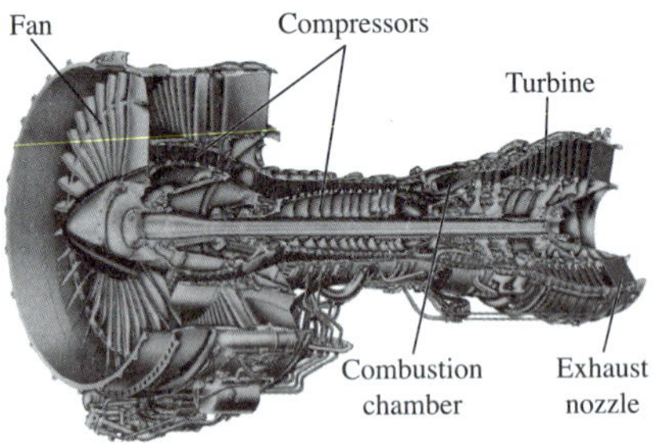

(b)

그림 10-1
항공기와 제트엔진에는 고속 유동이 나타나며, 따라서 이들을 해석할 때 운동 에너지는 항상 고려되어야 한다.

(a) © Corbis RF; (b) Photo courtesy of United Technologies Corporation/Pratt & Whitney. Used by permission. All rights reserved.

$$h_0 = h + \frac{V^2}{2} \quad \text{(kJ/kg)} \tag{10-1}$$

유체의 위치 에너지가 무시될 때, 정체 엔탈피는 단위 질량당 **유동의 총 에너지**를 나타내는데, 이를 사용하면 고속 유동에서 열역학적 해석이 간단해진다.

이 장에서 일반적인 엔탈피 h는 정체 엔탈피와 구분이 필요할 경우 **정**(static) **엔탈피**라고 한다. 정체 엔탈피 역시 정 엔탈피와 같이 유체 상태량의 조합으로 나타나는데, 유체의 운동 에너지가 무시될 때 두 엔탈피는 서로 같다.

그림 10-2에 나타난 바와 같이 축일과 전기적 일이 없고 단열된 노즐, 디퓨저 혹은 기타 다른 유체통로 내부를 흐르는 정상 유동을 생각해 보자. 이때 유체의 흐름에서 높이 변화가 거의 없어 위치 에너지의 차이를 무시하면, 이러한 단일 유로 정상 유동 장치에 대하여 에너지 보존식($\dot{E}_{in} = \dot{E}_{out}$)은 다음과 같이 나타난다.

$$h_1 + \frac{V_1^2}{2} = h_2 + \frac{V_2^2}{2} \tag{10-2}$$

또는

$$h_{01} = h_{02} \tag{10-3}$$

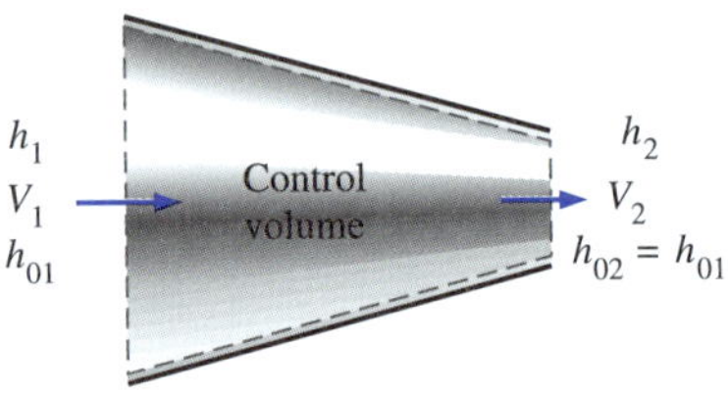

그림 10-2
단열 덕트를 통과하는 유체의 정상 유동.

즉, 열과 일의 전달이 없고 위치 에너지의 변화가 없을 때, 유체의 정체 엔탈피는 정상 유동 과정에서 일정하다. 노즐과 디퓨저를 통과하는 유동은 항상 이러한 조건을 만족시키며, 따라서 이러한 장치에서 유체의 속도 증가는 그에 상응하는 유체의 정 엔탈피의 감소를 동반한다.

만약 유체가 완전히 정지되면 상태 2에서 속도는 영이 되고, 식 (10-2)는 다음과 같이 된다.

$$h_1 + \frac{V_1^2}{2} = h_2 = h_{02}$$

따라서 **정체 엔탈피는 유체가 단열 과정을 통하여 정지될 때 유체의 엔탈피**를 나타낸다.

정체 과정에서 유체의 운동 에너지는 엔탈피(내부 에너지 + 유동 에너지)로 변화하는데, 그 결과 유체의 온도와 압력이 증가하게 된다. 정체 상태에서 유체의 상태량을 **정체 상태량**(정체 온도, 정체 압력, 정체 밀도 등)이라 한다. 정체 상태와 정체 상태량은 하첨자 0을 사용하여 나타낸다.

정체 상태는 그 정체 과정이 단열일 뿐만 아니라 가역일 때(즉, 등엔트로피)를 **등엔트로피 정체 상태**라고 한다. 유체의 엔트로피는 이러한 등엔트로피 정체 과정에서 일정하게 유지된다. 실제(비가역) 정체 과정과 등엔트로피 정체 과정이 그림 10-3과 같은 *h-s* 선도에 나타나 있다. 유체의 정체 엔탈피(또한 유체가 이상기체일 때 정체 온도)는 두 경우에 서로 같다. 그러나 실제 정체 과정에서는 유체의 마찰 효과로 인하여 엔트로피가 증가하고, 따라서 실제 정체 압력은 등엔트로피 정체 압력보다 낮다. 많은 실제 정체 과정을 등엔트로피 정체 과정으로 근사시키는 경우가 많으며, 따라서 등엔트로피 정체 상태량을 그냥 정체 상태량이라고도 한다.

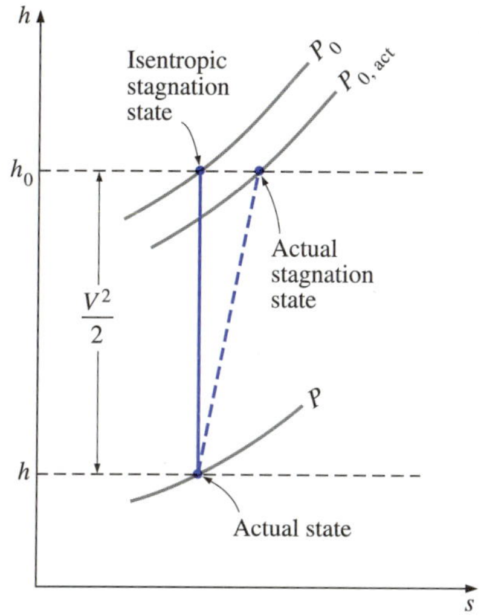

그림 10-3
유체의 실제 상태, 실제 정체 상태, 등엔트로피 정체 상태를 나타내는 *h-s* 선도.

유체를 비열이 일정한 **이상기체**로 볼 때 엔탈피는 c_pT로 표시되며, 따라서 식 (10-1)은 다음과 같이 나타난다.

$$c_pT_0 = c_pT + \frac{V^2}{2}$$

또는

$$T_0 = T + \frac{V^2}{2c_p} \tag{10-4}$$

여기서 T_0를 **정체**(혹은 **전**) **온도**라고 하며, 이는 **이상기체가 단열 과정을 통하여 정지될 때 온도**를 나타낸다. $V^2/2c_p$항은 이러한 과정에서 나타난 온도 상승에 해당하며, 이를 **동적 온도(dynamic temperature)**라고 한다. 예를 들어, 100 m/s로 흐르는 공기의 동적 온도는 $(100\text{ m/s})^2/(2 \times 1.005\text{ kJ/kg}\cdot\text{K}) = 5.0\text{ K}$이다. 따라서 온도가 300 K이고 속도가 100 m/s인 공기가 단열 과정을 통하여 정지될 때[예를 들면, 온도 프로브(probe) 앞에서], 공기의 온도는 305 K인 정체값까지 증가한다(그림 10-4). 저속 유동의 경우에는 이러한 정체 온도와 정(혹은 일반) 온도가 사실상 서로 같다. 그러나 고속 유동의 경우에는 그 유체 안에 정지해 있는 측정 프로브에 의해서 측정된 온도(즉, 정체 온도)는 유체의 정 온도보다 크게 높을 수 있다.

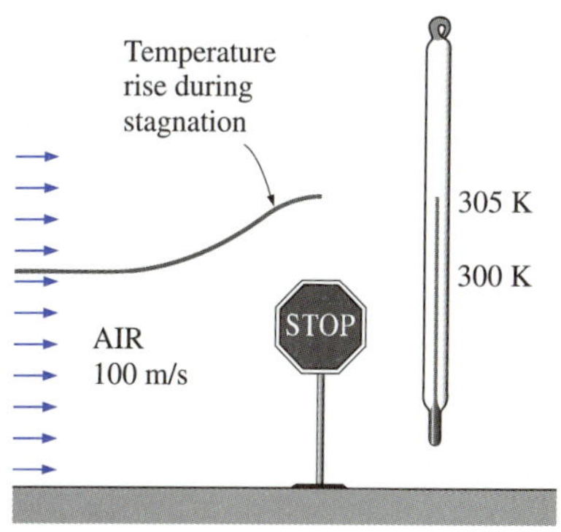

그림 10-4
속도 *V*로 흐르는 이상기체의 온도는 완전히 정지될 때 $V^2/2c_p$만큼 증가한다.

유체가 등엔트로피 과정을 거쳐 정지될 때 나타나는 유체의 압력을 **정체압 (stagnation pressure)** P_0라고 한다. 일정한 비열을 갖는 이상기체일 경우에는 P_0와 유체의 정압 사이에 다음과 같은 관계가 성립한다.

$$\frac{P_0}{P} = \left(\frac{T_0}{T}\right)^{k/(k-1)} \tag{10-5}$$

$\rho = 1/v$와 등엔트로피 관계식 $Pv^k = P_0v_0^k$을 사용하면 정체 밀도와 정(적) 밀도의 비는 다음과 같이 나타난다.

$$\frac{\rho_0}{\rho} = \left(\frac{T_0}{T}\right)^{1/(k-1)} \tag{10-6}$$

정체 엔탈피를 이용하면 운동 에너지가 그 안에 포함되어 따로 고려할 필요가 없으며, 따라서 정상 유동에서 단일 유로 정상 유동 장치에 대한 에너지 보존식 $\dot{E}_{in} = \dot{E}_{out}$은 다음과 같이 나타난다.

$$q_{in} + w_{in} + (h_{01} + gz_1) = q_{out} + w_{out} + (h_{02} + gz_2) \qquad (10\text{-}7)$$

여기서 h_{01}과 h_{02}는 각각 상태 1, 2에서 정체 엔탈피를 나타낸다. 유체가 비열이 일정한 이상기체일 때, 식 (10-7)은 다음과 같다.

$$(q_{in} - q_{out}) + (w_{in} - w_{out}) = c_p(T_{02} - T_{01}) + g(z_2 - z_1) \qquad (10\text{-}8)$$

여기서 T_{01}과 T_{02}는 각각 상태 1, 2에서 정체 온도이다.

식 (10-7)과 식 (10-8)에서 운동 에너지는 직접 나타나지 않고 정체 엔탈피 안에 포함되어 있음에 유의하자.

예제 10-1 항공기에서 고속 공기 압축

어떤 항공기가 대기압이 54.05 kPa이고 대기 온도가 255.7 K인 5000 m 상공에서 250 m/s의 속도로 비행하고 있다. 주위의 공기는 압축기로 유입되기 전에 디퓨저에서 우선 감속된다(그림 10-5). 디퓨저와 압축기에서 유동을 등엔트로피로 가정할 때, (a) 압축기 입구에서 정체 압력과 (b) 압축기의 정체 압력비가 8일 때 요구되는 단위 질량당 압축기의 일을 계산하라.

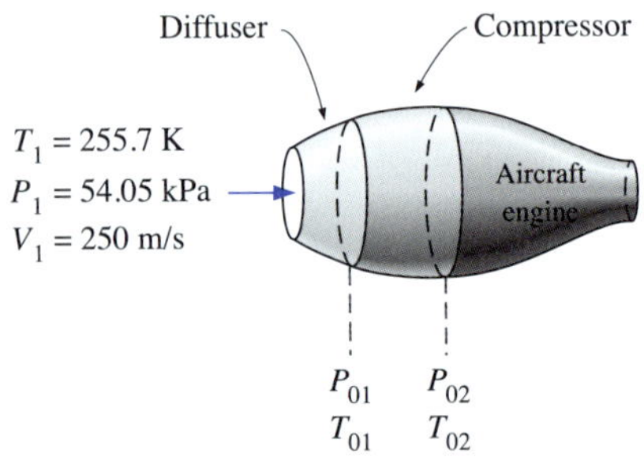

그림 10-5
예제 10-1에 대한 개략도.

풀이 고속의 공기가 항공기의 디퓨저와 압축기로 유입될 때, 공기의 정체 압력과 압축기의 일을 계산하고자 한다.

가정 1 디퓨저와 압축기에서 유동은 모두 등엔트로피이다. 2 공기는 실온에 해당하는 일정한 비열을 갖는 이상기체이다.

상태량 실온에서 공기의 정압비열 c_p와 비열비 k는 각각 다음과 같다.

$$c_p = 1.005 \text{ kJ/kg·K} \qquad \text{그리고} \qquad k = 1.4$$

해석 (a) 등엔트로피 조건에서 압축기 입구(혹은 디퓨저 출구)의 정체 압력은 식 (10-5)에 의하여 결정된다. 그러나 먼저 압축기 입구에서 정체 온도 T_{01}부터 구할 필요가 있으며, 주어진 가정에서 T_{01}은 식 (10-4)로부터 결정된다.

$$T_{01} = T_1 + \frac{V_1^2}{2c_p} = 255.7 \text{ K} + \frac{(250 \text{ m/s})^2}{(2)(1.005 \text{ kJ/kg·K})}\left(\frac{1 \text{ kJ/kg}}{1000 \text{ m}^2/\text{s}^2}\right)$$
$$= 286.8 \text{ K}$$

따라서 식 (10-5)로부터 다음 식이 성립한다.

$$P_{01} = P_1\left(\frac{T_{01}}{T_1}\right)^{k/(k-1)} = (54.05 \text{ kPa})\left(\frac{286.8 \text{ K}}{255.7 \text{ K}}\right)^{1.4/(1.4-1)}$$
$$= \mathbf{80.77 \text{ kPa}}$$

즉, 공기의 속도가 250 m/s에서 0으로 감속됨에 따라 공기의 온도는 31.1°C만큼 증가하고,

공기의 압력은 26.72 kPa만큼 증가한다. 이러한 공기의 온도와 압력의 증가는 운동 에너지가 엔탈피로 전환됨에 따라 나타난다.

(b) 압축기의 일을 결정하기 위하여 압축기 출구에서 정체 온도 T_{02}를 알아야 한다. 압축기의 정체 압력비 P_{02}/P_{01}은 8로 주어져 있다. 압축 과정을 등엔트로피 과정으로 근사할 수 있기 때문에, 이상기체의 등엔트로피 관계식(식 10-5)에 의해서 T_{02}가 결정될 수 있다.

$$T_{02} = T_{01}\left(\frac{P_{02}}{P_{01}}\right)^{(k-1)/k} = (286.8\ \text{K})(8)^{(1.4-1)/1.4} = 519.5\ \text{K}$$

위치 에너지 변화와 열전달을 무시하면 공기의 단위 질량당 압축기 일은 식 (10-8)에 의하여 결정된다.

$$\begin{aligned} w_{\text{in}} &= c_p(T_{02} - T_{01}) \\ &= (1.005\ \text{kJ/kg·K})(519.5\ \text{K} - 286.8\ \text{K}) \\ &= \mathbf{233.9\ kJ/kg} \end{aligned}$$

따라서 압축기로 공급되는 일은 233.9 kJ/kg이다.

토의 정체 상태량을 사용하면 유체 흐름에서 나타나는 운동 에너지의 변화가 자동으로 포함됨에 유의하라.

10-2 1차원 등엔트로피 유동

압축성 유동을 공부할 때 중요한 매개변수 하나가 **음속(speed of sound)** c인데, 다음과 같은 유체 상태량의 관계식으로 나타낼 수 있다.

$$c = \sqrt{(\partial P/\partial \rho)_s} \tag{10-9}$$

또는

$$c = \sqrt{k(\partial P/\partial \rho)_T} \tag{10-10}$$

이 식은 이상기체일 경우 다음과 같이 간단하게 표시된다.

$$c = \sqrt{kRT} \tag{10-11}$$

여기서 k는 기체의 비열비이고, R은 기체상수이다. 유동 속도의 음속에 대한 비를 나타내는 무차원 수를 Mach 수라고 한다.

$$\text{Ma} = \frac{V}{c} \tag{10-12}$$

노즐, 디퓨저, 터빈 블레이드 유로 등을 지나는 유동의 경우, 유체의 상태량은 주로 유동방향으로만 변화하며, 따라서 이러한 유동을 1차원 등엔트로피 유동으로 근사시킬 수 있다. 따라서 이를 좀 더 알아보자. 1차원 등엔트로피 유동에 대한 공식적인 논의에 앞서 예제를 통하여 몇 가지 중요한 관점을 언급하고자 한다.

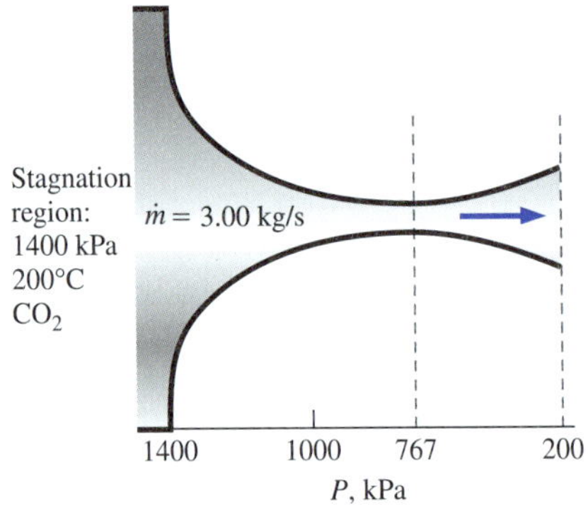

그림 10-6
예제 10-2에 대한 개략도.

예제 10-2 수축-확대 덕트를 통과하는 기체 유동

이산화탄소가 그림 10-6에 제시된 노즐과 같은 단면적이 변화하는 덕트 내를 3.00 kg/s의 질량유량으로 정상 유동하고 있다. 이산화탄소는 압력 1400 kPa, 온도 200°C이고, 낮은 속도로 덕트에 들어가고 노즐에서 200 kPa까지 팽창된다. 덕트는 유동이 등엔트로피로 근사될 수 있도록 설계되어 있다. 덕트를 따라 압력이 200 kPa씩 떨어지는 위치에서 밀도, 속도, 단면적, Mach 수를 계산하라.

풀이 위에서 기술한 조건으로 이산화탄소가 단면적이 변화하는 덕트로 유입될 때, 덕트를 따라 유동의 상태량을 결정하고자 한다.

가정 1 이산화탄소는 실온에 해당하는 일정한 비열을 갖는 이상기체이다. 2 덕트 내부 유동은 정상, 1차원, 등엔트로피이다.

상태량 계산 과정에서 이산화탄소의 정압비열과 비열비는 각각 실온에서 값인 c_p = 0.846 kJ/kg · K와 k = 1.289로 간단하게 생각한다. 이산화탄소의 기체상수는 R = 0.1889 kJ/kg · K이다.

해석 입구 속도가 작기 때문에 입구 온도는 정체 온도와 거의 같다. 유동은 등엔트로피이며, 덕트 내부에서 정체 온도와 정체 압력은 일정하게 유지되고, 그 값은 다음과 같다.

$$T_0 \cong T_1 = 200°\text{C} = 473\ \text{K}$$

그리고

$$P_0 \cong P_1 = 1400\ \text{kPa}$$

우선 압력이 1200 kPa인 지점(처음으로 압력 200 kPa이 떨어지는 지점)에서 원하는 상태량을 계산해 보자.

식 (10-5)로부터

$$T = T_0\left(\frac{P}{P_0}\right)^{(k-1)/k} = (473\ \text{K})\left(\frac{1200\ \text{kPa}}{1400\ \text{kPa}}\right)^{(1.289-1)/1.289} = 457\ \text{K}$$

식 (10-4)로부터

$$\begin{aligned} V &= \sqrt{2c_p(T_0 - T)} \\ &= \sqrt{2(0.846\ \text{kJ/kg·K})(473\ \text{K} - 457\ \text{K})\left(\frac{1000\ \text{m}^2/\text{s}^3}{1\ \text{kJ/kg}}\right)} \\ &= 164.5\ \text{m/s} \cong \mathbf{164\ m/s} \end{aligned}$$

이상기체 방정식에서

$$\rho = \frac{P}{RT} = \frac{1200\ \text{kPa}}{(0.1889\ \text{kPa·m}^3/\text{kg·K})(457\ \text{K})} = \mathbf{13.9\ kg/m^3}$$

질량유량의 관계식에서

$$A = \frac{\dot{m}}{\rho V} = \frac{3.00\ \text{kg/s}}{(13.9\ \text{kg/m}^3)(164.5\ \text{m/s})} = 13.1 \times 10^{-4}\ \text{m}^2 = \mathbf{13.1\ cm^2}$$

식 (10-11)과 (10-12)로부터

표 10-1

예제 10-2에 기술한 덕트($\dot{m}$ = 3 kg/s = 일정)에서 유동방향으로의 상태량 변화

P, kPa	T, K	V, m/s	ρ, kg/m³	c, m/s	A, cm²	Ma
1400	473	0	15.7	339.4	∞	0
1200	457	164.5	13.9	333.6	13.1	0.493
1000	439	240.7	12.1	326.9	10.3	0.736
800	417	306.6	10.1	318.8	9.64	0.962
767*	413	317.2	9.82	317.2	9.63	1.000
600	391	371.4	8.12	308.7	10.0	1.203
400	357	441.9	5.93	295.0	11.5	1.498
200	306	530.9	3.46	272.9	16.3	1.946

* 767 kPa은 국소 Mach 수가 1인 곳에서 임계 압력이다.

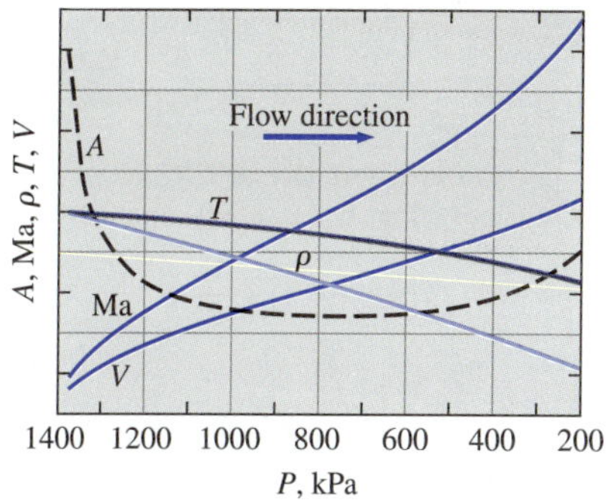

그림 10-7
압력이 1400 kPa에서 200 kPa로 떨어지면서 덕트를 따라 나타나는 정규화된 유체 상태량과 덕트의 단면적 변화.

$$c = \sqrt{kRT} = \sqrt{(1.289)(0.1889\text{ kJ/kg·K})(457\text{ K})\left(\frac{1000\text{ m}^2/\text{s}^2}{1\text{ kJ/kg}}\right)} = 333.6\text{ m/s}$$

$$\text{Ma} = \frac{V}{c} = \frac{164.5\text{ m/s}}{333.6\text{ m/s}} = \mathbf{0.493}$$

이 각각 얻어진다. 다른 압력 단계에서 결과들은 표 10-1과 그림 10-7에 나타나 있다.

토의 압력이 감소함에 따라 유체의 속도와 Mach 수는 유동방향으로 증가하는 반면, 온도와 음속은 감소하고 있다. 밀도는 처음에는 서서히 감소하다가 유체 속도가 증가함에 따라 나중에는 급격히 감소한다.

예제 10-2에서 압력은 Mach 수가 1이 되는 임계 압력값까지 감소하면서 유동 면적도 감소하다가, 임계점 이후 압력은 계속 감소하지만 단면적은 증가하고 있음을 알 수 있다. **목(throat)**이라고 부르는 가장 작은 유동 면적에서 Mach 수는 1이다(그림 10-8). 목을 지나면서 유동 면적이 급격히 증가함에도 불구하고 유체 속도는 계속 증가한다. 목을 지나면서 유체 속도가 증가하는 이유는 유체의 밀도가 줄어들기 때문이다. 이 예제에서 덕트의 유동 면적은 처음에는 감소하였다가 나중에는 증가하고 있다. 이러한 덕트를 **수축-확대노즐(converging-diverging nozzles)**이라고 한다. 이러한 노즐은 기체를 초음속 속도로 가속시키는 데 사용되며, 따라서 비압축성 유동에 한정된 **Venturi 노즐**과는 다르다. 수축-확대노즐은 1893년 스웨덴의 엔지니어 Carl G. B. de Laval(1845-1913)이 설계한 스팀터빈에서 처음 등장하였기 때문에 수축-확대노즐을 Laval 노즐이라고도 부른다.

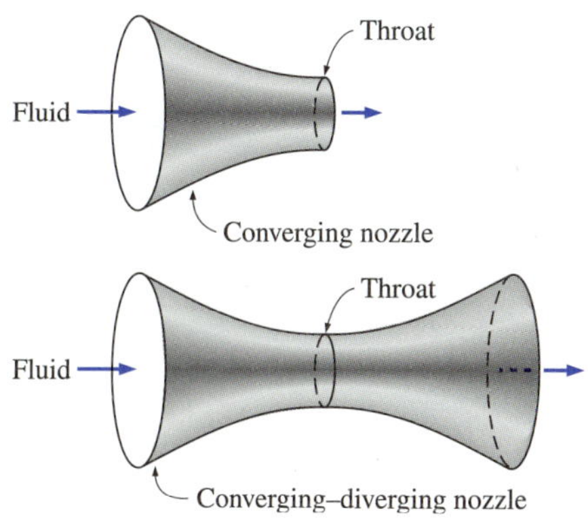

그림 10-8
가장 작은 유동 면적을 갖는 노즐의 단면적을 **목**이라고 한다.

유동 면적에 따른 유체 속도 변화

예제 10-2에 나타난 등엔트로피 덕트유동에서 속도, 밀도, 유동 면적은 다소 복잡하게 연관되어 있음을 알 수 있다. 이 절의 나머지 부분에서는 이러한 관계를 보다 구체적으로 알아보고, 압력, 온도, 밀도에 대해 Mach 수에 따른 정 상태량과 정체 상태량의 비의 변화에 대한 관계식을 유도하고자 한다.

1차원 등엔트로피 유동에 대하여 압력, 온도, 밀도, 속도, 유동 면적, Mach 수의

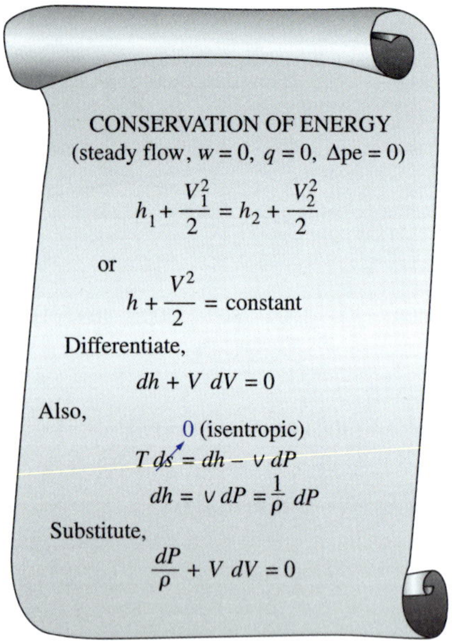

그림 10-9
정상, 등엔트로피 유동의 경우 미분 형태의 에너지 방정식의 유도.

관계부터 시작해 보자. 정상 유동 과정에서 질량 보존식은 다음과 같다.

$$\dot{m} = \rho A V = \text{일정}$$

이를 미분하여 얻은 식을 질량유량으로 나누면 다음과 같은 식이 얻어진다.

$$\frac{d\rho}{\rho} + \frac{dA}{A} + \frac{dV}{V} = 0 \tag{10-13}$$

여기서 위치 에너지를 무시하면 일의 전달이 없는 등엔트로피 유동에서 에너지 보존식은 다음과 같은 미분 형태로 표현될 수 있다(그림 10-9 참조).

$$\frac{dP}{\rho} + V\,dV = 0 \tag{10-14}$$

이 관계식은 또한 위치 에너지의 변화를 무시할 때 Bernoulli 방정식의 미분 형태이고, 정상 유동의 검사체적에서 Newton의 제2법칙의 한 형태이다. 식 (10-13)과 식 (10-14)를 합하면 다음 식이 얻어진다.

$$\frac{dA}{A} = \frac{dP}{\rho}\left(\frac{1}{V^2} - \frac{d\rho}{dP}\right) \tag{10-15}$$

식 (10-9)를 $(\partial\rho/\partial P)_s = 1/c^2$로 나타내고, 이를 식 (10-15)에 대입하면 다음과 같다.

$$\frac{dA}{A} = \frac{dP}{\rho V^2}(1 - \text{Ma}^2) \tag{10-16}$$

이 식은 유동 면적에 따른 압력 변화를 나타내기 때문에 덕트 내부의 등엔트로피 유동에서 중요한 관계식이다. 여기서 A, ρ, V는 각각 양(+)의 값이다. **아음속 유동**($\text{Ma} < 1$)의 경우 $1 - \text{Ma}^2$항은 양이며, 따라서 dA와 dP는 서로 같은 부호를 가져야 한다. 즉, 유체의 압력은 덕트의 유동 면적이 증가함에 따라 증가하고, 덕트의 유동 면적이 감소함에 따라 감소하여야 한다. 따라서 아음속 속도의 경우, 수축 덕트에서는 압력이 감소하며(아음속 노즐), 확대 덕트에서는 압력이 증가한다(아음속 디퓨저).

초음속 유동($\text{Ma} > 1$)의 경우 $1 - \text{Ma}^2$항은 음이며, dA와 dP는 서로 반대의 부호를 가져야 한다. 즉, 유체의 압력은 덕트의 유동 면적이 감소함에 따라 증가해야 하며, 덕트의 유동 면적이 증가함에 따라 감소해야 한다. 따라서 초음속 속도의 경우 확대 덕트에서는 압력이 감소하며(초음속 노즐), 수축 덕트에서는 압력이 증가한다(초음속 디퓨저).

유체의 등엔트로피 유동에서 중요한 또 다른 관계식은 다음과 같이 식 (10-14)에서 얻어진 $\rho V = -dP/dV$를 식 (10-16)에 대입함으로써 구할 수 있다.

$$\frac{dA}{A} = -\frac{dV}{V}(1 - \text{Ma}^2) \tag{10-17}$$

이 식으로 아음속 혹은 초음속 등엔트로피 유동의 노즐이나 디퓨저의 형상이 결정된다. 여기서 A와 V는 양의 값이기 때문에 다음과 같은 결론을 얻어낼 수 있다.

$$\text{아음속 유동의 경우 (Ma} < 1\text{)}, \quad \frac{dA}{dV} < 0$$

$$\text{초음속 유동의 경우 (Ma} > 1\text{)}, \quad \frac{dA}{dV} > 0$$

$$\text{음속 유동의 경우 (Ma} = 1\text{)}, \quad \frac{dA}{dV} = 0$$

따라서 올바른 노즐의 형상은 노즐에서 만들어내고자 하는 최대 속도 및 음속과 관련이 있다. 유체를 가속시키기 위하여 아음속 속도에서는 수축노즐을, 초음속 속도에서는 확대노즐을 사용해야 한다. 일반적인 공학적 응용에서 대부분의 속도는 음속보다 많이 작으며, 따라서 이 경우 노즐은 수축 덕트이다. 하지만 수축노즐에서 얻을 수 있는 최대 속도는 음속까지이며, 이는 노즐 출구에서 나타난다. 그림 10-10에 나타난 바와 같이, 유체를 초음속으로 가속시키기 위하여 유동 면적을 좀 더 줄임으로써 이러한 수축노즐을 더 연장시킨다면 매우 실망스러운 결과를 얻을 것이다. 왜냐하면 이 경우 음속은 원래 노즐의 출구가 아니라 연장된 노즐 출구에서 나타나며, 또한 이때 줄어든 출구면적으로 인하여 노즐을 통과하는 질량유량은 감소하게 된다.

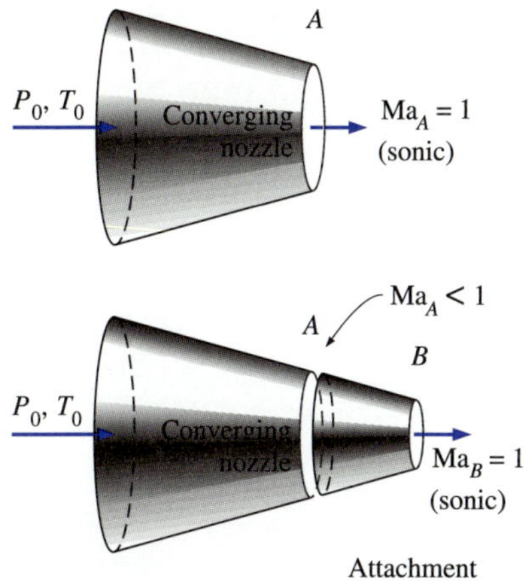

그림 10-10
수축노즐에 수축 구간을 더 연장함으로써 초음속 유동을 얻을 수 없다. 그렇게 하면 음속이 나타나는 단면이 더 하류로 이동하고, 질량유량은 감소할 뿐이다.

질량 및 에너지의 보존을 나타내고 있는 식 (10-16)에 근거하여, 유체를 초음속으로 가속하기 위해서는 수축노즐에 확대노즐을 추가하여야 한다. 그 결과가 바로 수축-확대노즐이다. 유체는 처음에 아음속(수축) 구간에서 노즐의 유동 면적이 감소하면서 Mach 수가 증가하고, 노즐 목에 이르러 Mach 수가 1이 된다. 이후 유체는 초음속(확대) 구간을 지나면서 계속 가속하게 된다. 정상 유동에서 $\dot{m} = \rho AV$이므로 확대 구간에서 가속이 되기 위해서는 밀도가 크게 감소하여야 함을 알 수 있다. 이러한 유동의 한 예가 가스터빈의 노즐을 통과하는 고온의 연소가스 유동이다.

초음속 항공기의 엔진 입구에서는 반대의 현상이 일어난다. 유체는 유동방향에 따라 유동 면적이 감소하는 초음속 디퓨저를 통하여 감속한다. 이상적으로 보면, 유동은 디퓨저 목에서 Mach 수가 1이 된다. 그림 10-11에 나타난 바와 같이 유체는 유동방향으로 유동 면적이 증가하는 아음속 디퓨저를 통하여 계속 감속한다.

이상기체 등엔트로피 유동의 상태량 관계식

다음으로 이상기체의 정 상태량과 정체 상태량의 관계를 비열비 k와 Mach 수 Ma로 나타내 보자. 이때 유동은 등엔트로피이고, 기체는 일정한 비열비를 갖는다고 하자.

유동 내부의 모든 위치에서 이상기체의 온도 T는 식 (10-4)를 이용하여 다음과 같이 정체 온도 T_0와 연관시켜 나타낼 수 있다.

$$T_0 = T + \frac{V^2}{2c_p}$$

또는

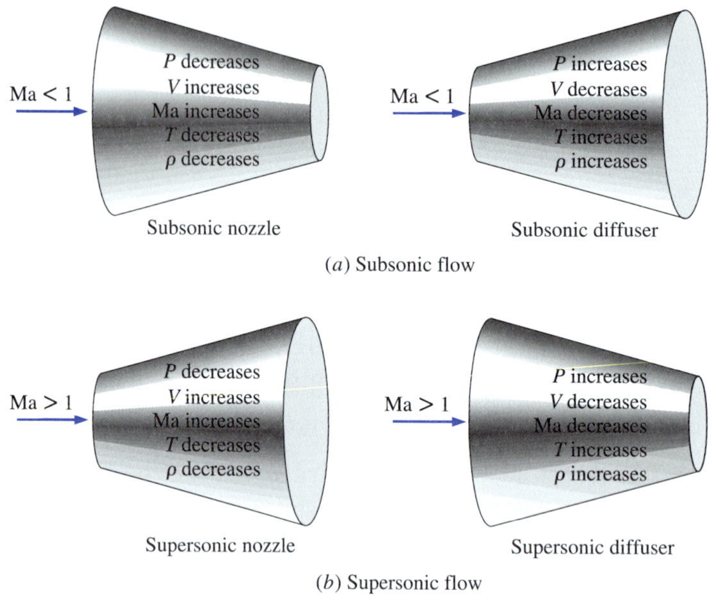

그림 10-11
아음속과 초음속 노즐, 디퓨저에서 유동 상태량의 변화.

$$\frac{T_0}{T} = 1 + \frac{V^2}{2c_pT}$$

여기서 $c_p = kR/(k-1)$, $c_2 = kRT$, $\text{Ma} = V/c$이므로 다음 식이 성립하고,

$$\frac{V^2}{2c_pT} = \frac{V^2}{2[kR/(k-1)]T} = \left(\frac{k-1}{2}\right)\frac{V^2}{c^2} = \left(\frac{k-1}{2}\right)\text{Ma}^2$$

이를 대입하면 원하는 T_0와 T의 관계식이 다음과 같이 얻어진다.

$$\frac{T_0}{T} = 1 + \left(\frac{k-1}{2}\right)\text{Ma}^2 \tag{10-18}$$

정압에 대한 정체압의 비는 식 (10-18)을 식 (10-5)에 대입함으로써 다음과 같이 얻을 수 있다.

$$\frac{P_0}{P} = \left[1 + \left(\frac{k-1}{2}\right)\text{Ma}^2\right]^{k/(k-1)} \tag{10-19}$$

정 밀도에 대한 정체 밀도의 비는 식 (10-18)을 식 (10-6)에 대입함으로써 다음과 같이 얻을 수 있다.

$$\frac{\rho_0}{\rho} = \left[1 + \left(\frac{k-1}{2}\right)\text{Ma}^2\right]^{1/(k-1)} \tag{10-20}$$

T/T_0, P/P_0, ρ/ρ_0의 수치값들이 $k = 1.4$일 때 Mach 수에 대하여 부록 표 A-11에 나타나 있으며, 이는 공기를 포함하는 실제 압축성 유동 계산에 매우 유용하다.

Mach 수가 1인 위치(노즐 목)에서 유체 상태량을 **임계 상태량(critical properties)**이라 하고, 식 (10-18)에서 식 (10-20)까지 나타난 식에 $\text{Ma} = 1$을 대입

표 10-2

몇 가지 이상기체 등엔트로피 유동의 임계 압력비, 임계 온도비, 임계 밀도비

	Superheated steam, $k = 1.3$	Hot products of combustion, $k = 1.33$	Air, $k = 1.4$	Monatomic gases, $k = 1.667$
$\frac{P^*}{P_0}$	0.5457	0.5404	0.5283	0.4871
$\frac{T^*}{T_0}$	0.8696	0.8584	0.8333	0.7499
$\frac{\rho^*}{\rho_0}$	0.6276	0.6295	0.6340	0.6495

하여 얻은 비를 **임계비(critical ratios)**라고 한다(그림 10-12). 일반적으로 압축성 유동을 해석할 때 상첨자 별표(*)를 이용하여 이러한 임계값들을 표시한다. 식 (10-18)부터 식 (10-20)까지 Ma = 1을 대입하면 다음 식을 구할 수 있다.

$$\frac{T^*}{T_0} = \frac{2}{k+1} \tag{10-21}$$

$$\frac{P^*}{P_0} = \left(\frac{2}{k+1}\right)^{k/(k-1)} \tag{10-22}$$

$$\frac{\rho^*}{\rho_0} = \left(\frac{2}{k+1}\right)^{1/(k-1)} \tag{10-23}$$

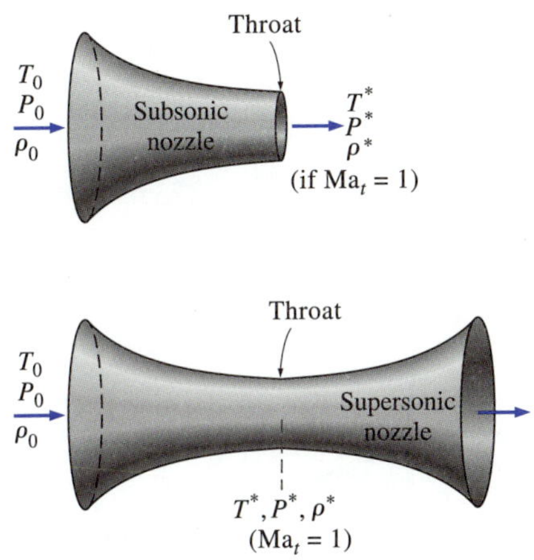

그림 10-12
$Ma_t = 1$일 때 노즐 목에서 상태량이 임계 상태량이다.

표 10-2는 다양한 k값에 대하여 계산된 이들 비를 나타내고 있다. 압축성 유동의 이러한 임계 상태량들은 임계 온도 T_c와 임계압력 P_c 등과 같이 **임계점**에서 물질의 열역학적 상태량과는 다름에 유의하라.

예제 10-3 기체 유동에서 임계 온도와 임계 압력

예제 10-2의 유동 조건에서 이산화탄소의 임계 압력과 임계 온도를 계산하라(그림 10-13).

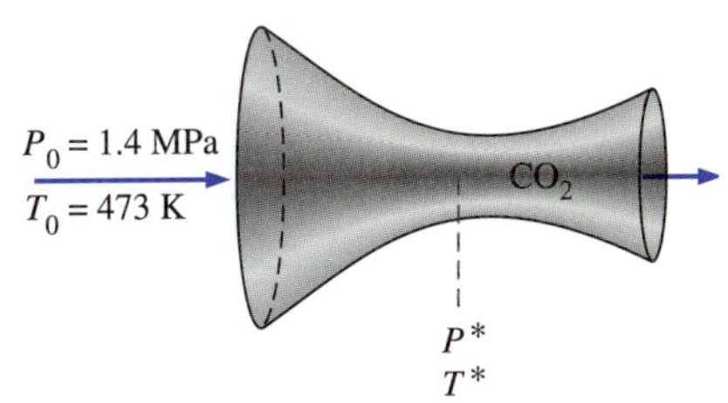

그림 10-13
예제 10-3에 대한 개략도.

풀이 예제 10-2에서 다룬 유동에 대하여 임계 압력과 임계 온도를 계산하고자 한다.

가정 **1** 유동은 정상, 단열, 1차원이다. **2** 이산화탄소는 일정한 비열을 갖는 이상기체이다.

상태량 실온에서 이산화탄소의 비열비는 $k = 1.289$이다.

해석 정체 온도에 대한 임계 온도의 비와 정체 압력에 대한 임계 압력의 비는 다음과 같이 계산된다.

$$\frac{T^*}{T_0} = \frac{2}{k+1} = \frac{2}{1.289+1} = 0.8737$$

$$\frac{P^*}{P_0} = \left(\frac{2}{k+1}\right)^{k/(k-1)} = \left(\frac{2}{1.289+1}\right)^{1.289/(1.289-1)} = 0.5477$$

예제 10-2에서 정체 온도와 정체 압력은 각각 $T_0 = 473$ K, $P_0 = 1400$ kPa이므로 임계 온도와 임계 압력을 다음과 같이 구할 수 있다.

$$T^* = 0.8737T_0 = (0.8737)(473\text{ K}) = \mathbf{413\text{ K}}$$
$$P^* = 0.5477P_0 = (0.5477)(1400\text{ kPa}) = \mathbf{767\text{ kPa}}$$

토의 예상했던 대로, 이 값들은 표 10-1의 다섯 번째 줄에 나와 있는 값들과 일치하고 있다. 위치가 목이라 할지라도, 그 곳에서 이 결과와 다른 상태량값들이 나타날 때는 유동이 임계 상태가 아니며, 또한 그 곳에서 Mach 수는 1이 아니다.

10-3 노즐을 통과하는 등엔트로피 유동

수축 또는 수축-확대노즐은 스팀과 가스 터빈, 항공기 및 우주선 추진 시스템, 산업용 블라스팅 노즐(blasting nozzles), 토치 노즐(torch nozzles) 등을 포함한 많은 공학적 응용에서 관찰될 수 있다. 이 절에서는 **배압**(back pressure, 즉 노즐 출구 주위의 압력)이 출구 속도, 질량유량, 노즐 내부의 압력 분포에 미치는 영향을 다루기로 한다.

수축노즐

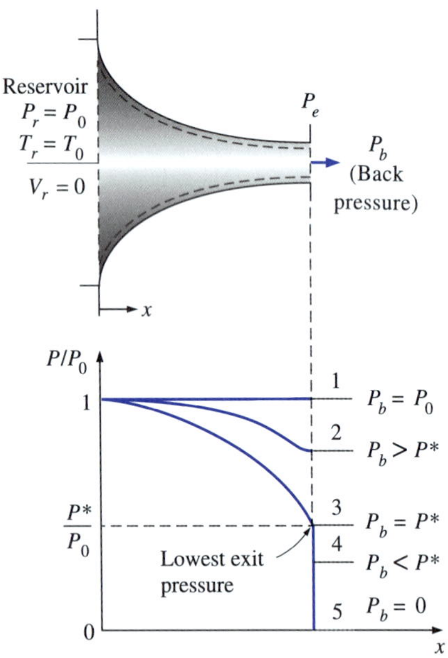

그림 10-14
배압이 수축노즐 내부 압력 분포에 미치는 영향.

그림 10-14에 나타난 바와 같은 수축노즐을 통과하는 아음속 유동을 고려해 보자. 노즐입구는 압력이 P_r이고 온도가 T_r인 큰 저장탱크(reservoir)에 연결되어 있다. 이 저장탱크는 충분히 커서 노즐 입구의 속도를 무시할 수 있다. 저장탱크 내에서 유체 속도는 0이고 노즐을 통과하는 유동을 등엔트로피로 볼 수 있기 때문에, 노즐의 어느 단면에서나 유체의 정체압과 정체 온도는 각각 저장탱크의 압력과 온도와 같다.

그림 10-14에 나타난 바와 같이 배압이 감소하면서 나타나는 노즐 길이방향으로 압력 분포 변화를 살펴보자. 배압 P_b가 P_r과 같은 P_1일 때 노즐 내부에 유동은 나타나지 않으며, 따라서 압력 분포는 노즐을 따라 균일하다. 배압이 P_2로 감소하면 노즐 출구면에서 압력 P_e 역시 P_2로 떨어진다. 이로 인하여 노즐 내부의 압력은 유동 방향으로 감소하게 된다.

배압이 P_3(= P^*, 노즐 출구 혹은 목에서 유체 속도가 음속으로 증가하는 데 필요한 압력)로 감소하면 질량유량은 최대값을 갖게 되며, 이때 유동이 **초크**(choke)되었다고 한다. 배압을 P_4 또는 그 이하로 더 낮추게 되면 노즐 내부를 따라 압력 분포나 그 이외 다른 어떤 것도 더 이상 변화하지 않는다.

정상 유동 조건에서 노즐을 통과하는 질량유량은 일정하며, 다음과 같이 표시된다.

$$\dot{m} = \rho AV = \left(\frac{P}{RT}\right)A(\text{Ma}\sqrt{kRT}) = PA\text{Ma}\sqrt{\frac{k}{RT}}$$

식 (10-18)과 식 (10-19)에서 T와 P를 구하여 여기에 대입하면 다음 식이 얻어진다.

$$\dot{m} = \frac{A\text{Ma}P_0\sqrt{k/(RT_0)}}{[1 + (k - 1)\text{Ma}^2/2]^{(k+1)/[2(k-1)]}} \tag{10-24}$$

따라서 노즐을 통과하는 특정 유체의 질량유량은 그 유체의 정체 상태량, 유동 면적, Mach 수의 함수가 된다. 식 (10-24)는 노즐 내부 어느 단면에 대해서도 유효하며, 따라서 $\dot{m}$ 또한 노즐 내부 어느 위치에서도 이 식으로 계산될 수 있다.

어떤 특정한 유동 면적 A와 정체 상태량 T_0와 P_0에 대하여 최대 질량유량은 식 (10-24)를 Ma에 대하여 미분하고, 그 결과를 0으로 놓으면 얻을 수 있다. 그 결과 Ma = 1이 얻어진다. 노즐에서 Mach 수가 1이 될 수 있는 곳은 최소 유동 면적(즉, 노즐 목)이므로 노즐을 통과하는 질량유량은 목에서 Ma = 1일 때 최대가 된다. 이 유동 면적을 A^*라 하고, 식 (10-24)에 Ma = 1을 대입하여 최대 질량유량에 관한 식을 다음과 같이 유도할 수 있다.

$$\dot{m}_{max} = A^*P_0\sqrt{\frac{k}{RT_0}}\left(\frac{2}{k+1}\right)^{(k+1)/[2(k-1)]} \tag{10-25}$$

따라서 어느 특정한 이상기체에 대하여 목 면적이 주어진 노즐을 통과하는 최대 질량유량은 입구유동의 정체 압력과 정체 온도에 의하여 정해진다. 유량은 정체 압력이나 정체 온도가 변화되면 달라지므로 수축노즐은 유량계로도 사용될 수 있다. 물론 유량은 목 면적에 따라서도 조절된다. 이 원리는 화학 공정, 의료기기, 유량계, 기체의 질량 플럭스를 구하고 제어해야 하는 분야에서 중요하게 응용되고 있다.

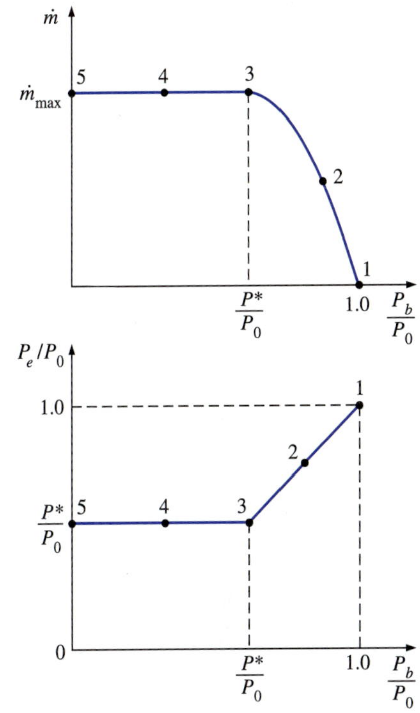

그림 10-15
배압 P_b가 수축노즐의 질량유량 $\dot{m}$와 출구 압력 P_e에 미치는 영향.

수축노즐에 대한 $\dot{m}$와 P_b/P_0의 상관관계가 그림 10-15에 나타나 있다. P_b/P_0가 감소함에 따라 질량유량은 증가하고, $P_b = P^*$일 때 최대가 되며, P_b/P_0값이 이러한 임계비보다 작을 때 질량유량은 일정하게 유지된다. 또한 이 그림에는 배압이 노즐 출구 압력 P_e에 미치는 영향이 나타나 있는데, 다음을 알 수 있다.

$$P_e = \begin{cases} P_b & \text{for } P_b \geq P^* \\ P^* & \text{for } P_b < P^* \end{cases}$$

이를 요약하면, 임계 압력 P^*보다 작은 모든 배압의 경우에 수축노즐의 출구 압력 P_e는 P^*와 같으며, 이때 출구에서 Mach 수는 1이고, 질량유량은 최대(또는 초크 상태)가 된다. 최대 질량유량일 때 목에서 유동 속도는 음속이기 때문에, 임계 압력보다 낮은 배압은 노즐 상류로 전달될 수 없으며, 따라서 유량에 영향을 미치지 않는다.

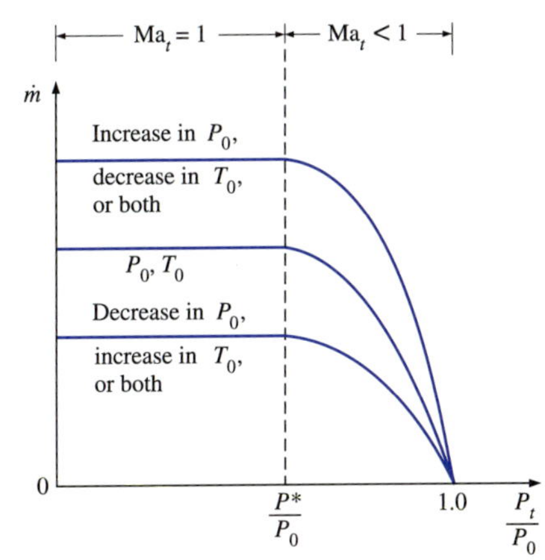

그림 10-16
입구 정체 상태량의 변화에 따른 노즐을 통과하는 질량유량의 변화.

그림 10-16은 정체 온도 T_0와 정체 압력 P_0가 수축노즐을 통과하는 질량유량에 미치는 영향을 보여 주며, 여기서 질량유량과 목에서 정압-정체압의 비 P_t/P_0와 상관관계가 제시되어 있다. P_0의 증가(혹은 T_0의 감소)는 수축노즐을 통과하는 질량유량을 증가시키고, P_0의 감소(혹은 T_0의 증가)는 질량유량을 감소시킨다. 이는 식 (10-24)와 (10-25)를 주의 깊게 보면 알 수 있는 내용이기도 하다.

특정 유체의 동일한 질량유량과 정체 상태량에 대하여, 노즐 목 면적 A^*에 대한 노즐의 유동 면적 A의 비 변화는 식 (10-24)와 식 (10-25)를 조합하여 다음과 같이 구할 수 있다.

$$\frac{A}{A^*} = \frac{1}{\text{Ma}}\left[\left(\frac{2}{k+1}\right)\left(1 + \frac{k-1}{2}\text{Ma}^2\right)\right]^{(k+1)/[2(k-1)]} \tag{10-26}$$

공기($k = 1.4$)의 경우에 A/A^*값이 Mach 수의 함수로 부록 표 A-11에 제시되어 있다. 각 Mach 수에 대하여 A/A^*값은 한 개이나, 한 개의 A/A^*값에 대하여 두 개의 Mach 수 (한 개는 아음속, 나머지 한 개는 초음속)가 존재한다.

1차원 이상기체 등엔트로피 유동해석에서 사용되는 또 다른 매개변수가 Ma*인데, 이는 다음과 같이 노즐 목에서 음속에 대한 국소 속도의 비를 말한다.

$$\mathrm{Ma}^* = \frac{V}{c^*} \tag{10-27}$$

식 (10-27)은 다음과 같이 나타낼 수도 있다.

$$\mathrm{Ma}^* = \frac{V}{c}\frac{c}{c^*} = \frac{\mathrm{Ma}\,c}{c^*} = \frac{\mathrm{Ma}\sqrt{kRT}}{\sqrt{kRT^*}} = \mathrm{Ma}\sqrt{\frac{T}{T^*}}$$

Ma	Ma*	$\frac{A}{A^*}$	$\frac{P}{P_0}$	$\frac{\rho}{\rho_0}$	$\frac{T}{T_0}$
⋮	⋮	⋮	⋮	⋮	⋮
0.90	0.9146	1.0089	0.5913	⋮	⋮
1.00	1.0000	1.0000	0.5283	⋮	⋮
1.10	1.0812	1.0079	0.4684	⋮	⋮
⋮	⋮	⋮	⋮	⋮	⋮

그림 10-17
부록 표 A-11에 노즐과 디퓨저를 통과하는 등엔트로피 유동에 대한 다양한 상태비가 $k = 1.4$(공기)인 경우에 대하여 나타나 있다.

여기서 Ma는 국소 Mach 수, T는 국소 온도, T^*는 임계 온도이다. 식 (10-18)을 T에 대하여 그리고 식 (10-21)을 T^*에 대하여 풀어서 위 식에 대입하면 다음 식을 얻는다.

$$\mathrm{Ma}^* = \mathrm{Ma}\sqrt{\frac{k+1}{2+(k-1)\mathrm{Ma}^2}} \tag{10-28}$$

$k = 1.4$인 경우에 Ma*값과 Mach 수와 관계가 역시 부록 표 A-11에 제시되어 있다(그림 10-17). Ma*가 **목**에서 음속에 대하여 국소 속도를 무차원화시킨 반면, Ma는 **국소** 음속에 대하여 국소 속도를 무차원화시킨 점에서 Ma*는 Ma와 다르다(노즐 내부에서 음속은 온도에 따라 달라지고, 따라서 노즐 위치에 따라 달라진다).

예제 10-4 배압이 질량유량에 미치는 영향

그림 10-18에 나타난 바와 같이 1 MPa, 600°C의 공기가 150 m/s의 속도로 수축노즐에 유입되고 있다. 배압이 (a) 0.7 MPa, (b) 0.4 MPa일 때, 노즐 목의 단면적이 50 cm^{2}인 노즐을 통과하는 질량유량을 구하라.

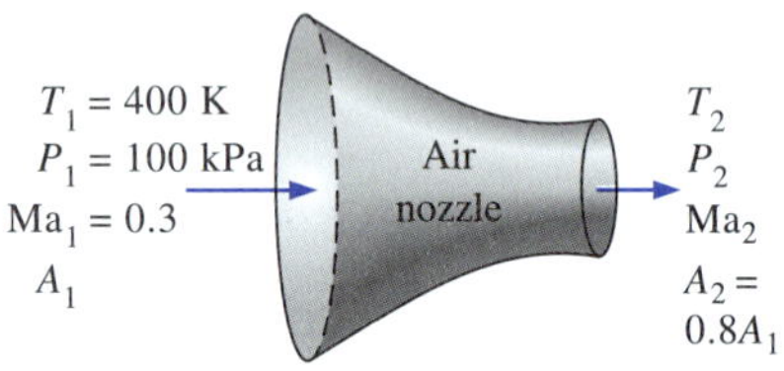

그림 10-18
예제 10-4에 대한 개략도.

풀이 공기가 수축노즐로 유입될 때 각각 다른 배압에 대하여 노즐을 통과하는 공기의 질량유량을 구하고자 한다.

가정 **1** 공기는 실온에 해당하는 일정한 비열을 갖는 이상기체이다. **2** 노즐을 통과하는 유동은 정상, 1차원, 등엔트로피이다.

상태량 공기의 정압비열과 비열비는 각각 $c_p = 1.005$ kJ/kg · K, $k = 1.4$이다.

해석 노즐 입구와 노즐 목에서 상태량을 각각 하첨자 i와 t를 사용하여 나타내면, 노즐 입구에서 정체 온도와 정체 압력은 식 (10-4)와 식 (10-5)를 이용하여 다음과 같이 계산된다.

$$T_{0i} = T_i + \frac{V_i^2}{2c_p} = 873\text{ K} + \frac{(150\text{ m/s})^2}{2(1.005\text{ kJ/kg}\cdot\text{K})}\left(\frac{1\text{ kJ/kg}}{1000\text{ m}^2/\text{s}^2}\right) = 884\text{ K}$$

$$P_{0i} = P_i\left(\frac{T_{0i}}{T_i}\right)^{k/(k-1)} = (1\text{ MPa})\left(\frac{884\text{ K}}{873\text{ K}}\right)^{1.4/(1.4-1)} = 1.045\text{ MPa}$$

유동이 등엔트로피로 가정되어 있기 때문에 노즐 전체에 걸쳐 정체 온도와 정체 압력은 일정하게 유지되며, 따라서 다음이 성립된다.

$$T_0 = T_{0i} = 884 \text{ K} \quad \text{그리고} \quad P_0 = P_{0i} = 1.045 \text{ MPa}$$

임계 압력비는 표 10-2(혹은 식 10-22)에 의하여 $P^*/P_0 = 0.5283$이다.

(a) 이 경우의 배압비는 다음과 같다.

$$\frac{P_b}{P_0} = \frac{0.7 \text{ MPa}}{1.045 \text{ MPa}} = 0.670$$

이 값은 임계 압력비 0.5283보다 크다. 따라서 이 경우에 출구 면에서 압력(또는 노즐 목에서 압력 P_t)은 배압과 같다. 즉, $P_t = P_b = 0.7$ MPa, $P_t/P_0 = 0.670$이다. 따라서 유동은 초크되어 있지 않으며, 부록 표 A-11에서 $P_t/P_0 = 0.670$일 때 $\text{Ma}_t = 0.778$, $T_t/T_0 = 0.892$를 얻을 수 있다.

노즐을 통과하는 질량유량은 식 (10-24)로부터 계산될 수 있다. 또는 다음과 같은 단계별 과정을 거쳐 계산될 수도 있다.

$$T_t = 0.892T_0 = 0.892(884 \text{ K}) = 788.5 \text{ K}$$

$$\rho_t = \frac{P_t}{RT_t} = \frac{700 \text{ kPa}}{(0.287 \text{ kPa·m}^3/\text{kg·K})(788.5 \text{ K})} = 3.093 \text{ kg/m}^3$$

$$\begin{aligned} V_t &= \text{Ma}_t c_t = \text{Ma}_t \sqrt{kRT_t} \\ &= (0.778)\sqrt{(1.4)(0.287 \text{ kJ/kg·K})(788.5 \text{ K})\left(\frac{1000 \text{ m}^2/\text{s}^2}{1 \text{ kJ/kg}}\right)} \\ &= 437.9 \text{ m/s} \end{aligned}$$

따라서

$$\dot{m} = \rho_t A_t V_t = (3.093 \text{ kg/m}^3)(50 \times 10^{-4} \text{ m}^2)(437.9 \text{ m/s}) = \mathbf{6.77 \text{ kg/s}}$$

(b) 이 경우에 배압비는 다음과 같다.

$$\frac{P_b}{P_0} = \frac{0.4 \text{ MPa}}{1.045 \text{ MPa}} = 0.383$$

이 값은 임계 압력비 0.5283보다 작다. 따라서 노즐 출구 단면(목)에서 음속 조건이 성립되고, Ma = 1이다. 이 경우에 유동은 초크되고, 노즐을 통과하는 질량유량은 식 (10-25)로부터 계산될 수 있다.

$$\begin{aligned} \dot{m} &= A^* P_0 \sqrt{\frac{k}{RT_0}}\left(\frac{2}{k+1}\right)^{(k+1)/[2(k-1)]} \\ &= (50 \times 10^{-4} \text{ m}^2)(1045 \text{ kPa})\sqrt{\frac{1.4}{(0.287 \text{ kJ/kg·K})(884 \text{ K})}}\left(\frac{2}{1.4+1}\right)^{2.4/0.8} \\ &= \mathbf{7.10 \text{ kg/s}} \end{aligned}$$

여기서 $\text{kPa·m}^2\sqrt{\text{kJ/kg}} = \sqrt{1000}\ \text{kg/s}$이다.

토의 이 질량유량은 주어진 입구 조건과 노즐 목의 면적에 대하여 노즐을 통과하는 최대 질량유량이다.

예제 10-5 펑크 난 타이어로부터 공기 누출

그림 10-19
예제 10-5에 대한 개략도.

어떤 자동차 타이어의 공기압은 대기압이 94 kPa일 때 220 kPa(게이지 압력)로 유지되도록 되어 있다. 타이어 내부의 공기 온도는 대기 온도와 같이 25°C이다. 이 타이어가 사고로 인하여 직경 4 mm의 구멍이 났다고 하자(그림 10-19). 유동을 등엔트로피로 근사하여, 초기에 누출되는 공기의 질량유량을 계산하라.

풀이 사고로 인하여 자동차 타이어에 구멍이 났을 때, 그 구멍을 통하여 초기에 누출되는 공기의 질량유량을 구하고자 한다.

가정 1 공기는 일정한 비열을 갖는 이상기체이다. 2 구멍을 통과하는 유동은 등엔트로피이다.

상태량 공기의 기체상수는 $R = 0.287\ \text{kPa}\cdot\text{m}^3/\text{kg}\cdot\text{K}$이고, 실온에서 비열비는 $k = 1.4$이다.

해석 타이어 공기의 절대압은 다음과 같다.

$$P = P_{\text{gage}} + P_{\text{atm}} = 220 + 94 = 314\ \text{kPa}$$

임계압은 표 10-2에서

$$P^* = 0.5283P_o = (0.5283)(314\ \text{kPa}) = 166\ \text{kPa} > 94\ \text{kPa}$$

이고, 따라서 유동은 초크되어 구멍 출구에서 속도는 음속이다. 따라서 출구에서 상태량은 다음과 같다.

$$\rho_0 = \frac{P_0}{RT_0} = \frac{314\ \text{kPa}}{(0.287\ \text{kPa}\cdot\text{m}^3/\ \text{kg}\cdot\text{K})(298\ \text{K})} = 3.671\ \text{kg/m}^3$$

$$\rho^* = \rho\left(\frac{2}{k+1}\right)^{1/(k-1)} = (3.671\ \text{kg/m}^3)\left(\frac{2}{1.4+1}\right)^{1/(1.4-1)} = 2.327\ \text{kg/m}^3$$

$$T^* = \frac{2}{k+1}T_0 = \frac{2}{1.4+1}(298\ \text{K}) = 248.3\ \text{K}$$

$$V = c = \sqrt{kRT^*} = \sqrt{(1.4)(0.287\ \text{kJ/kg}\cdot\text{K})\left(\frac{1000\ \text{m}^2/\text{s}^2}{1\ \text{kJ/kg}}\right)(248.3\ \text{K})}$$
$$= 315.9\ \text{m/s}$$

따라서 구멍을 통과하는 초기 질량유량은 다음과 같다.

$$\dot{m} = \rho AV = (2.327\ \text{kg/m}^3)[\pi(0.004\ \text{m})^2/4](315.9\ \text{m/s}) = 0.00924\ \text{kg/s}$$
$$= \mathbf{0.554\ kg/min}$$

토의 시간이 지남에 따라 타이어 내부 압력이 떨어지고, 질량유량 또한 감소한다.

수축-확대노즐

노즐이라 하면, 일반적으로 단면적이 유동방향으로 줄어드는 유로를 생각하게 된다. 그러나 수축노즐에서 유체가 가속될 수 있는 최대 속도는 노즐 출구(목)에서 나타나는 음속($Ma = 1$)으로 제한되어 있다. 유체를 초음속으로 가속시키기 위해서는 ($Ma > 1$) 아음속 노즐의 노즐 목에 확대 구간을 추가해야 한다. 이러한 수축 구간과 확대 구간이 결합된 것이 수축-확대노즐이며, 초음속 항공기와 로켓 추진을 위한 기본 장치이다(그림 10-20).

수축-확대노즐을 통하여 단지 유체를 밀어냄으로써 유체가 초음속 속도로 가속되는 것은 아니다. 실제로, 만약 배압이 올바른 범위에 있지 않으면 유체는 확대 구간에서 가속하는 것이 아니라 오히려 감속하게 된다. 노즐 유동의 상태는 전체 압력비 P_b/P_0에 의해 결정된다. 따라서 주어진 입구 조건에 대해 수축-확대노즐을 통과하는 유동은 배압 P_b에 의해 결정되는데, 이에 관해 논의해 보자.

그림 10-21에 나타난 수축-확대노즐을 고려해 보자. 유체가 정체 압력 P_0인 상태에서 낮은 속도로 노즐에 유입된다고 하자. $P_b = P_0$(A 경우)일 때 노즐을 통과하는 유동은 없으며, 이는 노즐 내부 유동이 노즐의 입구와 출구 사이의 압력차에 의해 구동되기 때문이다. 이제 배압이 서서히 낮아지는 경우를 보자.

1. $P_0 > P_b > P_C$일 때, 유동은 노즐 내에서 아음속으로 유지되고, 질량유량은 초크된 유동의 경우보다 작다. 유체의 속도는 첫 번째 노즐 구간(수축 구간)에서 증가하여 목에서 최대가 된다(그러나 여전히 $Ma < 1$). 그러나 증가된 속도의 대부분은 디퓨저 역할을 하는 두 번째 노즐 구간(확대 구간)에서 다시 떨어지게 된다. 수축 구간에서 압력은 감소하고 목에서 최소가 되었다가, 확대 구간에서는 속도의 감소로 인하여 압력은 다시 증가한다.

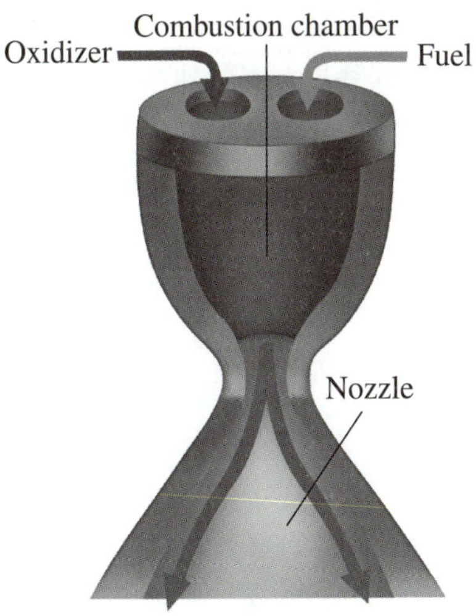

그림 10-20
수축-확대노즐은 로켓 엔진에서 높은 추력을 만들어 내기 위하여 일반적으로 사용된다.
(Right) NASA

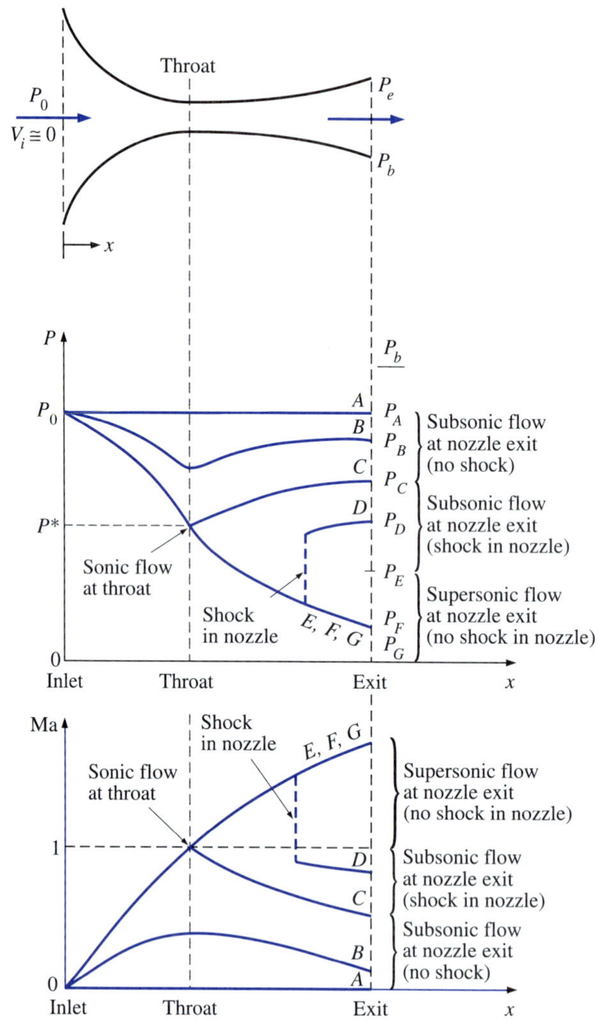

그림 10-21
배압이 수축-확대노즐을 통과하는 유동에 미치는 영향.

2. $P_b = P_C$일 때, 목에서 압력은 P^*가 되고, 유체의 속도는 목에서 음속에 도달한다. 그러나 노즐의 확대 구간은 여전히 디퓨저 역할을 하게 되며, 따라서 유체는 확대 구간을 지나면서 아음속으로 감속된다. P_b의 감소에 따라 질량 유량은 증가하다가 여기서 최대값에 도달한다. P^*는 목에서 나타나는 가장 낮은 압력이며, 음속은 수축노즐에서 얻을 수 있는 가장 큰 속도임을 기억하자. 따라서 P_b를 더 이상 낮추는 것은 노즐의 수축 구간 유동과 노즐 내부 질량유량에 영향을 미치지 않는다. 그러나 확대 구간의 유동 특성에는 영향을 미친다.

3. $P_C > P_b > P_E$일 때, 노즐 목에서 음속에 도달한 유체는 압력이 감소함에 따라 확대 구간에서 초음속으로 가속된다. 그러나 노즐 목과 노즐 출구 사이에서 발생하는 **수직충격(normal shock)**을 지나면서 유동 속도는 갑자기 아음속으로 떨어지고, 압력은 갑자기 증가한다. 이후 유체는 수축-확대노즐의 나머지 구간에서 계속 감속한다. 충격파를 통과하는 유동은 매우 강한 비가역적 성질을 가지고, 따라서 등엔트로피로 근사될 수 없다. 발생된 수직충격파

는 P_b가 감소하면서 목으로부터 점점 떨어져 하류로 이동하며, P_b가 P_E에 가까워지면서 노즐 출구로 접근한다.

$P_b = P_E$일 때, 수직충격파는 노즐 출구에 위치한다. 이 경우 확대 구간 전체에서 유동은 초음속이며, 등엔트로피로 근사할 수 있다. 그러나 유체 속도는 노즐을 떠나기 바로 직전 수직충격파를 지나면서 아음속으로 떨어진다. 수직충격파는 10-4절에서 다루기로 한다.

4. $P_E > P_b > 0$일 때, 확대 구간에서 유동은 초음속이며, 유체는 노즐 출구에서 P_F까지 팽창하는데, 이때 노즐 내부에 충격파는 나타나지 않는다. 따라서 이때 노즐 내부 유동은 등엔트로피로 근사할 수 있다. $P_b = P_F$인 경우, 노즐의 내부와 외부에 충격파는 존재하지 않는다. $P_b < P_F$인 경우, 비가역적 혼합과 팽창파가 노즐 출구의 하류에 나타난다. 그러나 $P_b > P_F$인 경우, 유체의 압력은 노즐 출구 후류에서 P_F로부터 P_b까지 비가역적으로 증가하면서 **경사 충격파**가 발생한다.

예제 10-6 수축-확대노즐을 통과하는 공기 유동

그림 10-22에 나타난 바와 같이 1.0 MPa, 800 K의 공기가 무시할 정도의 속도로 수축-확대노즐로 유입된다. 유동은 정상, 1차원, 등엔트로피, $k = 1.4$이다. 출구 Mach 수가 Ma = 2, 목의 단면적이 20 cm^{2}일 때, (a) 목에서 상태, (b) 출구면적을 포함한 출구 면의 상태, (c) 노즐을 통과하는 질량유량을 구하라.

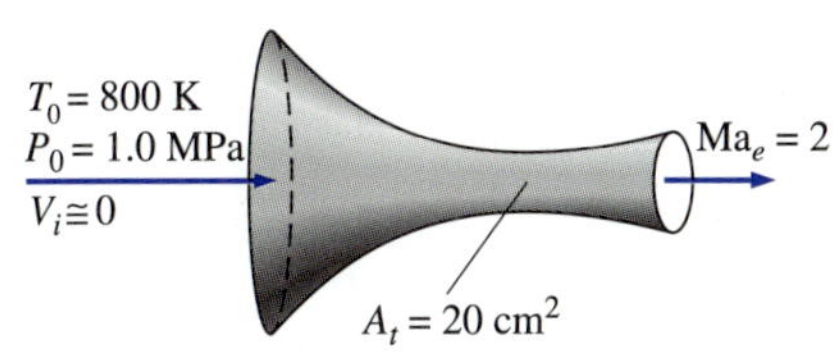

그림 10-22
예제 10-6에 대한 개략도.

풀이 공기가 수축-확대노즐을 지날 때 목과 출구에서 상태와 질량유량을 구하고자 한다.

가정 1 공기는 실온에 해당하는 일정한 비열을 갖는 이상기체이다. 2 노즐을 통과하는 유동은 정상, 1차원, 등엔트로피이다.

상태량 공기의 비열비는 $k = 1.4$로 주어진다. 공기의 기체상수는 0.287 kJ/kg · K이다.

해석 출구 Mach 수는 2이다. 따라서 유동은 노즐 목에서 음속이어야 하고, 노즐의 확대 구간에서 초음속이다. 입구의 속도는 무시할 수 있기 때문에 정체 압력과 정체 온도는 각각 입구 압력과 입구 온도, $P_0 = 1.0$ MPa과 $T_0 = 800$ K와 같다. 공기를 이상기체로 가정하면, 정체 밀도는 다음과 같이 얻어진다.

$$\rho_0 = \frac{P_0}{RT_0} = \frac{1000 \text{ kPa}}{(0.287 \text{ kPa·m}^3/\text{kg·K})(800 \text{ K})} = 4.355 \text{ kg/m}^3$$

(a) 노즐 목에서 Ma = 1이며, 부록 표 A-11을 이용하여 다음을 구한다.

$$\frac{P^*}{P_0} = 0.5283 \qquad \frac{T^*}{T_0} = 0.8333 \qquad \frac{\rho^*}{\rho_0} = 0.6339$$

따라서

$$P^* = 0.5283P_0 = (0.5283)(1.0 \text{ MPa}) = \mathbf{0.5283 \text{ MPa}}$$
$$T^* = 0.8333T_0 = (0.8333)(800 \text{ K}) = \mathbf{666.6 \text{ K}}$$
$$\rho^* = 0.6339\rho_0 = (0.6339)(4.355 \text{ kg/m}^3) = \mathbf{2.761 \text{ kg/m}^3}$$

또한

$$V^* = c^* = \sqrt{kRT^*} = \sqrt{(1.4)(0.287\ \text{kJ/kg·K})(666.6\ \text{K})\left(\frac{1000\ \text{m}^2/\text{s}^2}{1\ \text{kJ/kg}}\right)}$$
$$= \mathbf{517.5\ m/s}$$

(b) 유동이 등엔트로피이므로, 출구 면에서 상태량은 부록 표 A-11을 이용하여 Ma = 2에 대하여 다음과 같이 계산된다.

$$\frac{P_e}{P_0} = 0.1278 \quad \frac{T_e}{T_0} = 0.5556 \quad \frac{\rho_e}{\rho_0} = 0.2300 \quad \text{Ma}_e^* = 1.6330 \quad \frac{A_e}{A^*} = 1.6875$$

따라서

$$P_e = 0.1278P_0 = (0.1278)(1.0\ \text{MPa}) = \mathbf{0.1278\ MPa}$$
$$T_e = 0.5556T_0 = (0.5556)(800\ \text{K}) = \mathbf{444.5\ K}$$
$$\rho_e = 0.2300\rho_0 = (0.2300)(4.355\ \text{kg/m}^3) = \mathbf{1.002\ kg/m^3}$$
$$_e = 1.6875A^* = (1.6875)(20\ \text{cm}^2) = \mathbf{33.75\ cm^2}$$

이며, 그리고

$$V_e = \text{Ma}_e^* c^* = (1.6330)(517.5\ \text{m/s}) = \mathbf{845.1\ m/s}$$

이 얻어진다. 노즐 출구 속도는 $V_e = \text{Ma}_e c_e$로부터 다음과 같이 구할 수 있는데, 여기서 c_e는 출구 조건에서 음속이다.

$$V_e = \text{Ma}_e c_e = \text{Ma}_e\sqrt{kRT_e} = 2\sqrt{(1.4)(0.287\ \text{kJ/kg·K})(444.5\ \text{K})\left(\frac{1000\ \text{m}^2/\text{s}^2}{1\ \text{kJ/kg}}\right)}$$
$$= 845.2\ \text{m/s}$$

(c) 유동이 정상이므로, 유체의 질량유량은 노즐의 전 구간에서 같다. 따라서 질량유량은 노즐의 임의 단면에서 상태량을 이용하여 계산할 수 있다. 목에서 상태량을 이용하여 다음과 같이 질량유량을 계산한다.

$$\dot{m} = \rho^* A^* V^* = (2.761\ \text{kg/m}^3)(20 \times 10^{-4}\ \text{m}^2)(517.5\ \text{m/s}) = \mathbf{2.86\ kg/s}$$

토의 이 질량유량은 주어진 입구 조건에 대하여 이 노즐을 통과하여 흐를 수 있는 최대 질량유량이다.

10-4 충격파와 팽창파

음파는 극도로 작은 압력교란에 의하여 발생되어 매질 사이를 음속으로 이동한다. 이 장에서 어떤 특정한 배압에 대하여 초음속 유동 조건에서 수축-확대노즐 내부의 매우 얇은 구간에서 갑작스러운 유체 상태량의 변화가 나타나고 **충격파(shock wave)**가 발생하는 것을 확인한 바 있다. 이 절에서는 어떤 조건에서 충격파가 발생하고, 이 충격파가 유동에 어떻게 영향을 미치는가에 관하여 공부하기로 한다.

수직충격파

유동방향에 대해 수직한 면에서 발생하는 충격파를 **수직충격파**라고 한다. 충격파를 통과하는 유동과정은 매우 비가역적이며, 따라서 등엔트로피로 볼 수 **없다**.

Pierre Laplace(1749-1827), G. F. Bernhard Riemann(1826-1866), William Rankine(1820-1872), Pierre Henry Hugoniot(1851-1887), Lord Rayleigh(1842-1919)와 G. I. Taylor(1886-1975)의 발자취를 따라 충격파 전후에서 나타나는 유체 상태량의 관계식을 유도해 보자. 그림 10-23에 나타난 바와 같이, 충격파를 포함하는 정지한 검사체적에 상태량 관계식과 질량, 운동량, 에너지 보존 관계식을 적용해 보자. 수직충격파는 매우 얇으며, 따라서 검사체적의 입구와 출구에서 유동 면적은 거의 같다 (그림 10-24).

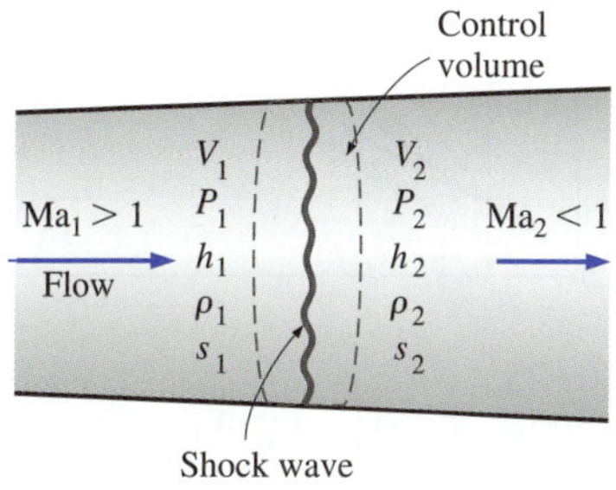

그림 10-23
수직충격파를 통과하는 유동에 대한 검사체적.

그림 10-24
Laval 노즐 내부에 나타나는 수직충격파의 schlieren 영상. 이 수직충격파의 상류(왼쪽)에서 Mach 수는 약 1.3이다. 경계층이 벽면 근처의 수직충격파의 형태를 변형시키고, 충격파 하부에 유동 박리를 발생시킨다.

Photo by G. S. Settles, Penn State University. Used by permission.

열과 일의 전달이 없고 위치 에너지의 변화가 없는 정상 유동에 대하여 충격파 상류 상태량을 하첨자 1로, 하류 상태량을 하첨자 2로 표시하면 다음과 같은 식을 얻는다.

질량 보존:

$$\rho_1 A V_1 = \rho_2 A V_2 \qquad (10\text{-}29)$$

또는

$$\rho_1 V_1 = \rho_2 V_2$$

에너지 보존:.

$$h_1 + \frac{V_1^2}{2} = h_2 + \frac{V_2^2}{2} \qquad (10\text{-}30)$$

또는

$$h_{01} = h_{02} \qquad (10\text{-}31)$$

선형 운동량 방정식: 식 (10-14)를 정리하여 적분하면 다음과 같게 된다.

$$A(P_1 - P_2) = \dot{m}(V_2 - V_1) \qquad (10\text{-}32)$$

엔트로피 증가:

$$s_2 - s_1 \geq 0 \qquad (10\text{-}33)$$

질량과 에너지 보존식을 결합하여 하나의 식으로 만들고 상태량 관계식을 이용하면 이를 h-s 선도에 그릴 수 있다. 그 결과 나타나는 곡선을 **Fanno 선**이라 하는데, 이는 h-s 선도에서 같은 정체 엔탈피와 질량 플럭스(단위 유동 면적당 질량 유동)를 갖는 상태들을 연결한 선이다. 마찬가지로, 질량과 운동량 보존식을 하나의 식으로 합쳐서, 이를 h-s 선도에 그리면 **Rayleigh 선**이라고 하는 곡선이 나타난다. 그림 10-25에 이 두 선을 h-s 선도에 나타내었다. 예제 10-7에서 증명이 되겠지만, 이들 선에서 최대 엔트로피를 갖는 점(점 a와 점 b)들에서 Ma = 1이다. 각 선의 윗부분에서 상태는 아음속이고, 아랫부분에서 상태는 초음속이다.

Fanno 선과 Rayleigh 선은 두 점(점 1과 점 2)에서 교차하며, 이 두 점에서 세 개의 보존 방정식은 만족된다. 이 중 하나(상태 1)는 충격파 전방의 상태에 해당하

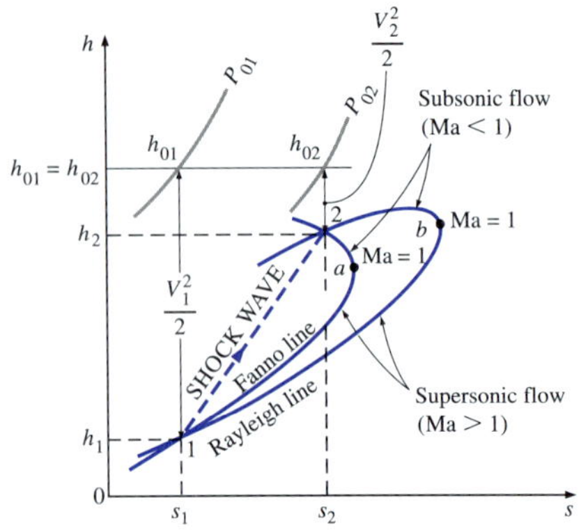

그림 10-25
수직충격파를 통과하는 유동의 h-s 선도.

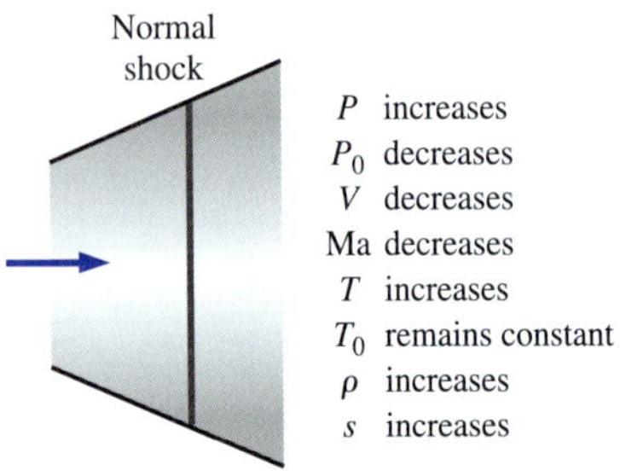

그림 10-26
수직충격파를 지나면서 나타나는 유체 상태량의 변화.

며, 나머지 하나(상태 2)는 충격파 후방의 상태에 해당한다. 충격파 전의 유동은 초음속이며, 그 이후의 유동은 아음속임에 유의하라. 따라서 충격파가 나타나면 유동은 초음속에서 아음속으로 변화해야 한다. 충격파 전방의 Mach 수가 클수록 충격파는 강해지며, Ma = 1인 한계 조건에서 충격파는 단순히 음파(sound wave)가 된다. 그림 10-25에서 엔트로피는 $s_2 > s_1$로 증가하고 있음에 주목한다. 이는 충격파를 통과하는 유동이 단열이지만 비가역이기 때문에 이미 예상한 바와 같다.

에너지 보존 법칙(식 10-31)에 의하여 정체 엔탈피는 충격파를 지나면서 일정하게 유지되어야 한다($h_{01} = h_{02}$). 따라서 $h = h(T)$인 이상기체에 대하여 다음이 성립한다.

$$T_{01} = T_{02} \tag{10-34}$$

즉, 이상기체의 정체 온도는 충격파를 지나면서 일정하게 유지된다. 그러나 정체 압력은 충격파를 지나면서 비가역성 때문에 감소하고, 반면에 일반적인(정적) 온도는 유체 속도의 큰 감소로 인해 운동 에너지가 엔탈피로 변환되기 때문에 급격히 상승한다(그림 10-26 참조)

이제 비열비가 일정한 이상기체에 대하여 충격파 전후방에서 나타나는 다양한 상태량 사이의 관계식을 유도해 보자. 정적 온도비 T_2/T_1의 관계는 다음과 같이 식 (10-18)을 두 번 적용함으로써 얻을 수 있다.

$$\frac{T_{01}}{T_1} = 1 + \left(\frac{k-1}{2}\right)\text{Ma}_1^2 \quad \text{그리고} \quad \frac{T_{02}}{T_2} = 1 + \left(\frac{k-1}{2}\right)\text{Ma}_2^2$$

첫 번째 식을 두 번째 식으로 나누고, $T_{01} = T_{02}$이므로 다음 식을 얻는다.

$$\frac{T_2}{T_1} = \frac{1 + \text{Ma}_1^2(k-1)/2}{1 + \text{Ma}_2^2(k-1)/2} \tag{10-35}$$

이상기체 상태 방정식에서 다음의 관계가 성립한다.

$$\rho_1 = \frac{P_1}{RT_1} \quad \text{그리고} \quad \rho_2 = \frac{P_2}{RT_2}$$

이를 질량 보존식 $\rho_1 V_1 = \rho_2 V_2$에 대입하고, Ma = V/c와 $c = \sqrt{kRT}$를 이용하면 다음과 같은 전개가 가능하다.

$$\frac{T_2}{T_1} = \frac{P_2 V_2}{P_1 V_1} = \frac{P_2 \text{Ma}_2 c_2}{P_1 \text{Ma}_1 c_1} = \frac{P_2 \text{Ma}_2 \sqrt{T_2}}{P_1 \text{Ma}_1 \sqrt{T_1}} = \left(\frac{P_2}{P_1}\right)^2 \left(\frac{\text{Ma}_2}{\text{Ma}_1}\right)^2 \tag{10-36}$$

식 (10-35)와 식 (10-36)을 합하면 충격파를 지나면서 나타나는 압력비를 얻을 수 있다.

Fanno 선:

$$\frac{P_2}{P_1} = \frac{\text{Ma}_1\sqrt{1 + \text{Ma}_1^2(k-1)/2}}{\text{Ma}_2\sqrt{1 + \text{Ma}_2^2(k-1)/2}} \tag{10-37}$$

식 (10-37)은 질량 보존식과 에너지 보존식의 결합이며, 따라서 비열비가 일정한 이상기체의 Fanno 선에 관한 방정식이 된다. Rayleigh 선에 대한 비슷한 관계식도 질량 보존식과 운동량 보존식을 결합함으로써 구할 수 있다. 식 (10-32)로부터,

$$P_1 - P_2 = \frac{\dot{m}}{A}(V_2 - V_1) = \rho_2 V_2^2 - \rho_1 V_1^2$$

그러나

$$\rho V^2 = \left(\frac{P}{RT}\right)(\text{Ma } c)^2 = \left(\frac{P}{RT}\right)(\text{Ma}\sqrt{kRT})^2 = Pk\,\text{Ma}^2$$

따라서

$$P_1(1 + k\text{Ma}_1^2) = P_2(1 + k\text{Ma}_2^2)$$

또는

Rayleigh 선: $$\frac{P_2}{P_1} = \frac{1 + k\text{Ma}_1^2}{1 + k\text{Ma}_2^2} \qquad (10\text{-}38)$$

이며, 식 (10-37)과 식 (10-38)을 결합하면 다음 결과를 얻는다.

$$\text{Ma}_2^2 = \frac{\text{Ma}_1^2 + 2/(k-1)}{2\text{Ma}_1^2 k/(k-1) - 1} \qquad (10\text{-}39)$$

위 식은 Fanno 선과 Rayleigh 선의 교차점을 나타내며, 충격파 전후방에서 나타나는 두 Mach 수 사이의 관계식이다.

초음속 노즐에서만 충격파가 나타나는 것은 아니다. 이러한 현상은 공기가 엔진의 디퓨저로 유입되기 전에 충격파를 지나면서 아음속으로 감속되는 초음속 항공기의 엔진 흡입구에서도 관찰될 수 있다(그림 10-27). 폭발 또한 매우 파괴적이고 강력한 구형 수직충격파를 발생시킨다(그림 10-28).

부록 표 A-12에 충격파 전후에서 나타나는 다양한 유동 상태량의 비가 $k = 1.4$인 이상기체에 대하여 제시되어 있다. 이 표를 살펴보면, Ma_2(충격파 후방의 Mach 수)는 항상 1보다 작고, 충격파 전방의 초음속 Mach 수가 클수록 충격파 후방의 아음속 Mach 수가 더 작아짐을 볼 수 있다. 또한 충격파 후방에서 정체 압력은 감소하는 반면 정압, 온도, 밀도는 모두 증가하고 있다.

충격파를 지나면서 나타나는 엔트로피 변화는 다음과 같은 충격파를 지나는 이상기체의 엔트로피 변화식을 적용함으로써 구할 수 있다.

$$s_2 - s_1 = c_p \ln\frac{T_2}{T_1} - R\ln\frac{P_2}{P_1} \qquad (10\text{-}40)$$

위 식은 이 절의 앞에서 유도된 관계식들을 사용하여 k, R, Ma_1의 관계식으로 나타낼 수 있다. 수직충격파를 지나면서 나타나는 무차원 엔트로피 변화$(s_2 - s_1)/R$와 Ma_1의 관계가 그림 10-29에 도시되어 있다. 충격파를 지나는 유동은 단열이고 비가역이므

그림 10-27
초음속 전투기의 공기 흡입구는 그곳에서 생기는 충격파를 통과하여 공기가 엔진에 들어가기 전에 아음속으로 감속되고, 압력과 온도는 증가되도록 설계되어 있다.

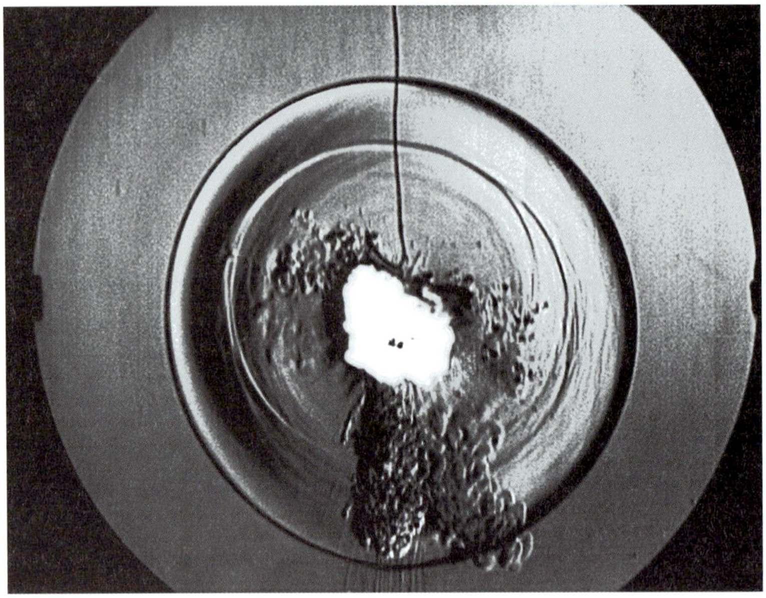

그림 10-28
폭죽의 폭발로 인하여 발생된 폭발파(팽창하는 구형 수직충격파)의 schlieren 영상. 충격파는 모든 방향에서 반경방향 바깥쪽으로 초음속으로 팽창하는데, 충격파의 속도는 폭발 중심으로부터 반경방향으로 감소한다. 마이크가 지나가는 충격파의 갑작스러운 압력 변화를 감지하는 순간 광원을 터뜨려 사진을 찍는다.
StockTrek/Getty Images

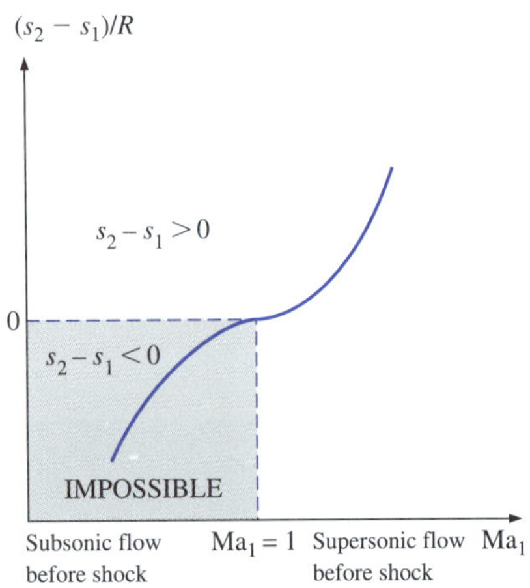

그림 10-29
수직충격파를 통과하면서 나타나는 엔트로피의 변화.

로 열역학 제2법칙에 의하여 엔트로피는 증가하게 된다. 따라서 충격파는 Ma_1이 1보다 작은 경우, 즉 엔트로피 변화가 음이 되는 경우에는 존재할 수 없다. 단열 유동의 경우 충격파는 오직 초음속 유동에서만($Ma_1 > 1$) 존재한다.

예제 10-7 Fanno 선에서 최대 엔트로피 점

덕트 내부의 정상, 단열 유동에 대하여 Fanno 선의 최대 엔트로피 점(그림 10-25의 점 *a*)은 음속(Ma = 1)에 해당함을 보여라.

풀이 정상, 단열 유동에 대하여 Fanno 선의 최대 엔트로피 점은 음속에 해당함을 보이고자 한다.

가정 유동은 정상, 단열, 1차원이다.

해석 열과 일의 전달과 위치 에너지의 변화가 없을 때, 정상 유동 에너지 방정식은 다음과 같다.

$$h + \frac{V^2}{2} = \text{일정}$$

이를 미분하면 다음과 같다.

$$dh + V\,dV = 0$$

단면적의 변화가 무시될 수 있는 매우 얇은 충격파에 대하여 정상 유동의 연속 방정식(질량 보존)은 다음과 같이 나타낼 수 있다.

$$\rho V = \text{일정}$$

이를 미분하면 다음과 같다.

$$\rho\, dV + V\, d\rho = 0$$

dV에 대하여 풀면 다음을 얻는다.

$$dV = -V\frac{d\rho}{\rho}$$

이를 에너지 방정식과 조합하면 다음과 같게 된다.

$$dh - V^2\frac{d\rho}{\rho} = 0$$

이 식은 Fanno 선에 대한 미분 형태의 방정식이다. 점 a(최대 엔트로피 점)에서 $ds = 0$이다. 따라서 Tds 관계식($Tds = dh - vdP$)에서 $dh = vdP = dP/\rho$를 얻고, 이를 대입하면,

$$\frac{dP}{\rho} - V^2\frac{d\rho}{\rho} = 0 \quad (s = \text{일정})$$

V에 대하여 풀면

$$V = \left(\frac{\partial P}{\partial \rho}\right)_s^{1/2}$$

이 얻어진다. 이 식은 식 (10-9)의 음속에 대한 관계식이다. 따라서 $V = c$이며, 증명이 완료되었다.

예제 10-8 수축-확대노즐에서 충격파

예제 10-6의 수축-확대노즐 내부에 공기가 흘러서 노즐 출구 면에 수직충격파가 발생하는 경우(그림 10-30), 충격파 후방에서 다음을 구하라. (a) 정체 압력, 정압, 온도, 밀도, (b) 충격파 전후의 엔트로피 변화, (c) 출구 속도, (d) 노즐을 통과하는 질량유량. 이때 노즐 입구로부터 충격파 위치까지 정상, 1차원, $k = 1.4$인 등엔트로피 유동을 가정한다.

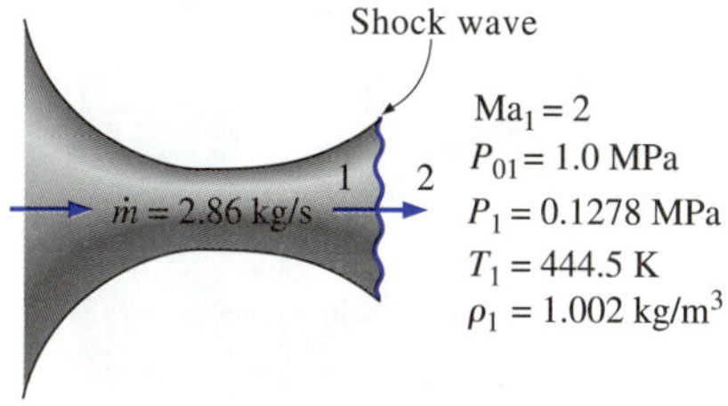

그림 10-30
예제 10-8에 대한 개략도.

풀이 공기가 흐르는 수축-확대노즐의 출구에서 수직충격파가 발생하는 경우, 충격파에 의한 다양한 상태량 변화를 구하고자 한다.

가정 **1** 공기는 실온에 해당하는 일정한 비열을 갖는 이상기체이다. **2** 충격파가 발생하기 전까지 노즐을 통과하는 유동은 정상, 1차원, 등엔트로피이다. **3** 충격파는 노즐 출구에서 발생한다.

상태량 공기의 정압비열과 비열비는 각각 $c_p = 1.005$ kJ/kg · K와 $k = 1.4$이다. 공기의 기체상수는 0.287 kJ/kg · K이다.

해석 (a) 충격파 바로 직전 노즐 출구에서 유체 상태량(하첨자 1로 표시)은 예제 10-6에서 다음과 같이 구한 바 있다.

$$P_{01} = 1.0\ \text{MPa} \quad P_1 = 0.1278\ \text{MPa} \quad T_1 = 444.5\ \text{K} \quad \rho_1 = 1.002\ \text{kg/m}^3$$

부록 표 A-12를 이용하면 $\text{Ma}_1 = 2.0$에 대하여 충격파 후방에서 유체 상태량(하첨자 2로 표시)은 다음과 같다.

$$\mathrm{Ma}_2 = 0.5774 \qquad \frac{P_{02}}{P_{01}} = 0.7209 \qquad \frac{P_2}{P_1} = 4.5000 \qquad \frac{T_2}{T_1} = 1.6875 \qquad \frac{\rho_2}{\rho_1} = 2.6667$$

따라서 충격파 후방에서 정체 압력 P_{02}, 정압 P_2, 온도 T_2, 밀도 ρ_2는 다음과 같다.

$$P_{02} = 0.7209P_{01} = (0.7209)(1.0\text{ MPa}) = \mathbf{0.721\ MPa}$$
$$P_2 = 4.5000P_1 = (4.5000)(0.1278\text{ MPa}) = \mathbf{0.575\ MPa}$$
$$T_2 = 1.6875T_1 = (1.6875)(444.5\text{ K}) = \mathbf{750\ K}$$
$$\rho_2 = 2.6667\rho_1 = (2.6667)(1.002\text{ kg/m}^3) = \mathbf{2.67\ kg/m^3}$$

(b) 충격파 전후의 엔트로피 변화는 다음과 같이 계산된다.

$$\begin{aligned} s_2 - s_1 &= c_p \ln\frac{T_2}{T_1} - R\ln\frac{P_2}{P_1} \\ &= (1.005\text{ kJ/kg·K})\ln(1.6875) - (0.287\text{ kJ/kg·K})\ln(4.5000) \\ &= \mathbf{0.0942\ kJ/kg{\cdot}K} \end{aligned}$$

따라서 공기의 엔트로피는 수직충격파를 지나면서 증가하며, 이는 강한 비가역성이다.

(c) 충격파 후방에서 속도는 $V_2 = \mathrm{Ma}_2c_2$로 계산되는데, 여기서 c_2는 충격파 후방 출구 조건에서 음속을 나타낸다.

$$\begin{aligned} V_2 &= \mathrm{Ma}_2c_2 = \mathrm{Ma}_2\sqrt{kRT_2} \\ &= (0.5774)\sqrt{(1.4)(0.287\text{ kJ/kg·K})(750\text{ K})\left(\frac{1000\text{ m}^2/\text{s}^2}{1\text{ kJ/kg}}\right)} \\ &= \mathbf{317\ m/s} \end{aligned}$$

(d) 노즐 목에서 음속이 나타날 때 수축-확대노즐을 통과하는 질량유량은 노즐에서 발생하는 충격파의 존재에 영향을 받지 않는다. 따라서 이 경우의 질량유량은 예제 10-6에서 구한 값과 같다.

$$\dot{m} = \mathbf{2.86\ kg/s}$$

토의 이 결과는 1보다 현저히 큰 모든 Mach 수에서 충격파 후방 노즐 출구에서 상태량 값들을 이용하면 쉽게 증명될 수 있다.

그림 10-31
사자 조련사가 채찍을 치면 채찍 끝에서 약한 구형충격파가 만들어져 반경방향으로 퍼져나간다. 이렇게 팽창하는 충격파 안쪽의 압력은 주위 공기압력보다 높아 이러한 충격파가 사자의 귀에 도달할 때 매우 날카로운 파괴음으로 들린다.

예제 10-8로부터 충격파를 지나면서 정압, 온도, 밀도, 엔트로피는 증가하는 반면, 정체압과 속도는 감소하는 것을 알 수 있다(그림 10-31 참조). 충격파 하류에서 유체 온도의 증가는 항공우주공학자들의 주된 관심사인데, 이는 충격파가 날개의 앞전과 우주 재진입 비행체(space reentry vehicle), 최근 개발 중인 극초음속 우주비행체(hypersonic space plane)의 전방에 심각한 열전달 문제를 발생시키기 때문이다. 실제 이러한 과열로 인하여 2003년 2월 우주왕복선 **콜롬비아호**가 지구 대기권으로 재진입할 때 비극적인 사고를 당한 적도 있다.

경사충격파

모든 충격파가 유동방향에 수직인 수직충격파는 아니다. 예를 들어, 우주왕복선이 대기 중에서 초음속으로 비행할 때 **경사충격파**(oblique shocks)라고 불리는 기울어진 충격파로 구성된 복잡한 충격파 구조가 나타난다(그림 10-32). 그림에서 경사충격파의 일부분은 휘어져 있으며, 나머지 부분은 직선임을 볼 수 있다.

먼저 균일한 초음속 유동($Ma_1 > 1$)이 반각이 δ인 얇은 2차원 쐐기(wedge)에 부딪힐 때 나타나는 직선형태의 경사충격파를 고려해 보자(그림 10-33). 초음속 유동에서는 쐐기에 관한 정보가 상류로 전달되지 않으므로 유체는 쐐기의 앞전에 도달하기 전까지 아무것도 알 수 없다. 유체는 앞전에서 쐐기를 **통과하여** 흐를 수는 없기 때문에 갑자기 **선회각**(turning angle) 혹은 **편향각**(deflection angle)이라고 하는 각도 θ 만큼 꺾인다. 그 결과 유입되는 유동방향에 대하여 **충격파 각도**(shock angle) 혹은 **파각도**(wave angle) β로 기울어진 직선형태의 경사충격파가 발생한다(그림 10-34). 질량이 보존되기 위하여 β는 δ보다 당연히 커야 한다. 초음속 유동의 Reynolds 수는 일반적으로 크기 때문에 쐐기를 따라 발달하는 경계층은 매우 얇아서 그 영향은 무시할 수 있다. 따라서 유체는 쐐기와 같은 각도만큼 꺾인다. 즉, 편향각 θ는 쐐기 반각 δ와 같다. 경계층의 배제두께의 효과를 고려한다면, 경사충격파의 편향각 θ는 쐐기 반각 δ보다 약간 크게 나타난다.

수직충격파의 경우와 같이 경사충격파를 지나면서 Mach 수는 감소하고, 경사충격파는 상류 유동이 초음속일 경우에만 가능하다. 그러나 하류 Mach 수가 항상 아음속인 수직충격파와는 달리, 경사충격파의 하류 Mach 수 Ma_2는 상류 Mach 수 Ma_1과 선회각에 따라 아음속, 음속, 초음속이 될 수 있다.

그림 10-34에 나타나 있는 바와 같이, 직선형태의 경사충격파 전후의 속도 벡터를 충격파에 수직방향과 접선방향인 두 성분으로 나누고, 충격파 주위에 작은 검사체적을 설정하여 해석해 보자. 충격파 상류에서, 검사체적 하부 왼쪽 면에서 모든 유체 상태량(속도, 밀도, 압력 등)은 검사체적 상부 오른쪽 면에서 유체 상태량과 동일하다. 충격파의 하류에서도 마찬가지이다. 따라서 이들 두 면을 출입하는 질량유량은 서로 상쇄되며, 결국 질량 보존식은 다음과 같이 줄어든다.

그림 10-32
펜실베이니아 주립대학교 기체역학 실험실에 있는 초음속 풍동을 이용하여 Mach 수 3에서 실험된 작은 우주왕복선 모형의 schlieren 영상. 모형 비행체 주위에 몇 개의 **경사충격파**가 보이고 있다.

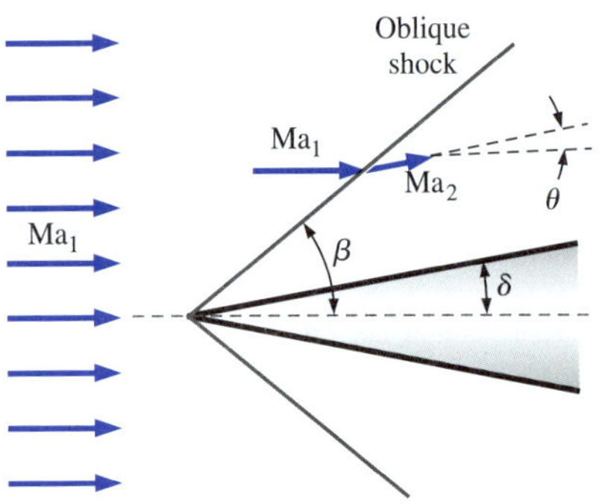

그림 10-33
반각이 δ인 얇은 2차원 쐐기에 의해서 형성된 **충격파 각도** β인 경사충격파. 유동은 충격파 하류로 **편향각** θ만큼 선회하며, Mach 수는 감소한다.

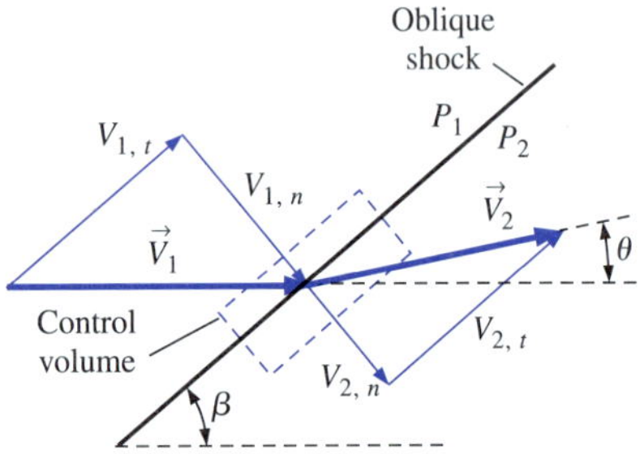

그림 10-34
충격파 각도 β와 편향각 θ인 경사충격파를 지나는 속도 벡터.

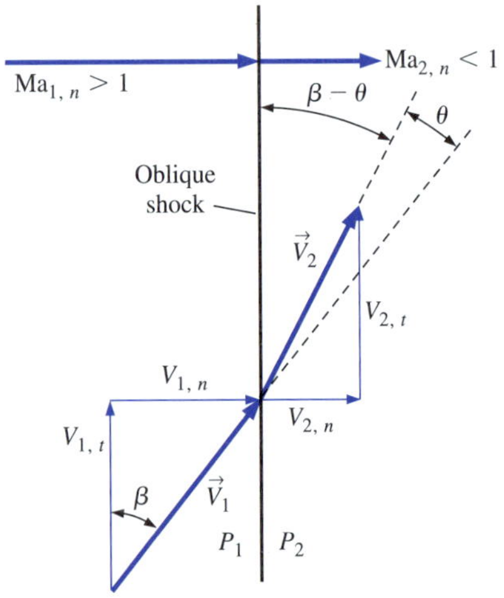

그림 10-35
그림 10-34와 동일한 속도 벡터. 그러나 경사충격파가 수직으로 나타나도록 $\pi/2-\beta$ 만큼 회전되어 있다. 또한 수직 Mach 수 $Ma_{1,n}$과 $Ma_{2,n}$이 정의되어 있다.

$$\rho_1 V_{1,n} A = \rho_2 V_{2,n} A \ \rightarrow \ \rho_1 V_{1,n} = \rho_2 V_{2,n} \tag{10-41}$$

여기서 A는 충격파에 평행한 검사면의 면적이다. A는 충격파의 양쪽에서 서로 같기 때문에 식 (10-41)에서 상쇄되었다.

여기서 예상할 수 있듯이, 속도의 접선 성분(충격파에 평행한)은 충격파를 지나면서 변화하지 않는다(즉, $V_{1,t}=V_{2,t}$). 이는 검사체적에 접선방향 운동량 방정식을 적용함으로써 쉽게 증명된다.

충격파에 **수직**방향으로 운동량 방정식을 적용하면 유일한 힘은 압력 힘이며, 따라서 다음의 관계가 성립한다.

$$P_1 A - P_2 A = \rho V_{2,n} A V_{2,n} - \rho V_{1,n} A V_{1,n} \ \rightarrow \ P_1 - P_2 = \rho_2 V_{2,n}^2 - \rho_1 V_{1,n}^2 \tag{10-42}$$

마지막으로, 검사체적에 의하여 수행된 일이 없고 검사체적을 출입하는 열전달이 없으므로 정체 엔탈피는 경사충격파를 지나면서 변화하지 **않으며**, 따라서 에너지 보존식은 다음과 같게 된다.

$$h_{01} = h_{02} = h_0 \ \rightarrow \ h_1 + \frac{1}{2}V_{1,n}^2 + \frac{1}{2}V_{1,t}^2 = h_2 + \frac{1}{2}V_{2,n}^2 + \frac{1}{2}V_{2,t}^2$$

여기서 $V_{1,t}=V_{2,t}$이므로 위 식은 다음과 같이 전개된다.

$$h_1 + \frac{1}{2}V_{1,n}^2 = h_2 + \frac{1}{2}V_{2,n}^2 \tag{10-43}$$

자세히 비교해 보면 경사충격파를 지나는 질량, 운동량, 에너지 보존식들[식 (10-41)에서 식 (10-43)까지]은 속도가 **수직** 성분으로만 표시된 것 이외에는 수직충격파에 관한 식들과 동일하다. 따라서 앞서 유도된 수직충격파 관계식들이 경사충격파에도 적용이 된다. 그러나 이때 Mach 수는 경사충격파에 수직인 $Ma_{1,n}$과 $Ma_{2,n}$으로 표시해야 한다. 이는 그림 10-34에 나타난 속도 벡터를 $\pi/2-\beta$ 각도만큼 회전시켜 경사충격파가 수직으로 보이도록 하면 쉽게 이해할 수 있다(그림 10-35). 또한 삼각함수 관계식에서 다음 식을 구할 수 있다.

$$Ma_{1,n} = Ma_1 \sin\beta \quad \text{그리고} \quad Ma_{2,n} = Ma_2 \sin(\beta - \theta) \tag{10-44}$$

여기서 $Ma_{1,n}=V_{1,n}/c_1$과 $Ma_{2,n}=V_{2,n}/c_2$이다. 그림 10-35 관점에서 보면 경사충격파는 따라오는 접선방향의 유동을 중첩한 수직충격파처럼 보인다. 따라서

> 충격파 표를 비롯한 수직충격파에 관한 모든 식들은 Mach 수의 **수직** 성분만 사용한다면 경사충격파의 경우에도 동일하게 적용할 수 있다.

사실 수직충격파를 충격파 각도 $\beta=\pi/2$ 혹은 90°인 특수한 경사충격파로 생각할 수도 있다. 따라서 경사충격파는 오직 $Ma_{1,n}>1$과 $Ma_{2,n}<1$인 경우에만 존재함을 알 수 있다. 그림 10-36은 이상기체의 경사충격파에 대해 적절한 수직충격파 관계식을 $Ma_{1,n}$의 항으로 요약하고 있다.

충격파 각도 β와 상류 Mach 수 Ma_1을 알고 있는 경우 식 (10-44)의 첫 번째 식을 사용하여 $Ma_{1,n}$을 계산하고, 이후 수직충격파 표(혹은 그에 상응하는 방정식들)를 이용하여 $Ma_{2,n}$을 계산할 수 있다. 또한 편향각 θ를 알고 있다면 식 (10-44)의 두 번째 식을 이용하여 Ma_2를 계산할 수 있다. 그러나 일반적으로 β나 θ 중 하나만 알고 두 가지를 다 알지 못하는 경우가 많다. 다행히도 약간의 계산을 더 수행하면 θ, β, Ma_1 사이의 관계식을 얻을 수 있다. $\tan\beta = V_{1,n}/V_{1,t}$와 $\tan(\beta-\theta) = V_{2,n}/V_{2,t}$(그림 10-35)를 먼저 이용하자. $V_{1,t} = V_{2,t}$이기 때문에 두 식을 합하면 다음을 구할 수 있다.

$$\frac{V_{2,n}}{V_{1,n}} = \frac{\tan(\beta-\theta)}{\tan\beta} = \frac{2+(k-1)Ma_{1,n}^2}{(k+1)Ma_{1,n}^2} = \frac{2+(k-1)Ma_1^2\sin^2\beta}{(k+1)Ma_1^2\sin^2\beta} \tag{10-45}$$

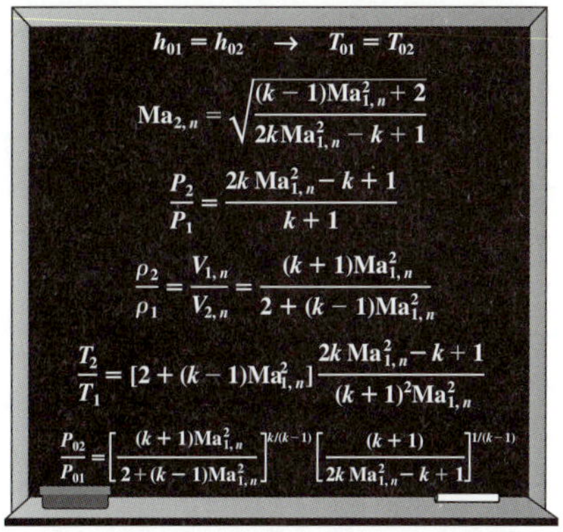

그림 10-36
상류 Mach 수의 수직 성분 $Ma_{1,n}$으로 나타난 이상기체의 경사충격파 전후의 관계식.

여기서 식 (10-44)와 그림 10-36의 네 번째 식이 같이 사용되었다. 또한 $\cos 2\beta$와 $\tan(\beta-\theta)$에 관한 삼각함수 항등식은 다음과 같다.

$$\cos 2\beta = \cos^2\beta - \sin^2\beta \quad \text{그리고} \quad \tan(\beta-\theta) = \frac{\tan\beta - \tan\theta}{1+\tan\beta\tan\theta}$$

약간의 대수 계산을 수행하면 식 (10-45)는 다음과 같이 줄어든다.

θ-β-Ma 관계식:

$$\tan\theta = \frac{2\cot\beta(Ma_1^2\sin^2\beta - 1)}{Ma_1^2(k+\cos 2\beta)+2} \tag{10-46}$$

식 (10-46)은 편향각 θ를 충격파 각도 β, 비열비 k와 상류 Mach 수 Ma_1의 함수로 나타낸 것이다. 공기($k = 1.4$)의 경우에 대하여 그림 10-37에 몇 개의 Ma_1값에 대한 θ와 β의 관계를 도시하였다. 실제로, 충격파 각도 β가 편향각 θ에 의해서 결정되기 때문에, 다른 압축성 유동 교재에서는 이 그림의 축이 반대로(β 대 θ) 설정되어 제시되기도 한다.

그림 10-37에서 많은 것을 알 수 있는데, 몇 가지 내용을 정리하면 다음과 같다.

- 그림 10-37은 주어진 자유흐름 Mach 수에 대하여 가장 약한 것부터 가장 강한 것까지, 가능한 모든 충격파의 범위를 보여 주고 있다. 1보다 큰 임의의

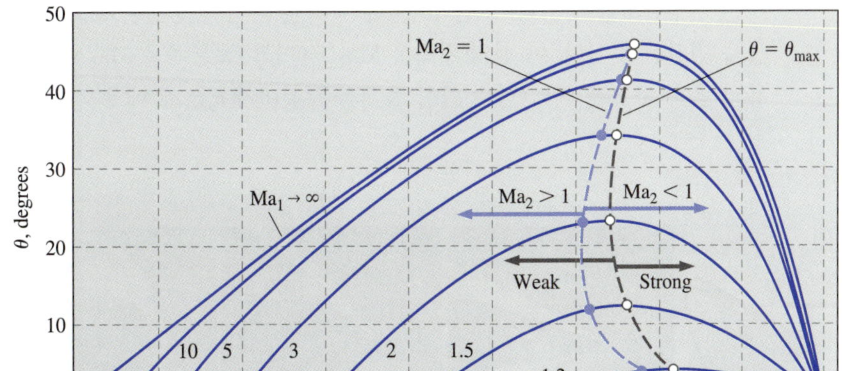

그림 10-37
몇 개의 상류 Mach 수 Ma_1에 대한 직선 형태 경사충격파의 편향각 θ와 충격파 각도 β의 상관관계. 계산 결과는 $k = 1.4$인 이상기체의 경우이다. 검은색 점선은 최대 편향각($\theta = \theta_{max}$)의 점들을 연결한 것이다. **약한 경사충격파**는 이 선의 왼쪽에 위치하며, **강한 경사충격파**는 이 선의 오른쪽에 위치한다. 파란색 점선은 하류 Mach 수가 **음속**($Ma_2 = 1$)인 점들을 연결한 것이다. 이 선의 왼쪽은 **하류가 초음속**($Ma_2 > 1$)인 경우이며, 이 선의 오른쪽은 **하류가 아음속**($Ma_2 < 1$)인 경우이다.

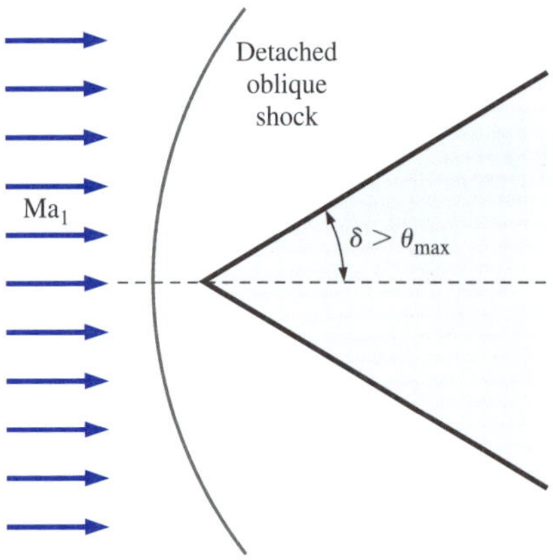

그림 10-38
반각이 δ인 2차원 쐐기의 상류에서 **이탈 경사충격파**는 δ가 최대 편향각 θ_{max}보다 클 때 나타난다. 이러한 종류의 충격파를 뱃머리에서 나타나는 물결과 비슷하다고 해서 선수형파 또는 **궁형파**라고 부른다.

Mach 수 Ma_1에 대하여 θ의 가능한 범위는 β값($0°$과 $90°$ 사이)에 대해 $\theta = 0°$부터 β의 중간값에 대해 최대값 $\theta = \theta_{max}$까지이며, $\beta = 90°$에서는 다시 $\theta = 0°$이다. 이 범위 밖의 θ 혹은 β에 대하여 직선 형태의 경사충격파는 존재**할 수도 없으며**, 존재**하지도 않는다**. 예를 들어, 공기 유동 $Ma_1 = 1.5$에서 직선 형태의 경사충격파는 $42°$보다 작은 충격파 각도 β 또는 $12°$보다 큰 편향각 θ에 대해서는 존재하지 않는다. 만약 쐐기 반각이 θ_{max}보다 크면 충격파는 휘어져서 쐐기 앞전에서 떨어지게 되는데, 이를 **이탈경사충격파(detached oblique shock)** 혹은 **궁형파(bow wave)**라고 한다(그림 10-38). 이탈충격파 각도 β는 앞전에서 $90°$이며, 충격파가 하류방향으로 휘어지면서 β는 줄어든다. 이러한 이탈충격파는 단순한 직선형 경사충격파보다 해석하기가 매우 복잡하여 간단한 해는 존재하지 않으며, 따라서 이탈충격파를 계산하기 위해서는 수치적 방법이 필요하다.

- 원뿔주위 **축대칭 유동**의 경우에는 그림 10-39에 나타나 있는 것과 비슷한 경사충격파의 형태가 관찰된다. 그러나 축대칭에 관한 θ-β-Ma 관계식은 식 (10-46)과는 다르다.
- 초음속 유동이 뭉툭한 물체(전단이 날카롭지 않은 물체)에 부딪힐 때는 앞전에서 쐐기 반각 δ가 $90°$이며, Mach 수에 상관없이 경사충격파는 전단에 부착되지 않는다. 사실 유동이 2차원, 축대칭 혹은 완전 3차원이든 상관없이 **모든** 뭉툭한 물체 앞에는 이탈경사충격파가 나타난다. 예를 들어, 그림 10-32에 나타난 우주왕복선 모델 전방이나 그림 10-40에 나타난 구의 전방에서는 이탈경사충격파가 관찰되고 있다.
- 주어진 k값에 대하여 θ는 Ma_1과 β에 의하여 결정되는 함수이지만, $\theta < \theta_{max}$인 경우에는 **두** 개의 β값이 가능하다. 그림 10-37에서 θ_{max}의 값들을 연결한 검은색 점선이 **약한 경사충격파**(작은 β값)와 **강한 경사충격파**(큰 β값)를 구분하고 있다. 주어진 θ값에 대하여 약한 충격파가 보다 일반적이며, 후방 압력 조건이 강한 충격파를 만들 정도로 충분히 크지 않는 한 일반적으로 약한 충격파가 나타난다.
- 주어진 상류 Mach 수 Ma_1에 대하여 하류 Mach 수 Ma_2가 정확히 1이 되게 하는 특정한 θ값이 있다. 그림 10-37에 나타난 파란색 점선은 $Ma_2 = 1$인 점들을 연결한 것이다. 이 선의 왼쪽은 $Ma_2 > 1$이고, 오른쪽은 $Ma_2 < 1$이다. 하류의 음속 조건은 이 그림의 약한 충격파 부분(θ가 θ_{max}에 매우 가까운)에서

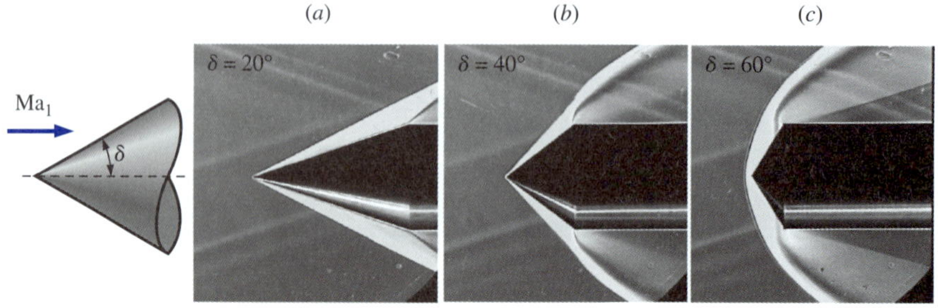

그림 10-39
Mach 수 3인 공기에서 원뿔 반각 δ가 증가함에 따라 경사충격파가 원뿔로부터 이탈되는 것을 보여 주는 schlieren 영상.
(a) $\delta = 20°$와 (b) $\delta = 40°$ 경사충격파는 부착되어 있으나 (c) $\delta = 60°$에서는 경사충격파가 이탈되어 궁형파를 이룬다.
Photos by G. S. Settles, Penn State University. Used by permission.

나타난다. 따라서 강한 경사충격파 하류 유동은 **항상 아음속**이다 ($Ma_2 < 1$). 약한 경사충격파의 하류 유동은 θ가 θ_{max}보다 약간 작은 좁은 영역을 제외하고는 **초음속**이다(약한 경사충격파라고는 하지만, 이 좁은 영역에서는 Ma_2가 아음속이다).

- 상류 Mach 수가 무한대에 가까워지면서 0과 90° 사이의 임의의 β에 대하여 직선형 경사충격파가 가능하지만, $k = 1.4$(공기)의 경우 가능한 최대선회각은 $\theta_{max} \cong 45.6°$이며, 이때 $\beta = 67.8°$이다. Mach 수에 상관없이 θ_{max}값 이상의 선회각에서는 직선형 경사충격파가 나타나지 않는다.
- 주어진 상류 Mach 수에 대하여 **유동의 선회가 없는** 경우($\theta = 0°$), 두 개의 충격파 각도가 가능하다. 즉, 강한 경우는 $\beta = 90°$이며, 이는 **수직충격파**에 해당한다. 약한 경우는 $\beta = \beta_{min}$이며, 이는 그 상류 Mach 수에 대한 가장 약한 경사충격파를 나타내며, 이를 **Mach 파**라고 한다. 예를 들어, Mach 파는 초음속 풍동의 미세한 거친 벽면에서 발생된다(몇 개의 Mach 파가 그림 10-32와 그림 10-39에서 관찰되고 있다). Mach 파는 매우 약한 충격파이기 때문에 유동에 아무런 영향을 주지 않는다. 사실 극한의 경우 Mach 파는 **등엔트로피**이다. Mach 파의 경우 충격파 각도는 오직 Mach 수에 의하여 결정되는 함수이고, 일반적으로 기호 μ로 표시하는데, 이를 점성계수와 혼동해서는 안 된다. 각도 μ를 **Mach 각**이라고 하는데, 식 (10-46)에서 θ를 0으로 놓고 $\beta = \mu$에 대해 풀어 작은 근을 취하면 다음과 같은 식을 얻는다.

Mach 각: $$\mu = \sin^{-1}(1/Ma_1) \tag{10-47}$$

비열비는 식 (10-46)에서 오직 분모에만 나타나므로 μ는 k와 무관하다. 따라서 Mach 각을 측정해서 식 (10-47)에 대입함으로써 초음속 유동의 Mach 수를 쉽게 얻어낼 수도 있다.

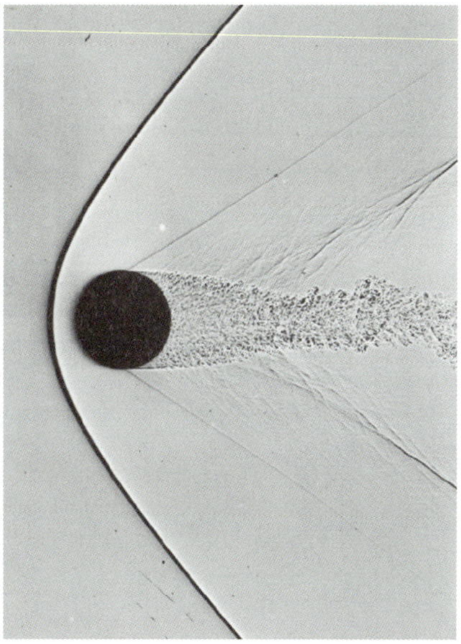

그림 10-40
공기 속을 $Ma = 1.53$으로 자유비행하는 직경 12.7 mm인 구 주위의 그림자영상(shadowgram). 구 전방에 있는 궁형파 후방은 아음속이며, 궁형파는 뒤로 약 45° 기울어져 있다. 구 표면 약 90°에서 경사충격파를 통해 층류 경계층은 박리되고, 급속히 난류로 변한다. 요동하는 후류로 인하여 약한 교란들이 생기고, 이것들이 합쳐져서 두 번째 "재압축" 충격파가 발생한다.

Photo by A. C. Charters, as found in Van Dyke (1982).

Prandtl-Meyer 팽창파

이제 쐐기 반각 δ보다 큰 받음각을 갖는 2차원 쐐기 상부 면에서와 같이, 초음속 유동이 **반대**방향으로 선회하는 경우를 생각해 보자(그림 10-41). 경사충격파를 발생시키는 유동을 **압축 유동**(compressing flow)이라 부르는 반면, 이러한 형태의 유동을 **팽창 유동**(expanding flow)이라 부른다. 전과 마찬가지로 유동은 질량을 보존하기 위하여 방향이 바뀌게 된다. 그러나 압축 유동과는 달리 팽창 유동에서는 충격파가 나타나지 **않으며**, 오히려 **팽창팬**(expansion fan)이라고 하는 연속적인 팽창 영역이 나타나게 된다. 팽창팬은 무한히 많은 Mach 파로 구성되며, 이러한 Mach 파를 Prandtl-Meyer **팽창파**라고 한다. 다시 말하면 유동은 충격파처럼 갑작스럽게 선회하지 않고 **점차적**으로 선회하는데, 연속적인 각각의 Mach 파가 유동을 아주 작은 양으로 선회시킨다. 이러한 각각의 팽창파는 거의 등엔트로피이기 때문에 전체 팽창팬을 지나는 유동 역시 거의 등엔트로피이다. 이러한 팽창파 후방의 Mach 수는 **증가**하는 반면($Ma_2 > Ma_1$), 압력, 밀도, 온도는 마치 수축-확대노즐의 초음속 구간에서처럼 **감소**한다.

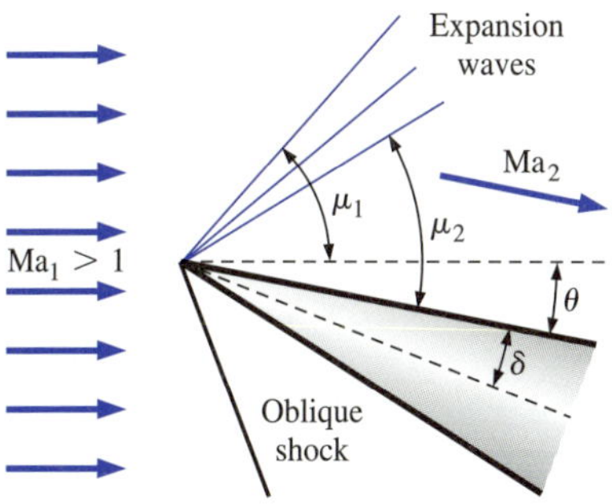

그림 10-41
초음속 유동에서 받음각을 갖는 2차원 쐐기에서 유동 상부에 팽창팬이 형성된다. 유동은 각도 θ만큼 선회하며 팽창팬을 통과하여 Mach 수는 증가한다. 팽창팬의 상류와 하류에서 Mach 각이 나타나 있다. 오직 세 개의 팽창파만 간단하게 나타나 있으나, 실제는 무한히 많다(경사충격파가 쐐기 하부에 나타난다).

Prandtl-Meyer 팽창파는 그림 10-41에 나타난 바와 같이 국소 Mach 각 μ만큼 기울어져 있다. 첫 번째 팽창파의 Mach 각은 $\mu_1 = \sin^{-1}(1/\text{Ma}_1)$로 쉽게 결정된다. 마찬가지로 $\mu_2 = \sin^{-1}(1/\text{Ma}_2)$인데, 이 각도는 팽창 하류 유동의 **새로운** 방향, 즉 벽면에서 경계층 효과를 무시할 때 그림 10-41에 나타난 쐐기의 상부 벽면과 나란한 방향에 대해서 정의된다. 그러나 Ma_2는 어떻게 결정할 수 있을까? 팽창팬을 지나는 선회각 θ는 등엔트로피 유동 관계식을 사용한 적분을 통하여 얻어진다. 이상기체의 경우, 그 결과는 다음과 같다(Anderson, 2003 참조).

팽창팬을 지나는 선회각:

$$\theta = \nu(\text{Ma}_2) - \nu(\text{Ma}_1) \quad (10\text{-}48)$$

여기서 $\nu(\text{Ma})$는 **Prandtl-Meyer 함수**(동점성계수와 혼동되면 안 됨)라 부르는 각도이며 다음과 같다.

$$\nu(\text{Ma}) = \sqrt{\frac{k+1}{k-1}}\tan^{-1}\left(\sqrt{\frac{k-1}{k+1}(\text{Ma}^2-1)}\right) - \tan^{-1}\left(\sqrt{\text{Ma}^2-1}\right) \quad (10\text{-}49)$$

여기서 $\nu(\text{Ma})$는 각도이며, 도(degree) 또는 라디안(radian)으로 계산될 수 있다. 물리적으로 $\nu(\text{Ma})$는 $\text{Ma} = 1$일 때 $\nu = 0$에서 시작하여 $\text{Ma} > 1$인 초음속 Mach 수에 도달하기 위하여 팽창하는 유체의 선회각을 의미한다.

주어진 Ma_1, k, θ값에 대한 Ma_2를 결정하기 위하여 식 (10-49)에서 $\nu(\text{Ma}_1)$, 식 (10-48)에서 $\nu(\text{Ma}_2)$, 식 (10-49)에서 Ma_2를 계산하게 되는데, 이때 마지막 과정은 Ma_2에 대한 내재적(implicit) 방정식을 풀어야 한다. 열전달과 일이 개입되어 있지 않기 때문에 팽창 유동은 등엔트로피로 근사할 수 있으며, 따라서 T_0와 P_0는 일정하게 유지되고, T_2, ρ_2, P_2와 같은 팽창하류의 유동 상태량을 계산하기 위하여 앞서 유도한 등엔트로피 관계식을 사용할 수 있다.

Prandtl-Meyer 팽창팬은 원뿔-실린더의 모서리와 뒷전 등과 같은 초음속 축대칭 유동에서도 나타난다(그림 10-42). 그림 10-43과 같이 "과대팽창된(overexpanded)" 노즐에

(*a*) (*b*)

그림 10-42

(*a*) Mach 수 1.84인 유동에 놓여 있는 반각이 12.5°인 원뿔-실린더. 앞전 하류에서 경계층은 곧 난류가 되며, Mach 파가 발생되는 것을 그림자영상에서 볼 수 있다. 원뿔의 모서리와 뒷전에서 팽창파를 볼 수 있다.
(*b*) 반각 11°인 이차원 쐐기를 지나는 Mach수 3인 유동.

(a) Photo by A. C. Charters, as found in Van Dyke (1982). (b) Photo by G. S. Settles, Penn State University. Used by permission.

의해서 발생된 초음속 제트에서는 복잡하면서도 아름다운 충격파와 팽창파가 서로 상호작용하는 구조가 나타난다. 이러한 유동의 해석은 이 교재의 범위를 벗어나기 때문에, 관심 있는 독자들은 Thompson(1972), Leipmann과 Roshko(2001), Anderson(2003) 등과 같은 압축성 유동 교재를 참조하기 바란다.

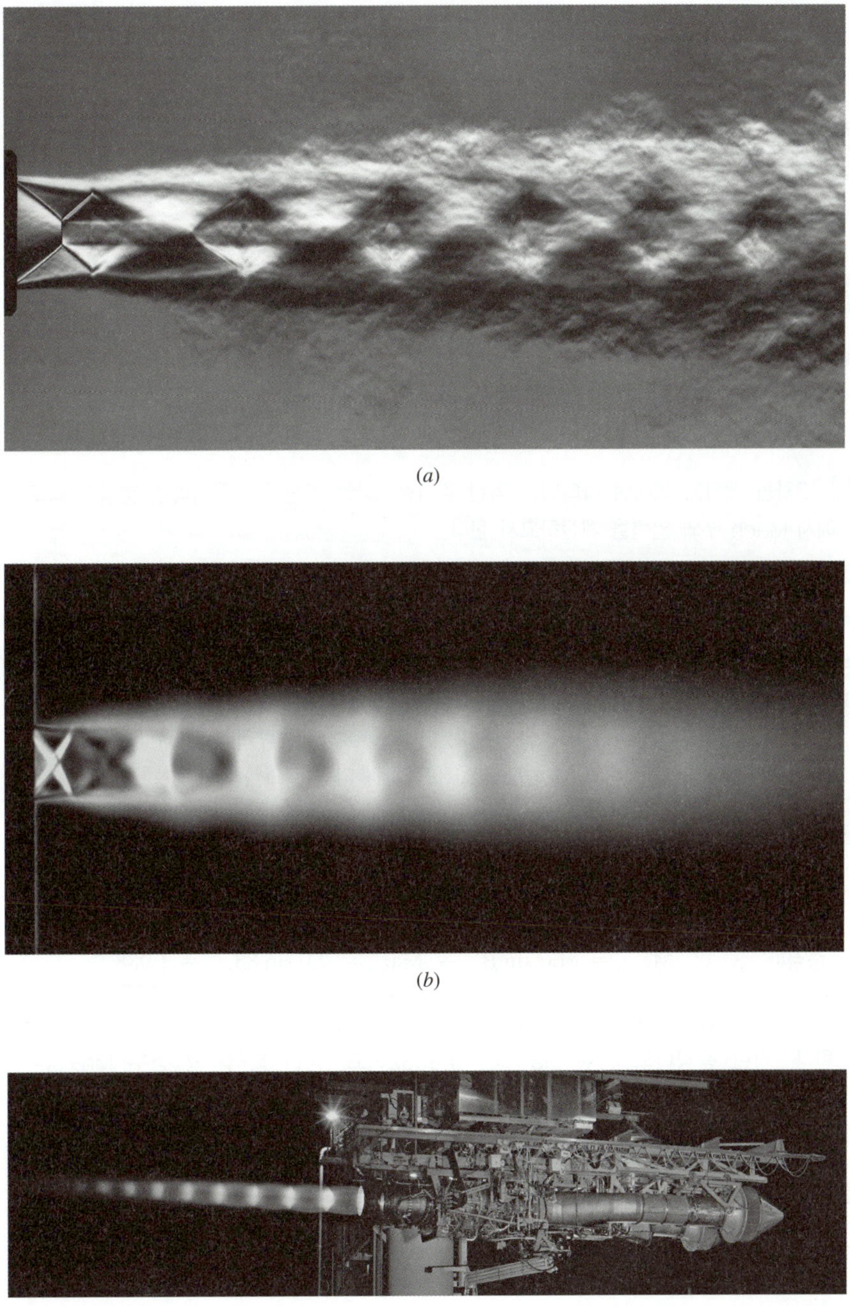

(*a*)

(*b*)

(*c*)

그림 10-43
"과대팽창된" 초음속 제트에서 나타나는 충격파와 팽창파 사이의 복잡한 상호작용 현상. (*a*) 이 유동은 schlieren과 유사한 미분 간섭계 그림에 의해서 가시화되었다. (*b*) 컬러 schlieren 영상, (*c*) Tiger 후방충격파 구조.

(a) Photo by H. Oertel sen. Reproduced by courtesy of the French-German Research Institute of Saint-Louis, ISL. Used with permission. (b) Photo by G. S. Settles, Penn State University. Used by Permission. (c) Photo courtesy of Joint Strike Fighter Program, Department of Defense.

예제 10-9 Mach 선(Mach line)으로부터 Mach 수의 추정

그림 10-32를 이용하여 우주왕복선 상류 자유흐름 유동의 Mach 수를 추정하라. 이를 그림의 설명에서 주어진 Mach 수와 비교하라.

풀이 그림으로부터 Mach 수를 추정하고, 이를 알고 있는 값과 비교하고자 한다.

해석 각도기를 이용하여 자유흐름 유동의 Mach 선 각도를 측정하면 $\mu \cong 19°$이다. 식 (10-47)을 이용하여 Mach 수를 구하면 다음과 같다.

$$\mu = \sin^{-1}\left(\frac{1}{\mathrm{Ma}_1}\right) \rightarrow \mathrm{Ma}_1 = \frac{1}{\sin 19°} \rightarrow \mathrm{Ma}_1 = \mathbf{3.07}$$

따라서 얻어진 Mach 수는 실험값 3.0 ± 0.1과 일치한다.

토의 이 결과는 유체의 상태량과 관련이 없다.

예제 10-10 경사충격파의 계산

$\mathrm{Ma}_1 = 2.0$, 75.0 kPa의 초음속 공기가 반각 $\delta = 10°$인 2차원 쐐기에 부딪힌다(그림 10-44). 이 쐐기에서 나타나는 두 가지 가능한 경사충격파의 각도 β_{weak}와 β_{strong}을 계산하라. 각각의 경우에서, 경사충격파 하류에서 압력과 Mach 수를 계산하고, 비교 · 토의하라.

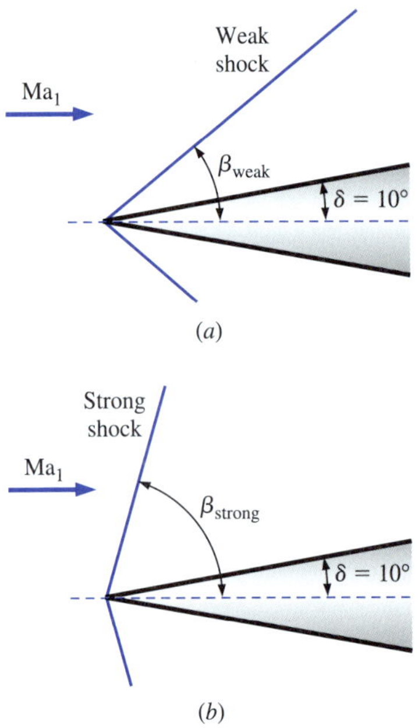

그림 10-44
반각 $\delta = 10°$인 2차원 쐐기에 의하여 형성된 두 가지 가능한 경사충격파의 각도.
(*a*) β_{weak}, (*b*) β_{strong}.

풀이 2차원 쐐기에 의하여 나타나는 약한 경사충격파와 강한 경사충격파의 충격파 각도, 하류에서 Mach 수와 압력을 계산하고자 한다.

가정 1 유동은 정상이다. 2 쐐기 표면에서 경계층은 매우 얇다.

상태량 유체는 $k = 1.4$인 공기이다.

해석 가정 2에 의하여 유동의 편향각은 쐐기의 반각과 같다. 즉, $\theta \cong \delta = 10°$이다. $\mathrm{Ma}_1 = 2.0$과 $\theta = 10°$에 대해 식 (10-46)을 이용하여 두 가지 가능한 경사충격파 각도의 값, 즉 $\beta_{\mathrm{weak}} = 39.3°$와 $\beta_{\mathrm{strong}} = 83.7°$를 계산한다. 이 값들로부터 상류의 수직 Mach 수 $\mathrm{Ma}_{1,\,n}$을 계산하기 위해 식 (10-44)의 첫 번째 식을 이용하면 다음 결과를 얻는다.

약한 충격파: $$\mathrm{Ma}_{1,\,n} = \mathrm{Ma}_1 \sin\beta \rightarrow \mathrm{Ma}_{1,\,n} = 2.0 \sin 39.3° = 1.267$$

그리고

강한 충격파: $$\mathrm{Ma}_{1,\,n} = \mathrm{Ma}_1 \sin\beta \rightarrow \mathrm{Ma}_{1,\,n} = 2.0 \sin 83.7° = 1.988$$

하류의 수직 Mach 수 $\mathrm{Ma}_{2,\,n}$을 계산하기 위하여 $\mathrm{Ma}_{1,\,n}$값들을 그림 10-36의 두 번째 식에 대입한다. 약한 충격파의 경우 $\mathrm{Ma}_{2,\,n} = 0.8032$이고, 강한 충격파의 경우 $\mathrm{Ma}_{2,\,n} = 0.5794$이다. 또한 그림 10-36의 세 번째 식을 이용하여 각각의 경우에 대하여 하류의 압력을 계산하면 다음과 같다.

약한 충격파:

$$\frac{P_2}{P_1} = \frac{2k\,\mathrm{Ma}_{1,\,n} - k + 1}{k + 1} \rightarrow P_2 = (75.0\ \mathrm{kPa})\frac{2(1.4)(1.267)^2 - 1.4 + 1}{1.4 + 1} = \mathbf{128\ kPa}$$

그리고

강한 충격파:

$$\frac{P_2}{P_1} = \frac{2k\,\mathrm{Ma}_{1,n}^2 - k + 1}{k + 1} \rightarrow P_2 = (75.0\ \mathrm{kPa})\frac{2(1.4)(1.988)^2 - 1.4 + 1}{1.4 + 1} = \mathbf{333\ kPa}$$

마지막으로, 하류의 Mach 수를 계산하기 위해 식 (10-44)의 두 번째 식을 이용하면 다음과 같다.

약한 충격파: $$\mathrm{Ma}_2 = \frac{\mathrm{Ma}_{2,n}}{\sin(\beta - \theta)} = \frac{0.8032}{\sin(39.3° - 10°)} = \mathbf{1.64}$$

그리고

강한 충격파: $$\mathrm{Ma}_2 = \frac{\mathrm{Ma}_{2,n}}{\sin(\beta - \theta)} = \frac{0.5794}{\sin(83.7° - 10°)} = \mathbf{0.604}$$

예상했던 대로, **Mach 수와 압력의 변화는 약한 충격파를 지날 때보다 강한 충격파를 지날 때가 훨씬 더 크게 나타난다.**

토의 식 (10-46)에서 β를 직접 풀 수 없으므로, 반복계산법 또는 EES와 같은 프로그램을 이용한다. 약한 경사충격파와 강한 경사충격파 모두 $\mathrm{Ma}_{1,n}$은 초음속이고, $\mathrm{Ma}_{2,n}$은 아음속이다. 그러나 약한 경사충격파에서 Ma_2는 **초음속**이고, 강한 경사충격파에서는 **아음속**이다. 수식을 사용하는 대신 수직충격파 표를 이용할 수도 있지만, 정확도는 약간 떨어진다.

예제 10-11 Prandtl-Meyer 팽창파 계산

$\mathrm{Ma}_1 = 2.0$, 230 kPa의 초음속 공기가 갑자기 $\delta = 10°$로 팽창되는 벽에 평행하게 유동한다(그림 10-45). 벽을 따라 나타나는 경계층에 의한 영향들을 무시할 때, 하류 Mach 수 Ma_2와 압력 P_2를 계산하라.

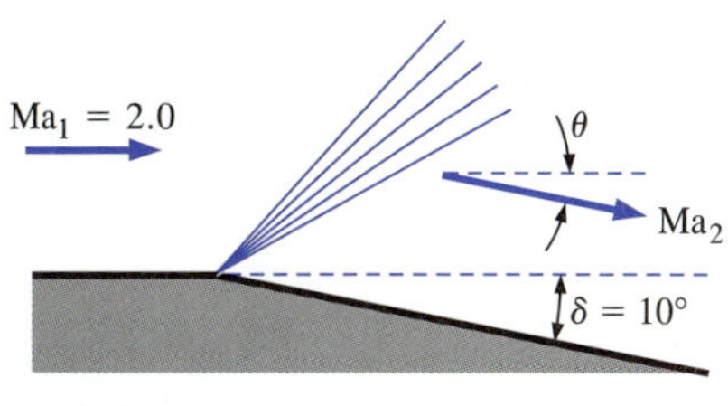

그림 10-45
$\delta = 10°$로 갑작스럽게 팽창하는 벽면에서 발생하는 팽창팬.

풀이 벽을 따라 갑작스럽게 팽창하는 하류에서 Mach 수와 압력을 계산하고자 한다.

가정 **1** 유동은 정상이다. **2** 벽의 경계층은 매우 얇다.

상태량 유체는 $k = 1.4$인 공기이다.

해석 가정 2에 의해 유동의 총 편향각을 벽의 팽창각으로 근사시킬 수 있다. 즉, $\theta \cong \delta = 10°$이다. $\mathrm{Ma}_1 = 2.0$에서 상류 Prandtl-Meyer 함수를 구하기 위하여 식 (10-49)를 풀면 다음과 같다.

$$\nu(\mathrm{Ma}) = \sqrt{\frac{k+1}{k-1}}\tan^{-1}\left(\sqrt{\frac{k-1}{k+1}(\mathrm{Ma}^2 - 1)}\right) - \tan^{-1}\left(\sqrt{\mathrm{Ma}^2 - 1}\right)$$

$$= \sqrt{\frac{1.4+1}{1.4-1}}\tan^{-1}\left(\sqrt{\frac{1.4-1}{1.4+1}(2.0^2 - 1)}\right) - \tan^{-1}\left(\sqrt{2.0^2 - 1}\right) = 26.38°$$

다음으로, 하류 Prandtl-Meyer 함수를 구하기 위하여 식 (10-48)을 풀면 다음 결과를 얻는다.

$$\theta = \nu(\mathrm{Ma}_2) - \nu(\mathrm{Ma}_1) \;\rightarrow\; \nu(\mathrm{Ma}_2) = \theta + \nu(\mathrm{Ma}_1) = 10° + 26.38° = 36.38°$$

Ma_2는 식 (10-49)에서 얻어지는데, 이는 직접 계산할 수 없으므로 방정식 풀이기(equation solver) 프로그램을 사용하면 편리하다. 그 결과로 Ma_2 = **2.38**을 얻을 수 있다. 인터넷에서 이러한 수직충격파와 경사충격파의 내재적 방정식을 풀 수 있는 압축성 유동 계산기를 찾아볼 수도 있다. 예를 들면, www.aoe.vt.edu/~devenpor/aoe3114/calc.html를 참고할 수 있다.

하류압력을 계산하기 위해 등엔트로피 관계식을 이용하면 다음과 같다.

$$P_2 = \frac{P_2/P_0}{P_1/P_0}P_1 = \frac{\left[1 + \left(\frac{k-1}{2}\right)\mathrm{Ma}_2^2\right]^{-k/(k-1)}}{\left[1 + \left(\frac{k-1}{2}\right)\mathrm{Ma}_1^2\right]^{-k/(k-1)}}(230\text{ kPa}) = \mathbf{126\text{ kPa}}$$

이 문제는 팽창과정이므로 기대했던 대로 Mach 수는 증가하고, 압력은 감소한다.

토의 적절한 등엔트로피 관계식을 이용하여 하류에서 온도, 밀도 등을 구할 수 있다.

요약

이 장에서는 기체 유동의 압축성 효과를 검토하였다. 압축성 유동을 다룰 때에는 유체의 엔탈피와 운동 에너지를 더하여 다음과 같이 단일 항으로 정의되는 **정체 엔탈피** h_0를 사용하는 것이 편리하다.

$$h_0 = h + \frac{V^2}{2}$$

정체 상태에서 유체의 상태량은 **정체 상태량**이라고 하며, 하첨자 0으로 표시된다. 일정한 비열을 갖는 이상기체의 **정체 온도**는 다음과 같다.

$$T_0 = T + \frac{V^2}{2c_p}$$

이는 단열 과정을 통하여 정지할 때 얻어지는 이상기체의 온도를 나타낸다. 이상기체의 정체 상태량은 다음과 같이 유체의 정 상태량과 관계되어 있다.

$$\frac{P_0}{P} = \left(\frac{T_0}{T}\right)^{k/(k-1)} \quad \text{그리고} \quad \frac{\rho_0}{\rho} = \left(\frac{T_0}{T}\right)^{1/(k-1)}$$

무한히 작은 압력파가 매질 사이를 이동하는 속도를 **음속**이라고 한다. 이는 이상기체일 경우에 다음과 같이 표시된다.

$$c = \sqrt{\left(\frac{\partial P}{\partial \rho}\right)_s} = \sqrt{kRT}$$

Mach 수는 같은 상태에서 음속에 대한 유체의 실제 속도의 비이다.

$$\mathrm{Ma} = \frac{V}{c}$$

$\mathrm{Ma} = 1$인 유동을 **음속**이라 하며, $\mathrm{Ma} < 1$일 때를 **아음속**, $\mathrm{Ma} > 1$일 때를 **초음속**, $\mathrm{Ma} \gg 1$일 때를 **극초음속**, $\mathrm{Ma} \cong 1$일 때를 **천음속**이라고 한다.

유동방향으로 유동 면적이 감소하는 노즐을 **수축**노즐이라고 한다. 유동 면적이 처음에는 감소하였다가 증가하는 노즐을 **수축-확대노즐**이라고 한다. 노즐의 가장 작은 유동 면적의 위치를 **목**이라고 한다. 수축노즐에서 유체가 가속할 수 있는 가장 높은 속도는 음속이다. 유체를 초음속 속도로 가속시키는 것은 오직 수축-확대노즐에서만 가능하다. 모든 초음속 수축-확대노즐에서 목에서 유동 속도는 음속이다.

비열이 일정한 이상기체의 경우 정체 상태량과 정 상태량의 비는 다음과 같이 Mach 수의 항으로 나타낼 수 있다.

$$\frac{T_0}{T} = 1 + \left(\frac{k-1}{2}\right)\mathrm{Ma}^2$$

$$\frac{P_0}{P} = \left[1 + \left(\frac{k-1}{2}\right)\mathrm{Ma}^2\right]^{k/(k-1)}$$

$$\frac{\rho_0}{\rho} = \left[1 + \left(\frac{k-1}{2}\right)\mathrm{Ma}^2\right]^{1/(k-1)}$$

Ma = 1일 때 온도, 압력, 밀도에 대한 정 상태량과 정체 상태량의 비를 **임계비**라고 하며, 상첨자 *로 표시한다.

$$\frac{T^*}{T_0} = \frac{2}{k+1} \qquad \frac{P^*}{P_0} = \left(\frac{2}{k+1}\right)^{k/(k-1)}$$

$$\frac{\rho^*}{\rho_0} = \left(\frac{2}{\mathrm{k}+1}\right)^{1/(\mathrm{k}-1)}$$

노즐 출구 면 밖에서 압력을 **배압**이라고 한다. P^*보다 낮은 모든 배압에서 수축노즐의 출구 면에서 압력은 P^*와 같으며, 출구 면에서 Mach 수는 1이고, 질량유량은 최대가 된다(초크 상태).

어떤 배압의 범위에서는 수축-확대노즐의 목에서 음속에 도달한 후 확대부에서 초음속으로 가속된 유체가 **수직충격파**를 만나는데, 이때 압력과 온도는 갑작스럽게 증가하고, 속도는 아음속으로 갑자기 감소한다. 충격파를 통과하는 유동은 매우 강한 비가역이며, 따라서 등엔트로피로 근사될 수 없다. 충격파 전방(하첨자 1)과 후방(하첨자 2)에서 비열이 일정한 이상기체의 상태량의 관계는 다음과 같이 나타난다.

$$T_{01} = T_{02} \qquad \mathrm{Ma}_2 = \sqrt{\frac{(k-1)\mathrm{Ma}_1^2 + 2}{2k\mathrm{Ma}_1^2 - k + 1}}$$

$$\frac{T_2}{T_1} = \frac{2 + \mathrm{Ma}_1^2(k-1)}{2 + \mathrm{Ma}_2^2(k-1)}$$

$$\frac{P_2}{P_1} = \frac{1 + \mathrm{kMa}_1^2}{1 + k\mathrm{Ma}_2^2} = \frac{2\mathrm{kMa}_1^2 - k + 1}{k + 1}$$

이 방정식들은 Mach 수 대신에 경사충격파에 **수직**인 Mach 수 성분을 사용한다면 경사충격파에서도 성립한다.

이 장에서는 압축성 유동에 대하여 개략적으로만 다루었으며, 이 재미있는 주제에 대하여 흥미 있는 학생들은 보다 심도 있는 공부를 하기 바란다.

연습 문제*

정체 상태량

10-1C 동적 온도(dynamic temperature)란 무엇인가?

10-2C 공기조화 장치에서 공기의 온도는 유동의 흐름에 삽입된 프로브에 의하여 측정된다. 따라서 프로브는 사실상 정체 온도를 측정한다. 이것이 큰 문제가 될 수 있겠는가?

10-3 정체 압력 0.6 MPa, 정체 온도 400℃, 속도 570 m/s의 공기가 어떤 장치를 통하여 흐르고 있다. 이 상태에서 공기의 정압과 온도를 구하라. **답:** 519 K, 0.231 MPa

10-4 36 kPa, 238 K, 325 m/s 조건인 공기흐름에서 정체 온도와 정체 압력을 구하라. **답:** 291 K, 72.4 kPa

10-5 정체 압력 100 kPa, 정체 온도 35℃의 공기가 압축기로 유입되어 정체 압력 900 kPa로 압축된다. 압축 과정을 등엔트로피로 가정하고, 질량유량 0.04 kg/s에 대하여 압축기로 들어가는 동력을 구하라. **답:** 10.8 kW

1차원 등엔트로피 유동

10-6C 기체가 초기에 아음속으로 단열 확대노즐로 들어가고 있다. 유체의 (*a*) 속도, (*b*) 온도, (*c*) 압력, (*d*) 밀도에 어떤 영향이 나타날지 토론하라.

10-7C 주어진 정체 온도와 정체 압력의 기체가 어떤 수축-확대노즐에서는 Ma = 2로, 다른 노즐에서는 Ma = 3으로 가속된다. 이 두 개의 노즐의 목에서 압력에 대하여 무엇을 말할 수 있겠는가?

10-8C 속도가 초음속인 기체가 단열수축 덕트에 유입된다. 유체의 (*a*) 속도, (*b*) 온도, (*c*) 압력, (*d*) 밀도에 어떤 영향이 나타날지 토론하라.

10-9C 속도가 초음속인 기체가 단열확대 덕트에 유입된다. 유체의 (*a*) 속도, (*b*) 온도, (*c*) 압력, (*d*) 밀도에 어떤 영향이 나타날지 토론하라.

10-10C 출구 면에서 음속이 나타나는 수축노즐을 고려해 보자. 지금 노즐의 입구 조건이 일정하게 유지되는 가운데 노즐 출구 면적은 감소한다. 노즐을 통과하는 (*a*) 출구 속도, (*b*) 질량유량은 어떻게 변하는가?

10-11 어떤 대형 상용기가 표준 공기 온도가 −50℃인 고도 10 km에서 1050 km/h로 순항하고 있다고 하자. 이 비행기의 속도가 아음속인지 초음속인지 결정하라.

10-12 공기가 압력 1200 kPa과 무시할 수 있을 정도로 느린 속도로 수축-확대노즐로 들어간다. 이 노즐 목에서 얻을 수 있는 가장 낮은 압력은 얼마인가? **답:** 634 kPa

10-13 200 kPa, 100℃, Mach 수 0.8인 공기가 덕트를 통하여 흐르고 있다. 공기의 속도와 정체 압력, 정체 온도, 정체 밀도를 계산하라.

10-14 어떤 항공기가 대기 온도 236.15 K인 12,000 m의 고도에서 Mach 수 Ma = 1.1로 비행하도록 설계되었다. 날개 앞전에서 정체 온도를 구하라.

10-15 1200 kPa, 600 K인 정지한 이산화탄소가 등엔트로피 과

정을 통하여 Mach 수 0.6까지 가속된다. 가속 후 이산화탄소의 온도와 압력을 구하라. **답:** 570 K, 957 kPa

노즐을 통과하는 등엔트로피 유동

10-16C 목에서 음속이 아닌 다른 속도를 가지는 유체를 초음속으로 가속하는 것은 가능한가? 설명하라.

10-17C 만약 초음속 유체를 확대 디퓨저로 더욱 더 가속하려고 시도한다면 어떻게 되겠는가?

10-18C 고정된 입구 조건을 가진 수축노즐을 통과하는 아음속 유동에서 출구 압력이 임계 압력일 때를 생각해 보자. 배압이 임계 압력 이하로 떨어지면 (*a*) 출구 속도, (*b*) 출구 압력, (*c*) 노즐을 통과하는 질량유량에 어떤 영향이 있는가?

10-19C 노즐 목의 단면적이 서로 같은 수축노즐과 수축-확대노즐을 생각해 보자. 같은 입구 조건에서 이 두 노즐을 통과하는 질량유량은 어떻게 비교될 수 있겠는가?

10-20C 노즐 목에서 아음속인 수축-확대노즐을 통과하는 유체의 등엔트로피 유동을 생각해 보자. 확대 구간에서 유체의 (*a*) 속도, (*b*) 압력, (*c*) 질량유량은 어떻게 변하는가?

10-21C 만약 초음속 유체를 확대 디퓨저로 감속을 시도한다면 어떻게 되겠는가?

10-22 압력이 1.2 MPa이고, 무시할 수 있는 속도로 공기가 수축-확대노즐에 들어간다. 등엔트로피 유동으로 가정하고, 출구 Mach 수가 1.8이 되기 위한 배압을 구하라. **답:** 209 kPa

10-23 왜 주어진 이상기체의 단위 면적당 최대유량은 $P_0/\sqrt{T_0}$만 의존하는지 설명하라. $k = 1.4$, $R = 0.287$ kJ/kg · K인 이상기체에서, $\dot{m}/A^* = aP_0/\sqrt{T_0}$에서 상수 a를 구하라.

10-24 $k = 1.4$인 이상기체가 노즐을 통과하여 흐르고 있고, 유동 면적이 36 cm^2인 곳에서 Mach 수는 1.8이다. 등엔트로피 유동으로 가정하고, Mach 수가 0.9가 되는 위치에서 유동 면적을 구하라.

10-25 1 MPa, 37℃인 공기가 낮은 속도로 초음속 풍동의 수축-확대노즐로 들어간다. 시험부의 유동 면적은 노즐 출구의 면적과 같고, 그 크기는 0.5 m^2이다. Mach 수 Ma = 2에 대하여 시험부에서 압력, 온도, 속도, 질량유량을 계산하라. 이때 왜 시험부에서 공기가 매우 건조해야 하는지 설명하라.

답: 128 kPa, 172 K, 526 m/s, 680 kg/s

충격파와 팽창파

10-26C 이상기체의 등엔트로피 관계식은 (*a*) 수직충격파, (*b*) 경사충격파, (*c*) Prandtl-Meyer 팽창파를 통과하는 유동에 각각 적용가능한가?

10-27C Fanno 선과 Reyleigh 선 상의 상태들은 무엇을 나타내는가? 이 두 곡선이 교차하는 지점은 무엇을 나타내는가?

10-28C 속도의 수직 성분(충격파 면에 수직)이 사용된다면 경사충격파도 수직충격파처럼 해석될 수 있다고 한다. 여러분은 이 주장에 동의하는가?

10-29C 경사충격파는 어떻게 발생하는가? 경사충격파는 수직충격파와 어떻게 다른가?

10-30 26 kPa, 230 K, 815 m/s인 공기가 수직충격파를 지나간다. 충격파 하류에서 압력, 온도, 속도, Mach 수, 정체 압력뿐만 아니라, 충격파 상류에서 정체 압력과 Mach 수도 계산하라.

10-31 2.0 MPa, 100℃인 공기가 낮은 속도로 수축-확대노즐에 유입된다. 만약 노즐 출구의 면적이 목 면적의 3.5배이면, 노즐 출구 면에 수직충격파가 나타나도록 하는 배압은 얼마인가?

답: 0.661 MPa

10-32 1 MPa, 300 K인 낮은 속도의 공기가 초음속 풍동의 수축-확대노즐로 유입된다. 만약 Ma = 2.4인 노즐 출구 면에서 수직충격파가 발생할 때, 충격파 이후의 압력, 온도, Mach 수, 속도 정체 압력을 구하라.

답: 448 kPa, 284 K, 0.523, 177 m/s, 540 kPa

10-33 2차원 쐐기의 선단에 접근하는 Mach 수 5인 초음속 공기 유동을 생각해 보자. 그림 10-37을 이용하여 직선 형태의 경사충격파가 나타날 수 있는 최소 충격파 각도와 최대 편향각을 구하라.

10-34 반각이 10°인 2차원 쐐기를 지나는 유동의 상류 조건이 70 kPa, 260 K, Mach 수 2.4인 초음속 공기 유동을 생각해 보자. 만약 쐐기의 축이 상류 공기흐름에 대하여 25° 기울어져 있을 때, 쐐기 위에서 하류 Mach 수, 압력 온도를 구하라.

답: 3.105, 23.8 kPa, 191 K

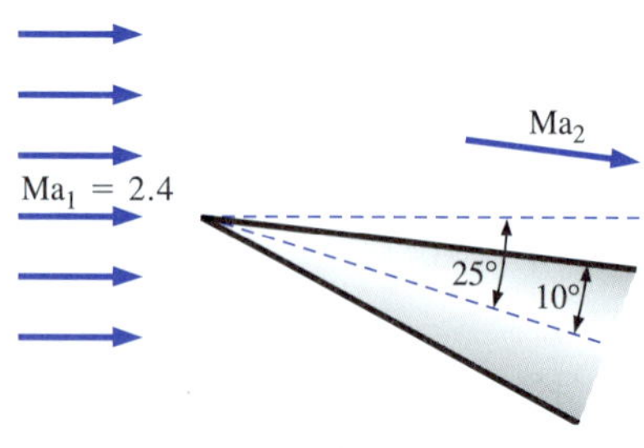

그림 P10-34

10-35 55 kPa, −7℃, Mach 수 2.0인 공기가 경사면에 의하여 유동방향이 위로 8° 기울어지고, 그 결과 약한 경사충격파가 형성된다. 충격파 후방에서 파의 각도, Mach 수, 압력, 온도를 구하라.

복습 문제

10-36 아음속 비행기가 54 kPa, 256 K의 대기 조건을 가지는

5000 m 상공을 날고 있다. 정압 피토관에 의하여 정압과 정체 압력의 차가 16 kPa로 측정된다. 비행기의 속도와 비행 Mach 수를 계산하라.

답: 199 m/s, 0.620

10-37 620 kPa, 310 K인 질소가 무시할 수 있는 속도로 수축-확대노즐에 유입되고, Mach 수가 Ma = 3.0이 되는 지점에서 수직충격파가 발생한다. 충격파 하류에서 압력, 온도, 속도, Mach 수, 정체 압력을 계산하라. 이 결과를 같은 조건에서 공기가 수직충격파를 통과하는 경우에 얻은 결과와 비교하라.

10-38 노즐을 통하여 1 MPa, 500 K인 속도를 무시할 수 있는 헬륨이 0.1 MPa로 팽창되고 있다. 유동을 등엔트로피로 가정하고, 질량유량이 0.46 kg/s일 때의 목과 출구의 면적을 계산하라. 왜 이 노즐은 수축-확대노즐이어야 하는가?

답: 6.46 cm², 10.8 cm²

10-39 압축성 유동에서 피토관에 의한 속도 측정은 비압축성 유동에 대한 관계식을 그대로 사용하면 큰 오차가 발생할 수도 있다. 따라서 피토관을 이용하여 유동 속도를 평가할 때는 압축성 유동 관계식을 사용하는 것은 필수적이다. 통로를 통하는 공기의 초음속 유동을 생각해 보자. 유동 내부에 삽입된 피토관 상류에는 충격파가 발생되고, 정체 압력과 정체 온도가 각각 620 kPa과 340 K로 측정되었다고 하자. 피토관 상류의 정압이 110 kPa일 때, 유동 속도를 구하라.

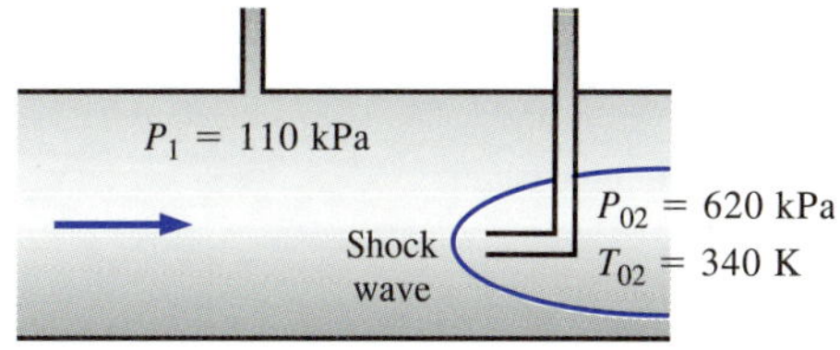

그림 P10-39

10-40 Mach 수 1.8로 작동하는 직경 25 cm, 길이 1 m의 원통형 풍동을 설계하라. 대기 중의 공기가 풍동으로 들어와 수축-확대 노즐을 통과하면서 초음속으로 가속된다. 공기는 수축-확대 디퓨저를 통하여 매우 낮은 속도로 감속되어 송풍기를 거쳐 빠져나간다. 설계할 때 어떠한 비가역성도 무시하라. 정상 유동 조건에서 공기의 질량유량뿐만 아니라 여러 지점에서 온도와 압력을 계산하라. 공기를 초음속 풍동으로 불어 보내기 전에 건조시키는 이유는 무엇인가?

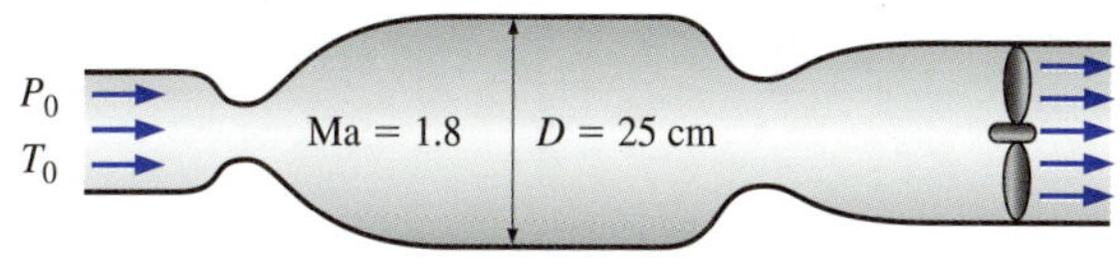

그림 P10-40

CHAPTER 11

개수로 유동

목표 이 장을 공부하면 다음과 관련된 지식을 얻을 수 있다.

- 개수로 유동과 파이프 내부 가압 유동의 차이에 대한 이해
- 개수로 유동에서 여러 가지 유동 영역과 그 특성
- 유동에서 수력도약의 발생 여부 예측 및 수력도약 과정에서 소산되는 에너지 분율 계산
- 수문과 위어를 이용한 개수로 유량 측정 방법의 이해

개수로 유동은 대기에 노출된 수로 내의 유동을 의미하지만, 액체가 도관을 완전히 채우지 않아서 자유표면이 있는 도관 내의 유동도 또한 개수로 유동이다. 개수로 유동은 단지 기체(주로 대기압 상태의 공기)에 노출된 액체(주로 물 또는 폐수)만이 관여한다.

파이프 내에서 유동은 중력 그리고/또는 압력 차이에 의해서 구동되지만, 수로에서 유동은 당연히 중력으로 구동된다. 예를 들면, 강에서 물의 유동은 상류와 하류의 고도 차이로 구동된다. 개수로 내 유량은 중력과 마찰력의 동적 균형으로 결정된다. 비정상 유동에서는 흐르는 액체의 관성도 또한 중요하게 된다. 자유표면은 수력구배선(HGL)과 일치하며, 자유표면에서 압력은 일정하다. 그러나 수로 바닥으로부터 자유표면의 높이와 이에 따른 수로의 유동 단면의 모든 치수를 **미리** 알 수는 없으며, 이는 평균 유속에 따라 달라진다.

이 장에서는 일반적인 단면 형상을 갖는 수로의 정상 1차원 유동에 대해 개수로의 기본 법칙과 이와 관련되는 상관관계를 소개한다.

자유표면을 갖는 어떠한 액체의 유동도 일종의 개수로 유동이다. 이 사진에서 Nicholson 강이 호주 북부를 굽이쳐 흐르고 있다.

© *Digital Vision/Getty RF*

11-1 개수로 유동의 분류

(a)

(b)

그림 11-1
자연 및 인공 개수로 유동은 대기에 노출된 자유표면으로 특징지어진다.
(a) © Doug Sherman/Geofile RF;
(b) Royalty-Free/CORBIS.

개수로 유동은 대기에 노출된 수로 내에서 유동 또는 일부만 채워진 도관 내에서 액체 유동을 의미하며, **자유표면**(그림 11-1)이라고 하는 액체-기체 계면의 존재로 특징지어진다. 고속도로, 주차장, 지붕의 빗물 배수뿐만 아니라 시냇물, 강물, 홍수처럼 실제로 마주치는 대부분 자연의 유동은 개수로 유동이다. 인간이 만든 개수로 유동 시스템으로는 관개 시스템, 하수관, 배수도랑, 홈통 등이 포함되며, 이런 시스템의 설계가 공학적으로 중요한 응용분야이다.

그림 11-2에 나타낸 것처럼 형상이 대칭인 경우에는 일반적으로 중간면의 자유표면 약간 아래에서 최대가 된다(수로가 좁을 때는 직선 수로에서도 발생하는 2차 유동 때문에 최대 축방향 속도는 일반적으로 자유표면으로부터 깊이가 약 25% 이내인 지점에서 발생한다.). 더욱이 대부분의 경우 유속은 유동방향으로도 변한다. 그러므로 개수로의 속도 분포는(따라서 유동도) 대체적으로 3차원이다. 그러나 실제 공학 분야에서 수식들은 수로 단면에서 평균 속도로 나타낸다. 평균 속도는 단지 유동방향 거리 x에 따라서만 변하므로 V는 **1차원** 변수이다. 그 단순성에도 불구하고 1차원 수식들은 매우 정확한 결과를 제공하며, 실제로 널리 사용된다.

개수로 유동에서 대표적인 값은 **유동깊이**(flow depth 또는 그 대신에 평균 속도)이며, 이는 수로를 따라서 변할 수 있다. 만약 수로에서 유동깊이가 주어진 어느 위치에서도 시간에 따라 변하지 않으면(단 위치마다 다른 값을 가질 수 있다) 이 유동을 **정상**이라고 한다. 그 이외의 유동은 **비정상**이다. 이 장에서는 정상 유동만을 다룬다.

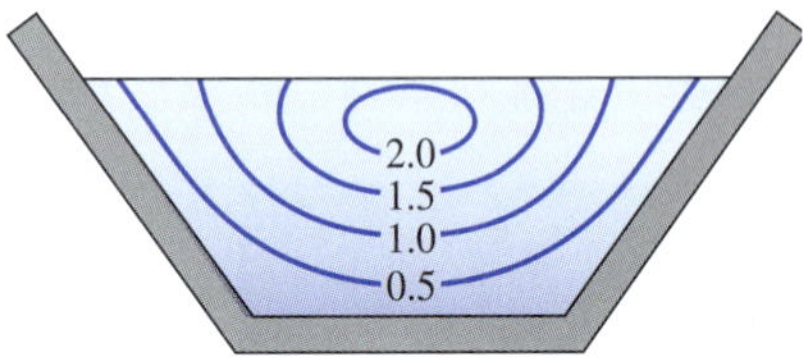

그림 11-2
사다리꼴 단면의 개수로에서 전형적인 축방향 속도 등분포도. 평균 속도에 대한 상대적인 값이다.

균일 유동과 변화 유동

만약 유동깊이(따라서 평균 속도)가 일정하게 유지되면 수로의 유동은 **균일**(uniform)하다고 한다. 그렇지 않으면 유동은 **비균일**(nonuniform)하다 또는 **변화**(varied)한다고 한다. 실제에서 균일 유동 조건은 기울기, 표면조도 및 단면이 일정한 수로의 긴 직선 구간에서 흔히 나타난다.

기울기와 단면적이 일정한 개수로에서 액체는 마찰 손실에 의한 수두 손실이 고도 강하와 같아질 때까지 가속된다. 이 점에서 액체는 종단 속도에 도달하고, 균일 유동이 형성된다. 유동은 수로의 기울기, 단면적, 표면조도가 변하지 않는 한 균일하게 유지된다. 균일 유동의 유동깊이를 **정상깊이**(normal depth) y_n이라고 하며, 이는 개수로 유동의 중요한 특성 매개변수이다(그림 11-3).

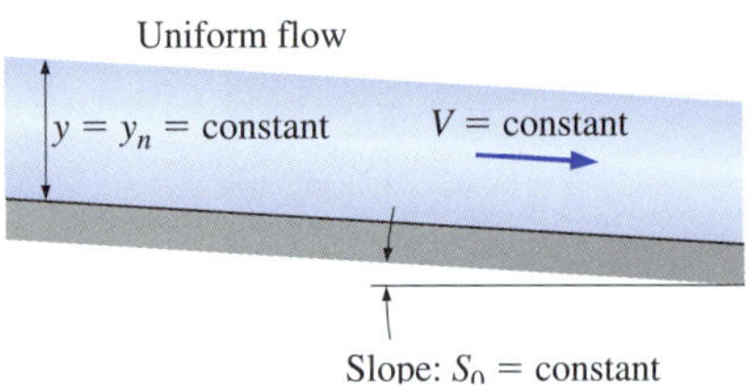

그림 11-3
개수로의 균일 유동에서 유동깊이 y와 평균 유속 V는 일정하게 유지된다.

수로에서 수문, 기울기 또는 단면적의 변화와 같은 장애물의 존재는 유동깊이를 변화시키고, 이에 따라 유동은 **변화**하거나 **비균일**하게 된다. 비균일 유동은, 만약 유동깊이가 유동방향의 상대적으로 짧은 구간에서 크게 변하면(부분적으로 열린 수문 또는 폭포를 통과하는 물의 유동처럼) **급변화 유동**(rapidly varied flow, RVF)이라 하고, 만약 수로를 따라 긴 거리에 걸쳐 유동깊이가 완만하게 변하면 **점진변화 유동**(gradually varied flow, GVF)이라고 한다. 그림 11-4에서 보여 주는 것처럼, 점진변화 유동 영역은 일반적으로 급변화 유동과 균일 유동 영역 사이에서 발생한다.

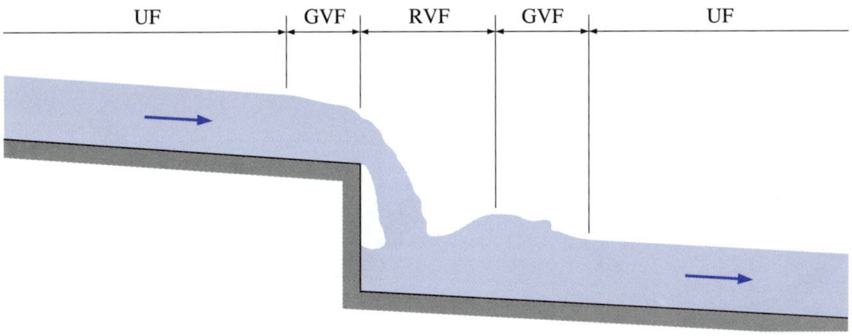

그림 11-4
개수로에서 균일 유동(UF), 점진변화 유동(GVF), 급변화 유동(RVF).

수로 내의 층류와 난류 유동

파이프 유동과 마찬가지로, 개수로 유동은 다음과 같이 표현되는 **Reynolds 수**의 값에 따라 층류, 천이, 난류가 될 수 있다.

$$\text{Re} = \frac{\rho V R_h}{\mu} = \frac{V R_h}{\nu} \tag{11-1}$$

여기서 V는 평균 액체 속도, ν는 동점성계수, R_h는 유동단면적 A_c와 접수둘레 p의 비로 정의되는 **수력반경(hydraulic radius)**이다.

수력반경: $$R_h = \frac{A_c}{p} \tag{11-2}$$

개수로가 다소 불규칙한 단면을 갖는다는 것을 고려하면, 수력반경은 개수로를 다루기 위한 특성 치수의 역할을 하고, 개수로의 취급에 일관성을 가져다 준다. 또한 개수로의 균일 유동 전 구간에 대해 Reynolds 수는 일정하다.

수력직경: $$D_h = \frac{4A_c}{p} = 4R_h \tag{11-3}$$

그러므로 특성 치수로서 수력반경 기준 Reynolds 수는 수력직경 기준 Reynolds 수의 1/4이다. 따라서 파이프 유동에서는 $\text{Re} \lesssim 2000$에서 층류 유동이지만, 개수로 유동에서는 $\text{Re} \lesssim 500$에서 유동이 층류 유동인 것이 놀랄만한 일이 아니다. 또한 개수로 유동은 일반적으로 $\text{Re} \gtrsim 2500$에서 난류이며, $500 \lesssim \text{Re} \lesssim 2500$에서 천이된다. 층류 유동은 얇은 층의 물(도로 또는 주차장의 빗물 배수와 같은)이 저속으로 흐르는 경우에 나타난다. 몇 가지 단면 형상에 대한 수력 반경이 그림 11-5에 있다.

개수로의 물 유동에 관련되는 Reynolds 수는 일반적으로 50,000보다 크고, 따라서 유동은 거의 항상 난류이다.

11-2 Froude 수와 파속도

다음과 같이 정의되는 무차원 Froude 수의 값에 따라 개수로 유동은 **아임계(subcritical)**, **임계(critical)**, **초임계(supercritical)**로도 분류된다.

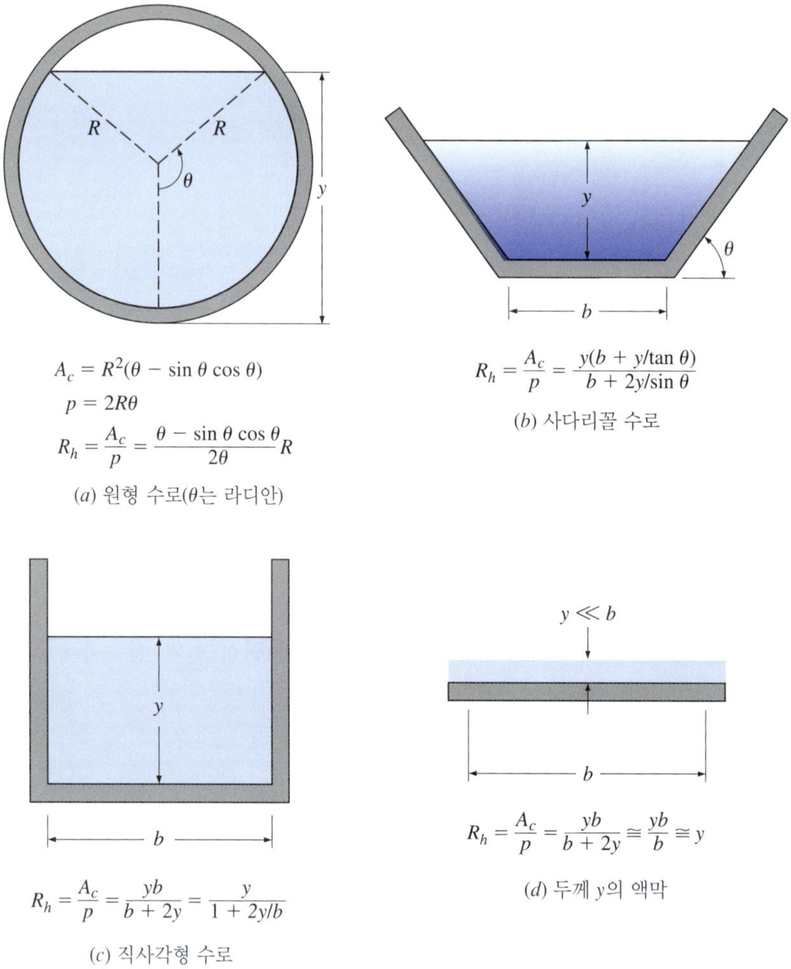

그림 11-5
다양한 개수로 형상에 대한 수력반경 관계식.

Froude 수:

$$\mathrm{Fr} = \frac{V}{\sqrt{gL_c}} \tag{11-4}$$

여기서 g는 중력가속도, V는 단면에서 평균 액체 속도, L_c는 특성 길이이다. L_c는 넓은 직사각형 수로에서는 유동깊이 y를 선택하며, $\mathrm{Fr} = V/\sqrt{gy}$이다. Froude 수는 개수로 유동의 특성을 지배하는 중요한 매개변수가 된다. 유동은 다음과 같이 분류된다.

$$\begin{aligned} &\mathrm{Fr} < 1 \quad \text{아임계 또는 느린 유동(Subcritical or tranquil flow)} \\ &\mathrm{Fr} = 1 \quad \text{임계 유동(Critical flow)} \\ &\mathrm{Fr} > 1 \quad \text{초임계 또는 빠른 유동(Supercritical or rapid flow)} \end{aligned} \tag{11-5}$$

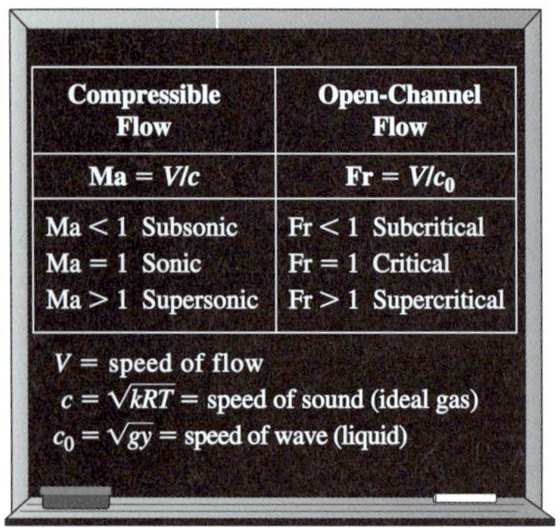

그림 11-6
압축성 유동에 대한 Mach 수와 개수로 유동에 대한 Froude 수의 유사성.

이는 Mach 수에 따른 압축성 유동의 분류와 비슷하다. 즉, Ma < 1이면 아음속, Ma = 1이면 음속, Ma > 1이면 초음속이다(그림 11-6). 실제로 Froude 수의 분모는 속도 차원을 가지며, 이는 이 절의 뒤에서 보여 주는 것처럼 정지된 액체에서 작은 교란이 전파되는 속도 c_0를 나타낸다. 따라서 마치 Mach 수가 음속에 대한 유동 속도의 비 $\mathrm{Ma} = V/c$로 표현되는 것처럼, 이와 유사하게 Froude 수는 **파속도에 대한**

유동 속도의 비 $\mathrm{Fr} = V/c_0$로 표현된다.

Froude 수는 또한 중력(또는 무게)에 대한 관성력(또는 동역학적인 힘) 비의 제곱근이라고 생각할 수 있다. 이는 Froude 수의 제곱인 V^2/gL_c의 분자와 분모 모두에 ρA를 곱함으로써 증명할 수 있다. 여기서 ρ는 밀도, A는 대표 면적이다.

$$\mathrm{Fr}^2 = \frac{V^2}{gL_c}\frac{\rho A}{\rho A} = \frac{2(\frac{1}{2}\rho V^2 A)}{mg} \propto \frac{\text{Inertia force}}{\text{Gravity force}} \tag{11-6}$$

여기서 L_cA는 체적, ρL_cA는 유체체적의 질량, mg는 무게를 나타낸다.

낮은 유동 속도($\mathrm{Fr} < 1$)에서는 작은 교란은(고정 관찰자에 대해서 $c_0 - V$의 속도로) 상류로 전파되고, 상류 조건에 영향을 준다. 이를 **아임계** 또는 **느린** 유동이라고 한다. 그러나 **높은 유동 속도**($\mathrm{Fr} > 1$)에서는 작은 교란은 상류로 전파되지 못하며(실제로 파는 고정 관찰자에 대해서 $V - c_0$의 속도로 하류로 쓸려간다), 따라서 상류 조건은 하류 조건의 영향을 받을 수 없다. 이를 **초임계** 또는 **빠른** 유동이라고 하며, 이 경우 유동은 상류 조건에 의해서 제어된다. 그러므로 표면파는 $\mathrm{Fr} < 1$이면 상류로 전파되고, $\mathrm{Fr} > 1$이면 하류로 쓸려가고, $\mathrm{Fr} = 1$이면 표면에 정지되어 있는 것처럼 보인다. 또한 교란 파장에 비하여 물이 얕을 때에는 표면파 속도는 유동깊이 y에 따라 증가하며, 따라서 표면 교란은 얕은 수로보다 깊은 수로에서 훨씬 빠르게 전파된다.

체적유량이 $\dot{V}$, 단면적이 A_c인 직사각형 개수로의 액체 유동을 고려해 보자. 유동이 임계 조건일 때 $\mathrm{Fr} = 1$, 평균 유속은 $V = \sqrt{gy_c}$가 되며, 여기서 y_c는 **임계깊이**(**critical depth**)이다. $\dot{V} = A_cV = A_c\sqrt{gy_c}$라는 것을 고려하면 임계깊이는 다음과 같이 표현된다.

임계깊이(일반식):
$$y_c = \frac{\dot{V}^2}{gA_c^2} \tag{11-7}$$

아임계 유동의 액체깊이는 $y > y_c$이고, 초임계 유동의 액체깊이는 $y < y_c$가 된다(그림 11-7).

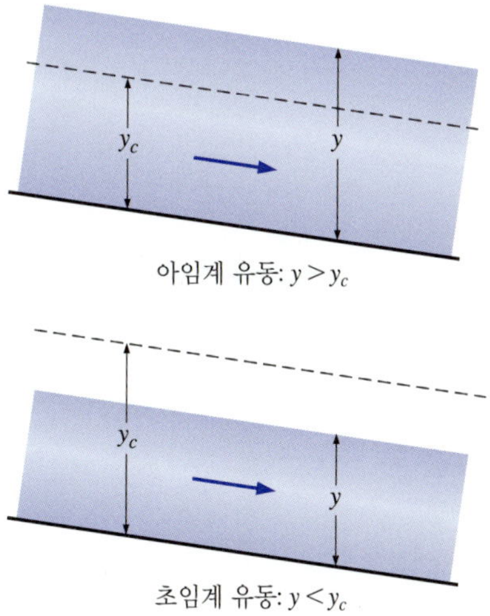

그림 11-7
임계깊이로 나타내는 아임계 유동과 초임계 유동의 정의.

압축성 유동에서처럼 액체는 아임계 유동에서 초임계 유동으로 가속될 수 있다. 물론 초임계 유동으로부터 아임계 유동으로 감속될 수도 있으며, 이는 충격(shock)을 겪으면서 가능하다. 이 경우의 충격을 **수력도약**(**hydraulic jump**)이라고 하며, 이는 압축성 유동의 **수직충격파**에 해당한다. 그러므로 개수로 유동과 압축성 유동 사이에는 상당한 유사성이 있다.

표면파의 속도

개수로 유동을 공부하는 데 중요한 매개변수는 **파속도** c_0이며, 이는 표면 교란이 액체를 통하여 전파되는 속도이다. 초기에 높이가 y인 정지된 액체를 담고 있는 길고 넓은 수로를 고려해 보자. 그림 11-8*a*에 나타낸 것처럼, 수로의 한쪽 끝이 δV의 속도로 움직이며 정지된 액체 속으로 c_0의 속도로 전파되는 높이 δy의 표면파를 만들고 있다.

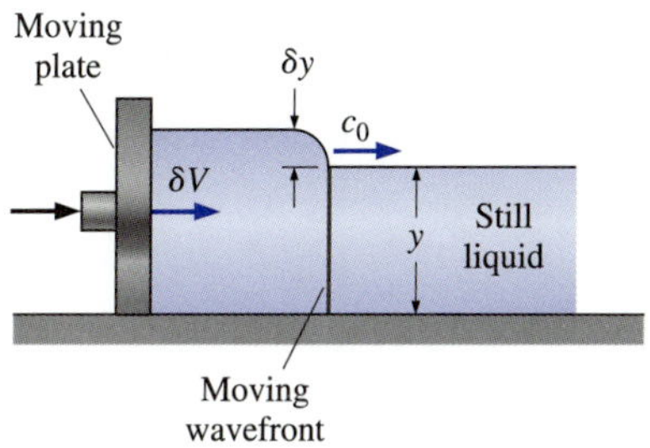

(*a*) 파동의 생성과 전파

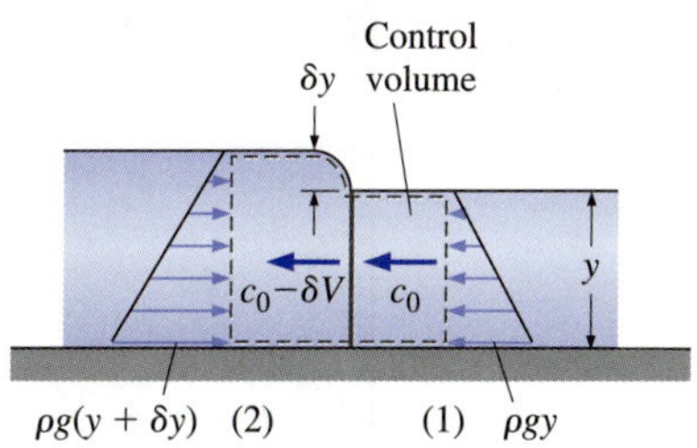

(*b*) 계기 압력 분포가 나타나 있는 파동과 함께 이동하는 관찰자에 상대적인 검사체적

그림 11-8
개수로에서 파동의 생성과 분석.

지금부터 그림 11-8*b*에 보인 것처럼 파면(wave front)을 포함하며 함께 움직이는 검사체적을 고려해 보자. 파면과 함께 이동하는 관찰자에게 오른쪽의 액체는 파면을 향하여 속도 c_0로 다가오는 것처럼 보이며, 왼쪽의 액체는 파면으로부터 $c_0 - \delta V$의 속도로 멀어져가는 것처럼 보인다. 관찰자는 당연히 파면(그리고 자기 자신)이 포함된 검사체적이 정지되어 있고 자신은 정상 유동 과정을 보고 있다고 생각할 것이다.

폭이 b인 이 검사체적의 정상 유동 질량 평형 $\dot{m}_1 = \dot{m}_2$(또는 연속 방정식)는 다음과 같이 표현된다.

$$\rho c_0 yb = \rho(c_0 - \delta V)(y + \delta y)b \quad \rightarrow \quad \delta V = c_0 \frac{\delta y}{y + \delta y} \tag{11-8}$$

우리는 다음과 같은 근사를 한다. (1) 수로를 가로질러 속도가 거의 일정하며, 따라서 운동량 플럭스 보정계수들(β_1과 β_2)은 1이다. (2) 파를 지나는 거리가 짧으며, 따라서 바닥면의 마찰과 윗면의 공기항력은 무시할 수 있다. (3) 동적 효과는 무시할 수 있고, 따라서 액체 내에서 압력은 정수력학적으로 변한다. 즉, 계기 압력으로 $P_{1,\text{ avg}} = \rho g h_{1,\text{ avg}} = \rho g(y/2)$와 $P_{2,\text{ avg}} = \rho g h_{2,\text{ avg}} = \rho g(y + \delta y)/2$이다. (4) 질량유량은 $\dot{m}_1 = \dot{m}_2 = \rho c_0 yb$로 일정하다. (5) 외부 힘 또는 체적력(body force)이 없으며, 따라서 검사체적에 수평의 x방향으로 작용하는 유일한 힘은 압력 힘이다. 그러면 x방향 운동량 방정식 $\sum \vec{F} = \sum_{\text{out}} \beta \dot{m} \vec{V} - \sum_{\text{in}} \beta \dot{m} \vec{V}$ 는 정수압 힘과 운동량 전달 사이에서 평형이 된다.

$$P_{2,\text{ avg}} A_2 - P_{1,\text{ avg}} A_1 = \dot{m}(-V_2) - \dot{m}(-V_1) \tag{11-9}$$

입구와 출구의 평균 속도는 모두 음의 x방향이므로 음수라는 것에 유의하자. 대입하면

$$\frac{\rho g(y + \delta y)^2 b}{2} - \frac{\rho g y^2 b}{2} = \rho c_0 yb(-c_0 + \delta V) - \rho c_0 yb(-c_0) \tag{11-10}$$

운동량 방정식과 연속 방정식을 조합하여 다시 정리하면 다음과 같다.

$$c_0^2 = gy\left(1 + \frac{\delta y}{y}\right)\left(1 + \frac{\delta y}{2y}\right) \tag{11-11}$$

그러므로 파속도 c_0는 파높이 δy에 비례한다. 미소 표면파(infinitesimal surface waves)에 대해서는 $\delta y \ll y$이며, 따라서 다음과 같다.

미소 표면파:

$$c_0 = \sqrt{gy} \tag{11-12}$$

이런 해석은 단지 개수로에서 마주치는 것처럼 얕은 액체에 대해서만 유효하다는 것을 다시 한번 유의하자. 이와는 달리 바다처럼 깊은 액체에서는 파속도가 액체의 깊이와 관계가 없다. 파속도는 또한 연속 방정식과 운동량 방정식 대신에 에너지 평형 관계식을 사용하여 구할 수 있다. 파동은 궁극적으로 해석에서는 무시된 점성 효과에 의해서 소멸된다는 것에 유의하자. 또한 직사각형이 아닌 단면을 갖는 수로의 유동에서 **수력깊이**는 $y_h = A_c/L_t$로 정의되며, 여기서 L_t는 유동 단면의 **윗면 폭**으로, Froude 수의 계산에 유동깊이 y 대신에 사용되어야 한다. 예를 들어, 반이 차 있는 원

형 수로의 수력깊이는 $y_h = (\pi R^2/2)/2R = \pi R/4$이다.

우리는 경험적으로 돌을 호수에 던질 때 형성된 동심원 파는 모든 방향으로 골고루 퍼져 나가다가 어느 정도 거리가 되면 없어진다는 것을 알고 있다. 그러나 돌을 강에 던지면 상류방향에 형성된 파동은, 강의 흐름이 느리거나 아임계 조건($V < c_0$)이면 상류방향으로, 흐름이 빠르거나 초임계 조건($V > c_0$)이면 하류방향으로 이동하며, 흐름이 임계 조건($V = c_0$)이면 형성된 위치에 정지된 채로 남아 있게 된다.

독자는 우리가 왜 유동이 아임계 또는 초임계인가에 큰 관심을 가져야 하는지 궁금하리라 생각된다. 예를 들어, 강바닥에 있는 바위는 유동이 아임계 또는 초임계인지에 따라 그 위치에서 수위를 높이거나 낮출 수 있다. 또한 아임계 유동에서는 수위가 유동방향으로 점차적으로 낮아지지만, 초임계 유동(Fr > 1)에서는 유동이 아임계(Fr < 1) 속도로 감속되면서 수력도약이라고 하는 급격한 수위 상승이 발생할 수 있다.

이 현상은 그림 11-9에서 보여 주는 것처럼 수문의 하류에서 발생할 수 있다. 액체는 아임계 속도로 수문에 접근하지만, 상류의 액체 수위는 충분히 높아 수문을 통과하면서 액체를 초임계 수준으로 가속한다(마치 수축-확대 노즐에서 기체가 흐르는 것과 같다). 그러나 만약에 수로의 하류 지역의 기울기가 충분하지 못하면 유동은 초임계 속도를 유지할 수 없게 되고, 액체는 더 큰 단면적을 가지는 더 높은 수위로 도약하고, 따라서 아임계 속도로 낮아진다. 마지막으로, 강, 운하, 관개 시스템의 유동은 전형적인 아임계 유동이다. 그러나 수문과 방수로(spillway)를 통과하는 유동은 일반적으로 초임계 유동이다.

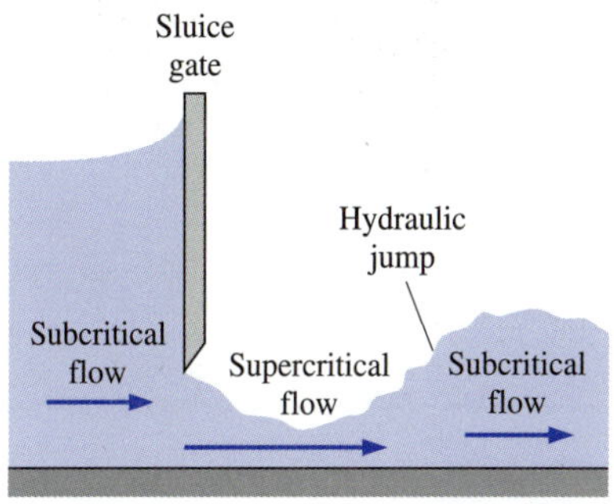

그림 11-9
수문을 통과하는 초임계 유동.

11-3 비에너지

기준면으로부터 바닥 높이가 z인 수로에서 한 단면을 흐르는, 깊이가 y이고 평균 유속이 V인 액체 유동을 고려해 보자. 단순화하기 위해, 단면에서 액체 속도 변화를 무시하고, 모든 곳에서 속도가 V라고 가정한다. 수두로 나타내는 수로 내 액체의 총 기계적 에너지는 다음과 같이 표현된다(그림 11-10).

$$H = z + \frac{P}{\rho g} + \frac{V^2}{2g} = z + y + \frac{V^2}{2g} \tag{11-13}$$

여기서 z는 **고도 수두**, $P/\rho g = y$는 **계기 압력 수두**, $V^2/2g$는 속도 또는 **동역학적 수두(dynamic head)**이다. 기준값의 선택과 이에 따른 위치 수두 z값이 다소 임의적이므로, 식 (11-13)로 표현되는 총 에너지는 현실적으로 유동하는 유체의 실제 에너지를 대표하는 값이 아니다. 만약 수로 바닥이 기준 값으로, 즉 그곳이 $z = 0$로 선택된다면 단면에서 유체의 본질적 에너지를 좀 더 현실적으로 나타낼 수 있다. 그러면 수두로 나타내는 유체의 총 기계적 에너지는 압력과 동역학적 수두의 합이 된다. 개수로에서 액체의 압력과 동역학적 수두의 합은 **비에너지(specific energy)** E_s라고 하며, 그림 11-10에 나타낸 것과 같이 다음 식으로 표현된다(Bakhmeteff, 1932).

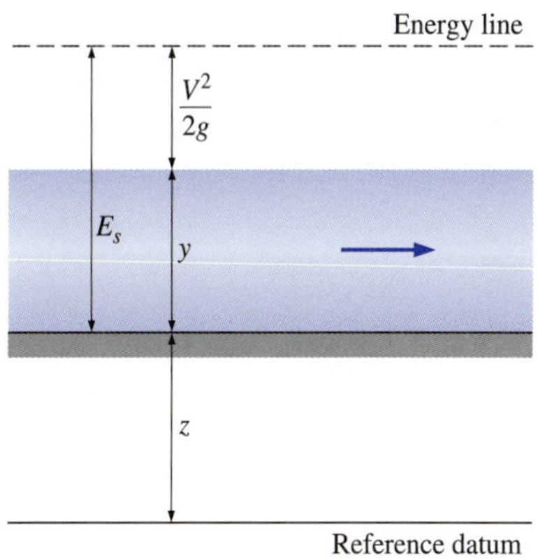

그림 11-10
개수로 내에서 액체의 비에너지 E_s는 수로 바닥에 대한 상대적인(수두로 표현되는) 총 기계적 에너지이다.

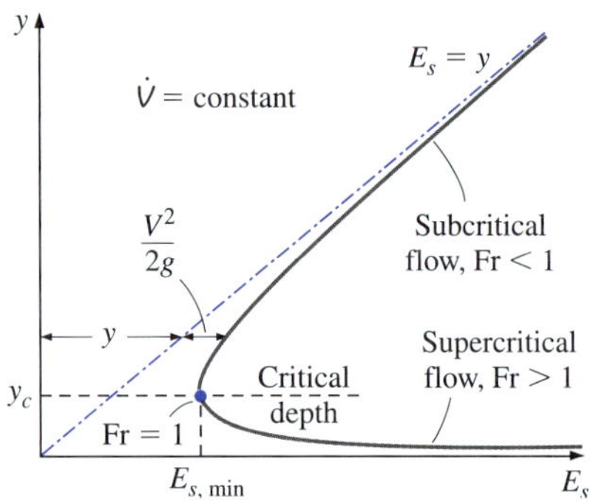

그림 11-11
주어진 유량에서 깊이 y에 따른 비에너지 E_s의 변화.

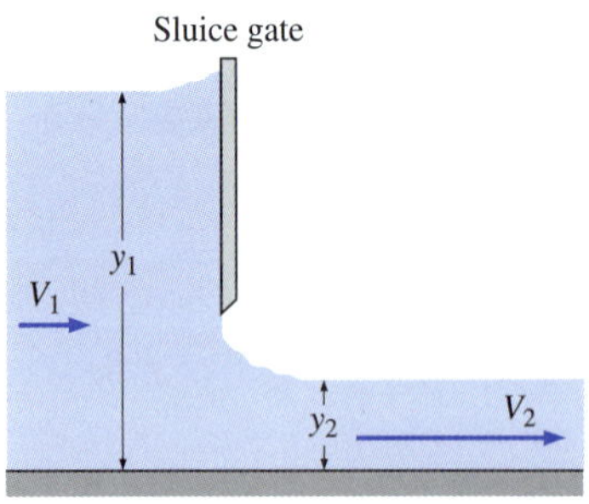

그림 11-12
수문에서 대응깊이, 수문 상류의 깊은 액체와 수문 하류의 얕은 액체를 보여 준다.

$$E_s = y + \frac{V^2}{2g} \tag{11-14}$$

폭이 b로 일정한 직사각형 단면의 개수로 유동을 고려해 보자. 체적유량이 $\dot{V} = A_cV = ybV$임에 유의하면, 평균 유속은 다음과 같다.

$$V = \frac{\dot{V}}{yb} \tag{11-15}$$

식 (11-14)에 대입하면, 비에너지는 다음과 같다.

$$E_s = y + \frac{\dot{V}^2}{2gb^2y^2} \tag{11-16}$$

이 식은 유동깊이에 따른 비에너지의 변화를 보여 주므로 매우 유용하다. 개수로에서 정상 유동 동안에는 유량이 일정하며, $\dot{V}$와 b가 일정할 때의 E_s-y 선도를 그림 11-11에 나타내었다. 이 그림으로부터 다음을 알 수 있다.

- 수직 y축상의 점에서 곡선까지 거리는 그 y값에서 비에너지를 나타낸다. $E_s = y$선과 곡선의 사이 부분은 그 액체의 동역학적 수두(또는 운동 에너지 수두) 그리고 나머지 부분은 압력 수두(또는 위치 에너지 수두)에 해당한다.
- 비에너지는 $y \to 0$에 따라 무한대가 되며(속도가 무한대에 접근하기 때문), y값이 커지면 유동깊이 y와 같아진다(속도와 이에 따른 운동 에너지가 매우 작아지기 때문). 비에너지는 **임계점**이라고 하는 어떤 중간점에서 최소값 $E_{s,\,\min}$에 도달하고, **임계깊이** y_c와 **임계 속도** V_c로 특성이 나타난다. 최소 비에너지는 또한 **임계 에너지**라고도 한다.
- 주어진 유량 $\dot{V}$를 유지하기 위해 요구되는 최소 비에너지 $E_{s,\,\min}$가 존재한다. 그러므로 주어진 $\dot{V}$에 대해서 E_s는 $E_{s,\,\min}$보다 작을 수 없다.
- 수평선은 비에너지 곡선과 단지 한 점에서 교차하며, 따라서 유체깊이의 값이 정해지면 비에너지값이 정해진다. 이는 $\dot{V}$, b, y가 주어지면 속도가 정해진 값을 가지므로 당연하다. 그러나 $E_s > E_{s,\,\min}$에 대해서 수직선은 이 곡선을 두 점에서 교차하며, 이는 하나의 정해진 비에너지값에 대하여 두 개의 다른 깊이(따라서 두 개의 다른 속도)를 가질 수 있다는 것을 의미한다. 이 두 개의 깊이를 **대응깊이(alternate depths)**라고 한다. 마찰 손실이 무시되는 수문을 지나는 유동(즉, E_s = constant)에서는 상부깊이(upper depth)는 상류 유동에, 하부깊이(lower depth)는 하류 유동에 해당한다(그림 11-12).
- 임계점 근처에서 비에너지의 작은 변화는 대응깊이 사이에서 큰 차이를 유발하며, 유동 수위의 심한 변동을 초래할 수 있다. 그러므로 개수로를 설계할 때에는 임계점 부근에서 운전은 반드시 피해야 된다.

최소 비에너지값과 이것이 발생하는 위치에서 임계깊이는 식 (11-16)으로부터 일정한 b와 $\dot{V}$에서 E_s를 y에 대하여 미분하고, 이 도함수를 0이라고 설정하고 y에 대하여 풀면, 이는 임계깊이 y_c로, 다음과 같게 된다.

$$y_c = \left(\frac{\dot{V}^2}{gb^2}\right)^{1/3} \tag{11-17}$$

임계점에서 유량은 $\dot{V} = y_c b V_c$로 표현될 수 있다. 이를 대입하면 임계 속도는 다음과 같이 구해진다.

$$V_c = \sqrt{g y_c} \tag{11-18}$$

이는 파속도이다. 이 점에서 Froude 수는 다음과 같다.

$$\text{Fr} = \frac{V}{\sqrt{gy}} = \frac{V_c}{\sqrt{g y_c}} = 1 \tag{11-19}$$

이는 **최소 비에너지점이 실제로 임계점**이라는 것을 의미하며, **비에너지가 최소값에 도달할 때에 유동은 임계 상태가 된다.**

유동은 낮은 유속, 즉 높은 유동깊이에서는 아임계(그림 11-11의 위 곡선), 높은 유속, 즉 낮은 유동깊이에서는 초임계(아래 곡선), 임계점에서는 임계 유동이 된다(최소 비에너지점).

$V_c = \sqrt{g y_c}$ 이므로 최소(또는 임계) 비에너지는 단지 임계깊이만으로 다음과 같이 나타낼 수 있다.

$$E_{s,\,\text{min}} = y_c + \frac{V_c^2}{2g} = y_c + \frac{g y_c}{2g} = \frac{3}{2} y_c \tag{11-20}$$

균일 유동에서는 $E_s = y + V^2/2g$이므로 유동깊이와 유속 그리고 이에 따라 비에너지가 일정하게 유지된다.

예제 11-1 유동 특성과 대응깊이

물이 폭 0.4 m의 직사각형 개수로를 유량 0.2 m³/s으로 일정하게 흐르고 있다(그림 11-13). 유동깊이가 0.15 m라고 할 때 유속을 구하고, 이 유동이 아임계인지 초임계인지를 정하라. 또한 만약에 유동 특성이 변한다면 유동의 대응깊이를 구하라.

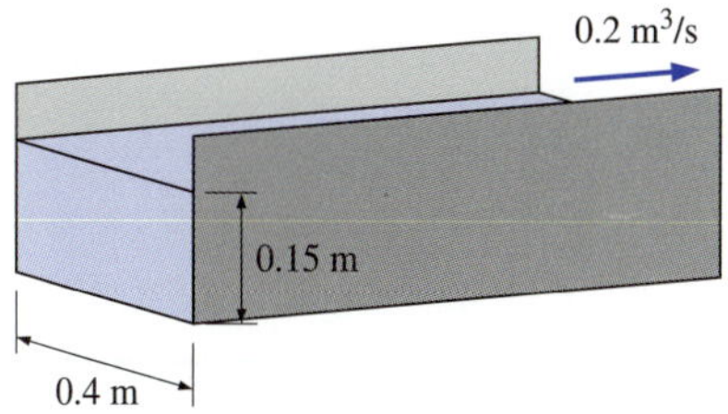

그림 11-13
예제 11-1에 대한 개략도.

풀이 직사각형 개수로의 물 유동을 고려한다. 유동의 특성, 유속, 대응깊이를 구하고자 한다.

가정 비에너지는 일정하다.

해석 평균 유속은 다음으로부터 구한다.

$$V = \frac{\dot{V}}{A_c} = \frac{\dot{V}}{yb} = \frac{0.2\ \text{m}^3/\text{s}}{(0.15\ \text{m})(0.4\ \text{m})} = \mathbf{3.33\ m/s}$$

이 유동에 대한 임계깊이는

$$y_c = \left(\frac{\dot{V}^2}{gb^2}\right)^{1/3} = \left(\frac{(0.2\ \text{m}^3/\text{s})^2}{(9.81\ \text{m/s}^2)(0.4\ \text{m})^2}\right)^{1/3} = 0.294\ \text{m}$$

따라서 실제 유동깊이가 $y = 0.15$ m이고, $y < y_c$이므로 유동은 **초임계**이다. 유동의 특성을 결정하는 다른 방법은 Froude 수를 계산하는 것이다.

$$\mathrm{Fr} = \frac{V}{\sqrt{gy}} = \frac{3.33\ \mathrm{m/s}}{\sqrt{(9.81\ \mathrm{m/s^2})(0.15\ \mathrm{m})}} = 2.75$$

다시 한번, Fr > 1이므로 유동은 초임계이다. 주어진 조건에서 비에너지는

$$E_{s1} = y_1 + \frac{\dot{V}^2}{2gb^2y_1^2} = (0.15\ \mathrm{m}) + \frac{(0.2\ \mathrm{m^3/s})^2}{2(9.81\ \mathrm{m/s^2})(0.4\ \mathrm{m})^2(0.15\ \mathrm{m})^2} = 0.7163\ \mathrm{m}$$

그러면 대응깊이는 $E_{s1} = E_{s2}$로부터 다음과 같이 구해진다.

$$E_{s2} = y_2 + \frac{\dot{V}^2}{2gb^2y_2^2} \quad \rightarrow \quad 0.7163\ \mathrm{m} = y_2 + \frac{(0.2\ \mathrm{m^3/s})^2}{2(9.81\ \mathrm{m/s^2})(0.4\ \mathrm{m})^2y_2^2}$$

이를 y_2에 대하여 풀면 대응깊이는 $y_2 =$ **0.69 m**가 된다. 그러므로 만약 비에너지가 일정하게 유지되면서 유동의 특성이 초임계에서 아임계로 변한다면 유동깊이는 0.15에서 0.69 m로 상승한다.

토의 만약 물이 일정한 비에너지로 수력도약을 겪는다면(마찰 손실이 고도 강하와 같다) 유동깊이는 0.69 m로 상승할 것이라는 것에 유의하자. 물론 수로 측벽이 충분히 높다고 가정한다.

11-4 질량보존과 에너지 방정식

1차원 정상 유동 질량 보존 방정식은 다음과 같이 표현된다.

$$\dot{V} = A_c V = \text{constant} \tag{11-21}$$

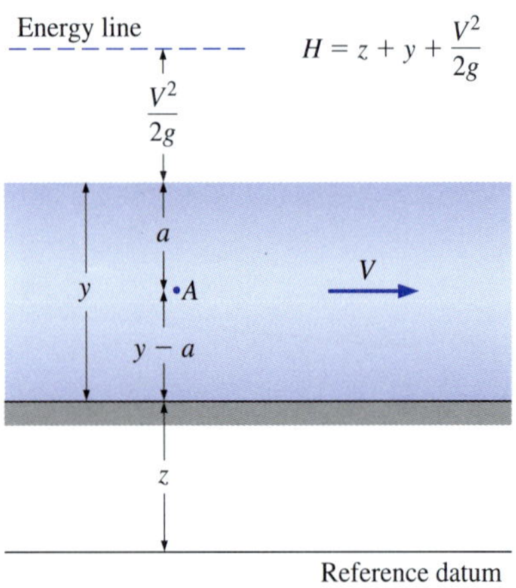

그림 11-14
개수로를 흐르는 액체의 총 에너지.

그림 11-14에 나타낸 것처럼, 개수로 안에서 흐르는 액체의 기준면에 대한 상대적 총 에너지를 구하기 위하여 자유표면으로부터 거리가 a인 위치(따라서 수로 바닥으로부터 거리 $y - a$)에 있는 액체 속의 점 A를 고려해 보자. A점에서 고도, 압력(자유표면에 대한 상대적 정수압), 속도는 각각 $z_A = z + (y - a)$, $P_A = \rho g a$, $V_A = V$임을 고려하면, 수두로 나타내는 액체의 총 에너지는

$$H_A = z_A + \frac{P_A}{\rho g} + \frac{V_A^2}{2g} = z + (y - a) + \frac{\rho g a}{\rho g} + \frac{V^2}{2g} = z + y + \frac{V^2}{2g} \tag{11-22}$$

이 값은 그 단면에서 A점 위치와 무관하다. 그러므로 개수로의 모든 단면에서 액체의 총 기계적 에너지는 다음과 같이 수두로 표현된다.

$$H = z + y + \frac{V^2}{2g} \tag{11-23}$$

여기서 y는 유동깊이, z는 수로 바닥의 고도, V는 평균 유속이다. 그러면 상류 단면 1과 하류 단면 2 사이의 개수로 유동에 대한 1차원 에너지 방정식은 다음과 같이 쓸

수 있다.

에너지 방정식: $$z_1 + y_1 + \frac{V_1^2}{2g} = z_2 + y_2 + \frac{V_2^2}{2g} + h_L \qquad (11\text{-}24)$$

마찰 효과에 의한 수두 손실 h_L은 파이프 유동에서와 같이 다음과 같이 표현된다.

$$h_L = f\frac{L}{D_h}\frac{V^2}{2g} = f\frac{L}{R_h}\frac{V^2}{8g} \qquad (11\text{-}25)$$

여기서 f는 평균 마찰계수, L은 단면 1과 2 사이의 수로 길이이다. 수력직경 대신 수력반경을 사용할 때에는 반드시 $D_h = 4R_h$ 관계가 지켜져야 한다.

개수로 유동은 중력으로 구동되며, 따라서 전형적인 수로는 약간 아래로 기울어진다. 수로 바닥의 기울기는 다음과 같이 표현된다.

$$S_0 = \tan\alpha = \frac{z_1 - z_2}{x_2 - x_1} \cong \frac{z_1 - z_2}{L} \qquad (11\text{-}26)$$

여기서 α는 수평면에 대한 수로 바닥의 각도이다. 일반적으로 바닥기울기 S_0는 매우 작으며, 따라서 수로 바닥은 거의 수평이다. 그러므로 $L \cong x_2 - x_1$이며, 여기서 x는 수평방향의 거리이다. 또한 수직방향으로 측정되는 유동깊이 y는 수로 바닥에 수직인 깊이로 간주될 수 있으며, 이때의 오차는 무시될 수 있다.

그러면 에너지 방정식(식 11-24)은 다음이 된다.

에너지 방정식: $$y_1 + \frac{V_1^2}{2g} + S_0 L = y_2 + \frac{V_2^2}{2g} + h_L \qquad (11\text{-}27)$$

수두 손실과 바닥기울기는 밀접한 관계가 있으며, 수두 손실을 기울기(또는 각의 탄젠트값)로 표현하는 것이 타당하다. 이에 따라 **마찰기울기(friction slope)**는 다음으로 정의된다.

마찰기울기: $$S_f = \frac{h_L}{L} \qquad (11\text{-}28)$$

그러면 에너지 방정식은 다음과 같이 쓸 수 있다.

에너지 방정식: $$y_1 + \frac{V_1^2}{2g} = y_2 + \frac{V_2^2}{2g} + (S_f - S_0)L \qquad (11\text{-}29)$$

수두 손실이 고도 강하와 같을 때에는 마찰기울기는 바닥기울기와 같다는 것에 유의하자. 즉, $h_L = z_1 - z_2$이면 $S_f = S_0$가 된다.

그림 11-15는 또한 에너지선(energy line)을 보여 주며, 이는 기준면으로부터 윗방향 거리 $z + y + V^2/2g$(수두로 표현된 액체의 총 기계적 에너지)이다. 에너지선은 일반적으로 마찰 손실의 결과로 수로 자체와 같이 하향으로 기울어져 있으며, 수직강하는 수두 손실 h_L과 동일하고 따라서 그 기울기가 마찰 기울기와 동일하다.

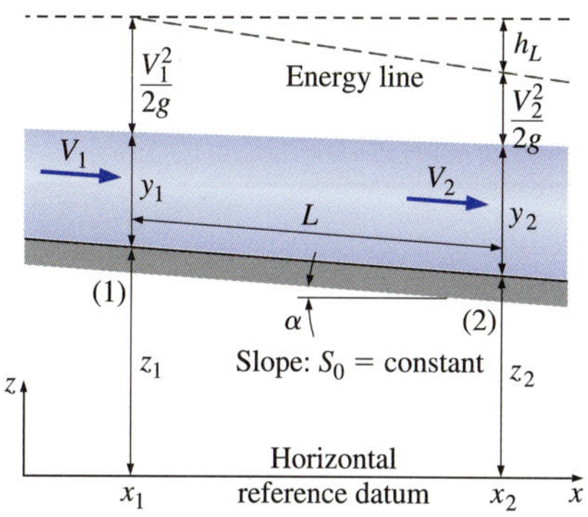

그림 11-15
개수로 두 단면에서 액체의 총 에너지.

11-5 수로 내에서 균일 유동

11-1절에서 만약 유동깊이(정상 유동에서는 $\dot{V} = A_c V =$ constant이며, 따라서 평균 유속)가 일정하게 유지되면 수로 내에서 유동은 **균일 유동**이라 한다고 언급하였다. 실제로 균일 유동 조건은 일정한 기울기, 일정한 단면, 일정한 표면 라이닝을 갖는 긴 직선 수로에서 자주 마주친다. 개수로의 설계에서는 시스템의 대부분에서 균일 유동을 갖는 것이 매우 바람직하다. 왜냐하면 이는 벽면 높이가 일정한 수로를 의미하며, 설계와 건설이 용이하기 때문이다.

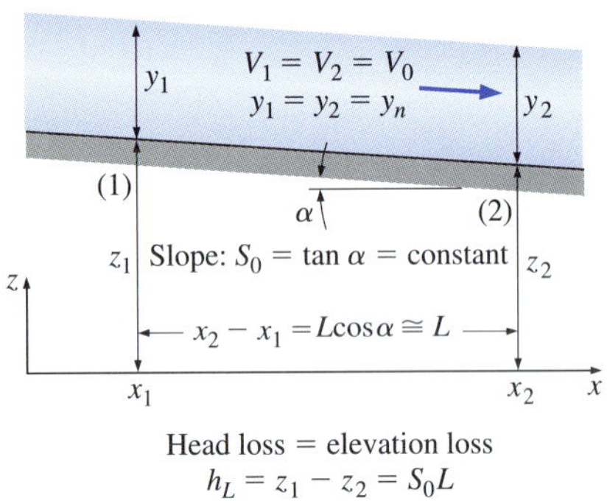

그림 11-16
균일 유동에서 유동깊이 y, 평균 유동 속도 V, 바닥기울기 S_0는 일정하게 유지되며, 수두 손실은 고도 손실과 같다.
$h_L = z_1 - z_2 = S_f L = S_0 L$.

균일 유동에서 유동깊이는 **정상깊이** y_n이라고 하며, 평균 유속은 **균일 유동 속도** V_0라고 한다. 유동은 수로의 기울기, 단면적, 표면조도가 변하지 않는 한 균일하게 유지된다(그림 11-16). 바닥기울기가 증가하면 유속은 증가하고, 유동깊이는 감소한다. 그러므로 새로운(얕은) 유동깊이를 갖는 새로운 균일 유동이 형성된다. 만약 기울기가 감소하면 반대 경우가 발생한다.

일정한 기울기 S_0, 일정한 단면적 A_c, 일정한 표면마찰계수 f를 갖는 개수로 내를 흐르는 동안 수두 손실이 고도 강하와 같아질 때 종단 속도에 도달하고, 균일 유동이 형성된다. 그러므로 균일 유동에서는 $h_L = S_0 L$이고 $D_h = 4R_h$이므로

$$h_L = f\frac{L}{D_h}\frac{V^2}{2g} \quad \text{또는} \quad S_0 L = f\frac{L}{R_h}\frac{V_0^2}{8g} \tag{11-30}$$

두 번째 관계식을 V_0에 대하여 풀면, 균일 유동 속도와 유량은 다음과 같이 구해진다.

$$V_0 = C\sqrt{S_0 R_h} \quad \text{그리고} \quad \dot{V} = CA_c\sqrt{S_0 R_h} \tag{11-31}$$

여기서

$$C = \sqrt{8g/f} \tag{11-32}$$

는 **Chezy 계수**라고 한다. 식 (11-31)과 계수 C는 1769년경 처음으로 유사한 관계식을 제안한 프랑스 엔지니어 Antoine Chezy(1718-1798)를 기리기 위해 명명되었다. Chezy 계수는 차원이 있는 양으로, 그 값은 거친 표면을 가지는 소형 수로에 대해 약 30 $\text{m}^{1/2}/\text{s}$로부터 표면이 매끈한 대형 수로에서 90 $\text{m}^{1/2}/\text{s}$까지 범위를 갖는다.

Chezy 계수는 파이프 유동에서 Moody 선도 또는 Colebrook 식으로부터 완전히 거친 난류 한계(Re $\to \infty$)에 대해 수행한 것처럼, 첫 번째로 식 (11-32)로부터 마찰계수 f를 결정함으로써 간단하게 구할 수 있다.

$$f = [2.0\log(14.8R_h/\varepsilon)]^{-2} \tag{11-33}$$

여기서 ε은 평균 표면조도를 나타낸다. 개수로 유동은 일반적으로 난류이고, 균일 유동이 형성될 시점이 되면 유동이 **완전히 발달된다**는 것에 유의하자.

Chezy 식이 소개된 이래 많은 연구자들이 평균 유속과 유량에 대한 더 간단한

실험적 관계식의 개발에 적지 않은 노력을 기울여왔다. 가장 널리 사용되는 식은 1868년 프랑스인 Philippe-Gaspard Gauckler(1826-1905)와 1889년 아일랜드인 Robert Manning(1816-1897)에 의해 각자 독자적으로 개발되었다.

Gauckler와 Manning 모두 Chezy 식의 상수를 다음과 같이 나타낼 것을 추천하였다.

$$C = \frac{a}{n} R_h^{1/6} \tag{11-34}$$

여기서 n은 **Manning 계수**라고 하며, 그 값은 수로 표면의 조도에 따라 결정된다. 식 (11-31)에 대입하면 균일 유동 속도와 유량에 대해서 **Manning 식**(Gauckler에 의해 최초로 제안되었으므로 **Gauckler–Manning 식**이라고도 한다)이라고 알려진 다음의 실험적 관계식을 얻는다.

균일 유동: $$V_0 = \frac{a}{n} R_h^{2/3} S_0^{1/2} \quad \text{그리고} \quad \dot{V} = \frac{a}{n} A_c R_h^{2/3} S_0^{1/2} \tag{11-35}$$

계수 a는 차원 상수로, 그 값이 SI 단위계로 $a = 1\ \text{m}^{1/3}/\text{s}$이다. 바닥기울기 S_0와 Manning 계수 n은 무차원량이라는 것에 유의하면, SI 단위계에서 식 (11-35)의 R_h가 m로 표현될 때 속도는 m/s 유량은 m^3/s가 된다.

다양한 자연 또는 인공 수로에 대해 실험적으로 결정된 n값이 표 11-1에 주어져 있다. n값에는 많은 불확실성이 있다. 산포가 20% 또는 그 이상일 수도 있다. 그럼에도 불구하고 계수 n은 수로의 크기나 형상과는 무관하다고 가정하며, 즉 표면조도에만 의존한다고 근사된다.

임계 균일 유동

개수로를 통과하는 유동은 Froude 수가 Fr = 1이고, 따라서 유속이 파속도 $V_c = \sqrt{gy_c}$와 같아질 때에 임계 유동이 되며, 여기서 y_c는 앞에서(식 11-7) 정의된 임계 유동깊이다. 체적유량 $\dot{V}$, 수로기울기 S_0, Manning 계수 n을 알면, 정상 유동깊이 y_n은 Manning 식(식 11-35)으로부터 구할 수 있다. 그러나 A_c와 R_h가 모두 y_n의 함수이므로 이 식은 종종 y_n에 대하여 내재적이 되며, 해를 얻기 위해서는 수치해석적(또는 시행착오법) 접근이 요구된다. 만약 $y_n = y_c$이면 유동은 **균일 임계 유동**이 되고, 이 경우 바닥기울기 S_0는 임계기울기 S_c와 같다. 유량 $\dot{V}$ 대신에 유동깊이 y_n을알면 유량은 Manning 식으로부터, 임계 유동깊이는 식 (11-7)로부터 구할 수 있다.

균일 임계 유동 동안에는 $S_0 = S_c$이고, $y_n = y_c$이다. Manning 식의 $\dot{V}$와 S_0를 각각 $\dot{V} = A_c\sqrt{gy_c}$와 S_c로 대체하고 S_c에 대해 풀면 다음의 임계기울기에 대한 일반적인 관계를 얻는다.

임계기울기(일반): $$S_c = \frac{gn^2 y_c}{a^2 R_h^{4/3}} \tag{11-36}$$

표 11-1

개수로의 물 유동에서 Manning 계수 n의 평균값*

From Chow (1959).

벽면 재질	n
A. Artificially lined channels	
Glass	0.010
Brass	0.011
Steel, smooth	0.012
Steel, painted	0.014
Steel, riveted	0.015
Cast iron	0.013
Concrete, finished	0.012
Concrete, unfinished	0.014
Wood, planed	0.012
Wood, unplaned	0.013
Clay tile	0.014
Brickwork	0.015
Asphalt	0.016
Corrugated metal	0.022
Rubble masonry	0.025
B. Excavated earth channels	
Clean	0.022
Gravelly	0.025
Weedy	0.030
Stony, cobbles	0.035
C. Natural channels	
Clean and straight	0.030
Sluggish with deep pools	0.040
Major rivers	0.035
Mountain streams	0.050
D. Floodplains	
Pasture, farmland	0.035
Light brush	0.050
Heavy brush	0.075
Trees	0.150

* n값의 불확실성은 ±20% 이상일 수 있다.

비균일 둘레에 대한 중첩법

대부분의 자연 수로와 일부 인공 수로에 대해 표면조도, 즉 Manning 계수는 접수둘레를 따라서 변하고, 심지어는 수로를 따라서조차 변한다. 이런 문제를 푸는 방법은 여러 가지로, 전체 수로 단면에 대한 유효 Manning 계수 n을 찾아내거나 또는 수로를 여러 개의 소단면으로 고려하고 중첩 원리를 적용하는 것이다. 예제 11-4에 예시된 것처럼, 수로의 유량은 모든 단면을 흐르는 유량의 합이 된다.

예제 11-2 균일 유동 개수로에서 유량

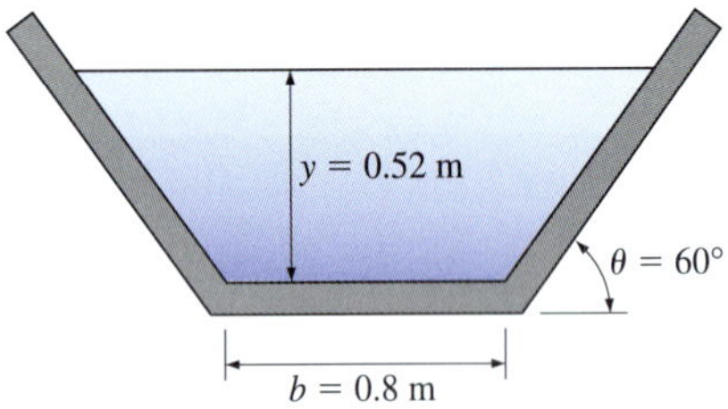

그림 11-17
예제 11-2에 대한 개략도.

그림 11-17에 보인 것처럼, 바닥폭이 0.8 m, 사다리꼴 각도가 60°, 바닥 경사각이 0.3°인 사다리꼴 단면을 갖는, 땅을 파서 만든, 잡초가 우거진 수로로 물이 흐르고 있다. 측정된 유동깊이가 0.52 m일 때, 수로를 흐르는 유량을 구하라. 만약 바닥 경사각이 1°라면 유량은 어떻게 되겠는가?

풀이 물이 주어진 치수를 갖는, 잡초가 우거진 사다리꼴 수로를 흐르고 있다. 측정된 유동깊이에 해당하는 유량을 구하고자 한다.

가정 **1** 유동은 정상이고, 균일하다. **2** 바닥기울기는 일정하다. **3** 수로의 접수표면의 조도와 이에 따른 마찰계수는 일정하다.

상태량 잡초가 우거진 표면을 갖는 수로의 Manning 계수는 $n = 0.030$이다.

해석 수로의 단면적, 둘레, 수력반경은

$$A_c = y\left(b + \frac{y}{\tan\theta}\right) = (0.52\text{ m})\left(0.8\text{ m} + \frac{0.52\text{ m}}{\tan 60°}\right) = 0.5721\text{ m}^2$$

$$p = b + \frac{2y}{\sin\theta} = 0.8\text{ m} + \frac{2 \times 0.52\text{ m}}{\sin 60°} = 2.001\text{ m}$$

$$R_h = \frac{A_c}{p} = \frac{0.5721\text{ m}^2}{2.991\text{ m}} = 0.2859\text{ m}$$

수로의 바닥기울기는

$$S_0 = \tan\alpha = \tan 0.3° = 0.005236$$

그러면 수로를 흐르는 유량은 Manning 식으로부터 다음과 같이 구해진다.

$$\dot{V} = \frac{a}{n} A_c R_h^{2/3} S_0^{1/2} = \frac{1\text{ m}^{1/3}\text{/s}}{0.030}(0.5721\text{ m}^2)(0.2859\text{ m})^{2/3}(0.005236)^{1/2} = \mathbf{0.60\ m^3/s}$$

바닥 경사각 1°에 대한 유량은 앞의 관계식에 $S_0 = \tan\alpha = \tan 1° = 0.01746$을 사용하여 구할 수 있다. 이 경우 $\dot{V}$ = **1.1 m³/s**가 된다.

토의 유량은 바닥 경사각의 강한 함수라는 것에 유의하자. 또한 Manning 계수와 이에 따라 계산된 유량에도 많은 불확실성이 있다. n값의 불확실성이 10%일 때, 유량의 불확실성도 10%가 된다. 그러므로, 최종 답을 단지 유효숫자 두 자리로 나타내었다.

예제 11-3 직사각형 수로의 높이

바닥폭이 1.2 m인 마감질되지 않은 콘크리트 직사각형 수로에서 1.5 m³/s의 유량으로 물이 이송되고 있다. 수로 바닥이 300 m당 0.6 m 낮아지는 지형이라고 한다. 균일 유동 조건에서 수로의 최소 높이를 결정하라(그림 11-18). 만약 바닥이 300 m당 단지 0.3 m만 낮아진다면 답은 어떻게 되겠는가?

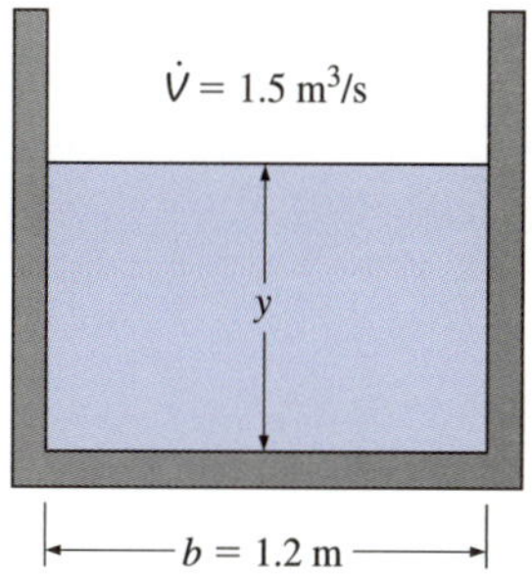

그림 11-18
예제 11-3에 대한 개략도.

풀이 물이 주어진 바닥폭을 갖는 마감질되지 않은 콘크리트 직사각형 수로를 흐르고 있다. 주어진 유량에 해당하는 최소 수로 높이를 구하고자 한다.

가정 1 유동은 정상이고, 균일하다. 2 바닥기울기는 일정하다. 3 수로의 접수표면의 조도와 이에 따른 마찰계수는 일정하다.

상태량 마감질되지 않은 콘크리트 표면을 갖는 개수로의 Manning 계수는 $n = 0.014$이다.

해석 수로의 단면적, 둘레, 수력반경은

$$A_c = by = (1.2\ \text{m})y \qquad p = b + 2y = (1.2\ \text{m}) + 2y \qquad R_h = \frac{A_c}{p} = \frac{1.2y}{1.2 + 2y}$$

수로의 바닥기울기는 $S_0 = 0.6/300 = 0.002$이다. Manning 식을 사용하면, 수로에 흐르는 유량은 다음과 같이 표현된다.

$$\dot{V} = \frac{a}{n} A_c R_h^{2/3} S_0^{1/2}$$

$$1.5\ \text{m}^3/\text{s} = \frac{1\ \text{m}^{1/3}/\text{s}}{0.014}(1.2y\ \text{m}^2)\left(\frac{1.2y}{1.2 + 2y}\ \text{m}\right)^{2/3}(0.002)^{1/2}$$

이는 y에 대한 비선형 식이다. EES와 같은 방정식 풀이기를 사용하거나 반복법을 사용하여 유동깊이를 구하면

$$y = \mathbf{0.799\ m}$$

만약 300 m의 길이당 바닥 강하가 단지 0.3 m라면, 바닥기울기는 $S_0 = 0.001$이 되고, 유동깊이는 $y = $ **1.05 m**가 된다.

토의 y가 유동깊이라는 것에 유의하면, 이는 수로 높이의 최소값이다. 또한 Manning 계수 n값에는 많은 불확실성이 있으며, 이는 건설될 수로의 높이를 결정할 때 반드시 고려되어야 한다.

예제 11-4 비균일 조도를 갖는 수로

바닥기울기가 0.003이고 단면이 그림 11-19와 같은 수로에 물이 흐르고 있다. 또한 그림에는 치수들과 각각의 다른 소단면 표면에 대한 Manning 계수들이 주어져 있다. 수로를 흐르는 유량과, 이 수로의 유효 Manning 계수를 구하라.

풀이 물이 비균일 표면 상태량을 갖는 수로를 통하여 흐르고 있다. 유량과 유효 Manning 계수를 구하고자 한다.

가정 1 유동은 정상이고, 균일하다. 2 바닥기울기는 일정하다. 3 수로를 따라서 Manning 계수들은 변하지 않는다.

해석 수로는 조도가 다른 두 개의 부분이 포함되어 있고, 따라서 그림 11-21에 나타낸 것과 같이 수로를 두 개의 소단면으로 나누는 것이 적절하다. 각각의 소단면의 유량은

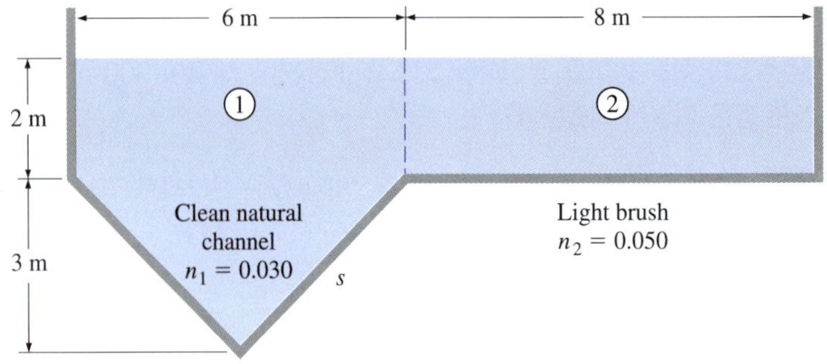

그림 11-19
예제 11-4에 대한 개략도.

Manning 식으로부터 구할 수 있으며, 총 유량은 그들의 합으로 구할 수 있다.

삼각형 수로의 측변의 길이는 $s = \sqrt{3^2 + 3^2} = 4.243$ m이다. 그러면 각 소단면과 전체 수로의 유동 면적, 둘레, 수력반경은 다음과 같다.

소단면 1: $A_{c1} = 21\ \text{m}^2 \quad p_1 = 10.486\ \text{m} \quad R_{h1} = \dfrac{A_{c1}}{p_1} = \dfrac{21\ \text{m}^2}{10.486\ \text{m}} = 2.00\ \text{m}$

소단면 2: $A_{c2} = 16\ \text{m}^2 \quad p_2 = 10\ \text{m} \quad R_{h2} = \dfrac{A_{c2}}{p_2} = \dfrac{16\ \text{m}^2}{10\ \text{m}} = 1.60\ \text{m}$

전체 수로: $A_c = 37\ \text{m}^2 \quad p = 20.486\ \text{m} \quad R_h = \dfrac{A_c}{p} = \dfrac{37\ \text{m}^2}{20.486\ \text{m}} = 1.806\ \text{m}$

각 소단면에서 Manning 식을 사용하면, 수로를 흐르는 총 유량은 다음으로 구해진다.

$$\begin{aligned}\dot{V} &= \dot{V}_1 + \dot{V}_2 = \frac{a}{n_1}A_{c1}R_{h1}^{2/3}S_0^{1/2} + \frac{a}{n_2}A_{c2}R_{h2}^{2/3}S_0^{1/2} \\ &= (1\ \text{m}^{1/3}/\text{s})\left[\frac{(21\ \text{m}^2)(2\ \text{m})^{2/3}}{0.030} + \frac{(16\ \text{m}^2)(1.60\ \text{m})^{2/3}}{0.050}\right](0.003) \\ &= 84.8\ \text{m}^3/\text{s} \cong \mathbf{85\ m^3/s}\end{aligned}$$

총 유량을 알면, 전체 수로에 대한 유효 Manning 계수는 Manning 식으로부터 구해진다.

$$n_{\text{eff}} = \frac{aA_cR_h^{2/3}S_0^{1/2}}{\dot{V}} = \frac{(1\ \text{m}^{1/3}/\text{s})(37\ \text{m}^2)(1.806\ \text{m})^{2/3}(0.003)^{1/2}}{84.8\ \text{m}^3/\text{s}} = \mathbf{0.035}$$

토의 유효 Manning 계수 n_{eff}는 예상한 것처럼 두 n값의 사이에 있다. 수로의 Manning 계수의 가중 평균은 $n_{\text{avg}} = (n_1p_1 + n_2p_2)/p = 0.040$이며, 이는 n_{eff}와 크게 다르다. 그러므로 수로 전체에 대해 가중 평균 Manning 계수를 사용하고 싶은 유혹이 있을 수 있으나, 이는 별로 정확하지 않을 것이다.

11-6 최적 수력단면

개수로 시스템은 일반적으로 가능한 한 최소의 비용으로 중력을 이용하여 주어진 유량의 액체를 고도가 낮은 지역으로 이송하려고 설계된다. 요구되는 에너지 입력이 없다는 것을 고려하면, 개수로 시스템의 비용은 주로 초기 건설 비용이며, 이는 시스템의 크기에 비례한다. 그러므로 주어진 수로 길이에 대하여 수로둘레는 시스템 비용을 대표하며, 크기와 이에 따른 비용을 최소화하기 위해서 둘레는 최소로 유지되어야 한다.

다른 시각으로 보면, 유동 저항은 벽면 전단응력 τ_w와 수로의 벽 면적 때문이며, 이는 단위 수로 길이당 접수둘레와 같다. 그러므로 주어진 유동단면적 A_c에 대하여 접수둘레 p가 작아지면 저항력이 작아지고, 따라서 평균 유속과 유량이 커진다.

또 다른 시각으로 보면, 주어진 바닥기울기 S_0와 표면 라이닝(즉, 조도계수 n)을 갖는 주어진 수로 형상에 대하여 유속은 Manning 공식 $V = aR_h^{2/3}S_0^{1/2}/n$에 의해서 주어진다. 그러므로 유속은 수력반경에 따라 증가하며, 평균 유속 또는 단위 단면적당 유량이 최대가 되기 위해서는 수력반경이 반드시 최대(즉, $R_h = A_c/p$이므로 둘레가 최소)가 되어야 한다. 따라서 결론적으로 다음과 같다.

개수로에서 최적 수력단면은 최대 수력반경을 갖거나 또는 동등하게, 주어진 단면적에 대해 최소 접수둘레를 가지는 단면이다.

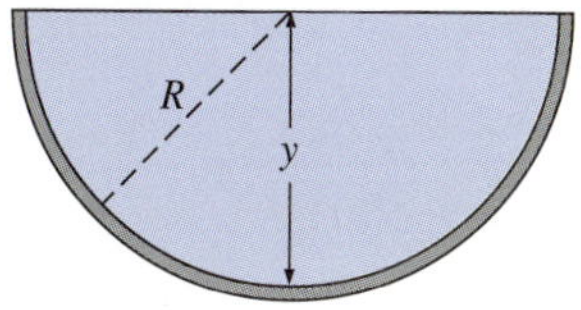

그림 11-20
주어진 단면적에 대해 최소 접수둘레와 이에 따른 최소 유동 저항을 가지므로 개수로에서 최적 수력단면은 반원이다.

단위 면적당 최소 둘레를 갖는 형상은 원이다. 그러므로 최소 유동 저항을 기준으로 개수로의 최적 단면은 반원(그림 11-20)이다. 그러나 일반적으로 반원형 수로 대신에 직선 변을 갖는 수로(예를 들어, 사다리꼴 또는 직사각형 단면의 수로)를 건설하는 것이 더 적은 비용이 들며, 수로의 전체적인 형상은 선험적으로 정해질 수도 있다.

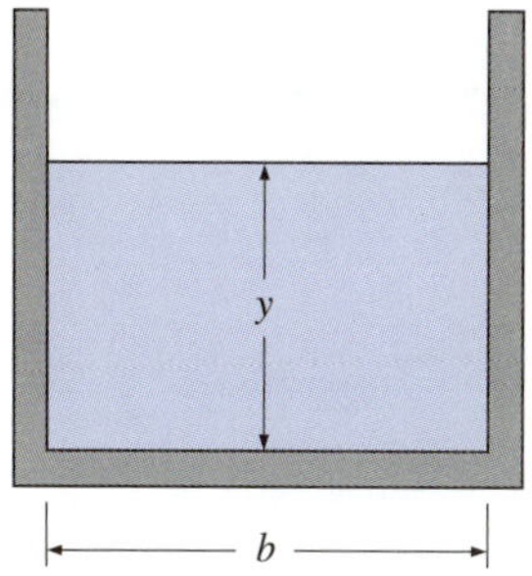

그림 11-21
폭 b와 유동깊이 y인 직사각형 개수로. 주어진 단면적에서 최대 유량은 $y = b/2$일 때 발생한다.

동기 부여를 위한 예로 폭이 b이고, 유동깊이가 y이며, 바닥기울기가 1°인 마감질된 콘크리트($n = 0.012$) 직사각형 수로를 고려해 보자(그림 11-21). 단면적이 1 m^2인 단면에 대해 수력반경 R_h와 유량 $\dot{V}$에 대한 종횡비 y/b의 영향을 알아보기 위하여 Manning 공식으로부터 R_h와 $\dot{V}$를 계산하였다. 종횡비 0.1부터 5까지 결과를 표 11-2와 그림 11-22에 나타내었다. 이 표와 도표로부터, 유동의 종횡비 y/b가 증가하면 유량 $\dot{V}$이 증가하고, $y/b = 0.5$에서 최대에 도달한 후 감소하기 시작하는 것을 알 수 있다. 이 결과는 주어진 형상에서 최적 단면이 최대 수력반경을 갖거나 또는 이와 동등하게, 접수둘레가 최소가 되는 단면이라는 것을 확인하고 있다.

직사각형 수로

폭이 b이고 유동깊이가 y인 직사각형 단면 개수로 내의 액체 유동을 고려해 보자. 유동 단면에서 단면적과 접수둘레는

$$A_c = yb \quad \text{그리고} \quad p = b + 2y \tag{11-37}$$

A_c를 일정하게 유지하면서 y에 대한 p의 도함수를 취하면

$$\frac{dp}{dy} = -\frac{A_c}{y^2} + 2 = -\frac{by}{y^2} + 2 = -\frac{b}{y} + 2 \tag{11-38}$$

$dp/dy = 0$으로 설정하고 y에 대하여 풀면, 최적 수력단면에 대한 기준은 다음과 같이 구해진다.

표 11-2

$A_C = 1\ \text{m}^2$, $S_0 = \tan 1°$ 및 $n = 0.012$의 직사각형 수로에 대해 종횡비 y/b에 따른 수력반경 R_h와 유량 $\dot{V}$의 변화

Aspect Ratio y/b	Channel Width b, m	Flow Depth y, m	Perimeter p, m	Hydraulic Radius R_h, m	Flow Rate $\dot{V}$, m^3/s
0.1	3.162	0.316	3.795	0.264	4.53
0.2	2.236	0.447	3.130	0.319	5.14
0.3	1.826	0.548	2.921	0.342	5.39
0.4	1.581	0.632	2.846	0.351	5.48
0.5	1.414	0.707	2.828	0.354	5.50
0.6	1.291	0.775	2.840	0.352	5.49
0.7	1.195	0.837	2.869	0.349	5.45
0.8	1.118	0.894	2.907	0.344	5.41
0.9	1.054	0.949	2.951	0.339	5.35
1.0	1.000	1.000	3.000	0.333	5.29
1.5	0.816	1.225	3.266	0.306	5.00
2.0	0.707	1.414	3.536	0.283	4.74
3.0	0.577	1.732	4.041	0.247	4.34
4.0	0.500	2.000	4.500	0.222	4.04
5.0	0.447	2.236	4.919	0.203	3.81

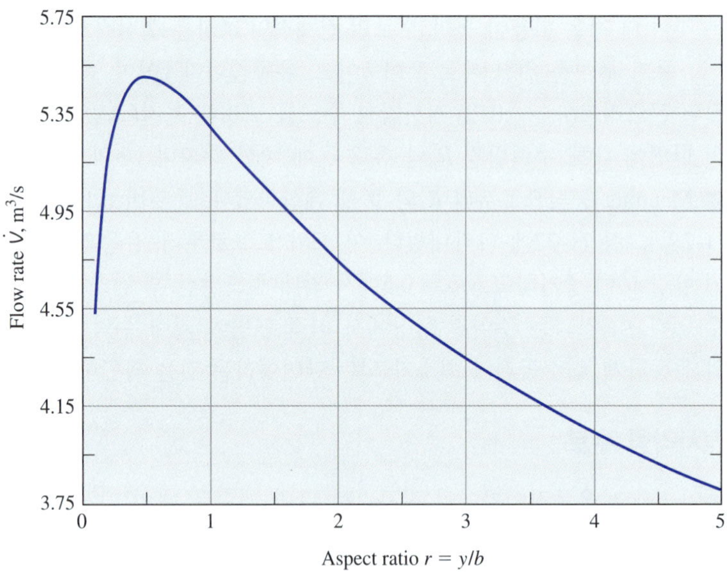

그림 11-22
$A_c = 1\ \text{m}^2$, $S_0 = \tan 1°$인 직사각형 수로에서 종횡비 $r = y/b$에 따른 유량의 변화.

최적 수력단면(직사각형 수로):
$$y = \frac{b}{2} \tag{11-39}$$

그러므로 주어진 단면적에 대해, 유동저항을 최소화하거나 또는 유량을 최대로 하기 위해서 직사각형 개수로는 반드시 액체 높이가 수로폭의 반이 되도록 설계되어야 한다. 이는 또한 둘레와 이에 따른 건설 비용을 최소화한다. 이 결과는 표 11-2에서 찾은 $y = b/2$가 최적 단면이라는 것을 확인한다.

사다리꼴 수로

이제 그림 11-23에 보인 것처럼 바닥폭이 b, 유동깊이가 y, 수평으로부터 측정된 사다리꼴 각도가 θ인 사다리꼴 단면의 개수로 내에서 액체 유동을 고려해 보자. 유동단면에서 단면적과 접수둘레는

$$A_c = \left(b + \frac{y}{\tan\theta}\right)y \quad \text{그리고} \quad p = b + \frac{2y}{\sin\theta} \tag{11-40}$$

A_c와 θ를 일정하게 유지하면서 y에 대한 p의 도함수를 구하면

$$\frac{dp}{dy} = -\frac{A_c}{y^2} - \frac{1}{\tan\theta} + \frac{2}{\sin\theta} = -\frac{b + y/\tan\theta}{y} - \frac{1}{\tan\theta} + \frac{2}{\sin\theta} \tag{11-41}$$

$dp/dy = 0$으로 설정하고 y에 대하여 풀면, 임의의 주어진 사다리꼴 각도 θ에 대해 최적 수력단면에 대한 기준은 다음과 같이 얻어진다.

최적 수력단면(사다리꼴 수로):

$$y = \frac{b\sin\theta}{2(1-\cos\theta)} \tag{11-42}$$

특수한 경우인 $\theta = 90°$(직사각형 수로)에서는 예상한 대로 이 식은 $y = b/2$로 간단해진다.

최적 수력단면에 대한 수력반경:

$$R_h = \frac{y}{2} \tag{11-43}$$

그러므로 최적 단면을 갖는 사다리꼴 수로의 수력반경은 사다리꼴 각도 θ에 관계없이 유동깊이의 반이다.

이와 비슷하게, 최적 수력단면의 사다리꼴 각도는 A_c와 y를 일정하게 유지하고, θ에 대한 p의 도함수를 취하여 $dp/d\theta = 0$으로 설정하고 결과 식을 θ에 대해 풀면 다음과 같다.

최적 사다리꼴 각도:

$$\theta = 60° \tag{11-44}$$

$\theta = 60°$에서 최적 유동깊이:

$$y = \frac{\sqrt{3}}{2}b \tag{11-45}$$

그러므로 사다리꼴 수로의 최적 단면은 **정육각형의 반**이다(그림 11-24). 정육각형은 원에 매우 근사적이므로 모든 사다리꼴 수로에서 1/2 정육각형이 단위 단면적당 최소 둘레를 갖는다는 것이 당연하다.

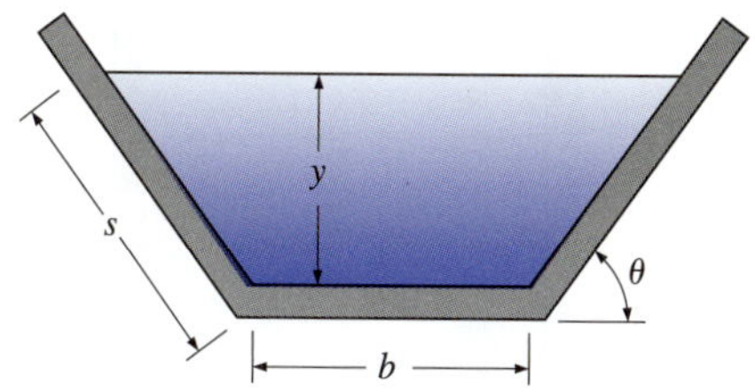

$$R_h = \frac{A_c}{p} = \frac{y(b + y/\tan\theta)}{b + 2y/\sin\theta}$$

그림 11-23
사다리꼴 수로의 매개변수들.

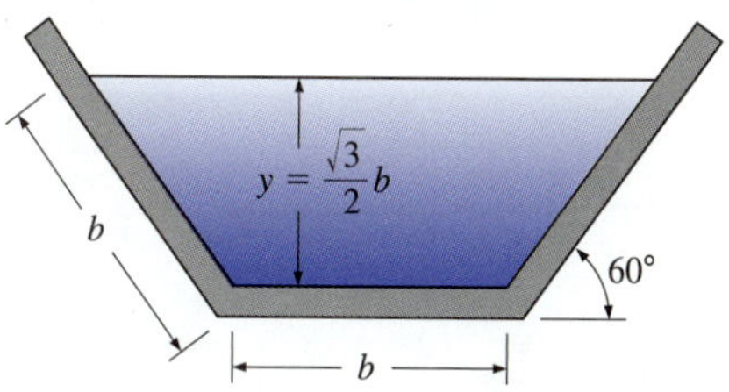

$$R_h = \frac{y}{2} = \frac{\sqrt{3}}{4}b \quad A_c = \frac{3\sqrt{3}}{4}b^2$$

그림 11-24
사다리꼴 수로에서 최적 단면은 **정육각형의 반**이다.

예제 11-5 개수로의 최적 단면

표면이 아스팔트 처리된 개수로에서 물을 2 m^3/s의 균일 유동으로 이송하려고 한다. 바닥 기울기는 0.001이다. 수로의 형상이 (a) 직사각형, (b) 사다리꼴(그림 11-25)일 때, 각각의 최적 단면의 치수를 구하라.

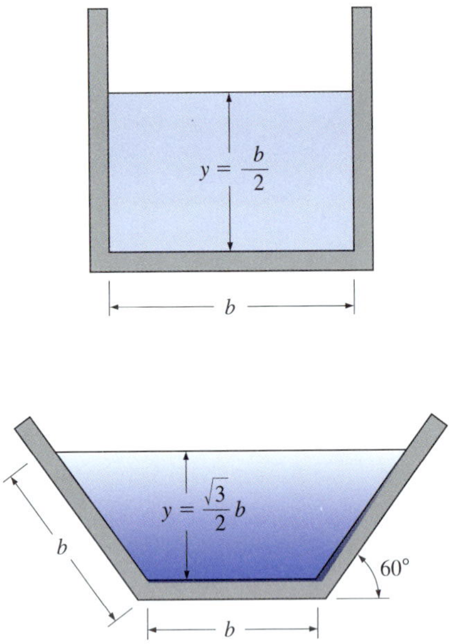

그림 11-25
예제 11-5에 대한 개략도.

(a)

(b)

그림 11-26
인공 수로는 건설 비용이 적고 성능이 좋기 때문에 형상이 사다리꼴이다.
(a) © Pixtal/AGE Fotostock RF;
(b) Photo by Bryan Lewis.

풀이 개수로에서 물을 주어진 유량으로 이송하고자 한다. 직사각형과 사다리꼴 형상에 대해 최적 수로 치수를 구하고자 한다.

가정 1 유동은 정상이고, 균일하다. 2 바닥기울기는 일정하다. 3 수로의 접수면의 조도와 이에 따른 마찰계수는 일정하다.

상태량 아스팔트 처리된 개수로의 Manning 계수는 $n = 0.016$이다.

해석 (a) 직사각형 수로의 최적 단면은 유동높이가 수로폭의 반, $y = b/2$일 때 나타난다. 그러면 수로의 단면적, 둘레, 수력반경은

$$A_c = by = \frac{b^2}{2} \qquad p = b + 2y = 2b \qquad R_h = \frac{A_c}{p} = \frac{b}{4}$$

Manning 식에 대입하면

$$\dot{V} = \frac{a}{n} A_c R_h^{2/3} S_0^{1/2} \quad \rightarrow \quad b = \left(\frac{2n\dot{V}4^{2/3}}{a\sqrt{S_0}} \right)^{3/8} = \left(\frac{2(0.016)(2 \text{ m}^3/\text{s})4^{2/3}}{(1 \text{ m}^{1/3}/\text{s})\sqrt{0.001}} \right)^{3/8}$$

이로부터 $b = 1.84$ m가 된다. 그러므로 $A_c = 1.70$ m^2, $p = 3.68$ m, 최적 직사각형 수로의 치수는

$$b = \mathbf{1.84 \text{ m}} \qquad \text{그리고} \qquad y = \mathbf{0.92 \text{ m}}$$

(b) 사다리꼴 수로의 최적 단면은 사다리꼴 각도가 60°이고 유동높이가 $y = b\sqrt{3}/2$일 때 발생한다. 그러면

$$A_c = y(b + b\cos\theta) = 0.5\sqrt{3}b^2(1 + \cos 60°) = 0.75\sqrt{3}b^2$$

$$p = 3b \qquad R_h = \frac{y}{2} = \frac{\sqrt{3}}{4}b$$

Manning 식에 대입하면

$$\dot{V} = \frac{a}{n} A_c R_h^{2/3} S_0^{1/2} \quad \rightarrow \quad b = \left(\frac{(0.016)(2 \text{ m}^3/\text{s})}{0.75\sqrt{3}(\sqrt{3}/4)^{2/3}(1 \text{ m}^{1/3}/\text{s})\sqrt{0.001}} \right)^{3/8}$$

이로부터 $b = 1.12$ m가 된다. 따라서 $A_c = 1.64$ m^2, $p = 3.37$ m, 최적 사다리꼴 수로의 치수는

$$b = \mathbf{1.12 \text{ m}} \qquad y = \mathbf{0.973 \text{ m}} \qquad \text{그리고} \qquad \theta = \mathbf{60°}$$

사다리꼴 단면이 둘레 길이가 짧고(3.68 m에 비하여 3.37 m), 이에 따라 건설 비용이 적게 들기 때문에 더 좋다는 것에 유의하자. 이것이 많은 인공 수로의 형태가 사다리꼴인 이유이다(그림 11-26). 그러나 A_c가 더 작기 때문에 사다리꼴 수로를 통과하는 평균 속도가 더 크다.

11-7 점진변화 유동

이 절에서는 **점진변화 유동(gradually varied flow, GVF)**을 다룬다. 이는 유동깊이

와 속도가 점진적으로 변하고(기울기가 작고 급격한 변화가 없음) 자유표면이 항상 매끄럽게 유지되는(불연속성 또는 지그재그가 없는) 것이 특징인 정상 비균일 유동의 형태이다. **급변화 유동(rapidly varied flows, RVF)**이라고 하는, 유동깊이와 속도가 급격히 변하는 유동은 11-8절에서 다룬다. 수로의 바닥기울기, 단면의 변화, 유동 경로에 있는 장애물은 수로에서 균일 유동이 점진변화 유동 또는 급변화 유동으로 변하는 원인이 될 수 있다.

급변화 유동은 비교적 표면적이 작은 수로의 짧은 구간에서 발생하며, 따라서 벽면 전단에 따른 마찰 손실을 무시할 수 있다. RVF의 수두 손실은 매우 국부적이며, 강한 교반(요동)과 난류 때문에 발생한다. 반면에 GVF의 손실은 주로 수로를 따르는 마찰 효과 때문이며, Manning 공식으로부터 구할 수 있다.

균일 유동에서는 에너지선의 기울기가 바닥 표면의 기울기와 같다. 그러므로 마찰기울기는 바닥기울기와 같다. 즉, $S_f = S_0$이다. 그러나 점진변화 유동에서는 이들 기울기가 다르다(그림 11-27).

폭이 b인 직사각형 개수로의 정상 유동을 고려하고, 바닥기울기와 수심의 어떤 변화도 모두 다소 완만하다고 가정하자. 다시 한번 식들을 평균 속도 V로 나타내고, 압력 분포는 정수력학적이라고 가정하자. 식 (11-13)로부터 총 액체 수두는 모든 단면에서 $H = z_b + y + V^2/2g$이며, 여기서 z_b는 기준값으로부터 바닥 표면의 수직 거리이다. H를 x에 대하여 미분하면 다음을 얻는다.

$$\frac{dH}{dx} = \frac{d}{dx}\left(z_b + y + \frac{V^2}{2g}\right) = \frac{dz_b}{dx} + \frac{dy}{dx} + \frac{V}{g}\frac{dV}{dx} \tag{11-46}$$

그러나 H는 액체의 총 에너지이고, 따라서 dH/dx는 에너지선의 기울기(음의 값)이며, 이는 그림 11-27에 보인 것처럼 마찰기울기의 음의 값과 같다. 또한 dz_b/dx는 바닥기울기의 음의 값이다. 그러므로

$$\frac{dH}{dx} = -\frac{dh_L}{dx} = -S_f \quad \text{그리고} \quad \frac{dz_b}{dx} = -S_0 \tag{11-47}$$

식 (11-47)을 식 (11-46)에 대입하면

$$S_0 - S_f = \frac{dy}{dx} + \frac{V}{g}\frac{dV}{dx} \tag{11-48}$$

직사각형 수로에서 정상 유동의 질량 보존 방정식은 $\dot{V} = ybV = \text{constant}$이다. x에 대하여 미분하여 식 (11-48)에 대입하고 $V/\sqrt{gy}$가 Froude 수라는 것에 주목하면

$$S_0 - S_f = \frac{dy}{dx} - \frac{V^2}{gy}\frac{dy}{dx} = \frac{dy}{dx} - \text{Fr}^2\frac{dy}{dx} \tag{11-49}$$

dy/dx에 대해 풀면 개수로에서 점진변화 유동의 유동깊이 변화율(또는 표면 윤곽선)에 대한 원하는 관계식을 구할 수 있다.

GVF 방정식:

$$\frac{dy}{dx} = \frac{S_0 - S_f}{1 - \text{Fr}^2} \tag{11-50}$$

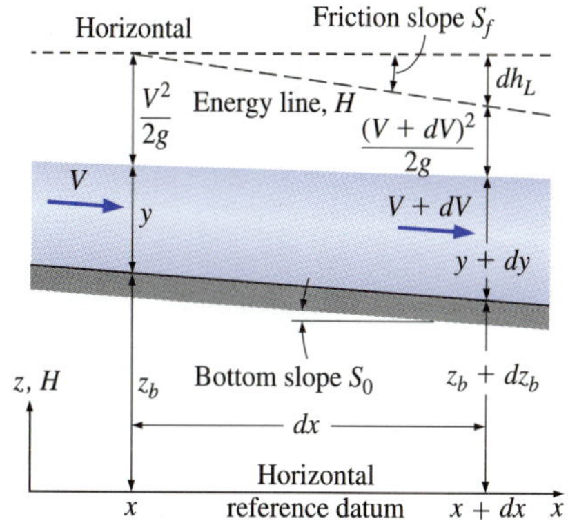

그림 11-27
점진변화 유동(GVF) 조건의 개수로에서 미소 유동 구간에서 상태량 변화.

그림 11-28
Chicago 강처럼 근사적으로 일정한 깊이와 단면을 갖는 천천히 흐르는 강은 $S_0 \approx S_f$와 $dy/dx \approx 0$인 균일 유동의 한 예다.
ⓒ *Hisham F. Ibrahim/Getty RF*

이는 압축성 유동에서 Mach 수의 함수로 나타나는 유동 면적의 변화와 유사하다.

유동깊이가 수로를 따라 증가하거나, 감소하거나, 일정하게 유지하는가 하는 대략적인 경향은 dy/dx의 부호에 따르며, 이는 식 (11-50)의 분자와 분모의 부호에 따라 결정된다. Froude 수는 항상 양수이며, 마찰기울기 S_f도 항상 양수이다(단, 마찰 효과를 무시할 수 있는 이상적인 유동의 경우는 예외, 이때 h_L과 S_f가 모두 0이 된다). 바닥기울기 S_0는 수로의 하향구배 구간(대부분의 경우에 해당)에서는 양수, 수평 구간에서는 0, 상향구배 구간(역류)에서는 음수이다. 유동깊이는 $dy/dx > 0$이면 증가하고, $dy/dx < 0$이면 감소하며, $dy/dx = 0$이고 이에 따라 $S_0 = S_f$이면 일정하게 유지된다(따라서 자유표면은 균일 유동처럼 수로 바닥과 평행하다, 그림 11-28). 주어진 S_0 및 S_f 값에 대하여 dy/dx 항은 Froude 수가 1보다 작은가 또는 큰가에 따라 양수 또는 음수가 된다. 그러므로 유동의 거동은 아임계 유동과 초임계 유동에서 반대가 된다. 예를 들어, $S_0 - S_f > 0$이면 아임계 유동에서는 유동깊이가 유동방향으로 증가하지만, 초임계 유동에서는 감소한다.

개수로에서 액체 표면 윤곽선, $y(x)$

개수로 시스템은 수로를 따라 예상되는 유동깊이에 기반을 두고 설계되고 건설된다. 따라서 주어진 유량과 수로 형상에 대하여 유동깊이를 예측할 수 있는 것이 중요하다. 하류 거리에 대한 유동깊이의 선도는 유동의 **표면 윤곽선(surface profile)** $y(x)$이다. 점진변화 유동에서 표면 윤곽선의 일반적 특성은 임계 및 정상깊이에 대한 상대적인 바닥기울기와 유동깊이에 의존한다.

전형적인 개수로에는 바닥기울기 S_0와 유동 상태가 다른 다양한 구간이 있으며, 따라서 표면 윤곽선이 다른 다양한 구간이 존재한다. 예를 들어, 수로에서 하향구배 구간의 일반적인 표면 윤곽선은 상향구배 구간의 것과 다르다. 마찬가지로 아임계 유동의 표면 윤곽선은 초임계 유동의 것과 다르다. 관성력이 포함되지 않는 균일 유동과는 달리, 점진변화 유동은 액체의 가속과 감속을 포함하며 표면 윤곽선은 액체의 무게, 전단력, 관성 효과 사이의 동역학적 균형을 반영한다.

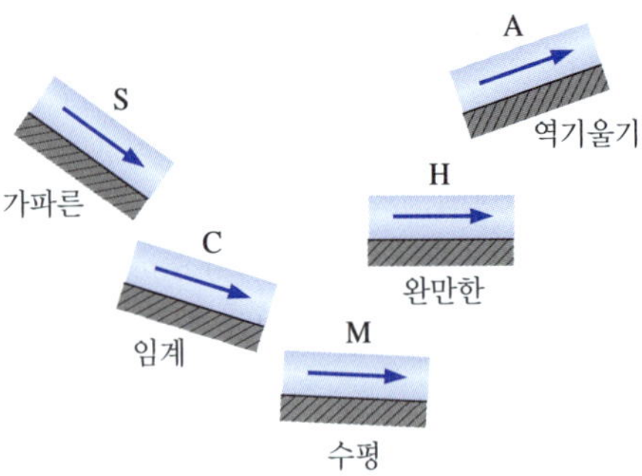

그림 11-29
여러 다른 기울기 유형에 대한 액체 표면 윤곽선을 나타내는 문자 S, C, M, H, A의 배정.

각각의 표면 윤곽선은 수로의 기울기를 나타내는 글자와 임계깊이 y_c와 정상깊이 y_n에 상대적인 유동깊이를 나타내는 숫자로 구별된다. 수로의 기울기는 가파른(steep, S), 임계(critical, C), 완만한(mild, M), 수평(horizontal, H) 또는 역기울기(adverse, A)가 될 수 있다(그림 11-29). 수로의 기울기는 $y_n > y_c$이면 완만하고, $y_n < y_c$이면 가파르며, $y_n = y_c$이면 임계, $S_0 = 0$(바닥기울기가 0)이면 수평, $S_0 < 0$(음의 기울기)이면 역기울기라고 한다. 역기울기를 가지는 개수로에서는 액체가 오르막 언덕으로 흐른다는 것에 유의하라.

그림 11-30에 보여 주는 것처럼, 표시된 숫자는 주어진 수로기울기에서 임계 유동과 균일 유동의 표면 수위에 대한 액체 표면의 상대적인 초기 위치를 나타낸다. 만약 유동깊이가 임계깊이와 정상깊이보다 위에 있으면($y > y_c$와 $y > y_n$) 표면 윤곽선은 1, 유동깊이가 둘 사이에 있으면($y_n > y > y_c$ 또는 $y_n < y < y_c$) 2, 유동깊이가 임계깊이와 정상깊이 보다 모두 아래에 있으면($y < y_c$와 $y < y_n$) 3으로 표기한다. 따라서 주어진 형태의 수로기울기에서 세 가지 다른 윤곽선이 가능하다. 그러나 수평과

상향 수로에서는 유동이 절대로 균일할 수 없으므로 기울기가 0 또는 역기울기인 수로에서는 유형 1의 유동이 존재할 수 없으며, 이에 따라 정상깊이는 정의되지 않는다. 또한 임계기울기를 갖는 수로에서는 정상깊이와 임계깊이가 동일하므로 유형 2의 유동이 존재하지 않는다.

설명한 다섯 종류의 기울기와 세 가지 유형의 초기 위치는 GVF에서 총 12개의 서로 다른 형태의 표면 윤곽선을 갖도록 하며, 표 11-3에 표와 그림으로 나타내었다.

표 11-3에서 M1으로 표기된 첫 번째 경우를 고려해 보자(완만한 수로기울기와 $y > y_n > y_c$). 유동은 $y > y_c$이므로 아임계이고, 따라서 $\mathrm{Fr} < 1$이고 $1 - \mathrm{Fr}^2 > 0$이다. 또한 $y > y_n$이므로 $S_f < S_0$, 이에 따라 $S_0 - S_f > 0$이며, 따라서 유속은 정상 유동(normal flow) 속도보다 느리다. 그러므로 표면 윤곽선의 기울기 $dy/dx = (S_0 - S_f)/(1 - \mathrm{Fr}^2) > 0$이고, 유동깊이 y는 유동방향으로 증가한다. 그러나 y의 증가에 따라 유속은 감소하고, 따라서 S_f와 Fr은 0에 접근한다. 그 결과 dy/dx는 S_0에 접근하고, 유동깊이의 증가율은 수로의 기울기와 같아진다. 이는 y값이 커지면 표면 윤곽선이 수평이 되는 것이 요구된다. 그러면 M1 표면윤곽선은 유동방향에 따라 처음에는 상승한 후 수평 점근선이 되는 경향이 있다고 결론짓는다.

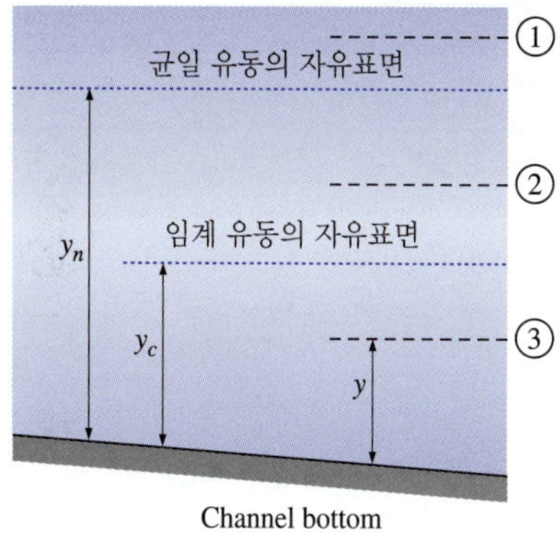

그림 11-30
정상깊이와 임계깊이에 상대적인 유동깊이의 값을 기준으로 액체 표면 윤곽선에 대한 숫자 1, 2, 3의 배정.

대표적인 표면 윤곽선들

대부분의 개수로 시스템은 **천이**라고 하는 연결부와 함께 다른 기울기를 갖는 여러 개의 구간을 포함한다. 따라서 유동의 전체 표면 윤곽선은 앞서 설명한 개별적인 윤곽선으로 구성된 연속적인 윤곽선이다. 개수로 유동에서 자주 만나는 대표적인 표면 윤곽선들을 복합적인 윤곽선을 포함하여 그림 11-31에 나타내었다. 각각의 경우에 대해 표면 윤곽선의 변화는 기울기의 급격한 변화 또는 수문과 같은 유동의 장애물처럼 수로 형상의 변화에 의해서 발생된다. 표면 윤곽선상에서 한 점은 그 점에서 질량, 운동량, 에너지 보존 법칙을 만족시키는 유동높이를 나타낸다. 점진변화 유동에서는 $dy/dx \ll 1$과 $S_0 \ll 1$이며, 이 그림들에서는 수로기울기와 표면 윤곽선이 둘 다 알아보기 쉽도록 매우 과장되었다는 것에 유의하라.

그림 11-31*a*는 완만한 기울기와 수문이 있는 수로에서 점진변화 유동의 표면 윤곽선을 보여 준다. 아임계 상류 유동(기울기가 완만하므로 유동이 아임계라는 것에 유의하라)은 수문에 다가가면서 느려지고(강물이 댐에 다가가는 것처럼), 액체 수위는 상승한다. 수문을 지난 유동은 초임계이다(개구부의 높이가 임계깊이보다 낮기 때문에). 그러므로 표면 윤곽선은 수문 전에는 M1이고, 수문 후 수력도약이 발생하기 전에는 M3이다.

그림 11-31*b*에 보인 것처럼, 개수로의 어떤 구간에서는 음의 기울기를 갖고 오르막 유동을 수반한다. 관성력이 유체의 운동에 반대로 작용하고 있는 중력과 점성력을 이겨내지 못한다면 역기울기를 갖는 유동은 유지될 수 없다. 그러므로 오르막 수로 구간 다음에는 반드시 내리막 구간 또는 자유 배출구(free outfall)가 있어야 한다. 수문에 다가가는 역기울기를 갖는 아임계 유동에서는 수문에 다가감에 따라 유동깊이는 감소하고, A2 윤곽선을 갖는다. 수문을 지난 유동은 일반적으로 초임계이며, 수력도약이 발생하기 전에는 A3 윤곽선을 갖는다.

표 11-3

점진변화 유동에서 표면 윤곽선 분류. 수직 척도는 매우 과장되어 있다.

수로기울기	윤곽선 표기법	유동깊이	Froude 수	윤곽선 기울기	표면 윤곽선
Steep (S) $y_c > y_n$ $S_0 < S_c$ 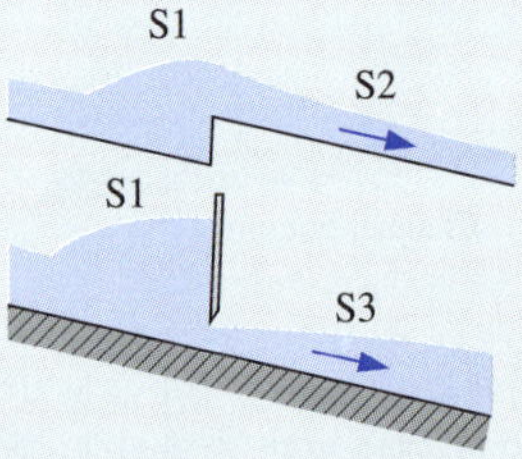	S1	$y > y_c$	$\mathrm{Fr} < 1$	$\frac{dy}{dx} > 0$	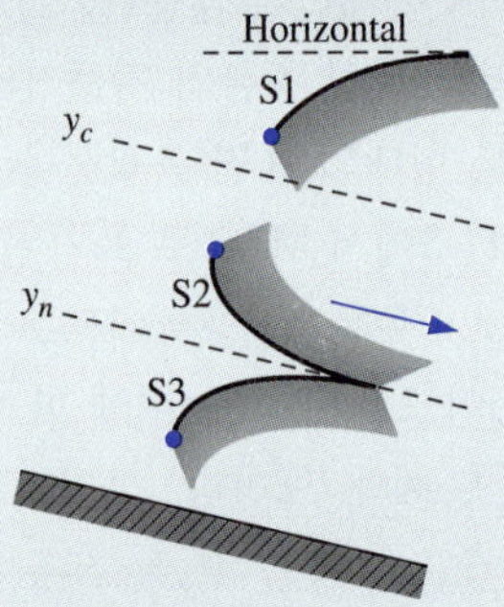 Channel bottom, $S_0 > S_c$
	S2	$y_n < y < y_c$	$\mathrm{Fr} > 1$	$\frac{dy}{dx} < 0$	
	S3	$y < y_n$	$\mathrm{Fr} > 1$	$\frac{dy}{dx} > 0$	
Critical (C) $y_c = y_n$ $S_0 < S_c$ 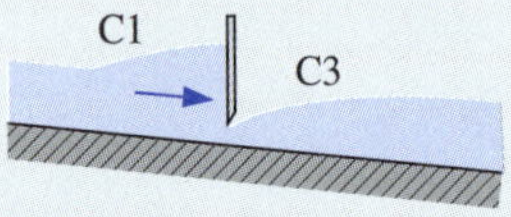	C1	$y > y_c$	$\mathrm{Fr} < 1$	$\frac{dy}{dx} > 0$	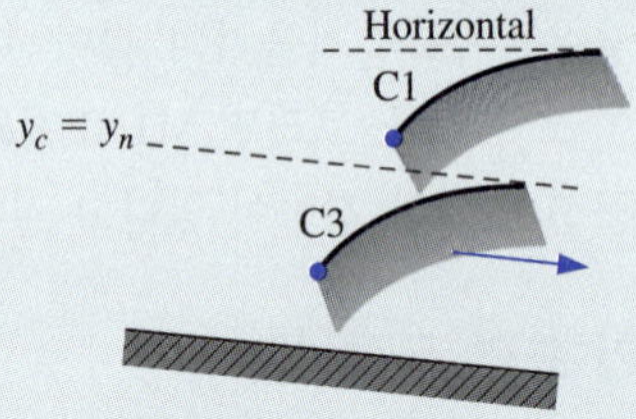 Channel bottom, $S_0 = S_c$
	C3	$y < y_c$	$\mathrm{Fr} > 1$	$\frac{dy}{dx} > 0$	
Mild (M) $y_c < y_n$ $S_0 < S_c$ 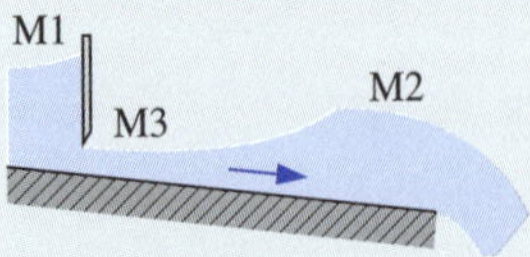	M1	$y > y_n$	$\mathrm{Fr} < 1$	$\frac{dy}{dx} > 0$	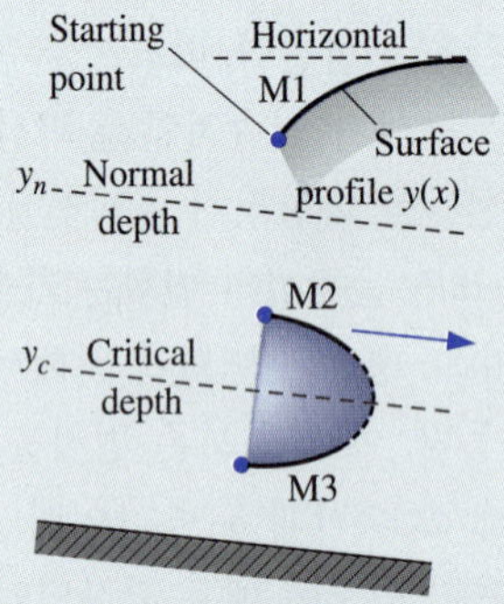 Channel bottom, $S_0 < S_c$
	M2	$y_c < y < y_n$	$\mathrm{Fr} < 1$	$\frac{dy}{dx} < 0$	
	M3	$y < y_c$	$\mathrm{Fr} > 1$	$\frac{dy}{dx} > 0$	
Horizontal (H) $y_n \to \infty$ $S_0 = 0$ 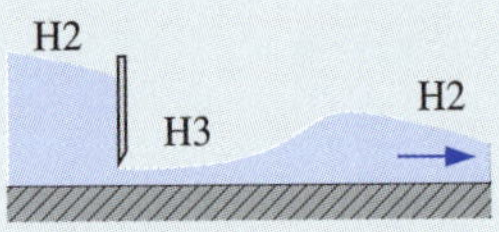	H2	$y > y_c$	$\mathrm{Fr} < 1$	$\frac{dy}{dx} < 0$	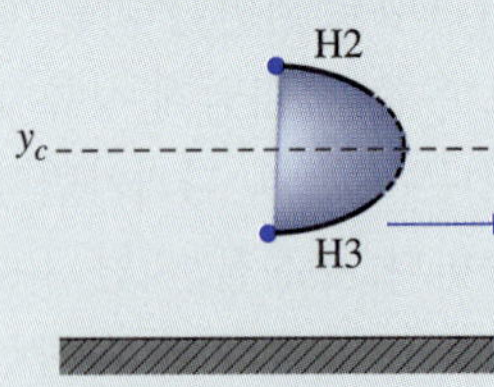 Channel bottom, $S_0 = 0$
	H3	$y < y_c$	$\mathrm{Fr} > 1$	$\frac{dy}{dx} > 0$	
Adverse (A) $S_0 < 0$ y_n: does not exist 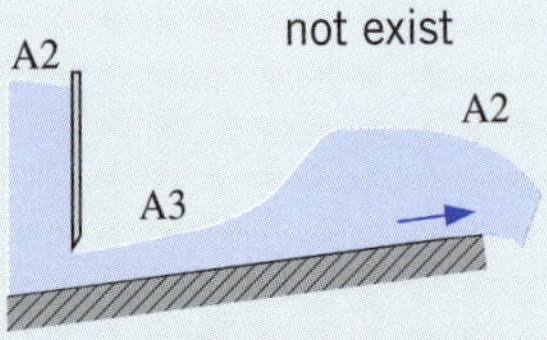	A2	$y > y_c$	$\mathrm{Fr} < 1$	$\frac{dy}{dx} < 0$	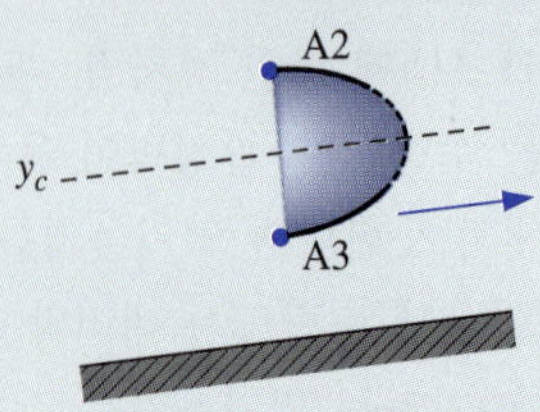 Channel bottom, $S_0 < 0$
	A3	$y < y_c$	$\mathrm{Fr} > 1$	$\frac{dy}{dx} > 0$	

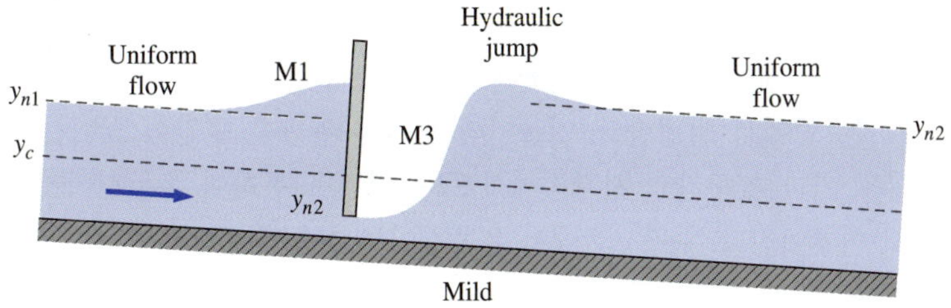

(*a*) 완만한 기울기를 갖는 개수로에서 수문을 통과하는 유동

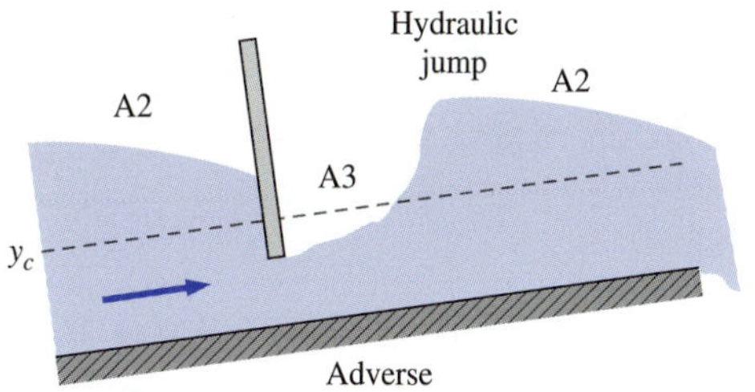

(*b*) 역기울기와 자유 배출구를 갖는 개수로에서 수문을 통과하는 유동

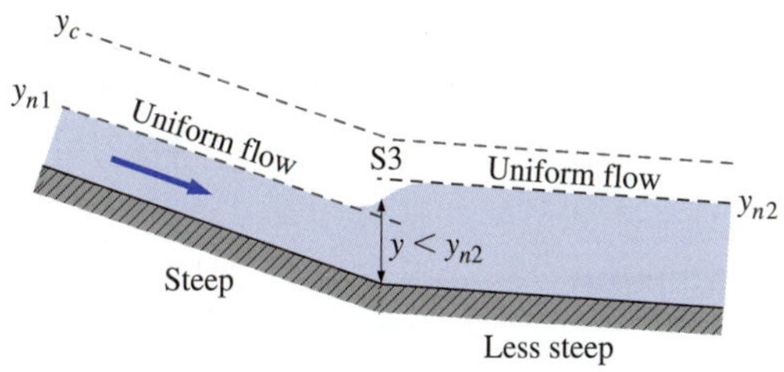

(*c*) 가파른 기울기에서 덜 가파른 기울기로 변하는 균일 초임계 유동

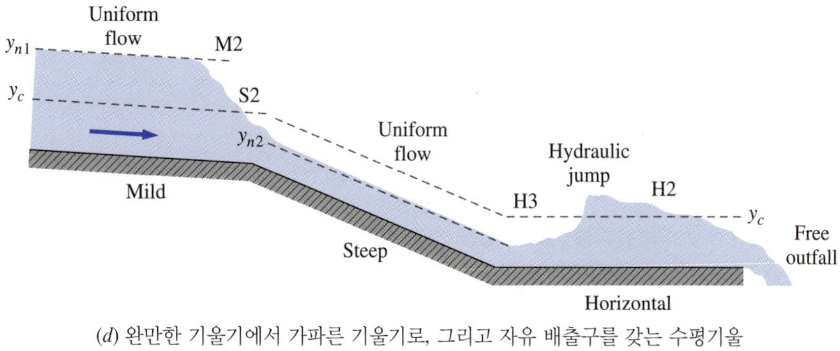

(*d*) 완만한 기울기에서 가파른 기울기로, 그리고 자유 배출구를 갖는 수평기울기로 변하는 균일 아임계 유동

그림 11-31
개수로 유동에서 마주치는 몇 가지 대표적인 표면 윤곽선. 모든 유동은 왼쪽에서 오른쪽으로 흐른다.

그림 11-31*c*의 개수로 구간에서는 가파른 기울기가 덜 가파른 기울기로 변한다. 덜 가파른 부분의 유속이 더 늦고(유동을 구동하는 고도 강하가 더 작다), 따라서 균일 유동이 다시 형성될 때 유동깊이는 더 높아진다. 기울기가 가파른 균일 유동은 반드시 초임계($y < y_c$)라는 것에 유의하면, 유동깊이는 초기 상태로부터 S3 윤곽선을 거쳐서 부드럽게 새로운 균일한 수위로 증가한다.

그림 11-31*d*는 다양한 유동 구간이 포함된 개수로의 복합적인 표면 윤곽선을

보여 준다. 처음에는 기울기가 완만하며, 유동은 균일하고, 아임계이다. 이후 기울기가 가파르게 되고, 균일 유동이 형성될 때에 유동은 초임계가 된다. 임계깊이는 기울기가 급변하는 곳에서 발생한다. 기울기의 변화는 완만한 구간이 끝나는 지점에서 M2 윤곽선을, 가파른 구간의 시작점에서 S2 윤곽선을 통하여 유동깊이가 부드럽게 감소하면서 이루어진다. 수평구간에서 유동깊이는 처음에는 H3 윤곽선을 통하여 부드럽게 증가한 후 수력도약 동안에 급격히 증가한다. 이 후 유동깊이는 액체가 수로 끝단의 자유 배출구 방향으로 가속되면서 H2 윤곽선을 따라 감소한다. 유동은 수로 끝에 도달하기 전에 임계가 되며, 배출구는 수력도약을 지난 상류 유동을 제어한다. 배출되는 유동은 초임계이다. 수평 수로에서는 중력에 유동방향의 성분이 없으므로 균일 유동이 형성될 수 없으며, 유동은 관성력으로 구동된다는 것에 유의하라.

표면 윤곽선의 수치해

표면 윤곽선 $y(x)$의 예측은 개수로 시스템 설계의 중요한 부분이다. 표면 윤곽선을 결정하려면, 수로를 따라서 유량 정보로부터 유동깊이가 계산되는 **제어점(control points)**이라고 하는 위치를 찾아내는 것부터 시작하는 것이 좋다. 예를 들어, 직사각형 수로에서 **임계점**이라고 부르는 임계 유동이 발생하는 단면의 유동깊이는 $y_c = (\dot{V}^2/gb^2)^{1/3}$로부터 구할 수 있다. 균일 유동이 형성되었을 때 도달하는 유동깊이인 **정상깊이** y_n 또한 제어점 역할을 한다. 일단 제어점의 유동깊이가 얻어지면 상류와 하류의 표면 윤곽선은 대부분 비선형 미분 방정식을 수치적분함으로써 구할 수 있다(식 11-50, 여기에 반복되었다).

$$\frac{dy}{dx} = \frac{S_0 - S_f}{1 - \mathrm{Fr}^2} \tag{11-51}$$

마찰기울기 S_f는 균일 유동 조건으로부터 구하고, Froude 수는 그 수로 단면에 적합한 관계식으로부터 구할 수 있다.

예제 11-6 M1 표면 윤곽선을 갖는 점진변화 유동

단위 폭당 1 m^3/s의 유량을 갖는 넓은 직사각형 수로 내에서 물의 점진변화 유동과 Manning 계수 $n = 0.02$를 고려해 보자. 수로의 기울기는 0.001이고, 위치 $x = 0$에서 유동깊이는 0.8 m로 측정된다. (a) 유동의 정상깊이와 임계깊이를 구하고, 수면 윤곽선을 분류하라. (b) $x = 1000$ m에서 유동깊이 y를 $0 \le x \le 1000$ m의 범위에 걸쳐서 GVF 방정식을 수치적으로 적분하여 구하라. 다른 x값들에서 유동깊이를 구하기 위하여 (b) 부분을 반복하고, 표면 윤곽선을 도시하라(그림 11-32).

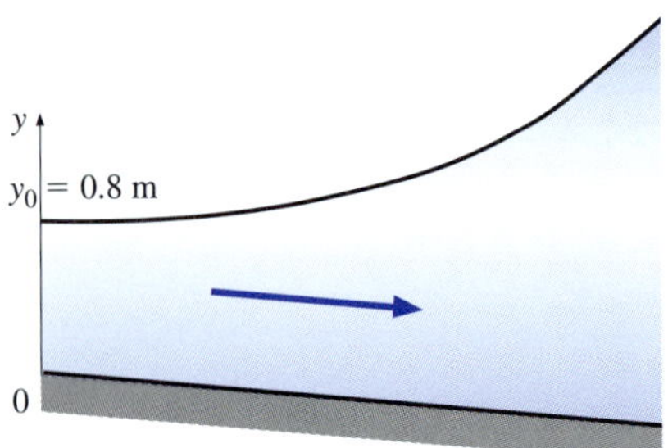

그림 11-32
예제 11-6에 대한 개략도.

풀이 넓은 직사각형 수로 내에서 물의 점진변화 유동을 고려한다. 표준 및 임계 유동깊이, 유동 형태, 주어진 위치에서 유동깊이를 구하고, 표면 윤곽선을 도시하고자 한다.

가정 1 수로는 넓고, 유동은 점진적으로 변한다. 2 바닥기울기는 일정하다. 3 수로의 접수면의 조도와 이에 따른 마찰계수는 일정하다.

상태량 수로의 Manning 계수는 $n = 0.02$로 주어져 있다.

해석 (a) 수로가 넓다고 하였으며, 따라서 수력반경은 유동깊이 $R_h \cong y$와 같다. 단위 폭당 ($b = 1$ m) 유량을 알고 있으므로 정상깊이는 Manning 식으로부터 다음으로 구해진다.

$$\dot{V} = \frac{a}{n}A_c R_h^{2/3} S_0^{1/2} = \frac{a}{n}(yb)y^{2/3}S_0^{1/2} = \frac{a}{n}by^{5/3}S_0^{1/2}$$

$$y_n = \left(\frac{(\dot{V}/b)n}{aS_0^{1/2}}\right)^{3/5} = \left(\frac{(1\,\text{m}^2/\text{s})(0.02)}{(1\,\text{m}^{1/3}/\text{s})(0.001)^{1/2}}\right)^{3/5} = \mathbf{0.76\ m}$$

이 유동의 임계깊이는

$$y_c = \frac{\dot{V}^2}{gA_c^2} = \frac{\dot{V}^2}{g(by)^2} \rightarrow y_c = \left(\frac{(\dot{V}/b)^2}{g}\right)^{1/3} = \left(\frac{(1\,\text{m}^2/\text{s})^2}{(9.81\,\text{m/s}^2)}\right)^{1/3} = \mathbf{0.47\ m}$$

$x = 0$에서 $y_c < y_n < y$라는 것에 유의하면, 표 11-3으로부터 이 GVF 동안 수면 윤곽선은 **M1**으로 분류되는 것을 알 수 있다.

(b) 초기 조건 $y(0) = 0.8$ m를 알고 있으므로, 임의의 x 위치에서 유동깊이 y는 GVF 방정식의 수치적분으로 구해진다.

$$\frac{dy}{dx} = \frac{S_0 - S_f}{1 - \text{Fr}^2}$$

여기서 넓은 직사각형 수로에 대한 Froude 수는

$$\text{Fr} = \frac{V}{\sqrt{gy}} = \frac{\dot{V}/by}{\sqrt{gy}} = \frac{\dot{V}/b}{\sqrt{gy^3}}$$

마찰기울기는 균일 유동 방정식으로부터 $S_0 = S_f$를 설정하여 구해진다.

$$\dot{V} = \frac{a}{n}by^{5/3}S_f^{1/2} \rightarrow S_f = \left(\frac{(\dot{V}/b)n}{ay^{5/3}}\right)^2 = \frac{(\dot{V}/b)^2 n^2}{a^2 y^{10/3}}$$

대입하면, 넓은 직사각형 수로에 대한 GVF 방정식은 다음이 된다.

$$\frac{dy}{dx} = \frac{S_0 - (\dot{V}/b)^2 n^2/(a^2 y^{10/3})}{1 - (\dot{V}/b)^2/(gy^3)}$$

이 식은 매우 비선형적이며, 따라서 해석적으로 적분하기가 어렵다(또는 불가능하다). 다행하게도, 요즘에는 EES 또는 Matlab과 같은 프로그램을 사용하여 이와 같은 비선형 방정식을 수치해석적으로 적분하여 비선형 미분 방정식의 해를 구하는 것이 쉽다. 이를 염두에 두고, 초기 조건 $y(x_1) = y_1$을 갖는 비선형 1차 미분 방정식의 해는 다음과 같이 표현된다.

$$y = y_1 + \int_{x_1}^{x_2} f(x,y)dx \quad \text{where} \quad f(x,y) = \frac{S_0 - (\dot{V}/b)^2 n^2/(a^2 y^{10/3})}{1 - (\dot{V}/b)^2/(gy^3)}$$

여기서 $y = y(x)$는 주어진 x 위치에서 수심이다. 주어진 수치적 값들에 대하여 이 문제는 다음처럼 EES를 사용하여 풀 수 있다.

```
Vol = 1 "m^3/s, volume flow rate per unit width, b = 1 m"
b = 1 "m, width of channel"
```

수로의 거리, m	수심, m
0	0.80
100	0.82
200	0.86
300	0.90
400	0.96
500	1.03
600	1.10
700	1.18
800	1.26
900	1.35
1000	1.44

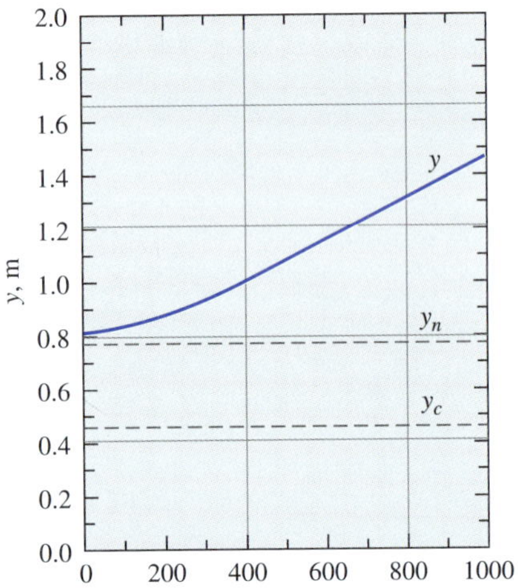

그림 11-33
예제 11-6에서 논의된 GVF 문제에 대한 유동깊이와 표면 윤곽선.

```
clear all
domain=[0 1000]; % limits on integral
s0=.001; % channel slope
n=.02; % Manning roughness
q=1; % per-unit-width flowrate
g=9.81; % gravity (SI)
y0=.8; % initial condition on depth
[X,Y]=ode45('simple_flow_derivative',
[domain(1) domain (end)],y0,
[],s0,n,q,g,domain);

plot (X, Y, 'k')
axis([0 1000 0 max(Y)])
xlabel('x (m)');ylabel('y (m)');
**************

function
yprime=simple_flow_
derivative(x,y,flag,s0, n,q,g, (domain)
yprime=(s0-n.^2*q.^2./y.^(10/3))./(1-
q.^2/g./y.^3);
```

그림 11-34
예제 11-6의 GVF 문제를 풀기 위한 Matlab 프로그램.

```
n = 0.02 "Manning coefficient"
S_0 = 0.001 "slope of channel"
g = 9.81 "gravitational acceleration, m/s^2"

x1 = 0; y1=0.8 "m, initial condition"
x2 = 1000 "m, length of channel"

f_xy = (S_0-((Vol/b)^2*n^2/y(10/3)))/(1-(Vol/b)^2/(g*y^3)) "the GVF equation
to be integrated"
y = y1+integral(f_xy, x, x1, x2) "integral equation with automatic step size."
```

위의 작은 프로그램을 EES 화면 공백에 복사하고 계산하면 1000 m의 위치에서 수심을 구한다.

$$y(x_2) = y(1000\,\text{m}) = \mathbf{1.44\ m}$$

내장된 함수 "integral"이 주어진 경계 사이에서 자동적으로 조절된 스텝 크기를 사용하여 수치적으로 적분을 수행하는 것에 유의하라. 수로를 따라 다른 위치에서 수심은 다른 x_2값에서 이 계산을 반복하여 얻을 수 있다. 결과를 도시하면 표면 윤곽선을 그림 11-33에 나타낸 것처럼 구해진다. EES의 곡선 접합 기능을 사용하면 유동깊이 자료를 다음의 2차 다항식으로 곡선 접합할 수도 있다.

$$y_{\text{approx}}(x) = 0.7930 + 0.0002789x + 3.7727 \times 10^{-7}x^2$$

이 곡선 접합된 식으로부터 얻어진 유동깊이 결과가 도표화된 자료와 1%도 차이나지 않는다는 것을 알 수 있다.

토의 그림으로 나타낸 결과는 M1 윤곽선이 하류방향으로 수심이 증가해야만 한다는 표 11-3으로부터 정량적인 예측을 확인해 준다. 이 문제는 또한 그림 11-34에 주어진 코드를 사용하는 Matlab과 같은 다른 프로그램을 사용하여도 해를 구할 수 있다.

예제 11-7 수로기울기의 분류

물이 마감질하지 않은 콘크리트 표면을 갖는 직사각형의 개수로를 균일하게 흐르고 있다. 수로의 폭은 6 m, 유동깊이는 2 m, 바닥기울기는 0.004이다. 이 수로가 완만한, 임계, 가파른 기울기 중 어느 것으로 분류되는지 결정하라(그림 11-35).

풀이 개수로에서 물이 균일하게 흐르고 있다. 수로의 기울기가 이 유동에 대해 완만한지, 임계인지, 가파른지를 알아보고자 한다.

가정 1 유동은 정상이고, 균일하다. 2 바닥기울기는 일정하다. 3 수로의 접수면의 조도와 이에 따른 마찰계수는 일정하다.

상태량 마감질하지 않은 콘크리트 표면 개수로의 Manning 계수는 $n = 0.014$이다.

해석 단면적, 둘레, 수력반경은

$$A_c = yb = (2\text{ m})(6\text{ m}) = 12\text{ m}^2$$
$$p = b + 2y = 6\text{ m} + 2(2\text{ m}) = 10\text{ m}$$
$$R_h = \frac{A_c}{p} = \frac{12\text{ m}^2}{10\text{ m}} = 1.2\text{ m}$$

유량을 Manning 식으로부터 구하면

$$\dot{V} = \frac{a}{n} A_c R_h^{2/3} S_0^{1/2} = \frac{1\ \text{m}^{1/3}/\text{s}}{0.014}(12\ \text{m}^2)(1.2\ \text{m})^{2/3}(0.004)^{1/2} = \mathbf{61.2\ m^3/s}$$

유동이 균일하다는 것에 유의하면 주어진 유량은 정상깊이, 즉 $y = y_n = 2$ m이다. 이 유동에서 임계깊이는

$$y_c = \frac{\dot{V}^2}{gA_c^2} = \frac{(61.2\ \text{m}^3/\text{s})^2}{(9.81\ \text{m/s}^2)(12\ \text{m}^2)^2} = 2.65\ \text{m}$$

$y_n < y_c$이고 유동이 초임계이므로 이러한 유동 조건에서 이 수로는 **가파르다**고 분류된다.

토의 만약 유동깊이가 2.65 m보다 크다면 수로기울기는 완만하다고 말하게 될 것이다. 그러므로 바닥기울기만으로는 내리막 수로가 완만한지, 임계인지, 가파른지 구분하기에 충분하지 않다.

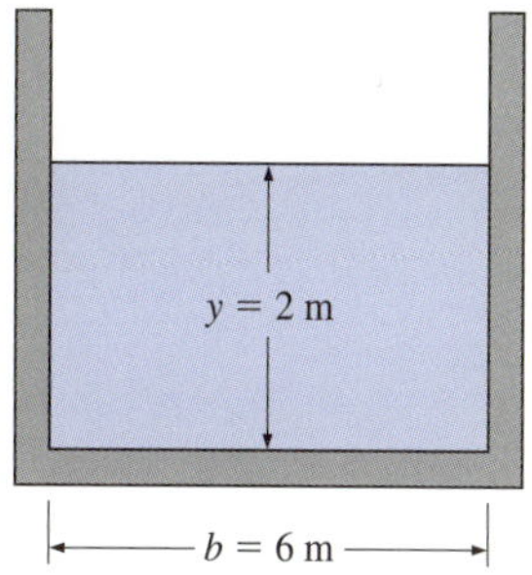

그림 11-35
예제 11-7에 대한 개략도.

11-8 급변화 유동과 수력도약

만약 비교적 짧은 구간에서 유동방향으로 유동깊이가 현저하게 변한다면, 이 개수로 유동을 **급변화 유동**(RVF)이라고 한다는 것을 기억하자(그림 11-36). 이런 유동은 수문, 광봉 또는 예봉 위어(board- or sharp-crested weir), 폭포, 확대와 축소를 위한 수로의 천이 구간에서 발생한다. 수로 단면의 변화가 급변화 유동이 발생하는 원인의 하나이다. 그러나 수문을 통과하는 유동과 같은 일부 급변화 유동은 수로 단면이 일정한 구간에서도 나타난다.

급변화 유동은 상당한 다차원적 과도 효과(transient effects), 역류, 유동 박리가 포함될 수 있기 때문에 대부분 복잡하다(그림 11-37). 그러므로 급변화 유동은 일반적으로 실험적 또는 수치해석적으로 연구된다. 그러나 이와 같은 복잡성에도 불구하고 일부 급변화 유동은 1차원 유동 근사를 이용하여 비교적 정확한 해석이 가능하다.

가파른 수로의 유동은 초임계일 수 있으며, 만약 수로기울기가 줄어들거나 마찰 효과가 증가하여 수로에서 더 이상 초임계 유동이 유지되지 못하면 유동은 반드시 아임계로 변해야 한다. 이와 같은 모든 초임계 유동으로부터 아임계 유동으로의 변화는 **수력도약**을 거쳐서 일어난다. 수력도약은 상당한 혼합과 교반 그리고 이에 따른 많은 양의 기계적 에너지 소산을 포함한다.

그림 11-38에 나타낸 것과 같은, 수력도약이 포함된 검사체적을 통과하는 정상유동을 고려해 보자. 단순한 해석이 가능하도록 다음의 근사를 한다.

1. 수로의 단면 1과 2에서 속도는 거의 일정하며, 따라서 운동량-플럭스 보정계수는 $\beta_1 = \beta_2 \cong 1$이다.
2. 액체 내부의 압력은 정수력학적으로 변하고, 대기압은 모든 표면에 작용하므로 서로 상쇄되고, 따라서 단지 계기 압력만을 고려한다.
3. 수력도약 동안 격렬한 교반에 의해 발생하는 손실에 비하여 벽면 전단응력과 이에 관련된 손실은 상대적으로 무시할 수 있다.

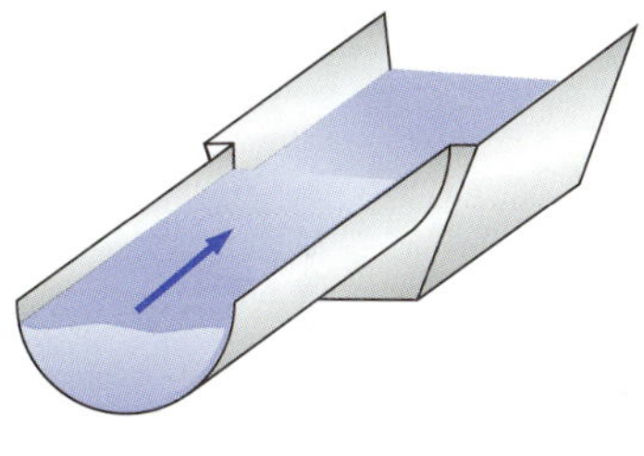

그림 11-36
단면의 급격한 변화와 같은 갑작스러운 변화가 있을 때 급변화 유동이 발생한다.

그림 11-37
카약을 타는 사람은 급류를 탈 때 점진변화 유동(GVF)과 급변화 유동(RVF)의 몇 가지 특징들을 모두 만나며, 급변화 유동에서 더 재미가 있다.

4. 수로는 넓고 수평이다.
5. 중력 이외의 다른 외력 또는 체적력은 없다.

폭이 b인 수로에서, 질량 보존 방정식 $\dot{m}_2 = \dot{m}_1$은 $\rho y_1 b V_1 = \rho y_2 b V_2$ 또는 다음으로 표현된다.

$$y_1 V_1 = y_2 V_2 \tag{11-52}$$

검사체적에 수평의 x방향으로 작용하는 유일한 힘은 압력 힘이라는 것에 유의하면, x방향 운동량 방정식 $\sum \vec{F} = \sum_{\text{out}} \beta \dot{m} \vec{V} - \sum_{\text{in}} \beta \dot{m} \vec{V}$ 은 정수압 힘과 운동량 전달 사이에 균형이 된다.

$$P_{1,\text{avg}} A_1 - P_{2,\text{avg}} A_2 = \dot{m} V_2 - \dot{m} V_1 \tag{11-53}$$

여기서 $P_{1,\text{avg}} = \rho g y_1/2$ 이고, $P_{2,\text{avg}} = \rho g y_2/2$이다. 폭이 b인 수로에서는 $A_1 = y_1 b$, $A_2 = y_2 b$, $\dot{m} = \dot{m}_2 = \dot{m}_1 = \rho A_1 V_1 = \rho y_1 b V_1$이다. 대입하고 단순화하면 운동량 방정식은 다음과 같이 간단해진다.

$$y_1^2 - y_2^2 = \frac{2y_1 V_1}{g}(V_2 - V_1) \tag{11-54}$$

식 (11-52)로부터 $V_2 = (y_1/y_2)V_1$ 관계를 이용하여 V_2를 소거하면

$$y_1^2 - y_2^2 = \frac{2y_1 V_1^2}{g y_2}(y_1 - y_2) \tag{11-55}$$

양변에서 공통 인자 $y_1 - y_2$를 없애고 다시 정리하면

$$\left(\frac{y_2}{y_1}\right)^2 + \frac{y_2}{y_1} - 2\text{Fr}_1^2 = 0 \tag{11-56}$$

여기서 $\text{Fr}_1 = V_1 \sqrt{g y_1}$ 이다. 이는 y_2/y_1에 대한 2차 방정식이며, 두 개의 근, 즉 음수 하나와 양수 하나를 갖는다. y_2와 y_1은 모두 양의 값이므로 y_2/y_1은 음수가 될 수 없다는 것에 유의하면, 깊이비 y_2/y_1은 다음과 같이 구해진다.

깊이비:
$$\frac{y_2}{y_1} = 0.5\left(-1 + \sqrt{1 + 8\text{Fr}_1^2}\right) \tag{11-57}$$

이 수평 유동 구간에 대한 에너지 방정식(식 11-24)은

$$y_1 + \frac{V_1^2}{2g} = y_2 + \frac{V_2^2}{2g} + h_L \tag{11-58}$$

$V_2 = (y_1/y_2)V_1$와 $\text{Fr}_1 = V_1 \sqrt{g y_1}$ 을 고려하면, 수력도약에 수반되는 수두 손실은 다음으로 표현된다.

$$h_L = y_1 - y_2 + \frac{V_1^2 - V_2^2}{2g} = y_1 - y_2 + \frac{y_1 \text{Fr}_1^2}{2}\left(1 - \frac{y_1^2}{y_2^2}\right) \tag{11-59}$$

수력도약에 대한 에너지선을 그림 11-38에 나타내었다. 수력도약 전후의 에너지선의 강하는 도약에 수반되는 수두 손실 h_L을 나타낸다.

Fr_1에 대한 h_L의 선도를 그리면 h_L은 $\mathrm{Fr}_1 < 1$에서 음의 값이 되며, 이는 불가능하다(이는 엔트로피 감소에 해당하며, 열역학 제2법칙을 위반하게 된다). 따라서 수력도약이 발생하려면 상류 유동은 반드시 초임계($\mathrm{Fr}_1 > 1$)가 되어야만 한다는 결론이 나온다. 이는 기체 유동이 충격파를 갖기 위해서는 반드시 초음속(Mach 수 1 이상)이어야만 하는 것과 비슷하다.

수두 손실은 내부 유체 마찰을 통한 기계적 에너지 소산의 척도이며, 수두 손실은 일반적으로 소모된 기계적 에너지의 낭비를 나타내므로 바람직하지 않다. 그러나 때로는 수력도약이 정수지(stilling basin)와 댐의 방수로에 연계되어 설계되며, 물의 기계적 에너지와 이에 따른 피해 발생 가능성을 최소화하기 위하여 가능한 한 많은 기계적 에너지를 소모하는 것이 바람직하다. 이는 먼저 높은 압력을 빠른 선형 속도로 변환하여 초임계 유동을 형성한 후, 유동이 부서지고 아임계 속도로 감속되면서 교반되고 운동 에너지의 일부를 소산시키도록 하여 이루어진다. 그러므로 수력도약의 성능은 에너지 소산 분율로 측정된다.

수력도약 이전의 액체의 비에너지는 $E_{s1} = y_1 + V_1^2/2g$이다. 그러면 **에너지 소산비**(그림 11-39)는 다음으로 정의된다.

$$\text{에너지 소산비} = \frac{h_L}{E_{s1}} = \frac{h_L}{y_1 + V_1^2/2g} = \frac{h_L}{y_1(1 + \mathrm{Fr}_1^2/2)} \tag{11-60}$$

에너지 소산 분율은 약한 수력도약($\mathrm{Fr}_1 < 2$)의 단지 수 %로부터 강한 도약($\mathrm{Fr}_1 > 9$)의 85%까지 범위를 갖는다.

단면에서 발생하고, 따라서 두께가 무시될 수 있는 기체 유동의 수직충격파와는 다르게, 수력도약은 수로의 상당한 길이에 걸쳐서 발생한다. 실제로 관심이 있는 Froude 수 범위에서는 수력도약의 길이가 하류 유동깊이 y_2의 4에서 7배가 되는 것이 관찰되었다.

실험적 연구는 수력도약이 기본적으로 상류 Froude 수 Fr_1의 값에 따라 표 11-4에 나타낸 것처럼 5가지 종류로 분류될 수 있다는 것을 보여 준다.

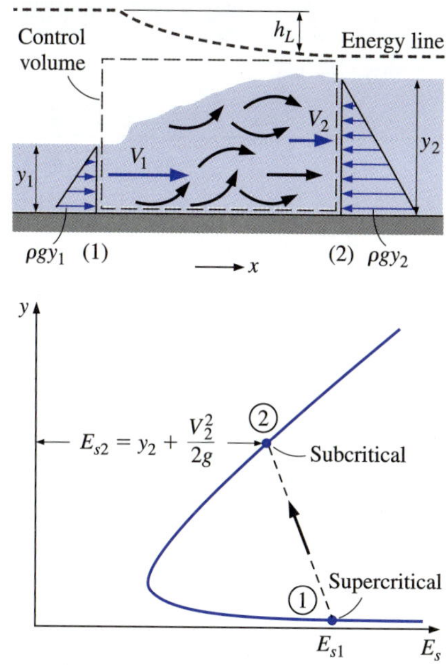

그림 11-38
수력도약에 대한 개략도와 유동깊이-비에너지 선도(비에너지는 감소한다).

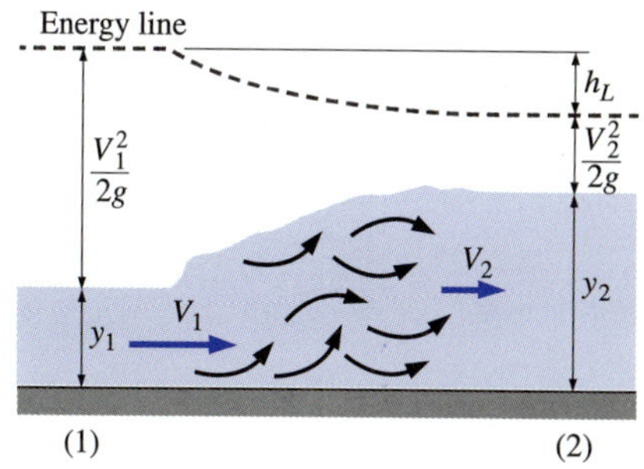

$$\text{Dissipation ratio} = \frac{h_L}{E_{s1}} = \frac{h_L}{y_1 + V_1^2/2g}$$

그림 11-39
에너지 소산비는 수력도약 동안 소산된 기계적 에너지의 분율을 나타낸다.

예제 11-8 수력도약

수문을 통하여 폭이 10 m인 직사각형 수평 수로로 방출되는 물이 수력도약을 겪는 것이 관찰되었다. 도약 이전의 유동깊이와 속도는 각각 0.8 m와 7 m/s이다. 다음을 구하라. (a) 도약 후의 유동깊이와 Froude 수, (b) 수두 손실과 소산비, (c) 수력도약에 의한 잠재동력 생산(power production potential)의 손실(그림 11-40).

풀이 수평 수로의 주어진 깊이와 속도에서 물이 수력도약을 겪는다. 도약 후의 깊이와 Froude 수, 수두 손실과 소산비, 잠재동력 손실을 구하고자 한다.

가정 1 유동은 정상 또는 준정상이다. 2 수로가 충분히 넓어 끝단 효과는 무시할 수 있다.

상태량 물의 밀도는 1000 kg/m³이다.

해석 (a) 수력도약 이전의 Froude 수는

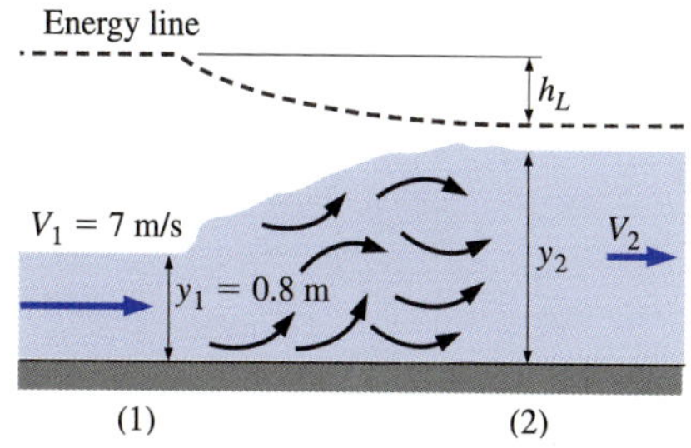

그림 11-40
예제 11-8에 대한 개략도.

표 11-4

수력도약의 분류

Source: U.S. Bureau of Reclamation (1955).

상류 Fr_1	깊이비 y_2/y_1	에너지 소산 분율	설 명	표면 윤곽선
<1	1	0	**불가능한 도약**. 열역학 제2법칙을 위반하게 된다.	
1 – 1.7	1 – 2	<5%	**파상 도약**(또는 **정재파**). 표면 수위가 약간 상승. 낮은 에너지 소산. Fr = 1.7 근처에서 표면 물결파(surface rollers)가 발달됨.	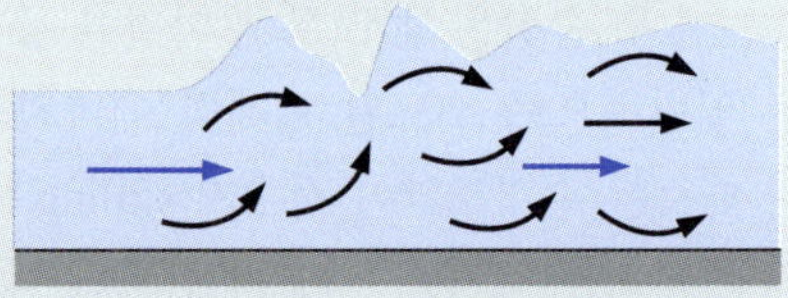
1.7 – 2.5	2 – 3.1	5 – 15%	**약한 도약**. 작은 물결파와 함께 부드러운 표면 상승. 낮은 에너지 소산.	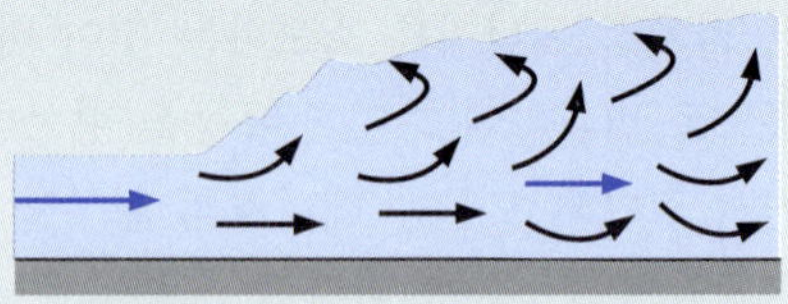
2.5 – 4.5	3.1 – 5.9	15 – 45%	**진동하는 도약**. 바닥으로 유입되는 제트에 의해 발생하는 맥동은 수 마일을 이동하고, 둑을 손상시킬 수 있는 큰 파동을 형성한다. 정수지의 설계에서 반드시 피해야 한다.	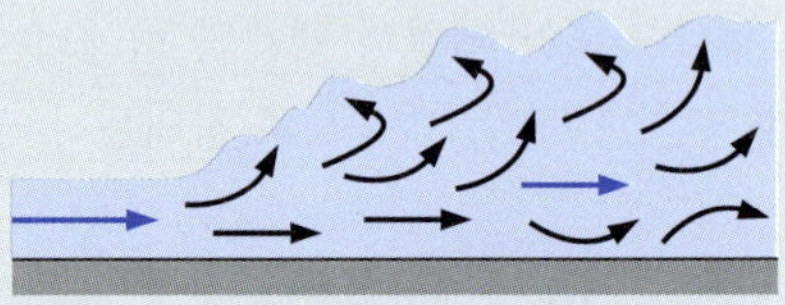
4.5 – 9	5.9 – 12	45 – 70%	**정상 도약**. 안정적이며, 잘 균형이 잡히고, 하류 조건에 민감하지 않다. 도약 내에서 강한 소용돌이 운동과 높은 수준의 에너지 소산이 있다. 설계의 추천 범위.	
>9	>12	70 – 85%	**강한 도약**. 거칠고 간헐적임. 매우 효과적인 에너지 소산이지만 더 높은 수위가 필요하므로 다른 설계와 비교하여 비경제적일 수 있다.	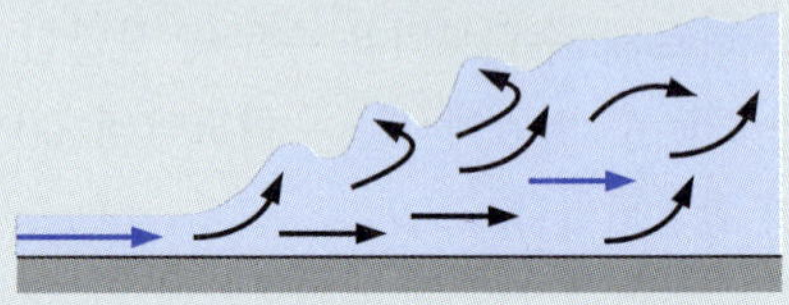

$$\mathrm{Fr}_1 = \frac{V_1}{\sqrt{gy_1}} = \frac{7\ \mathrm{m/s}}{\sqrt{(9.81\ \mathrm{m/s^2})(0.8\ \mathrm{m})}} = 2.50$$

이는 1보다 크다. 그러므로 유동은 도약 이전에 초임계 상태가 맞다. 도약 후의 유동깊이, 유속, Froude 수는

$$y_2 = 0.5y_1\left(-1 + \sqrt{1 + 8\mathrm{Fr}_1^2}\right) = 0.5(0.8\ \mathrm{m})\left(-1 + \sqrt{1 + 8 \times 2.50^2}\right) = \mathbf{2.46\ m}$$

$$V_2 = \frac{y_1}{y_2}V_1 = \frac{0.8\ \mathrm{m}}{2.46\ \mathrm{m}}(7\ \mathrm{m/s}) = 2.28\ \mathrm{m/s}$$

$$\mathrm{Fr}_2 = \frac{V_2}{\sqrt{gy_2}} = \frac{2.28\ \mathrm{m/s}}{\sqrt{(9.81\ \mathrm{m/s^2})(2.46\ \mathrm{m})}} = \mathbf{0.464}$$

도약 후 유동깊이는 3배가 되고, Froude 수는 약 1/5로 감소한 것에 유의하라.

(b) 수두 손실은 에너지 방정식으로부터 다음과 같이 구한다.

$$h_L = y_1 - y_2 + \frac{V_1^2 - V_2^2}{2g} = (0.8\ \text{m}) - (2.46\ \text{m}) + \frac{(7\ \text{m/s})^2 - (2.28\ \text{m/s})^2}{2(9.81\ \text{m/s}^2)}$$
$$= \mathbf{0.572\ m}$$

도약 이전의 물의 비에너지와 소산비는

$$E_{s1} = y_1 + \frac{V_1^2}{2g} = (0.8\ \text{m}) + \frac{(7\ \text{m/s})^2}{2(9.81\ \text{m/s}^2)} = 3.30$$

$$\text{소산비} = \frac{h_L}{E_{s1}} = \frac{0.572\ \text{m}}{3.30\ \text{m}} = \mathbf{0.173}$$

그러므로 이 수력도약 동안 마찰 효과의 결과로 17.3%의 액체의 가용 수두(또는 기계적 에너지)가 소모(열 에너지로 전환)되었다.

(c) 물의 질량유량은

$$\dot{m} = \rho\dot{V} = \rho b y_1 V_1 = (1000\ \text{kg/m}^3)(0.8\ \text{m})(10\ \text{m})(7\ \text{m/s}) = 56{,}000\ \text{kg/s}$$

그러면 수두 손실 0.572 m에 해당하는 동력 소산은 다음이 된다.

$$\dot{E}_{\text{dissipated}} = \dot{m}gh_L = (56{,}000\ \text{kg/s})(9.81\ \text{m/s}^2)(0.572\ \text{m})\left(\frac{1\ \text{N}}{1\ \text{kg·m/s}^2}\right)$$
$$= 314{,}000\ \text{N·m/s} = \mathbf{314\ kW}$$

토의 이 결과는 수력도약이 매우 큰 소산 과정이라는 것을 보여 주며, 이 경우 잠재동력 생산 314 kW가 소모되었다. 즉, 만약 물이 수문으로 배출되는 대신 수력 터빈을 통과한다면 최대 314 kW의 동력이 생산될 수 있다. 그러나 이 잠재력은 유용한 동력 대신에 쓸모없는 열 에너지로 변환되며, 물의 온도를 다음과 같이 상승시킨다.

$$\Delta T = \frac{\dot{E}_{\text{dissipated}}}{\dot{m}c_p} = \frac{314\ \text{kJ/s}}{(56{,}000\ \text{kg/s})(4.18\ \text{kJ/kg·°C})} = 0.0013°\text{C}$$

용량 314 kW의 전기 히터는 유량 56,000 kg/s로 흐르는 물을 같은 온도만큼 상승시킬 것이다.

11-9 유동 제어와 측정

액체가 위로 흐르도록 하는 장애물은 **위어**(weir, 그림 11-41), 바닥의 조절 가능한 개구부를 통하여 액체가 아래로 흐르도록 하는 장애물은 **저류 수문**(underflow gate)이라고 한다. 이런 장치들은 수로를 통과하는 유량의 측정뿐만 아니라 제어에도 이용될 수 있다.

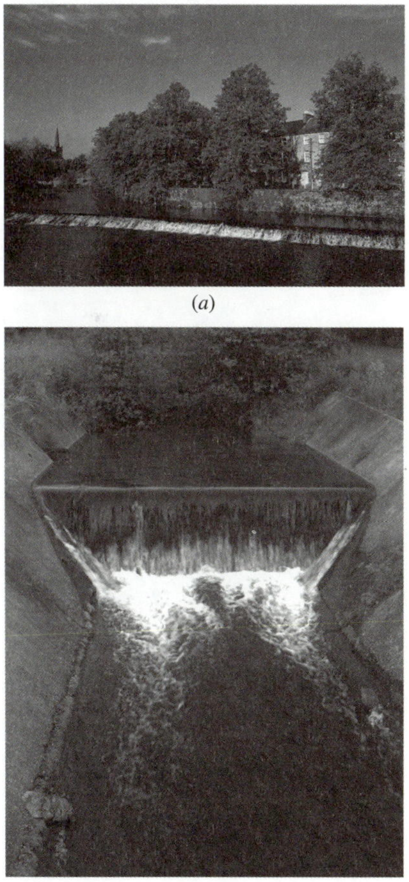

(a)

(b)

그림 11-41
위어는 유동을 조절하는 장치로, 장애물 위로 물이 흐른다.

(a) © Design Pics RF/The Irish Image Collection/Getty RF; (b) Photo courtesy of Bryan Lewis.

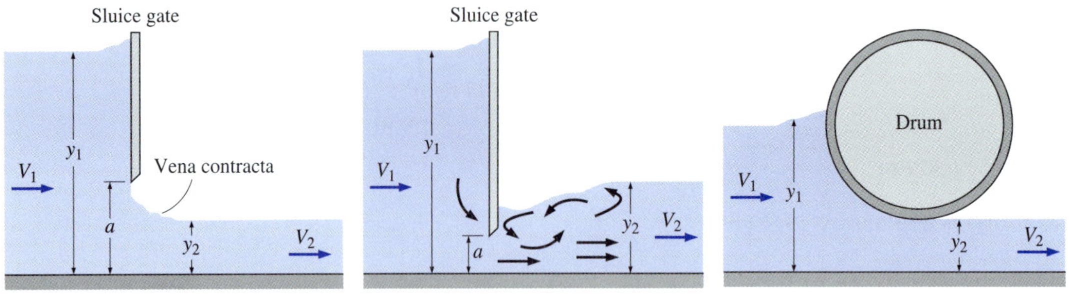

(*a*) 자유 유출이 있는 수문 (*b*) 수중 유출이 있는 수문 (*c*) 드럼형 수문

그림 11-42
유량 조절을 위한 대표적 유형의 저류 수문.

저류 수문

저류 수문은 벽, 댐 또는 개수로의 바닥에 위치한다. 그림 11-42는 이런 수문의 두 가지 일반적인 유형인 **수문**(sluice gate)과 **드럼형 수문**(drum gate)을 보여 주고 있다. 수문은 일반적으로 수직이며 평면인 반면에, 드럼형 수문은 유선형 표면을 갖는 원형 단면을 갖고 있다.

수문이 부분적으로 열리면 상류의 액체는 수문에 다가가면서 가속되고, 수문에서 임계 속도에 도달하며, 수문을 지나서 초임계 속도로 더 가속된다. 그러므로 저류 수문은 기체역학의 수축-확대 노즐과 유사하다. 저류 수문으로부터 방출은 수문에서 흘러나오는 액체 제트가 대기에 노출되어 있다면(그림 11-42*a*) **자유 유출(free outflow)**, 방출되는 액체가 역류되고(flash back) 제트가 잠겨 있다면(그림 11-42*b*) **수중 유출(drowned or submerged outflow)**이라고 한다. 수중 유동에서 액체 제트는 수력도약을 겪고, 따라서 하류의 유동은 아임계이다. 또한 수중 유출은 강한 난류와 역류 그리고 이에 따른 큰 수두 손실 h_L을 포함한다.

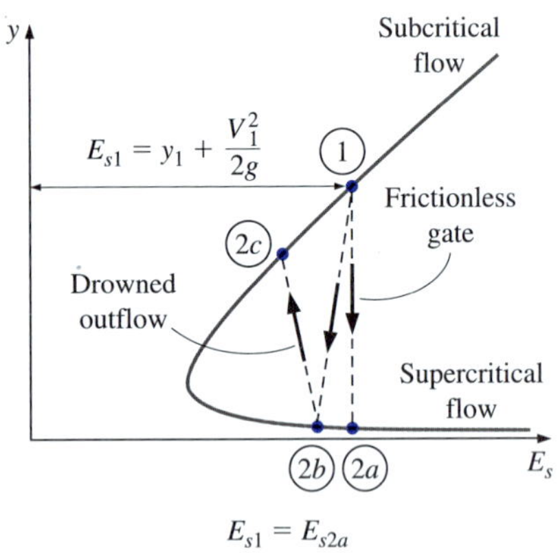

그림 11-43
저류 수문을 통과하는 유동에 대한 개략도와 유동깊이-비에너지 선도.

저류 수문을 통과하는 자유 유출과 수중 유출이 있는 유동의 유동깊이-비에너지 선도를 그림 11-43에 나타내었다. 비에너지는 마찰 효과가 무시되는 이상적인 수문에서는 일정하지만(점 1에서 점 2*a*까지) 실제 수문에서는 감소된다는 것에 유의하자. 자유 유출이 있는 수문의 하류는 초임계이지만(점 2*b*) 수중 유출이 있는 수문의 하류는 아임계이다(점 2*c*). 왜냐하면 수중 유출에는 또한 아임계 유동이 되는 수력도약도 포함되며, 이는 상당한 혼합과 에너지 소산을 수반한다.

마찰 효과가 무시될 수 있고 상류(또는 저수조)의 유속이 느리다고 근사하면, 자유 제트의 방출 속도는 Bernoulli 방정식을 사용하여 나타낼 수 있다.

$$V = \sqrt{2gy_1} \tag{11-61}$$

마찰 효과는 이 관계식을 **방출계수** C_d를 이용하여 수정하여 반영될 수 있다. 그러면 수문에서 방출 속도와 유량은 다음이 된다.

$$V = C_d\sqrt{2gy_1} \quad \text{그리고} \quad \dot{V} = C_d ba\sqrt{2gy_1} \tag{11-62}$$

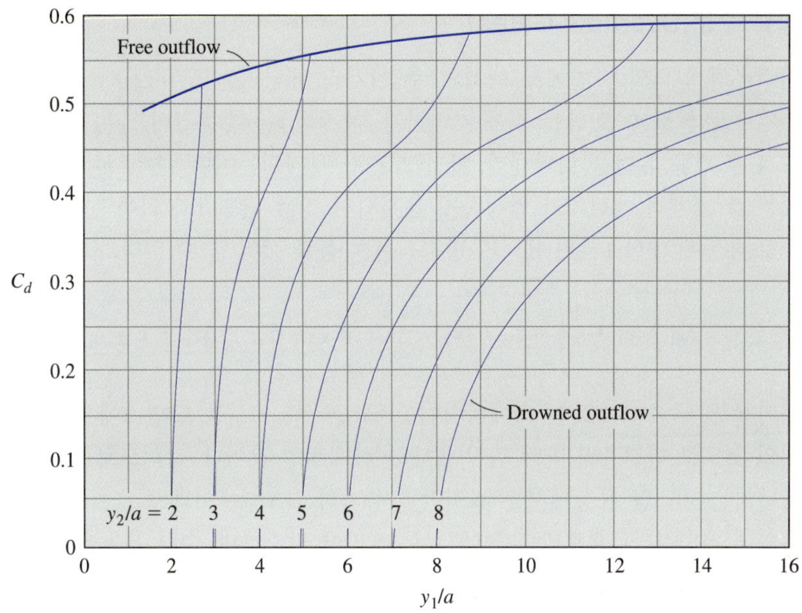

그림 11-44
저류 수문으로부터 수중 방출 및 자유 방출에 대한 방출계수.

Data from Henderson, Open Channel Flow, 1st Edition, © 1966. Reprinted by permission of Pearson Education, Inc., Upper Saddle River, NJ.

여기서 b와 a는 각각 수문 개구부의 폭과 높이가 된다.

저류 수문에 대해 실험적으로 구한 C_d값은 축소계수 y_2/a와 깊이비 y_1/a의 함수로, 그림 11-44에 도시되어 있다. 수직형 수문으로부터의 자유 유출에 대한 C_d값 대부분은 0.5와 0.6 사이의 범위에 있다는 것에 유의하자. 수중 유출에서는 예상한 대로 C_d값이 급격히 감소하고, 동일한 상류 조건에 대해 유량이 줄어든다. 주어진 y_1/a의 값에서 y_2/a가 증가하면 C_d 값은 감소한다.

예제 11-9 수중 유출이 있는 수문

깊이가 3 m인 저수조로부터 수로 바닥에서 0.25 m 높이로 열려 있는 수문을 통하여 폭이 6 m인 개수로로 물이 방출되고 있다. 모든 난류가 진정된 후 유동깊이가 1.5 m로 측정되었다. 방출률을 구하라(그림 11-45).

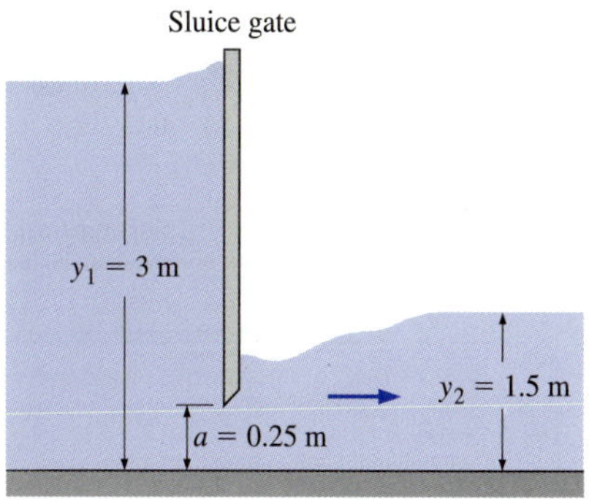

그림 11-45
예제 11-9에 대한 개략도.

풀이 물이 저수조로부터 수문을 통하여 개수로로 방출되고 있다. 주어진 유동깊이에 대하여 방출률을 구하고자 한다.

가정 1 유동은 평균적으로 정상이다. 2 수로는 충분히 넓어 끝단 효과를 무시할 수 있다.

해석 깊이비 y_1/a과 축소계수 y_2/a는

$$\frac{y_1}{a} = \frac{3\text{ m}}{0.25\text{ m}} = 12 \quad \text{그리고} \quad \frac{y_2}{a} = \frac{1.5\text{ m}}{0.25\text{ m}} = 6$$

그림 11-46으로부터 해당하는 방출계수를 구하면 $C_d = 0.47$이 된다. 그러면 방출률은 다음이 된다.

$$\dot{V} = C_d ba\sqrt{2gy_1} = 0.47(6\text{ m})(0.25\text{ m})\sqrt{2(9.81\text{ m/s}^2)(3\text{ m})} = \mathbf{5.41\ m^3/s}$$

토의 자유 유동의 경우 방출률은 $C_d = 0.59$가 되며, 이에 해당하는 유량은 6.78 m^3/s이다. 그러므로 유출이 수중일 때에는 유량이 크게 줄어든다.

월류 수문(Overflow Gates)

개수로의 임의의 단면에서 액체의 총 기계적 에너지는 $H = z_b + y + V^2/2g$와 같이 수두로 표현될 수 있다는 것을 기억하자. 여기서 y는 유동깊이, z_b는 수로 바닥의 고도, V는 평균 유속을 나타낸다. 마찰 효과가 무시되는(수두 손실 $h_L = 0$) 유동 동안에는 총 기계적 에너지가 일정하게 유지되며, 상류 단면 1과 하류 단면 2 사이의 개수로 유동에 대한 1차원 에너지 방정식은 다음과 같이 쓸 수 있다.

$$z_{b1} + y_1 + \frac{V_1^2}{2g} = z_{b2} + y_2 + \frac{V_2^2}{2g} \quad \text{또는} \quad E_{s1} = \Delta z_b + E_{s2} \tag{11-63}$$

여기서 $E_s = y + V^2/2g$는 비에너지이고, $\Delta z_b = z_{b2} - z_{b1}$는 단면 2에서 유동 바닥 위치의 고도로 단면 1의 바닥 위치에 대한 상대적인 값이다. 그러므로 액체 흐름의 비에너지는 내리막 유동에서는 $|\Delta z_b|$만큼 증가하고(Δz_b는 아래로 경사진 수로에서 음수임에 유의하라), 오르막 유동에서는 Δz_b만큼 감소하며, 수평 유동에서는 일정하게 유지된다(만약 마찰 효과를 무시할 수 없다면 비에너지는 또한 모든 경우에 추가적으로 h_L만큼 감소한다.).

일정한 폭 b를 가지는 수로에서 정상 유동이면 $\dot{V} = A_c V = byV = \text{constant}$이고, $V = \dot{V}/A_c$이다. 그러면 비에너지는 다음과 같게 된다.

$$E_s = y + \frac{\dot{V}^2}{2gb^2y^2} \tag{11-64}$$

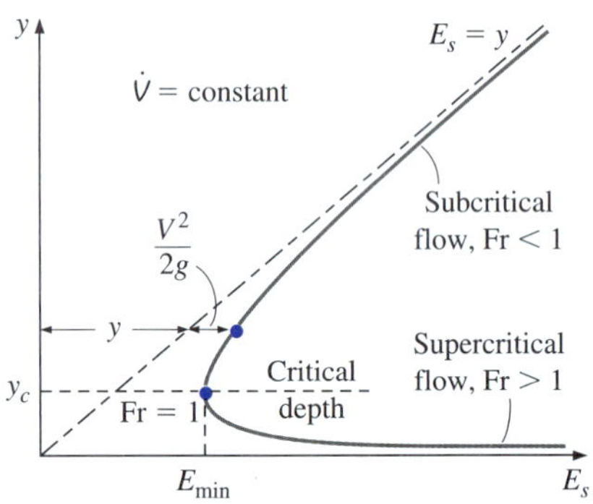

그림 11-46
폭이 일정한 수로에서 주어진 유량에 대한 깊이 y에 따른 비에너지 E_s의 변화.

일정한 폭 b를 가지는 수로의 정상 유동에 대해 유동깊이 y에 따른 비에너지 E_s의 변화를 그림 11-46에 다시 나타내었다. 이 선도는 유동 중 가능한 상태를 보여 주는 것으로, 아주 중요하다. 일단 유동 단면 1에서 상류 조건이 주어진 E_s-y 선도상의 임의의 단면 2에서 액체 상태는 반드시 점 1을 통과하는 비에너지 곡선상의 한 점에 위치해야만 한다.

마찰이 무시되는 융기부 위의 유동

이제 그림 11-47에 나타낸 것처럼 폭이 b로 일정한 수평 수로에서 높이가 Δz_b인 융기부(bump) 위를 흐르는 마찰이 무시되는 정상 유동을 고려해 보자. 이 경우 에너지 방정식은 식 (11-63)로부터

$$E_{s2} = E_{s1} - \Delta z_b \tag{11-65}$$

그러므로 액체의 비에너지는 융기부 위를 흐르며 Δz_b만큼 줄어들며, 그림 11-47에서 보여 주는 것처럼 E_s-y 선도상에서 액체의 상태는 Δz_b만큼 왼쪽으로 이동한다. 폭이 넓은 수로에서 질량 보존 방정식은 $y_2V_2 = y_1V_1$이고, 따라서 $V_2 = (y_1/y_2)V_1$이다. 그러면 융기부 위의 액체의 비에너지는 다음과 같이 표현될 수 있다.

$$E_{s2} = y_2 + \frac{V_2^2}{2g} \quad \rightarrow \quad E_{s1} - \Delta z_b = y_2 + \frac{V_1^2}{2g}\frac{y_1^2}{y_2^2} \tag{11-66}$$

다시 정리하면,

$$y_2^3 - (E_{s1} - \Delta z_b)y_2^2 + \frac{V_1^2}{2g}y_1^2 = 0 \tag{11-67}$$

이는 y_2에 대한 3차 다항식이고, 따라서 세 개의 해를 갖는다. 음의 해를 버리면 융기부 위의 유동깊이는 두 개의 값을 가질 수 있는 것처럼 보인다.

액체의 수위는 융기부 위에서 두 가지 시나리오가 가능하다. 그림 11-47의 E_s-y 선도가 명확한 답을 제시한다. 만약 융기부 이전의 유동이 **아임계**(상태 1*a*)라면 유동깊이 y_2는 감소한다(상태 2*a*). 만약 유동깊이의 감소가 융기부 높이보다 더 크게 되면(즉, $y_1 - y_2 > \Delta z_b$) 자유표면은 강하한다. 그러나 만약 융기부에 다가가는 유동이 **초임계**(상태 1*b*)라면 자유표면을 따라 융기부를 생성하며 융기부 위에서 유동깊이가 상승한다(상태 2*b*).

만약 수로가 융기부 대신에 깊이 Δz_b의 함몰부를 갖는다면 상황은 반대가 된다. 이 경우 Δz_b가 음수이므로 비에너지는 증가한다(즉, E_s-y 선도에서 상태 2는 상태 1의 오른쪽에 있다). 그러므로 유동깊이는 다가오는 유동이 아임계이면 증가하고, 초임계이면 감소한다.

이제 앞서 논의한 것과 같은 융기부 위를 흐르는 마찰이 무시되는 유동을 다시 고려해 보자. 융기부의 높이 Δz_b가 증가함에 따라 점 2(아임계 또는 초임계 유동에 따라 2*a* 또는 2*b*)는 E_s-y 선도상에서 임계점에 도달할 때까지 계속하여 왼쪽으로 이동한다. 즉, 융기부 높이가 $\Delta z_c = E_{s1} - E_{sc} = E_{s1} - E_{\min}$일 때, 융기부를 지나는 유동은 **임계**가 되고, 액체의 비에너지는 최저 수준에 도달한다.

융기부 높이를 더 증가시키면 어떤 일이 일어날까? 이 질문에 대한 답은 액체가 이미 최저 에너지 수준에 있기 때문에 에너지는 더 이상 줄어들 수 없다이다. 그러므로 유동은 임계 상태로 유지되어야만 한다. 이 상태의 유동은 **초크(choked)**되었다고 한다. 이와 유사하게, 기체역학에서 수축 노즐에서 유동은 배압이 낮아짐에 따라 가속되고, 배압이 임계 압력에 도달할 때 노즐 출구에서 음속에 도달한다. 그러나 아무리 배압을 더 이상 낮추어도 노즐 출구 속도는 음속 수준으로 유지된다. 여기서도 역시 유동이 초크된다.

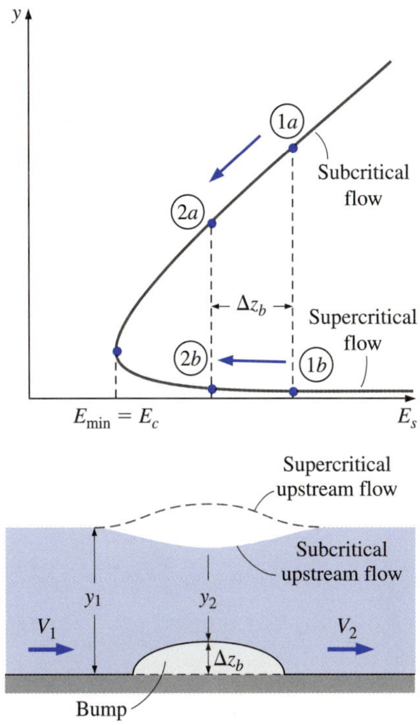

그림 11-47
아임계 및 초임계 상류 유동에 대한 융기부를 지나는 유동의 개략도와 유동깊이-비에너지 선도.

광봉 위어

높은 융기부를 지나는 유동에 관한 설명은 다음과 같이 요약될 수 있다. **개수로에서 충분히 높은 장애물을 넘는 유동은 항상 임계 상태이다.** 유량을 측정하기 위하여 개수로에 의도적으로 설치되는 이와 같은 장애물을 **위어(weir)**라고 한다. 그러므로 충분히 넓은 위어 위의 유속은 임계 속도이며, 이는 $V = \sqrt{gy_c}$로 표현되고, 여기서 y_c는 임계깊이이다. 그러면 폭이 b인 위어를 넘는 유량은 다음과 같이 표현된다.

$$\dot{V} = A_c V = y_c b\sqrt{gy_c} = bg^{1/2}y_c^{3/2} \tag{11-68}$$

광봉 위어(broad-crested weir)는 높이가 P_w이고 길이가 L_w인 직사각형 블록

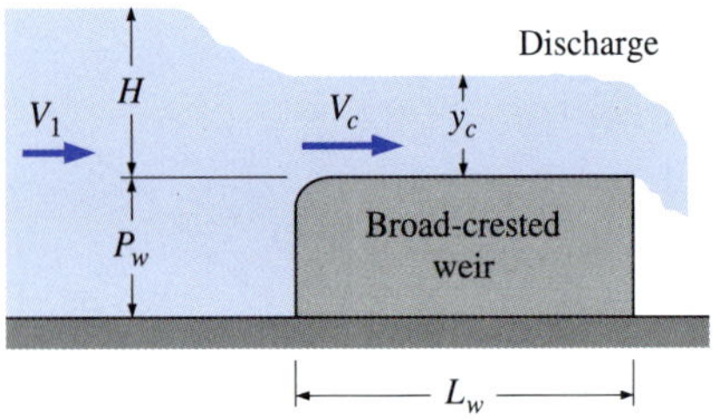

그림 11-48
광봉 위어 위를 지나는 유동.

으로, 수평 봉우리를 가지며, 그 위에서 임계 유동이 발생한다(그림 11-48). 위어 윗면 위의 상류 수두를 **위어 수두**라고 하며, H로 표기된다. 임계깊이 y_c를 위어 수두 H의 항으로 나타내는 관계식을 얻기 위하여, 마찰이 무시되는 유동에 대해 상류 단면과 위어 위 단면 사이에서 에너지 방정식을 다음과 같이 쓰고

$$H + P_w + \frac{V_1^2}{2g} = y_c + P_w + \frac{V_c^2}{2g} \tag{11-69}$$

양변으로부터 P_w를 소거하고 $V_c = \sqrt{gy_c}$를 대입하면 다음을 얻는다.

$$y_c = \frac{2}{3}\left(H + \frac{V_1^2}{2g}\right) \tag{11-70}$$

이것을 식 (11-68)에 대입하면, 이 마찰이 무시되는 이상적인 유동에서 유량은 다음과 같이 구해진다.

$$\dot{V}_{\text{ideal}} = b\sqrt{g}\left(\frac{2}{3}\right)^{3/2}\left(H + \frac{V_1^2}{2g}\right)^{3/2} \tag{11-71}$$

효과는 실험적으로 구한 위어 **방출계수** C_{wd}를 이용하여 이론 관계식(식 11-71)을 수정함으로써 반영된다.

광봉 위어: $$\dot{V} = C_{\text{wd, broad}}\, b\sqrt{g}\left(\frac{2}{3}\right)^{3/2}\left(H + \frac{V_1^2}{2g}\right)^{3/2} \tag{11-72}$$

여기서 광봉 위어에 대한 방출계수의 비교적 정확한 값은 (Chow, 1959)로부터 얻을 수 있다.

$$C_{\text{wd, broad}} = \frac{0.65}{\sqrt{1 + H/P_w}} \tag{11-73}$$

또한 상류 속도 V_1은 일반적으로 매우 느리며, 무시될 수 있다.

식 (11-72)와 (11-73)을 사용하기 위한 기본적인 요구 사항은 위어 위에 임계 유동이 형성되어야 한다는 것을 항상 기억해야 한다. 지금까지 관찰을 근거로, 광봉 위어의 적절한 길이는 $2H < L_w < 12H$이다.

예봉 위어

예봉 위어(sharp-crested weir)는 수로에 설치된 수직 평판으로, 유량을 측정하기 위하여 개구부를 통하여 액체를 강제로 흐르게 한다. 이 위어의 유형은 개구부의 형상으로 특성을 나타낸다. 예를 들어, 윗면이 직선인 얇은 수직 평판은 위어 위의 유동 단면이 직사각형이므로 직사각형 위어라 하고, 삼각형 개구부를 가지는 위어는 삼각형 위어라고 한다.

상류 유동은 아임계이며, 위어에 다가가면서 임계 상태가 된다. 액체는 계속하여 가속되고, 자유 제트와 비슷하게 초임계 유동의 흐름으로 방출된다. 가속되는 이유는 자유표면의 고도가 계속하여 낮아지고, 따라서 위치 수두가 속도 수두로 변환되기 때문이다. 아래에 주어진 유량의 상관관계식은 위어로부터 떨어져 있으며, 위어를 통과하여 방출되는 **냅(nappe)**이라고 하는 액체의 자유낙수에 기초한다. 때로는 냅 아래 공간의 압력이 확실히 대기압이 되도록 그 공간을 환기하는 것이 필요할 수도 있다. 수중 위어에 대한 실험적 관계식 또한 이용 가능하다.

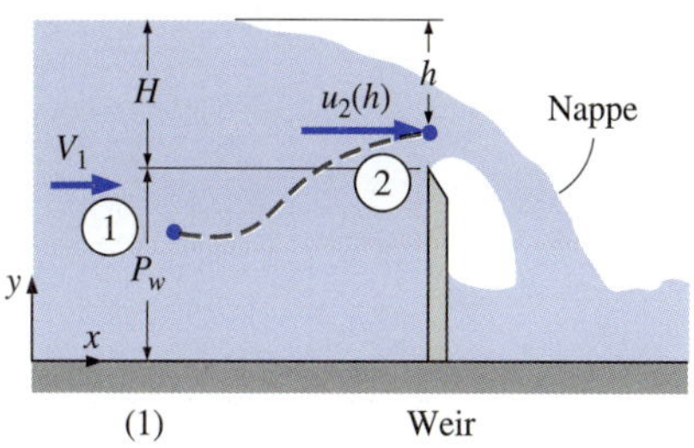

그림 11-49
예봉 위어 위를 지나는 유동.

그림 11-49에서 보인 것처럼, 수평 수로에 설치된 예봉 위어를 넘어가는 액체 유동을 고려해 보자. 단순화하기 위하여, 위어 상류의 속도는 단면 1의 수직방향으로 거의 일정하다고 근사한다. 수로 바닥에 대해 상대적인 수두로 표현되는 상류 액체의 총 에너지는 비에너지이며, 이는 유동깊이와 속도 수두의 합이다. 즉, $y_1 + V_1^2/2g$, 여기서 $y_1 = H + P_w$이다. 액체가 위어 위에서 속도와 방향이 크게 변하므로 위어를 넘어가는 유동은 1차원이 아니다. 그러나 냅 안에서 압력은 대기압이다.

마찰이 무시된다고 가정하고 상류의 한 점(점 1)과 상류의 액체 수위로부터 h의 거리에 있는 위어 위의 한 점(점 2) 사이에 Bernoulli 방정식을 쓰면, 위어 위 액체 속도의 변화에 대한 간단한 관계식은 다음과 같이 얻어진다.

$$H + P_w + \frac{V_1^2}{2g} = (H + P_w - h) + \frac{u_2^2}{2g} \tag{11-74}$$

공통되는 항을 소거하고 u_2에 대해 풀면, 위어 위의 이상적인 속도 분포는 다음으로 구해진다.

$$u_2 = \sqrt{2gh + V_1^2} \tag{11-75}$$

실제로는 액체가 자유낙수를 시작하면서 액체의 표면 수위는 위어 위에서 약간 낮아지고(윗면에서 수위 저하 효과) 그리고 위어 상단에서 유동 박리는 냅을 더 좁게 만든다(아랫면에서 수축 효과). 결과적으로 위어 위의 유동높이는 H보다 현저하게 작다. 단순화하기 위하여 수위 저하와 수축 효과를 무시할 때, 유량은 유속과 미소 유동 면적의 곱을 전체 유동 면적에 걸쳐서 적분하여 얻어진다.

$$\dot{V} = \int_{A_c} u_2 \, dA_{c2} = \int_{h=0}^{H} \sqrt{2gh + V_1^2}\, w\, dh \tag{11-76}$$

여기서 w는 상류 자유표면으로부터 h 거리에 있는 유동 면적의 폭이다.

일반적으로, w는 h의 함수이다. 그러나 직사각형 위어에서는 $w = b$로 일정하다. 그러면 적분을 쉽게 수행할 수 있으며, 마찰이 무시되고 수위 저하와 수축 효과가 무시되는 이상적인 유동에서 직사각형 위어의 유량은 다음과 같이 구해진다.

$$\dot{V}_{\text{ideal}} = \frac{2}{3} b\sqrt{2g}\left[\left(H + \frac{V_1^2}{2g}\right)^{3/2} - \left(\frac{V_1^2}{2g}\right)^{3/2}\right] \tag{11-77}$$

위어 수두에 비하여 위어 높이가 클 때에는($P_w \gg H$), 상류 속도 V_1은 작고, 따라서 상류 속도 수두는 무시할 수 있다. 즉, $V_1^2/2g \ll H$이다. 그러면

$$\dot{V}_{\text{ideal, rec}} \cong \frac{2}{3} b\sqrt{2g}H^{3/2} \tag{11-78}$$

그러므로 유량은 두 개의 기하학적 양, 즉 봉우리 폭 b와 위어수두 H를 알면 구할 수 있으며, 여기서 H는 위어 봉우리와 상류 자유표면 사이의 수직거리이다.

이상적인 유량 관계식에 실험적으로 정해진 위어 방출계수 C_{wd}를 곱하여 예봉 직사각형 위어에 대한 유량은 다음과 같이 표현된다.

예봉 직사각형 위어: $$\dot{V}_{rec} = C_{wd,\,rec}\frac{2}{3}b\sqrt{2g}H^{3/2} \tag{11-79}$$

여기서 참고 문헌(Ackers, 1978)으로부터

$$C_{wd,\,rec} = 0.598 + 0.0897\frac{H}{P_w} \quad \text{for} \quad \frac{H}{P_w} \le 2 \tag{11-80}$$

이 식은 $Re = V_1H/\nu$으로 정의되는 상류 Reynolds 수의 넓은 범위에 걸쳐 적용 가능하다. 식 (11-79)는 **폭을 가로지르는(full-width)** 직사각형 위어에 대해 유효하다는 것에 유의하자. 만약 위어의 폭이 수로의 폭보다 좁아서 유동이 강제로 수축된다면 이 효과를 반영하기 위하여 수축 보정을 위한 추가적인 계수가 포함되어야 한다.

유량을 측정하기 위하여 널리 사용되는 다른 유형의 예봉 위어는 그림 11-50에서 보여 주는 **삼각형 위어(V-노치 위어**라고도 한다)이다. 삼각형 위어는 H가 감소하면 유동 면적이 감소하기 때문에 작은 유량에 대하여도 높은 위어 수두 H를 유지할 수 있는 장점을 가지며, 따라서 이는 넓은 범위의 유량을 정확하게 측정하기 위하여 사용될 수 있다.

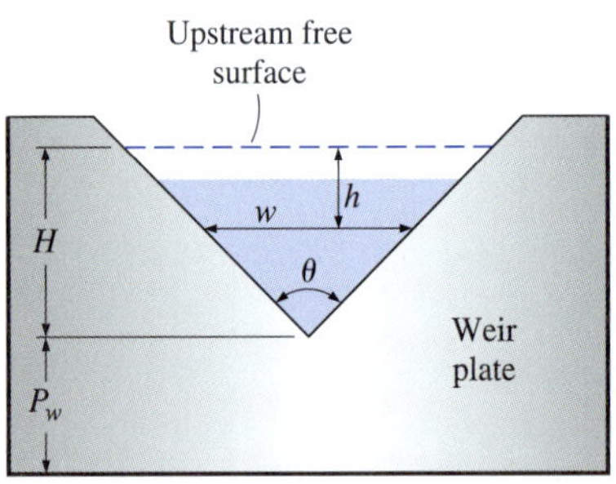

그림 11-50
삼각형(또는 V-노치) 예봉 위어 판 형상. 하류에서 상류를 바라본 그림.

기하학적으로 살펴보면, 노치 폭은 $w = 2(H - h)\tan(\theta/2)$로 나타낼 수 있으며, 여기서 θ는 V-노치 각이다. 식 (11-76)에 대입하고 적분을 수행하면 삼각형 위어에 대한 이상적인 유량은 다음과 같이 얻어진다.

$$\dot{V}_{ideal,\,tri} = \frac{8}{15}\tan\left(\frac{\theta}{2}\right)\sqrt{2g}H^{5/2} \tag{11-81}$$

여기서 다시 한번 상류 속도 수두는 무시하였다. 마찰과 추가적인 다른 소산 효과들은 위어 방출계수를 이상적인 유량에 곱함으로써 다시 한번 간단하게 반영될 수 있다. 그러면 예봉 삼각형 위어의 유량은 다음이 된다.

예봉 삼각형 위어: $$\dot{V} = C_{wd,\,tri}\frac{8}{15}\tan\left(\frac{\theta}{2}\right)\sqrt{2g}H^{5/2} \tag{11-82}$$

여기서 $C_{wd,\,tri}$값은 일반적으로 0.58과 0.62 사이의 범위에 있다. 그러므로 유체 마찰, 유동 면적의 축소 및 그 이외의 소산 효과는 V-노치를 통과하는 유량을 이상적인 경우와 비교하여 약 40% 줄어들게 한다. 대부분의 실제 경우($H > 0.2$ m이고 $45^\circ < \theta < 120^\circ$)에 대해, 위어 방출계수의 값은 약 $C_{wd,\,tri} = 0.58$이다.

예제 11-10 융기부를 지나는 아임계 유동

넓고 수평인 개수로를 흐르는 물이 수로 바닥에 있는 15 cm 높이의 융기부를 만난다. 만약에 융기부 이전의 유동깊이는 0.80 m이고 속도가 1.2 m/s라고 한다면, 융기부 위에서 수면이 낮아지는지 판단하고(그림 11-51), 만약 낮아진다면 얼마나 낮아지는지 계산하라.

풀이 수평 개수로를 흐르는 물이 융기부를 만난다. 융기부 위에서 수면이 낮아지는지를 결정하고자 한다.

가정 1 유동은 정상이다. 2 마찰 효과를 무시할 수 있으므로 기계적 에너지의 소산이 없다. 3 수로의 폭이 충분히 넓어 끝단 효과를 무시할 수 있다.

해석 상류 Froude 수와 임계깊이는

$$\mathrm{Fr}_1 = \frac{V_1}{\sqrt{gy_1}} = \frac{1.2\ \mathrm{m/s}}{\sqrt{(9.81\ \mathrm{m^2/s})(0.80\ \mathrm{m})}} = 0.428$$

$$y_c = \left(\frac{\dot{V}^2}{gb^2}\right)^{1/3} = \left(\frac{(by_1V_1)^2}{gb^2}\right)^{1/3} = \left(\frac{y_1^2V_1^2}{g}\right)^{1/3} = \left(\frac{(0.8\ \mathrm{m})^2(1.2\ \mathrm{m/s})^2}{9.81\ \mathrm{m/s^2}}\right)^{1/3} = 0.455\ \mathrm{m}$$

Fr < 1이므로 유동은 아임계이며, 따라서 유동깊이는 융기부 위에서 감소한다. 상류의 비에너지는

$$E_{s1} = y_1 + \frac{V_1^2}{2g} = (0.80\ \mathrm{m}) + \frac{(1.2\ \mathrm{m/s})^2}{2(9.81\ \mathrm{m/s^2})} = 0.873\ \mathrm{m}$$

융기부 위의 유동깊이는 다음 식으로부터 구할 수 있다.

$$y_2^3 - (E_{s1} - \Delta z_b)y_2^2 + \frac{V_1^2}{2g}y_1^2 = 0$$

대입하면

$$y_2^3 - (0.873 - 0.15\ \mathrm{m})y_2^2 + \frac{(1.2\ \mathrm{m/s})^2}{2(9.81\ \mathrm{m/s^2})}(0.80\ \mathrm{m})^2 = 0$$

또는

$$y_2^3 - 0.723y_2^2 + 0.0470 = 0$$

방정식 풀이기(equation solver)를 사용하면 이 식의 세 가지 근은 0.59 m, 0.36 m, −0.22 m로 구해진다. 음의 해는 물리적으로 불가능하므로 버린다. 또한 임계깊이보다 작고 초임계 유동에서만 가능한 해인 0.36 m도 제외한다. 따라서 융기부 위의 유동깊이에 대해 유일한 의미 있는 해는 $y_2 = 0.59$ m이다. 그러면 수로 바닥에서부터 융기부 위 수면까지 거리는 $\Delta z_b + y_2 = 0.15 + 0.59 = 0.74$ m이며, 이는 $y_1 = 0.80$ m보다 작다. 그러므로 수면은 융기부 위에서 다음 크기만큼 **낮아진다**.

$$\text{낮아짐} = y_1 - (y_2 + \Delta z_b) = 0.80 - (0.59 + 0.15) = \mathbf{0.06\ m}$$

토의 $y_2 < y_1$이 되는 것이 반드시 수면이 낮아진다는 것을 의미하지는 않는다는 것에 유의하자(융기부 위에서 수면이 아직 높아질 수도 있다). 표면은 단지 $y_1 - y_2$값이 융기부 높이 Δz_b보다 클 때 융기부 위에서 낮아진다. 또한 실제로 낮아진 값은 해석 과정에서 무시된 마찰 효과 때문에 0.06 m와 다를 수 있다.

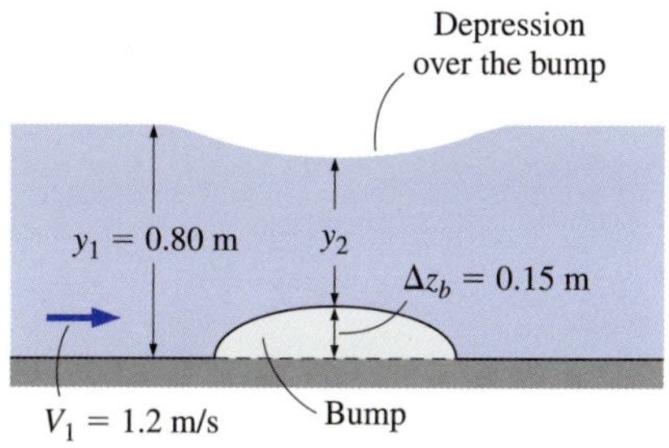

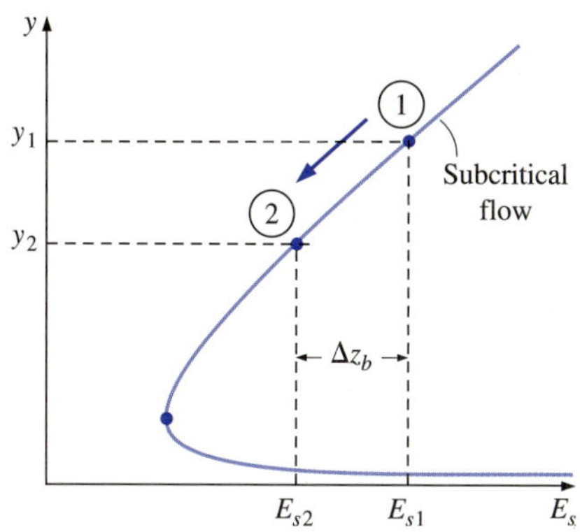

그림 11-51
예제 11-10에 대한 개략도와 유동깊이-비에너지 선도.

예제 11-11 위어를 이용한 유량 측정

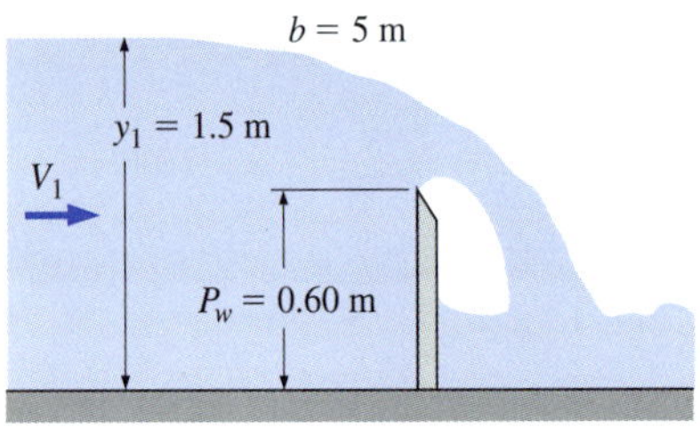

그림 11-52
예제 11-11에 대한 개략도.

폭이 5 m인 수평 개수로를 흐르는 물의 유량을 폭이 같고 높이가 0.60 m인 예봉 직사각형 위어를 사용하여 측정하고 있다. 이때 상류의 수심이 1.5 m라고 가정하고 물의 유량을 구하라(그림 11-52).

풀이 예봉 직사각형 위어가 설치된 수평 개수로 상류의 수심이 측정된다. 유량을 구하고자 한다.

가정 **1** 유동은 정상이다. **2** 상류의 속도 수두는 무시할 수 있다. **3** 수로의 폭이 충분히 넓어 끝단 효과를 무시할 수 있다.

해석 위어 수두는

$$H = y_1 - P_w = 1.5 - 0.60 = 0.90 \text{ m}$$

이 위어의 방출계수는

$$C_{\text{wd, rec}} = 0.598 + 0.0897\frac{H}{P_w} = 0.598 + 0.0897\frac{0.90}{0.60} = 0.733$$

$H/P_w < 2$ 조건은 0.9/0.6 = 1.5이므로 만족된다. 그러면 수로를 통과하는 유량은 다음이 된다.

$$\begin{aligned}\dot{V}_{\text{rec}} &= C_{\text{wd, rec}}\frac{2}{3}b\sqrt{2g}H^{3/2}\\ &= (0.733)\frac{2}{3}(5\text{ m})\sqrt{2(9.81\text{ m/s}^2)}(0.90\text{ m})^{3/2}\\ &= \mathbf{9.24\ m^3/s}\end{aligned}$$

토의 상류 속도와 상류 속도 수두는

$$V_1 = \frac{\dot{V}}{by_1} = \frac{9.24\text{ m}^3\text{/s}}{(5\text{ m})(1.5\text{ m})} = 1.23\text{ m/s} \quad \text{그리고} \quad \frac{V_1^2}{2g} = \frac{(1.23\text{ m/s})^2}{2(9.81\text{ m/s}^2)} = 0.077\text{ m}$$

이는 위어 수두의 8.6%로서 상당한 값이다. 상류의 속도 수두가 고려되면 유량은 10.2 m^3/s가 되며, 이는 위에서 구한 값보다 약 10%가 더 높다. 그러므로 위어 높이 P_w가 위어 수두 H에 비하여 매우 큰 경우가 아니라면 상류의 속도 수두를 고려하는 것이 좋은 습관이다.

요약

개수로 유동은 대기에 노출되어 있는 수로 또는 부분적으로 채워진 도관의 액체 유동을 의미한다. 수로에서 유동깊이(따라서 평균 속도)가 일정하게 유지되면 유동이 **균일**하다고 한다. 그 이외에는 유동이 **비균일** 또는 **변화**한다고 한다. **수력반경**은 $R_h = A_c/p$로 정의된다. 무차원 Froude 수는 다음과 같이 정의된다.

$$\text{Fr} = \frac{V}{\sqrt{gL_c}} = \frac{V}{\sqrt{gy}}$$

유동은 Fr < 1이면 아임계, Fr = 1이면 임계, Fr > 1이면 초임계로 분류된다. 임계 유동의 유동깊이는 **임계깊이**라고 하며, 다음으로 표현된다.

$$y_c = \frac{\dot{V}^2}{gA_c^2} \quad \text{또는} \quad y_c = \left(\frac{\dot{V}^2}{gb^2}\right)^{1/3}$$

여기서 b는 넓은 수로의 수로폭이다.

깊이가 y인 액체를 통해 표면 교란이 이동하는 속도는 **파속도** c_0이며, $c_0 = \sqrt{gy}$로 표현된다. 수로에서 수두로 표시되는 액체의 총 기계적 에너지는 다음과 같다.

$$H = z_b + y + \frac{V^2}{2g}$$

여기서 z_b는 위치 수두, $P/\rho g = y$는 압력 수두, $V^2/2g$는 속도 수두이다. 압력과 동역학적 수두의 합은 **비에너지** E_s라고 한다.

$$E_s = y + \frac{V^2}{2g}$$

질량 보존 방정식은 $A_{c1}V_1 = A_{c2}V_2$이다. 에너지 방정식은 다음과 같이 표현된다.

$$y_1 + \frac{V_1^2}{2g} + S_0 L = y_2 + \frac{V_2^2}{2g} + h_L$$

여기서 h_L은 수두 손실, $S_0 = \tan\theta$는 수로의 바닥기울기이다. **마찰기울기**는 $S_f = h_L/L$로 정의된다.

균일 유동의 유동깊이를 **정상깊이** y_n이라 하고, 평균 유속은 **균일 유동 속도** V_0라고 한다. 균일 유동에서 속도와 유량은 다음과 같다.

$$V_0 = \frac{a}{n} R_h^{2/3} S_0^{1/2} \text{ 그리고 } \dot{V} = \frac{a}{n} A_c R_h^{2/3} S_0^{1/2}$$

여기서 n은 Manning **계수**로, 그 값은 수로 표면의 조도에 따라 달라지며, $a = 1\ \text{m}^{1/3}/\text{s}$이다. 만약 $y_n = y_c$이면 유동은 균일 임계 유동이며, 바닥기울기 S_0는 임계기울기 S_c와 같고, 다음으로 표현된다.

$$S_c = \frac{gn^2 y_c}{a^2 R_h^{4/3}}$$

개수로에서 최적 수력단면은 최대 수력반경을 갖거나 또는 동등하게, 주어진 단면적에 대해 최소 접수둘레를 가지는 단면이다. 직사각형 수로에 대한 최적 수력단면의 기준은 $y = b/2$이다. 사다리꼴 수로의 최적 단면은 **정육각형의 반**이다.

점진변화 유동(GVF)에서 유동깊이는 하류 거리에 따라 점진적이고 부드럽게 변한다. **표면 윤곽선** $y(x)$는 GVF 방정식을 적분하여 계산된다.

$$\frac{dy}{dx} = \frac{S_0 - S_f}{1 - \text{Fr}^2}$$

급변화 유동(RVF)에서 유동깊이는 유동방향으로 비교적 짧은 거리에서 현저하게 변한다. 모든 초임계에서 아임계 유동으로의 변화는 **수력도약**을 거쳐서 발생하며, 이는 매우 소산이 큰 과정이다. 수력도약 동안의 깊이비 y_2/y_1, 수두 손실 및 에너지 소산비는 다음으로 표현된다.

$$\frac{y_2}{y_1} = 0.5\left(-1 + \sqrt{1 + 8\text{Fr}_1^2}\right)$$

$$h_L = y_1 - y_2 + \frac{V_1^2 - V_2^2}{2g} = y_1 - y_2 + \frac{y_1 \text{Fr}_1^2}{2}\left(1 - \frac{y_1^2}{y_2^2}\right)$$

$$\text{소산율} = \frac{h_L}{E_{s1}} = \frac{h_L}{y_1 + V_1^2/2g} = \frac{h_L}{y_1(1 + \text{Fr}_1^2/2)}$$

액체가 위로 흐르도록 하는 장애물은 **위어**, 액체가 아래로 흐르도록 바닥에 조절 가능한 개구부를 갖는 장애물은 **저류 수문**이라고 한다. **수문**을 통과하는 유량은 다음과 같이 주어진다.

$$\dot{V} = C_d ba\sqrt{2gy_1}$$

여기서 b와 a는 각각 수문 개구부의 폭과 높이이며, C_d는 **방출계수**로써 마찰 효과를 반영한다.

광봉 위어는 직사각형 블록으로 수평 봉우리를 가지며, 그 위에서 임계 유동이 발생한다. 위어 윗면 위의 상류 수두를 **위어 수두**, H라고 한다. 유량은 다음으로 표현된다.

$$\dot{V} = C_{\text{wd, broad}} b\sqrt{g}\left(\frac{2}{3}\right)^{3/2}\left(H + \frac{V_1^2}{2g}\right)^{3/2}$$

여기서 방출계수는

$$C_{\text{wd, broad}} = \frac{0.65}{\sqrt{1 + H/P_w}}$$

예봉 직사각형 위어에 대한 유량은 다음으로 표현된다.

$$\dot{V}_{\text{rec}} = C_{\text{wd, rec}} \frac{2}{3} b\sqrt{2g} H^{3/2}$$

여기서

$$\frac{H}{P_w} \le 2 \text{에 대하여 } C_{\text{wd, rec}} = 0.598 + 0.0897\frac{H}{P_w}$$

예봉 삼각형 위어에 대한 유량은 다음으로 주어진다.

$$\dot{V} = C_{\text{wd, tri}}\frac{8}{15}\tan\left(\frac{\theta}{2}\right)\sqrt{2g}H^{5/2}$$

여기서 $C_{\text{wd, tri}}$값은 일반적으로 0.58과 0.62 사이의 범위에 있다.

연습 문제*

분류, Froude수, 파속도

11-1 바다에서 강력한 지진의 충격으로 단일파가 발생하였다. 물의 평균 깊이를 2 km, 바닷물의 밀도를 1.030 kg/m^{3}로 보고 이 파의 전파 속도를 구하라.

11-2 10℃의 물이 직경 3 m인 원형 수로의 반을 채우고 평균 속도 2.5 m/s로 흐르고 있다. 수력반경과 Reynolds 수를 구하고, 유동 영역(층류 또는 난류)을 결정하라.

11-3 20℃의 물이 직경 3 m인 원형 수로를 부분적으로 채우고 평균 속도 2 m/s로 흐르고 있다. 물의 최대 깊이가 0.75 m일 때 수력반경과 Reynolds 수를 구하고, 유동 영역을 결정하라.

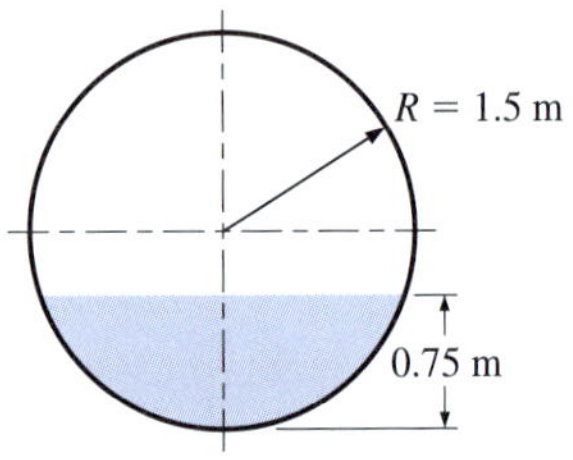

그림 P11-3

비에너지와 에너지 방정식

11-4 폭 6 m인 직사각형 수로에서 10℃의 물이 깊이 0.55 m, 유량 12 m^3/s로 흐르고 있다. (*a*) 임계깊이, (*b*) 유동이 아임계인지 또는 초임계인지, (*c*) 대응깊이를 결정하라.

답: (*a*) 0.742 m, (*b*) 초임계, (*c*) 1.03 m

11-5 폭이 넓은 직사각형 수로에서 18℃의 물이 평균 속도 6 m/s, 깊이 42 cm로 흐르고 있다. (*a*) Froude 수, (*b*) 임계깊이, (*c*) 유동이 아임계인지 또는 초임계인지를 결정하라. 만약 유동깊이가 6 cm라면 답은 어떻게 달라지는가?

11-6 물이 5 m/s의 평균 속도로 폭이 2 m인 직사각형 수로를 흐르고 있다. 유동이 임계 상태일 때 물의 유량을 구하라.

답: 25.5 m^3/s

균일 유동과 최적 수력 단면

11-7 Manning 계수가 $n = 0.015$인 벽돌 라이닝을 갖는 개수로를 지나는 균일 유동을 고려해 보자. 유동 단면적은 일정하게 유지되지만 벽면에 이끼가 자라서 Manning 계수가 2배가 된다면 ($n = 0.030$) 유량은 (*a*) 2배, (*b*) $\sqrt{2}$배로 감소, (*c*) 변하지 않는다, (*d*) 반으로 감소한다, (*e*) $2^{1/3}$배로 감소할 것이다.

11-8 물이 1.5 m/km의 경사로 놓여 있는 직경이 2 m인 원형 수로를 반을 채우며 균일하게 흐르고 있다. 수로가 마감질된 콘크리트로 만들어졌다면, 이때 물의 유량을 구하라.

11-9 물이 바닥폭이 0.8 m, 사다리꼴 각도가 50°, 바닥 각도가 0.4°인 사다리꼴 단면의 마감질된 콘크리트 수로를 균일하게 흐르고 있다. 유동깊이가 0.52 m로 측정될 때, 수로를 지나는 물의 유량을 구하라.

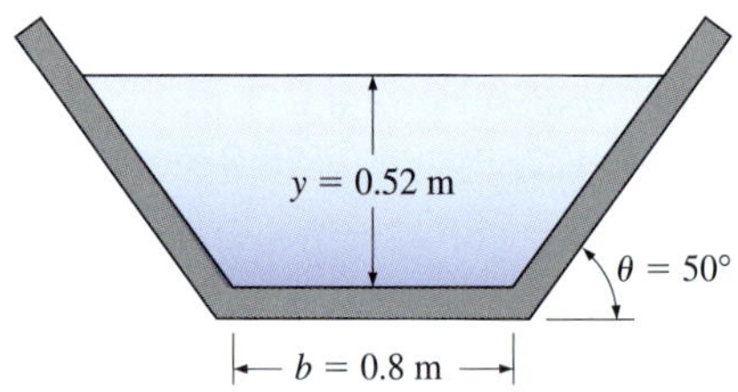

그림 P11-9

11-10 직경 1 m의 마감질되지 않은 콘크리트로 제작된 반원형 수로로 1.5 km 거리까지 물을 이송하려고 한다. 수로가 가득 찰 때 유량이 4 m^3/s에 이른다면 수로를 지나는 최소 고도차를 구하라.

11-11 개수로의 균일 유동에서 유동 속도와 유량은 $V_0 = (a/n) R_h^{2/3}S_0^{1/2}$과 $\dot{V} = (a/n)A_cR_h^{2/3}S_0^{1/2}$로 나타나는 Manning 방정식으로부터 계산될 수 있다. 이 방정식에서 상수 a의 값과 차원은 SI 단위로 어떻게 되는가? 또한 마찰계수 f를 알고 있을 때, Manning 계수 n은 어떻게 구할 수 있는지 설명하라.

11-12 유동단면이 4 m × 4 m의 정사각형인 두 개의 동일한 수로를 지나는 물의 유동을 고려해 보자. 이제 두 수로가 합쳐져서 폭이 8 m인 수로를 형성한다. 유량이 조절되어 유동깊이가 4 m로 일정하게 유지된다. 두 수로를 합친 결과에 따라 증가한 유량 %를 구하라.

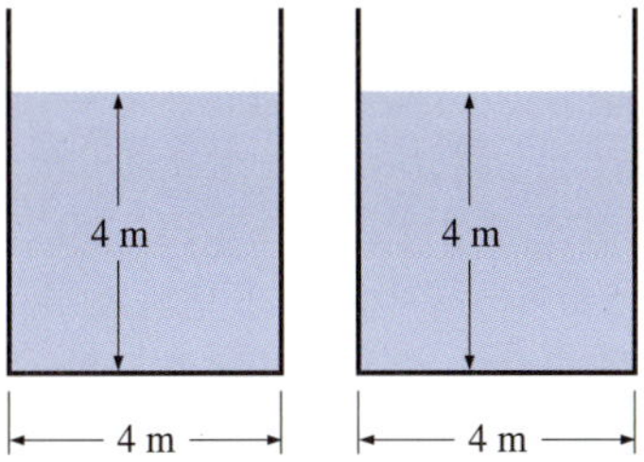

그림 P11-12

11-13 그림 P11-13에서 나타낸 주철 V형 수로는 0.5°의 바닥기울기를 갖고 있다. 중앙에서 유동깊이가 0.75 m일 때, 균일 유동에서 방출률을 구하라. **답:** 1.03 m^3/s

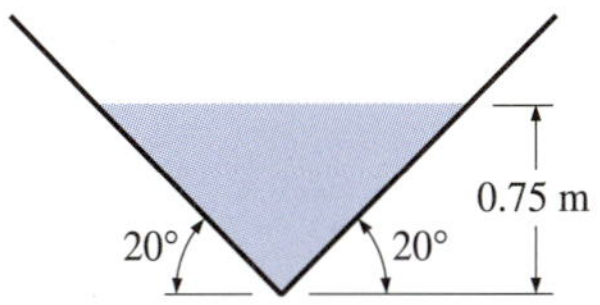

그림 P11-13

11-14 바닥폭이 1.8 m이고 측면 경사가 1:1인, 깨끗한 흙으로 된 매끈한 수로를 통하여 유량 8 m^3/s로 1 km 거리를 균일 유동으로 배수하려고 한다. 유동깊이가 1.2 m를 초과하지 않을 때, 요구되는 고도 강하를 구하라. **답:** 3.90 m

11-15 세 개의 마감질된 콘크리트 원형 수로로 0.0025의 일정한 기울기를 갖는 배수 시스템을 건설하려고 한다. 수로 두 개는 직경이 1.8 m이며, 세 번째 수로 속으로 배출된다. 모든 수로는 반이 채워져 있고 접합부에서 손실을 무시할 수 있을 때, 세 번째 수로의 직경을 구하라. **답:** 2.33 m

11-16 그림 P11-16에 나타낸 것과 같은 단면적을 갖고 바닥기울기가 0.002인 수로에 물이 흐르고 있다. 그림에는 또한 각기 다른 소단면의 표면에 대한 치수와 Manning 계수가 주어져 있다. 수로를 지나는 유량과 수로의 유효 Manning 계수를 구하라.

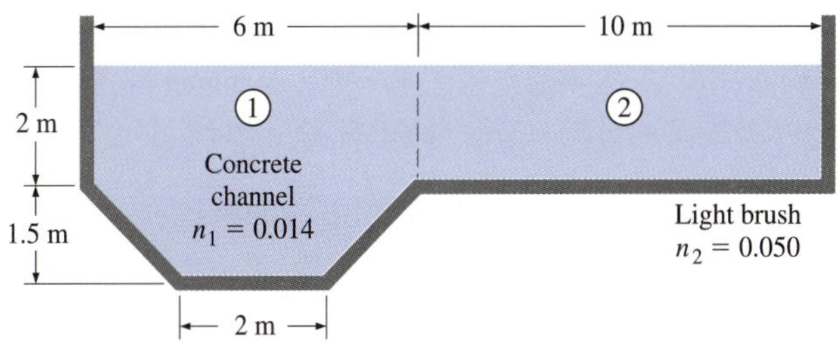

그림 P11-16

11-17 내경이 2 m인 폭우 배수용 원형 강관($n = 0.012$)이 12 m^3/s 유량의 균일 유동으로 1 km 거리를 배수하려고 한다. 최대 깊이가 1.5 m가 된다고 할 때, 요구되는 고도 강하를 구하라.

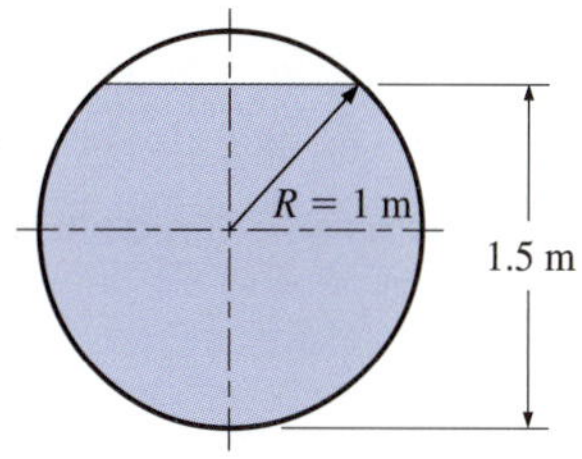

그림 P11-17

11-18 표면이 아스팔트로 라이닝된 개수로에서 물을 유량 10 m^3/s의 균일 유동으로 이송하려고 한다. 바닥기울기는 0.0015이다. 수로의 형상이 각각 (*a*) 직경이 D인 원형, (*b*) 바닥폭이 b인 직사각형, (*c*) 바닥폭이 b인 사다리꼴일 때, 최적 단면의 치수들을 구하라.

11-19 EES 유동 면적이 2 m^2이고 바닥기울기가 0.0003인 아스팔트 라이닝의 직사각형 수로를 흐르는 균일 유동을 고려해 보자. 깊이 대 폭의 비율 y/b를 0.1에서 2.0까지 변화시키면서 유량을 계산하여 도시하고, 최적 유동 단면은 깊이 대 폭의 비가 0.5일 때 나타남을 확인하라.

11-20 물을 유량 20 m^3/s로 이송하기 위하여 바닥기울기가 0.0004인 직사각형 수로를 건설하려고 한다. 수로를 각각 (*a*) 마감질 되지 않은 콘크리트, (*b*) 마감질된 콘크리트로 만들 때, 최적 단면의 치수를 구하라.

답: (*a*) 4.93 m × 2.47 m (*b*) 4.66 m × 2.33 m

11-21 그림 P11-21에 보인 것처럼 바닥기울기가 1°, 바닥면 폭이 5 m, 측면 경사가 1:1인 마감질되지 않은 콘크리트로 만들어진 사다리꼴 수로가 있다. 유량 25 m^3/s에 대해 정상깊이 h를 구하라.

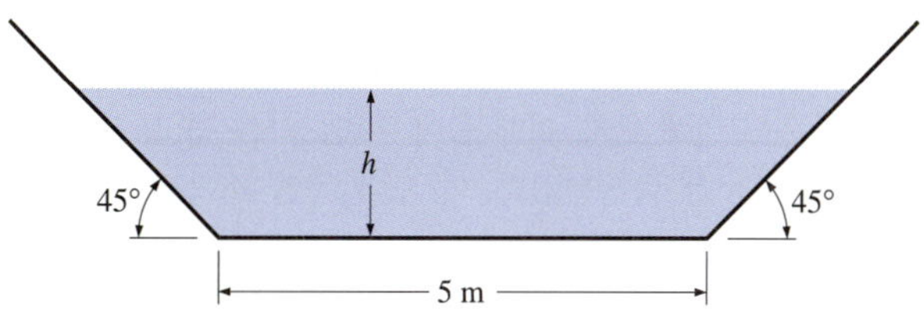

그림 P11-21

점진변화 유동 및 급변화 유동과 수력 도약

11-22 바닥기울기가 0.002인 90° V형 주철 수로에서 물이 유량 3 m^3/s로 흐르고 있다. 이 유동에 대해 수로가 완만한, 임계, 가파른 중 어느 것으로 분류되는지 결정하라. **답:** 완만한

11-23 폭이 넓은 기울기 0.4°인 벽돌 수로에서 물의 균일 유동을 고려해 보자. 이 수로가 가파르다고 분류될 수 있는 유동깊이의 범위를 구하라.

11-24 마감질된 콘크리트 표면의 직사각형 수로를 물이 균일하게 흐르고 있다. 수로 폭은 3 m, 유동깊이는 1.2 m, 바닥기울기는 0.002이다. 이 유동에 대해 수로가 완만한, 임계, 가파른 중 어느 것으로 분류되는지 결정하라.

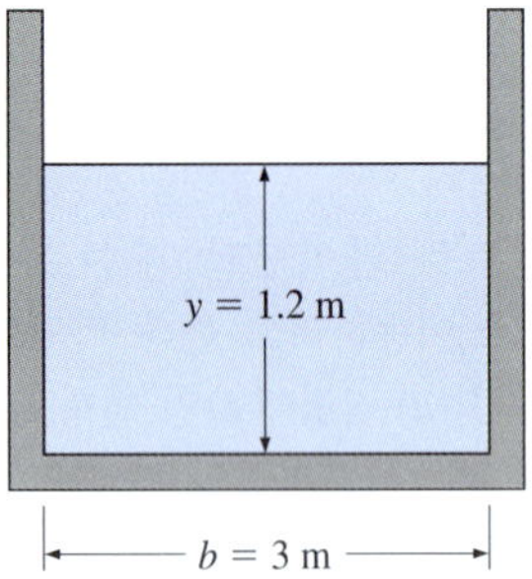

그림 P11-24

11-25 수문으로부터 폭이 8 m인 직사각형 수평 수로로 방출되는 물이 수력도약을 겪고 있는 것이 관찰된다. 도약 전의 유동깊이와 속도가 각각 1.2 m와 9 m/s이다. 다음을 구하라. (*a*) 도약 이후 유동깊이와 Froude 수, (*b*) 수두 손실과 소산비, (*c*) 수력도약에 의하여 소산된 기계적 에너지.

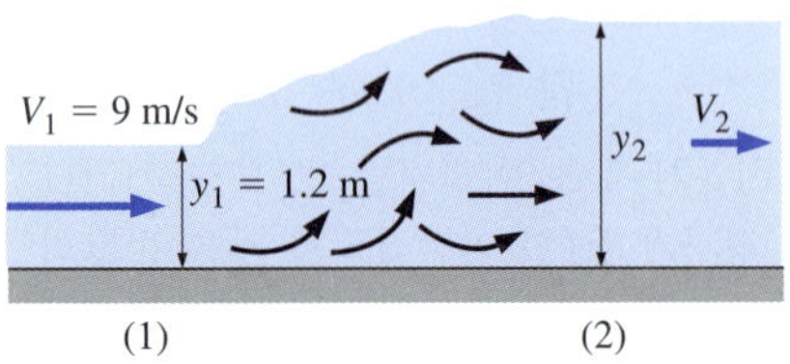

그림 P11-25

11-26 폭이 10 m인 수로에서 유량 70 m³/s, 유동깊이 0.50 m인 물의 유동을 고려해 보자. 이때 물이 수력도약을 겪고, 도약 이후 유동깊이가 4 m로 측정되었다. 이 도약 동안 소모된 기계 동력(mechcnical power)을 구하라. **답:** 4.35 MW

11-27 수력도약을 겪은 후 물의 유동깊이와 속도가 각각 1.1 m와 1.75 m/s로 측정된다고 한다. 도약 전의 유동깊이와 속도 및 소산된 기계적 에너지 분율을 구하라.

11-28 폭당 유량이 1.5 m³/s · m이고 Manning 계수가 0.03인 폭이 넓은 직사각형 수로에서 물의 균일 유동을 고려해 보자. 수로의 기울기는 0.0005이다. (*a*) 이 유동의 정상깊이와 임계깊이를 계산하고, 균일 유동이 아임계인지 또는 초임계인지 결정하라. (*b*) 다음으로 상류의 물을 저수조에 가두기 위하여 댐($x = 0$)이 건설되었다. 이는 상류의 수면 윤곽선을 상승시키고 "역류" 곡선을 생성하였다(그림 P11-28). 댐 직전 상류의 새로운 수심은 2.5 m이다. "저수조"가 댐의 상류로 얼마나 멀리까지 연장되는지를 구하라. 수심이 최초의 균일 유동 수심의 5%가 되는 점을 저수조의 경계로 간주할 수 있다. **답:** 3500 m

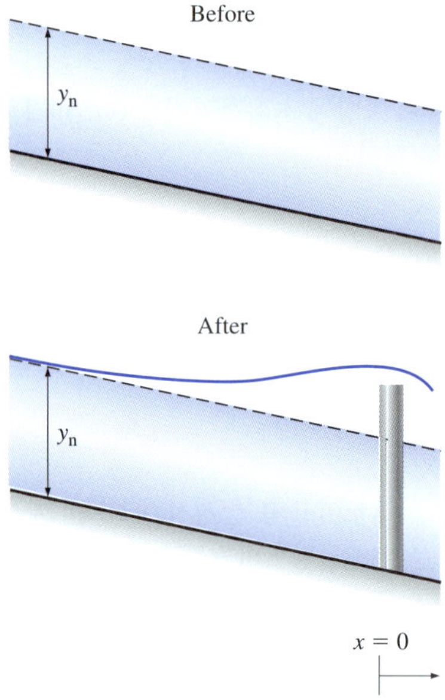

그림 P11-28

11-29 폭이 넓은 수평 수로에서 유동깊이가 56 cm이고 평균 속도 9 m/s로 흐르는 물이 수력도약을 겪고 있다. 이 수력도약에 관련된 수두 손실을 구하라.

11-30 폭이 넓은 수로에서 수력도약 동안 유동깊이가 0.6 m에서 3 m로 증가하였다. 도약 전후에 나타나는 속도, Froude 수, 에너지 소산비를 구해 보라.

11-31 그림 P11-31에 나타낸 것과 같은 융기부 위의 점진 변화 유동을 고려해 보자. 초기 유동 속도는 0.75 m/s이고, 초기 유동깊이는 1 m이다. Manning 매개변수는 0.02이고, 수로 바닥의 고도는 다음으로 주어진다.

$$z_b = \Delta z_b \exp[-0.001(x-100)^2]$$

여기서 최대 융기부 높이 Δz_b는 0.15 m와 같고, 융기부의 봉우리는 $x = 100$ m에 위치한다. (*a*) 유동의 임계깊이(만약 존재한다면)와 정상깊이를 계산하고, 도시하라. (*b*) GVF 방정식을 $0 \le x \le 200$ m의 범위에 걸쳐서 적분하고, 표 11-3에 나타낸 분류 방식에 비추어 관찰된 자유표면의 거동에 대해 토의하라.

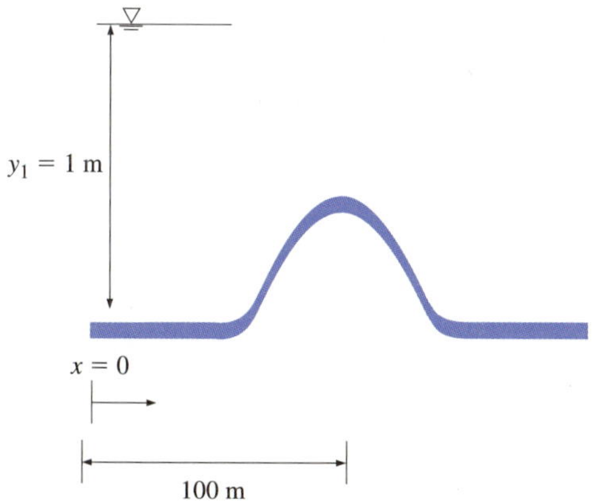

그림 P11-31

11-32 GVF 방정식은 수력도약을 직접 예측하는 데 사용할 수 없지만, 이 식은 수로에서 도약이 일어나는 위치를 찾아내기 위하여 이상적 수력도약 깊이비 방정식과 함께 사용될 수 있다. 길이가 3 m이고 Manning 계수가 0.009인 폭이 넓은($R_h \approx y$) 수평($S_0 = 0$) 실험실 인공 수로에서 생성된 도약을 고려해 보자. 상류의 조절 수문 아래 초임계 유동의 초기 깊이는 $x = 0$에서 0.01 m이다. 테일게이트(tailgate)는 월류(overflow) 깊이를 $x = 3$ m에서 0.08 m가 되도록 한다. 폭당 유량은 0.025 $m^3/s \cdot m$이다. (*a*) 이 유동의 임계깊이를 구하고, 초기와 최종 유동이 각각 초임계와 아임계임을 증명하라. (*b*) 수력도약의 위치를 구하라. (**힌트**: GVF 방정식을 $x = 0$에서 도약의 "추정된" 위치까지 적분하고, 도약 깊이비 방정식을 적용한 후 GVF 방정식을 이 새로운 초기 조건을 사용하여 도약 위치에서 $x = 3$ m까지 적분한다. 만약 원하는 월류깊이가 얻어지지 않으면 새로운 도약 위치를 추정하여 반복한다.)

답: 1.80 m

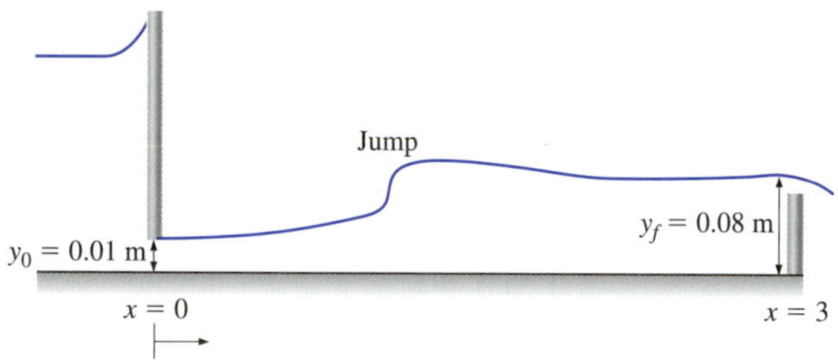

그림 P11-32

11-33 폭이 6 m인 폭이 넓은 직사각형 수로에서 유량이 8.5 m^3/s이고 Manning 계수가 0.008인 물의 점진 변화 유동을 고려해 보자. 수로의 기울기는 0.01이고, $x = 0$의 위치에서 평균 유동 속도는 1.6 m/s로 측정되고 있다. 다음 위치에서, 수면 윤곽선을 분류하고 GVF 방정식을 수치적으로 적분하여 유동깊이 y를 계산하라. (*a*) $x = 150$ m, (*b*) 300 m, (*c*) 600 m.

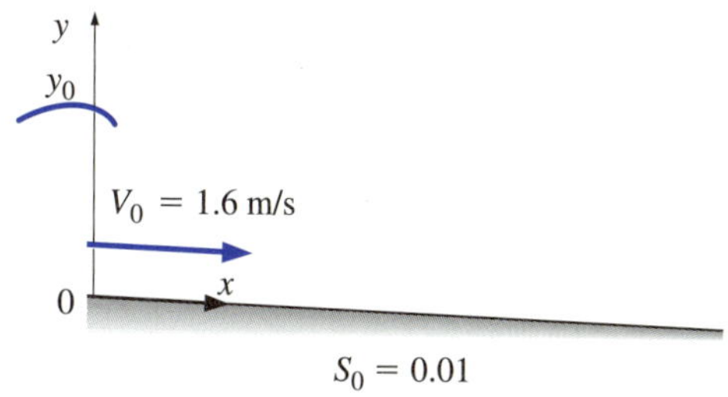

그림 P11-33

수로에서 유동 제어와 계측

11-34 폭이 넓은 수로를 흐르는 물이 수로 바닥에서 높이 22 cm인 융기부를 만나고 있다. 융기부 이전에서 유동깊이가 1.2 m이고 속도가 2.5 m/s일 때, 유동이 융기부 위에서 초크되는지 결정하고, 토의하라.

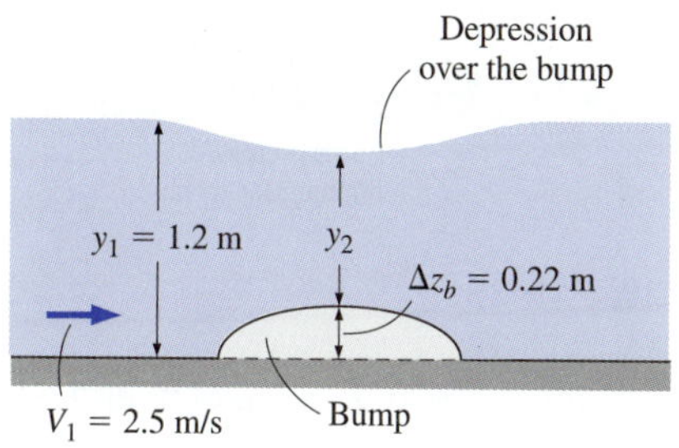

그림 P11-34

11-35 폭이 넓은 수로에서 속도 8 m/s, 유동깊이 0.8 m인 물의 균일 유동을 고려해 보자. 이제 물이 30 cm 높이의 융기부 위를 지나고 있다. 융기부 위에서 수면의 수위 변화(증가 또는 감소)를 결정하라. 또한 융기부 위의 유동이 아임계인지 또는 초임계인지 결정하라.

11-36 깊이가 12 m인 저수조에 있는 물이 바닥으로부터 1 m

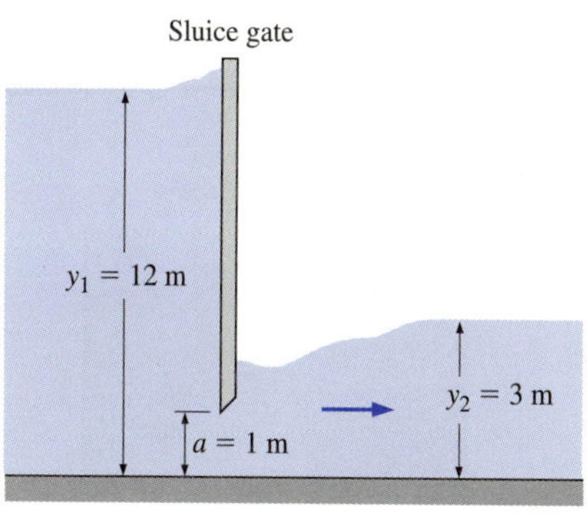

그림 P11-36

높이로 열려 있는 수문을 통하여 폭이 6 m인 개수로로 배출되고 있다. 수문의 하류의 유동깊이가 3 m로 측정되었을 때, 수문을 통과하는 방출률을 구하라.

11-37 폭이 2 m인 직사각형 수로를 지나는 물의 유량을 측정하기 위하여 폭을 가로지르는 예봉 위어가 이용되고 있다. 수로를 지나는 최대 유량이 5 m^3/s이고, 위어 상류의 유동깊이는 1.5 m를 넘지 않는다. 적절한 위어 높이를 구하라.

11-38 폭이 10 m인 수평 수로를 지나는 물의 유량이 높이 1.3 m의 수로를 가로지르는 예봉 직사각형 위어를 이용하여 측정되고 있다. 상류의 수심이 3.4 m일 때, 물의 유량을 구하라.

답: 66.8 m^3/s

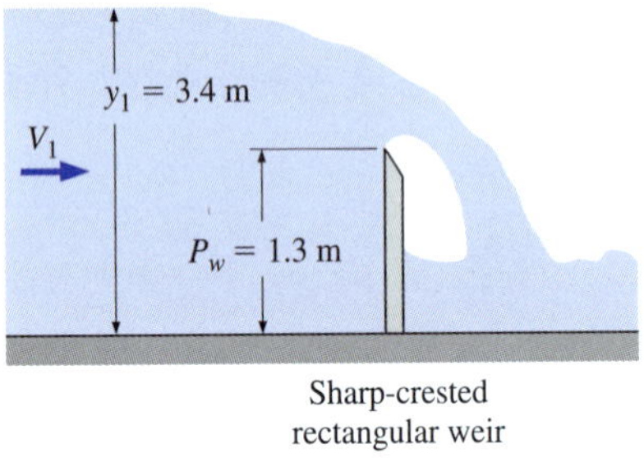

그림 P11-38

11-39 깊이 8 m의 호수에서 폭이 5 m이고 바닥으로부터 열린 높이가 0.6 m인 수문을 통하여 물이 방출되려고 한다. 수문의 하류에서 유동깊이가 4 m로 측정될 때, 수문을 통과하는 방출률을 계산하라.

11-40 유동깊이가 2.5 m인 폭이 넓은 수로를 지나는 물의 유동을 고려해 보자. 이제 물이 높이 0.3 m로 열려 있는 수문을 통하여 자유 방출되고, 계속하여 수력도약을 겪는다. 수문 자체와 관련된 모든 손실을 무시하고 도약 전후의 유동깊이, 유속, 도약기간 동안 소산되는 기계적 에너지의 분율을 구하라.

11-41 폭이 5 m인 수로를 지나는 물의 유량을 수로 바닥으로부터 높이가 0.5 m이고 노치각이 80°인 삼각형 예봉 위어를 이용하여 측정하고자 한다. 위어 상류의 유동깊이가 1.5 m일 때, 수로를 지나는 물의 유량을 구하라. 이때 위어 방출계수는 0.60을 사용한다.

답: 1.19 m^3/s

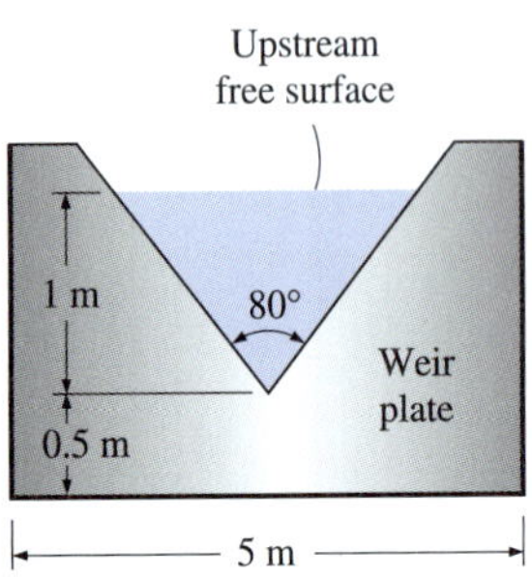

그림 P11-41

11-42 노치각이 100°인 예봉 삼각형 위어가 큰 호수에서 배수로로 방출되는 물의 방출률 측정에 사용된다. 그 대신에 노치각이 절반인($\theta = 50°$) 위어가 사용될 때, 유량의 % 감소를 구하라. 호수의 수심과 위어 방출계수는 변하지 않는다고 가정한다.

11-43 폭 5 m인 직사각형 수로에서 높이가 0.80 m인 광봉 위어가 물의 유량 측정에 사용된다. 위어에서 멀리 떨어진 상류의 유동깊이는 1.8 m이다. 수로를 지나는 유량과 위어 위의 최소 유동깊이를 구하라.

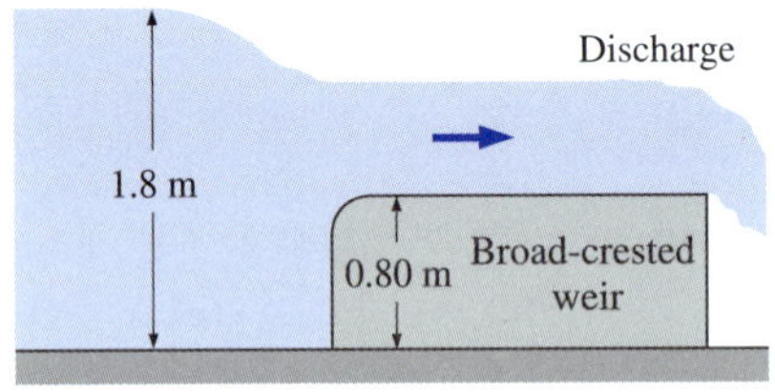

그림 P11-43

11-44 기울기 0.0022로 놓여 있는 마감질되지 않은 콘크리트로 만들어진 넓은 수로를 지나는 물의 균일 유동을 고려해 보자. 이제 물이 15 cm 높이의 융기부 위를 지나간다. 융기부 위에서 유동이 정확히 임계 조건일 때(Fr = 1), 융기부 위에서 폭 m당 유동깊이와 유량을 구하라.

답: 20.3 m^3/s, 3.48 m

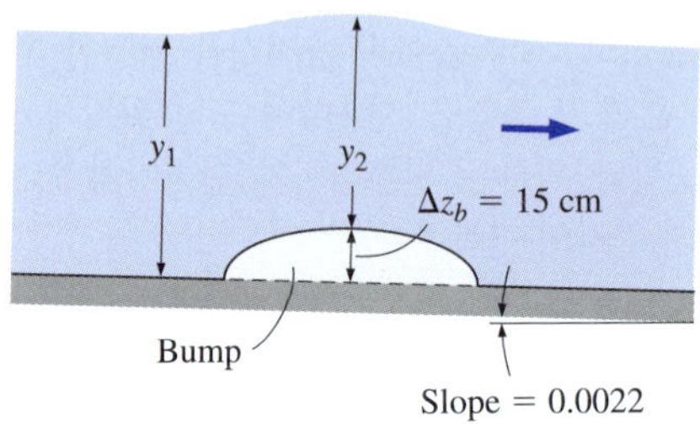

그림 P11-44

11-45 높이가 0.80 m인 충분히 긴 광봉 위어를 지나는 물의 유동을 고려해 보자. 위어 위의 최소 유동깊이가 0.50 m로 측정될 때, 수로의 폭 m당 유량과 위어 상부의 유동깊이를 구하라.

CHAPTER 12

터보기계

목표 이 장을 공부하면 다음과 관련된 지식을 얻을 수 있다.

- 다양한 종류의 펌프와 터빈의 식별 및 작동 원리의 이해
- 기존의 펌프 또는 터빈과 기하학적 상사인 새로운 펌프 또는 터빈을 설계하기 위한 차원해석의 응용
- 펌프와 터빈을 유출입하는 유동의 기초적인 벡터 해석 수행
- 펌프와 터빈의 예비 설계 및 선정을 위한 비속도의 이용

이 장에서는 유체역학에서 대표적이고 중요한 응용분야인 **터보기계**의 기본 원리를 설명한다. 먼저 터보기계를 두 가지의 넓은 범주인 **펌프**와 **터빈**으로 분류한다. 그리고 두 가지 터보기계의 기본적인 작동 원리를 설명하면서, 주로 정성적으로 보다 자세하게 살펴본다. 여기서는 터보기계의 상세 설계보다 예비 설계와 전체적인 성능에 주안점을 둔다. 추가적으로, 유체 유동 시스템의 요구 사항을 터보기계의 성능 특성에 적절히 맞추는 방법을 알아본다. 이 장에서는 많은 부분을 차원해석의 실제적인 응용분야인 **터보기계 축척 법칙**에 할애하였다. 기존의 터보기계와 기하학적 상사인 새로운 터보기계의 설계에 축척 법칙이 어떻게 사용되는가를 보여 준다.

최신 여객기의 제트엔진은 매우 복잡한 터보기계로서, 펌프(압축기)와 터빈을 모두 포함하고 있다.

© *Stockbyte/PunchStock/RF*

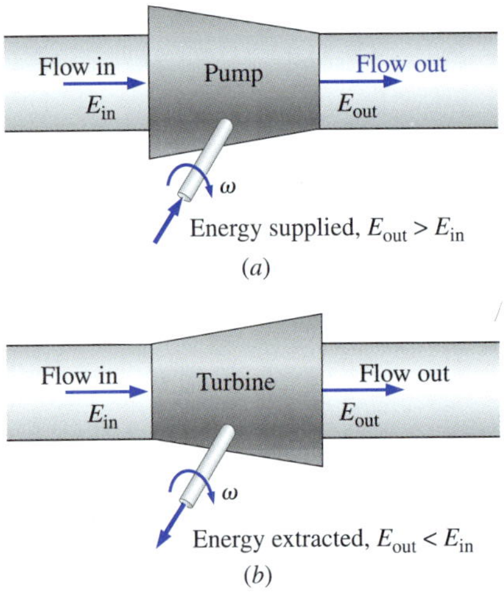

그림 12-1
(*a*) 펌프는 유체에 에너지를 공급하며,
(*b*) 터빈은 유체로부터 에너지를 추출한다.

12-1 분류와 용어

터보기계에는 두 가지의 넓은 범주로 **펌프**와 **터빈**이 있다. **펌프**라는 말은 유체에 에너지를 **추가**하는 모든 유체기계에 대한 일반적인 용어이다. 일부 저자는 펌프를 **에너지 흡수 장치**라고 부른다. 왜냐하면 장치로 에너지가 공급되고, 일반적으로 이 장치는 대부분의 에너지를 회전하는 축을 통하여 유체에 전달하기 때문이다(그림 12-1*a*). 유체 에너지의 증가는 일반적으로 유체의 압력 증가로 나타난다. 반면에 터빈은 **에너지 생성 장치**이며, 유체로부터 에너지를 추출하고, 그 에너지의 대부분을 어떤 형태의 기계적 에너지 출력으로(일반적으로 회전하는 축 형태로) 전달한다(그림 12-1*b*). 터빈 출구에서 유체는 일반적으로 압력 손실의 형태로 에너지 손실을 겪는다.

일반인들은 펌프에 공급되는 에너지는 펌프를 통과하는 유체의 속도를 증가시키고, 터빈은 유체의 속도를 늦춰서 에너지를 추출하는 것으로 생각한다. 그러나 반드시 그렇지는 않다. 펌프를 둘러싸는 검사체적을 고려해 보자(그림 12-2). 정상(steady) 조건이라고 가정한다. 이는 질량유량과 회전 블레이드의 속도가 모두 시간에 따라 변하지 않는다는 것을 의미한다(물론 펌프 내의 회전 블레이드 주위의 상세 유동장은 정상 유동이 **아니지만**, 검사체적 해석에서는 검사체적 내부의 세부사항은 고려하지 않는다). 질량 보존 법칙에 의해서 펌프로 들어오는 질량유량은 반드시 펌프로부터 나가는 질량유량과 같아야 한다는 것을 알고 있다. 만약 유동이 비압축성이라면 입구와 출구의 체적유량도 반드시 같아야 한다. 더욱이, 만약 출구의 직경과 입구의 직경이 같다면 질량 보존 법칙으로부터 출구의 평균 속도와 입구의 평균 속도는 반드시 같아야만 한다. 다시 말하면, 펌프는 반드시 통과하는 유체의 **속도**를 증가시킬 필요가 없으며, 오히려 유체의 **압력**을 증가시킨다. 물론, 만약 펌프가 정지하면 유동이 전혀 없게 된다. 그러므로 시스템에 펌프가 없는 경우와 비교하면 펌프는 사실 유속을 **증가**시킨다. 그러나 펌프를 **통과하며** 입구에서 출구로 변하는 관점에서는 유속이 증가할 필요는 없다(만약 출구 직경이 입구 직경보다 크다면 출구 속도는 심지어 입구 속도보다 **낮을** 수도 있다).

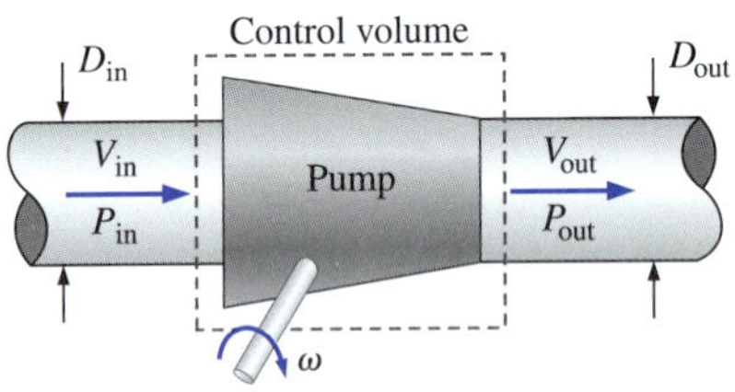

그림 12-2
정상 유동의 경우, 질량 보존 법칙에 따라 펌프에서 유출되는 질량유량은 반드시 펌프로 유입되는 질량유량과 같으며, 입구와 출구의 단면적이 동일한($D_{out} = D_{in}$) 비압축성유동에서는 $V_{out} = V_{in}$이지만, $P_{out} > P_{in}$이다.

펌프의 목적은 유체에 에너지를 추가하는 것이며, 결과적으로 유체 압력을 증가시키고, 이때 펌프를 통과하는 유속이 반드시 증가하지는 않는다.

터빈의 목적에 대해서도 유사하게 서술할 수 있다.

터빈의 목적은 유체로부터 에너지를 추출하는 것이며, 결과적으로 유체 압력을 감소시키고, 이때 터빈을 통과하는 유속이 반드시 감소하지는 않는다.

	Fan	Blower	Compressor
ΔP	Low	Medium	High
$\dot{V}$	High	Medium	Low

그림 12-3
기체를 다루는 펌프는 압력 상승과 체적유량에 따라 **팬(fan)**, **송풍기(blower)**, **압축기(compressor)**라고 부른다.

액체를 이송하는 유체 기계를 **펌프**라고 하지만, 기체를 이송하는 기계에 대해서는 여러 가지 다른 이름이 있다(그림 12-3). **팬(fan)**은 상대적으로 낮은 압력 상승과 높은 유량을 갖는 기체 펌프이다. 예를 들면, 천장 팬, 주택용 팬, 프로펠러 등이 있다. **송풍기(blower)**는 비교적 중간에서 높은 압력 상승과 유량을 갖는 기체 펌프이다. 예를 들면, 자동차의 환기 시스템, 화로 및 낙엽 청소용 송풍기에 있는 원심형 송풍기, 다람쥐 집(squirrel cage) 형상의 송풍기 등이 있다. **압축기(compressor)**는 일반적으로 낮거나 중간 정도의 유량에서 매우 높은 압력 상승을 갖도록 설계된 기체 펌프이다. 예를 들면, 공압 공구를 구동하고 자동차 정비소에서 타이어에 공기를 주입하는 공기 압축기와 열펌프, 냉장고 및 공기 조화기에 사용되는 냉동 압축기 등이 있다.

라틴어로 접두어 **터보**(turbo)는 "회전(spin)"을 의미하므로, 회전축으로 에너지가 공급되거나 추출되는 펌프와 터빈은 **터보기계**라고 부르는 것이 적절하다. 그러나 모든 펌프 또는 터빈이 회전축을 사용하는 것은 아니다. 자전거 타이어에 공기를 주입하는 수동식 공기 펌프가 가장 좋은 예가 된다(그림 12-4*a*). 이 형태의 펌프에서는 플런저 또는 피스톤의 상하 왕복운동이 회전축을 대신하며, 따라서 터보기계 대신에 단순히 **유체 기계**라고 부르는 것이 더 적절하다. 구식 우물 펌프는 공기 대신 물을 퍼올리기 위하여 비슷한 방식으로 작동된다(그림 12-4*b*). 그럼에도 불구하고, 문헌에서는 종종 회전축의 사용 여부와 관계없이 **모든** 형태의 펌프와 터빈을 언급하기 위하여 **터보기계**(turbomachine)와 **터보기계장치**(turbomachinery)라는 단어들을 사용한다.

그림 12-4
모든 펌프가 회전축을 갖고 있지는 않다. (*a*) 공기를 주입하기 위하여 사람의 손이 상하 운동을 함에 따라 에너지가 수동식 타이어 펌프로 공급된다. (*b*) 구식 우물 펌프로 물을 퍼올리기 위하여 비슷한 메커니즘이 사용된다.

(a) Photo by Andrew Cimbala, with permission.
(b) © Bear Dancer Studios/Mark Dierker.

12-2 펌프

펌프의 성능 해석에는 몇 가지의 기본 매개변수가 사용된다. 펌프를 지나는 유체의 **질량유량** $\dot{m}$은 명백히 주요 펌프 성능 매개변수이다. 비압축성 유동에서는 질량유량보다 **체적유량**을 더 보편적으로 사용한다. 터보기계 산업계에서는 체적유량을 **용량**(capacity)이라고 부르며, 이는 단순히 질량유량을 유체 밀도로 나눈 값이다.

체적유량(용량):

$$\dot{V} = \frac{\dot{m}}{\rho} \tag{12-1}$$

또한 펌프의 성능은 펌프의 입구와 출구 사이의 Bernoulli **수두** 변화로 정의되는, 펌프의 **순수두**(net head) H로 특성을 나타낸다.

순수두:

$$H = \left(\frac{P}{\rho g} + \frac{V^2}{2g} + z\right)_{\text{out}} - \left(\frac{P}{\rho g} + \frac{V^2}{2g} + z\right)_{\text{in}} \tag{12-2}$$

순수두의 차원은 길이로 물을 이송하지 않는 펌프에서도 종종 등가 물기둥(수주) 높이로 나타낸다.

액체를 펌프로 가압하는 경우, 입구의 Bernoulli 수두는 그림 12-5에 나타낸 것처럼 입구에서 유동의 중심에 피토관을 정렬시켜서 얻는 **에너지구배선**(energy grade line) EGL_{in}과 같다. 출구에서 에너지구배선 EGL_{out}도 그림에 나타낸 것과 같은 방법으로 얻어진다. 일반적으로 펌프의 출구와 입구는 높이가 다를 수 있으며, 출구의 직경과 평균 속도 또한 입구에서 값과 다를 수 있다. 이런 차이와 관계없이 순수두 H는 EGL_{out}과 EGL_{in}의 차이와 같다.

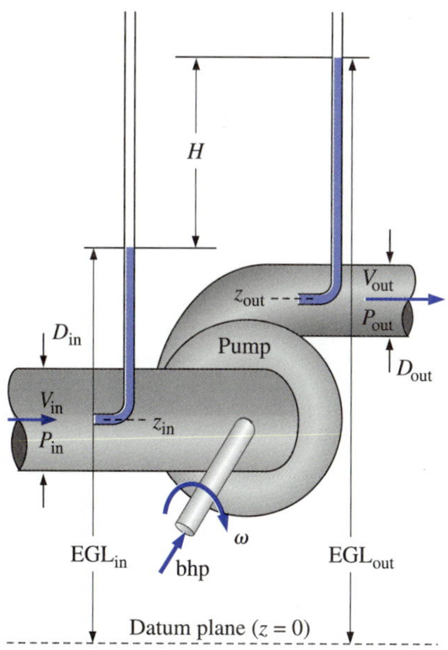

그림 12-5
펌프의 **순수두** H는 입구에서 출구까지 Bernoulli 수두 차이로 정의되며, 액체에서 이는 임의의 기준면에 대한 에너지구배선의 변화 $H = \text{EGL}_{\text{out}} - \text{EGL}_{\text{in}}$과 같고, bhp는 **제동마력**으로, 펌프에 공급되는 외부 동력이다.

액체 펌프의 순수두:

$$H = \text{EGL}_{\text{out}} - \text{EGL}_{\text{in}}$$

입구와 출구의 직경이 같고 높이의 변화 없이 펌프를 통과하는 비압축성 유동의 특수한 경우를 고려해 보자. 식 (12-2)는 다음과 같이 간단해진다.

$D_{out} = D_{in}$이고 $z_{out} = z_{in}$인 특수한 경우: $$H = \frac{P_{out} - P_{in}}{\rho g}$$

이처럼 단순화된 경우, 순수두는 단순히 수두(액주 높이)로 표시되는 펌프에서 압력 상승이다.

순수두는 실제로 유체에 전달되는 유용한 동력에 비례한다. 펌프로 가압되는 유체가 물이 아니고, 동력이 마력의 단위로 측정되지 않을지라도 이 동력은 관습적으로 **수마력**(water horsepower)이라고 부른다. 차원의 관점에서, 동력의 차원을 얻기 위해서는 식 (12-2)의 순수두에 질량유량과 중력가속도를 곱해야 한다. 그러므로 다음과 같다.

수마력: $$\dot{W}_{\text{water horsepower}} = \dot{m}gH = \rho g\dot{V}H \tag{12-3}$$

모든 펌프는 마찰, 내부 누설, 블레이드 표면에서 유동 박리, 난류 소산 등의 비가역적 손실을 겪는다. 따라서 펌프에 공급되는 기계적 에너지는 반드시 $\dot{W}_{\text{water horsepower}}$보다 **커야만** 한다. 펌프 용어에서 펌프에 공급되는 외부 동력을 **제동마력**(brake horsepower)이라고 하며, bhp라는 약자로 나타낸다. 회전축으로 제동마력을 공급하는 일반적인 경우는 다음과 같다.

제동마력: $$\text{bhp} = \dot{W}_{\text{shaft}} = \omega T_{\text{shaft}} \tag{12-4}$$

여기서 ω는 축의 회전 속도(rad/s)이고, T_{shaft}는 축에 공급되는 토크이다. **펌프 효율** η_{pump}는 공급된 동력에 대한 유용한 동력의 비로 정의한다.

펌프 효율: $$\eta_{\text{pump}} = \frac{\dot{W}_{\text{water horsepower}}}{\dot{W}_{\text{shaft}}} = \frac{\dot{W}_{\text{water horsepower}}}{\text{bhp}} = \frac{\rho g\dot{V}H}{\omega T_{\text{shaft}}} \tag{12-5}$$

펌프 성능 곡선과 배관 시스템의 펌프 선정

펌프를 통과하는 최대 체적유량은 순수두가 0, 즉 $H = 0$일 때 발생하고, 이 유량을 펌프의 **자유송출**(free delivery)이라고 부른다. 자유송출 조건은 펌프의 입구와 출구에서 유동 저항이 없을 때, 다시 말하면 펌프에 **부하**가 걸리지 않을 경우에 얻어진다. 이 운전점(operating point)에서 $\dot{V}$는 크지만 H는 0이며, 또한 식 (12-5)로부터 명백하게 알 수 있는 것처럼, 펌프가 아무런 유용한 일을 하지 않으므로 펌프 효율은 0이다. 다른 극단적인 경우로 **차단 수두**(shutoff head)는 체적유량이 $\dot{V} = 0$일 때 발생하는 순수두이며, 이는 펌프의 출구가 막힐 때 얻어진다. 이 조건에서는 H가 크지만 $\dot{V}$는 0이며, 펌프가 아무런 유용한 일을 하지 않으므로 펌프 효율(식 12-5)은 다시 0이 된다. 차단과 자유송출 두 가지의 극단적인 경우 사이에서 펌프의 순수두는 유량의 증가에 따라 차단값으로부터 약간 증가할 수도 있지만, H는 체적유량이 자유송출값으로 증가하면 결국 0으로 감소해야 한다. 펌프의 효율은 차단 조건과 자유송출 조건 사이 어떤 곳에서 최대값에 도달하며, 이 효율이 가장 높은 운전점을 **최고 효율점**(best efficiency point, BEP)이라 하고, 별표(*)로 나타낸다(H^*, $\dot{V}^*$, bhp*). $\dot{V}$의 함수로 나타낸 H, η_{pump}, bhp 곡선을 **펌프 성능 곡선**(또는 **특성 곡선**)이라고 하며, 그림 12-6은 특정한 회전 속도에서 전형적인 성능 곡선을 보여 준다. 펌프 성능 곡선은 회전 속도에 따라 변한다.

정상 조건에서 펌프는 단지 자신의 성능 곡선을 따라서만 운전될 수 있다는 것을 이해하는 것이 중요하다. 따라서 배관 시스템의 운전점은 시스템 요구 사항(**요구** 순수두)을 펌프 성능(**가용** 순수두)에 일치시킴으로써 결정된다. 대부분의 응용에서 $H_{required}$와 $H_{available}$은 단 하나의 유량에서 일치하며, 이는 시스템의 **운전점** 또는 **작동점**(duty point)이 된다.

배관 시스템의 정상 운전점은 $H_{required} = H_{available}$인 체적유량에서 정해진다.

주손실과 부차적 손실, 고도 변화 등이 있는 배관 시스템에서 요구 순수두는 체적유량에 따라 **증가한다**. 반면에 그림 12-6에서와 같이, 거의 모든 펌프의 가용 순수두는 적어도 대부분의 권장 운전 범위에서 유량에 따라 **감소한다**. 따라서 그림 12-7에 나타낸 것처럼 시스템 곡선과 펌프 성능 곡선이 교차하며, 이에 따라 운전점이 결정된다. 운이 좋다면, 운전점은 펌프의 최고 효율점(BEP) 또는 그 부근에 있다. 그러나 그림 12-7에서 보여 주듯이 대부분의 경우 펌프는 최적 효율로 운전되지 않는다. 만약 효율이 가장 중요한 관심사라면 반드시 운전점이 가능한 한 최고 효율점에 가까이 있도록 펌프를 선택해야 한다(또는 새로운 펌프를 설계해야 한다). 어떤 경우에는 기존의 펌프를 설계점(최고 효율점)에 매우 근접하게 운전할 수 있도록 축의 회전 속도를 변경할 수 있다.

시스템 곡선과 펌프 성능 곡선이 한 개 이상의 운전점에서 교차하는 불운한 상황이 있다. 이 경우는 그림 12-8에서 보여 주는 것처럼 순수두 성능 곡선에 골짜기(dip)가 있는 펌프를 매우 평평한 시스템 곡선에 맞출 때 발생할 수 있다. 드물기는 하지만 이런 상황이 발생할 수 있으며, 이는 피해야 한다. 왜냐하면 시스템이 운전점을 "찾아 헤맬(hunt)" 수 있어서 비정상 유동 상태가 발생할 수 있기 때문이다.

일단 수두 형태의 에너지 방정식(4장)에서 사용되는 **유용 펌프 수두**($h_{pump,\,u}$)항이 이 장에서 사용되는 **순수두**(H)와 같다는 것을 이해하면, 배관 시스템을 펌프에 맞추는 것은 매우 간단하다. 예를 들어, 고도의 변화, 주손실과 부차적 손실, 유체 가속이 있는 일반적인 배관 시스템을 고려해 보자(그림 12-9). 먼저 **요구 순수두** $H_{required}$에 대한 에너지 방정식을 푸는 것으로 시작한다.

$$H_{required} = h_{pump,\,u} = \frac{P_2 - P_1}{\rho g} + \frac{\alpha_2 V_2^2 - \alpha_1 V_1^2}{2g} + (z_2 - z_1) + h_{L,\,total} \tag{12-6}$$

여기서 물론 필요하면 터빈항을 다시 넣을 수 있지만, 시스템에 터빈이 없다고 가정한다. 터보기계 산업계에서는 무시하는 것이 일반적이지만, 여기서는 정확도를 높이기 위하여 식 (12-6)에 운동 에너지 보정계수를 포함시켰다(유동이 난류이므로 α_1과 α_2는 종종 1이라고 가정한다).

식 (12-6)을 배관 시스템의 입구(점 1, 펌프의 상류)로부터 출구(점 2, 펌프의 하류)까지 적용하여 평가하였다. 유체에 전달된 유용 펌프 수두는 다음의 네 가지를 수행하므로 식 (12-6)은 우리의 직관과 일치한다.

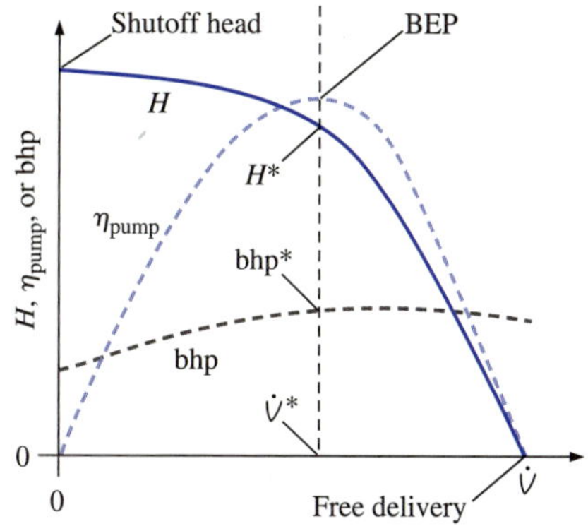

그림 12-6
후향경사 블레이드를 갖는 원심 펌프의 전형적인 **펌프 성능 곡선**. 다른 형태의 펌프의 곡선 형상은 다를 수 있으며, 축의 회전 속도가 변하면 곡선이 변할 수 있다.

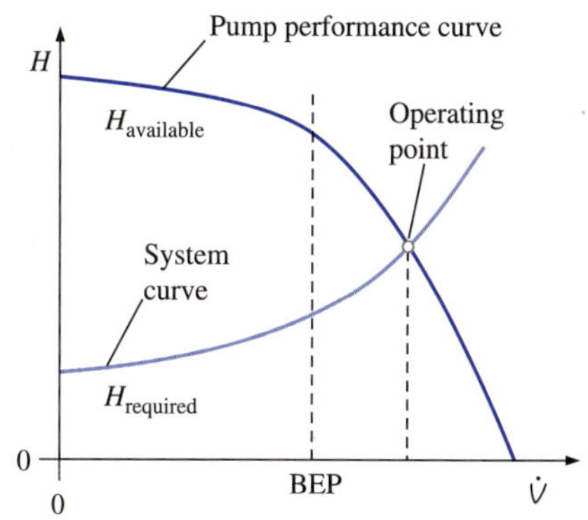

그림 12-7
배관 시스템의 **운전점**은 시스템 곡선과 펌프 성능 곡선이 교차하는 체적유량으로 정해진다.

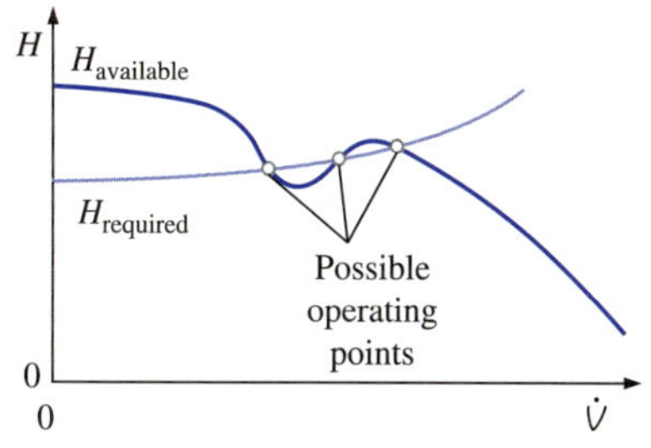

그림 12-8
운전점이 하나 이상 존재하는 상황은 반드시 피해야만 한다. 이러한 경우에는 다른 펌프가 사용되어야만 한다.

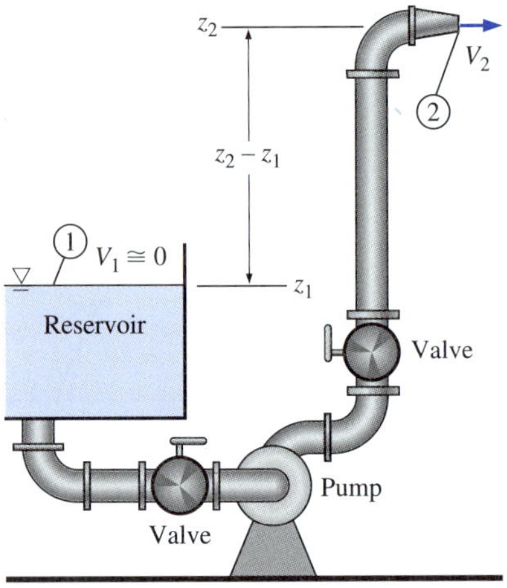

그림 12-9
식 (12-6)은 배관 시스템에서 펌프의 역할을 강조한다. 즉, 펌프는 정압, 동압, 유체의 고도를 증가(또는 감소)시켜서 비가역 손실을 극복하게 한다.

- 점 1에서 점 2까지 유체의 **정압**을 증가시킨다(우변의 첫 번째 항).
- 점 1에서 점 2까지 유체의 **동압**(운동 에너지)을 증가시킨다(우변의 두 번째 항).
- 점 1에서 점 2까지 유체의 **고도**(위치 에너지)를 높인다(우변의 세 번째 항).
- 배관 시스템에서 **비가역 수두 손실**을 극복한다(우변의 마지막 항).

일반 시스템에서 비가역 수두 손실은 **항상 양**이지만, 정압, 동압 및 고도의 변화는 양 또는 음일 수 있다. 다루는 유체가 액체인 기계공학과 토목공학의 많은 문제에서는 고도항이 중요하지만, 환기와 공기 오염 제어 문제와 같이 유체가 기체일 경우에는 고도항은 언제나 거의 무시할 수 있다.

펌프를 시스템에 맞추고 운전점을 결정하기 위해서는 식 (12-6)의 H_{required}를 체적유량의 함수인 펌프의 순수두(대개 알려진 값인) $H_{\text{available}}$과 같게 한다.

운전점: $$H_{\text{required}} = H_{\text{available}} \tag{12-7}$$

일반적으로 엔지니어는 실제로 요구되는 것보다 약간 크고 튼튼한 펌프를 선택한다. 그러면 배관 시스템을 통과하는 체적유량은 필요한 값보다 약간 크게 되며, 따라서 밸브 또는 댐퍼를 배관 중에 설치하여 필요에 따라 유량을 감소시킬 수 있다.

예제 12-1 환기 시스템에서 팬의 운전점

드라이클리닝 작업에서 발생하는 공기와 오염 물질을 배출하기 위하여 **국부 환기 시스템**(후드와 배기 덕트)이 사용되고 있다(그림 12-10). 덕트는 원형이고, 길이 방향 이음매와 매 0.76 m마다 연결부를 갖는 함석으로 만들어졌다. 덕트의 내경(ID)은 $D = 0.230$ m이고, 총 길이는 $L = 13.4$ m이다. 덕트를 따라 5개의 CD3-9 엘보가 있다. 덕트의 등가조도 높이는 0.15 mm이며, 각 엘보의 부차적(국부) 손실계수는 $K_L = C_0 = 0.21$이다. 환기 산업계(ASHRAE, 2001)에서 널리 사용되고 있는 부차적 손실계수의 표기법 C_0에 유의하자. 적절한 환기를 보장하기 위해서는 25°C에서 덕트를 통하여 최소한 체적유량 $\dot{V} = 0.283$ m^3/s가 요구된다. 이 후드 생산업체의 데이터에는 덕트 속도에 따른 후드의 유입 손실계수가 1.3으로 적혀 있다. 댐퍼가 완전히 열려 있을 때, 그 손실계수는 1.8이다. 입구와 출구의 직경이 22.9 cm인 원심 팬을 사용할 수 있다고 한다. 생산업체가 제시한 이 팬의 성능 데이터는 표 12-1에 주어졌다. 이 국부 환기 시스템의 운전점을 예측하고, 팬의 요구 및 가용 압력 상승을 체적유량의 함수로 도시하라. 선택한 팬이 적절한가?

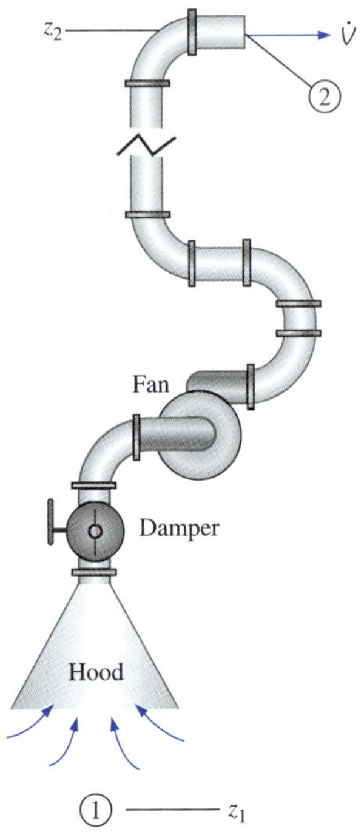

그림 12-10
팬과 모든 부차적인 손실을 보여 주는 예제 12-1의 국부 환기 시스템.

풀이 주어진 팬과 덕트 시스템에서 운전점을 추정하고, 팬의 요구 및 가용 압력 상승을 체적유량의 함수로 도시하고자 한다. 그리고 선택한 팬이 적절한지 결정한다.

가정 **1** 유동은 정상이다. **2** 공기 중 오염 물질의 농도가 낮아 유체의 상태량들은 순수한 공기와 같다. **3** 출구의 유동은 $\alpha = 1.05$인 완전히 발달된 난류 파이프 유동이다.

상태량 25 °C의 공기는 $\nu = 1.562 \times 10^{-5}$ m^2/s이고, $\rho = 1.184$ kg/m^{3}이며, 표준 대기압은 $P_{\text{atm}} = 101.3$ kPa이다.

해석 수두 형태로 표현된 정상 상태 에너지 방정식(식 12-6)을 실내의 정지된 공기 지역에 있는 점 1에서부터 덕트의 출구에 있는 점 2까지 적용하면,

$$H_{\text{required}} = \frac{P_2 - P_1}{\rho g} + \frac{\alpha_2 V_2^2 - \alpha_1 V_1^2}{2g} + (z_2 - z_1) + h_{L,\text{ total}} \quad (1)$$

식 (1)에서 점 1의 위치는 후드의 입구로부터 멀리 떨어져 있도록 (현명하게) 선택되어 공기가 거의 정지되어 있으므로 점 1에서 공기 속도는 무시할 수 있다. 점 1에서 P_1은 P_{atm}와 같으며, 점 2에서는 공기가 건물 지붕 위의 외부로 방출되므로 P_2도 P_{atm}과 같다. 따라서 식 (1)에서 압력항들이 제거되고, 식 (1)은 다음으로 간단해진다.

요구 순수두:

$$H_{\text{required}} = \frac{\alpha_2 V_2^2}{2g} + h_{L,\text{ total}} \quad (2)$$

식 (2)에서 총 수두 손실은 주손실과 부차적 손실의 합이며, 체적유량에 따라 결정된다. 덕트의 직경이 일정하므로

총 비가역 수두 손실:

$$h_{L,\text{ total}} = \left(f\frac{L}{D} + \sum K_L\right)\frac{V^2}{2g} \quad (3)$$

무차원 조도계수는 $\varepsilon/D = (0.15\text{ mm})/(230\text{ mm}) = 6.52 \times 10^{-4}$이다. 덕트를 흐르는 공기의 Reynolds 수는

Reynolds 수:

$$\text{Re} = \frac{DV}{\nu} = \frac{D}{\nu}\frac{4\dot{V}}{\pi D^2} = \frac{4\dot{V}}{\nu\pi D} \quad (4)$$

Reynolds 수는 체적유량에 따라 변한다. 최소 요구유량에서 덕트를 통과하는 공기 속도는 $V = V_2 = 6.81$ m/s이며, Reynolds 수는

$$\text{Re} = \frac{4(0.283\text{ m}^3/\text{s})}{(1.562 \times 10^{-5}\text{ m}^2/\text{s})\pi(0.230\text{ m})} = 1.00 \times 10^5$$

Moody 차트(또는 Colebrook 방정식)로부터 이 Reynolds 수와 조도계수에서 마찰계수는 $f = 0.0209$이다. 모든 부차적 손실계수의 합은

부차적 손실:

$$\sum K_L = 1.3 + 5(0.21) + 1.8 = 4.15 \quad (5)$$

이 최소 요구유량에서 값들을 식 (2)에 대입하면, 최소 유량에서 팬의 요구 순수두는

$$H_{\text{required}} = \left(\alpha_2 + f\frac{L}{D} + \sum K_L\right)\frac{V^2}{2g}$$

$$= \left(1.05 + 0.0209\frac{13.4\text{ m}}{0.230\text{ m}} + 4.15\right)\frac{(6.81\text{ m/s})^2}{2(9.81\text{ m/s}^2)} = 15.2\text{ m of air} \quad (6)$$

수두는 당연히 작동 유체의 액주 높이에 해당되는 단위로 표현되며, 이 경우에는 공기라는 것에 유의하자. 물에 대한 공기의 밀도비를 곱하면 등가 수주 높이로 변환된다.

$$H_{\text{required, inches of water}} = H_{\text{required, air}}\frac{\rho_{\text{air}}}{\rho_{\text{water}}}$$

$$= (15.2\text{ m})\frac{1.184\text{ kg/m}^3}{998.0\text{ kg/m}^3}\left(\frac{1\text{ in}}{0.0254\text{ m}}\right)$$

$$= 0.709\text{ inches of water} \quad (7)$$

표 12-1

예제 12-1 팬의 생산업체의 성능 데이터*

$\dot{V}$, cfm	$H_{\text{available}}$, inches H_2O
0	0.90
250	0.95
500	0.90
750	0.75
1000	0.40
1200	0.0

* 유체가 **공기**일지라도 수두 데이터를 인치 단위 **물**로 나타낸 것에 유의하라. 이는 환기 산업계에서는 일반적인 방법이다.

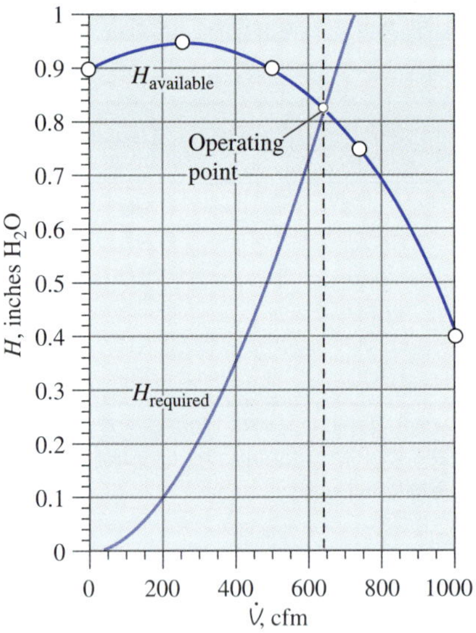

그림 12-11
예제 12-1의 환기 시스템에 대한 체적유량의 함수로서 순수두. H의 가용값과 요구값이 교차하는 점이 운전점이다.

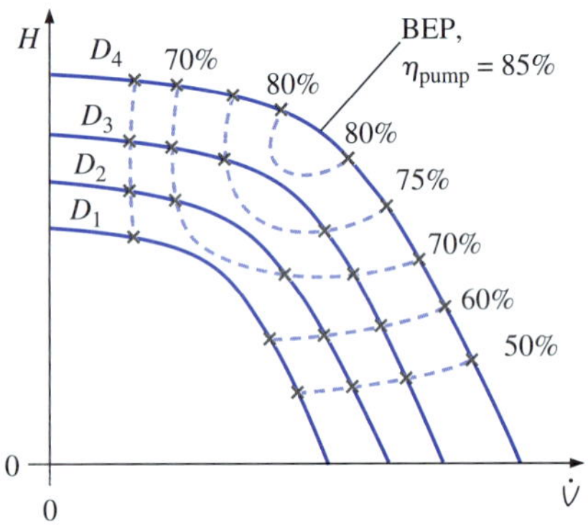

그림 12-12
동일한 케이싱에 다른 임펠러 직경을 갖는 **원심 펌프군**의 전형적인 펌프 성능 곡선.

몇 개의 체적유량에 대하여 계산을 반복하고, 그 결과를 그림 12-11에서 팬의 가용 순수두와 비교하였다. 운전점은 체적유량이 약 **650 cfm**인 곳이며, 이때 요구 순수두와 가용 순수두는 모두 약 **0.83 in의 수주**에 해당한다. 따라서 **선택된 팬은 이 작업에 충분하고**도 남는다고 결론지을 수 있다.

토의 구입한 팬은 용량이 요구된 것보다 다소 크므로 필요 이상의 높은 유량을 가진다. 그 차이는 작아서 문제되지 않는다. 필요하다면 나비 댐퍼 밸브를 조금 닫아서 유량을 600 cfm으로 줄일 수 있다. 안전상의 이유로 공기 오염 제어 시스템에 사용되는 팬은 용량을 크게 하는 것이 작게 하는 것보다 좋다는 것이 분명하다.

펌프 산업계에서는 한 개의 펌프 케이싱에 대해 임펠러 직경의 여러 가지 선택사양을 제시하는 것이 일반적이다. 여기에는 몇 가지 이유가 있는데, (1) 생산 가격을 절감하고, (2) 간단한 임펠러 교체로 용량 증가가 가능하고, (3) 설치 사양을 표준화하고, (4) 장치를 다른 응용분야에 재사용 가능하도록 하기 위한 것이다. 이와 같은 "펌프군"의 성능을 선도로 나타낼 때 펌프 생산업체는 H, η_{pump}와 bhp 선도를 그림 12-6에 나타낸 것처럼 각각의 임펠러 직경에 대한 별도의 곡선으로 나타내지는 않는다. 그 대신 임펠러 직경이 다른 전체 펌프군의 성능 곡선을 하나의 선도에 합하여 나타내는 것을 선호한다(그림 12-12). 구체적으로, 각 임펠러 직경에 대하여 그림 12-8과 같은 방법으로 H 곡선을 $\dot{V}$의 함수로 도시한다. 그러나 이번에는 다양한 임펠러 직경에 대하여 동일한 η_{pump}값을 갖는 점들을 부드러운 곡선으로 연결하여 만든 효율이 일정한 **등분포선(contour line)**을 만든다. bhp가 일정한 등분포선도 종종 같은 선도에 비슷한 방법으로 나타낸다. 그림 12-13는 Taco 사에서 제작한 원심 펌프군의 예를 보여 준다. 이 경우 다섯 가지의 임펠러 직경이 있지만, 다섯 가지 선택사양 모두 같은 케이싱을 사용한다. 그림 12-13에서 보는 것처럼 펌프 생산업체는 펌프 성능 곡선을 항상 자유송출까지 나타내지는 않는다. 이는 일반적으로 그 조건에서는 낮은 순수두와 효율 때문에 펌프를 운전하지 않기 때문이다. 만약 더 높은 유량 또는 순수두가 요구되면 크기가 다음 단계인 케이싱을 사용하거나, 직렬 또는 병렬로 펌프를 추가하여 사용하는 것을 고려해야 한다.

예제 12-2 펌프 임펠러 크기의 선택

발전소의 세척 작업에 370 gpm(분당 갤런) 또는 0.0233 m^3/s의 물이 요구된다. 이 유량에서 요구되는 순수두는 약 24 ft(7.3 m)이다. 신입 엔지니어가 카탈로그들을 조사하여 그림 12-13의 Taco 모델 4013 FI 시리즈 원심 펌프의 8.25 in(203 mm) 임펠러 선택 사양을 구매하기로 결정하였다. 이 엔지니어는 만약 펌프가 성능 선도에 나타난 것처럼 1160 rpm으로 운전된다면 펌프의 성능 곡선이 $H = 24$ ft(7.3 m)에서 370 gpm(0.0233 m^3/s)과 교차한다고 판단하였다. 효율에 대해 관심이 많은 수석 엔지니어는 성능 곡선을 들여다 본 후 이 운전점에서 펌프의 효율이 단지 70%라는 것에 주목하였다. 또한 12.75 in(241.3 mm) 임펠러 선택 사양을 사용하면 동일한 유량에서 효율이 더 높다(약 76.5%)는 것도 알았다. 이 펌프의 하류에 교축 밸브를 장착하면 요구 순수두를 증가시킬 수 있으며, 따라서 펌프를 더 높은 효율로 운전할 수 있다는 것을 알았다. 수석 엔지니어는 부하 엔지니어에게 임펠러 직경의 선정이 타당한지 물어보았다. 즉, 신입 엔지니어에게 어떤 임펠러 선택 사양(8.25 in 또

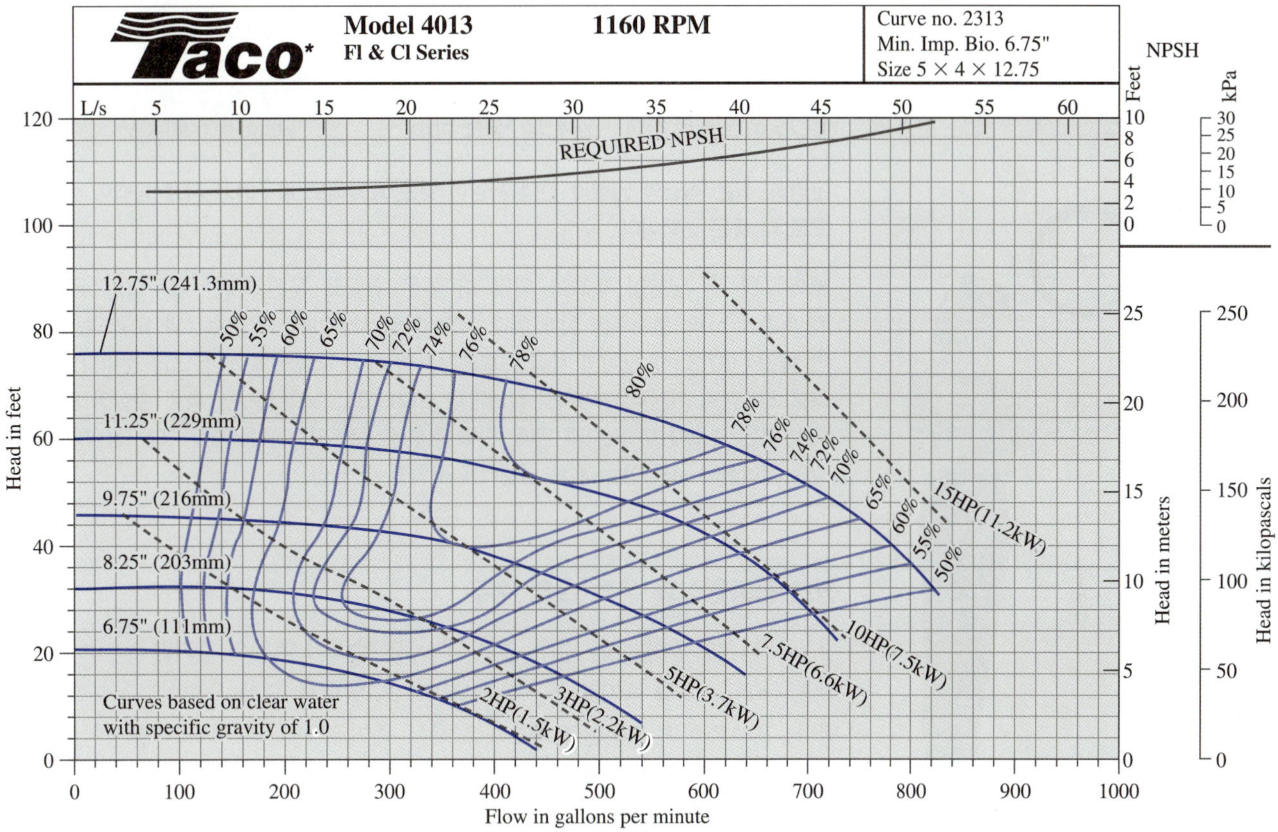

그림 12-13
생산업체의 원심 펌프군 성능 선도의 예. 각 펌프는 동일한 케이싱을 가지지만 다른 임펠러 직경을 갖는다.
Courtesy of Taco, Inc., Cranston, RI. Used by permission.

는 12.75 in)이 운전 시 가장 적은 전력을 필요로 하는지를 물었다(그림 12-14). 비교하고 결과를 토의하라.

풀이 주어진 유량과 순수두에 대해 어떤 크기의 임펠러가 동력을 가장 적게 사용하는지 계산하고, 그 결과를 논의하고자 한다.

가정 1 물의 온도는 20°C이다. 2 유동 요구 조건(체적유량과 수두)은 일정하다.

상태량 20°C의 물에 대해 $\rho = 998\ \text{kg/m}^3$이다.

해석 부하 엔지니어는 그림 12-13의 성능 선도 제동마력 등분포선으로부터 작은 임펠러 펌프는 모터로부터 약 3.2 hp(2.4 kW)가 필요하다고 추정하였다. 이를 식 (12-5)를 이용하여 증명하였다.

8.25 in 임펠러 선택 사양에 요구되는 bhp:

$$\text{bhp} = \frac{\rho g \dot{V} H}{\eta_{\text{pump}}} = \frac{(998\ \text{kg/m}^3)(9.81\ \text{m/s}^2)(0.0233\ \text{m}^3/\text{s})(7.3\ \text{m})}{0.70}$$

$$\times \left(\frac{1\ \text{N}}{1\ \text{kg}\cdot\text{m/s}^2}\right)\left(\frac{1\ \text{kW}}{1000\ \text{N}\cdot\text{m/s}}\right) = 2.38\ \text{kW}$$

비슷하게, 직경이 큰 임펠러 선택 사양에서 요구되는 bhp는 이 펌프의 운전점, 즉 $\dot{V} =$

그림 12-14
어떤 응용분야에서는 동일한 펌프군에서 효율이 더 낮은 펌프의 운전이 더 적은 에너지를 필요로 한다. 그러나 최고 효율점이 그 펌프의 요구 운전점에서 나타나는 펌프가 더 좋은 선택이다. 하지만 그런 펌프의 구입이 항상 가능하지는 않다.

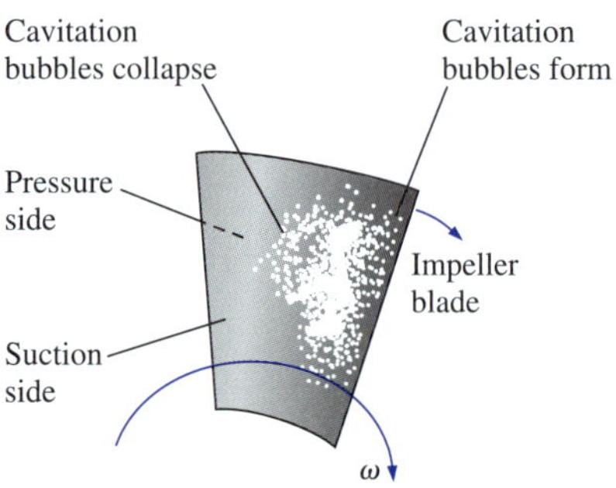

그림 12-15
임펠러 블레이드의 흡입면에서 형성되고 붕괴하는 공동현상 기포.

370 gpm(0.0233 m^3/s), H = 72.0 ft(22.0 m), η_{pump} = 76.5%(그림 12-13)를 이용하면 다음과 같다.

12.75 in 임펠러 선택 사양에 요구되는 bhp: $\text{bhp} = 6.56\ \text{kW}$

분명히, **작은 직경의 임펠러 선택 사양이 낮은 효율에도 불구하고 사용 동력이 절반 이하이므로 더 좋은 선택이다.**

토의 더 큰 임펠러 펌프가 약간 더 높은 효율로 운전되지만 요구되는 유량에서 약 72 ft(22.0 m)의 순수두를 갖게 된다. 이는 과잉 사양이며, 이 순수두와 요구되는 유동 수두인 물 24 ft(7.3 m) 사이의 차이를 보충하기 위하여 교축 밸브가 필요할 것이다. 그러나 교축밸브는 단지 기계적 에너지의 낭비만을 초래하므로 교축 밸브를 통한 손실이 펌프의 효율에서 얻은 것보다 더 커지게 된다. 만약 추후에, 요구되는 유동 수두 또는 용량이 증가되면 같은 케이싱에 사용되는 더 큰 임펠러를 구입할 수 있다.

펌프 공동현상과 유효 흡입 수두

펌프로 액체를 이송하는 경우, 펌프 내 국부 압력이 액체의 **증기압** P_v 이하로 떨어질 수 있다(P_v는 **포화 증기압**, P_{sat}이라고도 하며, 열역학 표에 포화 온도의 함수로 나타냈다). $P < P_v$이면 **공동현상 기포**라고 하는 증기로 채워진 기포가 발생한다. 다시 말하면, 일반적으로 압력이 가장 낮은 곳인 회전하는 임펠러 블레이드의 흡입면에서 액체가 국부적으로 **끓는다**(그림 12-15). 공동현상 기포는 생성된 후 펌프를 지나 압력이 더 높은 지역으로 전달되고, 이는 기포의 급격한 붕괴를 가져온다. 이 기포의 **붕괴**는 소음, 진동, 효율 저하 그리고 무엇보다도 임펠러 블레이드의 손상을 가져오므로 바람직하지 않다. 블레이드 표면 부근에서 반복되는 기포의 붕괴는 블레이드에 피팅(pitting) 또는 부식을 초래하고, 궁극적으로 블레이드가 파괴되는 재앙이 발생한다.

공동현상을 피하려면 펌프 내의 모든 곳에서 국부 압력이 확실히 증기압 **이상**이 되도록 해야 한다. 압력은 **펌프의 입구**에서 가장 쉽게 측정(또는 추정)되므로 공동현상의 기준은 일반적으로 펌프의 입구에서 지정된다. **유효 흡입 수두**(NPSH, net positive suction head)라고 하는 유동 매개변수를 도입하는 것이 유용하며, 이는 **펌프 입구의 정체압 수두와 증기압 수두의 차이**로 정의된다.

유효 흡입 수두:
$$\text{NPSH} = \left(\frac{P}{\rho g} + \frac{V^2}{2g}\right)_{\text{pump inlet}} - \frac{P_v}{\rho g} \tag{12-8}$$

펌프 생산업체는 펌프 시험 장치를 이용하여 펌프의 체적유량과 입구 압력을 제어하면서 변화시키는 방법으로 펌프 내 공동현상에 대한 시험을 수행한다. 구체적으로, 주어진 유량과 액체의 온도에서 펌프 입구의 압력을 펌프의 내부 어디에선가 공동현상이 발생할 때까지 천천히 낮춘다. 이 운전 조건에서 식 (12-8)을 이용하여 NPSH값을 계산하고 기록한다. 이 과정을 몇 개의 다른 유량에서 반복하고 난 후, 펌프 생산업체는 **펌프의 공동현상을 피하기 위하여 필요한 최소 NPSH**로 정의되는, **요구 유효 흡입 수두**($NPSH_{required}$)라고 하는 성능 매개변수를 발표한다. 측정된 $NPSH_{required}$는 체적유량에 따라 변하며, 따라서 $NPSH_{required}$는 종종 순수두와 동일한 펌프 성능 곡선 위에 나타낸다(그림 12-16). $NPSH_{required}$는 펌프가 다루고 있는 액체의 수두 단위로 올바르게 표현되면 액체의 종류와 무관하게 된다. 그러나 만약 요구 유효 흡입 수두가 특정한 액체에 대해 Pa 또는 psi와 같은 압력 단위로 표현되었다면, 엔지니어는 이 압력을 실제로 다루고 있는 액체의 등가 액주 높이로 환산해야 된다는 점에 주의해야 한다. 일반적으로 성능 곡선의 대부분에서 $NPSH_{required}$는 H보다 훨씬 작으므로, 이를 상세히 나타내기 위해서 종종 별도의 확대된 수직축 눈금으로 나타내거나(그림 12-13 참조) 또는 펌프군에 대해서는 등분포선으로 나타낸다는 것에 유의하자. 그림 12-16에 나타나 있는 것처럼 어떤 펌프에서는 그 펌프가 비효율적으로 운전되는 매우 작은 유량에서 $NPSH_{required}$는 $\dot{V}$에 따라 줄어들기도 하지만, 일반적으로 체적유량에 따라 증가한다.

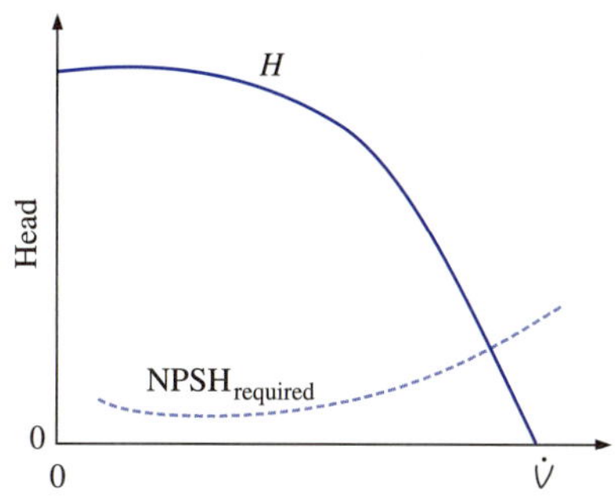

그림 12-16
순수두와 요구 유효 흡입 수두가 체적유량에 대하여 그려져 있는 전형적인 펌프 성능 곡선.

펌프에서 공동현상을 확실하게 방지하려면 실제 또는 가용 NPSH는 $NPSH_{required}$보다 커야만 한다. NPSH값은 유량뿐만 아니라, P_v가 온도의 함수이므로 액체의 온도에 따라서도 변한다는 점에 유의하는 것이 중요하다. 또한 각 액체에는 독특한 P_v-T 선도가 있으므로, NPSH값은 사용되는 액체의 종류에 따라서도 변한다. 펌프 입구의 상류에 있는 배관 시스템에서 발생하는 비가역 수두 손실은 유량에 따라 **증가**하므로 펌프 입구의 정체압 수두는 유량에 따라 **감소**한다. 그러므로 NPSH값은 그림 12-17에 나타낸 것처럼 $\dot{V}$에 따라 **감소**한다. 실제 NPSH와 $NPSH_{required}$ 곡선이 교차하는 유량을 찾아내어 펌프에서 공동현상 없이 송출이 가능한 최대 체적유량을 추정한다(그림 12-17).

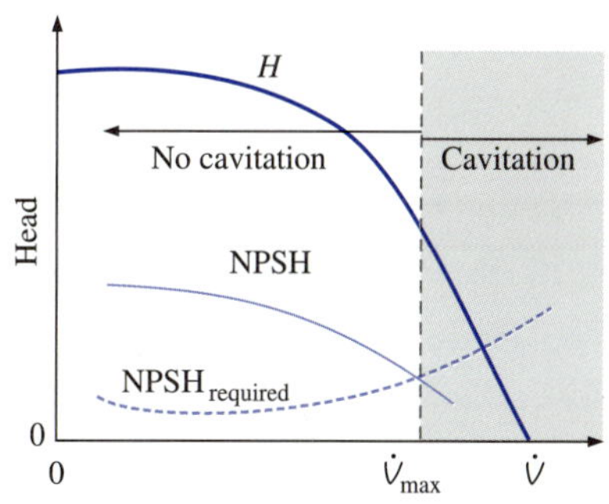

그림 12-17
실제 NPSH와 요구 NPSH가 교차하는 체적유량은 펌프가 공동현상의 발생없이 송출할 수 있는 최대 유량을 나타낸다.

예제 12-3 펌프 공동현상을 피하기 위한 최대 유량

수면이 펌프의 입구 중심선보다 4.0 ft(1.2 m) 높은 저수조로부터 25°C인 물을 이송하기 위하여, 그림 12-13의 Taco 모델 4013 FI 시리즈 원심 펌프의 11.25 in(229 mm) 임펠러를 선택하여 사용하고 있다(그림 12-18). 저수조로부터 펌프까지 배관 시스템은 내경이 4.0 in(10.2 cm)인 길이 10.5 ft(3.2 m)의 주철관으로 구성되었으며, 내부의 평균 조도 높이는 0.02 in(0.51 mm)이다. 몇 가지의 부차적 손실들이 있으며, 이는 끝이 각진 입구(K_L = 0.5), 3개의 플랜지가 달린 매끄러운 90° 정규 엘보(각각 K_L = 0.3), 완전히 열린 플랜지 글로브 밸브(K_L = 6.0)이다. 공동현상의 발생 없이 양수할 수 있는 최대 체적유량을(gpm 단위로) 추정하라. 만약 물이 더 따뜻하다면 최대 체적유량은 증가할 것인가 아니면 감소할 것인가? 그 이유는? 공동현상을 피하면서 최대 체적유량을 증가시킬 수 있는 방법에 대하여 토의하라.

풀이 펌프와 배관 시스템에 대하여 공동현상이 발생하지 않고 양수할 수 있는 최대 체적유량을 추정하고자 한다. 또한 물 온도의 효과와 최대유량을 증가시키는 방법을 토의하고자 한다.

가정 1 유동은 정상 상태이다. 2 액체는 비압축성이다. 3 펌프 입구의 유동은 $\alpha = 1.05$인 완전발달된 난류이다.

상태량 물은 T = 25°C에서 $\rho = 997.0$ kg/m^3, $\mu = 8.91 \times 10^{-4}$ kg/m · s, P_v = 3.169 kPa이다. 표준 대기압은 P_{atm} = 101.3 kPa이다.

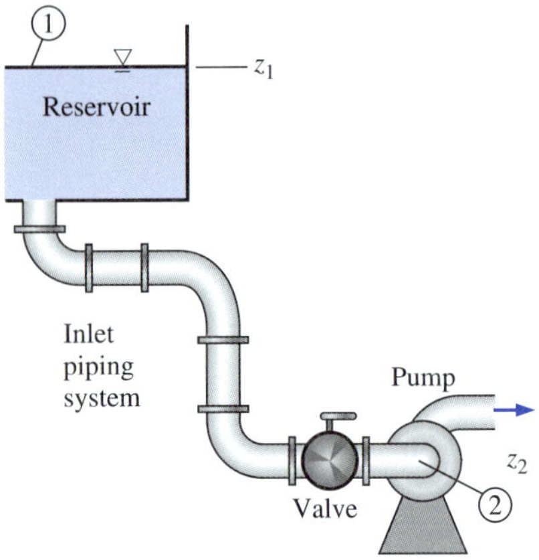

그림 12-18
예제 12-3의 저수조 (1)에서 펌프 입구 (2)까지 입구 파이프 시스템.

해석 수두 형태로 나타낸 정상 상태 에너지 방정식을 유선을 따라 저수조 표면의 점 1에서 펌프 입구의 점 2까지 적용하면,

$$\frac{P_1}{\rho g} + \frac{\alpha_1 V_1^2}{2g} + z_1 + h_{\text{pump, }u} = \frac{P_2}{\rho g} + \frac{\alpha_2 V_2^2}{2g} + z_2 + h_{\text{turbine, }e} + h_{L,\text{ total}} \tag{1}$$

식 (1)에서 저수조 표면의 물 속도는 무시하였다($V_1 \cong 0$). 배관 시스템에는 터빈이 없다. 또한 시스템에 펌프가 있지만 점 1과 점 2 사이에는 없다. 즉, 펌프 수두항 역시 제거된다. 식 (1)을 수두로 표현한 펌프 입구 압력 $P_2/\rho g$에 대하여 풀면,

펌프 입구 압력 수두:
$$\frac{P_2}{\rho g} = \frac{P_{\text{atm}}}{\rho g} + (z_1 - z_2) - \frac{\alpha_2 V_2^2}{2g} - h_{L,\text{ total}} \tag{2}$$

식 (2)에서 저수조 표면이 대기압에 노출되어 있으므로 $P_1 = P_{\text{atm}}$이다.

펌프 입구에서 가용 유효 흡입 수두는 식 (12-8)로부터 얻어진다. 식 (2)를 대입한 후 정리하면 다음과 같다.

가용 NPSH:
$$\text{NPSH} = \frac{P_{\text{atm}} - P_v}{\rho g} + (z_1 - z_2) - h_{L,\text{ total}} - \frac{(\alpha_2 - 1)V_2^2}{2g} \tag{3}$$

P_{atm}, P_v 및 고도 차이를 알고 있으므로 남은 것은 단지 배관 시스템에 걸쳐서 총 비가역 수두 손실을 추정하는 것이며, 이는 체적유량에 따라 달라진다. 파이프 직경이 일정하므로,

비가역 수두 손실:
$$h_{L,\text{ total}} = \left(f\frac{L}{D} + \sum K_L\right)\frac{V^2}{2g} \tag{4}$$

문제의 나머지 부분은 컴퓨터를 이용하면 쉽게 풀린다. 주어진 체적유량에 대하여 속도 V와 Reynolds 수 Re를 계산한다. Re와 파이프 조도로부터 마찰계수 f를 구하기 위하여 Moody 선도(또는 Colebrook 방정식)를 이용한다. 모든 부차적 손실계수의 합은

부차적 손실:
$$\sum K_L = 0.5 + 3 \times 0.3 + 6.0 = 7.4 \tag{5}$$

설명하기 위하여 한 조건에 대하여 손으로 계산해 보자. $\dot{V} = 400$ gpm (0.02523 m³/s)에서 파이프를 통과하는 물의 평균 속도는

$$V = \frac{\dot{V}}{A} = \frac{4\dot{V}}{\pi D^2} = \frac{4(0.02523 \text{ m}^3/\text{s})}{\pi(4.0 \text{ in})^2}\left(\frac{1 \text{ in}}{0.0254 \text{ m}}\right)^2 = 3.112 \text{ m/s} \tag{6}$$

따라서 Reynolds 수는 $\text{Re} = \rho VD/\mu = 3.538 \times 10^5$이 된다. 이 Reynolds 수와 조도계수 $\varepsilon/D = 0.005$에서 Colebrook 방정식으로부터 $f = 0.0306$을 얻는다. f, D, L과 함께 주어진 상태량 식 (4), (5), (6)을 식 (3)에 대입하면 이 유량에서 가용 유효 흡입 수두가 계산된다.

$$\begin{aligned}\text{NPSH} &= \frac{(10{,}300 - 3169) \text{ N/m}^2}{(997.0 \text{ kg/m}^3)(9.81 \text{ m/s}^2)}\left(\frac{\text{kg·m/s}^2}{\text{N}}\right) + 1.219 \text{ m} \\ &\quad - \left(0.0306\frac{10.5 \text{ ft}}{0.3333 \text{ ft}} + 7.4 - (1.05 - 1)\right)\frac{(3.112 \text{ m/s})^2}{2(9.81 \text{ m/s}^2)} \\ &= 7.148 \text{ m} = 23.5 \text{ ft}\end{aligned} \tag{7}$$

요구 유효 흡입 수두는 그림 12-13로부터 얻어진다. 예를 들고 있는 유량 400 gpm에서, $NPSH_{required}$는 4.0 ft보다 조금 높다. 실제 NPSH는 이보다 매우 높으므로, 이 유량에서는 공동현상을 걱정할 필요가 없다. EES(또는 스프레드시트)를 사용하여 체적유량의 함수로 NPSH를 계산하고, 그 결과를 그림 12-19에 도시하였다. 이 선도로부터 25°C에서 **공동현상은 유량 약 600 gpm 이상에서 발생하는 것**을 명백하게 알 수 있으며, 이는 자유송출에 가깝다.

만약 물의 온도가 25°C보다 높으면 증기압은 증가하고, 점성계수는 감소하며, 밀도는 약간 줄어들 것이다. $T = 60°C$에서 $\rho = 983.3\ kg/m^3$, $\mu = 4.67 \times 10^{-4}\ kg/m \cdot s$, $P_v = 19.94\ kPa$의 값을 갖고 계산을 반복하였다. 이 결과도 역시 그림 12-19에 도시하였으며, **공동현상이 없는 최대 체적유량이 온도에 따라 감소하는 것을 알 수 있다**(60°C에서 약 555 gpm). 이와 같은 감소는 우리의 직관과 일치한다. 왜냐하면 더운 물은 처음부터 이미 끓는점에 더 가깝기 때문이다.

마지막으로, 어떻게 최대유량을 증가시킬 것인가? **가용 NPSH를 증가시키는 어떤 변경이라도 도움이 된다.** 저수조 표면의 높이를 높일 수 있다(정수력 수두의 증가). 단지 하나의 엘보만 필요하도록 배관을 변경하고, 글로브 밸브를 볼 밸브로 교체한다(부차적 손실의 감소). 파이프 직경을 증가시키고, 표면 조도를 감소시킨다(주손실의 감소). 이 특정한 문제에서는 부차적 손실들이 큰 영향을 주지만, 많은 문제에서 주손실이 더 중요하며, 파이프 직경을 증가시키는 것이 가장 효과적이다. 이것이 많은 원심 펌프가 출구 직경보다 더 큰 입구 직경을 갖는 한 가지 이유이다.

토의 $NPSH_{required}$는 물의 온도와 무관하지만, 실제 또는 가용 NPSH는 온도에 따라 감소한다는 것에 유의하자(그림 12-19).

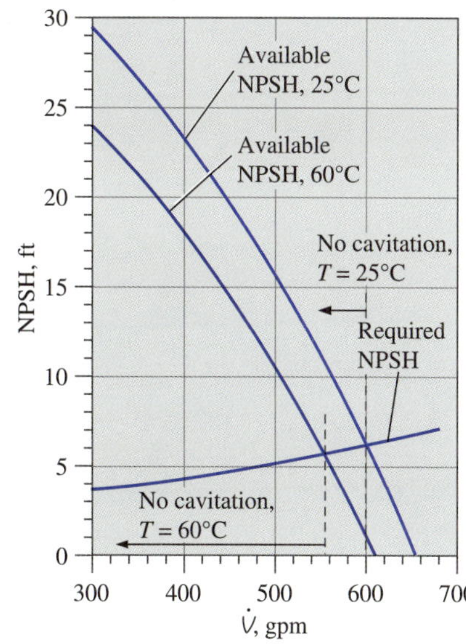

그림 12-19
예제 12-3의 펌프에 대한 두 온도에서 체적유량에 따른 유효 흡입 수두. 가용 NPSH와 요구 NPSH가 교차하는 점보다 큰 유량에서 공동현상의 발생이 예측된다.

직렬 및 병렬 펌프

체적유량 또는 압력 상승을 약간 증가시킬 필요가 발생하면 원래의 펌프에 작은 펌프를 직렬 또는 병렬로 추가하는 것을 생각할 수 있다. 어떤 응용분야에서는 직렬 또는 병렬 배열을 채택할 수 있지만, 특히 만약 한 펌프가 다른 것보다 매우 크다면, **유사하지 않은** 펌프를 직렬 또는 병렬로 배치하는 것이 문제가 될 수 있다(그림 12-20). 더 좋은 방법은 원래의 펌프 속도와 입력 동력(또는 둘 중 하나만)을 증가시키거나(더 큰 전기 모터), 임펠러를 더 큰 것으로 바꾸거나, 전체 펌프를 더 큰 것으로 바꾸는 것이다. 이런 결정을 하는 논리적 근거는, **압력 상승과 체적유량이 서로 관계되어 있다는 것**을 이해한다면, 펌프 성능 곡선으로부터 알 수 있다. 유사하지 않은 펌프의 직렬 배열은 각 펌프를 통과하는 체적유량은 반드시 같지만 총 압력 상승은 한 펌프의 압력 상승에 다른 펌프의 압력 상승을 더한 것과 같기 때문에 문제가 될 수 있다. 만약 펌프들이 아주 다른 성능 곡선을 갖는다면, 작은 펌프는 자신의 자유송출 유량을 초과하는 운전이 강요될 수 있으며, 이는 수두 **손실**처럼 작용하여 총 체적유량을 줄어들게 한다. 유사하지 않은 펌프의 병렬 배열은 전체 압력 상승이 반드시 같아야 되지만, 순 체적유량은 각 지류를 통과하는 유량의 합이기 때문에 문제가 발생할 수 있다. 만약 펌프들이 적정 크기가 아니라면 작은 펌프는 부여되는 큰 수두를 감당할 수 없고, 그 지류를 통과하는 유동은 실제로 **역류**할 수 있으며, 이는 의도와는 다르게 총 압력 상승을 줄일 수 있다. 어떤 경우에도 작은 펌프에 공급되는 동력이 낭비된다.

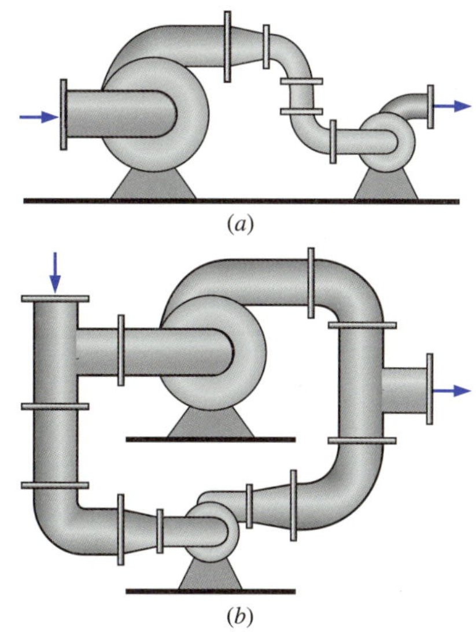

그림 12-20
두 개의 아주 다른 펌프의 (*a*) 직렬 또는 (*b*) 병렬 배열은 종종 문제를 일으킨다.

이런 주의사항을 고려하여 많은 응용분야에서 둘 또는 그 이상의 유사한(보통은 동일한) 펌프들을 직렬 또는 병렬로 운전한다. **직렬**로 운전될 경우(주어진 체적유량에서) 연합 순수두는 단순히 각 펌프의 순수두들의 합이다.

직렬로 연결된 펌프 *n*개의 연합 순수두:

$$H_{\text{combined}} = \sum_{i=1}^{n} H_i \tag{12-9}$$

두 개 또는 그 이상의 동일한(또는 유사한) 펌프가 **병렬**로 운전되는 경우, 각 펌프의(순수두 대신에) 체적유량을 합한다.

병렬 연결된 펌프 *n*개의 연합 용량:

$$\dot{V}_{\text{combined}} = \sum_{i=1}^{n} \dot{V}_i \tag{12-10}$$

용적식 펌프

수 세기 동안 많은 용적식 펌프가 설계되어 왔다. 모든 설계에서, 유체는 확장하는 체적으로 흡입되고 체적이 수축되면서 밀려나가지만, 다양한 설계에서 체적 변화를 발생시키는 메커니즘들은 서로 크게 다르다. 어떤 설계는, 작은 바퀴로 튜브를 압축하여 유체를 밀어내는 유연 튜브 **연동 펌프(peristaltic pump)**와 같이(그림 12-21*a*) 무척 단순하다(이 메커니즘은 바퀴 대신 근육으로 튜브를 압축하는 식도나 장의 연

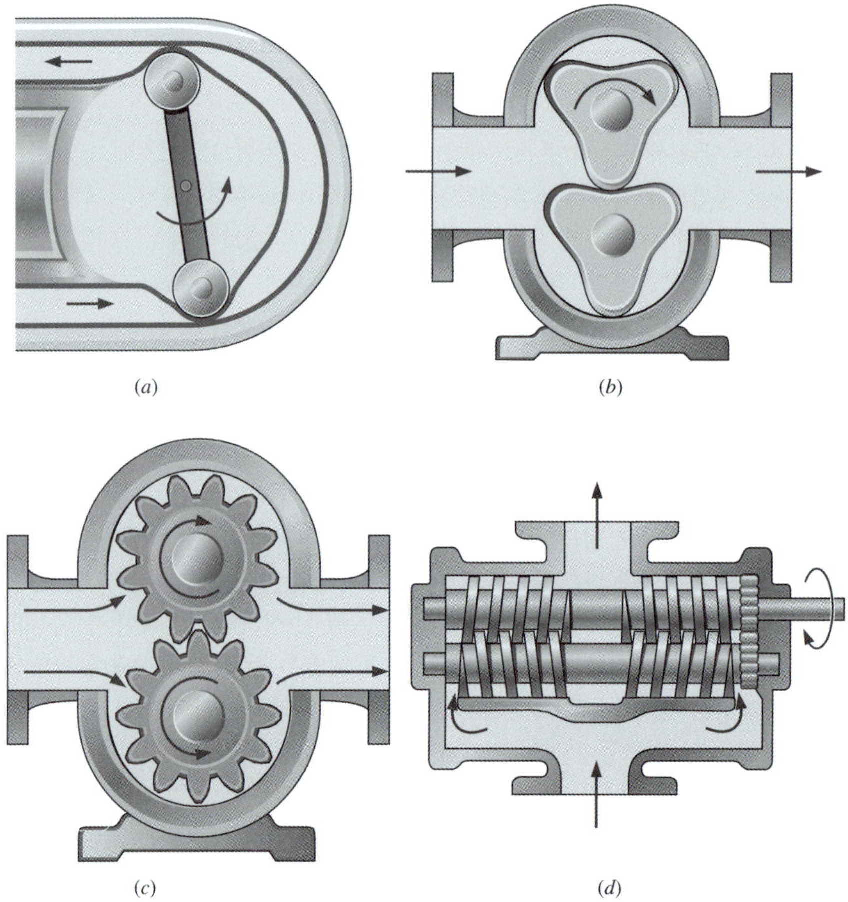

그림 12-21
용적식 펌프의 예. (*a*) 유연 튜브 연동 펌프, (*b*) 3 로브 로터리 펌프, (*c*) 기어 펌프, (*d*) 이중 스크루 펌프.

Adapted from F. M. White, Fluid Mechanics 4/e. Copyright ⓒ 1999. The McGraw-Hill Companies, Inc. With permission.

동 운동과 다소 비슷하다). 다른 설계들은 좀 더 복잡하며, 동기 로브를 갖춘 회전 캠(그림 12-21*b*), 맞물림 기어(그림 12-21*c*), 스크루(그림 12-21*d*) 등을 사용한다. 용적식 펌프는 점성 액체 또는 진한 슬러리의 이송과 같은 고압 응용분야와 의료분야처럼 정확한 양의 액체를 분배 또는 계량하는 응용분야에 이상적이다.

용적식 펌프의 작동을 설명하기 위하여 두 개의 로터 각각에 두 개의 로브가 달린 단순한 **로터리 펌프**의 반 주기 동안 네 개의 위상을 나타내었다. 두 로터는 외부 기어박스에 의해 동기화되어 방향은 서로 반대지만 동일한 각속도로 회전한다. 이 그림에서 위 로터는 시계방향, 아래 로터는 반시계방향으로 회전하면서 왼쪽으로부터 유체를 흡입하여 오른쪽으로 송출한다. 회전의 가시화를 돕기 위하여 각 로터의 한쪽 로브에 흰점을 그렸다.

로터리 펌프는 용량이 주어진 회전 속도에서 부하에 관계없이 거의 일정하므로, 펌프 성능 곡선(용량 대 순수두)은 추천되는 운전 범위 전체에 걸쳐서 수직에 가깝다(그림 12-22). 그러나 그림 12-22에서 파란색 점선으로 나타낸 것처럼, 매우 높은 펌프 출구 압력에 해당하는 매우 높은 순수두값에서는 점도가 높은 유체일지라도 누설이 더 심해진다. 더욱이 펌프를 구동하는 모터는 이 높은 출구 압력으로 발생하는 큰 토크를 극복할 수 없고, 모터는 실속 또는 과부하에 노출되기 시작하며, 이로 인해 모터가 타버릴 수 있다. 그러므로 로터리 펌프 생산업체는 특정한 최대 순수두 이상으로 펌프를 운전하는 것을 추천하지 않으며, 이는 일반적으로 차단 수두보다 많이 낮다. 심지어 생산업체가 제공하는 펌프 성능 곡선에는 종종 추천하는 운전 범위를 벗어난 펌프 성능이 표시조차 되어 있지 않다.

용적식 펌프는 동역학적 펌프에 비하여 많은 장점이 있다. 예를 들면, 비슷한 압력과 유량에서 운전되는 동역학적 펌프의 경우보다 유도되는 전단변형이 훨씬 적으므로, 용적식 펌프는 전단변형에 민감한 액체를 더 잘 다룰 수 있다. 혈액은 전단변형에 민감한 액체이며, 이것이 인공심장에 용적식 펌프가 사용되는 이유 중 하나이다. 잘 밀봉된 용적식 펌프는 건조한 경우일지라도 입구에서 상당한 진공 압력을 형성할 수 있으며, 따라서 펌프 아래 수 미터의 액체를 펴 올릴 수 있다. 이 종류의 펌프를 **자흡 펌프(self-priming pump)**라고 한다(그림 12-23). 마지막으로 용적식 펌프의 로터는 동역학적 펌프의 로터(임펠러)보다 저속으로 작동되므로 실(seal) 등의 유효 수명이 길어지는 장점을 갖는다.

용적식 펌프의 해석은 비교적 단순하다. 펌프의 기하학적 형상으로부터 축의 매 n 회전당 채워지는(그리고 배출되는) **밀폐 체적**(V_{closed})을 계산한다. 그러면 체적유량은 회전율 $\dot{n}$ 곱하기 V_{closed} 나누기 n이 된다.

용적식 펌프의 체적유량:

$$\dot{V} = \dot{n}\frac{V_{closed}}{n} \qquad (12\text{-}11)$$

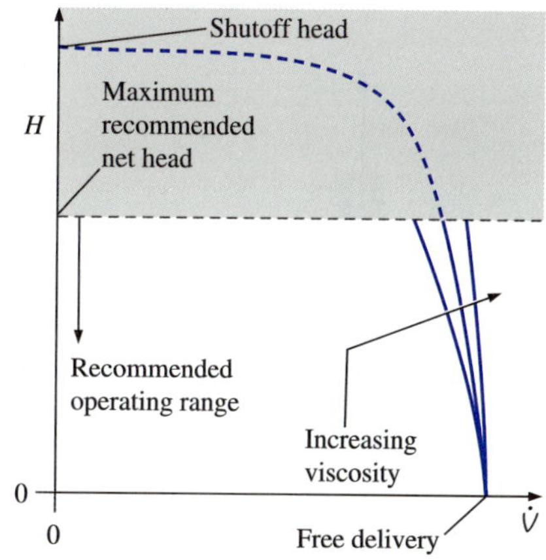

그림 12-22
동일한 속도지만 다양한 점성을 갖는 유체들로 운전되는 로터리 펌프의 펌프 성능 곡선 비교. 모터의 과부하를 피하기 위하여 그림의 어두운 지역에서는 절대로 펌프를 운전하지 말아야 한다.

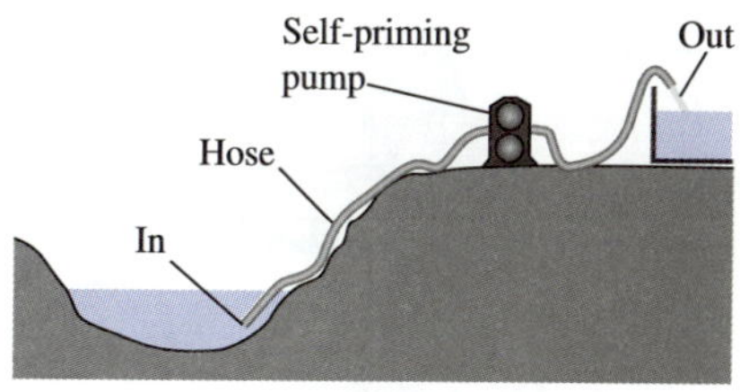

그림 12-23
펌프 자체가 "비어 있는" 경우에도 액체를 펴 올릴 수 있는 펌프를 자흡 펌프(self-priming pump)라고 한다.

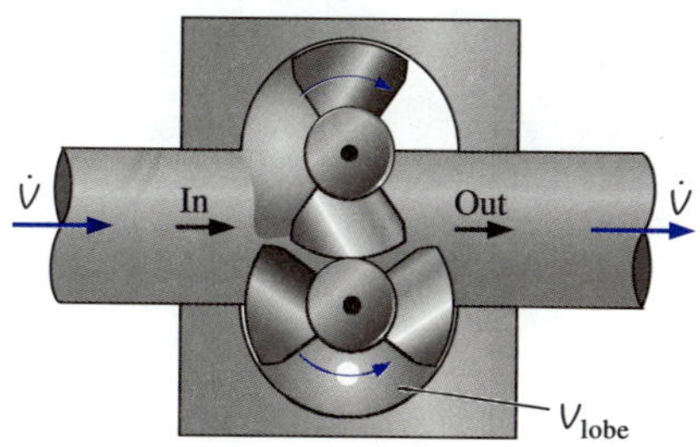

그림 12-24
예제 12-4의 2 로브 펌프. 유동은 왼쪽에서 오른쪽이다.

예제 12-4 용적식 펌프를 통과하는 체적유량

유사한 두 개의 로브를 갖는 로터리 용적식 펌프가, 그림 12-24에 나타낸 것처럼, 각 로브 체적 V_{lobe}에 0.45 cm^3의 차량용 SAE 30 윤활유를 이송하고 있다. $\dot{n}$ = 900 rpm에 대해

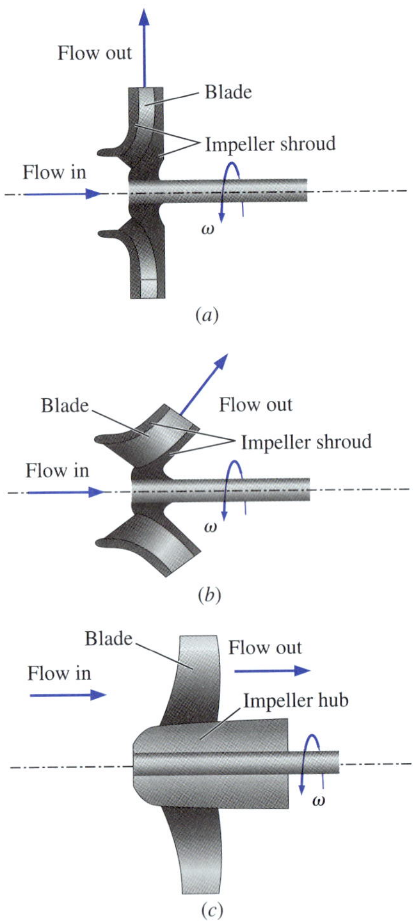

그림 12-25
세 가지 주된 부류의 동역학적 펌프 임펠러(회전하는 부분): (*a*) **원심류** 펌프, (*b*) **혼류** 펌프, (*c*) **축류** 펌프.

그림 12-26
전형적인 원심 송풍기와 그 특징인 달팽이 모양의 스크롤.
Courtesy The New York Blower Company, Willowbrook, IL. Used by permission.

윤활유의 체적유량을 계산하라.

풀이 주어진 로브 체적과 회전율에 대하여 용적식 펌프를 지나는 윤활유의 체적유량을 계산하려고 한다.

가정 1 유동은 평균적으로 정상이다. 2 로브와 로브 또는 로브와 케이싱 사이 간극에서 누설이 없다. 3 윤활유는 비압축성이다.

해석 두 개의 대향-회전하는 축이 반바퀴 회전하는 동안(n = 0.5 회전에서 180°) 이송되는 윤활유의 총 체적은 $V_{closed} = 2V_{lobe}$이다. 그러면 체적유량은 식 (12-11)에서 계산된다.

$$\dot{V} = \dot{n}\frac{V_{closed}}{n} = (900 \text{ rot/min})\frac{2(0.45 \text{ cm}^3)}{0.5 \text{ rot}} = \mathbf{1620 \ cm^3/min}$$

토의 만약 펌프에 누설이 있다면 체적유량은 더 작아진다. 윤활유의 밀도는 체적유량의 계산에 필요하지 않다. 그러나 유체 밀도가 높아질수록 요구되는 축 토크와 제동마력이 커진다.

동역학적 펌프

임펠러 블레이드 또는 **로터 블레이드**라고 부르는, 유체에 운동량을 전하는 회전 블레이드가 있는 동역학적 펌프에는 세 가지 주된 형태가 있다. 이런 이유로 이들을 가끔 **로터다이나믹 펌프** 또는 간단히 **로터리 펌프**라고 부른다(같은 이름을 사용하는 로터리 용적식 펌프와 혼동하지 말 것). 또한 제트 펌프와 전자기식 펌프처럼 몇 가지 비회전식 동역학적 펌프도 있지만, 이 교재에서는 다루지 않는다. 로터리 펌프는 펌프에서 송출되는 유동 방식에 따라 **원심류, 축류, 혼류**로 분류된다(그림 12-25). **원심류 펌프(centrifugal-flow pump)**에서는 유체가 펌프의 중심에서 축방향(회전축의 축과 같은 방향)으로 들어오지만 펌프 케이싱의 바깥 반경을 따라 반경방향으로(또는 접선방향으로) 송출된다. 이 때문에 원심 펌프는 또한 **반경류 펌프(radial-flow pump)**라고도 한다. **축류 펌프(axial-flow pump)**에서는 유체가 축방향으로 들어오고 나가며, 이때 축, 모터, 허브 등의 장애물 때문에 주로 펌프의 바깥 부분을 따라 흐른다. **혼류 펌프(mixed-flow pump)**는 원심류와 축류의 중간 형태이며, 유동은 반드시 중심일 필요는 없으나, 축방향으로 들어오지만 반경방향과 축방향 사이의 어떤 각도로 나간다.

원심 펌프

원심 펌프와 송풍기는 **스크롤**이라고 하는 달팽이 형상의 케이싱으로 쉽게 구별할 수 있다(그림 12-26). 이들은 식기세척기, 욕조, 세탁기와 건조기, 헤어드라이어, 진공청소기, 부엌 환기 장치, 화장실 환기 팬, 낙엽 청소용 송풍기, 화로 등과 같이 집 근처 모든 곳에서 볼 수 있다. 이들은 엔진의 냉각수 펌프, 히터/에어컨 장치의 공기 송풍기 등과 같이 자동차에도 사용된다. 원심 펌프는 또한 산업 시설의 어디에나 존재하며, 빌딩의 환기 시스템, 세척 공정, 냉각조와 냉각탑 및 그 밖에 유체를 이송하는 수많은 산업 공정에서 사용된다.

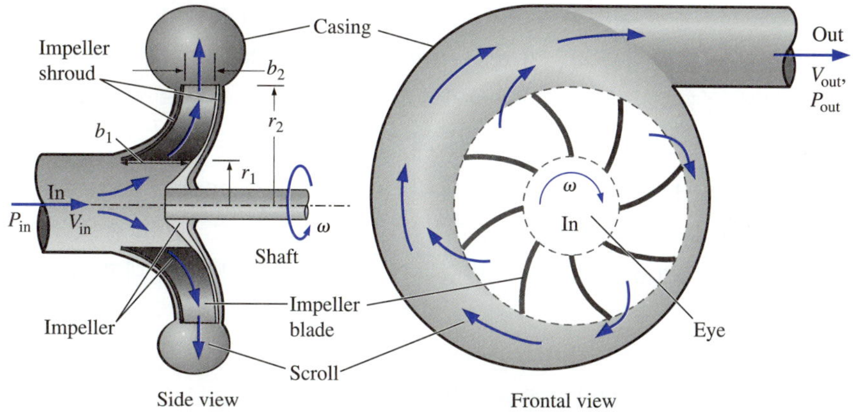

그림 12-27
전형적인 **원심 펌프**의 측면도와 정면도. 유체가 펌프의 가운데(**눈, eye**)에서 축방향으로 유입되고, 회전하는 블레이드 조립체(**임펠러**)에 의해서 바깥쪽으로 밀려나며, 확장 디퓨저(**스크롤**)로 확산되어 펌프 밖으로 송출된다. 임펠러 블레이드에서 입구와 출구의 반경 위치를 각각 r_1과 r_2로 정의하며, b_1과 b_2는 각각 임펠러 블레이드 입구와 출구에서 축 블레이드 폭이다.

그림 12-27은 원심 펌프의 개략도를 보여 준다. 블레이드의 경직도를 증가시키기 위하여 종종 **슈라우드**가 임펠러 블레이드를 감싼다는 것에 유의하라. 펌프 용어로 축, 허브, 임펠러 블레이드, 임펠러 슈라우드를 포함하는 회전 조립체를 **임펠러** 또는 **로터**라고 한다. 유체는 펌프의 비어 있는 중앙 부분(**눈, eye**)을 통하여 축방향으로 들어온 후 회전하는 블레이드를 만난다. 유체는 임펠러 블레이드의 운동량 전달에 의해 접선 및 반경 속도를 얻는다. 그리고 소위 원심력에 의해 반경 속도를 추가적으로 얻는데, 이 원심력은 실제로는 원운동을 지속하기 위한 충분한 **구심력**이 없는 것이다. 유동은 반경방향으로 튀어나와 스크롤[**볼류트**라고도 함] 속으로 들어가면서 속도와 압력을 얻은 후 임펠러를 떠난다. 그림 12-27에 나타낸 것처럼 스크롤은 달팽이 형상의 **디퓨저**로서, 그 목적은 임펠러 블레이드 후단을 떠나는 빠르게 움직이는 유체를 감속하고, 이로써 유체의 압력이 더욱 증가하며, 모든 블레이드 경로의 유동을 합하여 공동 출구로 향하게 하는 것이다. 앞에서 설명한 것처럼, 만약 유동이 평균적으로 정상이고, 비압축성이며, 입구와 출구 직경이 같다면 출구의 평균 유속은 입구에서 값과 동일하다. 따라서 원심 펌프의 입구로부터 출구까지 증가하는 것은 속도가 아니라 **압력**이다.

펌프의 눈으로 들어오는 체적유량 $\dot{V}$는 폭 b_1과 반경 r_1로 정해진 원주방향 단면적을 통과한다. 질량 보존 법칙으로부터 이와 동일한 체적유량이 반드시 폭 b_2와 반경 r_2로 정해진 원주방향 단면적을 통과해야만 한다. 그림 12-28에서 정의된 평균 수직 속도 성분 $V_{1,n}$과 $V_{2,n}$을 이용하면 다음과 같이 나타낼 수 있다.

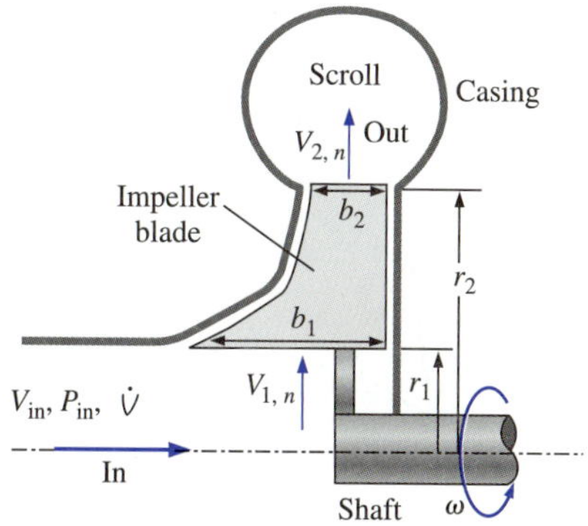

그림 12-28
속도 벡터의 기초적인 해석을 위한 단순화된 원심 펌프의 확대 측면도. $V_{1,n}$과 $V_{2,n}$은 반경 r_1과 r_2의 각각에서 속도의 평균 수직(반경방향) 성분으로 정의된다.

체적유량:

$$\dot{V} = 2\pi r_1 b_1 V_{1,n} = 2\pi r_2 b_2 V_{2,n} \tag{12-12}$$

이로부터 다음을 얻는다.

$$V_{2,n} = V_{1,n}\frac{r_1 b_1}{r_2 b_2} \tag{12-13}$$

식 (12-13)으로부터 두 반경에서 b와 r에 따라 $V_{2,n}$은 $V_{1,n}$보다 작을 수도, 같을 수도 또는 클 수도 있다는 것이 명백하다.

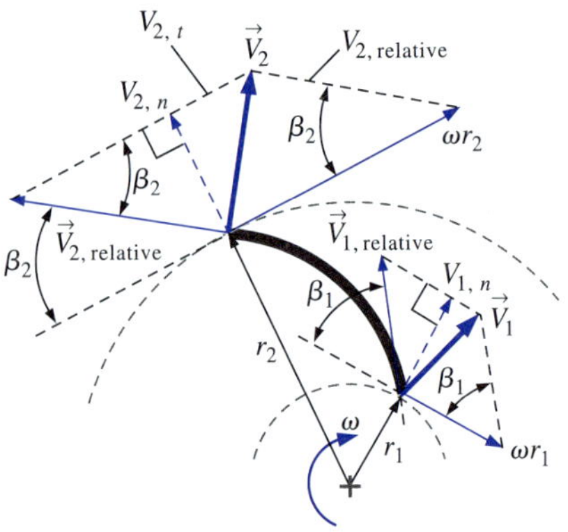

그림 12-29
속도 벡터의 기초적인 해석을 위한 단순화된 원심 펌프의 확대 정면도. 유체의 절대 속도는 굵은 화살표로 나타내었다. 상대 속도 벡터로 나타낸 것처럼, 블레이드와 함께 회전하는 좌표에서 볼 때 유동은 모든 곳에서 블레이드 표면에 접선방향이라고 가정하였다.

그림 12-29은 임펠러 블레이드 한 개의 확대 정면도를 나타내며, 반경 속도와 접선 속도 성분을 모두 보여 주고 있다. 여기서는 후향경사 블레이드를 보여 주지만, 블레이드가 **어떤** 경사를 갖든지 해석 방법은 모두 같다. 블레이드의 입구(반경 r_1 위치)는 접선 속도 ωr_1로 움직인다. 마찬가지로 블레이드의 출구는 접선 속도 ωr_2로 움직인다. 그림 12-29으로부터 블레이드의 경사 때문에 이 두 접선 속도는 크기뿐만 아니라 방향도 다르다는 것을 명백하게 알 수 있다. **선단각(leading edge angle)** β_1은 반경 r_1에서 접선의 반대방향에 대한 블레이드각으로 정의된다. 같은 방법으로 **후단각(trailing edge angle)** β_2는 반경 r_2에서 접선의 반대방향에 대한 블레이드각으로 정의된다.

이제 상당히 단순화시키는 근사를 하자. 유동은 **블레이드 선단과 평행하게** 블레이드에 부딪치고 **블레이드 후단과 평행하게** 블레이드를 떠난다고 가정한다. 다시 말하면

> 블레이드와 함께 회전하는 좌표에서 유동은 항상 블레이드 표면에 대하여 접선방향이라고 가정한다.

입구에서 이러한 근사를 때로는 **충격이 없는 진입 조건**이라고 하는데, 이를 충격파(10장)와 혼동하지 말아야 한다. 이 용어는 오히려 급격한 방향 전환 "충격" 없이 유동이 부드럽게 임펠러 블레이드로 들어오는 것을 의미한다. 이 근사의 본질적인 개념은 블레이드 표면의 어디에서도 **유동 박리가 발생하지 않는다**는 가정이다. 만약 원심 펌프가 설계 조건 또는 그 부근에서 운전된다면 이 가정은 타당하다. 그러나 펌프가 설계 조건에서 크게 벗어나서 운전된다면 블레이드 표면에서 유동 박리가 일어날 수 있으며(일반적으로 역압력구배가 일어나는 흡입면), 이런 단순화된 해석은 맞지 않는다.

단순화 가정에 따라 그림 12-29에 속도 벡터 $\vec{V}_{1,\,\text{relative}}$과 $\vec{V}_{2,\,\text{relative}}$ 블레이드를 표면에 평행하게 나타내었다. 이들은 회전하는 블레이드와 함께 움직이는 관찰자의 좌표에 나타내는 속도 벡터들이다. 그림 12-29에 나타낸 것처럼 평행사변형을 그려 접선 속도 ωr_1(반경 r_1에서 블레이드 속도)과 $\vec{V}_{1,\,\text{relative}}$의 벡터합을 구할 경우, 합 벡터는 블레이드 입구에서 유체의 **절대 속도** $\vec{V}_1$이다. 매우 비슷한 방법으로 블레이드 출구에서 유체의 절대 속도 $\vec{V}_2$를 구한다(이 또한 그림 12-29에 나타내었다). 도표를 완성하기 위하여 그림 12-29에는 수직 속도 성분 $\vec{V}_{1,\,n}$과 $\vec{V}_{2,\,n}$도 나타내었다. 이 수직 속도 성분들은 절대좌표 또는 상대좌표 중 어느 것이 사용되는가 하는 것과 관계가 없다는 것에 유의하자.

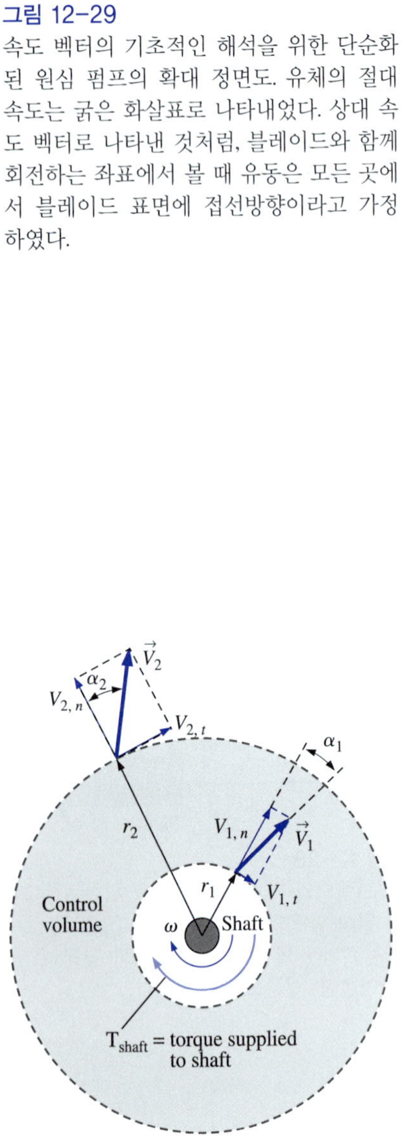

그림 12-30
원심 펌프의 각운동량 해석을 위해 사용되는 검사체적(어두운 지역). 절대 접선 속도 성분 $V_{1,\,t}$와 $V_{2,\,t}$를 표시하였다.

운동량 모멘트는 벡터적 $\vec{r}\times\vec{V}$로 정의되므로 단지 $\vec{V}_1$과 $\vec{V}_2$의 **접선방향** 성분만 축 토크와 관련이 있다. 이는 그림 12-30에서 $V_{1,\,t}$와 $V_{2,\,t}$로 나타내었다. 결과적으로 축 토크는, **Euler 터보기계 방정식(Euler의 터빈공식**이라고도 함)으로 주어진, 입구에서 출구까지 사이에서 운동량 모멘트 변화와 같게 된다.

Euler 터보기계 방정식:

$$T_{\text{shaft}} = \rho\dot{V}(r_2 V_{2,\,t} - r_1 V_{1,\,t}) \tag{12-14}$$

또는 각 α_1과 α_2 그리고 절대 속도 벡터의 크기로 나타내면,

다른 형태의 Euler 터보기계 방정식:

$$T_{shaft} = \rho\dot{V}(r_2V_2 \sin \alpha_2 - r_1V_1 \sin \alpha_1) \qquad (12\text{-}15)$$

단순화된 해석에는 비가역 손실이 없다. 즉, 펌프 효율 $\eta_{pump} = 1$이고, 이는 수마력 $\dot{W}_{water\ horsepower}$와 제동마력 bhp가 동일하다는 것을 의미한다. 식 (12-3)과 (12-4)를 이용하면

$$\text{bhp} = \omega T_{shaft} = \rho\omega\dot{V}(r_2V_{2,t} - r_1V_{1,t}) = \dot{W}_{water\ horsepower} = \rho g\dot{V}H \qquad (12\text{-}16)$$

이를 순수두 H에 대하여 풀면

순수두: $$H = \frac{1}{g}(\omega r_2V_{2,t} - \omega r_1V_{1,t}) \qquad (12\text{-}17)$$

예제 12-5 이상적인 송풍기 성능

원심 송풍기가 $\dot{n} = 1750$ rpm(183.3 rad/s)으로 회전한다. 그림 12-31에 나타낸 것처럼 공기가 임펠러의 블레이드에 수직으로($\alpha_1 = 0°$) 들어오고, 반경방향으로부터 40° 각도($\alpha_2 = 40°$)로 나간다. 입구 반경은 $r_1 = 4.0$ cm이며, 입구 블레이드 폭은 $b_1 = 5.2$ cm이다. 출구 반경은 $r_2 = 8.0$ cm이며, 출구 블레이드 폭은 $b_2 = 2.3$ cm이다. 체적유량은 0.13 m^3/s이다. 이상적인 경우, 즉 효율 100%에 대해 이 송풍기에 의해서 생성되는 순수두를 mm 단위의 수주 높이로 구하라. 또한 요구 제동마력을 W 단위로 구하라.

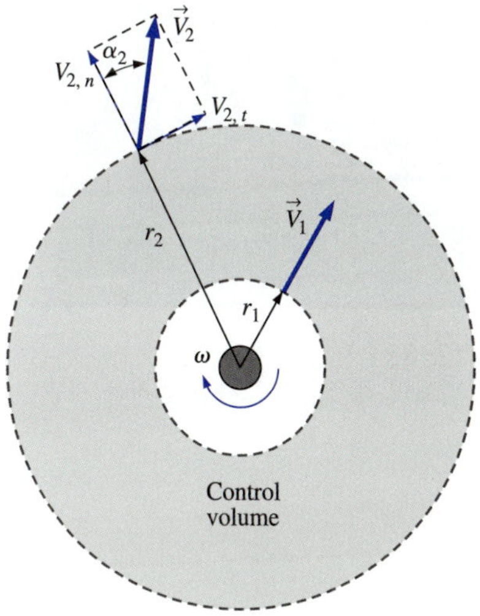

그림 12-31
예제 12-5의 원심 송풍기에 대한 검사체적과 절대 속도 벡터. 송풍기 축방향으로 본 모습이다.

풀이 주어진 체적유량과 회전 속도에서 이상적인 송풍기의 제동마력과 순수두를 구하고자 한다.

가정 **1** 유동은 평균적 정상이다. **2** 로터 블레이드와 송풍기 케이싱 사이의 간극에서 누설이 없다. **3** 공기는 비압축성이다. **4** 송풍기의 효율은 100%(비가역 손실이 없음)이다.

상태량 공기의 밀도는 $\rho_{air} = 1.20$ kg/m^3이다.

해석 체적유량(용량)이 주어졌으므로 식 (12-12)를 이용하여 입구의 수직 속도 성분을 계산하면

$$V_{1,n} = \frac{\dot{V}}{2\pi r_1b_1} = \frac{0.13 \text{ m}^3/\text{s}}{2\pi(0.040 \text{ m})(0.052 \text{ m})} = 9.947 \text{ m/s} \qquad (1)$$

$\alpha_1 = 0°$이므로 $V_1 = V_{1,n}$, $V_{1,t} = 0$이다. 유사하게 $V_{2,n} = 11.24$ m/s 그리고

$$V_{2,t} = V_{2,n} \tan \alpha_2 = (11.24 \text{ m/s}) \tan(40°) = 9.435 \text{ m/s} \qquad (2)$$

이제 순수두를 예측하기 위하여 식 (12-17)을 사용하면,

$$H = \frac{\omega}{g}(r_2V_{2,t} - r_1\underbrace{V_{1,t}}_{0}) = \frac{183.3 \text{ rad/s}}{9.81 \text{ m/s}^2}(0.080 \text{ m})(9.435 \text{ m/s}) = 14.1 \text{ m} \qquad (3)$$

식 (3)의 순수두는 작동 유체인 공기의 m 단위라는 것에 유의하자. 압력을 mm 단위의 수주 높이로 환산하기 위하여 물 밀도에 대한 공기 밀도의 비를 곱한다.

$$H_{\text{water column}} = H\frac{\rho_{\text{air}}}{\rho_{\text{water}}}$$

$$= (14.1\text{ m})\frac{1.20\text{ kg/m}^3}{998\text{ kg/m}^3}\left(\frac{1000\text{ mm}}{1\text{ m}}\right) = \mathbf{17.0\text{ mm of water}} \tag{4}$$

마지막으로, 요구되는 제동마력을 예측하기 위하여 식 (12-16)을 사용한다.

$$\text{bhp} = \rho g\dot{V}H = (1.20\text{ kg/m}^3)(9.81\text{ m/s}^2)(0.13\text{ m}^3\text{/s})(14.1\text{ m})\left(\frac{\text{W·s}}{\text{kg·m/s}^2}\right)$$

$$= \mathbf{21.6\text{ W}} \tag{5}$$

토의 식 (5)에서 kg, m, s 단위를 W로 전환한 것에 유의하라. 많은 터보기계 계산에서 이런 전환이 유용하게 될 것이다. 비효율성 때문에 공기로 공급되는 실제 순수두는 식 (3)으로 예측되는 값보다 작게 된다. 유사하게, 송풍기의 비효율성, 축마찰 등의 이유로 실제 제동마력은 식 (5)로 예측되는 값보다 크게 된다.

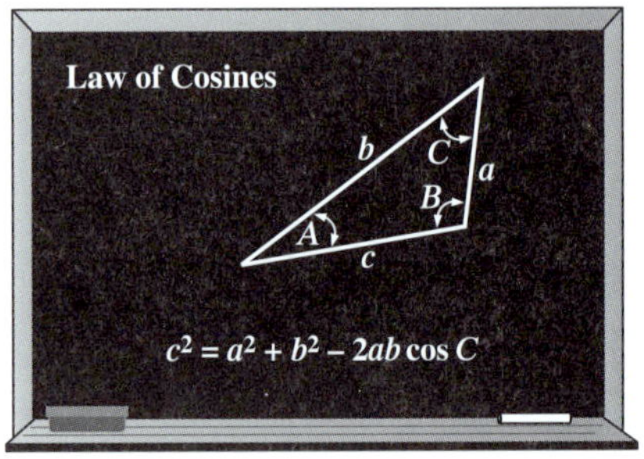

그림 12-32
원심 펌프의 해석에는 코사인 법칙을 사용한다.

임펠러 블레이드의 형상을 설계하기 위해서는 삼각법을 사용하여 $V_{1,t}$와 $V_{2,t}$를 블레이드각 β_1과 β_2의 항으로 나타내야만 한다. 그림 12-29에 있는 절대 속도 벡터 $\vec{V}_2$, 상대 속도 벡터 $\vec{V}_{2,\text{relative}}$, 반경 r_2에서 블레이드의 접선 속도(크기 ωr_2)로 형성된 삼각형에 대하여 **코사인 법칙**(그림 12-32)을 적용하면 다음을 얻는다.

$$V_2^2 = V_{2,\text{relative}}^2 + \omega^2 r_2^2 - 2\omega r_2 V_{2,\text{relative}}\cos\beta_2 \tag{12-18}$$

그러나 그림 12-29으로부터 다음도 알 수 있다.

$$V_{2,\text{relative}}\cos\beta_2 = \omega r_2 - V_{2,t}$$

이 식을 식 (12-18)에 대입하면 다음과 같다.

$$\omega r_2 V_{2,t} = \frac{1}{2}(V_2^2 - V_{2,\text{relative}}^2 + \omega^2 r_2^2) \tag{12-19}$$

블레이드 입구에서도 비슷한 식이 구해진다[식 (12-19)의 모든 하첨자 2를 하첨자 1로 바꾼다]. 이들을 식 (12-17)에 대입하면 다음을 얻는다.

순수두:

$$H = \frac{1}{2g}[(V_2^2 - V_1^2) + (\omega^2 r_2^2 - \omega^2 r_1^2) - (V_{2,\text{relative}}^2 - V_{1,\text{relative}}^2)] \tag{12-20}$$

식 (12-20)은 이상적인 경우(비가역 손실이 없음)에 순수두는 절대 운동 에너지의 변화에 로터 끝단(rotor tip) 운동 에너지의 변화를 합하고 임펠러 입구에서 출구까지 상대 운동 에너지 변화를 뺀 값에 비례한다는 것을 의미한다. 마지막으로, 식 (12-20)과 식 (12-2)를 같게 놓으면 다음을 알 수 있으며, 여기서 하첨자 2는 유출, 하첨자 1은 유입이라고 하자.

$$\left(\frac{P}{\rho g} + \frac{V_{\text{relative}}^2}{2g} - \frac{\omega^2 r^2}{2g} + z\right)_{\text{out}} = \left(\frac{P}{\rho g} + \frac{V_{\text{relative}}^2}{2g} - \frac{\omega^2 r^2}{2g} + z\right)_{\text{in}} \tag{12-21}$$

이 해석이 입구와 출구에만 한정되지 않다는 것에 유의하자. 실제로 식 (12-21)은 임펠러를 따라 **임의**의 두 반경에 적용할 수 있다. 그러면 일반적으로 **회전하는 좌표계에서 Bernoulli 방정식**이라고 하는 일반화된 식을 쓸 수 있다.

$$\frac{P}{\rho g} + \frac{V^2_{\text{relative}}}{2g} - \frac{\omega^2 r^2}{2g} + z = \text{constant} \tag{12-22}$$

식 (12-22)는 일반적인 Bernoulli 방정식과 같다는 것을 알 수 있으며, 단지 속도가 **상대 속도**(회전좌표에서)이므로 회전 효과를 반영하기 위하여 식에 "추가" 항[식 (12-22) 좌변의 세 번째 항]이 나타난다(그림 12-33). 여기서 식 (12-22)는 단지 임펠러에 걸쳐서 비가역 손실이 없는 이상적인 경우에만 적용 가능한 근사식이라는 것을 강조한다. 그럼에도 불구하고, 이는 원심 펌프의 임펠러를 지나는 유동에 대한 1차 근사로서 유용하다.

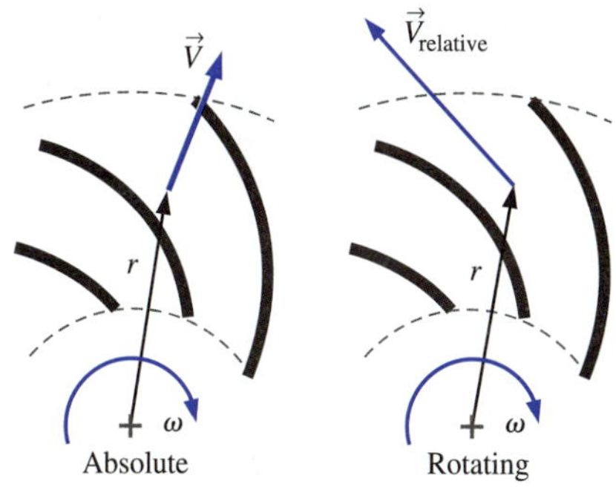

그림 12-33
비가역 손실 없이 임펠러를 지나는 유동의 근사를 위해서는 종종 임펠러와 함께 회전하는 좌표에서 다루는 것이 더 편리하다. 이 경우 Bernoulli 방정식은 식 (12-22)에 나타낸 것처럼 추가항을 갖는다.

이제 순수두에 대한 방정식인 식 (12-17)을 더 자세히 살펴보자. $V_{1,t}$를 포함하는 항은 음의 부호를 갖고 있으므로 $V_{1,t}$를 0으로 설정하면 최대 H를 얻을 수 있다(펌프의 눈에서는 **음**의 $V_{1,t}$값을 생성하는 메커니즘이 없다고 가정한다). 따라서 펌프의 **설계 조건**에 대한 1차 근사는 $V_{1,t} = 0$으로 설정하는 것이다. 다시 말하면, 임펠러 블레이드로 유입되는 유동이 절대좌표에서 순전히 반경방향이고 $V_{1,n} = V_1$이 되도록 블레이드 입구각 β_1을 선택한다. 그림 12-29의 $r = r_1$에서 속도 벡터들을 그림 12-34에 확대하여 다시 나타내었다. 삼각법을 약간 적용하면 다음을 알 수 있다.

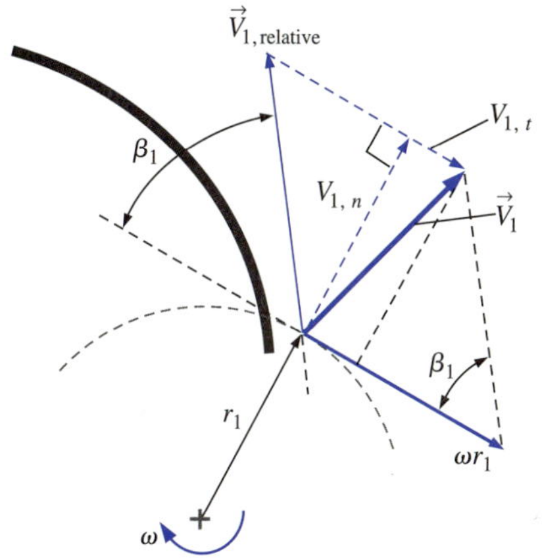

그림 12-34
임펠러 블레이드 입구에서 속도 벡터의 확대 정면도. 절대 속도는 굵은 화살표로 나타내었다.

$$V_{1,t} = \omega r_1 - \frac{V_{1,n}}{\tan \beta_1} \tag{12-23}$$

$V_{2,t}$에 대하여(하첨자 1을 2로 대체) 또는 실제로 r_1과 r_2 사이의 모든 반경에 대하여 유사한 표현이 얻어진다. $V_{1,t} = 0$이고 $V_{1,n} = V_1$일 때,

$$\omega r_1 = \frac{V_{1,n}}{\tan \beta_1} \tag{12-24}$$

마지막으로, 식 (12-24)를 식 (12-12)와 조합하면 체적유량을 입구 블레이드각 β_1과 회전 속도의 함수로 표현할 수 있다.

$$\dot{V} = 2\pi b_1 \omega r_1^2 \tan \beta_1 \tag{12-25}$$

예제 12-6에서 보여 주는 것처럼 식 (12-25)는 임펠러 블레이드 형상의 예비 설계에 사용될 수 있다.

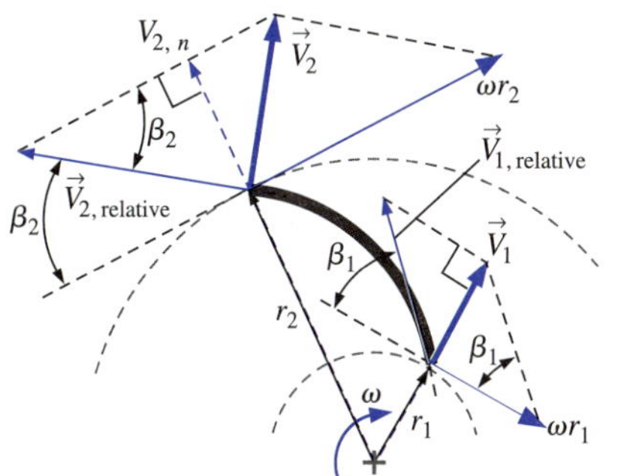

그림 12-35
예제 12-6의 원심 펌프 임펠러 설계를 위한 상대 및 절대 속도 벡터와 형상.

예제 12-6 원심 펌프의 예비 설계

상온의 대기압에서 액체 냉매 R-134a를 이송하기 위한 원심 펌프를 설계하고 있다. 임펠러 입구와 출구 반경은 각각 $r_1 = 100$ mm와 $r_2 = 180$ mm이다(그림 12-35). 임펠러 입구와 출구의 폭은 각각 $b_1 = 50$ mm와 $b_2 = 30$ mm이다(그림 12-35에서 지면 깊이 방향). 펌프는 임펠러가 1720 rpm으로 회전할 때 순수두 14.5 m에서 0.25 m³/s의 액체를 이송하려고 한다. 이 운전 조건이 펌프의 **설계 조건**인 경우(그림에 나타낸 것처럼 $V_{1,t} = 0$)에 대

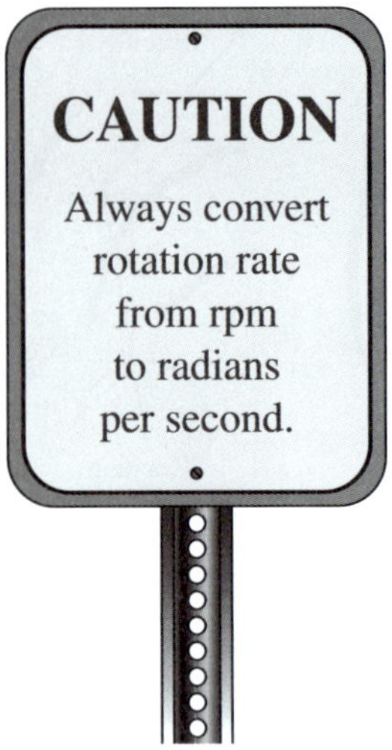

그림 12-36
적합한 단위 변환에는 회전율의 단위로 rad/s가 요구된다.

해 블레이드 형상을 설계하라. 구체적으로, 각 β_1과 β_2를 계산하고, 블레이드의 형상에 대해 논의하라. 또한 펌프가 요구하는 마력을 예측하라.

풀이 주어진 유량, 순수두, 원심 펌프의 치수에 대하여 블레이드 형상(선단각과 후단각)을 설계하고자 한다. 또한 펌프에 요구되는 마력을 예측하고자 한다.

가정 **1** 유동은 정상이다. **2** 액체는 비압축성이다. **3** 임펠러에서 비가역 손실은 없다. **4** 이는 단지 예비 설계이다.

상태량 $T = 20°\text{C}$에서 냉매 R-134a는 $v_f = 0.0008157\ \text{m}^3/\text{kg}$이고, 따라서 $\rho = 1/v_f = 1226\ \text{kg/m}^3$ 이다.

해석 식 (12-3)으로부터 요구되는 수마력을 계산한다.

$$\begin{aligned}\dot{W}_{\text{water horsepower}} &= \rho g \dot{V} H \\ &= (1226\ \text{kg/m}^3)(9.81\ \text{m/s}^2)(0.25\ \text{m}^3/\text{s})(14.5\ \text{m})\left(\frac{\text{W·s}}{\text{kg·m/s}^2}\right) \\ &= 43{,}600\ \text{W}\end{aligned}$$

실제로 펌프에서 요구되는 제동마력은 이보다 클 것이다. 그러나 이 예비 설계를 위한 근사에 따라, bhp가 $\dot{W}_{\text{water horsepowe}}$와 근사적으로 같도록 효율을 100%로 가정한다.

$$\text{bhp} \cong \dot{W}_{\text{water horsepower}} = 43{,}600\ \text{W}\left(\frac{\text{hp}}{745.7\ \text{W}}\right) = 58.5\ \text{hp}$$

주어진 값들의 정밀도를 따라 최종 결과를 유효숫자 두 자리로 나타낸다. 따라서 bhp ≈ **59마력**.

그림 12-36에 나타낸 것처럼 회전에 따른 모든 계산에서 회전 속도를 $\dot{n}$(rpm)에서 ω(rad/s)로 전환할 필요가 있다.

$$\omega = 1720\ \frac{\text{rot}}{\text{min}}\left(\frac{2\pi\ \text{rad}}{\text{rot}}\right)\left(\frac{1\ \text{min}}{60\ \text{s}}\right) = 180.1\ \text{rad/s} \tag{1}$$

식 (12-25)를 이용하여 블레이드 입구각을 계산한다.

$$\beta_1 = \arctan\left(\frac{\dot{V}}{2\pi b_1 \omega r_1^2}\right) = \arctan\left(\frac{0.25\ \text{m}^3/\text{s}}{2\pi(0.050\ \text{m})(180.1\ \text{rad/s})(0.10\ \text{m})^2}\right) = 23.8°$$

앞의 기초적인 해석에서 유도된 식들을 이용하여 β_2를 찾아낼 수 있다. 우선 $V_{1,t} = 0$인 설계 조건에서 식 (12-17)은 다음으로 간단해진다.

순수두: $$H = \frac{1}{g}(\omega r_2 V_{2,t} - \omega r_1 \underbrace{V_{1,t}}_{0}) = \frac{\omega r_2 V_{2,t}}{g}$$

이로부터 접선 속도 성분을 계산한다.

$$V_{2,t} = \frac{gH}{\omega r_2} \tag{2}$$

식 (12-12)를 이용하여 수직 속도 성분을 계산한다.

$$V_{2,n} = \frac{\dot{V}}{2\pi r_2 b_2} \tag{3}$$

다음으로 식 (12-23)을 유도하는 데 사용한 삼각법과 동일한 계산을 블레이드의 선단이 아닌 **후단**에서 수행한다. 그 결과는 다음과 같다.

$$V_{2,t} = \omega r_2 - \frac{V_{2,n}}{\tan \beta_2}$$

마지막으로 이 식을 β_2에 대하여 풀면

$$\beta_2 = \arctan\left(\frac{V_{2,n}}{\omega r_2 - V_{2,t}}\right) \tag{4}$$

식 (2)와 (3)을 식 (4)에 대입한 후 숫자값들을 넣으면 다음을 얻는다.

$$\beta_2 = 14.7°$$

최종 결과는 단지 유효숫자 두 자리로 나타낸다. 따라서 예비 설계로부터 $\beta_1 \cong$ **24°**, $\beta_2 \cong$ **15°**인 **후향경사** 임펠러 블레이드가 요구된다.

일단 선단 및 후단각을 알게 되면, 임펠러 블레이드의 세부 형상은 r_1에서 r_2로 반경의 증가에 따라 블레이드각 β를 β_1에서 β_2까지 부드럽게 변화시켜서 설계한다. 그림 12-37에 나타낸 것처럼 블레이드는 $\beta_1 \cong 24°$와 $\beta_2 \cong 15°$를 유지하면서 반경에 따라 β를 변화시키는 방법에 따라 다양한 형상이 될 수 있다. 이 그림에서 세 가지 형상 모두 반경 r_1의 동일한 위치(절대각 0°)에서 시작하며, 세 가지 블레이드 모두 선단각이 $\beta_1 = 24°$이다. 중간 길이의 블레이드(그림 12-37에서 회색선)는 r에 따라 β를 **선형적으로** 변화시키면서 만들어졌다. 블레이드의 후단은 반경 r_2를 절대각 약 93°에서 교차한다. 더 긴 블레이드(그림에서 검은선)는 β를 r_2보다 r_1 부근에서 더 급격하게 변화시켜서 만들어졌다. 다시 말하면, 블레이드의 곡률이 후단 부근보다 선단 부근에서 더 크다. 이 경우 출구 반경을 절대각 약 114°에서 교차한다. 마지막으로 가장 짧은 블레이드(그림 12-37에서 파란선)는 선단 부근에서는 작은 블레이드 곡률을 갖지만, 후단 부근에서는 더 큰 값을 갖는다. 이 경우에는 절대각 약 77°에서 r_2를 교차한다. **어느 블레이드 형상이 최적인지 바로 알 수는 없다.**

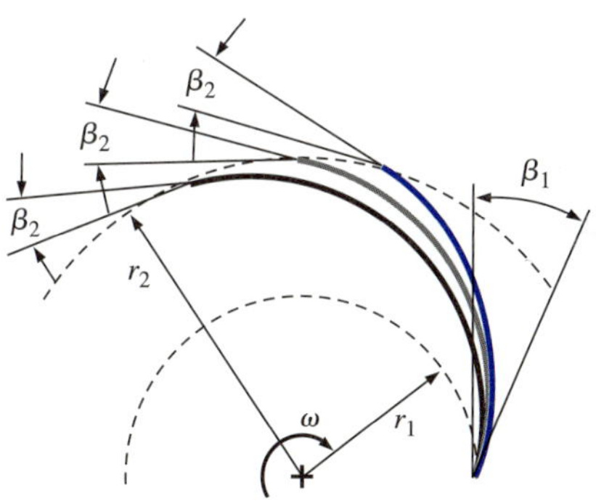

그림 12-37
예제 12-6의 원심 펌프 임펠러 설계에서 가능한 세 가지의 블레이드 형상. 세 블레이드 모두 선단각 $\beta_1 = 24°$과 후단각 $\beta_2 = 15°$을 갖지만 반경에 따라 β가 변하는 방법이 다르다. 그림은 실제 축척이다.

토의 이 예제는 비가역 손실이 무시된 예비 설계라는 것에 유의하자. 실제 펌프에는 손실이 있고, 요구 제동마력은 여기서 추정된 것보다 더 높은 값(20%에서 30% 이상일 수도 있다)이 될 것이다. 손실이 있는 실제 펌프에서는 짧은 블레이드는 표면마찰항력이 더 작지만, 블레이드에 작용하는 수직응력이 더 크며, 그 이유는 유동의 속도가 가장 빠른 후단 부근에서 더 급하게 방향이 변하기 때문이다. 이때 만약 블레이드가 매우 두껍지 않으면, 특히 밀도가 큰 액체를 다룰 때, 구조적 문제를 일으킬 수 있다. 긴 블레이드는 더 큰 표면마찰항력을 갖지만, 더 작은 수직응력을 갖는다. 추가적으로, 그림 12-37의 단순한 블레이드 체적 추정으로부터, 블레이드는 유한한 두께를 갖고 있으므로 동일한 수의 블레이드에 대하여 블레이드가 길어질수록 더 많은 유동 막힘이 발생한다는 것을 알 수 있다. 더구나 블레이드의 표면을 따라 발달하는 경계층의 배제두께 효과는 긴 블레이드에서 유동 막힘이 더 심하도록 만든다. 분명히 블레이드의 정확한 형상을 결정하려면 약간의 공학적인 최적화가 필요하다.

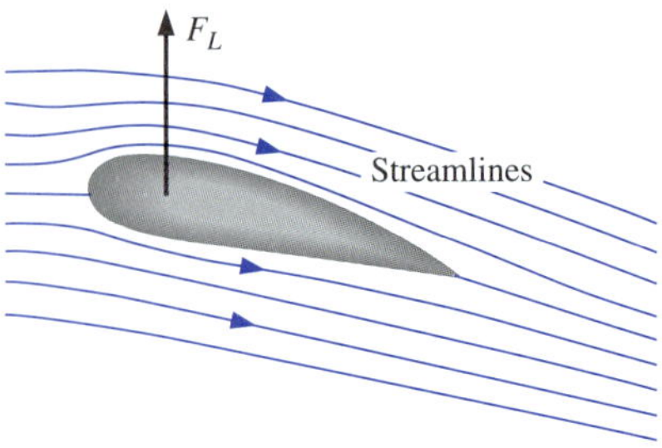

그림 12-38
축류 펌프의 블레이드는 항공기의 날개처럼 거동한다. 공기는 날개에 의해서 아래로 방향이 변하고, 양력 F_L을 생성한다.

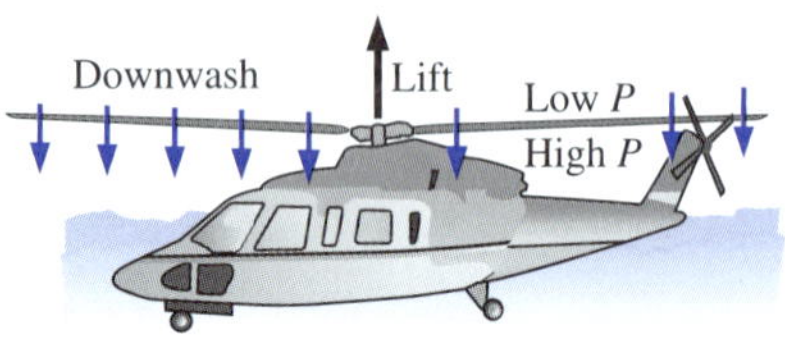

그림 12-39
축류 펌프의 일종인 헬리콥터의 로터 평면을 지나는 하강기류와 압력 상승.

축류 펌프

축류 펌프(axial pump)는 소위 말하는 원심력을 이용하지 않는다. 그 대신 임펠러 블레이드는 마치 항공기 날개처럼 거동하며(그림 12-38), 블레이드 회전에 따른 유체 운동량의 변화로 양력을 발생시킨다. 예를 들어, 헬리콥터 로터는 축류 펌프의 한 형태이다(그림 12-39). 블레이드에서 양력은 블레이드 윗면과 아랫면의 압력 차이에 의해서 발생하며, 유동방향의 변화는 로터 평면을 지나는 **하강기류 또는 내리흐름(downwash)**을 일으킨다. 시간평균의 관점에서, 로터 평면을 지나는 압력 도약이 있으며, 이는 아래로 향하는 공기 유동을 유발한다(그림 12-39).

로터 평면을 수직으로 회전시켰다고 상상하면, 이는 **프로펠러**가 된다(그림 12-40*a*). 헬리콥터 로터와 항공기 프로펠러는 모두 **개방형 축류 팬**의 예가 되며, 이는 블레이드 끝단 주위에 덕트 또는 케이싱이 없기 때문이다. 여름철 침실 창문에 장착하는 일반적인 환풍기는 동일한 원리로 운전되지만, 그 목적은 힘을 제공하는 것이 아니라 공기를 불어내는 것이다. 그러나 팬 하우징에 작용하는 순 힘이 **있다**는 것을 분명히 인식해야 한다. 만약 공기를 왼쪽에서 오른쪽으로 불어내면 팬에는 왼쪽으로 힘이 작용하고 팬은 창문틀에 의해 고정된다. 가정용 팬 둘레의 케이싱은 또한 유동의 방향을 돕고 블레이드 끝단의 손실을 약간 줄여 주는 짧은 덕트 역할도 한다. 컴퓨터 내부의 작은 냉각 팬은 전형적인 축류 팬이며, 이는 마치 작은 환풍기(그림 12-40b)처럼 생겼으며, **덕트형 축류 팬**의 한 예가 된다.

만약 그림 12-40*a*에 있는 항공기 프로펠러 블레이드, 헬리콥터의 로터 블레이드, 무선 모형 항공기의 프로펠러 블레이드, 심지어 잘 설계된 환풍기의 블레이드를 자세히 살펴본다면 블레이드에 약간의 **비틀림**이 있는 것을 알게 될 것이다. 특히 블레이드의 허브(hub) 또는 밑동(root) 부근 단면의 에어포일은 끝단 부근의 단면의 에어포일보다 더 큰 **피치각(θ)** $\theta_{root} > \theta_{tip}$을 갖는다(그림 12-41). 이는 블레이드의 접선 속도가 반경에 따라 선형적으로 증가하기 때문이다.

$$u_\theta = \omega r \tag{12-26}$$

(*a*)

(*b*)

그림 12-40
축류 팬은 개방형(open) 또는 덕트형(ducted)일 수 있다. (*a*) 프로펠러는 개방형 팬이며, (*b*) 컴퓨터 냉각팬은 덕트형 팬이다.
Photos by John M. Cimbala.

그러면 주어진 반경에서 **블레이드에 상대적인** 공기 속도 $\vec{V}_{relative}$의 1차 근사 예측은 입구 속도 $\vec{V}_{in}$과 블레이드 속도 $\vec{V}_{blade}$의 음의 값의 벡터합이 된다.

$$\vec{V}_{relative} \cong \vec{V}_{in} - \vec{V}_{blade} \tag{12-27}$$

여기서 $\vec{V}_{blade}$의 크기는 식 (12-26)에 주어진 것처럼 블레이드의 접선 속도 u_θ와 같다. $\vec{V}_{blade}$의 방향은 블레이드 회전 경로의 접선방향이다. 그림 12-41에 나타낸 블레이드 위치에서는 $\vec{V}_{blade}$는 왼쪽을 향한다.

그림 12-42에서는 식 (12-27)을 사용하여 그림 12-41에 나타낸 로터 블레이드의 밑동 반경과 끝단 반경 두 위치에서 $\vec{V}_{relative}$를 그래프로 계산하였다. 그림에서 알 수 있듯이 상대 받음각 α는 두 경우 모두 같다. 실제로 비틀림 정도는 모든 반경에서 α가 같도록 피치각 θ를 설정하여 구한다.

또한 상대 속도 $\vec{V}_{relative}$의 크기가 밑동에서 끝단으로 증가하는 것도 유의하라. 이에 따라 블레이드의 단면에 걸리는 동압이 반경에 따라 증가하며, 그림 12-42에서 지면 깊이 방향의 단위 폭당 양력도 반경에 따라 증가한다. 프로펠러는 블레이드 끝단으로 갈수록 양력에 더 큰 기여를 하는 이점을 살리기 위하여 밑동 부분은 좁고, 끝단으로 갈수록 넓어지는 경향이 있다. 그러나 끝단에서는 블레이드가 보통 둥글게 다듬어지며, 이는 만약 블레이드가 그림 12-41에서처럼 갑자기 절단되면 존재할 수 있는 과도한 **유도항력(induced drag**, 9장)을 피하기 위한 것이다.

식 (12-27)은 몇 가지 이유로 정확하지 않다. 첫 번째로, 로터의 회전 운동은 공기 유동에 어느 정도의 **선회류**를 유발한다(그림 12-43). 이는 유입되는 공기에 대한 블레이드의 유효 접선 속도를 감소시킨다. 두 번째로, 로터 허브의 크기가 유한하므로, 그 주위에서는 공기가 가속되며, 이는 밑동 부분에 가까운 블레이드 단면에서 국부적으로 공기 속도를 증가시킨다. 세 번째로, 로터 또는 프로펠러의 축이 유입되는 공기에 정확히 평행이 아닐 수 있다. 마지막으로, 공기가 돌고 있는 로터에 접근함에 따라 가속되므로 공기 속도 자체를 결정하는 것이 쉽지 않다. 이런 효과들과 기타 2차 효과들을 근사하는 방법들이 있지만, 이들은 이 교재의 범위를 벗어난다. 예제 12-7에서 보여 주는 것처럼, 식 (12-27)로 주어진 1차 근사는 로터와 프로펠러의 예비 설계에 적절하다.

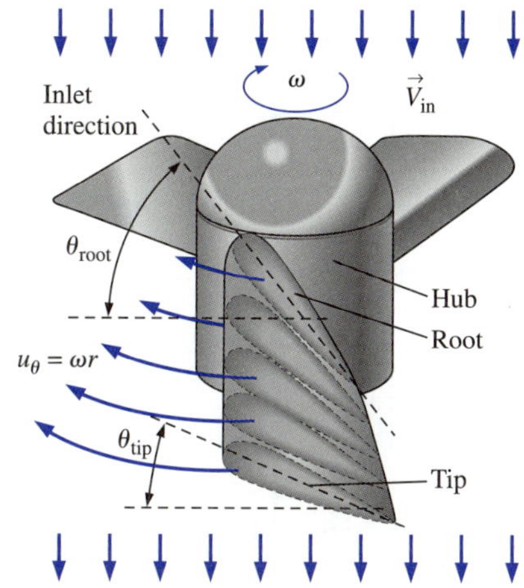

그림 12-41
잘 설계된 로터 블레이드 또는 프로펠러 블레이드는, 세 블레이드 중의 하나에 회색 단면들로 보여 주는 것처럼, **비틀림**을 갖는다. 블레이드 피치각 θ는 끝단에서보다 밑동에서 더 크며, 그 이유는 블레이드의 접선 속도가 반경에 따라 증가하기 때문이다.

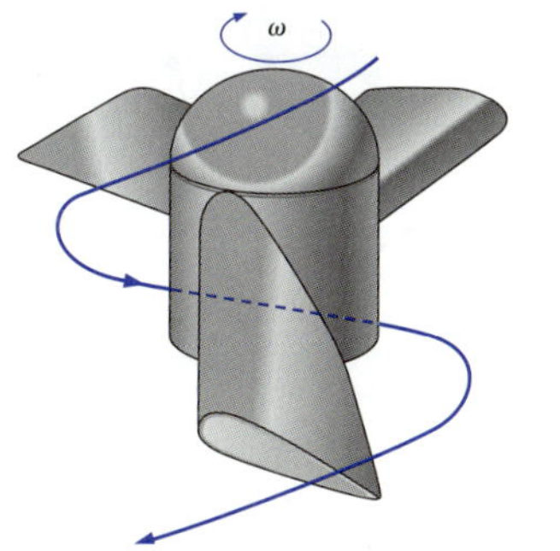

그림 12-43
로터 또는 프로펠러의 회전하는 블레이드는 주변의 유체에 선회류(swirl)를 만든다.

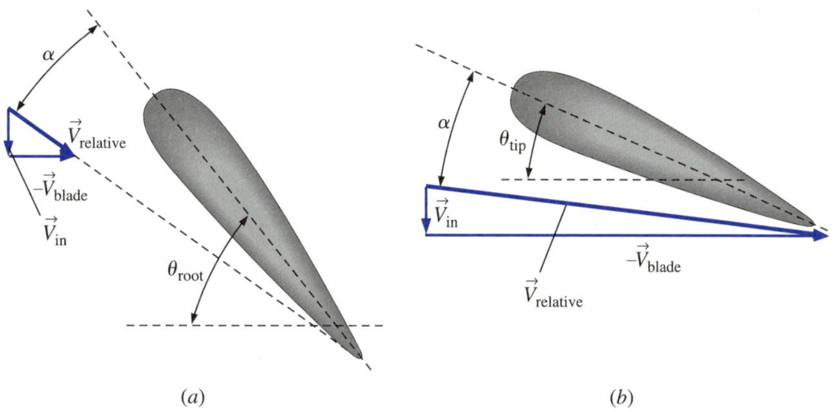

그림 12-42
그림 12-41에 나타낸 로터 블레이드의 (a) 밑동, (b) 끝단 두 반경에서 벡터 $\vec{V}_{relative}$의 기하학적 계산.

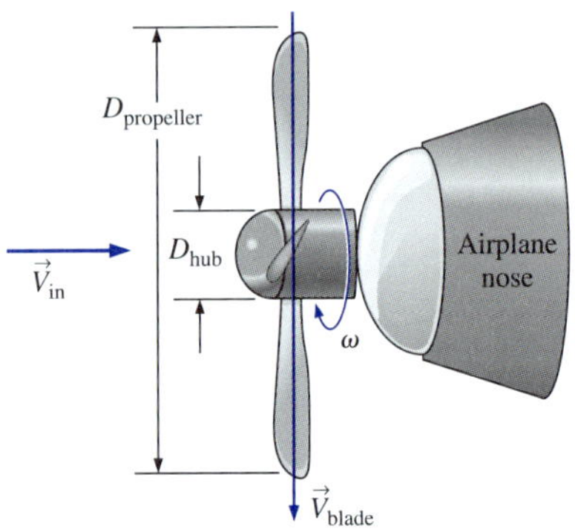

그림 12-44
예제 12-7의 모형 항공기 프로펠러의 설계를 위한 구성도. 축척에 맞지 않음.

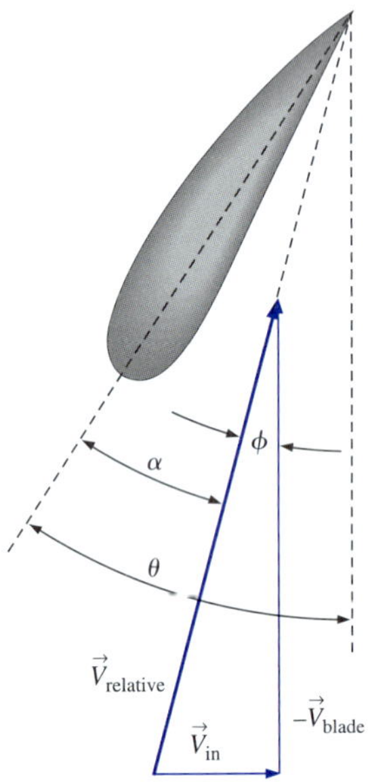

그림 12-45
예제 12-7의 프로펠러의 어떤 임의의 반경 r에서 속도 벡터.

예제 12-7 항공기 프로펠러의 비틀림 계산

무선 모형 항공기의 프로펠러를 설계하고 있다고 가정하자. 프로펠러의 전체 직경은 34.0 cm이고, 허브 조립체의 직경은 5.5 cm이다(그림 12-44). 프로펠러가 1700 rpm으로 회전하며 프로펠러의 단면으로 선택한 에어포일은 받음각 14°에서 최대 효율을 갖는다. 항공기가 30 mi/h(13.4 m/s)로 비행할 때, 프로펠러 블레이드 모든 곳에서 $\alpha = 14°$가 되도록 블레이드 밑동에서 끝단까지 블레이드 피치각을 계산하라.

풀이 프로펠러 블레이드의 모든 반경에서 받음각이 $\alpha = 14°$가 되도록 프로펠러 밑동에서 끝단까지 블레이드 피치각 θ를 계산하려고 한다.

가정 **1** 이런 저속에서 공기는 비압축성이다. **2** 프로펠러에 접근하는 공기의 가속과 선회류의 2차 효과를 무시한다. 즉, $\vec{V}_{in}$의 크기는 항공기 속도와 같다고 근사한다. **3** 항공기는 수평으로 비행하고, 프로펠러축은 유입되는 공기 속도와 평행하다.

해석 모든 반경에서 블레이드에 대한 공기의 상대 속도는 식 (12-27)을 이용하여 1차 근사된다. 임의의 반경 r에서 속도 벡터를 그림 12-45에 나타내었다. 기하학적 형상으로부터 다음을 알 수 있다.

임의의 반경 r에서 피치각:
$$\theta = \alpha + \phi \tag{1}$$

그리고

$$\phi = \arctan\frac{|\vec{V}_{in}|}{|\vec{V}_{blade}|} = \arctan\frac{|\vec{V}_{in}|}{\omega r} \tag{2}$$

여기서 반경 r에서 블레이드 속도를 위해 식 (12-26)도 함께 사용하였다. 밑동($r = D_{hub}/2 = 2.75$ cm)에서 식 (2)는 다음과 같게 된다.

$$\theta = \alpha + \phi = 14° + \arctan\left[\frac{13.4\text{ m/s}}{(1700\text{ rot/min})(0.0275\text{ m})}\left(\frac{1\text{ rot}}{2\pi\text{ rad}}\right)\left(\frac{60\text{ s}}{\text{min}}\right)\right] = \mathbf{83.9°}$$

유사하게, 끝단($r = D_{propeller}/2 = 17.0$ cm)에서 피치각은

$$\theta = \alpha + \phi = 14° + \arctan\left[\frac{13.4\text{ m/s}}{(1700\text{ rot/min})(0.17\text{ m})}\left(\frac{1\text{ rot}}{2\pi\text{ rad}}\right)\left(\frac{60\text{ s}}{\text{min}}\right)\right] = \mathbf{37.9°}$$

밑동과 끝단 사이의 반경에서 θ를 r의 함수로 계산하기 위하여 식 (1)과 (2)가 사용된다. 결과를 그림 12-46에 도시하였다.

토의 식 (2)의 아크탄젠트함수 때문에 피치각은 비선형이다.

항공기 프로펠러는 **가변 피치(variable pitch)**를 갖는데, 이는 허브에 있는 기계적 링크 장치를 통하여 블레이드를 회전시켜서 전체 블레이드의 피치를 조정할 수 있다는 것을 의미한다. 예를 들어, 프로펠러 추진 항공기가 높은 rpm으로 엔진을 예열하며 공항에 멈춰 있을 때 항공기가 움직이기 시작하지 않는 이유는 무엇일까? 물론 브레이크가 걸려 있는 것이 한 가지 이유이다. 그러나 더 중요한 것은 에어포일 단면의 평균 받음각이 0°에 가깝게 프로펠러의 피치가 조절되어 순 추력이 거의 없

다는 것이다. 항공기가 활주로를 향하여 주행할 때에는 피치가 조절되어 약간의 추력을 얻는다. 항공기가 이륙하는 동안에는 엔진의 rpm이 높고 프로펠러가 최대 추력을 내도록 블레이드 피치가 조절된다. 많은 경우에, 착륙한 후 항공기 속도를 줄이기 위하여 **역추력**을 제공하도록 피치는 심지어 "후향"(음의 받음각)으로 조절될 수도 있다.

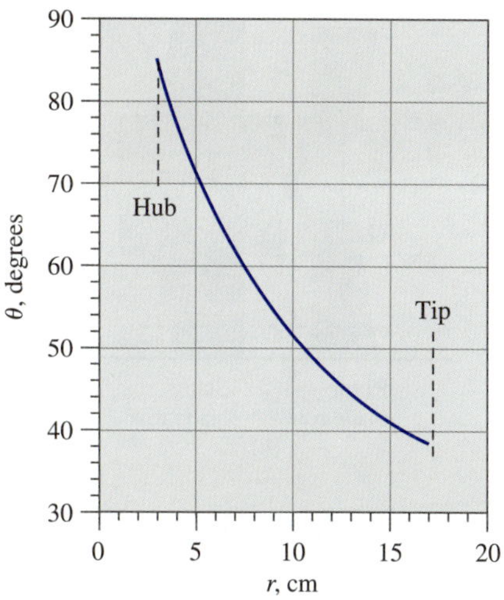

그림 12-46
예제 12-7의 프로펠러에 대해 반경의 함수로 나타낸 블레이드 피치각.

전형적인 프로펠러 팬의 정성적인 성능 곡선을 그림 12-47에 나타내었다. 원심 팬과는 달리 제동마력이 유량에 따라 감소하는 경향이 있다. 게다가 효율 곡선이 원심 팬(그림 12-6)에 비하여 더 오른쪽으로 치우쳐 있다. 그 결과 최고 효율점보다 높은 체적유량에서는 효율이 급격히 낮아진다. 순수두 곡선 또한 유량에 따라 계속하여 감소하며(조금은 변동이 있지만), 그 형상이 원심 팬의 것과 크게 다르다. 만약 수두의 요구가 크지 않으면 프로펠러 팬은 더 큰 체적유량을 얻기 위하여 최고 효율점을 넘어서 운전될 수 있다. 큰 $\dot{V}$ 값에서는 bhp가 감소하므로, 높은 유량에서 팬이 운전될 때 동력 손실이 없다. 이런 이유로 약간 **크기가 작은** 팬을 장착하고 강제로 최고 효율점을 넘게 하고 싶은 생각이 든다. 다른 극단적인 경우로, 만약 최고 효율점 **이하**로 운전된다면 유동이 시끄럽고 불안정할 수 있으며, 이는 팬이 (필요 이상으로) 너무 **크다**는 것을 나타낸다. 이런 이유로 일반적으로 프로펠러 팬은 최고 효율점 또는 이를 약간 상회하는 점에서 운전하는 것이 가장 좋다.

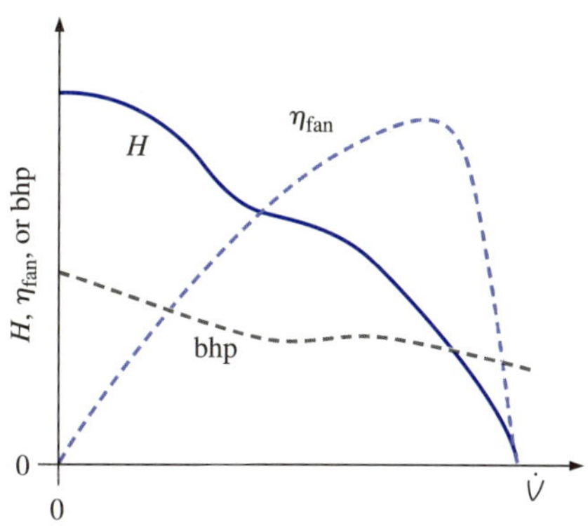

그림 12-47
프로펠러(축류) 팬의 전형적인 **팬 성능 곡선**.

축류 팬은 벨트로 구동되거나 또는 직접 구동될 수 있다. 직접 구동 깃축류 팬의 모터는 덕트의 중간에 장착된다. 모터의 지지대를 제공하기 위하여 **고정자 블레이드**를 사용하는 것이 일반적인 방법(또한 좋은 설계)이다. 그림 12-48은 벨트 구동 관축류 팬과 직접 구동 깃축류 팬의 사진을 보여 준다. 그림 12-48*b*에서 로터 블레이드의 뒤(하류)에 있는 깃축류 팬의 고정자 블레이드를 볼 수 있다. 다른 설계 방법으로 고정자 블레이드를 임펠러의 **상류**에 위치시켜 유체에 **예선회(preswirl)**를 주는 방법이 있다. 그러면 회전하는 임펠러에 의해서 생성되는 선회류가 이 예선회를 없앤다.

이 모든 축류 팬의 설계에서 적어도 블레이드 형상을 1차 근사로 설계하는 것은 무척 간단하다. 단순화하기 위하여 에어포일 형상의 블레이드 대신 얇은 블레이드(예

(*a*) (*b*)

그림 12-48
축류 팬. (*a*) 고정자 블레이드가 없는 벨트 구동 관축류 팬과 (*b*) 선회류를 줄이고 효율을 개선하기 위한 고정자 블레이드를 갖는 직접 구동 깃축류 팬.

(a) © Penn Barry 2012. Used by permission.
(b) Photo courtesy of Howden. Used by permission.

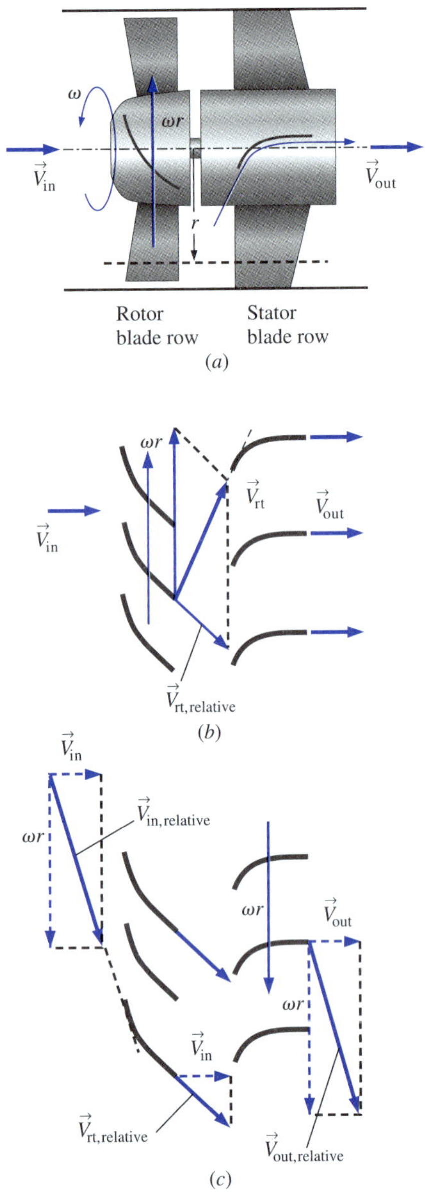

그림 12-49
2차원 블레이드열 근사를 이용한 반경 r에서 깃축류 팬의 해석. (*a*) 전체 모습, (*b*) 절대좌표, (*c*) 회전하는 로터 블레이드(임펠러)에 대한 상대좌표.

를 들어, 금속판으로 만든 블레이드)를 가정한다. 예를 들어, 고정자 블레이드의 상류에 로터 블레이드가 있는 깃축류 팬(그림 12-49)을 고려해 보자. 이 그림에서 로터와 고정자 사이의 거리는 블레이드 사이에 속도 벡터를 나타내기 위하여 과장되었다. 고정자의 허브 반경은 로터의 허브 반경과 같다고 가정하였으며, 따라서 유동의 단면적은 일정하게 유지된다. 앞에서 프로펠러에 대하여 한 것처럼, 우리가 지금 바라보는 그림의 수직방향으로 지나치는 한 개의 임펠러 블레이드 단면을 고려해 보자. 다수의 블레이드가 존재하므로 다음 블레이드는 바로 뒤따라 지나간다. 선택된 반경 r에서, **블레이드열(blade row)** 또는 **익렬(cascade)**이라고 하는 **무한 연속**의 2차원 블레이드들이 지나가는 것으로 2차원 근사를 한다. 비록 정지되어 있지만 고정자 블레이드에 대해서도 유사한 가정을 한다. 양쪽 모두의 블레이드열을 그림 12-49에 나타내었다.

그림 12-49*b*에서는 절대좌표, 즉 고정된 관찰자가 깃축류 팬에서 수평으로 보는 좌표로 속도 벡터들을 보여 주고 있다. 유동은 수평(축)방향 속도 V_{in}으로 왼쪽에서 들어온다. 그림에 나타낸 것처럼 로터 블레이드열은 일정한 속도 ωr로 이 좌표의 수직 위 방향으로 움직인다. 유동은 이 움직이는 블레이드에 의해 방향이 전환되고, 그림 12-49*b*의 벡터 $\vec{V}_{rt}$와 같이 상향으로 그리고 오른쪽으로 블레이드의 후단을 떠난다(하첨자 표기는 로터 후단을 의미한다). $\vec{V}_{rt}$의 크기와 방향을 구하기 위하여 블레이드열과 벡터를 **상대**좌표(회전하는 로터 블레이드의 좌표)로 그림 12-49*c*에 다시 나타내었다. 이 좌표는 모든 속도 벡터에서 로터 블레이드 속도를 빼서(수직 하방을 가리키고 있는 크기가 ωr인 벡터를 더하여) 얻어진다. 그림 12-49*c*에서 보여주는 것처럼 로터 블레이드 선단에 상대적인 속도 벡터는 $\vec{V}_{in,\ relative}$이며, $\vec{V}_{in}$과 크기가 ωr인 하향 벡터의 벡터합으로 계산된다. 이 단면에서 $\vec{V}_{in,\ relative}$가 로터 블레이드 선단에 평행(접선방향)이 되도록 로터 블레이드의 피치를 조정한다.

유동은 로터 블레이드에 의해서 방향이 전환된다. 유동이 그림 12-49*c*의 $\vec{V}_{rt,\ relative}$와 같이 블레이드 후단에 평행하게(상대좌표로부터) 로터 블레이드를 떠난다고 가정하자. 또한 질량 보존을 위해 $\vec{V}_{rt,\ relative}$의 수평(축) 성분은 반드시 $\vec{V}_{in}$과 같아야 한다는 것을 알고 있다. 여기서 비압축성 유동과 그림 12-49의 지면에 수직인 유동 면적이 일정하다고 가정한 것에 유의하자. 따라서 속도의 축방향 성분은 어디에서나 $\vec{V}_{in}$과 같아야만 한다. 이 정보는 벡터 $\vec{V}_{rt,\ relative}$의 크기를 결정하며, 이는 $\vec{V}_{in,\ relative}$의 크기와 같지 않다. 그림 12-49*b*의 절대좌표로 되돌아오면, 절대 속도 $\vec{V}_{rt}$는 $\vec{V}_{rt,\ relative}$와 크기 ωr인 수직 상향 벡터의 벡터합으로 계산된다.

마지막으로 고정자 블레이드는 $\vec{V}_{rt}$가 고정자 블레이드 선단에 평행하도록 설계된다. 이번에는 고정자 블레이드에 의해서 유동의 방향이 다시 한번 전환된다. 고정자 블레이드의 후단은 수평이며, 따라서 유동은 축방향으로 떠난다(어떤 선회류도 없다). 만약 비압축성 유동과 지면에 수직인 일정한 유동 단면을 가정하면 질량 보존에 따라 최종 유출 속도는 반드시 유입 속도와 같아야 한다. 다시 말하면 $\vec{V}_{out} = \vec{V}_{in}$이다. 전체를 완성하기 위해, 그림 12-49*c*에 상대좌표에서 유출 속도를 나타내었다. 또한 $\vec{V}_{out,\ relative} = \vec{V}_{in,\ relative}$임을 알 수 있다.

이제 허브에서 끝단까지 **모든** 반경에 대하여 이와 같은 해석을 반복하는 것을 상상해 보자. 프로펠러에서와 마찬가지로, 반경에 따라 ωr값이 증가하므로 약간의

뒤틀림이 있는 블레이드를 설계할 것이다. 금속판 블레이드 대신에 에어포일을 사용하면 설계 조건에서 효율을 약간 개선할 수 있으며, 설계 조건에서 벗어난 조건에서 이 개선 효과는 더 두드러진다.

만약 깃축류 팬에서 일곱 개의 로터 블레이드가 있다면 몇 개의 고정자 블레이드가 있어야만 할까? 먼저 일곱 개가 되면 고정자와 로터가 조화를 이룰 것이라고 말할지 모르지만, 이는 매우 좋지 않은 설계가 된다! 왜 그럴까? 그 이유는 로터의 한 블레이드가 한 개의 고정자 블레이드 앞을 지나가는 그 순간에 나머지 여섯 개의 블레이드에서도 같은 일이 일어나기 때문이다. 모든 고정자 블레이드는 로터 블레이드 후류의 교란된 유동을 동시에 만나게 된다. 그 결과로 유동이 맥동하고, 소음이 발생하며, 전체 장치가 심하게 진동할 수 있다. 그 대신에 고정자 블레이드의 수를 로터 블레이드 수와 **공통분모를 갖지 않도록** 선택하는 것이 실제적으로 좋은 설계가 된다. 블레이드 수를 7과 8, 7과 9, 6과 7, 9와 11처럼 조합하는 것이 좋은 선택이다. 8과 10(공통분모 2) 또는 9와 12(공통분모 3)와 같은 조합은 **좋지 않은** 선택이다.

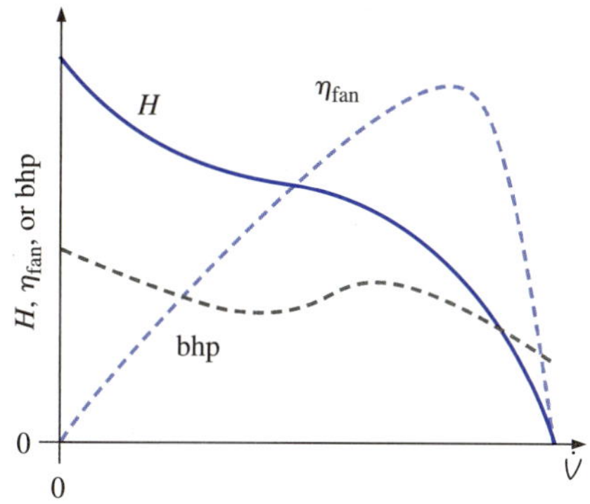

그림 12-50
깃축류 팬의 전형적인 **팬 성능 곡선**.

전형적인 깃축류 팬의 성능 곡선을 그림 12-50에 나타내었다. 일반적인 형상은 프로펠러 팬의 성능 곡선(그림 12-47)과 매우 비슷하며, 앞의 설명을 참고하기 바란다. 결국 유동을 곧바르게 하고 성능 곡선을 부드럽게 하는 고정자 블레이드의 추가를 제외하고는, 깃축류 팬은 실제로 프로펠러 팬 또는 관축류 팬과 같다.

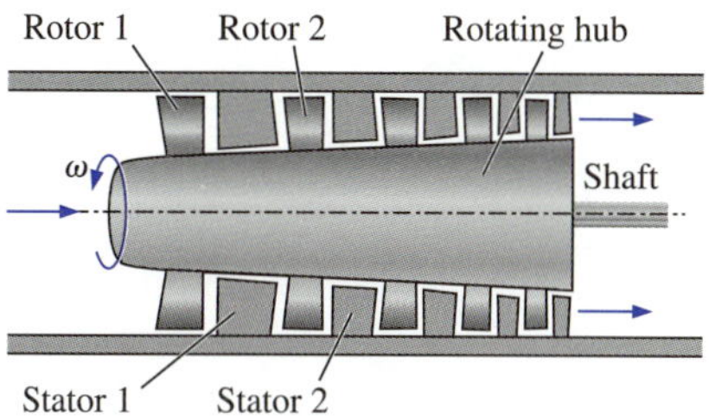

그림 12-51
둘 또는 그 이상의 로터-고정자 쌍으로 구성된 다단 축류 펌프.

앞에서 설명한 것처럼 축류 팬은 높은 체적유량을 송출하지만 압력 상승이 상당히 작다. 어떤 응용분야에서는 큰 유량과 높은 압력 상승을 모두 요구한다. 이런 경우에는 몇 개의 고정자-로터 쌍을 **직렬로** 결합시킬 수 있으며, 일반적으로 공통축과 허브를 갖는다(그림 12-51). 이처럼 두 개 또는 그 이상의 로터-고정자 쌍이 결합된 경우 이를 **다단축류 펌프**라고 한다. 그림 12-49와 유사한 블레이드열 해석을 연속되는 각 단계에 적용한다. 그러나 압축성 효과로 인해, 그리고 허브에서 끝단으로 유동 면적이 일정하게 유지되지 않을 수 있기 때문에 상세한 해석은 복잡해질 수 있다. 예를 들면, **다단축류 압축기**에서는 하류에서 유동 면적이 감소한다. 공기가 점점 압축될수록 연속되는 각 단의 블레이드는 점점 더 작아진다. **다단축류 터빈**에서는 일반적으로 연속되는 터빈 각 단에서 압력 손실 발생에 따라 하류에서 유동 면적이 **증가한다**.

다단축류 압축기와 다단축류 터빈을 이용하는 터보기계의 예로 잘 알려진 것은 최신 상업용 항공기의 동력을 공급하는 데 사용되는 **터보팬 엔진**이다. 그림 12-52는 터보팬 엔진의 단면 개략도를 보여 준다. 일부 공기가 팬을 통과하고, 이는 프로펠러와 매우 흡사하게 추력을 발생한다. 나머지 공기는 저압 압축기, 고압 압축기, 연소실, 고압 터빈, 마지막으로 저압 터빈을 통과한다. 그런 다음 공기와 연소 생성물이 고속으로 배출되면서 더 큰 추력을 제공한다. 전산유체역학(CFD) 코드가 이와 같은 복잡한 터보기계의 설계에 매우 유용한 것은 물론이다(13장).

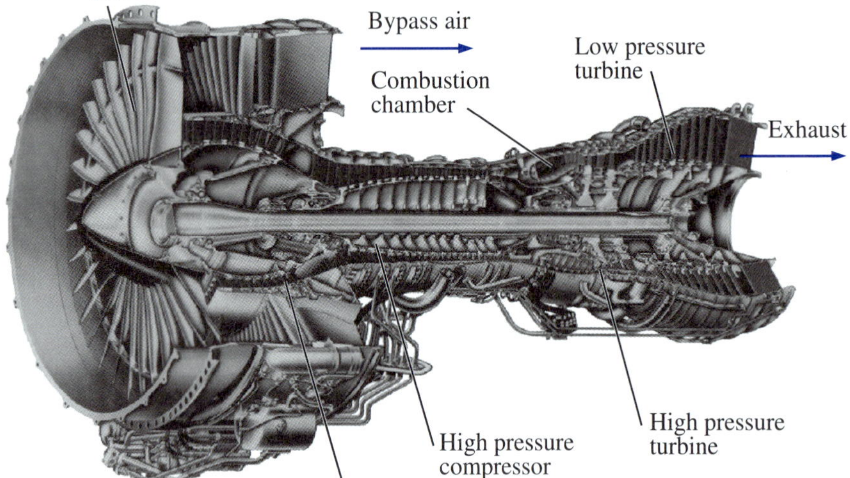

그림 12-52
Pratt & Whitney PW4000 터보팬 엔진으로 다단 축류 터보기계의 예.
Photo Courtesy of United Technologies Corporation/Pratt & Whitney. Used by permission.

12-3 펌프 축척 법칙

차원해석

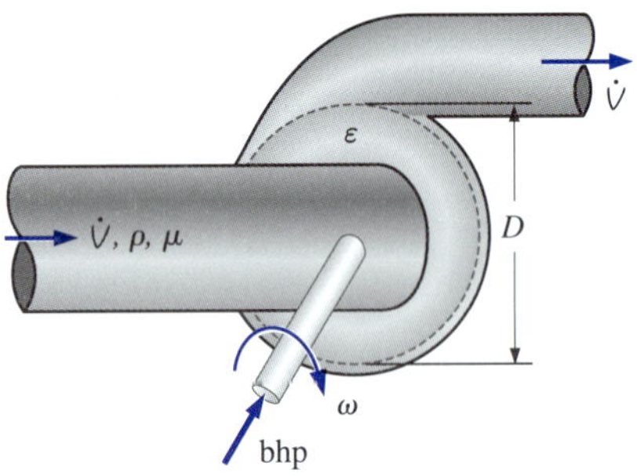

$gH = f(\dot{V}, D, \varepsilon, \omega, \rho, \mu)$

$k = n - j = 7 - 3 = 4$ Π's expected.

$\Pi_1 = \dfrac{gH}{\omega^2 D^2}$ $\Pi_2 = \dfrac{\dot{V}}{\omega D^3}$

$\Pi_3 = \dfrac{\rho\omega D^2}{\mu}$ $\Pi_4 = \dfrac{\varepsilon}{D}$

그림 12-53
펌프의 차원해석.

터보기계는 **차원해석**(6장)의 능력과 유용성에 대한 매우 실제적인 예를 보여 준다. **반복변수법**을 중력과 순수두의 곱(gH)과 펌프의 상태량 사이의 관계식에 적용한다. 펌프의 상태량의 예로는 체적유량($\dot{V}$), 일반적으로 임펠러 블레이드의 직경(D)과 같은 어떤 특성 길이, 블레이드 표면조도 높이(ε), 임펠러 회전 속도(ω) 등이 있으며, 밀도(ρ)와 점성계수(μ) 같은 유체의 상태량도 함께 다룬다. 이때 gH 그룹을 하나의 변수로 취급한다는 것에 유의하자. 그림 12-53은 무차원 Pi 그룹들을 보여 주며, 그 결과는 무차원 매개변수를 포함하는 다음의 관계식이다.

$$\frac{gH}{\omega^2 D^2} = \text{function of}\left(\frac{\dot{V}}{\omega D^3}, \frac{\rho\omega D^2}{\mu}, \frac{\varepsilon}{D}\right) \tag{12-28}$$

같은 변수들의 함수로서 입력 제동마력에 대해 유사한 해석을 하면 다음을 얻는다.

$$\frac{\text{bhp}}{\rho\omega^3 D^5} = \text{function of}\left(\frac{\dot{V}}{\omega D^3}, \frac{\rho\omega D^2}{\mu}, \frac{\varepsilon}{D}\right) \tag{12-29}$$

여기서 ωD가 특성 속도이므로, 식 (12-28)과 (12-29)의 우변에 나타나는 두 번째 무차원 매개변수(또는 Π 그룹)는 명백히 **Reynolds 수**이다.

$$\text{Re} = \frac{\rho\omega D^2}{\mu}$$

우변의 세 번째 Π는 **무차원 조도 매개변수**이다. 두 식에서 세 가지의 새로운 무차원 그룹들에 대하여 다음의 기호와 이름이 주어진다.

무차원 펌프 매개변수들:

$$C_H = \text{수두계수} = \frac{gH}{\omega^2 D^2}$$

$$C_Q = \text{용량계수} = \frac{\dot{V}}{\omega D^3} \tag{12-30}$$

$$C_P = \text{동력계수} = \frac{\text{bhp}}{\rho \omega^3 D^5}$$

용량계수의 기호에서 하첨자 Q에 유의하자. 이는 많은 유체역학 및 터보기계 교재의 용어에서 펌프를 통과하는 체적유량을 $\dot{V}$ 대신에 Q로 사용하는 것으로부터 왔다. 이 교재에서는 열전달과 혼동을 피하기 위하여 체적유량에 $\dot{V}$를 사용하였지만, 터보기계 분야에서 관습과 일관성을 위해서 C_Q 표기법을 사용한다.

액체를 이송하는 경우 공동현상이 우려될 수 있으며, 요구 유효 흡입 수두와 관계되는 다른 무차원 매개변수가 필요하다. 다행히 둘 다 동일한 차원(길이)을 갖기 때문에 $\text{NPSH}_{\text{required}}$를 단순히 차원해석의 H 자리에 대입할 수 있다. 그 결과는 다음과 같다.

$$C_{\text{NPSH}} = \text{Suction head coefficient} = \frac{g\text{NPSH}_{\text{required}}}{\omega^2 D^2} \tag{12-31}$$

필요하다면 블레이드 끝단과 펌프 하우징 사이의 간극 두께와 블레이드 두께 등과 같은 다른 변수들도 차원해석에 추가될 수 있다. 다행히 이 변수들은 일반적으로 그다지 중요하지 않으며, 여기에서는 고려하지 않는다. 사실, 간극 두께, 블레이드 두께, 표면조도가 기하학적으로 비례하지 않다면 두 펌프는 엄밀한 의미에서 **기하학적 상사**라고 할 수 없다고 주장할 수도 있다.

식 (12-28)과 (12-29)처럼 차원해석으로 유도된 관계식은 다음과 같이 해석될 수 있다. 만약 두 펌프 A와 B가 **기하학적 상사**이고(두 펌프의 크기가 다름에도 불구하고 펌프 A가 펌프 B에 기하학적으로 비례하고) **독립적인** Π들이 서로 같다면(이 경우 $C_{Q,\text{A}} = C_{Q,\text{B}}$, $\text{Re}_\text{A} = \text{Re}_\text{B}$, $\varepsilon_\text{A}/D_\text{A} = \varepsilon_\text{B}/D_\text{B}$라면), **종속적인** Π들 또한 서로 같다는 것이 보장된다. 특히, 식 (12-28)로부터 $C_{H,\text{A}} = C_{H,\text{B}}$와 식 (12-29)로부터 $C_{P,\text{A}} = C_{P,\text{B}}$이다. 만약 이와 같은 조건이 성립되면, 두 펌프는 **역학적으로 상사**하다고 한다(그림 12-54). 역학적 상사가 얻어진 경우 펌프 A의 펌프 성능 곡선상의 운전점과 이에 대응하는 펌프 B의 펌프 성능 곡선상의 운전점은 **상응하다(homologous)**고 한다.

세 개의 독립 무차원 매개변수 모두가 같아야 한다는 요구 조건은 어느 정도 완화될 수 있다. 만약 펌프 A와 펌프 B의 Reynolds 수가 둘 다 수 천 이상이면 펌프 내부는 난류 유동 조건이 된다. 난류 유동에서는 만약 Re_A와 Re_B값이 같지는 않지만 크게 다르지 않다면 두 펌프 사이의 역학적 상사는 여전히 합리적인 근사가 된다. 이런 운이 좋은 조건은 **Reynolds 수 독립** 때문이다(6장, 만약 펌프가 층류 영역 또는 작은 Re에서 운전되면 일반적으로 Reynolds 수는 반드시 척도 매개변수로 남

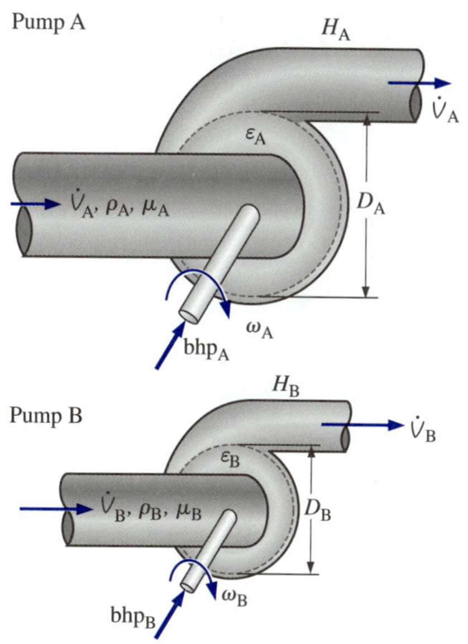

그림 12-54
차원해석은 두 개의 **기하학적으로 상사**한 펌프의 축척에 유용하다. 만약 펌프 A의 모든 무차원 펌프 매개변수가 펌프 B와 동일하다면 두 펌프는 **역학적으로 상사하다**.

아 있어야만 한다는 것에 유의하라). 대부분의 실제 터보기계의 공학적 해석에서, 매우 작은 펌프에서 매우 큰 펌프로(또는 그 반대로) 축척하는 것처럼 조도의 차이가 큰 경우가 아니면, 조도 매개변수 차이의 효과도 역시 작다. 그러므로 많은 실제 문제에서 Re와 ε/D 효과를 모두 무시할 수 있다. 그러면 식 (12-28)과 (12-29)는 다음으로 간단해진다.

$$C_H \cong C_Q\text{의 함수} \qquad C_P \cong C_Q\text{의 함수} \tag{12-32}$$

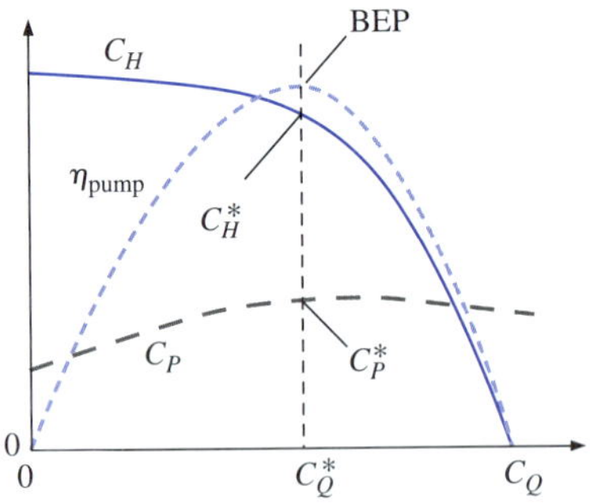

그림 12-55
무차원 펌프 매개변수로 도시할 경우, 기하학적으로 상사한 펌프군의 모든 펌프 성능 곡선은 한 세트의 **무차원 펌프 성능 곡선**으로 나타난다. 최고 효율점의 값은 별표(*)로 나타내었다.

항상 그런 것처럼, 차원해석으로 식 (12-32)의 함수 관계식 **형태**를 예측할 수는 없다. 그러나 일단 특정 펌프에 대하여 이런 관계식들이 얻어지면 서로 다른 직경을 가지고, 다른 회전 속도와 유량으로 운전되며, 심지어는 다른 밀도와 점성의 유체를 가지고 운전되는 기하학적으로 상사한 펌프들에 대하여 이를 일반화할 수 있다.

펌프 효율에 대한 식 (12-5)를 식 (12-30)의 무차원 매개변수의 함수로 변환하면,

$$\eta_{pump} = \frac{\rho(\dot{V})(gH)}{\text{bhp}} = \frac{\rho(\omega D^3 C_Q)(\omega^2 D^2 C_H)}{\rho\omega^3 D^5 C_P} = \frac{C_Q C_H}{C_P} \cong C_Q\text{의 함수} \tag{12-33}$$

η_{pump}는 이미 무차원이므로 자체적으로 또 다른 무차원 펌프 매개변수가 된다. 식 (12-33)은 η_{pump}가 세 개의 다른 Π들의 조합으로 얻을 수 있다는 것을 보여 주므로 η_{pump}는 펌프의 축척에 반드시 **필요하지는 않다**. 그러나 η_{pump}는 틀림없이 **유용한** 매개변수다. C_H, C_P, η_{pump}는 단지 C_Q만의 함수로 근사되므로 종종 이 세 매개변수를 같은 선도에 C_Q의 함수로 나타내어 **무차원 펌프 성능 곡선** 세트를 만든다. 그림 12-55에 전형적인 원심 펌프의 예가 주어져 있다. 물론 다른 형태의 펌프에서는 곡선 형상이 다르게 될 것이다.

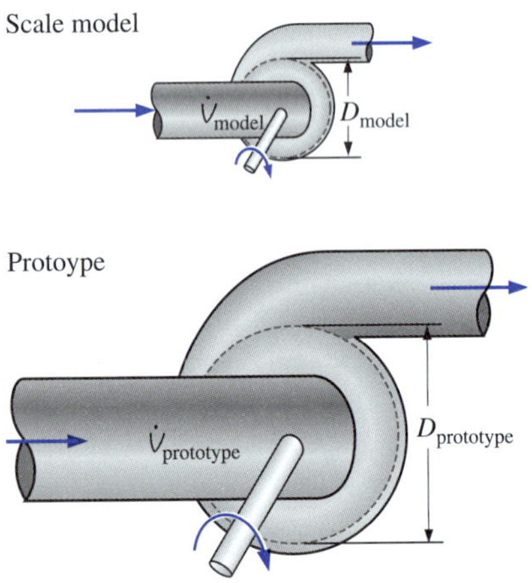

그림 12-56
실물 크기 원형 펌프의 성능을 예측하기 위해서 소형 모형을 시험할 경우 모형에서 측정된 효율은 일반적으로 원형의 효율보다 약간 **낮다**. 식 (12-34)와 같은 실험적 보정식이 펌프 크기에 따른 펌프 효율의 개선을 고려하기 위하여 개발되었다.

실물 크기의 원형이 모형보다 매우 클 경우(그림 12-56)에는 식 (12-32)와 (12-33)의 단순화된 상사 법칙이 맞지 않으며, 일반적으로 원형의 성능이 **더 좋나**. 여기에는 몇 가지 이유가 있다. 원형 펌프는 종종 실험실에서는 얻을 수 없는 높은 Reynolds 수에서 운전된다. Moody 선도로부터 Re에 따라 경계층 두께가 줄어드는 것처럼 마찰 효과도 줄어든다는 것을 알고 있다. 즉, 펌프 크기의 증가에 따라, 경계층이 임펠러를 통과하는 유동 경로의 더 적은 부분만을 점유하기 때문에 점성 경계층의 영향이 덜 중요해진다. 또한 모형 표면이 미세 연마되지 않는 한 원형 임펠러 블레이드 표면의 상대조도(ε/D)가 모형 펌프 블레이드 표면에서 값보다 매우 작을 수 있다. 마지막으로, 커다란 실물 크기의 펌프는 블레이드 직경에 비하여 작은 끝단 간격을 가지며, 따라서 끝단 손실과 누설이 덜 중요하다. 여러 실험식들이 소형 모형과 실물 크기 원형 사이의 효율 증가를 고려하기 위하여 개발되었다. 터빈에 대한 이와 같은 실험식의 하나가 Moody(1926)에 의해서 제안되었지만, 이를 펌프에 대해서도 1차 보정으로 사용할 수 있다.

펌프에 대한 Moody 효율 보정식:

$$\eta_{pump,\,prototype} \cong 1 - (1 - \eta_{pump,\,model})\left(\frac{D_{model}}{D_{prototype}}\right)^{1/5} \tag{12-34}$$

펌프 비속도

펌프 비속도(pump specific speed, N_{Sp})라고 하는 또 다른 유용한 무차원 매개변수는 C_Q와 C_H의 조합으로 만들어진다.

펌프 비속도:
$$N_{\mathrm{Sp}} = \frac{C_Q^{1/2}}{C_H^{3/4}} = \frac{(\dot{V}/\omega D^3)^{1/2}}{(gH/\omega^2 D^2)^{3/4}} = \frac{\omega \dot{V}^{1/2}}{(gH)^{3/4}} \tag{12-35}$$

만약 모든 엔지니어들이 단위에 주의한다면 N_{Sp}는 항상 무차원 매개변수로 남아 있게 될 것이다. 불행하게도 현장 엔지니어들은 식 (12-35)에 일관성 없는 단위들을 사용하는 것에 익숙하게 성장하여(그림 12-57), 전혀 문제가 없는 무차원 매개변수 N_{Sp}를 불편한 차원을 갖는 값으로 전환한다. 어떤 엔지니어는 회전 속도에 대하여 분당 회전수(rpm) 단위를 선호하는 반면에 다른 엔지니어들은 초당 회전수(Hz)를 사용하기 때문에 혼란이 가중된다. 유럽에서는 후자(Hz)가 더 일반적으로 사용된다. 또한 미국의 현장 엔지니어들은 일반적으로 N_{Sp}의 정의에서 중력 상수를 무시한다. 이 교재에서는 차원이 있는 펌프 비속도 형태를 무차원 형태로부터 구분하기 위하여 N_{Sp}에 하첨자 "Eur" 또는 "US"를 추가한다. 미국에서는 관습적으로 H는 ft 단위로(다루고 있는 유체에 해당하는 액주 높이로 표현되는 순수두), $\dot{V}$는 분당 갤런(gpm) 그리고 회전율은 ω(rad/s) 대신에 $\dot{n}$ (rpm)으로 나타낸다. 식 (12-35)를 사용하여 다음을 정의한다.

그림 12-57
펌프 비속도가 무차원 매개변수임에도 불구하고 일관성이 없는 단위들을 사용하여 차원이 있는 양으로 나타내는 일이 실제로 흔히 발생한다.

펌프 비속도, 관습적 미국 단위:
$$N_{\mathrm{Sp,\,US}} = \frac{(\dot{n},\ \mathrm{rpm})(\dot{V},\ \mathrm{gpm})^{1/2}}{(H,\ \mathrm{ft})^{3/4}} \tag{12-36}$$

유럽에서는 관습적으로 H는 m 단위로(식에 $g = 9.81\ \mathrm{m/s^2}$을 포함하기 위해서), $\dot{V}$는 $\mathrm{m^3/s}$, 회전율 $\dot{n}$은 ω(rad/s) 또는 $\dot{n}$(rpm) 대신에 초당 회전수(Hz)로 나타낸다. 식 (12-35)를 이용하면 다음이 정의된다.

펌프 비속도, 관습적 유럽 단위:
$$N_{\mathrm{Sp,\,Eur}} = \frac{(\dot{n},\ \mathrm{Hz})(\dot{V},\ \mathrm{m^3/s})^{1/2}}{(gH,\ \mathrm{m^2/s^2})^{3/4}} \tag{12-37}$$

독자의 편리를 위해서, 이 세 가지 형태의 펌프 비속도 사이의 변환을 그림 12-58에 환산비로서 나타내었다. 현장 엔지니어가 되었을 때, 비록 항상 분명하지는 않을 수 있지만, 어떤 펌프 비속도가 사용되고 있는지를 인식하는 데 많은 신경을 쓸 필요가 있을 것이다.

기술적으로, 펌프 비속도는 어떤 운전 조건에도 적용할 수 있으며, 단지 또 다른 C_Q의 함수가 될 것이다. 그러나 이것이 펌프 비속도의 일반적인 사용법은 아니다. 그 대신에 **단지 하나의 운전점**, 즉 펌프의 최고 효율점(BEP)에서 펌프의 비속도를 정의하는 것이 보통이다. 그 결과 펌프의 특성이 하나의 숫자로 나타난다.

펌프 비속도는 펌프의 최적 조건(최고 효율점)에서 펌프의 운전 특성을 나타내기 위하여 사용되며, 이 값은 펌프의 예비 선정 및 설계에 유용하다.

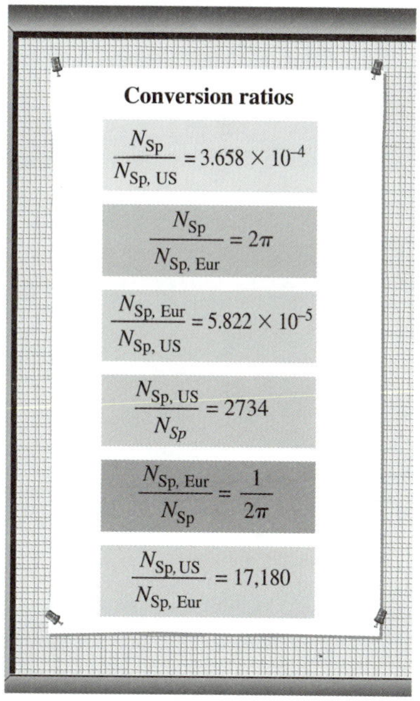

그림 12-58
무차원, 관습적인 미국식, 관습적인 유럽식으로 정의된 펌프 비속도의 변환. 수치값들을 유효숫자 네 자리로 나타내었다. $N_{\mathrm{Sp,\,US}}$으로의 변환에는 표준 중력가속도를 가정한다.

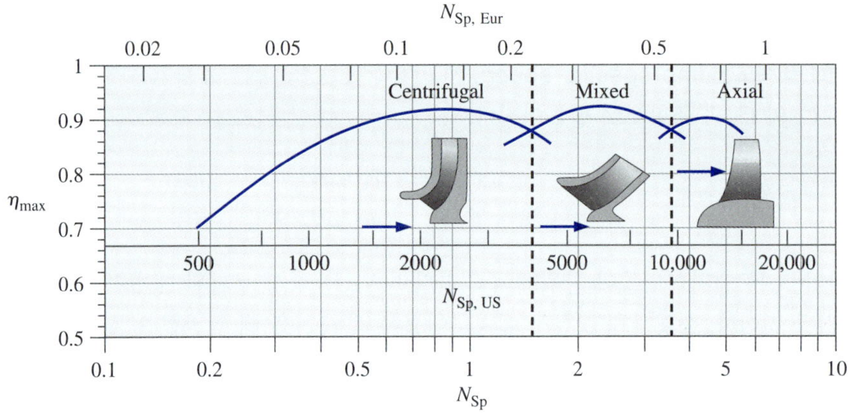

그림 12-59
세 가지 주요한 동역학적 펌프에 대하여 펌프 비속도의 함수로 나타낸 최고 효율. 수평 눈금은 무차원 펌프 비속도(N_{Sp}), 미국 관습 단위의 펌프 비속도($N_{Sp, US}$), 유럽 관습 단위의 펌프 비속도($N_{Sp, Eur}$)를 나타낸다.

그림 12-59에 나타낸 것처럼, 원심 펌프는 N_{Sp}값 1 부근에서 최적의 성능을 보이는 반면에, 혼류와 축류 펌프는 각각 N_{Sp}값 2와 5 부근에서 최고 성능을 나타낸다. 만약 N_{Sp}값이 약 1.5보다 작다면 원심 펌프가 가장 좋은 선택이라는 것을 알 수 있다. 만약 N_{Sp}값이 1.5와 3.5 사이라면 혼류 펌프가 더 좋은 선택이다. N_{Sp}값이 약 3.5 이상일 때에는 반드시 축류 펌프가 사용되어야 한다. 이 범위들이 그림 12-59에 N_{Sp}, $N_{Sp, US}$, $N_{Sp, Eur}$의 값으로 표시되었다. 이 도표에는 참고로 블레이드 형태의 그림들도 같이 나타내었다.

예제 12-8 펌프의 예비 설계를 위한 펌프 비속도의 이용

상온에서 320 gpm로 휘발유를 이송하기 위한 펌프를 설계하고 있다. 요구되는 순수두는 23.5 ft(휘발유 기준)이다. 이미 펌프축은 1170 rpm으로 회전하기로 정해져 있다. 펌프 비속도를 무차원 형태와 관습적 미국 단위의 두 가지로 계산하라. 결과를 바탕으로 어떤 종류의 동역학적 펌프가 이 경우에 가장 적합한지를 결정하라.

풀이 펌프 비속도를 계산하고, 이 특정한 경우에 대하여 원심 펌프, 혼류 펌프, 축류 펌프 중 어느 것이 최선의 선택이 될 것인지 알아보고자 한다.

가정 1 펌프는 최고 효율점 부근에서 운전된다. 2 펌프 비속도 대 최대 효율 곡선은 그림 12-59를 비교적 잘 따른다.

해석 먼저 펌프 비속도를 관습적 미국 단위로 계산하면,

$$N_{Sp, US} = \frac{(1170 \text{ rpm})(320 \text{ gpm})^{1/2}}{(23.5 \text{ ft})^{3/4}} = \mathbf{1960} \tag{1}$$

그림 12-58에 주어진 환산계수를 사용하여 정규화된 펌프 비속도로 전환하면,

$$N_{Sp} = N_{Sp, US}\left(\frac{N_{Sp}}{N_{Sp, US}}\right) = 1960(3.658 \times 10^{-4}) = \mathbf{0.717} \tag{2}$$

식 (1) 또는 (2)를 사용하면 그림 12-59는 **원심 펌프가 가장 적절한 선택**이라는 것을 보여준다.

토의 이 계산에서 유체의 상태량을 전혀 사용하지 않았다는 것에 유의하라. 물과 같은 어떤

다른 액체가 아니라 휘발유를 이송하고 있다는 사실은 상관이 없다. 그러나 펌프의 구동에 요구되는 제동마력은 유체의 밀도에 따라 달라진다.

친화 법칙

기하학적 상사와 역학적 상사 모두를 만족하는 두 펌프를 관련짓는 데 유용한 무차원 그룹을 유도하였다. 상사 관계식은 **비율**로 요약하는 것이 편리하다. 이 관계식을 어떤 저자들은 **상사 법칙**(**similarity rules**)이라고 하지만, 다른 저자들은 이를 **친화 법칙**(**affinity laws**)이라고 한다. 임의의 두 상응하는 상태 A와 B에 대해

$$\frac{\dot{V}_B}{\dot{V}_A} = \frac{\omega_B}{\omega_A}\left(\frac{D_B}{D_A}\right)^3 \tag{12-38a}$$

친화 법칙:

$$\frac{H_B}{H_A} = \left(\frac{\omega_B}{\omega_A}\right)^2\left(\frac{D_B}{D_A}\right)^2 \tag{12-38b}$$

$$\frac{\text{bhp}_B}{\text{bhp}_A} = \frac{\rho_B}{\rho_A}\left(\frac{\omega_B}{\omega_A}\right)^3\left(\frac{D_B}{D_A}\right)^5 \tag{12-38c}$$

식 (12-38)은 펌프와 터빈 모두에 적용된다. 상태 A와 B는 기하학적으로 상사한 **임의의** 두 대의 터보기계 사이에서 **임의의** 두 개의 상응하는 상태가 될 수 있으며, 심지어 **동일한** 기계에서 두 개의 서로 상응하는 상태일 수도 있다. 예를 들면, 동일한 펌프에서 회전 속도를 변화시키거나 또는 다른 유체를 이송하는 것 등이 있다. 주어진 펌프에서 ω가 변하지만, 동일한 유체를 다루는 간단한 경우는 $D_A = D_B$이고, $\rho_A = \rho_B$이다. 이런 경우에 식 (12-38)은 그림 12-60에서 보여 주는 것과 같은 간단한 형태가 된다. 그림에 나타낸 것처럼 ω의 지수를 암기하는 것을 돕기 위한 기억법이 개발되었다. 또한 두 회전 속도(ω)의 비가 존재하는 곳 어디에서나 분모와 분자가 모두 동일하게 환산되기 때문에, 회전 속도(ω) 대신에 이에 해당하는 적절한 rpm($\dot{n}$) 값으로 대체할 수 있다.

V: Volume flow rate	$\frac{\dot{V}_B}{\dot{V}_A} = \left(\frac{\omega_B}{\omega_A}\right)^1 = \left(\frac{\dot{n}_B}{\dot{n}_A}\right)^1$
H: Head	$\frac{H_B}{H_A} = \left(\frac{\omega_B}{\omega_A}\right)^2 = \left(\frac{\dot{n}_B}{\dot{n}_A}\right)^2$
P: Power	$\frac{\text{bhp}_B}{\text{bhp}_A} = \left(\frac{\omega_B}{\omega_A}\right)^3 = \left(\frac{\dot{n}_B}{\dot{n}_A}\right)^3$

그림 12-60
친화 법칙을 단지 축 회전 속도 ω 또는 축 rpm, $\dot{n}$만 변하는 한 개의 펌프에 적용할 경우, 식 (12-38)은 위에 나타낸 것처럼 간단해지며, 이때 다음의 기억법이 ω(또는 $\dot{n}$)의 지수를 암기하는 것을 돕기 위해서 사용될 수 있다.
*Very Hard Problems은 **1, 2, 3**처럼 쉽다.*

펌프 친화 법칙은 **설계 도구**로 무척 유용하다. 특히, 기존의 펌프가 성능 곡선이 알려져 있으며 적당한 효율과 신뢰성을 갖고 운전된다고 가정하자. 펌프 생산업체가 훨씬 무거운 유체를 다루거나 또는 현저하게 더 큰 순수두를 전달하는 등 다른 응용분야에 사용하기 위해 더 큰 펌프를 새로 설계하기로 결정하였다. 처음부터 새롭게 시작하는 대신에 **엔지니어는 종종 기존의 설계를 단순히 비례 확대한다.** 펌프 친화 법칙은 최소의 노력으로 이와 같은 축척 작업을 수행할 수 있도록 한다.

예제 12-9 새로운 기하학적으로 상사한 펌프의 설계

졸업 후 펌프 생산회사에 취직하였다. 이 회사에서 가장 잘 팔리는 제품의 하나가 물 펌프이며, 이를 펌프 A라고 하자. 이 펌프의 임펠러 직경은 $D_A = 6.0$ cm이며, $\dot{n}_A = 1725$ rpm ($\omega_A = 180.6$ rad/s)으로 운전하는 경우 성능 데이터는 표 12-2와 같다. 영업기획부에서 신제품, 즉 상온에서 액체 냉매 R-134a에 사용될 더 큰 펌프(펌프 B라고 하자)를 설계할 것

표 12-2

1725 rpm과 상온에서 운전되는 물 펌프의 생산업체 성능 데이터(예제 12-9)*

$\dot{V}$, cm³/s	H, cm	η_{pump}, %
100	180	32
200	185	54
300	175	70
400	170	79
500	150	81
600	95	66
700	54	38

* 순수두는 cm 단위의 물.

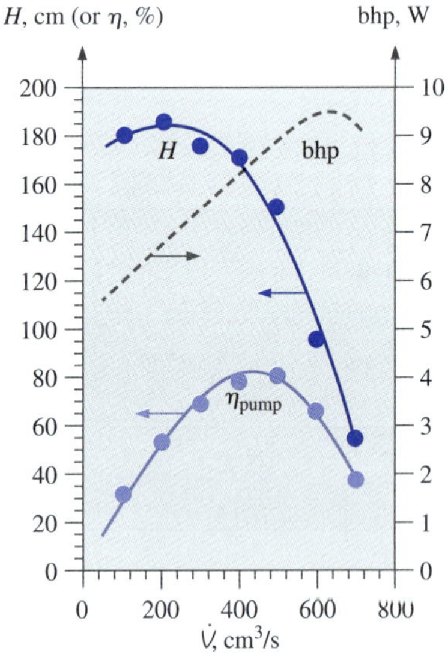

그림 12-61
예제 12-9의 물 펌프에 대한 데이터 점과 곡선 접합한 차원이 있는 펌프 성능 곡선.

을 제안하고 있다. 이 펌프를 최고 효율점(BEP)이 체적유량 $\dot{V}_B = 2400$ cm³/s와 순수두 $H_B = 450$ cm(R-134a 기준)에 가장 근접하도록 설계하려고 한다. 수석 엔지니어(상사)가, 기하학적으로 비례 확대된 펌프로 주어진 요구를 만족하는 설계가 가능한지를 결정하기 위하여, 펌프 축척 법칙을 사용하여 예비 해석을 하라고 지시하였다. (a) 펌프 A의 성능 곡선을 차원 형태와 무차원 형태 두 가지 모두를 도시하고 최고 효율점을 찾아라. (b) 신제품에 대해 요구되는 펌프 직경 D_B, 회전 속도 $\dot{n}_B$, 제동마력 bhp$_B$를 계산하라.

풀이 (a) 주어진 물 펌프의 펌프 성능 데이터 표에 대해, 차원 형태와 무차원 형태 두 가지 모두의 성능 곡선을 도시하고 BEP를 찾으려고 한다. (b) 주어진 설계 조건의 BEP에서 운전되는 기하학적 상사인 냉매 R-134a용 새로운 펌프를 설계하고자 한다.

가정 **1** 기존 펌프와 기하학적 상사인 새로운 펌프가 제작 가능하다. **2** 모든 액체(물과 냉매 R-134a)는 비압축성이다. **3** 두 펌프는 모두 정상 상태로 운전된다.

상태량 상온(20°C)에서 물의 밀도는 $\rho_{water} = 998.0$ kg/m³이고, 냉매 R-134a의 밀도는 $\rho_{R\text{-}134a} = 1226$ kg/m³이다.

해석 (a) 먼저 부드러운 펌프 성능 곡선을 얻기 위하여 표 12-2의 데이터에 2차의 최소제곱다항식 곡선 접합을 수행한다. 이를 식 (12-5)로부터 얻어진 제동마력 곡선과 함께 그림 12-61에 나타내었다. 식 (1)은 $\dot{V}_A = 500$ cm³/s의 데이터에 대해 단위 환산을 포함한 계산의 예를 보여 주며, 이는 근사적으로 최고 효율점이다.

$$\begin{aligned}\text{bhp}_A &= \frac{\rho_{water} g \dot{V}_A H_A}{\eta_{pump,A}}\\ &= \frac{(998.0\ \text{kg/m}^3)(9.81\ \text{m/s}^2)(500\ \text{cm}^3/\text{s})(150\ \text{cm})}{0.81}\left(\frac{1\ \text{m}}{100\ \text{cm}}\right)^4\left(\frac{\text{W}\cdot\text{s}}{\text{kg}\cdot\text{m/s}^2}\right)\\ &= 9.07\ \text{W}\end{aligned} \tag{1}$$

최소제곱 곡선 접합은 원래 표로 된 데이터의 산포를 제거하기 때문에, 그림 12-61의 $\dot{V}_A = 500$ cm³/s에서 실제 bhp$_A$값은 식 (1)의 값과 약간 다르다는 것에 유의하자.

다음으로 식 (12-30)을 이용하여 차원이 있는 표 12-2의 데이터를 무차원 펌프 상사 매개변수로 변환한다. 앞에서와 동일한 운전점(근사적으로 BEP 위치)에서 계산된 예를 식 (2)에서 식 (4)까지에 나타내었다. $\dot{V}_A = 500$ cm³/s에서 용량계수는 근사적으로

$$C_Q = \frac{\dot{V}}{\omega D^3} = \frac{500\ \text{cm}^3/\text{s}}{(180.6\ \text{rad/s})(6.0\ \text{cm})^3} = 0.0128 \tag{2}$$

이 유량에서 수두계수는 근사적으로

$$C_H = \frac{gH}{\omega^2 D^2} = \frac{(9.81\ \text{m/s}^2)(1.50\ \text{m})}{(180.6\ \text{rad/s})^2(0.060\ \text{m})^2} = 0.125 \tag{3}$$

마지막으로, $\dot{V}_A = 500$ cm³/s에서 동력계수는 근사적으로 다음과 같다.

$$C_P = \frac{\text{bhp}}{\rho\omega^3 D^5} = \frac{9.07\ \text{W}}{(998\ \text{kg/m}^3)(180.6\ \text{rad/s})^3(0.060\ \text{m})^5}\left(\frac{\text{kg}\cdot\text{m/s}^2}{\text{W}\cdot\text{s}}\right) = 0.00198 \tag{4}$$

이와 같은 계산을(스프레드시트에서) $\dot{V}_A$값 100에서 700 cm³/s까지 반복한다. 곡선 접합한

데이터가 사용되며, 따라서 정규화된 펌프 성능 곡선은 부드러우며, 이를 그림 12-62에 나타내었다. η_{pump}가 백분율이 아니고 소수로 표현된 것에 유의하라. 또한 세 곡선 모두를 횡좌표(x축)의 중심이 1이고 동일한 종좌표(y축)를 갖는 하나의 선도로 나타내기 위하여 C_Q, C_H, C_P에 각각 100, 10, 100을 곱하였다. 이런 축척계수들이 매우 작은 펌프에서부터 매우 큰 펌프까지 넓은 범위에서 잘 맞는다는 것을 알게 될 것이다. 또한 곡선 접합한 데이터로부터 그림 12-62에 BEP에서 수직선을 표시하였다. 곡선 접합한 데이터는 BEP에서 다음의 무차원 펌프 성능 매개변수들을 산출한다.

$$C_Q^* = 0.0112 \qquad C_H^* = 0.133 \qquad C_P^* = 0.00184 \qquad \eta_{\text{pump}}^* = 0.812 \tag{5}$$

(b) 최고 효율점이 본래 펌프의 BEP에 상응하지만, 유체가 다르고 직경과 회전 속도가 다른 새 펌프가 설계되었다. 식 (5)에서 얻은 값들을 이용하여, 새 펌프의 운전 조건을 얻기 위해 식 (12-30)을 사용한다. 즉, $\dot{V}_B$와 H_B 모두가 알려져 있으므로(설계 조건) D_B와 ω_B를 동시에 구한다. 약간의 계산으로 ω_B를 제거한 후 펌프 B의 설계 직경을 계산한다.

$$D_B = \left(\frac{\dot{V}_B^2 C_H^*}{(C_Q^*)^2 g H_B}\right)^{1/4} = \left(\frac{(0.0024\ \text{m}^3/\text{s})^2(0.133)}{(0.0112)^2(9.81\ \text{m/s}^2)(4.50\ \text{m})}\right)^{1/4} = \mathbf{0.108\ m} \tag{6}$$

다시 말하면, 펌프 A는 $D_B/D_A = 10.8\ \text{cm}/6.0\ \text{cm} = 1.80$배로 비례 확대되어야 한다. D_B값을 알고 있으므로, 식 (12-30)으로 되돌아가서 펌프 B의 설계 회전 속도 ω_B를 구한다.

$$\omega_B = \frac{\dot{V}_B}{(C_Q^*)D_B^3} = \frac{0.0024\ \text{m}^3/\text{s}}{(0.0112)(0.108\ \text{m})^3} = 168\ \text{rad/s} \quad \rightarrow \quad \dot{n}_B = \mathbf{1610\ rpm} \tag{7}$$

마지막으로, 펌프 B에 요구되는 제동마력은 식 (12-30)으로 계산된다.

$$\text{bhp}_B = (C_P^*)\rho_B \omega_B^3 D_B^5$$

$$= (0.00184)(1226\ \text{kg/m}^3)(168\ \text{rad/s})^3(0.108\ \text{m})^5\left(\frac{\text{W}\cdot\text{s}}{\text{kg}\cdot\text{m}^2/\text{s}}\right) = \mathbf{160\ W} \tag{8}$$

다른 방법으로 친화 법칙을 직접 사용하여 중간 단계를 생략할 수 있다. ω_B/ω_A 비를 제거하여 식 (12-38a)와 D_B에 대한 b를 푼다. 그리고는 알고 있는 값 D_A와 BEP에서 곡선 접합한 $\dot{V}_B$ 및 H_B값을 대입한다(그림 12-63). 결과는 앞에서 계산한 것과 일치한다. 비슷한 방법으로 ω_B와 bhp_B를 구할 수 있다.

토의 비록 원하는 ω_B값이 정확하게 계산되었지만, 실제로 마주치는 문제는 원하는 정확한 rpm으로 회전하는 전기 모터를 찾기가 (불가능하지는 않겠지만) 어렵다는 것이다. 표준 단상 60-Hz, 120-V AC 전기 모터는 일반적으로 1725 rpm 또는 3450 rpm으로 운전된다. 따라서 직접 구동 펌프로는 rpm 요구를 맞추지 못할 수 있다. 물론 만약 펌프가 벨트 구동이거나 기어박스 또는 주파수 제어 장치가 있다면 요구되는 회전율을 얻도록 배치 형태를 쉽게 조정할 수 있다. 또 다른 선택은 ω_B가 단지 ω_A보다 약간 작으므로 새 펌프를 표준 모터 속도(1725 rpm)로 구동하여 필요한 것보다 약간 더 강한 펌프를 제공하는 것이다. 이 선택의 단점은 새 펌프가 정확히 BEP가 아닌 점에서 운전되는 것이다.

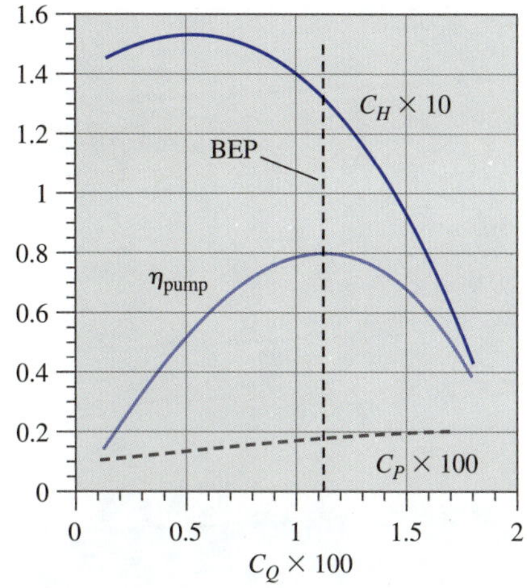

그림 12-62
예제 12-9의 물 펌프에 대한 곡선 접합한 무차원 펌프 성능 곡선, BEP는 η_{pump}가 최고인 운전점으로 추정한다.

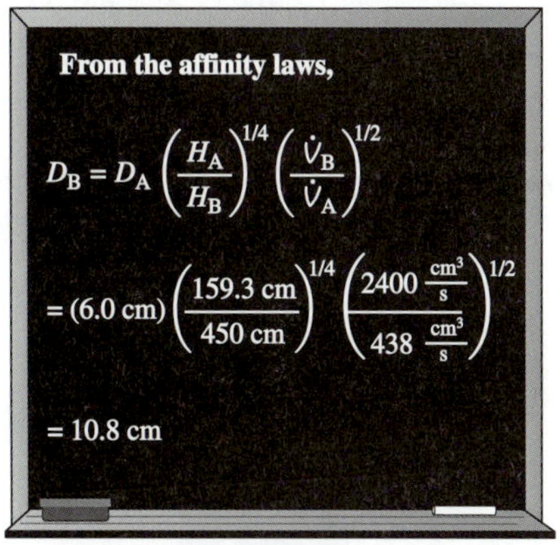

그림 12-63
새로운 펌프 직경 D_B에 대한 표현을 얻기 위하여 친화 법칙을 활용할 수 있다. ω_B와 bhp_B도 비슷한 방법으로 구할 수 있다(여기에는 나타내지 않았다).

12-4 터빈

그림 12-64
Brewster, MA의 복원된 풍차. 이는 1800년대에 제분용으로 사용되었다(기능을 발휘하려면 블레이드가 덧씌워야 한다는 것에 유의하라). 전력을 생산하는 현대적인 "풍차"는 좀 더 적절하게 **풍력 터빈**이라고 부른다.

© Visions of America/Joe Sohm/Photodisc/Getty Images

지난 수 세기 동안 무상으로 사용 가능한 강과 바람의 기계적 에너지를, 주로 축 회전으로 나타나는, 유용한 기계일로 변환하기 위하여 터빈이 사용되어 왔다. 펌프의 회전부를 임펠러라고 하는 것에 반하여 수력 터빈의 회전부는 **러너(runner)**라고 한다. 작동 유체가 물인 경우의 터보기계를 **수력 터빈**(hydraulic turbine 또는 hydroturbine)이라고 한다. 작동 유체가 공기이고 바람으로부터 에너지를 추출하면 이에 알맞게 이 장치를 **풍력 터빈**이라고 한다. **풍차**라는 말은 기술적으로 옛날처럼 기계적 에너지 출력이 단지 제분에 사용될 때에 사용되어야 한다(그림 12-64). 그러나 대다수의 사람들은 **풍차**라는 단어를 제분, 물의 이송 또는 전력 생산에 사용되는 모든 풍력 터빈에 사용한다. 석탄 화력 또는 원자력 발전소에서 작동 유체는 대부분 수증기이며, 따라서 수증기로부터 에너지를 축 회전의 기계적 에너지로 변환하는 터보기계를 **증기 터빈**이라고 한다. 압축성 기체를 작동 유체로 채택하는 터빈에 대한 보다 포괄적인 이름은 **가스 터빈**이다(최신 상업용 제트엔진은 가스 터빈의 한 형태이다).

펌프와 같이, 터빈은 **용적식** 터빈과 **동역학적** 터빈의 두 가지 넓은 범주로 분류된다. 대부분 용적식 터빈은 체적유량 측정을 위한 소형 장치인 반면, 동역학적 터빈은 초소형에서 초대형까지 범위가 넓고, 유동 계측과 동력 생산 모두에 사용된다. 이 두 가지 범주를 모두 상세하게 살펴본다.

용적식 터빈

용적식 터빈(positive-displacement turbine)은 용적식 펌프가 역으로 작동한다고 생각할 수 있다. 즉, 유체가 밀폐된 체적으로 밀려들어가면서 축을 회전시키거나 왕복하는 막대를 움직인다. 그런 후 유체가 장치로 더 들어오면서 밀폐된 체적의 유체는 밖으로 밀려난다. 용적식 터빈을 지나면서 순수두의 손실이 있다. 다시 말하면, 유동하는 유체로부터 에너지가 추출되고 기계적 에너지로 변환된다. 그러나 용적식 터빈은 일반적으로 동력 발생용이 아니고 오히려 유량 또는 유동 체적의 측정에 사용된다.

가장 흔한 예로써 집에 있는 수도 계량기가 있다(그림 12-65). 많은 상업용 수도 계량기는 계량기로 들어오는 물 유동에 따라 흔들리며 회전하는 **요동원판**을 사용한다. 판은 가운데의 구와 적절한 연결 막대를 갖고 있어서 요동원판의 편심 회전운동을 축 회전으로 전환한다. 축의 360° 회전마다 장치를 통과하는 유체의 체적을 정확히 알고 있으며, 따라서 사용된 물의 전체 체적이 장치에 의해 기록된다. 집에서 물이 수도꼭지에서 적당한 속도로 흐르고 있을 때 수도 계량기로부터 가끔 작게 떨

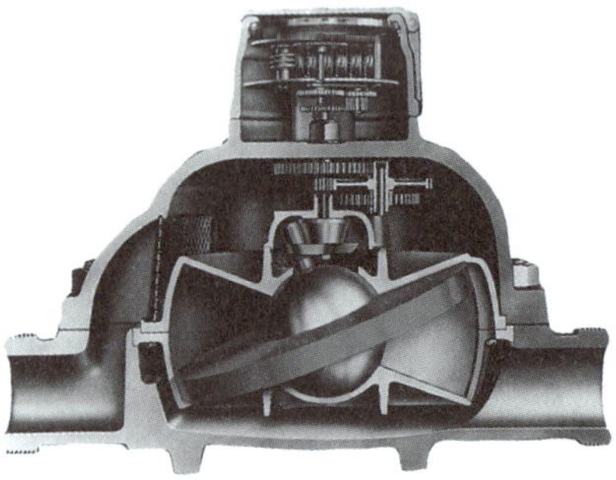

(*a*)

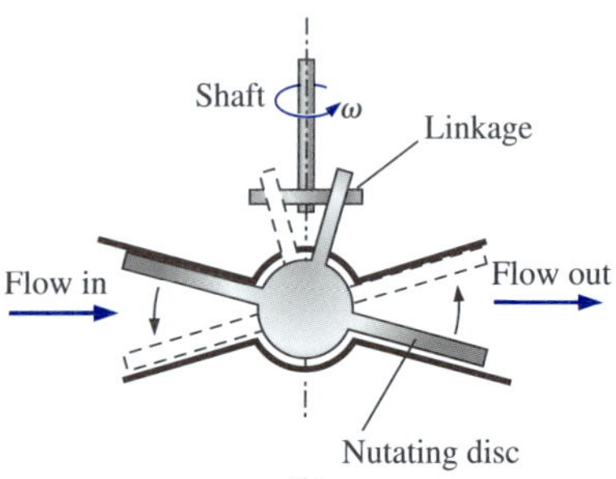

(*b*)

그림 12-65
요동원판(nutating disc) 유체 유량계는 체적유량의 측정에 사용되는 **용적식 터빈**이다. (*a*) 단면도 (*b*) 요동원판의 운동을 나타내는 개략도. 이 형태의 유량계는 일반적으로 가정용 수도 계량기에 사용된다.

Photo courtesy of Niagara Meters, Spartanburg, SC.

그림 12-66
동역학적 터빈의 예. (*a*) 풍속 측정에 사용되는 전형적인 3컵 풍속계와 (*b*) 날개 끝단 와류로부터 에너지를 추출하도록 설계된 터빈을 장착한 Piper PA28 연구용 항공기.

(a) © matthias engelien/Alamy. (b) NASA Langley Research Center.

리는 소리를 들을 수 있는데, 이것이 계량기 내부에서 흔들리고 있는 요동원판의 소리이다. 용적식 펌프에 다양한 설계가 있는 것처럼, 용적식 터빈에도 물론 다른 형태의 설계들이 있다.

동역학적 터빈

동역학적 터빈(dynamic turbine)은 유동 계측과 동력 생산에 모두 사용된다. 예를 들면, 기상학자는 풍속 측정에 3컵 풍속계를 사용한다(그림 12-66*a*). 실험적 유체역학 연구원들은 공기와 물의 속도를 측정하기 위하여 다양한 형태의(대부분 소형 프로펠러처럼 생긴) 소형 터빈을 사용한다. 이와 같은 응용에서는 축 출력과 터빈 효율에는 거의 관심을 두지 않는다. 오히려 이 장치들은 장치의 회전 속도가 유체 속도에 정확하게 보정될 수 있도록 설계된다. 그러면 초당 블레이드 회전수를 전기적으로 계수함으로써 유체 속도가 계산되고, 장치에 표시된다.

그림 12-66*b*는 동역학적 터빈의 새로운 응용분야를 보여 준다. NASA 연구원들은 날개 끝단의 와류(9장)로부터 에너지를 추출하기 위하여 Piper PA28 연구용 항공기의 날개 끝단에 터빈을 장착하였고, 여기서 추출된 에너지를 기내에서 필요한 동력으로 사용하기 위해 전기로 변환하였다.

이 장에서는 발전용으로 설계된 대형 동역학적 터빈을 중점적으로 다룬다. 대부분의 설명은 댐을 통과하는 커다란 고도 변화를 이용하여 전기를 생산하는 수력 터빈과 바람에 의해 회전하는 블레이드로부터 전기를 생산하는 풍력 터빈과 관련된다. 동역학적 터빈에는 **충동형(impulse)**과 **반동형(reaction)**의 두 가지 형태가 있으며, 각각에 대하여 다소 상세하게 설명한다. 두 가지의 동력 생산용 동역학적 터빈을 비교하면, 충동 터빈은 더 높은 수두가 요구되지만 작은 체적유량으로 운전될 수 있다. 반동 터빈은 훨씬 낮은 수두로 운전될 수 있으나 큰 체적유량이 요구된다.

충동 터빈

충동 터빈에서 유체는 노즐을 통하여 공급되며, 따라서 대부분의 가용 기계적 에너지가 운동 에너지로 변환된다. 그러면 고속 제트는 그림 12-67에 나타낸 것처럼 에

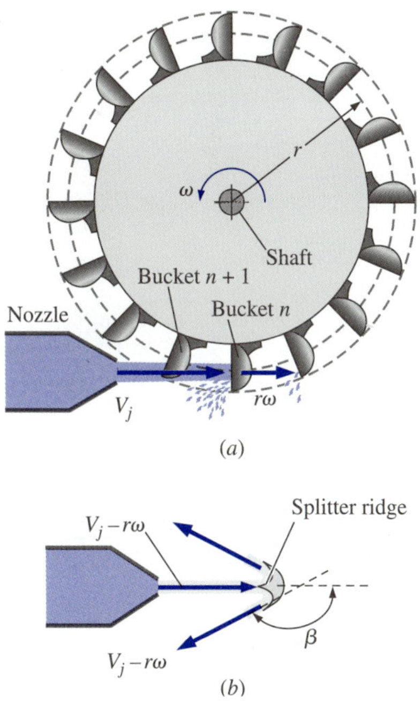

그림 12-67
Pelton 형식 **충동 터빈**의 개략도. 하나 또는 그 이상의 제트에서 나오는 고속 유체가 터빈 축에 장착된 버킷에 충돌할 때 터빈 축이 회전한다. (*a*) 측면도, 절대좌표, (*b*) 아래에서 본 버킷 n의 단면, 회전좌표.

너지를 터빈 축으로 전달하는 버킷 형상 깃에 충돌한다. 가장 효율이 높고 현대적인 형태의 충동 터빈은 Lester A. Pelton(1829-1908)에 의해서 1878년에 발명되었으며, 지금의 회전 수차(wheel)는 그의 이름을 따라 **Pelton 수차**라 불린다. Pelton 수차의 버킷은 그림 12-67*b*에 나타낸 것처럼 유동을 둘로 분할하고, 유동의 방향을 거의 180° 뒤로(버킷과 함께 움직이는 좌표에 대하여) 전환하도록 설계되었다. 전해지는 말에 의하면 Pelton은 분할판(splitter ridge)의 형상을 소의 콧구멍을 본떠서 만들었다고 한다. 각 버킷의 가장자리 부분의 일부를 잘라내어 제트의 대부분이 제트가 조준되지 않은 버킷은 통과하고(그림 12-67*a*의 버킷 $n+1$) 제트가 가장 잘 조준된 버킷(그림 12-67*a*의 버킷 n)에 도달하도록 한다. 이런 방법으로 제트의 운동량을 최대로 이용할 수 있다. 이런 상세 내용은 Pelton 수차의 사진에서 볼 수 있다(그림 12-68). 그림 12-69는 작동 중인 Pelton 수차를 보여 주는데, 여기서 물 제트의 분할과 방향 전환을 잘 볼 수 있다.

Pelton 수차 터빈의 출력은 Euler 터보기계 방정식을 이용하여 해석한다. 축 출력은 ωT_{shaft}와 동일하며, 여기서 T_{shaft}는 식 (12-14)로 주어진다.

터빈의 Euler 터보기계 방정식:
$$\dot{W}_{shaft} = \omega T_{shaft} = \rho\omega\dot{V}(r_2 V_{2,t} - r_1 V_{1,t}) \quad (12\text{-}39)$$

터빈은 에너지 **흡수** 장치가 아니라 에너지 **생성** 장치이므로 음의 부호에 주의해야만 한다. 터빈에서는 관습적으로 점 2를 입구로, 점 1을 출구로 정의한다. 버킷의 중심은 그림 12-67에 나타낸 것처럼 접선 속도 $r\omega$로 움직인다. 여기서 각 버킷의 가장자리 부분이 열려 있으므로, 해석하는 그 순간에 수차의 가장 아래에서 제트 전체가 버킷(그림 12-67*a*의 버킷 n)에 부딪힌다고 가정하여 해석을 단순화한다. 더욱이 버킷의 크기와 물 제트의 직경 모두 수차 반경에 비하여 작으므로 r_1과 r_2를 r과 같다고 근사한다. 마지막으로, 물은 속도가 전혀 느려지지 않으면서 각도 β로 방향 전환한다고 가정한다. 따라서 버킷과 함께 움직이는 상대좌표에서 상대 출구 속도는 그림 12-67*b*에 나타낸 것처럼 $V_j - r\omega$가 된다(상대 입구 속도와 동일). 식 (12-39)

그림 12-68
Pelton 수차의 확대 사진으로, 버킷의 상세 설계를 보여 준다. 오른쪽은 발전기이다. 이 Pelton 수차는 Bothwell, Tasmania 근처의 Waddamana 발전소 박물관에 전시되어 있다.
Courtesy of Hydro Tasmania, www.hydro.com.au. Used by permission.

그림 12-69
운전되고 있는 Pelton 수차의 아래에서 본 모습은 버킷에서 물 제트의 분할됨과 방향 전환을 나타낸다. 물 제트는 왼쪽에서 들어오고, Pelton 수차는 오른쪽으로 회전한다.
Courtesy of VA TECH HYDRO. Used by permission.

를 적용하기 위해서 필요한 절대좌표로 되돌아오면, 입구 속도의 접선성분 $V_{2,t}$는 단순히 제트 자체 속도 V_j가 된다. 출구에서 절대 속도 접선성분 $V_{1,t}$의 계산을 돕기 위하여 그림 12-70에 속도 선도를 구성한다. $\sin(\beta - 90°) = -\cos\beta$에 유의하면 증명할 수 있는 약간의 삼각법을 이용하여

$$V_{1,t} = r\omega + (V_j - r\omega)\cos\beta$$

이 식을 대입하면 식 (12-39)는

$$\dot{W}_{\text{shaft}} = \rho r\omega\dot{V}\{V_j - [r\omega + (V_j - r\omega)\cos\beta]\}$$

이는 다음으로 간단해진다.

축 출력:
$$\dot{W}_{\text{shaft}} = \rho r\omega\dot{V}(V_j - r\omega)(1 - \cos\beta) \tag{12-40}$$

틀림없이 이론적으로 만약 $\beta = 180°$이면 최대 동력을 얻는다. 그러나 이런 경우라면 한 버킷에서 나오는 물은 뒤따르는 이웃 버킷의 뒷면을 치게 되고, 따라서 생성되는 토크와 동력이 줄어들게 된다. 실제로는 β를 약 160°에서 165° 정도로 줄이면 최대 동력이 얻어진다. β가 180°보다 작은 데 따른 효율계수는

β에 따른 효율 계수:
$$\eta_\beta = \frac{\dot{W}_{\text{shaft, actual}}}{\dot{W}_{\text{shaft, ideal}}} = \frac{1 - \cos\beta}{1 - \cos(180°)} \tag{12-41}$$

예를 들어, $\beta = 160°$일 때 $\eta_\beta = 0.97$이며, 단지 약 3%의 손실만 발생한다.

마지막으로, 식 (12-40)으로부터 만약 $r\omega = 0$(수차가 전혀 돌지 않음)이면 축 출력 $\dot{W}_{\text{shaft}}$는 0이라는 것을 알 수 있다. 만약 $r\omega = V_j$(버킷이 제트 속도로 움직인다)이면 $\dot{W}_{\text{shaft}}$는 역시 0이 된다. 이 두 개의 극단 사이 어딘가에 최적 수차 속도가 존재한다. $r\omega$에 대한 식 (12-40)의 도함수를 0으로 설정하면, 이 경우는 $r\omega = V_j/2$일 때

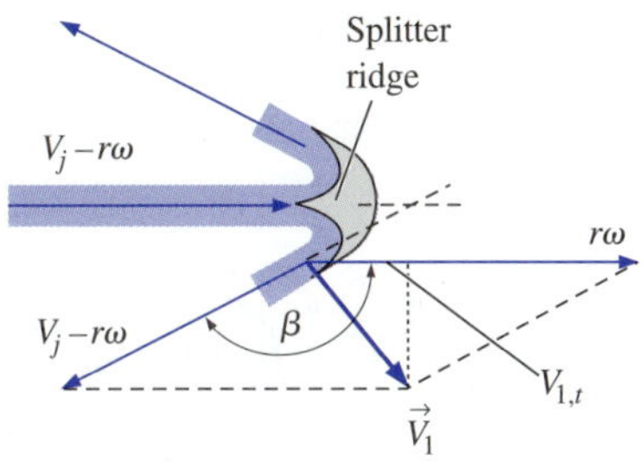

그림 12-70
Pelton 수차 버킷에 유입 및 유출하는 속도 선도. 유출 속도는 오른쪽으로 향하는 버킷 속도($r\omega$)를 더해서 이동좌표에서 절대좌표로 전환된다.

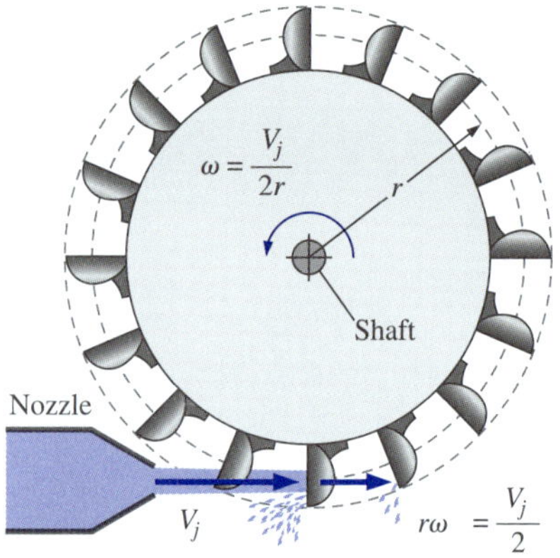

그림 12-71
Pelton 터빈으로 얻을 수 있는 이론적 최대 동력은 수차가 $\omega = V_j/(2r)$의 속도로 회전할 때, 즉 버킷이 물 제트 속도의 반으로 움직일 때 발생한다.

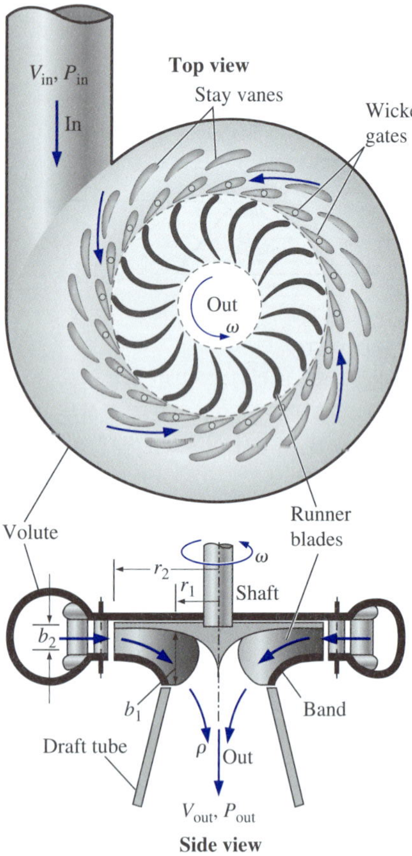

그림 12-72
반동 터빈은 충동 터빈과 크게 다르다. 물 제트를 사용하는 대신 **볼류트**가 러너를 구동하는 선회하는 물로 채워져 있다. 수력 터빈 응용에서 일반적으로 축이 수직이다. **고정 안내깃**과 조절 가능한 **쪽문**을 포함하여 위와 옆에서 본 모습을 나타내었다.

발생한다는 것을 알 수 있다(그림 12-71에 나타낸 것처럼 버킷이 제트 속도의 반으로 움직인다).

실제 Pelton 수차 터빈에는 식 (12-41)에 반영된 것 외에도 다른 손실들이 있는데, 이들은 기계적 마찰, 버킷의 공기역학적 항력, 버킷의 내벽을 따르는 마찰, 버킷의 회전에 따른 제트와 버킷 정렬의 틀어짐, 거꾸로 물 튀김, 노즐손실 등이다. 그렇다 하더라도, 잘 설계된 Pelton 수차 터빈의 효율은 90%에 근접할 수 있다. 다시 말하면, 최대 물의 가용 기계적 에너지의 90%까지 회전 축 에너지로 변환된다.

반동 터빈

에너지를 생산하는 다른 주된 형태의 수력 터빈은 **반동 터빈**이며, 이는 **정지깃(stay vane)**이라고 하는 고정 안내깃, **쪽문(wicket gate)**이라고 하는 조절 가능한 안내깃, **러너 블레이드**라고 하는 회전 블레이드들로 구성되어 있다(그림 12-72). 접선방향으로 들어오는 고압의 유동은 나선형 케이싱 또는 **볼류트**를 따라서 움직이면서 정지깃에 의해서 러너를 향하여 방향이 전환되고, 커다란 접선 속도 성분을 가지며 쪽문을 통과한다. 러너가 회전하면서 유체와 러너 사이에서 운동량이 교환되며 큰 압력 강하가 발생한다.

반동 터빈에는 크게 두 가지 형태가 있는데, **Francis**와 **Kaplan**이다. **Francis 터빈**은 원심 또는 혼류 펌프와 형상이 다소 비슷하지만, 유동이 반대방향이다. 그러나 역으로 작동되는 일반적인 펌프는 효율이 높은 터빈이 될 수 없다는 것에 유의하자. Francis 터빈은 1840년대에 설계를 구현시킨 James B. Francis(1815-1892)를 기려서 명명되었다. 반면에 **Kaplan 터빈**은 역으로 운전되는 **축류** 팬과 약간 비슷하다. 만약 창문을 통하여 돌풍이 불 때 창문 팬이 거꾸로 돌기 시작하는 것을 본 적이 있다면 Kaplan 터빈의 기본 작동 원리를 가시화할 수 있다. Kaplan 터빈은 발명자인 Viktor Kaplan(1876-1934)을 기려서 명명되었다. 실제로 Francis와 Kaplan 터빈에는 각각 몇 가지 세부 부류가 있으며, 수력 터빈 분야에서 사용되는 전문 용어가 항상 표준적인 것만은 아니다.

동역학적 펌프를 임펠러 블레이드를 떠나는 유동 각도에 따라 원심(방사형), 혼류, 축류(그림 12-25)로 분류했다는 것을 기억하자. 비슷하지만 역으로, 반동 터빈은 러너로 들어오는 유동의 방향에 따라 분류된다(그림 12-73). 만약 유동이 그림 12-73a처럼 러너에 반경방향으로 들어오면 **Francis 반경류 터빈**이라고 한다(또한 그림 12-72도 참조). 만약 유동이 반경방향과 축방향 사이의 어떤 각도로 러너로 들어오면(그림 12-73*b*) **Francis 혼류 터빈**이라고 한다. 혼류 터빈의 설계가 더 일반적이다. 일부 수력 터빈 엔지니어는 "Francis 터빈"이라는 용어를 단지 그림 12-73*b*에서와 같이 러너에 **밴드**가 있을 경우에만 사용하기도 한다. Francis 터빈은 Pelton 수차 터빈의 높은 수두와 Kaplan 터빈의 낮은 수두 사이에 있는 수두에 가장 적합하다. 전형적인 대형 Francis 터빈은 열여섯 개 또는 그 이상의 러너 블레이드를 갖고 있으며, 90에서 95%의 터빈 효율을 얻을 수 있다. 만약 러너에 밴드가 없고 유동이 일부 방향 전환을 하며 러너에 들어온다면 이를 **프로펠러 혼류 터빈** 또는 간단히 **혼류 터빈**이라고 한다(그림 12-73*c*). 마지막으로, 만약 유동이 러너에 들어오기 전에 축방향으로 완전히 전환

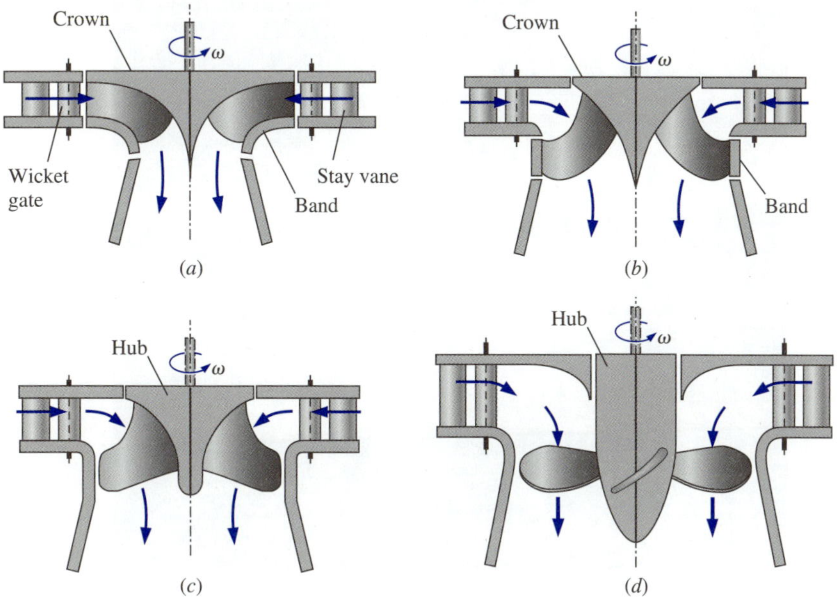

그림 12-73
반동 터빈 네 가지 소부류의 구별되는 특징. (*a*) **Francis 반경류**, (*b*) **Francis 혼류**, (*c*) **프로펠러 혼류**, (*d*) **프로펠러 축류**. (*b*)와 (c) 사이의 주된 차이점은 Francis 혼류 러너는 러너와 함께 회전하는 **밴드**가 있는 반면에 프로펠러 혼류 러너는 밴드가 없다. 프로펠러 혼류 터빈에는 두 가지 형태가 있다: **Kaplan 터빈**은 조절 가능한 피치 블레이드가 있는 반면에 **프로펠러 터빈**에는 피치 블레이드가 없다. 여기서 사용된 용어가 터보기계 교재나 수력 터빈 생산업체 사이에서 항상 통용되는 것은 아니라는 것에 유의하라.

된다면(그림 12-73d) 이 터빈은 **축류 터빈**이라고 한다. 축류 터빈의 러너는 일반적으로 Francis 터빈보다 매우 적은 수인 단지 셋에서 여덟 개의 블레이드만을 갖고 있다. 이들에는 Kaplan 터빈과 프로펠러 터빈의 두 가지 형태가 있다. Kaplan 터빈은 유량이 쪽문을 회전시키고 러너 블레이드의 피치를 조절하는 두 가지 방법으로 조절되므로 **이중 조절**이라고 한다. **프로펠러 터빈**은 블레이드가 고정되었다는 것(피치를 조절 못함)을 제외하고는 Kaplan 터빈과 거의 동일하며, 유량은 단지 쪽문에 의해서만 조절된다(**단일 조절**). Pelton 및 Francis 터빈과 비교하여 Kaplan 터빈과 프로펠러 터빈은 낮은 수두와 큰 체적유량에 가장 적합하다. 이 터빈들의 효율은 Francis 터빈의 효율과 견줄 수 있으며, 최고 94%에 도달할 수 있다.

그림 12-74는 Francis 반경류 터빈의 반경류 러너 사진이다. 사진 속의 작업자로부터 수력 발전소의 러너가 얼마나 큰가를 알 수 있다. 그림 12-75은 Francis 터빈의 혼류 러너 사진이며, 그림 12-76은 축류 프로펠러 터빈의 사진이다. 입구(위)에서 본 모습이다.

그림 12-77는 발전용 Francis 반동 터빈을 사용하는 대표적인 수력 발전용 댐을 보여 주고 있다. 전체 또는 **총 수두** H_{gross}는 댐 상류의 저수조 표면과 댐을 떠나는 수면의 고도 차이로 정의되며, $H_{gross} = z_A - z_E$이다. 만약 시스템 **어디에서도** 비가역 손실이 없다면 터빈당 생산할 수 있는 동력의 최대량은 다음과 같다.

이상적인 동력 생산:
$$\dot{W}_{ideal} = \rho g \dot{V} H_{gross} \tag{12-42}$$

물론 시스템에 걸쳐서 비가역 손실이 있으며, 따라서 실제로 생산되는 동력은 식 (12-42)로 주어진 이상적인 동력보다 적다.

그림 12-77의 시스템 전체에 걸쳐서, 용어를 정의하고 과정에서 손실을 설명하

그림 12-74
Madras, OR에 있는 Round Butte 수력 발전소에서 사용하는 Francis 반경류 터빈의 러너. 외경이 3.60 m인 러너 블레이드가 열일곱 개가 있다. 터빈은 180 rpm으로 회전하며, 순수두 105 m로부터 체적유량 127 m^3/s에서 119 MW의 동력을 생산한다.

Courtesy of American Hydro Corporation, York, PA. Used by permission.

그림 12-75
Roanoke, VA의 Smith Mountain 수력 발전소에서 사용하는 Francis 혼류터빈의 러너. 외경이 6.19 m인 러너 블레이드가 열일곱 개가 있다. 터빈은 100 rpm으로 회전하며 순수두 54.9 m로부터 체적유량 375 m^3/s에서 194 MW의 동력을 생산한다.

Courtesy of American Hydro Corporation, York, PA. Used by permission.

그림 12-76
Cordele, GA의 Warwick 수력 발전소에서 사용하는 Kaplan 터빈의 5-블레이드 프로펠러. 외경이 3.87 m인 다섯 개의 러너 블레이드가 있다. 터빈은 100 rpm으로 회전하며, 순수두 9.75 m로부터 체적유량 63.7 m^3/s에서 5.37 MW의 동력을 생산한다.

Photo courtesy of Weir American Hydro Corporation, York, PA. Used by permission.

면서 물의 유동을 따라가 보자. 물이 정지되어 있고, 대기압이며, 고도가 z_A로 가장 높은 댐 상류의 점 A에서 시작한다. 물은 유량 $\dot{V}$로 **도수로**라고 하는, 댐을 통과하는 커다란 관을 통하여 흐른다. 도수로로 가는 유동은 도수로 입구의 **취수문**이라고 하는 큰 게이트 밸브를 잠가서 차단할 수 있다. 만약 그림 12-77에 나타낸 것처럼 터빈 바로 앞의 도수로 끝점 B에 피토관을 삽입한다면 관 내부의 물은 액주 높이가 터빈 입구에서 에너지구배선 EGL_{in}과 같아지도록 상승할 것이다. 이 액주 높이는 도수로와 입구의 비가역 손실 때문에 점 A에서 수위보다 낮게 된다. 그 다음에 유동은 전기 발전기와 축으로 연결된 터빈을 통과한다. 전기 발전기 자체에도 비가역 손실이 있다는 데 유의하라. 그러나 유체역학적 관점에서 단지 터빈과 터빈 하류에서 손실에만 관심을 갖는다.

터빈 러너를 통과한 후 나오는 유체(C점)는 아직 상당한 운동 에너지와 그리고 어쩌면 선회류를 갖고 있다. 이 운동 에너지의 일부를 회수하기 위하여(그렇지 않으면 낭비될 것이다), 유동은 **흡출관**이라고 하는 면적이 확장되는 디퓨저로 들어가며, 여기에서 유동은 수평으로 변하고, 유속이 느려지며, **방수로**라고 하는 하류로 방출되기 전에 압력이 증가한다. 만약 다른 피토관이 D점(흡출관의 출구)에 있다고 가정하면 관 내부의 물은 그림 12-77의 에너지구배선 EGL_{out}과 같아지도록 상승할 것이다. 흡출관은 터빈 조립체에 포함된 부분이라고 간주되므로 터빈을 지나는 순수두는 EGL_{in}과 EGL_{out}의 차이로 나타낸다.

수력 터빈의 순수두:

$$H = EGL_{in} - EGL_{out} \tag{12-43}$$

말로 표현하면,

> 터빈의 순수두는 터빈의 바로 앞 상류의 에너지구배선과 흡출관 출구의 에너지구배선의 차이로 정의된다.

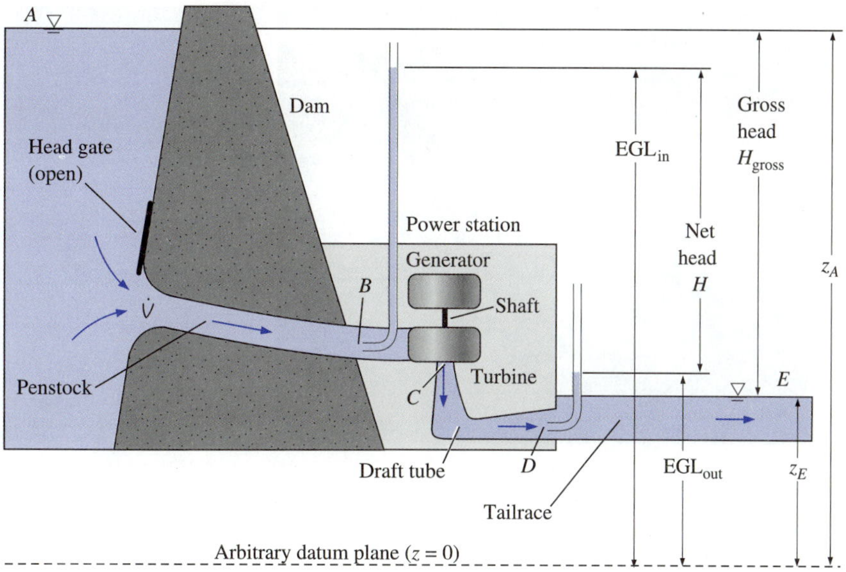

그림 12-77
전기를 생산하기 위해 Francis 터빈을 사용하는 수력 발전소의 전형적인 구성도 및 용어. 실제 축척이 아니다. 피토관은 단지 설명하기 위하여 나타내었다.

만약 수력 발전소 전체의 순 효율에 관심이 있다면, 이 효율을 총 수두에 바탕을 둔 이상적인 동력에 대한 실제로 생산되는 전력의 비로 정의할 수 있다(식 12-42). 이 장에서는 터빈 자체의 효율에 더 관심이 있다. 관습적으로 **터빈 효율**은 총 수두 H_{gross} **대신에 순수두 H를 바탕으로 한다**. 특히 $\eta_{turbine}$은 수마력(터빈을 통해 흐르는 물에서 추출된 동력)에 대한 제동마력 출력(실제 터빈 축 출력)의 비로 정의된다.

터빈 효율:

$$\eta_{turbine} = \frac{\dot{W}_{shaft}}{\dot{W}_{water\ horsepower}} = \frac{bhp}{\rho g H \dot{V}} \tag{12-44}$$

터빈 효율 $\eta_{turbine}$은 bhp가 요**구 입력** 대신에 **실제 출력**이므로 펌프 효율의 역이라는 것에 유의하자(그림 12-78).

Efficiency is always defined as

$$\eta = \text{efficiency} = \frac{\text{actual output}}{\text{required input}}$$

Thus, for a pump,

$$\eta_{pump} = \frac{\dot{W}_{water\ horsepower}}{\dot{W}_{shaft}} = \frac{\rho g H \dot{V}}{bhp}$$

and for a turbine,

$$\eta_{turbine} = \frac{\dot{W}_{shaft}}{\dot{W}_{water\ horsepower}} = \frac{bhp}{\rho g H \dot{V}}$$

그림 12-78
정의로부터 효율은 항상 1보다 작아야만 한다. 터빈의 효율은 펌프 효율의 역이다.

또한 이 설명에서는 한 번에 단지 한 개의 터빈을 고려한다는 것에 유의하자. 대부분의 대형 수력 발전소는 병렬로 연결된 **여러 대의** 터빈을 갖고 있다. 이는 전기회사가 전력 수요가 적은 시간대에 그리고 정비를 목적으로 일부 터빈을 정지할 수 있는 기회를 제공한다. 예를 들면, Nevada 주 Boulder City에 있는 Hoover 댐은 열일곱 개의 병렬 터빈을 갖고 있으며, 이 가운데 열다섯 개는 각각 약 130 MW의 전기를 생산할 수 있는 동일한 대형 Francis 터빈이다(그림 12-79). 최대 총 수두는 180 m이다. 이 발전소의 최대 총 발전량은 2GW(2000 MW)가 넘는다.

앞에서 펌프에서 수행한 것과 같은 방법으로, Euler 터보기계 방정식과 속도 선도를 사용하여 터빈의 예비 설계와 해석을 수행한다. 실제로 r_1은 회전하는 블레이드의 내부 반경, r_2는 외부 반경으로, 동일한 표기법을 유지한다. 그러나 터빈에서는 유동방향이 펌프와 반대이므로 입구는 반경 r_2에, 출구는 r_1에 있다. 1차 근사 해석을 위하여 블레이드는 무한하게 얇다고 가정한다. 또한 블레이드는 유동이 언제나 블레이드 표면에 접선이 되도록 정렬되었다고 가정하며, 표면에서 점성 효과(경계

(a) (b)

그림 12-79
(*a*) Hoover 댐 주변 풍경과 (*b*) Hoover 댐의 수력 터빈으로 구동되는 여러 개의 병렬 발전기 위(보이는) 상부.
(a) ⓒ Corbis RF (b) ⓒ Brand X Pictures RF

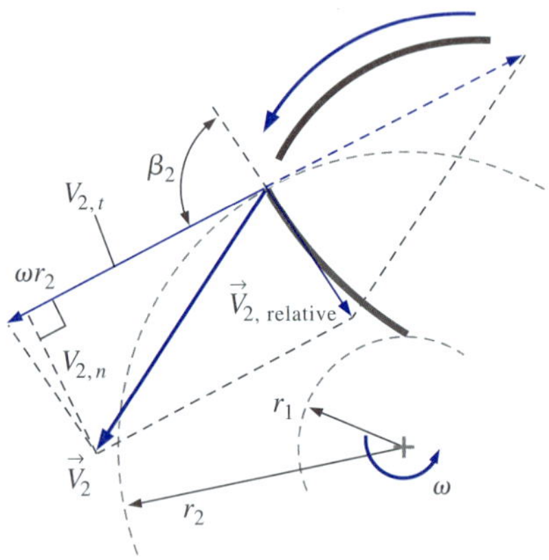

그림 12-80
Francis 터빈 러너의 외경에 대한 상대 및 절대 속도 벡터와 형상. 절대 속도 벡터는 굵은 화살표.

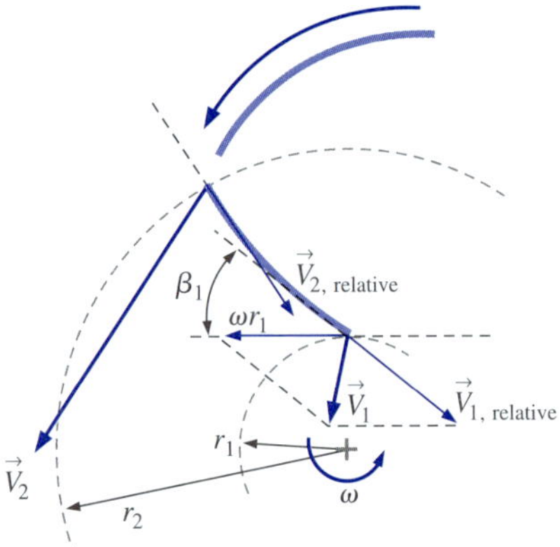

그림 12-81
Francis 터빈 러너의 내경에 대한 상대 및 절대 속도 벡터와 형상. 절대 속도 벡터는 굵은 화살표.

층)는 무시한다. 고차 보정은 전산유체역학 코드로 가장 잘 얻어진다.

예를 들어, 그림 12-72의 위에서 본 Francis 터빈 모습을 고려해 보자. 그림 12-80에는 속도 벡터가 절대좌표계와 러너와 함께 회전하는 상대좌표계 두 가지 모두에 대해 그려져 있다. 유동은 정지 안내깃(그림 12-80의 굵은 검은 선)에서부터 시작하여 방향이 전환되고, 러너 블레이드(굵은 하늘색선)에 절대 속도 $\vec{V}_2$로 부딪친다. 그러나 러너 블레이드는 반시계방향으로 회전하며, 반경 r_2에서 접선방향으로 아래 왼쪽을 향하여 ωr_2의 속도로 움직인다. 회전좌표로 변환하기 위하여, 그림에서 보여주는 것처럼 $\vec{V}_2$와 **음**의 ωr_2 벡터합을 구한다. 합벡터는 벡터 $\vec{V}_{2,\,\text{relative}}$이며, 이는 러너 블레이드의 선단과 평행하다(원 r_2의 접선으로부터 각도 β_2). Euler 터보기계 방정식(식 12-39)에는 절대 속도 벡터 $\vec{V}_2$의 접선 성분 $V_{2,\,t}$가 요구된다. 약간의 삼각법 계산을 거치면 다음과 같다.

러너 선단:
$$V_{2,\,t} = \omega r_2 - \frac{V_{2,\,n}}{\tan \beta_2} \tag{12-45}$$

상대(회전)좌표에서 러너 블레이드를 따라 유동을 따라가면, 유동은 러너 블레이드의 후단에 평행하게 나가도록 방향이 전환되는 것을 알 수 있다(원 r_1의 접선으로부터 각도 β_1). 마지막으로, 절대좌표로 다시 변환하기 위하여 $\vec{V}_{1,\,\text{relative}}$와 그림 12-81에 나타낸 것처럼 왼쪽으로 향하는 ωr_1의 벡터합을 구한다. 합벡터는 절대 속도 벡터 $\vec{V}_1$이다. 질량은 반드시 보존되어야 하므로 절대 속도 벡터의 수직 성분 $V_{1,\,n}$과 $V_{2,\,n}$은 식 (12-12)의 관계를 가지며, 여기서 축 블레이드 폭 b_1과 b_2는 그림 12-80에서 정의된다. 약간의 삼각법 계산을 한 후(이는 선단에서 절차와 동일하다), Euler 터보기계 방정식에 사용하기 위해 절대 속도 벡터 $\vec{V}_1$의 접선 성분 $V_{1,\,t}$를 나타내는 식을 만든다.

러너 후단:
$$V_{1,\,t} = \omega r_1 - \frac{V_{1,\,n}}{\tan \beta_1} \tag{12-46}$$

주의 깊은 독자는 터빈에 대한 식 (12-46)은 펌프에 대한 식 (12-23)과 동일하다는 것을 알게 될 것이다. 이는 우연이 아니며, 모든 것이 반대방향으로 흐른다는 것을 제외하고는 터빈에서 속도 벡터와 각도 등이 펌프에서 정의된 것과 동일하게 정의되었다는 사실로부터 나온 결과이다.

몇몇의 수력 터빈 러너 응용에서, 고출력/고유량 운전은 결국 $V_{1,t}<0$을 초래할 수 있다. 여기서 러너 블레이드가 유동방향을 아주 크게 변화시켜 러너 출구에서 유동이 러너 회전과 반대되는 방향으로 회전되는데, 이 상황을 **역선회류**라고 한다(그림 12-82). Euler 터보기계 방정식은 최대 동력이 $V_{1,t}<0$에서 얻어진다고 예측하며, 따라서 역 선회류는 반드시 좋은 터빈 설계의 일부라는 의심이 든다. 그러나 실제로는, 대다수 수력 터빈의 최고 효율 운전은 러너가 적은 양의 **순선회류**를 러너에서 나가는 유동에 전할 때(러너 회전과 같은 방향으로의 선회류) 얻어진다는 사실이 밝혀졌다. 이것이 흡출관 성능을 향상시킨다. 그러나 많은 양의 선회류(역선회류 또는 순선회류)는 바람직하지 않으며, 그 이유는 흡출관 내에서 훨씬 더 많은 손실을 유발하기 때문이다(빠른 선회류 속도는 결국 운동 에너지의 "낭비"가 된다). 명백히, 주어진 설계 제한 조건 내에서 최대 효율의 수력 터빈 시스템(전체의 일부로서 흡출관을 포함하여)을 설계하기 위해서는 많은 미세 조정이 이루어져야 할 필요가 있다. 또한 유동이 3차원이라는 것을 명심해야 한다. 즉, 유동이 전환되어 흡출관 속으로 들어감에 따라 속도에 **축방향** 성분이 있고, 또한 **원주방향**의 속도에도 차이가 있다. 컴퓨터 시뮬레이션 도구가 터빈 설계자에게 무척이나 유용하다는 것을 바로 알 수 있다. 사실, 최신 CFD 코드의 도움으로, 수력 발전소의 구형 터빈들을 리모델링하는 것이 경제적인 측면에서 현명하며 일상화될 정도까지 수력 터빈의 효율이 증가되었다. 그림 12-83은 Francis 혼류 터빈에 대한 CFD 결과의 예를 보여 준다.

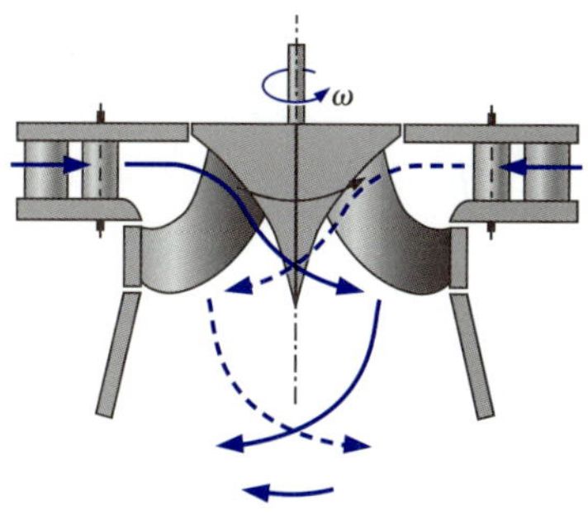

그림 12-82
몇몇의 Francis 혼류 수력 터빈에서는 고출력, 고유량 조건에서 때로는 **역선회류**를 유발하며, 이때 그림에서 보여 주는 것처럼 러너에서 유출되는 유동은 러너 자체와 반대방향으로 선회한다.

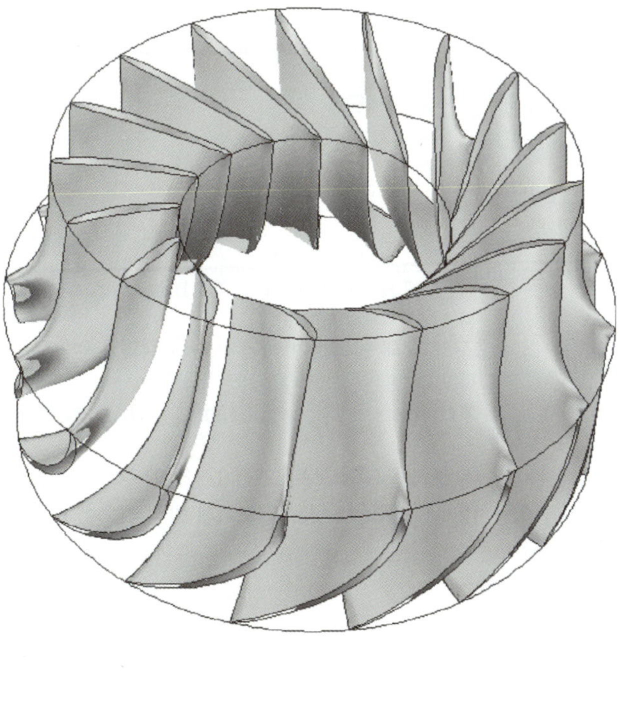

그림 12-83
CFD로 계산된 러너 블레이드 표면에서 정압에 대한 등분포도이며, 압력 단위는 Pa이다. 여기에서 보여 주는 것은 z축에 대하여 반시계방향으로 회전하는 블레이드가 열일곱 개인 Francis 혼류 터빈 러너이다. 단지 블레이드 통로 하나만을 모델링하였지만 축대칭이므로 16번 반복하여 나타내었다. 최고 압력은 러너의 압력면 선단 근처에서 나타나는 반면, 최저 압력은 후단 근처 러너의 흡입면에서 나타난다.

Photo courtesy of Weir American Hydro Corporation, York, PA. Used by permission.

예제 12-10 수력 터빈 설계

수력 발전용 댐의 구형 터빈을 대체하기 위한 리모델링용 Francis 반경류 수력 터빈을 설계하고 있다. 새 터빈은 기존의 배치에 적절하게 결합되기 위해 다음의 설계 제한 조건을 반드시 만족시켜야 한다. 러너 입구 반경은 r_2=2.50 m이고 출구 반경은 r_1 = 1.77 m이다. 러너 블레이드폭은 입구와 출구에서 각각 b_2 = 0.914 m와 b_1 = 2.62 m이다. 러너는 60 Hz 전기발전기를 돌리기 위하여 반드시 $\dot{n}$ = 20 rpm(ω = 12.57 rad/s)으로 회전하여야 한다. 쪽문은 러너 입구에서 유동을 반경방향으로부터 α_2 = 33°의 각도로 방향을 전환시키고, 유동이 흡출관을 통하여 제대로 흐르기 위해서는 유동이 러너 출구에서 반경방향으로부터 −10°와 10° 사이의 각 α_1을 가져야 한다(그림 12-84). 설계 조건에서 체적유량은 599 m³/s이고, 댐이 제공하는 총 수두는 H_{gross} = 92.4 m이다. (a) 입구와 출구 각각의 러너 블레이드각 β_2와 β_1을 계산하고, 비가역 손실이 무시될 때, 반경방향으로부터 α_1 = 10°인 경우(순선회류)에 대해 출력과 순수두를 예측하라. (b) 반경방향으로부터 α_1 = 0°인 경우(선회류 없음)에 대해 계산을 반복하라. (c) 반경방향으로부터 α_1 = −10°인 경우(역선회류)에 대해 계산을 반복하라.

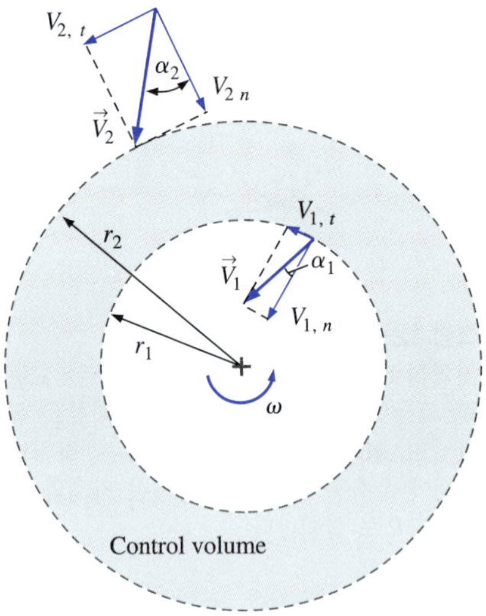

그림 12-84
수력 발전소용으로 설계된 Francis 터빈의 러너와 관련된, 위에서 본 절대 속도와 유동 각(예제 12-10). 검사체적은 러너의 입구에서부터 출구까지이다.

풀이 주어진 일련의 수력 터빈 설계기준을 가지고, 러너 출구에서 세 가지 경우, 즉 선회류가 있는 두 가지와 선회류가 없는 한 가지 경우에 대하여 러너 블레이드 각도, 요구 순수두, 출력을 계산하고자 한다.

가정 1 유동은 정상이다. 2 유체는 20℃의 물이다. 3 블레이드는 무한하게 얇다. 4 유동은 모든 곳에서 러너 블레이드의 접선방향이다. 5 터빈에서 비가역 손실은 무시한다.

상태량 20℃에서 물의 밀도는 ρ = 998.0 kg/m³이다.

해석 (a) 식 (12-12)를 사용하여 입구에서 수직 속도 성분에 대하여 풀면

$$V_{2,n} = \frac{\dot{V}}{2\pi r_2 b_2} = \frac{599\ \text{m}^3/\text{s}}{2\pi(2.50\ \text{m})(0.914\ \text{m})} = 41.7\ \text{m/s} \tag{1}$$

그림 12-84를 지침으로 삼으면, 입구의 접선방향 속도 성분은

$$V_{2,t} = V_{2,n}\tan\alpha_2 = (41.7\ \text{m/s})\tan 33° = 27.1\ \text{m/s} \tag{2}$$

이제 러너 선단각 β_2에 대하여 식 (12-45)를 풀면

$$\beta_2 = \arctan\left(\frac{V_{2,n}}{\omega r_2 - V_{2,t}}\right) = \arctan\left(\frac{41.7\ \text{m/s}}{(12.57\ \text{rad/s})(2.50\ \text{m}) - 27.1\ \text{m/s}}\right) = \mathbf{84.1°} \tag{3}$$

식 (1)에서 (3)까지를 러너 출구에 대해 반복하여 풀면 다음의 결과를 얻는다.

러너 출구: $V_{1,n} = 20.6\ \text{m/s},\quad V_{1,t} = 3.63\ \text{m/s},\quad \beta_1 = \mathbf{47.9°}$ (4)

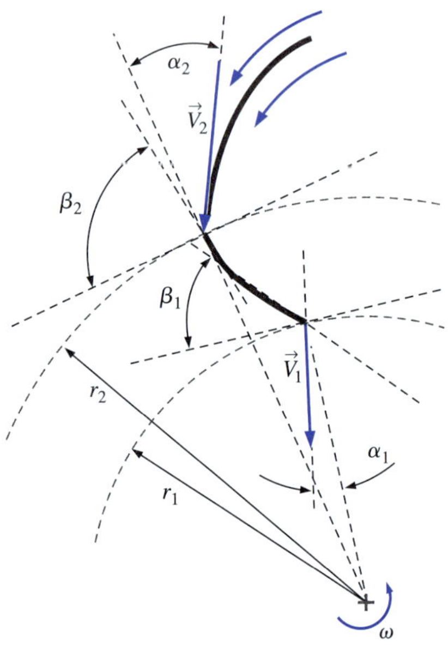

그림 12-85
예제 12-10의 위에서 본 러너 블레이드의 설계 그림. 안내깃과 절대 속도 벡터도 나타내었다.

이 러너 블레이드의 위에서 본 모습을 (축척으로) 그림 12-85에 나타내었다.

식 (2)와 식 (4)를 이용하면 축 출력은 Euler 터보기계 방정식인 식 (12-39)로부터 추정된다.

$$\dot{W}_{\text{shaft}} = \rho\omega\dot{V}(r_2V_{2,t} - r_1V_{1,t}) = (998.0\ kg/m^3)(12.57\ \text{rads/s})(599\ \text{m}^3/\text{s})$$
$$\times\ [(2.50\ \text{m})(27.2\ \text{m/s}) - (1.77\ \text{m})(3.63\ \text{m/s})]\left(\frac{\text{MW·s}}{10^6\ \text{kg·m}^2/\text{s}^2}\right)$$
$$= 461\ \text{MW} = \mathbf{6.18 \times 10^5\ hp} \quad (5)$$

마지막으로 비가역성을 무시하였으므로 $\eta_{\text{turbine}} = 100\%$로 가정하고 식 (12-44)를 이용하여 요구되는 순수두를 구한다.

$$H = \frac{\text{bhp}}{\rho g\dot{V}} = \frac{461\ \text{MW}}{(998.0\ \text{kg/m}^3)(9.81\ \text{m/s}^2)(599\ \text{m}^3/\text{s})}\left(\frac{10^6\ \text{kg·m}^2/\text{s}^2}{\text{MW·s}}\right) = \mathbf{78.6\ m} \quad (6)$$

(b) 러너 출구에서 선회류 없이($\alpha_1 = 0°$) 계산을 반복하면 러너 블레이드 후단각은 **42.8°**로 줄어들며, 출력은 509 MW(**6.86×10^5 hp**)로 증가한다. 요구되는 순수두는 **86.8 m**로 증가한다.

(c) 러너 출구에서 역선회류($\alpha_1 = -10°$)를 갖고 계산을 반복하면 러너 블레이드 후단각은 **38.5°**로 줄어들고, 출력은 557 MW(**7.47×10^5 hp**)로 증가한다. 요구되는 순수두는 **95.0 m**로 증가한다. 그림 12-86은 러너 출구 유동각 α_1의 함수로 나타낸 동력과 순수두의 선도를 보여 준다. α_1의 감소에 따라 bhp와 H가 모두 증가하는 것을 알 수 있다.

토의 이론적인 출력은 러너 출구의 선회류를 제거하면 약 10% 증가하고, 10°의 역선회류가 있으면 거의 10%가 더 증가한다. 그러나 댐에서 가능한 총 수두는 단지 92.4 m이다. 따라서 예측된 순수두가 H_{gross}보다 크게 요구되므로 (c)의 역선회류인 경우는 명백히 불가능하다. 이 결과는 비가역성을 무시한 예비 설계임을 명심하자. 실제 출력은 더 작고, 실제로 요구되는 순수두는 여기서 예측된 값보다 높을 것이다.

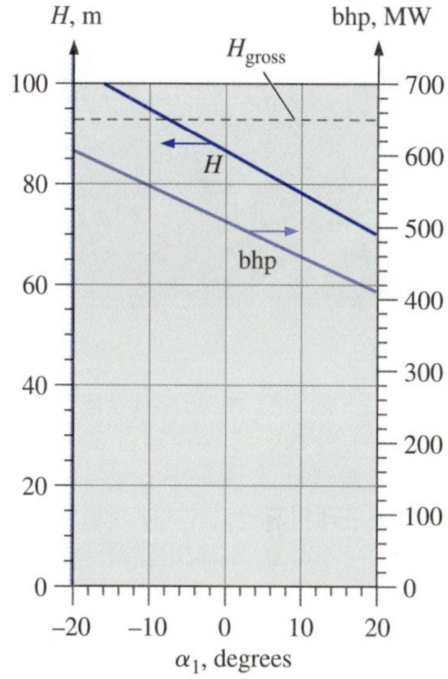

그림 12-86
예제 12-10의 터빈에서 러너 출구 유동각의 함수로서 나타낸 이상적인 요구 순수두와 제동마력.

가스 및 증기 터빈

지금까지 우리가 살펴본 내용은 대부분 수력 터빈에 관한 것이었다. 이제부터는 연소 생성물 또는 증기와 같은 **기체**를 사용하도록 설계된 터빈에 대하여 살펴본다. 석탄 또는 원자력 발전소에서는 고압 증기가 보일러에서 생성되고 증기 터빈에 공급되어 전기를 생산한다. 재열, 재생 및 전체 효율을 높이기 위한 다른 노력들 때문에 이런 증기 터빈들은 일반적으로 (고압 및 저압의) 두 개의 단(stage)을 갖는다. 대부분의 발전소 증기 터빈은 그림 12-87에 보인 것처럼 다단 축류 장치이다. 여기서 터빈 블레이드(**버킷**이라 불리는)들의 각 세트 사이에서 유동의 방향을 정해 주는 고정자 깃(**노즐**이라 불리는)은 보이지 않는다. 축류 터빈의 해석은 12-2절에서 설명한 것처럼 축류 팬의 해석과 매우 유사하며, 여기에서는 다시 설명하지 않는다.

유사한 축류 터빈들이 제트 항공기 엔진(그림 12-52)과 가스 터빈 발전기(그림 12-88)에 사용된다. 가스 터빈 발전기는 추력을 제공하는 대신에 이 터보기계가 연료의 에너지를 가능한 한 많이 회전축으로 전달하도록 설계된 것을 제외하고는 제트엔진과 비슷하다. 발전용 가스 터빈은 일반적으로 제트엔진보다 훨씬 크며, 물론 그 이유는 발전용 가스 터빈은 지상용이기 때문이다. 수력 터빈에서처럼, 전체 터빈의 크기가 증가하면 상당한 효율의 개선을 구현할 수 있다.

그림 12-87
석탄 화력 또는 원자력 발전소에서 사용되는 전형적인 2단 증기 터빈의 터빈 블레이드(**버킷**이라고 불리는). 유동은 왼쪽에서 오른쪽이며, 왼쪽은 고압단이고 오른쪽은 저압단이다.

그림 12-88
MS7001F 가스 터빈의 로터 조립체를 가스 터빈 케이싱의 하단부 속으로 내려 놓고 있다. 유동은 왼쪽에서 오른쪽이며, 상류의 로터 블레이드(**블레이드**라고 한다) 세트로 다단 압축기를 구성하고, 하류의 로터 블레이드(**버킷**이라고 한다) 세트로 다단 터빈을 구성한다. 가스 터빈 케이싱의 하단부에서 압축기 고정자 블레이드(**깃**, **베인**이라고 한다)와 터빈 고정자 블레이드(**노즐**이라고 한다)를 볼 수 있다. 이 가스 터빈은 3600 rpm으로 회전하며, 135 MW 이상의 동력을 생산한다.

Courtesy of GE Energy.

풍력 터빈*

전 세계적으로 에너지 요구가 증가함에 따라 화석 연료의 공급이 부족하게 되고, 에너지 비용은 계속하여 증가하고 있다. 전 세계적 에너지 수요를 따라가기 위해서는 태양, 풍력, 파력, 조력, 수력, 지열 등과 같은 재생 에너지원에 대한 더 많은 연구가 수행되어야만 한다. 이 절에서는 발전에 사용되는 풍력 터빈을 중점적으로 다룬다. 비록 기술적으로는 두 장치가 모두 유체로부터 에너지를 얻어내는 터빈이지만, **기계적인** 동력(제분, 물의 이송 등)을 얻어내기 위한 **풍차**와 전력을 생산하기 위한 **풍력 터빈**으로 구별하여 서로 다른 용어를 사용한다는 것에 유의하자. 비록 바람이 "무료"이고 재생 가능하지만, 최신 풍력 터빈은 비용이 많이 들고, 대부분의 다른 동력 생산 장치와 비교하여 명백한 단점을 갖고 있다. 즉, 풍력 터빈은 바람이 불 때만 동력을 생산할 수 있고, 따라서 본질적으로 출력이 일정하지 않다. 더욱이 풍력 터빈은 바람이 부는 장소에 설치되어야만 하며, 이런 장소는 대부분 전통적인 전력망으로부터 멀리 떨어져 있어 새로운 고압 송전 선로의 건설이 요구된다는 사실 또한 명백하다. 그럼에도 불구하고, 멀지 않은 미래에 전 세계 에너지 수급에서 풍력 터빈의 역할이 계속 증가할 것으로 기대된다.

수 세기에 걸쳐서 수많은 혁신적인 풍력 터빈의 설계가 제시되고 시험되었다. 풍력 터빈은 일반적으로 회전축의 방향에 따라 **수평축 풍력 터빈**(HAWTs, horizontal axis wind turbines)과 **수직축 풍력 터빈**(VAWTs, vertical axis wind turbines)으로 분류된다. 다른 분류 방법으로는 회전하는 축에 토크를 제공하는 메커니즘, 즉 양력 또는 항력으로 구분하는 방법이 있다. 지금까지 어떤 VAWT 또는 항력형 설계도 양력형 HAWT 만큼 효율적이거나 또는 성공적이지 않았다. 이는 전 세계적으로 거의 모든 풍력 터빈은 HAWT 형태로 건설되며, 종종 **풍력 발전 단지**(그림 12-89)라고 하는 집단을 형성하는 이유가 된다. 또한 이런 이유로 이 절에서는 단지 양력형 HAWT만을 상세하게 설명한다[본질적으로 항력형 장치가 양력형 장치보다 효율이 낮은 이유에 대한 상세한 설명은 Manwell et al. (2010)을 참조하라].

모든 풍력 터빈은 특정한 동력 성능 곡선을 가지며, 그림 12-90은 전력 출력을 터빈 축 높이에서 풍속 V에 대한 함수로 나타내고 있는 전형적인 예를 보여 주고 있다. 풍속 스케일상에 세 개의 중요한 지점이 있는 것을 알 수 있다.

- **시동 속도**는 사용 가능한 동력을 발생시킬 수 있는 최소 풍속.
- **정격 속도**는 보통 최대 동력인 정격 동력을 공급하는 풍속.
- **차단 속도**는 풍력 터빈이 동력을 생산하도록 설계된 최대 풍속이다. 차단 속도 이상의 풍속에서는 파손을 피하고 안전을 위하여, 어떤 형태의 정지 메커니즘에 의해서 터빈 블레이드가 정지된다. 파란색 쇄선의 짧은 구간은 차단이 적용되지 않는다면 **얻을 수 있는** 동력을 나타내고 있다.

최대 성능을 갖도록 HAWT 터빈 블레이드의 설계에는 테이퍼와 뒤틀림이 포

* 이 절의 내용 대부분은 Manwell et al. (2010)에서 요약되었으며, 저자는 이 절을 검토해 주신 데 대하여 J. F. Manwell, J. G. McGowan 및 A. L. Rogers 교수께 감사한다.

그림 12-89
(*a*) 화석 연료의 전 세계적 수요를 줄이기 위하여 풍력 발전 단지들이 세계의 도처에서 건설되고 있다. (*b*) 어떤 풍력 터빈은 심지어 건물에 설치되고 있다! (이 세 개의 터빈은 바레인 세계무역센터 빌딩에 설치되었다.)
(a) © Digital Vision/Punchstock RF , (b) © Adam Jam/Getty Images

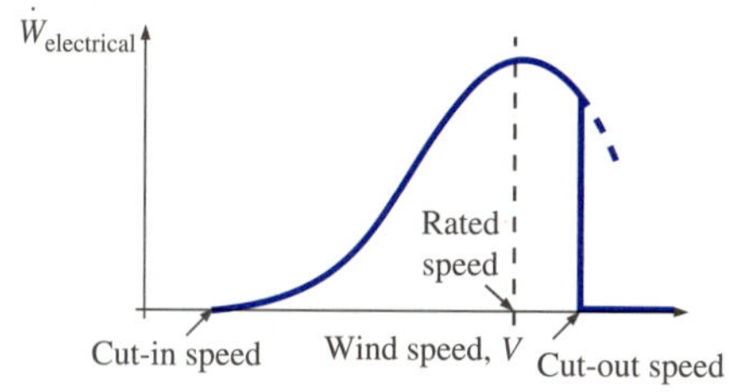

그림 12-90
전형적인 정성적 풍력 터빈 동력 성능 곡선으로 시동, 정격, 차단 속도의 정의를 함께 나타내었다.

함되며, 이는 12-2절에서 설명한 축류 팬(프로펠러)의 설계와 유사하므로 여기서는 반복하지 않는다. 예를 들면, 터빈 블레이드의 뒤틀림은 예제 12-7에서 다룬 프로펠러 블레이드의 뒤틀림 설계와 거의 동일하며, 프로펠러와 매우 유사한 방식으로 블레이드 피치각이 허브에서 끝단 방향으로 줄어든다. 풍력 터빈의 설계에서는 유체역학이 가장 중요하지만 동력 성능 곡선은 또한 전기 발전기, 기어박스 및 구조적인 문제에 의해서도 영향을 받는다. 물론 모든 기계에서처럼 모든 구성 요소에 비효율성이 존재한다.

풍력 터빈의 **디스크 면적** A는 터빈 블레이드가 회전하며 지나가는, 바람방향에 수직인 면적으로 정의된다(그림 12-91). 디스크 면적에서 **가용 풍력** $\dot{W}_{available}$은 바람의 운동 에너지 변화율로 계산된다.

$$\dot{W}_{available} = \frac{d(\frac{1}{2}mV^2)}{dt} = \frac{1}{2}V^2\frac{dm}{dt} = \frac{1}{2}V^2\dot{m} = \frac{1}{2}V^2\rho VA = \frac{1}{2}\rho V^3 A \qquad (12\text{-}47)$$

가용 풍력은 디스크 면적에 비례한다는 것을 바로 알 수 있으며, 즉 터빈 블레이드의 직경이 두 배가 되면 풍력 터빈의 가용 풍력은 네 배가 된다.

다양한 풍력 터빈과 지역의 비교를 위해, 일반적으로 W/m^{2}의 단위로 나타내는 **풍력 밀도**라고 하는 **단위 면적당** 가용 풍력의 관점에서 생각하는 것이 더 편리하다.

풍력 밀도:

$$\frac{\dot{W}_{available}}{A} = \frac{1}{2}\rho V^3 \qquad (12\text{-}48)$$

그림 12-91
풍력 터빈의 원판 면적은 파란색으로 나타낸 것과 같이, 다가오는 바람이 "보는(seen)" 터빈을 지나치는 면적(swept area) 또는 전면 면적(frontal area)으로 정의된다. 원판 면적은 (*a*) 수평축 터빈의 원형과 (*b*) 수직축 터빈의 직사각형이 있다.
(a) © Construction Photography/Corbis RF
(b) © VisionofAmerica/Joe Sohm/Photodisc/Getty RF

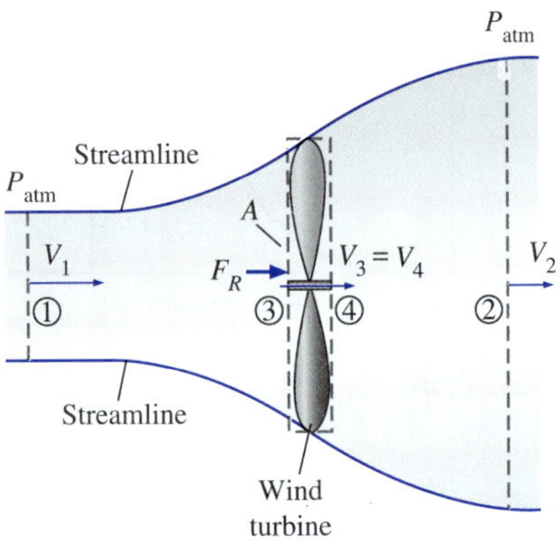

그림 12-92
축대칭 확대 유선관으로 제한된 이상적인 풍력 터빈의 성능 해석을 위한 크고 작은 검사체적.

따라서

- 풍력 밀도는 공기 밀도에 선형적으로 비례한다. 찬 공기는 동일한 속도로 불어오는 더운 공기보다 더 큰 풍력 밀도를 갖는다. 그러나 이 효과는 풍속만큼 중요하지는 않다.
- 풍력 밀도는 풍속의 세제곱에 비례한다. 풍속을 두 배로 하면 풍력 밀도는 여덟 배가 된다. 따라서 풍력 발전 단지가 풍속이 높은 지역에 위치하는 이유가 명백하다!

해석을 목적으로, 주어진 풍속 V를 고려하여 풍력 터빈의 공기역학적 효율을 터빈의 블레이드에서 얻어지는 가용 풍력의 분율로 정의한다. 일반적으로 이 효율을 **동력계수**, C_P라고 한다.

동력계수:

$$C_p = \frac{\dot{W}_{\text{rotor shaft output}}}{\dot{W}_{\text{available}}} = \frac{\dot{W}_{\text{rotor shaft output}}}{\frac{1}{2}\rho V^3 A} \tag{12-49}$$

풍력 터빈에서 최대 가능 동력계수를 계산하는 것은 매우 간단하며, 이는 1920년대 중반에 Albert Betz(1885-1968)에 의해서 최초로 수행되었다. 그림 12-92에 나타낸 것처럼, V_1로 표시되는 상류 풍속 V에 대하여 큰 검사체적과 작은 검사체적의 두 가지 검사체적을 고려한다.

축대칭 유관(stream tube, 그림 12-92의 위와 아래에 나타낸 유선들에 의해서 둘러싸여 있는)은 터빈을 흐르는 공기의 유동에 대하여 가상의 "덕트"를 형성한다고 생각할 수 있다. 정상 유동에 대한 큰 검사체적에서 검사체적 운동량 방정식은

$$\sum \vec{F} = \sum_{\text{out}} \beta \dot{m} \vec{V} - \sum_{\text{in}} \beta \dot{m} \vec{V}$$

이며, 유선방향 (x)에 대하여 해석된다. 위치 1과 2는 터빈으로부터 충분히 멀리 떨어져 있으므로 $P_1 = P_2 = P_{\text{atm}}$이라고 할 수 있고, 결과적으로 검사체적에 대한 순 압력 힘이 없어지게 된다. 입구 (1)과 출구 (2)에서 속도를 각각 V_1과 V_2로 근사하면 운동량 플럭스 보정계수는 $\beta_1 = \beta_2 = 1$이 된다. 운동량 방정식은 다음과 같이 간단해진다.

$$F_R = \dot{m}V_2 - \dot{m}V_1 = \dot{m}(V_2 - V_1) \tag{12-50}$$

그림 12-92에서 작은 검사체적은 터빈을 둘러싸고 있지만, 극단적으로 이 검사체적이 무한하게 얇기 때문에(터빈을 디스크로 근사하였다) $A_3 = A_4 = A$가 된다. 공기는 비압축성으로 취급되므로 $V_3 = V_4$가 된다. 그렇지만 풍력 터빈이 공기로부터 에너지를 추출하기 때문에 압력이 낮아진다. 즉, $P_3 \neq P_4$이다. 작은 검사체적에 대하여 검사체적 운동량 방정식의 유선방향 성분을 적용하면 다음 식을 얻는다.

$$F_R + P_3 A - P_4 A = 0 \quad \rightarrow \quad F_R = (P_4 - P_3)A \tag{12-51}$$

터빈이 공기로부터 에너지를 추출하기 때문에 분명히 터빈을 지나서 Bernoulli 방정

식을 적용할 수는 없다. 그러나 위치 1과 3 그리고 위치 4와 2 사이에서는 Bernoulli 방정식의 적용이 적절한 근사가 된다.

$$\frac{P_1}{\rho g}+\frac{V_1^2}{2g}+z_1=\frac{P_3}{\rho g}+\frac{V_3^2}{2g}+z_3 \quad \text{그리고} \quad \frac{P_4}{\rho g}+\frac{V_4^2}{2g}+z_4=\frac{P_2}{\rho g}+\frac{V_2^2}{2g}+z_2$$

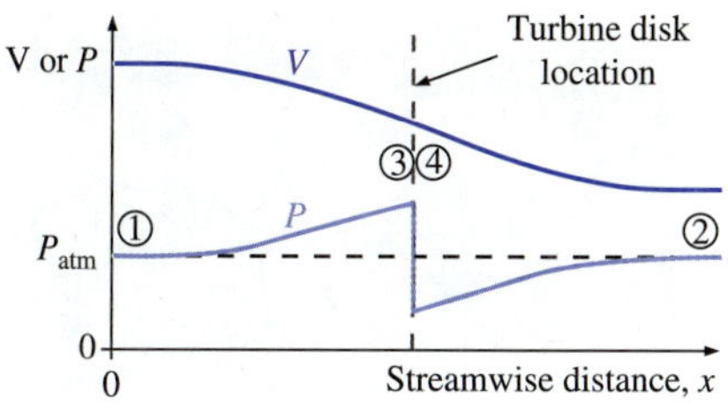

그림 12-93
풍력 터빈을 통과하는 평균 유선방향 속도와 압력 분포의 정성적 개략도.

이 이상적인 해석에서, 압력은 멀리 떨어진 상류($P_1 = P_{atm}$)에서 대기압으로 시작하여 P_1에서 P_3까지 점진적으로 증가하고, 터빈 디스크를 지나며 P_3에서 P_4로 급격하게 감소하였다가, P_4에서 P_2까지 점진적으로 증가하여 멀리 떨어진 하류($P_2 = P_{atm}$)에서 다시 대기압으로 끝난다(그림 12-93). 식 (12-50)와 식 (12-51)을 더하고, 또한 $P_1 = P_2 = P_{atm}$, $V_3 = V_4$라고 설정한다. 추가적으로, 풍력 터빈이 수평으로 놓여 있으므로 $z_1 = z_2 = z_3 = z_4$이다(어쨌든 공기에서 중력 효과는 무시된다). 약간의 수식 전개 후 다음을 얻는다.

$$\frac{V_1^2 - V_2^2}{2} = \frac{P_3 - P_4}{\rho} \tag{12-52}$$

$\dot{m} = \rho V_3 A$를 식 (12-50)에 대입하고 그 결과를 식 (12-51) 및 식 (12-52)와 조합하면 다음이 된다.

$$V_3 = \frac{V_1 + V_2}{2} \tag{12-53}$$

따라서 **이상적인 풍력 터빈을 통과하는 공기의 평균 속도는 멀리 떨어진 상류 속도와 멀리 떨어진 하류 속도의 산술 평균**이라고 결론짓는다. 물론 이 결과의 타당성은 Bernoulli 방정식이 적용 가능한 경우로 제한된다.

편의상, 멀리 떨어진 상류에서 터빈 디스크까지 속도의 손실 분율을 새로운 변수 a로 다음과 같이 정의한다.

$$a = \frac{V_1 - V_3}{V_1} \tag{12-54}$$

따라서 터빈을 통과하는 속도는 $V_3 = V_1(1-a)$, 터빈을 통과하는 질량 유량은 $\dot{m} = \rho A V_3 = \rho A V_1(1-a)$이 된다. 이 V_3에 대한 표현과 식 (12-53)를 조합하면 다음이 된다.

$$V_2 = V_1(1 - 2a) \tag{12-55}$$

마찰과 같은 비가역적 손실이 없는 이상적인 풍력 터빈에서 터빈이 생산하는 동력은 단순히 들어오고 나가는 운동 에너지의 차이이다. 약간의 수식 전개를 하면 다음을 얻는다.

$$\dot{W}_{ideal} = \dot{m}\frac{V_1^2 - V_2^2}{2} = \rho A V_1(1-a)\frac{V_1^2 - V_1^2(1-2a)^2}{2} = 2\rho A V_1^3 a(1-a)^2 \tag{12-56}$$

다시 비가역적 손실 없이 터빈의 동력이 터빈의 축에 전달된다고 가정하면, 풍력 터빈의 효율은 식 (12-49)에서 정의된 동력계수로 표현되고, 이는 다음과 같다.

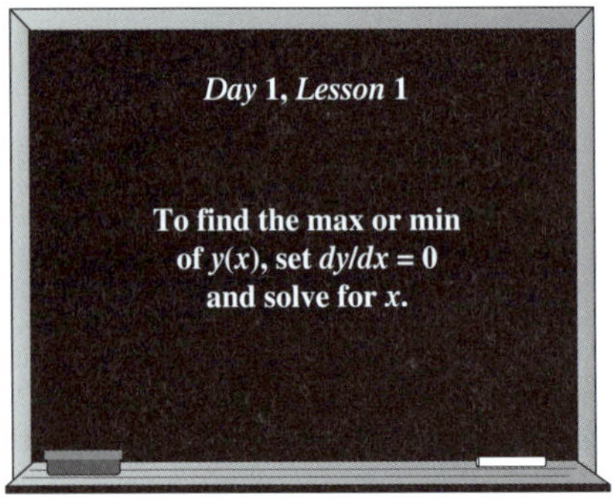

그림 12-94
최소값 또는 최대값을 계산하기 위한 미분 도함수의 사용은 엔지니어가 첫 번째로 배워야 하는 것 중 한 가지이다.

$$C_P = \frac{\dot{W}_{\text{rotor shaft output}}}{\frac{1}{2}\rho V_1^3 A} = \frac{\dot{W}_{\text{ideal}}}{\frac{1}{2}\rho V_1^3 A} = \frac{2\rho A V_1^3 a(1-a)^2}{\frac{1}{2}\rho V_1^3 A} = 4a(1-a)^2 \qquad (12\text{-}57)$$

마지막으로, 모든 좋은 엔지니어가 알고 있는 것처럼, $dC_P/da = 0$으로 설정하고 a에 대하여 풀어서 가능한 최대 C_P값을 계산한다(그림 12-94). 이때 $a = 1$ 또는 1/3이 얻어지며, 상세한 과정은 연습으로 남겨둔다. $a = 1$은 무의미한 경우(동력 생산이 없음)이므로 최대 가능 동력계수에 대해 a는 반드시 1/3이 되어야만 한다는 결론이 나온다. $a = 1/3$을 식 (12-57)에 대입하면 다음이 된다.

$$C_{P,\,\max} = 4\frac{1}{3}\left(1 - \frac{1}{3}\right)^2 = \frac{16}{27} \cong 0.5926 \qquad (12\text{-}58)$$

이 $C_{P,\,\max}$ 값은 **모든 풍력 터빈에서 그 터빈의 최대 가능 동력계수**를 나타내며, **Betz 극한(Betz limit)**으로 알려져 있다. 이와 같은 이상적인 해석에서는 비가역적 손실을 무시하였기 때문에 모든 실제 풍력 터빈에서 최대로 얻어지는 동력계수는 이 값보다 더 작다.

그림 12-95에 여러 가지 형태의 풍력 터빈에 대하여 동력계수 C_P를 풍속 V에 대한 터빈 블레이드 끝단 속도 ωR 비의 함수로 나타내었다. 여기서 ω는 풍력 터빈 블레이드의 각속도, R은 블레이드의 반경이다. 이 선도로부터, 이상적인 프로펠러 형태의 풍력 터빈은 $\omega R/V$이 무한대에 접근하면 Betz 극한에 도달하는 것을 알 수 있다. 그러나 실제 풍력 터빈의 동력계수는 어떤 유한한 $\omega R/V$값에서 최대가 되고, 그 이후에는 감소한다. 실제로는 다음 세 가지의 주된 효과가 최대로 얻을 수 있는 동력계수를 Betz 극한보다 더 낮게 만든다.

- 로터 뒤에서 발생하는 후류의 회전(선회류)
- 한정된 수의 로터 블레이드와 이와 관련된 끝단 손실(유한한 크기의 비행기

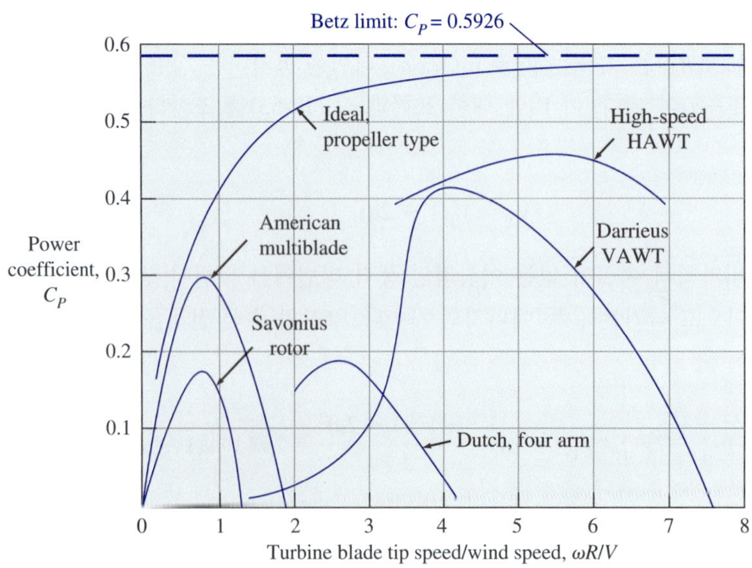

그림 12-95
터빈 블레이드 끝단 속도와 풍속의 비의 함수로 나타낸 다양한 형태의 풍력 터빈 성능(동력계수). 현재까지 수평축 풍력 터빈(HAWT)보다 더 좋은 성능을 갖는 실제는 없다. Robinson (1981, Ref. 10)에서 발췌.

날개에서 발생하는 것처럼 로터 블레이드의 후류에서 끝단 와류가 발생하며, 두 경우 모두 "양력"이 생성되기 때문이다, 9장 참조)
- 로터 블레이드에 작용하는 0이 아닌 공기역학적 항력(유도항력과 마찰항력, 9장 참조)

이와 같은 손실들을 고려하는 방법에 관한 더 자세한 내용은 Manwell, et al. (2010)을 참조하라.

추가적으로, 축 마찰에 따른 기계적 손실은 최대 가능 동력계수를 더 낮춘다. 앞에서 언급한 것처럼 기어박스, 발전기 등과 같은 다른 기계적 손실과 전기적 손실 또한 풍력 터빈의 전체 효율을 낮춘다. 그림 12-95에서 보는 것처럼 "최고"의 풍력 터빈은 고속 HAWT이며, 이것이 전 세계에 걸쳐서 이 형태의 풍력 터빈이 설치되는 것을 보게 되는 이유이다. 요약하면, 풍력 터빈은 화석 연료의 "녹색" 대안을 제공하며, 화석 연료의 가격 상승에 따라 풍력 터빈이 점점 더 일반화될 것이다.

예제 12-11 풍력 터빈으로 생산되는 전력

어떤 학교에서 비용을 절감하려고 바람이 많이 부는 언덕 위에 HWAT 풍력 터빈을 설치하여 자가 발전을 하려고 계획하고 있다. 그림 12-95의 데이터를 바탕으로 보수적으로 추정하여 40%의 동력계수를 얻기를 기대한다. 기어박스와 발전기의 연합 효율은 85%로 추정된다. 풍력 터빈 디스크의 직경이 12.5 m라고 가정하고, 바람이 10.0 m/s로 불 때 생산되는 전력을 추정하라.

풀이 풍력 터빈에서 생산되는 전력을 추정하고자 한다.

가정 1 동력계수는 0.40이고, 기어박스와 발전기의 연합 효율은 0.85이다. 2 공기 온도는 20°C이다.

상태량 20°C에서 공기 밀도는 1.204 kg/m³이다.

해석 동력계수의 정의로부터

$$\dot{W}_{\text{rotor shaft output}} = C_P \frac{1}{2}\rho V^3 A = C_P \frac{1}{2}\rho V^3(\pi D^2/4)$$

그러나 기어박스와 발전기의 비효율성 때문에 실제 생산되는 전력은 이보다 적다.

$$\dot{W}_{\text{electrical output}} = \eta_{\text{gearbox/generator}} \frac{C_P \pi \rho V^3 D^2}{8}$$

$$= (0.85)\frac{(0.40)\pi\left(1.204\frac{\text{kg}}{\text{m}^3}\right)\left(10.0\frac{\text{m}}{\text{s}}\right)^3(12.5\text{ m})^2}{8}\left(\frac{\text{N}}{\text{kg}\cdot\text{m/s}^2}\right)\left(\frac{\text{W}}{\text{N}\cdot\text{m/s}}\right)$$

$$= 25118\ W \cong \mathbf{25\ kW}$$

토의 주어진 정보와 근사로는 더 이상 정확한 값을 기대할 수 없으므로, 마지막 답은 유효숫자 두 자리로 주어졌다. 이 전력이 얼마나 되는지 느낌을 갖기 위하여 1500 W의 일반적인 헤어드라이어를 고려하면, 이는 이런 용량의 헤어드라이어를 동시에 16대 이상 작동시키기에 충분한 전력이다. 학교는 전력회사에서 구매하는 전기의 절감을 고려하여 풍력 터빈 설치 비용의 회수에 얼마나 오랜 기간이 소요되는지 계산하기 위한 비용 분석을 할 필요가 있다.

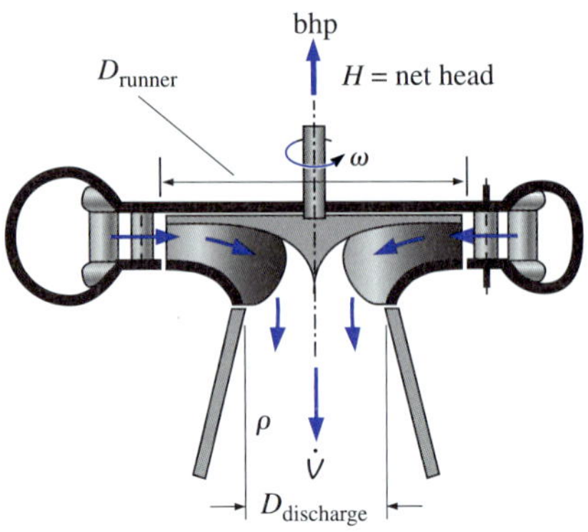

그림 12-96
터빈의 차원해석에 사용되는 주요 변수들. 특성 터빈 직경 D는 일반적으로 러너 직경 D_{runner} 또는 송출 직경 $D_{discharge}$이다.

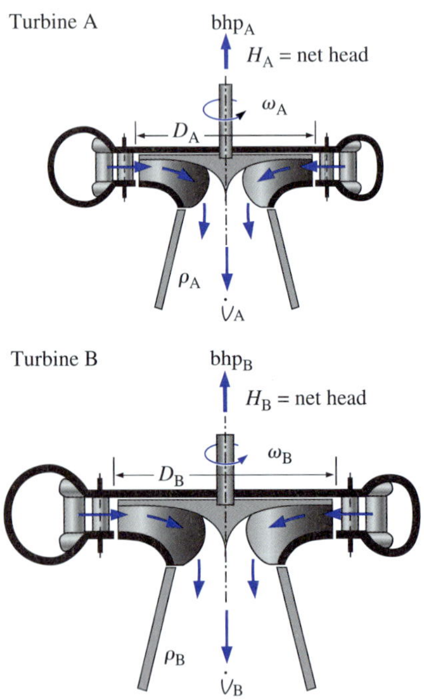

그림 12-97
차원해석은 **기하학적으로 상사**한 두 터빈의 축척에 유용하다. 만약 터빈 A의 모든 무차원 터빈 매개변수가 터빈 B와 동일하다면 두 터빈은 **역학적으로 상사**하다.

12-5 터빈 축척 법칙

무차원 터빈 매개변수

터빈에 대한 무차원 그룹(Pi 그룹)을 12-3절에서 펌프에 대해 수행한 것과 동일한 방법으로 정의한다. Reynolds 수와 조도의 영향을 무시하고 동일한 차원변수들을 다룬다. 이들은 그림 12-96에 나타낸 것처럼 중력과 순수두의 곱(gH), 체적유량($\dot{V}$), 터빈의 특성 직경(D), 러너 회전 속도(ω), 출력 제동마력(bhp), 유체 밀도(ρ)이다. 터빈에서는 독립변수로 $\dot{V}$ 대신 bhp를 취한다는 사실 이외에는, 펌프를 해석하든 또는 터빈을 해석하든, 무차원 해석은 사실상 동일하다. 추가적으로, 무차원 효율로서 η_{pump}를 대신하여 $\eta_{turbine}$(식 12-44)이 사용된다. 무차원 매개변수를 요약하여 나타내면 다음과 같다.

무차원 터빈 매개변수:

$$C_H = \text{Head coefficient} = \frac{gH}{\omega^2 D^2} \qquad C_Q = \text{Capacity coefficient} = \frac{\dot{V}}{\omega D^3}$$

$$C_P = \text{Power coefficient} = \frac{\text{bhp}}{\rho\omega^3 D^5} \qquad \eta_{turbine} = \text{Turbine efficiency} = \frac{\text{bhp}}{\rho g H \dot{V}} \tag{12-59}$$

터빈 성능 곡선을 도시할 때 독립 매개변수로 C_Q 대신에 C_P를 사용한다. 다시 말하면, C_H와 C_Q는 C_P의 함수이고, 따라서 $\eta_{turbine}$ 또한 C_P의 함수이다. 왜냐하면

$$\eta_{turbine} = \frac{C_P}{C_Q C_H} = \text{function of } C_P \tag{12-60}$$

친화 법칙(식 12-38)은 펌프뿐만 아니라 터빈에도 적용할 수 있으며, 터빈의 크기를 비례하여 확대하거나 축소할 수 있도록 한다(그림 12-97). 앞에서 펌프에 대하여 수행한 것과 같은 방법으로, 친화 법칙은 주어진 터빈이 다른 속도와 유량으로 운전될 때의 터빈 성능 예측에도 사용된다.

예제 12-12 터빈 친화 법칙의 응용

수력 발전용 댐의 Francis 터빈을 설계하고 있다. 엔지니어는 처음부터 시작하는 대신 우수한 성능 이력을 갖고 있는 이미 설계된 수력 터빈을 기하학적으로 비례 확대하기로 결정하였다. 기존의 터빈(터빈 A)은 직경이 $D_A = 2.05$ m이고 $\dot{n}_A = 120$ rpm($\omega_A = 12.57$ rad/s)으로 회전한다. 최대 효율점에서 $\dot{V}_A = 350\ \text{m}^3/\text{s}$, $H_A = 75.0$ m의 수주, $\text{bhp}_A = 242$ MW이다. 새 터빈(터빈 B)은 더 큰 시설용이다. 발전기가 동일한 속도(120 rpm)로 회전하지만 순수두는 더 높게 된다($H_B = 104$ m). 최고 효율로 운전되도록 새 터빈의 직경을 계산하고, $\dot{V}_B$, bhp_B, $\eta_{turbine,\ B}$를 계산하라.

풀이 기존의 수력 터빈을 비례 확대하여 새 수력 터빈을 설계하고자 한다. 구체적으로 새 터빈의 직경, 체적유량, 제동마력을 계산하고자 한다.

가정 1 새 터빈은 기존의 수력 터빈과 기하학적으로 상사하다. 2 Reynolds 수 효과와 조

도 효과는 무시된다. **3** 새 도수로도 역시 기존의 도수로와 기하학적으로 상사하므로, 새 터빈으로 유입되는 유동(속도 분포, 난류 강도 등)도 기존 터빈의 것과 유사하다.

상태량 20°C에서 물의 밀도는 $\rho = 998.0\ \text{kg/m}^3$이다.

해석 새 터빈 (B)가 기존 터빈 (A)와 역학적 상사이므로 단지 두 터빈에서 하나의 특정한 상응하는 운전점, 즉 최고 효율점에 대해서만 관심을 갖는다. 식 (12–38b)를 D_B에 대해 풀면

$$D_\text{B} = D_\text{A}\sqrt{\frac{H_\text{B}}{H_\text{A}}}\frac{\dot{n}_\text{A}}{\dot{n}_\text{B}} = (2.05\text{m})\sqrt{\frac{104\ \text{m}}{75.0\ \text{m}}}\frac{120\ \text{rpm}}{120\ \text{rpm}} = \mathbf{2.41\ m}$$

그리고 식 (12–38a)를 $\dot{V}_\text{B}$에 대해 풀면

$$\dot{V}_\text{B} = \dot{V}_\text{A}\left(\frac{\dot{n}_\text{B}}{\dot{n}_\text{A}}\right)\left(\frac{D_\text{B}}{D_\text{A}}\right)^3 = (350\ \text{m}^3/\text{s})\left(\frac{120\ \text{rpm}}{120\ \text{rpm}}\right)\left(\frac{2.41\ \text{m}}{2.05\ \text{m}}\right)^3 = \mathbf{572\ m^3/s}$$

마지막으로 식 (12–38c)를 bhp_B에 대해 풀면

$$\text{bhp}_\text{B} = \text{bhp}_\text{A}\left(\frac{\rho_\text{B}}{\rho_\text{A}}\right)\left(\frac{\dot{n}_\text{B}}{\dot{n}_\text{A}}\right)^3\left(\frac{D_\text{B}}{D_\text{A}}\right)^5$$

$$= (242\ \text{MW})\left(\frac{998.0\ \text{kg/m}^3}{998.0\ \text{kg/m}^3}\right)\left(\frac{120\ \text{rpm}}{120\ \text{rpm}}\right)^3\left(\frac{2.41\ \text{m}}{2.05\ \text{m}}\right)^5 = \mathbf{548\ MW}$$

확인 차원에서 이 두 운전점이 실제로 상응하는지를 알아보기 위하여 식 (12–59)의 무차원 터빈 매개변수를 계산하면, 두 터빈 모두에서 터빈 효율은 0.942로 계산된다(그림 12–98). 그러나 앞에서 설명한 것처럼 축척 효과(큰 터빈이 일반적으로 높은 효율을 갖는다) 때문에 두 터빈 사이에서 실제로 총체적인 역학적 상사를 얻지 못할 수 있다. 새 터빈의 직경은 기존 터빈보다 약 18% 크며, 따라서 터빈 크기에 따른 효율의 증가는 별로 크지 않을 것이다. 터빈 A를 "모형"으로, B를 "원형"이라고 설정하고, Moody 효율 보정식을 사용하여 이를 확인할 수 있다.

효율 보정:

$$\eta_\text{turbine, B} \cong 1 - (1 - \eta_\text{turbine, A})\left(\frac{D_\text{A}}{D_\text{B}}\right)^{1/5} = 1 - (1 - 0.942)\left(\frac{2.05\ \text{m}}{2.41\ \text{m}}\right)^{1/5} = \mathbf{0.944}$$

또는 94.4%. 1차 보정으로 예상되는 큰 터빈의 효율은 작은 터빈의 효율보다 단지 몇 분의 1%밖에 크지 않다.

토의 만약 도수로에서 새 터빈으로 들어오는 유동이 기존 터빈의 유동과 다르다면(예를 들어, 속도 분포와 난류 강도), 엄밀한 역학적 상사를 기대할 수 없다.

$$C_{H,\text{A}} = C_{H,\text{B}} = \frac{gH}{\omega^2 D^2} = 1.11$$

$$C_{Q,\text{A}} = C_{Q,\text{B}} = \frac{\dot{V}}{\omega D^3} = 3.23$$

$$C_{P,\text{A}} = C_{P,\text{B}} = \frac{\text{bhp}}{\rho\omega^3 D^5} = 3.38$$

$$\eta_\text{turbine, A} = \eta_\text{turbine, B} = \frac{\text{bhp}}{\rho g H \dot{V}} = 94.2\%$$

그림 12–98
예제 12-12의 두 터빈에 대한 무차원 터빈 매개변수. 두 터빈은 상응하는 점에서 운전되므로 무차원 매개변수들이 반드시 일치해야 한다.

요약

터보기계는 **펌프**와 **터빈**의 두 가지 넓은 부류로 분류된다. **펌프**라는 말은 에너지를 **유체에 추가**하는 모든 유체 기계에 대한 일반적인 용어이다. **용적식 펌프**와 **동역학적 펌프**의 다양한 형태의 펌프 설계에 대해 이 에너지 전달 방법을 설명하였다. 터빈이라는 말은 에너지를 **유체로부터 추출**하는 유체 기계를 의미한다. 역시 몇 가지 종류의 **용적식 터빈**과 **동역학적 터빈**이 있다.

터보기계의 예비 설계에 가장 유용한 식은 **Euler 터보기계 방정식**이다.

$$T_{\text{shaft}} = \rho\dot{V}(r_2V_{2,t} - r_1V_{1,t})$$

펌프에서는 입구와 출구가 각각 반경 r_1과 r_2에 있는 반면, 터빈에서는 입구가 반경 r_2에 있고 출구가 반경 r_1에 있다는 것에 유의하자. 몇 가지의 예를 보여 주었으며, 이때 펌프와 터빈 모두 블레이드 형상은 원하는 유속을 바탕으로 설계된다. 그러면 Euler 터보기계 방정식을 사용하여 터보기계의 성능이 예측된다.

터보기계 축척 법칙은 무차원 해석의 실제 응용을 보여 준다. 축척 법칙은 기존 터보기계와 기하학적 상사인 새로운 터보기계의 설계에 이용된다. 펌프와 터빈 모두에 대하여 주된 무차원 매개변수는 수두계수, 용량계수, 동력계수이며, 각각 다음으로 정의된다.

$$C_H = \frac{gH}{\omega^2D^2} \qquad C_Q = \frac{\dot{V}}{\omega D^3} \qquad C_P = \frac{\text{bhp}}{\rho\omega^3D^5}$$

추가적으로, 서로 역수가 되는 **펌프 효율**과 **터빈 효율**을 정의하였다.

$$\eta_{\text{pump}} = \frac{\dot{W}_{\text{water horsepower}}}{\dot{W}_{\text{shaft}}} = \frac{\rho g\dot{V}H}{\text{bhp}}$$

$$\eta_{\text{turbine}} = \frac{\dot{W}_{\text{shaft}}}{\dot{W}_{\text{water horsepower}}} = \frac{\text{bhp}}{\rho g\dot{V}H}$$

마지막으로, **펌프 비속도**와 **터빈 비속도**라고 하는 두 가지의 유용한 다른 무차원 매개변수가 각각 다음과 같이 정의되었다.

$$N_{\text{Sp}} = \frac{C_Q^{1/2}}{C_H^{3/4}} = \frac{\omega\dot{V}^{1/2}}{(gH)^{3/4}} \qquad N_{\text{St}} = \frac{C_P^{1/2}}{C_H^{5/4}} = \frac{\omega(\text{bhp})^{1/2}}{\rho^{1/2}(gH)^{5/4}}$$

이 매개변수들은 주어진 응용에 가장 적합한 펌프 또는 터빈의 예비 설계와 종류를 선정하는 데 유용하다.

수력 터빈과 **풍력 터빈** 모두에 대하여 기본적인 설계 요점을 설명하였다. 풍력 터빈에 대해서 **Betz 극한**이라고 하는 동력계수의 상한 한계를 유도하였다.

$$C_{P,\text{max}} = 4\frac{1}{3}\left(1 - \frac{1}{3}\right)^2 = \frac{16}{27} \cong 0.5926$$

터보기계 설계에는 질량, 에너지 및 운동량 해석(4장과 5장), 차원해석과 모델링(6장), 파이프 내 유동(7장), 미분해석(8장), 공기역학(9장)을 포함한 유체역학의 여러 핵심 분야로부터 지식을 가져와서 적용한다. 추가적으로, 가스 터빈과 기체를 다루는 다른 형태의 터보기계에는 압축성 유동해석(10장)이 요구된다. 마지막으로, 전산유체역학(13장)은 효율이 높은 터보기계 설계에서 그 어느 때보다 더 중요한 역할을 한다.

연습 문제*

일반적인 문제

12-1 공기 압축기는 그것을 통과하여 흐르는 공기의 압력($P_{out} > P_{in}$)과 밀도($\rho_{out} > \rho_{in}$)를 증가시킨다(그림 P12-1). 출구와 입구의 직경이 같을 경우($D_{out} = D_{in}$)에 대해, 공기의 평균 속도는 압축기를 지나면서 어떻게 변할까? 구체적으로, V_{out}가 V_{in}보다 작아질까? 같을까? 커질까? 설명하라. **답:** 작아진다

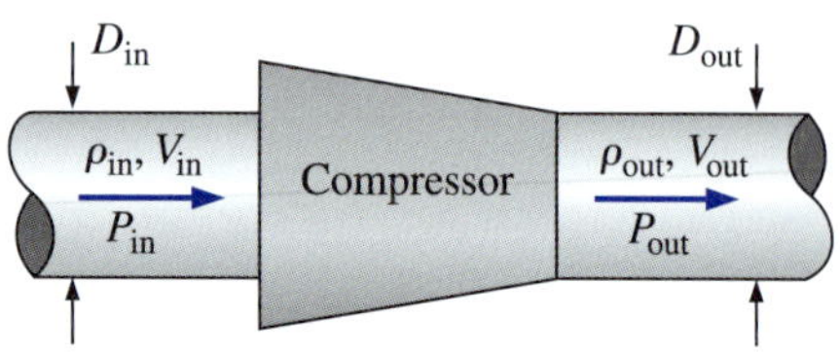

그림 P12-1

12-2 물 펌프는 그것을 통과하여 흐르는 물의 압력을 증가시킨다(그림 P12-2). 유동은 비압축성으로 가정한다. 아래에 열거된 세 가지 경우 각각에 대해 펌프를 지나면서 물의 평균 속도는 어

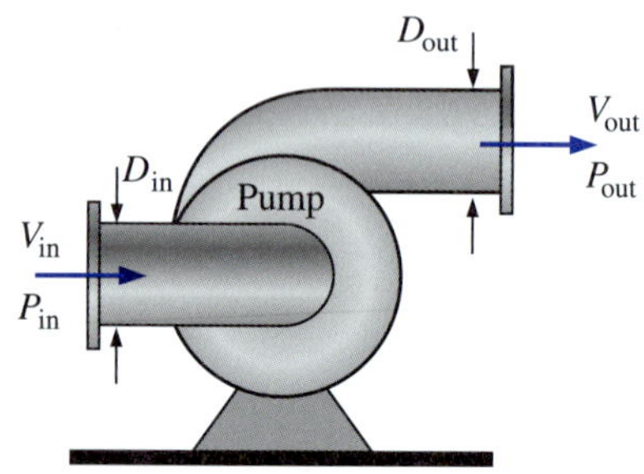

그림 P12-2

떻게 변할까? 구체적으로, V_{out}이 V_{in}보다 작아질까? 같을까? 커질까? 관계식을 보이고 설명하라.
(*a*) 출구 직경이 입구 직경보다 작다($D_{out} < D_{in}$).
(*b*) 출구와 입구 직경이 동일하다($D_{out} = D_{in}$).
(*c*) 출구 직경이 입구 직경보다 크다($D_{out} > D_{in}$).

12-3C 직렬 또는 병렬로 연결된 두 개의 동일한 펌프(펌프 1과 2)를 통과하는 정상, 비압축성 유동을 고려해 보자. 각각의 설명이 맞는지 또는 틀리는지 선택하고, 그 이유를 간단히 설명하라.
(*a*) 직렬로 연결된 두 펌프를 통한 체적유량은 $\dot{V}_1 + \dot{V}_2$와 같다.
(*b*) 직렬로 연결된 두 펌프를 가로질러 전체 순수두는 $H_1 + H_2$와 같다.
(*c*) 병렬로 연결된 두 펌프를 통한 체적유량은 $\dot{V}_1 + \dot{V}_2$와 같다.
(*d*) 병렬로 연결된 두 펌프를 가로질러 전체 순수두는 $H_1 + H_2$와 같다.

12-4C 그림 P12-4C에 펌프의 순수두가 펌프의 체적유량 또는 용량의 함수로서 도시되어 있다. 그림에 차단 수두, 자유송출, 펌프 성능 곡선, 시스템 곡선, 운전점을 표시하라.

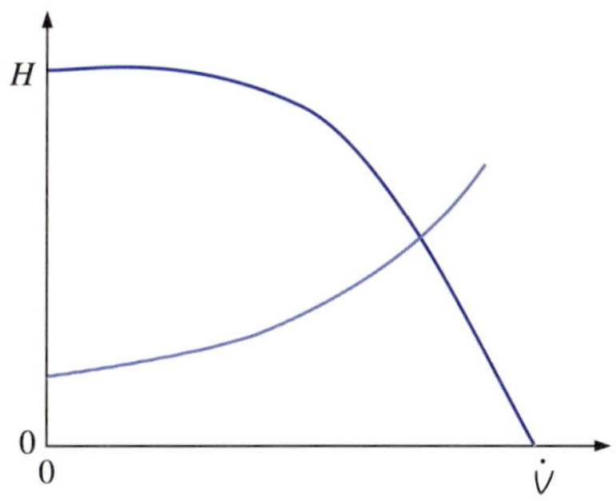

그림 P12-4C

12-5 그림 P12-4C의 펌프가 자유표면이 대기에 노출되어 있는 두 개의 큰 물탱크 사이에 설치되어 있다고 가정하자. 다른 모든 조건이 동일한 상태에서, 출구 탱크의 자유표면의 수위가 높아졌다면 펌프 성능 곡선에 어떤 일이 일어날지 정성적으로 설명하라. 시스템 곡선에 대해서도 반복하라. 운전점에는 무슨 일이 생기는가? 즉, 운전점에서 체적유량이 감소할까? 증가할까? 아니면 동일하게 유지될까? H-$\dot{V}$의 정성적 선도 위에 변화를 도시하고 논의하라. (**힌트**: 펌프의 상류에 있는 탱크의 자유표면과 펌프의 하류에 있는 탱크의 자유표면 사이에 에너지 방정식을 이용하라.)

12-6 그림 P12-4C의 펌프가 자유표면이 대기에 노출되어 있는 두 개의 큰 물탱크 사이에 설치되어 있다고 가정하자. 다른 모든 조건이 동일한 상태에서, 배관 시스템 내의 밸브가 100% 개방에서 50% 개방으로 바뀌었다면 펌프 성능 곡선에 어떤 일이 일어날지 정성적으로 설명하라. 시스템 곡선에 대해서도 반복하라. 운전점에는 무슨 일이 생기는가? 즉, 운전점에서 체적유량이 감소할까? 증가할까? 아니면 동일하게 유지될까? H-$\dot{V}$의 정성적 선도 위에 변화를 도시하고 논의하라. (**힌트**: 상류 탱크의 자유표면과 하류 탱크의 자유표면 사이에 에너지 방정식을 이용하라.)

답: 감소한다

12-7 그림 P12-7에 나타낸 유동 시스템을 고려해 보자. 유체는 물이고, 펌프는 원심 펌프이다. 펌프 용량의 함수로서 펌프의 순수두를 **정성적**으로 도시하라. 그림 위에 차단 수두, 자유송출, 펌프 성능 곡선, 시스템 곡선, 운전점을 표시하라. (**힌트**: 유량이 0인 조건에서 요구되는 순수두를 주의깊게 고려하라.)

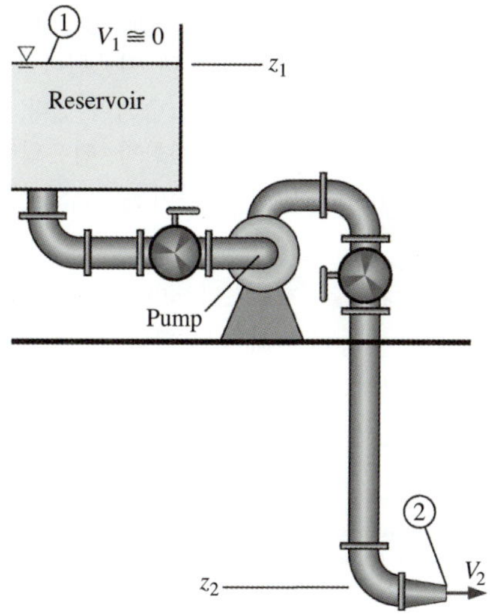

그림 P12-7

12-8 그림 P12-7의 펌프가 **자유송출 조건**에서 작동되고 있다고 가정하자. 펌프의 상류와 하류 모두에서 파이프의 내경은 2.0 cm이고, 조도는 거의 0에 가깝다. 날카로운 입구와 관련된 부차적 손실계수는 0.50이고, 각 밸브는 2.4인 부차적 손실계수를 가지며, 세 개의 엘보는 각각 부차적 손실계수 0.90을 갖는다. 출구에서 수축부는 직경을 0.60배로 줄이며(파이프 직경의 60%), 수축부의 부차적 손실계수는 0.15이다. 이 부차적 손실계수는 평균 **출구** 속도를 기초로 한 것이며, 파이프 자체를 통과하는 평균 속도를 기준으로 한 것은 아니라는 것에 유의하라. 파이프의 총 길이는 8.75 m이며, 높이의 차이는 $(z_1 - z_2) = 4.6$ m이다. 이 배관 시스템을 통과하는 체적유량을 예측하라. **답**: 34.4 Lpm

12-9 물 펌프의 성능 데이터는 곡선 접합인 $H_{available} = H_0 - a\dot{V}^2$을 따르며, 여기에서 펌프의 차단 수두는 $H_0 = 7.46$ m, 계수 $a = 0.0453$ m/(Lpm)^{2}이고, 펌프 수두 H의 단위는 m이며 $\dot{V}$의 단위는 분 당 리터(Lpm)이다. 이 펌프가 하나의 큰 저수조로부터 높은 위치에 있는 다른 큰 저수조로 물을 이송하는 데 이용된다. 두 저수조 모두 자유표면은 대기압에 노출되어 있다. 시스템 곡선은 $H_{required} = (z_2 - z_1) + b\dot{V}^2$로 간략화되며, 여기서 고도

차이는 $z_2 - z_1 = 3.52$ m이고, 계수는 $b = 0.0261$ m/(Lpm)^{2}이다. 펌프의 운전점 ($\dot{V}_{operating}$과 $H_{operating}$)을 적절한 단위(각각 Lpm과 m)로 계산하라. **답:** 7.43 Lpm, 4.96 m

12-10 소형 물 펌프 제조사가 회사의 펌프군에 대한 성능 데이터를 포물선 곡선 접합인 $H_{available} = H_0 - a\dot{V}^2$으로 나열하였으며, 이때 H_0는 펌프의 차단 수두이고, a는 계수이다. 펌프군에 대해 펌프의 자유송출과 함께 H_0와 a 모두가 표에 나열되어 있다. 펌프 수두는 m 단위인 수주의 높이로 주어져 있고, 용량은 분당 리터(Lpm)의 단위로 주어져 있다. (*a*) 계수 a의 단위는 무엇인가? (*b*) 펌프의 자유송출 $\dot{V}_{max}$에 대한 표현을 H_0와 a의 항으로 나타내어라. (c) 이 제조사의 펌프 하나가 큰 저수조로부터 높은 위치에 있는 다른 저수조로 물을 이송하는 데 이용된다고 가정하자. 두 저수조 모두 자유표면은 대기압에 노출되어 있다. 시스템 곡선은 $H_{required} = (z_2 - z_1) + b\dot{V}^2$로 간략화한다. 펌프의 운전점($\dot{V}_{operating}$과 $H_{operating}$)을 H_0, a, b 및 고도 차이 $z_2 - z_1$의 항으로 계산하라.

12-11 물 펌프가 하나의 큰 저수조로부터 높은 위치에 있는 다른 큰 저수조로 물을 이송하는 데 이용된다. 두 저수조 모두 자유표면은 그림 P12-11에 나타낸 것처럼 대기압에 노출되어 있다. 치수와 부차적 손실계수는 그림에 제공되어 있다. 펌프의 성능은 근사적으로 $H_{available} = H_0 - a\dot{V}^2$으로 나타낼 수 있으며, 여기서 차단 수두는 $H_0 = 40$ m의 수주이고, 계수 $a = 0.053$ m/Lpm^{2}이며, 가용 펌프 수두 $H_{available}$의 단위는 수주의 m 단위이고, 용량 $\dot{V}$의 단위는 분당 리터(Lpm)이다. 펌프에 의해 송출되는 용량을 추정하라. **답:** 24.7 Lpm

$z_2 - z_1$ = 6.7 m (elevation difference)
D = 3.0 cm (pipe diameter)
$K_{L,\text{ entrance}}$ = 0.50 (pipe entrance)
$K_{L,\text{ valve 1}}$ = 2.0 (valve 1)
$K_{L,\text{ valve 2}}$ = 6.8 (valve 2)
$K_{L,\text{ elbow}}$ = 0.34 (each elbow—there are 3)
$K_{L,\text{ exit}}$ = 1.05 (pipe exit)
L = 40 m (total pipe length)
ε = 0.0028 cm (pipe roughness)

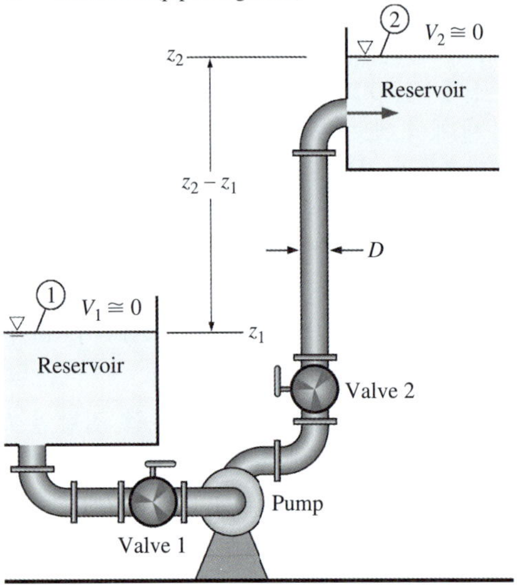

그림 P12-11

12-12 Paul은 차단 수두(40 m)가 요구되는 순수두(10 m 미만)보다 훨씬 크고 용량이 상당히 작기 때문에, 문제 12-11에서 사용되고 있는 펌프가 이와 같은 용도에는 잘 맞지 않는다는 것을 깨달았다. 다시 말하면, 현재의 응용에서는 상당히 낮은 수두와 높은 용량이 요구되는 반면에, 이 펌프는 높은 수두와 낮은 용량에 응용되도록 설계되어 있다. Paul은 상사에게 낮은 차단 수두를 갖지만 높은 자유송출을 갖는 저가의 펌프가 두 저수조 사이에서 유량을 상당히 증가시킬 수 있다는 것을 납득시키려고 노력하고 있다. Paul은 어떤 온라인 팸플릿을 통해서 표 P12-12에 보인 성능 데이터를 갖는 펌프를 찾아내었다. 상사는 그에게 현재의 펌프를 새로운 펌프로 대체할 경우 두 저수조 사이의 체적유량을 예측하도록 요구한다. (*a*) $H_{available}$과 $\dot{V}^2$의 최소제곱 곡선 접합(회귀분석)을 수행하고, 표 P12-12에 열거된 데이터를 포물선 표현 $H_{available} = H_0 - a\dot{V}^2$으로 변환시키는 데 가장 잘 맞는 계수 H_0와 a를 계산하라. 비교를 위해 데이터 점들은 기호로 그리고, 곡선 접합은 선으로 도시하라. (*b*) 다른 조건은 동일한 상태에서 현재의 펌프를 새로운 펌프로 대체할 때에 대해 펌프의 운전 체적유량을 추정하라. 문제 12-11의 결과와 비교하라. Paul이 옳은가? (*c*) 체적유량의 함수로서 가용 순수두와 요구 순수두의 선도를 만들고, 이 선도 위에 운전점을 표시하라.

표 P12-12

$\dot{V}$, Lpm	H, m
0	11.4
15	11.1
30	10.2
45	8.7
60	6.3
75	3.6
90	0

12-13 물 펌프가 하나의 큰 저수조로부터 높은 위치에 있는 다른 저수조로 물을 이송하는 데 이용된다. 두 저수조 모두 자유표면은 그림 P12-13에 나타낸 것과 같이 대기압에 노출되어 있다. 치수와 부차적 손실계수는 그림에 제공되어 있다. 펌프의 성능은 근사적으로 $H_{available} = H_0 - a\dot{V}_2$으로 나타낼 수 있으며, 여기서 차단 수두는 $H_0 = 24.4$ m의 수주, 계수는 $a = 0.0678$ m/(Lpm)^{2}이고, 가용 펌프 수두 $H_{available}$의 단위는 수주의 m 단위이며, 용량 $\dot{V}$의 단위는 분당 리터(Lpm)이다. 펌프에 의해 송출되는 용량을 추정하라. **답:** 11.6 Lpm

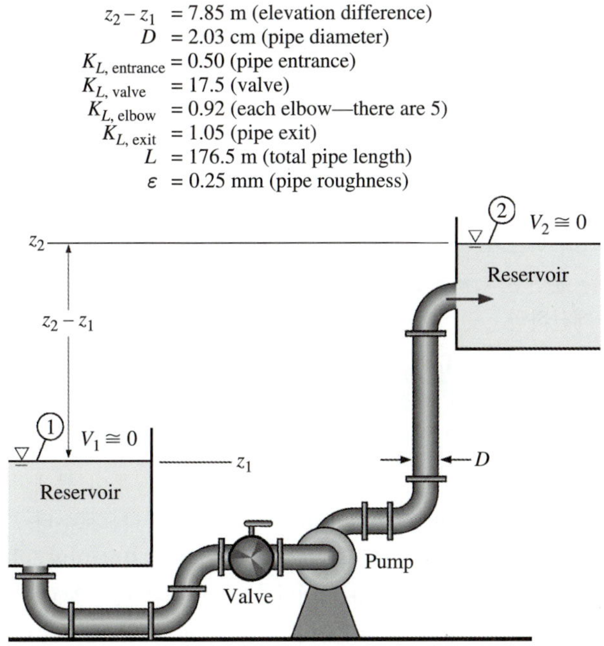

그림 P12-13

12-14 국부 환기 시스템(후드와 덕트 시스템)이 제약 실험실의 공기와 오염물을 제거하기 위해 사용된다(그림 P12-14). 덕트의 내경(ID)은 $D = 150$ mm이고, 평균 조도는 0.15 mm이며, 총 길이는 $L = 24.5$ m이다. 덕트를 따라서 각각의 부차적 손실계수가 0.21인 엘보 세 개가 있다. 후드 제조사의 데이터에 의하면 후드의 입구 손실계수는 덕트 속도를 기준으로 3.3이다. 댐퍼가 완전히 열렸을 때의 손실계수는 1.8이다. 90° 티(tee)를 통한 부차적 손실계수는 0.36이다. 마지막으로, 두 번째 후드로부터 유동이 "역류"되어 방이 오염되는 것을 방지하기 위하여 편도 밸브가 창작되었다. (열린) 편도 밸브의 부차적 손실계수는 6.6이다. 팬의 성능 데이터는 $H_{\text{available}} = H_0 - a\dot{V}^2$ 형태의 포물선 곡선에 접합되는데, 여기서 차단 수두는 $H_0 = 60.0$ mm의 수주이고, 계수는 $(\text{Lpm})^2$당 $a = 2.50 \times 10^{-7}$ mm의 수주이고, 가용 수두 $H_{\text{available}}$는 mm 단위의 수주이며, 용량 $\dot{V}$의 단위는 공기의 Lpm 단위이다. 이 환기 시스템을 통과하는 체적유량을 Lpm 단위로 추정하라.

답: 7090 Lpm

12-15 그림 P12-14의 편도 밸브가 부식으로 오작동하여 완전히 닫힌 위치에서 고착되어 있다(공기가 통과해 들어갈 수 없다)고 가정하라. 팬은 켜져 있고, 다른 모든 조건은 문제 12-14과 동일하다. 팬의 바로 하류인 점에서 계기 압력을(Pa 단위와 수주 mm 단위로) 계산하라. 편도 밸브의 바로 상류인 점에 대해 반복하라.

12-16 국부 환기 시스템(후드와 덕트 시스템)이 용접 작업에 의해 발생된 공기와 오염물을 제거하기 위해 이용된다(그림 P12-16). 덕트의 내경(ID)은 $D = 23$ cm이고, 평균 조도는 0.015 cm이며, 총 길이는 $L = 10.4$ m이다. 덕트를 따라서 각각의 부차적 손실계수가 0.21인 엘보 3개가 있다. 후드 제조사의 데이터에 의하

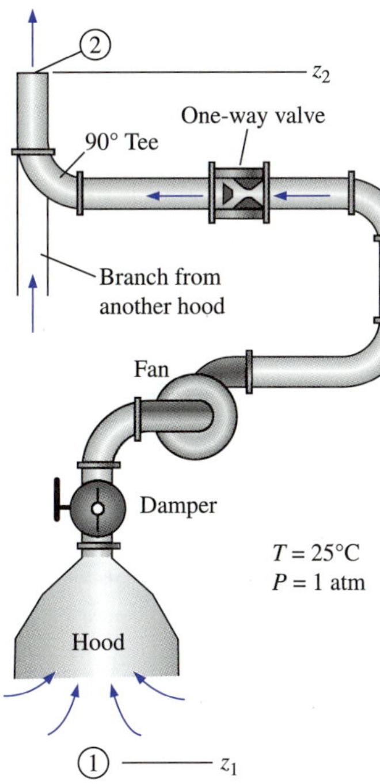

그림 P12-14

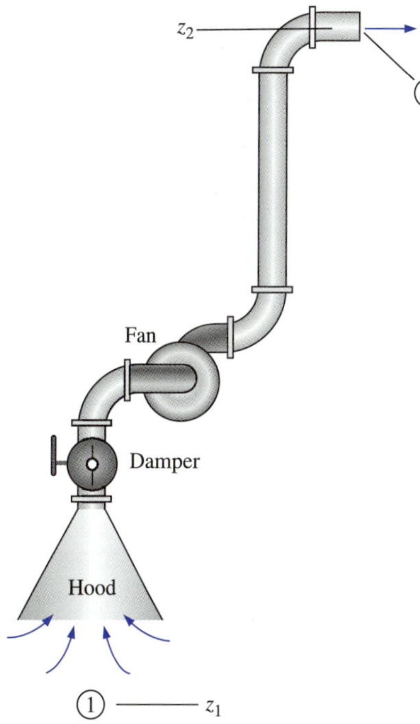

그림 P12-16

면 후드의 입구 손실계수는 덕트 속도를 기준으로 4.6이다. 댐퍼가 완전히 열렸을 때 손실계수는 1.8이다. 입구가 22.9 cm인 다람쥐집 모양 원심 팬이 사용 가능하다. 이 팬의 성능 데이터는 $H_{available} = H_0 - a\dot{V}^2$ 형태의 포물선 곡선에 접합되는데, 여기서 차단 수두는 $H_0 = 5.8$ cm 수주이고, 계수는 $(m^3/s)^2$당 $a =$ 96.9 cm의 수주이며, 가용 수두 $H_{available}$는 cm 단위의 수주이고, 용량 $\dot{V}$의 단위는 m^3/s(at 25℃에서)이다. 이 환기 시스템을 통과하는 체적유량을 m^3/s 단위로 추정하라. **답:** 0.212 m^3/s

12-17 모든 부차적 손실을 무시하고 문제 12-16을 반복하라. 이 문제에서 부차적 손실은 얼마나 중요한가? 논의하라.

12-18 자흡 원심 펌프가 표면이 펌프 입구의 중심선보다 2.2 m 아래에 위치한 저수조로부터 25℃의 물을 이송하기 위하여 사용된다(그림 P12-18). 파이프는 내경이 24.0 mm인 PVC 파이프로, 평균 내부 조도 높이는 무시할 수 있다. 물에 잠겨 있는 파이프 입구로부터 펌프 입구까지 관 길이는 2.8 m이다. 배관 시스템에서 파이프 입구에서 펌프 입구 사이에는 단지 두 가지 부차적 손실, 즉 날카로운 가장자리를 갖는 재진입 입구 ($K_L = 0.85$)와 플랜지형 매끄러운 90° 정규 엘보($K_L = 0.3$)가 있다. 펌프의 요구되는 유효 흡입 수두는 제조사로부터 $NPSH_{required} = 2.2\ m + (0.0013\ m/Lpm^2)\dot{V}^2$인 곡선 접합으로 제공되며, 여기서 체적유량은 Lpm 단위이다. 공동현상이 없이 이송할 수 있는 최대 체적유량(Lpm 단위로)을 추정하라.

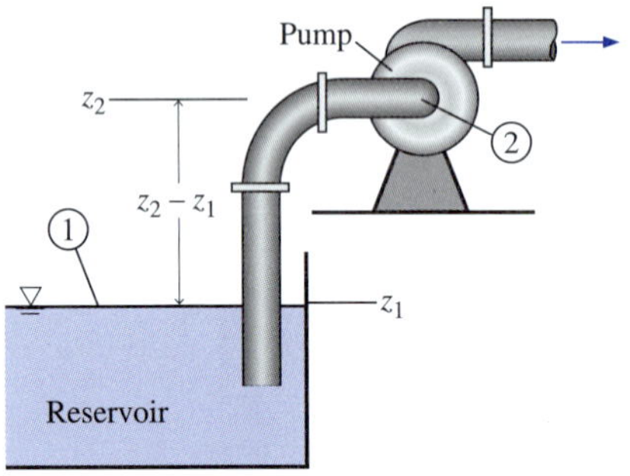

그림 P12-18

12-19 그림 P12-19의 두 개의 로브(lobe)로 구성된 로터리 펌프가 각 로브 체적 $\dot{V}_{lobe}$에서 0.46 L의 석탄 슬러리를 운반한다. $\dot{n}$ =175 rpm일 때, 슬러리의 체적유량을 (Lpm 단위로) 계산하라.

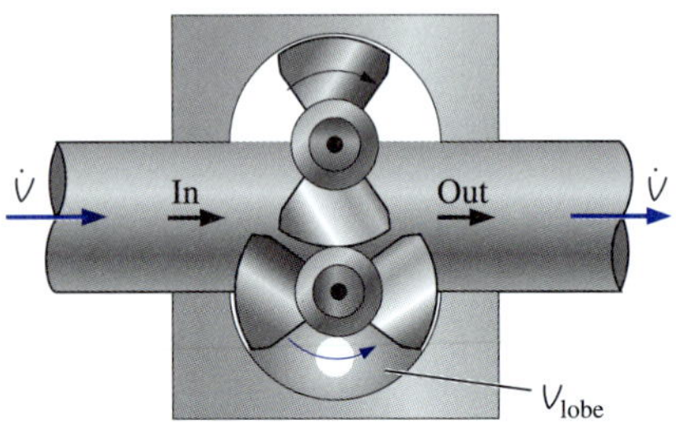

그림 P12-19

답: 294 Lpm

12-20 펌프가 각 로터에 두 개 대신에 **세 개**의 로브를 갖고 $\dot{V}_{lobe}$ = 0.312 L인 경우에 대해 문제 12-19를 반복하라.

12-21 그림 12-24의 펌프와 비슷한 두 개의 로브를 갖는 로터리 용적식 펌프가 각 로브 체적 $\dot{V}_{lobe}$에서 3.64 cm^3의 토마토 페이스트를 운반한다. $\dot{n} = 336$ rpm일 때, 토마토 페이스트의 체적유량을 계산하라.

12-22 그림 12-21*c*의 기어 펌프를 고려해 보자. 두 기어 이빨 사이에 갇힌 유체의 체적이 0.350 cm^3이라고 가정하라. 회전당 운반되는 유체체적은 얼마인가? **답:** 9.80 cm^3

12-23 원심 펌프가 $\dot{n} = 750$ rpm으로 회전한다. 물이 블레이드에 수직하게 임펠러로 들어가고($\alpha_1 = 0°$) 반경방향으로부터 35°의 각도로 나온다($\alpha_2 = 35°$). 입구 반경은 $r_1 = 12.0$ cm이며, 이곳의 블레이드 폭은 $b_1 = 18.0$ cm이다. 출구 반경은 $r_2 = 24.0$ cm이고, 이곳의 블레이드 폭은 $b_2 = 16.2$ cm이다. 체적유량은 0.573 m^3/s이다. 효율을 100%로 가정하고, 이 펌프에 의해 발생하는 순수두를 cm 수주의 높이로 계산하라. 또한 W 단위로 요구 제동마력을 계산하라.

12-24 깃 축류 팬이 로터 블레이드의 상류에 고정자 블레이드를 갖도록 설계되어 있다(그림 P12-24). 비용을 줄이기 위해 고정자와 로터 블레이드 모두를 철판으로 제작한다. 그림에 나타낸 것처럼 고정자 블레이드는 단순한 원호로서 전단부는 축방향에, 후단부는 축으로부터 각도 $\beta_{st} = 26.6°$로 정렬되어 있다(하첨자 표기는 고정자 후단부를 나타낸다). 총 열여덟 개의 고정자 블레이드가 있다. 설계 조건에서, 블레이드를 통하는 축류 유동 속도는 31.4 m/s이고, 임펠러는 1800 rpm으로 회전한다. 반경 0.50 m에서, 회전자 블레이드의 선단부와 후단부의 각도를 계산하고, 블레이드의 형상을 그려라. 몇 개의 회전자 블레이드가 있어야만 하는가?

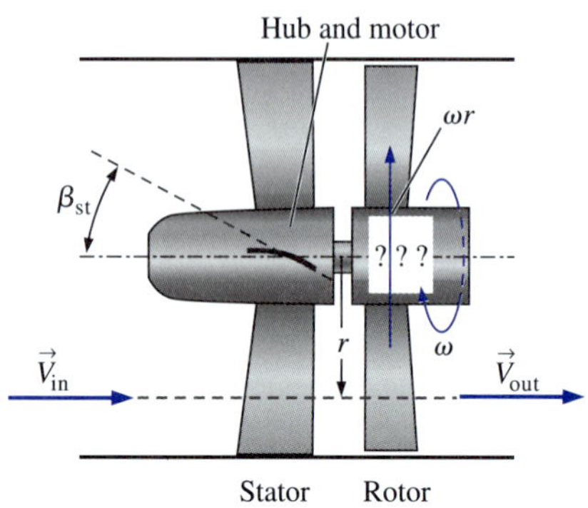

그림 P12-24

12-25 두 개의 물 펌프가 **직렬**로 배열되어 있다. 두 펌프에 대한 성능 데이터는 $H_{available} = H_0 - a\dot{V}^2$ 형태의 포물선 곡선에 접합된다. 펌프 1에 대해 $H_0 = 6.33$ m이고 계수는 $a = 0.0633$ m/Lpm^{2}이며, 펌프 2에 대해 $H_0 = 9.25$ m이고 계수는 $a = 0.0472$ m/Lpm^{2}이다. 어느 경우에도 펌프 수두 H의 단위는 m이고, 용량 $\dot{V}$의 단위는 Lpm이다. 직렬로 함께 운전되는 두 펌프의 연합 차단 수두와 자유송출을 계산하라. 어떤 체적유량에서 펌프 1이 차단되고 우회되는가? 설명하라. **답:** 15.6 m, 14.0 Lpm, 10.0 Lpm

12-26 문제 12-25의 동일한 두 개의 펌프가 **병렬**로 배열되어 있다. 병렬로 함께 운전되는 두 펌프의 차단 수두와 자유송출을 계산하라. 어떤 연합 순수두에서 펌프 1이 차단되고 우회되는가? 설명하라.

12-27C 터빈이 펌프보다 종종 높은 효율을 갖는 이유를 두 가지 이상 제시하라.

12-28C 동역학적 펌프와 반동 터빈을 원심(반경류), 혼류, 축류로 분류하는 데 사용되는 주된 차이를 간단히 논의하라.

12-29 수력 발전소가 수두가 284 m이고 각 터빈당 체적유량이 13.6 m^3/s인 열네 개의 동일한 Francis 터빈을 갖고 있다. 물의 온도는 25℃이다. 효율은 $\eta_{turbine} = 95.9\%$, $\eta_{generator} = 94.2\%$와 $\eta_{other} = 95.6\%$이며, η_{other}는 모든 다른 기계적 에너지 손실을 포함한다. 이 발전소로부터 생산되는 전력을 MW로 추정하라.

12-30 Pelton 수차가 수력 발전에 이용된다. 수차의 평균 반경은 1.83 m이고, 10.0 cm인 직경을 갖는 노즐 출구로부터 제트의 속도는 102 m/s이다. 버킷의 방향 전환 각도는 $\beta = 165°$이다. (*a*) 터빈을 통과하는 체적유량을 m^3/s 단위로 계산하라. (*b*) 수차의(최대 동력을 위한) 최적 회전율(rpm 단위로)은 얼마인가? (*c*) 터빈의 효율이 82%일 때, 출력 축동력을 MW 단위로 계산하라.

답: (*a*) 0.801 m^3/s, (*b*) 266 rpm, (*c*) 3.35 MW

12-31 어떤 엔지니어들이 소수력 댐의 가능성이 있는 장소를 평가하고 있다. 어느 한 장소에서 그들은 총수두가 340 m이고, 각 터빈을 통하는 물의 체적유량은 0.95 m^3/s일 것으로 추정한다. 터빈당 이상적인 동력 발생을 MW 단위로 추정하라.

12-32 주어진 제트 속도, 체적유량, 방향 전환 각도 및 수차 반경에 대해 Pelton 수차에 의한 최대 축동력은 터빈 버킷이 제트 속도의 절반으로 움직일 때 발생함을 증명하라.

12-33 HAWT 풍력 터빈을 통과하여 바람($\rho = 1.204$ kg/m^3)이 불고 있다. 터빈 직경은 45.0 m이다. 기어박스와 발전기의 연합 효율은 88%이다. (*a*) 현실적인 동력계수 0.42에 대해 바람이 7.8 m/s로 불 때, 생산되는 전력을 추정하라. (*b*) 동일한 기어박스와 발전기를 사용한다고 가정하고 Betz 극한을 사용하여 반복하고 비교하라.

12-34 Francis 반경류 수력 터빈이 설계되고 있다. 터빈의 치수는 $r_2 = 2.00$ m, $r_1 = 1.42$ m, $b_2 = 0.731$ m, $b_1 = 2.20$ m이다. 러너는 $\dot{n} = 180$ rpm으로 회전한다. 쪽문은 러너의 입구에서 반경방향으로부터 각도 $\alpha_2 = 30°$로 전환시키고, 러너 출구에서 유동은 반경방향으로부터 각도 $\alpha_1 = 10°$이다(그림 P12-34). 설계 조건에서 체적유량은 340 m^3/s이고 댐에 의한 총 수두는 $H_{gross} = 90.0$ m이다. 예비 설계에서 비가역 손실은 무시된다. 입구와 출구의 러너 블레이드의 각도 β_2와 β_1을 각각 계산하고, 출력 동력(MW)과 요구되는 순수두(m)를 예측하라. 이 설계가 타당성이 있는가?

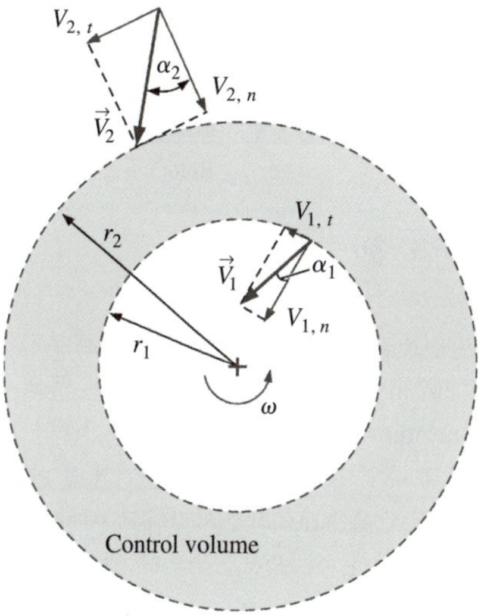

그림 P12-34

12-35 Francis 반경류 수력 터빈의 치수는 $r_2 = 2.00$ m, $r_1 = 1.30$ m, $b_2 = 0.85$ m, $b_1 = 2.10$ m이고, 여기서 위치 2는 입구를 위치 1은 출구를 나타낸다. 터빈 입구와 출구에서 러너 블레이드의 각도는 각각 $\beta_2 = 71.4°$와 $\beta_1 = 15.3°$이다. 러너는 $\dot{n} = 160$ rpm으로 회전한다. 설계 조건에서 체적유량은 80.0 m^3/s이다. 예비 해석에서 비가역 손실은 무시된다. 쪽문이 유동의 방향을 전환시켜야 하는 각도 α_2를 계산하라. 여기서 α_2는 러너의 입구에서 반경방향으로부터 측정된 값이다(그림 P12-34). 선회류 각도 α_1을 계산하라. 여기서 α_1은 러너의 출구에서 반경방향으로부터 측정된 값이다(그림 P12-34). 이 터빈은 순선회류를 갖는가 아니면 역선회류를 갖는가? 출력(MW)과 요구되는 순수두(m)를 예측하라.

12-36 그림 P12-36에 보인 것처럼 관을 흐르는 물로부터 동력을 생산하기 위한 1단 축류 터빈을 설계하고 있다. 고정자와 로터는 얇다고(구부린 금속판) 근사한다. 16개의 고정자(상류) 블레이드는 $\beta_{sl} = 0°$와 $\beta_{st} = 50.3°$의 각도를 갖고 있으며, 여기서 하첨자 "sl"과 "st"는 각각 고정자 선단과 고정자 후단을 의미한다. 설계 조건에서 축방향 유속은 8.31 m/s이고, 로터는 360 rpm으로

회전하며, 터빈의 하류에는 선회류가 없는 것이 요구된다. 반경 0.324 m에서 β_{sl}와 β_{st} 각(로터 선단과 후단 각)을 계산하고, 로터 깃이 어떤 형상이 되는지 도시하고, 반드시 몇 개의 로터 깃이 있어야 하는지 명시하라.

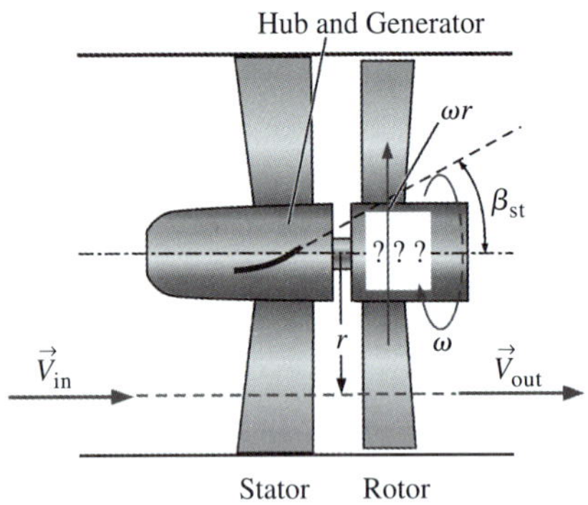

그림 P12-36

12-37 수력 발전소를 설계하고 있다. 저수조로부터 방수로까지의 총 수두는 262 m이며, 각 터빈을 통과하는 물의 체적유량은 10℃에서 717 m³/min이다. 각각의 효율이 96.3%인 10개의 동일한 터빈이 병렬로 배열되어 있으며, 모든 기계적 에너지 손실(도수로 통과 등)은 출력을 3.6% 감소시킨다고 예상한다. 발전기 자체의 효율은 93.9%이다. 이 발전소로부터 생산되는 전력을 MW로 추정하라.

12-38 제안된 HAWT 풍력 발전 단지에서 평균 풍속이 12.5 m/s이다. 각 풍력 터빈의 동력계수를 0.41로, 기어박스와 발전기의 연합 효율은 92%로 예상한다. 풍속이 12.5 m/s일 때 각 풍력 터빈은 반드시 2.5 MW의 전력을 생산해야만 한다. (*a*) 요구되는 각 터빈 디스크 직경을 계산하라. 공기 평균 밀도는 $\rho = 1.2\ kg/m^3$를 사용하라. (*b*) 만약 이 장소에 이와 같은 터빈이 30개가 건설되고, 그 지방의 평균적인 가정에서 약 1.5 kW의 전력을 사용한다면, 송전 선로의 손실을 반영하는 추가적인 효율 96%를 가정하고, 이 풍력 발전 단지가 전력을 공급할 수 있는 가구 수를 추정하라.

펌프와 터빈 축척 법칙

12-39C 각각의 설명이 맞는지 또는 틀리는지 선택하고 그 이유를 간단히 설명하라.

(*a*) 다른 모든 조건이 동일한 채로 펌프의 rpm이 두 배가 되면 펌프의 용량은 약 2배로 증가한다.

(*b*) 다른 모든 조건이 동일한 채로 펌프의 rpm이 두 배로 되면 펌프의 순수두는 약 2배로 증가한다.

(*c*) 다른 모든 조건이 동일한 채로 펌프의 rpm이 두 배로 되면 요구되는 축동력은 약 4배로 증가한다.

(*d*) 다른 모든 조건이 동일한 채로 터빈의 rpm이 두 배로 되면 터빈의 출력 축동력은 약 8배로 증가한다.

12-40 문제 12-14의 팬을 고려해 보자. 팬의 직경은 30.0 cm이고, $\dot{n} = 600$ rpm에서 운전하고 있다. 팬 성능 곡선을 무차원화하라. 즉, C_H와 C_Q의 관계를 도시하라. $\dot{V} = 13{,}600$ Lpm에서 C_H와 C_Q에 대한 샘플 계산 결과를 보여라.

12-41 BEP가 13,600 Lpm에서 발생되는 경우에 대해 최적 효율점에서 문제 12-14와 문제 12-40의 팬의 비속도를 계산하라. 답을 무차원 형태로 제시하라. 이것은 어떤 종류의 팬인가?

12-42 Len은 수족관용 소형 물 펌프를 설계해 달라는 요청을 받았다. 이 펌프는 최적 효율점에서 순수두 1.5 m로 14.0 Lpm의 물을 공급해야 한다. 1200 rpm으로 회전하는 모터를 사용할 수 있다. Len이 설계해야 할 펌프는 어떤 종류일까(원심, 혼류, 축류)? 모든 계산 과정을 보이고, 답을 선택한 이유를 정당화하라. 이 펌프로 Len이 희망할 수 있는 최대 펌프 효율을 추정하라.

답: 원심, 81.0%

12-43 문제 12-42의 펌프를 고려해 보자. 기존 펌프를 rpm이 1800 rpm인 다른 모터를 장착하여 변경하였다고 가정하라. 만약 펌프가 두 경우 모두에 대해 상응하는 점에서(즉, BEP에서) 운전된다면, 변경된 펌프의 체적유량과 순수두를 예측하라. 변경된 펌프의 펌프 비속도를 계산하고, 기존 펌프의 값과 비교하라. 논의하라.

12-44 대형 물 펌프가 원자로를 위해 설계되고 있다. 이 펌프는 최적 효율점에서 순수두 14 m로 9500 Lpm의 물을 공급해야 한다. 300 rpm으로 회전하는 모터를 사용할 수 있다. 설계해야 될 펌프는 어떤 종류일까(원심, 혼류, 축류)? 모든 계산 과정을 보이고, 답을 선택한 이유를 정당화하라. 이 펌프로 희망할 수 있는 최대 펌프 효율을 추정하라. 이 펌프를 구동하기 위해 요구되는 동력(제동마력)을 추정하라.

12-45 문제 12-13의 펌프를 고려해 보자. 펌프의 직경은 1.80 cm이고, $\dot{n} = 4200$ rpm에서 운전된다. 펌프 성능 곡선을 무차원화하라. 즉, C_H와 C_Q의 관계를 도시하라. $\dot{V} = 14.0$ Lpm에서 C_H와 C_Q에 대한 샘플 계산결과를 보여라.

12-46 BEP가 14.0 Lpm에서 발생되는 경우에 대하여 최적 효율점에서 문제 12-45의 펌프에 대한 펌프 비속도를 계산하라. 답을 무차원 형태와 미국 관습 단위의 두 가지로 제시하라. 이것은 어떤 종류의 펌프인가?

답: 0.199, 545, 원심

12-47 터빈 비속도와 펌프 비속도가 다음의 관계를 갖는 것을 증명하라. $N_{St} = N_{Sp}\sqrt{\eta_{turbine}}$.

12-48 펌프와 터빈 두 가지 모두로서 운전되는 펌프-터빈을 고려해 보자. 펌프와 터빈에 대해 회전 속도 ω와 체적유량 $\dot{V}$가 동일한 조건하에서 터빈 비속도와 펌프 비속도가 다음의 관계를 갖

는 것을 증명하라.

$$N_{St} = N_{Sp}\sqrt{\eta_{turbine}}\left(\frac{H_{pump}}{H_{turbine}}\right)^{3/4}$$

$$= N_{Sp}(\eta_{turbine})^{5/4}(\eta_{pump})^{3/4}\left(\frac{bhp_{pump}}{bhp_{turbine}}\right)^{3/4}$$

12-49 수력 터빈의 1/5 축척 모형이 실험실에서 $T = 20℃$의 조건으로 시험된다. 모형의 직경은 8.0 cm이고, 체적유량은 25.5 m^3/h이며, 1500 rpm으로 회전하고, 순수두는 15.0 m로 운전된다. 최적 효율점에서 터빈은 축동력 720 W를 제공한다. 모형 터빈의 효율을 계산하라. 시험되고 있는 터빈은 어떤 종류의 터빈일 가능성이 가장 많은가? **답:** 69.2%, 충동 터빈

12-50 문제 12-49에서 논의된 1/5 축척 모형 터빈에 상응하는 원형 터빈이 순수두 50 m에서 운전된다. 최적 효율에 대한 적절한 rpm과 체적유량을 결정하라. 완전한 기하학적 상사를 가정하여 원형 터빈의 제동마력 출력을 예측하라.

12-51 모형 터빈(문제 12-49)과 원형 터빈(문제 12-50) 두 경우 모두의 터빈 효율과 터빈 비속도를 비교하여 이들이 상응하는 점에서 운전됨을 증명하라.

12-52 완전한 역학적 상사를 가정하여, 문제 12-51에서 모형 터빈의 시험 결과를 실물 크기의 원형에 적용하였다. 그러나 교재에서 논의된 바와 같이 큰 실물 크기의 원형이 일반적으로 축소 모형의 효율보다 더 높은 효율을 나타낸다. 원형 터빈의 실제 효율을 추정하라. 더 높은 효율이 나타나는 이유를 간단히 설명하라.

CHAPTER 13

전산유체역학의 소개

목표 이 장을 공부하면 다음과 관련된 지식을 얻을 수 있다.

- 질과 해상도가 높은 격자의 중요성에 대한 이해
- 계산 영역에 적합한 경계 조건의 적용
- 기초적인 공학 문제에 CFD를 적용하는 방법과 그 결과가 물리적으로 의미 있는지 여부를 판단하는 방법
- CFD를 성공적으로 사용하기 위해서는 더 많은 공부와 연습이 필요하다는 점에 대한 인식

이 장에서는 전산유체역학(CFD)에 대하여 간단히 소개한다. 컴퓨터에 대한 지식이 있는 사람은 누구라도 CFD 코드를 실행할 수 있지만, 계산 결과가 물리적으로 맞지 않을 수도 있다. 사실 격자가 적절하게 생성되어 있지 않은 경우 또는 경계 조건이나 유동 변수가 적절하지 않게 적용되었을 경우, 결과는 완전히 틀릴 수도 있다. 이 장의 목적은 격자를 생성하는 방법, 경계 조건을 부과하는 방법, 컴퓨터로부터 얻은 계산 결과가 의미 있는 것인지를 판단하는 방법에 대한 **지침**을 소개하는 것이다. 또한 이 장에서는 격자 생성 기법, 이산화 기법, CFD 알고리즘 또는 수치 안정성에 대한 세부적인 내용보다는 공학 문제에 대한 CFD의 **적용**을 강조하고자 한다.

이 장에 제시된 예제들은 상용 전산유체역학 코드 ANSYS-FLUENT를 이용하여 계산하였다. 다른 CFD 코드를 사용하여도 유사한 결과를 얻을 수 있지만, 동일하지는 않다. 이들 예제는 비압축성과 압축성의 층류와 난류 유동, 열전달이 있는 유동, 자유표면이 있는 유동을 포함한다. 항상 그렇듯이 학생들은 실제 연습을 통하여 가장 잘 배우게 된다. 이러한 이유로 CFD 코드를 이용하는 몇 가지 과제가 주어져 있으며, 또한 많은 CFD 문제들이 이 교재의 웹사이트인 www.mheducation.asia/olc/cengel 에 추가적으로 제공되어 있다.

ANSYS-FLUENT CFD 코드를 이용하여 계산한 남자 수영 선수 주위의 유동. 그림은 계산 결과로서, 신체 표면을 따라 흐르는 오일의 유동선을 보여 준다. 목 부분에서 유동 박리를 볼 수 있다.

Photo used with the permission of the owner, Speedo International Limited.

13-1 서론과 기초

동기 부여

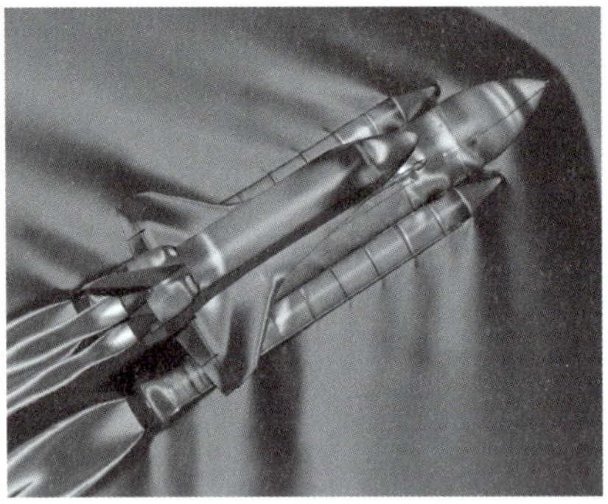

그림 13-1
우주왕복선 발사 수송체(space shuttle launch vehicle, SSLV)의 상승에 대한 CFD 계산. 1천 6백만 개 이상의 격자로 구성되며, 그림은 등압력 분포를 보여 준다. 자유 흐름 조건은 Ma = 1.25, 영각은 −3.3° 이다.
NASA/Photo by Ray J. Gomez. Used by permission.

유체 유동과 관련한 공학 시스템을 설계하고 해석하는 데에는 두 가지 기본적인 접근법이 있다. 즉 실험과 계산이다. 전자는 풍동이나 기타 설비에서 시험되는 모형의 구축과 관련되며(6장), 후자는 미분 방정식의 해석적(8장) 또는 수치적 풀이와 관련된다. 이 장에서는 컴퓨터(최근에는 병렬로 연결되어 작동하는 **다수**의 컴퓨터)를 이용하여 유체 유동 방정식의 해를 구하는 분야인 **전산유체역학**(Computational Fluid Dynamics, CFD)에 대하여 간단히 소개한다. 현대의 엔지니어들은 실험적 해석과 CFD 해석 모두를 수행하며, 이들은 서로 상호보완적인 관계에 있다. 예를 들면, 엔지니어들은 양력, 항력, 압력 강하 또는 동력과 같은 **포괄적(global) 특성**을 실험을 통해 얻는다. 그러나 CFD는 전단응력, 속도와 압력 분포(그림 13-1), 유선과 같은 유동장의 **세부적 특성**을 구하기 위해 사용된다. 또한 수치적으로 구한 포괄적 양과 실험적으로 구한 포괄적 양을 비교함으로써 실험 데이터는 CFD 해를 **검증**하는 데 사용된다. 다음으로 CFD는 주의 깊은 매개변수 연구(parametric study)를 통해 설계 주기를 줄이기 위해 사용되며, 따라서 소요되는 총 실험량을 감소시킬 수 있다.

현재 전산유체역학은 층류 유동은 쉽게 해석할 수 있는 수준이며, 실제 공학적으로 관심이 큰 난류 유동은 **난류 모델(turbulence model)**을 사용하지 않고는 해석이 불가능하다. 그러나 어떤 난류 모델도 **범용적**이지 않으므로 난류 CFD 해의 정확도는 사용하는 난류 모델이 얼마나 적합한지에 따라 결정된다. 이러한 제약 조건에도 불구하고, 표준 난류 모델은 많은 실제 공학 문제에서 타당성 있는 결과를 제공한다.

이 장에서는 격자 생성 기법, 수치 알고리즘, 유한차분과 유한체적 기법, 안정성 문제, 난류 모델 등과 같은 CFD 주제는 다루지 않는다. 사실 전산유체역학의 계산능력과 제약 조건을 충분히 이해하기 위하여 이들 주제에 대하여 공부할 필요가 있다. 그러나 이 장에서는 이 흥미로운 분야의 개요 정도만 소개한다. 따라서 이 장의 목적은 격자를 생성하는 방법, 경계 조건을 부과하는 방법, 컴퓨터 계산 결과가 물리적으로 의미 있는지의 여부를 판단하는 방법에 대한 지침을 제공함으로써 **사용자**의 관점에서 CFD의 기본을 설명하는 것이다.

이 절에서는 먼저 해석할 유체 유동의 미분 방정식을 제시하고, 다음으로 해석 절차의 개요를 설명한다. 이어지는 절에서는 층류 유동, 난류 유동, 열전달이 있는 유동, 압축성 유동, 개수로 유동에 대한 CFD 예제를 제시한다.

운동 방정식

자유표면 효과가 없는 점성, 비압축성, 뉴턴 유체의 정상 층류 유동에 대한 운동 방정식은 **연속 방정식**

$$\vec{\nabla}\cdot\vec{V} = 0 \tag{13-1}$$

그리고 **Navier-Stokes 방정식**으로 구성된다.

$$(\vec{V}\cdot\vec{\nabla})\vec{V} = -\frac{1}{\rho}\vec{\nabla}P' + \nu\nabla^2\vec{V} \tag{13-2}$$

엄밀히 말하면, 식 (13-1)은 **보존 방정식**이며, 식 (13-2)는 계산 영역을 통하여 선형 운동량의 전달을 나타내는 **수송 방정식**이다. 식 (13-1)과 (13-2)에서 $\vec{V}$는 유체 속도, ρ는 밀도, ν는 동점성계수($\nu = \mu/\rho$)이다. 자유표면 효과가 없으므로 **수정 압력(modified pressure)** P'을 사용할 수 있고, 따라서 식 (13-2)에서 중력항이 제거된다(8장 참조). 식 (13-1)은 **스칼라** 식이며, 식 (13-2)는 **벡터** 식임에 유의하라. 식 (13-1)과 (13-2)는 ρ와 ν를 일정하게 가정한 비압축성 유동에만 적용된다. 따라서 직교좌표계의 3차원 유동에 대하여 **네 개**의 미지수 u, v, w, P'을 가지는 **네 개**의 연립 미분 방정식이 있다(그림 13-2). 유동이 압축성이면, 식 (13-1)과 (13-2)는 적절히 수정할 필요가 있다. 액체 유동은 거의 모든 경우에 비압축성으로 간주되며, 대부분의 기체 유동도 Mach 수가 충분히 낮아 거의 비압축성 유체와 같이 거동한다.

해석 절차

식 (13-1)과 (13-2)를 수치적으로 풀기 위하여 다음 단계를 수행한다. 이 중 몇몇 단계(특히 2단계에서 5단계까지)의 순서는 바뀔 수 있다.

1. **계산 영역(computational domain)**을 선택하고 **격자**[grid 또는 **메시(mesh)**라고도 한다]를 생성한다. 계산 영역은 **셀**(cell)이라고 하는 많은 작은 요소로 나누어진다. 셀은 2차원(2-D) 영역에 대해서는 **면적**이며, 3차원(3-D) 영역에 대해서는 **체적**이다(그림 13-3). 각 셀은 이산화된 보존 방정식을 풀게 될 아주 작은 검사체적으로 생각할 수 있다. 여기서 논의는 셀-중심(cell-centered) 유한체적 CFD 코드로 제한되는 것에 유의하라. CFD 해의 질은 격자의 질에 크게 좌우된다. 그러므로 다음 단계로 가기 전에 격자가 높은 질을 유지하고 있음을 확실히 하도록 권장한다(그림 13-4).
2. **경계 조건**은 계산 영역의 각 **변**(edge, 2-D 유동) 또는 각 **면**(face, 3-D 유

Continuity:

$$\frac{\partial u}{\partial x} + \frac{\partial v}{\partial y} + \frac{\partial w}{\partial z} = 0$$

***x*-momentum:**

$$u\frac{\partial u}{\partial x} + v\frac{\partial u}{\partial y} + w\frac{\partial u}{\partial z} = -\frac{1}{\rho}\frac{\partial P'}{\partial x} + \nu\left(\frac{\partial^2 u}{\partial x^2} + \frac{\partial^2 u}{\partial y^2} + \frac{\partial^2 u}{\partial z^2}\right)$$

***y*-momentum:**

$$u\frac{\partial v}{\partial x} + v\frac{\partial v}{\partial y} + w\frac{\partial v}{\partial z} = -\frac{1}{\rho}\frac{\partial P'}{\partial y} + \nu\left(\frac{\partial^2 v}{\partial x^2} + \frac{\partial^2 v}{\partial y^2} + \frac{\partial^2 v}{\partial z^2}\right)$$

***z*-momentum:**

$$u\frac{\partial w}{\partial x} + v\frac{\partial w}{\partial y} + w\frac{\partial w}{\partial z} = -\frac{1}{\rho}\frac{\partial P'}{\partial z} + \nu\left(\frac{\partial^2 w}{\partial x^2} + \frac{\partial^2 w}{\partial y^2} + \frac{\partial^2 w}{\partial z^2}\right)$$

그림 13-2
CFD로 계산할 뉴턴 유체의 정상, 비압축성, 층류 유동에 대한 운동 방정식. 상태량은 일정하며, 자유표면 효과는 없다. 직교좌표계가 사용되며, 네 개의 방정식과 네 개의 미지수 u, v, w, P'이 있다.

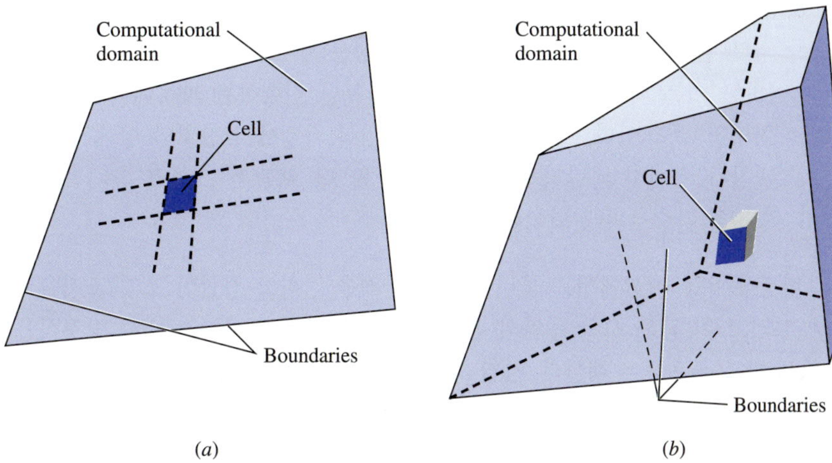

(*a*) (*b*)

그림 13-3
계산 영역은 CFD로 운동 방정식을 계산할 공간상의 영역이다. **셀**은 계산 영역의 작은 요소이다. (*a*) 2차원 영역과 사변형 셀, (*b*) 3차원 영역과 육면체 셀. 2차원 영역의 경계는 **변(edge)**이라고 하는 반면, 3차원 영역의 경계는 **면(face)**이라고 한다.

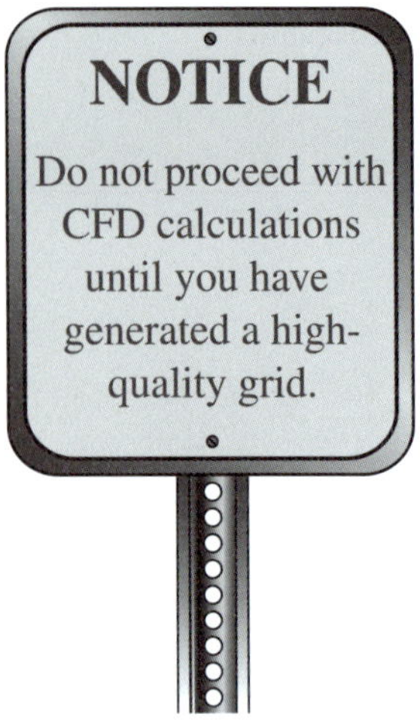

그림 13-4
양질의 CFD 계산을 위해서는 양질의 격자가 필수적이다.

동)에 부과된다.

3. 유체의 상태량(온도, 밀도, 점성 등)과 함께 유체의 종류(물, 공기, 가솔린 등)를 지정한다. 많은 CFD 코드들이 일반적인 유체에 대한 상태량 데이터베이스를 내장하고 있으므로 이 단계는 그렇게 어렵지 않다.
4. 수치적 매개변수와 해석 알고리즘을 선택한다. 이들은 CFD 코드에 따라 다르므로 여기서 논의하지 않는다. 대부분의 최근 CFD 코드에 설정되어 있는 기본값은 이 장에서 논의하는 단순한 문제에 적합하다.
5. 계산을 시작하기 위하여 모든 유동장 변수에 대한 초기값을 각 셀에 부과하며, 이들을 **초기 조건**이라 한다. 이들은 정확한 값일 수도 있고 아닐 수도 있지만, 반복 계산의 수행을 위하여 반드시 필요하다(6단계). 올바른 **비정상** 유동 계산을 위하여 초기 조건은 **반드시** 정확해야 함에 주의한다.
6. 식 (13-1)과 (13-2)를 이산화한 방정식을 보통 각 셀의 중심점에서 초기 가정으로부터 시작하여 반복적으로 계산한다. 식 (13-2)의 모든 항을 방정식의 한쪽 변에 놓고, 이들 항의 합을 구한 것을 **잔차(residual)**로 정의한다. 계산 영역의 모든 셀에서 잔차가 영이 될 때 해는 "엄밀하게" 된다. 그러나 CFD 계산에서는 잔차가 **결코** 영과 일치할 수 없으며, 반복 과정에서 (바라건대) 감소하게 된다. 잔차는 주어진 수송 방정식에 대한 해가 엄밀해로부터 얼마나 벗어나는지에 대한 척도로 간주할 수 있으므로, 언제 해가 수렴하는지를 판단하기 위하여 각 수송 방정식에 관련된 평균 잔차를 관찰한다. 최종 해로 수렴하기 위하여 때로는 수백 또는 수천의 반복 횟수가 필요하며, 이를 통하여 잔차는 수 차수의 크기(order of magnitude)만큼 감소될 수 있다.
7. 일단 해가 수렴하면 속도와 압력과 같은 유동장 변수를 그래프로 그리고 분석한다. 또한 유동장 변수를 대수적으로 조합한 사용자 지정함수를 정의하고 분석할 수 있다. 대부분의 상용 코드는 유동장에 대한 빠른 그래픽 분석을 위해 만들어진 **후처리기(postprocessor)**를 내장하고 있다. 또한 그래픽 분석만을 위해 만들어진 독립된 후처리 소프트웨어 패키지도 있다. 그래픽 출력이 생생한 색채로 나타나므로, CFD는 **컬러풀한 유체역학(colorful fluid dynamics)**의 별칭을 얻고 있다.
8. 압력 강하와 같은 유동장의 **포괄적 특성**과 물체에 작용하는 힘(양력과 항력)과 모멘트와 같은 **총체적(integral) 특성**은 수렴된 해로부터 계산된다(그림 13-5). 이는 대부분의 CFD 코드에서 반복을 진행하는 과정에서 실시간으로 처리될 수도 있다. 실제로 많은 경우, 반복 과정에서 잔차와 함께 이들 양을 관찰하는 것이 바람직하다. 해가 수렴될 때, 포괄적 그리고 총체적 특성도 일정한 값으로 안정되어야 한다.

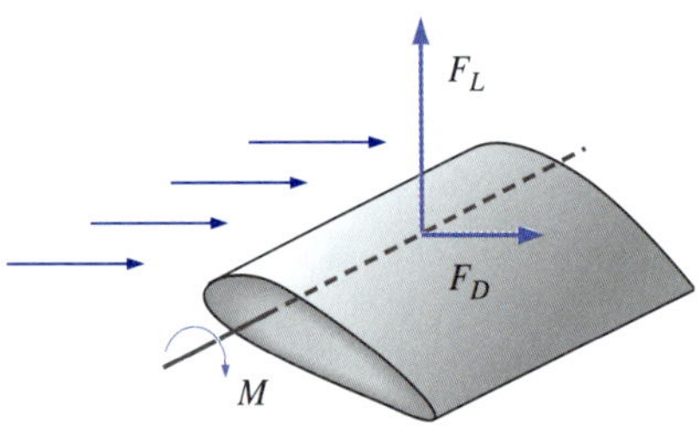

그림 13-5
물체에 작용하는 힘과 모멘트와 같은 유동의 **포괄적** 그리고 **총체적 특성**은 CFD 해가 수렴된 후에 계산된다. 이들은 수렴을 관찰하기 위하여 반복 과정 동안 계산될 수도 있다.

비정상 유동 계산에서는 물리적 시간 간격을 정하고 적합한 초기 조건을 부여한다. 그리고 이 작은 시간 동안의 유동장 내의 변화를 모사하는 수송 방정식을 풀기 위해 반복 루프를 수행한다. 시간 간격 사이의 유동 변화가 작으므로, 보통 각 시간 간격 사이에 비교적 작은 횟수(대략 수십 회 정도)의 반복 계산이 필요하다. 이

"내부 루프"가 수렴하면 코드는 다음 시간 간격으로 전진한다. 유동이 정상 상태 해를 가진다면 그 정상 상태 해는 종종 시간에 따라 바로 전진함으로써 보다 쉽게 구할 수 있다(충분한 시간이 지난 후, 유동변수는 정상 상태값으로 안정된다). 대부분의 CFD 코드는 이와 같은 점을 이용하기 위해 내부적으로 가상 시간 간격인 **인공적 시간(artificial time)**을 설정하여 정상 상태 해로 전진한다. 이러한 경우 가상 시간 간격은 계산 영역 내의 셀마다 서로 다를 수 있고, 수렴 시간을 줄이기 위하여 적절한 값으로 조절할 수도 있다.

계산 시간을 줄이기 위하여 **다중격자화(multi-gridding)**와 같은 다른 기법도 종종 사용된다. 이 방법에서는 유동변수가 먼저 성긴 격자에서 업데이트되며, 따라서 유동의 전체적 특성이 빨리 확립된다. 이 해는 점점 더 조밀한 격자로 보간법으로 처리되어, 마지막으로 사용자에 의하여 미리 설정된 최종 조밀 격자까지 보간법으로 처리된다(그림 13-6). 일부 상용 코드에서는 반복 과정 동안 사용자가 입력하지 않아도(또는 알지 못하게) 여러 층의 다중격자 과정이 배후에서 수행된다. 독자들은 Tannehill, Anderson과 Pletcher(2012)와 같은 계산 방법을 다룬 CFD 교재들을 참조함으로써 수렴 속도를 증진시킬 수 있는 계산 알고리즘과 기타 수치 기법들에 대해 보다 깊이 배울 수 있다.

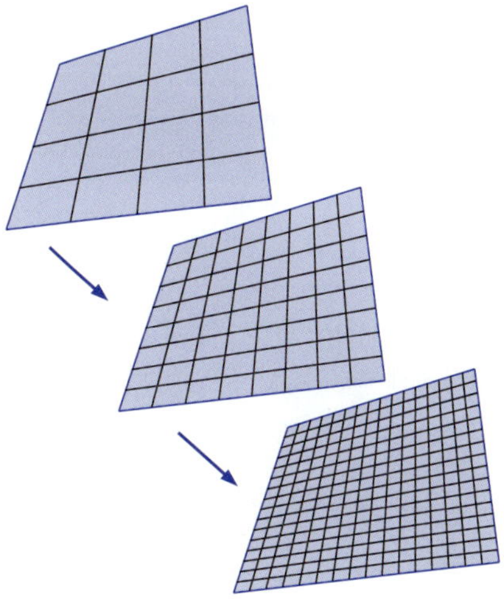

그림 13-6
다중격자 기법을 사용하는 경우, 운동 방정식의 해는 먼저 성긴 격자계에서 구하고, 그후 연속적으로 점점 더 조밀한 격자계를 적용하여 구한다. 이 기법은 수렴 속도를 증가시킨다.

추가적인 운동 방정식

문제에서 에너지 변환 또는 열전달이 중요한 경우에는 또 다른 수송 방정식인 **에너지 방정식**을 반드시 풀어야 한다. 온도차가 밀도를 크게 변화시킨다면 이상기체 법칙과 같은 **상태 방정식**이 사용된다. 부력이 중요하다면 온도의 밀도에 대한 영향이 중력항에 반영된다[이 경우 중력항은 식 (13-2)의 수정 압력항으로부터 분리되어야 한다].

주어진 경계 조건에 대하여 층류 유동 CFD 해는 "엄밀해"에 다가간다(이 엄밀해는 운동 방정식에 사용된 이산화 기법의 정확도, 수렴 정도 및 격자의 조밀도에 의해서만 영향을 받는다). 이는 모든 비정상 3차원 난류 에디를 해석할 수 있을 만큼 격자가 충분히 조밀하면 난류 유동 계산에도 마찬가지로 적용된다. 불행하게도 이와 같은 난류 유동의 직접 모사는 컴퓨터의 한계로 인하여 실제 공학 문제에 적용할 수 없고, 대신 난류 모델과 같은 근사적 방법을 사용하여 난류 유동에 대한 해를 구하게 된다. 난류 모델은 난류의 향상된 혼합과 확산을 모델링하는 수송 방정식들을 추가하게 되며, 이 추가되는 방정식들은 연속 방정식 및 운동량 방정식과 함께 풀어야 한다. 난류 모델링은 13-3절에 보다 상세히 논의되어 있다.

최근의 CFD 코드들은 입자 궤적, 종(species)의 수송, 열전달과 난류의 계산을 위한 옵션을 포함하고 있다. 이들 코드는 사용하기 쉬우므로, 방정식들과 이들에 대한 제한 조건을 모르더라도 해를 구할 수 있다. 여기에 CFD의 위험성이 있다. 즉, 유체역학에 대한 지식이 없는 사람이 계산할 때는 잘못된 결과를 얻을 가능성이 크다(그림 13-7). 따라서 CFD 해가 물리적으로 의미있는지의 여부를 판단할 수 있도록 CFD 사용자가 유체역학에 대한 기본적 지식을 갖추는 것은 매우 중요하다.

그림 13-7
CFD 해는 쉽게 얻을 수 있고, 그림으로 나타나는 결과는 멋있다. 그러나 정확한 해는 정확한 입력 데이터와 유동장에 대한 지식에 좌우된다.

경계 조건

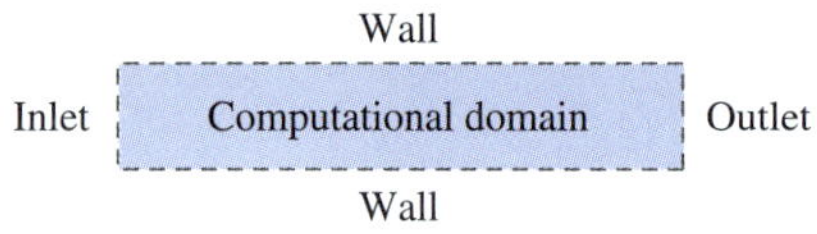

그림 13-8
경계 조건은 계산 영역의 모든 경계에 주의 깊게 적용되어야 한다. 정확한 CFD 해를 구하기 위해서는 적절한 경계 조건이 필요하다.

CFD 계산에서 운동 방정식, 계산 영역 그리고 격자까지 같다 하더라도 유동 형태는 경계 조건에 의해 결정된다. **정확한 CFD 해를 구하기 위해서는 적절한 경계 조건이 필요하다**(그림 13-8). 여러 가지 경계 조건이 있지만, 다음에 열거한 유용한 몇 가지에 대하여 간단히 설명하도록 한다. 여기서 경계 조건의 명칭은 ANSYS-FLUENT에서 사용되는 것이다. 다른 CFD 코드는 다소 다른 용어를 사용할 수 있으며, 경계 조건의 세부 내용도 다를 수 있다. 아래의 설명에서 **면** 또는 **평면**의 단어가 사용되면 이는 3차원 유동을 의미하는 것이다. 2차원 유동에서는 **변** 또는 **선**의 단어가 **면** 또는 **평면**을 대체한다.

벽면 경계 조건

가장 간단한 경계 조건은 **벽면** 경계 조건이다. 유체가 벽면을 통과하지 못하므로 벽면 경계 조건이 부과된 면을 따라 속도의 수직 성분을 벽면에 상대적으로 영으로 놓는다. 또한 점착 조건으로 인하여 정지하고 있는 벽면에서 접선방향 속도 성분도 영으로 놓는다. 예를 들면, 그림 13-8과 같은 간단한 영역에서, 위와 아래쪽 변은 점착 조건을 가지는 벽면 경계 조건을 부과하였다. 에너지 방정식을 풀고 있다면 벽면에 온도 또는 열플럭스가 역시 지정되어야 한다(그러나 두 가지를 동시에 지정하는 것은 아니다). 난류 모델을 사용한다면 난류 수송 방정식을 풀어야 하고, 이때 난류 경계층은 벽면 조도에 크게 영향을 받으므로 벽면 조도도 지정할 필요가 있다. 또한 독자들은 다양한 난류 벽면 처리법[**벽함수**(wall function) 등] 중 하나를 선택해야 한다. 이들 난류 옵션은 이 교재의 범위를 벗어나므로 여기서 다루지 않는다(Wilcox, 2006 참조). 다행히도 가장 최근의 CFD 코드가 갖고 있는 기본 옵션들은 난류를 포함하는 많은 응용 문제를 해석하는 데 충분하다.

많은 CFD 코드는 운동하고 있는 벽면과 전단응력값이 주어진 벽면에 대한 계산도 가능하다. 유체가 벽면을 따라 미끄러지기를 원하는 경우도 있다("비점성 벽면"이라고 한다). 예를 들면, 수영장 또는 온수 욕조의 자유표면을 따라 전단응력이 영인 벽면 경계 조건을 지정할 수 있다(그림 13-9). 이와 같은 단순화로 유체는 표면 위를 미끄러지게 됨을 주목하라. 이는 자유표면 위의 공기에 의한 점성 전단응력은 무시할 수 있을 만큼 작기 때문이다. 그러나 이와 같이 근사시킬 때 표면파와 이와 관련된 압력 변동은 고려되지 않는다.

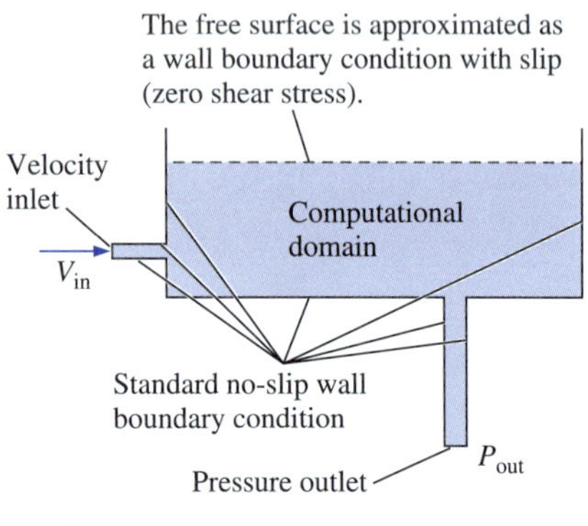

그림 13-9
정지 상태에 있는 고체의 경계에는 **벽면** 경계 조건을 부과한다. 이 고체의 경계에는 벽면 온도 또는 벽면 열플럭스를 역시 부과한다. 수영장의 경우에 나타나는 것과 같은 액체의 자유표면을 모사하기 위해서는 벽면을 따른 전단응력이 영이 되도록 설정할 수 있다. 이 경우 공기와 접촉하는 자유표면을 모사하는 "벽면"을 따라 미끄러짐(slip)이 있다.

유입/유출 경계 조건

유체가 계산 영역을 출입하는 경계에서는 여러 가지 옵션이 있으며, 이들은 일반적으로 **속도를 지정하는 조건** 또는 **압력을 지정하는 조건**으로 대별된다. **속도 입구**(velocity inlet)에서는 유입 유동의 속도를 입구면에 지정한다. 에너지 그리고/또는 난류 방정식을 푼다면 유입 유동의 온도 그리고/또는 난류 상태량을 역시 지정하여야 한다.

압력 입구(pressure inlet)에서는 입구면을 따라 정체압을 지정한다(예를 들면, 압력을 알고 있는 가압 탱크나 대기압을 알고 있는 원거리 영역으로부터 계산 영역으로 유입하는 유동). **압력 출구**(pressure outlet)에서 유체는 계산 영역 **밖으로** 유출한다. 이 경우 출구면을 따라 정압을 지정하며, 대부분의 경우 대기압을 지정한다(계기압으로는 영이다). 예를 들면, 대기에 노출된 아음속 배기 파이프 출구의 압력은 대기압이다(그림 13-10). 온도와 같은 유동 상태량과 난류 상태량 역시 압력 입구와 압력 출구에서 지정된다. 그러나 출구의 경우 이들 상태량들은 출구를 가로지르는 **역류**에 대한 풀이를 필요로 하지 않는 한 사용되지 않는다. **압력 출구에서 역류가 발생하는 것은 보통 계산 영역이 충분히 크지 못함을 의미하는 것**이며, 따라서 CFD 해의 반복 과정에서 역류 경고가 지속된다면 계산 영역을 확장하여야 한다.

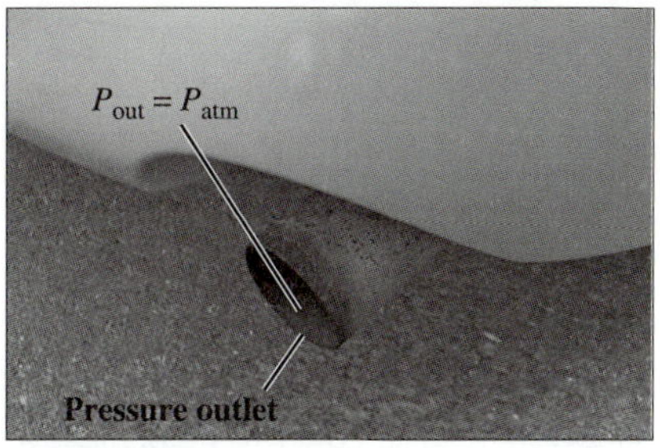

그림 13-10
대기에 노출되는 파이프나 덕트 출구를 가지는 비압축성 유동장을 계산할 때의 적절한 경계 조건은 $P_{out} = P_{atm}$인 압력 출구이다. 여기에 나타낸 그림은 자동차의 배기 파이프이다.
Photo by Po-Ya Abel Chuang. Used by permission.

속도 입구에서 압력은 지정되지 **않는다**. 이는 압력과 속도가 운동 방정식에서 **연동**되어 있어 수학적으로 과결정(overspecification) 시스템이 되기 때문이다. 속도 입구에서 압력은 오히려 나머지 유동장과 맞추어지도록 조절된다. 비슷하게, 속도는 압력 입구 또는 출구에서 지정되지 않으며, 이것도 역시 수학적으로 과결정 시스템이 되기 때문이다. 압력이 지정된 경계 조건에서 속도는 오히려 나머지 유동장에 맞추어지도록 속도 자체가 조절된다(그림 13-11).

계산 영역의 출구에서 또 다른 옵션은 **유출**(outflow) 경계 조건이다. 유출 경계에서는 아무런 유동 상태량도 지정하지 않는다. 대신 속도, 난류 양들, 온도와 같은 유동 상태량이 **유출면에 수직방향으로 영의 구배**를 가지도록 지정된다(그림 13-12). 예를 들어, 덕트가 충분히 길어 출구에서 유동이 **완전발달**되었다면 속도는 출구면에 수직방향으로 변화하지 않으므로 유출 경계 조건이 적합할 것이다. 그림 13-12에 예시된 바와 같이, 유동방향은 유출 경계에 수직방향으로 제한되지 않음에 유의하라. 유동이 계속 발달하고 있지만 출구 압력을 안다면 압력 출구 경계 조건이 유출 경계 조건보다 더 적절할 것이다. 유출 경계 조건은 회전 유동에서 압력 출구보다 종종 선호된다. 이는 선회 운동이 압력 출구 경계 조건으로 쉽게 처리되지 않는 반경방향 압력구배를 초래하기 때문이다.

간단한 CFD 응용 문제에서 흔히 나타나는 상황은 계산 영역의 경계 일부에 한 개 또는 그 이상의 속도 입구를 지정하고, 경계의 다른 부분에 한 개 또는 그 이상의 압력 출구 또는 유출구를 지정하는 것이다. 그리고 나머지 계산 영역의 경계를 벽면으로 정의한다. 예를 들면, 수영장(그림 13-9)에서 계산 영역의 가장 왼쪽 면을 속도 입구로, 가장 아래쪽 면을 압력 출구로 지정하였다. 나머지 면들은 벽면인데, 이때 자유표면은 전단응력이 영인 벽면으로 모델링한다.

마지막으로 압축성 유동 계산에서는 입구와 출구를 출입하는 파동과 관련된

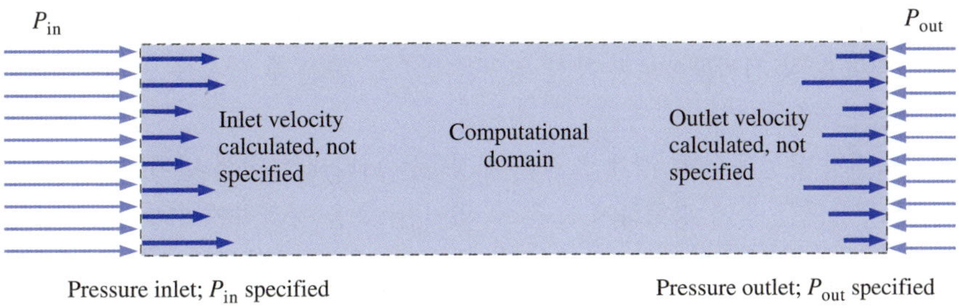

그림 13-11
압력 입구 또는 **압력 출구**에서 경계면에 압력을 지정하지만, 그 면을 통과하는 속도를 지정할 수는 없다. CFD 해가 수렴함에 따라 속도는 부과된 압력 경계 조건을 만족하도록 조절된다.

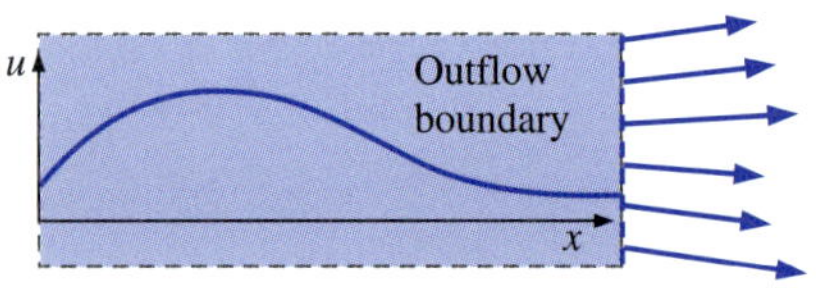

그림 13-12
유출 경계 조건에서 유출면에 수직방향으로의 속도구배는 영이다(u를 수평선을 따라 x의 함수로 예시한 바와 같이). 유출 경계에는 압력과 속도가 지정되지 않음에 유의하라.

Riemann 불변량과 특성 변수를 고려하게 되므로 입구와 출구 경계 조건은 더욱 복잡해진다. 이들에 대한 논의는 이 교재의 범위를 벗어나므로 다루지 않는다. 다행히도 많은 CFD 코드는 압축성 유동에 대하여 **압력 원거리 구역(pressure far field)** 경계 조건을 가지고 있으며, 이 조건은 입구에서 Mach 수, 압력과 온도를 지정하는 데 사용된다. 같은 경계 조건이 출구에도 적용된다. 즉, 유동이 계산 영역 밖으로 나갈 때, 출구의 유동변수는 영역 내부로부터 외삽법으로 처리하게 된다. 이때 출구에서 확실히 역류가 발생하지 않도록 주의해야 한다.

기타 경계 조건

계산 영역의 일부 경계는 벽면이거나 입구 또는 출구도 아닌, 그러나 오히려 대칭성과 주기성이 요구되는 경우가 있다. 예를 들면, 형상이 반복되는 경우에는 **주기(periodic)** 경계 조건이 유용하다. 주기 경계의 한 면의 유동장 변수는 형상이 동일한 두 번째 면과 수치적으로 **결부되어(linked)** 있다(그리고 대부분의 CFD 코드에서 동일한 면**격자**를 가짐). 따라서 첫 번째 주기 경계에서 나가는(가로지르는) 유동은 동일한 상태량(속도, 압력, 온도 등)을 가지고 두 번째 주기 경계로 들어오는(가로지르는) 유동으로 생각할 수 있다. 주기 경계 조건은 항상 **쌍**으로 나타나며, 터보기계의 블레이드 사이의 유동 또는 열교환기 튜브 배열을 지나는 유동과 같이 반복되는 형상을 가지는 유동에 유용하다(그림 13-13). 주기 경계 조건을 사용하면 전체 유동장에 비해 매우 작은 계산 영역으로 작업할 수 있으므로 컴퓨터 자원을 절약할 수 있다. 그림 13-13에 실제 계산 영역(파란색 음영 부분)의 위와 아래로 무한히 반복되는 영역(점선)을 상상할 수 있다. 주기 경계 조건은 **병진 조건**(그림 13-13에서와 같이 두 개의 평행면에 적용한 주기성)이나 **회전 조건**(두 개의 반경방향 면에 적용한 주기성)으로 지정되어야 한다. 두 개의 인접한 팬 블레이드 사이의 유동 영역(**유로**)은 회전 주기 영역의 예이다.

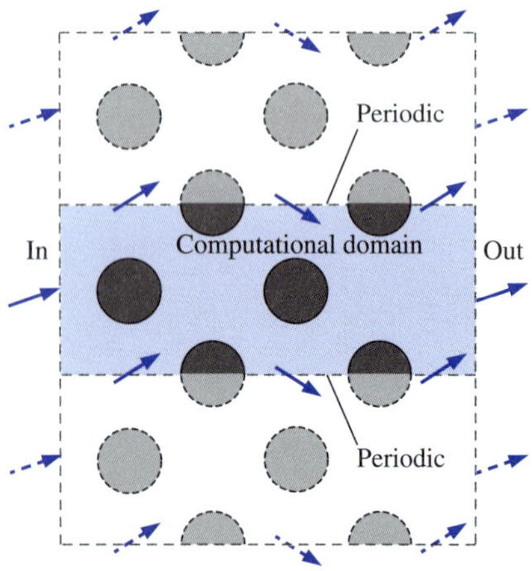

그림 13-13
주기 경계 조건은 두 개의 동일한 면에 부과된다. 주기적인 면을 가로지르는 속도 벡터에서 볼 수 있듯이, 한 면에서 발생한 모든 것은 반드시 주기적인 파트너 면에서도 발생해야 한다.

대칭 경계 조건은 대칭면을 가로질러 유동장 변수가 **거울상**이 되게 한다. 대칭 경계 조건을 가로질러 일부 변수들은 우함수 그리고 일부 변수들은 기함수로 지정되지만, 수학적으로는 대부분의 유동변수들의 수직구배를 대칭면에 대하여 영으로 설정하는 것이다. 이 경계 조건은 한 개 또는 그 이상의 대칭면을 가지는 실제 유동에 대하여 유동 영역의 **일부분**만 계산할 수 있게 하므로 컴퓨터 자원을 절약할 수 있다. 대칭 경계는 "짝을 이루는 파트너" 경계가 필요하지 않다는 점에서 주기 경계와는 다르다. 또한 유체는 대칭 경계를 **통과**하지 못하고 **평행하게** 흐르는 반면, 주기 경계의 경우에는 유동이 경계를 **통과**하여 흐를 수 있다. 예를 들어, 열교환기 튜브 배열을 지나는 유동을 고려해 보자(그림 13-13). 계산 영역의 주기 경계를 통과하는 유동이 없다고 가정하면, 대칭 경계 조건을 대신 사용할 수 있다. 주의 깊은 독자들은 대칭면을 잘 선택함으로써 계산 영역을 반으로 줄일 수 있음을 알 수 있을 것이다(그림 13-14).

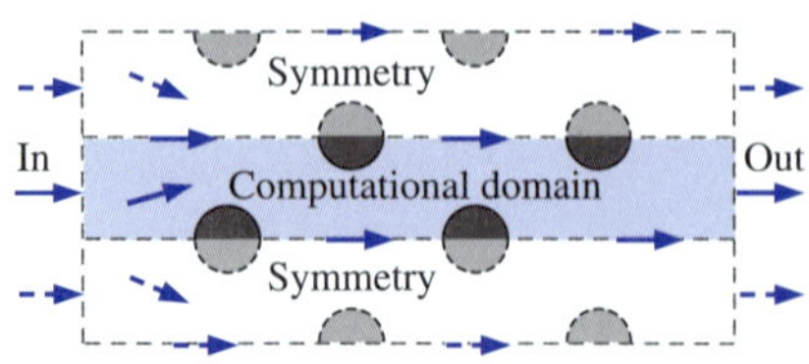

그림 13-14
대칭 경계 조건은 한 면에 부과되며, 그 면의 맞은편 유동은 계산이 된 유동의 거울상이 된다. 가상 영역(점선)을 계산 영역(파란색 음영 부분)의 위와 아래에 나타내었다. 가상 영역의 속도 벡터는 계산 영역 내의 속도 벡터와 거울상이다. 이 열교환기 예제에서 영역의 왼쪽 면은 속도 입구, 오른쪽 면은 압력 출구 또는 유출 출구, 실린더는 벽면, 윗면과 아랫면은 대칭면이다.

축대칭 유동에서 **축** 경계 조건은 대칭축을 나타내는 직선 변에 적용한다(그림 13-15a). 유체는 축에 **평행하게** 흐를 수 있지만, 축을 통과하여 흐를 수는 없다. 축대칭 조건을 사용하면 그림 13-15b에서와 같이 단지 2차원으로 유동을 해석할 수

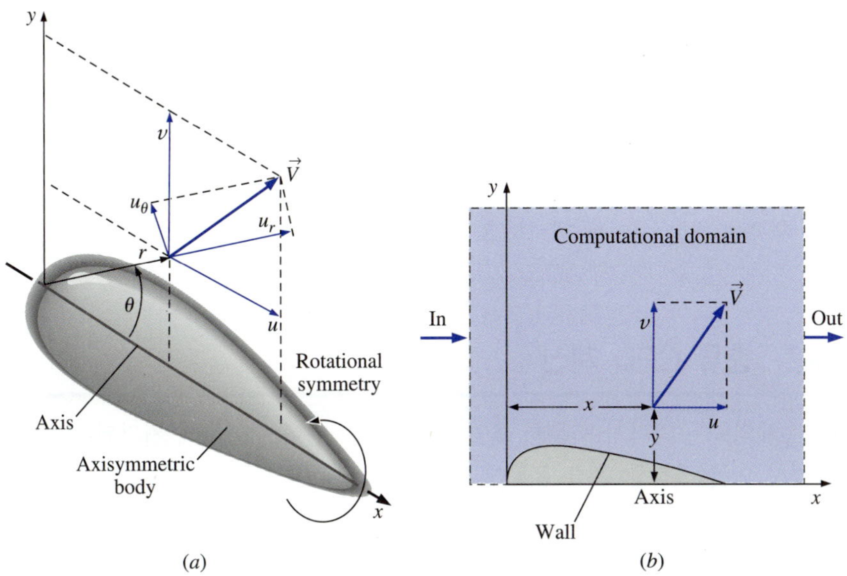

그림 13-15
축대칭 유동에서 **축** 경계 조건은 대칭축(여기서는 x축)에 적용한다(x축에 대하여 회전 대칭이므로). (*a*) xy 면 또는 $r\theta$ 면을 정의하는 단면을 보여 주며, 속도 성분은 (u, v) 또는 (u_r, u_θ)이다. (*b*) 이 문제에 대한 계산 영역(파란색 음영 부분)은 2차원(x와 y)의 면이 된다. 많은 CFD 코드에서 x와 y는 축대칭 좌표로 사용되며, y는 x축으로부터의 거리이다.

있다. 계산 영역은 xy면에서 단순한 직사각형이며, 이 면을 x축 주위에 회전시킨다고 생각하면 축대칭을 만들 수 있다. 축대칭 선회 유동의 경우, 유체는 대칭축 주위의 원형 경로를 따라 **접선방향**으로 유동할 수 있다. 축대칭 선회 유동은 종종 **회전 대칭**이라고도 한다.

내부 경계 조건

마지막 종류의 경계 조건은 계산 영역의 경계를 정하는 면 또는 변이 아니라 영역 내부에 있는 면 또는 변에 부과된다. **내부** 경계 조건이 어떤 면에 지정될 때, 유동은 한 내부 셀을 통과하여 다른 내부 셀로 흐르는 것처럼 아무런 변화 없이 그 면을 통과하여 흐른다(그림 13-16). 이 경계 조건은 계산 영역이 여러 개의 블록 또는 구역으로 구분되어 있는 상황에서 필요하며, 블록 사이의 정보 교류를 가능하게 한다. 이 경계 조건은 후처리에도 유용하며, 이는 유동장 내에 사전에 설정된 면이 있으므로 이 면에 속도 벡터, 압력 분포도 등을 그릴 수 있기 때문이다. 슬라이딩 격자 또는 회전 격자를 포함하는 보다 복잡한 CFD 응용 문제에서는 한 블록에서 다른 블록으로 원활하게 정보를 전달하기 위해 두 블록 사이에 계면이 필요하다.

팬 경계 조건은 급격한 압력 증가(또는 감소)를 주고자 하는 면에 지정된다. 이 경계 조건은 강제적인 압력 상승 이외에는 내부 경계 조건과 비슷하다. 이 경우 CFD 코드는 개별의 팬 블레이드 사이를 흐르는 세부적인 비정상 유동장은 풀지 못하지만, 이 면을 압력 변화가 있는 무한히 얇은 팬으로 모델링한다. 예를 들면, 팬 경계 조건은 덕트 내부의 팬(그림 13-16), 방안의 천장 팬 또는 비행기에 추력을 공급하는 프로펠러 또는 제트 엔진에 대한 간단한 모델로 유용하다. 팬을 지나 발생하는 압력 상승을 영으로 지정하면, 이 경계 조건은 내부 경계 조건과 동일하게 된다.

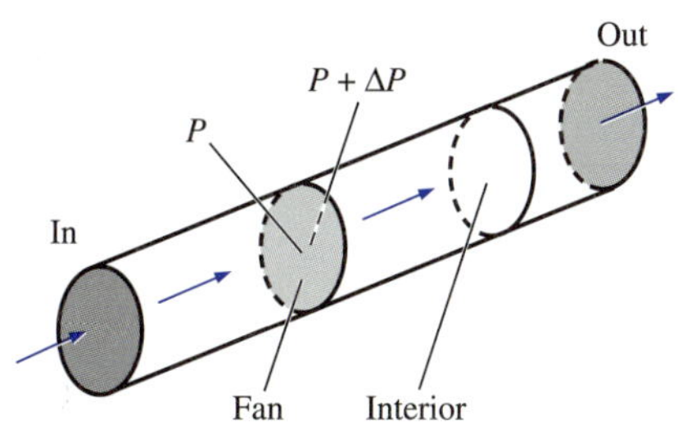

그림 13-16
덕트 내의 축류 팬을 모사하기 위하여 **팬** 경계 조건은 팬 면을 가로질러 급격한 압력 변화를 부과한다. 설정된 압력 상승이 영일 때 팬 경계 조건은 다시 **내부** 경계 조건으로 돌아간다.

연습이 최고의 방법이다

전산유체역학을 배우는 최고의 방법은 예제와 **연습**을 통한 것이다. CFD에 대한 감각을 익히기 위해서는 다양한 격자, 경계 조건, 수치적 매개변수 등을 이용하여 실험해 보기를 권한다. 복잡한 문제를 시도하기 전에 간단한 문제, 특히 해석적 해 또는 실험적 해가 알려진 문제를 풀어보는 것이 가장 좋다.

다음 절에는 CFD의 다양한 능력과 제약 조건을 예시하기 위하여 공학적으로 흥미 있는 몇몇 예제를 소개한다. 먼저 층류 유동으로 시작하여, 다음으로 기초적인 난류 유동에 대한 예제를 제시하고, 마지막으로 열전달이 있는 유동의 예제를 제시한다.

13-2 층류 CFD 계산

전산유체역학은 격자가 충분히 조밀하고 경계 조건이 적합하게 지정된다면 비압축성, 정상 또는 비정상, 층류 유동에 대한 계산은 탁월하게 수행한다. 여기서는 격자 조밀도와 경계 조건의 적절한 적용에 중점을 두면서 층류 유동 해석의 몇 가지 간단한 예를 보이도록 하겠다. 이 절의 모든 예제에서 유동은 비압축성이며, 2차원(또는 축대칭)이다.

Re = 500에서 파이프 유동 입구 영역

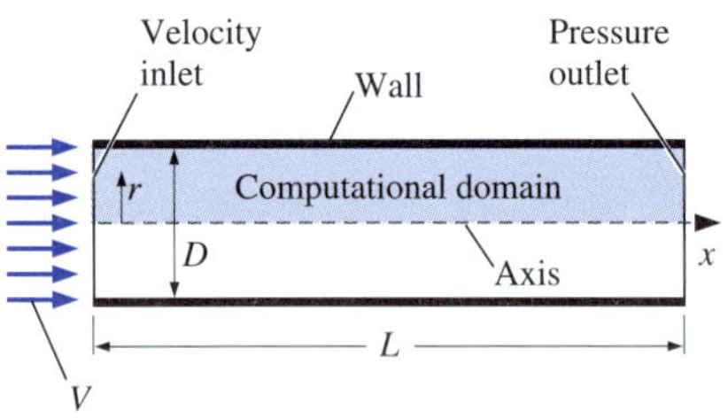

그림 13-17
원형 파이프를 지나는 유동은 x축 주위로 축대칭이므로 $r = 0$부터 $D/2$까지 2차원 단면을 이용하여 계산할 수 있다. 계산 영역은 파란색 음영 부분이고, 그림은 축척에 따라 그려진 것은 아니다. 경계 조건도 표시되어 있다.

길이 $L = 40.0$ cm, 직경 $D = 1.00$ cm인 매끄러운 원형 파이프 내를 흐르는 실온의 물 유동을 고려해 보자. 물은 입구에서 $V = 0.05024$ m/s의 일정한 속도로 들어간다고 가정한다. 물의 동점성계수는 $\nu = 1.005 \times 10^{-6}$ m^2/s이며, Reynolds 수는 $\text{Re} = VD/\nu = 500$이다. 또한 비압축성, 정상, 층류 유동을 가정하며, 유동이 서서히 완전발달하게 되는 입구 영역에 관심이 있다. 축대칭이므로 계산 영역은 3차원 원통형 체적보다 축에서 벽면까지를 자른 2차원 단면으로 설정한다(그림 13-17). 이 계산 영역에서 6개의 정렬 격자를 생성한다. 즉, **매우 성긴**(축방향으로 40개 간격 × 반경방향으로 8개 간격), **성긴**(80 × 16), **중간의**(160 × 32), **조밀한**(320 × 64), **매우 조밀한**(640 × 128), **초조밀한**(1280 × 256) 격자들이다(즉, 각각의 연속되는 격자에 대해 격자의 간격 수는 양쪽 방향으로 2배가 됨을 주목하라. 그리고 각 격자에서 계산 영역의 셀 수는 4배 증가한다). 모든 경우에 노드는 축방향으로는 등간격으로 분포되지만, 파이프 벽면 주위에 큰 속도구배가 예상되므로 벽면 주위는 반경방향으로 밀집되어 있다. 그림 13-18는 처음 세 개의 격자에 대해 확대한 그림을 보여 주고 있다.

CFD 프로그램 ANSYS-FLUENT를 배정도로 실행하여 여섯 경우 모두를 계산하였다(배정도 계산은 공학 계산에서 반드시 필요한 것은 아니며, 여기서는 해를 비교할 때 가장 좋은 정확도를 얻기 위함이다). 유동이 층류, 비압축성과 축대칭이므로 세 개의 수송 방정식만을 풀었다(연속, x 운동량, y 운동량 방정식). CFD 코드에서는 회전축으로부터의 거리를 좌표 r 대신 y를 사용하였음에 유의하라(그림 13-15). CFD 코드를 수렴할 때까지 실행하였다(모든 잔차가 평평하게 된다). 여기서 잔차는 주어진 수송 방정식의 해가 엄밀해로부터 얼마나 벗어나는가에 대한 척도임을 기억하라. 따라서 잔차가 작을수록 수렴성은 좋다. 이는 매우 성긴 격자의 경우 반복 횟수 약 500번 이내에 나타나며, 잔차는 10^{-12}(초기값에 상대적임) 이하에서 평평해진

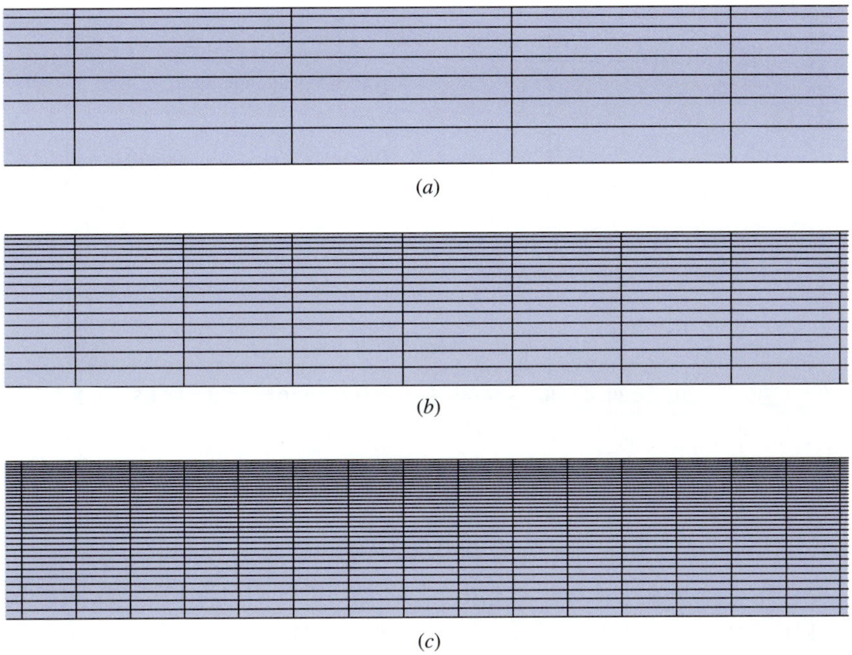

그림 13-18
층류 파이프 유동 예제를 위해 생성된 세 가지 가장 성긴 정렬 격자의 일부. (a) 매우 성긴 격자(40 × 8), (b) 성긴 격자(80 × 16), (c) 중간 격자(160 × 32). 셀 수는 각각 320, 1280, 5120이다. 그림 13-17과 같이 각 그림에서 윗면은 파이프 벽면이며, 아랫면은 파이프 축이다.

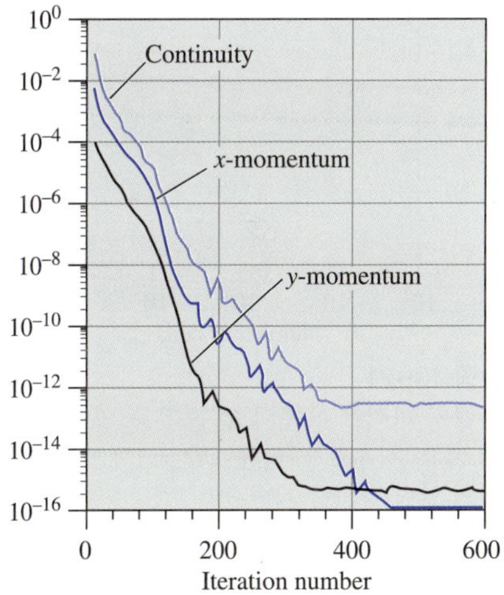

그림 13-19
매우 성긴 격자를 이용한 층류 파이프 유동 해석에서 반복 횟수에 따른 잔차의 감소(배정도 계산).

다. 그림 13-19는 격자가 매우 성긴 경우에 대해 잔차가 감소하는 모양을 그린 그림이다. 보다 조밀한 격자를 가지는 복잡한 유동 문제에 대하여는 이와 같이 낮은 잔차를 항상 기대할 수는 없다는 점에 유의하라. 즉, 일부 CFD 해에서 잔차는 10^{-3}과 같이 상당히 높은 값에서 평평해진다.

P_1을 입구로부터 축방향으로 1 파이프 직경만큼 하류에서 평균 압력으로 정의한다. 유사하게 20 파이프 직경 하류에서 평균 압력은 P_{20}으로 정의한다. 따라서 1에서 20 직경까지 평균 축방향 압력 강하는 $\Delta P = P_1 - P_{20}$이며, 이는 매우 성긴 격자의 경우 4.404 Pa(유효숫자 4자리의 정밀도 이내에서)이 된다. 그림 13-20*a*는 중심선 압력과 축방향 속도를 하류방향 길이의 함수로 보여 주고 있다. 이 해는 물리적으로 타당한 것으로 보인다. 파이프 벽면의 경계층이 하류방향으로 성장하므로, 질량을 보존하기 위하여 중심선의 축방향 속도가 증가하는 것을 볼 수 있다. 파이프 벽면의 전단 응력이 가장 높은 입구 부근에서 가파른 압력 강하를 볼 수 있다. 예상한 대로 유동이 거의 완전발달하게 되는 입구 영역의 끝부분에서 압력 강하는 선형에 근접한다. 마지막으로 그림 13-20*b*는 파이프 끝에서 축방향 속도 분포와 완전발달된 층류 파이프 유동에 대해 알고 있는 해석해(7장 참조)를 비교하고 있다. 특히 반경방향으로 단지 8개의 간격만 있는 것을 고려하면, 해는 매우 잘 일치하고 있다.

이 CFD 해가 격자에 독립적인가? 이를 알아보기 위하여 성긴, 중간, 조밀한, 매우 조밀한, 초조밀한 격자를 이용한 계산을 반복한다. 모든 경우에 잔차의 수렴은 그림 13-19와 질적으로 유사하지만, CPU 시간은 격자가 조밀해질수록 크게 증가하고, 최종 잔차의 크기는 성긴 격자의 잔차만큼 낮지 않다. 수렴에 도달하는 데 필요한 반복 횟수 역시 격자가 조밀해질수록 증가한다. 여섯 가지 경우 모두에 대하여 $x/D = 1$에서 20까지 압력 강하량을 표 13-1에 열거하였다. 그림 13-21은 ΔP를 셀

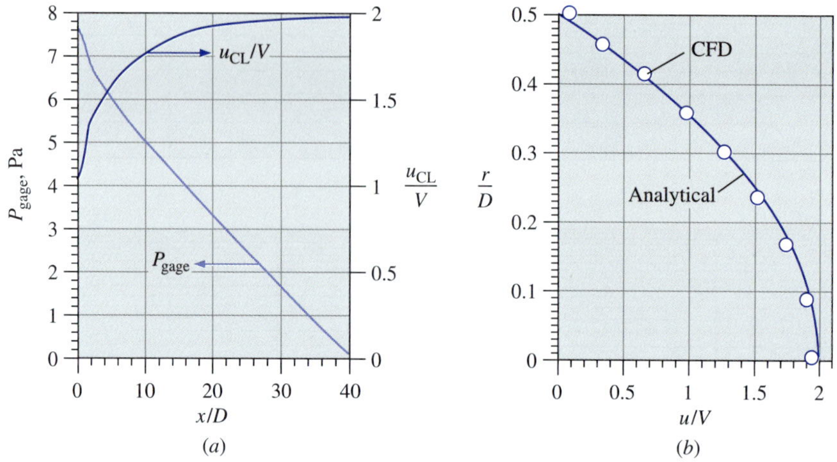

그림 13-20
매우 성긴 격자를 이용한 층류 파이프 유동에 대한 CFD 계산 결과. (*a*) 하류 길이를 따른 중심선 압력과 중심선 축방향 속도의 발달, (*b*) 파이프 출구에서 축방향 속도 분포와 해석해의 비교.

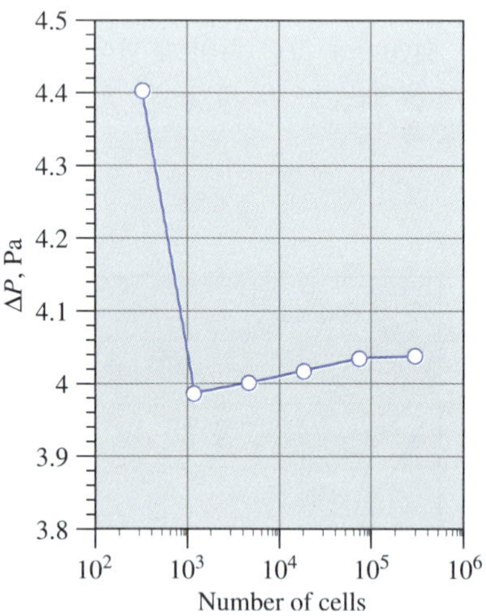

그림 13-21
축대칭 파이프 유동의 입구 유동 영역에서 셀 수의 함수로 나타낸 $x/D = 1$에서 20까지의 압력 강하량 계산값.

수의 함수로 나타내고 있다. 매우 성긴 격자도 ΔP를 비교적 잘 예측하는 것을 볼 수 있다. 매우 성긴 격자에서 초조밀 격자까지 압력 강하량의 차이는 10퍼센트 이하이다. 따라서 어떤 공학 계산에서는 매우 성긴 격자도 적합할 수가 있다. 그렇지만 높은 정밀도가 필요한 경우, 보다 조밀한 격자를 사용하여야 한다. 격자가 매우 조밀한 경우부터 3자리 유효숫자까지 격자의 독립성을 볼 수 있다. 매우 조밀한 격자에서 초조밀 격자까지 ΔP의 변화는 0.07퍼센트보다 작다. 따라서 실제 공학 문제의 해석에서 초조밀 격자와 같이 조밀하게 만든 격자는 필요하지 않다.

여섯 가지 경우에서 가장 큰 차이는 압력구배와 속도구배가 가장 크게 나타나는 파이프 입구로부터 매우 가까운 곳에서 발생한다. 사실 축방향 속도가 V로부터 점착 조건으로 인해 벽면에서 영으로 급격히 변화하는 입구에서 **특이(singularity)**가 존재한다. 그림 13-22는 파이프 입구 부근에서 정규화된 축방향 속도 u/V의 등분포도를 보여 준다. 격자가 조밀하게 됨에 따라 유동장의 포괄적인 상태량(전체 압력 강하와 같은)의 변화는 단지 수 퍼센트에 불과하지만, **세부** 유동장(여기 나타낸 속도 등분포도와 같은)은 격자의 조밀도에 따라 크게 변한다. 격자가 조밀하게 될수록 축방향 속도 등분포도의 모양은 보다 매끄럽게 되며, 잘 정의된다. 등분포도 모양에서 가장 큰 차이는 파이프 벽면 근처에서 발생한다.

표 13-1

축대칭 파이프 유동의 입구 유동 영역에서 다양한 격자 조밀도에 따른 x/D = 1에서 20까지 압력 강하량

Case	Number of Cells	ΔP, Pa
Very coarse	320	4.404
Coarse	1280	3.983
Medium	5120	3.998
Fine	20,480	4.016
Very fine	81,920	4.033
Ultrafine	327,680	4.035

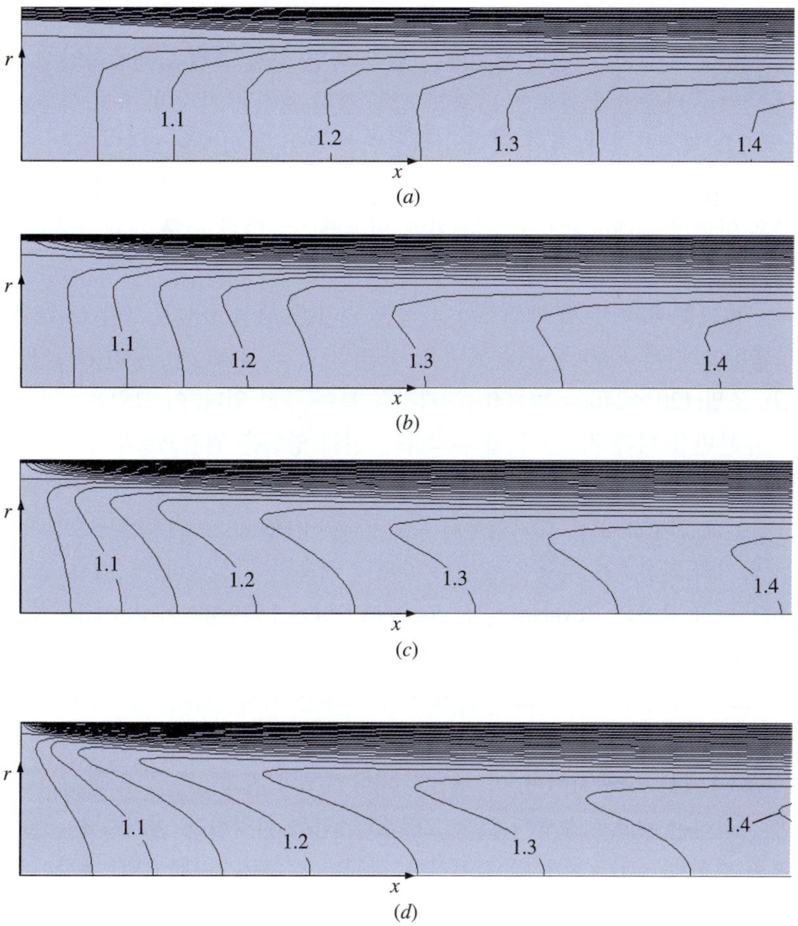

그림 13-22
층류 파이프 유동 예제에 대한 정규화된 축방향 속도의 등분포도(u/V). 다음 네 가지 격자에 대한 파이프 입구 영역의 확대 그림을 보여 준다. (*a*) 매우 성긴 격자(40 × 8), (*b*) 성긴 격자(80 × 16), (*c*) 중간 격자(160 × 32), (*d*) 조밀한 격자(320 × 64).

Re = 150에서 원형 실린더 주위의 유동

문제를 정확하게 정의해야 신뢰성 있는 CFD 결과를 얻을 수 있다는 것을 예시하기 위하여, 직경 $D = 2.0$ cm의 원형 실린더 위를 지나는 공기의 정상, 비압축성, 2차원 유동에 대하여 겉으로 보기에는 간단한 문제를 고려해 보자(그림 13-23). 그림 13-24는 이 계산에 사용된 2차원 계산 영역을 보여 준다. 계산 영역의 아랫변을 따라 대칭이므로 유동장의 상반부만 계산한다. 즉, 유동이 대칭면을 가로지르지 않도록 아랫

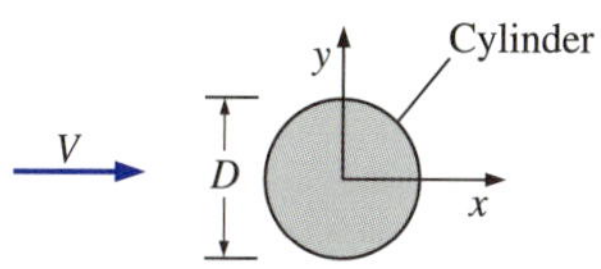

그림 13-23
자유흐름 속도 V에서 직경 D의 2차원 원형 실린더 주위의 유체 유동.

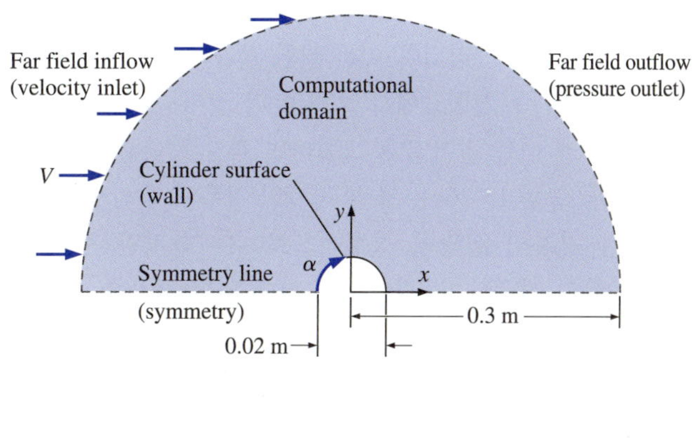

그림 13-24
원형 실린더 주위의 정상, 2차원 유동을 계산하기 위해 사용한 계산 영역(파란색 음영 부분, 축척에 맞지 않음). x축에 대하여 유동은 대칭으로 가정하였다. 각 변에 적용된 경계 조건은 괄호 내에 있다. 또한 전면 정체점으로부터 실린더 표면을 따라 측정된 각도 α가 정의되어 있다.

변을 따라 대칭 경계 조건을 부과한다. 이와 같은 경계 조건은 계산 영역의 크기를 반으로 줄게 한다. 실린더 표면에는 점착 벽면 경계 조건을 적용하였다. 계산 영역의 원거리 바깥변의 왼쪽 반은 속도 입구 경계 조건을 가지며, 속도 성분은 $u = V$와 $v = 0$을 지정하였다. 계산 영역의 바깥변의 오른쪽 반에는 압력 출구 경계 조건을 적용하였다(여기에서 계기 압력은 영으로 하였다. 사실 비압축성 CFD 코드의 속도장은 압력의 절대값이 아닌 압력**차**에 의존하므로 압력 출구 경계 조건에 사용하는 압력값은 무의미하다).

비교를 위하여 세 개의 2차원 정렬 격자를 생성하였다. 그림 13-25는 **성긴**(30 반경방향 간격 × 60 실린더 표면을 따른 간격 = 1800 셀), **중간**(60 × 120 = 7200 셀), **조밀**(120 × 240 = 28,800 셀) 격자를 보여 주고 있다. 이 그림은 계산 영역의 작은 부분만을 나타내고 있음에 유의하라. 전체 영역은 원점으로부터 15 실린더 직경만큼 바깥쪽으로 확장되며, 셀은 실린더에서 멀어지면서 점차로 커지게 된다.

온도 25℃와 표준 대기압에서 속도 $V = 0.1096$ m/s로 왼쪽에서 오른쪽으로 흐르는 공기의 자유흐름 유동을 실린더 주위에 적용한다. 실린더 직경($D = 2.0$ cm)을 기준으로 한 유동의 Reynolds 수는 $\text{Re} = \rho VD/\mu = 150$이다. 이 Reynolds 수에서 실험으로부터 경계층은 층류이고, 박리는 실린더 정점 **앞** 약 10°, 전면 정체점으로부터 $\alpha \cong 82°$에서 발생하는 것으로 알려져 있다. 후류 역시 층류를 유지한다. 이 Reynolds 수에서 실험으로 측정된 항력계수는 문헌에 따라 상당한 차이를 보인다. 범위는 $C_D \cong 1.1$에서 1.4까지이며, 이 차이는 자유흐름의 질과 3차원 효과[경사 와흘림 등]에 기인하는 것으로 보인다($C_D = 2F_D/\rho V^2 A$임을 기억하라. 여기서 A는 실린더의 정면도 면적, $A = D \times$ 실린더 길이이다. 실린더 길이는 2차원 CFD 계산에서 단위 길이를 사용한다).

그림 13-25의 세 개의 격자에 대하여 정상 층류 유동을 가정하여 CFD 해를 구한다. 세 경우 모두 문제없이 수렴하지만, 결과는 물리적인 직관이나 실험 데이터와 반드시 일치하지 않는다. 그림 13-26은 세 개의 격자 조밀도에 대한 유선을 보여 준다. 모든 경우에 그림은 대칭선에 대한 거울상이며, 따라서 계산은 유동장의 상반부만 수행하였지만, 전체 유동장을 보여 준다.

성긴 격자의 경우(그림 13-26*a*), 경계층은 실린더 정점 부근을 훨씬 지나 $\alpha = 120°$에서 박리되며, C_D는 1.00이다. 이 경우 정확한 박리점을 산출할 만큼 경계층이 충분히 조밀한 격자를 가지지 못하고, 항력도 올바른 값보다 다소 작다. 후류에 역회전하는 두 개의 큰 박리 거품이 보이며, 이들은 실린더 직경의 수 배만큼 하류로 뻗쳐 있다. 중간 격자의 경우(그림 13-26*b*) 유동장은 상당히 다르다. 경계층은 약간 더 상류인 $\alpha = 110°$에서 박리되며, 이는 실험 결과와 맞는 추세이다. 그러나 C_D는 약 0.982까지 감소한다. 즉, 실험값에서 오히려 더 멀어진다. 실린더 후류의 박리 거품은 성긴 격자에 비해 더욱 길어진다. 그렇다면 격자를 더욱 조밀하게 만들면 수치 결과를 향상시킬까? 그림 13-26*c*는 조밀 격자인 경우의 유선을 보여 준다. 결과는 $\alpha = 109°$로서 중간 격자의 결과와 정성적으로 유사하지만, 항력계수는 더 작아지고($C_D =$ 0.977), 박리 거품도 더 길어진다. 더 조밀한 격자를 이용한 네 번째 계산(여기에 나타내지 않음)도 같은 경향을 보여 준다. 즉, 박리 거품은 하류로 뻗치고, 항력계수는

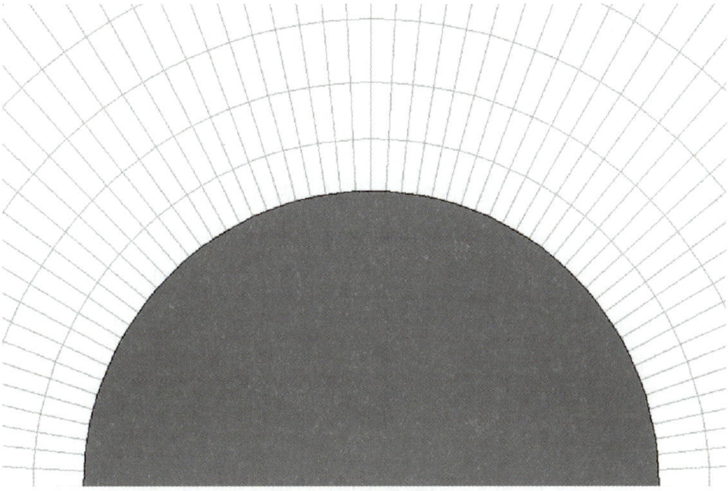

(*a*)

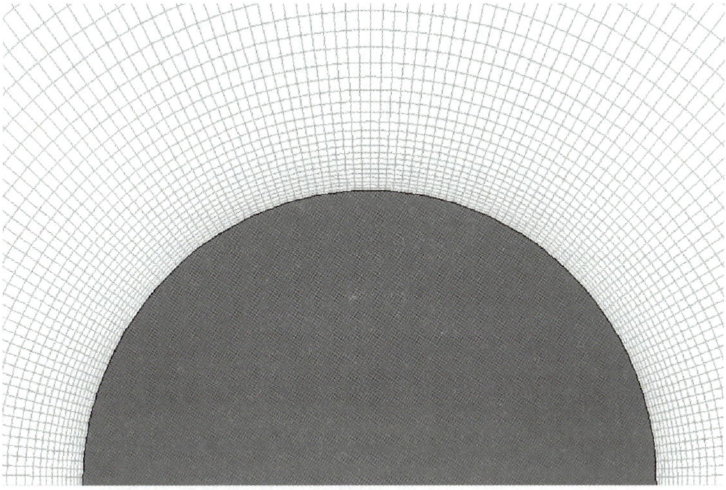

(*b*)

(*c*)

그림 13-25
원형 실린더 상반부 주위의 정렬, 2차원 격자. (*a*) 성긴 격자(30 × 60), (*b*) 중간 격자 (60 × 120), (*c*) 조밀 격자(120 × 240). 바닥 변은 대칭선이다. 각 계산 영역의 일부만 보이며, 전체 영역은 여기에 보인 부분을 넘어 멀리 확장된다.

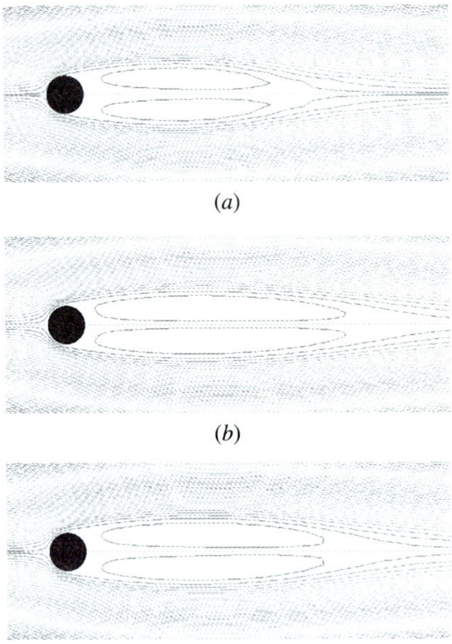
(*a*)
(*b*)
(*c*)

그림 13-26
Re = 150에서 원형 실린더 주위의 유동에 대하여 정상 상태 CFD 계산을 수행하여 구한 유선. (*a*) 성긴 격자(30 × 60), (*b*) 중간 격자(60 × 120), (*c*) 조밀 격자(120 × 240). 유동의 상반부만 계산하였음에 유의하라. 하반부는 상반부의 거울상을 이용하여 나타내었다.

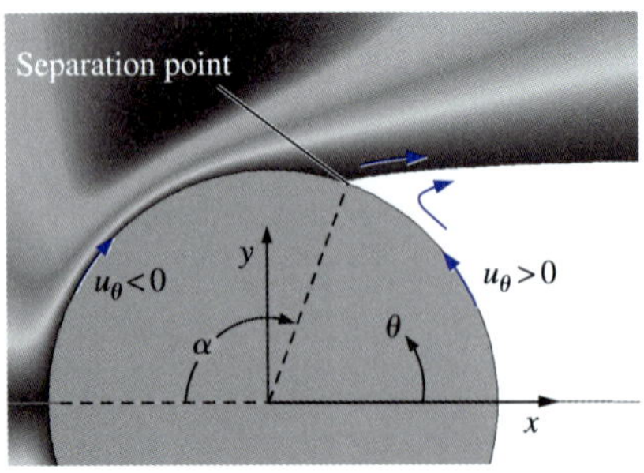

그림 13-27
Re = 150에서 원형 실린더 주위의 유동에 대한 접선 속도 성분(u_θ)의 등분포도. 중간 격자(60 × 120)를 사용한 결과이다. 경계층 박리의 정확한 위치(그림에 나타낸 바와 같이, u_θ가 실린더 벽 바로 바깥쪽에서 부호가 변화하는 곳)을 찾기 위하여 범위 $-10^{-4} < u_\theta < 10^{-4}$ m/s 내의 값을 그렸다. 이 경우 유동은 $\alpha = 110°$에서 박리된다.

다소 감소한다.

그림 13-27은 중간 격자에 대한 접선 속도 성분(u_θ)의 등분포도를 보여 주고 있다. 영 근처의 매우 작은 범위에 있는 u_θ값을 나타내고 있어, 실린더를 따라 어디서 유동이 방향을 바꾸는지 명확하게 알 수 있다. 따라서 이 방법은 실린더 벽면을 따라 박리점을 찾을 수 있는 현명한 방법이다. 그러나 이 방법은 그 특이한 형상으로 인해 원형 실린더에만 적용됨에 유의하라. 박리점을 결정하는 보다 일반적인 방법은 벽면을 따라 전단응력 τ_w이 영인 점을 찾는 것이다. 이 방법은 형상에 관계없이 모든 물체에 적용된다. 그림 13-27로부터 경계층은 전면 정체점으로부터 $\alpha = 110°$에서 박리함을 알 수 있다. 이는 실험으로 구한 값 82°보다 훨씬 더 하류에 위치한다. 사실 앞의 모든 CFD 결과는 경계층 박리가 실린더의 전면보다 **후면**에서 발생함을 예측하고 있다.

이들 CFD 결과는 물리적으로 맞지 않는다. 이와 같이 긴 박리 거품은 실제 유동 상황에서 안정적으로 유지되지 못하며, 박리점도 너무 하류에 위치한다. 그리고 항력계수도 실험 데이터와 비교하여 너무 작다. 더욱이 격자를 계속 조밀하게 만들어도 결과는 나아지지 않는다. 오히려 결과는 **격자가 조밀해짐에 따라 더 나빠진다.** 왜 이들 CFD 계산이 실험과 잘 일치하지 않을까? 답은 두 가지이다.

1. 사실 현재의 Reynolds 수에서 원형 실린더 주위의 유동은 정상 상태가 아닌데도 CFD 해가 정상 상태가 되도록 강제하였다. 실험에서는 실린더 뒤쪽에 주기적인 **Kármán 와열**이 형성된다(Tritton, 1977).
2. 그림 13-26의 세 가지 경우 모두 상반부만 풀었으며, *x*축에 대하여 대칭이 되도록 강제하였다. 실제로 원형 실린더 주위의 유동은 매우 비대칭적이다. 와류가 실린더의 위와 아래로부터 교대로 흘려지며 Kármán 와열을 형성한다.

이들 두 가지 문제를 바로 잡기 위해서는 **전체** 격자(상반부와 하반부)를 이용하여 **비정상** CFD 계산을 실행해야 한다. 이때 대칭 조건을 부과하지 않는다. 그림 13-28에 나타낸 계산 영역을 이용하여 비정상, 2차원 층류 유동 계산을 수행한다. 원거리 구역의 상변과 하변에는 후류의 비대칭적인 진동이 억제되지 않도록 주기 경계 조건이 지정된다(필요하면 유동은 이들 경계를 통과할 수 있다). 원거리 구역의 경계는 계산에 미치는 영향을 무시할 수 있을 만큼 멀리 떨어져 있다(75에서 200 실린더 직경).

원형 실린더 주위의 "간단한" 층류 유동에 대한 이 연습 문제는 CFD의 계산 능력을 보여 주었지만, 또한 주의를 기울여야 할 측면들도 보여 주었다. 특히 경계층 박리에 대하여는 불충분한 격자 조밀도는 부정확한 해를 초래한다. 그러나 만약 경계 조건이 적절하게 설정되어 있지 않다면 **격자의 조밀도를 더 증가시킨다고 해서 물리적으로 더 정확한 해를 얻는 것은 아니다.** 예를 들면, 물리적 형상이 완전히 대칭인 경우라 하더라도 수치적으로 유동 대칭을 강제하는 것이 항상 현명한 것은 아니다.

대칭 형상이 대칭 유동을 보장하는 것은 아니다.

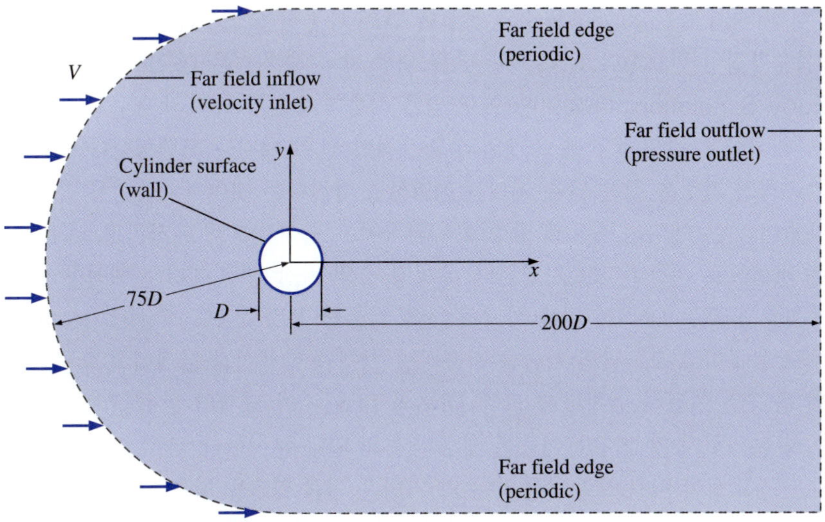

그림 13-28
원형 실린더 주위의 비정상, 2차원 층류 유동을 계산하기 위해 사용한 계산 영역(파란색 음영 부분, 축척에 맞지 않음). 적용된 경계 조건은 괄호 안에 있다.

또한 유동이 본질적으로 불안정하고 진동할 때, 정상 유동으로 강제하는 것도 틀린 결과를 초래할 수 있다. 마찬가지로 유동이 본질적으로 3차원일 때, 2차원 유동으로 강제하는 것 역시 틀린 결과를 초래할 수 있다.

그러면 층류 CFD 계산이 맞다는 것을 어떻게 보장할 수 있는가? 이는 실험적 검증과 함께 계산 영역의 크기, 격자 조밀도, 경계 조건, 유동 형태(정상 또는 비정상, 2-D 또는 3-D 등)의 영향에 대한 체계적인 연구를 통해서만 얻을 수 있다. 공학의 대부분의 다른 분야와 마찬가지로 **경험**은 매우 중요하다.

13-3 난류 CFD 계산

난류 유동의 CFD 계산은 유동장이 평균적 정상 상태(통계학자들은 이를 stationary라고 부름)인 경우에도 층류 유동 계산에 비해 대단히 어렵다. 이는 난류 유동장의 특징이 **항상** 비정상이고, 3차원이기 때문이다. 즉, 난류 유동에서는 **난류 에디**(eddy)라고 하는 무작위적이고, 소용돌이치는 와류 구조가 생긴다(그림 13-29). 일부 CFD 계산은 난류 유동이 갖는 모든 스케일의 비정상 운동에 대한 해석을 시도하는 **직접 수치 모사**(Direct Numerical Simulation, DNS)라고 하는 기법을 사용한다. 그러나 가장 큰 에디와 가장 작은 에디 사이의 크기 차이와 시간 척도의 차이는 수 차수의 크기일 수 있다(그림 13-29에서 $L \gg \eta$). 더욱이 이들 차이는 Reynolds 수에 따라 증가하며(Tennekes와 Lumley, 1972), 따라서 Reynolds 수의 증가에 따라 난류 유동에 대한 DNS 계산은 더욱 어렵게 된다. DNS 해는 극도로 조밀한 3차원의 격자, 대형 컴퓨터, 막대한 CPU 시간을 필요로 한다. 오늘날의 컴퓨터로는 실물 크기의 비행기 주위의 유동과 같은 공학적인 관심 대상이 되는 높은 Reynolds 수의 난류 유동에 대한 DNS 계산은 가능하지 않다. 컴퓨터의 발달이 오늘날과 같이 환상적인 속도로 지속되어도 이러한 상황은 앞으로 수십 년 동안 변하지 않을 것이다.

그림 13-29
모든 난류 유동은 **평균적 정상 상태(stationary)**에 있다 하더라도 다양한 크기의 비정상, 3차원 **난류 에디**를 포함한다. 그림에 보인 것은 평균 속도 분포와 일부 에디이다. 가장 작은 난류 에디(크기 η)는 가장 큰 난류 에디(크기 L)보다 수 차수의 크기만큼 작다. **직접 수치 모사(DNS)**는 유동장에 있는 **모든** 관련된 난류 에디를 모사하는 CFD 기법이다.

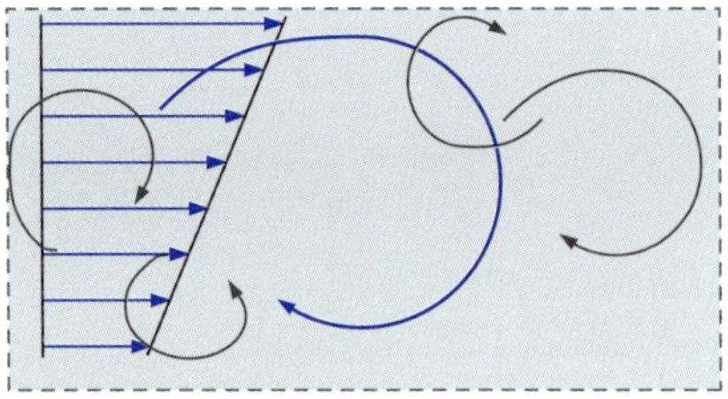

그림 13-30
대규모 에디 모사(LES)는 직접 수치 모사를 단순화시킨 것이며, **큰** 난류 에디만 해석한다. 작은 에디는 **모델링**되며, 따라서 필요한 컴퓨터 자원을 크게 감소시킨다. 그림은 평균 속도 분포와 해석된 에디를 보여준다.

따라서 높은 Reynolds 수의 복잡한 난류 유동장을 모사하기 위해서는 단순화시키는 가정이 필요하다. DNS보다 낮은, 다음 수준의 기법은 **대규모 에디 모사**(Large Eddy Simulation, LES)이다. 이 기법을 사용하여 난류 에디의 대규모 비정상 특성을 해석하고, 반면에 작은 스케일의 소산적인 난류 에디는 **모델링한다**(그림 13-30). 기본적인 가정은 작은 난류 에디는 **등방성**을 가진다는 것이다. 즉, 난류 유동장에 관계없이 작은 에디는 좌표계 방향에 독립적이고, 통계적으로 유사하고, 예측할 수 있는 방법으로 운동한다고 가정한다. 유동장 중의 가장 작은 에디는 해석할 필요가 없으므로, LES는 DNS에 비해 상당히 작은 컴퓨터 용량으로도 계산이 가능하다. 그럼에도 불구하고 오늘날의 기술을 사용하면 실제 공학해석과 설계에서 요구되는 컴퓨터 용량은 여전히 엄청나게 크다. DNS와 LES는 이 교재의 범위를 벗어나므로 더 이상 논의하지 않겠지만, 이들은 매우 최근의 연구 분야이다.

정교성이 다음으로 낮은 수준의 기법은 **난류 모델**을 이용하여 **모든** 비정상 난류 에디를 모델링하는 것이다. 이 기법에서는 가장 큰 에디를 포함한 그 어떤 난류 에디에 대하여도 비정상 해석을 시도하지 않는다. 대신에 난류 에디로 인해 향상된 혼합과 확산을 고려하기 위하여 수학적 모델을 사용한다. 여기서는 간단하게 설명하기 위하여 정상 상태(즉, **평균적 정상 상태**), 비압축성 유동만을 고려한다. 난류 모델을 사용할 때, 정상 상태 Navier-Stokes 방정식(식 13-2)은 소위 **Reynolds-averaged Navier-Stokes(RANS)** 방정식으로 대체되며, 이는 정상 상태(평균적 정상 상태), 비압축성 난류 유동에 대하여 다음과 같다.

정상 상태 RANS 방정식:
$$(\vec{V}\cdot\vec{\nabla})\vec{V} = -\frac{1}{\rho}\vec{\nabla}P' + \nu\nabla^2\vec{V} + \vec{\nabla}\cdot(\tau_{ij,\text{ turbulent}}) \tag{13-3}$$

식 (13-2)와 비교하면, 식 (13-3)의 우변에는 난류 변동을 나타내는 항이 추가되어 있다. $\tau_{ij,\text{ tubulent}}$는 **비 Reynolds 응력 텐서**(specific Reynolds stress tensor)로 알려져 있으며, 이와 같은 이름은 이 항이 점성응력 텐서 τ_{ij}와 비슷하게 작용하기 때문에 붙여졌다. 직교좌표계에서 $\tau_{ij,\text{ tubulent}}$는 다음과 같다.

$$\tau_{ij,\text{ turbulent}} = -\begin{pmatrix} \overline{u'^2} & \overline{u'v'} & \overline{u'w'} \\ \overline{u'v'} & \overline{v'^2} & \overline{v'w'} \\ \overline{u'w'} & \overline{v'w'} & \overline{w'^2} \end{pmatrix} \tag{13-4}$$

여기서 윗줄 부호는 두 변동 속도 성분의 곱의 시간평균을 나타내며, 프라임 부호는 변동 속도 성분을 의미한다. Reynolds 응력은 대칭이므로 문제에 여섯 개(아홉 개가 아닌)의 미지수가 추가로 도입된다. 이들 새로운 미지수는 난류 모델에 의하여 다양한 방법으로 모델링된다. 난류 모델에 대한 구체적인 설명은 이 교재의 범위를 벗어나므로 상세한 내용은 Wilcox(2006) 또는 Chen과 Jaw(1998)를 참조하기 바란다.

현재 대수 방정식, 1-방정식, 2-방정식, Reynolds 응력 모델을 포함하여 많은 난류 모델들이 사용되고 있다. 가장 많이 사용되는 세 가지 모델은 k-ε 모델, k-ω 모델, q-ω 모델이다. **2-방정식(two-equation) 난류 모델**이라고 하는 이 모델들은 두 개의 수송 방정식을 추가하게 되며, 이들은 질량과 선형운동량(그리고 필요하면 에너지 방정식도) 방정식과 함께 동시에 풀어야 한다. 2-방정식 난류 모델을 사용할 때, 반드시 풀어야 할 두 개의 추가된 수송 방정식과 함께, 입구와 출구에서 난류 상태량에 관한 두 개의 **경계 조건**이 추가로 지정되어야 한다(출구에 부과한 난류 상태량은 출구에서 역류가 발생하지 않는 한 사용되지 않음에 유의하라). 예를 들면, k-ε 모델에서 k(**난류 운동 에너지, turbulent kinetic energy**)와 ε(**난류 소산율, turbulent dissipation rate**) 값을 부과한다. 그러나 이들 변수들에 대한 적절한 값을 항상 알 수는 없다. 보다 유용한 방법은 **난류 강도** I (자유흐름 속도 또는 기타의 특성 속도 또는 평균 속도에 대한 특성 난류 에디 속도의 비)와 **난류 길이 척도** ℓ(에너지를 갖고 있는 난류 에디의 특성 길이 척도)을 지정하는 것이다. 구체적인 난류 데이터가 없는 경우, 입구에서의 일반적인 방법은 I를 10퍼센트로 하고, ℓ을 유동장 내의 임의의 특성 길이 척도의 반으로 정하는 것이다(그림 13-31).

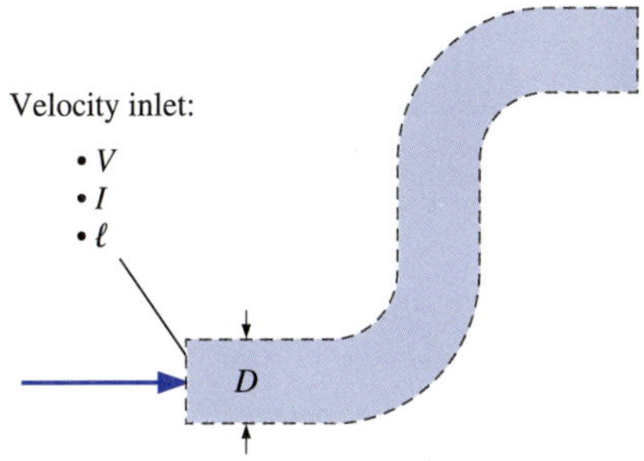

그림 13-31
압력 입구 또는 속도 입구 경계 조건에서 난류 특성을 정하기 위해 유용한 일반적인 법칙은 난류 강도를 10퍼센트로, 난류 길이 척도를 문제에 포함된 어떤 특성 길이 척도의 반으로 설정하는 것이다($\ell = D/2$).

난류 모델들은 방정식을 수학적으로 종결하기 위해 경험 상수에 크게 의존하는 **근사적** 방법임을 강조한다. 이들 모델은 직접 수치 모사와 평판 경계층, 전단층과 스크린 하류의 등방성으로 감쇠하는 난류와 같은 단순한 유동장으로부터 구한 실험 데이터에 의해 보정된다. 그러나 불행하게도 어떤 난류 모델도 **범용성**을 가지지는 않는다. 즉, 모델은 보정에 사용된 유동과 유사한 유동에는 잘 맞지만, 특히 유동 박리와 재부착 그리고/또는 대규모 비정상성을 포함하는 일반적인 난류 유동장에 적용하였을 때 항상 물리적으로 올바른 해를 도출하는 것은 아니다.

난류 CFD 해는 계산에 사용되는 난류 모델의 적합한 정도 그리고 유효한 정도만큼만 좋다.

계산 격자를 아무리 조밀하게 만든다 해도 위 문구는 여전히 유효하다는 것을 강조한다. CFD를 층류 유동에 적용할 때는 격자를 조밀하게 함으로써 계산의 물리적 정확도를 일반적으로 향상시킬 수 있다(물론 경계 조건이 올바르게 지정된다면). 그러나 이는 난류 모델을 사용하는 난류 유동 CFD 해석의 경우에는 사용하는 경계 조건이 맞더라도 해당되지 **않는다**. 조밀한 격자는 **수치적 정확도**를 향상시키는 반면, 해의 **물리적 정확도**는 항상 난류 모델 자체의 물리적 정확도에 의해 제한된다.

이와 같은 점에 유의하여 이제 난류 유동장에 대한 CFD 계산의 실제 예를 소개한다. 이 장에서 논의하는 난류 유동의 모든 예제에서는 벽함수와 함께 k-ε 난류 모델을 사용한다. 이 모델은 ANSYS-FLUENT와 같은 많은 상용 코드에서 기본적인 난류 모델이다. 또한 모든 경우에 평균적 정상 유동을 가정한다. 즉, 뭉툭한 물체 후류의 와흘림과 같은 유동의 비정상 특성을 모델링하고자 하지 않는다. **난류 모델이 유동장 내의 난류 에디에 의해 기인하는 모든 본질적인 비정상성을 고려한다고 가정한다. 비정상** 난류 유동도 시간 전진 기법을 이용하여 난류 모델로 풀 수 있으나(비정상 RANS 계산), 이는 비정상성의 시간 척도가 개별 난류 에디의 시간 척도에 비해 매우 긴 경우로 한정됨에 유의한다. 예를 들면, 돌풍 속을 통과하는 비행선이 받는 힘과 모멘트를 계산한다고 하자(그림 13-32). 입구 경계에 시간에 따라 변화하는 풍속과 난류 수준을 부과하고, 난류 모델을 이용하여 비정상 난류 유동 해를 계산할 수 있다. 유동의 크고 전체적인 스케일 특성(유동 박리, 물체가 받는 힘과 모멘트 등)

그림 13-32
난류 모델을 사용하는 대부분의 CFD 계산이 **평균적 정상 상태** 계산이지만, 난류 모델을 이용하여 **비정상** 난류 유동장을 계산하는 것도 가능하다. 물체 주위를 지나는 유동의 경우, 비정상 경계 조건을 부과하고 시간에 따라 전진하여 비정상 유동장의 전체적 특성을 예측한다.

은 비정상이지만, 예를 들면 난류 경계층의 미세한 스케일의 특성은 준정상 난류 모델에 의해 모델링된다.

Re = 10,000에서 원형 실린더 주위의 유동

난류 유동 CFD 해의 첫 번째 예제로서 Re = 10,000에서 원형 실린더 주위의 유동을 계산해 보자. 층류 실린더 유동 계산에 사용하였던 것과 동일한 2차원 계산 영역을 사용하며, 이는 그림 13-24에 나타나 있다. 여기서는 층류 계산과 마찬가지로 계산 영역의 아랫변을 따라 대칭이므로 유동장의 상반부만 계산한다. 층류 계산에 사용하였던 것과 같은 세 가지 격자를 사용한다. 즉, 성긴, 중간, 조밀한 격자이다(그림 13-25). 같은 형상에 대해 난류 유동 계산(특히 난류 모델과 벽함수를 이용하는)을 위한 격자는 층류 유동 계산을 위한 격자와 특히 벽면 부근에서 일반적으로 같지 않다는 점에 유의한다.

실린더 주위를 왼쪽에서 오른쪽으로 흐르는 온도가 25℃이며, 속도가 $V =$ 7.304 m/s인 공기의 자유 유동을 고려해 보자. 실린더 직경(D = 2.0 cm)을 기준으로 하는 이 유동의 Reynolds 수는 약 10,000이다. 이 Reynolds 수에서 실험으로부터 경계층은 층류이며, 실린더 정점으로부터 몇 도 앞에서 박리되는 것으로 알려져 있다($\alpha \cong 82°$). 그러나 후류는 난류가 된다. 이와 같은 층류와 난류의 혼합 유동은 CFD 코드를 이용하여 해석하기가 특히 어렵다. 이 Reynolds 수에서 측정된 항력계수 $C_D \cong 1.15$이다(Tritton, 1977). 세 가지 격자에 대하여 모두 평균적 정상 상태의 난류 유동을 가정하여 CFD 계산을 수행한다. k-ε 난류 모델과 벽함수를 사용하고, 입구에서 난류 수준은 10퍼센트, 길이 척도는 0.01 m(실린더 직경의 반)로 지정하였다. 세 가지 경우 모두 잘 수렴하였다. 그림 13-33는 세 가지 격자에 대한 유선을 보여 준다. 각 그림에서 유동장의 상반부만 계산하였지만, 각 그림에서는 전체 유동장을 보이기 위해 대칭선에 대한 거울상을 도시하였다.

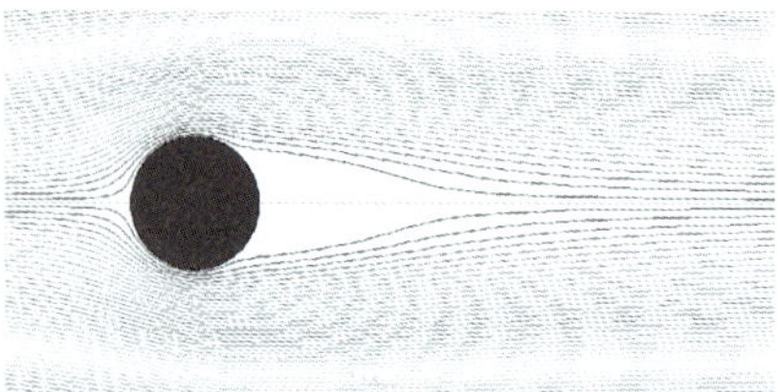

(*a*)

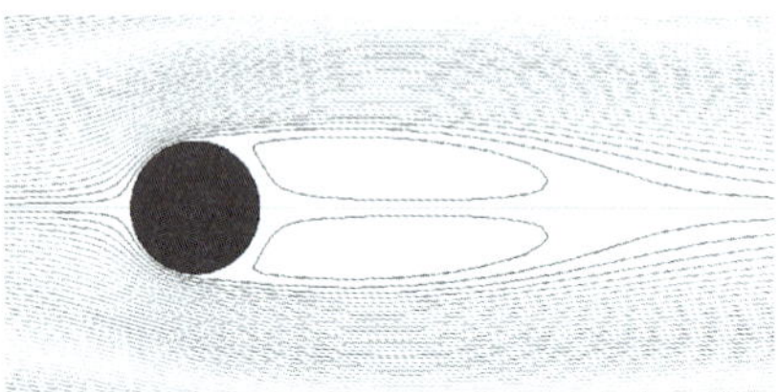

(*b*)

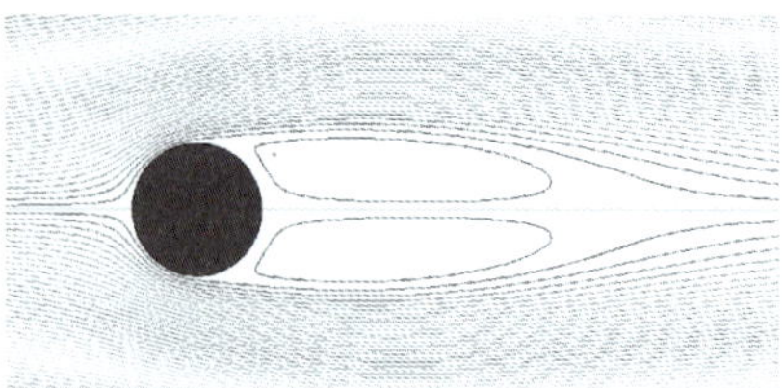

(*c*)

그림 13-33
Re = 10,000에서 원형 실린더 주위의 평균적 정상 상태 난류 유동에 대해 CFD 계산으로 구한 유선. (*a*) 성긴 격자(30 × 60), (*b*) 중간 격자(60 × 120), (*c*) 조밀 격자(120 × 240). 유동의 상반부만 계산하였음에 유의하라. 하반부는 상반부의 거울상을 보여 준다.

성긴 격자의 경우(그림 13-33*a*), 경계층은 실린더의 정점을 상당히 지난 $\alpha \cong$ 140°에서 박리된다. 더욱이 항력계수 C_D는 실험값보다 거의 두 배나 작은 0.647에 불과하다. 보다 조밀한 격자의 결과가 실험 데이터와 더 일치하는지 보자. 중간 격자의 경우(그림 13-33*b*) 유동장은 상당히 다르게 나타난다. 경계층은 실린더의 정상에 더 가까운 곳인 α = 104°에서 박리되고, C_D는 약 0.742까지 증가한다. 이는 실험값에 가까워졌지만, 여전히 실험값보다 상당히 작다. 실린더 후류에 나타나는 재순환 에디의 길이는 성긴 격자와 비교하여 거의 두 배가 커진다. 그림 13-33*c*는 조밀 격자에 대한 유선을 보여 준다. 결과는 중간 격자와 매우 유사하며, 항력계수는 약간 증가하였다(C_D = 0.753). 이 경우 경계층 박리점의 위치는 α = 102°이다.

더욱 조밀한 격자는(나타내지 않았음) 앞서의 조밀 격자에 비해 결과를 크게 변화시키지 않았다. 달리 말하면, 조밀 격자는 그 조밀도가 충분한 것으로 보이지만, 결과는 실험과 일치하지 않는다. 그 이유는 무엇일까? 현재의 계산에는 다음과 같은 몇 가지 문제점이 있다. 실제 물리적 유동이 비정상임에도 불구하고 정상 유동으로 모델링하고 있다. 물리적 유동이 비대칭임에도 불구하고 x축에 대하여 대칭성을 강제하고 있다(이 Reynolds 수의 실험에서 Kármán 와열이 관찰된다). 그리고 난류 유동의 모든 작은 에디를 해석하는 대신 난류 모델을 사용하고 있다. 현재의 계산에 나타나는 오류에 대한 또 다른 중요한 원인은 난류인 후류 영역을 잘 모델링하기 위하여 난류 옵션을 사용하여 CFD 코드를 실행하기 때문이다. 그러나 실린더 표면의 경계층은 실제로 여전히 **층류**이다. 이 계산에서 실린더 정점의 하류에서 예측되는 박리점의 위치는 현재보다 훨씬 높은 Reynolds 수[$Re = 2 \times 10^5$ 이상에서 나타나는 항력 위기 이후]에서서나 나타나는 **난류** 경계층 박리점의 위치와 더 가깝다.

요컨대 CFD 코드는 층류와 난류 사이의 천이 영역에 있을 때 그리고 같은 계산 영역에 층류와 난류가 혼재되어 있을 때 계산이 어렵다. 사실 대부분의 상용 코드에서는 사용자가 층류와 난류를 선택하도록 한다. 즉, 중간이 없다. 현재의 계산에서, 실제 경계층이 층류임에도 불구하고 난류 경계층으로 모델링하였으므로 계산 결과가 실험 결과와 잘 맞지 않는 것은 놀랄 일이 아니다. 그러나 전체 계산 영역을 층류 유동으로 설정하였다면 CFD 결과는 더욱 나빠졌을 것이다(덜 실제적이므로).

층류와 난류 유동이 혼합된 경우에 대한 물리적인 부정확성 문제를 극복할 방법이 있는가? 아마도 가능하다. 일부 CFD 코드는 상이한 유동 지역에 유동을 층류 또는 난류로 따로 설정할 수 있게 한다. 그러나 그렇게 하더라도 층류로부터 난류 유동으로의 천이 과정이 다소 급작스러우며, 따라서 여전히 물리적으로 맞지 않다. 더욱이 천이가 어디서 발생하는지를 미리 알 필요가 있는데, 이는 유체 유동 예측을 독립적으로 수행하는 CFD 계산의 목적에 어긋난다. 천이 지역에서 언젠가는 보다 나은 예측을 할 수 있는 고급의 벽처리 모델이 계속 개발되고 있다. 또한 낮은 Reynolds 수 난류 유동에 적합한 새로운 난류 모델들도 계속 개발 중에 있다. 현재 천이는 CFD에서 활발히 연구되는 분야이다.

요약하면 $Re \sim 10{,}000$에서 실린더 주위 유동의 층류/난류 혼합 문제는 표준 난류 모델과 정상 상태 Reynolds-averaged Navier-Stokes(RANS) 방정식을 이용하여 정확하게 모델링할 수 없다. 정확한 결과는 수 차수(order of magnitude)가 큰 계산량을 필요로 하는 비정상 RANS, LES 또는 DNS 해를 통하여만 얻을 수 있는 것으로 보인다.

$Re = 10^7$에서 원형 실린더 주위의 유동

마지막 실린더 예제로서 CFD를 사용하여 $Re = 10^7$에서 원형 실린더 주위의 유동을 계산해 보자($Re = 10^7$은 항력 위기를 훨씬 지난 값이다). 고려하는 실린더의 직경은 1.0 m이고, 유체는 물이며, 자유흐름 속도는 10.05 m/s이다. 이 Reynolds 수에서 실험으로 측정된 항력 계수값은 약 0.7이다(Tritton, 1977). 경계층은 120° 부근에서 발생하는 박리점에서 난류이다. 따라서 이 예제는 앞의 낮은 Reynolds 수에 대한 예제와 같은 혼합된 층류/난류 경계층 문제는 아니다. 경계층은 실린더의 선단 부근을 제외한 모든 곳에서 난류이며, 따라서 CFD 계산으로부터 보다 나은 결과를 기대할 수 있다. 앞의 예제에서 사용한 조밀 격자와 유사한 2차원 격자(상반부)를 사용한다. 그러나 실린더 벽면 부근의 격자는 높은 Reynolds 수에 맞추어 적절하게 수정하였다. 앞서와 마찬가지로 k-ε 난류 모델과 벽함수를 사용한다. 입구에서 난류 수준은 10퍼센트로 하였으며, 길이 척도는 0.5 m이다. 불행하게도 항력계수는 0.262로 계산

그림 13-34
Re = 10^7에서 원형 실린더 주위의 평균적 정상 난류 유동에 대해 CFD 계산으로 구한 유선. 불행하게도, 이 경우 계산된 항력계수는 여전히 정확하지 않다.

되었으며, 이는 현재의 Reynolds 수에서 실험값의 반보다도 작다. 그림 13-34는 유선을 보여 주고 있으며, 경계층은 하류쪽으로 좀 더 멀어진 $\alpha = 129°$에서 박리된다. 이와 같은 차이가 나는 데는 몇 가지 이유가 있다. 먼저 현재의 유동을 정상, 대칭 유동으로 강제하였으나, 실제 유동은 와흘림으로 인하여 정상도 대칭 유동도 아니다(와흘림은 높은 Reynolds 수에서도 발생한다). 또한 난류 모델과 벽처리법(벽함수)이 유동장의 올바른 물리 현상을 포착하지 못하는 것으로 보인다. 여기서 다음과 같은 결론을 내릴 수 있다. 원형 실린더 주위의 유동에 대한 정확한 결과는 유동장의 절반에 대한 격자가 아닌 전체에 대한 격자를 사용하여, 수 차수가 큰 계산량을 필요로 하는 비정상 RANS, LES 또는 DNS 계산을 통해야만 구할 수 있다.

13-4 열전달이 있는 CFD

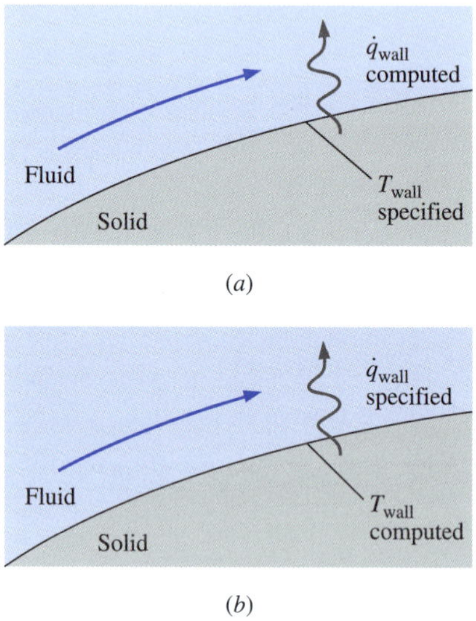

그림 13-35
벽면 경계에서 다음 중 하나를 지정할 수 있다. (a) 벽면 온도, (b) 벽면 열플럭스. 수학적으로 과결정계가 되므로 두 가지를 동시에 지정하지 않는다.

미분형의 에너지 방정식과 유체 운동 방정식을 연계함으로써 전산유체역학 코드를 **열전달**과 관련된 특성을 계산하는 데 사용할 수 있다(예를 들면, 온도 분포 또는 고체 표면에서 유체로의 열전달률). 에너지 방정식은 스칼라 방정식이므로 단지 하나의 수송 방정식(대표적으로 온도 또는 엔탈피에 대한)이 추가로 필요하며, 계산 비용(CPU 시간과 RAM 요구량)은 크게 증가되지 않는다. 공학에 관련된 많은 실제 문제가 유체 유동과 열전달을 포함하므로 열전달 계산 기능은 대부분의 상용 CFD 코드에 내장되어 있다. 앞서 언급하였듯이 열전달에 관련된 경계 조건들을 추가로 지정할 필요가 있다. 고체 벽면 경계에서는 벽면 온도 T_{wall}(K) 또는 벽면으로부터 유체로 단위 면적당 열전달률로 정의되는 **벽면 열플럭스** $\dot{q}_{wall}$(W/m^2)을 지정할 필요가 있다(그림 13-35에 예시되어 있듯이 **두 가지**가 동시에 필요하지는 않다). 또는 계산 영역 중의 한 영역을 전기 가열(전자 부품에서와 같이) 또는 화학 또는 핵반응(핵연료봉에서와 같이)을 통한 열 에너지를 생성하는 수반하는 고체 물체로 모델링할 때, 고체 내부에서 단위 체적당 열생성률 $\dot{g}$(W/m^3)를 지정할 필요가 있다. 이는 노출된 표면적에 대한 총 열생성률비가 평균 벽면 열플럭스와 같아야 하기 때문이다. 이러한 경우 T_{wall}이나 $\dot{q}_{wall}$을 지정하지 않는다(두 가지 값 모두 부과된 열생성률과 맞는 값으로 수렴한다). 추가로 고체 물체 내부의 온도 분포가 계산될 수 있다. 복사 열전달에 관련된 것과 같은 다른 경계 조건 역시 CFD 코드에 적용될 수 있다.

이 절에서는 운동 방정식이나 이들을 푸는 수치 기법의 세부적인 사항에 대해 기술하기보다, 열전달을 포함하는 실제 유동에 대한 CFD 계산 능력을 예시하는 몇 가지 기본적인 예제들을 제시한다.

직교류 열교환기를 통한 온도 상승

그림 13-36과 같은 일련의 뜨거운 관들을 통과하는 냉각 공기를 고려해 보자. 열교환기 용어로 이와 같은 형상을 **직교류(cross-flow) 열교환기**라고 한다. 공기 유동이 항상 수평으로($\alpha = 0$) 들어간다면 계산 영역을 반으로 나눌 수 있고, 이 영역의 위와 아랫변에 대칭 경계 조건을 적용할 수 있다(그림 13-14 참조). 그러나 현재의 경우는 공기 유동이 임의의 각도($\alpha \neq 0$)로 계산 영역에 들어갈 수 있도록 되어 있다. 따라

서 그림 13-36에 그려진 것과 같이 **병진 주기** 경계 조건을 영역의 위와 아랫변에 부과한다. 입구 공기 온도를 300 K, 각 관의 표면 온도를 500 K로 지정한다. 관의 직경과 공기의 속도는 관 직경을 기준으로 한 Reynolds 수가 약 1×10^5이 되도록 선정한다. 첫 번째 계산에서 관 표면은 수역학적으로 매끄럽다고(조도 = 0) 가정한다. 뜨거운 관은 그림 13-36과 같이 엇갈리게(staggered) 배열되며, 수평과 수직방향으로 직경의 세 배만큼 떨어져 있다. 중력 효과가 없는 2차원 평균적 정상 난류 유동을 가정하고, 입구 공기의 난류 강도를 10퍼센트로 정한다. 비교를 위하여 $\alpha = 0$과 $\alpha = 10°$의 두 가지 경우를 실행한다. 계산의 목적은 α가 영이 아닌 경우 공기로 열전달이 향상되는지 또는 나빠지는지를 아는 것이다. 독자들은 어떤 경우가 열전달 효과가 크리라 보는가?

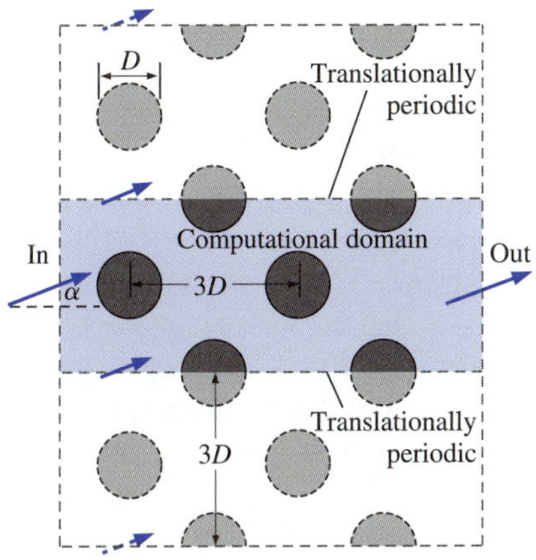

그림 13-36
직교류 열교환기를 통과하는 난류 유동을 계산하기 위하여 사용한 계산 영역(파란색 음영 부분). 유동은 수평에 대해 α의 각도로 왼쪽으로부터 들어간다.

그림 13-37에 보인 바와 같이 관벽 근처에 매우 조밀한 격자를 가진 2차원, 다중블록, 정렬 격자를 생성한다. 그리고 두 가지 경우에 대하여 수렴할 때까지 CFD 코드를 실행한다. 그림 13-38은 $\alpha = 0°$, 그림 13-39은 $\alpha = 10°$에 대한 온도 등분포도를 보여 준다. $\alpha = 0°$의 경우 검사체적의 출구를 떠나는 평균 공기 온도의 상승은 5.51 K이며, $\alpha = 10°$의 경우 5.65 K이다. 따라서 축방향을 벗어난 입구 유동은 단지 약 2.5퍼센트의 향상에 불과하지만, 보다 효과적으로 공기를 가열시킨다. 세 번째로 $\alpha = 0°$이며 유입 공기의 난류 강도를 25퍼센트로 증가시킨 경우를 계산하였다(여기에 나타내지 않음). 이는 혼합을 향상시키고, 입구에서 출구까지 평균 공기 온도 상승은 약 6.5퍼센트 증가하여 5.87 K가 된다.

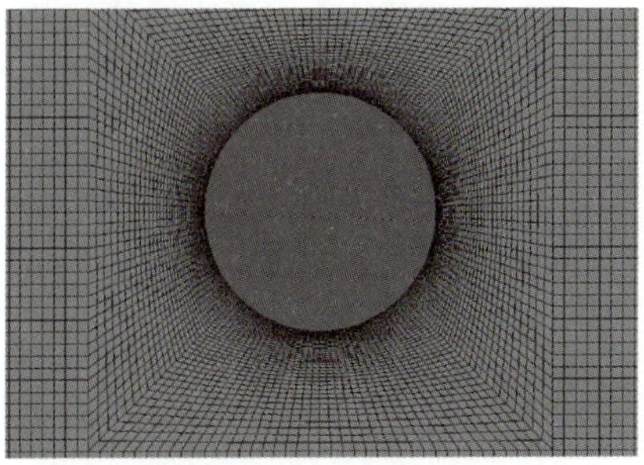

그림 13-37
직교류 열교환기의 한 개 관 주위에 대한 정렬 격자의 확대 그림. 벽면 경계층을 잘 해석할 수 있도록 격자는 관벽 부근에 밀집되어 있다.

마지막으로 거친 관 표면의 영향을 본다. 관 벽을 0.01 m(실린더 직경의 1퍼센트)의 특성 조도 높이를 가진 거친 표면으로 모델링한다. 가장 가까운 셀의 중심으로부터 벽면까지 거리가 조도 높이보다 크게 하기 위하여 각 관의 벽면 부근에 격자를 다소 성기게 만들어야 한다. 이렇게 하지 않으면 CFD 코드에 내장된 조도 모델은 물리적으로 맞지 않게 된다. 이 경우 유입 각도는 $\alpha = 0°$로 설정하며, 유동 조건은 그림 13-38의 것과 동일하다. 그림 13-40은 온도 등분포도를 보여 준다. 등분포도에서 흰색 영역은 공기 온도가 315 K보다 큰 곳을 나타낸다. 입구에서 출구까지 평균 공기 온도 상승은 14.48 K이며, 이는 $\alpha = 0°$에서 매끄러운 벽면인 경우에 비해 163퍼센트 증가한 값이다. 따라서 벽면 조도는 난류 유동에서 중요한 매개변수임을 알 수 있다. 이 예제로부터 열교환기의 관 표면을 왜 고의로 거칠게 만드는지를 알 수 있다.

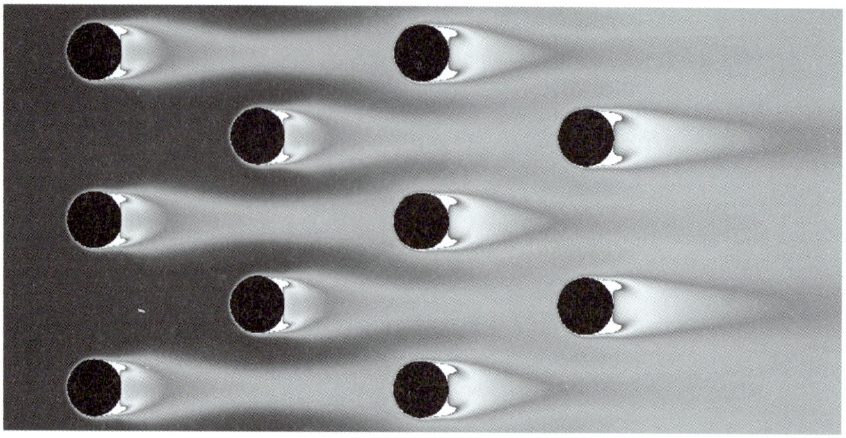

그림 13-38
직교류 열교환기를 통과하는 평균적 정상 난류 유동에 대해 CFD 계산으로 구한 온도 등분포도($\alpha = 0°$ 이며, 매끈한 관이다). 등분포도는 300 K에서 315 K 또는 그 이상(백색)의 범위에 있다. 출구의 평균 공기 온도는 입구 공기 온도에 비해 5.51 K 증가한다. 계산은 그림 13-36의 계산 영역에서 수행되었지만, 잘 볼 수 있도록 하기 위해 현재 그림은 세 번 복사되었다.

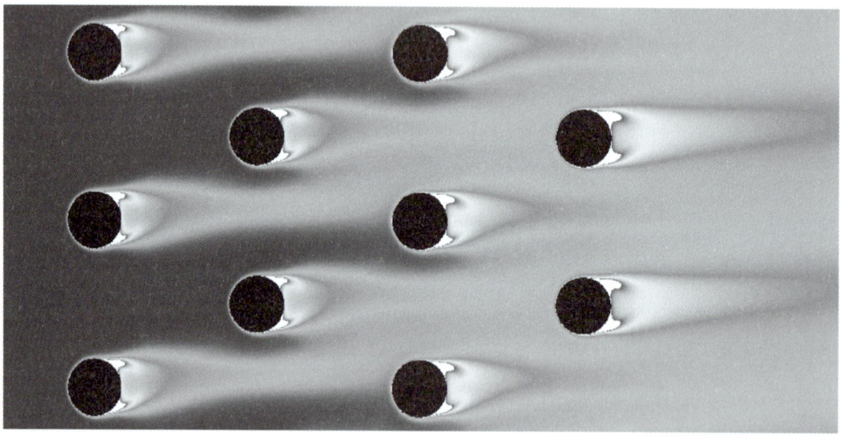

그림 13-39
직교류 열교환기를 통과하는 평균적 정상 난류 유동에 대해 CFD 계산으로 구한 온도 등분포도($\alpha = 10°$이며, 매끈한 관이다). 등분포도는 300 K에서 315 K 또는 그 이상(백색)의 범위에 있다. 출구의 평균 공기 온도는 입구 공기 온도에 비해 5.65 K 증가한다. 따라서 축방향을 벗어난 입구 유동의($\alpha = 10°$) ΔT는 축방향과 같은 입구 유동($\alpha = 0°$)보다 2.5퍼센트 높다.

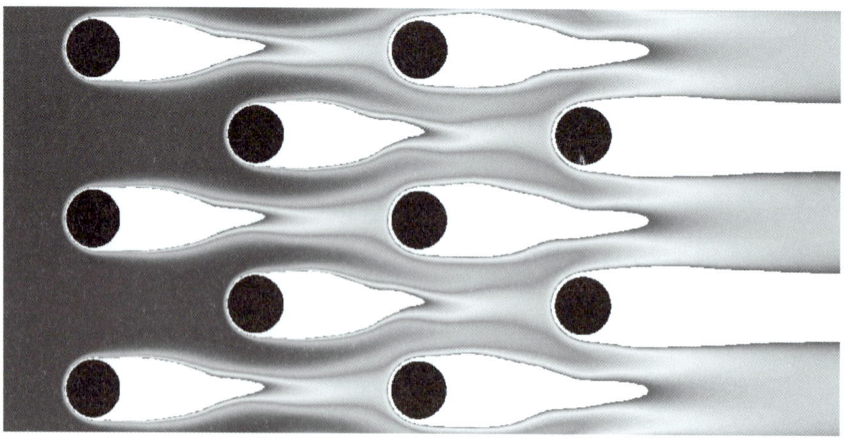

그림 13-40
직교류 열교환기를 통과하는 평균적 정상 난류 유동에 대해 CFD 계산으로 구한 온도 등분포도($\alpha = 0°$의 거친 관이고, 평균 벽조도는 관 직경의 1퍼센트이다. CFD 계산에서 벽함수가 사용되었다). 등분포도는 300 K에서 315 K 또는 그 이상(백색)의 범위에 있다. 출구의 평균 공기 온도는 입구 공기 온도에 비해 14.48 K 증가한다. 따라서 이와 같이 작은 표면조도도 매끈한 관보다 163퍼센트 높은 ΔT를 초래한다.

요약

스프레드시트와 같이 어디서나 접근이 가능하지도 않고, 수학적 소프트웨어 도구(mathematical solver)와 같이 쉽게 사용할 수도 없지만, 전산유체역학 코드는 현재 지속적으로 향상되고 있으며, 점점 더 일상화되고 있다. 전산유체역학은 한때 코드를 직접 작성하고 슈퍼컴퓨터를 사용하는 전문과학자의 영역이었지만, 다양한 특성과 사용자 친화적인 인터페이스를 가지는 상용 CFD 코드는 현재 퍼스널 컴퓨터용으로 적당한 가격에 구입할 수 있으므로, 모든 분야의 엔지니어들이 쉽게 이용할 수 있다. 그러나 이 장에서 보인 바와 같이, 컬러풀한 그래픽 출력은 항상 멋있게 보이지만, 질 나쁜 격자, 층류와 난류 유동의 부적당한 선택, 부적절한 경계 조건 그리고/또는 많은 다른 오류는 물리적으로 올바르지 않은 CFD 해를 초래할 수 있다. 그러므로 CFD 계산으로부터 틀린 답을 피하기 위해 CFD 사용자는 유체역학의 기초에 충실하여야 한다. 또한 CFD 계산 결과를 검증하기 위하여 가능한 언제라도 적절한 실험 데이터와 적절히 비교하여야 한다. 이와 같은 주의사항을 유념하면 유체 유동을 포함한 다양한 응용분야에 대한 CFD의 가능성은 실로 막대하다.

지금까지 층류와 난류의 CFD 계산에 대한 예제들을 제시하였다. 전산유체역학은 박리가 있는 비정상 유동을 포함하여 비압축성 층류 유동에 대한 계산에는 탁월하다. 사실 층류 CFD 해는 격자의 조밀도와 경계 조건에 의해 제한되는 범위 내에서 "엄밀하다". 불행하게도 실제 공학적으로 관심 있는 대부분의 유동은 **층류**가 아니고 **난류**이다. **직접 수치 모사**(DNS)는 복잡한 난류 유동장을 계산할 수 있는 큰 잠재력을 가지며, 운동 방정식(3차원 연속 방정식과 Navier-Stokes 방정식)을 푸는 알고리즘도 잘 정립되어 있다. 그러나 높은 Reynolds 수의 복잡한 난류 유동에 나타나는 모든 미세 스케일에 대한 해석은 오늘날의 가장 빠른 컴퓨터보다도 수 차수 이상의 빠른 컴퓨터를 필요로 한다. DNS가 실제 공학 문제를 푸는 데 유용한 도구가 될 수 있을 때까지 컴퓨터가 발달하기에는 앞으로 수십 년이 더 걸릴 것이다. 그 동안에 할 수 있는 최선의 방법은 난류 에디로 인해 향상된 혼합과 확산을 모델링하는(풀기보다는) 준경험적인 수송 방정식인 **난류 모델**을 사용하는 것이다. 난류 모델을 활용하는 CFD 코드를 실행할 때, 격자가 충분히 조밀한지 또는 모든 경계 조건이 적절하게 적용되었는지에 대하여 주의해야 한다. 그러나 결국에는 격자가 얼마나 조밀한지 또는 경계 조건이 얼마나 유효한지와는 무관하게, **난류 CFD 결과는 사용한 난류 모델 그 자체만큼만 좋다**. 어떤 난류 모델도 **범용적**이지(**모든** 난류 유동에 적용할 수 있는) 않지만, 그럼에도 불구하고 많은 실제 유동 계산에 대하여 합당한 결과를 얻을 수 있다.

또한 이 장에서는 CFD가 열전달이 있는 유동에 대해서도 유용한 결과를 도출할 수 있음을 보여주었다. 그러나 모든 경우에 CFD 사용자는 적절한 계산 영역을 선택하였는지, 올바른 경계 조건을 적용하였는지, 질 좋은 격자를 생성하였는지, 적합한 모델과 근사법을 사용하였는지에 대하여 항상 주의해야 한다. 컴퓨터가 더욱 빨라지고 강력해짐에 따라 복잡한 공학 시스템의 설계와 해석에서 CFD는 점점 더 중요한 역할을 맡게 될 것이다.

이 짧은 장에서는 전산유체역학을 간단히 소개한 것에 불과하다. CFD에 숙달하기 위해서는 수치 방법, 유체역학, 난류와 열전달에 대한 고급 강좌를 수강해야 한다. 적어도, 이 장이 독자들로 하여금 이 흥미 있는 주제에 대한 공부를 지속하도록 고무하였기를 기대한다.

연습 문제*

기본 사항, 격자 생성, 경계 조건

13-1C CFD 코드를 이용하여 자유표면이 없는 2차원(x와 y), 비압축성, 층류 유동을 해석하고자 한다. 유체는 뉴턴 유체이며, 적합한 경계 조건이 사용된다. 문제에 포함된 변수(미지수)와 컴퓨터로 해석할 방정식들을 열거하라.

13-2C 다음 각각에 대해 간단하게(몇 문장으로) 정의를 쓰고, 그에 대해 설명하라. 그리고 도움이 된다면 예도 제시하라. (*a*) 계산 영역, (*b*) 격자, (*c*) 수송 방정식, (*d*) 연계(coupled) 방정식.

13-3C **노드**와 **간격**의 차이점은 무엇인가? 그리고 이들이 **셀**과 어떻게 연관되는가? 그림 P13-3C에서 각 변에 있는 노드와 간격의 개수는 각각 몇 개인가?

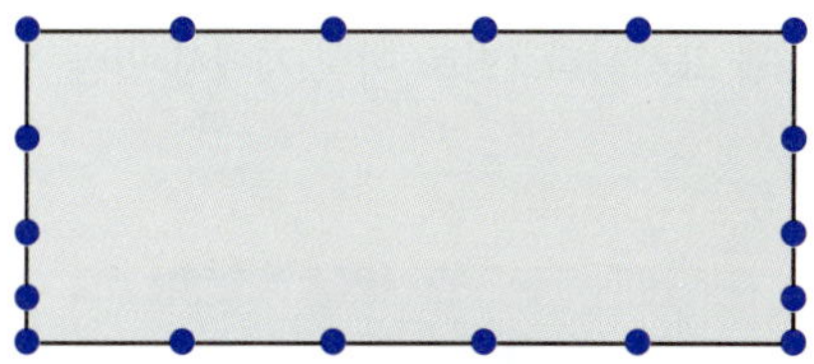

그림 P13-3C

13-4C 정상, 층류 유동장에 대한 일반적인 CFD 해석 절차에 포

* "C"로 표시된 문제는 개념 문제로서, 학생들은 모든 문제에 대하여 답하도록 권장한다. 추가적인 CFD 문제는 이 교재의 웹사이트에 수록되어 있다.

함되는 8단계를 요약하라.

13-5C 그림 P13-5C에서와 같이, 원형 실린더가 놓여 있는 덕트 내부를 통과하는 유동을 CFD를 사용하여 계산한다고 하자. 덕트는 길지만, 컴퓨터 자원을 절약하기 위하여 실린더 부근만을 계산 영역으로 선정한다. 계산 영역의 하류 변이 왜 상류 변보다 실린더로부터 더 멀리 있어야 하는지 그 이유를 설명하라.

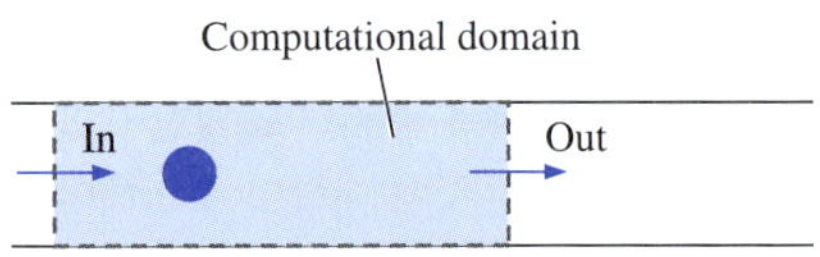

그림 P13-5C

13-6C 2차원 직사각형 채널을 통과하는 공기 유동을 계산하기 위해 비압축성 CFD 코드를 사용한다(그림 P13-6C). 계산 영역은 표시된 바와 같이 네 개의 블록으로 구성된다. 그림에 보인 바와 같이, 유동은 오른쪽 위에 있는 블록 4로 들어가서 블록 1의 왼쪽으로 나간다. 입구 속도 V와 출구 압력 P_{out}은 주어진다. 이 계산 영역의 모든 블록의 모든 변에 적용할 경계 조건을 표시하라.

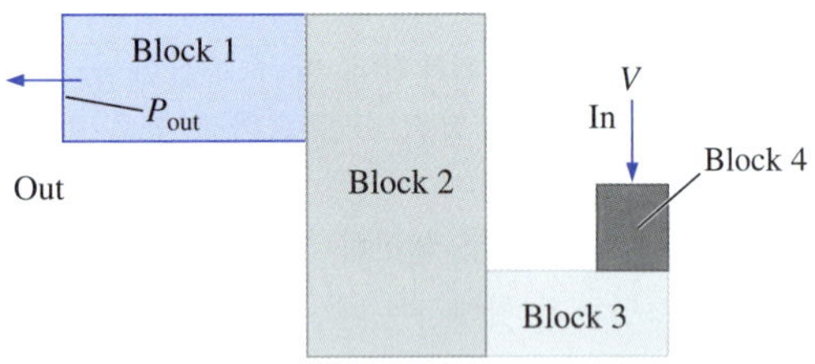

그림 P13-6C

13-7 비압축성 CFD 코드를 사용하여 원형 실린더를 포함하는 2차원 직사각형 채널을 통과하는 물의 유동을 계산한다(그림 P13-7). 난류 모델을 이용하여 시간평균된 난류 유동의 해를 구한다. 실린더는 상하 대칭으로 가정한다. 그림과 같이 유동은 왼쪽으로부터 들어가서 오른쪽으로 나가며, 입구 속도 V와 출구 압력 P_{out}은 주어진다. 네 변을 가지는 블록을 이용하여 정렬 격자에 대한 블록을 만들고, 4변 셀을 이용하여 성긴 격자를 그려라. 단, 셀은 벽면쪽으로 밀집되어야 한다. 또한 크게 비틀린 셀이 생기지 않도록 유의하라. 계산 영역의 모든 블록의 모든 변에 적용할 경계 조건을 표시하라. (**힌트**: 여섯 개에서 일곱 개의 블록이면 충분하다.)

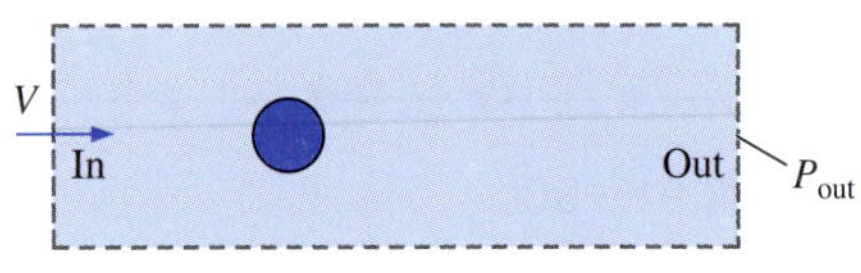

그림 P13-7

13-8 비압축성 CFD 코드를 사용하여 큰 원형의 침전실을 포함하는 2차원 직사각형 채널을 통과하는 휘발유의 유동을 계산한다(그림 P13-8). 그림과 같이 유동은 왼쪽으로부터 들어가서 오른쪽으로 나간다. 난류 모델을 이용하여 시간평균된 난류 유동의 해를 구하고자 하며, 계산 영역은 상하 대칭으로 가정한다. 또한 입구 속도 V와 출구 압력 P_{out}은 주어진다. 네 변을 가지는 블록을 이용하여 정렬 격자에 대한 블록을 만들고, 4변 셀을 이용하여 성긴 격자를 그려라. 단, 셀은 벽면쪽으로 밀집되어야 한다. 또한 크게 비틀린 셀이 생기지 않도록 유의하라. 계산 영역의 모든 블록의 모든 변에 적용할 경계 조건을 표시하라.

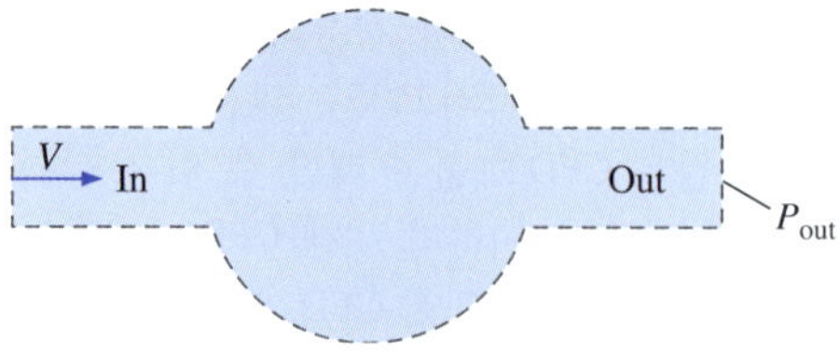

그림 P13-8

13-9 새로운 열교환기를 설계하여, 각 단(stage) 하류의 유체를 가능한 한 완전히 혼합하고자 한다. Anita는 한 개의 단에 대한 단면이 그림 P13-9에 그려진 것과 같은 설계를 고안하였다. 전체 형상은 여기서 나타난 영역을 넘어 아래와 위로 주기적으로 확장된다. 그녀는 유동이 박리되어 후류에서 혼합할 수 있도록, 높은 영각으로 경사진 수십 개의 직사각형 관을 사용한다. 난류모델과 2차원 시간평균된 CFD 모사를 이용하여 이 형상의 성능을 계산하고, 그 결과를 다른 형상들과 비교하고자 한다. 이 유동을 계산하는 데 사용할 수 있는 가장 간단한 계산 영역을 그려라. 그리고 이 그림에 모든 경계 조건들을 표시하고, 논의하라.

그림 P13-9

일반적인 CFD 문제*

13-10 그림 P13-10의 2차원 Y자 관을 고려해 보자. 치수는 미터로 표시되고, 그림은 축척에 맞지 않는다. 비압축성 유동이 왼쪽으로 들어가서 두 부분으로 나누어진다. 계산 영역의 모든 변에서 노드 분포가 동일한 세 가지 성긴 격자를 생성하라. (*a*) 정렬 다중블록 격자, (*b*) 비정렬 삼각형 격자, (*c*) 비정렬 사변형 격자. 각 경우에 셀 수를 비교하고, 격자의 질에 대해 간단히 설명하라.

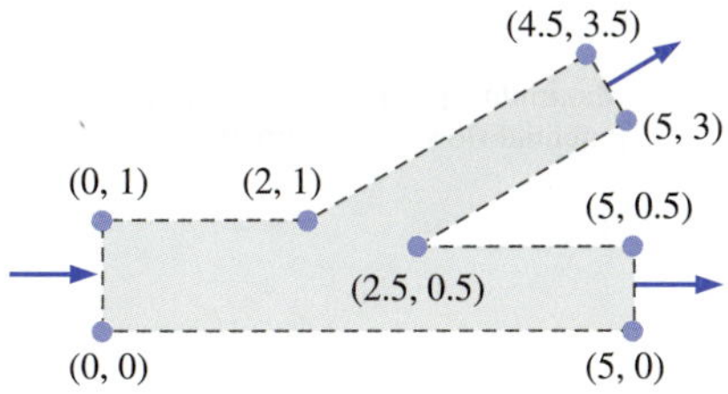

그림 P13-10

13-11 문제 13-10에서 생성한 격자 중 하나를 사용하여 0.02 m/s의 균일한 입구 속도를 가지는 공기의 층류 유동에 대한 CFD 해석을 수행하라. 두 개의 출구에서 출구 압력을 같은 값으로 설정하고, Y자 관을 통한 압력 강하를 계산하라. 또한 각 분관을 통해 빠져나가는 유량의 백분율을 계산하라. 유선을 그려라.

13-12 문제 13-11을 반복하라. 단, 10.0 m/s의 균일한 입구 속도를 가지는 공기의 **난류** 유동을 고려하라. 또한 입구에서 난류 강도를 10퍼센트, 난류 길이 척도를 0.5 m로 정하라. k-ε 난류 모델과 벽함수를 사용한다. 두 개의 출구에서 출구 압력을 같은 값으로 설정하고, Y자 관을 통한 압력 강하를 계산하라. 또한 각 분관을 통해 빠져나가는 유량의 백분율을 계산하라. 유선을 그려라. 이 결과를 층류에 대한 결과와 비교하라(문제 13-11).

13-13 실내 환기를 해석하기 위한 계산 영역을 만든다(그림 P13-13). 특히 급기(공기)를 모델링하기 위하여 천장에 속도 입구가 있고, 배기를 모델링하기 위하여 천장에 압력 출구가 있는 직사각형 방을 만든다. 문제를 간단하게 하기 위하여 2차원으로 근사시킨다(방은 그림 P13-13의 지면에 수직방향으로 무한대로 길다). 정렬 직사각형 격자를 사용하라. 유선과 속도 벡터를 그리고, 논의하라.

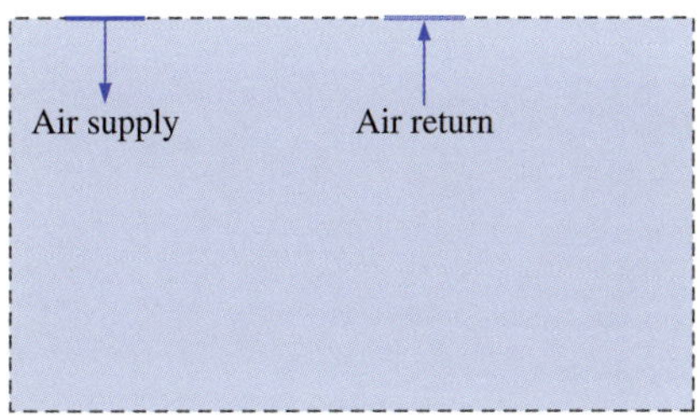

그림 P13-13

13-14 문제 13-13를 반복하라. 단, 급기와 배기 벤트를 천장의 다양한 위치로 이동하라. 비교하고, 논의하라.

13-15 문제 13-13과 13-14의 방 형상 중 하나를 선택하고, 계산에 에너지 방정식을 추가하라. 특히 급기는 차게(T = 18℃) 하고, 반면에 벽, 바닥과 천장은 따뜻하게(T = 26℃) 함으로써 공기조화가 되는 방을 모델링한다. 실내의 평균 온도가 22℃에 가능한 한 가깝게 되도록 급기 속도를 조절하라. 이 방을 평균 온도가 22℃가 되도록 차게 하기 위해 얼마나 많은 환기(시간당 실내 공기 체적 변화의 횟수)가 필요한가? 논의하라.

복습 문제

13-16C 다음의 각 설명이 참인지 거짓인지를 선택하고, 그 답에 대해 간단히 논의하라.

(*a*) CFD 해의 물리적 유효함은 격자가 조밀해짐에 따라 항상 향상된다.

(*b*) Navier-Stoke 방정식의 x 성분은 수송 방정식의 한 예이다.

(*c*) 동일한 노드 수를 가지는 2차원 격자에서, 일반적으로 정렬 격자가 비정렬 삼각형 격자에 비해 작은 수의 셀을 가진다.

(*d*) 시간평균된 난류 유동에 대한 CFD 해는 계산에 사용된 난류 모델 그 자체의 우수성만큼만 좋다.

13-17C Gerry는 2차원 덕트 내의 급격 수축부를 지나는 유동을 계산하기 위하여 그림 P13-17C에 그려진 것과 같은 계산 영역을 만들었다. 그는 급격 수축부에 의해 발생하는 시간평균된 압력 강하와 부차적 손실계수에 관심이 있다. Gerry는 정상, 난류, 비압축성 유동을 가정하여(난류 모델과 함께) 격자를 생성하고, CFD 코드를 사용하여 유동장을 계산하였다.

(*a*) 약 절반의 컴퓨터 시간으로 같은 결과를 얻을 수 있도록, Gerry가 계산 영역과 격자를 향상시키는 방법 한 가지를 논의하라.

(*b*) Gerry가 계산 영역을 설정하는 방법에 기본적인 오류가 있을 수 있다. 무엇인가? Gerry의 설정과 무엇이 달라야 하는지 논의하라.

그림 P13-17C

13-18 문제 13-9의 단단 열교환기를 통과하는 유동에 대한 계산 영역과 격자를 생성하고, 계산하라. 가열요소(heating element)는 수평에 대하여 45°의 영각으로 설치되어 있다. 입구 공기 온도를

* 이들 문제는 어떤 특정한 회사의 제품이 아닐지라도 CFD 소프트웨어를 필요로 한다. 학생들은 다음 문제들을 적절한 격자 생성을 포함하여 처음부터 수행해야 한다.

20℃, 가열요소의 벽면 온도를 120℃로 설정하라. 출구의 평균 공기 온도를 계산하라.

13-19 가열요소의 영각을 0°(수평)에서 90°(수직) 사이에서 몇 가지 선택하여 문제 13-18의 계산을 반복하라. 각 경우에 동일한 입구 조건과 벽면 조건을 사용하라. 어떤 영각에서 공기로의 열전달이 가장 큰가? 구체적으로 어떤 영각에서 평균 출구 온도가 가장 높은가?

13-20 2차원 진공청소기의 입구로 들어가는 공기 유동(그림 P13-20)에 대한 계산 영역과 격자를 생성하고, CFD 코드의 비점성 유동 근사를 사용하여 계산하라. 계산 결과를 8장의 포텐셜 유동에서 예측한 결과와 비교하고, 논의하라.

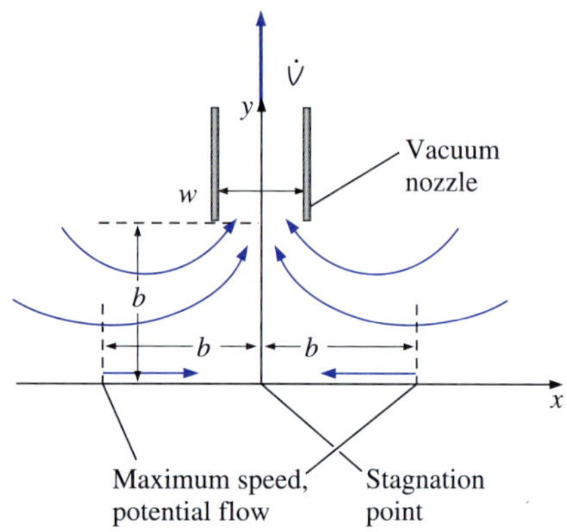

그림 P13-20

APPENDIX 상태량 표 및 도표*

* 표에 있는 대부분의 상태량들은 EES의 상태량 데이터베이스로부터 얻은 것들이며, 원래 출처들은 표의 아랫부분에 열거되어 있다. 손 계산 시 축적되는 반올림 오차를 최소화하고 EES로 얻는 결과와 근접하게 일치시키기 위한 목적으로 상태량들은 간혹 제시한 정확도보다 많은 유효숫자 자릿수로 기재되어 있다.

표 A-1

몇 가지 물질의 몰 질량, 기체상수 및 이상기체 비열

Substance	Molar Mass M, kg/kmol	Gas Constant R, kJ/kg·K*	Specific Heat Data at 25°C c_p, kJ/kg·K	c_v, kJ/kg·K	$k = c_p/c_v$
Air	28.97	0.2870	1.005	0.7180	1.400
Ammonia, NH_3	17.03	0.4882	2.093	1.605	1.304
Argon, Ar	39.95	0.2081	0.5203	0.3122	1.667
Bromine, Br_2	159.81	0.05202	0.2253	0.1732	1.300
Isobutane, C_4H_{10}	58.12	0.1430	1.663	1.520	1.094
n-Butane, C_4H_{10}	58.12	0.1430	1.694	1.551	1.092
Carbon dioxide, CO_2	44.01	0.1889	0.8439	0.6550	1.288
Carbon monoxide, CO	28.01	0.2968	1.039	0.7417	1.400
Chlorine, Cl_2	70.905	0.1173	0.4781	0.3608	1.325
Chlorodifluoromethane (R-22), $CHClF_2$	86.47	0.09615	0.6496	0.5535	1.174
Ethane, C_2H_6	30.070	0.2765	1.744	1.468	1.188
Ethylene, C_2H_4	28.054	0.2964	1.527	1.231	1.241
Fluorine, F_2	38.00	0.2187	0.8237	0.6050	1.362
Helium, He	4.003	2.077	5.193	3.116	1.667
n-Heptane, C_7H_{16}	100.20	0.08297	1.649	1.566	1.053
n-Hexane, C_6H_{14}	86.18	0.09647	1.654	1.558	1.062
Hydrogen, H_2	2.016	4.124	14.30	10.18	1.405
Krypton, Kr	83.80	0.09921	0.2480	0.1488	1.667
Methane, CH_4	16.04	0.5182	2.226	1.708	1.303
Neon, Ne	20.183	0.4119	1.030	0.6180	1.667
Nitrogen, N_2	28.01	0.2968	1.040	0.7429	1.400
Nitric oxide, NO	30.006	0.2771	0.9992	0.7221	1.384
Nitrogen dioxide, NO_2	46.006	0.1889	0.8060	0.6171	1.306
Oxygen, O_2	32.00	0.2598	0.9180	0.6582	1.395
n-Pentane, C_5H_{12}	72.15	0.1152	1.664	1.549	1.074
Propane, C_3H_8	44.097	0.1885	1.669	1.480	1.127
Propylene, C_3H_6	42.08	0.1976	1.531	1.333	1.148
Steam, H_2O	18.015	0.4615	1.865	1.403	1.329
Sulfur dioxide, SO_2	64.06	0.1298	0.6228	0.4930	1.263
Tetrachloromethane, CCl_4	153.82	0.05405	0.5415	0.4875	1.111
Tetrafluoroethane (R-134a), $C_2H_2F_4$	102.03	0.08149	0.8334	0.7519	1.108
Trifluoroethane (R-143a), $C_2H_3F_3$	84.04	0.09893	0.9291	0.8302	1.119
Xenon, Xe	131.30	0.06332	0.1583	0.09499	1.667

* 단위 kJ/kg · K는 kPa · m^3/kg · K와 같다. 기체상수는 $R = R_u/M$으로부터 계산되고, 여기서 R_u = 8.31447 kJ/kmol · K는 일반 기체상수이고, M은 몰 질량이다.

출처: Specific heat values are obtained primarily from the property routines prepared by The National Institute of Standards and Technology (NIST), Gaithersburg, MD.

표 A-2

비등점과 빙점 상태량

Substance	Boiling Data at 1 atm: Normal Boiling Point, °C	Boiling Data at 1 atm: Latent Heat of Vaporization h_{fg}, kJ/kg	Freezing Data: Freezing Point, °C	Freezing Data: Latent Heat of Fusion h_{if}, kJ/kg	Liquid Properties: Temperature, °C	Liquid Properties: Density ρ, kg/m^3	Liquid Properties: Specific Heat c_p, kJ/kg·K
Ammonia	−33.3	1357	−77.7	322.4	−33.3	682	4.43
					−20	665	4.52
					0	639	4.60
					25	602	4.80
Argon	−185.9	161.6	−189.3	28	−185.6	1394	1.14
Benzene	80.2	394	5.5	126	20	879	1.72
Brine (20% sodium chloride by mass)	103.9	—	−17.4	—	20	1150	3.11
n-Butane	−0.5	385.2	−138.5	80.3	−0.5	601	2.31
Carbon dioxide	−78.4*	230.5 (at 0°C)	−56.6		0	298	0.59
Ethanol	78.2	838.3	−114.2	109	25	783	2.46
Ethyl alcohol	78.6	855	−156	108	20	789	2.84
Ethylene glycol	198.1	800.1	−10.8	181.1	20	1109	2.84
Glycerine	179.9	974	18.9	200.6	20	1261	2.32
Helium	−268.9	22.8	—	—	−268.9	146.2	22.8
Hydrogen	−252.8	445.7	−259.2	59.5	−252.8	70.7	10.0
Isobutane	−11.7	367.1	−160	105.7	−11.7	593.8	2.28
Kerosene	204–293	251	−24.9	—	20	820	2.00
Mercury	356.7	294.7	−38.9	11.4	25	13,560	0.139
Methane	−161.5	510.4	−182.2	58.4	−161.5	423	3.49
					−100	301	5.79
Methanol	64.5	1100	−97.7	99.2	25	787	2.55
Nitrogen	−195.8	198.6	−210	25.3	−195.8	809	2.06
					−160	596	2.97
Octane	124.8	306.3	−57.5	180.7	20	703	2.10
Oil (light)					25	910	1.80
Oxygen	−183	212.7	−218.8	13.7	−183	1141	1.71
Petroleum	—	230–384			20	640	2.0
Propane	−42.1	427.8	−187.7	80.0	−42.1	581	2.25
					0	529	2.53
					50	449	3.13
Refrigerant-134a	−26.1	216.8	−96.6	—	−50	1443	1.23
					−26.1	1374	1.27
					0	1295	1.34
					25	1207	1.43
Water	100	2257	0.0	333.7	0	1000	4.22
					25	997	4.18
					50	988	4.18
					75	975	4.19
					100	958	4.22

* 승화 온도. (삼중점 압력인 518 kPa 이하의 압력에서 이산화탄소는 고체 또는 기체로 존재한다. 또한 이산화탄소의 빙점 온도는 삼중점 온도인 −56.5°C이다.)

표 A-3

포화수의 상태량

Temp. T, °C	Saturation Pressure P_{sat}, kPa	Density ρ, kg/m^3 Liquid	Density ρ, kg/m^3 Vapor	Enthalpy of Vaporization h_{fg}, kJ/kg	Specific Heat c_p, J/kg·K Liquid	Specific Heat c_p, J/kg·K Vapor	Thermal Conductivity k, W/m·K Liquid	Thermal Conductivity k, W/m·K Vapor	Dynamic Viscosity μ, kg/m·s Liquid	Dynamic Viscosity μ, kg/m·s Vapor	Prandtl Number Pr Liquid	Prandtl Number Pr Vapor	Volume Expansion Coefficient β, 1/K Liquid	Surface Tension, N/m Liquid
0.01	0.6113	999.8	0.0048	2501	4217	1854	0.561	0.0171	1.792×10^{-3}	0.922×10^{-5}	13.5	1.00	-0.068×10^{-3}	0.0756
5	0.8721	999.9	0.0068	2490	4205	1857	0.571	0.0173	1.519×10^{-3}	0.934×10^{-5}	11.2	1.00	0.015×10^{-3}	0.0749
10	1.2276	999.7	0.0094	2478	4194	1862	0.580	0.0176	1.307×10^{-3}	0.946×10^{-5}	9.45	1.00	0.733×10^{-3}	0.0742
15	1.7051	999.1	0.0128	2466	4186	1863	0.589	0.0179	1.138×10^{-3}	0.959×10^{-5}	8.09	1.00	0.138×10^{-3}	0.0735
20	2.339	998.0	0.0173	2454	4182	1867	0.598	0.0182	1.002×10^{-3}	0.973×10^{-5}	7.01	1.00	0.195×10^{-3}	0.0727
25	3.169	997.0	0.0231	2442	4180	1870	0.607	0.0186	0.891×10^{-3}	0.987×10^{-5}	6.14	1.00	0.247×10^{-3}	0.0720
30	4.246	996.0	0.0304	2431	4178	1875	0.615	0.0189	0.798×10^{-3}	1.001×10^{-5}	5.42	1.00	0.294×10^{-3}	0.0712
35	5.628	994.0	0.0397	2419	4178	1880	0.623	0.0192	0.720×10^{-3}	1.016×10^{-5}	4.83	1.00	0.337×10^{-3}	0.0704
40	7.384	992.1	0.0512	2407	4179	1885	0.631	0.0196	0.653×10^{-3}	1.031×10^{-5}	4.32	1.00	0.377×10^{-3}	0.0696
45	9.593	990.1	0.0655	2395	4180	1892	0.637	0.0200	0.596×10^{-3}	1.046×10^{-5}	3.91	1.00	0.415×10^{-3}	0.0688
50	12.35	988.1	0.0831	2383	4181	1900	0.644	0.0204	0.547×10^{-3}	1.062×10^{-5}	3.55	1.00	0.451×10^{-3}	0.0679
55	15.76	985.2	0.1045	2371	4183	1908	0.649	0.0208	0.504×10^{-3}	1.077×10^{-5}	3.25	1.00	0.484×10^{-3}	0.0671
60	19.94	983.3	0.1304	2359	4185	1916	0.654	0.0212	0.467×10^{-3}	1.093×10^{-5}	2.99	1.00	0.517×10^{-3}	0.0662
65	25.03	980.4	0.1614	2346	4187	1926	0.659	0.0216	0.433×10^{-3}	1.110×10^{-5}	2.75	1.00	0.548×10^{-3}	0.0654
70	31.19	977.5	0.1983	2334	4190	1936	0.663	0.0221	0.404×10^{-3}	1.126×10^{-5}	2.55	1.00	0.578×10^{-3}	0.0645
75	38.58	974.7	0.2421	2321	4193	1948	0.667	0.0225	0.378×10^{-3}	1.142×10^{-5}	2.38	1.00	0.607×10^{-3}	0.0636
80	47.39	971.8	0.2935	2309	4197	1962	0.670	0.0230	0.355×10^{-3}	1.159×10^{-5}	2.22	1.00	0.653×10^{-3}	0.0627
85	57.83	968.1	0.3536	2296	4201	1977	0.673	0.0235	0.333×10^{-3}	1.176×10^{-5}	2.08	1.00	0.670×10^{-3}	0.0617
90	70.14	965.3	0.4235	2283	4206	1993	0.675	0.0240	0.315×10^{-3}	1.193×10^{-5}	1.96	1.00	0.702×10^{-3}	0.0608
95	84.55	961.5	0.5045	2270	4212	2010	0.677	0.0246	0.297×10^{-3}	1.210×10^{-5}	1.85	1.00	0.716×10^{-3}	0.0599
100	101.33	957.9	0.5978	2257	4217	2029	0.679	0.0251	0.282×10^{-3}	1.227×10^{-5}	1.75	1.00	0.750×10^{-3}	0.0589
110	143.27	950.6	0.8263	2230	4229	2071	0.682	0.0262	0.255×10^{-3}	1.261×10^{-5}	1.58	1.00	0.798×10^{-3}	0.0570
120	198.53	943.4	1.121	2203	4244	2120	0.683	0.0275	0.232×10^{-3}	1.296×10^{-5}	1.44	1.00	0.858×10^{-3}	0.0550
130	270.1	934.6	1.496	2174	4263	2177	0.684	0.0288	0.213×10^{-3}	1.330×10^{-5}	1.33	1.01	0.913×10^{-3}	0.0529
140	361.3	921.7	1.965	2145	4286	2244	0.683	0.0301	0.197×10^{-3}	1.365×10^{-5}	1.24	1.02	0.970×10^{-3}	0.0509
150	475.8	916.6	2.546	2114	4311	2314	0.682	0.0316	0.183×10^{-3}	1.399×10^{-5}	1.16	1.02	1.025×10^{-3}	0.0487
160	617.8	907.4	3.256	2083	4340	2420	0.680	0.0331	0.170×10^{-3}	1.434×10^{-5}	1.09	1.05	1.145×10^{-3}	0.0466
170	791.7	897.7	4.119	2050	4370	2490	0.677	0.0347	0.160×10^{-3}	1.468×10^{-5}	1.03	1.05	1.178×10^{-3}	0.0444
180	1,002.1	887.3	5.153	2015	4410	2590	0.673	0.0364	0.150×10^{-3}	1.502×10^{-5}	0.983	1.07	1.210×10^{-3}	0.0422
190	1,254.4	876.4	6.388	1979	4460	2710	0.669	0.0382	0.142×10^{-3}	1.537×10^{-5}	0.947	1.09	1.280×10^{-3}	0.0399
200	1,553.8	864.3	7.852	1941	4500	2840	0.663	0.0401	0.134×10^{-3}	1.571×10^{-5}	0.910	1.11	1.350×10^{-3}	0.0377
220	2,318	840.3	11.60	1859	4610	3110	0.650	0.0442	0.122×10^{-3}	1.641×10^{-5}	0.865	1.15	1.520×10^{-3}	0.0331
240	3,344	813.7	16.73	1767	4760	3520	0.632	0.0487	0.111×10^{-3}	1.712×10^{-5}	0.836	1.24	1.720×10^{-3}	0.0284
260	4,688	783.7	23.69	1663	4970	4070	0.609	0.0540	0.102×10^{-3}	1.788×10^{-5}	0.832	1.35	2.000×10^{-3}	0.0237
280	6,412	750.8	33.15	1544	5280	4835	0.581	0.0605	0.094×10^{-3}	1.870×10^{-5}	0.854	1.49	2.380×10^{-3}	0.0190
300	8,581	713.8	46.15	1405	5750	5980	0.548	0.0695	0.086×10^{-3}	1.965×10^{-5}	0.902	1.69	2.950×10^{-3}	0.0144
320	11,274	667.1	64.57	1239	6540	7900	0.509	0.0836	0.078×10^{-3}	2.084×10^{-5}	1.00	1.97		0.0099
340	14,586	610.5	92.62	1028	8240	11,870	0.469	0.110	0.070×10^{-3}	2.255×10^{-5}	1.23	2.43		0.0056
360	18,651	528.3	144.0	720	14,690	25,800	0.427	0.178	0.060×10^{-3}	2.571×10^{-5}	2.06	3.73		0.0019
374.14	22,090	317.0	317.0	0	—	—	—	—	0.043×10^{-3}	4.313×10^{-5}				0

주 1: 동점성계수 ν와 열확산계수 α는 그들의 정의로부터 계산될 수 있는데, 즉 $\nu = \mu/\rho$ 및 $\alpha = k/\rho c_p = \nu/\text{Pr}$이다. 온도 0.01°C, 100°C, 374.14°C는 각각 물의 삼중점, 비등점, 임계점 온도이다. 위에 열거된 상태량들은(증기 밀도를 제외하고) 임계점 근처의 온도를 제외하고는 무시할만한 오차로, 어떤 압력에서도 이용될 수 있다.

주 2: 비열에 대한 단위 kJ/kg · °C는 kJ/kg · K와 같고, 열전도도에 대한 단위 W/m · °C는 W/m · K와 같다.

출처: Viscosity and thermal conductivity data are from J. V. Sengers and J. T. R. Watson, *Journal of Physical and Chemical Reference Data* 15 (1986), pp. 1291–1322. Other data are obtained from various sources or calculated.

표 A-4

포화 냉매-134a의 상태량

Temp. T, °C	Saturation Pressure P, kPa	Density ρ, kg/m^3		Enthalpy of Vaporization h_{fg}, kJ/kg	Specific Heat c_p, J/kg·K		Thermal Conductivity k, W/m·K		Dynamic Viscosity μ, kg/m·s		Prandtl Number Pr		Volume Expansion Coefficient β, 1/K	Surface Tension, N/m
		Liquid	Vapor		Liquid	Vapor	Liquid	Vapor	Liquid	Vapor	Liquid	Vapor	Liquid	Liquid
−40	51.2	1418	2.773	225.9	1254	748.6	0.1101	0.00811	4.878×10^{-4}	2.550×10^{-6}	5.558	0.235	0.00205	0.01760
−35	66.2	1403	3.524	222.7	1264	764.1	0.1084	0.00862	4.509×10^{-4}	3.003×10^{-6}	5.257	0.266	0.00209	0.01682
−30	84.4	1389	4.429	219.5	1273	780.2	0.1066	0.00913	4.178×10^{-4}	3.504×10^{-6}	4.992	0.299	0.00215	0.01604
−25	106.5	1374	5.509	216.3	1283	797.2	0.1047	0.00963	3.882×10^{-4}	4.054×10^{-6}	4.757	0.335	0.00220	0.01527
−20	132.8	1359	6.787	213.0	1294	814.9	0.1028	0.01013	3.614×10^{-4}	4.651×10^{-6}	4.548	0.374	0.00227	0.01451
−15	164.0	1343	8.288	209.5	1306	833.5	0.1009	0.01063	3.371×10^{-4}	5.295×10^{-6}	4.363	0.415	0.00233	0.01376
−10	200.7	1327	10.04	206.0	1318	853.1	0.0989	0.01112	3.150×10^{-4}	5.982×10^{-6}	4.198	0.459	0.00241	0.01302
−5	243.5	1311	12.07	202.4	1330	873.8	0.0968	0.01161	2.947×10^{-4}	6.709×10^{-6}	4.051	0.505	0.00249	0.01229
0	293.0	1295	14.42	198.7	1344	895.6	0.0947	0.01210	2.761×10^{-4}	7.471×10^{-6}	3.919	0.553	0.00258	0.01156
5	349.9	1278	17.12	194.8	1358	918.7	0.0925	0.01259	2.589×10^{-4}	8.264×10^{-6}	3.802	0.603	0.00269	0.01084
10	414.9	1261	20.22	190.8	1374	943.2	0.0903	0.01308	2.430×10^{-4}	9.081×10^{-6}	3.697	0.655	0.00280	0.01014
15	488.7	1244	23.75	186.6	1390	969.4	0.0880	0.01357	2.281×10^{-4}	9.915×10^{-6}	3.604	0.708	0.00293	0.00944
20	572.1	1226	27.77	182.3	1408	997.6	0.0856	0.01406	2.142×10^{-4}	1.075×10^{-5}	3.521	0.763	0.00307	0.00876
25	665.8	1207	32.34	177.8	1427	1028	0.0833	0.01456	2.012×10^{-4}	1.160×10^{-5}	3.448	0.819	0.00324	0.00808
30	770.6	1188	37.53	173.1	1448	1061	0.0808	0.01507	1.888×10^{-4}	1.244×10^{-5}	3.383	0.877	0.00342	0.00742
35	887.5	1168	43.41	168.2	1471	1098	0.0783	0.01558	1.772×10^{-4}	1.327×10^{-5}	3.328	0.935	0.00364	0.00677
40	1017.1	1147	50.08	163.0	1498	1138	0.0757	0.01610	1.660×10^{-4}	1.408×10^{-5}	3.285	0.995	0.00390	0.00613
45	1160.5	1125	57.66	157.6	1529	1184	0.0731	0.01664	1.554×10^{-4}	1.486×10^{-5}	3.253	1.058	0.00420	0.00550
50	1318.6	1102	66.27	151.8	1566	1237	0.0704	0.01720	1.453×10^{-4}	1.562×10^{-5}	3.231	1.123	0.00456	0.00489
55	1492.3	1078	76.11	145.7	1608	1298	0.0676	0.01777	1.355×10^{-4}	1.634×10^{-5}	3.223	1.193	0.00500	0.00429
60	1682.8	1053	87.38	139.1	1659	1372	0.0647	0.01838	1.260×10^{-4}	1.704×10^{-5}	3.229	1.272	0.00554	0.00372
65	1891.0	1026	100.4	132.1	1722	1462	0.0618	0.01902	1.167×10^{-4}	1.771×10^{-5}	3.255	1.362	0.00624	0.00315
70	2118.2	996.2	115.6	124.4	1801	1577	0.0587	0.01972	1.077×10^{-4}	1.839×10^{-5}	3.307	1.471	0.00716	0.00261
75	2365.8	964	133.6	115.9	1907	1731	0.0555	0.02048	9.891×10^{-5}	1.908×10^{-5}	3.400	1.612	0.00843	0.00209
80	2635.2	928.2	155.3	106.4	2056	1948	0.0521	0.02133	9.011×10^{-5}	1.982×10^{-5}	3.558	1.810	0.01031	0.00160
85	2928.2	887.1	182.3	95.4	2287	2281	0.0484	0.02233	8.124×10^{-5}	2.071×10^{-5}	3.837	2.116	0.01336	0.00114
90	3246.9	837.7	217.8	82.2	2701	2865	0.0444	0.02357	7.203×10^{-5}	2.187×10^{-5}	4.385	2.658	0.01911	0.00071
95	3594.1	772.5	269.3	64.9	3675	4144	0.0396	0.02544	6.190×10^{-5}	2.370×10^{-5}	5.746	3.862	0.03343	0.00033
100	3975.1	651.7	376.3	33.9	7959	8785	0.0322	0.02989	4.765×10^{-5}	2.833×10^{-5}	11.77	8.326	0.10047	0.00004

주 1: 동점성계수 ν와 열확산계수 α는 그들의 정의로부터 계산될 수 있는데, 즉 $\nu = \mu/\rho$ 및 $\alpha = k/\rho c_p = \nu/\text{Pr}$이다. 여기에 열거된 상태량들은(증기 밀도를 제외하고) 임계점 근처의 온도를 제외하고는 무시할만한 오차로, 어떤 압력에서도 이용될 수 있다.

주 2: 비열에 대한 단위 kJ/kg · °C는 kJ/kg · K와 같고, 열전도도에 대한 단위 W/m · °C는 W/m · K와 같다.

출처: Data generated from the EES software developed by S. A. Klein and F. L. Alvarado. Original sources: R. Tillner-Roth and H. D. Baehr, "An International Standard Formulation for the Thermodynamic Properties of 1,1,1,2-Tetrafluoroethane (HFC-134a) for Temperatures from 170 K to 455 K and Pressures up to 70 MPa," *J. Phys. Chem, Ref. Data*, Vol. 23, No. 5, 1994; M. J. Assael, N. K. Dalaouti, A. A. Griva, and J. H. Dymond, "Viscosity and Thermal Conductivity of Halogenated Methane and Ethane Refrigerants," *IJR*, Vol. 22, pp. 525?-535, 1999; NIST REFPROP 6 program (M. O. McLinden, S. A. Klein, E. W. Lemmon, and A. P. Peskin, Physical and Chemical Properties Division, National Institute of Standards and Technology, Boulder, CO 80303, 1995).

표 A-5

액체의 상태량

Temp. T, °C	Density ρ, kg/m^3	Specific Heat c_p, J/kg·K	Thermal Conductivity k, W/m·K	Thermal Diffusivity α, m^2/s	Dynamic Viscosity μ, kg/m·s	Kinematic Viscosity ν, m^2/s	Prandtl Number Pr	Volume Expansion Coeff. β, 1/K
				Methane (CH_4)				
−160	420.2	3492	0.1863	1.270×10^{-7}	1.133×10^{-4}	2.699×10^{-7}	2.126	0.00352
−150	405.0	3580	0.1703	1.174×10^{-7}	9.169×10^{-5}	2.264×10^{-7}	1.927	0.00391
−140	388.8	3700	0.1550	1.077×10^{-7}	7.551×10^{-5}	1.942×10^{-7}	1.803	0.00444
−130	371.1	3875	0.1402	9.749×10^{-8}	6.288×10^{-5}	1.694×10^{-7}	1.738	0.00520
−120	351.4	4146	0.1258	8.634×10^{-8}	5.257×10^{-5}	1.496×10^{-7}	1.732	0.00637
−110	328.8	4611	0.1115	7.356×10^{-8}	4.377×10^{-5}	1.331×10^{-7}	1.810	0.00841
−100	301.0	5578	0.0967	5.761×10^{-8}	3.577×10^{-5}	1.188×10^{-7}	2.063	0.01282
−90	261.7	8902	0.0797	3.423×10^{-8}	2.761×10^{-5}	1.055×10^{-7}	3.082	0.02922
				Methanol [$CH_3(OH)$]				
20	788.4	2515	0.1987	1.002×10^{-7}	5.857×10^{-4}	7.429×10^{-7}	7.414	0.00118
30	779.1	2577	0.1980	9.862×10^{-8}	5.088×10^{-4}	6.531×10^{-7}	6.622	0.00120
40	769.6	2644	0.1972	9.690×10^{-8}	4.460×10^{-4}	5.795×10^{-7}	5.980	0.00123
50	760.1	2718	0.1965	9.509×10^{-8}	3.942×10^{-4}	5.185×10^{-7}	5.453	0.00127
60	750.4	2798	0.1957	9.320×10^{-8}	3.510×10^{-4}	4.677×10^{-7}	5.018	0.00132
70	740.4	2885	0.1950	9.128×10^{-8}	3.146×10^{-4}	4.250×10^{-7}	4.655	0.00137
				Isobutane (R600a)				
−100	683.8	1881	0.1383	1.075×10^{-7}	9.305×10^{-4}	1.360×10^{-6}	12.65	0.00142
−75	659.3	1970	0.1357	1.044×10^{-7}	5.624×10^{-4}	8.531×10^{-7}	8.167	0.00150
−50	634.3	2069	0.1283	9.773×10^{-8}	3.769×10^{-4}	5.942×10^{-7}	6.079	0.00161
−25	608.2	2180	0.1181	8.906×10^{-8}	2.688×10^{-4}	4.420×10^{-7}	4.963	0.00177
0	580.6	2306	0.1068	7.974×10^{-8}	1.993×10^{-4}	3.432×10^{-7}	4.304	0.00199
25	550.7	2455	0.0956	7.069×10^{-8}	1.510×10^{-4}	2.743×10^{-7}	3.880	0.00232
50	517.3	2640	0.0851	6.233×10^{-8}	1.155×10^{-4}	2.233×10^{-7}	3.582	0.00286
75	478.5	2896	0.0757	5.460×10^{-8}	8.785×10^{-5}	1.836×10^{-7}	3.363	0.00385
100	429.6	3361	0.0669	4.634×10^{-8}	6.483×10^{-5}	1.509×10^{-7}	3.256	0.00628
				Glycerin				
0	1276	2262	0.2820	9.773×10^{-8}	10.49	8.219×10^{-3}	84,101	
5	1273	2288	0.2835	9.732×10^{-8}	6.730	5.287×10^{-3}	54,327	
10	1270	2320	0.2846	9.662×10^{-8}	4.241	3.339×10^{-3}	34,561	
15	1267	2354	0.2856	9.576×10^{-8}	2.496	1.970×10^{-3}	20,570	
20	1264	2386	0.2860	9.484×10^{-8}	1.519	1.201×10^{-3}	12,671	
25	1261	2416	0.2860	9.388×10^{-8}	0.9934	7.878×10^{-4}	8,392	
30	1258	2447	0.2860	9.291×10^{-8}	0.6582	5.232×10^{-4}	5,631	
35	1255	2478	0.2860	9.195×10^{-8}	0.4347	3.464×10^{-4}	3,767	
40	1252	2513	0.2863	9.101×10^{-8}	0.3073	2.455×10^{-4}	2,697	
				Engine Oil (unused)				
0	899.0	1797	0.1469	9.097×10^{-8}	3.814	4.242×10^{-3}	46,636	0.00070
20	888.1	1881	0.1450	8.680×10^{-8}	0.8374	9.429×10^{-4}	10,863	0.00070
40	876.0	1964	0.1444	8.391×10^{-8}	0.2177	2.485×10^{-4}	2,962	0.00070
60	863.9	2048	0.1404	7.934×10^{-8}	0.07399	8.565×10^{-5}	1,080	0.00070
80	852.0	2132	0.1380	7.599×10^{-8}	0.03232	3.794×10^{-5}	499.3	0.00070
100	840.0	2220	0.1367	7.330×10^{-8}	0.01718	2.046×10^{-5}	279.1	0.00070
120	828.9	2308	0.1347	7.042×10^{-8}	0.01029	1.241×10^{-5}	176.3	0.00070
140	816.8	2395	0.1330	6.798×10^{-8}	0.006558	8.029×10^{-6}	118.1	0.00070
150	810.3	2441	0.1327	6.708×10^{-8}	0.005344	6.595×10^{-6}	98.31	0.00070

출처: Data generated from the EES software developed by S. A. Klein and F. L. Alvarado. Originally based on various sources.

표 A-6

액체 금속의 상태량

Temp. T, °C	Density ρ, kg/m^3	Specific Heat c_p, J/kg·K	Thermal Conductivity k, W/m·K	Thermal Diffusivity α, m^2/s	Dynamic Viscosity μ, kg/m·s	Kinematic Viscosity ν, m^2/s	Prandtl Number Pr	Volume Expansion Coeff. β, 1/K
				Mercury (Hg) Melting Point: −39°C				
0	13595	140.4	8.18200	4.287×10^{-6}	1.687×10^{-3}	1.241×10^{-7}	0.0289	1.810×10^{-4}
25	13534	139.4	8.51533	4.514×10^{-6}	1.534×10^{-3}	1.133×10^{-7}	0.0251	1.810×10^{-4}
50	13473	138.6	8.83632	4.734×10^{-6}	1.423×10^{-3}	1.056×10^{-7}	0.0223	1.810×10^{-4}
75	13412	137.8	9.15632	4.956×10^{-6}	1.316×10^{-3}	9.819×10^{-8}	0.0198	1.810×10^{-4}
100	13351	137.1	9.46706	5.170×10^{-6}	1.245×10^{-3}	9.326×10^{-8}	0.0180	1.810×10^{-4}
150	13231	136.1	10.07780	5.595×10^{-6}	1.126×10^{-3}	8.514×10^{-8}	0.0152	1.810×10^{-4}
200	13112	135.5	10.65465	5.996×10^{-6}	1.043×10^{-3}	7.959×10^{-8}	0.0133	1.815×10^{-4}
250	12993	135.3	11.18150	6.363×10^{-6}	9.820×10^{-4}	7.558×10^{-8}	0.0119	1.829×10^{-4}
300	12873	135.3	11.68150	6.705×10^{-6}	9.336×10^{-4}	7.252×10^{-8}	0.0108	1.854×10^{-4}
				Bismuth (Bi) Melting Point: 271°C				
350	9969	146.0	16.28	1.118×10^{-5}	1.540×10^{-3}	1.545×10^{-7}	0.01381	
400	9908	148.2	16.10	1.096×10^{-5}	1.422×10^{-3}	1.436×10^{-7}	0.01310	
500	9785	152.8	15.74	1.052×10^{-5}	1.188×10^{-3}	1.215×10^{-7}	0.01154	
600	9663	157.3	15.60	1.026×10^{-5}	1.013×10^{-3}	1.048×10^{-7}	0.01022	
700	9540	161.8	15.60	1.010×10^{-5}	8.736×10^{-4}	9.157×10^{-8}	0.00906	
				Lead (Pb) Melting Point: 327°C				
400	10506	158	15.97	9.623×10^{-6}	2.277×10^{-3}	2.167×10^{-7}	0.02252	
450	10449	156	15.74	9.649×10^{-6}	2.065×10^{-3}	1.976×10^{-7}	0.02048	
500	10390	155	15.54	9.651×10^{-6}	1.884×10^{-3}	1.814×10^{-7}	0.01879	
550	10329	155	15.39	9.610×10^{-6}	1.758×10^{-3}	1.702×10^{-7}	0.01771	
600	10267	155	15.23	9.568×10^{-6}	1.632×10^{-3}	1.589×10^{-7}	0.01661	
650	10206	155	15.07	9.526×10^{-6}	1.505×10^{-3}	1.475×10^{-7}	0.01549	
700	10145	155	14.91	9.483×10^{-6}	1.379×10^{-3}	1.360×10^{-7}	0.01434	
				Sodium (Na) Melting Point: 98°C				
100	927.3	1378	85.84	6.718×10^{-5}	6.892×10^{-4}	7.432×10^{-7}	0.01106	
200	902.5	1349	80.84	6.639×10^{-5}	5.385×10^{-4}	5.967×10^{-7}	0.008987	
300	877.8	1320	75.84	6.544×10^{-5}	3.878×10^{-4}	4.418×10^{-7}	0.006751	
400	853.0	1296	71.20	6.437×10^{-5}	2.720×10^{-4}	3.188×10^{-7}	0.004953	
500	828.5	1284	67.41	6.335×10^{-5}	2.411×10^{-4}	2.909×10^{-7}	0.004593	
600	804.0	1272	63.63	6.220×10^{-5}	2.101×10^{-4}	2.614×10^{-7}	0.004202	
				Potassium (K) Melting Point: 64°C				
200	795.2	790.8	43.99	6.995×10^{-5}	3.350×10^{-4}	4.213×10^{-7}	0.006023	
300	771.6	772.8	42.01	7.045×10^{-5}	2.667×10^{-4}	3.456×10^{-7}	0.004906	
400	748.0	754.8	40.03	7.090×10^{-5}	1.984×10^{-4}	2.652×10^{-7}	0.00374	
500	723.9	750.0	37.81	6.964×10^{-5}	1.668×10^{-4}	2.304×10^{-7}	0.003309	
600	699.6	750.0	35.50	6.765×10^{-5}	1.487×10^{-4}	2.126×10^{-7}	0.003143	
				Sodium–Potassium (%22Na-%78K) Melting Point: −11°C				
100	847.3	944.4	25.64	3.205×10^{-5}	5.707×10^{-4}	6.736×10^{-7}	0.02102	
200	823.2	922.5	26.27	3.459×10^{-5}	4.587×10^{-4}	5.572×10^{-7}	0.01611	
300	799.1	900.6	26.89	3.736×10^{-5}	3.467×10^{-4}	4.339×10^{-7}	0.01161	
400	775.0	879.0	27.50	4.037×10^{-5}	2.357×10^{-4}	3.041×10^{-7}	0.00753	
500	751.5	880.1	27.89	4.217×10^{-5}	2.108×10^{-4}	2.805×10^{-7}	0.00665	
600	728.0	881.2	28.28	4.408×10^{-5}	1.859×10^{-4}	2.553×10^{-7}	0.00579	

출처: Data generated from the EES software developed by S. A. Klein and F. L. Alvarado. Originally based on various sources.

표 A-7

1기압하의 공기의 상태량

Temp. T, °C	Density ρ, kg/m^3	Specific Heat c_p J/kg·K	Thermal Conductivity k, W/m·K	Thermal Diffusivity α, m^2/s	Dynamic Viscosity μ, kg/m·s	Kinematic Viscosity ν, m^2/s	Prandtl Number Pr
−150	2.866	983	0.01171	4.158×10^{-6}	8.636×10^{-6}	3.013×10^{-6}	0.7246
−100	2.038	966	0.01582	8.036×10^{-6}	1.189×10^{-6}	5.837×10^{-6}	0.7263
−50	1.582	999	0.01979	1.252×10^{-5}	1.474×10^{-5}	9.319×10^{-6}	0.7440
−40	1.514	1002	0.02057	1.356×10^{-5}	1.527×10^{-5}	1.008×10^{-5}	0.7436
−30	1.451	1004	0.02134	1.465×10^{-5}	1.579×10^{-5}	1.087×10^{-5}	0.7425
−20	1.394	1005	0.02211	1.578×10^{-5}	1.630×10^{-5}	1.169×10^{-5}	0.7408
−10	1.341	1006	0.02288	1.696×10^{-5}	1.680×10^{-5}	1.252×10^{-5}	0.7387
0	1.292	1006	0.02364	1.818×10^{-5}	1.729×10^{-5}	1.338×10^{-5}	0.7362
5	1.269	1006	0.02401	1.880×10^{-5}	1.754×10^{-5}	1.382×10^{-5}	0.7350
10	1.246	1006	0.02439	1.944×10^{-5}	1.778×10^{-5}	1.426×10^{-5}	0.7336
15	1.225	1007	0.02476	2.009×10^{-5}	1.802×10^{-5}	1.470×10^{-5}	0.7323
20	1.204	1007	0.02514	2.074×10^{-5}	1.825×10^{-5}	1.516×10^{-5}	0.7309
25	1.184	1007	0.02551	2.141×10^{-5}	1.849×10^{-5}	1.562×10^{-5}	0.7296
30	1.164	1007	0.02588	2.208×10^{-5}	1.872×10^{-5}	1.608×10^{-5}	0.7282
35	1.145	1007	0.02625	2.277×10^{-5}	1.895×10^{-5}	1.655×10^{-5}	0.7268
40	1.127	1007	0.02662	2.346×10^{-5}	1.918×10^{-5}	1.702×10^{-5}	0.7255
45	1.109	1007	0.02699	2.416×10^{-5}	1.941×10^{-5}	1.750×10^{-5}	0.7241
50	1.092	1007	0.02735	2.487×10^{-5}	1.963×10^{-5}	1.798×10^{-5}	0.7228
60	1.059	1007	0.02808	2.632×10^{-5}	2.008×10^{-5}	1.896×10^{-5}	0.7202
70	1.028	1007	0.02881	2.780×10^{-5}	2.052×10^{-5}	1.995×10^{-5}	0.7177
80	0.9994	1008	0.02953	2.931×10^{-5}	2.096×10^{-5}	2.097×10^{-5}	0.7154
90	0.9718	1008	0.03024	3.086×10^{-5}	2.139×10^{-5}	2.201×10^{-5}	0.7132
100	0.9458	1009	0.03095	3.243×10^{-5}	2.181×10^{-5}	2.306×10^{-5}	0.7111
120	0.8977	1011	0.03235	3.565×10^{-5}	2.264×10^{-5}	2.522×10^{-5}	0.7073
140	0.8542	1013	0.03374	3.898×10^{-5}	2.345×10^{-5}	2.745×10^{-5}	0.7041
160	0.8148	1016	0.03511	4.241×10^{-5}	2.420×10^{-5}	2.975×10^{-5}	0.7014
180	0.7788	1019	0.03646	4.593×10^{-5}	2.504×10^{-5}	3.212×10^{-5}	0.6992
200	0.7459	1023	0.03779	4.954×10^{-5}	2.577×10^{-5}	3.455×10^{-5}	0.6974
250	0.6746	1033	0.04104	5.890×10^{-5}	2.760×10^{-5}	4.091×10^{-5}	0.6946
300	0.6158	1044	0.04418	6.871×10^{-5}	2.934×10^{-5}	4.765×10^{-5}	0.6935
350	0.5664	1056	0.04721	7.892×10^{-5}	3.101×10^{-5}	5.475×10^{-5}	0.6937
400	0.5243	1069	0.05015	8.951×10^{-5}	3.261×10^{-5}	6.219×10^{-5}	0.6948
450	0.4880	1081	0.05298	1.004×10^{-4}	3.415×10^{-5}	6.997×10^{-5}	0.6965
500	0.4565	1093	0.05572	1.117×10^{-4}	3.563×10^{-5}	7.806×10^{-5}	0.6986
600	0.4042	1115	0.06093	1.352×10^{-4}	3.846×10^{-5}	9.515×10^{-5}	0.7037
700	0.3627	1135	0.06581	1.598×10^{-4}	4.111×10^{-5}	1.133×10^{-4}	0.7092
800	0.3289	1153	0.07037	1.855×10^{-4}	4.362×10^{-5}	1.326×10^{-4}	0.7149
900	0.3008	1169	0.07465	2.122×10^{-4}	4.600×10^{-5}	1.529×10^{-4}	0.7206
1000	0.2772	1184	0.07868	2.398×10^{-4}	4.826×10^{-5}	1.741×10^{-4}	0.7260
1500	0.1990	1234	0.09599	3.908×10^{-4}	5.817×10^{-5}	2.922×10^{-4}	0.7478
2000	0.1553	1264	0.11113	5.664×10^{-4}	6.630×10^{-5}	4.270×10^{-4}	0.7539

주: 이상기체에 대하여, 상태량 c_p, k, μ, Pr은 압력과 무관하다. 1 atm이 아닌 압력 P(atm 단위)에서 상태량 ρ, ν, α는 주어진 온도에서 ρ값에 P를 곱하고, ν와 α를 P로 나눔으로써 결정된다.

출처: Data generated from the EES software developed by S. A. Klein and F. L. Alvarado. Original sources: Keenan, Chao, Keyes, Gas Tables, Wiley, 198; and Thermophysical Properties of Matter, Vol. 3: Thermal Conductivity, Y. S. Touloukian, P. E. Liley, S. C. Saxena, Vol. 11: Viscosity, Y. S. Touloukian, S. C. Saxena, and P. Hestermans, IFI/Plenun, NY, 1970, ISBN 0-306067020-8.

표 A-8

1기압하의 기체의 상태량

Temp. T, °C	Density ρ, kg/m^3	Specific Heat c_p J/kg·K	Thermal Conductivity k, W/m·K	Thermal Diffusivity α, m^2/s	Dynamic Viscosity μ, kg/m·s	Kinematic Viscosity ν, m^2/s	Prandtl Number Pr
				Carbon Dioxide, CO_2			
−50	2.4035	746	0.01051	5.860×10^{-6}	1.129×10^{-5}	4.699×10^{-6}	0.8019
0	1.9635	811	0.01456	9.141×10^{-6}	1.375×10^{-5}	7.003×10^{-6}	0.7661
50	1.6597	866.6	0.01858	1.291×10^{-5}	1.612×10^{-5}	9.714×10^{-6}	0.7520
100	1.4373	914.8	0.02257	1.716×10^{-5}	1.841×10^{-5}	1.281×10^{-5}	0.7464
150	1.2675	957.4	0.02652	2.186×10^{-5}	2.063×10^{-5}	1.627×10^{-5}	0.7445
200	1.1336	995.2	0.03044	2.698×10^{-5}	2.276×10^{-5}	2.008×10^{-5}	0.7442
300	0.9358	1060	0.03814	3.847×10^{-5}	2.682×10^{-5}	2.866×10^{-5}	0.7450
400	0.7968	1112	0.04565	5.151×10^{-5}	3.061×10^{-5}	3.842×10^{-5}	0.7458
500	0.6937	1156	0.05293	6.600×10^{-5}	3.416×10^{-5}	4.924×10^{-5}	0.7460
1000	0.4213	1292	0.08491	1.560×10^{-4}	4.898×10^{-5}	1.162×10^{-4}	0.7455
1500	0.3025	1356	0.10688	2.606×10^{-4}	6.106×10^{-5}	2.019×10^{-4}	0.7745
2000	0.2359	1387	0.11522	3.521×10^{-4}	7.322×10^{-5}	3.103×10^{-4}	0.8815
				Carbon Monoxide, CO			
−50	1.5297	1081	0.01901	1.149×10^{-5}	1.378×10^{-5}	9.012×10^{-6}	0.7840
0	1.2497	1048	0.02278	1.739×10^{-5}	1.629×10^{-5}	1.303×10^{-5}	0.7499
50	1.0563	1039	0.02641	2.407×10^{-5}	1.863×10^{-5}	1.764×10^{-5}	0.7328
100	0.9148	1041	0.02992	3.142×10^{-5}	2.080×10^{-5}	2.274×10^{-5}	0.7239
150	0.8067	1049	0.03330	3.936×10^{-5}	2.283×10^{-5}	2.830×10^{-5}	0.7191
200	0.7214	1060	0.03656	4.782×10^{-5}	2.472×10^{-5}	3.426×10^{-5}	0.7164
300	0.5956	1085	0.04277	6.619×10^{-5}	2.812×10^{-5}	4.722×10^{-5}	0.7134
400	0.5071	1111	0.04860	8.628×10^{-5}	3.111×10^{-5}	6.136×10^{-5}	0.7111
500	0.4415	1135	0.05412	1.079×10^{-4}	3.379×10^{-5}	7.653×10^{-5}	0.7087
1000	0.2681	1226	0.07894	2.401×10^{-4}	4.557×10^{-5}	1.700×10^{-4}	0.7080
1500	0.1925	1279	0.10458	4.246×10^{-4}	6.321×10^{-5}	3.284×10^{-4}	0.7733
2000	0.1502	1309	0.13833	7.034×10^{-4}	9.826×10^{-5}	6.543×10^{-4}	0.9302
				Methane, CH_4			
−50	0.8761	2243	0.02367	1.204×10^{-5}	8.564×10^{-6}	9.774×10^{-6}	0.8116
0	0.7158	2217	0.03042	1.917×10^{-5}	1.028×10^{-5}	1.436×10^{-5}	0.7494
50	0.6050	2302	0.03766	2.704×10^{-5}	1.191×10^{-5}	1.969×10^{-5}	0.7282
100	0.5240	2443	0.04534	3.543×10^{-5}	1.345×10^{-5}	2.567×10^{-5}	0.7247
150	0.4620	2611	0.05344	4.431×10^{-5}	1.491×10^{-5}	3.227×10^{-5}	0.7284
200	0.4132	2791	0.06194	5.370×10^{-5}	1.630×10^{-5}	3.944×10^{-5}	0.7344
300	0.3411	3158	0.07996	7.422×10^{-5}	1.886×10^{-5}	5.529×10^{-5}	0.7450
400	0.2904	3510	0.09918	9.727×10^{-5}	2.119×10^{-5}	7.297×10^{-5}	0.7501
500	0.2529	3836	0.11933	1.230×10^{-4}	2.334×10^{-5}	9.228×10^{-5}	0.7502
1000	0.1536	5042	0.22562	2.914×10^{-4}	3.281×10^{-5}	2.136×10^{-4}	0.7331
1500	0.1103	5701	0.31857	5.068×10^{-4}	4.434×10^{-5}	4.022×10^{-4}	0.7936
2000	0.0860	6001	0.36750	7.120×10^{-4}	6.360×10^{-5}	7.395×10^{-4}	1.0386
				Hydrogen, H_2			
−50	0.11010	12635	0.1404	1.009×10^{-4}	7.293×10^{-6}	6.624×10^{-5}	0.6562
0	0.08995	13920	0.1652	1.319×10^{-4}	8.391×10^{-6}	9.329×10^{-5}	0.7071
50	0.07603	14349	0.1881	1.724×10^{-4}	9.427×10^{-6}	1.240×10^{-4}	0.7191
100	0.06584	14473	0.2095	2.199×10^{-4}	1.041×10^{-5}	1.582×10^{-4}	0.7196
150	0.05806	14492	0.2296	2.729×10^{-4}	1.136×10^{-5}	1.957×10^{-4}	0.7174
200	0.05193	14482	0.2486	3.306×10^{-4}	1.228×10^{-5}	2.365×10^{-4}	0.7155
300	0.04287	14481	0.2843	4.580×10^{-4}	1.403×10^{-5}	3.274×10^{-4}	0.7149
400	0.03650	14540	0.3180	5.992×10^{-4}	1.570×10^{-5}	4.302×10^{-4}	0.7179
500	0.03178	14653	0.3509	7.535×10^{-4}	1.730×10^{-5}	5.443×10^{-4}	0.7224
1000	0.01930	15577	0.5206	1.732×10^{-3}	2.455×10^{-5}	1.272×10^{-3}	0.7345
1500	0.01386	16553	0.6581	2.869×10^{-3}	3.099×10^{-5}	2.237×10^{-3}	0.7795
2000	0.01081	17400	0.5480	2.914×10^{-3}	3.690×10^{-5}	3.414×10^{-3}	1.1717

(계속)

표 A-8

1기압하의 기체의 상태량 (계속)

Temp. T, °C	Density ρ, kg/m^3	Specific Heat c_p J/kg·K	Thermal Conductivity k, W/m·K	Thermal Diffusivity α, m^2/s	Dynamic Viscosity μ, kg/m·s	Kinematic Viscosity ν, m^2/s	Prandtl Number Pr
				Nitrogen, N_2			
−50	1.5299	957.3	0.02001	1.366×10^{-5}	1.390×10^{-5}	9.091×10^{-6}	0.6655
0	1.2498	1035	0.02384	1.843×10^{-5}	1.640×10^{-5}	1.312×10^{-5}	0.7121
50	1.0564	1042	0.02746	2.494×10^{-5}	1.874×10^{-5}	1.774×10^{-5}	0.7114
100	0.9149	1041	0.03090	3.244×10^{-5}	2.094×10^{-5}	2.289×10^{-5}	0.7056
150	0.8068	1043	0.03416	4.058×10^{-5}	2.300×10^{-5}	2.851×10^{-5}	0.7025
200	0.7215	1050	0.03727	4.921×10^{-5}	2.494×10^{-5}	3.457×10^{-5}	0.7025
300	0.5956	1070	0.04309	6.758×10^{-5}	2.849×10^{-5}	4.783×10^{-5}	0.7078
400	0.5072	1095	0.04848	8.727×10^{-5}	3.166×10^{-5}	6.242×10^{-5}	0.7153
500	0.4416	1120	0.05358	1.083×10^{-4}	3.451×10^{-5}	7.816×10^{-5}	0.7215
1000	0.2681	1213	0.07938	2.440×10^{-4}	4.594×10^{-5}	1.713×10^{-4}	0.7022
1500	0.1925	1266	0.11793	4.839×10^{-4}	5.562×10^{-5}	2.889×10^{-4}	0.5969
2000	0.1502	1297	0.18590	9.543×10^{-4}	6.426×10^{-5}	4.278×10^{-4}	0.4483
				Oxygen, O_2			
−50	1.7475	984.4	0.02067	1.201×10^{-5}	1.616×10^{-5}	9.246×10^{-6}	0.7694
0	1.4277	928.7	0.02472	1.865×10^{-5}	1.916×10^{-5}	1.342×10^{-5}	0.7198
50	1.2068	921.7	0.02867	2.577×10^{-5}	2.194×10^{-5}	1.818×10^{-5}	0.7053
100	1.0451	931.8	0.03254	3.342×10^{-5}	2.451×10^{-5}	2.346×10^{-5}	0.7019
150	0.9216	947.6	0.03637	4.164×10^{-5}	2.694×10^{-5}	2.923×10^{-5}	0.7019
200	0.8242	964.7	0.04014	5.048×10^{-5}	2.923×10^{-5}	3.546×10^{-5}	0.7025
300	0.6804	997.1	0.04751	7.003×10^{-5}	3.350×10^{-5}	4.923×10^{-5}	0.7030
400	0.5793	1025	0.05463	9.204×10^{-5}	3.744×10^{-5}	6.463×10^{-5}	0.7023
500	0.5044	1048	0.06148	1.163×10^{-4}	4.114×10^{-5}	8.156×10^{-5}	0.7010
1000	0.3063	1121	0.09198	2.678×10^{-4}	5.732×10^{-5}	1.871×10^{-4}	0.6986
1500	0.2199	1165	0.11901	4.643×10^{-4}	7.133×10^{-5}	3.243×10^{-4}	0.6985
2000	0.1716	1201	0.14705	7.139×10^{-4}	8.417×10^{-5}	4.907×10^{-4}	0.6873
				Water Vapor, H_2O			
−50	0.9839	1892	0.01353	7.271×10^{-6}	7.187×10^{-6}	7.305×10^{-6}	1.0047
0	0.8038	1874	0.01673	1.110×10^{-5}	8.956×10^{-6}	1.114×10^{-5}	1.0033
50	0.6794	1874	0.02032	1.596×10^{-5}	1.078×10^{-5}	1.587×10^{-5}	0.9944
100	0.5884	1887	0.02429	2.187×10^{-5}	1.265×10^{-5}	2.150×10^{-5}	0.9830
150	0.5189	1908	0.02861	2.890×10^{-5}	1.456×10^{-5}	2.806×10^{-5}	0.9712
200	0.4640	1935	0.03326	3.705×10^{-5}	1.650×10^{-5}	3.556×10^{-5}	0.9599
300	0.3831	1997	0.04345	5.680×10^{-5}	2.045×10^{-5}	5.340×10^{-5}	0.9401
400	0.3262	2066	0.05467	8.114×10^{-5}	2.446×10^{-5}	7.498×10^{-5}	0.9240
500	0.2840	2137	0.06677	1.100×10^{-4}	2.847×10^{-5}	1.002×10^{-4}	0.9108
1000	0.1725	2471	0.13623	3.196×10^{-4}	4.762×10^{-5}	2.761×10^{-4}	0.8639
1500	0.1238	2736	0.21301	6.288×10^{-4}	6.411×10^{-5}	5.177×10^{-4}	0.8233
2000	0.0966	2928	0.29183	1.032×10^{-3}	7.808×10^{-5}	8.084×10^{-4}	0.7833

주: 이상기체에 대하여, 상태량 c_p, k, μ, Pr은 압력과 무관하다. 1 atm이 아닌 압력 P(atm 단위)에서 상태량 ρ, ν, α는 주어진 온도에서 ρ값에 P를 곱하고, ν와 α를 P로 나눔으로써 결정된다.

출처: Data generated from the EES software developed by S. A. Klein and F. L. Alvarado. Originally based on various sources.

표 A-9

높은 고도에서 대기의 상태량

Altitude, m	Temperature, °C	Pressure, kPa	Gravity g, m/s^2	Speed of Sound, m/s	Density, kg/m^3	Viscosity μ, kg/m·s	Thermal Conductivity, W/m·K
0	15.00	101.33	9.807	340.3	1.225	1.789×10^{-5}	0.0253
200	13.70	98.95	9.806	339.5	1.202	1.783×10^{-5}	0.0252
400	12.40	96.61	9.805	338.8	1.179	1.777×10^{-5}	0.0252
600	11.10	94.32	9.805	338.0	1.156	1.771×10^{-5}	0.0251
800	9.80	92.08	9.804	337.2	1.134	1.764×10^{-5}	0.0250
1000	8.50	89.88	9.804	336.4	1.112	1.758×10^{-5}	0.0249
1200	7.20	87.72	9.803	335.7	1.090	1.752×10^{-5}	0.0248
1400	5.90	85.60	9.802	334.9	1.069	1.745×10^{-5}	0.0247
1600	4.60	83.53	9.802	334.1	1.048	1.739×10^{-5}	0.0245
1800	3.30	81.49	9.801	333.3	1.027	1.732×10^{-5}	0.0244
2000	2.00	79.50	9.800	332.5	1.007	1.726×10^{-5}	0.0243
2200	0.70	77.55	9.800	331.7	0.987	1.720×10^{-5}	0.0242
2400	−0.59	75.63	9.799	331.0	0.967	1.713×10^{-5}	0.0241
2600	−1.89	73.76	9.799	330.2	0.947	1.707×10^{-5}	0.0240
2800	−3.19	71.92	9.798	329.4	0.928	1.700×10^{-5}	0.0239
3000	−4.49	70.12	9.797	328.6	0.909	1.694×10^{-5}	0.0238
3200	−5.79	68.36	9.797	327.8	0.891	1.687×10^{-5}	0.0237
3400	−7.09	66.63	9.796	327.0	0.872	1.681×10^{-5}	0.0236
3600	−8.39	64.94	9.796	326.2	0.854	1.674×10^{-5}	0.0235
3800	−9.69	63.28	9.795	325.4	0.837	1.668×10^{-5}	0.0234
4000	−10.98	61.66	9.794	324.6	0.819	1.661×10^{-5}	0.0233
4200	−12.3	60.07	9.794	323.8	0.802	1.655×10^{-5}	0.0232
4400	−13.6	58.52	9.793	323.0	0.785	1.648×10^{-5}	0.0231
4600	−14.9	57.00	9.793	322.2	0.769	1.642×10^{-5}	0.0230
4800	−16.2	55.51	9.792	321.4	0.752	1.635×10^{-5}	0.0229
5000	−17.5	54.05	9.791	320.5	0.736	1.628×10^{-5}	0.0228
5200	−18.8	52.62	9.791	319.7	0.721	1.622×10^{-5}	0.0227
5400	−20.1	51.23	9.790	318.9	0.705	1.615×10^{-5}	0.0226
5600	−21.4	49.86	9.789	318.1	0.690	1.608×10^{-5}	0.0224
5800	−22.7	48.52	9.785	317.3	0.675	1.602×10^{-5}	0.0223
6000	−24.0	47.22	9.788	316.5	0.660	1.595×10^{-5}	0.0222
6200	−25.3	45.94	9.788	315.6	0.646	1.588×10^{-5}	0.0221
6400	−26.6	44.69	9.787	314.8	0.631	1.582×10^{-5}	0.0220
6600	−27.9	43.47	9.786	314.0	0.617	1.575×10^{-5}	0.0219
6800	−29.2	42.27	9.785	313.1	0.604	1.568×10^{-5}	0.0218
7000	−30.5	41.11	9.785	312.3	0.590	1.561×10^{-5}	0.0217
8000	−36.9	35.65	9.782	308.1	0.526	1.527×10^{-5}	0.0212
9000	−43.4	30.80	9.779	303.8	0.467	1.493×10^{-5}	0.0206
10,000	−49.9	26.50	9.776	299.5	0.414	1.458×10^{-5}	0.0201
12,000	−56.5	19.40	9.770	295.1	0.312	1.422×10^{-5}	0.0195
14,000	−56.5	14.17	9.764	295.1	0.228	1.422×10^{-5}	0.0195
16,000	−56.5	10.53	9.758	295.1	0.166	1.422×10^{-5}	0.0195
18,000	−56.5	7.57	9.751	295.1	0.122	1.422×10^{-5}	0.0195

출처: U.S. Standard Atmosphere Supplements, U.S. Government Printing Office, 1966. Based on year-round mean conditions at 45° latitude and varies with the time of the year and the weather patterns. The conditions at sea level ($z = 0$) are taken to be $P = 101.325$ kPa, $T = 15$°C, $\rho = 1.2250$ kg/m^3, $g = 9.80665$ m^2/s.

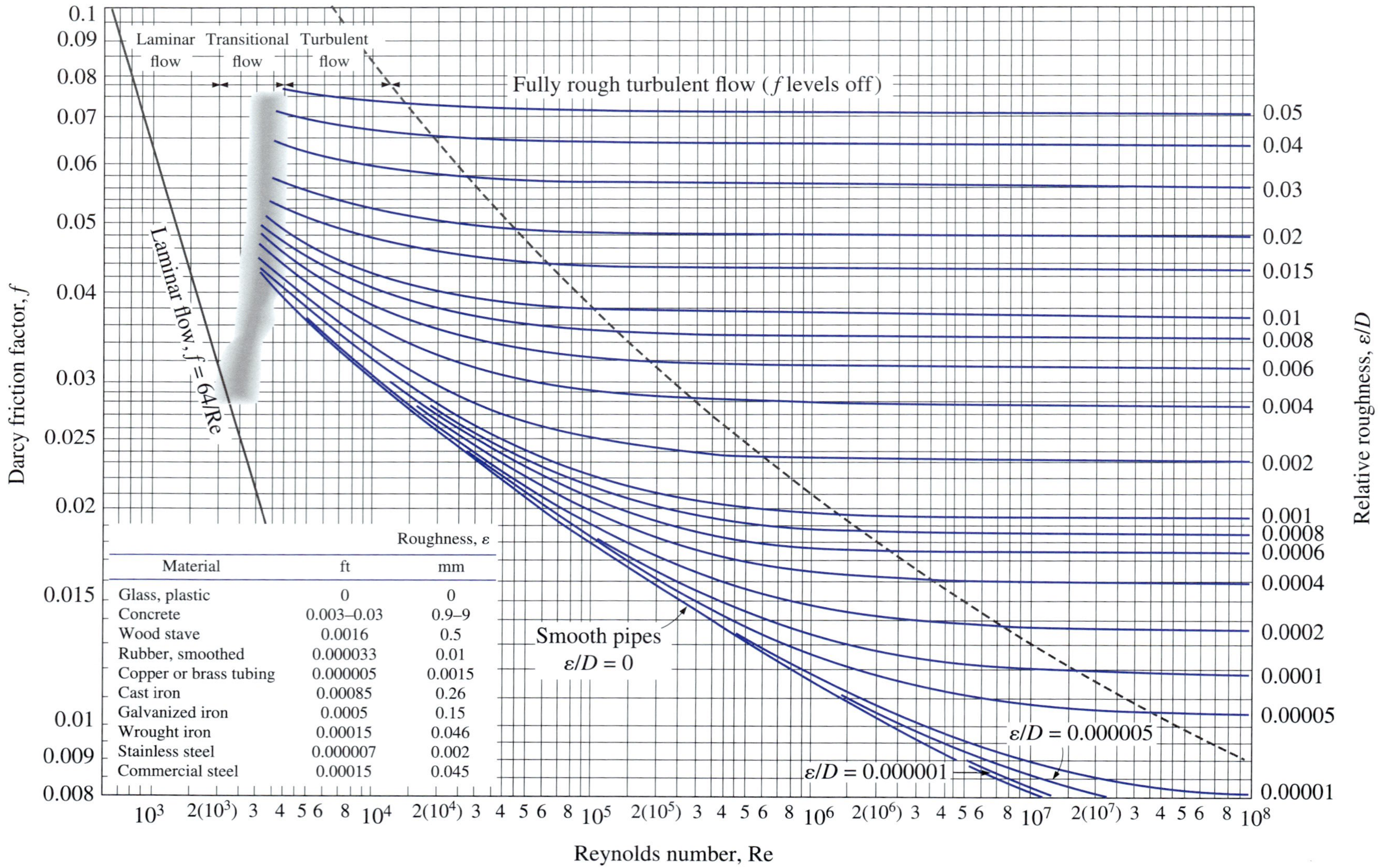

그림 A-10 원형 파이프 내 완전발달 유동의 마찰계수에 대한 Moody 차트.

수두 손실 관계식 $h_L = f\dfrac{L}{D}\dfrac{V^2}{2g}$ 에서 이용되는 선도로서, 여기서 난류 유동의 마찰계수는 Colebrook 공식 $\dfrac{1}{\sqrt{f}} = -2\log_{10}\left(\dfrac{\varepsilon/D}{3.7} + \dfrac{2.51}{\text{Re}\sqrt{f}}\right)$ 로부터 계산되었다.

$$Ma^* = Ma\sqrt{\frac{k+1}{2+(k-1)Ma^2}}$$

$$\frac{A}{A^*} = \frac{1}{Ma}\left[\left(\frac{2}{k+1}\right)\left(1+\frac{k-1}{2}Ma^2\right)\right]^{0.5(k+1)/(k-1)}$$

$$\frac{P}{P_0} = \left(1+\frac{k-1}{2}Ma^2\right)^{-k/(k-1)}$$

$$\frac{\rho}{\rho_0} = \left(1+\frac{k-1}{2}Ma^2\right)^{-1/(k-1)}$$

$$\frac{T}{T_0} = \left(1+\frac{k-1}{2}Ma^2\right)^{-1}$$

표 A-11

k = 1.4인 이상기체에 대한 1차원 등엔트로피 압축성 유동의 함수

Ma	Ma*	A/A^*	P/P_0	ρ/ρ_0	T/T_0
0	0	∞	1.0000	1.0000	1.0000
0.1	0.1094	5.8218	0.9930	0.9950	0.9980
0.2	0.2182	2.9635	0.9725	0.9803	0.9921
0.3	0.3257	2.0351	0.9395	0.9564	0.9823
0.4	0.4313	1.5901	0.8956	0.9243	0.9690
0.5	0.5345	1.3398	0.8430	0.8852	0.9524
0.6	0.6348	1.1882	0.7840	0.8405	0.9328
0.7	0.7318	1.0944	0.7209	0.7916	0.9107
0.8	0.8251	1.0382	0.6560	0.7400	0.8865
0.9	0.9146	1.0089	0.5913	0.6870	0.8606
1.0	1.0000	1.0000	0.5283	0.6339	0.8333
1.2	1.1583	1.0304	0.4124	0.5311	0.7764
1.4	1.2999	1.1149	0.3142	0.4374	0.7184
1.6	1.4254	1.2502	0.2353	0.3557	0.6614
1.8	1.5360	1.4390	0.1740	0.2868	0.6068
2.0	1.6330	1.6875	0.1278	0.2300	0.5556
2.2	1.7179	2.0050	0.0935	0.1841	0.5081
2.4	1.7922	2.4031	0.0684	0.1472	0.4647
2.6	1.8571	2.8960	0.0501	0.1179	0.4252
2.8	1.9140	3.5001	0.0368	0.0946	0.3894
3.0	1.9640	4.2346	0.0272	0.0760	0.3571
5.0	2.2361	25.000	0.0019	0.0113	0.1667
∝	2.2495	∝	0	0	0

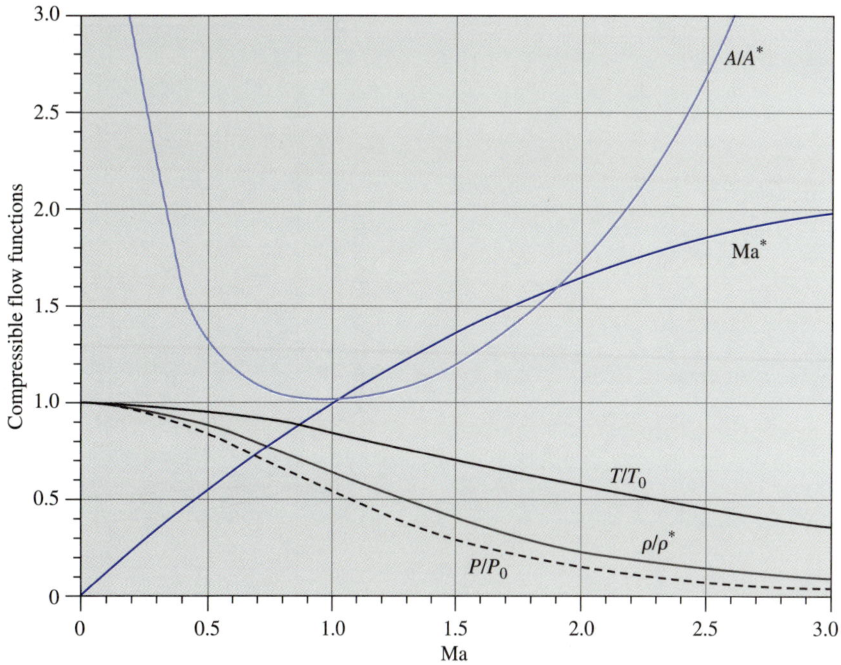

$$T_{01} = T_{02}$$

$$\text{Ma}_2 = \sqrt{\frac{(k-1)\text{Ma}_1^2 + 2}{2k\text{Ma}_1^2 - k + 1}}$$

$$\frac{P_2}{P_1} = \frac{1 + k\text{Ma}_1^2}{1 + k\text{Ma}_2^2} = \frac{2k\text{Ma}_1^2 - k + 1}{k + 1}$$

$$\frac{\rho_2}{\rho_1} = \frac{P_2/P_1}{T_2/T_1} = \frac{(k+1)\text{Ma}_1^2}{2 + (k-1)\text{Ma}_1^2} = \frac{V_1}{V_2}$$

$$\frac{T_2}{T_1} = \frac{2 + \text{Ma}_1^2(k-1)}{2 + \text{Ma}_2^2(k-1)}$$

$$\frac{P_{02}}{P_{01}} = \frac{\text{Ma}_1}{\text{Ma}_2}\left[\frac{1 + \text{Ma}_2^2(k-1)/2}{1 + \text{Ma}_1^2(k-1)/2}\right]^{(k+1)/[2(k-1)]}$$

$$\frac{P_{02}}{P_1} = \frac{(1 + k\text{Ma}_1^2)[1 + \text{Ma}_2^2(k-1)/2]^{k/(k-1)}}{1 + k\text{Ma}_2^2}$$

표 A-12

***k* = 1.4인 이상기체에 대한 1차원 수직충격파의 함수**

Ma_1	Ma_2	P_2/P_1	ρ_2/ρ_1	T_2/T_1	P_{02}/P_{01}	P_{02}/P_1
1.0	1.0000	1.0000	1.0000	1.0000	1.0000	1.8929
1.1	0.9118	1.2450	1.1691	1.0649	0.9989	2.1328
1.2	0.8422	1.5133	1.3416	1.1280	0.9928	2.4075
1.3	0.7860	1.8050	1.5157	1.1909	0.9794	2.7136
1.4	0.7397	2.1200	1.6897	1.2547	0.9582	3.0492
1.5	0.7011	2.4583	1.8621	1.3202	0.9298	3.4133
1.6	0.6684	2.8200	2.0317	1.3880	0.8952	3.8050
1.7	0.6405	3.2050	2.1977	1.4583	0.8557	4.2238
1.8	0.6165	3.6133	2.3592	1.5316	0.8127	4.6695
1.9	0.5956	4.0450	2.5157	1.6079	0.7674	5.1418
2.0	0.5774	4.5000	2.6667	1.6875	0.7209	5.6404
2.1	0.5613	4.9783	2.8119	1.7705	0.6742	6.1654
2.2	0.5471	5.4800	2.9512	1.8569	0.6281	6.7165
2.3	0.5344	6.0050	3.0845	1.9468	0.5833	7.2937
2.4	0.5231	6.5533	3.2119	2.0403	0.5401	7.8969
2.5	0.5130	7.1250	3.3333	2.1375	0.4990	8.5261
2.6	0.5039	7.7200	3.4490	2.2383	0.4601	9.1813
2.7	0.4956	8.3383	3.5590	2.3429	0.4236	9.8624
2.8	0.4882	8.9800	3.6636	2.4512	0.3895	10.5694
2.9	0.4814	9.6450	3.7629	2.5632	0.3577	11.3022
3.0	0.4752	10.3333	3.8571	2.6790	0.3283	12.0610
4.0	0.4350	18.5000	4.5714	4.0469	0.1388	21.0681
5.0	0.4152	29.000	5.0000	5.8000	0.0617	32.6335
∞	0.3780	∞	6.0000	∞	0	∞

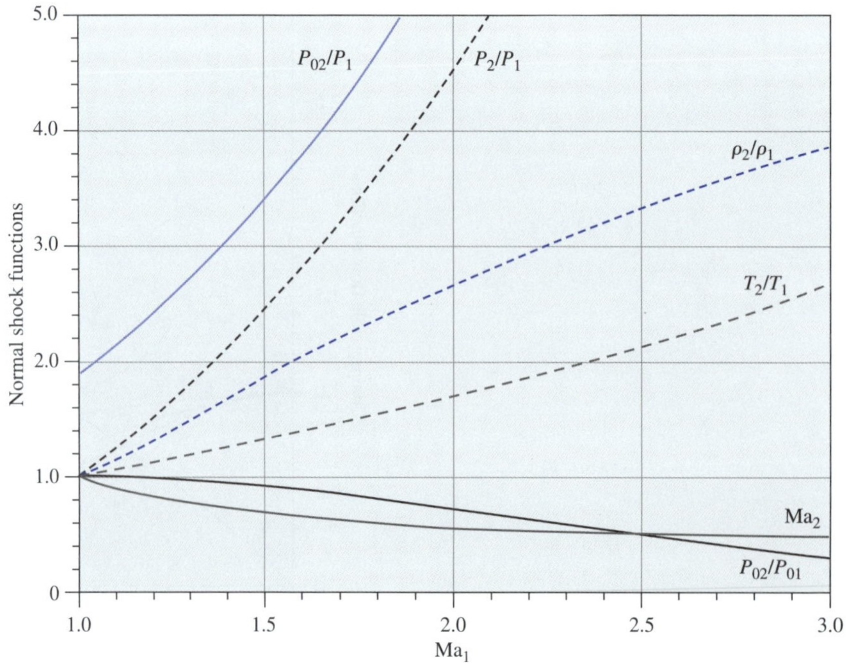

참고문헌

1장

1. American Society for Testing and Materials. *Standards for Metric Practice*. ASTM E 380-79, January 1980.
2. G. M. Homsy, H. Aref, K. S. Breuer, S. Hochgreb, J. R. Koseff, B. R. Munson, K. G. Powell, C. R. Robertson, and S. T. Thoroddsen. *Multi-Media Fluid Mechanics* (CD). Cambridge: Cambridge University Press, 2000.
3. M. Van Dyke. *An Album of Fluid Motion*. Stanford, CA: The Parabolic Press, 1982.
4. J. D. Anderson *Modern Compressible Flow with Historical Perspective*, 3rd ed. New York: McGraw-Hill, 2003.
5. E. C. Bingham. "An Investigation of the Laws of Plastic Flow," *U.S. Bureau of Standards Bulletin*, 13, pp. 309-353, 1916.
6. Y. A. Cengel and M. A. Boles. *Thermodynamics: An Engineering Approach*, 6th ed. New York: McGraw-Hill, 2011.
7. D. C. Giancoli. *Physics*, 3rd ed. Upper Saddle River, NJ: Prentice Hall, 1991.
8. Y. S. Touloukian, S. C. Saxena, and P. Hestermans. *Thermophysical Properties of Matter, The TPRC Data Series*, Vol. 11, Viscosity. New York: Plenum, 1975.
9. L. Trefethen. "Surface Tension in Fluid Mechanics." In *Illustrated Experiments in Fluid Mechanics*. Cambridge, MA: MIT Press, 1972.
10. The U.S. *Standard Atmosphere*. Washington, DC: U.S. Government Printing Office, 1976.
11. M. Van Dyke. *An Album of Fluid Motion*. Stanford, CA: Parabolic Press, 1982.
12. C. L. Yaws, X. Lin, and L. Bu. "Calculate Viscosities for 355 Compounds. An Equation Can Be Used to Calculate Liquid Viscosity as a Function of Temperature," *Chemical Engineering*, 101, no. 4, pp. 1110-1128, April 1994.
13. C. L. Yaws. *Handbook of Viscosity*. 3 Vols. Houston, TX: Gulf Publishing, 1994.

2장

1. F. P. Beer, E. R. Johnston, Jr., E. R. Eisenberg, and G. H. Staab. *Vector Mechanics for Engineers, Statics*, 10th ed. New York: McGraw-Hill, 2012.
2. D. C. Giancoli. *Physics*, 6th ed. Upper Saddle River, NJ: Prentice Hall, 2012.

3장

1. R. J. Adrian. "Particle-Imaging Technique for Experimental Fluid Mechanics," *Annual Reviews in Fluid Mechanics*, 23, pp. 261-304, 1991.
2. J. M. Cimbala, H. Nagib, and A. Roshko. "Large Structure in the Far Wakes of Two-Dimensional Bluff Bodies," *Journal of Fluid Mechanics*, 190, pp. 265-298, 1988.
3. R. J. Heinsohn and J. M. Cimbala. *Indoor Air Quality Engineering*. New York: Marcel-Dekker, 2003.
4. P. K. Kundu and I. M. Cohen. *Fluid Mechanics*. Ed. 5, London, England: Elsevier Inc. 2011.
5. W. Merzkirch. *Flow Visualization*, 2nd ed. Orlando, FL: Academic Press, 1987.
6. G. S. Settles. *Schlieren and Shadowgraph Techniques: Visualizing Phenomena in Transparent Media*. Heidelberg: Springer-Verlag, 2001.
7. M. Van Dyke. *An Album of Fluid Motion*. Stanford, CA: The

Parabolic Press, 1982.

8. F. M. White. *Viscous Fluid Flow*, 3rd ed. New York: McGraw-Hill, 2005.

4장

1. R. C. Dorf, ed. in chief. *The Engineering Handbook*. 2nd ed. Boca Raton, FL: CRC Press, 2004.
2. R. L. Panton. *Incompressible Flow*, 3rd ed. New York: Wiley, 2005.
3. M. Van Dyke. *An Album of Fluid Motion*. Stanford, CA: The Parabolic Press, 1982.

5장

1. P. K. Kundu and I. M. Cohen, and D. R. Dowling. *Fluid Mechanics*, ed. 5. San Diego, CA: Academic Press, 2011.
2. Terry Wright, *Fluid Machinery: Performance, Analysis, and Design*, Boca Raton, FL: CRC Press, 1999.

6장

1. D. C. Montgomery. *Design and Analysis of Experiments*, 8th ed. New York: Wiley, 2013.
2. J. P. Holman. *Experimental Methods for Engineers*, 7th ed. New York: McGraw-Hill, 2001.

7장

1. H. S. Bean (ed.). *Fluid Meters: Their Theory and Applications*, 6th ed. New York: American Society of Mechanical Engineers, 1971.
2. M. S. Bhatti and R. K. Shah. "Turbulent and Transition Flow Convective Heat Transfer in Ducts." *In Handbook of Single-Phase Convective Heat Transfer*, ed. S. Kakaç, R. K. Shah, and W. Aung. New York: Wiley Interscience, 1987.
3. B. T. Cooper, B.N. Rosxelle, T. C. Long, S. Deutsch, and K. B. Manning. "The 12 cc Penn State pulsatile pediatric ventricular assist device: fluid dynamics associated with valve selection." *J. of Biomechonicol Engineering*. 130(2008) pp. 041019.
4. C. F. Colebrook. "Turbulent Flow in Pipes, with Particular Reference to the Transition between the Smooth and Rough Pipe Laws," *Journal of the Institute of Civil Engineers London*. 11 (1939), pp. 133-156.
5. F. Durst, A. Melling, and J. H. Whitelaw. *Principles and Practice of Laser-Doppler Anemometry*, 2nd ed. New York: Academic, 1981.
6. *Fundamentals of Orifice Meter Measurement*. Houston, TX: Daniel Measurement and Control, 1997.
7. S. E. Haaland. "Simple and Explicit Formulas for the Friction Factor in Turbulent Pipe Flow," *Journal of Fluids Engineering*, March 1983, pp. 89-90.
8. I. E. Idelchik. *Handbook of Hydraulic Resistance*, 3rd ed. Boca Raton, FL: CRC Press, 1993.
9. W. M. Kays, M. E. Crawford B. Weigand. *Convective Heat and Mass Transfer*, 4th ed. New York: McGraw-Hill, 2004.
10. K. B. Manning, L. H. Herbertson, A. A. Fontaine, and S. S. Deutsch. "A detailed fluid mechanics study of tilting disk mechanical heart valve closure and the implications to blood damage." *J. Biomech. Eng*. 130(4) (2008), pp. 041001-1-4.
11. R. W. Miller. *Flow Measurement Engineering Handbook*, 3rd ed. New York: McGraw-Hill, 1997.
12. L. F. Moody. "Friction Factors for Pipe Flows," *Transactions of the ASME* 66 (1944), pp. 671-684.
13. G. Rosenberg, W. M. Phillips, D. L. Landis, and W. S. Pierce. "Design and evaluation of the Pennsylvania State University mock circulatory system." *ASAIO J*. 4(1981) pp. 41-49.
14. O. Reynolds. "On the Experimental Investigation of the Circumstances Which Determine Whether the Motion of Water Shall Be Direct or Sinuous, and the Law of Resistance in Parallel Channels." *Philosophical Transactions of the Royal Society of London*, 174 (1883), pp. 935-982.
15. H. Schlichting. *Boundary Layer Theory*, 7th ed. New York:

McGraw-Hill, 2000.

16. R. K. Shah and M. S. Bhatti. "Laminar Convective Heat Transfer in Ducts." In *Handbook of Single-Phase Convective Heat Transfer*, ed. S. Kakaç, R. K. Shah, and W. Aung. New York: Wiley Interscience, 1987.
17. P. L. Skousen. *Valve Handbook*. New York: McGraw-Hill, 1998.
18. P. K. Swamee and A. K. Jain. "Explicit Equations for Pipe-Flow Problems," *Journal of the Hydraulics Division. ASCE* 102, no. HY5 (May 1976), pp. 657-664.
19. G. Vass. "Ultrasonic Flowmeter Basics," *Sensors*, 14, no. 10 (1997).
20. A. J. Wheeler and A. R. Ganji. *Introduction to Engineering Experimentation*. Englewood Cliffs, NJ: Prentice-Hall, 1996.
21. W. Zhi-qing. "Study on Correction Coefficients of Laminar and Turbulent Entrance Region Effects in Round Pipes," *Applied Mathematical Mechanics*, 3 (1982), p. 433.

8장

1. D. E. Coles. "The law of the Wake in the Turbulent Boundary Layer," *J. Fluid Mechanics*, 1, pp. 191-226.
2. R. J. Heinsohn and J. M. Cimbala. *Indoor Air Quality Engineering*. New York: Marcel-Dekker, 2003.
3. P. K. Kundu, I. M. Cohen., and D. R. Dowling. *Fluid Mechanics*, ed. 5. San Diego, CA: Academic Press, 2011.
4. R. L. Panton. *Incompressible Flow*, 3rd ed. New York: Wiley, 2005.
5. M. Van Dyke. *An Album of Fluid Motion*. Stanford, CA: The Parabolic Press, 1982.
6. F. M. White. *Viscous Fluid Flow*, 3rd ed. New York: McGraw-Hill, 2005.
7. G. T. Yates. "How Microorganisms Move through Water," *American Scientist*, 74, pp. 358-365, July-August, 1986.

9장

1. I. H. Abbott. "The Drag of Two Streamline Bodies as Affected by Protuberances and Appendages," *NACA Report* 451, 1932.
2. I. H. Abbott and A. E. von Doenhoff. *Theory of Wing Sections, Including a Summary of Airfoil Data*. New York: Dover, 1959.
3. I. H. Abbott, A. E. von Doenhoff, and L. S. Stivers. "Summary of Airfoil Data," *NACA Report* 824, Langley Field, VA, 1945.
4. J. D. Anderson. *Fundamentals of Aerodynamics*, 5th ed. New York: McGraw-Hill, 2010.
5. R. D. Blevins. *Applied Fluid Dynamics Handbook*. New York: Van Nostrand Reinhold, 1984.
6. S. W. Churchill and M. Bernstein. "A Correlating Equation for Forced Convection from Gases and Liquids to a Circular Cylinder in Cross Flow," *Journal of Heat Transfer* 99, pp. 300?06, 1977.
7. S. Goldstein. *Modern Developments in Fluid Dynamics*. London: Oxford Press, 1938.
8. J. Happel and H. Brenner. *Low Reynolds Number Hydrodynamics with Special Applications to Particulate Media*. Norwell, MA: Kluwer Academic Publishers, 2003.
9. S. F. Hoerner. *Fluid-Dynamic Drag*. [Published by the author.] Library of Congress No. 64, 1966.
10. J. D. Holmes. *Wind Loading of Structures* 2nd ed. London: Spon Press (Taylor and Francis), 2007.
11. G. M. Homsy, H. Aref, K. S. Breuer, S. Hochgreb, J. R. Koseff, B. R. Munson, K. G. Powell, C. R. Roberston, S. T. Thoroddsen. *Multi-Media Fluid Mechanics* (CD) 2nd ed. Cambridge University Press, 2004.
12. W. H. Hucho. *Aerodynamics of Road Vehicles* 4th ed. London: Butterworth-Heinemann, 1998.
13. H. Schlichting. *Boundary Layer Theory*, 7th ed. New York: McGraw-Hill, 1979.
14. M. Van Dyke. *An Album of Fluid Motion*. Stanford, CA: The Parabolic Press, 1982.
15. J. Vogel. *Life in Moving Fluids*, 2nd ed. Boston: Willard Grand Press, 1994.
16. F. M. White. *Fluid Mechanics*, 7th ed. New York: McGraw-Hill, 2010.

10장

1. J. D. Anderson. *Modern Compressible Flow with Historical Perspective*, 3rd ed. New York: McGraw-Hill, 2003.
2. Y. A. Çengel and M. A. Boles. *Thermodynamics: An Engineering Approach*, 7th ed. New York: McGraw-Hill, 2011.
3. H. Cohen, G. F. C. Rogers, and H. I. H. Saravanamuttoo. *Gas Turbine Theory*, 3rd ed. New York: Wiley, 1987.
4. W. J. Devenport. Compressible Aerodynamic Calculator, http://www.aoe.vt.edu/~devenpor/aoe3114/calc.html.
5. R. W. Fox and A. T. McDonald. *Introduction to Fluid Mechanics*, 8th ed. New York: Wiley, 2011.
6. H. Liepmann and A. Roshko. *Elements of Gas Dynamics, Dover Publications*, Mineola, NY, 2001.
7. C. E. Mackey, responsible NACA officer and curator. *Equations, Tables, and Charts for Compressible Flow*. NACA Report 1135.
8. A. H. Shapiro. *The Dynamics and Thermodynamics of Compressible Fluid Flow*, vol. 1. New York: Ronald Press Company, 1953.
9. P. A. Thompson. *Compressible-Fluid Dynamics*, New York: McGraw-Hill, 1972.
10. United Technologies Corporation. *The Aircraft Gas Turbine and Its Operation*, 1982.
11. M. Van Dyke, *An Album of Fluid Motion*. Stanford, CA: The Parabolic Press, 1982.
12. F. M. White. *Fluid Mechanics*, 7th ed. New York: McGraw-Hill, 2010.

11장

1. P. Ackers et al. *Weirs and Flumes for Flow Measurement*. New York:Wiley, 1978.
2. B. A. Bakhmeteff. *Hydraulics of Open Channels*. New York: McGraw-Hill, 1932.
3. M. H. Chaudhry. *Open Channel Flow*. Upper Saddle River, NJ: Prentice Hall, 1993.
4. V. T. Chow. *Open Channel Hydraulics*. New York: McGraw-Hill, 1959.
5. R. H. French. *Open Channel Hydraulics*. New York: McGraw-Hill, 1985.
6. F. M. Henderson. *Open Channel Flow*. New York: Macmillan, 1966.
7. C. C. Mei. *The Applied Dynamics of Ocean Surface Waves*. New York:Wiley, 1983.
8. U. S. Bureau of Reclamation. "Research Studies on Stilling Basins, Energy Dissipaters, and Associated Appurtenances," Hydraulic Lab Report Hyd.-399, June 1, 1955.

12장

1. ASHRAE (American Society of Heating, Refrigerating and Air Conditioning Engineers, Inc.). *ASHRAE Fundamentals Handbook*, ASHRAE, 1791 Tullie Circle, NE, Atlanta, GA, 30329; editions every four years: 1993, 1997, 2001, etc.
2. L. F. Moody. "The Propeller Type Turbine," *ASCE Trans.*, 89, p. 628, 1926.
3. Earl Logan, Jr., ed. *Handbook of Turbomachinery*. New York: Marcel Dekker, Inc., 1995.
4. A. J. Glassman, ed. *Turbine Design and Application*. NASA Sp-290, NASA Scientific and Technical Information Program. Washington, DC, 1994.
5. D. Japikse and N. C. Baines. *Introduction to Turbomachinery*. Norwich, VT: Concepts ETI, Inc., and Oxford: Oxford University Press, 1994.
6. Earl Logan, Jr. *Turbomachinery: Basic Theory and Applications*, 2nd ed. New York: Marcel Dekker, Inc., 1993.
7. R. K. Turton. *Principles of Turbomachinery*, 2nd ed. London: Chapman & Hall, 1995.
8. Terry Wright. *Fluid Machinery: Application, Selection, and Design*. Boca Raton, FL: CRC Press, 2009.
9. J. F. Manwell, J. G. McGowan, and A. L. Rogers. *Wind Energy Explained-Theory, Design, and Application*, 2nd ed. West Sussex, England: John Wiley & Sons, LTC, 2010.
10. M. L. Robinson. "The Darrieus Wind Turbine for Electrical Power Generation," J. Royal Aeronautical Society, Vol. 85, pp. 244-255, June 1981.

13장

1. C-J. Chen and S-Y. Jaw. *Fundamentals of Turbulence Modeling*. Washington, DC: Taylor & Francis, 1998.
2. J. M. Cimbala, H. Nagib, and A. Roshko. "Large Structure in the Far Wakes of Two-Dimensional Bluff Bodies," *Fluid Mech*., 190, pp. 265-98, 1988.
3. S. Schreier. *Compressible Flow*. New York: Wiley-Interscience, Chap. 6 (Transonic Flow), pp. 285-93, 1982.
4. J. C. Tannehill, D. A. Anderson, and R. H. Pletcher. *Computational Fluid Mechanics and Heat Transfer*, 3rd ed. Washington, DC: Taylor & Francis, 2012.
5. H. Tennekes and J. L. Lumley. *A First Course in Turbulence*. Cambridge, MA: The MIT Press, 1972.
6. D. J. Tritton. *Physical Fluid Dynamics*. New York: Van Nostrand Reinhold Co., 1977.
7. M. Van Dyke. *An Album of Fluid Motion*. Stanford, CA: The Parabolic Press, 1982.
8. F. M. White. *Viscous Fluid Flow*, 3rd ed. New York: McGraw-Hill, 2005.
9. D. C. Wilcox. *Turbulence Modeling for CFD*, 3rd ed. La Canada, CA: DCW Industries, Inc., 2006.
10. C. H. K. Williamson. "Oblique and Parallel Modes of Vortex Shedding in the Wake of a Circular Cylinder at Low Reynolds Numbers," *J. Fluid Mech*., 206, pp. 579-27, 1989.
11. Tu, J., Yeoh, G.H., and Liu, C. *Computational Fluid Dynamics: A Practical Approach*. Burlington, MA: Elsevier, 2008.

용어해설

초청 저자: James G. Brasseur, The Pennsylvania State University

강성적 상태량(intensive property) 총 체적이나 질량에 무관한 유체 상태량(즉, 단위 질량 또는 단위 체적당 **종량적 상태량**).

강제 유동(forced flow) 외력에 의한 유동. 예를 들면, 펌프로 구동되는 액체 유동이나 송풍기로 구동되는 컴퓨터 부품 냉각용 공기 유동이 있다. 이에 반해 **자연 유동**이란 중력장에서 유체 내의 온도(밀도)차에 의해 구동되는 부력의 결과이다. 예를 들면, 인체 주위나 대기에서 관측되는 부력 플룸 등이 있다.

검사체적(control volume) 유체의 유출입이 가능한 해석을 위한 체적. **열린 시스템**(**시스템** 참조) 이라고도 함.

경계 조건(boundary condition) 속도, 온도 등 유동장 변수를 지배 방정식으로부터 구하기 위해서는 표면에서 변수의 함수를 규정할 필요가 있다. 이러한 수학적 표현을 경계 조건이라고 한다. 유동 속도가 벽면 속도와 반드시 같아야 하는 점착 조건은 속도장을 구하기 위해 Navier-Stokes 방정식과 함께 사용하는 경계 조건의 한 예이다.

경계층(boundary layer) 높은 Reynolds **수**에서 고체 표면에서 얇은 "경계층"이 형성된다(**점착 조건** 참조). 경계층은 높은 전단력으로 특징지어지고 경계층 내에서는 **마찰력**, **전단응력**, **와도** 등이 현저하다. 경계층 내에서 크기가 작은 항들을 생략하여 단순화된 Navier-Stokes 방정식은 **경계층 방정식**이라고 한다. 또한 **비회전** 또는 **비점성** 유동에 둘러싸인 얇은 경계층을 가정하여 근사하는 것을 **경계층 근사**라고 한다.

경계층 두께의 척도(boundary layer thickness measures) 유체 유동 해석에 사용되는 경계층 두께에는 여러 가지 척도가 있다. 이들은 다음과 같다.

> **경계층 두께(boundary layer thickness)** 경계층을 정의하는 점성층의 전체 두께[표면으로부터 변(edge)까지]. 변을 정확히 정의하는 것은 어렵다. 주로 경계층 속도가 자유흐름 속도의 몇 %가 되는 곳으로 정의한다(예를 들면, δ_{99}는 벽 면에서 유동방향 속도 성분이 자유흐름 속도의 99%가 되는 곳까지 거리이다).
>
> **배제두께(displacement thickness)** 마찰로 인한 질량 감소의 결과로 유선이 표면으로부터 휜 정도를 정량화한 경계층 두께의 척도. 베제두께(δ^*)란 이러한 질량결핍층의 두께를 의미한다. 모든 경계층에서 $\delta^* < \delta$이다.
>
> **운동량 두께(momentum thickness)** 전단응력으로 인한 표면근처의 운동량 결핍을 정량화한 두께. Newton의 제2법칙에 의하면, 힘은 운동량 변화의 시간변화율이므로 운동량두께(θ)는 벽면 전단응력과 비례한다. 모든 경계층에서 $\theta < \delta^*$이다.

계기 압력(gage pressure) 대기압(P_{atm})에 상대적인 **압력**(P). 즉 $P_{gage} = P - P_{atm}$이다. **응력**, **압력응력** 참조. 따라서 $P_{gage} > 0$이나 $P_{gage} < 0$은 단순히 대기압 이상 또는 이하를 의미한다.

고체(solid) 전단력이 작용했을 때 일정 한도까지 변형하거나 파괴되는 물체. **유체** 참조.

공기역학(aerodynamics) **유체역학**을 하늘, 땅, 물속에서 움직이는 물체에 적용함. 때로는 물이나 다른 액체 중에서 움직이는 물체(**수역학**)에 대비하여 공기 중을 비행하는 물체로 국한하기도 한다.

공동현상(cavitation) 액체의 압력이 **증기압** 이하로 낮아짐으로 인한 액체 내 증기 기포 발생 현상.

관성(inertia/inertial) Newton 제2법칙의 가속도항. 따라서 관성이 큰 유동은 멈추는 데 큰 감속이 필요하다.

관성저층(inertial sublayer) 난류 경계층에서 벽면 부근 **점성저층**과 **완충층** 바깥쪽의 심한 난류 영역. **난류응력**이 **점성응력**보다 크다.

구배선(grade lines) **수두**를 합한 선.

> **수력구배선(hydraulic grade line)** **압력 수두**와 **위치 수두**를 합한 선. **수두** 참조.
>
> **에너지구배선(energy grade lines)** **압력 수두**, **속도 수두**, **위치 수두**를 합한 선. **수두** 참조.

구성 방정식(constitutive equations) **물리 보존 법칙** 내의 물리 변수와 예측하고자 하는 방정식 내의 물리 변수들 사이의 경험적 관계. 예를 들면, 온도로 쓰여진 에너지 방정식은 **열유속** 벡터를 포함한다. 경험적으로 대부분의 물질에서 열유속은 온도구배와 비례한다는 사실(Fourier의 법칙)을 알고 있다. **유체 입자**에 적용된 Newton**의 법칙**에서 **점성응력 텐서**(**응력** 참조)는 속도의 함수로 나타나야 한다. 가장 일반적인 점성응력의 구성 관계식은

뉴턴 유체에 대한 것이다. **유변학** 참조.

구심가속도(centripetal acceleration) 물질 입자 속도의 방향(벡터) 변화와 관련된 가속도.

그림자 기법(shadowgraph technique) 유체의 밀도 변화에 따른 빛의 굴절에 기초한 유동가시화 기법. shadowgraph 영상의 휘도는 밀도의 2차 공간도함수와 대응한다.

극초음속(hypersonic) 음속보다 훨씬 큰 속도 (Mach 수 >> 1).

기압계(barometer) 대기압을 측정하는 장치.

기체역학(gas dynamics) 물리학의 거시적 보존 법칙을 활용한 기체와 증기에 대한 연구 및 해석(**유체 역학/동역학** 참조).

난류 모델(turbulence models) 난류 유동에서 Reynolds **응력**과 평균 속도장 사이의 구성 모델 관계식으로 평균 속도 방정식을 풀기 위해 필요하다. 간단하고 널리 사용되는 모델은 Reynolds 응력을 뉴턴 유체의 점성응력처럼 평균 변형률에 비례한다고 가정하고, 비례상수를 **난류 점성계수** 또는 **에디 점성계수**라고 한다. 하지만 뉴턴 유체와는 달리 에디 점성계수는 유동 자체의 함수이고, 어떻게 유동 변수와 관련시키느냐에 따라 여러 종류의 에디 점성계수 모델이 있다. 한 가지 고전적인 방법은 에디 점성계수를 **혼합 길이**로 모델링하는 방법이다.

난류 유동(turbulent flow) 불안정하고 무질서한, **비정상**이고 넓은 범위 크기의 에디를 포함하는 **와류** 유동. 난류 유동의 Reynolds **수**는 1보다 훨씬 큰 임계값 이상이다. 난류 유동에서는 **층류 유동**에 비하여 혼합이 촉진되고, 표면 전단응력과 수두 손실이 크게 증가한다.

난류응력(turbulent stress) Reynolds **응력** 참조.

난류점성계수(turbulent viscosity) **난류 모델** 참조.

날개 끝 와류(tip vortex) 비행기 날개의 끝에서 양력의 결과로 형성되는 **와류**. **뒷전 와류**(trailing vortex)와 동의어. **항력** 참조.

뉴턴 유체(Newtonian fluid) 유체에 **전단응력**이 작용하면 연속하여 변형한다. 뉴턴 유체에서는 변형률이 가해진 응력과 비례하고, 이때 비례상수가 **점성계수**이다. 일반 유동에서 **유체 입자**의 변형률은 **변형률** 텐서로 기술되고, **응력**은 **응력 텐서**로 기술된다. 뉴턴 유체에서 **응력 텐서**는 변형률 텐서에 비례하고, 비례상수가 점성계수이다. 입자나 고분자를 포함하지 않은 대부분의 유체(물, 오일, 가솔린, 공기, 대부분의 기체와 증기)는 뉴턴 유체이다.

단열 과정(adiabatic process) 열전달이 없는 과정.

대류가속도(convective acceleration) **흐름대류가속도**와 동의어. Euler 좌표계에서는 **유체 입자**의 가속도를 산정하기 위해 속도의 편미분에 이 값을 더해야 한다. 예를 들면, **정상 유동**에서 축소부를 지나는 유체 입자는 가속되지만, 시간도함수는 0이다. 유체가 속도를 산정하기 위해서(Newton**의 제2법칙**) 추가되는 대류가속도항은 **대류도함수**라고 한다. Euler **기술방법**, Lagrange **기술방법**, **물질도함수**, **정상 유동** 참조.

동력(power) 단위 시간당 **일**.

동압(dynamic pressure) **비압축성 정상 유동**에서 Bernoulli **방정식**과 유선을 따르는 **에너지 보존 방정식**을 힘/면적 **차원**으로 기술했을 때 나타나는 **운동 에너지**(단위 체적당)항 ($\frac{1}{2}\rho V^2$)이 동압이다.

동역학(dynamics) **정역학**과 비교하여 움직이는 물체에 Newton 제2법칙을 적용한다. **운동학**과 비교하여 Newton의 힘의 평형 법칙을 통해 힘과 가속도를 다룬다.

동점성계수(kinematic viscosity) 유체 **점성계수**를 밀도로 나누어 얻은 점성계수.

등분포도(contour plot) **유동장** 내의 일정 변수값을 선으로 그리는 방법이다. 예를 들면, **유선**이란 **2차원** 비압축성 정상 유동에서 **유동함수**값이 같은 선들이다.

레이저 도플러 속도계(laser Doppler velocimetry, LDV) 레이저 도플러 유속계(LDA)라고도 함. 두 레이저 광선을 겹치게 함으로써 형성되는 목표 체적을 작은 입자가 통과할 때 얻어지는 도플러 편이를 근거로 한 유속 측정 장치. **열선**이나 **열필름 유속계**와는 달리, 그러나 **입자 영상 속도계**와는 유사하게, 유동 간섭이 없다.

마찰계수(friction factor) **차원해석**과 **운동량 보존**으로부터 파이프 압력 강하의 마찰 손실 부분을 **동압**($\frac{1}{2}\rho V^2_{avg}$)으로 무차원화하면 길이와 직경의 비($L/D$)에 비례함을 알 수 있다. 이때 비례상수 f를 마찰계수라고 한다. 마찰계수는 실험식에서 실험(난류)이나 이론(층류)으로 구하고, 실험식이나 Moody **선도**에서는 Reynolds 수와 무차원 조도의 함수로 표현된다. 운동량 방정식을 사용하여 마찰계수가 무차원 벽면 전단응력(**표면마찰**)과 비례함을 보일 수 있다.

마찰이 없는 유동(frictionless flow) 때로는 마찰항이 없는 운동량이나 에너지 방정식을 사용하여 유체 유동을 다룬다. 마찰이 없다는 것은 **점성력**(Newton **제2법칙**)이나 **점성소산**(**열역학 제1법칙**)이 없다는 것이다. 하지만 실제 유동은 점성력, 소산, 수두 손실이 있고, 따라서 마찰의 영향이 집중되는 영역을 찾아내야 한다. 또한 예측 모델 개발 시는 점성 영역이 미치는 영향을 고려하여 단순화에 따른 오차를 산정해야 한다. 높은 Reynolds **수**에서 경계층, **후류**, **제트**, **전단층**, **와류** 주위 영역 등이 마찰 영역에 포함된다.

무차원화(nondimensionalization) 차원이 있는 변수를 동일 차원을 가진 **척도 매개변수**(한 개의 변수 또는 변수들의 조합)로 나누어 무차원화하는 과정. 예를 들면, 움직이는 공에 작용하는 표면 압력은 ρV^2(ρ: 밀도, V: 자유흐름 속도)으로 나누어 무차원화할 수 있다. **정규화** 참조.

물질도함수(material derivative) **전**(total) **도함수**, **실질**(substantial) **도함수**, **입자**(particle)**도함수**와 동의어. **유체 입자**와 같이 움직이

는 유체 변수(온도, 속도 등)의 시간변화율을 의미한다. 예를 들면, 임의의 위치(x, y, z)와 시간(t)에서 온도의 물질도함수는 그 위치와 그 시간에서 움직이는 입자에 부착된 온도의 시간도함수이다. **Lagrange 좌표계**(움직이는 입자에 부착된 좌표계)에서 입자온도 $T_{particle}$은 시간만의 함수이므로 시간도함수는 물질도함수 $dT_{particle}(t)/dt$가 된다. Euler 좌표계에서는 온도장 $T(x, y, z, t)$가 위치 (x, y, z)와 시간 t에 관련되므로 **물질도함수**는 시간에 대한 편미분항과 **대류도함수**를 포함한다. $dT_{particle}/dt \equiv DT(x, y, z, t)/Dt = \partial T/\partial t + \vec{V} \cdot \vec{\nabla} T$. **장**(field) 참조.

뭉툭한 물체(bluff or blunt body) 뭉툭한 후방을 가진 움직이는 물체. 뭉툭한 물체 후방에는 큰 **유동 박리**로 인한 **후류**가 형성된다.

받음각(angle of attack) 자유흐름 속도 벡터와 에어포일 또는 날개가 이루는 각도.

변형률(strain rate) **변형의 시간당 변화율**(deformation rate)이라고도 함. **유체 입자**가 주어진 위치와 시간에서 변형(형상의 변화)하는 비율이다. **3차원** 유체 입자의 형상 변화를 모두 기술하기 위해서는 3 ×3 대칭행렬로 나타나는 6개의 독립 성분의 변형률 텐서가 필요하다. 변형량이란 변형률을 시간적분한 값으로, 유체입자의 일정 시간 동안의 변형을 의미한다. **응력** 참조.

신장변형률(extensional strain rate) 좌표계의 한 방향으로 **유체 입자**가 신장되거나 압축되는 것을 나타내는 변형률. 이들은 변형률 텐서의 세 대각선 요소들이다. 신장 변형의 정의는 좌표축의 선정에 따라 달라진다. **선형변형률**이라고도 한다.

전단변형률(shear strain rate) 전단력의 작용으로 상호 직교하는 평면 사이의 각의 변화로 나타나는 **유체 입자**의 변형을 기술하는 변형률. 이들은 변형률 텐서의 비 대각선 요소들이다. 전단변형량의 정의는 좌표축의 선정에 따라 달라진다.

체적변형률(volumetric strain rate) 단위 체적당 **유체 입자** 체적의 변화율. 체적변형률(bulk strain rate), 체적 팽창률(rate of volumetric dilatation)이라고도 한다.

보존 법칙(conservation laws) 모든 공학 해석이 기초한 법칙으로 질량, 운동량, 에너지, 엔트로피와 같은 물질 상태량은 힘, 일, **열전달**과 같은 물리적 상태량과 평형을 맞추어 변화해야 한다는 법칙이다. 이 법칙은 경계 조건, 초기 조건, 구성 관계식과 함께 수학적 형태로 기술된다.

에너지 보존 법칙(conservation of energy principle) **열역학 제1법칙**으로 일정한 질량(**시스템**) 내 총 **에너지**의 시간 변화율은 질량에 행해진 일과 질량으로 전달된 **열 에너지**와 평형을 이룬다는 물리 기본 법칙이다. **주:** 시스템 내 유체 질량의 질량, 운동량, 에너지의 시간도함수는 **Reynolds 수송정리**를 사용하여 **검사체적** 내의 값들로 변환할 수 있다.

운동량 보존 법칙(conservation of momentum) **Newton의 제2운동 법칙**으로, 일정한 질량(**시스템**)의 운동량의 시간 변화율은 질량에 작용하는 모든 힘의 합과 평형을 이룬다는 물리 기본 법칙이다.

질량 보존 법칙(conservation of mass principle) 같은 원자와 분자를 포함하는 체적(**시스템**) 내의 질량은 항상 일정하다는 물리 기본 법칙. 따라서 시스템의 질량의 시간 변화율은 0이다. Einstein의 상대성 법칙에 의하면 질량과 에너지는 교환이 가능하므로 물질의 속도가 광속에 접근하면 이 법칙은 수정되어야 한다.

부력(buoyant force) 유체 중에 잠겨 있는 또는 부분적으로 잠겨 있는 물체에 작용하는 순수 상향 정수압력 힘.

부차적 손실(minor losses) **손실** 참조.

분포도 (profile plot) 유체 상태량(온도, 압력, 변형률 등)의 공간 변화에 대한 그래프 표현. 분포도는 **장**(field)의 일부분에서 상태량 변화를 정의한다. 예를 들면, 온도 분포는 온도장 내의 한 직선을 따른 온도 변화를 정의한다.

속도 분포(velocity profile) 유동 내 속도 성분 또는 벡터의 공간적 변화. 예를 들면, 파이프 유동에서 속도 분포는 파이프 단면에서 반경방향으로 축방향 속도 변화를 정의한다. 또한 **경계층** 속도 분포는 표면에 수직으로 축방향 속도 변화를 정의한다. 속도 분포는 속도장의 일부분이다.

비뉴턴 유체(non-Newtonian fluid) 비뉴턴 유체는 응력에 비선형적으로 변형하는 유체이다. **변형률** 증가에 따라 **점성계수**가 감소하는 전단희박(shear thinning), **변형률** 증가에 따라 **점성계수**가 증가하는 전단농후(shear thickening), 전단력이 제거되었을 때 유체 입자가 예전 상태로 복귀하는 점탄성 유체로 구분된다. 고분자가 포함된 혼합물은 대체로 비뉴턴 유체이다. **뉴턴 유체**, **점성계수** 참조.

비압축성 유동(incompressible flow) 밀도 변화가 무시할 정도로 작은 유체 유동. 유체가 비압축성이거나(액체) Mach 수가 작을 때(Ma < 0.3) 비압축성이 된다.

비점성 유동(inviscid flow) 다른 힘(대표적으로 압력 힘)에 비해 점성력이 현저히 작아 **Newton의 제2법칙**에서 점성력을 무시할 수 있는 유동(점성 유동과 비교하라). 비점성 유동이 꼭 **비회전 유동**일 필요는 없다. **마찰 없는 유동** 참조.

비정상 유동(unsteady flow) 주어진 위치에서 적어도 하나의 유동 변수가 시간에 따라 변하는 유동. 따라서 적어도 유동 내 한 점의 시간 편미분값은 0이 아니다.

비중(specific gravity) 4°C, 대기압의 물의 밀도(1 g/cm^3 또는 1000 kg/m^3)로 무차원화된 유체 밀도. 따라서 비중 SG $= \rho/\rho_{water}$이다.

비중량(specific weight) 단위 체적당 유체 무게. 즉, 유체 밀도와 중력가속도의 곱이다(비중량 $\gamma \equiv \rho g$).

비회전 유동(irrotational flow) 와도(**유체 입자**의 회전)를 무시할 수 있는 유동. **포텐셜 유동**이라고도 함. 비회전 유동은 **비점성**이다.

상사(similarity) 일정 조건이 부합할 때 하나의 유동과 다른 유동을 정량적으로 관련시키는 법칙. 예를 들면, **운동학적** 또는 **역학적 상사** 이전에 **기하학적 상사**가 만족되어야 한다. 두 유동 간의 관계는 차원해석과 데이터(실험 또는 이론, 수치해석)로부터 얻어진다.

기하학적 상사(geometric similarity) 크기가 다른 두 물체의 기하학적 형상이 같다면(즉, 한 물체의 모든 치수가 다른 물체의 치수와 일정비를 이룬다면) 두 물체는 기하학적으로 상사이다.

역학적 상사(dynamic similarity) **기하학적, 운동학적으로 상사**인 두 물체 주위 유동의 각 점에 작용하는 힘(압력, 점성 응력, 중력 등)의 비가 같다면 유동은 **역학적으로 상사**이다.

운동학적 상사(kinematic similarity) **기하학적으로 상사**인 두 물체 주위 유동의 속도비가 모두 같다면 유동은 **운동학적으로 상사**이다.

손실(losses) 파이프 유동의 마찰 **수두 손실**은 관로의 완전발달 유동에 의한 **주 손실**과 다른 부분에서 **부차적 손실**로 구성된다. 부차적 손실부에는 **입구 길이**, 파이프 연결부, 벤드, 밸브 등이 있다. 부차적 손실이 주 손실보다 큰 경우도 드물지 않다.

수두(head) 유체의 등가높이로 표현된 압력, 운동 에너지 등의 양. 하나의 입구와 출구를 가진 중심 **유선** 주위의 **검사체적**에 대한 **정상 유동**의 **에너지 보존** 법칙의 각 항은 길이의 **차원**으로 기술될 수 있다. 이 항들을 수두라고 한다.

속도 수두(velocity head) 수두 형태 **에너지 방정식**에서 **운동 에너지**를 나타내는 항($V^2/2g$).

수두 손실(head loss) 수두 형태 **에너지 방정식** 중 마찰 손실과 기타 비가역성을 나타내는 항. 유선에 대한 에너지 방정식에서 이 항을 무시하면 Bernoulli **방정식**이 된다.

압력 수두(pressure head) 수두 형태 **에너지 방정식** 중 압력을 나타내는 항($p/\rho g$).

위치 수두(elevation head) 수두 형태 **에너지 방정식** 중 중력가속도 벡터와 반대방향으로의 거리를 나타내는 항.

수력구배선(hydraulic grade line) **구배선** 참조.

수리학(hydraulics) 파이프, 덕트, 개수로 내 액체나 증기의 **수역학**. 예를 들면, 물 배관 시스템이나 환기 시스템 등이 있다.

수역학(hydrodynamics) 물리학의 거시 보존 법칙을 활용한 액체에 대한 연구 및 해석(**유체역학/동역학** 참조). 때로 **비압축성** 증기나 기체 유동에도 사용된다. 하지만 공기의 경우 **공기역학**을 주로 사용한다.

시간선(time line) 측정 시간 전에 주입된 염료나 연기가 측정 시간까지 형성한 곡선으로 **속도 분포** 가시화에 종종 활용됨. **유맥선, 유적선, 유선**과는 크게 다름.

시스템(system) 일반적으로 **닫힌 시스템**(closed system)을 의미함.

닫힌 시스템(closed system) 동일한 **유체 입자**를 포함하는 해석을 위한 체적. 따라서 체적을 통한 유체 유출입은 없고 유동과 함께 이동한다. 고체 입자 해석에는 주로 **닫힌 시스템**이 사용된다(자유물체라고도 함).

열린 시스템(open system) 체적의 표면을 통해 유체의 유출입이 가능한 해석용 체적. **검사체적**이라고도 한다.

실속(stall) 날개의 **받음각**이 임계값을 넘어 양력이 급격히 감소하고 항력이 증가하는 현상. 실속이 발생한 항공기는 급히 떨어지고, 따라서 선단을 아래로 향하게 하여 경계층 유동을 재형성시켜 양력을 증가시키고 항력을 감소시켜야 한다.

아음속(subsonic) 음속보다 작은 속도(Mach **수** < 1).

안정성(stability) 물질 입자나 물체(유체, 고체)가 원래 위치에서 조금 이동되었을 때 벗어나거나 돌아오려는 경향을 설명하는 용어.

불안정(unstable) 입자나 물체가 조금 이동되었을 때 원래 위치에서 계속 멀어진다.

안정(stable) 입자나 물체가 조금 이동되었을 때 원래 위치로 돌아온다.

중립적 안정(neutrally stable) 입자나 물체가 조금 이동되었을 때 이동된 위치에 그대로 있다.

압력(pressure) **응력** 참조.

압력 힘(pressure force) 유동 내 압력 구배에 의해 **유체 입자**에 작용하는 힘. **응력** 참조.

압력중심(center of pressure) 표면에 분포된 압력의 유효 작용점. 이 점을 중심으로 압력과 반작용 힘(압력의 합과 같음)에 의한 모멘트의 합은 0이 되어야 한다.

압축성(compressibility) 압력 또는 온도가 변화했을 때 **유체 입자**의 체적이 변화하는 정도.

압축성 계수(coefficient of compressibility) **유체 입자**의 체적 변화에 따른 압력 변화의 비. 이 계수는 압력 변화에 따른 압축성을 정량화한 계수이며, 높은 Mach 수에서 중요하다.

체적 탄성계수(bulk modulus of elasticity) **압축성 계수**와 동의어.

체적 팽창계수(coefficient of volume expansion) **유체 입자**의 온도 변화에 따른 밀도 변화의 비. 이 계수는 온도 변화에 따른 압축성을 정량화한 계수이다.

압축성계수(coefficient of compressibility) **압축성** 참조.

액주계(manometer) 액체에서 정수압 원리에 의해 압력을 측정하는 장치.

양력(lift force) 물체의 운동에 수직한 공기역학적 힘.

양력계수(lift coefficient) 에어포일이나 날개에 작용하는 양력을 자유흐름 유동의 동압과 물체의 평면도면적을 곱한 값으로 무차원화한 계수.

$$C_D \equiv \frac{F_D}{\frac{1}{2}\rho V^2 A}$$

높은 Reynolds 수에서(Re ≫ 1), C_L은 정규화된 변수인 반면, Re ≪ 1에서는 C_L은 무차원이지만 정규화되지는 않았다(**정규화** 참조). **항력계수**도 참조.

에너지 구배선(energy grade line) **구배선** 참조.

에너지(energy) 열역학 제1법칙에서 정의되는 물질의 상태로서 거시적 레벨에서는 일을 통해, 미시적 레벨에서는 열 에너지를 통해 상태가 바뀐다.

- **기계적 에너지(mechanical energy)** 열 에너지를 제외한 에너지. 예를 들면, 운동 에너지 및 위치 에너지.
- **내부 에너지(internal energy)** 물질 내의 원자나 분자, 분자나 원자를 구성하는 미립자들의 미시적 운동과 구조에 의한 에너지.
- **열 에너지(thermal energy)** 분자나 원자의 미시적 운동과 관련된 내부 에너지. 단상 시스템에서 이 에너지는 온도로 나타난다.
- **열전달(heat transfer)** 열(heat)과 **열 에너지**(thermal energy)는 동의어임. 열전달이란 한 위치에서 다른 위치로의 열 에너지 전달을 의미함.
- **운동 에너지(kinetic energy)** 물질의 속력에 의한 거시적(또는 기계적) 에너지.
- **위치 에너지(potential energy)** 중력 방향과 상대적인 물질의 거시적 이동에 의해 변화하는 기계적 에너지.
- **유동 에너지(flow energy)** **유동 일**과 동의어. **유체**에 작용하는 **압력**에 의한 일.
- **일 에너지(work energy)** 힘에 의한 물체의 이동과 관련된 에너지.
- **총 에너지(total energy)** 모든 형태 에너지의 총합. 운동, 위치, 내부 에너지의 합이다. 또는 기계적 에너지와 열 에너지의 합으로 생각할 수 있다.

역학(mechanics) 물리학의 거시적 보존 법칙(질량, 운동량, 에너지, 제2법칙)을 활용한 물질에 대한 연구 및 해석.

연속 방정식(continuity equation) **질량 보존**을 유동 중인 **유체 입자**에 적용해 얻은 수학 방정식.

연속체(continuum) 물질을 연속적인(구멍이 없는) **미소 체적** 요소의 분포로 생각한다. 각 체적요소는 충분히 많은 양의 분자들을 가져야 하며, 따라서 개별 분자를 고려할 필요 없이 분자들의 거시 효과를 모델링할 수 있어야 한다.

열(heat) **에너지** 참조.

열린 시스템(open system) **검사체적**과 동의어.

열선 유속계(hot-wire anemometer) 열선 주위 유동, 와이어 온도, 열선에 공급되는 전류 사이의 관계를 이용하여 국소 기체 속도를 측정하는 장치. **열필름 유속계** 참조.

열역학 제1법칙(first law of thermodynamics) **보존 법칙**, **에너지 보존** 참조.

열필름 유속계(hot-film anemometer) **열선 유속계**와 유사함. 단지 와이어 대신 금속막을 사용함. 주로 액체에 사용됨. 열필름 프로브의 측정부는 열선 프로브보다 크고 단단함.

와도(vorticity) **유체 입자**의 회전율 또는 각속도의 두 배[rad/s의 단위이며, 속도 벡터의 컬(curl)로 주어지는 벡터]. **회전율** 참조.

와류(vortex) 축을 중심으로 회전하는 튜브형 코어 내 와도(**유체 입자**의 회전)가 집중된 유동 구조. 예를 들면, 태풍이나 목욕통 와류 등이 있다. 난류 유동은 다양한 크기와 강도, 방향을 가진 작은 와류들로 가득 차 있다.

와류 유동(vortical flow) **회전 유동**과 동의어로, **와도**가 현저히 큰 유동장을 말한다.

완전발달(fully developed) 유동이 지정된 방향으로 속도장이 변하지 않는 영역을 의미한다. 파이프나 덕트 유동이 완전발달되면 축방향(x 방향)으로 속도장이 일정하고, 따라서 x방향 속도 도함수는 0이 된다. 온도장의 경우는 열적 완전발달 영역이 존재한다. 하지만 속도 분포의 크기와 형상이 x방향으로 일정한 유체역학적 완전발달 영역과는 달리, 열적 완전발달 영역에서는 온도 분포의 형상만이 x방향으로 일정하다. **입구 길이** 참조.

완전 유체(perfect fluid) **이상 유체**라고도 함. 마찰 없이 흐르는 가상 유체로, 실제로는 존재할 수 없음.

완충층(buffer layer) **점성저층**과 **관성저층** 사이의 난류 경계층. **점성응력**이 지배적인 점성저층과 **난류응력**이 지배적인 관성층 사이의 천이 영역이다.

운동량 유속 보정계수(momentum flux correction factor) 검사체적 형태의 **운동량 보존 방정식** 중 운동량 유속을 면적적분하는 과정에서 도입된 보정계수.

운동량(momentum) **물질 입자**(또는 **유체 입자**)의 운동량은 물질 입자의 질량과 속도의 곱이다. 물질 입자의 거시적 체적 운동량은 단위 체적당 운동량을 전 체적에 적분한 값이고, 단위 체적당 운동량은 물질 입자의 밀도와 속도를 곱한 값이다. 운동량은 벡터이다.

운동 에너지 보정계수(kinetic energy correction factor) **검사체적**을 사용하여 **에너지 보존** 방정식을 관 내 유동에 적용하면 운동 에너지 유속을 적분할 필요가 있다. 그 적분은 평균 속도 V_{avg}에 근거한 운동 에너지와 비례한다고 가정된다. 이때 나타나는 오차를 고려하여 운동 에너지 보정계수가 사용된다. 보정계수 α는 **속도 분포** 형상에 따라 달라지는데, **층류** 유동(Poiseuille 유동)의 경우 가장 크고, 높은 Reynolds **수 난류** 파이프 유동에서는 1에 가깝게 된다.

운동학(kinematics) 유체 유동 **운동학**에서는 Newton 제2법칙을 직접 사용하지 않고 질량 보존과 유동과 변형의 관계에 기초하여 방정식을 유도한다.

유관(stream tube) 유선의 집합체. 원형 도입부에서 출발한 수많은 유선이 이루는 관 형상의 표면으로 생각할 수 있다.

유동 박리(flow separation) 유동 방향으로 역압력구배(압력이 증가함)에 의해 **경계층**이 표면으로부터 박리되는 현상. 자동차 후면이나 뭉툭한 물체와 같이 표면의 곡률이 큰 경우에 발생한다.

유동 일(flow work) 유동에 미치는 압력 힘과 관련된 일. **에너지** 참조.

유동함수(stream function) 2차원 정상 비압축성 유동의 두 속도 성분은 하나의 **2차원** 함수 ψ로 정의될 수 있는데, 이 함수는 질량 보존(연속 방정식)을 자동적으로 만족하고, 두 속도장의 해를 하나의 유동함수의 해로 바꾼다. 두 속도 성분은 유동함수의 공간도함수로 정의되고, 유동함수의 **등분포도**는 **유선**으로 정의된다.

유맥선(streakline) 유동가시화에 사용되는 용어로, 유동 중 한 점에서 염료나 연기를 주입함으로써 얻어지는 곡선이다. 정상 유동의 경우 **유선**, **유적선**, **유맥선**은 일치한다. 하지만 비정상 유동에서는 세 곡선이 서로 다르다.

유변학(rheology) 표면력 또는 **응력**에 대한 유체의 변형에 대한 연구 또는 수학적 표현. 응력과 변형률의 수학적 관계는 **구성 방정식**이라고 한다. **응력**과 **변형률**에 대한 Newton 관계식은 유변학적 구성 방정식의 가장 간단한 예이다. **뉴턴 유체**, **비뉴턴 유체** 참조.

유선(streamline) 속도**장**의 속도 벡터에 접하는 곡선. 따라서 유선은 각 점의 유체 운동 방향을 지시한다. **정상 유동**에서 유선은 시간에 따라 변하지 않고, **유체 입자**는 유선을 따라 움직인다. **비정상 유동**에서 유선은 시간에 따라 변하고, **유체 입자**는 유선을 따라 움직이지 않는다. **유적선**과 대비된다.

유적선(pathline) 일정 시간 동안 **유체 입자**의 이동 궤적을 그린 곡선. 수학적으로 일정 시간 동안 **물질 위치 벡터**$[x_{\text{particle}}(t), y_{\text{particle}}(t), z_{\text{particle}}(t)]$가 지나간 곡선이다. 따라서 각 유체 입자는 고유한 유적선을 가지고 있다. 정상 유동에서는 유체 입자가 유선을 따라 흐르고, 따라서 유적선과 유선은 일치한다. 하지만 비정상 유동에서는 유선과 유적선은 큰 차이가 있다. **유선**과 대비된다.

유체 역학/동역학(fluid mechanics/dynamics) 물리학의 거시적 보존 법칙, 즉 질량, 운동량(**Newton의 제2법칙**), 에너지(열역학 제1법칙) 보존과 열역학 제2법칙을 사용한 유체에 대한 연구 및 해석.

유체(fluid) 전단력이 작용했을 때 연속적으로 변형하는 물질. 반면에 **고체**에 전단력이 작용하면 어떤 위치까지 변형하고는 멈춘다. 따라서 고체 변형은 변형량(strain)을 사용하여 해석하지만, 유체유동의 경우는 변형률(strain rate)을 사용한다. **변형률** 참조.

유체 입자/요소(fluid particle/element) 유체 유동에 포함된 항상 같은 원자나 분자를 가지는 **미소** 입자 또는 요소. 따라서 유체 입자는 일정한 질량 δm을 가지며, 국소 유동 속도 $\vec{V}$, 가속도 $\vec{a}_{\text{particle}} = D\vec{V}/Dt$, 궤적 $[x_{\text{particle}}(t), y_{\text{particle}}(t), z_{\text{particle}}(t)]$을 가지는 유동과 같이 운동한다. **물질도함수와 유적선** 참조.

음속(sonic) 소리의 속도(Mach 수 $= 1$).

응력(stress) 미소 면적요소에 작용하는 힘 dF_i를 미소 면적 dA_j(극한에서 $dA_j \to 0$)로 나눈 값(i, j는 좌표 x, y 또는 z를 의미함). 따라서 응력 $\sigma_{ij} = dF_i/dA_j$는 j 표면에 i 방향으로 작용하는 단위 면적당 힘이다. 응력을 주어진 면적에 적분하면 표면력을 얻는다. 수학적으로 3×3 대칭 행렬로 기술되는 6개 독립 성분의 대칭 **응력 텐서가** 존재한다.

난류응력(turbulent stress) Reynolds **응력** 참조.

수직응력(normal stress) 면적에 수직으로 작용하는 응력(단위 면적당 힘). 따라서 $\sigma_{xx}, \sigma_{yy}, \sigma_{zz}$는 수직응력이다. 수직응력은 **응력 텐서**의 대각선 요소이다.

압력응력(pressure stress) 정지 중 유체에 작용하는 응력은 수직응력으로 표면 안쪽으로 작용한다. 주어진 점에 작용하는 세 수직응력은 크기가 같고, 그 크기를 압력이라고 한다. 즉, 정지 중 유체에서 $\sigma_{xx} = \sigma_{yy} = \sigma_{zz} = -P$이다. 움직이는 유체에는 압력 외에 **점성응력**이 작용한다. 표면에 작용하는 압력 힘은 압력응력을 표면에 적분하여 구한다. 또한 **유체 입자**에 작용하는 단위 체적당 압력 힘은 그 위치에서 압력구배에 음수를 취한 값이다.

전단응력(shear stress) 면적의 접선 방향으로 작용하는 응력 (단위 면적당 힘). 따라서 $\sigma_{xy}, \sigma_{yx}, \sigma_{x}, \sigma_{zx}, \sigma_{yz}, \sigma_{zy}$는 전단응력이다. 표면에 작용하는 전단력은 전단응력을 면적에 적분하여 구한다. 전단응력은 **응력 텐서**의 비 대각선 성분이다.

점성응력(viscous stress) 유동에서는 정수압 응력에 추가하여 응력이 생성된다. 이 추가 응력은 마찰에 의한 유체 변형에 의해 유발되므로 점성응력이라고 한다.

예를 들면, $\sigma_{xx} = -P + \tau_{xx}$, $\sigma_{yy} = -P + \tau_{yy}$, $\sigma_{zz} = -P + \tau_{zz}$이고, 여기서 $\tau_{xx}, \tau_{yy}, \tau_{zz}$는 점성 수직응력이다. 모든 전단응력은 유동 마찰에 의해 생성되고, 따라서 점성응력이다. 표면에 작용하는 점성력은 점성응력을 면적에 대해 적분하여 구한다. **유체 입자**에 작용하는 단위 체적당 점성력은 그 위치에서 점성응력 텐서의 발산(divergence)과 같다.

Reynolds 응력(Reynolds stress) Reynolds **응력** 참조.

이상기체(ideal gas) 낮은 밀도와 고온에서 (a) 밀도, 압력, 온도가 $P = \rho RT$의 이상기체 방정식을 따르고, (b) 비내부 에너지와 엔탈피가 온도만의 함수인 기체.

일(work) **에너지** 참조.

입구 길이(entry length) 파이프나 덕트 유동에서 유동방향으로 경계층이 성장하고, 따라서 축방향 도함수가 0이 아닌 영역의 길이. **유체역학적 입구 길이**는 속도 경계층의 성장과 관련이 있고, **열적 입구 길이**는 온도 경계층의 성장과 관련이 있다.

입자 영상 속도계(particle image velocimetry, PIV) 펄스 레이저를 이용한 유속계. 짧은 시간 동안의 작은 입자 운동을 추적하여 국부 유속을 측정하는 기술. **열선**, **열필름 유속계**와 다르지만, 레이저 도플러 속도계와는 유사하게 유동 간섭이 없음.

자연 유동(natural flow) **강제 유동**과 대비됨.

장(field) Euler 좌표계(x, y, z)의 함수로 표현된 유동 변수. 예를 들면, **속도**와 **가속도장**은 규정된 시간 t에서 Euler **기술 방법**에 따라 위치(x, y, z)의 함수로 기술된 유체의 속도와 가속도 벡터 $(\vec{V}, \vec{a})$를 말한다.

유동장(flow field) 유동 변수의 장. 일반적으로 속도장을 의미하지만, 유동의 모든 변수에 적용된다.

전 도함수(total derivative) **물질도함수** 참조.

전단(shear) 속도 성분에 수직한 방향으로의 속도 성분의 구배(도함수).

전단율(shear rate) 속도에 수직방향으로의 유동방향 속도 구배. 만일 유동방향 속도 u가 y방향으로 변한다면 전단율은 du/dy이다. **전단 유동**의 경우 전단율은 **전단변형률**의 두 배이다. **변형률** 참조.

전단응력(shear stress) **응력**, **전단응력** 참조.

전단층(shear layer) 유동방향 속도 성분의 구배가 큰 준 2차원 유동 영역. 전단층은 **점성**과 **와류**가 강하다.

전단농후 유체(shear thickening fluid) **비뉴턴 유체** 참조.

전단희박 유체(shear thinning fluid) **비뉴턴 유체** 참조.

전산유체역학(computational fluid dynamics, CFD) 수학적으로 이산화된 운동 방정식, 경계 조건, 초기 조건을 적용하여 유동장 내의 유동 변수를 이산화된 격자(또는 메시)에 대해 정량적으로 계산하는 분야.

절대 압력(absolute pressure) **응력**, **압력응력** 참조. **계기 압력**과 대비됨.

절대 점성계수(absolute viscosity) **점성계수** 참조.

점성(마찰)력(viscous or frictional force) **유체 입자**에 점성(마찰) 응력의 공간 구배로 인해 작용하는 힘. 표면의 점성력은 점성응력을 표면에 대해 적분하여 구한다. **응력**, **점성응력** 참조.

점성계수(viscosity) **뉴턴 유체** 참조. 점성계수는 **유체 입자**에 작용하는 전단응력과 변형률의 비를 산정하는 유체 상태량이다. 따라서 응력/변형률, $Ft/L^2 = m/Lt$의 차원을 가진다. 전단응력이 작용했을 때 유체가 변형에 저항하는 정도를 나타낸다. 점성계수는 유체의 측정된 상태량으로, 온도의 함수이다. 뉴턴 유체의 경우 점성계수는 응력과 변형률에 무관하다. **비뉴턴 유체**의 경우 점성계수는 변형률에 따라 변한다. **절대 점성계수**, **역학적 점성계수**와 **점성계수**는 동의어이다. **동점성계수** 참조.

점성 유동(viscous flow) **점성력**이 다른 힘(특히 압력힘)에 비해 현저히 큰 유동으로, 비점성 유동과 대비된다.

점성저층(viscous sublayer) 표면 근처 **점성응력**이 최대인 난류 경계층. 이 층의 벽면 속도구배는 매우 크다. **관성층**, **완충층** 참조.

점착 조건(no-slip condition) 유체와 고체 표면에서 유체와 표면의 속도는 같다는 조건. **표면**이 정지하고 있다면 표면에서 유속은 0이 된다.

정규화(normalization) 무차원화된 변수의 최대값 차수가 1 (대략 0.5에서 2 사이)이 되도록 **척도 매개변수**를 선정하여 수행한 **무차원화**. 정규화는 무차원화보다 더욱 제한적이고 수행하기가 쉽지 않다. 예를 들면, **무차원화**에서 논의된 $P/(\rho V^2)$은 $\mathrm{Re} \gg 1$인 날고 있는 야구공에서는 정규화된 압력이고, $\mathrm{Re} \ll 1$인 꿀 속에서 천천히 낙하하는 작은 유리알에서는 단지 표면 압력을 무차원화한 값일 뿐이다.

정상 유동(steady flow) 모든 유체 변수(속도, 압력, 밀도, 온도 등)가 시간에 따라 변하지 않는 유동(하지만 일반적으로 위치에 따라서는 변함). 따라서 정상 유동의 경우 모든 시간 편미분은 0이 된다. 엄밀하게 정상 상태는 아니지만 시간에 따른 변화가 느려 시간도함수를 무시해도 별다른 오차가 없는 유동을 **준정상**(quasi-steady) 유동이라고 한다.

정수압(hydrostatic pressure) 유동이 없이 중력의 영향으로 인한 유체 내 **압력** 성분. 정수압 방정식과 Bernoulli **방정식**에 나타난다. **동압** 및 **정압** 참조.

정압(static pressure) Bernoulli **방정식**에 사용되는 **동압**과 구별되는 **압력**.

정역학(statics) 특정 좌표계에서 정지하고 있는 물체에 대한 역학적 연구와 해석.

정체점(stagnation point) 유체 유동에서 속도가 0이 되는 점. 예를 들면, 움직이는 물체 선단과 만나는 **유선**상의 점은 정체점이다.

제트(jet) 튜브나 오리피스로부터 방출되는 마찰이 지배적인 영역으로, 높은 **전단력**으로 특징지어진다. 중심에서 최대 속도이고, 변에서 최소 속도이다. 제트에서는 **마찰력**, **점성응력**, **와도**가 현저하다.

종량적 상태량(extensive property) 총 체적이나 총 질량에 따라 변하는 유체 상태량(예를 들면, 총 내부 에너지). **강성적 상태량** 참조.

주 손실(major losses) **손실** 참조.

주기적(periodic) 정상 평균값을 중심으로 진동하는 비정상 유동.

증기압(vapor pressure) 주어진 온도에서 증기 상태로 되는 압력. **공동현상**, **포화 압력** 참조.

차원 동차성(dimensional homogeneity) 더해지는 항들은 같은 **차원**을 가져야 한다는 조건(예를 들면 ρV^2, 압력 P, 전단응력 τ_{xy}는 차원적으로 동차인 반면 **동력**, 비엔탈피 h, $P\dot{m}$은 그렇지 않다). 차원 동차성은 **차원해석**의 기초이다.

차원(dimensions) 물리량에 대한 규정. **단위** 참조.

기본(주, 기초) 차원[fundamental (primary, basic) dimensions] 질량(m), 길이(L), 시간(t), 온도(T), 전류(I), 빛의 양(C), 물질의 양(N)이 있음. 힘의 차원은 Newton 법칙 $F = mL/t^2$으로부터 구해진다(따라서 질량 m을 Ft^2/L로 교체함으로써 힘을 기본 차원으로 사용할 수 있다).

유도(또는 2차) 차원(derived or secondary dimensions) 기본 차원의 조합. 유도 차원의 예로는 속도(L/t), 응력 또는 압력[$F/L^2 = m/(Lt^2)$], 에너지 또는 일($mL^2t^2 = FL$), 밀도(m/L^3), 비중량(F/L^3), 비중(단위 없음)이 있다.

차원성(dimensionality) 어떤 특정 좌표계에서 속도 성분이나 다른 변수의 방향이 변화하는 공간좌표의 수. 예를 들면, 관 내 **완전발달 유동**은 축방향(x 방향 성분) 속도 성분이 x와 θ방향으로 일정하고 반경방향(r방향)으로만 변하므로 1차원이다. **평면 유동**은 2차원이다. 자동차, 비행기, 빌딩과 같은 **뭉툭한 물체**를 지나는 유동은 3차원이다. 차원방향으로의 공간도함수는 0이 아니다.

차원해석(dimensional analysis) 유동 시스템에 관련된 변수, 변수의 차원, 차원 동차성에 의거한 해석 절차. 관련되는 변수를 결정한 후(예를 들면, 자동차 항력은 속도, 차의 크기, 유체 점성, 유체 밀도, 표면조도에 관련됨) Buckingham Pi **정리**, 차원 동차성 원리를 적용하여 무차원 종속변수(예를 들면, 항력)와 다른 무차원 독립변수(예를 들면 Reynolds 수, 조도비, Mach 수)의 함수 관계를 도출한다.

척도 매개변수(scaling parameter) 주어진 변수를 무차원화하기 위해 선택된 변수 또는 **변수의 조합**, **무차원화**, **정규화** 참조.

천이 유동(transitional flow) Reynolds **수**가 층류 임계값보다는 크고 완전 **난류 유동**값보다 작은 불안정한 **와류** 유동. **층류**와 난류 상태를 임의로 반복한다.

체적 탄성계수(bulk modulus of elasticity) **압축성** 참조

초음속(supersonic) 음속보다 큰 속도 (Mach **수** > 1).

축대칭 유동(axisymmetric flow) 원통좌표계(r, θ, x)로 적절히 규정되었을 때 방위각 θ방향의 변화가 없는 유동. 즉, θ에 대한 편미분은 모두 0이다. 따라서 유동은 1차원 또는 2차원이다. **차원성**과 **평면 유동** 참조.

층류 유동(laminar flow) 인접하는 **유체 입자**들이 섞이지 않고 서로 이웃하여 흐르는 안정되고 질서정연한 유동. 임계 Reynolds **수** 이상이 되면 **천이**, **난류** 유동이 된다.

크리핑 유동(creeping flow) 마찰력이 가속력에 비하여 월등히 커 Newton 제2법칙의 가속항을 0으로 할 수 있는 유동. 이 유동의 Reynolds 수는 1보다 작다(Re ≪ 1). Reynolds 수란 특성 속도와 특성 길이의 곱을 동점성계수로 나눈 값이므로(VL/ν), 크리핑 유동은 매우 작은 물체 주위를 느리게 움직이는 유동(예를 들면, 공기 중 먼지 입자의 침전이나 물속의 정자 운동)이나 매우 점성이 큰 유체(예를 들면, 빙하나 타르 유동)에서 나타난다. Stokes 유동이라고도 한다.

평균(average) 유체 상태량의 면적/체적/시간 평균은 상태량을 면적/체적/시간 적분하여 상응하는 면적/체적/시간으로 나눈 값이다. **평균**(mean)이라고도 함.

평면 유동(planar flow) 직교 좌표계에서 2개 좌표방향으로만 변화하는 **2차원** 유동. 따라서 유동 평면에 수직인 편미분항은 0이 된다. **축대칭 유동**, **차원성** 참조.

포텐셜 유동(potential flow) **비회전 유동**과 동의어, **와도**(**유체 입자**의 회전)를 무시할 수 있는 유동으로, 속도 **포텐셜 함수**가 존재한다.

포텐셜 함수(potential function) 만일 유동의 **와도**(**유체 입자**의 회전)가 0이라면 속도 벡터는 속도 포텐셜 함수(또는 포텐셜 함수)의 구배로 표현될 수 있다. 실제로는 와도가 작은 유동을 모델링하는 데 포텐셜 함수가 사용되기도 한다.

포화 압력(saturation pressure) 주어진 온도에서 단순 압축성 물질의 상(phase)이 액체와 기체 사이에서 변하는 압력.

포화 온도(saturation temperature) 주어진 압력에서 단순 압축성 물질의 상(phase)이 액체와 기체 사이에서 변하는 온도.

표면 마찰(skin friction) 적절한 **동압** $\frac{1}{2}\rho V^2$으로 무차원화된 표면 전단응력 τ_w. 표면 마찰계수 C_f 라고도 한다.

표면장력(surface tension) 액체-기체, 또는 액체-액체 계면에서 동일 유사 액체 분자 사이의 인력 불균형에 의해 유발되는 단위 길이당 힘.

피토-정압관(pitot-static probe) **정압**과 **정체압**을 동시에 측정하고 Bernoulli 방정식을 적용하여 유속을 측정하는 장치. Pitot-Darcy 프로브라고도 한다.

항력(drag force) 물체의 운동에 반하여 물체에 작용하는 힘. 유동방향으로 물체에 작용하는 힘으로, 여러 성분으로 구성된다.

마찰항력(friction drag) 유동방향의 표면 **전단응력**에 의한 항력 성분.

압력(또는 형상)항력(pressure or form drag) 유동방향의 표면 **압력**에 의한 항력 성분. **뭉툭한 물체**(자동차와 같은) 전방과 후방의 압력차에 의해 **유동 박리**와 **후류**가 형성된다.

유도항력(induced drag) 양력과 **날개 끝 와류**에 의해 유발되어 날개에 작용하는 항력 성분.

항력계수(drag coefficient) 물체에 작용하는 **항력**을 자유흐름 유동의 **동압**과 물체의 정면도면적으로 나누어 무차원화한 항력.

$$C_L = \frac{F_L}{\frac{1}{2}\rho V^2 A}$$

높은 Reynolds수에서 (Re ≫ 1), C_D는 정규화된 변수이다. 하지만 Re ≪ 1이면 C_D는 무차원이긴 하지만, 정규화되지는 않는다. **정규화**, **양력계수** 참조.

혼합 길이(mixing length) **난류 모델** 참조.

회전 유동(rotational flow) **와류 유동**(vortical flow)과 동의어. **와도**가 현저히 큰 유동장을 의미한다.

회전율(rotation rate) **유체 입자**의 각속도 또는 회전율[rad/s의 단위, 속도 벡터의 컬(curl)의 1/2로 주어지는 벡터]. **와도** 참조.

효율(efficiency) 장치로부터 얻을 수 있는 유효 동력의 손실 정도를 의미한다. 효율 1이란 손실이 없음을 의미한다. 예를 들면, 펌프의 기계 효율은 펌프에 의해 유체에 전달되는 유효 기계 동력을 펌프를 작동하는 데 필요한 기계적 에너지 또는 축일로 나눈 값이다. 펌프-모터 효율은 유체에 전달하는 유효 기계 동력을 펌프를 구동하는 데 필요한 전기 동력으로 나눈 값이다. 따라서 펌프-모터 효율은 손실이 추가되어 기계적 펌프 효율보다 작다.

후류(wake) 물체 후방의 마찰이 지배적인 영역으로, 표면 경계층이 자유흐름 속도에 의해 후방으로 쓸려나가 형성된다. 후류는 중심선에서 최소 속도, 변에서 최대 속도가 나타나는, **전단력**이 강한 유동으로 **마찰 힘**, **점성응력**, **와도**가 매우 크다.

흐름대류가속도(advective acceleration) **부력**에 의해 생성되는 대류(convective) 유체 유동의 용어와 혼동을 피하기 위해 대류가속도(convective acceleration)를 흐름대류가속도로 대체한다.

Bernoulli 방정식 마찰력이 압력에 비해 미미한 유동에서 압력(**유동 일**), 속도(**운동 에너지**), 중력 벡터에 상대적인 **유체 입자**의 위치(위치 에너지) 간의 평형을 기술하는 **운동량 보존**(**에너지 보존**) 방정식의 축소 형태(**비점성 유동** 참조). Bernoulli 방정식은 여러 형태로 존재한다(비압축성 대 압축성, 정상상태 대 비정상상태, Newton **법칙**에서 유도 대 **열역학 제 1법칙**에서 유도). 가장 널리 사용되는 형태는 운동량 보존으로부터 유도된 정상 상태, 비압축성 유체 유동에 대한 것이다.

Buckingham Π 정리(Buckingham Pi theorem) **차원해석**에서 함수 관계에 있는 무차원 그룹의 수를 예측하는 수학 정리.

Euler 기술방법(Eulerian description) Lagrange **기술방법**과 달리 **유체 입자**가 통과하여 운동하는 좌표계를 선정한다. 이 좌표계에서 **속도장** 내를 움직이는 유체 입자의 속도의 변화를 의미하는 유체 입자의 가속도는 유체 속도의 시간도함수 외에도 **대류가속도**를 포함한다.

Froude 수(Froude number) Newton 운동 법칙에 따른 관성항과 중력항의 비를 의미한다. Froude 수는 수로, 강, 표면 유동 등과 같은 자유표면 유동과 관련된 중요한 무차원 수이다.

Hagen-Poiseuille 유동(Hagen-Poiseuille flow) Poiseuille **유동** 참조.

Karman 와열(Karman vortex street) 원형 실린더 후방에서 종종 관측되는 **2차원**의 교대로 흘려지는 비정상 **와류**(바람에 노출된 와이어의 뒤의 와열은 때때로 들리는 뚜렷한 소리의 원인이 된다).

Lagrange 기술방법(Lagrangian description) Euler **기술방법**과 달리 Lagrange 해석에서는 움직이는 입자에 부착된 좌표계에 근거하여 운동을 기술한다. 예를 들면, 입자와 같이 움직이는 좌표계에서 Newton 제2법칙 $\vec{F} = m\vec{a}$의 가속도 $\vec{a}$는 입자 속도의 시간도함수이다. 이 방법은 고체 물체의 운동해석에 주로 사용된다.

Mach 수(Mach number) 유속과 음속의 **무차원** 비. Mach수는 유동 내 압력 변화에 따른 **압축성** 정도를 의미한다.

Moody 선도(Moody chart) 완전발달 파이프 유동에서 **마찰계수**를 Reynolds수와 조도 매개변수의 함수로 나타낸 선도. 이 선도는 층류 유동의 이론식과 여러 종류의 난류 모래알 조도 실험 자료로부터 구해진 Colebrook 경험식을 그래프로 나타낸 것이다.

Navier-Stokes 방정식(Navier-Stokes equation) Newton **제2법칙**(**운동량 보존 법칙**)을 유체 입자(미분 형태)에 적용한 방정식으로, **점성응력 텐서**를 뉴턴 유체의 **응력**과 **변형률** 사이의 **구성 관계식**으로 대체하여 구하였음. 따라서 Navier-Stokes 방정식은 뉴턴 유체에 적용된 Newton 제2법칙이다.

Newton 제2법칙(Newton's second law) **운동량 보존** 참조.

Poiseuille 유동(Poiseiulle flow) 파이프나 덕트 내 **완전발달 층류 유동**. Hagen-Poiseuille **유동**이라고도 함. Poiseuille 유동에서 유량, 속도 분포와 압력 강하, 점성계수, 형상과의 수학적 관계를 Poiseuille **법칙**(엄밀하게 역학 법칙은 될 수 없음)이라고 한다. Poiseuille 유동의 속도 분포는 포물선이고, 축방향 압력 강하율은 일정하다.

Reynolds 수(Reynolds number) **관성**(가속)력과 점성력의 비를 의미함. 대부분의 Reynolds 수는 특성 속도 V와 특성 길이 L을 동 점성계수 ν로 나누어 구한다($Re = VL/\nu$). Reynolds 수는 유체 유동에서 가장 중요한 무차원 **상사** 매개변수로서, 주어진 유동에서 마찰력의 중요도에 대해 개략적인 산정을 할 수 있도록 한다.

Reynolds 수송정리(Reynolds transport theorem) **시스템**(유체와 같이 움직이는 일정한 질량의 체적) 내 유체 상태량의 시간 변화율과 **검사체적**(유체의 유출입이 가능한 공간상에 고정된 체적) 내 유체 상태량의 시간 변화율의 수학적 관계. 이 정리는 움직이는 **유체 입자**에 관련된 유체 상태량의 **물질(시간)도함수**와 긴밀한 관계가 있다. **보존 법칙** 참조.

Reynolds 응력(Reynolds stress) 난류 유동에서 속도 분포를 위시한 여타 변수는 평균값과 변동 성분으로 나누어진다. Navier-Stokes **방정식**에서 평균 유동방향 속도 성분에 대한 방정식을 구할 때 유체 밀도와 두 속도 성분의 곱의 평균으로 주어지는 여섯 개의 새로운 항이 생성된다. 이 항들은 **응력** 단위를 가지고 난류 응력 또는 Reynolds 응력(처음으로 난류 변수를 평균 + 변동으로 정량화한 Osborne Reynolds 를 기념하여)이라고 한다. **점성응력**이 텐서(또는 행렬)로 쓰여지는 것처럼 Reynolds 응력도 텐서이다. Reynolds 응력이 진정한 의미의 응력은 아니지만, 점성 응력과 유사한 효과를 유발한다. 이는 미시적 분자 운동보다는 난류의 큰 와류 운동의 결과이다.

Schlieren 기법(Schlieren technique) 유체의 밀도 변화에 따른 빛의 굴절에 기초한 유동가시화 기법. Schlieren 영상의 휘도는 밀도의 1차 공간도함수와 대응한다.

Stokes 유동(Stokes flow) **크리핑 유동** 참조.

찾아보기

ㅈ

ㅋ

ㅌ

ㅍ

ㅎ

기타

기호 설명

a	Manning 상수, $m^{1/3}/s$; 수로 바닥에서 수문 바닥까지 높이, m
$\vec{a}, a$	가속도 및 그 크기, m/s^2
A, A_c	면적, m^2; 단면적, m^2
Ar	Archimedes 수
AR	가로세로비(종횡비)
b	폭 또는 기타 길이, m; RTT 해석에서 강성적 상태량; 터보기계 블레이드 폭, m
bhp	제동마력, hp 또는 kW
B	부력중심; RTT 해석에서 종량적 상태량
Bi	Biot 수
Bo	Bond 수
c	비압축성 물질의 비열, kJ/kg K; 음속, m/s; 진공에서 빛의 속도(광속), m/s; 에어포일의 코드 길이, m
c_o	파속, m/s
c_p	정압 비열, kJ/kg · K
c_v	정적 비열, kJ/kg · K
C	빛의 양(광량)에 대한 차원
C	Bernoulli 상수, m^2/s^2 또는 $m/t^2 \cdot L$, Bernoulli 방정식의 형태에 따름; Chezy 계수, $m^{1/2}/s$; 원주, m
Ca	캐비테이션 수
$C_D, C_{D,x}$	항력 계수; 국부 항력계수
C_d	방출계수
$C_f, C_{f,x}$	Fanning 마찰계수 또는 표면 마찰계수; 국부 표면 마찰계수
C_H	수두계수
$C_L, C_{L,x}$	양력계수, 국부 양력계수
C_{NPSH}	흡입 수두계수
CP	압력중심
C_p	압력계수
C_P	동력계수
C_Q	용량계수
CS	검사표면
CV	검사체적
C_{wd}	위어 방출계수
D or d	직경, m (일반적으로 D보다 작은 직경은 d)
D_{AB}	화학종 확산계수, m^2/s
D_h	수력직경, m
D_p	입자직경, m
e	비 총 에너지, kJ/kg
$\vec{e}_r, \vec{e}_\theta$	r 및 θ방향으로 단위 벡터
E	전압, V
$E, \dot{E}$	총 에너지, kJ; 에너지율, kJ/s
Ec	Eckert 수
EGL	에너지 구배선, m
E_s	개수로 유동의 비에너지, m
Eu	Euler 수
f	주파수, cycles/s; Blasius 경계층에 종속적인 상사 변수
f, f_x	Darcy 마찰계수; 국부 Darcy 마찰계수
$\vec{F}, F$	힘 및 그 크기, N
F_B	부력의 크기, N
F_D	항력의 크기, N
F_f	마찰에 의한 항력의 크기, N
F_L	양력의 크기, N
Fo	Fourier 수
Fr	Froude 수
F_T	장력의 크기, N
$\vec{g}, g$	중력가속도 및 그 크기, m/s^2
$\dot{g}$	단위 체적당 열 발생률, W/m^3
G	무게중심
GM	경심, m
Gr	Grashof 수
h	비 엔탈피, kJ/kg; 높이, m; 수두, m; 대류 열전달계수, $W/m^2 \cdot K$
h_{fg}	증발 잠열, kJ/kg
h_L	수두 손실, m
H	경계층 형상 계수; 높이, m; 펌프 또는 터빈의 순수두, m; 개수로에서 수두로 표현되는 액체의 총 에너지, m; 위어 수두, m
$\vec{H}, H$	운동량 모멘트 및 그 크기, N · m · s
HGL	수력 구배선, m
H_{gross}	터빈에 작용하는 총 수두, m
i	CFD 격자에서 간격의 지수 (주로 x방향)
$\vec{i}$	x방향 단위 벡터
I	전류의 차원
I	관성 모멘트, $N \cdot m \cdot s^2$; 전류 A; 난류 강도

I_{xx} 2차 관성 모멘트, m^4
j Buckingham Pi 정리에서 감소; CFD 격자에서 간격의 지수 (주로 y 방향)
$\vec{j}$ y방향 단위 벡터
Ja Jakob 수
k 비열 비; Buckingham Pi 정리에서 예상되는 수; 열전도 계수, W/m · K; 단위 질량당 난류 운동 에너지, m^2/s^2; CFD 격자에서 간격의 지수 (주로 z방향)
$\vec{k}$ z방향 단위 벡터
ke 비 운동 에너지, kJ/kg
K Doublet 강도, m^3/s
KE 운동 에너지, kJ
K_L 부차적 손실계수
Kn Knudsen 수
ℓ 길이 또는 거리, m; 난류 길이 척도, m
L 길이 차원
L 길이 또는 거리, m
Le Lewis 수
L_c 에어포일의 코드 길이, m; 특성 길이, m
L_h 수역학적 입구 길이, m
L_w 위어(weir) 길이, m
m 질량 차원
m, $\dot{m}$ 질량, kg; 그리고 질량 유량, kg/s
M 몰 질량, kg/kmol
$\vec{M}, M$ 힘의 모멘트 및 그 크기, N · m
Ma Mach 수
n Buckingham Pi 정리에서의 매개변수 수; Manning 계수
$n, \dot{n}$ 회전수; 회전율 rpm
$\vec{n}$ 단위 수직 벡터
N 물질 양의 차원
N 몰 수, mol 또는 kmol; 터보기계의 블레이드 수
N_P 동력 수
NPSH 유효 흡입 수두, m
N_{Sp} 펌프 비속도
N_{St} 터빈 비속도
Nu Nusselt 수
p 접수 둘레, m
pe 비 위치 에너지, kJ/kg
P, P' 압력 및 수정 압력, N/m^2 또는 Pa
PE 위치 에너지, kJ
Pe Peclet 수
P_{gage} 계기 압력, N/m^2 또는 Pa
P_m 기계 압력, N/m^2 또는 Pa
Pr Prandtl 수
P_{sat} or P_v 포화 압력 또는 증기압, kPa
P_{vac} 진공 압력, N/m^2 또는 Pa
P_w 위어 높이, m
q 단위 질량당 열전달, kJ/kg
$\dot{q}$ 열 플럭스(단위 면적당 열전달률), W/m^2
$Q, \dot{Q}$ 총 열전달, kJ; 열전달률, W 또는 kW
Q_{EAS} CFD 격자의 등각 비틀림
$\vec{r}, r$ 모멘트 팔 및 그 크기, m; 반경좌표, m; 반경, m
R 기체 상수, kJ/kg · K; 반경, m; 전기 저항, Ω
Ra Rayleigh 수
Re Reynolds 수
R_h 수력반경, m
Ri Richardson 수
R_u 일반 기체 상수, kJ/kmol · K
s 판의 평면을 따라 잠긴 거리, m; 표면이나 유선을 따르는 거리, m; 비 엔트로피, kJ/kg K; LDV에서 프린지 간격, m; 터보기계 블레이드 간격, m
S_0 개수로 유동의 수로 바닥기울기
Sc Schmidt 수
S_c 개수로 유동의 임계기울기
S_f 개수로 유동의 마찰기울기
SG 비중
Sh Sherwood 수
SP 정체점에서 상태량
St Stanton 수; Strouhal 수
Stk Stokes 수
t 시간 차원
t 시간, s
T 온도 차원
T 온도, ℃ 또는 K
$\vec{T}, T$ 토크 및 그 크기, N · m
u 비 내부 에너지, kJ/kg; 직각좌표계의 x방향 속도 성분, m/s
u_* 난류 경계층에서 마찰 속도, m/s
u_r 원통좌표계에서 r방향 속도 성분
u_θ 원통좌표계에서 θ방향 속도 성분
u_z 원통좌표계에서 z방향 속도 성분
U 내부 에너지, kJ; 경계층 외부에서 x방향 속도 성분(벽면에 평행), m/s
v 직각좌표계에서 y-방향 속도 성분, m/s
v 비체적, m^3/kg
$V, \dot{V}$ 체적, m^3; 체적유량, m^3/s
$\vec{V}, V$ 속도 및 그 크기(속력), m/s; 평균 속도, m/s
V_0 개수로 유동에서 균일 유동 속도, m/s
w 단위 질량당 일, kJ/kg; 직각좌표계에서 z 방향 속도 성분, m/s; 폭, m
W 중량, N; 폭, m
$W, \dot{W}$ 일 전달, kJ; 일률(동력), W 또는 kW
We Weber 수
x 직각좌표(일반적으로 오른쪽 방향), m
$\vec{x}$ 위치 벡터, m
y 직각좌표(일반적으로 위 방향 또는 지면 속 방향), m; 개수로 유동에서 액체 깊이, m
y_n 개수로 유동에서 수직 깊이, m
z 직각좌표(일반적으로 위 방향), m

DIMENSION	METRIC	METRIC/ENGLISH
Viscosity, kinematic	$1\ m^2/s = 10^4\ cm^2/s$ $1\ stoke = 1\ cm^2/s = 10^{-4}\ m^2/s$	$1\ m^2/s = 10.764\ ft^2/s = 3.875 \times 10^4\ ft^2/h$ $1\ m^2/s = 10.764\ ft^2/s$
Volume	$1\ m^3 = 1000\ L = 10^6\ cm^3$ (cc)	$1\ m^3 = 6.1024 \times 10^4\ in^3 = 35.315\ ft^3$ $= 264.17$ gal (U.S.) 1 U.S. gallon = $231\ in^3 = 3.7854$ L 1 fl ounce = $29.5735\ cm^3 = 0.0295735$ L 1 U.S. gallon = 128 fl ounces
Volume flow rate	$1\ m^3/s = 60{,}000\ L/min = 10^6\ cm^3/s$	$1\ m^3/s = 15{,}850\ gal/min = 35.315\ ft^3/s$ $= 2118.9\ ft^3/min$ (CFM)

*Exact conversion factor between metric and English units.

Some Physical Constants

PHYSICAL CONSTANT	METRIC	ENGLISH
Standard acceleration of gravity	$g = 9.80665\ m/s^2$	$g = 32.174\ ft/s^2$
Standard atmospheric pressure	$P_{atm} = 1\ atm = 101.325\ kPa$ $= 1.01325$ bar $= 760$ mm Hg (0°C) $= 10.3323$ m H_2O (4°C)	$P_{atm} = 1\ atm = 14.696$ psia $= 2116.2\ lbf/ft^2$ $= 29.9213$ inches Hg (32°F) $= 406.78$ inches H_2O (39.2°F)
Universal gas constant	$R_u = 8.31447\ kJ/kmol \cdot K$ $= 8.31447\ kN \cdot m/kmol \cdot K$	$R_u = 1.9859\ Btu/lbmol \cdot R$ $= 1545.37\ ft \cdot lbf/lbmol \cdot R$

Commonly Used Properties

PROPERTY	METRIC	ENGLISH
Air at 20°C (68°F) and 1 atm		
Specific gas constant*	$R_{air} = 0.2870\ kJ/kg \cdot K$ $= 287.0\ m^2/s^2 \cdot K$	$R_{air} = 0.06855\ Btu/lbm \cdot R$ $= 53.34\ ft \cdot lbf/lbm \cdot R$ $= 1716\ ft^2/s^2 \cdot R$
Specific heat ratio	$k = c_p/c_v = 1.40$	$k = c_p/c_v = 1.40$
Specific heats	$c_p = 1.007\ kJ/kg \cdot K$ $= 1007\ m^2/s^2 \cdot K$ $c_v = 0.7200\ kJ/kg \cdot K$ $= 720.0\ m^2/s^2 \cdot K$	$c_p = 0.2404\ Btu/lbm \cdot R$ $= 187.1\ ft \cdot lbf/lbm \cdot R$ $= 6019\ ft^2/s^2 \cdot R$ $c_v = 0.1719\ Btu/lbm \cdot R$ $= 133.8\ ft \cdot lbf/lbm \cdot R$ $= 4304\ ft^2/s^2 \cdot R$
Speed of sound	$c = 343.2\ m/s = 1236\ km/h$	$c = 1126\ ft/s = 767.7\ mi/h$
Density	$\rho = 1.204\ kg/m^3$	$\rho = 0.07518\ lbm/ft^3$
Viscosity	$\mu = 1.825 \times 10^{-5}\ kg/m \cdot s$	$\mu = 1.227 \times 10^{-5}\ lbm/ft \cdot s$
Kinematic viscosity	$\nu = 1.516 \times 10^{-5}\ m^2/s$	$\nu = 1.632 \times 10^{-4}\ ft^2/s$
Liquid water at 20°C (68°F) and 1 atm		
Specific heat ($c = c_p = c_v$)	$c = 4.182\ kJ/kg \cdot K$ $= 4182\ m^2/s^2 \cdot K$	$c = 0.9989\ Btu/lbm \cdot R$ $= 777.3\ ft \cdot lbf/lbm \cdot R$ $= 25{,}009\ ft^2/s^2 \cdot R$
Density	$\rho = 998.0\ kg/m^3$	$\rho = 62.30\ lbm/ft^3$
Viscosity	$\mu = 1.002 \times 10^{-3}\ kg/m \cdot s$	$\mu = 6.733 \times 10^{-4}\ lbm/ft \cdot s$
Kinematic viscosity	$\nu = 1.004 \times 10^{-6}\ m^2/s$	$\nu = 1.081 \times 10^{-5}\ ft^2/s$

* Independent of pressure or temperature

Çengel의 알기 쉬운
유체역학

FUNDAMENTALS OF FLUID MECHANICS **SI Units**

McGraw-Hill Education
Core 시리즈 07

그리스 문자

α	각도; 받음각(영각); 운동 에너지 수정계수; 열 확산계수, m^2/s; 등온 압축성계수, kPa^{-1} 또는 atm^{-1}
$\vec{\alpha}, \alpha$	각가속도 및 그 크기, s^{-2}
β	체적 팽창계수, K^{-1}; 운동량 플럭스 수정계수; 각도; 장애물식 유량계에서 직경 비; 경사 충격파 각도; 터보기계 블레이드 각도
δ	경계층 두께, m; 유선 사이의 거리, m; 각도; 양의 작은 변화
δ^*	경계층 배제 두께, m
ε	평균 표면조도, m: 난류 소산율, m^2/s^3
ε_{ij}	변형률 텐서, s^{-1}
Φ	소산함수, $kg/m \cdot s^3$
ϕ	각도; 속도 포텐셜 함수, m^2/s
γ_s	비중량, N/m^3
Γ	순환 또는 와류 강도, m^2/s
η	효율; Blasius 경계층에 독립적인 상사변수
κ	체적 압축성 계수, kPa 또는 atm; 난류 경계층에서 로그 법칙 상수
λ	평균 자유경로 길이, m; 파장, m; 2차 점성계수, $kg/m \cdot s$
μ	점성계수, $kg/m \cdot s$; Mach 각
ν	동점성계수, m^2/s
ν(Ma)	팽창파에 대한 Prandtl-Meyer 함수, degree 또는 rad
Π	차원해석에서 무차원 매개변수
θ	각도 또는 각도 좌표; 경계층 운동량 두께, m; 터보기계 블레이드의 피치각; 경사 충격파의 선회각 또는 편향각
ρ	밀도, kg/m^3
σ	수직응력, N/m^2
σ_{ij}	응력 텐서, N/m^2
σ_s	표면장력, N/m
τ	전단응력, N/m^2
τ_{ij}	점성응력 텐서(또한 전단응력 텐서라고도 한다), N/m^2
$\tau_{ij,\text{turbulent}}$	비 Reynolds 응력 텐서, m^2/s^2
$\vec{\omega}, \omega$	각속도 벡터 및 그 크기, rad/s; 각주파수, rad/s
ψ	유동함수, m^2/s
$\vec{\zeta}, \zeta$	와도 벡터 및 그 크기, s^{-1}

하첨자

∞	원거리 영역에서 상태량
0	정체 상태량; 원점 또는 기준점에서 상태량
abs	절대(값)
atm	대기압(상태)
avg	평균값
b	노즐의 후단 또는 출구의 상태량, 예, 배압 P_b
C	도심에 작용하는
c	단면에 속하는
cr	임계 상태량
CL	중심선에 속하는
CS	검사표면에 속하는
CV	검사체적에 속하는
e	출구에서 상태량; 추출된 부분
eff	유효 상태량
f	유체의 상태량, 일반적으로 액체
H	수평으로 작용하는
lam	층류의 상태량
L	비가역성에 의해 손실된 부분
m	모델에서 상태량
max	최대값
mech	기계적 성질(상태량)
min	최소값
n	수직 성분
P	압력중심에 작용하는
p	시제품의 상태량; 입자의 상태량; 피스톤의 상태량
R	합성력
r	상대적인(이동 좌표)
rec	직사각형 상태량
rl	회전자 선단에서 상태량
rt	회전자 후단에서 상태량
S	표면에 작용하는
s	고체의 상태량
sat	포화 상태량; 인공위성의 상태량
sl	고정자 선단에서 상태량
st	고정자 후단에서 상태량
sub	잠긴 부분
sys	시스템에 속하는
t	접선 성분
tri	삼각형 특성
turb	난류의 상태량
u	유용한 부분
V	수직으로 작용하는
v	증기의 상태량
vac	진공
w	벽면에서 상태량

상첨자

¯(overbar)	평균값
˙(overdot)	단위 시간당 값; 시간도함수
′(prime)	변동값; 변수의 도함수; 수정 변수
*	무차원 상태량; 음속 상태량
+	난류 경계층에서 벽법칙의 변수
→(over arrow)	벡터값